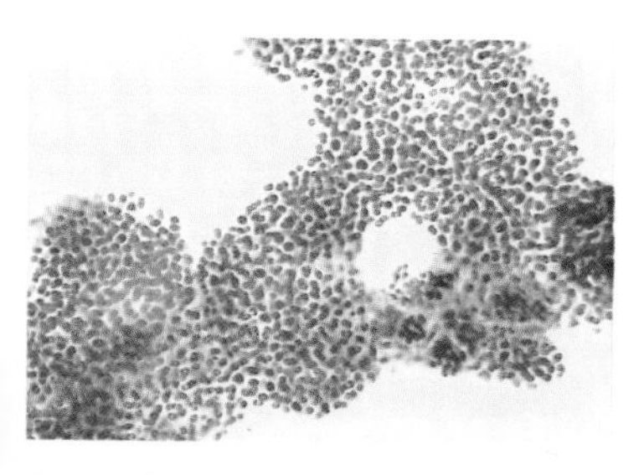

铜绿微囊藻（*Microcystis aeruginosa*）
周云龙 摄

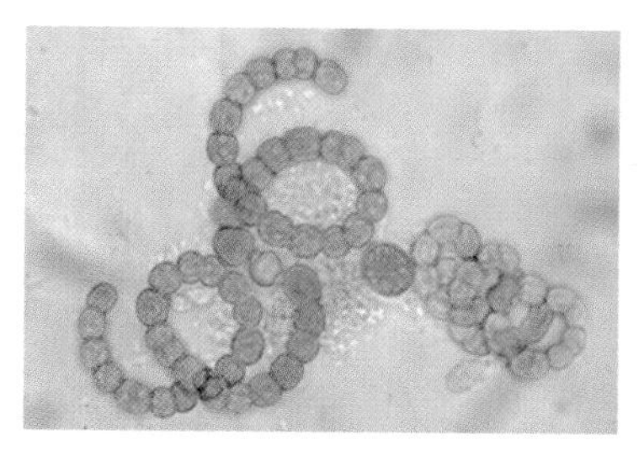

鱼腥藻属（*Anabaena* sp.）
周云龙 摄

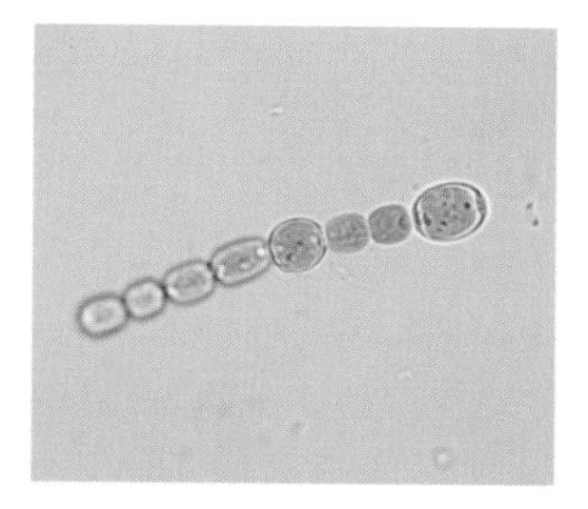

满江红鱼腥藻（*Anabaena azollae*）
周云龙 摄

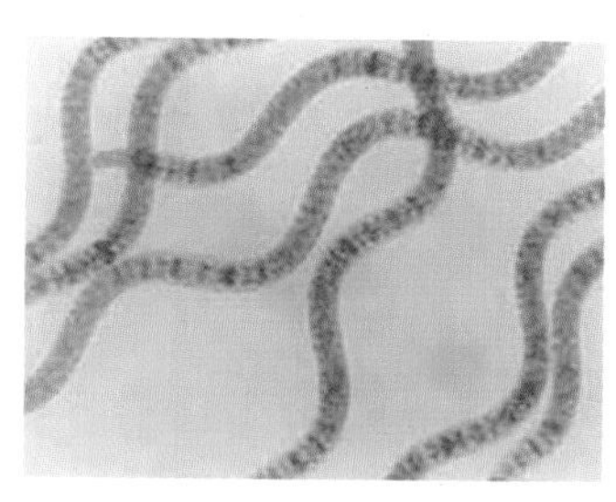

节旋藻属（*Arthrospira* sp.）
（原称螺旋藻属） 周云龙 摄

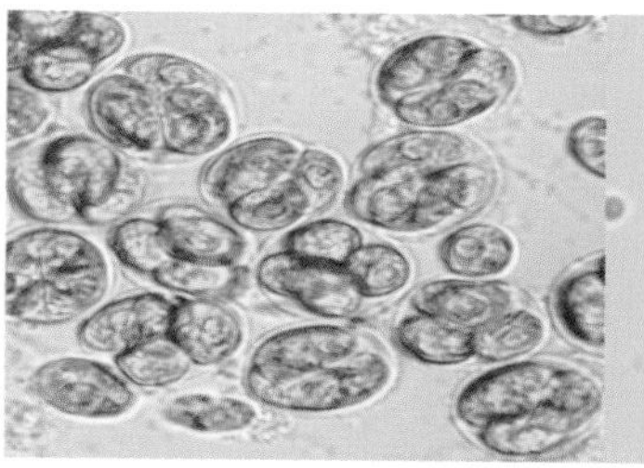

衣藻（*Chlamydomonas* sp.）
的无性生殖 周云龙 摄

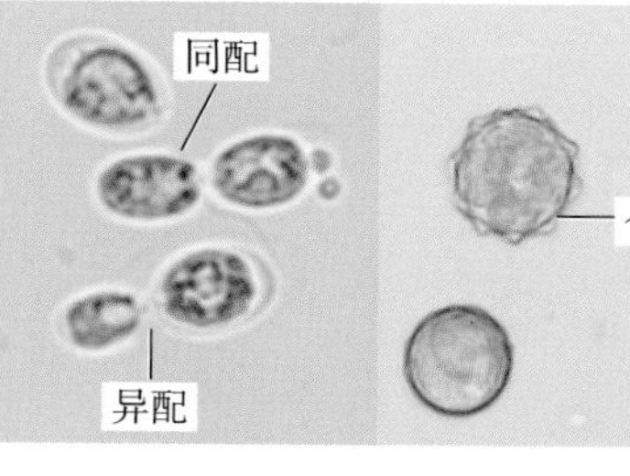

衣藻的有性生殖
周云龙 摄

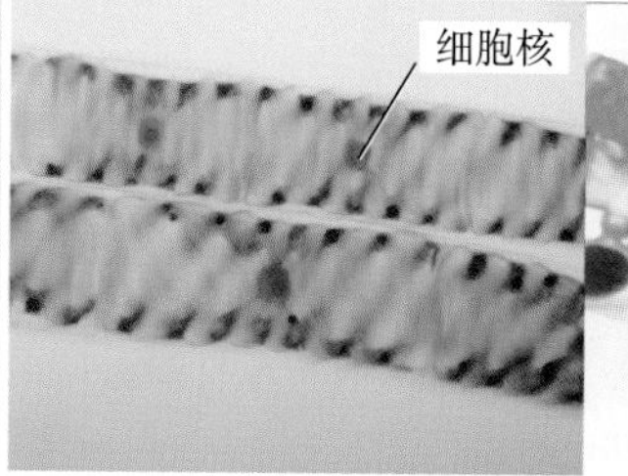

水绵属（*Spirogyra* sp.）
周云龙 摄

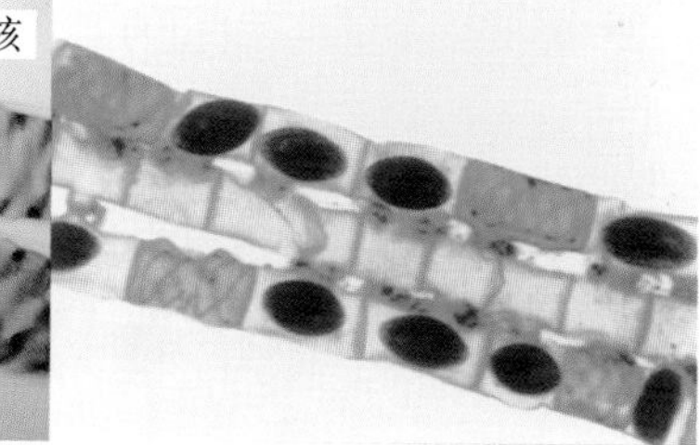

水绵的接合生殖
于明 摄

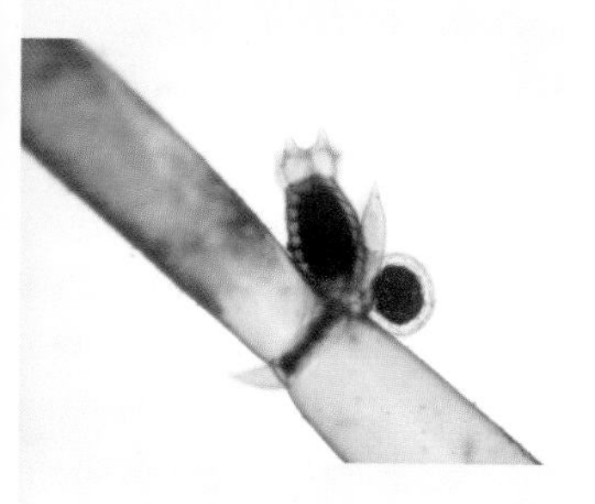

轮藻（*Chara* sp.）
周云龙 摄

地钱（*Marchantia polymorpha*）
雄株 周云龙 摄

地钱
林秦文 摄

葫芦藓（*Funaria hygrometrica*）
周云龙 摄

小立碗藓（*Physcomitrella patens*）
配子体 何奕騉 摄

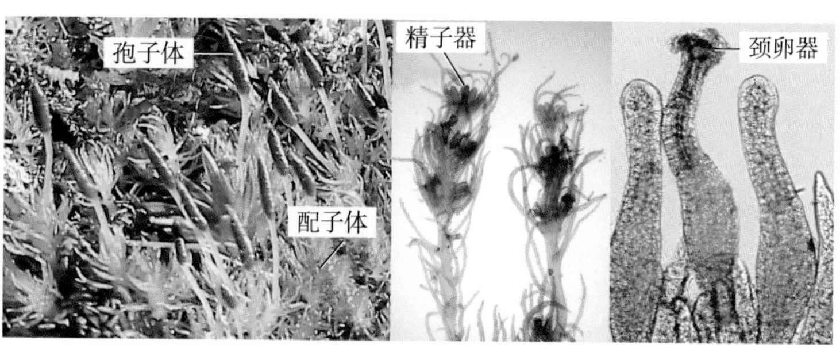

藻苔（*Takakia lepidozioides*）
李学东 摄

荚果蕨（*Matteuccia struthiopteris*）
（示两型叶） 周云龙 摄

水蕨（*Ceratopteris thalictroides*）
严岳鸿 摄

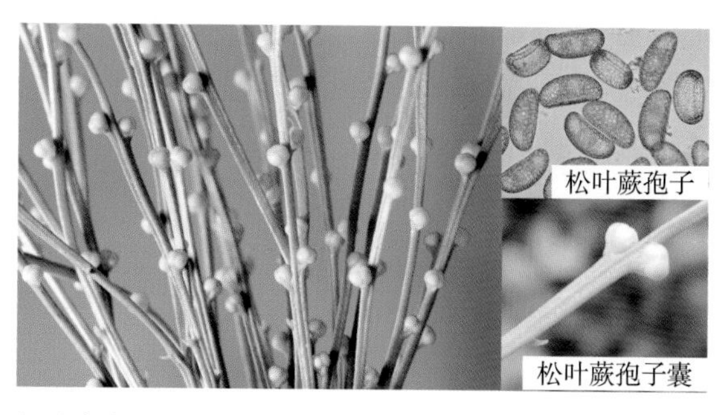

松叶蕨（*Psilotum nodum*）
周云龙 摄

中华水韭（*Isoetes sinensis*）
刘保东 摄

图版Ⅱ

桫椤（*Alsophila spinulosa*）
周云龙 摄

黑桫椤属（*Gymnosphaera* sp.）
周云龙 摄

秦仁昌蕨 [*Chigia ferox*（BL.）Holttum.]
刘保东 摄

苏铁（*Cycas revoluta*）
周云龙 摄

油松（*Pinus tablaeformis*）
周云龙 摄

红豆杉属（*Taxus* sp.）
周云龙 摄

银杏（*Ginkgo biloba*）
郭冬生、周云龙 摄

水杉
周云龙 摄

水杉（*Metasequoia glyptostroboides*）雄球花
周云龙 摄

珙桐（*Davidia involucrata*）
陈彬 摄

百合（*Lilium* sp.）胚囊的发育（贝母型）

周仪 摄

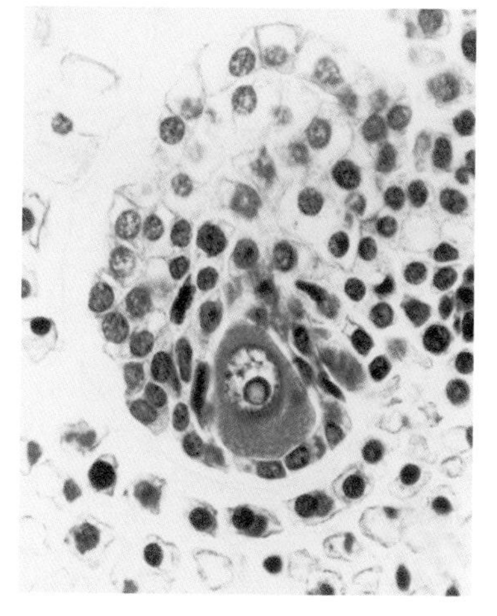

大孢子母细胞（珠被发生）

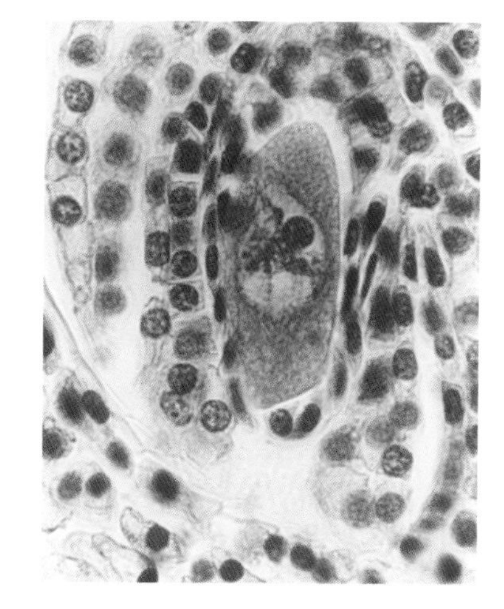

大孢子母细胞（胚珠形成）

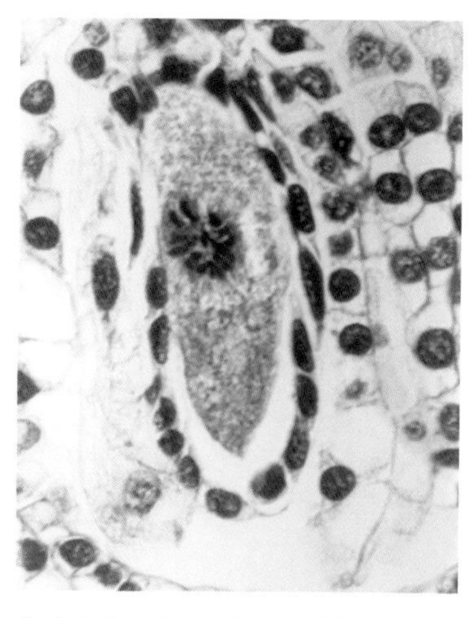

大孢子母细胞——减数分裂中期Ⅰ（极面观）

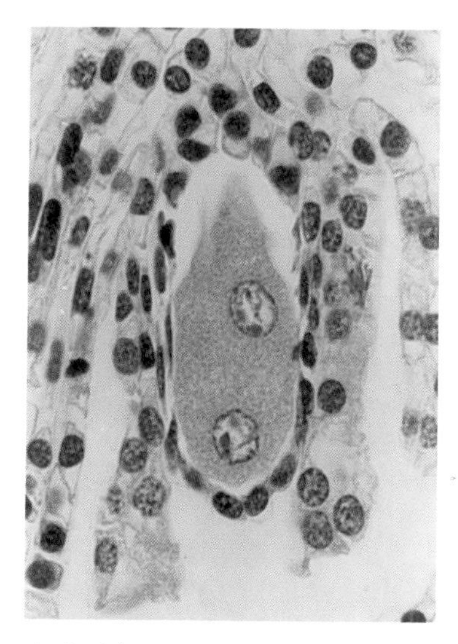

前2核时期

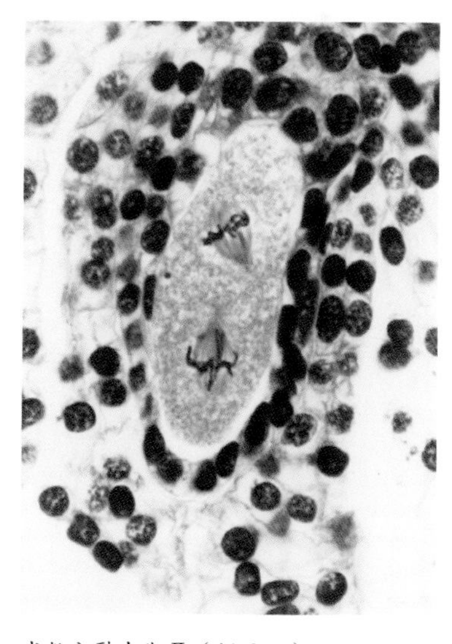

减数分裂中期Ⅱ（侧面观）

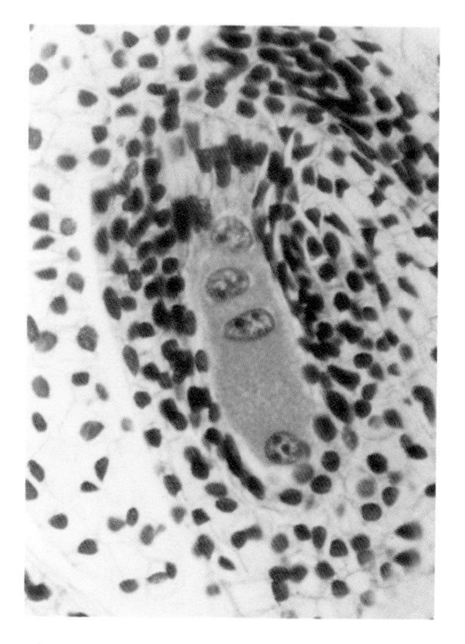

前4核时期（4个大孢子核）

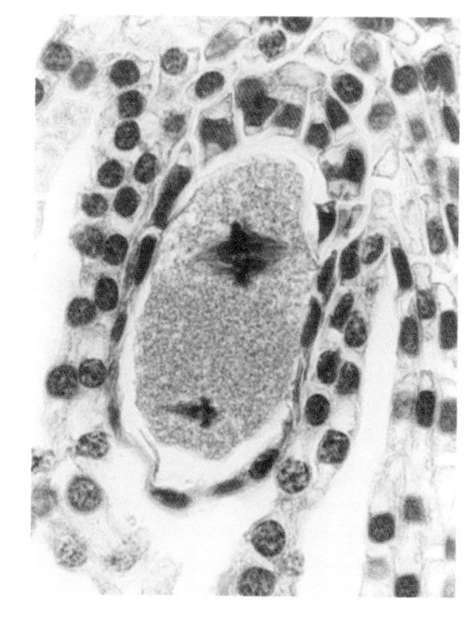

4个大孢子核的有丝分裂与融合

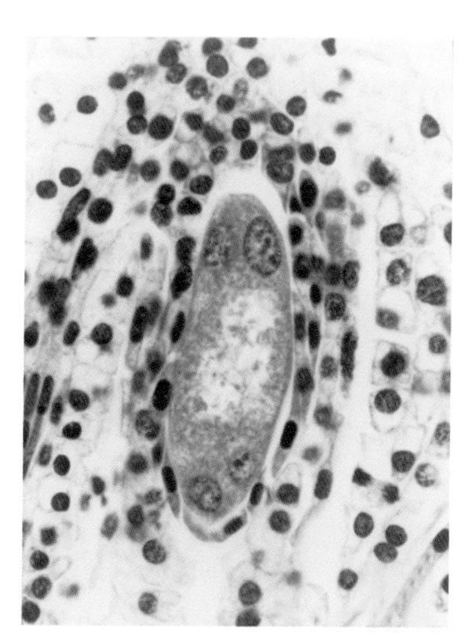

后4核时期

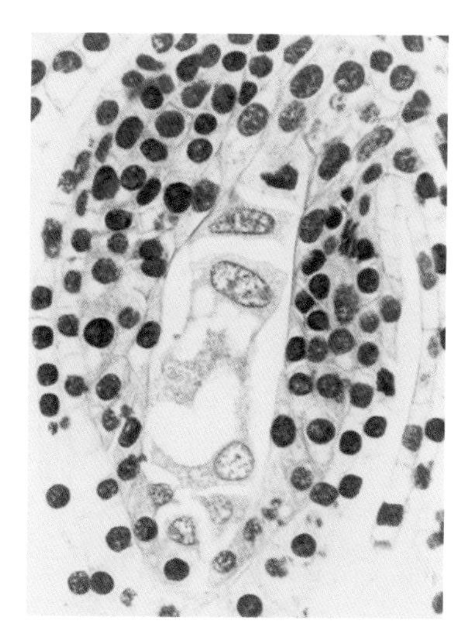

7胞8核成熟胚囊（雌配子体）

周仪 摄

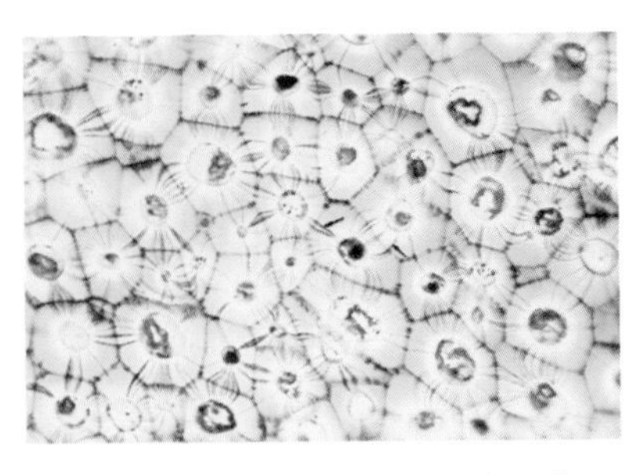

柿属（*Diospyros* sp.）胚乳细胞的胞间连丝

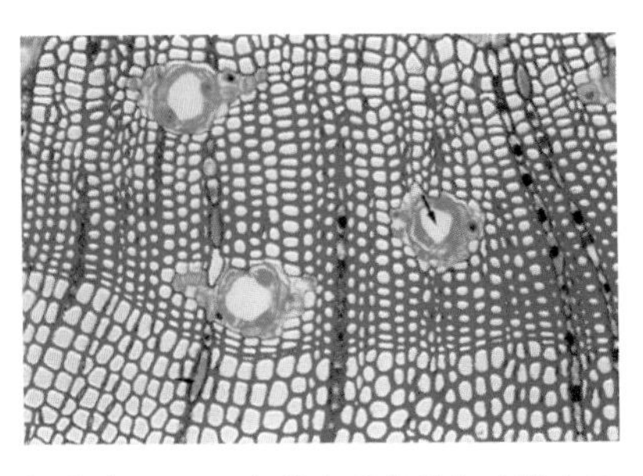

松属（*Pinus* sp.）茎木质部横切（箭头示树脂道）

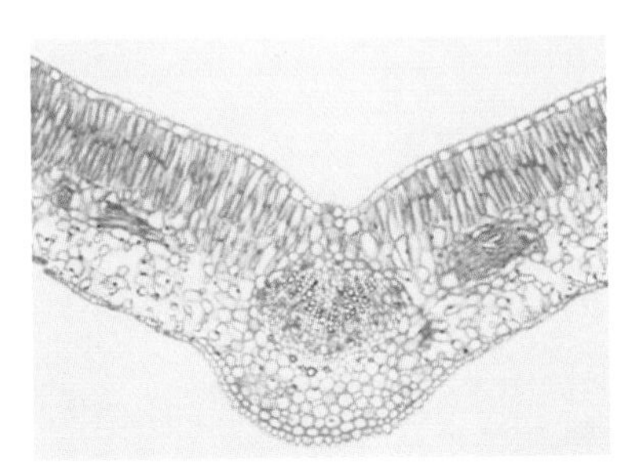

迎春（*Jasminum nudiflorum*）叶横切面

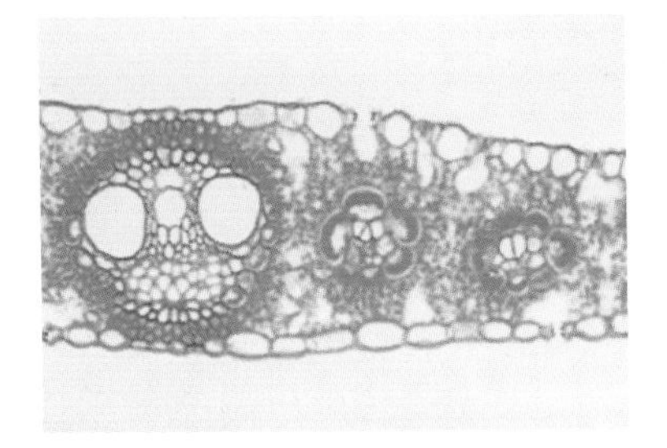

玉米（*Zea mays*）叶部分横切面

椴属（*Tilia* sp.）三年生茎横切面

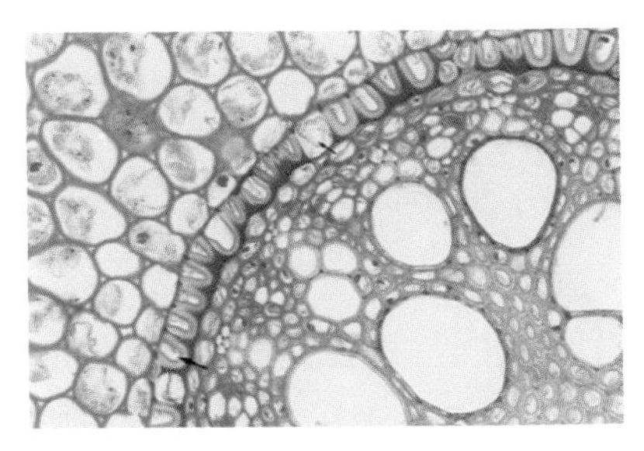

鸢尾（*Iris tectorum*）根横切面一部分

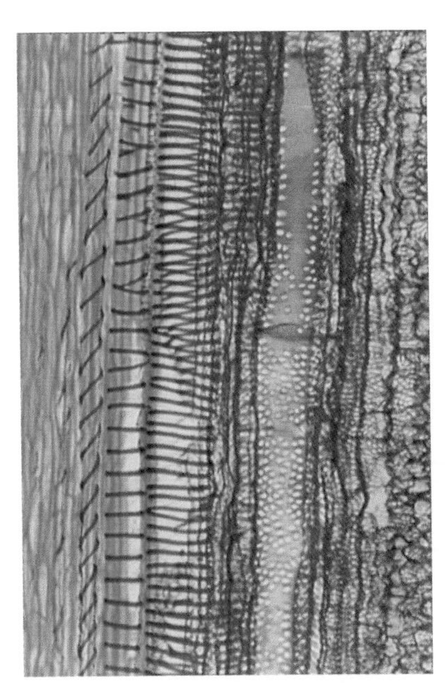

南瓜（*Cucurbita moschata*）茎纵切面

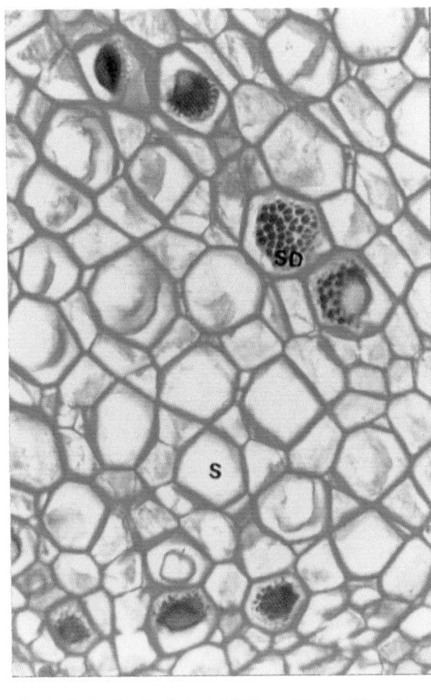

南瓜茎横切面（S示筛管，SD示筛板）

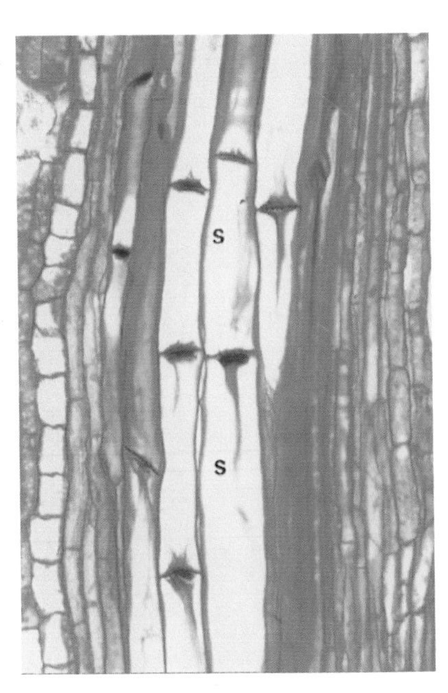

南瓜茎纵切面

"十二五"普通高等教育本科国家级规划教材

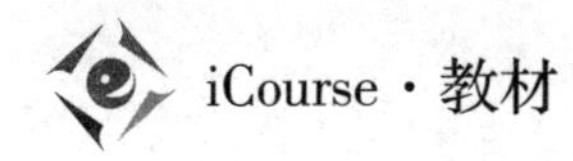

植物生物学（第4版）

ZHIWU SHENGWUXUE

主　编　周云龙　刘全儒

副主编　刘　宁　张金屯

编　者（按章节顺序排列）

周云龙　方　瑾　刘　宁　姜　帆　任海云

薛秀花　肖尊安　刘全儒　张金屯

高等教育出版社·北京

内容提要

《植物生物学》（第4版）教材保持了前3版综合性植物学知识体系的特点，内容涵盖了植物科学的各主要领域。新版教材的编写分为纸质教材和数字课程两大部分，更加丰富了知识的呈现形式，以利于教师的教学与学生自学。

纸质教材包括绪论和15章内容。绪论论述了植物生物学的基本含义和植物与人类的关系，简介了植物科学发展的主要历程，以及如何学习植物生物学的要求和方法。1~15章涉及的知识板块为植物细胞、组织、营养器官、水分代谢和矿质营养、光合作用、繁殖、生长发育及其调控，以及植物的多样性、植物界的各大类群及其系统发育和进化。考虑到我国植物学的教学情况，还对已经不属于植物界的真菌界进行了简要介绍。特别是在多个章节中配合教材正文的内容，又新撰写或修改了具有拓展学生思维、提高学生创新能力的20多个探索性的知识窗口。

数字课程（http://abook.hep.com.cn/45148）主要涵盖以下内容：①大量关于植物细胞、组织、藻类、苔藓植物、蕨类植物、裸子植物和被子植物的照片或录像，以加深、提高和拓展纸质教材相关章节的学习。②教学课件、各章内容的重难点解析，以及自测习题。③第十六章“植物与环境”及第十七章“植物资源的保护与利用”两章，可供植物生物学或其他相关课程的教学或学生自学参考。④科研专题报告和有关植物科学的网站，以及SCI期刊信息，以供师生查阅。

本书适合高等院校生物类专业“植物生物学”或“植物学”课程本科教学使用，也可供研究生、科研人员、中学生物教师及植物爱好者学习参考。

图书在版编目（CIP）数据

植物生物学/周云龙，刘全儒主编．--4版．--北京：高等教育出版社，2016.8（2025.1重印）

iCourse·教材

ISBN 978-7-04-045148-1

Ⅰ.①植… Ⅱ.①周…②刘… Ⅲ.①植物学-高等学校-教材 Ⅳ.①Q94

中国版本图书馆CIP数据核字（2016）第102081号

策划编辑 王 莉 高新景　　责任编辑 高新景　　封面设计 张志奇　　责任印制 存 怡

出版发行	高等教育出版社	网　　址	http://www.hep.edu.cn
社　　址	北京市西城区德外大街4号		http://www.hep.com.cn
邮政编码	100120	网上订购	http://www.hepmall.com.cn
印　　刷	三河市潮河印业有限公司		http://www.hepmall.com
开　　本	889mm×1194mm 1/16		http://www.hepmall.cn
印　　张	28		
字　　数	760千字	版　　次	1999年11月第1版
插　　页	2		2016年8月第4版
购书热线	010-58581118	印　　次	2025年1月第11次印刷
咨询电话	400-810-0598	定　　价	53.00元

物 料 号 45148-00

iCourse · 数字课程（基础版）

植物生物学

（第4版）

主编　周云龙　刘全儒

登录方法：

1. 访问http://abook.hep.com.cn/45148，进行注册。已注册的用户输入用户名和密码登录，进入“我的课程”。
2. 点击页面右上方“绑定课程”，正确输入教材封底数字课程账号（20位密码，刮开涂层可见），进行课程绑定。
3. 在“我的课程”中选择本课程并点击“进入课程”即可进行学习。课程在首次使用时，会出现在“申请学习”列表中。

课程绑定后一年为数字课程使用有效期。如有使用问题，请发邮件至：lifescience@pub.hep.cn。

用户名　　密码　　验证码　4025

进入课程

内容介绍　纸质教材　版权信息　联系方式

《植物生物学》（第4版）配套数字课程内容包括：（1）植物图片库，包括各类群代表植物的照片、部分显微照片，以及植物拉丁文发音。（2）教学课件、书中各章的重难点解析，以及习题自测。（3）部分植物学相关视频、录像。（4）“植物与环境”和“植物资源的保护与利用”两章，供师生选读。（5）国内外与植物科学有关的网站和SCI期刊，一些专家教授的专题学术报告。数字课程的这些内容是对纸质教材的补充和提升，不仅有助于同学们对植物生物学知识的拓展学习，还可以为教师组织教学、学生自学提供参考。

相关教材

植物生物学实验指导（第3版）

刘宁 刘全儒 等

高等教育出版社

http://abook.hep.com.cn/45148

《植物生物学》(第4版)编写分工

绪论,第七至十一章,十四至十五章　　周云龙

第一章　　方　瑾

第二、五章　　刘　宁

第三章　　姜　帆

第四章　　任海云　薛秀花

第六章　　肖尊安

第十二、十三、十七章　　刘全儒

第十六章　　张金屯

前　　言

《植物生物学》教材是20世纪90年代植物学课程内容改革的产物，自1999年作为普通高等教育"九五"国家级重点教材出版以来，至今已经走过了17个年头。经过多年持续建设，本教材先后被列入"面向21世纪课程教材"，"十五""十一五"国家级规划教材；2014年被列入"'十二五'普通高等教育本科国家级规划教材"和"北京市高等教育精品教材"。

从第1版开始，本教材就把编写目标定为反映学科先进水平、力求和国际接轨，吸收国际上一些先进的植物生物学教材的特点，如综合性的知识结构体系和重视知识更新，以及加强教材的启发性等。同时，在吸收国际先进元素的同时，又注意结合我国实际，认真吸取中国传统植物学教材重视基础和系统性、逻辑性较强的优点，满足中国植物学相关课程的教学需求。17年来，通过在我国多所高等学校的教学实践，本教材被证明在指导思想、教材结构和知识体系等方面是科学的，反映了目前植物科学的发展趋势和植物学人才培养的需要，对推动我国植物学课程改革和教学质量的提高起到了积极作用。因此，本教材一直受到许多高等学校广大师生的好评与支持，并在生物学相关专业人才培养和课程建设中发挥了重要作用。

教材是科学技术发展的成果和结晶，也是一个国家一定历史时期科技水平和教育教学思想的反映。由于科学技术永远都在发展，社会持续进步，特别是当代的科技发展更是史无前例、突飞猛进。因此，教材建设也必须与时俱进，应跟上时代步伐。任何一本好的教材，即使其内容和结构多么全面，它也只能在一定历史时期下表现出其先进性，它必须随着科学技术和教育教学思想的发展而不断地修订，才能不断地提升，才能保持其生命力。事实上，国内外一些优秀教材就是经多次修订再版，始终保持其科学性和先进性。我们也基本遵循这个规律和认识，对《植物生物学》教材基本按照5年进行一次修订，使其与植物科学的发展和教育教学改革相适应。

第4版教材保持了第3版教材在内容和结构体系上综合性的特点，把植物的形态结构、生理功能、植物类群、系统进化及其生态环境相结合，使学生能够从不同层次和不同方面获得全面的植物学知识，以加强培养学生科学地学习植物学知识和探究植物生命活动的思维方式；继续坚持教材基础课程的性质，保证教材的深厚知识基础，帮助学生打好植物科学的根基；坚持教材的可读性和启发性原则；保持教材内容编排的兼容性和教学使用上的灵活性等。综合来说，第4版教材的新变化和特点主要有以下两方面：

一、多方位进行知识更新，保持教材内容和信息的先进性

本次修订中我们全面审阅了教材内容，适度补充了植物科学的一些研究进展，对教材内容进行了多方位更新。例如更新我国在《中国植物志》《中国孢子植物志》和其他植物科学领域的重要出版物的新数据等。对教材中设置的知识"窗口"进行了较大的更新和调整，除对原有窗口的内容进行了修改及补充外，撤消了第3版中8个略显知识老化的窗口，将其内容融入教材主体之中。同时，根据植物科学的发展，又邀请了一些专家新撰写了5个窗口，如由中国科学院微生物研究所魏江春院士撰写的"真菌界学分类系统简介"，中国科学院植物研究所张立新研究员和迟伟研究员撰写的"光合作用研究进展"，中国科学院上海植物逆境生物学研究中心朱健康研究员撰写的"植物逆境生物学研究"，清华大学潘俊敏

教授撰写的“衣藻鞭毛与人体发育和疾病”，中国科学院植物所研究员刘春明研究员撰写的“植物顶端分生组织研究”，以及北京师范大学生命科学学院郭延平教授撰写的“表征分类和分支分类”等。这些新撰写的或其他修改的共几十个知识窗口反映了植物科学不同领域的研究成果或进展，对于拓展广大师生的知识视野有很大的启迪作用。对于第3版教材中光合作用一章进行了较大修改，使其更符合教学的目标和要求。在各章中还对一些具体内容进行了更新。此外，第4版教材的图版部分也进行了一些调整，以更方便师生学习阅读。彩色图版中也增加了一些比较珍贵的照片。

二、配套建设数字课程，拓展教材内容，满足在线学习及混合式教学需求

第3版教材中我们已经初步建设了植物生物学网络资源库，包括几百张各类孢子植物和裸子植物各类群代表植物的彩色照片、植物拉丁文发音、部分植物学视频资料录象教材，以及国内外有关植物研究领域的主要期刊。本次修订充分发挥现代网络资源在课程学习中的作用，加强了纸质教材配套数字课程的建设。第一，对纸质教材和数字课程内容进行了适当调整，将“植物与环境”和“植物资源的保护与利用”两章放入数字课程中，供师生选读。第二，为了加强同学们对植物生物学知识的理解和掌握，数字课程包括植物生物学各章的重难点解析，以及习题自测。第三，补充植物各类群图片库，包括植物的细胞与组织相关的数十张显微照片，以及北京师范大学校园植物照片、北京小龙门地区种子植物照片等。第四，提供植物生物学课堂教学课件，希望更好地和广大师生交流。第五，为了使师生了解和查阅有关植物科学领域的文献信息，我们收集了国内外与植物科学有关的网站和SCI期刊；第六，收录了一些专家教授的专题学术报告等。数字课程的这些内容是对纸质教材的有力补充和提升，不仅有助于同学们对植物生物学知识的拓展学习，还可以全面提升学生的自学能力和综合素质。

我们深知，教材建设绝不是少数几人所能完成的，特别是一本好的教材更是如此。我们编写的《植物生物学》教材首先是我国教育教学改革的产物，是我国广大植物学教师对课程教学改革思想的反映和体现。同时，我们在编写过程中自始至终都吸收了广大教师和专家的意见和建议，每次修订再版时都得到了广大教师的具体帮助，有许多内容还邀请了有关专家教授直接参与，如教材中的大多数知识“窗口”和一些珍贵的植物照片等。第4版教材的修订继续得到了许多教师和专家的支持与帮助，他们不仅对教材提出了许多宝贵的意见和建议，还为教材中的知识窗口提供了新的资料和信息，如中国科学院微生物研究所魏江春院士、中国科学院植物研究所马克平研究员和葛颂研究员、中国科学院水生生物研究所徐旭东研究员、上海师范大学生命科学学院王全喜教授、山西大学生命科学学院谢树莲教授、南京师范大学生命科学学院张光富副教授、中国海洋大学汤晓荣副教授等。在此，我们《植物生物学》教材编写组一并向他们表示衷心感谢，也向广大师生和所有读者的支持与厚爱表示深切谢意！

由于编者知识水平所限，本版教材难免还会存在一些问题和不足，恳请广大师生和同行继续在教学实践中进行检验，提出批评建议，帮助我们在今后的修订中进一步完善提高，共同为我国高水平、高质量的先进教材建设而努力。

编者

2016年3月

目　录

绪　论

第一章　植物细胞与组织

第二章　植物体的形态结构和发育

第三章　植物的水分生理和矿质营养

第四章　光合作用

第五章　植物的繁殖

第六章 植物的生长发育及其调控

第七章 生物多样性和植物的分类及命名

第八章 原核藻类(Prokaryotic algae)

第九章 真核藻类(Eukaryotic algae)

第十章　苔藓植物（Bryophyte）

第十一章　蕨类植物（Pteridophyte）

第十二章　裸子植物（Gymnosperm）

第十三章　被子植物（Angiosperm）

第十四章　植物的进化和系统发育

第十五章　真菌界(Kingdom Fungi)

第十六章　植物与环境 ℮

℮内容详见配套教学课程。

第十七章 植物资源的保护与利用

绪　论

内容提要 绪论是一本教材的导入篇。这里简述了植物科学的一些基本问题，如什么是植物？哪些生物属于植物？人们对植物在生物分界系统中的地位是怎样认识和发展的？这里既介绍了国内外不同学者的观点，又提出了作者自己的看法，可为读者提供一个自由思考和讨论的空间。对于植物在自然界中的作用及其与人类的关系，以及它们在国民经济发展中的重要意义等也作了简要分析。同时，还注重对植物科学史的介绍，分析了植物科学从描述植物学到实验植物学再到现代植物学的发展过程及其在21世纪可能的发展趋势等。绪论中对如何学好植物生物学提出了明确的要求和建议。

第一节　植物在自然界和人类生活中的意义

植物是生物圈中一个庞大的类群，有数十万种，广泛分布于陆地、河流、湖泊和海洋中，它们在生物圈的生态系统、物质循环和能量流动中处于最关键的地位，它们在自然界中具有不可替代的作用。

第一，植物是自然界中的第一性生产者，即初级生产者。植物含有叶绿素，可通过光合作用把太阳能转化为化学能，并以各种形式储存能量，如形成糖类、蛋白质、脂肪等。这些物质是自然界中各类生物赖以生存的物质基础，也是人类赖以生存的食物和生活物质来源。据统计，地球陆地上各种生物生态系统的面积约有 14.9 亿 km^2，净初级生产力为 1.15×10^{15} kg/年；海洋面积约为 51 亿 km^2，净初级生产力为 1.70×10^{15} kg/年（Whittaker，1975）。人类和其他各类生物的生存直接或间接依靠绿色植物提供各种食物和生存条件。据推算，地球上的植物为人类提供了约 90% 的能量和 80% 的蛋白质，而人类食物中有 90% 产于陆生植物。人类的食物有3 000多种，其中作为粮食的植物有 20 多种。植物也是药材的重要来源，仅中国就有 5 000 种以上的药用植物；在其他一些国家，常用的药物主要是从 90 种植物中提取的 119 种化合物。中国市场上，以中草药为主的药品则占一半以上。特别是以绿色植物为主体的生态系统，其功能和经济效益是巨大的。据研究，地球上16 类生物群系（biome）具有 17 大生态功能与效益，年生产总值达 3.3×10^{12} 美元，相当于全球 1994 年生产总值的 1.8 倍。有人对中国生态系统的效益价值估算为 5.4×10^{12} 元人民币，其中陆地生态系统为 3.3×10^{12} 元人民币，海洋生态系统为 2.1×10^{12} 元人民币，相当于 1994 年中国全国生产总值的 1.2 倍。我国 1998 年在长江流域和东北的松嫩流域发生的特大洪水，在很大程度上是由于中、上游的森林生态系统遭到破坏，丧失了水土保持和水源涵养的功能，而中游的湖泊、湿地生态系统丧失了水分调节功能所致。由此看出，包括植物在内的各类生态系统的功能和效益的价值化将被纳入各国的市场与经济体系，并使经济体系产生革命性的变革。总之，人类的衣、食、住、行等各个方面都离不开植物。

第二，植物在维持地球上物质循环的平衡中同样也起着不可替代的作用。如通过光合作用过程吸收大量的 CO_2 和放出大量的 O_2，以维持大气中 CO_2 和 O_2 的平衡（现在大气中 O_2 占 21%，CO_2 占

0.03%);植物通过合成与分解作用参与自然界中氮、磷和其他物质的循环和平衡等(见第十六章)。

第三,植物为地球上其他生物提供了赖以生存的栖息和繁衍后代的场所。

第四,植物在调节气温、水土保持、防风治沙,以及在净化生物圈的大气和水质等方面均有极其重要的作用。

总之,植物在自然界中是第一性生产者,是一切生物(包括人类)赖以生存的物质基础,为一切真核生物(包括需氧原核生物)提供生命活动所必需的氧气和生存环境,维持着自然界中的物质循环和平衡。甚至可以说,没有了植物,其他的生物(包括人类)也将不能生存。

第二节 植物在生物分界中的地位

学习植物生物学,首先需要认识什么是植物这个最基本的问题。在我们生存的这个星球上存在着各种各样的生命形式,植物(plant)就是其中最重要的一大类。人类对植物的认识由来已久,在把握植物和其他生物的区别时,主要都是以植物含有叶绿素,可以进行光合作用,具有细胞壁,而且是固着生活为基本特征的。但是随着科学技术的发展,人们对植物和其他生物的认识也在不断地加深,对植物的确定特征和它所包括的类群也不断地有了新的看法。为此,在学习植物生物学时,有必要对生物如何分界以及植物在生物分界中的地位予以简要介绍。

一、林奈的两界系统

早在2 000多年前,人类在生产实践和生活中已初步认识到植物和动物的区别。200多年前,现代生物分类的奠基人,瑞典的博物学家林奈(Carolus Linnaeus,1707—1778)(图绪-1)在《自然系统》(Systema Naturae,1735)一书中明确地将生物分为植物和动物两大类,即植物界(Kingdom Plantae)和动物界(Kingdom Animalia)。他于1753年发表的巨著《植物种志》中把植物分成24纲,把动物分成6纲。这就是通常所说的生物分界的两界系统。这在当时的科学技术条件下是有重大科学意义的。至今,许多植物学和动物学教科书仍沿用该两界系统。

二、海克尔的三界系统

19世纪前后,显微镜的发明和广泛使用,使得人们发现有些生物兼有动物和植物两种属性,如裸藻、甲藻等。它们中的一部分种类既含有叶绿素,能进行光合作用,同时又可以运动。裸藻还没有细胞壁,有的种类进行异养生活。特别是又发现曾列入植物中的黏菌类在其生活史中有一个阶段为动物性特征(营养时期为裸露的原生质团,可发生变形运动),另一个阶段为植物性特征(无性生殖时期形成孢子囊和产生具细胞壁的孢子)。在探索和解释这些矛盾的过程中,1860年,霍格(Hogg)提出将所有单细胞生物,所有藻类、原生动物和真菌归在一起,成立一个原始生物界(Kingdom Protoctista);1866年,德国的著名生物学家海克尔(Haeckel,1834—1919)提出成立一个原生生物界(Kingdom Protista)。他把原核生物、原生动物、硅藻、黏菌和海

图绪-1 林奈(Carolus Linnaeus)

林奈(1707—1778)一生共出版了180种著作,其中在植物方面的代表著作有《自然系统》(1735)、《植物学基础》(1736)、《植物属志》(1737)、《植物纲志》(1737)、《植物种志》(1753)等,并完善和正式使用了双名法

绵等，分别从植物界和动物界中分出，共同归入原生生物界。这就是生物分界的三界系统（图绪 -2）。海克尔和霍格的三界系统内容基本相同。不过，海克尔的三界系统在当时直至20世纪中叶并未被德国和国际上接受和采用。此外，Dodson在1971年也提出了另一个由原核生物界、植物界和动物界组成的三界系统。

图绪 -2 海克尔的三界系统(1866)(自梁家骥等)

1. 原核生物 2. 原质虫类(原生动物) 3. 鞭毛生物(原生动物) 4. 硅藻 5. 黏菌 6. 黏壳虫类(原生动物) 7. 根足虫类(原生动物) 8. 海绵动物 9. 原始植物(绿藻类) 10. 红藻类 11. 褐藻类 12. 轮藻类 13. 真菌及地衣 14. 茎叶植物 15. 腔肠动物 16. 棘皮动物 17. 关节动物 18. 软体动物 19. 脊椎动物

三、魏泰克的四界和五界系统

1959年，魏泰克（Whittaker，1924—1980）提出了四界分类系统，他将不含叶绿素的真核菌类从植物界中分出，建立一个真菌界（Kingdom Fungi），而且和植物界一起并列于原生生物界之上（图绪 -3）。10年后（1969），魏泰克在他的四界系统的基础上又提出了五界系统，将四界系统中的原生生物界的细菌和蓝藻分出，在原生生物界之下，建立一个原核细胞结构的原核生物界（Kingdom Monera）（图绪 -4）。魏泰克的五界系统影响较大，流传较广。但是也有不少学者对魏泰克的四界和五界系统中的原生生物界存在质疑和反对意见，因为它所归入的生物比较庞杂、混乱。我国真菌学家邓叔群在1966年指出："所谓的原生生物只不过是各种低等生物的混合"。1978年，我国藻类学界在讨论中国藻类志编写系统时，决定不把原生生物界作为一个自然的分类群。魏泰克的四界和五界系统的优点是既在纵向上显示了生物进化的三大阶段，即原核生物、单细胞真核生物（原生生物）和多细胞真核生物（植物界、真菌界、动物界）；同时又从横向显示了生物演化的三大方向，即光合自养的植物、吸收方式的真菌和摄食方式的动物。

1974年，黎德尔（Leedale）提出了另一个四界系统，他去掉了原生生物界，而将魏泰克五界系统中的原生生物分别归到植物界、真菌界和动物界中。在他的四界系统图中，还用一条弧线表示单细胞真核生物（原生生物）的水平。

此外，Margulis 和 Schwartz 也提出了一个五界系统，其内容基本和魏泰克的相同，但他们把所有的真核藻类都归入原生生物界中，而植物界仅包括苔藓植物、蕨类植物、裸子植物和被子植物。

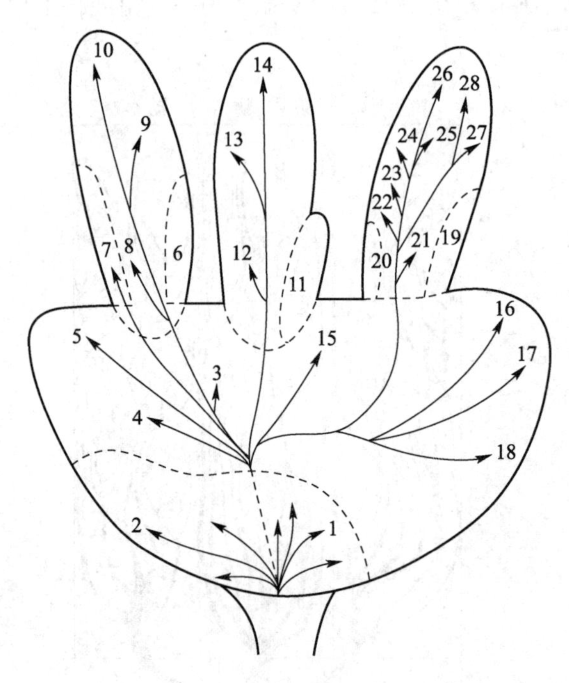

图绪 - 3　魏泰克的四界系统图(1959)(自梁家骥和汪劲武)

1. 细菌　2. 蓝藻　3. 裸藻　4. 甲藻　5. 金藻　6. 红藻　7. 褐藻　8. 绿藻　9. 苔藓植物　10. 维管植物　11. 黏菌　12. 藻状菌　13. 子囊菌　14. 担子菌　15. 孢子虫　16. 动鞭毛虫　17. 纤毛虫　18. 肉足虫　19. 海绵动物　20. 中生动物　21. 腔肠动物　22. 扁形动物　23. 线形动物　24. 软体动物　25. 环节动物　26. 节肢动物　27. 棘皮动物　28. 脊椎动物

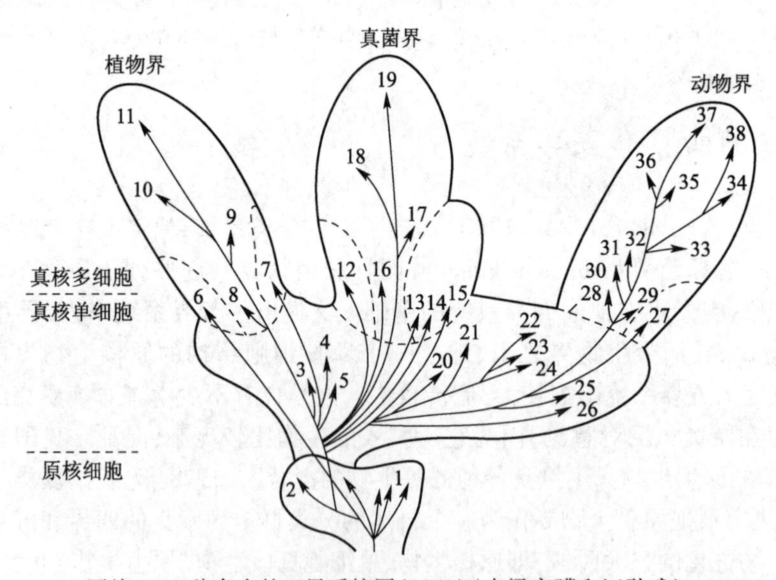

图绪 - 4　魏泰克的五界系统图(1969)(自梁家骥和汪劲武)

1. 细菌　2. 蓝藻　3. 裸藻　4. 金藻　5. 甲藻　6. 红藻　7. 褐藻　8. 绿藻　9. 轮藻　10. 苔藓植物　11. 维管植物　12. 卵菌　13. 黏菌　14. 集胞黏菌　15. 网黏菌　16. 壶菌　17. 接合菌　18. 子囊菌　19. 担子菌　20. 丝壶菌　21. 根肿菌　22. 孢子虫　23. 丝孢虫　24. 动鞭毛虫　25. 肉足虫　26. 纤毛虫　27. 海绵动物　28. 中生动物　29. 腔肠动物　30. 扁形动物　31. 线形动物　32. 有触手类　33. 毛颚动物　34. 棘皮动物　35. 环节动物　36. 软体动物　37. 节肢动物　38. 脊索动物

四、六界和八界系统

1949 年，捷恩（Jahn）提出将生物分成后生动物界（Metazoa）、后生植物界（Metaphyta）、真菌界、原生生物界、原核生物界和病毒界（Archetista）的六界系统。1990 年，布鲁斯卡（Brusca）等提出另一个六界系统，即原核生物界、古细菌界（Archaebacteria）（包括产甲烷细菌等）、原生生物界、真菌界、植物界和动物界。1989 年，卡瓦勒 - 史密斯（Cavalier-Smith）提出了生物分界的另一个八界系统，将原核生物分成古细菌界和真细菌界（Eubacteria）两个界；把真核生物分成古真核生物超界和后真核生物超界（Metakaryota）。前一超界仅有一个古真核生物界（Archezoa），后一超界有原生动物界、藻界[Chromista，其中包括隐藻（Cryptophyta）和有色藻（Chromophyta）两个亚界]、植物界、真菌界和动物界。

五、三域系统

上述的各种生物分界系统虽然各有不同，但其依据主要为营养方式、形态和细胞结构。20 世纪 70 年代末以来，分子生物学的研究与发展对上述的分界系统提出了挑战。如伍斯（Woese）等人对 60 多株细菌的 16S rRNA 序列进行比较后发现，产甲烷细菌完全没有作为细菌特征的那些序列，于是提出了“古细菌”的生命形式。随后，他又对大量的原核和真核菌株进行了 16S rRNA 序列的测定和比较分析，发现极端嗜盐菌和极端嗜酸嗜热菌与甲烷细菌一样，它们的序列特征既不同于其他细菌，也不同于真核生物，而它们之间则具有许多共同的序列特征。这样，他就提出将生物分为三界，后来改为三域理论，即古细菌（Archaebacteria）、真细菌（Eubacteria）和真核生物（Eukaryotes）3 个域。1990 年，他为了避免人们把古细菌也看作是细菌的一类，又将其改称为细菌（Bacteria）、古菌（Archaea）和真核生物（Eukaryotes）。早在 1981 年，伍斯等人就根据某些代表生物的 16S rRNA（或 18S rRNA）的序列比较，首次提出了一个涵盖整个生命界的生命系统树，后来，又进行了多次修改和补充。该系统树图（图绪 - 5）的根部代表地球上最早出现的生命，它们是现代生物的共同祖先。rRNA 序列分析表明，这些最早出现的生命最初先分成两支：一支发展为现今的真细菌，另一支发展为古菌 - 真核生物。后来，古菌（古细菌）和真核生物分化产生两个谱系。该系统树还表明古菌和真核生物为“姊妹群”，它们之间的关系比它们和真细菌之间的关系更密切。伍斯的三域生物系统提出后，在国际上引起了极大的影响和关注。人们对 rRNA 序

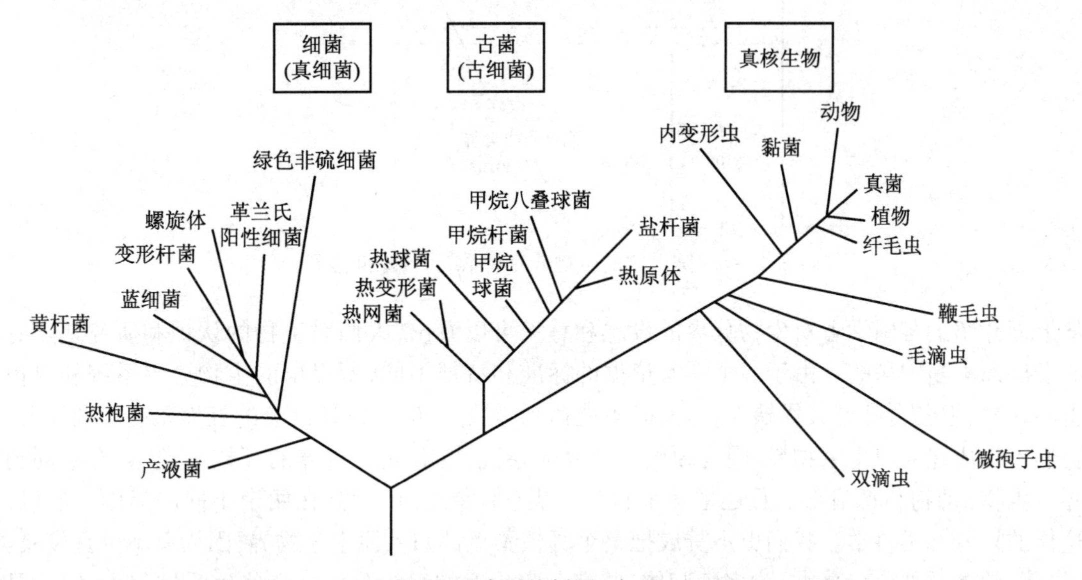

图绪 - 5　三域系统和生命系统树图（自 Olsen 和 Woese，1993）

列继续进行了广泛的测定与比较,同时,还结合研究了包括表型特征在内的其他特征,这些特征的研究结果也在一定程度上支持伍斯三域生物系统的划分。三域理论的建立和发展,不仅从分子水平上对生物分界的划分进行了新的探讨,而且对于研究生命的起源和生物的进化也具有重要的科学价值。当然,该理论仍然需要进行进一步和更全面的长期探讨,并接受更多的检验。

六、中国学者对生物分界的意见

中国学者对于生物分界也提出了许多意见。如 1966 年,邓叔群曾主张根据生物的 3 种营养方式把生物分为植物界(光合自养)、动物界(摄食)和真菌界(吸收)。1965 年,胡先骕提出将生物分为始生总界(Protobiota)和胞生总界(Cytobiota),前者仅包括无细胞结构的病毒,后者包括细菌界、黏菌界、真菌界、植物界和动物界。他抛弃了原生生物界,并把菌类分为 3 个界。1979 年,陈世骧根据生命进化的主要阶段,将生物分为 3 个总界的五界或六界的新系统,即非细胞总界(Superkingdom Acytonia),仅为病毒;原核总界(Superkingdom Procaryota),包括细菌界和蓝藻界;真核总界(Superkingdom Eucaryota),包括植物界、真菌界和动物界(图绪 -6)。王大耜等(1977)也提出了在魏泰克的五界系统的基础上增加一个病毒界的六界系统 。但目前在国内外对于病毒是否属于生物以及病毒是否比原核生物更原始尚有争议。正如陈世骧所说:“它们是非细胞形态的生物,但不一定代表非细胞阶段的生物。”他还说明:“在病毒起源尚难解决,病毒历史尚难总结之前,非细胞总界也可暂不设立,而把病毒寄放在细菌界内。”

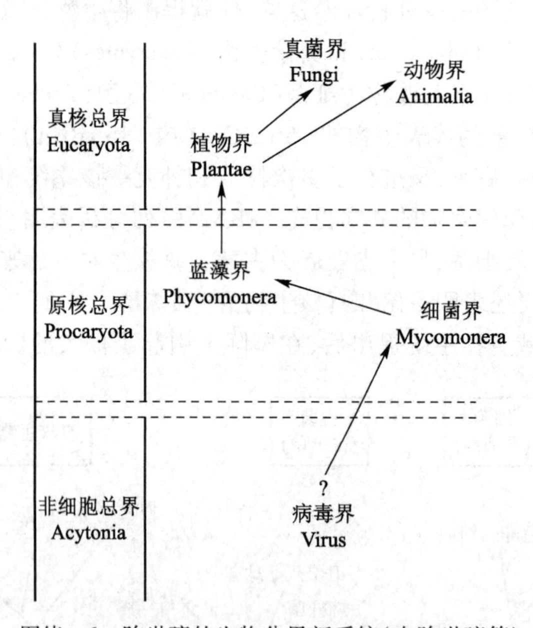

图绪 -6 陈世骧的生物分界新系统(自陈世骧等)

从上面介绍的各国学者对生物分界的设想和意见可以看出,人们对生物的认识和研究是随着科学技术的发展而不断加深的。由于各个学者依据的标准和特征不同,所提出的生物分界系统和对植物的概念也不一样,但各自都有其优缺点,目前尚不能达到一致。其中,以魏泰克的五界系统影响较大。

我们不赞成建立原生生物界,因为原生生物界太杂乱,既有光合自养的真核藻类,又有不同类型的真核异养生物(动物和真菌),而且还把一个自然门类(如绿藻门)拆分在两个不同的界中。所以,我们认为这样的划分并不科学。我们更不赞成把整个真核藻类都归入原生生物界,因为有不少真核藻类(如褐藻、红藻、轮藻及部分绿藻类)为多细胞体,并有一定程度的组织分化。有些生物体很大,它们是不宜归入到真核单细胞的原生生物界的。我们赞成魏泰克的分界思想,主要以3种不同的营养方式对生物进行分界,同时也考虑到地球生物的进化水平(如原核与真核生物)。我们主张把生物划分为两大进化水平(或总界),一为原核的原核生物界(或总界),包括蓝藻、细菌、古细菌和放线菌等(也可把它们各自划分为界);一为真核生物界(或总界),再按照3种不同的营养方式把它们分为光合自养的植物界、吸收方式的真菌界和摄食方式的动物界;在植物界中主要包括各门真核藻类、苔藓植物、蕨类植物、裸子植物和被子植物。

第三节 植物生物学的研究对象以及学习植物生物学的重要意义

一、植物生物学及其研究对象

植物生物学(plant biology, biology of plant)是一门具有综合性植物学基础知识的课程。植物生物学的研究对象是整个植物界,它的基本任务是在不同层次上认识和揭示植物界各类群植物的结构和生命活动的客观规律,即从分子、细胞、器官到整体水平的结构与功能、生长与发育、生理与代谢、遗传与进化以及植物与环境的相互影响等规律。植物生物学在研究方法与手段上是宏观研究与微观研究的有机结合。

我国的植物生物学是在20世纪90年代以后随着生命科学的飞速发展,在传统植物学的基础上发展起来的。二者相比,植物生物学和植物学并没有质的差异,但植物生物学在理念上更加强调植物科学基础知识的综合性和知识间的内在联系,并在内容上有了新的拓展和深化,加强了植物的形态结构与生理功能的联系,加强了植物的个体发育与系统发育的联系,加强了植物与环境的联系。

作为生命科学基础课程的植物生物学,由于具体的研究对象和研究重点的不同,还可分为许多分支学科,如植物解剖学(plant anatomy)或结构植物学(structural botany)、植物分类学(plant taxonomy)、植物细胞学(plant cytology)、植物生态学(plant ecology)、植物生理学(plant physiology)、植物遗传学(plant genetics)、发育植物学(developmental botany)、植物系统与进化植物学(plant systematic and evolutionary botany)、植物群落学(plant coenology)、藻类学(phycology)、苔藓植物学(bryology)、蕨类植物学(pteridology)、维管植物学(vascular botany)、种子植物学(seed botany)、植物胚胎学(plant embryology)或植物生殖生物学(plant reproduction biology)、古植物学(paleobotany)、植物资源学、植物化学(phytochemistry)、药用植物学和应用植物学等。近代,由于分子生物学的兴起和发展,又产生了植物分子系统学、植物分子生态学、植物分子遗传学等。不同的分支学科,其研究的具体内容和层次也是不同的,有的侧重于宏观,有的侧重于微观,但基本上都是既有宏观研究又有微观研究的内容。现在,植物生物学和各个分支学科的发展趋势是,既在宏观和微观的两个研究方向上向更高层次继续深入发展,同时各分支学科的界限又逐渐淡化,更趋于宏观研究和微观研究的结合与渗透。事实表明,只有宏观与微观紧密结合,相互配合,才能更好地探讨植物生命的本质和规律。

二、学习植物生物学的目的和意义

(一)植物生物学是生命科学的重要基础

植物生物学是生命科学的重要基础课,它既是任何一个生命科学工作者应该具备的基础知识和基本素质,也是为生命科学专业的学生进一步学习其他生命科学的专业课程和植物生物学各个分支学科的课程(如细胞学、生态学、遗传学、分子生物学、植物发育学、植物系统与进化植物学、植物分子系统学、生物信息学、植物生殖生物学、藻类学、苔藓植物学和蕨类植物学等)及有关的科学研究,在理论知识和方法技术上奠定一定的基础。

(二) 植物生物学与国民经济发展和解决人类面临的重大问题关系密切

植物和人类的关系极为密切,人类的衣食住行都离不开植物,人类的生存与发展也离不开植物。学习植物生物学的基本知识,不仅可以使我们能够更好地去揭示植物生命活动的本质和规律,而且和国民经济的发展关系密切,与研究解决全球人类面临的许多重大问题关系密切,如粮食紧缺、能源危机、环境恶化和生物多样性减少等。

人类社会发展的历史表明,在植物生物学领域中一些基础理论研究的突破,常常可以带来农业生产的技术革新。如光合生产率理论的研究结果,创造了粮食生产中矮化密植的栽培技术,并配合品种改良和植物保护等措施,使20世纪中叶粮食生产大幅度增产,形成了农业生产的基本格局,即所谓“绿色革命”。通过对植物区系、植物资源、植被和珍稀濒危物种的调查研究,为农业区划、工业发展和城市建设提供了科学依据。通过植物细胞和组织培养、植物基因工程和分子生物学的研究,可以为农业和林业上的品种改良和新品种培育开辟新的前景。古植物学的研究,可为开采煤、开采石油和其他矿藏资源提供科学依据。通过植物生物质能源的研发,可以为缓解世界能源危机开辟新的途径。通过对不同植物的实验筛选,可发现对污染物敏感或具超强抗污染特性的植物,以用于对环境的生物监测和对污染物的净化与生态修复。通过植物化学的研究,还可为寻找和开发植物药物资源提供依据。通过植物多样性和外来入侵生物的调查研究,可为保护人类和其他生物的生存,保护丰富的生物基因库等提供科学依据。

第四节　植物科学的发展简史和当代植物科学的发展趋势

植物科学同其他科学一样,有一个发生和发展的过程。回顾植物科学的发展史,可以大体分为描述植物学、实验植物学和现代植物学3个主要时期。各时期的主要成就和特点简介如下。

一、描述植物学时期

植物科学的创立和发展是和人类对植物的利用程度密不可分的。自从人类有了利用植物的活动,也就有了植物科学知识的萌芽。例如,在我国和瑞士等国家新石器时代人类的居室里就发现了小麦、大麦、粟、豌豆等多种植物的种子。随着人类生产实践活动的发展,积累的植物学知识不断增多,有关植物学的著作也不断问世。一般认为植物学的奠基著作是希腊的特奥弗拉斯托(Theophrastus,公元前371—公元前286)所著的《植物的历史》(Historia Plantanum)和《植物本原》(De Causis Plantanum)两本书,这两本书中记载了500多种植物。意大利的塞萨平诺(Caesalpino,1519—1603)根据植物的习性、形态、花和营养器官等性状对植物进行分类,并在《植物》一书中记述了1 500种植物。瑞士的鲍欣(Bauhin,1560—1624)出版了《植物界纵览》一书,并用属和种进行分类,在属名后接“种加词”来命名植物。1672年,英国的格鲁(Grew,1641—1712)出版了《植物解剖学》一书。1677年,荷兰的列文·虎克(Leeuwenhoek,1632—1723)用自制的显微镜进行了广泛的生物观察。1690年,英国的雷(Ray,1627—1705)首次给物种下定义,依据花和营养器官的性状进行分类,并用一个分类系统处理了18 000种植物。在这一历史时期内,农业和林业生产也有了很大发展,即使是在黑暗的宗教统治下,农业技术也发展很快。

总之,从特奥弗拉斯托所处时代到17世纪近2 000年的时间内,植物科学从创始到不断积累和发展,其研究的内容主要是认识和描述植物,积累植物学的基本资料和发展栽培植物。这个时期植物学的特点主要是采用描述和比较的方法,对植物界的各种类型加以区别,确定这些类别的界限。同时,形成了重要栽培植物的农业格局,形成了粮食作物、药用植物、果树、花卉、蔬菜及各种经济作物的栽培、林业经营和牧场管理等生产体系。植物学对这一历史时期的农业发展做出了重要贡献。

二、实验植物学时期

从18世纪至20世纪初的100多年为实验植物学时期。18世纪早、中期,植物学主要还是继续记述新发现的植物种类和建立植物的分类系统,其主要成就是林奈于1735年出版的《自然系统》一书。在这本书中,林奈把自然界分成植物界、动物界和矿物界,并将动物和植物按纲、目、属、种、变种5个等级归类,特别是他在1753年发表的《植物种志》中对7 300种植物正式使用了双名法进行命名。18世纪后半叶以后取得了许多重要的实验植物学的成就。如瑞士的塞内比尔(Senebier,1742—1809)证明光合作用需要CO_2。瑞士的索绪尔(Saussure,1767—1845)于1804年指出绿色植物可以阳光为能量,利用CO_2和H_2O为原料,形成有机物和放出O_2。英国的布朗(Brown,1773—1858)于1831年在兰科植物细胞中发现了细胞核。德国的施莱登(Schleiden,1804—1881)于1838年发表了《植物发生论》,他指出细胞是植物的结构单位。德国的施旺(Schwann,1810—1882)于1839年出版了《关于动植物的结构和生长一致性的显微研究》,与施莱登共同建立了细胞学说。德国化学家李比希(Liebig,1803—1873)于1843年出版了《化学在农业和生理学上的应用》,创立了植物的矿质营养学说。

特别需要指出的是,1859年,英国伟大的自然科学家达尔文(Darwin,1809—1882)发表的《物种起源》和后来的其他著作,创立了进化论,批判了神创论。他把整个生物界看作是一个自然进化的谱系,直接推动了19世纪植物分类学的发展,使植物分类学开始建立在科学的、反映植物界进化的真实情况的系统发育的基础上,进一步完善了植物界大类群的划分,并促使独立形成了真菌学、藻类学、地衣学、苔藓植物学、蕨类植物学和种子植物分类学等各分支学科。

19世纪能量守恒定律的发现,进一步促进了植物生理学去研究植物生命活动中的能量关系、呼吸作用、光合作用、矿质营养和水分的运输等重大问题。这些原理在农业上的应用也获得了显著的效果。

农业上的育种实践、植物受精生理学说的建立,使植物遗传学得到了迅速发展。1866年,孟德尔(Mendel,1822—1884)的《植物杂交试验》揭示了植物遗传的基本规律。约翰逊(Johannsen,1875—1927)阐明了纯系学说。德弗里斯(De Vries,1848—1935)提出了突变论。特别是美国的摩尔根(Morgan,1866—1945)于1926年在《基因论》这本书中总结了当时的遗传学成就,完成了遗传学理论体系。与此同时,植物生态学也得到了迅速发展。

总之,植物学经过18世纪,特别是19世纪和20世纪初期的发展,已由描述植物学时期发展到主要以实验方法了解植物生命活动过程的时期。植物学已形成了包括植物形态学、植物解剖学、植物分类学、植物生理学和植物生态学等许多分支学科的科学体系。同时,植物学在这一时期对现代农业体系的形成也做出了重要贡献,促使农业生产技术发生了根本性变化,推动了以品种改良、高产栽培、大量使用农药和化肥以及机械化为标志的现代农业体系的形成。这是实验植物学时期对生产实践所起的显著作用。

应该指出,这一时期植物科学的发展是和19世纪的三大发现(进化论、细胞学说、能量守恒定律)有密切关系的。显微镜和实验技术的发展,对植物科学的发展起了极其重要的作用。

三、现代植物学时期

从20世纪初至今为现代植物学时期。19世纪科学技术的迅速发展,为20世纪植物科学的巨大变革创造了条件。许多生命过程所显示的运动形式得到了解释,特别是确定了DNA为遗传的物质基础,并阐明了DNA的双螺旋结构之后,分子遗传学带动了植物学和整个生物学的迅速发展。这一时期的最大特点就是应用先进技术从分子水平上去研究生命现象。所以,这一时期可以概括为分子生物学的时期（植物科学，1993）。近30多年来，分子生物学和近代技术科学，以及数学、物理学、化学的新概念和新技术被引入到植物学领域，植物科学在微观和宏观的研究上均取得了突出成就，无论在研究的深度和广度上都达到了一个新的水平。在微观的研究上，由于发现了一批用于分子生物学研究的模式植物，如被子植物中的拟南芥（*Arabidopsis thaliana*）、金鱼草（*Antirrhinum majus*）、短柄草（*Brachypodium distachyon*）、蒺藜苜蓿（*Medicago truncatula*）和烟草（*Nicotiana tabacum*）等，蕨类植物中的水蕨（*Ceratopteris* sp.），苔藓植物中的小立碗藓（*Pyhsomitrella patens*）等，都在探讨植物生长发育的分子机制上取得了大量成果。一些原核模式生物，如集胞藻（*Synechocystis* sp.）PCC 6803、鱼腥藻（*Anabaena*）7120等，也在探究和解析植物复杂的生命活动中取得了重要成就。对模式植物拟南芥和金鱼草的分子生物学的研究，已使植物发育生物学的研究面貌一新，特别是一系列调控基因的发现与克隆，为了解植物发育过程及其调控机制增加了大量新知识。如利用拟南芥已分离到多种影响开花时间的突变体，其中一些基因促进开花，包括 *CONSTANS*（*CO*）、*LUMINIDEPENDENS*（*LD*）、*FCA*、*ELF* 等；另有一些基因则抑制开花，如 *EMF1* 等。近年来，在植物发育分子生物学研究中取得的重大突破之一，就是有关花发育中调控各类花器官形成的器官特征基因（organ identify gene）的克隆及其功能分析。在植物生殖生物学的研究上也取得了重大进展，如配子识别、配子分离、配子融合和人工培养合子等均获成功，已可在离体条件下观察受精过程中的变化。同时，在宏观的研究上，如生态学、植物（生物）多样性的研究等领域也取得了重大进展。总之，近30多年来，特别是近20多年来植物科学发展迅速，其中对植物科学发展影响最大、最深刻的就是分子生物学及其技术。这是现代植物学时期的一个明显特点。植物科学在一些研究领域取得了突破性成果，每年发表的论文均达数万篇。

进入21世纪，现代植物科学的发展更加突飞猛进，其发展趋势主要表现在以下3个方面：

第一，现代植物科学的发展已经进入到两极分化与趋同性的阶段，一方面在微观领域进一步探索生物分子水平的结构、过程与机制，以揭示生物界的高度的同一性；另一方面继续在宏观领域生物圈的水平上发展对大气圈、水圈、岩石圈相互作用的认识，而且还将会跨出地球，进入外层空间，研究宇宙射线的作用与无重力世界中的生命行为。上述两方面（两极）的研究与发展又相互融合。在这种分化与融合的过程中，人类会进一步深化对植物界的复杂性、多样性与同一性的认识，这些认识将会大大丰富植物科学的内容，而且还会产生一系列新的分支学科，形成现代植物科学的体系。

第二，植物科学中传统的各分支学科彼此交叉渗透，各分支学科间的界限逐渐淡化，而且植物科学也与其他生物学科或非生物学科间进行交叉渗透和相互影响、相互推动。植物科学将在这种广泛的交叉渗透中得到更大的发展。

第三，植物科学的研究（包括微观领域和宏观领域）和所获得的成果将会与解决人类面临的人口增长、粮食和能源短缺、环境污染、生物多样性减少、人类和其他生物的生存环境日益恶化等重大问题更为密切地相互联系，并在解决这些重大问题中发挥作用。

四、中国植物生物学发展的简要回顾

中国古代植物科学的成就辉煌，特别是公元前到公元5—6世纪，有许多植物科学的巨著产生，在国际上影响很大。如起草于东汉、成书于西汉的《神农本草经》是世界上最早的本草学著作，其中记述了植物性药物252种；北魏贾思勰的《齐民要术》（成书于公元533—544）总结了秦汉以来中国黄河中、下游的农业生产经验；明代李时珍（1518—1593）的《本草纲目》记述了1 892种药物，其中各类植物1 195种。但是，由于19世纪中叶以后中国逐步沦为殖民地和半殖民地，植物科学的发展受到严重影响。近代中国的植物科学主要是由西方引入，可以由1858年李善兰（1811—1882）和英国人韦廉臣（1829—1890）合编出版的《植物学》作为起点。20世纪初至30年代，从西方和日本留学回国的一些植物学家开展了本国植物学的研究和教育工作，他们和最早的一批学生成为我国植物学的奠基人，如钟观光、钱崇澍、戴芳澜、胡先骕、李继侗、罗宗洛和秦仁昌等。1923 年，邹秉文、胡先骕、钱崇澍编著了《高等植物学》，1937 年，陈嵘出版了《中国树木分类学》等。其中，发展最快的为植物分类学，随后，植物生理学、植物形态学、藻类学、真菌学、生态学和细胞学等也发展起来。至 1937 年抗日战争前，我国已成立了中央研究院植物研究所、静生生物调查所、北平研究院植物研究所、中山大学农林植物研究所等科研单位，还建设了中山植物园、庐山植物园等植物园，全国各重点高校也设置了植物学课程。新中国成立之后，中国植物科学发展迅速，已形成分支学科齐全的科研和教学体系，包括植物生理学、植物分类学、植物化学与植物资源、植物生态学、植物组织培养、植物形态解剖学、植物细胞学、植物胚胎学、古植物学与孢粉学等。编著了《中国植物志》（含 80 卷 126 册，至 2004 年 10 月已全部出版）。同时，于 1988 年开始中美合作撰写英文版 *Flora of China*，现已全部完成并出版。编写出版了 7 册《中国高等植物图鉴》。自 1999 年以来，又出版了《中国高等植物》13 卷，还出版了《中国树木志》（4 卷）。至 2015 年 2 月，已出版了《中国孢子植物志》104 卷册，其中，中国海藻志 14 卷，淡水藻志 20 卷，中国苔藓植物志 10 卷，中国真菌志 49 卷，地衣 11 卷，还出版了《中国生物名录第一卷 · 苔藓植物》。还有各省市的植物志和各类植物属志多种。出版了 1∶1 000 000 的《中华人民共和国植被图》、《新华本草纲要》（3 册）、《中国本草图录》（10 卷）、《中国植物红皮书·稀有濒危植物》等。

中国植物标本已经有 60% 数字化，并建立了在线平台（NSII　http://www.nsii.org.cn 和 CVH　http://www.cvh.org.cn/）。同时，已经建成了国家生态系统研究网络（CNERN　http://www.cnern.org/index.action）和中国森林生物多样性监测网络（CForBio　http://www.cf.biodiv.org.1）

我国植物科学的某些学科在基础理论的研究上也取得了一批高水平的成果，如呼吸代谢的调节与控制、光合膜的结构与功能分配及其转化效率、生物固氮的化学、生物化学和分子生物学的系统研究等。固氮酶的化学模型、固氮基因的精细结构及其调节等已达到世界先进水平。20 世纪 90 年代以来，在植物分子生物学和基因工程等方面的研究也取得了快速发展，在应用新技术研究被子植物生殖系统的结构与功能方面做出了有重要意义的工作，如精细胞和雄性生殖单位、卵和雌性生殖单位、生殖系统中传递细胞的分布、生殖系统的细胞骨架等。在实验胚胎学方面首次诱导外植体直接再生大量雄蕊和胚珠获得成功，已经可以通过离体培养诱导外植体再生小穗、花芽、花瓣、雄蕊、胚珠、花柱和柱头。还成功地从游离花粉中培养出再生植株。植物组织培养和细胞培养工作也取得了很大发展，已培养出小麦（*Triticum aestivum*）、甘蔗（*Saccharum*，）、橡胶树（*Hevea brasiliensis*）等数十种农作物和经济植物的花粉植株。先后诱导培养出小麦、水稻（*Oryza sativa*）、玉米（*Zea mays*）等未传粉子房单倍体植株。现在，全世界从胚乳培养成功获得植株的十几种植物中，大多数为我国工作者的研究成果。在柚（*Citrus maxima*）、水稻、中华猕猴桃（*Actinidia chinensis*）和枸杞（*Lycium chinanse*）中得到了真正的三倍体植株。已将 700 种以上的植物的茎尖和愈伤组织培养成再生植株，并建立起果、林和花卉等快速繁殖生产体系。利用原生质体及培养细胞获得了一批转基因植物。

中国已建立了 200 多个植物园、树木园和药草园。大多数植物园收集了2 000～3 000 种植物，是植物引种、驯化和保护珍稀濒危植物的基地。

中国植物科学工作者还参加了国家一些重大经济建设项目。如参加中科院组织的黄河中游水土保持、西北 6 省区治沙、神农架植物资源等各种大型考察；参加“黄淮海平原中低产地区综合治理研究”、“黄土高原综合治理”等多项国家科技攻关课题，为国家经济建设做出了重大贡献。

特别值得一提的是，我国涌现出许多对国民经济发展和科学事业做出重大贡献的植物科学工作者。如世界著名海洋生物学家，被世界水产学会誉为“中国海水养殖之父”的曾呈奎院士，为实现我国海带和紫菜的人工养殖并成为世界上最大生产大国做出了卓越贡献。2005 年至 2007 年，有 3 位学者获得国家最高科技奖，即被誉为“中国植物活字典”，参与组织领导完成《中国植物志》的植物分类学家吴征镒院士，被誉为世界“杂交水稻之父”，为我国粮食自给做出重大贡献的袁隆平院士，创建蓝粒小麦和染色体工程育种新系统，为我国粮食生产做出重大贡献的小麦远缘杂交育种专家李振声院士等。

总之,新中国成立后,特别是近30年来,我国在植物生物学领域基础理论研究和实践应用研究上都取得了突飞猛进的发展和成就。但在某些领域与世界先进水平相比尚有一定差距,今后,还需要大力加强开创性的研究工作,使我国植物科学的研究达到或领先于世界的先进水平。

第五节　学习植物生物学的要求和方法

植物生物学课程是生命科学相关专业的主要基础课,学习该课程的基本目的和要求是扎扎实实地掌握植物生物学的基本知识、基本理论,学习和掌握植物生物学的基本实验研究方法。既要了解植物生物学的过去和现在,又要了解植物生物学的未来发展趋势,还要了解植物生物学和其他科学技术的关系,了解植物生物学在自然界和人类社会的生存发展中的重要意义。根据本课程的特点,特建议在学习本课程时注意以下几点。

第一,必须认真阅读教材。

学习植物生物学,一方面要认真听老师讲课,因为老师在讲课中会对重点和难点加强分析,老师会教给我们学习理解问题的思路和方法,还会给我们补充许多教材上没有的知识和新信息。另一方面也必须认真阅读教材,在老师课堂讲授前最好对教材进行预习,大体了解将要讲授的内容,以便心中有数,并能够带着自己难以理解的问题去听课,提高听课的目的性。在老师讲课后更要主动认真地阅读教材(包括参考书),结合老师的讲课,在理解的基础上,对所学内容进行分析归纳,找到各知识概念间的关系,找到一些生命现象的规律,并用每章教材后面的思考与探索题来测评自己。这样,既可以收到良好的学习效果,又可以提高我们的自主学习的能力和分析问题的能力。

第二,必须学习辩证的思维方法,把握知识间的内在联系,提高分析问题的能力。

学习中最忌讳的是孤立地死记硬背一些知识概念,忌讳简单问答式的学习方式,忌讳要么是"是"、要么是"非"的僵化思维模式。必须学会辩证的思维方法,把握知识间的内在联系。如结构与功能的关系,形态结构和发育的阶段性与动态发展变化的关系,营养生长与生殖生长的关系,形态结构与生态环境的关系,局部与整体的关系,无性生殖和有性生殖的关系,个体发育与系统发育的关系,遗传和变异的关系,共性和个性的关系,植物多样性保护与资源开发利用的关系,基础知识与应用的关系,宏观研究与微观研究的关系等。还要加强问题意识,提高发现问题和分析问题的能力。

第三,注意了解植物生物学知识的新成就、新动向、新发展。

现在,包括植物科学在内的生命科学发展极快,随时都会有新的发现或新的研究成果。我们学习植物生物学必须具有发展意识和问题意识,切不可认为现在书本上写的内容已经都是完全的知识体系和一成不变的真理,我们已有的认识中常常存在局限性。因此,我们在学习时一定要与时俱进,经常关注植物科学的新信息、新进展,不断地进行知识更新。在学习时不能只用心去领悟已有的结论,更要去思考有争议,尚无结论的问题。虽然本教材在编写时对此已经非常重视,不仅在每次再版时都要进行知识更新,而且还在教材中创造性地设立多个知识"窗口"供大家学习,这在一定意义上适应了植物科学快速发展的需要。但教材的知识更新总是滞后于现时植物科学发展的速度,所以,我们在学习植物生物学时必须重视经常阅读有关植物科学的学术期刊和电子网络资源,做一些阅读笔记,思考一些新的问题。也可以听一些学术报告,或开展一些有关的学术讨论等。

第四,加强理论联系实际,开展探究活动,培养提高科研能力和创新精神。

学习任何东西都必须联系实际,学习植物生物学更是如此。植物生物学的研究对象是整个植物界,植物就在我们身边。除认真上好实验课外,我们还必须主动运用所学习的植物生物学知识去分析在生活或生产中所见到的各种植物的生命现象,观察校园、植物园中植物界物种的多样性,细胞、结构的多样性,繁殖的多样性,观察植物的形态结构怎样与外界环境相适应,观察各种植物的一生。也可以主动去做一些感兴趣的小实验或探究活动，特别是有许多学校还可以申请本科生科研基金，或参加教师的一些科研课题研究。总之，只有在学习中能够理论联系实际，才能对植物生物学的知识理解得更深刻，掌握得更牢靠，而且还能提高学习植物生物学的兴趣，特别是还能大大提高我们的观察研究能力和创新意识。

思考与探索

1. 从人们对生物分界的认识和发展过程，你对生物分界的几个有代表性的系统有何见解？你认为什么是植物？它应包括哪些大类群？
2. 怎样充分认识植物在自然界和人类生活以及生态建设中的地位和作用？怎样认识和评价以绿色植物为主体的生态系统的功能和经济效益？
3. 了解植物科学史有何重要意义？从植物科学发展史的简要介绍中，你对影响和促进植物科学发展的主要因素有何分析？植物科学在人类社会经济发展中有何重要贡献？怎样认识当代植物科学发展的主要趋势？它和解决当代人类面临的粮食、能源、污染等重大问题有何关系？
4. 你对学习和学好植物生物学有何打算？

数字课程学习

重难点解析　教学课件　视频　相关网站

第一章

植物细胞与组织

内容提要 细胞是生命活动的基本结构单位,是认识植物体结构与功能的基础,也是进一步认识生命活动的基础。本章重点介绍了植物细胞的结构与功能、植物细胞的繁殖,并对高等植物细胞分化形成的各种植物类型的组织及其主要功能进行了论述。

第一节　植物细胞的形态与结构

无论是高大的乔木、低矮的草本植物还是微小的单细胞藻类植物,它们都是由细胞组成的。细胞具有严整的结构,是生命活动的基本单位。植物的一切生命活动都发生在细胞中。

细胞微小,须借助于显微镜观察。16 世纪末至 17 世纪初发明了显微镜,人们开始了对微观世界的探索。1665 年,英国人胡克(Hooke,1635—1703)用自制的显微镜观察切成薄片的软木,发现软木有许多排列紧密的蜂窝状小室,他称之为“细胞”(cell)。荷兰人列文虎克(Leeuwenhoek,1632—1723)首次发现了细菌及污水中许多微小的生物。从此,人类打开了从微观领域认识生命世界的大门。

19 世纪,人们认识到细胞中更重要的生活内容物。观察到细胞质、细胞核及核仁等结构,并认识到在植物细胞中细胞核有重要的调节作用。在不断认识细胞的基础上,德国植物学家施莱登(Schleiden)(1838)在《论植物的发生》一文中指出:细胞是一切植物结构的基本单位。1839 年,另一位德国动物学家施旺(Schwann)在《显微研究》一文中指出,动物及植物结构的基本单位都是细胞。他们的观点就是恩格斯称为 19 世纪自然科学的三大发现之一的“细胞学说”(cell theory)。此后,细胞学说进一步发展,德国医生和细胞学家魏尔啸(Virchow)(1858)指出“细胞来自于细胞”。魏斯曼(Weismann)(1880)更进一步指出,现在所有的细胞都可以追溯到远古时代的一个共同祖先,即细胞是进化而来的。至此,完整的细胞学说形成了,这一学说阐明了生命活动的基本单位是细胞,指出了动物、植物在细胞水平上的统一性,还提出现在的细胞是通过分裂产生的,不能从无生命的物质自然发生。

20 世纪初,细胞的主要结构在光学显微镜下都已被发现,对于细胞有丝分裂、减数分裂、受精以及细胞的分化现象和过程等已经有一定的认识。20 世纪 50 年代前后,电子显微镜技术、同位素示踪、细胞化学、超速离心等生物化学研究方法的应用,使人们逐渐认识了细胞各部分的结构和功能。1958 年,胡萝卜的单个细胞离体培养成植株,证实了植物细胞的全能性。近年来,随着分子生物学等研究技术的发展,人们深入到分子水平研究细胞的生命活动及其调控,拓宽了植物细胞的研究深度和广度。

一、植物细胞的形状与大小

单细胞植物如小球藻（*Chlorella vulgaris*）、衣藻属（*Chlamydomonas*）等，细胞处于游离状态，呈球形或近球形。多细胞植物的细胞形状比较复杂，特别是种子植物，细胞的形状多种多样，均与其不同的功能相适应。种子植物根茎顶端分生组织的细胞排列紧密，彼此挤压，细胞呈多面体形，据力学计算和实验，它们应呈十四面体形状。高等植物的根、茎、叶等器官中执行输导功能的导管分子和筛管分子是长管状细胞（图 1－1）；覆盖体表的表皮细胞是扁平的，侧面观为长方形，表面观形状不规则，彼此紧密嵌合起保护作用。

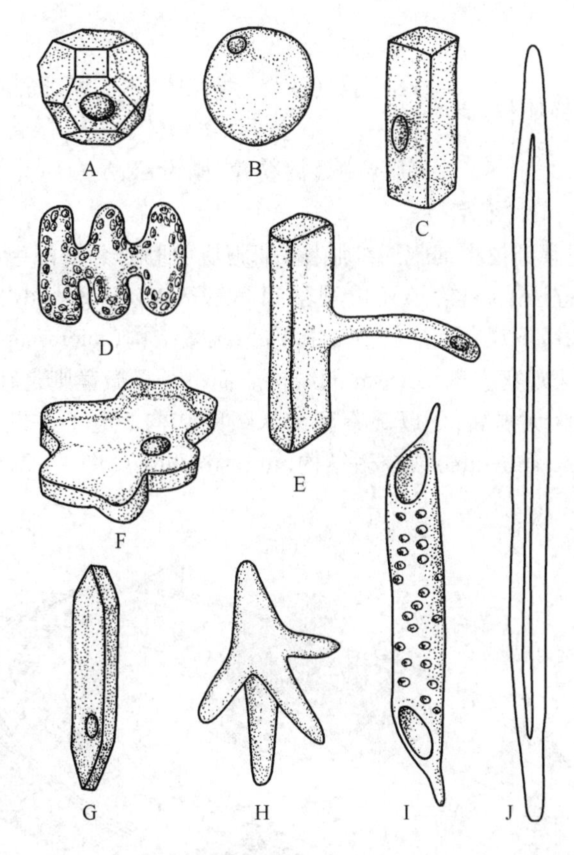

图 1－1 种子植物各种形状的细胞

A. 十四面体形的细胞 B. 球形的果肉细胞 C. 长方体形的木薄壁细胞 D. 波状的小麦叶肉细胞 E. 根毛细胞 F. 扁平的表皮细胞 G. 纺锤形细胞 H. 星状细胞 I. 管状的导管分子 J. 细长的纤维

细胞一般都很小，植物细胞的直径大多数为几微米至几十微米。在植物体内，不同部位的细胞大小差异很大，如根茎顶端分生组织的细胞较小，而具贮藏功能的果肉细胞较大，如成熟的西瓜（*Citrullus lanatus*）果实和番茄（*Lycopersicon esculentum*）果实的果肉细胞用放大镜就可看到，其直径约 100 μm。在植物体中起支持作用的纤维细胞形状细长，如在苎麻属（*Boehmeria*）中，纤维细胞长可达 550 mm。

植物细胞的体积小，与细胞生命活动的特点有关：细胞与外界的物质交换是通过表面进行的，小的细胞其相对表面积较大，有利于与外界的物质交换；细胞核、细胞质及各种细胞器相互配合完成各种功能，有序地进行各种生物化学反应，较小的细胞体积有利于细胞内物质运输、信息传递。

二、植物细胞的基本结构

植物细胞为真核细胞(eukaryotic cell),由细胞壁(cell wall)和原生质体(protoplast)组成,原生质体是指细胞中有生命活动的物质组成的结构,包括细胞膜、细胞质(cytoplasm)、细胞核(nucleus)等。组成原生质体的物质称为原生质(protoplasm),是由水、无机盐等无机物及糖类、蛋白质、脂质、核酸、维生素等有机物组成的。植物细胞中还常有一些贮藏物质或代谢产物,称后含物(ergastic substance)。

植物细胞的基本结构可概括如下:

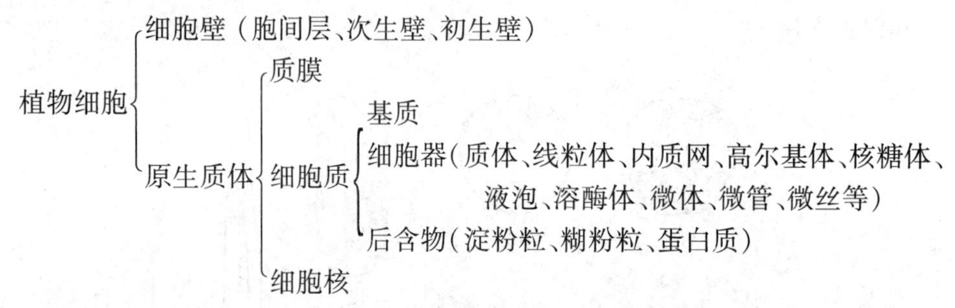

在光学显微镜下可以观察到植物细胞的细胞壁、细胞质、细胞核、液泡(vacuole)等结构。细胞质中的质体易于观察;用一定的方法制备样品,还可观察到高尔基体(Golgi body)、线粒体(mitochondria)等细胞器。这些可在光学显微镜下观察到的细胞结构称为显微结构(microscopic structure)。受照明光的波长限制,用光学显微镜无法观察小于 0.2 μm 的结构。而电子显微镜则是在真空中用加速的电子束代替可见光来"照明",分辨力大大提高,可以观察到纳米级的结构。电子显微镜下细胞内的精细结构称为亚显微结构(submicroscopic structure)或超微结构(ultrastructure)(图 1-2,图 1-3)。

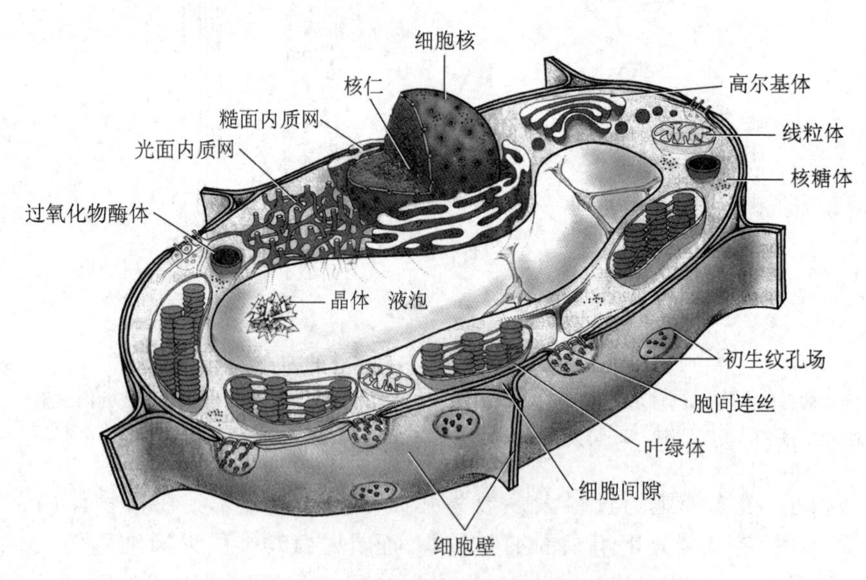

图 1-2　植物细胞结构图解(依 Raven 重绘)

(一) 原生质体

新陈代谢活动发生在植物细胞的原生质体之中。其主要结构与功能分述如下:

1. 质膜

在电子显微镜下可见包围在细胞周围的膜,称为质膜(plasma membrane)或细胞膜(cell membrane)。这些膜的厚度为 7~8 nm。

（1）膜的结构　膜由脂质和蛋白质分子为主要组成成分。用电子显微镜高倍放大可见膜显现"暗—明—暗"三条带的结构（图 1 - 4），因此有人提出"单位膜"的概念。20 世纪 70 年代对膜的结构研究又提出了"流动镶嵌模型"。这一学说较好地解释了膜的各种成分是如何组合装配成质膜，并完成其功能的（图 1 - 5）。

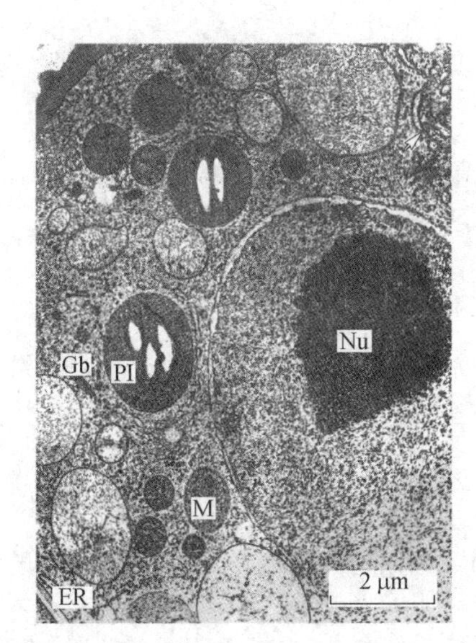

图 1 - 3　植物细胞的亚显微结构（自祝健）

Pl. 质体　M. 线粒体　Nu. 细胞核　ER. 内质网　Gb. 高尔基体

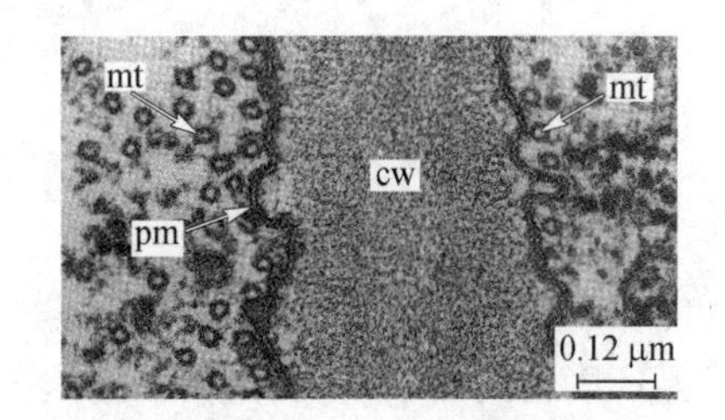

图 1 - 4　电子显微镜下的质膜（自 Esau）

cw. 细胞壁　mt. 微管（横切面）　pm. 质膜

脂双层　质膜的骨架是磷脂（phospholipid）类物质，最简单的一种磷脂由 1 分子的甘油和 2 分子脂肪酸结合，甘油中另一个 α - 羟基是和磷酸结合的，形成了磷脂分子的亲水的头部，而脂肪酸的侧链构成了磷脂分子疏水的尾部。磷脂分子的结构决定了其特殊的性质：如果将磷脂放在水面上，每一磷脂分子都将以亲水的头部和水面相接，立于水面，形成单分子层。如将磷脂放入水中，磷脂分子并排组成了双分子的结构称脂双层（lipid bilayer）或双分子层（图 1 - 5）。亲水的极性头部位于脂双层的外表，两层磷脂的疏水的尾部相对藏在内面。脂双层中脂质占膜质量的 40% ~ 50%，面积为 1 μm^2 的脂双层中含有 5×10^6 个脂质分子。脂双层疏水的脂肪酸链有屏障作用，使膜两侧的水溶性物质（包括离子与亲水的小分子）一般不能自由通过，这对维持细胞正常结构和细胞内环境的稳定是很重要的。

膜蛋白　细胞膜含有许多蛋白质。功能复杂的膜，蛋白质含量较高。在一般质膜中，蛋白质约占膜质量的 50%。有些膜蛋白分布在脂双层的内、外表面，是水溶性的。有些蛋白质一端疏水，程度不同地嵌入脂双层中，另一端亲水，暴露于膜外（图 1 - 5）。还有些蛋白质横跨全膜，其疏水的部分与脂双层结合，其两端具有极性的部分暴露于膜的表面。膜的许多重要功能是由蛋白质分子来执行的，如膜有多种转运蛋白（transport protein），其中有一类载体蛋白可与被转运的物质结合并经过一系列变化使其跨膜转运；还有一类通道蛋白，其上有穿过膜的孔，开启时可使某些特定的物质通过。有些膜蛋白本身就是酶，还有些是某些有生物学活性物质的受体。

膜糖　除了脂质和蛋白质以外，质膜的表面还有糖类分子称膜糖（图 1 - 5）。膜糖是由葡萄糖、半乳糖等 9 种单糖连成的寡糖链。膜糖大多和蛋白质分子相结合成为糖蛋白，也可和脂质分子结合而成糖脂。糖蛋白与细胞识别有关。

细胞膜的流动性　最初是通过人与鼠的细胞融合实验认识到细胞膜的流动性。1970 年，在诱异人鼠细胞融合时，从开始诱导到两个细胞实现融合之间陆续取出细胞，用不同的荧光抗体处理细胞，在荧光显微镜下观察两种细胞的表面抗原（蛋白质）。结果表明，细胞融合开始时，人鼠细胞的表面抗原各自只分布在融合前各自的一端，再过一段时间，两种抗原就平均地分布在融合细胞的表面了。这说明膜蛋白是可移动的,膜具有流动性。1972 年,Singer 提出细胞膜结构的“流动镶嵌模型”(fluid mosaic model)。根据这一学说,膜是处于动态变化之中的(图 1 - 5)。在动植物细胞中用多种技术手段的研究,证实脂质分子可发生侧向扩散、旋转等运动。还有一些研究发现,在低温下,膜的流动性降低,植物发生寒害。

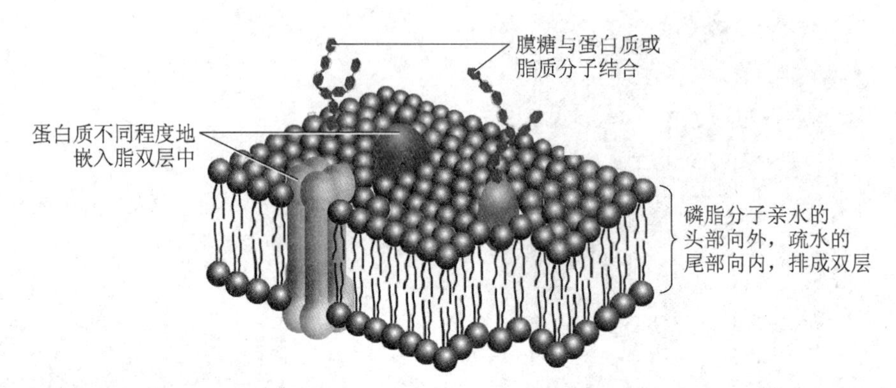

图 1 - 5　质膜结构的“流动镶嵌模型”

(2) 质膜的功能　质膜覆盖于植物细胞表面,其主要功能有:①调节物质进出原生质体,控制细胞与外界环境之间的物质交换,保持细胞内环境的稳定。②调控细胞壁微纤丝的合成与集聚,质膜上的纤维素合酶复合体(cellulose synthase complex, CSC),催化纤维素的合成(纤维素微纤丝的沉积方向受到膜内微管分布方向的制约)。③质膜上的受体可转导外界环境信号,在细胞新陈代谢、生长和分化的调控过程中具有一定作用。

2. 细胞质

除细胞核以外,细胞膜以内的物质和结构称细胞质(cytoplasm)。细胞质包括透明、黏稠、能流动的基质和分散在其中的各种细胞器(organelle)。

(1) 细胞器　指细胞基质中具有一定形态和功能的结构。植物细胞中的细胞器主要有质体、线粒体、高尔基体、液泡、内质网、溶酶体、微体等。按照这个概念,细胞核也可看作细胞器。

① 质体(plastid)　植物细胞特有的细胞器,分为叶绿体(chloroplast)、有色体(chromoplast)与白色体(leucoplast)三种。

叶绿体　叶绿体的形状、数目和大小随不同植物和不同细胞而异。高等植物细胞中叶绿体通常呈椭球形,数目较多,少者 20 个,多者可达 100 多个。它们在细胞中的分布与光照有关。光照强时,叶绿体常分布在细胞外周;黑暗时,叶绿体常流向细胞内部。

叶绿体是光合作用的场所,也称光合器。叶绿体含有叶绿素、叶黄素和类胡萝卜素,通常呈现绿色。叶绿体中的各类色素与光合作用有关,通称为光合色素、叶绿体色素(详见第四章)。

叶绿体包有两层膜,其外膜与内膜的厚度各为 8 ~ 10 nm,两层膜之间有 10 ~ 20 nm 厚的腔,叶绿体内部是电子密度较低的基质(stroma),含有与碳的同化有关的酶。基质中悬浮着复杂的膜系统(图 1 - 6)。其中有扁平的囊,称类囊体(thylakoids),也称为片层(lamelae)。一些类囊体有规律地垛叠在一起,好像一摞硬币,名为基粒(grana)。每一基粒中类囊体的数目少不足 10 个,多可达 50 个以上,称为基粒类囊体,也称为基粒片层。各基粒之间还有埋藏于基质中的基质类囊体(stroma thylakoids),也称为基质片层。它们与基粒类囊体相连,各类囊体的腔彼此相通(图 1 - 6)。光合作用的色素和电子传递系统都位于类囊体膜上。

叶绿体基质中有环状的双链 DNA,称为叶绿体基因组,独立于核基因组。叶绿体有自己特有的 RNA,编码叶绿体自身的部分蛋白质;所编码的蛋白质决定植物的某些性状或在植物生命活动中起着重要的作用,如在光合作用中起着重要作用的1,5－二磷酸羧化酶的8个大亚基由叶绿体基因组编码,而8个小亚基是由核基因组编码的。叶绿体中有核糖体,比细胞质中的小,与蓝藻的相似;能合成叶绿体自身的蛋白质。叶绿体基质中常见淀粉粒,是植物光合作用的产物。

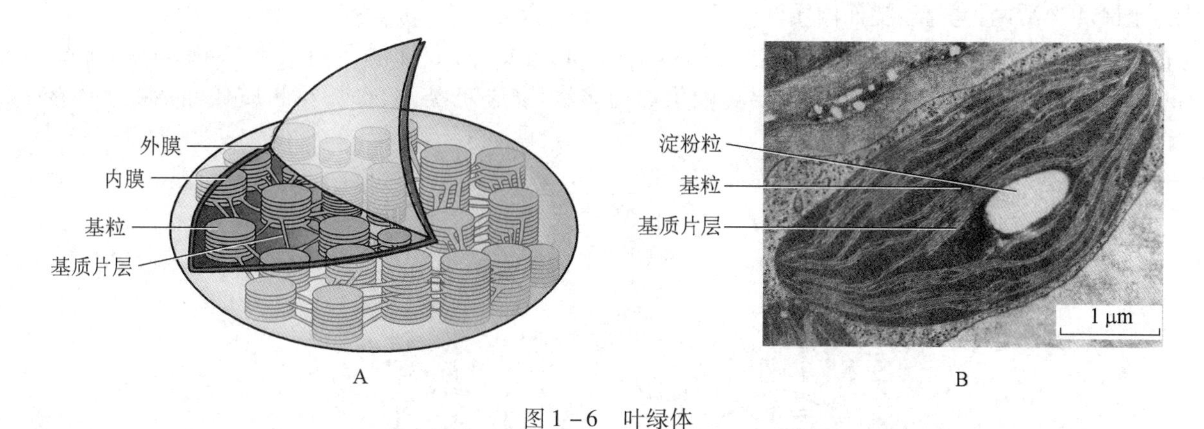

图1－6　叶绿体

A. 叶绿体亚显微结构图解　B. 拟南芥(*Arapidopsis thaliana*)蜜腺中的叶绿体(自祝健)

有色体　仅含有类胡萝卜素与叶黄素等色素的质体。主要是由叶绿体和前质体转化而来。其大小与叶绿体接近,形态不规则,依其色素种类的差异可呈黄色、橙色或红色等不同颜色。成熟的红、黄色水果如番茄、辣椒(*Capsicum annuum*),某些植物的花,秋天变黄的叶子等的细胞中含有这种质体。有色体有合成类胡萝卜素的能力,还能积累脂质。有色体使花、果等具有鲜艳的红、橙色,吸引昆虫传粉,或吸引动物协助散布果实或种子。

白色体　普遍存在于植物贮藏细胞中,这类质体不含色素,主要功能是积累淀粉、蛋白质及脂肪。根据其贮藏物质的不同可分为三类:贮藏淀粉的称为造粉体或淀粉体(amyloplast),贮藏蛋白质的称为蛋白体,而贮藏脂质的称为造油体(elaioplast)。

质体的发育　质体是从原质体(proplastid)发育形成的。原质体是其他质体的前体,一般无色。原质体存在于茎顶端分生组织的细胞中,具双层膜,内部有少量的小泡。当叶原基分化时,其中的原质体内膜向内折迭,形成膜片层系统,在光下,这些片层系统继续发育,并合成叶绿素,发育成为叶绿体。如果把植株放入暗中,质体内部会形成一些管状的膜结构,不能合成叶绿素,成为黄化的质体。如为这些黄化的植株照光,叶绿素又能够合成,叶色转绿,片层系统也充分发育,黄化的质体转变成为叶绿体(图1－7)。

原质体也可发育成白色体,成熟的白色体不产生色素,在光照下也不会变绿。叶绿体可以发展成为有色体。果实由绿变红(或黄)时,叶绿体就向有色体转变,基质片层与基粒片层被破坏,叶绿素被分解,质体内积累类胡萝卜素。有色体也可由原质体发育而成。

② 线粒体　由内外两层膜形成的一种很微小的囊状细胞器。线粒体很小,在光学显微镜下,通常要用特殊的方法染色才能看到,通常呈球状、颗粒状或短杆状,其直径0.5～1 μm,长1～2 μm。线粒体的数目随不同细胞而不同。代谢活跃的细胞如分泌细胞中线粒体多,可达几百个。

在电镜下,线粒体是由内外两层膜包裹的囊状细胞器,囊内为基质。内外两膜间有腔。外膜平整光滑,内膜向内折入形成嵴(cristae)。嵴的存在扩大了内膜与基质接触的表面积,内膜上分布有许多带柄的小球,称ATP合成酶复合体。线粒体是细胞呼吸及能量代谢的中心,含有细胞呼吸所需要的各种酶和电子传递载体。细胞呼吸中的电子传递过程就发生在内膜的表面,而ATP合成酶复合体则是ATP合成所在之处(图1－8)。此外,线粒体基质中还含有环状的DNA分子和核糖体。DNA能指导自身部分蛋白质的合成,为线粒体基因组;所合成的蛋白质约占线粒体蛋白质的10%,线粒体中的核糖体比细胞质中的核糖体小,参与线粒体蛋白质的合成。需要指出,线粒体有自己的一套遗传系统,相对独立于核染色体基因组。已证实有些雄性不育植物的遗传基因就存在于线粒体上。

③ 内质网　细胞质内由一层膜构成的许多片状扁囊腔或管状腔，彼此相连，在细胞质中形成一种网状系统，称内质网（endoplasmic reticulum, ER）（图 1－9）。内质网膜可与细胞核的外膜相通。内质网分为粗糙和光滑两种类型：糙面内质网，或称粗面内质网（rough endoplasmic reticulum, RER），膜的表面附有核糖体，其功能是参与蛋白质的合成和运输；光面内质网，或称滑面内质网（smooth endoplasmic reticulum, SER），膜上没有核糖体，主要功能是参与多种脂质、糖类的合成，在脂质代谢活跃的细胞中 SER 较发达，如松树的树脂道细胞。

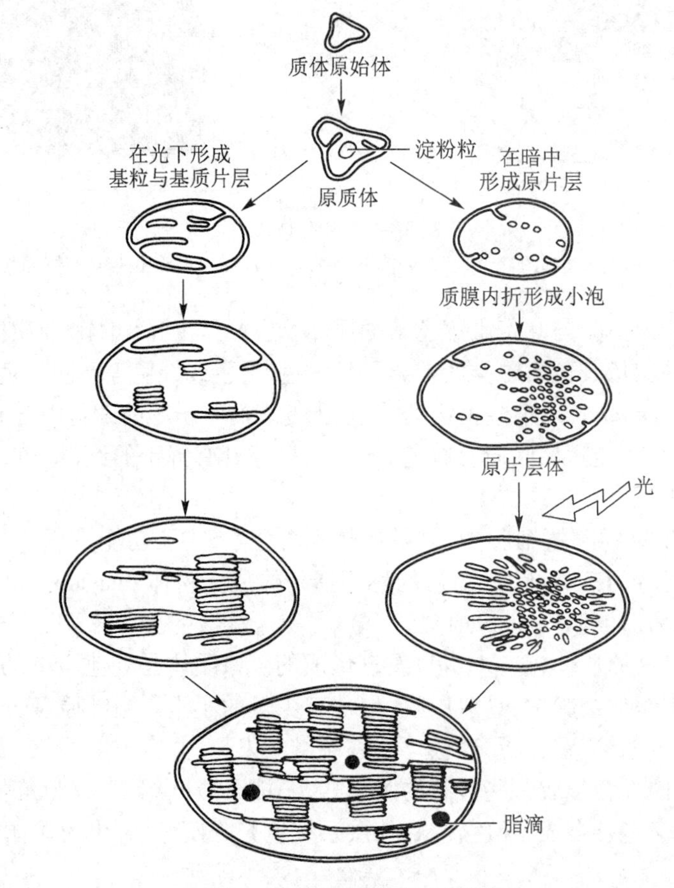

图 1－7　质体的发育途径图解

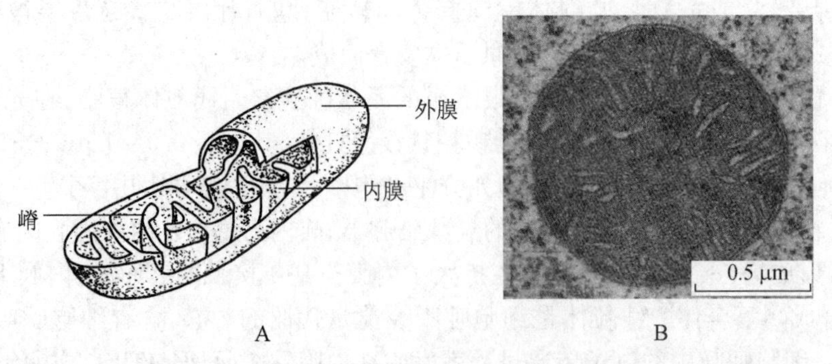

图 1－8　线粒体

A. 亚显微结构图解　B. 拟南芥蜜腺细胞中的线粒体（自祝健）

④ 高尔基体（Golgi body）　又称高尔基器（Golgi apparatus）或高尔基复合体（Golgy complex），是普

遍存在于真核细胞中的细胞器。意大利人高尔基(Camillo Golgi)于1898年在动物的神经细胞中用银染的方法首先观察到高尔基体。20世纪50年代随电子显微镜技术的应用和超薄切片技术的发展,才证实了高尔基体的存在,了解了高尔基体的超微结构。高尔基体由一些(通常是4~8个)排列较为整齐的扁囊(cisternae)堆叠而成。扁囊的直径多在1 μm左右,扁囊的边缘有小泡和穿孔。高尔基体具有极性,扁囊弯曲呈凸起的一面称为形成面或称顺面;扁囊弯曲呈凹陷的一面称为成熟面或称反面(图1-10)。

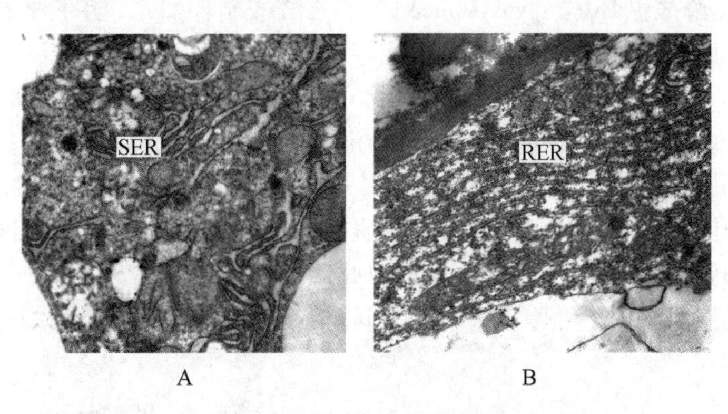

图1-9　内质网亚显微结构

A. 地黄绒毡层细胞的光面内质网(SER)　B. 连翘(*Forsythia suspensa*)花粉母细胞中的糙面内质网(RER)(自曹雅娟)

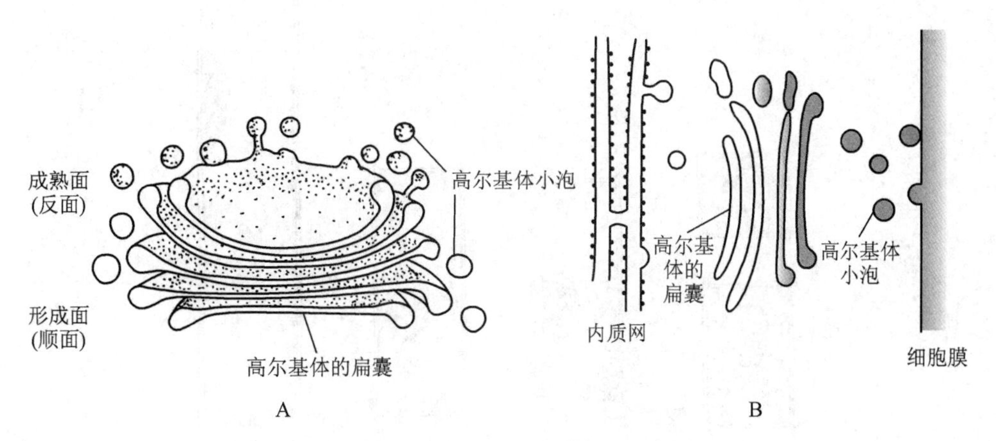

图1-10　高尔基体的亚显微结构图解

A. 高尔基体的结构图解　B. 高尔基体的分泌功能图解

高尔基体与内质网参与细胞的分泌活动。在植物细胞的高尔基体膜上发现了多种与多糖合成有关的酶,能合成细胞壁的非纤维素类多糖,如半纤维素、果胶质等。高尔基体参与蛋白质的糖基化,从内质网上断离下来的小泡将粗面内质网合成的蛋白质运送至高尔基体,小泡与高尔基体融合,其中的糖蛋白等物质经过高尔基体扁囊加工后,从扁囊上断裂下来,这些小泡脱离高尔基体向细胞膜的方向移动,最终与膜融合并将所含的物质排到细胞膜外。

⑤ 溶酶体(lysosomes)　由单层膜包裹形成的小囊泡状细胞器。细胞内溶酶体的数目可多可少,大小相差较多。存在于动物、真菌和一些植物细胞中。溶酶体内含多种水解酶,如蛋白酶、脂酶、核酸酶等,可催化蛋白质、多糖、脂质以及DNA和RNA等大分子的降解,消化细胞中的贮藏物质,分解细胞中受到损伤或失去功能的细胞结构的碎片,使组成这些结构的物质重新被细胞所利用。种子植物体的导管、纤维等细胞在发育成熟过程中原生质体解体消失,与溶酶体的作用有一定的关系。植物细胞中还有其他含有水解酶的细胞器,如液泡、圆球体、糊粉粒等,因此有人认为,植物细胞中的溶酶体应是指能发

生水解作用的所有细胞器,而不是指某一特殊的形态结构。

⑥ 微体(microbody)　由一层单位膜构成的球状细胞器,直径 0.5 ~ 1.5 μm。有的微体内部还有含蛋白质的晶体。微体由内质网的小泡形成。

有一类微体含有过氧化氢酶等,被称为过氧化物酶体(peroxisome),存在于叶片的细胞中,与叶绿体、线粒体共同参与将光呼吸过程(参见第四章)。过氧化物酶体的另一作用是将细胞在代谢活动中产生的对细胞有毒的过氧化物分解。

还有一类微体称乙醛酸循环体(glyoxysome),含有乙醛酸循环酶系,能在种子萌发时将子叶等中贮藏的脂肪转化为糖类,而动物体内脂肪通常是不能转化成糖的。

⑦ 液泡(vacuole)　由单层液泡膜(tonoplast 或 vacuole membrane)形成的细胞器,液泡中的液体称细胞液。有学者将植物细胞液泡与一些单层膜的小泡归于"液泡系"(vacuome),溶酶体、圆球体、微体、糊粉粒、中央液泡等都属液泡系。

年幼的植物细胞有多个分散的小液泡,较新的研究发现,这些小液泡彼此之间相通。在植物细胞发育过程中,伴随植物细胞体积的增大,这些小液泡彼此逐渐合并、扩展,发展成数个或一个很大的中央液泡。成熟植物细胞中,液泡占据了细胞中央很大空间,将细胞质和细胞核挤到细胞的周边(图 1 - 11)。

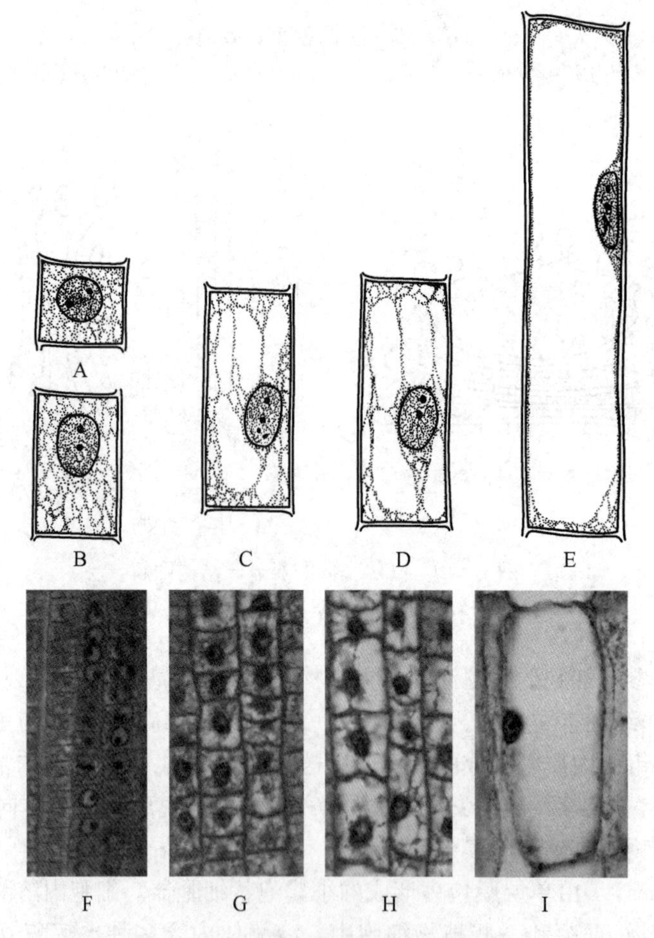

图 1 - 11　植物细胞的液泡及其发育

A ~ E. 年幼细胞到成熟细胞的图解,随细胞的生长,细胞中的小液泡变大,合并,最终形成一个大的中央液泡　F ~ I. 玉米根尖纵切,示液泡的发育过程

细胞液中有多种溶质,包括无机盐、氨基酸、有机酸、糖类、生物碱、色素及酶类等复杂的成分,依

不同植物、不同组织器官而异,如甜菜根的液泡中含有大量蔗糖,许多果实的液泡中含有大量的有机酸,还有生物碱等,如烟草的液泡中含有烟碱,咖啡中含有咖啡碱。植物细胞液泡中还含有多种色素,特别是花青素(anthocyanin)等,使花或植物茎叶等具有红或蓝紫等色。有的植物液泡中所含的植物次生代谢物质能防止动物对植物的伤害,这些物质往往有一定的经济用途,如长春花碱具有抗白血病的作用。

有证据表明,液泡中还含有一些酶,如水解酶。在电子显微镜下,还常可看到液泡中有残破的线粒体、质体、内质网等细胞器,这表明液泡具有溶酶体的性质,在细胞器等结构的更新中有作用。

有些细胞的液泡中含有一些晶体,如草酸钙结晶,这种液泡成为储存细胞中代谢废物的场所,能减轻草酸对细胞的毒害。一些重金属离子被植物吸收后与某种物质结合,被储存于液泡中。

液泡因含大量溶质,形成一定的渗透势,与植物细胞的吸收水分有关(见第三章第一节)。

⑧ 细胞骨架 自20世纪60年代用电子显微镜发现微管以来,研究者们开始了对细胞骨架(cytoskeleton)的探索。现已证实,真核细胞均存在着细胞骨架,它不仅起到了保持细胞形状、分隔固定细胞内部结构的作用,还具有物质运输,信号传递,参与细胞运动、分化、增殖以及调节基因表达等作用。细胞质的溶胶态和凝胶态的转化也与细胞骨架变化有关。细胞骨架包括三种蛋白质纤维:微管、微丝和中间纤维。

微管(microtubules) 微管是直径约24 nm的中空长管状结构,由球状的微管蛋白(tubulin)亚基聚合组装而成(图1-12)。微管时而解聚为亚基,时而又重新组装成完整的微管。低温可使微管解聚,一种植物碱秋水仙素(colchicine)能和微管蛋白亚基结合,从而能阻止它们互相连接成微管。而另一种药物紫杉醇可以促进微管蛋白的聚合,因而是研究微管功能的常用试剂。

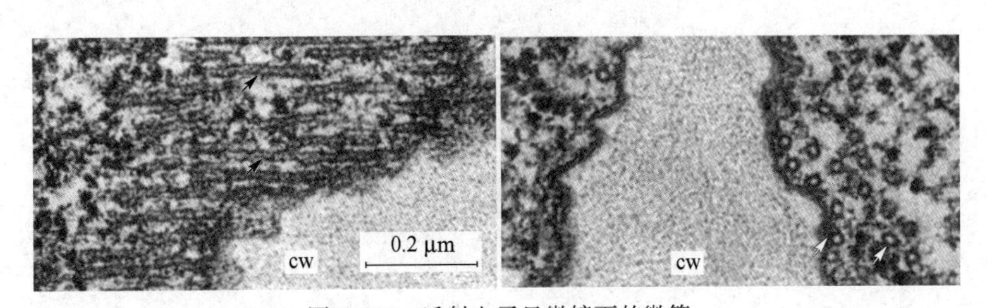

图1-12 透射电子显微镜下的微管

cw. 细胞壁 白色箭头示微管横切面,黑色箭头示微管的纵切面

微管常分布在细胞壁的附近,与含有细胞壁物质的小泡向细胞壁运送物质有关。在细胞分裂时期,胞质微管消失,微管出现在植物细胞有丝分裂期纺锤丝和成膜体中,与植物有丝分裂的染色体运动有重要的关系。在细胞分裂后,胞质微管又重新出现。

微管参加细胞壁的形成,能决定细胞分裂的方向并参与细胞壁的加厚。此外,微管还能维持细胞的形状,在花粉的生殖细胞、精子等无细胞壁的细胞中,这种作用十分显著。微管还与某些细胞的鞭毛、纤毛的运动有关。近年来还鉴定出多种植物微管结合蛋白,这类蛋白质能够特异地与微管结合,参与调节微管结构与功能。

微丝(microfilament) 微丝是由肌动蛋白(actin)组成的直径4~7 nm的实心纤维。肌动蛋白于1942年在肌细胞中首先发现。闫隆飞等于1963年在南瓜、烟草中发现肌动蛋白(actomyosin)的存在,并且具有ATP酶的活性。以后的研究证明植物细胞中普遍存在肌动蛋白和肌球蛋白,且与动物的相同。

肌动蛋白单体近球形,相对分子质量42 000,表面有ATP结合位点。当单体结合ATP时,有较高亲和力,单体趋向于聚合成多聚体,单体一个接一个组装成肌动蛋白链,两串这种肌动蛋白链互相缠绕而成微丝。当ATP水解成ADP后,单体亲和力下降,多聚体趋向解聚。细胞松弛素B(cytochalasin B)可引起微丝的解聚;而鬼笔环肽同细胞松弛素 B 的作用相反,只与聚合的微丝结合,不与肌动蛋白单体分子结合,抑制了微丝解体。这两种药物可用于微丝的研究。

微丝与细胞质运动、内吞、细胞分裂、花粉管生长等多种功能有关。丽藻的节间细胞、高等植物胚芽鞘表皮细胞、内表皮细胞、花粉管、根毛、叶柄毛以及雄蕊毛等都存在胞质环流(cyclosis)现象,并发现细胞松弛素 B 等影响肌动蛋白的试剂能影响细胞质流动。现已了解到这些细胞都含有肌动蛋白和肌球蛋白,在有 ATP 的情况下,肌动蛋白与附着在细胞器上的肌球蛋白相互作用发生滑动,驱动细胞质流动。

中间纤维　一类直径介于微管与微丝之间(8 ~ 11 nm)的中空管状纤维称为中间纤维(intermediate filament)。大多数真核生物细胞中都存在中间纤维蛋白,1992 年杨澄等发现植物细胞中也存在由角蛋白组成的中间纤维。中间纤维具有骨架功能和信息功能。中间纤维在不同的组织中是不同的,这表明中间纤维与细胞分化有关。中间纤维蛋白本身就是一种信息分子或信息分子的前体。

⑨ 核糖核蛋白体　核糖核蛋白体(ribosome)简称核糖体,是一种直径为 17 ~ 23 nm 的小颗粒状细胞器。每一细胞中核糖体可达数百万个之多。电子显微镜下可见核糖体分布在粗面内质网上或分散在细胞质中,叶绿体基质中或线粒体基质中也有核糖体。

核糖体是由 1 个大亚基和 1 个小亚基组成的(图 1 - 13A、B、C)。核糖体的化学成分是核糖核酸(ribonucleic acid, RNA)和蛋白质。核糖核蛋白体中的 RNA 叫核糖体 RNA(rRNA)。

核糖体是细胞中蛋白质合成的中心。游离细胞质中的核糖体所合成的蛋白质留存在细胞质中,如各种膜上的结构蛋白;附在内质网上的核糖体所合成的蛋白质将被分泌到细胞外。

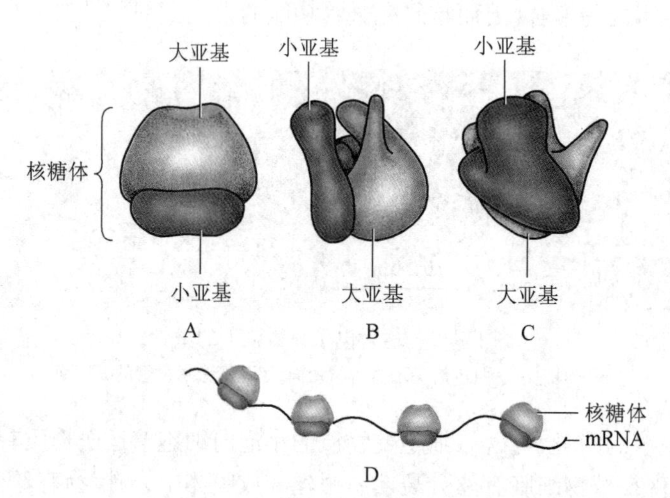

图 1 - 13　真核细胞中的核糖体(自 Raven)

A ~ C. 从不同角度观察核糖体　D. 核糖体结合在 mRNA 上形成多聚核糖体

在蛋白质合成中,核糖体与信使 RNA(mRNA)结合在一起(图 1 - 13D)形成多聚核糖体。mRNA 携带了从 DNA 上转录下来的遗传信息,蛋白质的合成是在遗传信息的指导下进行的。

(2) 细胞基质　细胞质除细胞器以外的液体部分为细胞基质(matrix)。细胞骨架及各种细胞器分布于其中。细胞基质中含有丰富的蛋白质,细胞中 25% ~ 50% 的蛋白质都存在于细胞基质之中,这些蛋白质中有多种酶,细胞多种代谢活动都是在细胞基质内进行的。在新陈代谢活动旺盛的细胞中,常可见到细胞质运动现象。据研究,细胞质运动与微丝有关。

3. 细胞核

真核细胞一般都具有细胞核(nuclear)(图 1 - 14)。大多数细胞具一个细胞核,也有些细胞是多核的,如种子植物的绒毡层细胞常有 2 个核,部分种子植物胚乳发育的早期阶段有多个细胞核,某些真核藻类中也有具多核的。细胞核包括核被膜、染色质和核仁等结构(图1-14)。

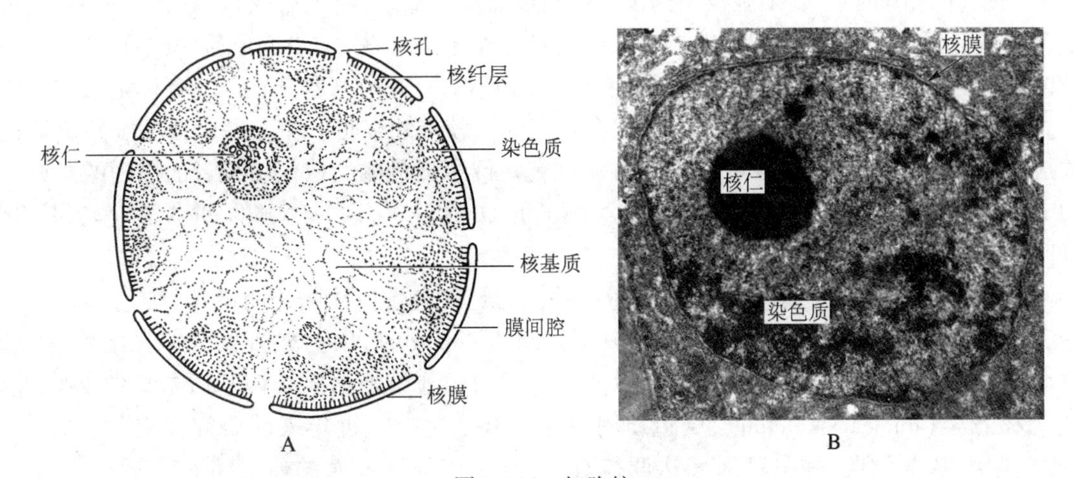

图1-14 细胞核

A. 细胞核的结构 B. 地黄(*Rehmannia glutinosa*)小孢子中的细胞核

(1) 核膜(nuclear envelope) 包括核膜和核膜以内的核纤层(nuclear lamina)两部分。

核膜由两层膜组成。外膜(outer membrane)面向细胞质,其外面附有核糖体,常可见外膜与内质网相通,内膜与染色质紧密接触,两层膜之间为膜间腔(inter membrane lumen)。核膜上有整齐排列的核孔(nuclear pore),是核内外物质交换的通道。核孔的数量不等,动植物细胞的核孔密度为每平方微米40~140个,直径50~100 nm。核孔上有一些复杂结构,称核孔复合体。核孔是细胞核内外物质运输的繁忙通道。据计算,正在合成DNA的细胞核,每分钟每个核孔要有100个组蛋白分子从核孔进入核内。在细胞核中形成的核糖体也要通过核孔进入细胞质。核膜对大分子的出入是有选择性的。例如,mRNA分子前体在核内产生后,并不能通过核孔,只有经过加工成为mRNA后才能通过。大分子出入细胞核也是与核孔复合体上的受体蛋白有关的过程。

核膜内面有纤维质的核纤层(图1-14),其厚薄随不同的细胞而异。核纤层的成分是一种属于中间纤维的蛋白质,称核层蛋白(lamins)。核纤层形成纤维网络状,与染色质上一些特别位点相结合。核纤层与细胞有丝分裂中核膜崩解与重组有关。

(2) 染色质(chromatin) 早期的研究者用碱性染料对细胞染色后,可以在光学显微镜下清楚地观察到细胞核,因而细胞核中的物质称染色质。在电子显微镜下,可看到细胞核中许多或粗或细的长丝交织成网状,网上还有较粗大、染色更深的团块,称染色质。细丝状的部分是常染色质(euchromatin),较大的深染团块是异染色质(heterochromatin)。异染色质常附着在核膜的内面(图1-14)。在细胞有丝分裂时,染色质浓缩成光学显微镜下可以辩认的染色体。

二倍体植物具有两套染色体组。染色体组上所有基因称为核基因组(genome)。植物核基因组中的DNA含量因物种而有差异。如拟南芥的单倍体含DNA 0.07 pg,水稻的单倍体含1.0 pg,玉米的单倍体含3.9 pg,松的单倍体含47.9 pg。

真核细胞染色质的主要成分是DNA和蛋白质,也含少量RNA。DNA是脱氧核糖核酸的简称,是由许多脱氧核糖核苷酸的单体连接形成的长链,2条长链形成双螺旋结构。每个脱氧核糖核苷酸分子中含碱基,组成DNA分子的碱基共有4种,DNA分子中碱基的排列次序决定了遗传信息,遗传信息决定了生物的性状和并控制着生命的活动。组成染色质的蛋白质可分成组蛋白(histones)和非组蛋白两大类。染色质中组蛋白和DNA含量的比例一般为1:1。组蛋白是碱性蛋白质,共有5种,是H_1、H_{2A}、H_{2B}、H_3和H_4,后4种组蛋白在进化上是保守的,如牛与豌豆的组蛋白H_4含102个氨基酸,其中仅有2个不同。而不同生物体内非组蛋白种类有几百种之多,属酸性蛋白。一些有关DNA复制和转录的酶如DNA聚合酶和 RNA 聚合酶等都属非组蛋白。

(3) 核仁(nucleolus) 是细胞核中椭圆形或圆形的颗粒状结构,没有膜包围(图 1-14)。在光学显微镜下核仁是折光性强、发亮的小球。细胞有丝分裂时,核仁消失,分裂完成后,两个子细胞核中分别产生新的核仁。核仁富含蛋白质和 RNA。核糖体中的 RNA(rRNA)来自核仁。核糖体是细胞中蛋白质合成的场所。因此蛋白质合成旺盛的细胞,常有较大的或较多的核仁。由某一个或几个特定染色体的片段构成为核仁组织者(nucleolar organizer)。核仁就是位于染色体的核仁组织者的周围的。如果将核仁中的 rRNA 和蛋白质溶解,即可显示出核仁组织区的 DNA 分子,这一部分的 DNA 正是转录 rRNA 的基因,即 rDNA 所在之处。

(4) 核基质 过去称为核液(nuclear sap),并认为是富含蛋白质的透明液体,染色质和核仁等都浸浮于其中。现在不再用核液一词,而称核基质(nuclear matrix),因为发现其并非无结构的液体,而是纤维状的网,布满于细胞核中,网孔中充以液体。网的成分是蛋白质。核基质是核的支架,有研究者称之为核骨架(nuclear skeleton),染色质附着于核基质之上。近年来的研究提出,核基质也可能是 DNA 复制的基本位点,并与基因表达调控有关,有关核基质方面的研究将是今后一个重要的研究领域。

细胞核中,DNA 中的遗传信息转录到 mRNA 中,mRNA 通过核孔进入细胞质,控制细胞的蛋白质合成与细胞的生命活动。

(二) 细胞壁

具有细胞壁是植物细胞明显区别于动物细胞的最主要特征之一。细胞壁包围在原生质体外,具有一定的硬度与弹性。在细胞生长发育的不同时期、植物体不同组织与细胞的细胞壁在组成与结构上有所不同,其硬度、弹性等也有不同。

1. 细胞壁的化学成分

高等植物和绿藻等细胞壁的主要成分是多糖,包括纤维素、果胶质和半纤维素,还有蛋白质类、酶类等。植物体不同细胞的细胞壁成分不同,是在多糖组成的细胞壁中加入了其他成分,如木质素,还有不亲水的角质、木栓质和蜡质等。

(1) 纤维素(cellulose) 细胞壁中最重要的成分,是 β-1,4 键连接的 D-葡聚糖(glucan)长链。多条长链构成了在电子显微镜下可看到的细丝,直径为 10~25 nm,称微纤丝(microfibrils)。纤维素微纤丝是构成细胞壁网状结构的主要成分之一(图 1-16)。

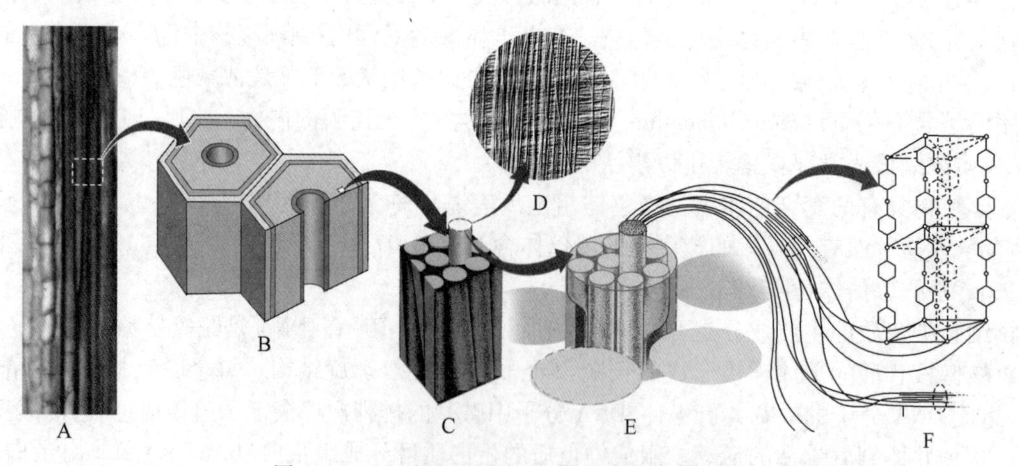

图 1-15 细胞壁的结构图解(依 Raven 重绘)

A. 光学显微镜下的纤维细胞 B. 细胞壁图解 C. 次生壁局部放大 D. 扫描电镜下的微纤丝 E. C 图放大,示微纤丝的结构 F. 纤维素分子构成的长链及其晶格

(2) 半纤维素(hemi-cellulose)　主要成分为木聚糖(xylan)、木葡聚糖(xyloglucan)、葡糖甘露聚糖(glucomannan)、甘露聚糖(mannan)、葡糖醛酸甘露聚糖(glucuronic acid mannan)、胼胝质(callose)等,但其含量因植物种属不同、组织或器官不同、细胞类型不同等因素而异。半纤维素是细胞壁中的不定型的基质多糖,与纤维素之间以氢键结合。它广泛存在于初生壁和次生壁中,参与细胞壁结构的构建并调节细胞的生长过程。

(3) 果胶质(pectin)　主要存在于高等植物初生壁和细胞间隙中,是不定型的多糖类物质,它包括同型半乳糖醛酸聚糖(homogalaeturonan)、鼠李半乳醛酸聚糖(rhamnogalaeturonan)、阿拉伯聚糖(arabinan)和半乳聚糖(galactan)等。

(4) 木质素(lignin)　细胞壁中另一类重要物质是木质素,虽然不是在所有的细胞壁上都存在。木质素具较高的刚性,它的存在增加了细胞壁的机械强度。木质素是芳香族化合物苯丙烷(phenylpropane)残基的多聚物,苯丙烷残基以多种连接方式形成聚合体。

(5) 细胞壁蛋白质　高等植物的初生壁含有多种蛋白质,一类是结构蛋白,一类是酶蛋白,还有一类是功能尚不清楚的蛋白质。研究得比较多的是一类重要的细胞壁结构蛋白——伸展蛋白(extensin),又名伸展素,是一类富含羟脯氨酸的糖蛋白。伸展蛋白不仅是细胞壁的结构成分,还在细胞的防御及抗病抗逆性中起作用。当植物发生机械损伤、真菌感染,或用植物抗毒素诱导剂处理,甚至热处理时,都能引起细胞壁中伸展蛋白的反应。

已经发现细胞壁有多种酶蛋白,如纤维素酶、多种糖苷水解酶、酸性磷酸酶等水解酶,还有过氧化物酶、过氧化氢酶、苹果酸脱氢酶等氧化还原酶类等,各有不同的功能。如:植物受到病原侵染或机械损伤时,细胞壁中的过氧化物酶在受伤处催化细胞壁组分形成一层不透水的屏障;又如:多聚半乳糖醛酸酶在果实成熟时水解细胞壁中的果胶,在叶片脱落中也发挥作用。

膨胀素(expansin)在细胞壁中纤维素微纤丝和基质多糖的交叉处,它们以一种可逆的(非水解的)方式作用于与纤维素微纤丝表面紧密结合的基质聚合物,使基质多糖和纤维素微纤丝间的氢键断裂,促使聚合物滑动,从而引起细胞壁伸展,被视为细胞壁伸展的加速剂。

(6) 细胞壁的其他化学成分　具不同功能的植物组织或细胞,其细胞壁上往往添加了其他相关的化学成分,如角质、蜡、栓质和孢粉素等。

2. 细胞壁的结构

在光学显微镜下可看到植物细胞壁具有一定的层次,包括胞间层、初生壁和次生壁。各层次的结构与化学成分也有差异。

(1) 胞间层(intercellula layer)　又称中层(middle layer),位于相邻细胞的细胞初生壁之间。主要成分是果胶质,使相邻的细胞彼此粘连。果胶质可被果胶酶溶解,果实成熟时,产生果胶酶将果胶质分解,果肉细胞彼此分离,果实变软。一些真菌侵入植物体分泌果胶酶以利菌丝侵入。

(2) 初生壁(primary wall)　在细胞生长过程中和细胞停止生长前于胞间层内侧所形成的细胞壁都是初生壁。植物体的大多数细胞,如表皮细胞、分裂活动旺盛的细胞、进行光合作用的细胞和分泌细胞等薄壁组织细胞的细胞壁多数是初生壁。初生壁通常较薄,1 ~ 3 μm,在光学显微镜下很难将它们和胞间层区分开。初生壁中含有纤维素、半纤维素,果胶质也较丰富,还含有细胞壁蛋白等。

兰波特(Lamport)和爱波斯坦(Epsteirn)提出的细胞壁"经纬模型"假说,认为微纤丝在平行于细胞壁平面的方向(经向),一层一层地敷着到细胞壁上并形成独立的微纤丝网;可溶性的伸展蛋白前体从垂直于细胞壁平面的方向(纬向)由细胞质分泌到细胞壁中,填入细胞壁的伸展蛋白前体之间以异二酪氨酸为联键形成伸展蛋白网,经向的纤维素网和纬向的伸展蛋白网相互交织;结合在纤维素上的木葡聚糖和以离子键结合在伸展蛋白上的果胶像门塞一样,可以可逆地松弛或固定两网的联结(图 1 – 16)。

初生壁的网状结构有延展性,能随细胞生长而扩大。

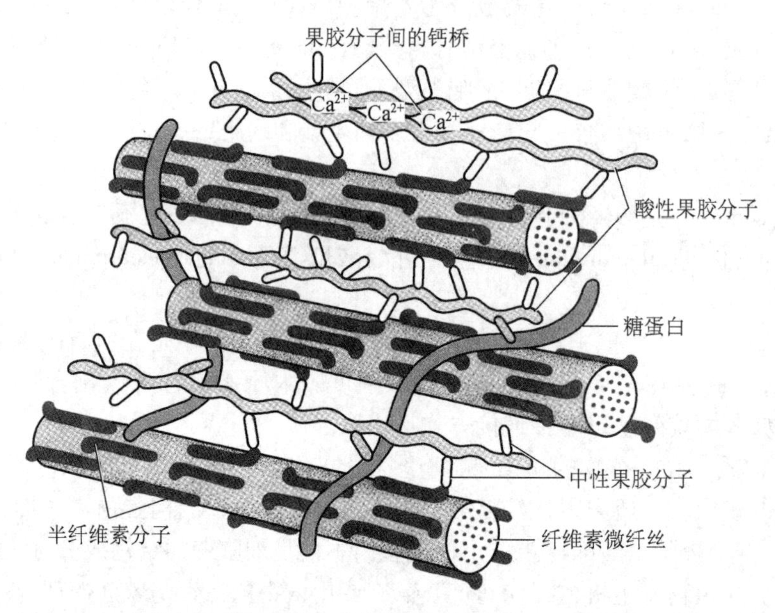

图 1－16　植物细胞壁各组成成分间网络式结构的关系图解（自 Alberts 等）

（3）次生壁　当细胞不再生长，有些细胞的细胞壁还继续发育，使壁增厚，此种细胞壁为次生壁（secondary wall）。植物体内一些具有支持作用的厚壁细胞以及一些起输导作用的细胞一般会形成次生壁，以增强机械强度。这些细胞成熟时，原生质体也往往死去，留下厚的细胞壁执行支持、输导功能。如木本植物成熟的茎干，特别是高大乔木的木材充满了大量的厚壁组织细胞，次生壁很明显。次生壁纤维素含量高，微纤丝排列比初生壁致密，有一定的方向性。果胶质极少，基质是半纤维素的，不含糖蛋白。次生壁中还常添加了木质素，大大增强了次生壁的硬度，使次生壁延展性变差。

次生壁微纤丝排列的方向性不同，使得次生壁还能再划分出不同的层次。

3. 胞间连丝与纹孔

（1）初生纹孔场（primary pit field）　细胞的初生壁上有一些较薄的区域称初生纹孔场（图 1－17）。初生纹孔场上有一些小孔，其中有胞间连丝穿过。

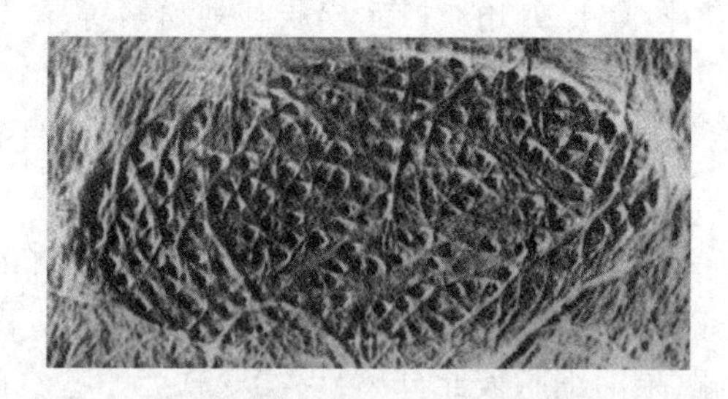

图 1－17　初生纹孔场（自 Gunning 和 Steer）

（2）胞间连丝（plasmodesmata）　穿过细胞壁沟通相邻细胞的细胞质丝称胞间连丝（图 1－18）。胞间连丝是在细胞分裂时细胞壁形成的过程中发生的，也可在细胞壁形成之后次生形成，而且也可被阻断。在光学显微镜下一般难以观察到胞间连丝，但有少数植物的细胞，如柿胚乳细胞，其细胞壁很厚，胞间连丝集中分布，再经特殊的染色，可在光学显微镜下见到（彩色图版）。在电子显微镜下，胞间连丝通常是直径约 40 nm 的小管状结构，管道的周围衬有质膜，管道中的质膜与相邻细胞的质膜相连。有些类型的胞间连丝管道内有压缩内质网（appressed ER），亦称中央桥管（desmotubule），质膜与压缩内质网之间还有肌球蛋白和肌动蛋白性质的蛋白质，呈辐射状纤丝（spoke）使之相连（图 1－18），有些类型的胞间连丝通道两边变得略狭小，形成明显的“颈区”，在其周围有类括约肌（sphincters）的结构；也有的胞间连丝结构简单，通道中不含内质网。

胞间连丝结构多样，我国学者简令成等在冬小麦（*Triticum aestivum*）叶片中发现了 4 种类型的胞间连丝（图 1－19）。

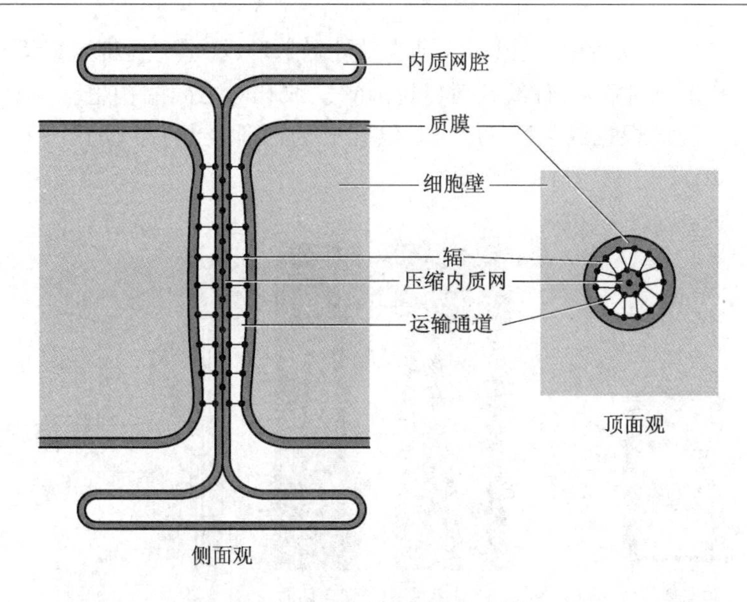

图 1－18 胞间连丝结构模型

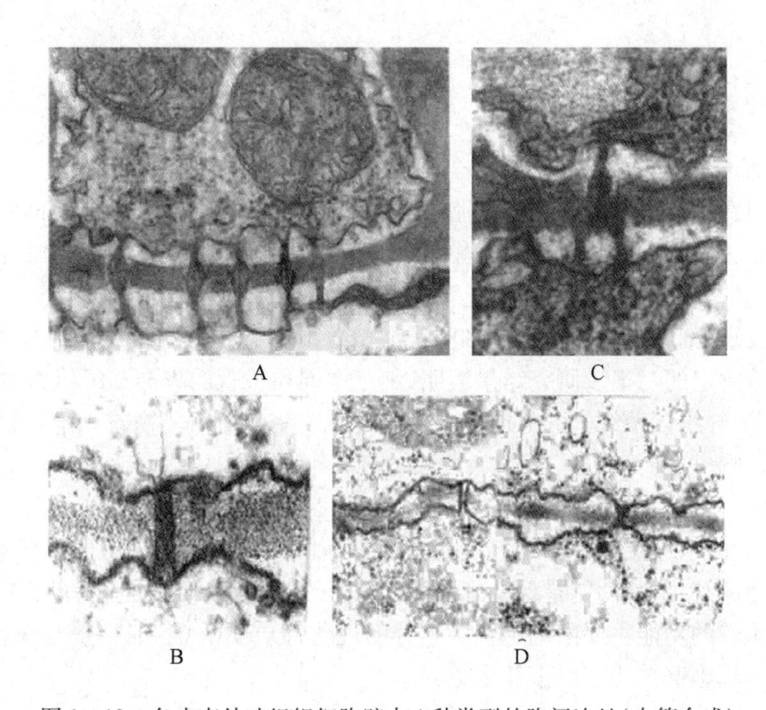

图 1－19 冬小麦幼叶组织细胞壁中 4 种类型的胞间连丝（自简令成）

A. 包含 ER，具“颈”结构的胞间连丝（×58 000） B. 直形通道的胞间连丝，包含 ER，但无“颈”区（×90 000） C. 分支型胞间连丝，其中央也含有压扁的 ER（×70 000） D. 简单型胞间连丝，这种连丝通道仅为相邻细胞间连续质膜包围，其中央没有 ER（×50 000）

胞间连丝使植物体邻接细胞中的原生质体相互连接，形成共质体（symplast），共质体以外的部分称质外体（apoplast），包括细胞壁、细胞间隙和死细胞的细胞腔。在共质体中，胞间连丝为植物体的物质运输和信息传递提供了一个直接的、从细胞到细胞的细胞质通道。胞间连丝运输的物质中，不仅包括矿质离子、糖、氨基酸和有机酸等小分子物质，还有蛋白质、核酸等大分子物质，甚至包括了病毒、染色质等。胞间连丝还可相互融合形成次生的大通道，并观察到其中有细胞质和细胞核的转移。胞间连丝口径的开放程度受到许多因子的调节，植物不同部位细胞群之间的胞间连丝可以开放或被阻断，对物质的运输和信息传递，以及对植物细胞的分化、植物体的生长发育、植物对环境的反应等均会产生一定的影响。

(3) 纹孔(pit)　存在于次生壁上,既可在初生纹孔场上形成,也可在细胞壁无初生纹孔场处发育。相邻两细胞之间的纹孔多成对存在,称纹孔对(pit pair)。纹孔对之间的初生壁、胞间层构成了纹孔膜。纹孔围成的腔称为纹孔腔。根据纹孔腔的式样,纹孔分为两种类型:单纹孔(simple pit)与具缘纹孔(bordered pit)(图1-20)。

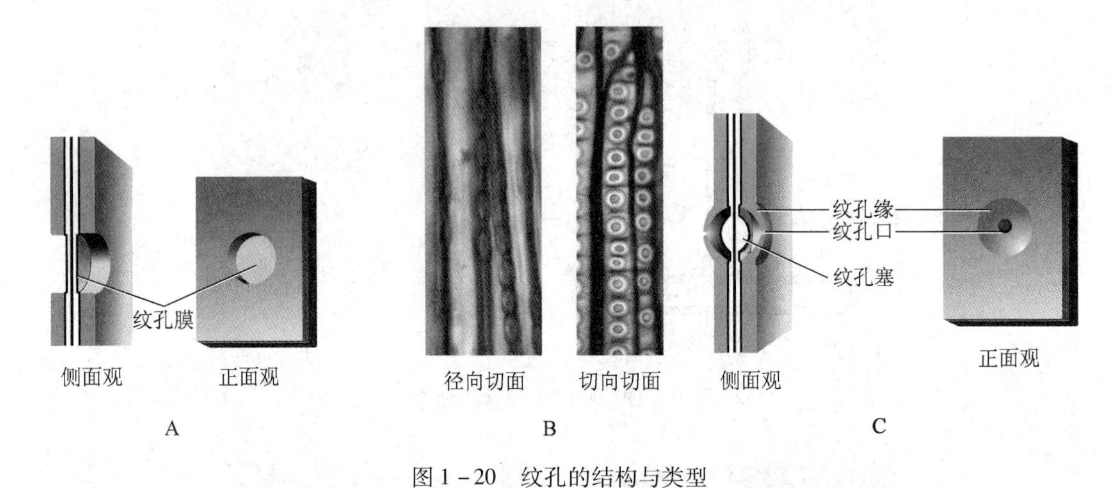

图1-20　纹孔的结构与类型

A. 单纹孔模式图　B. 白皮松(*Pinus bungeana*)的孔纹管胞,具缘纹孔　C. 具缘纹孔模式图

4. 细胞壁的形成与发育

细胞有丝分裂时在两个子细胞间形成细胞板,此后发育形成细胞壁(见细胞的有丝分裂)。细胞壁上的纤维素微纤丝是在质膜表面上合成的,已知纤维素合成酶分布在质膜上,纤维素前体物质由原生质体合成运到细胞表面后,在纤维素合成酶催化下聚合成微纤丝。

近年来的研究发现,细胞壁的构建受到细胞骨架微管的引导。微纤丝在细胞壁中沉积的方向是由分布在质膜内的微管决定的。很多研究结果表明,细胞中周质微管的方向与纤维素微纤丝的方向一致,当微管的方向改变时,纤维素微纤丝的方向也会发生相应改变。而用药物破坏微管时,导管分子次生壁加厚方式也受到了影响。

5. 细胞壁的功能

胡克1665年看到的木栓层细胞实际上是死去的细胞留下的细胞壁。因此多年来人们认为细胞壁是一种刚性的无生命的结构,其功能是保持细胞形状、进行水分等物质的运输和防御病原侵入等。现在人们已经认识到细胞壁的功能主要由细胞壁各组分的理化性质所决定,细胞壁与植物细胞许多功能有关。目前已经发现的细胞壁功能有以下几个方面:

(1) 增加植物的机械强度　现已证实组成细胞壁的各个组分间存在特殊的交联形式,使得细胞壁在各个方向上都有很好的机械强度。

(2) 对细胞生长扩大的控制作用　细胞壁的伸展性与细胞生长有关,已经发现,植物激素可以通过改变微管的排向进而控制微纤丝在细胞壁中的排向,进而控制了细胞生长的方向,如在伸长中的细胞内,细胞壁里所沉积的微纤丝与伸长轴互相垂直,而细胞壁中新形成的成圈的微纤丝限制了该细胞的宽度的增加,在膨压的作用下细胞长度的增加。

(3) 涉及植物的物质运输　植物的质外体和共质体运输两种形式均与细胞壁密切相关,尤其是质外体运输的速率很大程度上取决于细胞壁中各种组分的分子结构。

(4) 抵御病菌危害及逆境影响　植物的防御体系有被动和主动之分,这两种体系均与细胞壁有关,完整的细胞壁是植物抵御微生物侵染的物理屏障;另一方面,被侵染的细胞壁迅速进行木质化形成死细胞层,不仅有效地将被侵染细胞与健康细胞隔离开来,而且将侵染的病变局限于尽可能小的范围内而不致于加剧侵染；蛋白质组学研究表明，干旱、洪涝、盐分、病原菌等胁迫可引起植物细胞壁蛋白质的变化，如水稻茎应答干旱胁迫的过程中，细胞壁木质素甲基转移酶表达量上调，有助细胞壁木质化水平提高。

（5）参与细胞间的信息传递　大量的研究发现细胞壁参与了细胞间的识别反应，如豆科植物与其根瘤菌建立共生固氮关系时，植物细胞与根瘤菌细胞间的识别；花粉和柱头的相互作用；嫁接时砧木和接穗之间细胞壁的密切接触等。

（6）与细胞发育分化有关　细胞壁不仅在细胞间通讯和相互作用上起关键性作用，而且可以在发育分化过程中决定细胞的命运。

（三）后含物

植物细胞中的贮藏物质和代谢产物称为后含物（ergastic substance）。后含物的种类很多，包括糖类、蛋白质、脂质（脂肪、油、角质、蜡质、木栓质等）、盐类的晶体、某些有机化合物（丹宁、树脂、生物碱等）。

以下是几类重要的后含物。

1. 淀粉

在植物的贮藏组织中往往含有大量淀粉（starch）。植物光合作用的产物以蔗糖等形式运入贮藏组织后在造粉体中合成淀粉，形成淀粉粒（starch grain）（图 1-21A、D）。直链淀粉与支链淀粉常交替沉积，呈现环状轮纹。

2. 蛋白质

植物贮藏的蛋白质（protein）是结晶或无定形的固体，不表现出明显的生理活性。液泡中积累的贮藏蛋白呈颗粒状，称糊粉粒（aleurone grain）（图 1-21A、C），禾本科植物胚乳最外的数层细胞中含有较多的糊粉粒，在豆类种子的子叶中也有大量的糊粉粒。

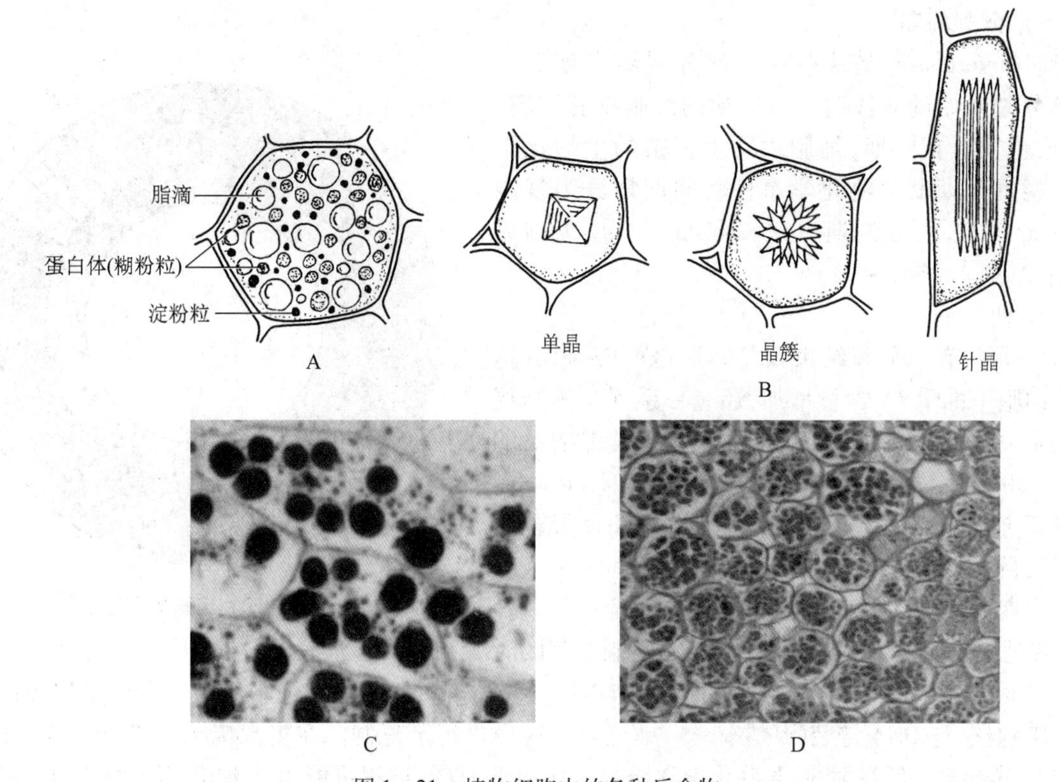

图 1-21　植物细胞中的各种后含物

A. 花生子叶中的多种后含物　B. 各种晶体　C. 蓖麻胚乳细胞中的蛋白体　D. 毛茛根皮层细胞中的淀粉粒

3. 脂肪与油

脂肪与油是植物细胞中贮藏的含能最高的化合物。在细胞质内或叶绿体中呈固体状态的称脂肪(fat),呈油滴状的称为油(oil)(图 1－21A)。

4. 晶体

晶体(crystal)存在于液泡中,有不同的形态和成分(图 1－21B)。

第二节　植物细胞的增殖

单细胞植物的细胞生长到一定阶段,细胞分裂成两个,以此进行增殖。在多细胞植物生长发育中,细胞分裂使植物体的细胞数目增多;多细胞植物的生殖也建立在细胞分裂的基础上。植物的生长发育、生殖繁衍与细胞分裂密切相关。

一、细胞周期

在真核细胞中,有丝分裂(mitosis)是最主要的细胞分裂方式。在 19 世纪末,人们就发现了有丝分裂。在有丝分裂中,细胞中出现了染色体、纺锤丝,因而称之为有丝分裂。连续分裂的细胞从一次有丝分裂结束到下一次分裂结束所经历的全部过程称为细胞周期(cell cycle)。而分裂期以外的时期,细胞在形态上变化不明显,被称为静止期。20 世纪 50 年代,人们用放射性标记的磷酸盐浸泡蚕豆根尖后进行放射自显影,发现了"静止期"中有一个 DNA 合成的时间区段,于是明确提出了细胞周期的概念,静止期改称为间期,而将细胞周期划分为间期与分裂期。

(一) 分裂间期

间期(interphase)是从一次有丝分裂结束到下一次有丝分裂开始的一段时间。间期的细胞核有核膜、核仁、染色质。在间期,细胞中发生复杂的生物化学事件。根据间期的生物化学事件将间期划分为复制前期(Gap 1,G_1),复制期(sythesis phase,S),复制后期(Gap 2,G_2)(图 1－22)。

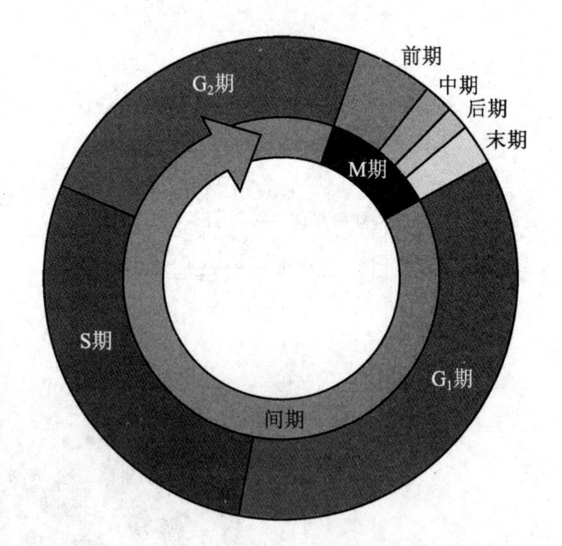

图 1－22　细胞周期图解

1. G_1期

G_1 期是从有丝分裂结束到复制期之前的时期,这个时期细胞中的 RNA 含量增加,还有一系列与细胞周期调控有关的蛋白质的合成。各种与 DNA 复制有关的酶在 G_1 期明显增加,线粒体、核糖体都增多了,内质网也在更新扩大,来自内质网的高尔基体、溶酶体等也都增加了数目。

2. S 期

S 期是细胞核 DNA 复制开始到 DNA 复制结束的时期。这个时期细胞核中发生了 DNA 的复制,DNA 含量加倍。这个时期细胞质中还合成了组蛋白并转运进入细胞核,与 DNA 链装配成核小体,染色质就这样进行了复制。在正常情况下,2 个子 DNA 是亲 DNA 的精确副本。但在射线、某些化学物质等的作用下,复制过程可能出现差错,从而引起基因突变。植物育种学家利用这一特点,在航天器中搭载植物种子,从经太空的宇宙射线和微重力诱变后的种子中培育出西瓜、甜椒等植物新品种。

3. G_2期

G_2 期指从 S 期结束到有丝分裂开始前的时期。在这个时期，DNA 合成终止，RNA 和非组蛋白继续合成，与有丝分裂时染色体螺旋化有关的蛋白质及组成纺锤体的微管蛋白也在 G_2期形成，细胞对将要到来的分裂期作准备。

（二）分裂期

细胞经过间期后进入分裂期（M 期），细胞中已复制的 DNA 将以染色体的形式平均分配到 2 个子细胞中去。每一子细胞将得到与母细胞同样的一组遗传物质（详见本节“有丝分裂”部分）。

（三）细胞周期的调控

细胞周期的长短在不同的生物种类和组织细胞中有相当大的差异，并且和外界条件密切相关。温度对于植物和低等动物有丝分裂周期的影响就非常明显。对于一个分生组织的所有细胞来说，在一定温度范围内，温度越高细胞周期时间越短，而温度越低细胞周期越长。如，在 15℃时，洋葱根尖细胞总的周期持续时间是 29. 8 h，其中 M 期为 3. 6 h；在 25℃时，洋葱根尖细胞总的周期持续时间是 13. 5 h，其中 M 期只有 1. 5 h。营养和外源激素也会影响细胞周期，如，去除蔗糖使拟南芥悬浮培养细胞阻断在 G_1 期，在重新加入蔗糖后，部分细胞又可重新进入细胞周期。在离体培养的植物细胞中，长期缺乏生长素，可使细胞不能重新进入细胞周期。

细胞分裂后可能有三种去向：①继续进入细胞周期不断进行细胞分裂，例如植物根尖、茎尖的原分生组织细胞，在一生中都保持着分裂能力，使植物不断生长。②进入 G_0期，不再分裂，如茎分生组织的一些细胞停止分裂，植物发育到一定阶段，这些细胞恢复分裂活动，转变为形成层细胞，重新进入细胞周期。③不可逆地脱离细胞周期，失去分裂能力，成为终端分化细胞，如韧皮部中的筛管分子。

细胞周期的准确调控对生物的生存、繁殖、发育和遗传很重要。简单的生物需要根据环境变化，调控细胞周期以适应环境，调节繁殖速度，保证物种的繁衍。复杂生物的细胞则需要面对来自外界环境和自身其他细胞、组织的信号，并作出正确的应答，以保证组织、器官和个体的形成、生长以及创伤愈合等过程能正常进行，因而有更为精细复杂的细胞周期调控机制。目前对于哺乳动物和酵母细胞周期调控的研究已较详细，而植物细胞周期调控研究起步较晚，对于植物细胞周期调控机制还不是很清楚，但近年来积累了不少资料，已知高等植物的细胞周期是受内外多种因子的调节控制。

科学家发现，真核细胞内有一个调控机构，使细胞周期能有条不紊地依次进行，细胞周期受到一系列基因的调控。哈特韦尔（Hartwell）等三名科学家发现了组成这个机构的关键分子调节机制，并分离出调控的基因及相关蛋白质，即细胞周期依赖性蛋白激酶（CDK）和周期蛋白（cyclin），因而荣获 2001 年诺贝尔生理学或医学奖。CDKs 和 cyclins 构成了细胞周期运转的引擎，在细胞周期的各个阶段，不同的 CDK 和不同的 cyclin 结合，推动细胞周期的运转。动、植物细胞具有类似的分裂机制，植物中也已确定了多种 CDKs 和 cyclins 的同源物。还有资料表明某些细胞周期调节蛋白在分化细胞中也发挥作用。科学家继续寻找细胞周期机制的新成分，理解它们的作用机理，找出控制细胞周期开始、持续和结束的因素。

总之，细胞周期是一个多因子参加、多步调控的过程，植物细胞本身如何协调这些多元调控，外源因素和内部调控因子又是怎样协调的，有待于今后进一步的研究。

二、有丝分裂

在有丝分裂中，细胞核中出现染色体（chromosome）与纺锤丝（spindle fibers），故称有丝分裂。根据染色体的变化过程，人为地将有丝分裂分为前期（prophase）、中期（metaphase）、后期（anaphase）和末期

(telophase)。在核分裂进入后期或末期时,经细胞质分裂(cytokinesis)将细胞分成两个子细胞。两个子细胞与亲细胞有着相同的遗传信息。

(一)有丝分裂的过程

1. 细胞核分裂

(1)前期　间期细胞进入前期的最明显变化是细胞核中出现了染色体。染色体逐渐变短变粗,核仁渐渐解体消失。在前期较晚些时,双层的核膜开始破碎成零散的小泡,细胞中央原先细胞核所在的位置上开始出现纺锤体(详见本节“染色体与纺锤体”)。

(2)中期　染色体继续浓缩变短,所有染色体都排列到纺锤体的中央,它们的着丝粒都位于细胞中央的同一个平面,即赤道面(equatorial plane)上。中期的染色体缩短到最小的程度,是观察与研究染色体的好时期(图1-23,图1-24)。

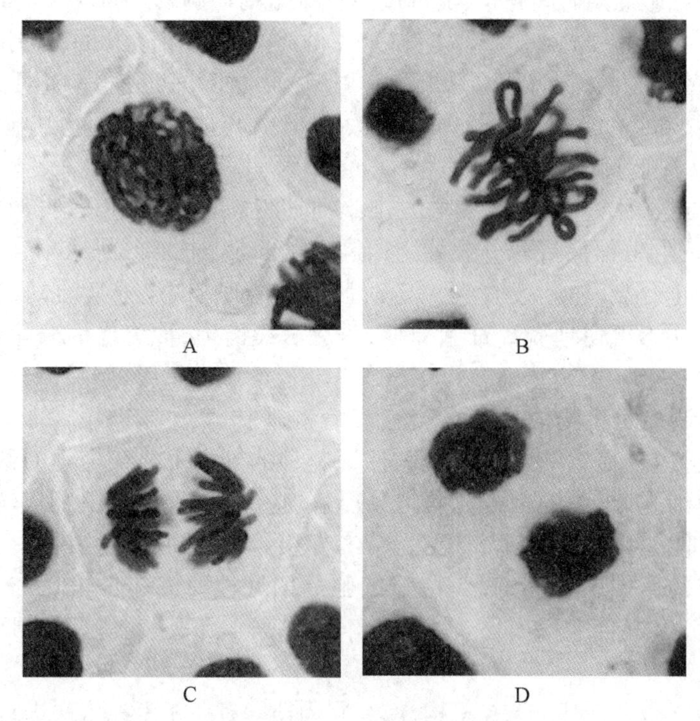

图1-23　洋葱根尖细胞的有丝分裂过程

A. 前期　B. 中期　C. 后期　D. 末期

(3)后期　各染色体的着丝粒在中期就已分为两个了,所以中期以后各染色体的两个单体实际已是两个独立的染色体了。一对染色体上的着丝粒彼此分开,形成两个独立的染色体,细胞内的染色体就成为相同的两组,分别向着两极移动(图1-23,图1-24)。

(4)末期　分离的两组染色体分别抵达两极时,动粒微管消失,极微管(详见本节“染色体与纺锤体”)进一步延伸,使两组染色体的距离进一步加大。在两组染色体的外围,核膜重新形成,染色体伸展延长,最后成为染色质。核仁也开始出现。至此,细胞核的有丝分裂结束(图1-23,图1-24)。

2. 细胞质分裂

植物细胞的细胞质分裂是在细胞内部形成新的细胞壁,从而将两个子细胞分隔开来。

细胞质分裂发生在细胞分裂的晚后期和末期。残留的纺锤体微管在细胞赤道面的中央密集,平行排列成一圆桶状,称为成膜体(phragmoplast)。在成膜体围起来的中间部分,高尔基体分泌的小泡参与了细胞板(cell plate)的形成。自细胞板形成起始,成膜体内缘发生微管的解聚,外缘发生微管的聚合,成膜体向外扩展，细胞板也随之向外延伸（图 1－25）。

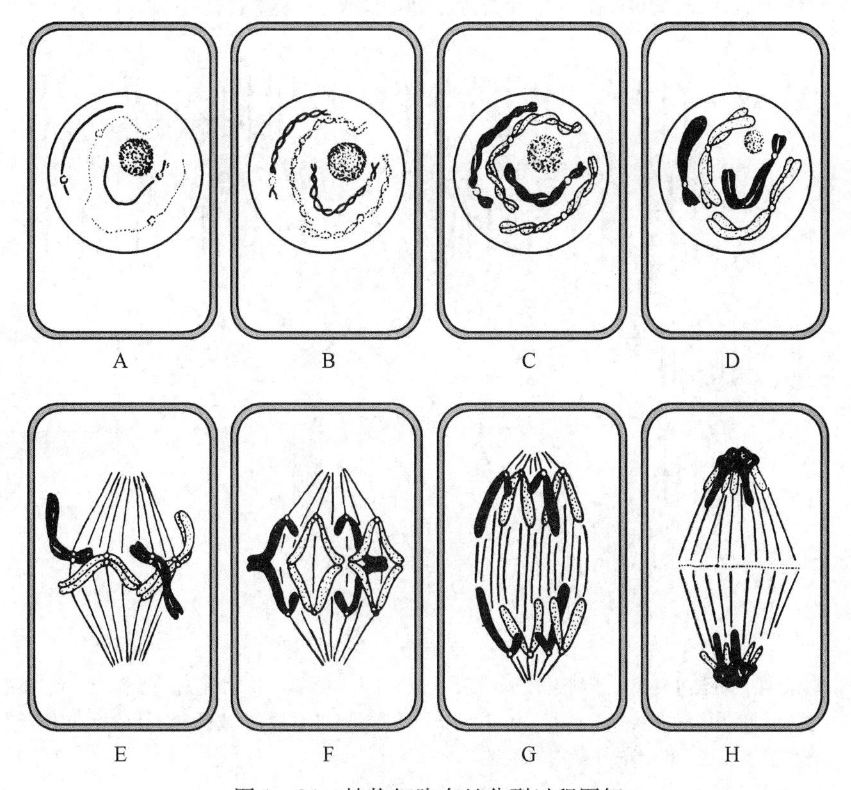

图 1－24　植物细胞有丝分裂过程图解

A～D. 前期　E. 中期　F～G. 后期　H. 末期

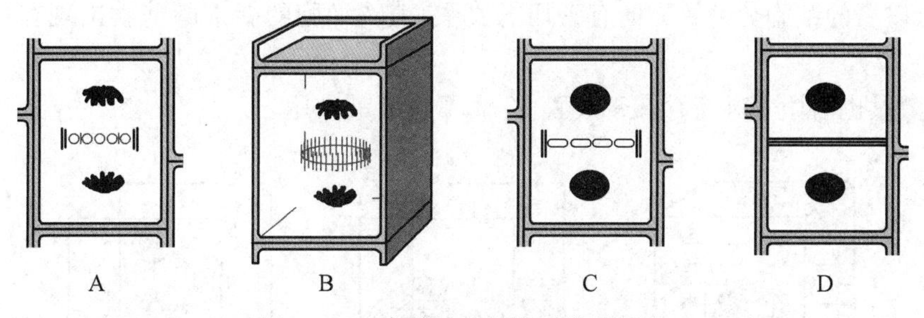

图 1－25　高等植物细胞质分裂图解

A. 有丝分裂末期高尔基小泡原集于赤道板　B. A 图的立体结构，示有丝分裂末期呈圆桶状排列的纺锤体微管　C. 小泡融合而成细胞板　D. 生成新的细胞壁和细胞膜

细胞板的形成过程如下：受微管的指引，高尔基体分泌的小泡到达细胞的赤道面；小泡之间出现一些小管，将小泡连通；而后小管、小泡逐渐融合成网状的细胞板；细胞板上的网孔逐步消失，连成一个平板；细胞板向边缘逐步扩展，边缘产生一些指状的融合管连接母细胞的细胞壁，最终细胞板与原有细胞壁完全连在一起，将两个子细胞分隔开（图 1－26），小泡的膜相互融合，连成了子细胞的质膜。小泡中的多糖类物质形成了新细胞壁的胞间层，进而形成细胞壁。在细胞板的一定位置形成胞间连丝，可有管状的内质网存留于其中。

细胞的胞间层形成后，高尔基体小泡，可能还有内质网产生的小泡继续运送物质到质膜并与质膜融合，所含细胞壁前体物质释放到质膜与胞间层之间，形成了初生壁。质膜上有纤维素合酶复合体，因而纤维素的合成在质膜表面进行，纤维素微纤丝的排列方向受到周质微管骨架的调控。初生壁形成的后期，高尔基体小泡还将糖蛋白（如伸展蛋白等）的前体运输和分泌到细胞壁中，填充在纤维素、半纤维素及果胶质的网状结构中并与之交联，在两个子细胞之间形成了完整的初生壁。

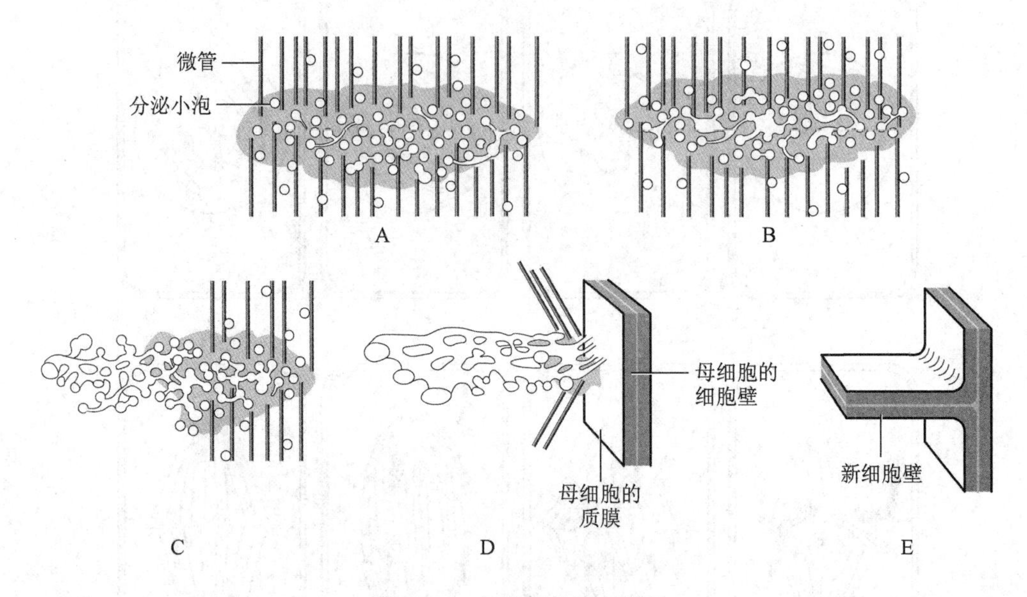

图 1－26　细胞板的发育过程

A. 高尔基体产生的分泌小泡集中于细胞的赤道面，小泡之间发生融合　B. 小泡进一步融合　C. 小泡融合成管网状，靠近细胞中央一侧的微管消失　D. 管网状的结构进一步扩展，形成具有窗孔的板，边缘产生指状融合管与母细胞壁相连　E. 形成了新的细胞壁

在早前期时，微管环绕着未来分裂时赤道面排列在细胞壁之内，形成早前期微管环带，随细胞分裂的进行，环带微管解聚，形成分散于细胞质中一个大的微管蛋白分子库，供组装纺锤体之用。早前期微管环带的位置与以后的细胞分裂的方向有密切的关系，植物细胞的新细胞壁就出现在早前期微管环带的位置上（图 1－27）。

近年发现，微丝也与微管并行存在于成膜体，尚不清楚其作用。

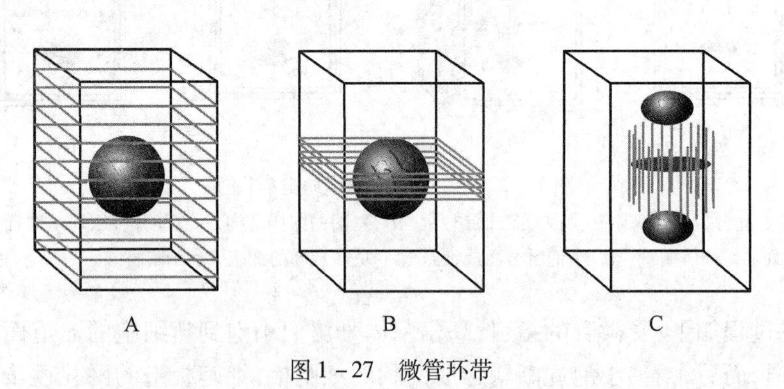

图 1－27　微管环带

A. 间期细胞，微管环绕细胞长轴均匀分布　B. 在有丝分裂早前期出现微管环带
C. 新细胞壁的形成与早前期微管环带的位置有关

液泡化的植物细胞分裂时，细胞中形成细胞质丝；细胞核从细胞的边缘通过细胞质丝移动到细胞中央，成膜体出现在某些细胞质丝中，逐步形成新的细胞壁，进而完成了细胞质分裂（图 1－28）。

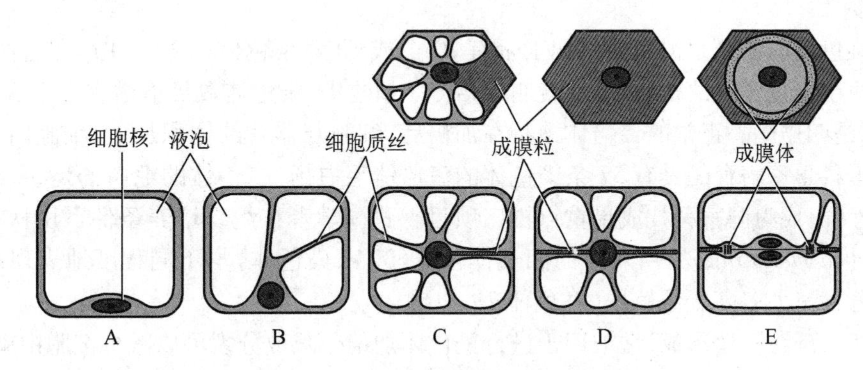

图 1-28　液泡化细胞的细胞质分裂

A. 细胞具有大的中央液泡,细胞核位于一侧,紧贴细胞壁　B. 细胞质丝穿过液泡,为细胞核进入细胞中央提供了通道　C. 细胞核到达细胞的中央,细胞中有许多细胞质丝　C,D. 在细胞中央即将产生细胞壁的位置的细胞质丝中出现了成膜粒,并逐步扩展成一个平面　E. 细胞核进行有丝分裂,在成膜粒的平面上出现成膜体,并最终形成新的细胞壁

(二)染色体与纺锤体

1. 染色体的结构

染色体经过复制,一个 DNA 分子复制成为两条,每个染色体实际上含有两条并列的染色单体(chromatids),每一染色单体含一条 DNA 双链。中期的染色单体在着丝粒(centromere)部位结合。着丝粒位于染色体的一个缢缩部位,即主缢痕(primary constriction)中。着丝粒是异染色质,在染色体复制时最后复制的部分。着丝粒和主缢痕在各染色体上的位置对于每种生物的每一条染色体来说是确定的:或是位于染色体中央而将染色体分两部分(称为臂),或是偏于染色体的一侧,甚至近于染色体的一端。着丝粒在细胞分裂期组建动粒。动粒指能使着丝粒 DNA 附着纺锤丝的蛋白质结构,在电镜观察下呈 3 层圆盘状结构(图 1-29);能够介导染色体和纺锤丝之间的相互作用,使分裂期染色体能够迁移,并产生一个分裂期检查点(checkpoint)信号,确保细胞在进入分裂后期之前,所有的染色体都附着有两极的纺锤丝。

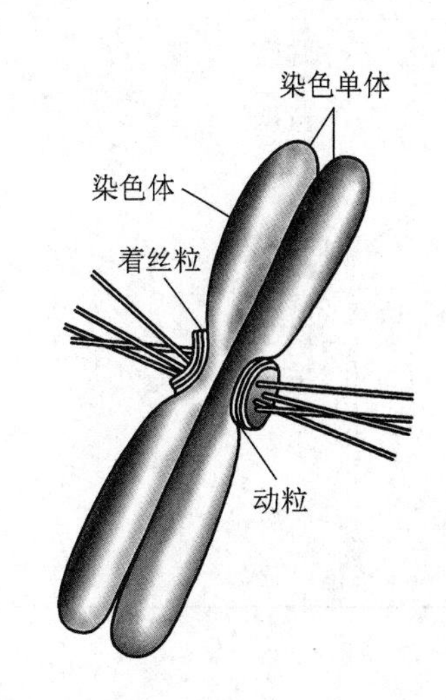

图 1-29　染色体结构模式图(依陈阅增等重绘)

染色质中的 DNA 长链经四级螺旋、盘绕最终包装成为染色体,其长度被压缩了 8 000~10 000 倍。这有利于细胞分裂中染色体的平均分配。

染色体的结构通常是稳定的,但在射线和理化因素的作用下有可能发生断裂。断裂的染色体可能重接而恢复原有的结构。但可能会有一部分发生错误,出现染色体结构变异。

2. 纺锤体

有丝分裂时,细胞中出现了由大量微管组成的、形态为纺锤状的结构,称纺锤体(spindle)(图 1-24)。这些微管呈细丝状,称纺锤丝。在纺锤体中的微管有些是从纺锤体一极伸向另一极的,称极间丝或极微管。还有一些纺锤丝与染色体着丝粒相连,称着丝点丝(亦称染色体牵丝)或动粒微管。着丝粒由特殊的 DNA 序列构成,两条染色单体上着丝粒紧密并列,在每一着丝粒的外侧还有一蛋白质复合体组装其上,称为动粒(kinetochore),其上连接着的微管为动粒微管。这些微管从染色体的两侧分别向相反方向延伸达细胞两极。纺锤体中还有一些微管既不与着丝粒相连,也不与细胞两极相连,称中间微管。通常在植物细胞中没有中心粒,不形成星体,因而也没有星体微管。

在有丝分裂的后期,动粒微管缩短,牵引着染色体向细胞的两极移动(图 1-29)。

3. 染色体数目

各种生物染色体的数目是恒定的。如玉米有 20 个或 10 对染色体(表 1－1),即有两个染色体组。体细胞中含有两个染色体组的植物个体,就叫二倍体。植物中,染色体数目倍增成为多倍体。如香蕉是三倍体,马铃薯是四倍体。正常的二倍体植物在加倍后,细胞与器官的体积加大,细胞内含物的含量也增加。近年我国科学家培育的具有 57 条染色体的三倍体毛白杨(二倍体的毛白杨是 38 条染色体),速生、抗逆、适应性强,成为国家科技成果重点推广项目。我国学者在组织培养条件下用秋水仙素诱导药用植物丹参(*Salvia miltiorrhiza*),所获得的四倍体植株(32 条染色体)均不同程度地表现出多倍体植株的主要化学成分含量大多高于原植株(染色体 $2n=16$)。

秋水仙素能抑制纺锤丝形成,常被用于进行染色体加倍。减数分裂可以减少细胞中染色体的倍数。减数分裂后所形成的单倍体细胞可以被培养成单倍体的植株。单倍体植株往往弱小、不育。低剂量的射线作用于减数分裂中的细胞,可以产生染色体数目的异常,成为非整倍体。这类染色体数目的变异会使植物有异常的性状。

表 1－1　几种植物细胞染色体数

植物种类	学名	染色体数目($2n$)
甘蓝	*Brassica oleracea*	18
黄瓜	*Cucumis sativus*	14
花生	*Arachis hypogaea*	40
向日葵	*Helianthus annuus*	34
番茄	*Lycopersicum esculenium*	24
玉米	*Zea mays*	20
小麦	*Trilicum aestivum*	42
洋葱	*Allium cepa*	16
落叶松属	*Larix*	24

三、无丝分裂

无丝分裂(amitosis)又称直接分裂,在无丝分裂中核内不出现染色体与纺锤体,没有像有丝分裂那样复杂的形态变化。

无丝分裂有多种形式,常见的方式是横缢式。此外还有芽生、碎裂、劈裂等多种方式。

无丝分裂速度快,消耗能量少。原核生物细胞分裂的方式是无丝分裂。过去认为,无丝分裂只存在于低等植物,高等植物在不正常状态下才出现无丝分裂。现在发现,植物体在胚乳形成、表皮发育、胚中的子叶发育过程中都有无丝分裂,在愈伤组织的细胞分裂中也有大量的无丝分裂。对无丝分裂的生物学意义还应进一步研究。

四、减数分裂

植物在有性生殖过程中会发生减数分裂(meiosis)。这是一种特殊的细胞分裂。

减数分裂前,细胞核的 DNA 经过复制。在减数分裂中,核中也形成染色体并出现纺锤丝。减数分裂的过程包括了两次连续进行的细胞分裂,最后形成四个单倍体的子细胞。减数分裂与受精作用在植物的生活周期中交替进行,使植物一方面能接受双方亲本的遗传物质而扩大变异,增强适应性;另一方面能保证细胞中的染色体数目维持恒定,保证遗传的稳定性。

(一) 减数分裂的过程

在进入减数分裂期前的间期,细胞核中已经发生了染色体的复制。

1. 减数分裂第一次分裂(减数分裂Ⅰ)

(1) 前期Ⅰ(prophase Ⅰ)　细胞核在减数分裂的前期Ⅰ发生了一系列复杂的变化。根据染色体的形态变化,前期Ⅰ可划分为5个时期。

① 细线期(leptotene)　染色体开始出现,是很细的丝状。这时每条染色体与有丝分裂时一样有两条染色单体,也在着丝粒处相连。在这个时期中染色体将逐渐缩短变粗(图1-30)。

② 偶线期(zygotene)　也称合线期。这个时期中会出现不同于有丝分裂的现象:细胞核中的同源染色体两两配对,接着发生联会(synapsis)。如洋葱细胞中原有16条染色体,此时组成了8对,每对中有4条染色单体,构成一个单位,叫做四价体或四联体(tetrad,也译作四分体)(图1-30)。配对的两条同源染色体之间形成一种复合结构,称联会复合体(synaptonemal complex, SC),它对于维持同源染色体配对的稳定性,以及同源染色体的局部交换,是不可缺少的。SC的形成始于细线期,成熟于偶线期。联会复合体的形成与偶线期DNA(zyg-DNA)有关,在细线期或偶线期加入DNA合成抑制剂,则抑制SC的形成。

③ 双线期(diplotene)　染色体继续缩短变粗,此时的交叉很明显(图1-30),联会复合体在双线期解体。

④ 终变期(diakinesis)　染色体缩至最小长度,细胞核中的核仁、核膜消失(图1-31)。

(2) 中期Ⅰ(metaphase Ⅰ)　染色体排在细胞的赤道板上,形成纺锤体,不同于有丝分裂的是,同源染色体是配对的,在中期Ⅰ也不分开(图1-30)。

(3) 后期Ⅰ(anaphase Ⅰ)　进入后期Ⅰ,同源染色体分开,每对同源染色体分别进入两极,每极中,染色体的数目只有原来的一半。各对非同源染色体自由组合地进入赤道板两侧(图1-30)。

(4) 末期Ⅰ(telophase Ⅰ)　染色体渐渐变为染色质,核仁、核膜出现。此时染色体数目是母细胞的一半(图1-30)。

2. 减数分裂第二次分裂(减数分裂Ⅱ)

从减数分裂Ⅰ到减数分裂Ⅱ,细胞中没有进行DNA复制,很快进入第二次分裂,这次分裂实际上是一次普通的有丝分裂,减数分裂二分体中每一染色体的两条染色单体,分别进入细胞两极,最终形成单倍体的子细胞。这样,经过一次染色体的复制和两次连续的细胞分裂,形成了四个单倍体的子细胞(图1-30)。

由于有同源染色体的配对,使同源染色体能准确地分配到四个子细胞中,保证子细胞能得到一半的染色体,从而确保了遗传的稳定性。联会与交换中发生的基因重组以及非同源染色体进入子细胞时的自由组合提供了重组的机会,因而能够产生多种类型的配子,丰富了植物的遗传多样性。

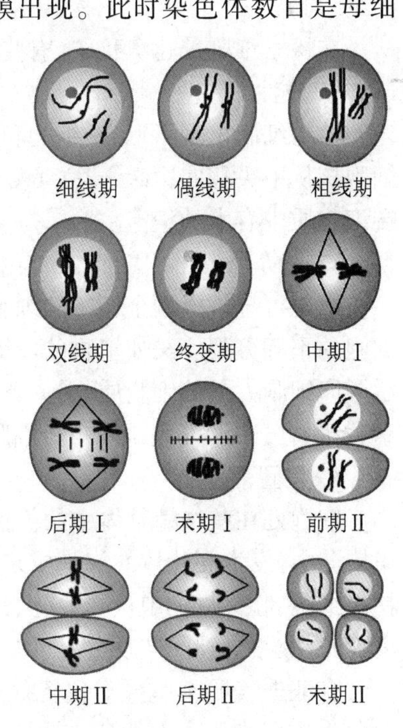

图1-30　减数分裂过程图解

(二) 减数分裂发生的时间与产物

高等植物在产生孢子时进行减数分裂,形成四个孢子(见第五章)。如被子植物在花芽中进行减数分裂,产生大、小孢子;蕨类与苔藓植物的孢子囊减数分裂,产生孢子。高等植物经过减数分裂产生的大、小孢子又经过有丝分裂产生雌、雄配子。低等植物中,有的是在产生配子时进行减数分裂如鹿角菜,有的是在产生孢子时减数分裂，如海带（*Laminaria japonica*），有的是在合子萌发时进行减数分裂，如衣藻属（*Chlamydomonas*）。配子作为减数分裂的产物，染色体数目减半。

第三节　植物细胞的生长与分化

一、细胞分化

多细胞植物的个体发育中，细胞的后代在形态、结构和功能上发生差异的过程称为细胞分化（cell differentiation）。如种子植物的顶端分生组织细胞分化成为多种细胞，如扁平、有角质层、具有保护功能的表皮细胞；能够控制气孔开闭的肾形的保卫细胞；内有很多叶绿体，能够进行光合作用的叶肉细胞等。

（一）细胞分化的现象

根尖、茎尖等分生组织的细胞有丝分裂形成的新细胞，其体积只有母细胞一半大。当新的细胞生长到与母细胞一样大时，或进行下一次分裂或进一步生长并发生分化。

根尖、茎尖细胞的生长与分化多表现为细胞沿与器官长轴平行的方向伸长。细胞刚完成分裂时，细胞质中几乎没有液泡；随细胞体积增大，细胞中出现了许多小液泡，然后多个小液泡逐步增大，合并成大液泡，最终成为一个大的中央液泡，细胞体积增加数十或上百倍。在细胞壁与大液泡之间，细胞质被挤成薄薄的一层，细胞核也被挤到细胞的边缘。细胞在分化中，不同细胞的形态结构、代谢活动与功能都出现了差异化，有的细胞出现了叶绿体，成为光合作用的细胞；有的细胞出现了丰富的高尔基体，成为有旺盛分泌功能的细胞。在细胞生长与分化过程中，细胞壁也发生了一定的变化：有些相邻细胞的细胞壁在部分胞间层处形成了细胞间隙；有些细胞在细胞停止生长后细胞壁还继续增厚，形成了发达的次生壁；随细胞分化方向的不同，细胞壁中添加了不同种物质，如木质素、木栓质、角质等（见本章第四节“植物组织”）。

在探索细胞分化奥秘中，有些现象引起了人们的重视：

1. 极性

植物细胞出现了形态、结构和生理上的两极差异，即极性。如减数分裂后，单细胞花粉粒（小孢子）细胞核从中央移向边缘，建立了极性；卵细胞也有明显的极性，细胞核和大多数细胞器分布在一端，另一端细胞质中有大的液泡。

2. 不等分裂

细胞可分裂成两个相等的细胞，而建立了极性的细胞会发生不等分裂，图 1－31 显示了根原表皮层细胞的不等分裂。又如植物的卵细胞具有极性，受精卵的第一次分裂就是不等分裂。有液泡的一端继承了卵细胞大量的细胞质，另一端是较小的细胞，这两个细胞在后来有着不同的发育方向（详见第五章）；筛管分子和伴胞是同一母细胞不等分裂的产物（见本章第四节“植物组织”）。

3. 位置效应

细胞处在整个植物体中的位置决定着分化的方向，细胞的分化受到其周围细胞的影响。在植物组织培养中，发生胚状体的细胞或来自于愈伤组织表面，或来自于愈伤组织死细胞围成的小空腔中。而花粉母细胞、胚囊母细胞从减数分裂前到四分体形成阶段，被胼胝质包围，胞间连丝消失，与周围细胞隔离，随之减数分裂的产物进入了配子体的发育阶段。

有证据表明细胞壁与位置效应有一定关系。如，拟南芥根最外层是可生长根毛的表皮细胞，其内层为皮层细胞。并非所有表皮细胞都能长出根毛，只有那些与内侧两个皮层细胞相连处接触的表皮细胞，才能长出根毛（图 1－32）。如果将这些皮层细胞破坏，而细胞壁还存在时，表皮上依然可形成根毛，说明决定分化为根毛表皮细胞命运的信息存在于皮层细胞壁的特殊部位，即相邻皮层细胞的连接处。

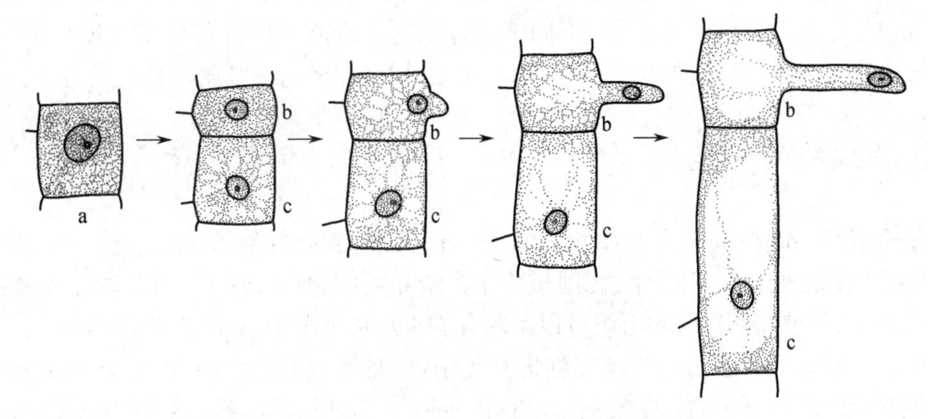

图 1－31　植物根原表皮细胞不等分裂及其分化

根原表皮细胞 a 不等分裂形成细胞 b 和细胞 c，细胞 b 发育形成根毛，细胞 c 不发育出根毛

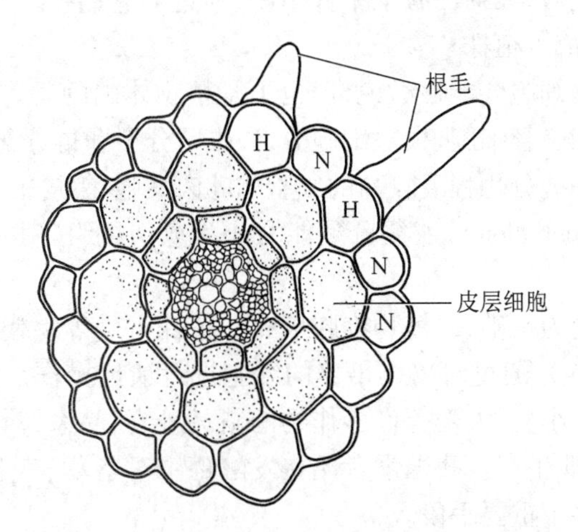

图 1－32　植物根横切面示意图（依王立德等重绘）

H 型表皮细胞与两个皮层细胞相邻，可发育出根毛

N 型表皮细胞与一个皮层细胞相邻，不能发育出根毛

（二）细胞分化的本质与影响因素

细胞为什么会分化？细胞的分化是如何调控的？这是植物学领域最令人感兴趣的问题之一。人们从实验形态学、细胞学、植物生理学、生物化学、分子生物学和生物信息学等不同角度对细胞分化进行研究，逐渐认识到细胞分化的实质是基因的差别表达（differential expression），在不同的细胞中产生不同的结构蛋白、执行不同的功能。例如在烟草中，已发现存在有 2.5 万～3 万个不同种的 RNA（包括叶片、茎、根、花瓣、子房、花药等），其中约有 8 000 种 mRNA 是所有组织共同的。其余的 mRNA 均是各个组织所特有的，即每一组织都有特殊的 mRNA，它包含了数千个不同的结构基因转录体。人们把分化细胞的基因大致分为两类，一类是管家基因（housekeeping gene），指植物体所有细胞中均需要表达的基因，其产物对维持细胞的基本结构和代谢活动所必需；另一类是组织特异性基因，或称奢侈基因（luxury gene），在不同细胞组织中有不同的表达，其产物赋予不同类型细胞不同的形态和功能。

细胞分化受多种内外因素的影响，植物激素在分化中有明显的调节作用，以直接或间接的方式影响基因的活性。外界环境如温度、光照等也可通过激素而发生作用。植物体有一套接受环境信号，并经过转化放大而作出各种反应的机构。如光可能通过光敏色素激活基因，引起光形态发生中的一系列变化。

细胞分化过程中特异蛋白质的合成或消失，固然受基因决定，但必须在细胞内外环境信号作用下才能实现。近年来，人们还发现质外体（质膜以外的细胞外区，细胞壁是其主要部分，相当于动物细胞的细胞外基质）所产生的多种信号分子对细胞分化发育的调控具有重要的作用。一些实验结果表明，在植物细胞壁中的确存在决定细胞分化的信号分子，不同细胞以及同一细胞不同部位的细胞壁可能存在异质性。正是这种异质性决定了细胞特定的位置效应，从而启动其特定基因，使细胞沿特定的方向分化。

二、植物细胞的全能性

植物细胞全能性（totipotency）是指植物体的每一个生活细胞都具备母体的全套基因，在一定条件下可以发育成完整植株的能力。1902 年，德国植物学家哈布兰特（Haberlandt）首先提出植物细胞全能性的概念。他认为，高等植物的器官和组织可以不断分割直至单个细胞，每个细胞都具有进一步分裂和发育的能力。他对一些单子叶植物的叶肉细胞进行了培养，虽然没有培养成功，但此后有不少人继续探索。随着细胞和组织培养技术的不断发展，1958 年 Steward 等对悬浮培养胡萝卜肉质根中的单个细胞，成功诱导产生愈伤组织（callus），培养出类似于自然种子中胚的结构——胚状体，并进一步成功地将胚状体培养成为胡萝卜植株。此后，大约已有上千种植物，通过对它们根、茎、叶、花、果等器官组织，甚至是对离体的原生质体，培养形成了植株。

虽然大量实验证明了植物细胞全能性学说，但也不是植物体内的每一个细胞都具有全能性。一般说来，高度分化的植物细胞，如筛管细胞、根冠细胞等，失去了分裂和再分化的能力。一些分化程度不很高的细胞，如薄壁细胞，甚至一些分化程度较高的细胞如叶肉细胞、表皮细胞等，在创伤和外源激素的作用下可以发生脱分化（dedifferentiation），恢复分裂能力成为愈伤组织。脱分化的愈伤组织可以再生植株，表现出细胞的全能性。

以植物细胞全能性的理论为基础、以植物细胞培养和植株再生等现代植物生物技术为手段的植物细胞工程（plant cell engineering），通过对离体培养的细胞进行遗传操作，实现作物品种改良，如我国学者已成功地培养出烟草、水稻、小麦、大麦等许多作物的新品种、新品系，对香蕉、马铃薯、草莓等进行脱病毒快速繁殖，并广泛用于农业生产。我国学者还在发酵罐中对紫草、三七等植物细胞进行大量培养，为药用植物资源开发利用提供了重要手段。

三、细胞的死亡

多细胞生物个体发育中，不断发生着细胞的分裂与分化，还不断发生着细胞有选择性的死亡。这对有机体的生存、维持正常的发育、适应外界环境等都有着重要的意义。

细胞死亡包括坏死性死亡（necrosis）和细胞编程性死亡（programmed cell death）或称细胞凋亡（apoptosis）。前者是由某些外界的物理、化学或生物因素引起的非正常死亡。后者是细胞在一定条件下根据自身的程序，主动结束其生命过程，是基因程序性活动的结果，是正常的生理性死亡，如导管、管胞分化成熟时，原生质体解体，细胞死亡，形成仅有细胞壁的管状分子。

第四节　植物组织

绝大多数低等植物的结构简单，没有组织分化，在高等植物中才有了明显的组织分化。其中，进化水平最高的被子植物组织分化的程度最高、最复杂。

一、组织与器官的概念

在植物体中,来源相同,形态结构相似或不同、行使相同生理功能的细胞群即为植物的组织(tissue)。组织是植物体中的功能单位。各种组织都是由一个细胞或同一群细胞经过分裂与分化形成的。如组织中仅有一种细胞类型的叫做简单组织(simple tissue),组织中有多种细胞类型的叫做复合组织(complex tissue)。

由不同的组织按一定的规律构成了器官(organ)。种子植物体六大器官是根、茎、叶、花、果实和种子,各有一定的形态结构和生理功能。

二、植物组织的类型

种子植物的组织可分为两大类:分生组织和成熟组织。分生组织是具有细胞分裂产生新细胞能力的细胞群;成熟组织是指失去了细胞分裂能力,分化成为有一定形态结构,具有特定功能的细胞群。按其不同的功能,成熟组织又可以分成薄壁组织、保护组织、输导组织、机械组织、分泌组织等。根据植物组织的位置和性质,其类型概括如下:

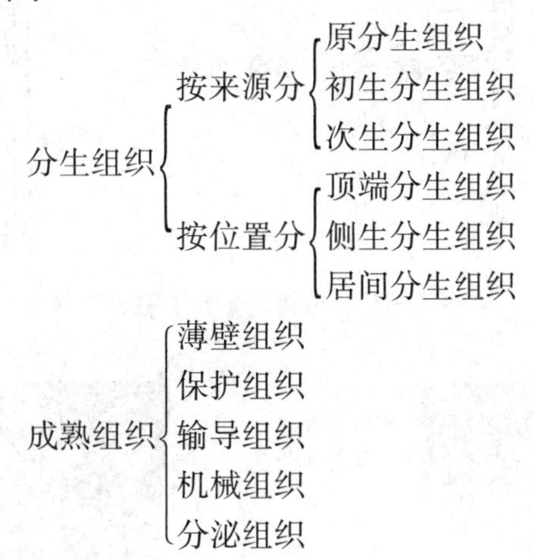

(一) 分生组织

植物体中具有分裂能力的细胞群称为分生组织(meristerm 或 meristematic tissue)。在植物的胚胎发育时期,所有的细胞都可以分裂,当植物体形态建成后,它们仅位于植物体的特定部位,如根、茎顶端等处。有些分生组织处于潜伏状态,只在条件适宜时才活跃起来,如腋芽内的分生组织(图1-33)。

1. 分生组织的部位及类型

按照分生组织在植物体中存在的部位,可将其分为顶端分生组织、侧生分生组织和居间分生组织三种类型。

(1) 顶端分生组织　植物的根尖、茎端的分生组织,称为顶端分生组织(apical meristerm)。它们是从胚胎中保留下来的,细胞是等直径的,体积较小,细胞核相对较大,细胞质浓厚,液泡不明显(图1-34)。顶端分生组织属于胚性细胞(embryogenic cells 或 embryonic cells),有很强的分裂能力。

顶端分生组织的细胞多进行横分裂,即所产生的子细胞排列的方向平行于根或茎的长轴方向,这使得根与茎的长轴方向增加了细胞的数目。

(2) 侧生分生组织　在一些植物根茎等器官中,靠近表面的、与器官长轴平行的方向上,有呈桶形分布的分生组织,称为侧生分生组织(lateral meristerm)。侧生分生组织往往由已分化的细胞恢复分裂能力,转变为分生组织,包括形成层(cambium)、木栓形成层。

侧生分生组织的细胞多是长的纺锤形细胞,有较为发达的液泡,细胞与器官长轴平行,细胞分裂方向多与器官的长轴方向垂直,其分裂活动使根茎增粗。

单子叶植物一般不具有侧生分生组织,一般不进行加粗生长。

(3) 居间分生组织　在有些植物发育的过程中,在已分化的成熟组织间夹着一些未完全分化的分生组织,称为居间分生组织(intercalary meristerm)(图 1-33)。居间分生组织属于初生分生组织。在玉米、小麦、竹子等单子叶植物中,居间分生组织分布在节间的下方,它们旺盛的细胞分裂活动使植株快速生长、增高。韭菜和葱的叶子基部也有居间分生组织,割去叶子的上部后叶还能生长。

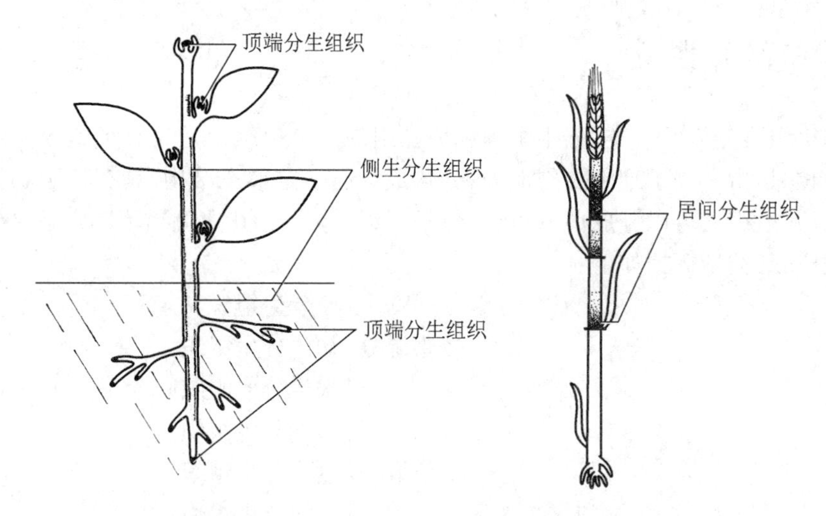

图 1-33　植物体中分生组织的分布

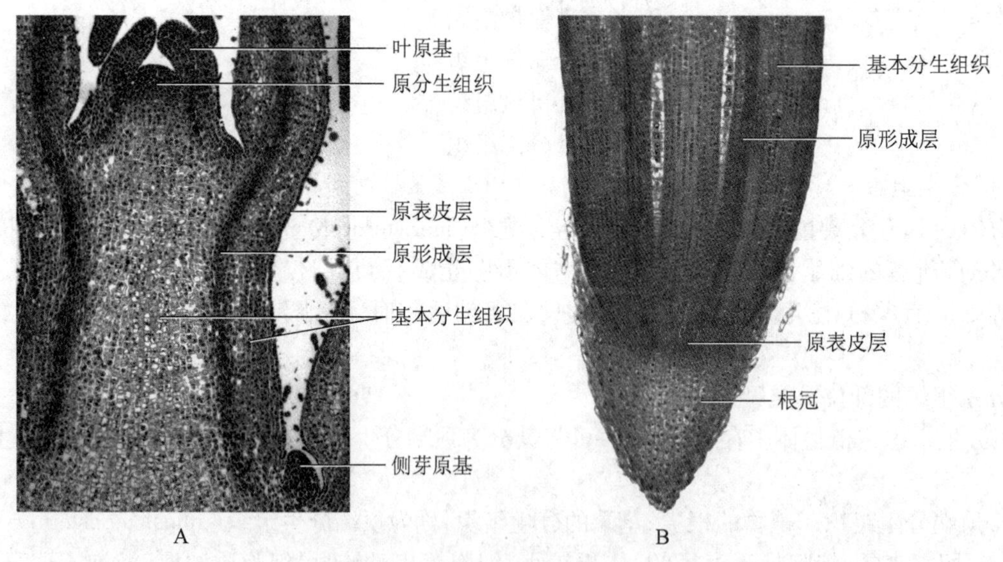

图 1-34　顶端分生组织

A. 茎尖纵切　B. 根尖纵切

2. 分生组织的性质、来源和类型

按照分生组织的来源和性质,可将其分为原分生组织(promeristerm)、初生分生组织(primary meristerm)和次生分生组织(secondary meristerm)。原分生组织是从胚胎中保留下来的,处于未分化状态,具有持久的分裂能力，位于根茎顶端的最前端。初生分生组织具有一定的分裂能力，分布在根茎顶端，处于原分生组织与成熟组织之间，在形态上已出现了初步分化，可分成原表皮(protodem)、基本分生组织(ground meristem)和原形成层(procambium)(图1－34)。次生分生组织由已分化的细胞恢复分裂能力，转变成的分生组织。

(二) 成熟组织

由分生组织分裂而来的细胞失去了分裂能力，发生了分化，成为各种成熟组织(mature meristem)，也称为永久组织(permanent tissue)。不同成熟组织的细胞分化程度是有差别的。有的成熟组织中的一些分化程度低的细胞还会发生脱分化，重新转为分生组织。植物中的成熟组织主要有以下几种类型：

1. 保护组织

覆盖于植物体表、起保护作用的组织，称保护组织(protective tissue)。保护组织能减小植物失水，防止病原微生物的侵入，还能控制植物与外界的气体交换。保护组织分为表皮(epidermis)和周皮(periderm)。

(1) 表皮　位于叶与幼根、幼茎及花、果表面的结构。大多数植物的表皮一般为一层细胞，少数植物的表皮由多层细胞所组成，如在干旱地区生长的植物，可防止水分的过度蒸发。表皮细胞大多扁平，形状不规则，彼此紧密镶嵌，排列紧密成一细胞薄层。表皮细胞与分生组织细胞显著不同：细胞质少，液泡大，甚至占据细胞的中央部分，而细胞核却被挤在一边。

叶、茎等的表皮细胞与外界相邻的一面，细胞壁外表覆盖角质膜(cuticle)，其上还可覆盖蜡质，能防止水分的散失，并可保护植物免受真菌等寄生物的侵袭。角质膜上也会存在一定的缝隙。

叶和幼茎的表皮上有气孔器(stomata，stoma是单数形式)。它是由两个保卫细胞和它们之间的气孔组成的(图1－35A)。保卫细胞有叶绿体，很容易与表皮细胞区别。保卫细胞有调节气孔开关的能力。不同植物表皮细胞的形态特点与发育规律是有差别的。有些植物的气孔器还包括其周围一个或数个副卫细胞(subsidiary cells)，它们的形状、大小、排列方式和内含物与普通表皮细胞可有不同(图1－35B)。

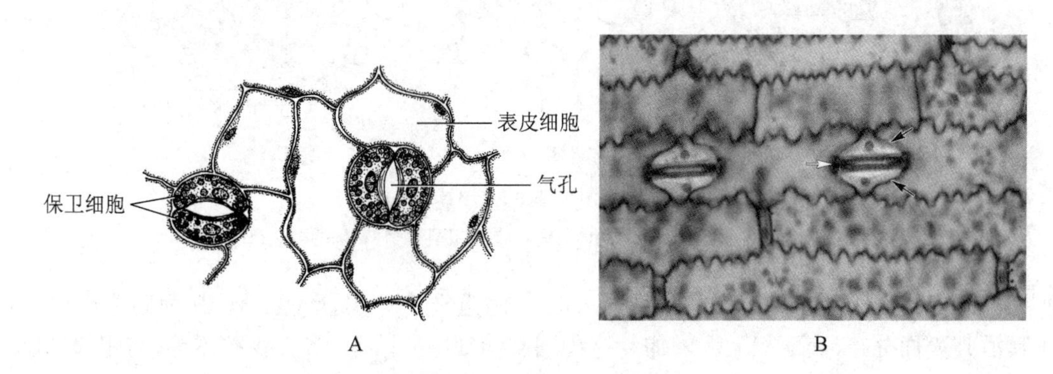

图1－35　植物叶表皮与气孔器

A. 双子叶植物表皮与气孔器图解　B. 玉米叶表皮及气孔器，白色箭头所指为保卫细胞，黑色箭头所指为副卫细胞

(2) 周皮　裸子植物、双子叶植物的根、茎等器官在加粗生长开始后，表皮渐被周皮替代，由周皮行使保护功能。周皮是次生保护组织，由多层细胞组成，木栓形成层参与周皮的形成(图1－36)(详见第二章)。

2. 薄壁组织

薄壁组织(parenchyma)分布在植物体的各种器官中，细胞壁通常较薄，一般只有初生壁而无次生壁，细胞的胞质少，液泡较大，常占据细胞的中央。细胞排列松散，有细胞间隙。其分化程度较低，具有很强的分生潜能，在一定条件下可脱分化转化为分生组织，并可再分化形成其他组织。植物的创伤修复、扦插、嫁接及植物组织培养等都与薄壁组织的脱分化与再分化过程相关。

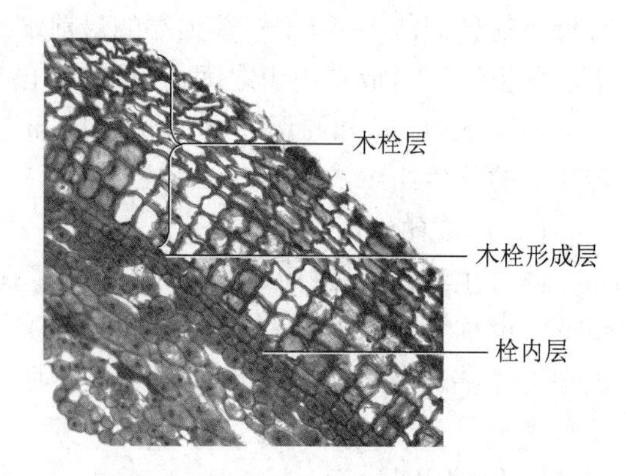

图 1－36 接骨木茎横切（示周皮）

薄壁组织分为同化组织（assimilating tissue）、贮藏组织（storage tissue）、通气组织（aerenchyma）等具有不同功能的类型。

同化组织细胞质中含叶绿体，有光合作用能力，分布于叶片、叶柄和幼茎、幼果等部位（图 1－37A）。

贮藏组织细胞较大，近等径，细胞质内贮藏大量后含物，如淀粉粒、脂滴、糊粉粒等（图 1－21C、D），亦可在液泡中贮藏糖、有机酸等物质。贮藏组织分布于果实、种子的胚或子叶，以及根茎等。柿胚乳是一种特殊的贮藏组织，其细胞壁厚，为半纤维素物质构成，在萌发时被分解。有些植物如仙人掌、龙舌兰等生于干旱环境，其中有些细胞具有贮藏水分的功能，这类细胞往往有发达的大液泡，其中溶质含量高，能有效地保存水分，这类细胞为贮水组织（aqueous tissue）。

水生与湿生植物体内的薄壁组织有发达的细胞间隙，在体内形成宽阔的气腔或贯通的气道，成为发达的通气系统，储存大量空气，以适应湿生、水生环境，称为通气组织（aerenchyma）（图 1－37B）。植物体内的通气组织形成过程涉及细胞对环境信号的感受和转导、基因的转录和翻译调控，以及一系列细胞和组织结构的改变。

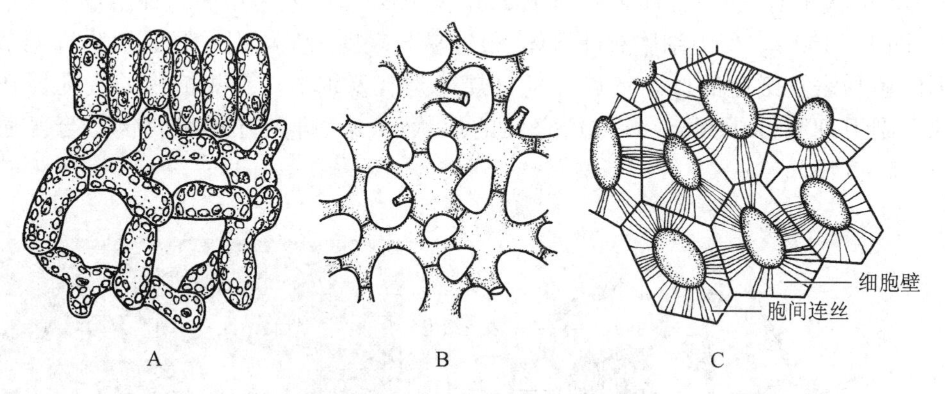

图 1－37 几种薄壁组织（自杨萌）

A. 叶肉的同化组织 B. 通气组织 C. 柿胚乳，一种特殊的贮藏组织

20 世纪 60 年代，在电子显微镜下，发现了小叶脉附近还有一类薄壁细胞，其细胞壁向内形成指状突起，质膜沿其表面分布，表面积大大增加。这种细胞的细胞质浓厚，富含线粒体等，与相邻细胞之间有发达的胞间连丝，能迅速地从周围吸收物质，也能迅速地将物质向外转运，这类细胞称为传递细胞（transfer cell）（图 1－38）。后来发现，在植物体内很多组织和器官中都存在类似的细胞，如胚发育过程中的胚柄、胚囊的中央细胞等。

3. 机械组织

在植物体中起支持作用的组织称机械组织（mechanical tissue）。其主要特点是细胞均有不同程度的加厚，能够抗张、抗压、抗曲折，在植物体中起支持作用。根据细胞壁加厚方式的不同，通常将机械组织分为厚角组织（collenchyma）和厚壁组织（sclerenchyma）两类。

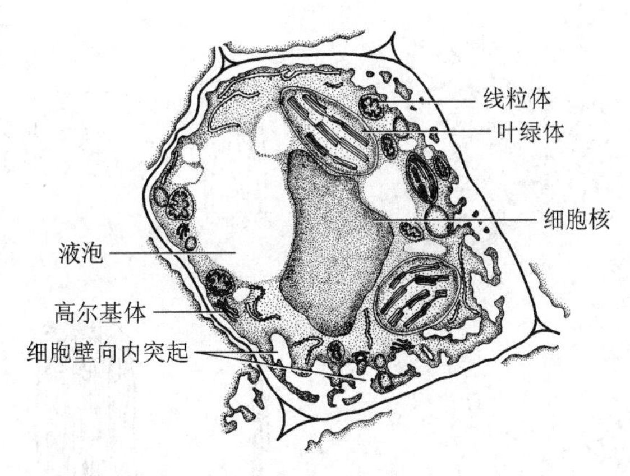

图1-38 菜豆初生木质部中的传递细胞[杨萌依伊稍(1977)电镜照片绘制]

(1) 厚角组织 厚角组织的细胞壁不均匀加厚,因常见角隅处增厚,称厚角组织。厚角组织细胞多为长形,是生活的细胞,往往含叶绿体,可发生脱分化。细胞壁是初生壁性质的,含水量高,硬度不强,延展性较强,除含纤维素外,还含有较多的果胶质,也具有其他成分,但不木质化,能随植物器官的生长而延伸(图1-39)。厚角组织通常分布在幼嫩茎或叶柄等器官的表皮内方,呈环状或束状,有支持作用,使器官保持直立,并能随器官的生长而延展。

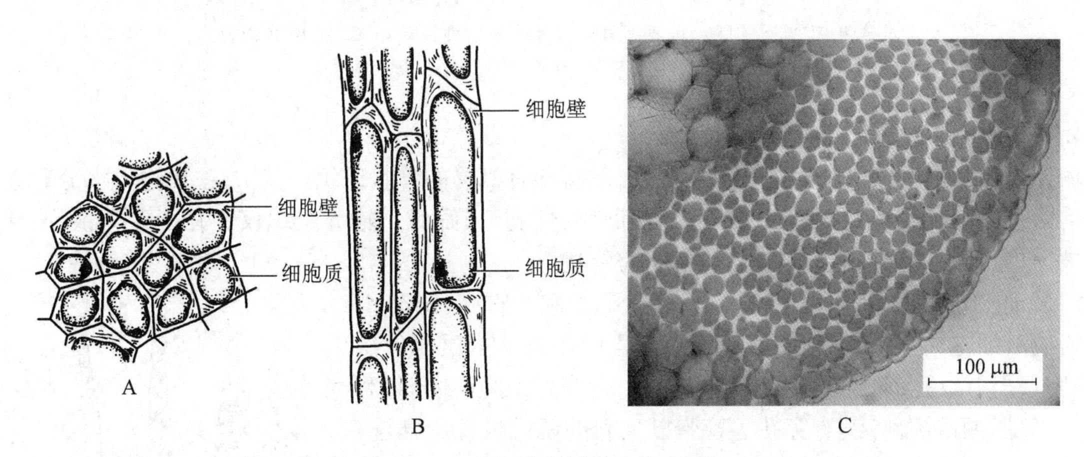

图1-39 叶柄中的厚角组织及图解

A. 横切面 B. 纵切面 C. 芹菜叶柄横切,较明亮的部分为厚角组织细胞壁

(2) 厚壁组织 厚壁组织是植物体的主要支持组织,细胞壁全面次生加厚,成熟的厚壁组织细胞为死细胞,具有较强的支持能力。厚壁组织有两种类型:纤维(fiber)和石细胞(stone cell)。二者的区别主要在于细胞的形状不同。

纤维的细胞细长,两端尖,如苎麻(*Boehmeria nivea*)的纤维细胞长可达0.5 m。纤维细胞常成束或环状排列。增厚的细胞壁可占据细胞的大部分,细胞内腔很小。木质部中的木纤维往往发生木质化,其细胞壁的纤维素微纤丝之间沉积了木质素(lignin),增大了硬度。有的纤维细胞壁没有发生木质化,或仅有轻度木质化,如韧皮部中的韧皮纤维,壁的柔韧性较好(图1-40)。

石细胞相对较短,有多种形态,近等直径,不规则分支,或星状,单一存在或成团分布于植物根、茎、叶、果皮和种皮中。为死细胞,细胞壁明显加厚。如梨果肉中的白色硬颗粒即是成团的石细胞,细胞壁有同心的层纹,有分支状的纹孔道;桃(*Prunus persica*)、李(*Prunus avium*)等果实的内果皮和蚕豆(*Vicia faba*)种子的种皮中也有石细胞(图1-40)。

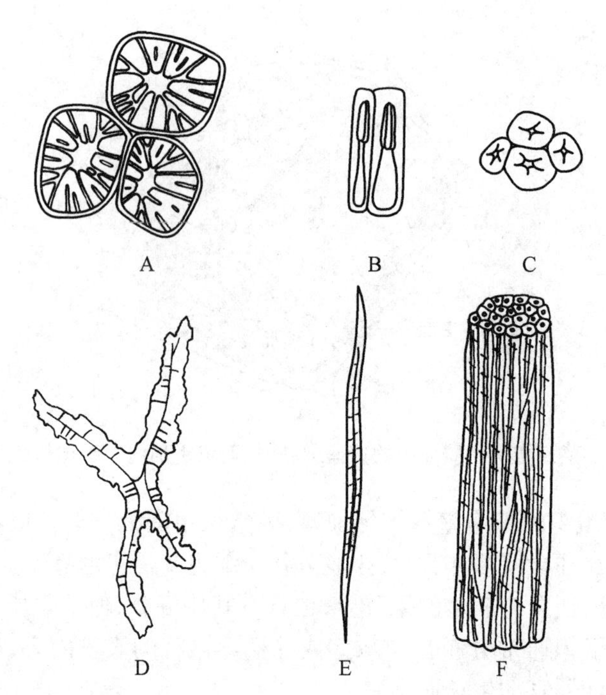

图 1-40　石细胞与纤维［依伊稍（1977）重绘］

A. 梨果肉中的石细胞　B. 菜豆种皮中的石细胞（侧面观）　C. 同 B（顶面观）　D. 山茶叶柄中分枝的石细胞　E. 1 个纤维细胞　F. 1 束纤维

4. 输导组织

输导组织是植物体内长距离输导水分、无机盐和有机物的管状组织。其中，主要输导水分和无机盐的结构为管胞和导管；输导有机物的主要有筛管与伴胞，或筛胞。输导组织仅存在于蕨类植物、裸子植物和被子植物中，是它们适应陆生生活的特有结构。

（1）管胞　运输水分和无机盐的长管状死细胞。管胞（tracheids）幼时为生活细胞，后来在细胞发育成熟的过程中形成了木质化的次生壁，细胞壁上有纹孔，而且原生质体解体消失，变为死细胞（属于编程性死亡）。管胞两端尖斜，没有穿孔。管胞以尖斜的两端彼此穿插连接，水溶液通过相邻管胞细胞壁上的纹孔对进行运输，其输导能力大大低于导管。管胞除有运输水分与无机盐的功能外，还有一定的支持作用。管胞次生壁的加厚式样通常有环纹、螺纹、梯纹、网纹、孔纹五种类型（图 1-41）。一些蕨类植物和大多数裸子植物的输导组织主要为管胞（见第十一、十二章），被子植物的输导组织一般含有管胞。

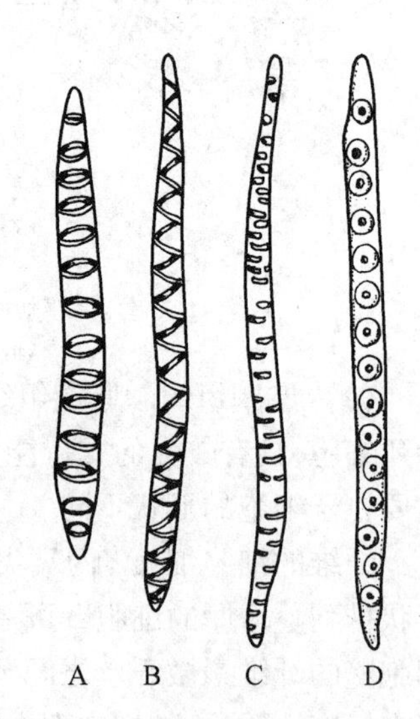

图 1-41　管胞及次生加厚方式

A. 环纹　B. 螺纹　C. 梯纹　D. 孔纹

（2）导管分子　导管分子（vessel elemenmt）为长管状细胞，和管胞一样，幼时为生活细胞，后来在发育成熟的过程中细胞壁发生次生加厚和原生质体的解体，变为死细胞。导管分子和管胞的最大区别是细胞两端的初生壁溶解，形成了单穿孔板或复穿孔板（图 1-42）。几个或多个导管分子彼此以端壁相连，组成了一条连通的长管道，即导管。导管细胞壁的次生加厚也通常为环纹、螺纹、梯纹、网纹和孔纹五种方式。导管分子的直径一般较管胞分子粗，导管分子输导水分和无机盐的效率大大高于管胞。绝大多数被子植物的输导组织中含有导管。一些蕨类植物、部分裸子植物的输导组织中也具有导管（彩色图版）。

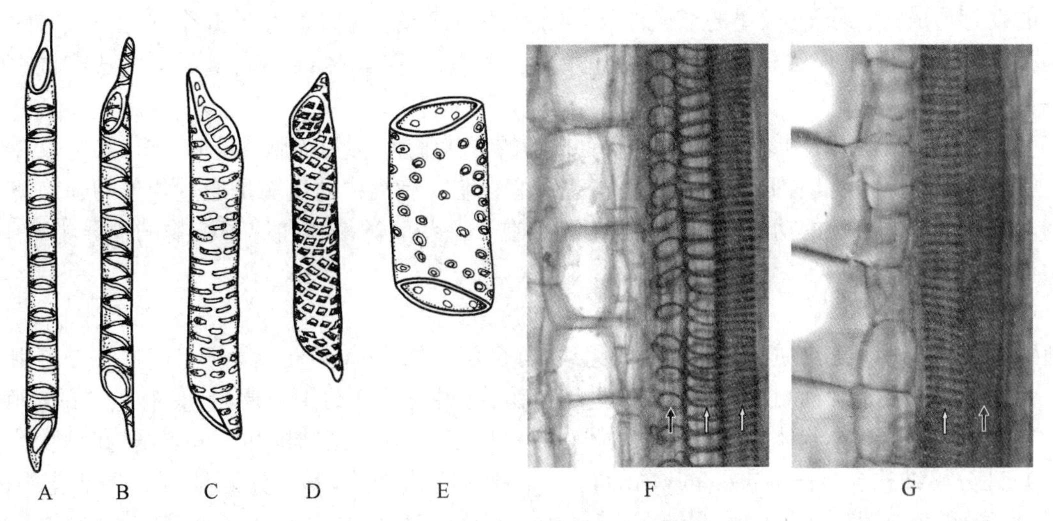

图1-42　导管分子及其次生壁加厚

A~E. 导管分子次生壁加厚图解,依次为:环纹、螺纹、梯纹、网纹、孔纹　F,G. 苋茎纵切,示导管分子次生壁的加厚

植物体内输导有机物的结构主要是筛管及伴胞(见彩色图版)。

(3) 筛管　由无细胞核的生活细胞纵向连接而成,运输有机物的管状结构,称为筛管(sieve cell)。其组成单位是长形的筛管分子(sieve-tube element),或筛分子(图1-43)。筛管分子幼时具有细胞核、细胞质、液泡、线粒体、高尔基体、质体、内质网和细胞骨架,发育成熟的筛管分子没有细胞核,液泡膜破坏,只保留少量线粒体、质体和内质网等细胞器,而且还产生了一种与运输有机物有关的P-蛋白。细胞壁为初生壁,是纤维素与果胶质组成的。筛管分子侧壁上一些较薄的区域为筛域(sieve area),其上有胞间连丝集中分布,在两端细胞壁的筛域特化形成筛板(sieve plate),其上有较大的孔,称筛孔(sieve pore)。穿过筛孔的原生质丝比胞间连丝粗大,称联络索(connecting strand)。联络索沟通了相邻的筛管分子,能有效地输送有机物。筛管主要存在于被子植物输导组织的韧皮部中,有些蕨类植物也具有筛管。

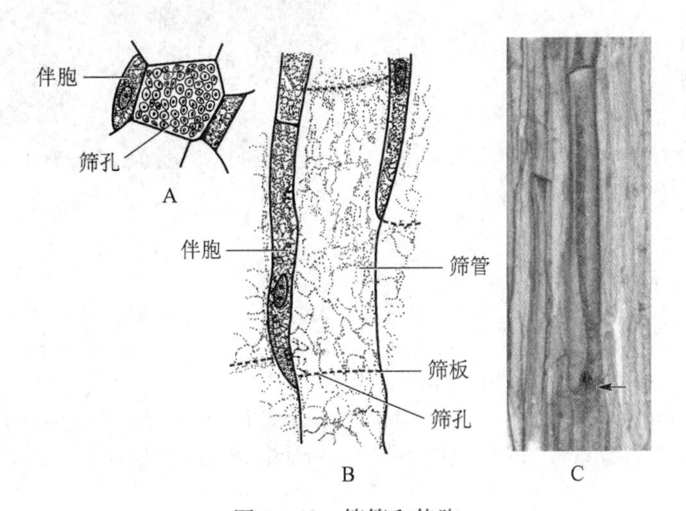

图1-43　筛管和伴胞

A,B. 筛管及伴胞图解:A. 横切面观　B. 纵切面观　C. 南瓜茎纵切,示韧皮部中的筛管,箭头所示为筛板

(4) 伴胞　和筛胞相伴而生的长形活细胞,称为伴胞(companion cell)。伴胞位于筛管的侧旁,它和筛管是从分生组织的同一个母细胞分裂发育而成。该母细胞经过一次或几次纵分裂,其中相伴细胞

中较大的发育形成筛管分子,较小的形成伴胞。因此,一个筛管分子常伴生有几个伴胞。成熟的筛管分子细胞核消失,而伴胞则仍然有细胞核,二者间有发达的胞间连丝。伴胞与筛管共同完成有机物的运输(图1-43)。

(5) 筛胞　细胞端壁不形成筛板的运输有机物的管状细胞,称为筛胞(siever cell)。它仅在细胞侧壁上有筛域,细胞质中也没有P-蛋白,其旁侧也没有伴胞。有机物的运输是通过相连的筛胞间的筛域完成的。筛胞输导有机物的功效低于筛管。筛胞存在于一些蕨类植物和裸子植物的输导组织中,被子植物中没有筛胞。

5. 分泌组织

植物体中由产生分泌物质的细胞构成的组织,称分泌组织(secretory tissue)。植物的分泌物对于植物的生命活动有重要意义,而且许多分泌物还是药物、香料或其他的工业原料,具有重要的应用价值。根据所产生的分泌物是排到体外还是保留在体内,可将其分为外分泌结构和内分泌结构两类。

(1) 外分泌结构(external secretory structure)　分布于植物体表的分泌结构。包括花中的蜜腺(nectary)、蜜槽,叶或幼茎表面的腺毛(glandular hair)(图1-44)、排水器(hydathode),盐生植物的盐腺(salt gland)等。不同的外分泌结构所产生的分泌物也不同,如蜜腺分泌含糖较多的蜜汁,腺毛常分泌产生黏液、挥发油等,盐腺多见于盐生植物,它可将体内过多的盐分排出,排水器可将体内过剩的水分排出体外,即吐水现象。

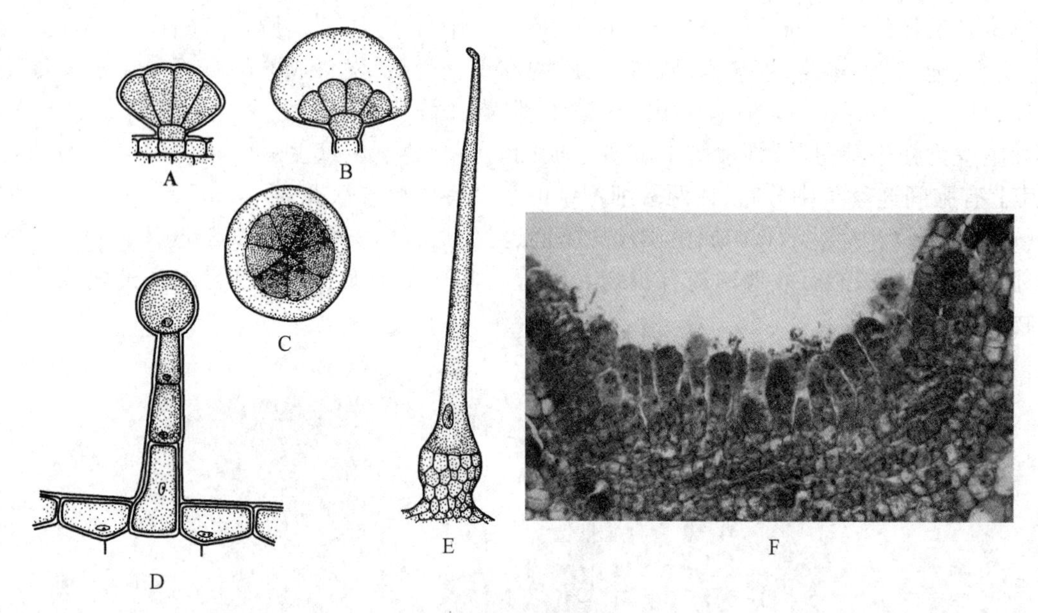

图1-44　腺毛及蜜腺

A~C. 薰衣草属(*Lavandula*)叶上的腺毛:A. 角质层未膨胀　B,C. 角质层膨胀,积累分泌物　D. 天竺葵属(*Pelargonium*)茎上具单细胞头的腺毛　E. 荨麻(*Urtica urens*)的螫毛　F. 棉叶主脉上的蜜腺

(2) 内分泌结构(internal secretory structure)　存在于植物体内,分泌物存留于体内的分泌结构。常见结构类型有:分泌腔(secretory cavity)、分泌道(secretory duct)、乳汁管(laticifer)和分泌细胞(secretory cell)等(图1-45)。

分泌腔是由多细胞组成的贮藏分泌物的腔室,如橘子果皮上可见到透明的小点就是溶生的分泌腔(油囊),其中含有芳香油;伞形科、菊科、漆树科等植物中有裂生的分泌腔。

分泌道为管状结构,如松树的茎、叶等器官中有裂生的树脂道(resin canal),管道周围有一层分泌细胞,分泌的松脂存于其中(图1-45A、B)。

乳汁管为分泌乳汁的管状结构。其中,有的乳汁管是由一个细胞发育为一个多核、巨大的无节乳汁管(nonarticulate laticifer),如大戟属、桑科、夹竹桃科等植物;有的是由许多长形细胞横壁溶解形成多核连通的管道,称为有节乳汁管(articulate laticifer),如罂粟科、莴苣属、橡胶树属、杜仲等植物。乳汁的成分复杂,如罂粟的乳汁含有罂粟碱、咖啡碱等,三叶橡胶分泌的汁液能制作橡胶。乳汁、树脂等有保护作用,在植物受伤时,从伤口渗出的乳汁有助于伤口的封闭。

分泌细胞是分布于植物体内、具有分泌能力的较大细胞。其分泌物存聚于细胞腔中。根据其分泌物的不同,又可分为分泌油的油细胞,如木兰科、芸香科等;分泌黏液的黏液细胞,如锦葵科、仙人掌科等;分泌单宁的单宁细胞,如杜鹃花科、蔷薇科、葡萄科等,以及芥子酶细胞,如十字花科、白花菜科等;含晶细胞,如桑科、鸭跖草科。

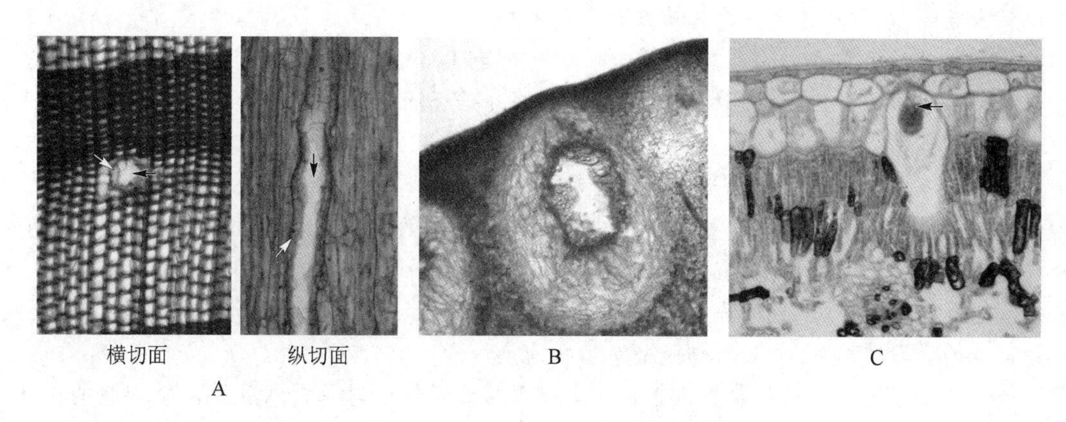

图 1-45 内分泌结构

A. 松属木材中的裂生型树脂道(黑色箭头)和具有分泌功能的上皮细胞(白色箭头) B. 柑橘属外果皮中的溶生型油囊 C. 印度橡皮树叶的含晶细胞和其中的钟乳体(箭头示)

(三) 复合组织

植物体内的各种组织不是孤立的,常常由一些不同的组织按照一定的方式与规律密切结合,共同执行一定生理功能,这样形成的组织称为复合组织(complex tissue)。如维管植物中的维管组织(vascular tissue)就是一种复合组织。维管组织由韧皮部和木质部两部分组成,它们在植物体内主要执行运输水分、无机盐、有机物的功能和一定的支持作用。维管组织常在植物体中呈束状排列,称为维管束(vascular bundle)。在双子叶植物和裸子植物中,维管束中的韧皮部和木质部之间还有束中形成层(fascicular cambium)。单子叶植物和绝大多数蕨类植物的维管束中没有形成层。

1. 韧皮部

韧皮部(phloem)由筛管、伴胞、韧皮纤维与韧皮薄壁细胞共同构成,其功能是运输有机物质,如糖类、氨基酸及其他含氮化合物等。韧皮部的运输是双向的。叶光合作用制成的有机分子通过韧皮部运输到根部和茎部保存,或运到生长中的分生组织供生长之用。根部贮藏的物质经消化后,也通过韧皮部向上运输到茎、叶、果实等部分。同时,韧皮部还有支持作用。

2. 木质部

木质部(xylem)由管胞、导管、木纤维和木薄壁细胞共同构成,其主要功能是在植物体中运输水分和无机盐,即由植物的根将所吸收的水分和无机盐单向地运输到茎、枝和叶各个部分。木质部也有一定的支持作用。

(四) 组织系统

植物体中的各种组织紧密结合,组成了不同类型的组织系统,分别执行一定的生理功能,从而使植物体形成一个统一的有机整体。如在维管植物中的组织系统主要有 3 种类型,即皮组织系统(dermal tissue system)、基本组织系统(ground tissue system)和维管组织系统(vascular tissue system)。皮组织系统位于植物体表，包括表皮和周皮，主要对植物体各个发育时期起保护作用；基本组织系统主要包括薄壁组织、厚壁组织和厚角组织，以及一些分泌组织，为植物体各部分的基本组成；维管组织系统主要由输导组织及其周围的机械支持组织组成，在植物体中行使输导水分、无机盐、有机养料的功能和一定的支持功能。维管植物的各种器官都是由这三种组织系统构成的。

思考与探索

1. 细胞学说是怎样建立和发展的？
2. 简述人们对细胞的认识的发展与显微镜技术发展的关系。
3. 植物细胞的叶绿体、线粒体的结构和功能有何联系？
4. 根据线粒体和叶绿体的结构和具有遗传自主性的特点，Lynn Margulis 提出了内共生学说，认为这两种细胞器起源于原核生物入侵真核细胞后形成的。你是否同意这一观点？请你查找相关的资料，为你的观点提供证据。
5. 植物细胞中的高尔基体有哪些功能？
6. 植物细胞核中的染色质主要有哪些物质构成？这些物质在细胞周期的不同时期是如何组装成染色质和染色体的？试解释这些变化的生物学意义。
7. 在植物的各类组织中，细胞壁的成分、形态、结构和功能有什么异同？根据你所收集的资料，或在本书后续章节的学习中思考，你认为细胞壁对植物的生命活动有什么意义？
8. 本章讨论的植物细胞是真核细胞。请你查找本书或相关资料中对原核细胞及动物细胞的论述，试着比较植物细胞、动物细胞与原核细胞有哪些主要异同？
9. 用显微镜观察某种植物果实的细胞，发现其中有大量红色的细胞器，而另一种植物果实细胞的大液泡中呈现均匀的红色，根据这一现象分析，决定这两种植物果实的色素可能是哪类色素？
10. 试述被子植物分生组织分布的位置、类型及其活动的结果。
11. 从输导组织的结构和组成来分析为什么被子植物比裸子植物更高级。

数字课程学习

重难点解析　　教学课件　　视频　　相关网站

第二章

植物体的形态结构和发育

内容提要 本章以种子植物为代表，重点介绍种子的结构、幼苗的形成，以及根、茎、叶的形态、结构、发育与功能，同时对各部分的结构特点与功能和环境的相互关系作了论述。本章设置了“植物根际和根际对话”“植物的顶端分生组织”2个窗口。

种子植物的发育是从种子萌发开始。在适宜的外界条件下，种子萌发形成幼苗，并进一步发育成具有根、茎、叶分化的植物体进而开花结实。种子植物在其发育过程中具有根、茎、叶、花、果实与种子共六大器官。所谓器官，是由植物的不同组织结合在一起、共同担负一定生理功能的结构。这六类器官在结构与功能上既有区别又有联系，相互协作完成植物体的生长发育过程。根、茎、叶与植物营养物质的吸收、合成、运输和贮藏有关，被称之为营养器官，植物体仅具有营养器官的生长阶段称为营养生长；花、果实、种子与植物繁殖后代密切相关，被称之为繁殖器官，从花器官发生以后植物的生长称为生殖生长。

第一节　种子的萌发和营养器官的发生

种子植物在地球上如此繁茂，可以说与种子的形成密切相关。种子(seed)是种子植物的生殖器官，由子房中的胚珠受精后发育形成，其中包含有暂时停止发育的幼小植物体(孢子体)。种子还是植物适应传播的结构，成熟时从母体脱落，进一步开启生命的自由之旅，使植物能够扩散到新的分布地生长发育。种子在成熟过程中进入休眠状态，表现为细胞失水呈凝胶状态，这样可以在一定时间内保持低代谢的生命状态，当时机合适时，种子萌发形成新的植株，继续植物的生活周期。休眠是种子植物为了种群的生存和发展，长期适应环境的结果，对于物种的延续具有重要的生物学意义。休眠的种子对环境有很强的适应能力，能够渡过严寒和干旱等不良环境。在适宜的环境条件下，休眠的种子可以萌发形成植株。

一、种子的构造和类型

不同种类的种子在形状、大小与颜色等方面存在着惊人的差异。形状有圆形、椭圆形、心形、肾形等；质量从数 kg 到不足 1 μg；颜色变化也很大，有白色、红色、黄色、绿色和黑色等，许多种子还具有花纹，可谓色彩斑斓。

虽然种子在形态上的变化如此之大，但基本结构却是一致的，一般由胚、胚乳和种皮三部分组成(图 2－1，图 2－2)。有些种子具有外胚乳或假种皮，这些结构可以更好地帮助种子传播和新一代植物体的生存。

（一）胚

胚（embryo）是构成种子的最重要部分，它是新一代植物体的幼小孢子体，由受精卵发育形成。组成胚的全部细胞均为胚性细胞，植物体器官的形态发生从胚胎开始。

胚由胚根（radicle）、胚芽（plumule）、胚轴（hypocotyl）和子叶（cotyledon）四部分组成。胚根包括根的顶端分生组织（生长点）和根冠。胚芽包括茎的顶端分生组织（生长点），有些种子的胚芽还包括了幼叶。连接胚根和胚芽的轴状结构为胚轴，换句话说，胚轴的一端是胚芽，另一端是胚根。子叶被认为是植物茎的顶端分生组织最早形成的叶性器官，双子叶植物有两片子叶，单子叶植物只有一片子叶，裸子植物的子叶数目变化较大，通常为两片或两片以上。子叶到第一片真叶之间的轴称之为上胚轴（epicotyl），子叶到根之间的轴称为下胚轴（hypocotyl）。由于种子中的胚轴较短，因此上胚轴常不显著；而当种子萌发时，胚轴随之生长、伸长，这时可以很容易地区分出上胚轴的部分。

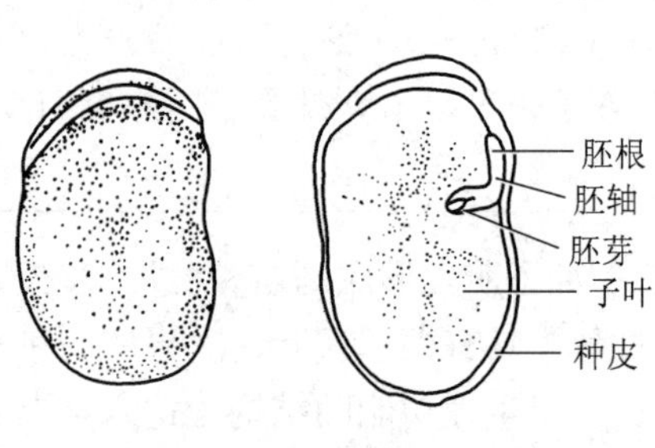

图 2－1　蚕豆种子的结构

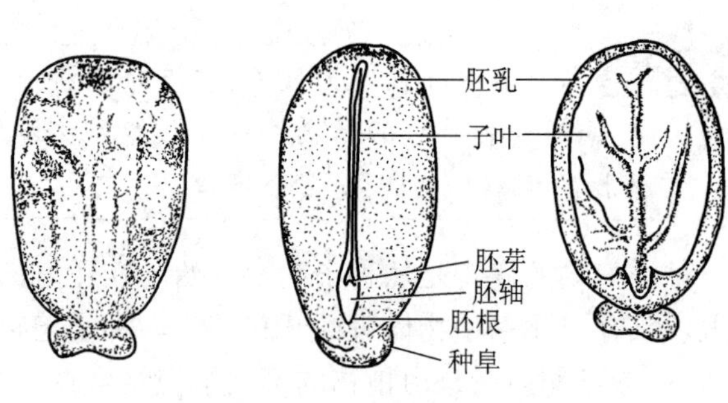

图 2－2　蓖麻种子的结构

（二）胚乳

胚乳（endosperm）是位于种皮和胚之间的薄壁组织，这些薄壁细胞是种子中营养物质贮藏的场所，供种子萌发时利用。有些植物的胚在发育过程中，胚乳的养料被胚吸收，转入子叶中贮存，所以成熟时，种子中无胚乳存在，营养物质贮藏在子叶里。

种子中的胚乳或子叶含有丰富的营养物质，主要是糖类、脂质和蛋白质，以及少量的无机盐和维生素。随植物种类的不同，这些化合物在种子中的相对数量变化很大。例如，在禾本科植物小麦和玉米中，淀粉含量较高，可占干重的 70% ~80%，而在豆类植物豌豆、菜豆中大约只有 50%；在油菜和芥菜种子中含有 40% 的脂质和 30% 的蛋白质，而在大豆中则含有 20% 的脂质和 40% 的蛋白质。若种子中贮藏了较多的可溶性糖类，则种子成熟时有甜味。在柿胚乳细胞中，营养物质以半纤维素的形式贮藏在胚乳的细胞壁中，成为具有厚壁的薄壁组织。

少数植物种子在形成过程中，胚珠中的一部分珠心组织保留下来，形成类似胚乳的营养组织，称外胚乳（perisperm）。外胚乳与胚乳虽然来源不同，但功能相同。

（三）种皮

种皮（seed coat，testa）是种子最外面的结构，具有保护的功能，可以保护种子内的胚，避免水分的丧失、机械损伤和病虫害的侵入，有些植物的种皮还与控制萌发的机制有关。种皮常有多层细胞构成，最外为表皮，表皮之内的细胞类型与排列依植物种类不同而不同，可以是薄壁细胞，也可以是厚壁细胞，或两种类型的细胞均有分布。由于细胞类型不同而导致种皮质地不同，有些种皮厚而硬如红松种子；有些种皮比较薄如花生和向日葵的种子；有些种皮肉质可食如石榴；棉种皮具有很长的表皮毛，是纺织原料——棉纤维的来源，有很高经济价值。种皮细胞内含有的色素使种子表面呈现不同的颜色。

成熟种子的种皮上一般还有种脐（hilum）、种孔（micropyle）和种脊（raphe）等结构。种脐是种子成熟后与果实脱离时留下的痕迹。种孔是原来胚珠时期的珠孔，种子萌发时，胚根首先从种孔处突破种皮。种脊是种皮上的略微突起，一端可追溯到种脐，里面分布着植物体进入种子的维管束。种脐和种孔见于所有植物的种子,而种脊则不是每种植物都具有,常与胚珠的类型有关。倒生胚珠发育的种子具有种脊,而直生胚珠发育的种子不具种脊。

根据成熟后是否具有胚乳,将种子分为两种类型:有胚乳种子(albuminous seed)和无胚乳种子(exalbuminous seed)。

1. 有胚乳种子

有胚乳种子在种子成熟后具有胚乳,胚乳占具了种子的大部分体积,胚相对较小。大多数单子叶植物和部分双子叶植物及裸子植物的种子都是有胚乳种子,如蓖麻、芍药、小麦和水稻等。

小麦、玉米等禾本科植物的种子均具有胚乳,为有胚乳种子,但严格来说它们并不是种子,而是包含了种子的果实,它们的种皮与果皮愈合不易分离,称颖果(图 2-3)。禾本科植物的胚乳占据了种子的大部分体积,蛋白质常集中分布在种皮之下的一层胚乳细胞中,这层胚乳细胞称糊粉层(laleurone layer),含有较多的蛋白质和一些脂肪,其余的胚乳细胞富含淀粉。它们的胚相对比较小,胚芽外有胚芽鞘(coleoptile),胚根外有胚根鞘(coleorhiza),这两个结构在种子萌发时可以保护幼嫩的胚芽和胚根;在胚轴一侧连有一片子叶,由于子叶呈盾状包围着胚芽、胚轴和胚根部分,故亦被称之为盾片(scutellum)。盾片位于胚乳邻近的一面,有一层排列整齐的细胞,称上皮细胞。当种子萌发时,上皮细胞可以分泌一些酶,使胚乳中的贮藏物质水解,由上皮细胞吸收并转运到胚的生长部分。有些禾本科植物如小麦、水稻种子中,在胚轴的另一侧还有一片薄膜状的突起,称为外胚叶(epiblast),有人认为是退化的子叶,亦有人认为是胚根鞘的延伸。

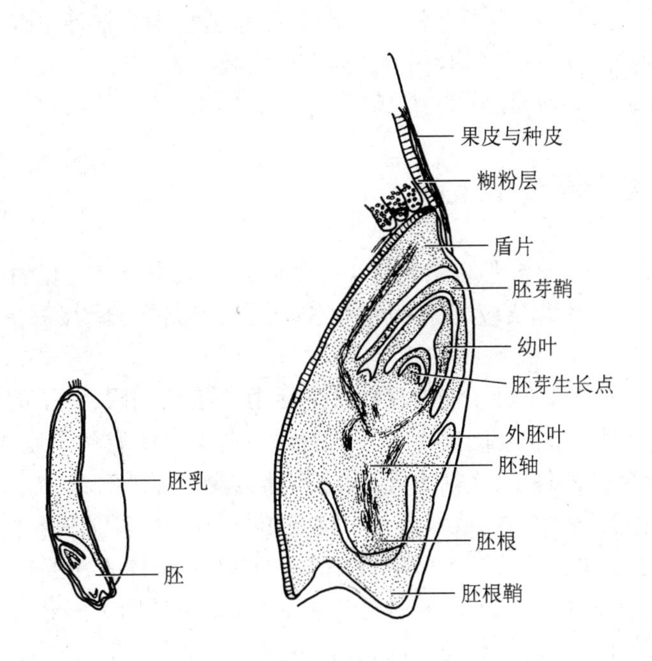

图 2-3　小麦种子的结构

在把小麦加工成面粉的过程中,需要去掉外皮。一般来说,外皮去掉的越多,面粉越白,口感也越好。根据去掉的外皮比例的高低,把面粉分成全麦粉、标准粉和富强粉等不同的规格。全麦粉是指将小麦完全粉碎,不去掉任何外皮,所以颜色比较深,但营养价值最高。标准粉在生产加工过程中去掉了部分外皮,但保留了糊粉层,因此保留了小麦种子中的大部分蛋白质,营养成分虽然低于全麦面,但颜色较白,是在颜色和营养价值两者之间做出的比较好的取舍。富强粉去掉的外皮最多,而且也将富含蛋白质的糊粉层去掉了,虽然颜色最白,但营养价值比较低。

蓖麻是双子叶植物有胚乳种子,呈椭圆形,侧扁,种皮黑色,有灰色或棕色花纹(图 2-2)。种子一端有一隆起的海绵状结构,为种阜(caruncle, strophiole),由内珠被发育形成,种阜覆盖着种孔。腹面中央有一条长条形的隆起为种脊，一端终止于种阜边缘，这里应该是种脐的结构，但蓖麻的干种子种脐不明显，在刚刚脱落的种子上可以观察到。剥去坚硬的种皮可见白色的胚乳，胚乳细胞中富含脂质和蛋白质，可见到大量的糊粉粒。蓖麻的糊粉粒圆球型，外有单层膜包围，其内的蛋白质形成结晶状的拟晶体，还伴有磷酸钙镁形成的球晶体。种子的中央是胚，由胚根、胚芽、胚轴和子叶四部分组成，子叶两片，很薄，有明显的脉纹；胚芽夹在两片子叶中间，与胚轴相连，没有幼叶发生；胚轴的另一端是胚根，胚根正对着种孔。

2. 无胚乳种子

无胚乳种子在种子成熟时缺乏胚乳，因此这类种子仅由种皮和胚两部分组成。由于胚乳中的贮藏养料已经转移到子叶中，因此常常具有肥厚的子叶，如花生、蚕豆和慈姑的种子。

双子叶植物无胚乳种子蚕豆是扁平而略带肾形的种子（图 2－1），外面包有绿色或黄褐色的种皮，种子一端有一条状黑色的种脐，种脐的一端有一小孔为种孔，种脐的另一端为种脊，种脊短而不明显。在种皮里面是胚，胚由两片肥厚的子叶和两片子叶之间的胚芽、胚根和胚轴组成，子叶肉质，几乎占据了种子的全部体积。大豆、菜豆等双子叶植物无胚乳种子的结构与蚕豆类似。

单子叶无胚乳种子慈姑仅有一片长柱形的子叶，子叶基部可见胚芽，胚芽与胚轴、胚根相连。

通过上述几种类型的种子，可将其结构总结如下：

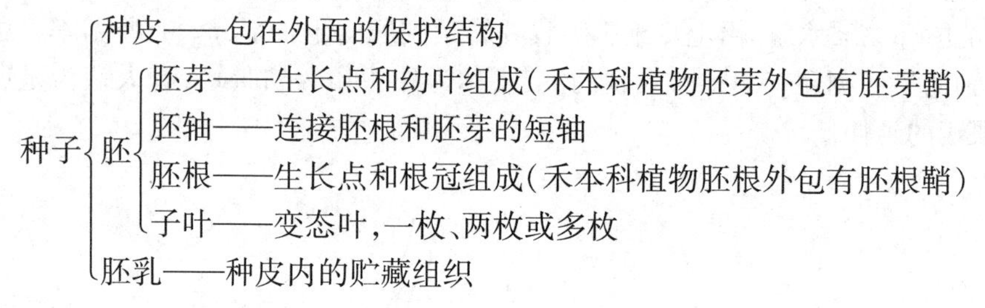

二、种子的萌发和幼苗的形成

种子成熟后虽然脱落离开母体，但依然是有生命的结构。只有有生命的种子才能在适宜的环境条件下，细胞发生一系列的生理生化反应，胚胎开始生长、发育，完成种子萌发并形成幼苗的过程。

（一）种子的寿命

种子的寿命是指在一定条件下种子能够保持其生活力的最长期限，种子的生活力表现为胚是否具有生命。有生活力的种子，胚具有生命，能在适宜的条件下萌发。了解种子是否具有生活力，常用测定种子发芽率的方法，发芽率高的种子，生活力强，反之生活力弱。种子的寿命是有一定期限的，它的长短取决于植物本身的遗传特点、采收时的成熟度，以及种子的贮藏条件等。一般种子都能在较长时期内保持生活力，早在 1878 年密歇根大学曾开始一项研究，将一些不同植物的种子放在广口瓶里，然后埋藏在地下，间隔五年或十年打开一个瓶子，来检查种子的生活力，结果证明大多数种子在十年后还保持生活力。不同植物种子的保持生活力时间长短不同，长者可达百年以上，如在考古发掘中出土的千年以前的古莲种子仍有生活力可以萌发；短者仅能存活几天或几周，如柳树、槭树等，造成上述差异的原因首先是本身的遗传条件。适宜的贮藏条件对种子的寿命也有很大的影响，在干燥、低温条件下，种子呼吸弱，代谢降低，消耗少，寿命就会延长；若温度高，湿度大，则呼吸作用加强，消耗大量贮藏物质，种子的寿命自然就短。然而，完全干燥的条件也不利于种子保持生活力，因为这时种子的生命活动完全停止，实际上种子在贮藏期间，新陈代谢虽缓慢，但依然是生活的。人类未雨绸缪建立的种子资源库，就是利用了改变环境条件、使种子以低代谢状态存活若干年的特性，从而使种子资源得以保留。

（二）种子的休眠与萌发

种子的萌发从吸水开始，到胚胎露出种子外结束。因此萌发包括下列过程：干种子快速摄取水分；种子中的胚开始生长；最后胚轴伸长，胚根穿过周围的组织，突破种皮露出种子外。在这个过程中种子的细胞迅速地从低代谢的干燥状态恢复生理功能，贮藏物质转变为可溶性的化合物，完成了允许胚胎进一步生长发育所必要的细胞活动。

常常通过观察种子是否萌发来判断种子是处在休眠状态还是非休眠状态，当种子萌发时表明种子不在休眠状态，反之种子不萌发说明种子处于休眠状态。

成熟脱落后的干种子置于其适宜萌发的环境条件下可以萌发，就可以认为这类种子没有休眠因此称为非休眠种子(non-dormant seed)。非休眠种子的胚只要有活力，给予有利的环境条件，种子可以在脱离母体后的任何时间内萌发，但非休眠种子如果处于缺乏一种或几种不利于萌发的环境条件时依然不会萌发。

从母体脱落后具有活力的种子，在一定的时间内置于有利于萌发的任何正常的环境条件下均不能萌发为休眠种子(dormancy seed)，这一特性称之为种子的休眠。这个正常的、有利于萌发的环境条件指的是当该种子解除休眠后萌发所需要的外界环境条件。休眠种子解除休眠需要一定的时间，完成生理状态的转变，这就是通常所说的后熟(after-ripening)。

不同植物种子休眠的原因不同。有些植物的种皮覆盖物(种皮和果皮，甚至于花托)具有不透气、不透水和机械阻碍的特性，比如红松种子的种皮厚而坚硬，阻碍了水分和空气的进入，自然状态下通过微生物的缓慢作用，种皮软化后才能萌发。生产上对这类种子常利用机械方法擦破种皮或浓硫酸处理，使种皮软化，达到通气、透水的目的，从而打破休眠。有的植物在种子脱离母体后，其内的胚在形态上没有完全发育，如银杏种子，收获时种子内的胚为一团没有分化的细胞，仍处在原胚时期，须经过数周或数月的生长发育才能萌发。有些植物的胚在形态虽已分化完成，但生理上尚未成熟，须经过一段时期后熟完成其生理生化反应才能萌发。

目前种子休眠与萌发调控机制的研究多以拟南芥、小麦、水稻、土豆等生理休眠状态的模式植物来进行。研究表明，种子从休眠到萌发的过渡受到外界环境信号以及内源激素脱落酸(ABA)和赤霉素(GA)的调控。外界环境的变化可以调节种子内 ABA 和 GA 的合成与降解，以维持休眠或者促进萌发。当 ABA 合成信号减弱，GA 合成信号占主导地位时，GA 合成加强，种子终止休眠而过渡到萌发状态，反之，种子保持休眠状态。

休眠是种子的一种适应。秋天种子成熟后如果立即萌发、生长，新植株很难渡过马上来临的严酷冬季，休眠可以使种子以低代谢的状态存在于土壤中，待第二年春天再萌发。不休眠的种子常在生产上带来损失，如小麦和水稻的种子没有休眠，收获季节如遇高温多雨天气，种子就会在植株上萌发，造成减产和粮食品质下降。

(三) 幼苗的形成和类型

幼苗的形成从种子萌发开始。干燥的种子首先要吸收充足的水分，称之为吸涨。吸涨后坚硬的种皮软化，胚细胞中酶的活性增加，呼吸作用加强，子叶或胚乳中的营养物质分解成简单物质运往胚的生长部分，细胞吸收这些营养物质后，分裂并开始生长，胚根和胚芽相继顶破种皮。为了保护柔弱的顶端生长点，下胚轴或上胚轴常常形成一个弯钩，使胚芽向上伸出时免遭土壤的破坏，把胚芽或胚芽连同子叶一起推出土面。突破种皮的胚根继续向下生长，形成主根，继而形成根系；而胚芽向上生长形成茎叶系统。禾本科植物种子在萌发时，胚芽鞘和胚根鞘首先突破种皮，保护其内的胚根和胚芽，然后胚根和胚芽再突破胚根鞘和胚芽鞘继续生长。

根据种子萌发时子叶是留在土里还是露出土面为标准，将幼苗分为子叶出土的幼苗和子叶留土的幼苗。

1. 子叶出土的幼苗

这类植物的种子在萌发时，下胚轴迅速伸长，将上胚轴和胚芽一起推出土面，结果子叶出土，如棉花、菜豆和蓖麻等(图 2-4)，这些幼苗在真叶未长出前，子叶见光后会在细胞内产生叶绿体，进行光合作用。一般子叶出土的幼苗种子不宜深播。

2. 子叶留土的幼苗

这类植物的种子在萌发时，上胚轴伸长，下胚轴不伸长，结果使子叶留在土壤中，如玉米、小麦、水稻和蚕豆等（图 2-4），子叶留土的幼苗其子叶作为吸收和贮藏营养物质的器官，在养料耗尽后脱落死亡，这一类植物可以适当深播，以获得更多的水分和养料。

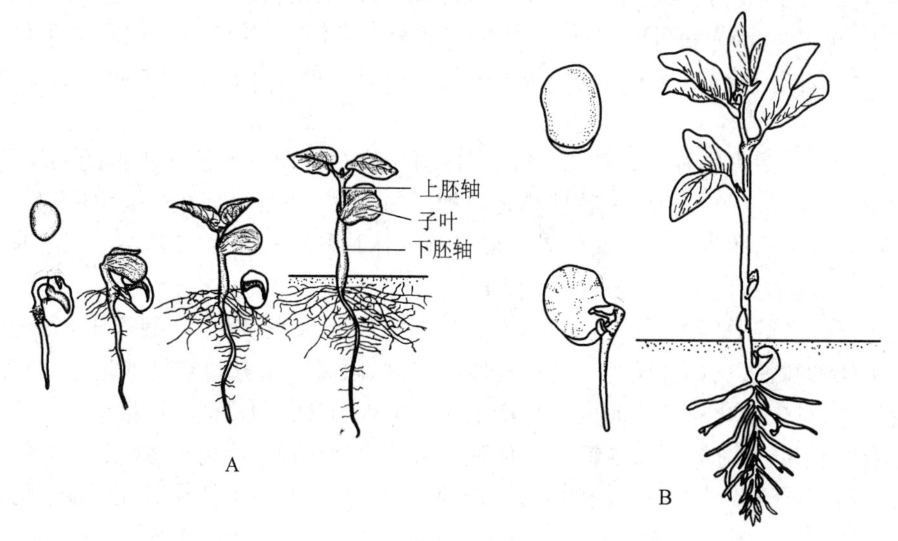

图 2-4　子叶出土的幼苗与子叶留土的幼苗

A. 菜豆　B. 蚕豆

第二节　根

根（root）是种子植物的营养器官，一般生长在地下的土壤之中。由于土壤中相对稳定的环境条件，根是植物体中比较保守的器官。根把植物体固定在土壤中，并能吸收土壤中的水分和无机盐运往地上部分。

一、根和根系

种子植物的第一条根称为主根（main root）或初生根（primary root），它是由种子中的胚根发育形成。主根垂直于地面向下生长，长到一定长度后，生出许多分支，称为侧根（lateral root）或次生根（secondary root）。侧根的生长方向往往与主根成一定的角度，可以反复分支。大多数双子叶植物和裸子植物的根系中主根明显，称为直根系（tap root system）（图 2-5）；而在大多数的单子叶植物中，由胚根发育形成的主根只生长很短的时间后便停止生长，然后在胚轴或茎基部长出许多不定根，所有的根粗细差不多，没有明显的主根，称为须根系（fibrous root system）（图 2-5）。通常将在主根和侧根以外的植物体部分，如茎、叶、胚轴或老根上形成的根统称为不定根（adventitious root）。

根系是一株植物地下部分根的总和。不同植物的根系类型不同，大多数双子叶植物和裸子植物的根系为直根系，而单子叶植物的根系多为须根系。土壤中的环境条件可以引起根系的变化，如大麻在沙质土壤中发展成直根系，在细质土壤中则形成须根系；扁蓄在小溪边形成直根系，而在干旱的山路旁则形成须根系。一般直根系由于主根长，可以向下生长到较深的土层中，形成深根系，能够吸收到土壤深层的水分；而须根系由于主根短，侧根和不定根向周围发展，形成浅根系，可以迅速吸收地表和土壤浅层的水分。直根系不都是深根系，须根系也并不都是浅根系。由于环境条件的改变，直根系可以分布在土壤浅层，须根系亦可以深入到土壤深处，如小麦的须根系在雨量多的情况下，根入土较深，雨量少的情况下，根主要分布在表层土壤中；松树的直根系在水分适中、营养比较丰富的土壤中，主根适当向下生长，侧根向四周扩展形成了浅根系。

二、根尖及其分区

根尖(root tip)是指根的顶端到有根毛的部分。不论是主根、侧根还是不定根都具有根尖，根尖是根生长、伸长、分支和吸收活动的最重要部分。根尖从顶端开始被分为四个区域：根冠(root cap)、分生区(meristematic zone)、伸长区(elongation zone)和成熟区(maturation zone)，成熟区由于具有根毛又被称为根毛区(root hair zone)，各区的细胞形态结构不同，从分生区到根毛区细胞逐渐分化成熟，除根冠外，各区之间并无严格的界限(图 2-6)。

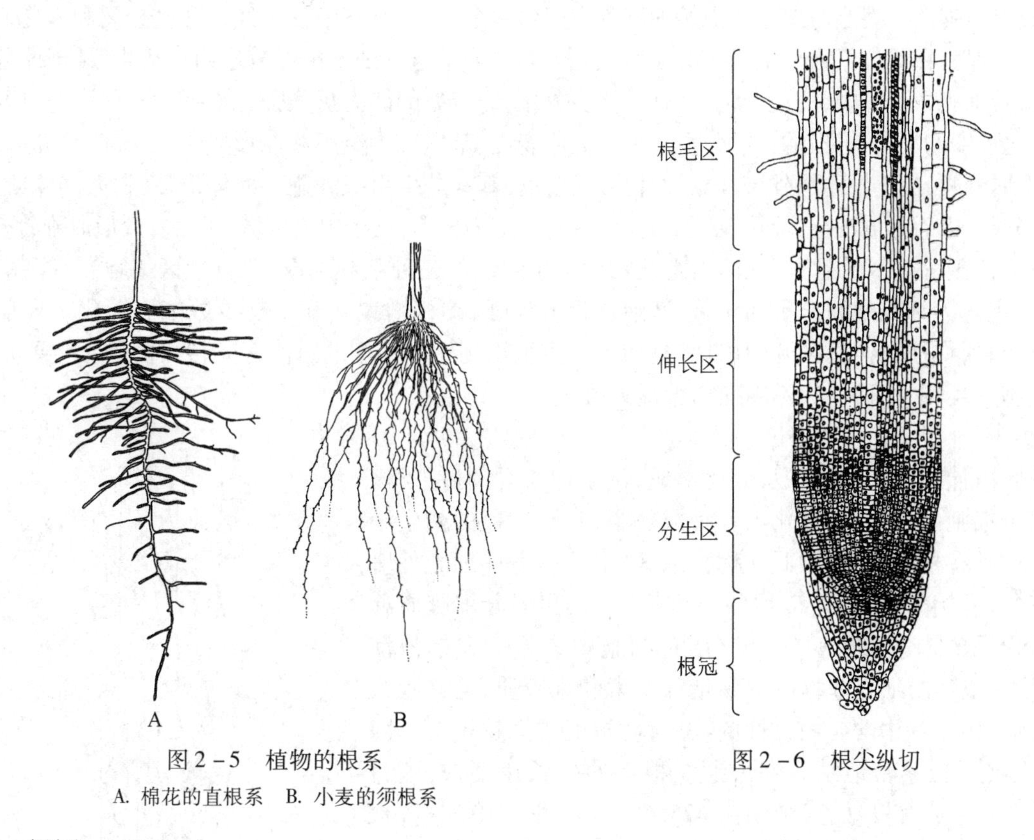

图 2-5 植物的根系

A. 棉花的直根系 B. 小麦的须根系

图 2-6 根尖纵切

1. 根冠

根冠位于根尖的最前端，像帽子一样套在分生区外面，避免幼嫩的分生组织细胞直接与土壤接触，起到保护的作用。根冠由许多薄壁细胞构成，其外层细胞排列疏松，细胞壁黏液化，这样的黏液化可以从根冠一直延伸到根毛区。黏液由根冠外层细胞分泌，可以保护根尖免受土壤颗粒的磨损，防止根尖干燥，同时作为一种吸收表面促进离子交换，溶解和螯合某些营养物质。电子显微镜及其放射性自显影研究表明，这些黏液是高度水合的多糖物质和一些氨基酸，多糖物质可能是果胶，它们可以促使周围细菌迅速生长，这些微生物的代谢有助于土壤基质中营养物质的释放。在根尖的生长过程中，根冠外层与土壤颗粒接触的细胞，不断脱落、死亡，由其内的分生组织细胞不断分裂、补充，使根冠始终保持一定的厚度。

根冠可以感受重力，控制根的向地性反应。如果将正常向下生长的根水平放置，根尖在伸长区弯曲后向下生长，表现出向地性生长的特点。若将根冠切除，根的生长不会停止，但不再向下生长，直到长出新的根冠。研究表明，根冠中央区细胞中的淀粉粒可能具有平衡石的作用，在自然情况下，根垂直向下生长，淀粉粒沉积在了细胞下部的细胞质中，水平放置后情况发生了变化，淀粉粒沉积在了细胞的侧壁上，刺激了细胞膜，细胞要恢复原来的状态，保持正常的向下生长，故弯曲生长到垂直位置。实验处理消耗植物的淀粉，减少了淀粉粒的下沉，向地性反应减弱。环境条件变化影响根冠的发育，将正常生长在土壤中的植物进行水培后，可能不再产生根冠。

2. 分生区和伸长区

分生区位于根冠之后，全部由分生组织细胞构成，分裂能力强。在植物的一生中，分生区的细胞始终保持分裂的能力。分生组织产生的新细胞，少部分加入到根冠中以维持根冠的细胞层数量；大部分进入伸长区，分化成根的各部分结构。也就是说，虽然根在不断生长延伸，但分生区始终位于根冠的后面，而且它的体积保持相对的动态稳定。

根的分生区由原分生组织和初生分生组织两部分组成。原分生组织位于最前端，由形态特征基本一致的原始细胞组成，细胞排列紧密，无胞间隙，细胞小、壁薄、核大，细胞质浓厚，液泡化程度低，是一群等径的细胞，具有很强的分裂能力。一个原始细胞分裂产生两个子细胞，其中一个经过几次分裂和分化形成体细胞，另一个保留在原位仍为分生组织的原始细胞。初生分生组织细胞由原分生组织衍生，位于原分生组织的后方，其细胞一边分裂，一边分化，已有了初步分化，但分裂的能力仍很强。根据细胞的位置、大小、形状及液泡化程度的不同，将根的初生分生组织分为原表皮、基本分生组织和原形成层三个部分。原表皮细胞砖形，垂周分裂，位于根的最外层，以后发育形成表皮；基本分生组织细胞多面体形，细胞大，可以进行各个方向的分裂，以后形成皮层；原形成层细胞小，有些细胞为长形，位于中央区域，以后发育形成维管柱。

伸长区位于分生区的后方，依然由上述初生分生组织的三种细胞组成，与分生区细胞没有明确的界线，其特点表现为细胞的伸长更加显著，液泡化程度加强，体积增大并开始有少数细胞分化。最早的筛管和环纹导管，往往在伸长区开始出现，是初生分生组织到初生结构的过渡区。根尖的伸长主要是由于伸长区细胞的延伸，使得根尖不断向土壤深处推进。

3. 成熟区

成熟区由伸长区细胞进一步分化形成，位于伸长区的后方，该区的各部分细胞停止伸长，分化出各种成熟组织，形成根的初生结构。表皮通常有根毛产生，因此又称根毛区，根毛是表皮细胞外壁形成的突起，开始为半球形，以后伸长成管状，核和部分细胞质移到了管状根毛的末端，细胞质沿壁分布，细胞中央为一大的液泡（图 2－7）。根毛的细胞壁物质主要是纤维素和果胶质，与其吸收功能相适应，由于壁中含有由黏性的物质，使根毛在穿越土壤空隙时，能和土壤颗粒紧密地结合在一起。根毛的生长速度快，数目多，每 mm^2 可达数百根，如玉米约为 425 根，苹果约为 300 根。根毛的存在扩大了根的吸收表面。根毛的寿命很短，一般为 10～20 天，根毛细胞死亡，表皮细胞也随之死亡。根毛的发育由先端逐渐向后成熟，越靠近根尖的根毛是新生的根毛。随着根毛区的延伸，根在土壤中推进，老的根毛死亡，新分化的根毛代替枯死的根毛行使功能，不断分化的新根毛，进入土壤中新的区域，使根毛区能够不断更换环境，有利于根在土壤中的吸收作用。

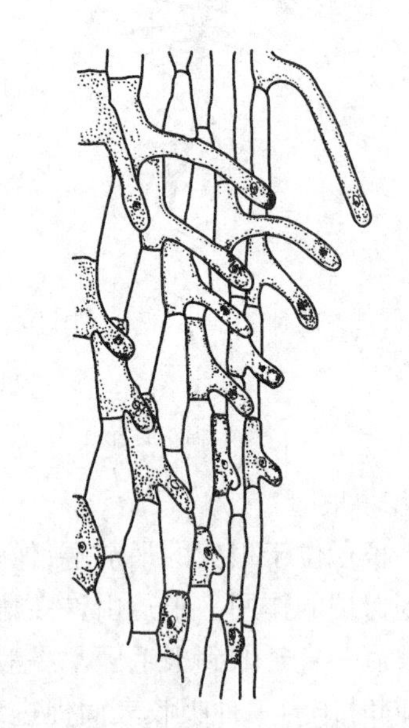

图 2－7　根毛的发生过程（自李正理）

三、根的初生结构和初生生长

根的成熟区内部已分化出各种成熟组织，这些成熟组织来源于根的顶端分生组织。由顶端分生组织细胞分裂产生的细胞，经生长分化形成的结构，称为初生结构（primary structure）。

1. 根的初生结构

从根尖的根毛区作横切面,由外至内可分为表皮、皮层和维管柱三个部分(图 2-8)。

(1) 表皮(epidermis) 根最外面的一层细胞,来源于初生分生组织的原表皮。从横切面上观察,表皮细胞为砖形,排列整齐紧密,无胞间隙,外切向壁上具有薄的角质膜,有些表皮细胞特化形成根毛。根的表皮一般没有气孔分布。

某些热带附生兰科植物气生根上可以看到根被,即复表皮(图 2-9),它由几层细胞构成,由原表皮细胞平周分裂衍生,作用是减少气生根中水分的丧失。

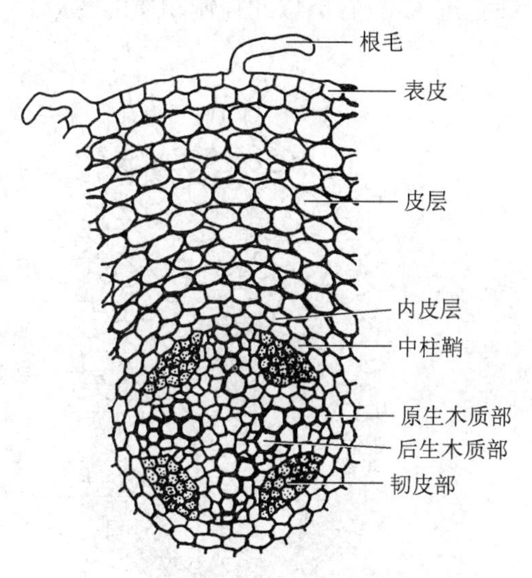

图 2-8 双子叶植物幼根初生结构模式图

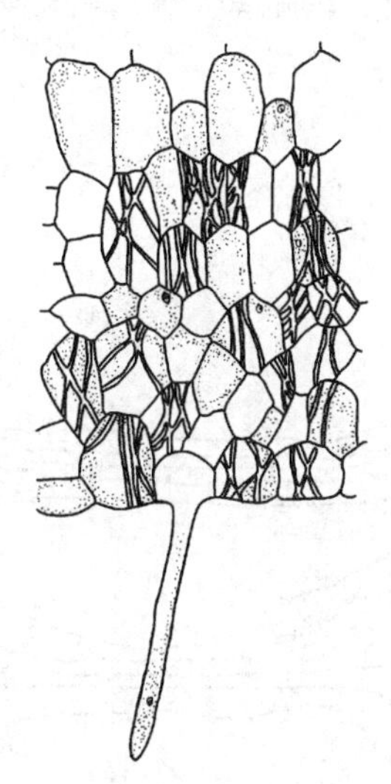

图 2-9 君子兰成熟的根被横切面
(自潘瑞炽和钱家驹)

(2) 皮层(cortex) 紧接表皮之下的多层薄壁细胞,来源于初生分生组织的基本分生组织,细胞较大并高度液泡化,排列疏松,有明显的胞间隙。在表皮之下有一层或几层细胞,排列紧密,没有胞间隙,为外皮层(exodermis)。当短命的根毛细胞死亡后,表皮细胞随之死亡,外皮层细胞的壁增厚并栓质化,形成保护组织,代替表皮起着对根的保护作用。皮层的最内一层细胞叫内皮层(endodermis)(图 2-10),这层细胞排列整齐而紧密,在细胞的上、下壁和径向壁上,常有木质化和栓质化的加厚,呈带状环绕细胞一周,称凯氏带(Casparian strip)。在根的横切面上,凯氏带在相邻细胞的径向壁上呈现为一个小点,叫凯氏点。电子显微镜的观察结果表明,在凯氏带处细胞质膜较厚,并紧紧地与凯氏带联在一起,即使质壁分离时两者也结合紧密不分离(图 2-11)。凯氏带不透水,并与质膜紧密结合在一起,可以控制水分和矿物质进入植物体。如果没有凯氏带,任何矿物质都可以通过细胞壁和胞间隙,进入根的木质

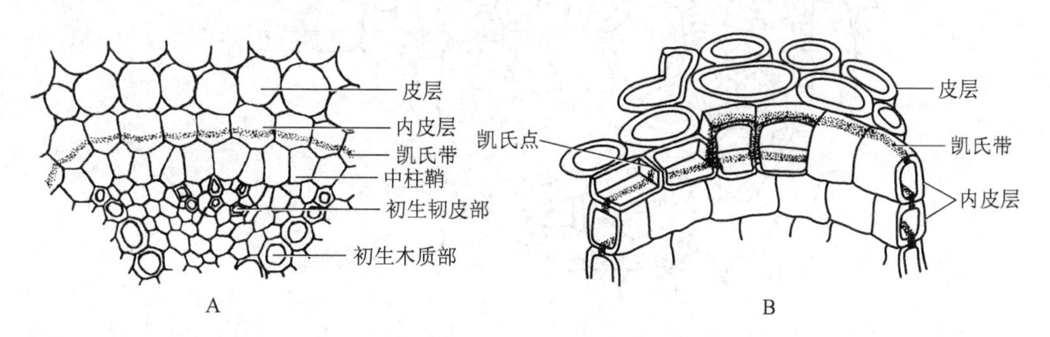

图 2-10 内皮层结构
A. 根的横切面 B. 内皮层细胞的立体图解

部,然后被输送到植物体的各个部分参与代谢,这显然对植物的生长发育是不利的。凯氏带的存在迫使矿物质只能通过内皮层细胞的原生质体进入植物体,而质膜是具有选择透性的,从而使根对吸收的矿物质有一定的选择性,可以把某些有害物质挡在内皮层以外的部分。大多数双子叶植物、裸子植物的内皮层常停留在凯氏带状态,不再进一步增厚;而大多数的单子叶植物,其内皮层细胞壁在发育的早期为凯氏带形式,以后进一步发育形成五面加厚的细胞,即内皮层细胞的上、下壁、径向壁和内切向壁全面加厚,在横切面上内皮层细胞壁呈马蹄形,如玉米、鸢尾等单子叶植物的根(图 2-12);个别双子叶草本植物内皮层有六面加厚的情况,即细胞壁全面加厚,如毛茛(图 2-13)。在细胞壁增厚的内皮层细胞中留有薄壁的通道细胞(passage cell),矿物质通过通道细胞进入木质部,以此控制物质的转运。

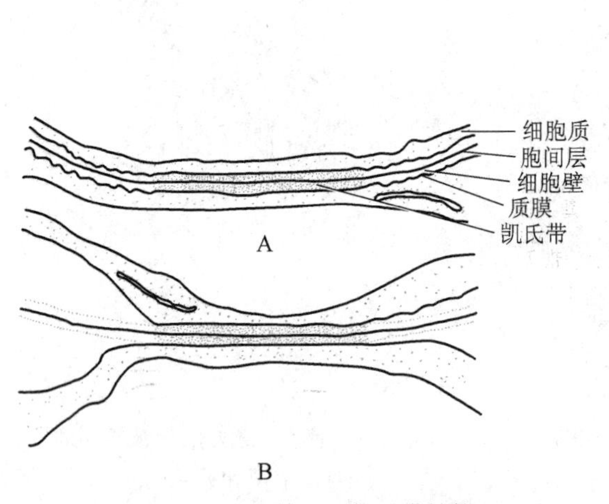

图 2-11 电镜下的凯氏带结构

A. 正常细胞的凯氏带区 B. 质壁分离细胞的凯氏带区

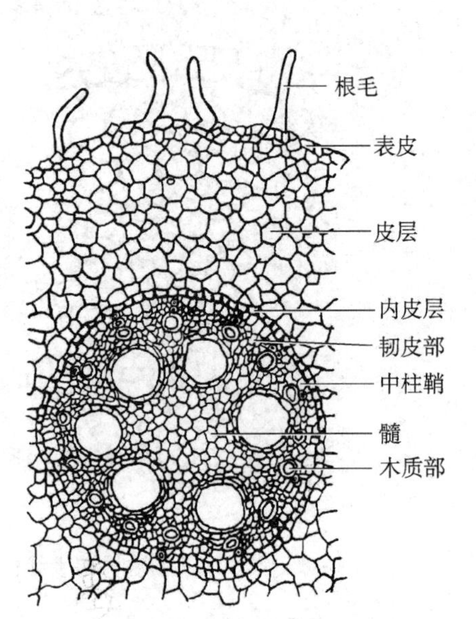

图 2-12 玉米根的横切面

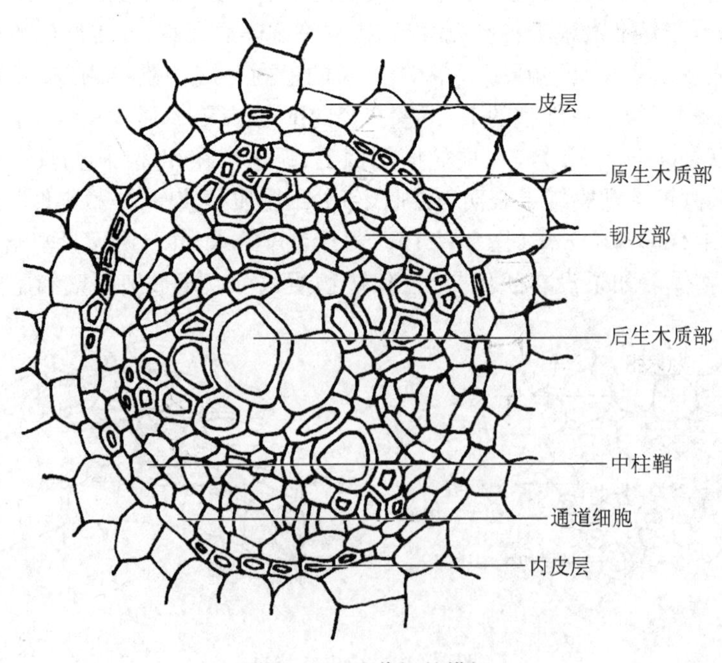

图 2-13 毛茛根的横切

(3) 维管柱(vascular cylinder)　亦称中柱(stele),来源于初生分生组织的原形成层,位于根的中央部分,由中柱鞘和维管组织构成。

紧接内皮层细胞之下的一层薄壁细胞是中柱鞘(pericycle),偶有两层或多层细胞的情况,其细胞排列整齐,分化程度比较低,可以脱分化恢复分裂的能力,与以后形成层、木栓形成层和侧根的发生有关。

维管柱的中央部分为初生木质部(primary xylem),呈星芒状,脊状突起一直延生到中柱鞘。细胞组成主要为导管和管胞,有少量木纤维和木薄壁细胞,一般在初生木质部的外侧其管状分子孔径小,多为环纹、螺纹导管;而中央部分孔径大,多为梯纹、网纹、孔纹导管。外侧孔径小的管状分子在木质部的分化发育过程中首先发育成熟,称原生木质部(protoxylem);而中央部分孔径大的管状分子后发育,称为后生木质部(metaxylem),这种初生木质部分子由外向内渐次分化成熟的发育方式为外始式(exarch)发育,即原生木质部在外,后生木质部在内。初生木质部的这种结构与发育方式与根的吸收、输导功能是相一致的,在发育的早期,原生木质部细胞分化成熟,根仍在伸长生长,螺纹、环纹导管可以随之拉伸以适应生长的需要;此时根毛细胞数目比较少,吸收的物质也少,导管孔径小也能满足其输导的要求;外侧的原生木质部可以使吸收的物质立即到达导管进行输导,从而加速了向地上部分的物质运输。随着根的进一步生长发育,伸长生长停止,根毛发育充分,大量吸收水分和无机盐,后生木质部的粗大导管满足根的输导要求。在根的横切面上,木质部表现出不同的辐射棱角,称木质部脊,脊的数目决定原型,依脊的数目将根分为二原型(diarch)、三原型(triarch)、四原型(tetrarch)、五原型(pentarch)、六原型(hexarch)和多原型(polyarch)等木质部类型。在同一种植物中,木质部脊的数目是相对稳定的,如萝卜、烟草、油菜等木质部脊的数目为二,为二原型木质部;豌豆、紫云英等脊的数目是三,为三原型木质部;棉花、向日葵等其脊数为四或五,即四原型或五原型木质部,葱等为六原型木质部,蚕豆的木质部脊数为四、五、六不等。一般双子叶植物根的木质部脊的数目比较少,而单子叶植物根中木质部脊的数目都在六或六以上,故为多原型。初生韧皮部位于木质部两脊之间,与初生木质部相间排列,因此其数目与木质部脊数相同,其组成成分主要是筛管与伴胞,亦有少数韧皮薄壁细胞,有些植物中还含有韧皮纤维。初生韧皮部的发育方式与初生木质部一样为外始式,即由外向内渐次成熟,原生韧皮部在外,后生韧皮部在内,但原生韧皮部与后生韧皮部的区别不明显。在初生木质部与初生韧皮部之间有 1 至多层细胞,在双子叶植物和裸子植物中,这些是原形成层保留的细胞,将来成为形成层的组成部分;而在单子叶植物中是薄壁细胞。

根中一般无髓,但在大多数单子叶植物和少数双子叶植物的维管柱中,以薄壁细胞或厚壁细胞构成其中心部分,也被称之为髓,但由于其来源于原形成层,因此与茎中的髓不同,一般认为不属于真正意义上的髓。

2. 初生生长

由顶端分生组织细胞分裂、分化引起的植物生长称为初生生长(primary growth)。广义根端分生组织包括了分生区和伸长区的细胞。在根分生区最前端的原分生组织可以区分出三层原始细胞,过去认为由此衍生出各种初生组织,将其命名为表皮原、皮层原和中柱原(图 2-14),表皮原产生表皮,皮层原产生皮层,中柱原产生维管柱,这就是著名的组织原学说(histogen theory)。后来按照分区的衍生细胞不同将被子植物划分出几种不同的类型:第一种有三层原始细胞,里面一层产生中柱,中间一层产生皮层,外面一层产生根冠和表皮,如烟草;第二种也有三层原始细胞,里面一层产生中柱,中间一层产生皮层和表皮,外层产生根冠,如玉米、小麦(图 2-14);第三种为原始细胞分层不明显,直接产生中柱、皮层和根冠中央柱,中央柱的四周细胞纵分裂形成根冠的周围、表皮和部分皮层的细胞,如葱属植物。

许多关于原分生组织的研究说明,上述原始细胞在根后来生长时,核酸和蛋白质合成能力很低,细胞分裂较慢,只有在辐射或手术处理使根损伤、除去根冠或冷冻引起休眠再恢复时,才能重新使这部分细胞进行活跃的分裂,以此提出了静止中心理论(图 2-15)。进一步的观察发现,在胚根和幼小侧根原基发育过程中,也是首先建立起静止中心(quiescent centre)。静止中心的细胞一般不分裂或缓慢分裂,活跃分裂的原始细胞位于静止中心的周围,似乎表明静止中心在根的生长发育过程中作用不大,但切除实验表明,静止中心在根中具有恢复根分生区正常结构的功能。如果在根尖从外向内作楔型切口,切除包括部分的根冠、表皮、皮层和静止中心的细胞,很快由尚存的静止中心细胞分裂形成新的原始细胞,原始细胞分裂使根又恢复成正常的结构。

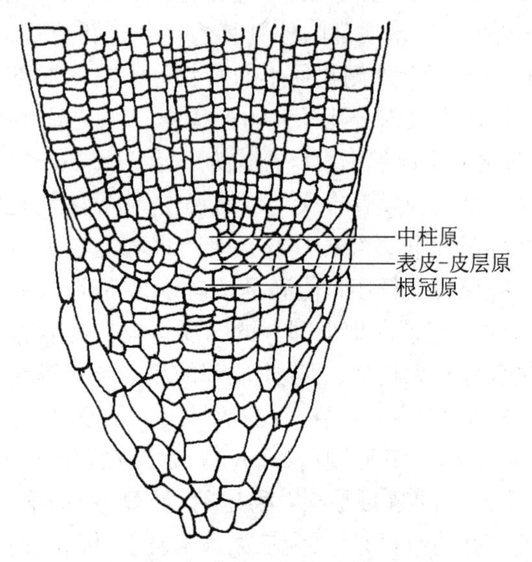

图 2-14 小麦根端纵切面图

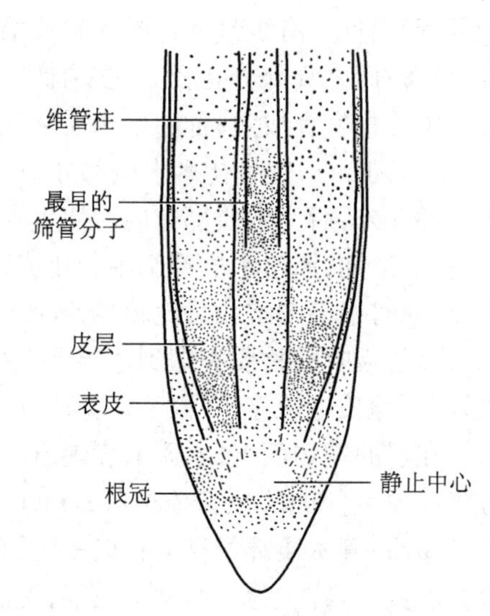

图 2-15 根尖纵切面的图解

在模式植物拟南芥根发育的研究中发现,胚胎中胚根形成之时,原分生组织就已经建立,其中心部分为静止中心,静止中心上方的细胞是维管柱(原形成层)原始细胞,下方的细胞是根冠中央柱的原始细胞,周围是紧靠静止中心的皮层/内皮层原始细胞和外侧的表皮/侧生根冠原始细胞。维管柱原始细胞横裂后产生的子细胞,经分裂和分化后向上方形成根的维管组织;皮层/内皮层原始细胞向上方分裂产生的子细胞,纵裂后进一步分裂和分化形成根的皮层;表皮/根冠原始细胞向上方分裂产生的子细胞,进一步分裂发育成为表皮,向下方分裂的子细胞形成了侧面根冠的细胞,这个细胞可通过进一步的平周分裂,增加根冠的侧面细胞的层数;静止中心下方的根冠原始细胞向下方分裂形成根冠的中央部分(中央柱)。

根端原分生组织的原始细胞向上方分裂产生的所有子细胞,进一步分裂形成衍生细胞,这些衍生细胞分裂速率很快,一边分裂一边开始分化,根分生区的大部分和伸长区由这些细胞组成,这些细胞有了初步分化,亦称初生分生组织;初生分生组织的细胞再进一步分化,形成了根的初生结构。原始细胞向下方分裂产生的子细胞用于补充根冠细胞的数目,这是因为随着根的生长,根冠边缘细胞不断剥落、数目减少,这样可以维持根冠体积的动态稳定。

3. 侧根的发生

种子植物的侧根起源于中柱鞘,由于这种起源发生在皮层以内的中柱鞘,故被称之为内起源(endogenous origin)。当侧根开始发生时,中柱鞘的某些细胞脱分化,细胞质变浓,液泡化程度减小,恢复分裂能力而开始分裂;最初的几次分裂是平周分裂,使细胞的层数增加并向外突起,以后的分裂是各个方向的,从而使突起进一步增大,首先分化出根冠和根端分生组织(生长点),这就是侧根原基(lateral root primordia)(图 2-16);以后根端分生组织细胞进行分裂、生长和分化,侧根不断伸长向前推进,由于侧根不断生长所产生的机械压力和根冠分泌的物质可以使母根的皮层和表皮细胞溶解,这样侧根穿过皮层和表皮伸出母根外,进入土壤进一步生长。由此可见,侧根的形成是先在原基中建立起与主根同样的结构,然后以与主根同样的方式生长发育。侧根原基在根毛区分化形成,但穿过皮层和表皮伸出母根外是在根毛区后方,这样不会由于侧根的形成而破坏根毛结构,进而影响到根的吸收功能。

在同一种植物中,侧根在母根组织中的位置常常是稳定的。在二原型根中,侧根常在韧皮部与木质部之间产生;在三原型和四原型根中,侧根的发生在木质部脊的位置;而在多原型根中,侧根的发生正对着韧皮部(图 2 – 16)。

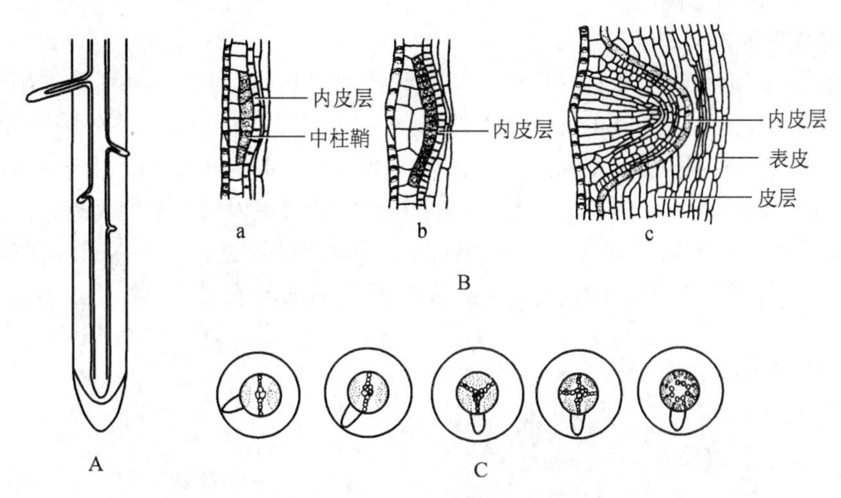

图 2 – 16　侧根的发生

A. 侧根发生的位置　B. 侧根发育的三个阶段:(a. 中柱鞘细胞转变为分生细胞　b. 分生细胞进行平周分裂　c. 侧根发育后期)　C. 侧根发生的位置与根原型的关系

四、根的次生生长与次生结构

根的次生生长(secondary growth)是根的侧生分生组织活动的结果。侧生分生组织包括维管形成层和木栓形成层。维管形成层的细胞分裂、生长与分化,产生次生维管组织;木栓形成层细胞分裂、生长与分化,形成周皮,其结果使根加粗。一般一年生草本双子叶植物和单子叶植物的根无次生生长,而裸子植物和木本双子叶植物的根,在初生生长结束后,经过次生生长,形成次生结构(secondary structure)。

(一) 维管形成层的产生与活动

根的维管形成层(图 2 – 17)首先在根的初生木质部和初生韧皮部之间产生,它们之间保留的原形成层细胞恢复分裂能力,进行平周分裂。这样在开始时,维管形成层呈条状,其条的数目与根的类型有关,几原型的根即有几条,如在二原型根中为两条,在四原型根中为四条。这些条状的形成层由木质部的凹陷处向两侧发展,到达中柱鞘,这时位于木质部脊的中柱鞘细胞脱分化,恢复分裂能力,参与形成层的形成,使条状的维管形成层片段相互连接成一圈,完全包围了中央木质部,这就是形成层环(cambium ring)。最初形成层环的形状与初生木质部相似,以后由于位于韧皮部内侧的维管形成层部分形成较早,且分裂快,所产生的次生木质部组织数量较多,把凹陷处的形成层环向外推移,使整个形成层环变成一个圆环。

维管形成层主要进行平周分裂。向内分裂形成次生木质部(secondary xylem),加在初生木质部外方;向外分裂产生次生韧皮部(secondary phloem),加在初生韧皮部内方,两者合称次生维管组织。由于这一结构是由维管形成层活动产生的,区别于顶端分生组织形成的初生结构而被称之为次生结构。一般形成层活动产生的次生木质部数量远远多于次生韧皮部,因此在横切面上次生木质部所占比例要比韧皮部大得多。形成层细胞除进行平周分裂外,还有少量的垂周分裂,增加本身细胞数目,使形成层环的圆周扩大,以适应根的增粗。

次生木质部的细胞组成为导管、管胞、木纤维和木薄壁细胞；次生韧皮部的细胞组成为筛管、伴胞、韧皮纤维和韧皮薄壁细胞，基本与初生结构的细胞组成一致。在次生维管组织中，出现了径向排列的薄壁细胞所构成的维管射线（vascular ray），在木质部维管射线称木射线（xylem ray，wood ray），在韧皮部的称韧皮射线（phloem ray）。维管射线在对着木质部脊的地方常常格外宽大，其韧皮射线细胞由于切向扩展而形成喇叭口状，以此适应圆周的扩大，这种宽大的维管射线被称之为次生维管射线。

（二）木栓形成层的产生与活动

维管形成层的活动使根增粗，中柱鞘以外的成熟组织被破坏，这时根的中柱鞘细胞恢复分裂能力，形成木栓形成层（phellogen，cork cambium）。木栓形成层进行平周分裂，向外分裂产生木栓层（cork，phellem），向内分裂产生栓内层（phelloderm），三者共同构成周皮起保护作用。由于木栓层细胞排列紧密，成熟时为死细胞，壁栓质化，不透水、不透气，因此其外方的组织因营养断绝而死亡。

根中最早形成的木栓形成层起源于中柱鞘细胞，但木栓形成层是有一定寿命的，活动几年后停止活动，新的木栓形成层起源逐渐内移，可由次生韧皮部细胞脱分化，恢复分裂能力形成新的木栓形成层。

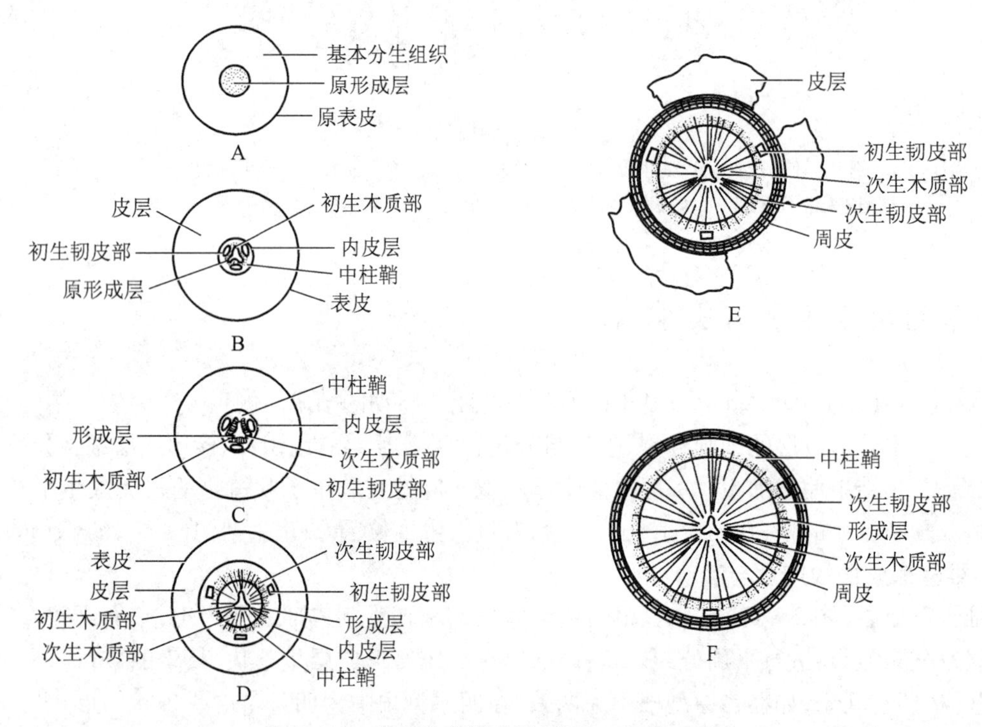

图 2-17　根的发育模式图（仿 Raven 等，1992）

A. 初生分生组织　B. 初生结构　C. 形成层的发生　D. 形成层环形成　E. 周皮形成中柱鞘以外的组织撕坏　F. 次生结构

（三）根的次生结构

根的维管形成层与木栓形成层的活动形成了根的次生结构（图 2-18）。在具有次生结构的根的横切面上，由外向内依次为周皮、次生韧皮部、维管形成层、次生木质部和保留在中央的初生木质部。最外侧是起保护作用的周皮，周皮的木栓层细胞径向排列十分整齐，木栓形成层之下是栓内层。次生韧皮部含有筛管、伴胞、韧皮纤维和韧皮薄壁细胞，较外面的韧皮部只含有纤维和贮藏薄壁细胞，老的筛管已被挤毁。次生木质部具有孔径不同的导管，大多为梯纹、网纹和孔纹导管，除导管外，还可见纤维和薄壁细胞。在韧皮部和木质部中横贯有薄壁细胞构成的维管射线和对着木质部脊的宽大的次生维管射线。

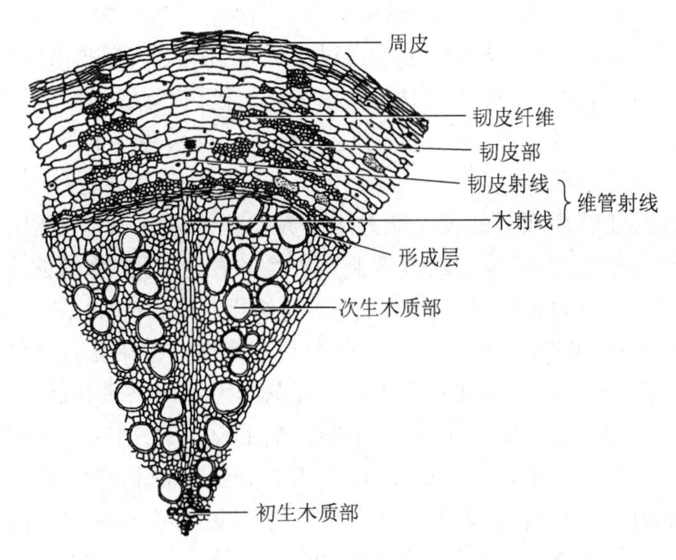

图 2 - 18　棉老根的次生结构

五、根瘤与菌根

根与土壤中的微生物有着密切的关系,两者可以形成特定的结构,彼此互利,土壤中的微生物从根的组织内得到生长所需要的营养物质,而植物同样由于微生物的作用而生长更加良好,这样两种生物间的互利关系称为共生(symbiosis),即一种生物对另一种生物的生长有促进作用。根与土壤微生物的共生关系主要有两种类型:根瘤(root tuberle,root nodule)和菌根(mycorrhiza)。

(一) 根瘤

根瘤是植物根上的瘤状突起,是土壤中的根瘤菌侵入到根内而产生的共生结构,在豆科植物中发现较多。根瘤的形状和大小因植物种类不同而形态各异。根瘤菌是一群具有固氮能力的短小杆菌,群集生活在根毛周围,能穿过根毛细胞的细胞壁而进入根毛之内,然后沿根毛向内侵入到皮层细胞,根瘤菌的分泌物刺激皮层细胞进行迅速分裂,使皮层细胞数目增多、体积增大。与此同时,根瘤菌在皮层的薄壁细胞内大量繁殖,使中央的细胞充满根瘤菌,最终在根的表面形成了瘤状突起。根瘤菌具有固氮作用,能形成固氮酶,将空气中游离氮转变为氨,供给植物生长发育的需要,同时可以从根的皮层细胞中吸取其生长发育所需的水分和养料。根瘤的形成有助于植物的生长,在土壤缺氮的情况下,豆科植物的根系会主动分泌黄酮类或异黄酮类物质,启动根瘤菌结瘤基因的表达,帮助根瘤菌侵染根系形成根瘤。根瘤菌不仅使与其共生的植物得到丰富的氮而生长良好,同时还可以分泌一些含氮物质到土壤中或有根瘤本身自根部脱落遗留在土壤中,增加土壤肥力为其他植物所利用,因此农业生产上常施用根瘤菌肥或利用豆科植物与其他农作物轮作、套作、间作的栽培方法,可以少施肥达到增产的目的。不过根瘤菌和豆科植物的共生是有选择的,通常一种豆科植物只能与一种或几种根瘤菌相互适应而共生,例如大豆只能与大豆根瘤菌共生而形成根瘤。

除豆科植物外,在自然界还发现一百多种植物能形成根瘤,如木麻黄、罗汉松、杨梅等,与非豆科植物共生的固氮菌多为放线菌类。近年来,把固氮菌中的固氮基因转移到农作物和某些经济植物中已成为分子生物学和遗传工程的研究目标。

(二) 菌根

菌根为植物根与土壤中的真菌形成的共生结构,菌根主要有两种类型:外生菌根(ectotrophic mycorrhiza)和内生菌根(endotrophic mycorrhiza)。外生菌根的菌丝不能进入根的细胞中,可以在根的表面形成菌丝体包在幼根的表面,或穿入皮层细胞的胞间隙中,以菌丝代替了根毛的功能,如云杉、松、和山毛榉等植物的根上常有外生菌根。内生菌根的菌丝通过细胞壁,进入到表皮和皮层细胞内形成丛枝状的分支,加强吸收机能,促进根内的物质运输,如柑橘、核桃、桑、杨树和兰科植物的根上具有内生菌根。除上述两类菌根外,也有内外生菌根(ectendotrophic mycorrhiza),即菌丝不仅包在幼根表面同时也深入到细胞中,如苹果、银白杨、柳等的菌根。

真菌与高等植物共生,能够增强根的吸收能力。因为丝状的菌丝增加了根的面积,有助于水分、无机盐的吸收;同时还能产生植物激素、维生素 B 等刺激根系的发育,分泌水解酶类,促进根周围有机物的分解,从而对高等植物的生长发育有积极作用。而高等植物把它所制造的糖类、氨基酸等有机养料提供给真菌,以满足真菌生长发育的需要。所以尽管真菌和高等植物都是相互独立的个体,但由于彼此间的互利关系,当根与真菌的孢子一接触,根细胞会主动为真菌的生长提供便利条件。

有些造林树种,在没有相应的真菌存在时,就不能正常生长,如松树在没有菌根的土壤里,吸收养分少,生长缓慢,甚至死亡。因此在林业生产中,应用人工的方法接种和感染所需要的真菌,使其长出菌根,大大提高根的吸收能力,以利于在荒地上成功造林。现已发现 80% 左右的高等植物都有菌根,很多都是造林树种或经济植物,如银杏、侧柏、桧、毛白杨、小麦、葱等。

植物根际和根际对话

由于根系的固定作用,高等植物不能像动物那样随意迁移,以躲避不利的生物和非生物胁迫,只能在萌发地生长并完成生命周期。通过根系的生命活动适应并改变根系所接触的土壤环境,是植物完成其生命周期的重要机制,也是长期进化的结果。

1904 年,德国微生物学家 Lorenz Hiltner 提出了"根际"(rhizosphere)的概念,即由根系活动影响的根表土壤区域,并且认识到根际土壤对抑制某些土传病害微生物的生长非常重要(Neumann 和 Roemheld,2005)。现在大家普遍接受的根际概念,是指受植物根系活动的影响,在物理、化学和生物学性质方面不同于原土体的土壤微域。

2004 年 9 月,在德国慕尼黑召开了"第一届根际研究国际会议"暨"纪念德国科学家 Lorenz Hiltner 提出根际概念 100 周年大会",在这次会议上首次提出了"根际对话"(rhizosphere talk)的概念。根际对话是指发生在根际土壤中各种生物间的相互作用,根际中生物之间存在着频繁的物质和能量交换以及信息传递,根际生物间的这种"交流"就是根际对话。从狭义看,根际对话不仅影响根际中各种生物的生长和养分有效性,而且制约着营养物质和能量在根 - 土界面中的迁移、转化和利用。从广义看,根际是养分和水分以及有害物质从土壤进入植物系统参与食物链物质循环的门户,其中发生的根际对话不但影响作物生产力和养分的利用效率,还会影响作物品质乃至人体健康;同时影响自然界的碳循环和环境变化。

根际生物之间相互作用的实质是对生长空间、水分和养分等资源的竞争。根际对话主要发生在植物根系之间以及植物与土壤生物之间,包括细菌、真菌和土壤动物。在根际对话中,植物起主导作用。

在植物根际的"根 - 根"或"根 - 微生物"间的对话需要有"语言"。越来越多的证据表明,根系分泌物在"根 - 根"或"根 - 微生物"间的对话中起着"语言"的作用,协调着根系之间或根系与土壤生物之间的生物和物理相互作用(Bais 等,2004)。禾谷类作物一生中有 30% ~60% 的光合同化产物转移到地下部,其中 40% ~90% 以有机或无机分泌物的形式释放到根际(Lynch 和 Whipps,1990)。根系分泌物不仅为根际微生物提供生长所需的能源,而且调节着根系周围的土壤微生物种群与数量、植物与微生物之间的共生和防御相互作用,改变土壤的物理与化学性质,并影响相邻植物的生长(Bais 等,2004)。

典型的根际对话的例子是植物与微生物之间形成共生。缺氮条件下,豆科植物根系会分泌黄酮类和异黄酮类物质,启动根瘤菌结瘤基因表达,最终导致根瘤菌侵染根系并形成根瘤(Peters 等,1986)。在这一例子中,黄酮类物质是豆科植物根系与微生物间对话的"语言"。另一个例子是菌根的形成。菌根是菌根真菌侵染植物根系后形成的共生体。尽管对菌根真菌与寄主植物根系之间的信号和识别分子机制尚不清楚,但已经知道在最初的识别过程中,当菌根真菌接近寄主根系并形成附着之前,其菌丝会形成大量分支(Giovannetti 等,1993,1994),并且知道寄主植物会分泌信号分子诱导菌丝分支(Buee 等,2000;Nagahashi 和 Douds,2000)。最近从百脉根(*Lotus japonicus*)的根分泌物中分离得到一种分支因子,经鉴定为 strigolactine(5-deoxy-strigol),它可以在很低浓度时刺激菌根真菌萌发孢子的菌丝大量分支(Akiyama 等,2005)。该结果为揭示菌根真菌侵染的分子机理提供了有力证据。分支因子 strigolactine 被认为是植物与菌根真菌对话的"语言"。在上述两个例子中,微生物侵染植物之前都有一个相互识别的过程,在这一识别过程中,起主导作用的是植物。植物可以根据其营养状况分泌不同的信号分子,与微生物进行对话,诱导微生物侵染并形成共生。在我国生产实践中发现的玉米/花生间作克服花生缺铁现象(Zuo 等,2000),以及所揭示出的间、套作条件下通过间作植物根系间的相互作用提高土壤养分利用效率的研究结果,则是植物与植物通过根系间相互作用(根际对话)提高土壤养分利用效率和作物产量的典型例证。

关于植物地上部之间的对话或通信机制的研究已经取得了长足进步,但对根际对话的了解却非常有限,有意识地研究根际生物之间的相互关系及其对植物生长的影响刚刚开始。主要原因之一是根际过程发生在地下,难以为研究者直接观察,又缺少有效的研究方法和手段。正如 Sugden 等(2004)所指出,由于土壤过程的复杂性和其本身的多相性及不透明性,使人们对于地下世界中这些过程的认识非常有限,在许多方面如同对遥远的星球那样陌生。因而土壤及土壤中所发生的生物间的相互作用被看作是科学研究最具挑战的前沿领域。

参考文献

[1] Akiyama K, Matsuzaki K, Hayashi H. Plant sesquiterpenes induce hyphal branching in arbuscular mycorrhizal fungi. Nature, 2005, 435(9): 824-827.

[2] Bais H P, Park S W, Weir T L, et al. How plants communicate using the underground information superhighway. Trends in Plant Sci., 2004, 9(1): 26-32.

[3] Buee M, Rossignol M, Jauneau A, et al. The presymbiotic growth of arbuscular mycorrhizal fungi is induced by a branching factor partially purified from plant root exudates. Mol. Plant Microbe Interact., 2000, 13: 693-698.

[4] Giovannetti M, Sbrana C, Avio L, et al. Differential hyphal morphogenesis in arbuscular mycorrhizal fungi during pre-infection stages. New Phytol., 1993, 125: 587-593.

[5] Giovannetti M, Sbrana C, Logi C. Early process involved in host recognition by arbuscular mycorrhizal fungi. New Phytol., 1994, 127: 703-709.

[6] Lynch J M, Whipps J M. Substrate flow in the rhizosphere. Plant Soil, 1990, 129: 1-10.

[7] Nagahashi G, Douds D D. Partial separation of root exudate compounds and their effects upon the growth of germinated spores of AM fungi. Mycol. Res., 2000, 104: 1453-1464.

[8] Neumann G, Roemheld V. The rhizosphere-A historyical perspective from a plant scientist's viewpoint//Hartmann A, Schmid M, Wenzel W, et al. Rhizosphere: Perspectives and Challenges, A Tribute to Lorenz Hiltner. Munich, Neuherberg: GSF-Report, 2005, 35-37.

[9] Peters N K, Frost J W, Long S R. A plant flavorne, luteolin, induces expression of *Rhizobium meliloti* nodulation genes. Science, 1986, 233: 977-980.

[10] Sugden A, Stone R, Ash C. Ecology in the underworld. Science, 2004, 304: 1613.

[11] Zuo Y M, Zhang F S, Li X L, et al. Studies on the improvement in iron nutrition of peanut by intercropping with maize on a calcareous soil. Plant Soil, 2000, 220: 13-25.

(李春俭 教授 中国农业大学资源与环境学院)

六、根的功能

根是植物适应陆生生活的重要器官,大多生长在土壤里,构成植物体的地下部分,其主要功能是吸收、输导、支持、合成和贮藏。根可以从土壤中吸收水分、二氧化碳和无机盐类,并通过根的维管组织输送到茎和叶；而叶所制造的有机物经过茎输送到根，再经根的维管组织输送到根的各部，以满足根生长发育的需要。根系将植物固着在土壤中，起支持作用，使茎、叶得以伸展，并能经受风雨和其他机械力量的影响。

根还有合成的功能，能制造某些重要的有机物质，如氨基酸、植物激素和植物碱等。据研究，根中所合成的氨基酸是蛋白质合成的必需氨基酸，被运送到生长部位合成蛋白质，而激素和生物碱对地上部分的生长发育具有重要作用。此外，根还有分泌有机酸和贮藏的作用。

七、根的变态

前面介绍了根的一般结构和功能，但很多植物的根在长期的发展过程中，其形态及功能发生了变化，这种变化可以遗传给下一代，并已成为这种植物的鉴别特点，这就是变态。根的变态主要有以下几种类型。

（一）贮藏根

贮藏根的主要功能是贮藏大量的营养物质，因此其根常肉质化，根据来源不同而被分为肉质直根和块根两大类。

（1）肉质直根（fleshy tap root） 主要由主根发育而成。一棵植株上仅有一个肥大的直根，膨大的部分常常包括下胚轴和节间极度缩短的茎。肉质直根上具有侧根的部分即为主根，无侧根的部分由下胚轴发育。胡萝卜、萝卜、甜菜和人参等的肉质直根在外形上极为相似，但加粗的方式和贮藏组织的来源却有不同。胡萝卜根的增粗主要是由于维管形成层活动产生了大量的次生韧皮部，其内发达的薄壁组织贮藏了大量的营养物质；萝卜根的增粗却主要是产生了大量次生木质部的缘故，木质部中有大量的薄壁组织贮藏了营养物质；甜菜根的增粗则是一种异常生长的状态，在正常的形成层之外，来源于中柱鞘和韧皮部的同心圆排列的形成层向内、向外分别产生木质部和韧皮部，其中含有大量的薄壁组织。

（2）块根（root tuber） 主要由侧根和不定根发育形成，因此在一株植物上可以形成许多块根，块根的形状不规则，其膨大的原因多为异常生长所致。如甘薯的块根，除正常位置的形成层外，可以在各个导管或导管群周围的薄壁组织中发育出额外形成层（extra cambium），向着导管的方向形成几个管状分子，背向导管产生几个筛管和乳汁管，这样的结构称为三生结构（tertitary structure）。

（二）气生根

根通常生活在土壤中，但有些植物的根却生活在地面以上，称为气生根。根据气生根的功能不同分为下列几种类型。

（1）支柱根（prop root） 支柱根主要具有支持的功能，在植物体的地上部分发生，可以伸入土壤起支持作用。小型的支柱根常见于玉米等禾本科植物，在茎基部的节上发生许多不定根，先端伸入土壤中，并继续产生侧根，成为增加植物整体支持的辅助根系。较大的支柱根可见于榕树，从枝上产生很多不定根，垂直向下生长，到达地面后即伸入土壤中，再产生侧根，以后由于支柱根的次生生长，产生强大的木质部支柱，起支持和呼吸的作用。

（2）攀缘根（climbing root） 有些植物的茎细长柔软不能直立，如常春藤、凌霄花和络石等，其上生无数很短的不定根，能分泌黏液，以此固着于他物之上生长，这些不定根称为攀缘根。

（3）呼吸根（respiratory root） 一些生长在沼泽或热带海滩的植物，如水松和红树等，由于生活在泥水中，呼吸十分困难，因而有部分根垂直向上生长，进入空气中进行呼吸，称为呼吸根。呼吸根中常有发达的通气组织。

（4）寄生根（parasitic root） 亦称吸器，是寄生植物茎上发育的不定根，可以伸入寄主体内，与寄主的维管组织相连通，吸取寄主的养料和水分供本身生长发育的需要，如菟丝子的寄生根（图 2－19）。

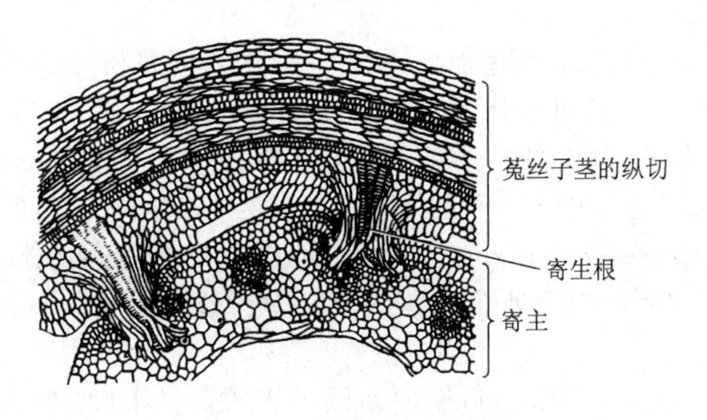

图 2-19 菟丝子的寄生根

第三节 茎

茎(stem)一般生长在地面以上,是连接叶和根的轴状结构,由于其上着生有叶,同时地上部分的生态环境相对变化较大,因而茎的形态结构比根复杂。

一、茎的基本形态

(一) 茎的外形

茎是植物地上部分的轴,其上着生叶、花和果实。植物的地上部分包括茎,以及茎上着生的叶被称之为茎叶(苗或枝条,shoot)(图 2-20)。种子植物的茎多为圆柱形,但也有三角形和四棱形的茎。茎的长短粗细差别很大,长度可以从几厘米、几米到十几米不等,甚至于可以高达百米以上,粗细也可以从几毫米到十几米。从茎的质地上看,茎内含木质成分少的叫草本植物(herbaceous plant),而木质化程度高的植物茎往往长得十分高大,称木本植物(woody plant)。

茎上着生叶和芽的位置叫节(node),两节之间的部分为节间(internode)。有些植物的节很明显,如玉米和各种竹子的茎。各种植物茎的节间长短不一,有些植物的节间很长,如瓜类植物的节间长达数厘米;有些植物则很短,如蒲公英节间极度缩短,被称为莲座状植物。同一种植物中也有节间长短不一的茎,如苹果的长枝,节间长,节上长叶,是营养生长时的茎;而苹果的短枝,节间短,花着生在节上,亦称果枝,可以认为是生殖生长时的茎。茎上的叶脱落后留下的痕迹叫叶痕(leaf scar),不同植物的叶痕形状和大小各不相同,在叶痕内,还可以看到叶柄和茎内维管束断离后留下的痕迹称维管束痕(束痕,bundle scar)。在不同植物中,束痕的形状、数目和排列方式不同。同样,将小枝脱落后在茎上留下的痕迹叫枝痕。有些植物茎上还可以见到芽鳞痕(bud scale scar),这是鳞芽开展时,其外的鳞片脱落后留下的痕迹,可以根据茎表面的芽鳞痕来判断枝条的年龄。有的植物茎表面可以见到形状各异的裂缝,这是茎上的皮孔,是植物气体交换的通道。皮孔的形态、大小、分布等,也因植物不同而不同,因此落叶乔木和灌木的冬枝,可以利用上述形态特点作为鉴别指标。

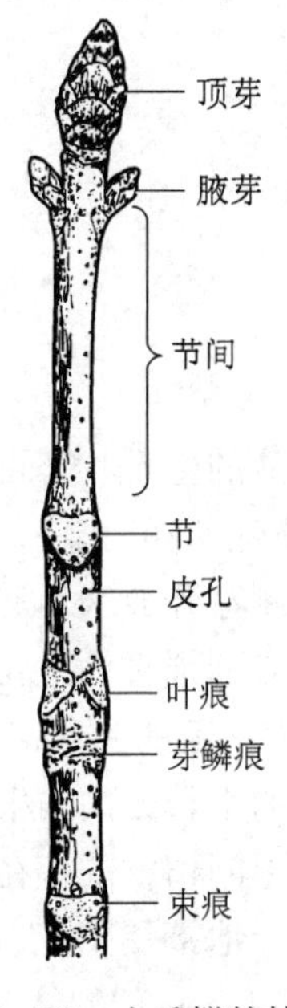

图 2-20 山毛榉的枝条

（二）芽的类型及构造

芽是幼态的茎叶（shoot）或花，包括茎端分生组织及其外围附属物，将来可发育形成茎叶（枝）或花。

按芽在茎上发生位置的不同，可以分为顶芽（terminal bud）和腋芽（axillary bud）。一般生在主干或侧枝顶端的芽叫顶芽，着生在叶腋处的叫腋芽，腋芽因生在枝的侧面，也称侧芽（lateral bud）。大多数植物的叶腋内，有一个腋芽，但也有的植物叶腋内，可以生长两个以上的芽，一般将中间先生的一个芽称为腋芽，其他的芽称为副芽（accessory bud），如洋槐、紫穗槐有一个副芽，而桃和皂荚有两个副芽。有些植物如悬铃木的侧芽被庞大的叶柄基部所覆盖，叫做柄下芽（subpetiolar bud），这种芽直到叶脱落后才显露出来。

另外，还有许多芽不是生长在枝顶或叶腋内，而是生长在茎的节间、老茎、根或叶上，这些没有固定着生部位的芽，被称为不定芽（adventitious bud），营养繁殖时常常利用不定芽形成新的植株。与此相对应，常把顶芽和腋芽称为定芽（normal bud）。

按芽鳞的有无可分为裸芽（naked bud）和鳞芽（scaly bud）。大多数生长在温带的木本植物，芽外部形成鳞片或芽鳞，包被在芽的外面保护幼芽越冬，称鳞芽，芽鳞脱落后在茎上留下的痕迹就是芽鳞痕。一般草本植物和有些木本植物的芽外没有芽鳞包被，这种芽叫裸芽，如苦木的叶芽和核桃的雄花芽。

按芽将来形成的器官性质不同可分为叶芽（leaf bud）、花芽（flower bud）和混合芽（mixed bud）（图 2－21）。芽发育开放后若形成茎和叶，这种芽叫叶芽，亦称枝芽（branch bud）。枝芽是枝条的原始体，由茎端分生组织（生长锥）、幼叶、叶原基和腋芽原基构成。若芽进一步发育形成花或花序称为花芽。花芽是花的原始体，由花萼原基、花瓣原基、雄蕊原基和雌蕊原基构成。如果一个芽开放后既生枝叶又有花形成，称混合芽，混合芽是枝和花的原始体，如金银木、平基槭的芽即为混合芽。

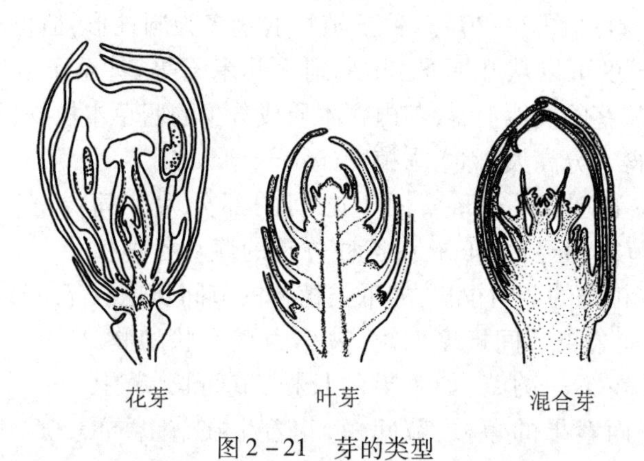

图 2－21　芽的类型

按芽的生理状态可分为活动芽（active bud）和休眠芽（dormant bud）。活动芽在当年可以开放形成新枝、新叶、花和花序，一般一年生草本植物的芽都是活动芽，而多年生木本植物，通常只有顶芽和顶芽附近的侧芽开放为活动芽，而下部的腋芽平时不活动，始终以芽的形式存在，称为休眠芽。休眠芽可以在顶芽受到损害而生长受阻后开始发育，亦可能在植物一生中都保持休眠状态。

（三）茎的生长习性和分枝

茎的生长方向与根相反，是背地性的，一般垂直向上生长，所以直立茎（erect stem）是茎的普通形式。但不同植物的茎在长期的进化过程中，有各自的习性以适应外界环境，使叶在所处的空间展开，尽可能充分地接受阳光、制造有机物。因此，根据其生长习性的不同，除直立茎外，茎还可分为攀缘茎（climbing stem）、缠绕茎（twining stem）和匍匐茎（creeping stem）共四类。

大多数植物的茎为直立茎,茎干垂直于地面向上生长。有些植物的茎细长柔软而不能直立,必须利用一些变态器官如卷须、吸盘等攀缘于其他物之上,才能向上生长,如丝瓜、葡萄、豌豆、爬山虎等,这样的茎叫攀缘茎。缠绕茎也是细长柔软的茎,与攀缘茎不同的是,以茎本身缠绕于其他支持物上升,不形成特殊的攀缘器官,如牵牛、紫藤等。具有攀缘茎和缠绕茎的植物统称为藤本植物。还有些植物的茎是平卧在地面上蔓延生长的,这种茎叫匍匐茎,匍匐茎一般节间比较长,节上生有不定根,如草莓、甘薯等。

分枝是植物茎生长时普遍存在的现象,每种植物有一定的分枝方式,种子植物常见的分枝方式有单轴分枝(monopodial branching)和合轴分枝(sympodial branching)两种(图 2-22)。

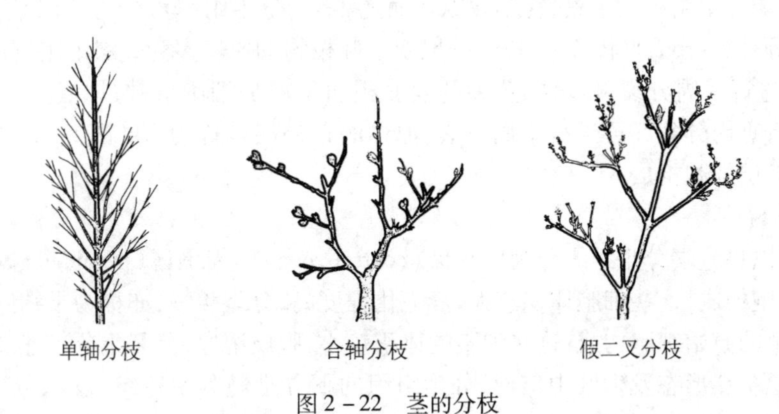

图 2-22 茎的分枝

单轴分枝具有明显的顶端优势,由顶芽不断向上生长形成主轴,侧芽发育形成侧枝,侧枝又以同样的方式形成次级侧枝,但主轴的生长明显并占绝对优势。裸子植物和一些被子植物如杨树等的分枝方式为单轴分枝。

合轴分枝没有明显的顶端优势,顶芽只活动很短的一段时间后便死亡或生长极为缓慢,紧邻下方的芽开放长出新枝,代替原来的主轴向上生长,生长一段时间后又被下方的侧芽所取代,如此更迭,使树冠呈开展状态,更利于通风透光,大部分被子植物是这样的分枝方式。假二叉分枝(false dichotomous branching)是合轴分枝的一种特殊形式,在丁香等对生叶序的植物中,顶芽下对生的两个侧芽发展成两个相似外形的分枝,从外表看与苔藓、蕨类植物的二叉分枝相似,故称假二叉分枝(图 2-22)。

禾本科植物如小麦、水稻等,它们的分枝方式与上述两种不同,其上部茎节上很少产生分枝,而分枝集中发生在接近地面或地面以下的茎节上,即分蘖节(tillering node),分蘖节包括了几个节和节间,节与节间密集在一起,里面贮有丰富的有机养料,能在此产生腋芽和不定根。由腋芽形成的分枝称为分蘖(tiller),分蘖上又可以产生新的分蘖。在农业生产上,分蘖和产量有直接关系,合适的分蘖可以有高的粮食产量。如果分蘖数目过少,则产量低;若分蘖数目过多,则后期分蘖为无效分蘖,收获时穗子成熟较迟,常易引起病害,反而影响粮食的品质。分蘖的多少与施肥有关,因此在栽培作物时适当施肥,争取植株初期生长快,分蘖多,对于增产有积极作用。

二、茎尖及其发育

(一) 茎的顶端分生组织

茎尖在茎的顶端,其结构和根尖基本相同,都具有顶端分生组织,但它的外面没有类似根冠的结构,而由许多幼叶紧紧包住,起保护作用。同时,由于茎顶端分生组织的活动产生叶原基和芽原基,使茎尖的结构观察起来比根尖更加复杂。

茎端分生组织位于茎的最顶端，由顶端的原分生组织和原分生组织衍生的初生分生组织构成。

原分生组织在胚胎发育时形成，外形大多呈圆丘状，有的较扁平或凹，有些为圆锥状，以后随着植株的生长，它的大小、形状和生长速率都有变化，特别是从营养生长向生殖生长转化时变化更大。

原分生组织细胞没有任何分化，是一群具有强烈而持久分裂能力的细胞群。这些细胞不断分裂，一方面维持本身特定的体积；另一方面产生的新细胞离开茎尖，在下方组成茎的初生分生组织，在侧面形成叶和芽的原基。茎尖的原分生组织也和根尖一样，有一定的排列结构。目前，普遍接受的解释顶端分生组织结构的学说是原体原套学说和组织分区学说。

1. 原体原套学说

通过对植物茎端分生组织的观察，在茎端纵切面上，茎端分生组织可分为两层结构，即外层的原套（tunica）和内层的原体（corpus）（图 2－23）。一般双子叶植物的原套多为 2 层细胞构成，分别被称为 L1 和 L2，其细胞主要进行垂周分裂，仅增加茎尖的表面积而不增加细胞层数；原套之下的一团细胞是原体，其细胞既可进行垂周分裂又可进行平周分裂，原体的最外层被称为 L3（图 2－24）。在单子叶植物中，原套通常只有 1 层细胞构成。

2. 组织分区学说

从径向角度可以将茎端分生组织分为中央区（central zone）和周围区（peripheral zone）（图 2－24）。中央区由中央母细胞构成，这些细胞体积较大，液泡化程度高，分裂缓慢，亦称为干细胞。周围区围绕着干细胞，由快速增殖的原始细胞构成，这些细胞的体积较小，胞质浓厚，分裂十分迅速。围绕着周围区的是形态发生区，叶原基在形态发生区中出现；分生组织的下方是髓分生组织（肋状分生组织）。中央区的干细胞分裂后产生两部分细胞，一部分仍然保留在中心区域形成干细胞后裔（progeny of stem cells），始终保留在原来位置，保持细胞分裂的潜能；分裂出来的另一部分叫子细胞（daughter cells），子细胞以较快的速度分裂，离开中央区到分生组织的周围区；在周围区，它们仍然保持快的分裂速度，然后在形态发生区形成新的侧生器官。

在原分生组织下方的初生分生组织细胞一面继续分裂，一面开始长大分化，形成原表皮、基本分生组织和原形成层。原表皮细胞一层，排列紧密，其内的基本分生组织细胞比较大，排列不规则，原形成层束分布在基本分生组织中，细胞小而纵向伸长。以后初生分生组织细胞伸长明显，在茎的外形上表现出迅速伸长，逐渐向成熟区过渡。在成熟区，细胞的个体长大基本停止，完成各种成熟分化，形成茎的初生结构。

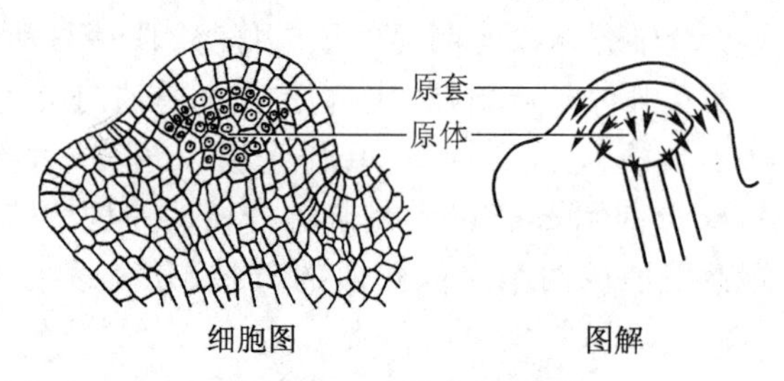

图 2－23 茎尖的纵切面

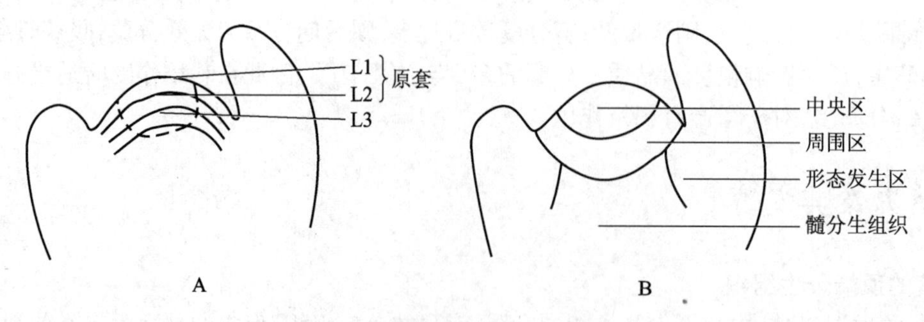

图 2－24 描述茎端分生组织的学说

A. 茎端分生组织的原体原套结构图 B. 茎端分生组织的组织分区（虚线区域为中央区）

植物的顶端分生组织

植物经胚胎发育建立了顶端分生组织和根端分生组织，二者在种子萌发之后能够在几年、几十年甚至上千年内保持细胞分裂和器官发生能力。顶端分生组织中细胞的不断分裂与分化产生了植物地上的所有组织和器官，如叶片、茎、花、果实和种子，控制植物的营养生长、光合作用和有性繁殖。根端分生组织中细胞的不断分裂与分化形成了植物的复杂根系，负责从土壤中吸收水分和无机盐。人类生存所需要的粮食主要来自于植物特别是禾本科和豆科植物的种子，而蔬菜和水果主要来源于植物的叶片和果实。毫无疑问，植物顶端分生组织与人类的日常生活和粮食安全密切相关。

所有植物的顶端分生组织均呈拱形隆起结构。20 世纪 50 年代，美国加州大学的 Ian Sussex 对植物顶端分生组织做了大量的细胞组织学和解剖学研究，发现不同植物的顶端分生组织形态非常相似：中央区细胞较大，分裂不活跃，不直接参与器官发生，而位于侧翼区的细胞较小，分裂活跃，不断产生新的器官原基。显微操作实验结果表明顶端分生组织的中央区对生长点功能的维持非常重要。

20 世纪 90 年代，英国剑桥大学的 Ian Furner 实验室和德国图宾根大学的 Gerd Jürgens 实验室以拟南芥为材料，对植物顶端分生组织的大小及稳态调控进行分子遗传学分析，分别发现了一系列植物顶端分生组织变大的 *clavata* 突变体和生长点丢失的 *wushel* 突变体。后人对这些突变体所涉及基因的分子克隆导致一个非常重要的控制顶端分生组织的 *CLV3/CLV1/CLV2 - WUS* 负反馈调节体系的发现。在该体系中，*CLV3* 编码一个小分子蛋白，在顶端分生组织中央区的第一和第二层细胞中表达；*CLV1* 编码一个位于植物细胞表面的 LRR 家族受体激酶，在顶端分生组织中央区的第二和第三层细胞中表达，*CLV2* 编码一个不带有激酶区的 LRR 家族类受体蛋白，呈组成型表达。这三个基因突变后的表型非常相似，均导致顶端分生组织变大。因此，*CLV1/2/3* 的基本功能是促进干细胞分化，限制顶端分生组织中干细胞数目。与之相反，*WUS* 所编码的一个转录因子的功能是抑制顶端分生组织中干细胞的分化，促进干细胞数目增加。*WUS* 的表达部位与 *CLV1* 的表达部位部分重叠，但更加集中于顶端分生组织的深层。刘春明实验室 2005 年发表在 *Plant Cell* 的研究结果表明，*CLV3* 是以分泌到细胞外的小分子多肽激素起作用，靠近 C 端一个保守的 14 个氨基酸基序是多肽激素的编码位置，其多肽激素含有 12～13 个氨基酸。

此外，生长素和细胞分裂素在顶端分生组织的功能调控过程中也起着非常重要的作用。生长素在顶端分生组织表皮细胞内的定向运输，导致局部位置生长素浓度增加，由此启动新的器官原基在这一部位发生。而细胞分裂素的作用可能与 *WUS* 在干细胞组织中心的表达和干细胞功能维持密切相关。毫无疑问，植物顶端分生组织的功能调控是植物科学领域重大科学问题，还有太多悬而未决的问题，例如是什么因子在调控生长素的运输？定位细胞分裂素的上游因子是什么？为什么植物的顶端分生组织可以无期限地生长，而不是像人一样有寿命？种子在被干燥保存的时候或芽在冬眠的时候，是什么机制保持这些分生组织细胞在几乎完全脱水或极度低温条件下不会死亡？总之，美丽的植物有太多我们还没有搞明白的奥妙，等待更多的年轻学者去探索、去回答。

参考文献

[1] Aichinger E, Kornet N, Friedrich T, et al. Plant stem cell niches. Annual Review of Plant Biology, 2012, 63: 615-636.

[2] Fiers M, Ku K L, Liu C M. CLE peptide ligands and their roles in establishing meristems. Current Opinion in Plant Biology, 2007, 10: 39-43.

[3] Fiers M, Golemiec E, Xu J, et al. The 14-amino acid CLV3, CLE19 and CLE40 peptides trigger consumption of the toot meristem in *Arabidopsis* through a CLAVATA2-dependent pathway. Plant Cell, 2005, 17: 2542-2553.

[4] Leyser H M O, Furner I J. Characterization of three shoot apical meristem mutants of *Arabidopsis thaliana*. Development, 1992, 116: 397-403.

[5] Liu C M, Hu Y. Plant stem cells and their regulations in shoot apical meristems. Frontiers in Biology, 2010, 5: 417-423.

[6] Sussex I M. Morphologenesis in *Solanum tuberosum* L.: Apical structure and developmental pattern of the juvenile

shoot. Phytomorphology, 1955, 5: 253-273.

（刘春明 研究员 中国科学院植物研究所）

（二）叶原基和芽原基

叶和芽是由叶原基和芽原基逐步发育而成。叶原基和芽原基起源于茎端分生组织，在裸子植物和大多数被子植物中，顶端分生组织表面的第二层或第三层细胞平周分裂，在有些单子叶植物中由顶端分生组织的表层细胞平周分裂。平周分裂的结果向周围增加了细胞的数目，形成了突起，以后突起表面的细胞进行垂周分裂，里面的细胞进行各个方向的分裂，形成叶原基。芽原基在叶腋处发生，先由较外的1～2层细胞垂周分裂，将芽的分生组织和顶端其余分生组织分开，形成壳状区，以后由壳状区的二、三层细胞发生平周分裂，以与叶原基相同的起源方式形成芽原基，芽原基具有和原来茎顶端一样的分生组织。芽原基也可以在植物的其他部位产生，这种不在叶腋产生的芽统称为不定芽。叶原基和芽原基在开始发生时没有什么区别，一般腋芽原基的发生晚于叶原基，常在离开茎尖一段距离后发生。

由于叶原基和芽原基在茎端分生组织的表面发生，故这种起源方式称作外起源（exogenous origin）。

三、茎的解剖结构

茎上着生有叶和侧枝，由于叶和侧枝中的维管束通常由茎的节上分支，因此茎的解剖结构比根复杂，尤其在节的位置变得非常复杂。通常所说茎的解剖结构均指在节间的观察。在不同类群植物中，茎的初生结构有区别，表现为基本组织与维管组织分布不同导致的结构差异。

（一）双子叶植物茎的结构特点

1. 初生结构

双子叶植物茎的初生结构，可以分为表皮、皮层和维管柱三个部分（图2－25，图2－26）。

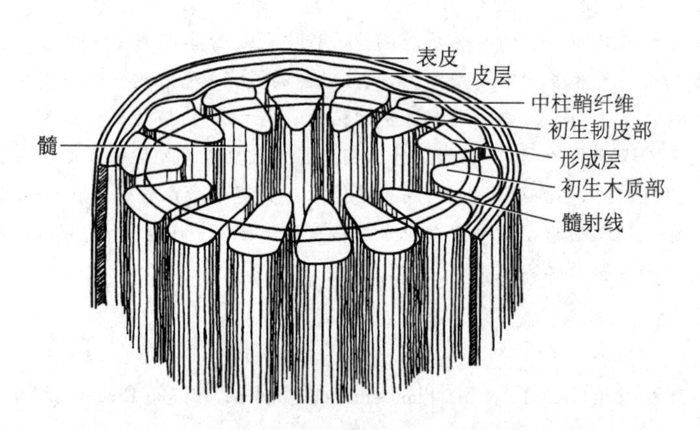

图2－25 双子叶植物茎的初生结构立体图

（1）表皮 表皮是幼茎最外面的一层细胞，来源于初生分生组织的原表皮，是茎的初生保护组织。在横切面上表皮细胞为长方形，排列紧密，没有胞间隙，有各种表皮毛和气孔器。表皮细胞是生活细胞，有生活的原生质体，并贮有各种代谢产物，细胞中一般不含叶绿体，但具有质体。有些细胞特化形成气孔的保卫细胞，构成气孔器。在有些植物中，还可以形成各种具有特殊结构或内含物的表皮细胞。表皮细胞一般壁比较薄，但外切向壁较厚，并有不同程度加厚的角质膜，可以控制蒸腾、抵抗病菌的侵入。

幼茎的表皮细胞有一定的有丝分裂能力，可以不断分裂，增加细胞的数目以适应初生生长时茎的增粗。

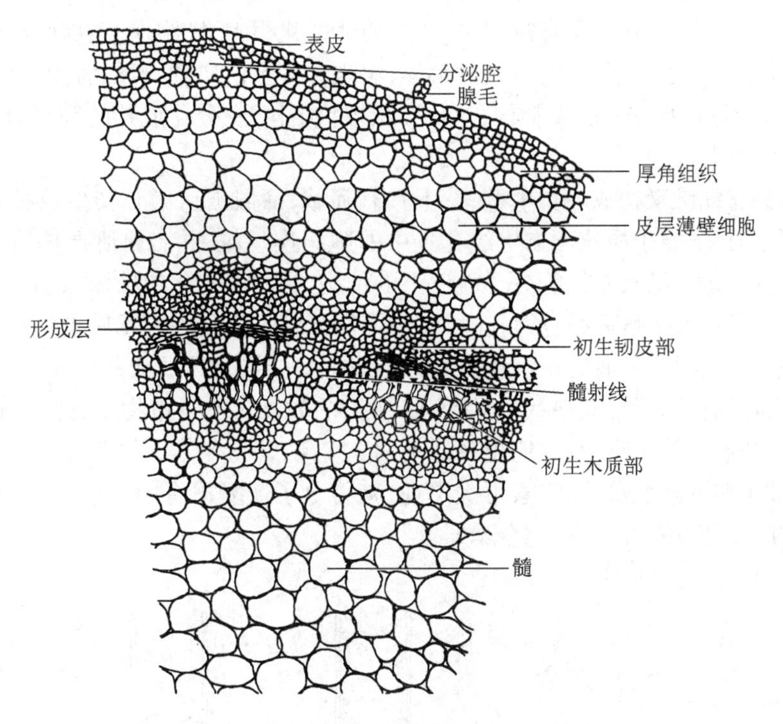

图 2－26　向日葵幼茎横切示初生结构

（2）皮层　位于表皮之内，由基本分生组织发育，组成成分主要是薄壁细胞，细胞多层，排列疏松，有明显的胞间隙。在许多茎中，皮层的外围分化出厚角组织，在棱下成群分布或形成连续的一圈。近表皮处的厚角组织和薄壁组织细胞中常含有叶绿体，使幼茎呈绿色。有些植物茎的周围皮层中还存在有厚壁组织，主要是纤维，也可以有石细胞和其他异细胞。

茎中一般没有内皮层，所以茎中皮层和维管组织的界限不如根中清楚，仅在少数双子叶草本植物茎、一些植物的地下茎或沉水植物的茎中可发育出具有凯氏带的内皮层。在一些植物幼小的茎中，皮层最内的一层或几层细胞含有丰富的淀粉，被称为淀粉鞘（starch sheath）。淀粉鞘细胞中的淀粉粒，与根冠中央柱细胞中的淀粉粒一样，有平衡石的作用，与茎的向重力性（gravitropism）反应有关。

（3）维管柱　是皮层以内的部分，由于没有形态上可以分辨的内皮层，因而皮层和维管柱的界限在茎中并不明显。多数双子叶植物的维管柱包括维管束、髓和髓射线三部分。

初生维管束是指皮层以内由初生木质部和初生韧皮部构成的束状结构，来源于原形成层细胞。原形成层在茎尖初生分生组织中为一束染色深的狭长细胞，后来分化形成初生维管束。一般初生韧皮部在外，初生木质部在内，组成在同一半径上内外相对排列的维管束，这样的维管束叫外韧维管束（collateral vascular bundle），是种子植物中普遍的维管束类型。外韧维管束的初生木质部和初生韧皮部之间存在着束中形成层，是由顶端分生组织保留下来的具有分裂能力的细胞，将来可以分裂产生新的木质部和韧皮部。在裸子植物和大多数被子植物茎中，初生维管束成一轮分布，以此为界将基本组织分为皮层和髓两部分。

初生韧皮部是由筛管、伴胞、韧皮纤维和韧皮薄壁细胞构成，其主要功能是输导有机物。分化成熟的顺序与根中相同，为外始式，即原生韧皮部首先出现在原形成层的外部，后生韧皮部出现在内方。原生韧皮部的分化很早，在伸长区就已开始分化，较早地行使其功能，以后在茎的生长过程被拉坏，由后生韧皮部执行输导的功能。原生韧皮部的薄壁细胞最后发育成韧皮纤维，由于处在中柱鞘的位置，又被称之为中柱鞘纤维（pericyclic fiber）。

筛管是初生韧皮部中最主要的组成部分,由筛管分子纵向连接而成。每一筛管分子为一个长形的薄壁细胞,具有活的原生质体,在其发育过程中,原生质体变化很大,细胞核、液泡膜解体,线粒体和内质网退化,核糖体和高尔基体逐渐消失,随着核的解体,出现了含蛋白质的物质,称 P－蛋白。在电子显微镜下,P－蛋白表现为不同的形态,形成管状、丝状和颗粒状结构,在分化成熟的筛管分子中,这几种形态的 P－蛋白可以互相转化。

筛管分子通常只有纤维素构成的初生壁,壁上具有筛域,筛域被认为是初生纹孔场的改变,筛域上具小孔和明显的原生质丝,原生质丝比初生纹孔场中的胞间连丝粗,并有胼胝质围绕,故称联络索。联络索连接相邻的筛管分子。筛板是筛管分子端壁上的结构,是高度特化的筛域,具有较大的孔和较粗的联络索(图 2－27)。每一个联络索经过筛孔时,其周围都衬有胼胝质。胼胝质是一种不分支的 β－1,3 葡聚糖,沿着联络索的外层加厚,有时也沉积在筛域的表面。当筛管休眠或死亡时,联络索逐渐收缩,然后完全消失,胼胝质在筛孔附近形成垫状物,堵塞筛孔。在多数双子叶植物中,筛管分子的功能只限于一个生长季,但葡萄和椴树等植物中,却能越冬活动两至多年,当次年春天筛管恢复活动时,筛管中产生胼胝质酶,胼胝质被水解逐渐变薄,联络索再次出现,筛管分子恢复原有的功能。在完全丧失作用的筛管分子中则没有胼胝质,筛域中的小孔完全暴露。

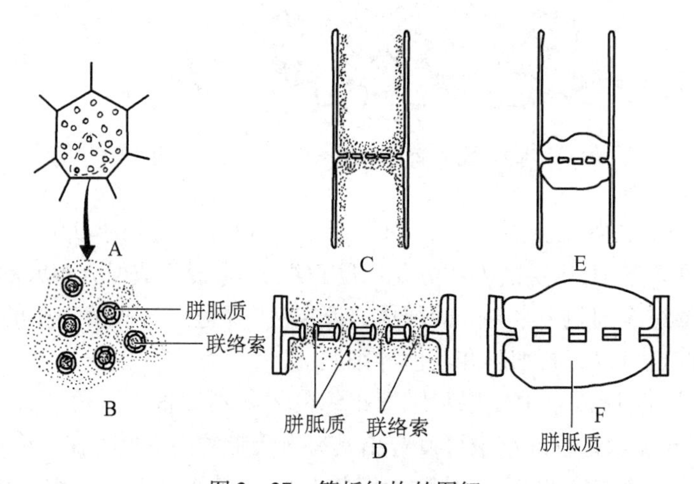

图 2－27　筛板结构的图解

A. B. 筛板表面观　C ~ F. 筛板侧面观(C. D. 具功能的筛板　E. F. 停止作用或处在休眠期的筛板)

伴胞是和筛管分子相伴而生并纵向伸长的薄壁细胞,位于筛管分子的旁边,在个体发育上与筛管分子来源于同一个分生组织细胞,这个细胞纵向分裂一次或几次,其中较大的形成筛管分子,其余几个则形成伴胞,因此一个筛管分子常结合一个或几个伴胞。伴胞中有明显的细胞核,细胞质浓厚,有许多细胞器如核糖体和线粒体,但质体较少。伴胞在与筛管分子相邻的壁上有初生纹孔场,胞间连丝由此通过,与筛管分子沟通,为筛管分子的活动提供能量。

韧皮薄壁细胞散生在整个韧皮部中,比伴胞大,一般是长形的,有贮藏作用,常含有淀粉、脂肪和晶体等后含物。

韧皮纤维在韧皮部常聚集成束,起机械支持作用。韧皮纤维一般比较长,木质化程度比较低,是纺织工业的重要原料。麻、亚麻的韧皮纤维壁完全没有木质化,由纤维素构成,比较柔软,可以织出精细的纺织品;而大麻、黄麻、麻、洋麻等的韧皮纤维木质化程度高,可以织麻袋等粗织品。

初生木质部由导管、管胞、木纤维和木薄壁细胞组成,主要功能是输导水分和无机盐,并兼有支持作用。初生木质部分化成熟的发育顺序是内始式(endarch),即由内向外逐渐成熟,这与根内木质部的发育方式正好相反。原生木质部在内侧,一般只有环纹、螺纹的管状分子和薄壁组织,缺乏纤维;后生木质部在原生木质部的外侧,由木薄壁细胞、木纤维和梯纹、网纹、孔纹的管状分子组成。原生木质部和后生木质部的管状分子孔径差别不大。

导管是被子植物重要的输导水分和无机盐的结构，由导管分子端壁上的穿孔相联而成。幼小的导管分子有连续的初生壁，以后在将来形成穿孔的地方胞间层发生膨胀，接着初生壁和胞间层溶解，相邻的导管分子打通。管胞则是通过侧壁上的纹孔相连，因而输导能力差，兼有支持作用。具有输导功能的导管和管胞都是死细胞，细胞中原生质解体，仅留下了细胞壁。

木薄壁细胞是木质部的薄壁细胞，其壁常木质化，但却是生活细胞，有贮藏作用，细胞内常含有淀粉、油类、丹宁等后含物。

木纤维在后生木质部含量较多，是长形的细胞，有木质化的次生壁，具有机械支持的作用。

大多数种子植物的维管束是外韧维管束，但也有些植物在初生木质部的内侧分化出内生韧皮部而形成双韧维管束(bicollateral vascular bundle)，这类维管束常见于葫芦科、旋花科、茄科、夹竹桃科等植物的茎中，其中以葫芦科的最为典型。在双韧维管束中，形成层一般位于外生韧皮部和木质部之间。此外，还有一类同心维管束，包括初生韧皮部包围初生木质部的周韧维管束(amphieribral vascular bundle)和初生木质部包围初生韧皮部的周木维管束(amphivasal vascular bundle)，前者是木质部在中央，外面由韧皮部所包围，这种类型的维管束可以在被子植物的花、果实和胚珠的小维管束上看到；后者正相反，韧皮部在中央，外面由木质部所包围，存在于一些单子叶植物如朱蕉、鸢尾等的茎中和一些双子叶植物如大豆、酸模和秋海棠的髓维管束中(图 2 – 28)。

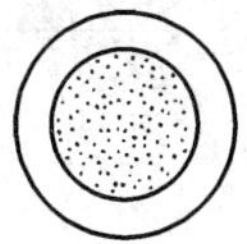

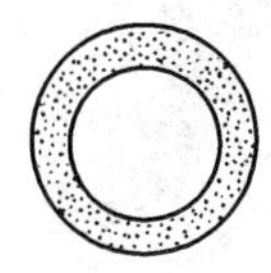

图 2 – 28　维管束的类型

髓(pith)是茎的中心部分，来源于基本分生组织。一般由薄壁组织组成，细胞中通常贮藏有丹宁、晶体和淀粉粒等多种内含物，有些植物茎的髓中还有石细胞。有些植物在髓的外周有紧密排列的小细胞，称环髓带(perimedullary zone)，环髓带与髓中心部分区别明显。有些植物的髓成熟较早，在茎生长过程中，节间部分的髓常被拉坏，形成片状髓或髓腔。

髓射线(pith ray)是维管束之间的薄壁组织。在茎的横切面上呈放射状，外连皮层内通髓，有横向运输的作用，同时也是茎内贮藏营养物质的组织。髓射线亦来源于基本分生组织，故称为初生射线。在大多数木本植物中，髓射线窄，常为单列细胞或二列细胞；而草本双子叶植物则有较宽的髓射线。

2. 次生结构

多年生双子叶植物茎与裸子植物的茎，在初生结构形成以后，侧生分生组织活动使茎增粗。茎中的侧生分生组织与根中一样，包括了维管形成层与木栓形成层两种类型。维管形成层和木栓形成层细胞分裂、生长和分化，产生次生结构的过程叫次生生长，由此产生的结构叫次生结构(图 2 – 29)。

(1) 维管形成层的来源及活动　初生分生组织的原形成层在分化形成维管束时，并没有全部分化，而是在初生韧皮部和初生木质部之间保留了一层具有分裂潜能的细胞，此为束中形成层(fascicular cambium)。当束中形成层开始活动后，初生维管束之间与束中形成层部位相当的髓射线薄壁细胞脱分化，恢复分裂能力，形成次生分生组织，称束间形成层(interfascicular cambium)。束间形成层与束中形成层相连接，形成一个连续的维管形成层(图 2 – 30，图 2 – 31)。维管形成层由纺锤状原始细胞(fusiform initial)和射线状原始细胞(ray initial)组成(图 2 – 32)。纺锤状原始细胞为长梭形，两头尖，切向扁平，其长轴与茎的长轴相平行。纺锤状原始细胞的细胞质比较稀薄，具有大液泡或分散的小液泡，细胞核相

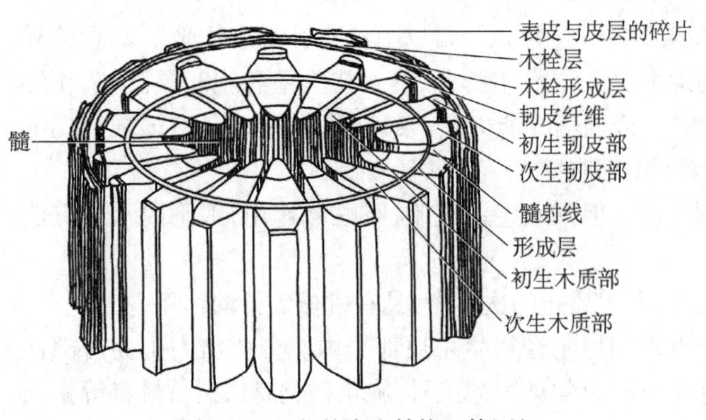

图 2－29　茎的次生结构立体图解

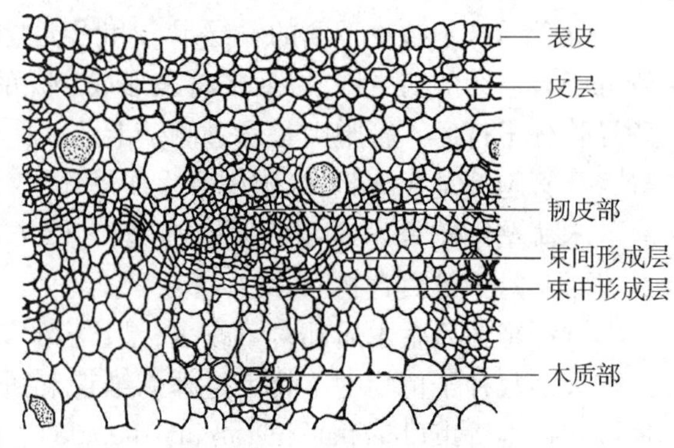

图 2－30　维管形成层的起源

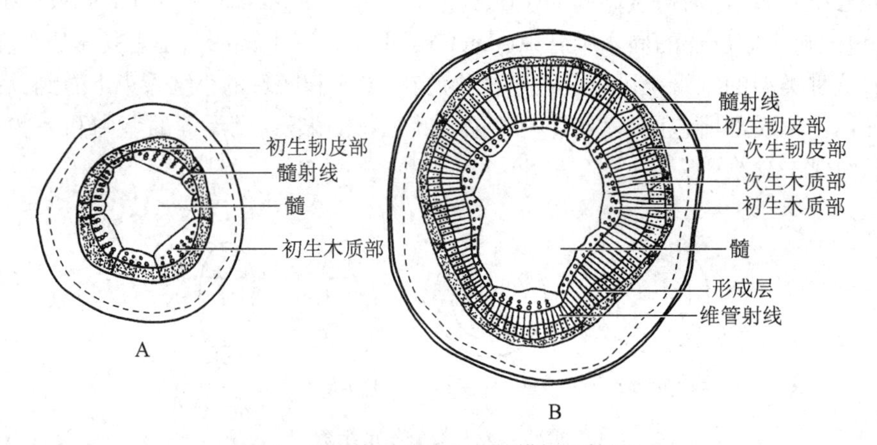

图 2－31　椴属（*Tilia*）茎的横切面简图

A. 初生结构　B. 开始次生生长后的结构

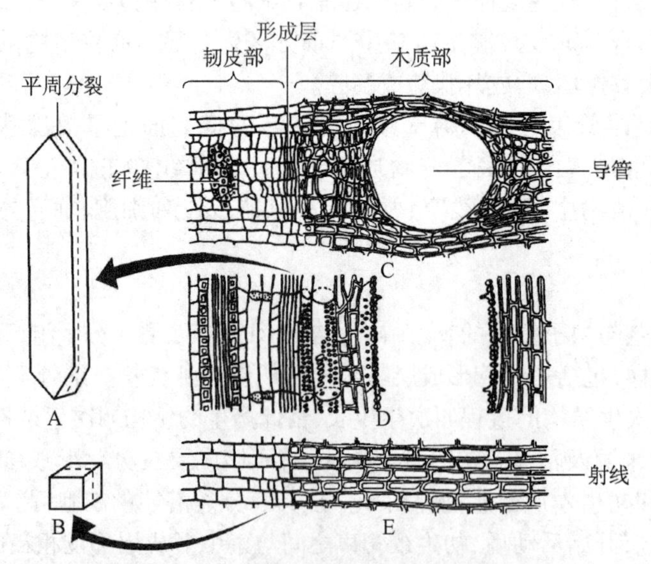

图 2－32　维管形成层的组成及衍生细胞

A. 纺锤状原始细胞图解　B. 射线原始细胞图解　C. 茎横切面的一部分

D. 图 C 的径向纵切　E. 径向纵切（示射线）

对较小,春天时壁上有显著的初生纹孔场,细胞分裂后可发育出纤维、导管、管胞、筛管和伴胞等组分,构成茎的轴向系统。射线原始细胞基本上是等径的,细胞小,分裂产生射线细胞,构成植物的径向系统。束中形成层由纺锤状原始细胞组成,束间形成层由射线原始细胞组成,随着次生生长的进行,有些纺锤状原始细胞横向分裂形成射线原始细胞。

纺锤状原始细胞分裂时以平周分裂为主,即纺锤状原始细胞分裂一次形成的两个子细胞,一个向外分化出次生韧皮部原始细胞或向内分化出次生木质部原始细胞,另一个则仍保留为纺锤状原始细胞(图2-33)。一般来讲往往在形成数个次生木质部细胞后才形成一个次生韧皮部细胞,因此次生木质部细胞的数量明显多于次生韧皮部细胞。由于次生木质部数量多,茎部增粗,形成层环被推向了外围。形成层环要扩张,以适应茎的增粗,必须进行垂周分裂,以此来增加本身的数目。形成层的垂周分裂主要为径向或斜向两种,在径向的垂周分裂中,维管形成层的一个纺锤状原始细胞垂直地分裂成两个细胞,结果维管形成层的细胞本身排列十分规则呈水平状态,称叠生形成层(storied cambium),如洋槐;在斜向的垂周分裂中,两个子细胞互为侵入生长,结果使维管形成层细胞的长度和弦切向的宽度都大为增加,其细胞排列一般不规则,称非叠生形成层(nonstoried cambium),如杜仲、核桃和鹅掌楸等(图2-34)。

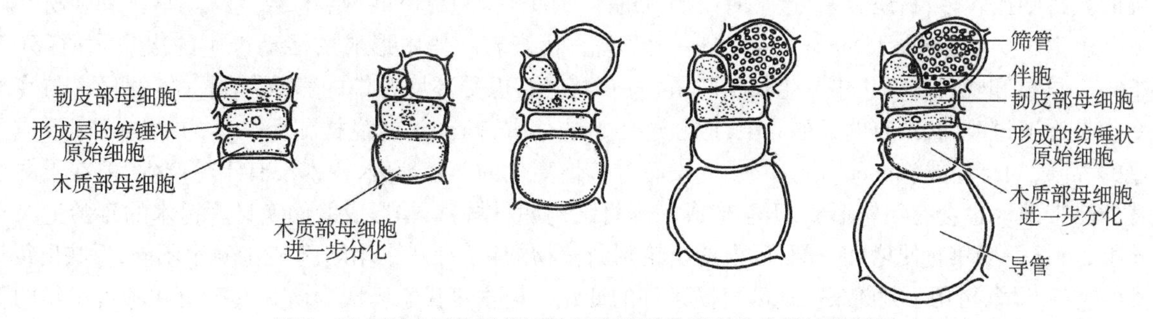

图2-33 形成层纺锤状原始细胞平周分裂和分化的过程图解

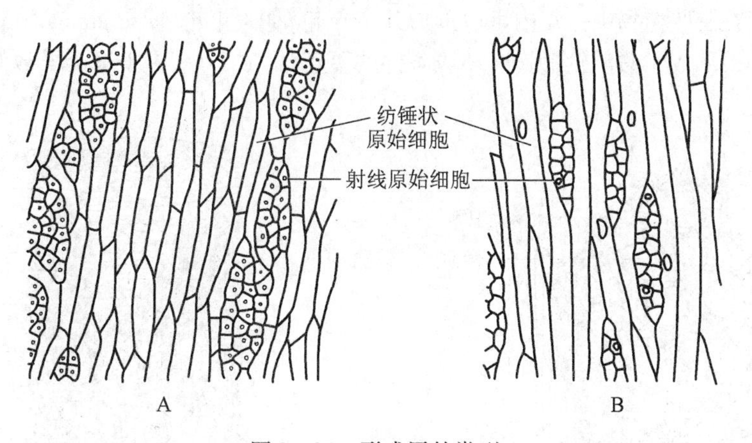

图2-34 形成层的类型

A. 洋槐的叠生形成层 B. 杜仲的非叠生形成层

射线原始细胞也是以平周分裂为主,向内和向外分裂分别产生木射线和韧皮射线。随着茎的增粗,射线的数目要增加,以加强横向运输,新的射线原始细胞来源于纺锤状原始细胞,由纺锤状原始细胞多次横向分裂形成。

维管形成层理论上为一层原始细胞,但在形成活动高峰时,新生细胞的增加非常迅速,较老的细胞还未分化,很难将原始细胞和它们刚刚衍生的细胞分开,因此形成了一个维管形成层带,包含了几层尚未分化的细胞。

在温带和亚热带,形成层的活动受季节性影响,呈周期性活动规律。一般春季开始活动,逐渐旺盛;

到夏末秋初，活动逐渐减弱；到了冬季，则停止活动进入休眠状态。

（2）次生木质部　形成层细胞活动时，产生的次生木质部数量远远多于次生韧皮部，因此在木本植物的茎中，次生木质部占了大部分，树木生长的年数越多，次生木质部的比例就越大，初生木质部和髓所占比例很小或被挤压而不易识别。次生木质部构成了茎的主要部分，是木材的主要来源。

双子叶植物次生木质部的组成成分和初生木质部相同，包括有导管、管胞、木纤维和木薄壁细胞。导管以孔纹导管为主，所有细胞均有不同程度的木质化。次生木质部中导管的数目、孔径大小及分布情况，常因植物种类不同而不一样。木纤维数量比初生木质部多，木薄壁细胞围绕着导管有多种不同的排列方式（图 2－35）。

在多年生木本植物茎的次生木质部中，可以见到许多同心圆环，这就是年轮（annual ring），年轮的产生是形成层周期性活动的结果。在有四季气候变化的温带、亚热带，春季温度逐渐升高，形成层解除休眠恢复分裂能力，这个时期水分充足，形成层活动旺盛，细胞分裂快，生长也快，形成的木质部细胞孔径大而壁薄，纤维的数目少，材质疏松，称为早材（early wood）或春材；由夏季转到冬季，形成层活动逐渐减弱，环境中水分少，细胞分裂慢，生长也慢，所产生的次生木质部细胞体积小，导管孔径小且数目少，而纤维的数目则比较多，材质致密，这个时期形成的木质部称为晚材（late wood）或夏材。早材和晚材共同构成一个生长层（growing layer or ring），即一个年轮，代表着一年中形成层活动产生的次生木质部（图 2－36）。早材和晚材在一年中的生长量与植物种类有关，也受环境条件的影响。同一年的早材与晚材的变化是逐渐过渡的，没有明显的界限，但经过冬季的休眠，前一年的晚材和后一年的早材之间形成了明显的界限，叫年轮线（annual ring line）。没有季节性变化的热带地区，树木没有年轮产生，但在干湿季交替的热带地区也会有年轮形成，雨季形成的木材结构如早材，旱季形成的如晚材。树木的年龄记录在年轮上，每长一岁年轮便增加一圈，可根据年轮判断植物的年龄；另外，由于年轮的宽窄不同，反映出每年树木的生长环境，可用于判断某一地区气候条件的变化。树木年代学已成为研究气候史和考古纪年的工具，已经证实年轮生长所记录的各种情况，同历史记载的长期干旱和饥荒是一致的。在正常情况下，年轮每年可形成一轮，但在有些植物中一年内可以形成几个年轮，称假年轮（false annual ring），如柑橘属植物一年内有几次生长高峰，形成了假年轮；另外，环境条件的不正常，如干旱、虫害也会导致假年轮的产生。

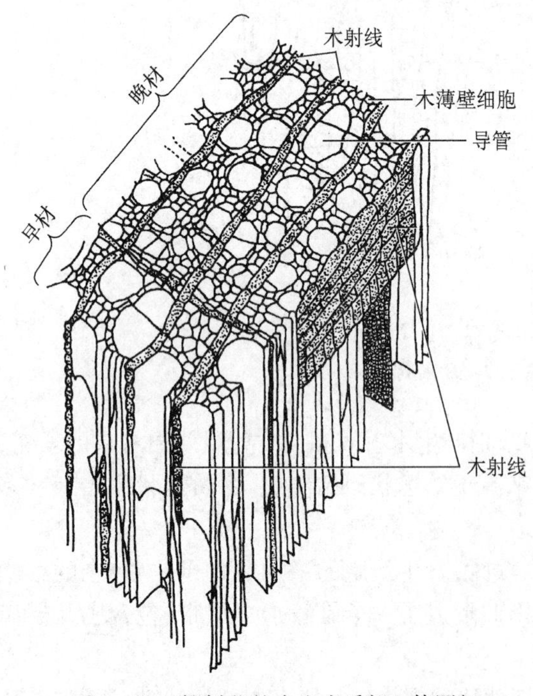

图 2－35　柳树茎的次生木质部立体图解

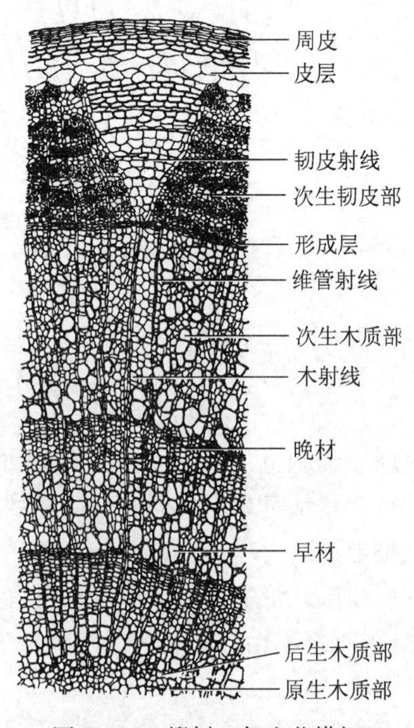

图 2－36　椴树三年生茎横切

在多年生木本植物茎的次生木质部中，形成层每年向内形成次生木质部，结果越靠近中心部分的木质部年代越久，因而有了心材(heart wood)和边材(sap wood)之分。心材是次生木质部的中心部分，颜色深，为早年形成的次生木质部，全部为死细胞，薄壁细胞的原生质体通过纹孔侵入导管，形成侵填体，堵塞导管使其丧失输导功能，心材中的木薄壁细胞和木射线细胞为死细胞。靠近形成层部分的次生木质部颜色浅，是边材，为近2～5年形成的年轮，含有活的薄壁细胞，导管和管胞具有输导功能，可以逐年向内转变为心材，因此心材可以逐年增加，而边材的厚度却比较稳定。由于侵填体的形成，以及树脂、树胶、单宁及油类等一些物质渗入细胞壁或进入细胞腔内，心材坚硬耐磨，并有特殊色泽，如胡桃木呈褐色，乌木呈黑色，因此心材更具有工艺上的价值。

由于木材和人类生活的关系，有关次生木质部的研究工作已发展成为一门独立的学科，称木材解剖学。木材解剖学是根据导管孔径的大小，导管的分布、长短、壁的厚度以及纤维的长短、数目、加厚情况，还有薄壁细胞和导管的排列关系来判断木材的种类、性质、优劣和用途，从而对植物的系统发育、亲缘关系以及植物与环境的关系提供科学依据，同时对木材的选择与合理利用具有指导意义。

在木材研究中，常常从木材的三个切面，即横切面(cross section)、径向纵切面(radial section)和切向纵切面(tangential section)上对其进行比较观察(图2－37)，建立起木材的立体结构。横切面是与茎的纵轴垂直所做的切面，可见到同心圆环似的年轮，所见到的导管、管胞和木纤维等都是它们的横切面观，可以观察到它们细胞的孔径、壁厚及分布状况，仅射线为其纵切面观，呈辐射状排列，显示射线的长和宽。切向纵切面也称弦向切面，是垂直于茎的半径所作的纵切面，年轮常呈倒U字形，所见到的导管、管胞、木纤维等都是它们的纵切面，可以看到它们的长度、宽度和细胞两端的形状和特点，但射线是横切面观，其轮廓为纺锤形，可以显示射线的高和宽。径向纵切面是通过茎的中心，即过茎的半径所作的纵切面，所见到的导管、管胞、木纤维等都是纵切面，射线也是纵切面，能显示它的高度和长度，射线细胞排列整齐，象一堵砖墙，并与茎的纵轴相垂直。由于射线在三个切面的特征显著，可以作为判断三切面的指标。

(3) 次生韧皮部　次生韧皮部的组成成分与初生韧皮部基本相同，主要是筛管、伴胞和韧皮薄壁细胞，有些植物的次生韧皮部还夹有纤维和石细胞，如椴树茎含有韧皮纤维；许多植物在次生韧皮部内还有分泌组织，能产生特殊的次生代谢产物，如橡胶和生漆；韧皮部薄壁细胞中还含有草酸钙结晶、丹宁等贮藏物质。

在次生韧皮部形成时，形成层的射线原始细胞向外产生韧皮射线，与木射线通过射线原始细胞相通，两者合称维管射线。木本双子叶植物每年产生次生维管组织，同时每年也形成射线，横穿在新形成的次生维管组织中，起横向运输的作用，同时还兼有贮藏作用。较老的韧皮射线细胞可以有垂周分裂或径向增大，而使韧皮射线呈喇叭口状(图2－36)，以此适应茎的增粗。

次生韧皮部活动通常只限于一年，春天由维管形成层产生的有功能的筛管分子，往往在秋天就停止输导而死亡，但在有些植物如葡萄属，当年发生的筛管分子，冬季休眠，翌年春天又重新恢复活动。

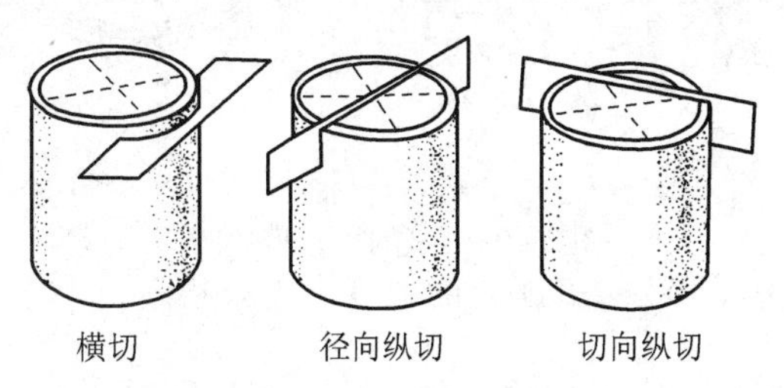

图2－37　木材的三切面

(4) 木栓形成层的产生和活动　维管形成层活动的结果使次生维管组织不断增加从而使茎增粗，而表皮作为初生保护组织，一般不能进一步分裂以适应这种增粗，不久便被内部生长产生的压力挤破，失去保护作用。这时，外围的皮层细胞恢复分裂能力，形成木栓形成层，产生新的保护组织以适应内部生长。

多数植物茎的木栓形成层是由紧接表皮的皮层细胞或皮层的 2～3 层细胞恢复分裂能力而产生的（图 2－38），如杨树、榆树等；少数植物的木栓形成层直接从表皮产生，如柳树、苹果等；此外，还有起源于初生韧皮部中的薄壁细胞的木栓形成层如葡萄、石榴等。

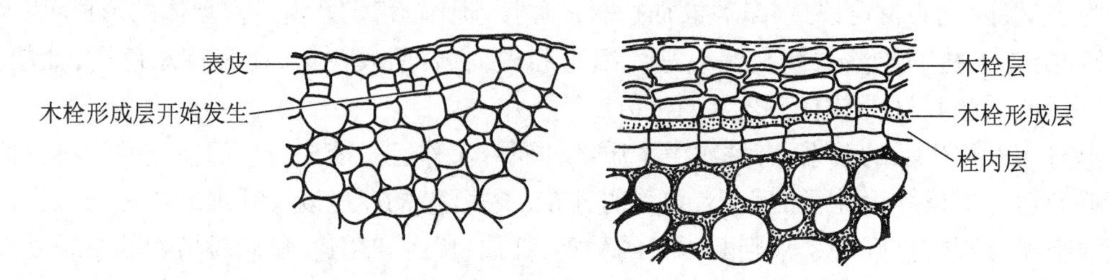

图 2－38　木栓形成层的产生及周皮的形成

木栓形成层由已经成熟的细胞脱分化形成，是典型的次生分生组织。木栓形成层只由一类细胞组成，横切面上呈长方形，切向切面上呈规则的多角形，与维管形成层相比组成简单。木栓形成层主要进行平周分裂，向外分裂形成木栓层，向内形成栓内层。木栓层层数多，其细胞形状与木栓形成层类似，细胞排列紧密，无胞间隙，成熟时为死细胞，壁栓质化，不透水、不透气；栓内层多为 1 层细胞，少数有 2～3 层，有些植物甚至没有栓内层。木栓层、木栓形成层和栓内层，三者合称周皮，是茎的次生保护组织（图 2－39）。

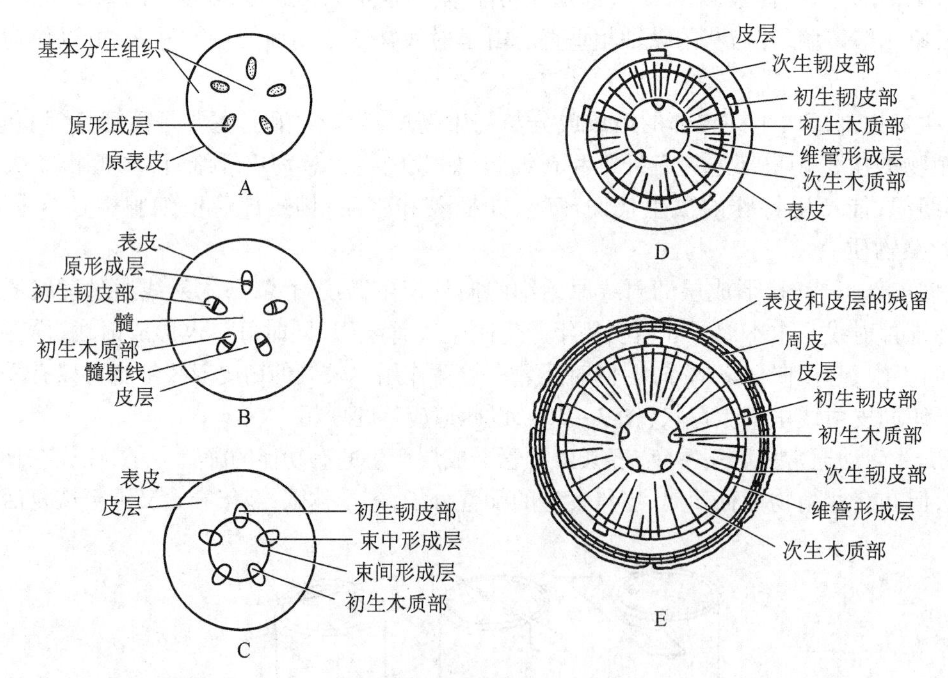

图 2－39　茎的发育模式图

A. 初生分生组织　B. 初生结构　C. 维管形成层的形成　D. 次生木质部与次生韧皮部的产生　E. 周皮的形成

木栓形成层是有一定寿命的，不同植物其寿命长短不一。最初的木栓形成层在茎生长的第一年活动，有些植物活动期限只有几个月，有些植物有几年。在这个木栓形成层不再活动、产生的周皮失去功能前，茎的内部会产生新的木栓形成层，新的木栓形成层活动一段时间后，也不再活动，同时在茎的内部又出现新的木栓形成层，依次向内不断形成新的木栓形成层，其形成的位置不断内移，最后可在次生韧皮部中产生新的木栓形成层。由于木栓层不透水、不透气，当新的木栓形成层形成木栓层以后，外方的组织由于得不到水分和养料而死亡。有些植物第一次形成的木栓形成层寿命比较长，如梨和苹果，可保持活动7～8年；有些植物木栓形成层可活动20～30年，如石榴属、杨属的几种植物；栓皮栎的木栓形成层一生都在活动，形成很厚的木栓层，并可形成木栓的年生长轮。

木栓细胞质轻、不透水，并具有弹性和抗酸、抗压、隔热、绝缘、抗有机溶剂和化学药品的特性，因而用途十分广泛，可作软木塞、救生圈、隔音板、绝缘材料等，是国防工业和轻、重工业的重要原材料。

皮孔是周皮上的通气结构，常在气孔下发生。皮孔的发生比木栓形成层稍早或同时，此时气孔之下的木栓形成层细胞比较活跃地进行分裂，形成一团松散、有很多胞间隙的组织，称为补充组织。补充组织细胞的增加使表层细胞破裂，形成了在茎表面肉眼可见的裂缝。皮孔有两种类型，一种结构比较简单，补充组织由栓质化细胞组成，早期细胞壁薄，胞间隙较大，后期细胞的厚壁，胞间隙很小，如杨树、接骨木的皮孔；另一种类型的皮孔补充组织形成分层，由疏松而非栓质化的细胞有规则地与紧密而栓质化的细胞层交替排列，前者称补充组织，后者称为封闭层，封闭层将疏松组织包围，每年可产生几层封闭层，并不断被新产生的补充组织冲破而毁坏，这种类型的皮孔常见于桑、梅、刺槐等植物中（图2－40）。

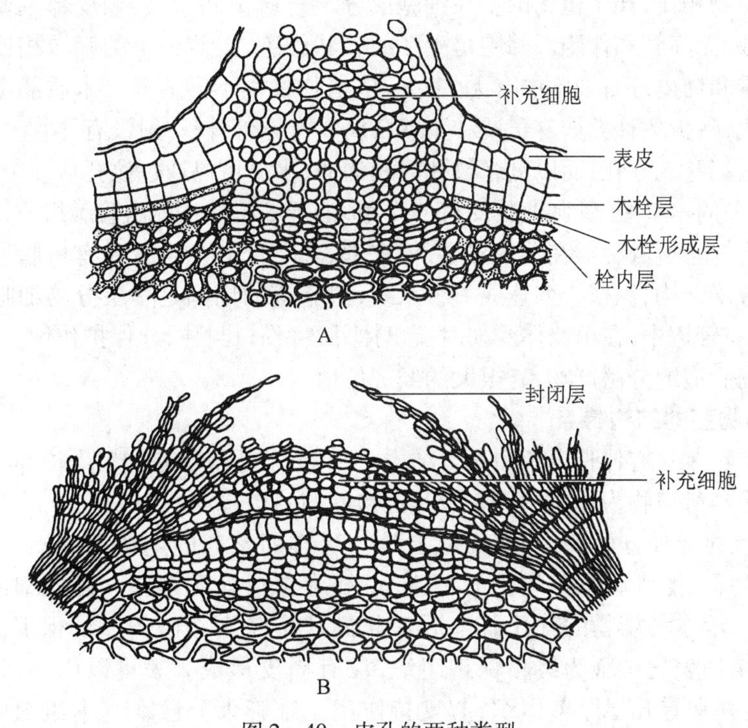

图2－40　皮孔的两种类型

A. 接骨木的幼皮孔（*Sambucus nigra*）　B. 李属（*Prunus avium*）的成熟皮孔

由于周皮的形成，木栓层以外的组织因缺乏营养和水分而死亡，在植物茎增粗的同时，不断形成新周皮来加以保护，这样多次积累，就构成了树干外面看到的树皮（bark），极为坚硬，常呈条状剥落，故称硬树皮或落皮层（rhytidome）。树皮的另一种含义是指生产上由树干上剥下来的皮，分离的位置在维管形成层，包括了次生韧皮部、皮层、周皮和木栓层以外的一切死组织。由于韧皮部到木栓形成层这一段包含有生活组织，质地较软，含水分多，故被称之为软树皮。广义的树皮概念，应包括软树皮和硬树皮两部分。

（二）裸子植物茎的结构特点

裸子植物茎的基本结构和双子叶木本植物类似，初生结构都包括表皮、皮层和维管柱三部分，有形成层产生并进行次生生长，可以逐年不断地加粗形成次生结构（图 2 – 41）。

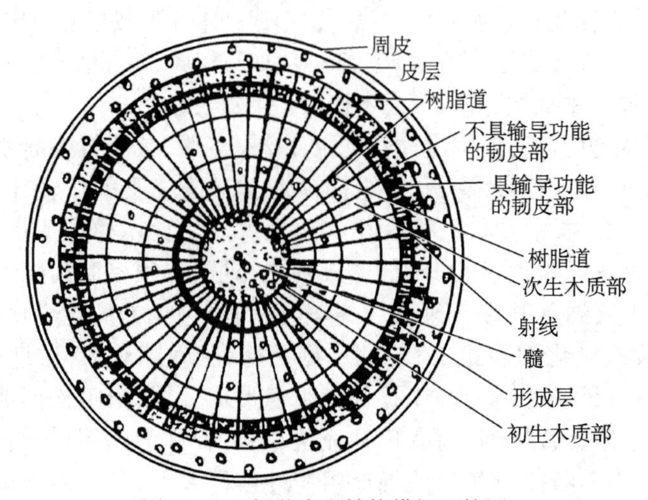

图 2 – 41 松茎次生结构横切面简图

与双子叶木本植物相比，裸子植物的茎在细胞成分上有所不同，它的韧皮部主要由筛胞、韧皮薄壁细胞和韧皮射线组成，无筛管和伴胞。筛胞是生活的管状细胞，以侧壁上的筛域相连通，因此输导效率比筛管低。韧皮纤维和韧皮部石细胞的有无、多少，依植物种类不同而异。木质部主要由管胞、木薄壁细胞和木射线所组成，除少数种类如麻黄属和买麻藤属具有导管外，一般没有导管。管胞是一个完整的长形死细胞，两头尖、端壁无穿孔，而以具缘纹孔对相沟通，水分可以通过纹孔从一个管胞进入另一个管胞，裸子植物没有典型的木纤维，管胞兼具支持的作用，由于木质部主要由管胞组成，因此裸子植物木材的材质比较均匀。有树脂道的种类在茎的皮层、韧皮部、木质部和髓中分布有树脂道（resin canal）。树脂道是一种裂生的分泌结构，纵横排列连成一个系统，树脂道的周围是一层分泌细胞，分泌细胞能向管道中分泌树脂，贮存在管道中，在植物体受伤时流出体外，将伤口封住，起保护作用。松香和加拿大树胶等都是松柏类植物树脂道的分泌产物，有很大的经济价值。

（三）单子叶植物茎的结构特点

大多数单子叶植物茎只有伸长生长和初生结构，少数单子叶植物有加粗生长，但与双子叶植物的次生生长不同。现以禾本科植物为代表说明单子叶植物茎的结构特点。

在禾本科植物茎的最外方为表皮，横切面上是一层排列整齐的生活细胞，表面观由长形细胞和短细胞纵向相间排列，长形细胞是角质化的细胞，短细胞包括栓质细胞和硅质细胞，在长、短表皮细胞中有气孔器分布。禾本科植物的气孔器包括 2 个副卫细胞、2 个哑铃型的保卫细胞和保卫细胞围成的气孔。单子叶植物表皮细胞为终生保护组织，没有周皮形成。表皮以内为基本组织，主要为薄壁细胞，在靠近表皮处常有几层厚壁组织，起支持作用。维管束分散在基本组织中或呈二轮分布在基本组织外侧周围（图 2 – 42）。维管束在横切面上为卵圆形，外围有一圈厚壁组织，叫维管束鞘（vascular bundle sheath）；韧皮部在维管束外方，木质部在维管束的内方，为外韧维管束。韧皮部中的细胞排列整齐，可以看到多边形的筛管和长方形的伴胞，在韧皮部的外侧，有一条被挤毁的模糊结构，是原生韧皮部；木质部的导管呈 V 形分布，导管数目有 3 ~ 5 个，V 字形的尖端部分由 1 ~ 3 个孔径较小的环纹或螺纹导管组成，它们在茎分生组织分化过程中较早成熟，为原生木质部，在茎的生长过程中原生木质部导管常被拉坏，留下一个空腔称气腔，气腔中常残留有环纹或螺纹导管的加厚壁；在 V 字形的两侧各有一个孔径较大的孔纹导管，是后生木质部导管，在茎分化过程中较晚成熟。单子叶植物的木质部和韧皮部之间没有束中形成层，没有继续增粗的能力，称为有限维管束（图 2 – 43）。由于单子叶植物的维管束常星散分布在薄壁细胞中，无法区分出皮层、髓和髓射线，因此常把这些薄壁细胞统称为基本组织。有些禾本科植物的维管束成二轮排列，位于外围的薄壁组织中，中央部分中空而形成髓腔，如小麦、水稻(图2－42)。

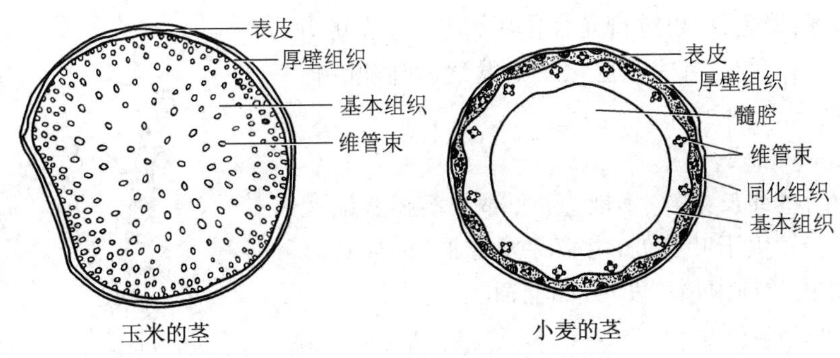

图2－42　禾本科植物茎横切面结构简图

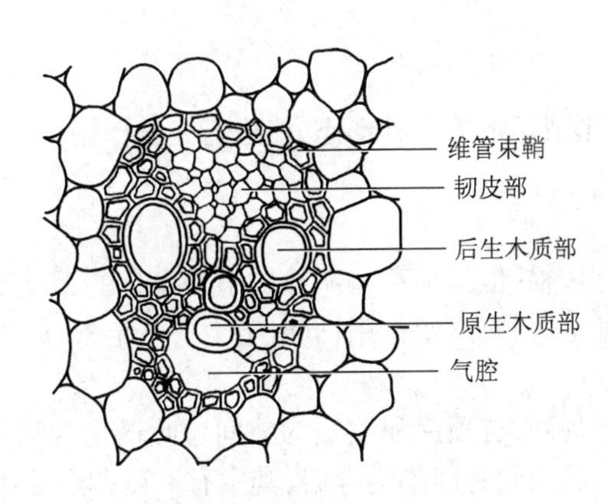

图2－43　小麦茎的维管束

少数热带或亚热带的单子叶植物有次生生长和次生结构，但其形成层的产生和活动，与双子叶植物显著不同。如龙血树，其形成层由外方的薄壁组织发生，进行平周分裂，向外产生少量的薄壁组织，向内产生一圈基本组织。在这一圈基本组织中，有一部分小型细胞分化成次生维管束，次生维管束中韧皮部含量少，位于维管束的中央部分，周围为木质部，即周木维管束。

四、茎的生理功能

茎的主要功能是输导和支持。茎向上承载着叶，向下与根系相连，其内的维管组织使两者联系到一起。茎能将根从土壤中吸收的水分和无机盐通过木质部运输到地上各部分，同时又能将叶光合作用制造的有机养料通过韧皮部运送到根部及植物体的各个器官。另外，茎又有支持叶、花和果实的功能，将它们合理地安排在一定的空间里，有利于光合作用、开花和传粉的进行，以及果实和种子的成熟和散布。

除了输导和支持的作用外，茎还有贮藏和繁殖的功能。在茎的薄壁组织中，贮有大量的营养物质。不少植物的茎可以形成不定根和不定芽，具有营养繁殖的作用。

五、茎的变态

有些植物的茎为了适应不同的功能，在形态结构上常发生一些变化并可以遗传下去，这就是茎的变态。一些植物的茎甚至还可以生长在地下，形成地下茎。常见的变态有下列几种类型。

（一）地上茎的变态

1. 叶状枝(phylloid)

茎扁化成叶状体,绿色,可以进行光合作用,但节与节间明显,节上能分枝、生叶和开花;叶完全退化或不发达,如假叶树、竹节蓼等植物的茎(图2-44)。

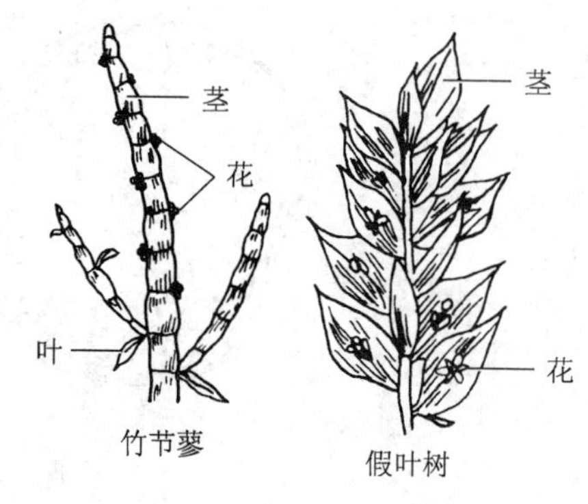

图2-44　叶状枝

2. 茎卷须(stem tendrill)

有些攀缘植物的茎细长柔软、不能直立,部分茎和茎端变态形成卷须。卷须多发生于叶腋处,由腋芽发育形成,如黄瓜和南瓜;也有些植物的卷须由顶芽发育,如葡萄。

3. 枝刺(stem thorn)

由茎变态形成具有保护功能的刺,生于叶腋处,并可以有分枝,如皂荚、山楂的枝刺。

4. 肉质茎(fleshy stem)

茎肥厚多汁,呈扁圆形、柱形或球形等多种形态,能进行光合作用,如仙人掌、莴苣。

（二）地下茎的变态

1. 根状茎(rhizome)

茎匍匐生长在土壤中,形态像根,但有顶芽和明显的节与节间。节上有退化的鳞片状叶,叶腋有腋芽,可发育出地下茎的分枝或地上茎,有繁殖作用,同时节上有不定根,如竹类、莲、芦苇的根状茎。

2. 块茎(stem tuber)

短粗的肉质地下茎,形状不规则,有顶芽和缩短的节间。叶退化为鳞片状,幼时存在,以后脱落,留下条形或月牙形的叶痕,在叶痕的内侧为凹陷的芽眼,其中有一至多个腋芽。叶痕和芽眼在块茎上有规则地排列,其位置是块茎的节,而上、下两相邻芽眼之间为节间。从发生上看,块茎是植物基部的腋芽伸入地下形成的分枝,达一定的长度后先端膨大,贮藏养料,形成块茎,如马铃薯、菊芋和甘露子等。块茎的内部构造也和茎一致,如在马铃薯中,可见到周皮、皮层、内/外韧皮部、木质部及中央的髓,但与一般典型茎的构造又有所不同,属茎的异常生长。

3. 球茎(corn)

球形或扁球形短而肥大的地下茎,节和节间明显。节上有退化的鳞片状叶和腋芽,顶端有一个显著的顶芽,茎内贮藏着大量的营养物质,有繁殖作用。从发生上看,球茎多数是地下匍匐枝末端膨大而成,故顶芽明显,如荸荠、芋和慈姑等;也有由主茎基部膨大而成者,如唐菖蒲;苤蓝的球茎与一般球茎不同,是地上茎,节上着生有发育正常的叶。

4. 鳞茎(bulb)

扁平或圆盘状的地下茎,节间极度缩短,顶端一个顶芽,亦称鳞茎盘。鳞茎盘的节上生有肉质化的鳞片状叶,叶腋可生腋芽,如洋葱、水仙、百合和大蒜等。不同的是前三种植物的肉质部分主要是鳞片叶,营养物质贮藏在变态叶中;而大蒜的肉质部分则是围绕着中央花梗基部的一圈肥大的腋芽,即蒜瓣,蒜瓣之外的膜质部分是大蒜的鳞片状叶。

第四节　叶

叶(leaf)是植物光合作用的主要器官,在植物的生长发育过程中具有重要作用。叶片是叶的最重要部分,为薄的扁平结构,是植物接受光能的主要部分。

一、叶的形态

(一) 叶的组成

植物的叶一般由叶片(lamina, blade)、叶柄(petiole)和托叶(stipule)三部分组成(图2-45)。叶片是最重要的组成部分,大多为薄的绿色扁平体,有利于光能的吸收和气体交换。与叶的功能相适应,不同的植物其叶片形状差异很大。叶柄位于叶的基部,连接叶片和茎,是两者之间的物质交流通道,还能支持叶片并通过本身的长短和扭曲使叶片处于光合作用有利的位置。托叶是叶柄基部的附属物,通常细小,早落,托叶的有无及形状随不同植物而不同,如豌豆的托叶为叶状,比较大;梨的托叶为线形;洋槐的托叶成刺;蓼科植物的托叶形成了托叶鞘等。具有叶片、叶柄和托叶三部分的叶称为完全叶(complete leaf),如梨、桃和月季等;仅具其一或其二的叶称为不完全叶(incomplete leaf);无托叶的不完全叶比较普遍,如丁香、白菜等,也有无叶柄的叶,如莴苣、荠菜等;缺少叶片的情况极为少见,如台湾相思树,除幼苗外,植株的所有叶均不具有叶片,而是由叶柄扩展成扁平状,代替叶片的功能,称叶状柄。

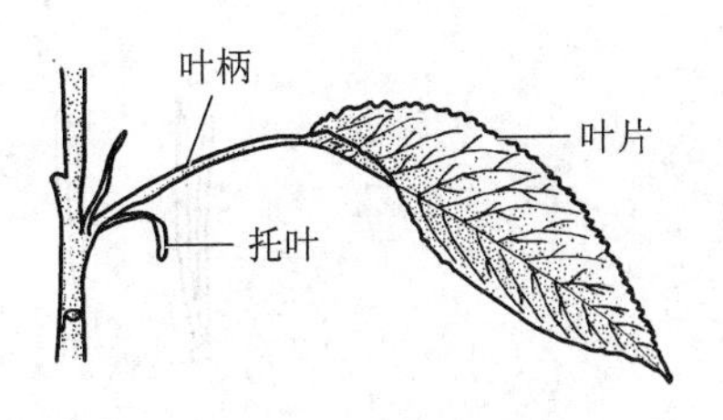

图2-45 叶的组成

禾本科植物的叶从外形上仅能区分为叶片和叶鞘(leaf sheath)两部分。一般叶片呈扁平带状,叶鞘包围着茎,可以保护茎上的幼芽和居间分生组织,并有加强茎的机械支持作用。在叶片和叶鞘交界处的内侧常生有很小的膜状突起物,称叶舌(ligulate),能防止雨水和异物进入叶鞘的筒内。在叶舌两侧,有由叶片基部边缘处伸出的两片耳状的小突起,称叶耳(auricle)。叶耳和叶舌的有无、形状、大小和色泽等,可以作为鉴别禾本科植物的依据。

(二) 叶的形态

1. 叶的大小和形状

叶的大小不同,大者如王莲、芭蕉,直径可达1~2.5 m,最大的亚马孙酒椰的叶片可达22 m长、12 m宽;小者如柏树和柽柳的鳞叶,仅有数毫米长。因此,叶的大小和形状在不同种类的植物中有很大的不同,但对一种植物而言是比较稳定的特征,可以作为鉴别植物的依据。

叶的形状各异,通常指的是叶片的形状。另外,叶尖、叶基、叶缘的形态特点,甚至于叶脉的分布情况等,都表现出形态上的多样性,可作为植物种类的识别指标。

叶片的形状主要根据叶片的长度和宽度的比值及最宽处的位置来决定,常见的有下列几种(图2-46):针形叶,细长,尖端尖锐,如松针叶;线形叶,叶片狭长,从叶基到叶尖全部宽度几乎相等,也称条形叶,如韭菜;披针形叶,叶片比线形短而宽,由叶基到叶尖渐次变狭,如桃、柳等;卵形叶,叶片长与宽的比值大于2而小于3,叶基部圆阔而叶尖处稍窄,如向日葵;心形叶与卵形类似,但叶片下部更为广阔,基部凹入,叶片似心形,如紫荆;肾形叶,叶横向较宽,先端钝圆,叶基凹入似肾形,如天竺葵;椭圆形叶,叶片中部宽而两端较狭,如印度橡皮树、樟。

植物种类如此众多,仅用上述几种形状来描述叶片的多样性显然是不够的,因此常加以"长""阔""狭""倒"等形容词加在叶的形状前描述,如卵形叶较宽者称阔卵形,椭圆形而较长者称长椭圆形,披针形而最宽处在叶尖附近称倒披针形等(图2-46)。

叶片的先端称为叶尖(leaf apex),它的常见形状有:渐尖,叶片顶端较长渐变尖;如桃;急尖,叶片顶端较短突然变尖,如荞麦;还有钝形、凹形、倒心形、截形等多种形态(图2-47)。

叶片基部称为叶基(leaf base),它常见的形状有:楔形、渐狭、截形、圆形、心形、耳形、戟形、箭形和偏斜等(图2-48)。

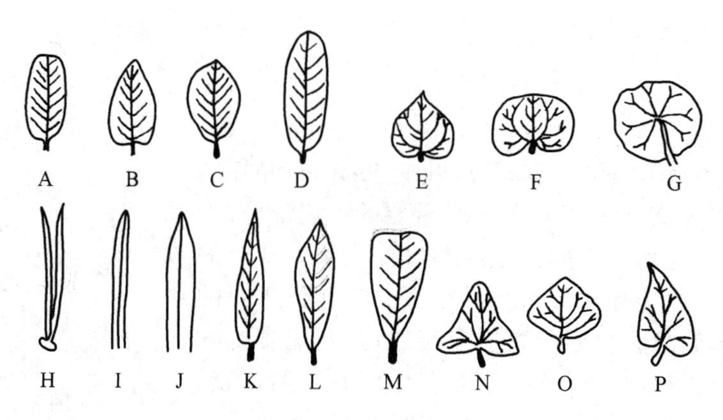

图 2-46　叶的形状

A. 椭圆形　B. 卵形　C. 倒卵形　D. 长椭圆形　E. 心形　F. 肾形　G. 圆形　H. 针形　I. 线形　J. 剑形　K. 披针形　L. 倒披针形　M. 楔形　N. 三角形　O. 菱形　P. 斜形

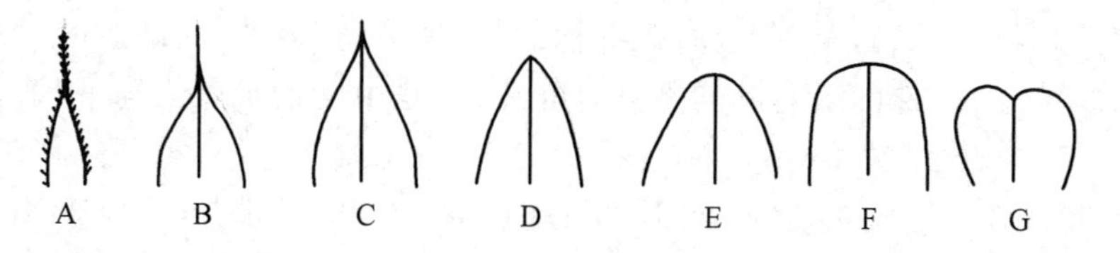

图 2-47　叶尖的形状

A. 芒尖　B. 尾尖　C. 渐尖　D. 钝尖　E. 钝形　F. 截形　G. 心形

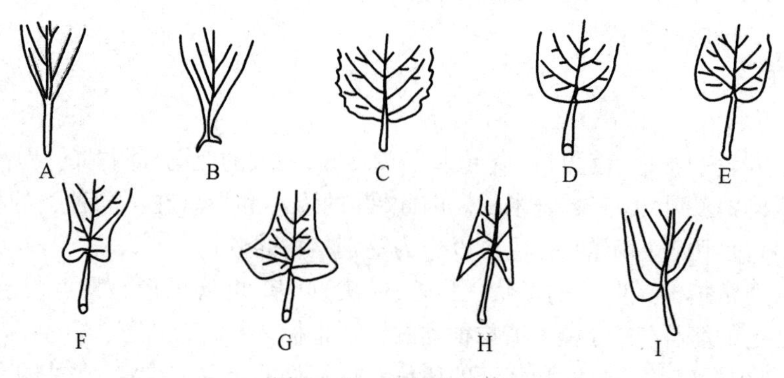

图 2-48　叶基的形状

A. 楔形　B. 渐狭　C. 截形　D. 圆形　E. 心形　F. 耳形　G. 戟形　H. 箭形　I. 偏斜

叶片的边缘称为叶缘(leaf margin),它具有各种各样的形态,常见的有全缘、波状、锯齿、重锯齿等(图 2-49)。全缘者边缘平整,波状叶缘为边缘稍凹凸而成波纹状,锯齿是齿尖锐而齿尖朝向叶先端的,重锯齿是锯齿上又出现小锯齿。有些植物的叶缘凹凸不齐,程度大而深形成裂片。根据裂片裂入的深浅程度不同,可分为浅裂、深裂和全裂。浅裂者裂片很浅,最深者不超过叶半径的二分之一,如梧桐叶;深裂者大于叶半径的二分之一,如蒲公英的基生叶;而全裂者深入到中脉或叶片基部,如茑萝叶。根据裂片的排列情况分为两种类型:一种裂片呈羽状排列被称之为羽状裂,如蒲公英叶和茑萝叶;另一种裂片呈掌状排列被称之为掌状裂,如梧桐叶。综合裂片裂入的深浅程度,羽状裂和掌状裂又可以分别分为羽状浅裂、羽状深裂、羽状全裂和掌状浅裂、掌状深裂以及掌状全裂(图 2-50)。

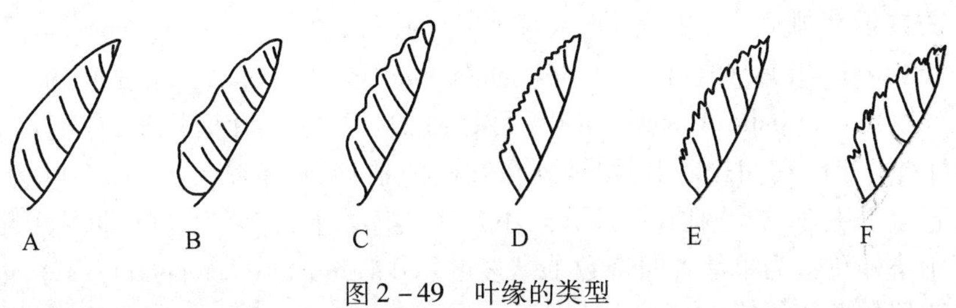

图2－49　叶缘的类型

A. 全缘　B. 波状缘　C. 钝齿　D. 牙齿　E. 锯齿　F. 重锯齿

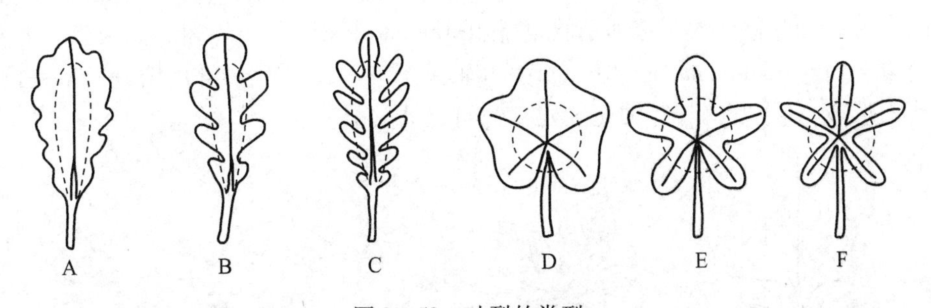

图2－50　叶裂的类型

A～C. 羽状裂(A. 羽状浅裂　B. 羽状深裂　C. 羽状全裂)　D～F. 掌状裂(D. 掌状浅裂　E. 掌状深裂　F. 掌状全裂)

2. 叶脉

叶脉(vein)是贯穿在叶肉内的维管组织及外围的机械组织。叶脉在叶片中分布的形式叫脉序(veination),主要有网状脉序(netted veination)和平行脉序(parallel veination)两大类(图2－51)。网状脉序具有明显的主脉,由主脉分支形成侧脉,侧脉再经多级分支,在叶片内形成连续的网络。网状脉序可根据中脉分出侧脉的方式不同而分为羽状脉序和掌状脉序(图2－51)。平行脉序是各条叶脉近于平行,主脉与侧脉间有细脉相连,是单子叶植物叶脉的特征(图2－51)。

裸子植物银杏的叶脉为二叉分枝式(图2－51),可有多级分枝,称叉状脉序,是一种比较原始的脉序,此种脉序在蕨类植物中多见而在种子植物中少见。

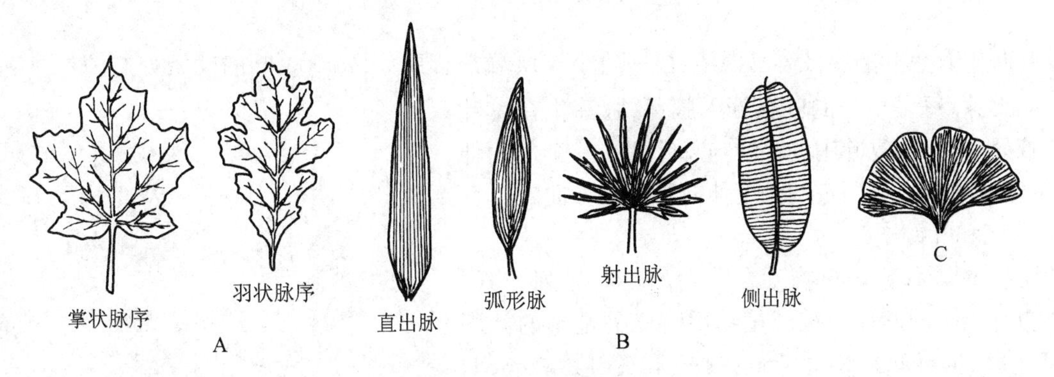

图2－51　叶脉的类型

A. 网状叶脉　B. 平行叶脉　C. 叉状脉序

3. 单叶和复叶

一个叶柄上只生一个叶片的叶称单叶(simple leaf),如桃、李、柳等;而一个叶柄上生有两个以上的叶片称复叶(compound leaf)(图2－52),如槐、月季等。复叶的叶柄称为总叶柄(common petiole),总叶柄与叶轴(rachis)相连,叶轴上着生的许多叶称为小叶(leaflet),每一小叶的叶柄称小叶柄(petiolule)。

根据复叶中小叶的数量和排列方式的不同，将复叶分为三出复叶（ternately compound leaf）、掌状复叶（palmately compound leaf）和羽状复叶（pinnately compound leaf）。如果三出复叶的三个小叶柄是等长的，称掌状三出复叶（ternate palmate leaf），如巴西橡胶；如果顶端小叶柄较长，称羽状三出复叶（ternate pinnate leaf），如苜蓿。小叶在四片以上，均排列在叶柄的顶端，称掌状复叶，如七叶树。掌状复叶有叶柄，无叶轴，小叶直接着生在总叶柄顶端。同样，小叶在四片以上，却都生在叶轴的两侧，成羽毛状排列，为羽状复叶。其中小叶总数为单数者叫奇数羽状复叶（odd-pinnately compound leaf），如月季和刺槐；小叶总数为双数者叫偶数羽状复叶（even-pinnately compound leaf），如花生和皂荚等。在羽状复叶中，如果叶轴不分枝称一回羽状复叶（simple pinnate leaf），如月季和花生；叶轴分枝一次称二回羽状复叶（bipinnate leaf），如合欢；叶轴分枝两次叫三回羽状复叶（tripinnate leaf），如苦楝树和南天竹。此外，在复叶中还有一种单身复叶（unifoliate compound leaf），其叶轴上只有一个叶片，如橙、橘、柚等，是由三出复叶两侧的小叶退化而形成，其小叶柄与叶轴连接处有一明显的关节。

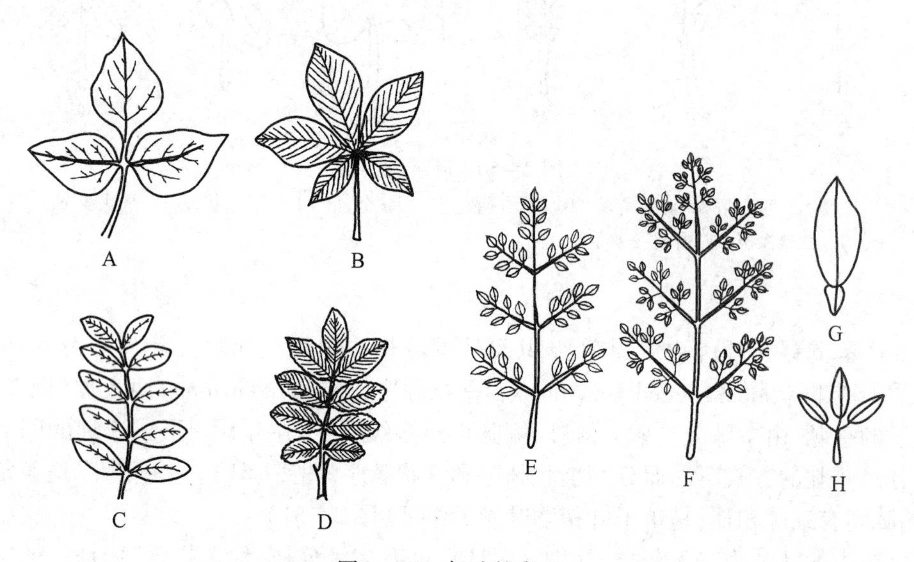

图 2－52　复叶的类型

A. 羽状三出复叶　B. 掌状复叶　C. 偶数羽状复叶　D. 奇数羽状复叶　E. 二回羽状复叶　F. 三回羽状复叶　G. 单身复叶　H. 掌状三出复叶

复叶和生有单叶的小枝容易混淆，但一般小枝顶端常有顶芽，每一单叶的叶腋处有腋芽；而复叶叶轴的顶端无芽，每一小叶的叶腋处无腋芽，腋芽生在总叶柄的叶腋处。另外，复叶中的小叶与总叶柄在一个平面伸展，而单叶在小枝上以一定的角度伸向不同的方向。

4. 叶序和叶镶嵌

叶序（phyllotaxy）是植物叶在茎上的空间排列方式，不同植物有不同的叶序。被子植物中有三种基本的叶序类型：互生（alternate）、对生（opposite）和轮生（whorled, verticillate）（图 2－53）。

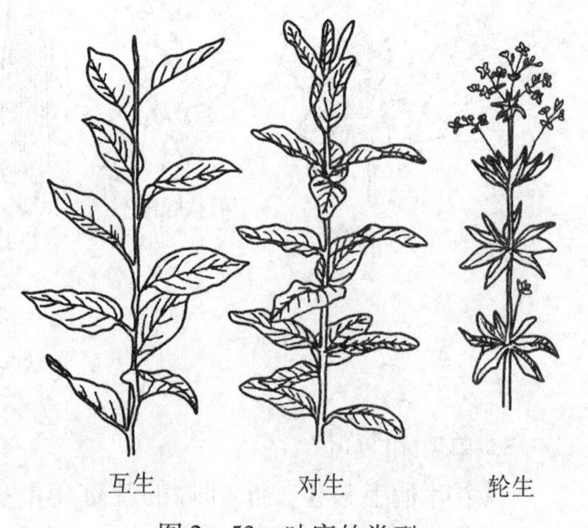

图 2－53　叶序的类型

A. 互生　B. 对生　C. 轮生

互生叶序的叶成螺旋状排列在茎上，每个节上只生有一片叶。大多数植物的叶序为互生叶序。如果从植物的顶端向下俯视，互生叶序相邻的叶以一定的角度错开，叶按向左或向右的螺旋方式排列在茎上，也称螺旋叶序（spiral）。如果任意以一片叶为起点，依次向上用一条线把每片叶的着生点串联起来,就得到一个螺旋形,着生在一条直线上的上下位置相对的两片叶之间的螺旋数称叶序周。不同植物的叶序周不一样,通常为1,2,3,5,8,…;叶序周内着生的叶的数目也不相同,常为2,3,5,8,13,…。以叶序周为分子,叶序周内含有的叶的数目为分母,上述数字可写出1/2,1/3,2/5,3/8,5/13,…等互生叶序的公式。叶序公式代表着相邻两叶的开度,绕茎一周为360°,1/2叶序相邻两叶的开度为180°,在茎上排列成纵向的两列,如玉米的叶序。为了互不遮挡,相邻的两片叶之间的距离应尽可能远,180°最远,但方向减少,仅2片叶就已绕茎一周,出现了叶的重叠,叶的纵向排列只有2个方向,空间浪费多。因此,大多数互生叶序相邻两叶螺旋着生的最佳角度尽量接近222.5°或137.5°,这个数值最贴近黄金数,意味着叶在茎上的排列方向最多,可以在茎上承载更多列的叶子,同时可以让每一片叶得到阳光。

对生叶序是在茎的每一节上生有两片叶,并相对排列,如丁香和石竹等,若两个相邻节上的对生叶交叉成垂直方向,称为交互对生(decussate)。

轮生叶序是茎的每一节上着生有三片或三片以上的叶,并作辐射状排列,如夹竹桃、黑藻等。

一些具有互生叶序的草本植物,叶螺旋着生在近地面处节间极度缩短的茎上,称为基生叶序。还有一些植物,其节间极度缩短,使叶成簇生于短枝上,称簇生叶序(fascicled phyllotaxy),如银杏、落叶松等植物短枝上的叶。

叶在茎上的排列方式,不论是互生、对生或轮生,相邻两个节上的叶片都绝不会重叠,它们总是利用叶柄长度的变化或以一定的角度彼此相互错开排列,使同一枝上的叶以镶嵌状态排列,这种现象称为叶镶嵌(leaf mosaic)。叶镶嵌使茎上的叶片互不遮蔽,利于光合作用的进行,同时也使茎的负载平衡。

5. 异形叶性

通常一种植物叶具有一定的形态,可作为分类上鉴别特征。但某些植物却在同一植株上具有不同的叶子,这种现象叫异形叶性(heterophylly)。异形叶性的发生常由于不同的生态条件或植株的发育年龄不同而造成,如水毛茛的气生叶,扁平宽广,沉水叶却裂成丝状。

二、叶的解剖结构

(一) 被子植物叶的一般结构

1. 叶柄的结构

叶柄的结构与茎类似,它的维管束通过叶迹与茎的维管组织相联系。叶柄的基本结构包括表皮、基本组织和维管组织三部分,在横切面上常呈半月形、三角形或近于圆形。叶柄的最外层为表皮层,表皮上有气孔器,并常具有表皮毛;表皮以内大部分是薄壁组织,紧贴表皮之下常有数层厚角组织,内含叶绿体;维管束成半圆形分布在薄壁组织中,维管束的数目和大小因植物种类的不同而有差异,一束、三束、五束或多束。叶柄中的维管束数目可以原数不变,一直延伸到叶片中,也可以分裂成更多的束,或合并为一束,因此在叶柄的不同位置,维管束的数目常有变化。维管束的结构与幼茎中的维管束相似,木质部在近轴面,韧皮部在远轴面,两者之间有形成层,但活动有限,每一维管束外常有厚壁组织分布。

2. 叶片的结构

被子植物的叶片为绿色扁平体,呈水平方向伸展,所以上下两面受光不同。一般将向光的一面称为上表面或近轴面,因其距离茎比较近而得名;背光的一面称之为下表面或远轴面。通常被子植物叶由表皮、叶肉和叶脉三部分构成(图2-54)。

(1) 表皮　表皮覆盖着整个叶片,通常分为上表皮和下表皮。表皮是一层生活的细胞,不含叶绿体,表面观为不规则形,细胞彼此紧密嵌合,没有胞间隙。在横切面上,表皮细胞的形状十分规则,呈扁矩形,外切向壁比较厚,并覆盖有角质膜,角质膜的厚度因植物种类和环境条件的不同而变化。表皮上分布有气孔器和各种表皮毛，根据副卫细胞的有无、数目和排列方式不同，划分出不同气孔器类型（图 2－55）。一般上表皮的气孔器数量比下表皮的少，有些植物的上表皮上甚至会没有气孔器分布，气孔器的类型、数目与分布及表皮毛的多少与形态因植物种类不同而有差别，如苹果叶的气孔器仅在下表皮分布，睡莲仅在上表皮分布，眼子菜叶则没有气孔器存在。表皮毛的变化也很多，如苹果的单毛，胡颓子的鳞片状毛，薄荷的腺毛和荨麻的蜇毛等。

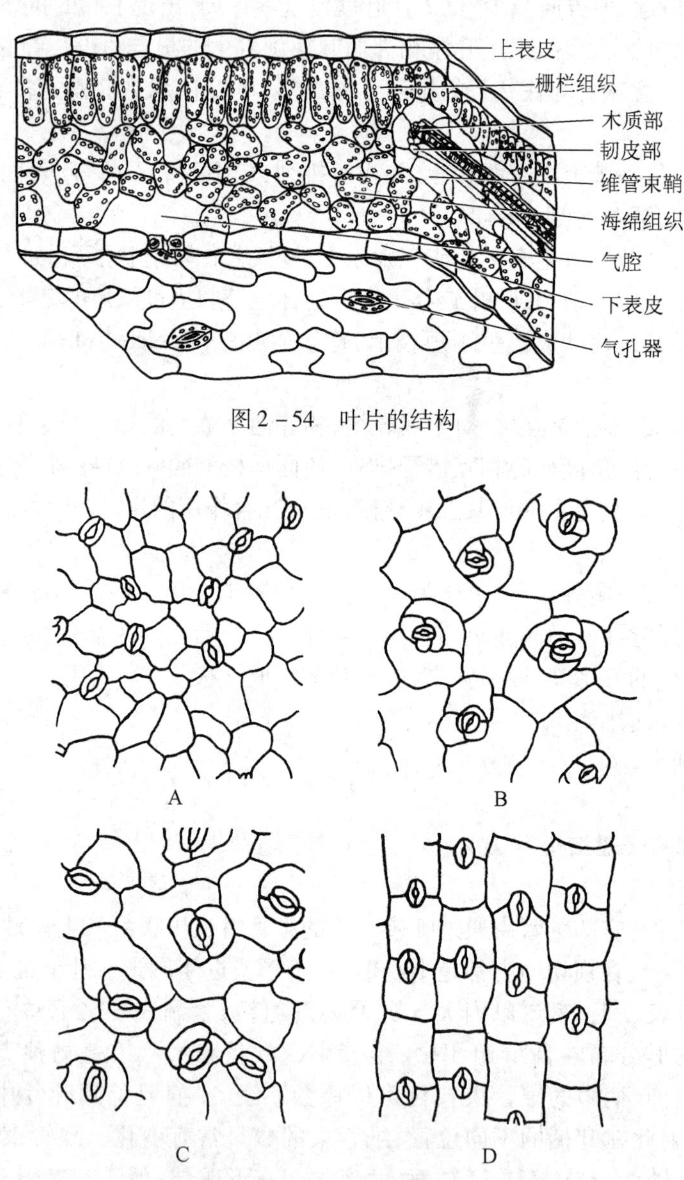

图 2－54　叶片的结构

图 2－55　气孔器的类型

A. 无规则形　B. 不等形　C. 平列形　D. 横列形

表皮细胞一般为一层，但少数植物的表皮细胞为多层结构，称为复表皮（multiple pyidermis），如夹竹桃叶表皮为 2～3 层，而印度橡皮树的叶表皮为 3～4 层。

（2）叶肉　上下表皮层以内的绿色同化组织是叶肉，其细胞内富含叶绿体，是叶进行光合作用的场所。一般在上表皮之下的叶肉细胞呈长柱形，垂直于叶片表面排列，整齐紧密如栅栏状，称为栅栏组织（palisade parenchyma）。大多数植物的栅栏组织细胞通常为 1～3 层，少数为多层。在栅栏组织下方，靠近下表皮的叶肉细胞形状不规则，排列疏松，胞间隙大，称为海绵组织（spongy parenchyma）。海绵组织细胞所含叶绿体比栅栏组织细胞少,又具有胞间隙,所以从叶的外表看其近轴面颜色深,为深绿色,远轴面颜色浅,为浅绿色,这样的叶称为异面叶(dorsi-ventral leaf, bifacial leaf)。大多数被子植物的叶为异面叶。有些植物的叶在茎上基本成直立状态,两面受光情况差异不大,叶肉组织中没有明显的栅栏组织和海绵组织的分化,从外形上也看不出上、下两面的区别,这种叶称等面叶(isobilateral leaf),如小麦、水稻等。

(3) 叶脉　叶脉是叶片中的维管束,各级叶脉的结构并不相同。主脉和大的侧脉结构与叶柄维管束类似,为包埋在基本组织中的一至数根维管束,木质部在近轴面,韧皮部在远轴面,两者间常具有形成层,形成层的活动有限,只产生少量的次生结构;维管束的上、下两侧常有厚壁组织和厚角组织分布,这些基本组织在叶背面特别发达,突出于叶片外,形成肋。大型叶脉不断分枝,形成次级侧脉,次级侧脉再进一步分支,越分越细,叶脉的结构也越来越简单。中小型叶脉一般包埋在叶肉组织中,形成层消失,薄壁组织形成的维管束鞘包围着木质部和韧皮部,并可以一直延伸到叶脉末端,到了叶脉末梢,木质部和韧皮部成分逐渐简单,最后木质部只有短的管胞,韧皮部只有短而窄的筛管分子,甚至于韧皮部消失,在叶脉的末梢,常有传递细胞分布。

(二) 禾本科植物的叶

禾本科植物的叶片由表皮、叶肉和叶脉三部分构成(图 2-56)。

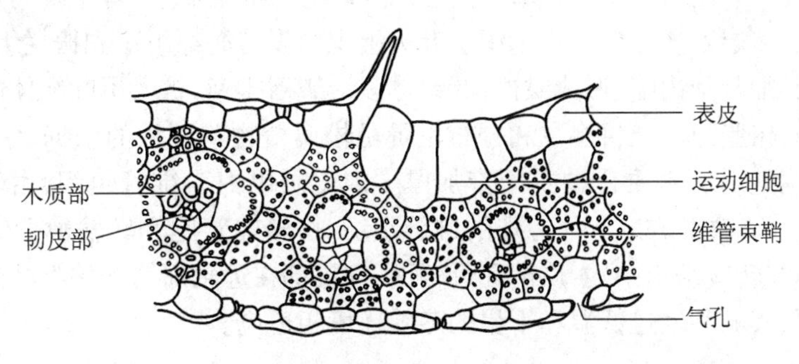

图 2-56　玉米叶片横切

(1) 表皮　表皮细胞一层,形状比较规则,往往沿着叶片的长轴成行排列,通常有长、短两种类型的细胞构成,长细胞为长方形,长轴与叶的长轴方向一致,外壁角质化并含有硅质;短细胞为正方形或稍扁,插在长细胞之间,短细胞可分为硅质细胞和栓质细胞两种类型,二者可成对分布或单独存在,硅质细胞除壁硅质化外,细胞内充满一个硅质块,栓质细胞壁栓质化。长细胞和短细胞的形状、数目和分布情况因植物种类不同而异。在上表皮中还分布有一种大型细胞,称为泡状细胞(bulliform cell),其细胞壁比较薄,有较大的液泡,常几个细胞排列在一起,横切面上略呈扇形。通常在两个维管束之间的上表皮为泡状细胞,与叶片的卷曲和开张有关,因此也称为运动细胞(motor cell)。

禾本科植物叶的上下表皮上有纵行排列的气孔器。禾本科植物气孔器的保卫细胞成哑铃形,中部狭窄、壁厚,两端壁薄膨大成球状,含有叶绿体,气孔的开闭是保卫细胞两端球状部分胀缩的结果。每个保卫细胞一侧有一个副卫细胞,因此禾本科的气孔器由两个保卫细胞、两个副卫细胞和气孔构成。气孔器分布在叶的脉间区域,长轴与叶脉相平行,上下表皮分布的气孔数目相近。此外,禾本科植物的叶表皮上,还常生有单细胞或多细胞的表皮毛。

(2) 叶肉　叶肉组织由均一的同化组织构成,没有栅栏组织和海绵组织的分化,为等面叶。叶肉细胞排列紧密,胞间隙小,仅在气孔的内方有较大的胞间隙,形成孔下室。叶肉细胞的形状随植物种类和叶在茎上的位置而变化,形态多样。

(3) 叶脉　叶内的维管束平行排列,中脉明显粗大,与茎内的维管束结构相似。在中脉与较大维管束的上下两侧有发达的厚壁组织与表皮细胞相连,增加了机械支持力。维管束外包围有 1~2 层维管束鞘细胞。在不同光合途径的植物中,维管束鞘有明显的区别。在水稻、小麦等 C_3 植物中,维管束鞘由两层细胞构成,内层细胞壁厚而不含叶绿体,细胞较小,外层细胞壁薄而大,叶绿体与叶肉细胞相比小而少。在玉米、甘蔗等 C_4 植物中,维管束鞘仅由一层较大的薄壁细胞组成,含有大的叶绿体,叶绿体中没有或有少量基粒,但它积累淀粉的能力远远超过叶肉细胞中的叶绿体,C_4 植物维管束鞘与外侧相邻的一圈辐射排列的叶肉细胞组成"花环"状结构。

C_4 植物的光合效率高,也称高光效植物。实验证明,C_4 植物玉米能够从一个密闭的容器中消耗所有的二氧化碳,而 C_3 植物则必须在二氧化碳浓度达到 0.04 μL/L 以上才能利用。C_4 植物可以利用极低浓度的二氧化碳,甚至气孔关闭后维管束鞘细胞呼吸时产生的二氧化碳都可以利用。C_4 植物不仅存在于禾本科植物中,在其他一些双子叶植物和单子叶植物中也存在,如苋科、藜科植物,其叶的维管束鞘细胞也具有上述特点。

(三) 裸子植物的叶

裸子植物的叶以松柏类作为代表,其叶为针形,两针一束、三针一束或五针一束,生长在短枝上,两针一束的叶的横切面为半圆形,三针一束或五针一束的叶的横切面为三角形。

松针叶的结构可分为表皮、下皮层(hypodermis)、叶肉组织和维管组织四部分(图 2-57)。表皮是一层厚壁的表皮细胞,细胞腔很小,壁强烈木质化,外面覆盖有较厚的角质膜。气孔纵行排列,保卫细胞下陷到下皮层中,其上方有副卫细胞拱盖着,保卫细胞和副卫细胞的壁均有不均匀加厚并木质化。下皮层在表皮之内,为一至多层木质化的厚壁组织。叶肉组织中没有海绵组织和栅栏组织的分化,为排列紧密的绿色同化组织,其细胞壁内陷,形成皱褶,叶绿体多沿皱褶排列,扩大了叶绿体的分布面积。叶肉细胞中常有树脂道分布,树脂道的数目多少和分布位置是松属植物鉴别种的依据之一。叶肉组织以内有明显的内皮层,其细胞壁上有木质化的凯氏带加厚。内皮层以内为维管组织,由转输组织(transfusion tissue)和维管束组成。转输组织是一种特殊的维管组织,由转输管胞和转输薄壁细胞构成。一到二个维管束有规律地分布在转输组织中,木质部在近轴面,韧皮部在远轴面。松柏类叶的外形和解剖结构都具有旱生叶的特点,与其顺利度过低温和干旱的冬季环境相适应。

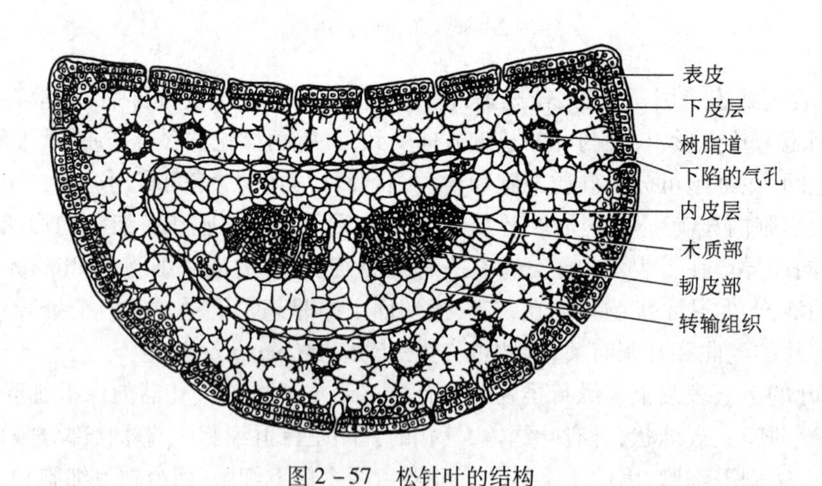

图 2-57　松针叶的结构

三、叶的发育

被子植物叶的发育起始于茎的顶端分生组织。由茎顶端分生组织周围区的细胞分裂,形成叶原基。叶原基的所有细胞在开始时是一团没有分化的分生组织细胞,在发育过程中逐步过渡到初生分生组织,边分裂边分化,最后形成成熟的叶,即叶的初生结构,叶具有有限生长的特点。

在活跃生长的植物茎尖,可以观察到不同发育阶段的叶原基和幼叶。通过这些叶原基和幼叶,可以清晰地描绘出叶的发育过程(图2-58)。首先在茎端出现辐射对称的轴状叶原基;然后其基部向两侧扩展包在茎上,形成了叶柄基部;最后叶原基上部的细胞沿原基的两侧分裂,形成叶片,叶原基的下部发育成叶柄。当叶原基伸长到一定阶段后,叶原基上部在中脉两侧的分生组织细胞开始分裂,表层细胞垂周分裂,表层下的细胞平周分裂和垂周分裂交替进行,形成叶片特定的细胞层和特有的扁平结构。叶片基部较宽向上渐尖的形态特点与两侧细胞分裂的速率不同有关,两侧细胞分裂的速率从基部向顶部逐渐降低,最后由顶部向基细胞分化成熟。叶原基的下部没有这种分生组织的活动,细胞分化成熟后形成叶柄。

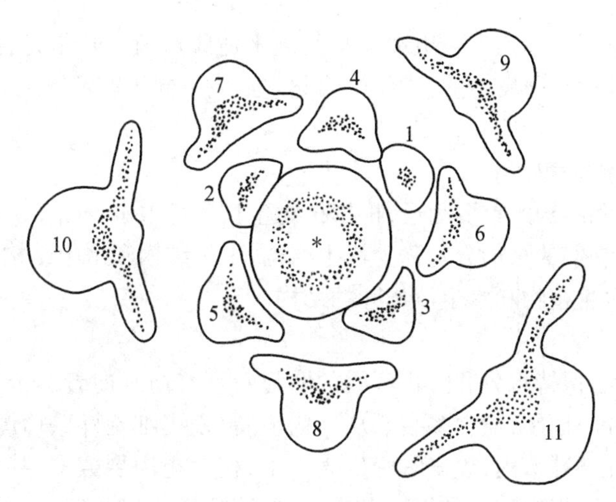

图2-58 茎尖横切面图

*:顶端分生组织,按数字顺序依次表示由小到大的叶原基与幼叶

叶的表皮来源于茎顶端分生组织表面的L1层,叶片边缘的叶肉细胞来源于L2层,叶片中央部分的叶肉细胞来源于L2层和L3层。即L2层形成了叶片中央部分的栅栏组织和表皮下的海绵组织以及叶片边缘的海绵组织,中脉的维管组织和叶片中央部分的海绵组织由L3层起源。在一种植物中叶肉细胞的层数基本是恒定的,叶片层数的增加是表皮下细胞平周分裂的结果,平周分裂达到一种植物固有的层数后,以后细胞只进行垂周分裂,增加叶面积而叶片细胞层数不变。

当叶片达到一定的面积时,叶肉细胞开始分化。将来形成栅栏组织的细胞垂周延伸,并伴有垂周分裂;海绵组织的细胞也有垂周分裂,但没有栅栏组织多,形状上依然为等径的。当栅栏组织细胞继续分裂时,临近的表皮细胞停止分裂而增大,因此出现几个栅栏细胞附着在一个表皮细胞上的结果。栅栏组织细胞分裂的时间最长,分裂完成以后,栅栏细胞沿着垂周壁彼此分离,这种细胞间的部分分离与胞间隙的形成相关。在海绵组织中细胞的分离要早于栅栏组织,同时伴有细胞的局部生长,可以发育出具分支的海绵组织细胞。

维管组织的发育从处于原基阶段的原形成层分化开始,轴状叶原基中的原形成层分化与茎上的叶迹原形成层是连续的。叶原基上部的原形成层将来发育成主脉维管束,与叶原基下部形成叶柄的维管束相连。各级侧脉则从正在分裂的叶片分生组织所衍生的细胞中发生,较大的侧脉原形成层先发生,较小的侧脉原形成层发生晚于较大的侧脉。在叶片细胞分裂的整个过程中,新的维管束原形成层可以不断地发生形成,而在较早形成的叶片基本组织中可以较长时期保留产生新的原形成层束的能力。通常小脉发生时原形成层所包含的细胞比大脉要少,最小的脉发生时可能只有一列细胞。原形成层的分化往往是一个连续的过程,因为连续形成的原形成层束与较早形成的原形成层束是相连续的。以后原形成层细胞分化形成维管束。韧皮部细胞分化成熟的方向与原形成层类似,但最初分化成熟的木质部却是孤立的，后来由于新的原形成层的伸入，分化出木质部而连续起来。双子叶植物叶主脉维管束细胞的纵向分化是向顶的，即最初在叶基部，然后向着叶尖的方向分化成熟，一级侧脉由中脉向边缘发育，在具平行脉的叶中，几个同样大小的叶脉的发育是向顶的。单子叶和双子叶植物的小脉都在大脉间发育，一般由叶尖向叶基发育成熟。

叶的发育过程不像根、茎那样还保留有原分生组织组成的生长锥，而是全部发育形成叶的成熟结构，不再保留原分生组织，因此叶的生长有限，达到一定大小后不再进一步生长。

四、叶对不同生境的适应

生长在不同环境中的植物，结构上会出现一些变化来适应环境。叶是光合作用和蒸腾作用的主要器官，同时又是在营养生长时不断发生的新器官，因此它适应不同生态环境引起的形态结构变化在营养器官中最为明显。

（一）旱生植物叶和水生植物叶

水分是影响植物形态和结构的重要因子，根据植物生长环境中水分因子的差异，将植物分为旱生植物、中生植物和水生植物，它们的结构分别称为旱生结构、中生结构和水生结构，前面介绍的是中生植物叶的结构，下面分别介绍旱生植物和水生植物叶的结构。

1. 旱生植物叶

旱生植物的叶一般具有保持水分和防止蒸腾的明显特征。通常向着两个不同的方向发展，一类是对减少蒸腾的适应，其叶片小而硬，通常多裂。从结构上看，表皮细胞外壁增厚，角质层也厚，甚至形成复表皮，气孔下陷或局限在气孔窝内，表皮常密生表皮毛，栅栏组织层数多，甚至上下两面均有分布，海绵组织和胞间隙不发达，机械组织和输导组织发达，如夹竹桃等（图 2－59）。旱生植物的另一种类型是肉质植物，如马齿苋、景天、芦荟等，它们的共同特征是叶肥厚多汁，在叶肉内有发达的薄壁组织（图 2－59），可以贮存大量的水分，来适应旱生的环境。

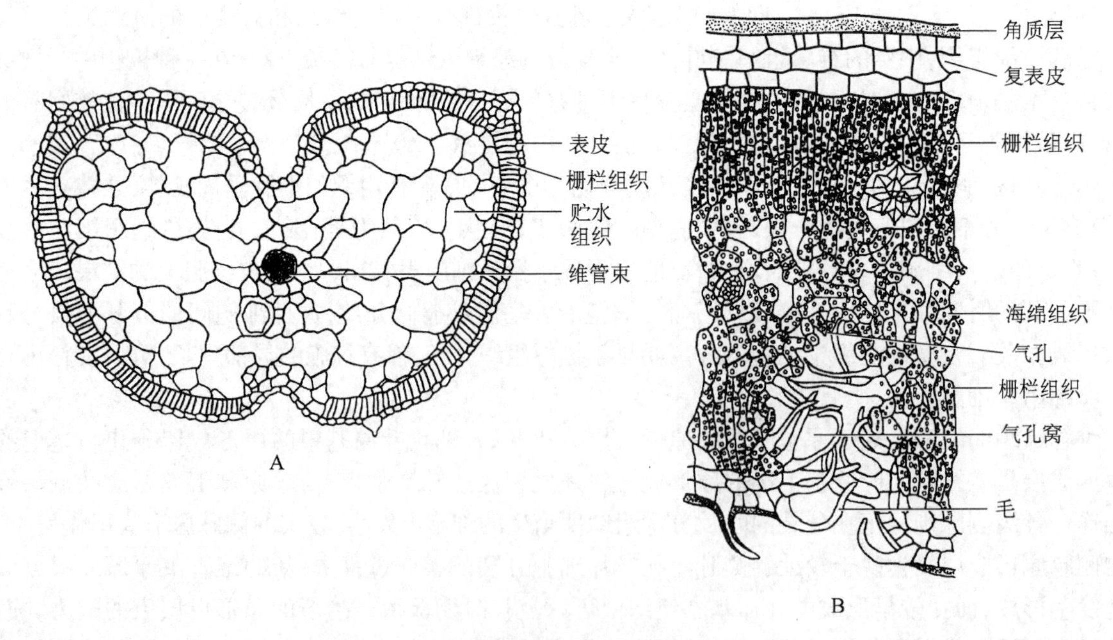

图 2－59　旱生叶的结构

A. 籽蒿叶横切面　B. 夹竹桃叶横切面

2. 水生植物叶

水生植物部分或完全生活在水中,环境中水分充足,但气体明显不足。挺水植物和浮叶植物的叶,除胞间隙发达或海绵组织所占比例较大外,与一般中生植物叶结构相似。沉水植物的叶,通常称为沉水叶,生长环境中除气体不足外,光照强度也不够,因此在叶的结构中出现一些变化与环境相适应。沉水叶一般表皮细胞壁薄,角质膜薄或没有角质膜,也无气孔和表皮毛,但细胞内具有叶绿体;叶肉组织不发达,层次少,无栅栏组织和海绵组织的分化,但胞间隙特别发达;导管和机械组织不发达,如眼子菜等(图 2 – 60)。

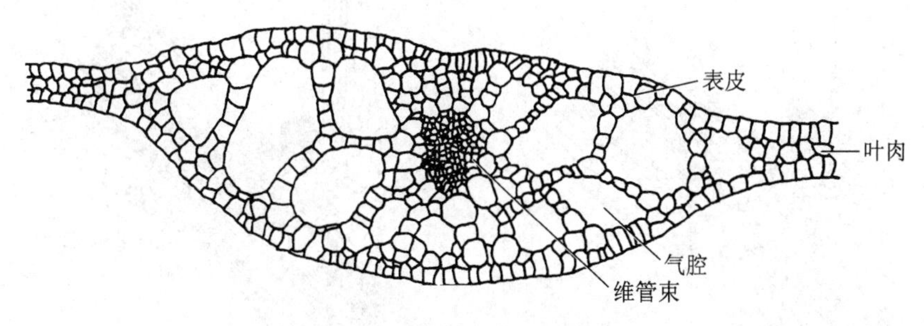

图 2 – 60　眼子菜叶横切面

(二) 阳地植物叶和阴地植物叶

根据植物对光照强度的适应,可以把植物分为阳地植物和阴地植物。阳地植物在强光下生长良好,在荫蔽和弱光条件下发育不良。这种植物在阳光强烈直射下,受光、受热比较多,周围空气比较干燥,这些条件加剧了植物的蒸腾作用,因此阳地植物多呈现旱生植物叶的特征。

阴地植物长期生活在遮蔽的地方,在光线较弱的条件下生长良好,但不能忍受强光。一般阴地植物叶片构造特征与阳地植物相反,叶片大而薄,角质膜薄,单位面积上气孔数目少;栅栏组织不发达,只有一层;海绵组织发达,占了叶肉的大部分,有发达的胞间隙;叶肉细胞中叶绿体大而数目少,叶绿素含量多,有时表皮细胞也有叶绿体;机械组织不发达,叶脉稀疏,这些特点均有利于光的吸收和利用,因而能适应弱光的要求。

总之,叶是植物体中最容易在形态上表现出变化的营养器官。具有相同的基因型而生长在不同环境下的两株植物,均会对环境条件表现出相应的结构与生理上的适应性。在同一植株中,树冠上面或向阳一侧的叶呈阳生叶特征,而树冠下部或生于阴面的叶因光照较弱呈现阴生叶特点,且叶在树冠上位置越高,表现出的旱生特征就越多。

五、落叶与离层

叶是有一定寿命的,当叶发育成熟、执行功能一段时间后,便衰老、死亡、脱落,至此叶的生活期终结。叶生活期的长短在各种植物中是不同的,许多植物的叶,生活期为一个生长季,从春天到秋天只有几个月的时间;而常绿植物叶生活期较长,可达多年。草本植物的叶不脱落,衰老死亡后残留在植株上;多年生木本植物有落叶和常绿之分,落叶树春天新叶展开,秋季脱落死亡;常绿树四季常青,叶子也脱落,但不是同时进行,而是不断有新叶产生而老叶脱落,其叶的寿命一般较长,可生活多年,因此就全树而言,终年常绿。

落叶是植物减少蒸腾、度过不良环境的一种适应。温带地区冬季干燥而寒冷,根吸水困难,叶脱落仅留枝干,以降低蒸腾;热带地区旱季到来,植物同样需要通过落叶来减少蒸腾。在温带地区,随着秋季的来临,气温持续下降,落叶木本植物叶的细胞中开始发生各种生理生化变化,许多物质被分解并运回到茎中,叶绿素破坏解体,不再重新形成,光合作用停止,而叶黄素和胡萝卜素不易被破坏,同时由于花青素的形成，使叶片由原来的绿色逐渐变为黄色或红色。与此同时，靠近叶柄基部的某些细胞发生细胞学和组织学上的变化，这个区域的薄壁细胞分裂产生数层小型细胞，称离区（图 2－61）。离区中的一些细胞胞间层黏液化并解体，细胞间相互分离成游离状态，只有维管束还连在一起，这个区域称为离层（separation layer），离层细胞的支持力量非常脆弱，这时叶片也已枯萎，稍受外力，叶便从此处断裂而脱落。叶脱落后，离层下面的细胞壁和胞间隙中均有木栓质形成，构成保护层，可以保护叶脱落后所暴露的表面，避免水分的丧失和病虫害的发生。

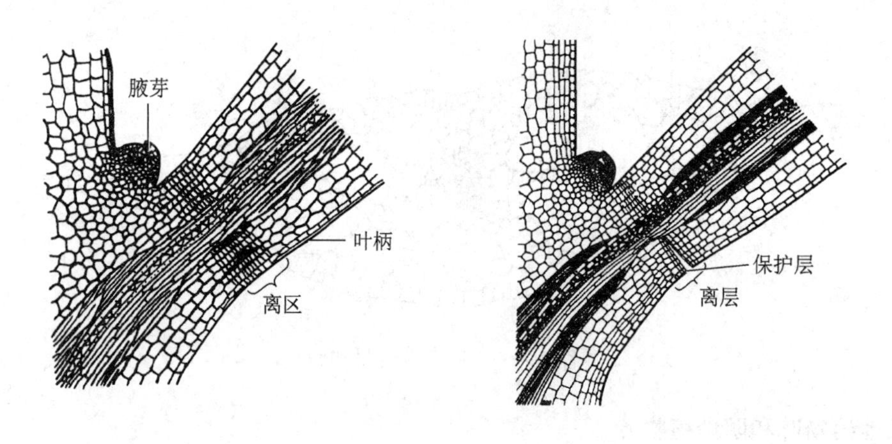

图 2－61　离区的离层和保护层结构示意图

六、叶的生理功能

叶的主要生理功能是光合作用和蒸腾作用。叶肉细胞是植物进行光合作用的主要场所，其细胞内的叶绿体能吸收光能，利用二氧化碳和水，合成有机物，并释放氧气。光合作用的产物除用于植物自身的生长发育外，还是自然界各类生物赖以生存的物质基础。蒸腾作用是植物根系吸水的动力之一，同时根吸收的矿物质随蒸腾作用形成的蒸腾液流上升，有助于矿质元素在植物体内的转运。蒸腾作用还可将植物体内的水分通过气孔排出体外，在水的气化过程中带走热能，以此降低叶的表面温度，使叶在强光下不致因温度过度升高而受到损伤。

此外，叶还具有吸收和气体交换的功能。叶表面可以吸收少量的营养物质，是根外施肥的基础；有些农药也可以通过叶表面吸收。叶表皮上的气孔是氧气和二氧化碳进出的通道，

七、叶的变态

为了适应不同的功能，植物的叶在形态结构会上发生一些变化，这些变化如果成为可以遗传的特征，为叶的变态。叶的变态主要有以下类型。

1. 苞片（bract）和总苞（involucre）

生于花下的变态叶，称苞片。一般较小，绿色，但亦有大型而呈各种颜色的。如果一朵花下的苞片数目大于 2，每一枚称为小苞片。数目多而聚生在花序基部的苞片统称为总苞。苞片和总苞有保护花和果实的作用，有些还有吸引昆虫的作用，如鱼腥草的大而白色的总苞。苞片的形状、大小和色泽，因植物种类不同而不同，可作为种属的鉴别依据。

2. 叶刺（leaf thorn）

叶或托叶变态形成刺状，如仙人掌类植物肉质茎上的刺和小檗属植物茎上的刺，以及刺槐、酸枣叶

柄两侧的托叶刺，均为叶刺。叶刺着生在茎的节上，叶腋处有叶芽，由此作为叶性器官起源的判断依据。

3. 叶卷须(leaf tendril)

由叶或叶的一部分变成卷须，借以攀缘向上生长，都称叶卷须，如豌豆和野豌豆羽状复叶先端的一些小叶片变成卷须，菝葜属的托叶变成卷须等。

4. 叶状柄(phyllode)

有些植物的叶片完全退化，而叶柄变为扁平的叶状体，代行叶的功能，称为叶状柄，如我国南方的台湾相思树，只在幼苗期出现几片正常的二回羽状复叶，以后小叶片退化，仅存扁化的叶状柄(图2－62)。

5. 鳞叶(scale leaf)

叶的功能特化或退化成鳞片状，称鳞叶。许多木本植物的芽由鳞叶包围，起保护作用，这些鳞叶亦称芽鳞，一般褐色，具茸毛或黏液；还有一些植物的地下茎如藕、荸荠的节上生有膜质干燥的鳞叶；此外，鳞茎着生的鳞叶肥厚多汁，含有丰富的贮藏养料，如洋葱、百合的鳞叶。

6. 捕虫叶(insect-catching leaf)

少数植物与众不同，靠捕食动物生活，这类植物多生长在缺氮的环境中，被称为食虫植物。食虫植物叶发生变态能捕食小虫，称为捕虫叶。捕虫叶特化成囊状(狸藻)、盘状(茅膏菜)和瓶状(猪笼草)等，利于捕食小虫，同时仍具有叶绿体，既能光合作用又能消化分解动物性食物。如茅膏菜的捕虫叶呈盘状，上表面有许多顶端膨大的腺毛，能分泌黏液，像粘蝇纸粘苍蝇一样黏住微小的昆虫，邻近的触毛弯下来把昆虫紧紧地钉在叶上，分泌一些酶，慢慢地把虫体消化，然后触毛再张开，等待新的猎物。猪笼草的捕虫叶成瓶状(图2－63)，结构更为精巧，瓶状叶挂在长叶柄上，造型优美，长柄缠绕在起支持作用的树枝上，瓶顶端有盖，盖的腹面有蜜腺，通常瓶盖打开，散发独特的气味，昆虫受到诱惑，为了到达蜜腺，不得不爬到瓶口，结果往往坠入瓶中，被瓶中的消化液消化并被植物吸收。

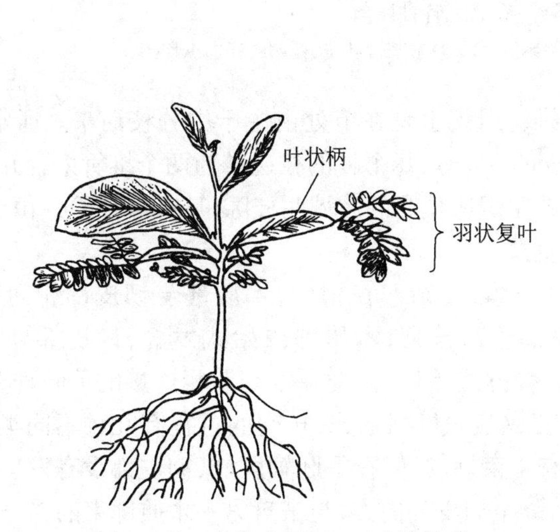

图2－62 金合欢属(*Acacia*)的幼苗

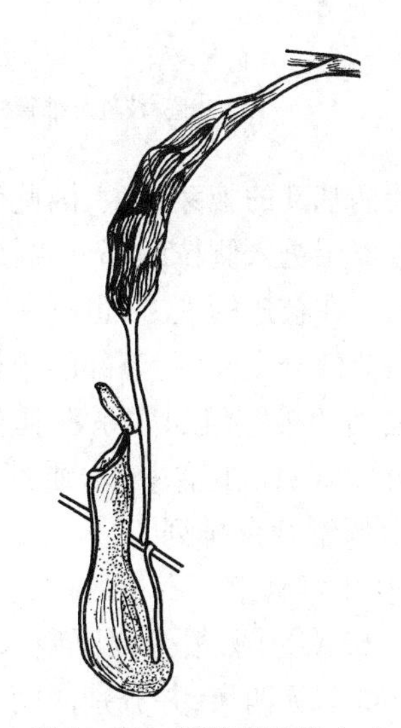

图2－63 猪笼草的捕虫叶

变态是植物的营养器官在适应某一特殊环境而改变它原有功能时，所引起的器官形态和结构上的变化，这种变化成为这种植物的特征并可以正常地遗传下去，是长期自然选择的结果。在变态器官中，一般将功能不同而来源相同的器官，叫同源器官，如枝刺、根状茎、块茎、茎卷须等；而来源不同、功能相同的叫同功器官，如块根、块茎，虽然从来源上看，前者为根，后者为茎，但均有贮藏的功能。

第五节　营养器官内部结构上的关系

植物各器官间的组织是相互联系的，虽然根、茎、叶的结构不同，但其表皮、皮层和维管组织共同构成一个统一的整体，彼此互相联系。根、茎、叶的表皮和皮层联系简单，而维管组织的联系则比较复杂。

叶的维管束和茎中维管束是联系在一起的，由于叶着生在节上，茎中的维管束有部分从节的部位分支进入叶中，因此节部的维管束变化很多，十分复杂。一般把维管束从茎中分枝起穿过皮层到叶柄基部止的这一段称为叶迹（leaf trace）（图 2－64），每片叶子的叶迹数目，随植物的种类而异，可以是一至多个，但对每一种植物而言是一定的。叶脱落后，可以在叶痕上看到叶迹及叶迹的数目。在茎中叶迹的上方，有一个薄壁组织填充的区域叫叶隙（leaf gap）。

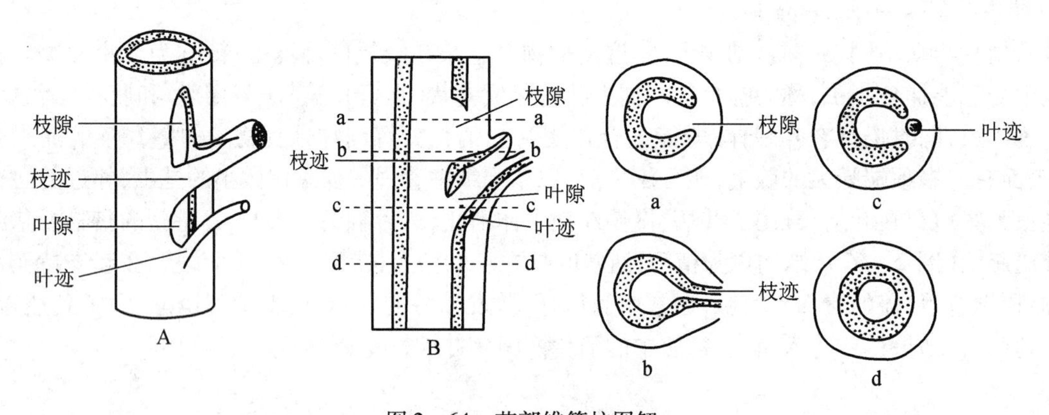

图 2－64　节部维管柱图解

A. 叶迹、枝迹与维管柱的立体关系图　B. 茎节部过叶迹、枝迹的径向纵切图

侧枝由叶柄基部的腋芽发生，因此侧枝的维管组织也是在节处由主干中分枝而来。通常将主干维管束分支通过皮层进入侧枝的部分叫枝迹（branch trace），每个枝的枝迹常为两个维管束合并组成，也有一个或多个的。在枝迹的上方，也有一个由薄壁组织所填充的区域叫枝隙（branch gap）。由于叶与侧枝的维管束都在节部分支，因此节部的结构格外复杂。

茎与根之间的维管组织联系在初生结构中比较复杂。在根中，木质部与韧皮部相间排列，其发育方式均为外始式；而在茎中，木质部与韧皮部相对排列，木质部内始式发育，韧皮部外始式发育。由于根与茎中的维管束排列不同，木质部的发育方式不同，因此在根与茎相连接的下胚轴有一根茎过渡区，在这里初生维管组织由根的排列形式转变成茎的排列形式，转变的过程有几种不同类型（图 2－65）。以图 2－65A 为例，根为四原型木质部，有 4 束韧皮部，在下胚轴区域，韧皮部没有发生变化，木质部束由内向外纵裂为两束，并分别向两侧反转，移至韧皮部内方，与来自另一木质部束的二分之一合并，再与韧皮部相连，转变为茎中维管束的排列方式。

综上所述，植物体内的维管组织，从根通过下胚轴的根茎过渡区与茎相连，再通过枝迹与叶迹和所有侧枝及叶相连，构成了一个连续的维管系统。

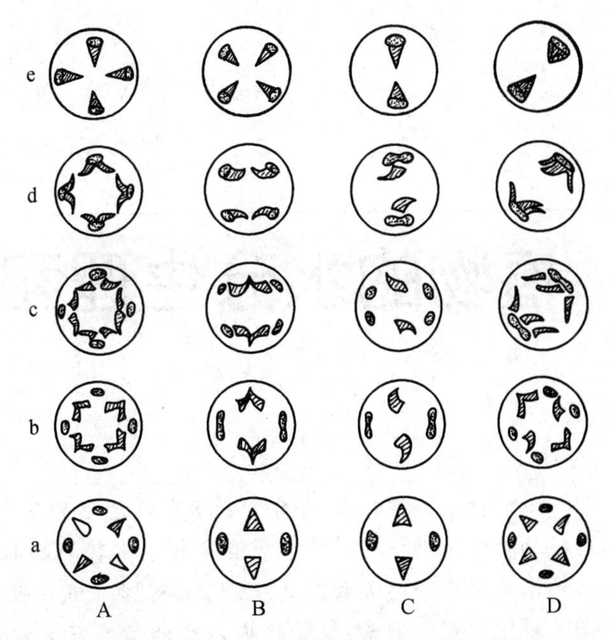

图 2－65　根茎过渡区维管结构联系图解

A. B. C. D. 分别代表四种类型

a. 根中柱的横切面　b～d. 过渡区横切面　e. 茎维管柱的横切面

思考与探索

1. 根据种子结构分析其对种子植物繁衍的意义。
2. 何谓子叶？子叶和植物的叶之间有什么关系？举例说明不同植物的种子中，子叶的形态结构与功能之间的关系。
3. 根的原分生组织细胞有哪些特点？从分生区到根的次生结构形成，原分生组织经过哪些发育过程，细胞发生了什么样变化？"不活动中心"的发现对根发育的理解有什么影响？
4. 简述顶芽和侧芽的起源与发育，通过查阅文献资料，说明近年来植物分子生物学研究对顶芽和侧芽发生的解释。
5. 简述侧根和叶的起源与发育，解释内起源和外起源的概念。
6. 双子叶植物茎和单子叶植物茎的结构有什么相同之处和不同之处？如何区分裸子植物和双子叶植物木本茎？
7. 比较双子叶植物根和茎在结构上的差异，这种差异与器官的功能有什么关系？
8. 说明木本双子叶植物的根和茎是怎样由初生结构发展为次生结构的？
9. 旱生植物叶、水生植物叶与中生植物叶相比，在形态和结构上发生哪些变化？这种变化的意义何在？
10. 为什么一株植物茎的下部叶和上部叶可表现出不同的形态结构特点？查阅资料分析造成这种结构特点的原因。
11. C_3和C_4植物叶的结构分别有什么特点？结合光合作用说明这些特点的意义。
12. 何谓细胞程序性死亡？通过查阅文献，简述细胞程序性死亡对于植物发育的意义。

数字课程学习

重难点解析　　教学课件　　视频　　相关网站

第三章

植物的水分生理和矿质营养

内容提要 植物对水分和矿质养分的吸收、运输和代谢是植物生命活动的基本过程之一。本章介绍了水的物理、化学性质和水分在植物生命活动中的作用。重点分析了水势的基本概念、植物细胞水势的组成和植物细胞吸水的方式；植物根系对水分的吸收及其机理，以及影响根系吸水的因素；植物的蒸腾作用、生理意义和气孔启闭的调节机制和影响因素；植物体内水分的运输及其机制；植物必需元素的确定及其在植物体内的生理作用和缺素症状；植物细胞对矿质营养的吸收方式；植物根系吸收养分的过程、特点以及根外营养的意义；氮和磷的同化，以及营养物质在体内的运输方式和分配状况等。同时还设置了一个介绍植物逆境生物学研究的"窗口"。

第一节　植物的水分生理

水是一切生命活动的源泉，水与植物的生命活动关系极为密切，水分条件的变化会对植物生命活动产生重大影响。

第一，水是植物细胞的主要成分，活细胞的原生质中含水量一般为70% ~90%。不同植物含水量有很大的差异，如水生植物的含水量最大，达90%以上；中生植物一般为70% ~90%；而旱生植物含水量较低，有的甚至低至6%。同一种植物的不同器官或部位含水量也不同，如植物的根尖、幼苗和幼叶等生长代谢旺盛的部分，含水量可达60% ~90%，茎中则为40% ~50%，而种子的含水量仅为10% ~14%。

水在植物细胞中通常以束缚水(bound water)和自由水(free water)两种形式存在。前者是被细胞中的胶体颗粒或大分子吸附，不能自由移动的水；后者是能够自由移动，并起溶剂作用的水。自由水与束缚水的相对含量可影响植物的代谢活动，如自由水的比例高时，细胞的原生质呈溶胶状态，代谢活动旺盛；反之，原生质呈凝胶状态，代谢活性低。

第二，水是植物代谢活动中的重要反应物质。

第三，水是植物各种生物化学反应以及物质吸收、运输的介质。

第四，水可以使植物体保持固有的形态。细胞壁和中央大液泡可以使细胞建立起膨压(turgor pressure)。膨压不仅对于细胞的伸展、气孔开放、韧皮部运输和各种跨膜转运等生理功能有重要作用，而且可以使植物的非木质化组织保持一定的硬度和机械稳定性，从而使植物的茎和叶挺立伸展，以便充分接受阳光，进行气体交换，使植物能够正常地进行营养生长和生殖生长。

第五，水是植物温度的稳定剂。水分子较高的汽化热和比热容使植物在外界环境温度变化较大的情况下，仍能维持相对稳定的体温。高温条件下，植物可以通过蒸腾作用散失一部分水分，以降低其体温,避免高温的伤害。

总之,水对植物的生命活动极为重要,植物的一切正常生命活动都必须在含有一定量水分的条件下进行。植物的需水量是巨大的,据测定植物每制造1 g有机物,大约需要吸收500 g水,这些水在植物体中转运以后,又以蒸腾的方式从气孔散失到大气中。植物体内的水分关系即使有轻微的不平衡,都可能引起植物水分亏缺并导致细胞代谢活动严重紊乱,严重影响植物的生长发育,甚至威胁植物的生存。

一、水的物理化学性质

(一) 水分子的结构和极性

水分子由一个氧原子和两个氢原子以共价键结合而成,2个O—H共价键的夹角是105°。氧原子的电负性比氢原子的强,因此共价键中的一对电子偏向于氧原子,导致分子中氧原子一端带部分负电荷,而氢原子一端带部分正电荷,所以水分子具有极性。相邻的水分子之间,带负电荷的氧原子和带正电荷的氢原子以弱的静电引力相互吸引,这种静电吸引力称为氢键(hydrogen bond)。水分子也可和其他含电负性原子(如O或N)的分子间形成氢键。水分子各种化学性质都与它的极性密切相关。

(二) 水是最好的溶剂

水能溶解的物质范围比其他溶剂广得多。水之所以能溶解很多物质,主要由两个因素所决定:一是水分子的体积很小;二是水分子具有极性。具极性的水分子特别适合溶解离子化合物和带有极性基团的物质,如能够和含有—OH的糖类或含有—NH_2的蛋白质等形成氢键而成为水合分子,可增加这些物质的溶解性。在溶液中,水分子与离子间的氢键以及与极性溶液间的氢键可有效降低溶液中带电溶质之间的静电作用,从而增加了它们的溶解性。大分子和水之间的氢键可降低大分子间的相互作用,有利于大分子溶于水。

(三) 水的热力学特性

水分子间的氢键,导致水具有特别的热力学特性,如高比热容和高汽化潜热。单位质量的某种物质温度升高1℃吸收的热量叫做这种物质的比热容(specific heat)。水的高比热容特性可以缓冲外界温度变化对植物的影响,有利于植物适应多变的环境。

汽化潜热(latent heat of vaporization)是指在恒定温度下,单位质量的某种物质由液相变为气相所吸收的热量。如在25℃时,水的汽化潜热是44 kJ/mol,是目前所有已知溶剂中最高的,所吸收的大部分能量都用来打断水分子间的氢键。水的高汽化潜热可使植物通过蒸腾作用消耗过多热量,能够有效降低叶温以避免高温对植物的伤害。

(四) 水的表面张力、内聚力和附着力

在水和空气间界面的水分子与邻近水分子间的作用力大于其与空气分子间的作用力,因此其合力方向垂直指向液体内部,结果导致液体表面具有自动缩小的趋势。这种作用于单位长度表面垂直向内的拉力称为表面张力(surface tension)。表面张力不仅影响水和空气间界面的形状,而且会对水的其余部分产生压力。在相同压力下,水比其他物质的表面张力都大。

水分子间的氢键使分子间所产生的相互吸引力,称为内聚力(cohesion)。水分子与固相物质间的吸引力称为附着力(adhesion),如水分子与细胞壁或玻璃表面间的相互吸引力。内聚力、附着力和表面张力共同作用可产生毛细现象(capillarity)。植物细胞壁的纤维素微纤丝之间有很多空隙,可以形成很多细小的毛细管网络,水可借毛细作用而进入。

水分子的内聚力使水具有很强的抗张强度(tensile strength)。抗张强度是指物质抵抗张力不被拉断的能力。研究发现,毛细管中的水可抵抗比 −30 MPa 更大的拉力。当导管中水柱的张力变化时,溶解于水中的气体会释放出来形成气泡,降低了水柱的抗张强度。在拉力作用下小气泡将无限膨胀,导致液相中的张力瓦解,出现空穴现象(cavitation),严重时可能会导致水流中断。

二、植物细胞对水分的吸收

植物细胞吸水主要有扩散、集流和渗透吸水等方式。

（一）扩散

扩散（diffusion）是指分子随机热运动所造成的物质从浓度高的区域向浓度低的区域移动的过程。扩散是物质沿着浓度梯度进行的。扩散在短距离范围内速度很快，但在长距离范围内速度极慢。水分子可以在细胞间扩散（图3-1）。

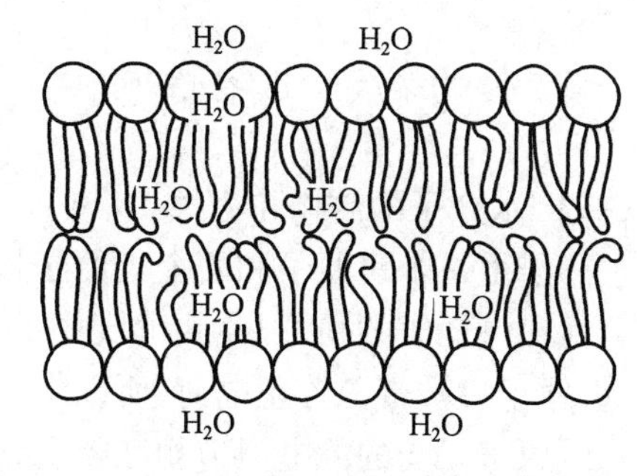

图3-1 水分子通过膜脂双分子层扩散的示意图

（二）集流

集流（mass flow, bulk flow）是指在压力梯度的作用下大量分子的集体移动。如自来水水管中的水在水厂加压的情况下流动，河水在重力作用下在河流中的流动等。而在植物体中最明显的集流是水在木质部导管或管胞中的流动。集流是植物体中长距离运输水分的最主要方式。集流的流速与压力梯度和管道半径有关。

植物细胞的水分子通过水通道（water channel）进行集流。水通道是指由水孔蛋白（aquaporin）组成的水特异通透的孔道（图3-2）。水分子通过水通道的速度比通过脂双层的扩散要快得多。水孔蛋白不仅运输水分子，也可运输少量其他小分子溶质，以调节植物细胞的渗透势。

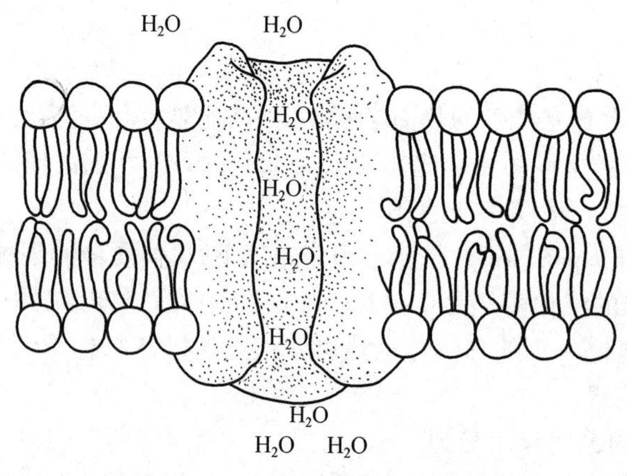

图3-2 水孔蛋白形成的水通道示意图

（三）渗透作用和细胞的渗透吸水

1. 渗透作用和渗透吸水

渗透作用（osmosis）是指水在水势梯度的驱动下扩散通过半透膜的现象。渗透作用很重要，因为在生物界许多膜是半透膜，半透膜允许水分子和其他不带电荷的小分子物质迅速通过，但大分子溶质或带电物质较难或不能通过。扩散是物质顺着浓度梯度移动，集流是物质顺着压力梯度移动，这两种梯度都影响渗透作用。水分跨膜流动的速率和方向并不是由水的浓度梯度或压力梯度单一决定的，而是这两种驱动力共同作用的结果。

2. 细胞的渗透吸水

植物细胞就是一个渗透系统，细胞膜、液泡膜和细胞质共同构成了细胞渗透系统中的选择性透膜（半透膜）。当液泡中的水势大于细胞膜外的水势时，液泡中的水分就会通过选择性透膜向细胞膜外流出，细胞的体积逐渐缩小，原生质体与细胞壁分离，即发生质壁分离（plasmolysis）。如果把发生了质壁分离的细胞再置于水势较高的溶液或清水中时，水分又通过半透膜进入细胞中，细胞回复原状，这种现象称为质壁分离复原现象（deplasmolysis）。

3. 自由能、化学势和水势

水分移动需要能量做功。热力学原理表明，系统中的物质其总能量包括束缚能和自由能，其中束缚能不能用于做功，只有自由能可用于做功。

自由能（free energy）是指在恒温、恒压条件下能够用于做功的能量。化学势（chemical potential）是指每摩尔物质中的自由能，可衡量物质反应或做功所用的能量。同理，衡量水分反应或做功能量的高低可用水势表示。在植物生理学的研究中，水势（water potential）是指每偏摩尔体积水的化学势差，即水溶液的化学势与纯水的化学势之差，除以水的偏摩尔体积所得的商，称为水势（Ψ_w）。水势可用下式表示：

$$\Psi_w = \frac{\mu_w - \mu_w^0}{\bar{V}_w} = \frac{\Delta\mu_w}{\bar{V}_w}$$

式中，μ_w为一定条件下水的化学势；μ_w^0为一定条件下纯水的化学势；$\bar{V}_w$为水的偏摩尔体积，即在温度、压强及其他组分不变的条件下，在无限大体系中加入 1 mol 水时，体系体积的增量。实际应用时，往往用纯水的摩尔体积 18×10^{-6} m^3/mol 代替。水势的单位是焦耳/摩尔（J/mol），这与压力单位相同，如帕斯卡或 MPa（兆帕），常用于衡量水势。

纯水的自由能最大，在 1 个大气压和 0℃下的水势定为零，所以水中如果溶有任何物质时，其自由能则要降低，其水势一定是负值。

4. 植物细胞水势的组成

植物细胞具有细胞壁和液泡，细胞中含有许多亲水物质，这些都会影响细胞的水势。植物细胞的水势（Ψ_w）主要由四方面组成，即溶质势（Ψ_s）、压力势（Ψ_p）、衬质势（Ψ_m）和重力势（Ψ_g）。一个典型植物细胞的水势由这 4 个组分所组成，其表达式如下：

$$\Psi_w = \Psi_s + \Psi_p + \Psi_m + \Psi_g$$

溶质势或渗透势（solute potential 或 osmotic potential，Ψ_s）指溶质颗粒的存在使水势降低。即溶质与水混合提高了系统的无序性，从而降低水的自由能。溶质势可用 Van' t Hoff 方程式估算：

$$\Psi_s = -iRTC_s$$

式中，R 是大气常数 8.32 J/（mol · K）；T 是绝对温度；i 是溶质的解离常数；C_s是溶质浓度，反映了摩尔渗透压浓度，或每升水溶解的溶质的摩尔数（mol/L）。负号表示相对于参比状态纯水，溶解的溶质降低了溶液的水势。不同种类的植物细胞溶质势差异很大，例如，一般陆生植物叶肉细胞的溶质势是 −2 ~ −1 MPa，而旱生植物叶肉细胞溶质势低达 −10 MPa。

压力势（pressure potential，Ψ_p）指细胞原生质体吸水膨胀，对细胞壁产生膨压。刚性细胞壁则产生一种限制细胞原生质体膨胀的反作用力（胞壁压）。压力势指由于细胞壁对原生质体产生的作用力而使细胞水势增加的值。植物细胞的压力势通常是正值，特殊情况下压力势也可为负值或零。

衬质势（matric potential，Ψ_m）指细胞中的亲水物质吸附自由水而使水势降低，衬质势为负值。在干种子细胞和还没形成液泡的顶端分生组织细胞中，衬质势是细胞水势的主要组成，这些细胞以吸胀作用吸水。其中，蛋白质的吸胀力最大，淀粉次之，纤维素较小。所以，含蛋白质丰富的大豆等种子的吸胀力较大，而禾谷类的种子的吸胀力则较小。通常具有中央大液泡的成熟细胞，用液泡的水势代替细胞的水势，而液泡的衬质势趋于零。

重力势（gravity potential，Ψ_g）指由于重力引起水向下移动与相反力量相等时的力，它可增加细胞水分的自由能以提高水势的值。处于较高位置的水比处于较低位置的水具有较高的水势。Ψ_g的大小与

参比状态以上的水柱高度(h)有关,与水的密度(ρ_w)和重力加速度(g)有关。方程式为:

$$\Psi_g = \rho_w \cdot g \cdot h$$

式中,$\rho_w \cdot g$ 的值为0.01 MPa/m,因此垂直距离(h)是10 m的水柱,它的重力势是0.1 MPa。但水分在细胞之间移动的距离很小,所以重力势的值非常小。

上述分析表明,对于形成大液泡的成熟细胞,由于衬质势等于零和重力势通常可以忽略不计,所以细胞水势公式可简化为:

$$\Psi_w = \Psi_s + \Psi_p$$

三、植物根系对水分的吸收

根是植物吸收水分的主要器官,陆生植物通过根系从土壤溶液中吸收的水分,再通过不同的途径输送到植物体的各个器官和组织中。植物的根系在地下所形成的庞大根系统,其总面积可能是地上部的几十倍。

(一) 根系吸收水分的主要部位

虽然植物的根是吸收水分的主要器官,但并不是根的各个部位都可以吸水,如在表皮细胞木质化或栓质化的根段吸水能力很小。根的主要吸水部位是根尖,从根尖的结构和发育表明(见第二章),根尖的主要吸水部位又是在根毛区(成熟区),根毛区有许多根毛,大大增加了吸收面积,同时根毛细胞壁的外部覆盖果胶物质,黏性强,亲水性好,有利于与土壤颗粒黏着和吸水,另外根毛区输导组织已经成熟,所以根毛区吸收水分的能力最强。而根冠、分生区和伸长区吸水能力则较弱,因为这些部位的细胞原生质浓厚,而且伸长区的输导组织仅处于开始分化形成中,对水分的移动阻力大。

(二) 根系吸收水分的途径

植物根系吸收水分的途径有三条:质外体途径、跨膜途径和共质体途径(图3-3)。

1. 质外体途径

质外体途径(apoplast pathway)指水分通过细胞壁、细胞间隙而没有经过细胞质的移动过程。质外体是水和溶质可以自由扩散的自由空间,经该途径吸收水分的阻力小,速度快。质外体途径从外界吸收的水分经过皮层进入到内皮层时,遇到环绕内皮层细胞壁上凯氏带的阻挡(见第二章),质外体的连续性被阻断。因此,水分必须经共质体途径通过内皮层细胞的原生质,或从凯氏带的破裂处才能进入到木质部的导管中。

2. 跨膜途径

跨膜途径(transmembrane pathway)是指水分连续地从细胞一侧进入,从另一侧出来,并依次跨膜进出细胞,最后进入植物体内部。在这个途径中,水分每经过一个细胞至少要跨两次质膜,也可能要跨过液泡膜。

3. 共质体途径

共质体途径(symplast pathway)指水分从一个细胞的细胞质,通过胞间连丝移动到另一个细胞的细胞质,形成一个细胞质的连续体。

(三) 根系吸水的方式与动力

根系吸水的方式分为主动吸水和被动吸水,主动吸水的动力是根压,被动吸水的动力为蒸腾拉力。

1. 主动吸水

主动吸水(active absorption of water)是由根部自身生理活动引起的根系吸水方式。主动吸水的动力是根压(root pressure)。

根压形成的过程与内皮层内外的水势梯度有关,内皮层相当于皮层和中柱之间的选择性透膜。根从土壤溶液吸收离子并通过共质体途径将溶质运到内皮层内侧的中柱和木质部导管,致使中柱细胞和

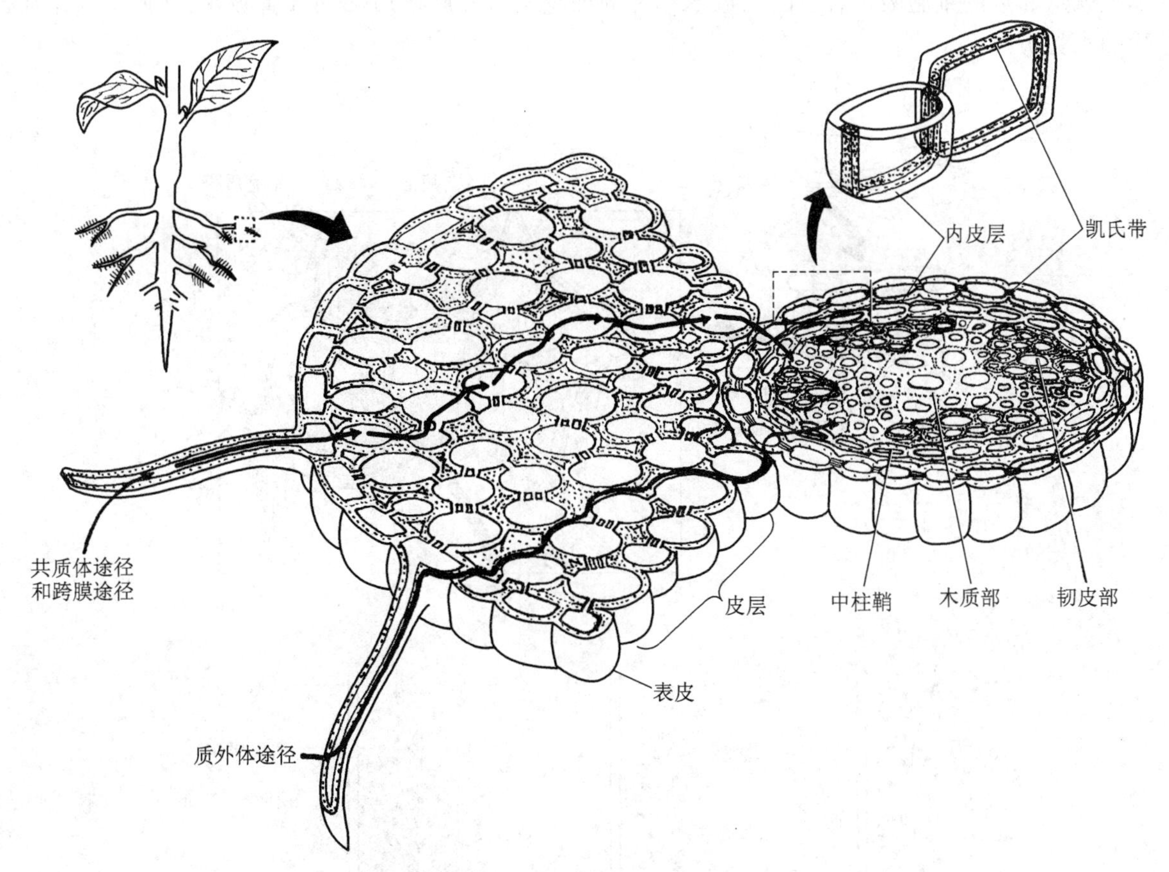

图 3-3　植物根系吸水途径的示意图(自 Taiz 和 Zeiger, 2006)

木质部中溶质的浓度升高,而渗透势则降低,水势下降。当中柱细胞和导管中的水势低于皮层和土壤的水势时,土壤中的水分即沿着水势梯度从皮层进入木质部导管并向上输送。这种由于水势梯度使水分进入中柱并向上运输的动力称为根压。

当土壤水势高而蒸腾速率低时,很容易形成根压。但蒸腾速率高时,由于水分被快速运到叶片并向大气散失,在木质部就不能形成正压。不同植物的根压也是不同的,大多数植物的根压为 0.05 ~ 0.5 MPa。

检测根压的一个简便方法是在植物茎基部把茎切断,可以看到在切面上有液滴(伤流液)流出,这种现象称为伤流(bleeding)。如果用橡皮管套上切口,并与一个压力计连接,即检测到正的根压。形成根压的植物常在叶片的边缘产生小液滴,这种现象叫吐水(guttation)。木质部中的正压力使木质部汁液从排水孔(hydathodes)渗出,排水孔与叶片边缘的叶脉末端相连,当蒸腾作用受抑制而水分状况很好时,比如清晨或傍晚,吐水现象最明显。

2. 被动吸水

植物根系的被动吸水(passive absorption of water)是指植物地上部的叶和枝的蒸腾作用引起根部吸水和向上运输的方式。蒸腾拉力(transpirational pull)是根系被动吸水的驱动力。蒸腾拉力产生的基本过程如图 3-4 所示,牵引木质部中的水分向上移动的负压在叶肉细胞的细胞壁表面产生,其原理与土壤中毛细现象的产生相似。组成细胞壁的纤维素和其他亲水成分形成微小孔道,孔道内含有水分。气孔下腔叶肉细胞的细胞间隙与空气直接接触,当水分蒸发时,细胞间隙的水层进入细胞壁的裂缝或微小孔道中,在那里形成气-液交界面(图 3-4)。由于水的表面张力很强,因此产生一个很大的张力或负压。当更多的水分从细胞壁气化时,产生更多的气-液交界面,所形成的负压就更大,于是这些细胞就从邻近的细胞吸水，进而，与叶脉相邻的细胞又从叶脉木质部的导管吸水，从而引起木质部导管的水势下降。

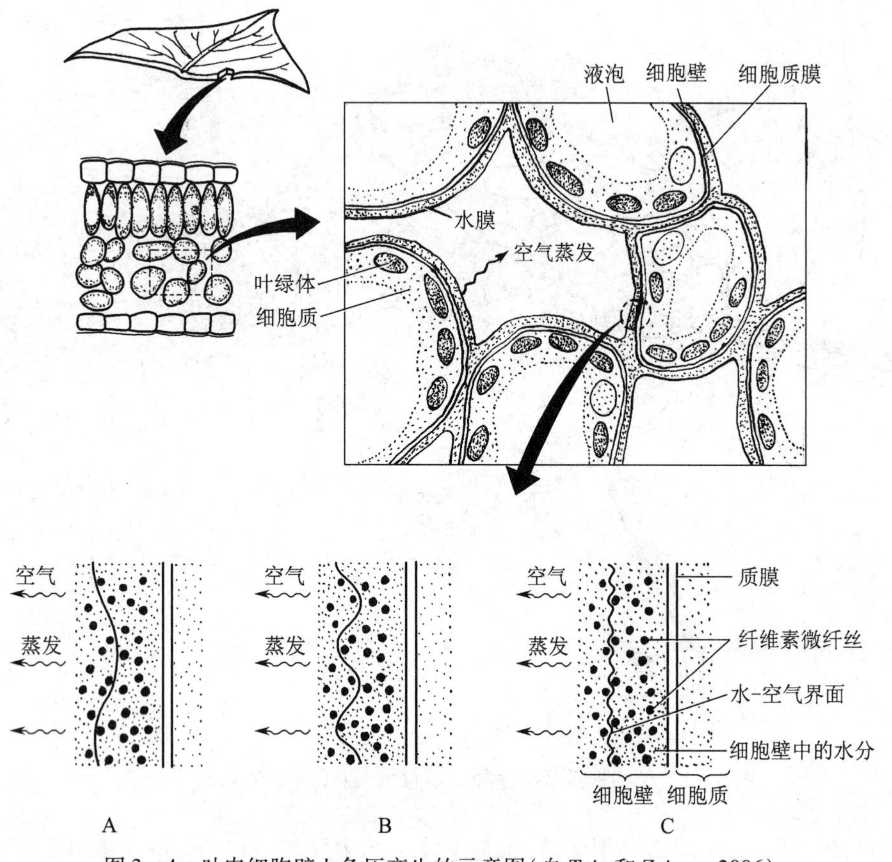

图 3-4 叶肉细胞壁上负压产生的示意图（自 Taiz 和 Zeiger，2006）

（四）影响根系吸水的主要因素

1. 土壤水分状况

土壤中的水并不是都可以被植物利用的，一般来说，植物可用水是土壤中永久萎蔫系数以外的水分。永久萎蔫系数是指植物发生永久萎蔫时土壤中的含水量。永久萎蔫指植物发生萎蔫时，即使降低蒸腾，植物仍不能恢复。永久萎蔫系数的大小与土壤的结构类型有关，如粗砂为1%左右，黏土为15%。不同的植物在各种土壤中的萎蔫系数也不同，如水稻在粗砂中的萎蔫系数为0.96，而玉米则为1.07。植物能否吸收土壤中的水分，不仅取决于土壤中水分的含量，还取决于土壤的水势。当土壤水势高于植物根组织的水势时，植物能从土壤中吸水；当土壤水势低于植物根组织的水势时，植物则不能从土壤中吸水。

2. 土壤通气状况

植物根系的吸水能力与土壤的通气状况有密切关系，通气好的土壤中，根系的吸水能力强，反之则吸水能力差。一些陆生植物之所以在水涝条件下容易萎蔫，就是因为缺氧使呼吸作用受到抑制，影响根系主动吸水。长时间缺氧，还容易形成无氧呼吸，产生和积累较多乙醇，破坏细胞膜的结构。水生或湿地植物之所以能够适应水生环境，是由于它们在结构和生理上产生了有效的适应机制，如根中有较大的气腔，而且与茎、叶中的气腔相连通，可储存氧气，保证根系正常呼吸。

3. 土壤温度

土壤温度不仅影响根系的生理生化过程，也影响水分在根系中的移动速率。在一定的温度范围内，随着土壤温度的升高，根系的吸水不断加快。低温影响根系吸水，因为土壤温度较低时根系细胞的原生质黏性增强，对水的阻力增大，水分子的运动减慢，渗透作用降低；根系呼吸作用减弱，离子吸收降低；根系生长受抑，吸收面积减少。土壤温度过高时会加速根系的老化，减少了根的吸收面积，酶钝化，根系吸水速率降低。

4. 土壤溶液浓度

一般情况下，土壤溶液浓度较低，土壤水势高，根系易于吸水。如果土壤溶液的水势低于根系的水势时，植物不仅不能吸水，反而还会丧失水分。盐碱地土壤溶液中的盐分含量较高，水势低，一般植物的根系吸水困难，会造成生理干旱。化肥施用过多造成作物的"烧苗"现象就是土壤溶液浓度急速升高，大大降低了土壤水势，阻碍了根系吸水所致。

四、蒸腾作用

（一）蒸腾作用的概念和生理意义

水从植物体表面（主要是叶片）以气体状态，从体内散失到体外的过程称为蒸腾作用（transpiration）。植物在蒸腾作用过程中所消耗的水分是很大的，陆生植物所吸收的水分绝大部分都散失到体外，只有1% ~5%用于代谢活动，用于构成植物体成分的水分只有1%。蒸腾过程受植物气孔结构和气孔开度的调节。

蒸腾作用在植物生命活动中具有重要的生理意义：①蒸腾作用是植物吸收和运输水分的主要驱动力，即蒸腾拉力。②蒸腾作用能降低叶片的温度。③蒸腾作用是植物吸收矿质盐类及其在体内运输的动力。

（二）蒸腾作用的部位、方式和指标

1. 蒸腾作用的部位和方式

植物体的各部分都有潜在的蒸发水分的能力。幼小的植物，暴露在空气中的各部分体表都可以发生蒸腾作用。木本植物长大后，茎枝上的皮孔可以蒸腾，这种通过皮孔的蒸腾称为皮孔蒸腾（lenticular transpiration）。但皮孔蒸腾的量仅占全蒸腾量的0.1%。植物的蒸腾作用主要靠叶片的蒸腾。植物叶片的表层是排列紧密的表皮细胞，在表皮细胞的外侧或在叶片表面通常有一层角质层，它阻碍水和气体的扩散。蒸腾散失的水分中大约有5%的水分通过角质层的裂缝扩散进入大气，这种蒸腾方式称为角质蒸腾（cuticular transpiration）。通过气孔的蒸腾称为气孔蒸腾（stomatal transpiration），它是植物蒸腾作用最主要的方式。

2. 蒸腾作用的指标

蒸腾速率（transpiration rate）指植物在一定的时间内，单位叶面积上蒸腾的水量，又称蒸腾强度。通常用每小时每平方米叶面积蒸腾水量的质量（g）表示（$g \cdot m^{-2} \cdot h^{-1}$）。

蒸腾比率（transpiration ratio）指植物在一定时间内积累的干物质与蒸腾失水量的比值，即每消耗1 kg水所产生干物质的质量（g），单位是$g \cdot kg^{-1}$。

蒸腾系数（transpiration coefficient）指植物制造1 g干物质所消耗的水量（$g \cdot g^{-1}$），它是蒸腾比率的倒数。

（三）气孔蒸腾的机理和影响因素

气孔是植物叶片与外界进行气体交换的主要通道。通过气孔扩散的气体有O_2、CO_2和水蒸气。在光合作用的过程中，植物从大气吸收二氧化碳的同时，不可避免地会向大气散失水分。因此，所有陆生植物都面临着这样的矛盾，既要从大气中吸收二氧化碳，又要限制水分散失，以防叶片发生水分亏缺。

1. 气孔运动

气孔通过有规律地开闭运动调节水分和CO_2的出入。本书的第一章和第二章已经对气孔器的结构

进行了介绍,组成气孔器的保卫细胞的纤维素微纤丝的排列方式在调节气孔张开和关闭的过程中起着重要的作用。在双子叶植物的肾形保卫细胞中,纤维素微纤丝从气孔向外呈扇形辐射排列(图 3-5A)。当保卫细胞吸水膨胀时,较薄的背壁易于伸长,但其纵向伸长受到限制,只能向外弯曲,同时,微纤丝牵引腹壁向外运动,气孔张开。单子叶禾本科植物哑铃形保卫细胞中的纤维素微纤丝像射线从气孔中心向两端径向辐射。当保卫细胞吸水膨胀时,微纤丝限制两端胞壁纵向伸长,而改为横向膨胀,将两个保卫细胞的中部推开,于是气孔张开(图 3-5B)。

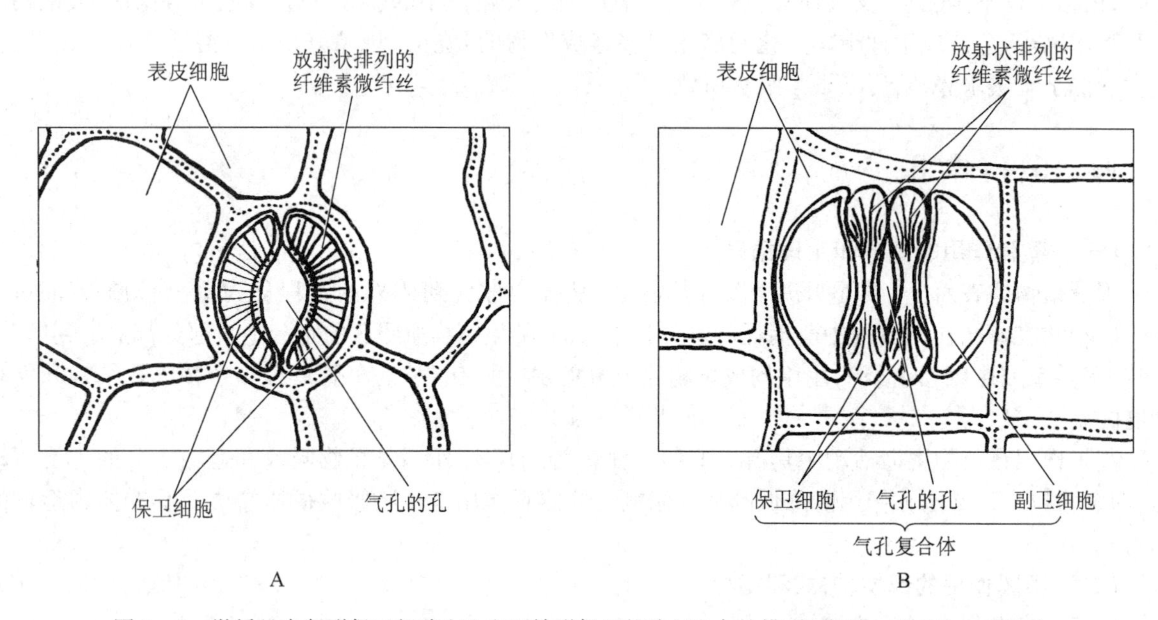

图 3-5　微纤丝在肾形保卫细胞(A)和哑铃形保卫细胞(B)中的排列(自 Taiz 和 Zeiger,2006)

2. 气孔运动的机制

气孔运动的机制比较复杂,国内外许多学者对于气孔运动的机制进行了长期探讨,提出了各种不同的学说,如淀粉-糖转化学说、钾离子泵学说、苹果酸代谢学说等。下面对这几种学说的内容进行简要介绍。

(1) 淀粉-糖转化学说(starch-sugar interconversion theory)　由植物生理学家 Lloyd 于 1908 年提出。该学说认为光照下,保卫细胞进行光合作用,消耗 CO_2,引起细胞质 pH 升高(pH 6.1~7.3),促使淀粉磷酸化酶(starch phosphorylase)水解淀粉为可溶性糖,保卫细胞的水势下降,水分从其邻近的表皮细胞或副卫细胞进入保卫细胞,气孔张开。在黑暗中,保卫细胞光合作用停止,呼吸作用产生的 CO_2 积累,细胞质的 pH 降低(pH 2.9~6.1),淀粉磷酸化酶催化逆向反应,使可溶性糖转化成淀粉,水势升高,水分又从保卫细胞流入到邻近的表皮细胞或副卫细胞,于是气孔关闭。

这个学说曾被广泛接受,但是由于钾离子在保卫细胞渗透调节中的重要作用,使这一假说被忽略。最近的研究结果表明,蔗糖在保卫细胞渗透调节的某些阶段起重要的作用。以蚕豆叶片为研究材料,发现清晨气孔张开伴随着保卫细胞中钾含量的增加,但是在中午前,钾含量逐渐下降,而蔗糖含量在上午增加缓慢,当钾含量降低后,蔗糖成为主要的渗透物质。当气孔在下午关闭时,蔗糖含量也随之下降。这个结果表明,气孔的张开和钾离子含量有关,而气孔的关闭则和蔗糖含量的下降有关。由此可见,气孔运动的不同阶段可能有不同的物质参与渗透调节。

(2) 钾离子泵学说(potassium ion uptake theory)　20 世纪 60 年代末期,有研究发现,气孔开闭与保卫细胞中的钾离子含量变化有关,因而提出钾离子泵学说或钾离子累积学说。该理论认为,钾离子是引起保卫细胞渗透势发生改变的主要离子。气孔张开时,保卫细胞中钾离子的含量高,其浓度达到 400~

800 mmol/L。气孔关闭时，钾离子含量减少，仅为 100 mmol/L。该研究认为，在保卫细胞质膜上有 ATP 质子泵（ATP proton pump），可分解由氧化磷酸化和光合磷酸化产生的 ATP，将 H^+ 分泌到保卫细胞外，使得保卫细胞的 pH 升高（0.5 ~ 1 个单位的质子梯度），同时使保卫细胞的质膜超极化（hyperpolarization）。而质膜内侧的电势也变得更负，于是驱动钾离子从与之邻近的表皮细胞或副卫细胞经过保卫细胞质膜上的钾通道进入保卫细胞，再进入液泡。所以，该理论认为钾离子的跨膜运输是由 ATP 质子泵建立的质子梯度来推动的次级运输。有实验还证明，用壳梭孢素（fusicoccin）可激活 ATP 质子泵，使气孔张开。还有的用钒酸盐抑制 ATP 质子泵的活动，气孔则关闭。另有实验证明，有少量氯离子伴随钾离子进入保卫细胞，维持电荷平衡。由于保卫细胞中钾离子和氯离子的累积增多，使细胞水势降低，促进保卫细胞吸水，气孔即张开。

（3）苹果酸代谢学说（malate metabolism theory）　是根据苹果酸含量的变化可调节气孔开闭的现象而提出的。即保卫细胞中苹果酸增多，气孔就张开，反之关闭。细胞质中的淀粉分解成磷酸烯醇式丙酮酸（phosphoenolpyruvate，PEP），PEP 在羧化酶的作用下，与 HCO_3^- 结合生成草酰乙酸，草酰乙酸进一步还原为苹果酸，进入液泡，水势降低，水分进入保卫细胞，气孔张开。

上面简介了三种学说的主要观点和实验依据，还有其他的一些学说，如玉米黄素学说等。气孔运动的调控是一个非常复杂的过程，可能涉及许多方面的因素，因此应该进行综合的分析。

3. 影响蒸腾作用的因素

蒸腾速率取决于气孔下腔（substomatal cavity）与外界空气之间的蒸气压差（即蒸气压梯度，vapor pressure gradient）和扩散途径中的阻力（r）。蒸气压梯度越大，水蒸气向外扩散力量越大，反之就慢。水蒸气的扩散阻力是水蒸气在扩散过程中各部分阻力的总和。其中最重要的是水蒸气通过气孔时的阻力［气孔阻力（stomatal resistance）］和水蒸气通过叶面的静止空气界面层（air boundary layer）的阻力（图 3-6）。界面层越厚，阻力越大，蒸腾越慢。

（1）影响蒸腾作用的内部因素　影响蒸腾作用速率的因素主要是气孔和气孔下腔的结构特点。如气孔下腔的体积大，其内蒸发面积大，气孔下腔的相对湿度大，水蒸气的扩散力就强，蒸发快，反之则蒸发慢。单位叶面积的气孔数多，气孔蒸腾的面积也大。叶片内部细胞间隙的面积增大，细胞壁的水分变成水蒸气的面积就大，细胞间隙充满水蒸气，叶内外蒸气压差大，有利于蒸腾。一些植物的气孔深陷，保护其免受风的影响。此外，叶片的形态解剖结构特性对界面层的厚度有影响，叶表面的叶毛也可以减少风对界面层的影响。

（2）影响蒸腾作用的环境因素　凡是影响叶内外蒸气压差和扩散阻力的外界条件都会影响蒸腾作用。

光照对蒸腾作用起主要作用。对于大多数植物，光照促进气孔开放，减小气孔阻力，蒸腾速率加快。光照可提高叶片的温度，使叶内外的蒸气压差增加，水分的扩散力增加，蒸腾作用加强。

空气湿度与蒸腾速率密切相关。靠近气孔下腔的叶肉细胞的细胞壁表面水分不断转变为水蒸气，当气孔下腔的相对湿度高于空气湿度，蒸腾作用可以顺利进行。当空气相对湿度增大时，叶内外蒸气压差变小，蒸腾速率变慢。当空气很干燥时，气孔就会关闭，蒸腾减弱。

空气中 CO_2 的浓度也与蒸腾速率相关。低浓度的 CO_2 可促进气孔张开，蒸腾作用加强；高浓度的 CO_2 使气孔关闭，蒸腾速率降低。

在太阳直接照射下，叶温通常比气温高 2 ~ 10℃，厚叶更显著。因此，当气温升高时，气孔下腔细胞间隙中蒸气压的增加大于大气蒸气压的增加，使叶内外的蒸气压差加大，蒸腾作用加强。

风和叶片界面层的厚度也是影响蒸腾速率的重要因素。水蒸气的扩散阻力与界面层厚度成正比。当静止无风时，界面层可能会变得很厚，水蒸气的扩散阻力增加，蒸腾作用减弱；微风可使界面层厚度降低，界面层对水蒸气的扩散阻力减小，蒸腾作用增强。

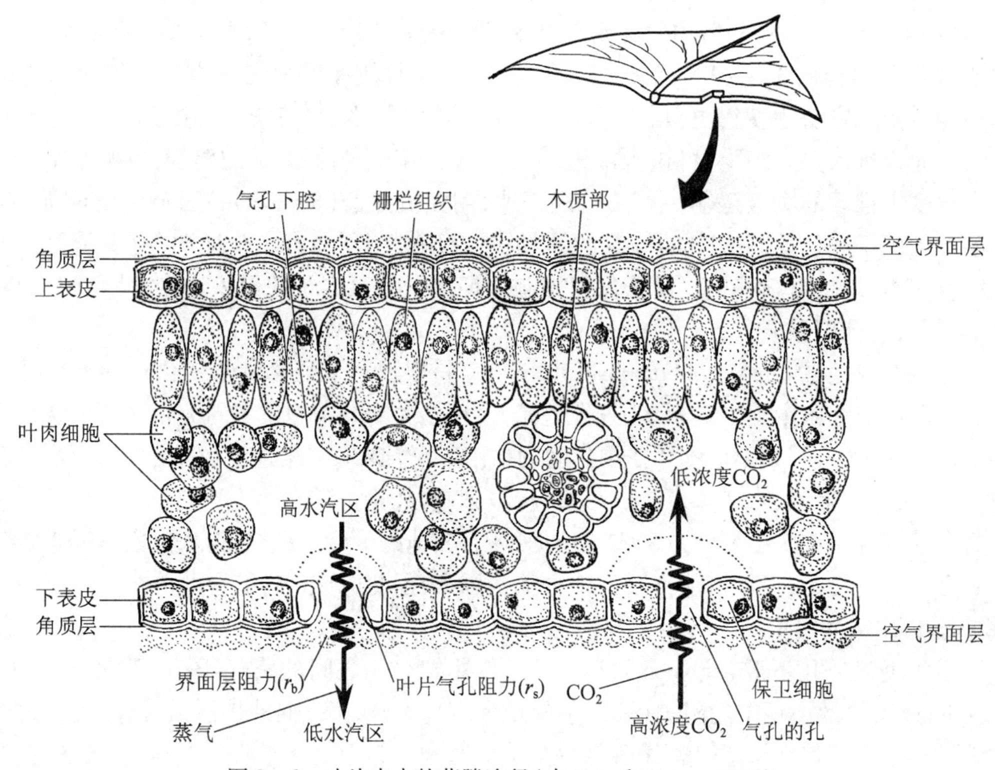

图 3-6　叶片中水的蒸腾途径(自 Taiz 和 Zeiger,2006)

五、植物体内水分的运输

(一) 水分的运输途径

水分总是从水势高的区域向水势低的区域移动,即从土壤到植物体再进入大气,形成一个土壤—植物—大气的连续系统(soil-plant-atmosphere continuum, SPAC)。水分在这个连续系统的运输途径为土壤→根毛→根皮层→根中柱鞘→根木质部维管束→茎木质部维管束→叶柄木质部维管束→叶脉木质部末端→叶肉细胞→叶肉细胞间隙→气孔下腔→气孔→大气。在这个过程中,水分的运动随阶段的不同采取不同的方式。水在土壤和木质部中,在压力梯度($\Delta\Psi_p$)的作用下以集流的方式运输,而从叶片向大气运动时则以扩散的方式。水进入植物体内还要涉及在跨膜的水势差驱动下以渗透方式流动。但是,无论水通过何种方式运输,始终遵循顺水势梯度运输的原则。

在这个运输途径的不同阶段中,水势的组成可能完全不同。例如,叶肉细胞和其邻近的木质部的水势很接近,但是木质部中水势的主要组成是负静水压(Ψ_p),而叶肉细胞中的膨压(Ψ_p)却是正的,叶肉细胞的负水势由高浓度的溶质导致的溶质势决定。

(二) 水分沿导管或管胞向上运输的动力和机制

根压能使水分在木质部导管中运输,但是根压很小,一般仅为 0.2 MPa,而且当蒸腾速率升高时,根压就会更小。因此,根压不能使水分在高大的乔木中向上运输。

水分在木质部导管或管胞中运输的另一个可能机制是植物顶部的蒸腾作用会产生巨大的负静水压(蒸腾拉力)拖动导管中的水分向上运输。在这个过程中,导管中的水柱一端受到蒸腾拉力驱动,向上移动,另一端水柱受到向下的重力。这两种力方向相反,故水柱受到一种张力。实验证明,水分子的内聚力可达 30 MPa 以上,而木质部中水柱的张力比水分子的内聚力小很多,只有 0.5~3 MPa。同时,水分子与导管内纤维素之间还有附着力,因此木质部导管或管胞中的水可形成连续的水柱,向上运输。这就是 Dixon 提出的内聚力 - 张力学说(cohesion-tension theory)。

当导管中的水处于负压时,溶解于水中的气体就会释放出来。而且,负压使空气通过侧壁纹孔进入导管或管胞的可能性增加。一旦气体进入,在导管或管胞中就会形成空穴或小气泡,这种现象被称为空穴现象(cavitation)或栓塞(embolism)。空穴现象使水柱的连续性中断,并阻止水分在木质部中向上运输。木质部中连续的水柱被打断,如果不及时修补,植物的水分运输就会终止,植物会因缺水而死亡。植物可通过几种方式避免木质部空穴化对植物造成的影响。因为木质部的管状分子是相互连通的,理论上一个气泡可能膨胀以至充满整个网络系统。但是实际上,气泡并不会膨胀得如此之大,因为膨胀的气泡不能轻易通过纹孔膜(pit membranes)上的小孔。既然木质部中的毛细管相互连通,一个气泡就不能完全阻止水分流动,水分反而能绕道而行,运输到邻近的相连导管或管胞中。而且,当晚上蒸腾作用很弱时,木质部中的负压消失,甚至形成正压力(根压),这种正压力使气泡缩小以至消失。

第二节 植物的矿质营养

烘干的植物组织在600℃灼烧,有机物中的碳、氢、氧、氮等元素以二氧化碳、水蒸气、分子态氮和氮的氧化物形式散失到空气中,余下一些不能挥发的灰白色残烬称为灰分(ash)。各种矿质以氧化物、硫酸盐、磷酸盐、硅酸盐等形式存在于灰分中,构成灰分的元素称为灰分元素(ash element)。它们直接或间接地来自土壤矿质,故又称为矿质元素(mineral element)。由于氮在燃烧过程中散失到空气中,而不存在于灰分中,并且氮本身也不是土壤的矿质成分,所以氮不是矿质元素。但氮和灰分元素都是植物从土壤中吸收的(生物固氮例外),所以也可将氮归并于矿质元素一起讨论。高等植物在生长发育过程中,必须不断从土壤吸收无机态的矿质元素。植物对矿物质的吸收、运输和同化称为矿质营养(mineral nutrition)。

一、植物必需的矿质元素

(一) 植物必需的矿质元素及其划分方法

1. 必需元素

Arnon 和 Stout(1939)提出必需元素(essential element)必须具备以下三个标准:

(1) 为完成植物整个生长发育周期不可缺少的元素,若缺乏该元素,植物不能完成它的生活史。

(2) 在植物体中的功能不能被其他元素所代替,该元素缺乏所表现的症状只能通过加入该元素的方法消除。

(3) 直接参与植物的生理代谢活动,如酶的成分、酶促反应的活化剂等,而不是因为该元素影响土壤的物理、化学性质或微生物的生长条件而产生的间接结果。

根据上述标准,可将植物的必需矿质元素定义为在植物的生长发育中不可缺少、不可替代,并直接参与植物生理代谢活动的元素。现已确定植物必需的矿质(含氮)元素有 16 种,它们是氮、磷、钾、钙、镁、硫、硅、铁、铜、硼、锌、锰、钼、镍、钠、氯。再加上从空气和水中得到的碳、氢、氧构成植物的必需元素共 19 种(表 3 - 1)。根据植物组织中元素的相对含量,必需元素通常被分成大量元素(macroelement)和微量元素(microelement)。

2. 确定植物必需矿质元素的研究方法

土壤的成分十分复杂,证明某种元素是否为植物所必需,须将植物在缺乏该种元素的条件下培养,观察缺少该种元素时对植物的生长发育产生的影响。19 世纪,Julius von Sachs 等几位科研工作者设计了溶液培养体系培养植物的简便、科学的实用方法。

溶液培养法(solution culture method)或又称水培法(water culture method,hydroponics),是将植物根系浸没在含有全部或部分营养元素的溶液中培养植物的方法。溶液培养法的关键是营养液中必需矿质营养元素要平衡,同时溶液的酸碱度适中,防止某些成分之间发生反应形成不溶物。另外还需注意对溶液系统通气,防止光线对根系的直接照射等。

砂基培养法(sand culture method)即先把石英砂或玻璃球等基物洗净,再浇灌含有全部或部分营养元素溶液的培养方法。其中石英砂或玻璃球起固定植物的作用。

其他还有气培法(aeroponics)、营养膜法(nutrient film growth system)等。气培法是把植物的根系悬浮在空气中,将营养液持续喷洒在根系表面的培养方法。营养膜法是把植物根系固定于水槽表面,使营养液流过根系的培养方法。

表 3-1　高等植物的必需元素

元素	化学符号	在干物质中的浓度 *	与钼相比较的相对原子数量
来自于水或空气的大量元素			
氢	H	6	60 000 000
碳	C	45	35 000 000
氧	O	45	30 000 000
来自于土壤的大量元素			
氮	N	1.5	1 000 000
钾	K	1.0	250 000
钙	Ca	0.5	125 000
镁	Mg	0.2	80 000
磷	P	0.2	60 000
硫	S	0.1	30 000
硅	Si	0.1	30 000
微量元素			
氯	Cl	100	3 000
铁	Fe	100	2 000
硼	B	20	2 000
锰	Mn	50	1 000
钠	Na	10	400
锌	Zn	20	300
铜	Cu	6	100
镍	Ni	0.1	2
钼	Mo	0.1	1

* 非矿质元素(H,C,O)和大量元素的值以百分比表示,微量元素的值以百万分比表示。

(二) 植物必需矿质元素的主要生理功能和缺素症状

1. 大量元素及其主要生理功能

氮　植物根系吸收的氮素主要是无机态氮,即铵态氮和硝态氮,也可吸收利用部分有机态氮,如尿素、氨基酸等。氮被称为生命元素，因为含有氮的物质大多是活细胞赖以生存的结构或功能成分，如蛋白质、核酸、磷脂等；氮也是叶绿素、植物激素、维生素及许多辅酶和辅基如 NAD^+、$NADP^+$、FAD 等的组成元素，对生命活动有重要调节作用。

供氮充足时，植物枝繁叶茂、健壮、产量高；氮素过多，植物徒长，容易倒伏和易受病虫害侵袭。

缺氮时，由于蛋白质、核酸等一些重要物质的合成受阻，细胞的生长分裂减缓，造成植株矮小，分枝、分蘖很少，叶片小而薄，花少，籽粒不饱满、产量低；有多余的糖类参与形成木质素或花青素，叶柄或茎叶呈红色或紫色。氮在植物体内容易移动，因此缺氮时，首先植物下部的叶片开始变黄，甚至脱落，并逐渐向上发展。

磷　磷主要以 $H_2PO_4^-$ 或 HPO_4^{2-} 的形式被植物吸收。磷进入植物体内后，一小部分仍保持无机形态，大部分形成为有机物。磷是核酸、核蛋白、磷脂等活细胞内多种功能性物质的重要成分。磷在能量代谢中起重要作用，它参与组成 ATP、$NAD(P)^+$、FAD、CoA、FMN 等，它也是呼吸作用和光合作用过程中的糖－磷中间产物的组分。

缺磷时，植株矮小，分枝或分蘖减少，叶片暗绿，叶片畸形并含有坏死组织；糖分运输受阻，叶片积累大量糖分，有利于形成花色素苷，使叶片呈紫红色。

钾　钾在植物体内以阳离子(K^+)的形式存在，在植物细胞渗透势的调节中起重要作用。钾可激活许多参与呼吸作用和光合作用的酶的活性，如丙酮酸激酶、苹果酸脱氢酶、琥珀酸脱氢酶、谷胱甘肽合成酶等 60 多种酶；钾能促进蛋白质和糖类的合成，促进糖类的运输；钾能增加原生质的水合程度，使细胞保水力增强，提高抗旱性。

缺钾时，叶片有斑点，叶缘黄化，叶尖坏死，叶缘焦枯，生长缓慢，整个叶片卷曲皱缩。植株茎秆柔弱、易倒伏，抗旱、抗寒性降低。钾在植物体内的移动性强，因此缺素症状首先出现在茎基部的叶片。

钙　钙以钙离子(Ca^{2+})的形式被植物吸收利用。在植物体内，部分钙以离子状态存在，是一些酶的活化剂，如 ATP 水解酶、磷脂水解酶等。钙与植物体内的草酸形成草酸钙结晶，消除过量草酸对植物(尤其是肉质植物)的毒害。钙是植物细胞壁胞间层中果胶酸钙的重要成分，缺钙时，细胞分裂不能进行或不能完成，形成多核细胞。细胞有丝分裂中，纺锤体的形成需要钙，因此钙与细胞分裂有关。在生物膜中，钙作为磷脂中的磷酸和蛋白质的羧基间联结的桥梁，起稳定细胞膜的作用。在植物细胞质中，Ca^{2+} 与钙调素(calmodulin, CaM)结合，形成钙－钙调素复合体(Ca^{2+}－CaM)参与信号转导，Ca^{2+} 作为第二信使，在植物的生长发育中起重要作用。

缺钙时的典型症状包括幼嫩分生组织区坏死，例如根尖或新叶；植株根系变褐色、变短并高度分枝；如果分生组织区域在成熟前就坏死，植株生长将严重受抑制；容易患病害，如番茄脐腐病、芹菜茎裂病、莴苣顶枯病、大白菜干心病及菠菜黑心病都与缺钙有关。钙离子在植物体内不易移动，缺钙时，症状首先出现在幼叶等生长旺盛的区域。

镁　镁以 Mg^{2+} 形态被植物吸收。镁是叶绿素分子结构组分之一；在植物细胞中，镁离子(Mg^{2+})是许多酶的活化剂，如葡糖激酶、丙酮酸激酶、RuBP 羧化酶、核糖核酸聚合酶等。所以，镁与光合作用、呼吸作用、蛋白质及 DNA 或 RNA 合成、糖类的转化和降解等生理活动有关。镁缺乏的一个典型特征是叶脉间失绿，因为维管束中的叶绿体比叶肉细胞中的叶绿体保持得时间长。镁移动性较高，所以缺素症状首先出现在老叶中。缺镁严重时，整个叶片都呈黄色或白色。镁缺乏的另一个症状是未成熟叶片脱落。

硫　硫以硫酸根离子的形式被植物吸收。硫是蛋白质和细胞质的组分；在植物体中大部分硫酸根(SO_4^{2-})被还原，进一步同化为半胱氨酸、胱氨酸和甲硫氨酸等，半胱氨酸－胱氨酸系统参与细胞中的氧化还原过程；硫是 CoA、硫胺素、生物素的组成成分，与糖类、蛋白质、脂肪的代谢密切相关。

缺硫的很多症状与缺氮相似，包括叶片变黄或发红，植株矮小，茎细而硬脆，以及花青素累积等。缺硫引起成熟叶和新叶发黄，而氮缺乏症状则先出现在老叶上。

硅　硅以单硅酸(H_4SiO_4)形式被植物体吸收和运输。在细胞中硅以非结晶水化合物($SiO_2 \cdot nH_2O$)

的形式沉积于细胞壁、内质网和细胞间隙中,或和多酚类物质形成复合物成为细胞壁加厚的物质,可以增强细胞壁的刚性和弹性,也可提高植物对病虫害的抵御能力和抗倒伏能力。硅还可以促进植物生殖器官的形成和受精,增加籽粒产量,以及改善许多重金属对植物的毒害。不同植物中含硅量差别很大,如木贼科的木贼(*Equisetum niemale*)的灰分中含有丰富的粗砂质二氧化硅,而且必须有硅才能完成其生命周期。禾本科植物中硅的含量很高,特别是水稻茎叶干物质中含有15% ~20%的SiO_2。

缺硅时,植物的蒸腾作用加快,生长受阻,植株易倒伏并易被真菌侵染。

2. 微量元素及其主要生理功能

铁 铁主要以Fe^{2+}的形式被植物吸收。植物体内有二价铁(Fe^{2+})和三价铁(Fe^{3+}),而且Fe^{2+}氧化成Fe^{3+}是一个可逆反应,因此,铁是许多氧化还原酶的辅基,如细胞色素、细胞色素氧化酶、过氧化物酶、过氧化氢酶等。铁也是光合作用和呼吸作用中电子传递链中重要载体的组成成分,如光合电子链中的铁硫蛋白和铁氧还蛋白,呼吸链中的细胞色素。铁也是固氮酶中铁蛋白和钼铁蛋白的组分。催化叶绿素合成酶中几个酶的活性表达同样需要铁。近几年发现,铁对叶绿体构造的影响甚至比对叶绿素合成的影响更大。

与镁离子缺乏时一样,铁缺乏的一个典型特征是植物脉间失绿。与缺镁症状不同的是,缺铁时脉间失绿首先出现在新叶,因为铁不易从老叶转运到新叶。在极端缺铁或长时间缺铁时,老叶脉也失绿,使整个叶片变成白色。

叶片变黄是因为叶绿体中一些叶绿素蛋白复合体的合成需要铁。铁的移动性较低可能是由于铁在老叶中以不溶性氧化物或磷酸盐的形态沉淀,或者与植物铁蛋白形成复合物。铁的沉淀降低了铁进入韧皮部进行长距离运输的可能性。

锰 锰主要以Mn^{2+}形式被植物吸收。锰离子(Mn^{2+})是许多酶的活化剂,尤其是参与三羧酸循环的脱羧酶和脱氢酶受锰离子专一激活。锰是叶绿体中光合放氧复合体的重要组成,也是维持叶绿体正常结构的必需元素。植物细胞中,锰在氧化还原、电子传递等过程中起作用。

锰缺乏的主要症状是叶脉间失绿,伴随出现小的坏死斑点。失绿症可能出现在新叶,也可能出现在老叶,与植物种类及生长速率有关。

铜 在通气良好的土壤中,铜多以Cu^{2+}的形式被植物吸收,而在潮湿缺氧的土壤中,多以Cu^{+}的形式被植物吸收。植物体中Cu^{2+}和Cu^{+}间的相互转化构成了又一个重要的氧化还原系统,因此它是一些氧化还原反应相关的酶的辅基。如铜是多酚氧化酶、抗坏血酸氧化酶等的辅基,在呼吸作用的电子传递过程中起重要作用。铜也是质体蓝素的组成成分,参与光合电子传递。

缺铜时,叶片黑绿,有坏死的斑点。坏死的斑点首先出现在新叶叶尖,然后沿着边缘向叶基部延伸,叶片卷曲或变形。极端缺铜时,叶片在成熟前脱落。

锌 锌以二价离子(Zn^{2+})的形式被植物吸收。锌是许多酶的组分或活化剂,如谷氨酸脱氢酶、超氧化物歧化酶、乙醇脱氢酶等;锌是碳酸酐酶的组分,该酶催化二氧化碳与水反应生成碳酸;锌也是谷氨酸脱氢酶及羧肽酶的组成成分,因此在氮代谢中也起一定作用;锌是色氨酸合成酶的必需成分。

缺锌时植物的呼吸和光合作用都受到影响。色氨酸的合成反应受阻,而色氨酸是合成生长素的前体,因此缺锌时生长素含量降低,导致植株生长受阻,出现"小叶病",如苹果、桃、梨等缺锌时节间生长降低,植物呈莲座状。叶片小并且变形,叶缘折皱。一些植物合成叶绿素需要锌(如玉米、高粱和菜豆),缺锌时,这些植物老叶脉间黄化并且出现坏死斑点,这可能是叶绿素合成需要锌的一种表现。

硼 硼主要以硼酸(H_3BO_3)的形式被植物吸收。植株各器官间硼的含量以花器官中最高。硼与花粉形成、花粉管萌发和伸长以及受精过程密切相关;硼参与糖的转运与代谢,它可以激活尿苷二磷酸葡萄糖焦磷酸化酶,故能促进蔗糖的形成;硼还能促进植物根系发育,特别对豆科植物根瘤的形成影响很大,因为硼能影响糖类的运输,从而影响根对根瘤菌供应糖类的量;硼与甘露醇、甘露聚糖、多聚甘露糖醛酸、山梨醇等形成复合物,可促进硼在植物体内的运输;硼可抑制有毒酚类化合物的形成。

硼的缺素症状具有多样性,依植物种类和年龄而异。一种典型症状是新叶和顶芽变黑坏死,新叶坏死主要出现在叶片基部,茎变坚硬易碎,顶端优势消失,侧枝、侧芽大量发生,其后侧枝、侧芽的生长点又很快坏死,而形成簇生状。缺硼时,花药、花丝萎缩,绒毡层组织破坏,花粉发育不良。

甘蓝型油菜的"花而不实"、棉花"蕾而不花"、甜菜的干腐病、花椰菜的褐腐病、马铃薯的卷叶病和苹果的缩果病等都与缺硼有关。

氯 以 Cl^- 的形式被植物吸收。植物体内的氯以 Cl^- 的形态存在。氯是生长素类激素的组成成分。光合作用中水裂解释放氧需要氯离子参与。Cl^- 可以平衡细胞内的 K^+,在细胞的渗透调节和电荷平衡等方面起重要作用。

缺氯时,植株叶尖萎蔫,叶片失绿坏死,叶片生长缓慢。最后叶片呈现褐色;根系生长受抑制,根尖附近加粗。

钠 大多数的 C_4 或 CAM 植物需要钠离子(Na^+)。在这些植物中,钠对光合 C_4 途径中磷酸烯醇式丙酮酸的再生至关重要。缺钠条件下,这些植物出现黄化和坏死症状,甚至不能形成花。许多 C_3 植物中,钠离子可以提高细胞的膨压,从而刺激其生长,并且可部分代替钾参与调节细胞渗透势。

镍 镍以 Ni^{2+} 的形式被植物吸收。镍是脲酶的辅基,脲酶的作用是将尿素水解为 CO_2 和 NH_4^+。镍也是氢化酶的成分之一,它在生物固氮过程中起氢化作用。缺镍时,脲酶失活,尿素在植物体内积累,对植物造成毒害,叶尖坏死。

钼 钼以钼酸盐的形式被植物吸收。钼离子(Mo^{4+} 和 Mo^{6+})是硝酸还原酶和固氮酶等重要酶的组成成分,因此影响植物的氮素营养。

钼缺乏的症状首先是老叶脉间失绿、坏死。花椰菜等十字花科植物的叶片发生卷曲,随后死亡。花的形成受阻或花在成熟前脱落。由于钼参与硝酸根同化和氮固定,钼缺乏可能会导致氮缺乏。尽管植物仅需要很少量的钼,但是一些土壤中的钼仍不能满足植物生长所需。对于这样的土壤,额外施少量钼就能显著提高作物或草料的生长。

3. 植物的缺素诊断

(1) 病症诊断法 在植物生长发育过程中,植物缺乏上述必需元素中的任何一种元素时,都会表现出特有的生理病症。值得注意的是:首先,应区分生理病害、病虫危害和其他不良环境因素引起的病症。有时病虫害或逆境胁迫,引起植物表现出类似于某种或几种营养元素缺乏的症状。其次,植物种类不同,处于不同发育时期,或缺素时期不同,其表现出的症状也可能不同。同时缺乏几种元素或不同元素间的相互作用,使病症诊断更复杂。为方便诊断,特将植物缺乏各种必需矿质元素的主要症状检索如下(表 3-2)。

(2) 植物器官组织及土壤组分的测定 在以上初步判断的基础之上,通过对植物组织和土壤成分进行化学测定,有助于进一步判断是否缺乏某种或某些元素。

表 3-2 植物缺素症状检索表

病症	缺乏元素
A. 病症在老叶	
B. 病症常遍及整株,基部叶片干焦	
C. 植株浅绿,基部叶片发黄,干燥时呈褐色,茎短而细 …………	氮
C. 植物深绿,常呈红或紫色,基部叶片发黄,干燥时暗绿,茎短而细 …………	磷
B. 病症常限于局部,基部叶片不干焦但杂色或缺绿,叶缘杯状卷起或皱缩	
C. 叶杂色或缺绿,有时呈红色,有坏死斑点,茎细 …………	镁

续表

病症	缺乏元素
C. 叶杂色或缺绿,有坏死的大斑点或小斑点	
D. 坏死斑点小,常在叶脉间,叶缘最显著,茎细	钾
D. 坏死斑点大,普遍出现在叶脉间,最后出现于叶脉,叶厚,茎的节间短	锌
A. 病症在嫩叶	
B. 顶芽死亡,嫩叶变形和坏死	
C. 嫩叶初呈钩状,后从叶尖和叶缘向内死亡	钙
C. 嫩叶基部浅绿色,从叶基部起枯死,叶卷曲	硼
B. 顶芽存活但缺绿或萎蔫	
C. 嫩叶萎蔫,常有斑点或缺绿发黄,茎尖柔弱	铜
C. 嫩叶不萎蔫,具有缺绿症	
D. 坏死斑点小且散布全叶,叶脉仍绿	锰
D. 无坏死斑点	
E. 叶脉仍绿	铁
E. 叶脉失绿	硫

二、植物细胞对矿质元素的吸收

细胞膜是植物细胞与外界环境进行物质与能量交换的结构。要了解植物体对矿质元素的吸收,首先应该了解植物细胞怎样吸收矿质元素。植物细胞吸收溶质的方式有四种:通道运输、载体运输、泵运输和胞饮作用。

(一) 通道运输

离子通道(ion channel)是指在细胞质膜上由内在蛋白构成的横跨膜两侧的通道。通道的大小和孔内表面电荷密度决定了它对离子的运输具有选择性和专一性,即一种通道只允许某一种离子通过,所以,细胞膜上有多种离子通道。通道蛋白的"门控"或"闸门"(gates)可以开关,根据"门控"开关机制的不同,可将离子通道分为两类:一类是对跨膜电势梯度有响应的电位门控通道,另一类是对外界多种刺激(如光照、激素、电压、膨压、pH、离子等)产生响应而开放的配体门控通道。通道开放时,离子将顺着电化学势梯度,以极快的速度扩散通过,每秒钟通过每个通道蛋白的离子数可达 10^8 个。通道蛋白含有感受器,它通过对刺激的感受改变蛋白质的构象,打开或关闭闸门。

目前,在植物细胞中研究较多的是 K^+ 通道,其次是 Cl^- 等阴离子通道。利用膜片钳技术研究揭示,K^+ 通道可分为内向 K^+ 通道和外向 K^+ 通道。前者起控制细胞外的 K^+ 进入细胞的作用,它由 4 条肽链组成,每条肽链有 6 个跨膜区。后者的作用是控制细胞内的 K^+ 外流,它也由 4 条肽链组成,但每条肽链只有 4 个跨膜区。4 条肽链对称地围成一个孔径为 0.3 nm 的中央孔道,正好允许单个 K^+ 通过(图 3-7)。

(二) 载体运输

载体蛋白(carrier protein)亦称载体(carrier)或转运体(transporter),也是一类跨膜的内在蛋白,但没有明显的孔道结构。载体蛋白在运送离子或溶质时,首先在质膜的一侧有选择地与被运送的离子或溶质结合,形成载体-转运物质复合物,再通过载体蛋白构象的变化,将离子(或溶质)从膜的一侧运至另

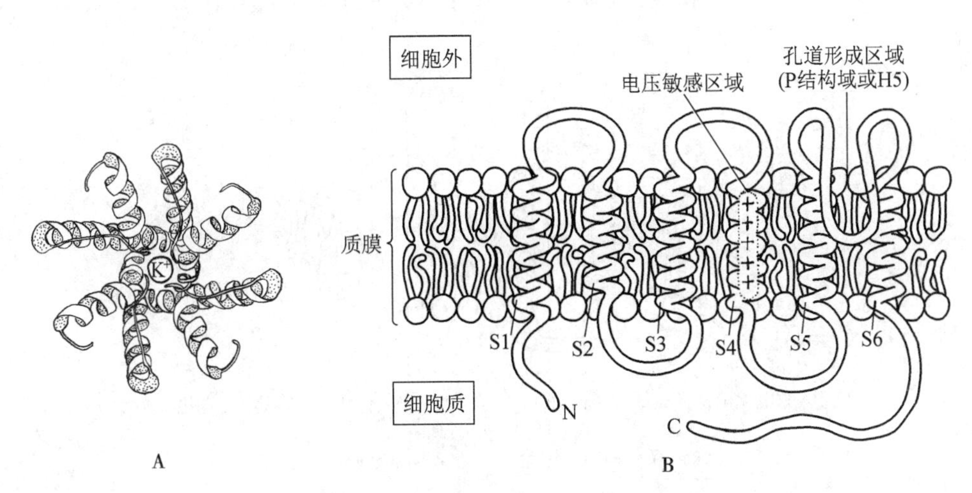

图 3－7 植物钾离子通道示意图(自 Taiz 和 Zeiger,2006)

A. 钾离子通道俯视图,4 条肽链中心形成孔 B. 内向钾离子通道侧面图,包含 6 个跨膜区域,第 4 个螺旋有对电压敏感的氨基酸序列,成为膜电位感受区,螺旋 5 和螺旋 6 间是孔道形成区

一侧。由载体进行的运输可以是被动的(顺电化学势梯度进行),也可以是主动的(逆电化学势梯度进行)。载体蛋白分为 3 种类型:单向运输载体(uniport carrier)、同向运输器(symporter)和反向运输器(antiporter)。单向运输载体能催化分子或离子沿电化学势梯度单方向的跨膜运输。同向运输器和反向运输器将在泵运输中具体介绍。

(三) 泵运输

1. 离子泵

离子泵(ion pump)为膜内在蛋白。根据离子泵的活动对膜电位的影响,将其分为生电离子泵(electrogenic pump)和中性离子泵(electroneutral pump),前者导致净电荷的跨膜运输,而后者不改变膜两侧的电荷分布状况。例如,动物细胞的 Na^+/K^+ －ATP 泵,每泵进细胞 2 个 K^+,就泵出 3 个 Na^+,结果导致膜外增加一个正电荷,因此这个 Na^+/K^+ －ATP 泵是生电离子泵。对比而言,动物胃黏膜上的 H^+/K^+ －ATP 泵每向细胞内泵入一个 K^+,就向外泵出一个 H^+,因此没有净电荷的变化,这个 H^+/K^+ －ATP 泵是中性离子泵。现在发现的离子泵主要有 3 种类型:H^+ － ATP 酶、Ca^{2+} －ATP 酶和 H^+ －焦磷酸酶。在植物质膜上,最普遍的泵是 H^+泵和 Ca^{2+}泵。

2. 质子泵

质膜上的生电质子泵(electrogenic proton pump),亦称为 H^+ －ATP 酶,它消耗 ATP 水解释放的能量,将质子从细胞内泵到细胞外,结果使质膜两侧产生质子浓度梯度(proton concentration gradient)和膜电位梯度(membrane potential gradient),两者合称为电化学势梯度(electrochemical potential gradient)。植物细胞膜上的 H^+ －ATP 酶利用能量将 H^+ 逆浓度梯度运到细胞外的过程又被称为初级主动运输(primary active transport)。其他无机离子或小分子有机物质利用 H^+ －ATP 酶活动所建立的跨膜电化学势梯度跨膜运输的过程被称为次级主动运输(secondary active transport)。次级主动运输实际上是一种共运输(co-transport)的过程,即两种离子同时被跨膜运输的过程。根据两种溶质跨膜运输的方向,共运输分为同向共运输(symport)和反向共运输(antiport)(图 3－8)。承担同向共运输的膜蛋白被称为同向运输器(symporter),指运输器与质膜外侧的 H^+结合的同时,又与另一个分子或离子结合同向运输。承担反向共运输的膜蛋白称为反向运输器(antiporter),指运输器与质膜外侧的 H^+结合的同时,又与质膜内侧的分子或离子结合,两者朝相反方向运输。实验显示,植物体内的 Na^+ 由 Na^+ －H^+反向运输器运到细胞外,而 Cl^-、NO_3^-、$H_2PO_4^-$、蔗糖、氨基酸和其他物质通过特定同向运输器进入细胞。除了在细

胞质膜上有 H^+ - ATP 酶,在液泡膜、线粒体内膜和叶绿体类囊体膜上都存在 H^+ - ATP 酶。

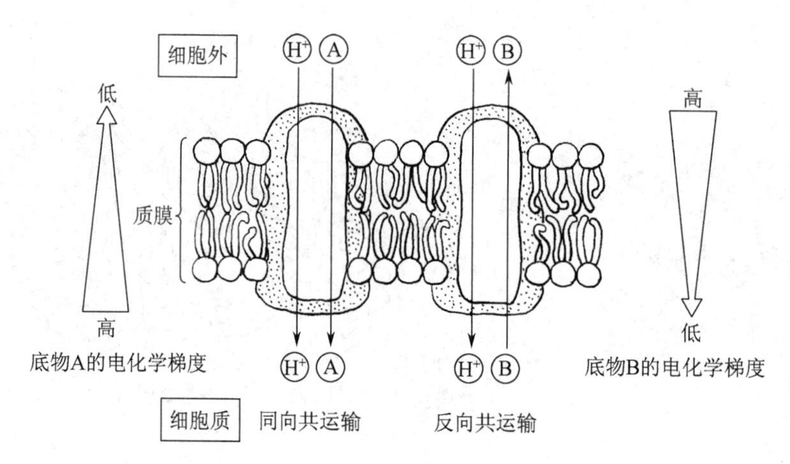

图 3-8　通过载体的次级主动同向和反向共运输示意图(自 Taiz 和 Zeiger,2006)

3. 钙泵

钙泵亦称 Ca^{2+} - ATP 酶。钙是第二信使,在信号转导中起着重要的作用。细胞质中 Ca^{2+} 浓度的微小波动都会改变许多酶的活性。当胞质中钙含量过高时,质膜上的钙泵将多余的 Ca^{2+} 运到细胞质外的质外体空间,液泡膜上的 Ca^{2+}/ H^+ 反向运输器将 Ca^{2+} 累积在液泡中。除了质膜,在液泡膜、内质网膜和叶绿体内被膜上均存在钙泵。

(四) 胞饮作用

细胞通过质膜吸附物质之后,质膜内折而将物质转移到胞内的过程,称为胞饮作用(pinocytosis)。胞饮作用的过程是:物质被质膜吸附时质膜内陷,物质便进入凹陷处,质膜内折,逐渐将物质围起来而形成小囊泡;小囊泡向细胞内部移动,囊泡本身逐渐溶解,物质便留在胞内;小囊泡也可能一直向内移动至液泡膜,最后将物质送到液泡内。胞饮作用是非选择性吸收方式。各种盐类、大分子物质甚至病毒在内的多种物质都可能通过胞饮作用进入植物体。它不是植物吸收矿物质的主要方式。

根据植物细胞吸收矿质元素是否需要能量,又可把植物吸收溶质的方式分为两大类:被动吸收和主动吸收。被动吸收(passive transport)不需要消耗能量,顺电化学势梯度进行,即物质从电化学势较高的区域向较低的区域扩散;主动吸收(active transport)需要消耗代谢能量,逆电化学势梯度进行。被动吸收主要通过扩散方式进行,具体又可以分为简单扩散(simple diffusion)和易化扩散(facilitated diffusion)。简单扩散指溶质从浓度较高区域跨膜移向浓度较低区域的物理过程。影响简单扩散的主要因素取决于细胞内外溶液的浓度梯度。由于简单扩散需通过质膜的脂双分子层,一般来说,非极性的溶质通过膜的速度较快,如 O_2、CO_2、NH_3 等。易化扩散又称协助扩散,指溶质通过膜转运蛋白沿浓度梯度或电化学势梯度进行的跨膜转运。其中,不带电荷的溶质转运方向取决于溶质的浓度梯度,带电荷的溶质(离子)转运的方向则取决于该溶质的电化学势梯度。参与易化扩散的转运蛋白有两种:通道蛋白和载体蛋白。参与主动吸收的蛋白质主要是离子泵。

三、植物对矿质元素的吸收和运输

植物吸收矿质营养最主要的器官是植物根系,叶片也可以吸收一定的矿质养分。

(一) 根系吸收矿质元素的部位

根系是吸收矿质元素的主要部位。根系吸收矿质的部位与吸收水分的一样,主要是根尖。由于根尖的成熟区有根毛,扩大了吸收的表面积,其内的输导组织发育完全,因此根毛区是最活跃的矿质养分吸收区域。根尖之所以能高效吸收养分,还由于这些组织对养分的迫切需要和土壤中根尖周围相对较高的养分有效性。例如,细胞伸长需要溶质的积累,如钾、氯和硝酸根能提高细胞中的渗透压。铵离子是支持分生组织细胞分裂的优先氮源,因为分生组织通常受糖类限制,同化铵离子比同化硝酸根消耗的能量少。根尖和根毛生长钻入新土,新土中的养分还没有被其他根系吸收,因此养分含量较高。

(二) 土壤中养分向根表的运移

土壤中的养分以集流或扩散的方式移动到根系表面。通过集流运输的养分量与水在土壤中的运输速率(取决于蒸腾速率),以及土壤溶液中的养分浓度有关。当流速和养分浓度高时,集流在养分供应方面发挥重要的作用。矿质养分也可通过扩散作用从浓度高的区域向浓度低的区域运移。根系吸收养分降低了根表附近养分的浓度,形成浓度梯度,养分顺着浓度梯度扩散。当根系大量吸收养分,土壤中养分浓度就会降低,通过集流的方式供给植物根系的养分仅占根系所需养分总量的一小部分。这种条件下,扩散速率决定了养分向根表运移的量。当扩散速率太低而不能满足根系吸收的量时,在根表邻近区域就形成了养分亏缺区(nutrient depletion zone)。这个区域从距离根表面 0.2 mm 延伸到 2.0 mm,其大小取决于土壤中养分的移动性。养分亏缺区的形成告诉我们,在根际(rhizosphere,指根系周围的微环境)矿质养分供应不足的条件下,根从土壤中获得养分的能力不仅取决于土壤溶液中养分的移动速率,而且也决定于根系生长钻入新土的能力。没有生长,根系就会很快耗尽根表面附近土壤中的养分。

(三) 根系吸收矿质养分的过程

植物根系吸收矿质元素的过程大致分为以下 3 个步骤:①土壤溶液中的多数矿质元素以离子形式被吸附在根表面;②矿质元素经质外体或共质体途径,进入根的内部;③离子从中柱内的薄壁细胞进入木质部导管或管胞。

1. 矿质元素被吸附在根部细胞表面

土壤中的矿质元素只有一小部分溶解于土壤溶液中,大部分矿质元素则被土壤胶体颗粒所吸附。土壤中的无机和有机颗粒表面主要带负电荷,吸附着矿质阳离子,例如铵离子(NH_4^+)和钾离子(K^+)。矿质阳离子吸附到土壤颗粒表面后,不容易被水淋洗掉,这样为植物根系提供了有效的养分库。吸附在土壤颗粒表面的矿质阳离子可以被其他阳离子替代,这个过程称阳离子交换(cation exchange)。土壤吸附和交换离子的程度定义为土壤的阳离子交换量(cation exchange capacity, CEC)。阳离子交换量取决于土壤类型。交换量高的土壤通常具有一个很大的矿质养分库。矿质阴离子,如硝酸根(NO_3^-)和氯离子(Cl^-),被土壤颗粒表面的负电荷排斥,溶解在土壤溶液中,易流失。这样,土壤的阴离子交换量比阳离子交换量小。磷酸根($H_2PO_3^-$)可以与土壤颗粒中的铝或铁结合,因为带正电荷的铁和铝(Fe^{2+},Fe^{3+},Al^{3+})有羟基(OH^-)可与磷酸根交换,磷酸牢固地结合在土壤颗粒表面,致使它在土壤中的移动性和有效性很低,从而限制了植物的生长。

根组织呼吸释放的 CO_2 和土壤溶液中的 H_2O 形成的 H_2CO_3 解离出 H^+ 和 HCO_3^-。根表面的 H^+ 和 HCO_3^- 可以与土壤颗粒表面的阳离子和阴离子进行等价交换,土壤颗粒表面被解吸的阳离子或阴离子进入土壤溶液,然后被根系吸收;或者根与土壤颗粒之间的距离小于离子振动的空间,土壤颗粒上的阳离子与根表面的 H^+ 可以不通过土壤溶液而直接交换,阳离子被吸附到根表面。

2. 离子进入根的内部组织

根细胞表面吸附的离子可以通过质外体或共质体途径进入到根的内皮层。到达内皮层的离子必须通过共质体途径进入中柱,因为内皮层的凯氏带阻碍了水分和矿质离子通过质外体进入中柱。不过,根的幼嫩部分,其内皮层细胞尚未形成凯氏带,溶质和水分可以经过质外体进入中柱。另外,内皮层中个别细胞的细胞壁不加厚(通道细胞),可作为溶质和水分的通道。

3. 离子进入木质部导管或管胞

离子通过共质体跨过内皮层进入中柱内的木质部薄壁细胞后,再从木质部薄壁细胞进入导管或管胞中。对于溶质从木薄壁细胞进入导管或管胞的机理有两种观点:一种观点认为,溶质从木质部薄壁细胞进入导管以被动扩散的方式进行。因为有实验表明,木质部中各种离子的电化学势均低于皮层或中柱内其他生活细胞的电化学势。另一种观点认为,导管或管胞周围薄壁细胞中的离子通过主动运输的方式进入木质部。因为近几年来,有不少研究表明这个过程是一个受高度调节的主动过程。木质部薄壁细胞和其他活细胞一样,维持着 H^+ -ATP 酶的活性和负的膜电位。通过电生理和遗传学方法已经确定,在溶质进入导管分子的过程中,转运蛋白具有特异功能。木质部薄壁细胞的质膜上含有质子泵、水通道、各种向内或向外流的离子通道和载体。

(四) 根系吸收矿质元素的特点

根系吸收矿质元素有如下 3 个特点:

1. 对矿质元素和水分的吸收具有相对性

植物对水分和矿质的吸收既相互关联,又相互独立。相互关联性表现在养分一定要溶于水中,才能被根系吸收,并随水流进入根内。而矿质的吸收降低了细胞的渗透势,促进了植物的吸水。相互独立性表现在两者的吸收比例不同,吸收机理不同:水分吸收主要是以蒸腾作用引起的被动吸水为主,而矿质吸收则是以消耗代谢能的主动吸收为主。另外,两者的分配方向不同,水分主要分配到叶片,而矿质主要分配到当时的生长中心。

2. 对矿质元素的吸收具有选择性

植物根系对矿质元素的选择性表现在同一种植物对不同离子的吸收不同,如在土壤中施用 $(NH_4)_2SO_4$时,根系则选择吸收 NH_4^+。不同的植物对矿质元素的吸收也有不同,同样表现出选择性。如水稻对硅的吸收较多,对钙和镁的吸收则相对较少;而番茄对钙和镁的吸收速率则很高,对硅几乎不吸收。根系对矿质元素的这种选择性吸收将会影响土壤的酸碱性和土壤结构。

3. 单盐毒害和离子颉颃

单盐毒害(toxicity of single salt)是指植物只在含有一种单盐的溶液中培养,植物会生长发育不正常,并最终死亡的现象。其中,阳离子比阴离子对植物的毒害作用更显著,如 KCl、NaCl 等。即使是生活在海水中的植物,如果把它放在只有海水中 NaCl 含量 1/10 的纯 NaCl 溶液中,该植物也会死亡。

如果在单盐溶液中加入少量其他离子,单盐的毒害就可减弱会消除,这种作用称为离子颉颃(ion antagonism)作用。但在元素周期表中的同族元素没有颉颃作用,如 K^+ 与 Na^+ 等;只有不同族的元素才有颉颃作用,如 K^+ 与 Ca^{2+} 等。

(五) 影响根系吸收矿质元素的条件

1. 土壤温度

一定温度范围内,根系吸收矿质元素的速度随土壤温度的升高而加快,但是当土壤超过一定温度时,吸收速度反而下降。这是由于土壤温度一方面影响溶质的扩散速度,另一方面影响根系的呼吸作用。土壤温度也影响各种酶的活性。温度过高时,细胞透性加大,矿质元素外流;温度过低时,根系代谢弱,主动吸收慢,细胞质黏性增大,离子进入困难。

2. 土壤通气状况

土壤通气状况直接影响根系的呼吸作用,进而影响根部的生理状况及对矿质元素的吸收。通气良好时,根系呼吸代谢旺盛,促进根系对矿质元素的吸收;土壤缺氧时,根系的生理代谢活动受到抑制,植物吸收矿质的速度降低。

3. 土壤溶液的浓度

在一定浓度范围内,随土壤溶液浓度的增加,根系吸收离子的量也增加。但是当土壤溶液的浓度高出此范围时,根系吸收离子的速度就不再增加,这是由于根系细胞膜上的转运蛋白数量有限。当溶液浓度过高时,会对根组织产生渗透胁迫,严重时会引起组织乃至整个植株失水,出现“烧苗”现象。

4. 土壤溶液的 pH

氢离子浓度(pH)是土壤理化性质的一个重要指标,它影响植物根系的生长和土壤微生物的分布。

根系的生长通常比较偏爱微酸性土壤,pH 在 5.5 到 6.5 之间。真菌一般主要分布在酸性土壤,而细菌在碱性土壤上分布越来越广泛。土壤 pH 决定了土壤养分的有效性。酸性提高了岩石的矿化速率,释放出 K^+、Mg^{2+}、Ca^{2+} 和 Mn^{2+},提高了碳酸盐、硫酸盐和磷酸盐的溶解度。养分溶解度的提高,有利于促进根系对养分的吸收。

影响土壤 pH 降低的主要因素是有机物的降解和降雨量。有机物降解产生 CO_2,它与土壤中的水反应形成的 H_2CO_3 又解离成 H^+ 和 HCO_3^-。这个反应释放的氢离子(H^+)降低了土壤 pH。微生物降解有机物质产生铵离子和硫化氢,在土壤中它们被氧化形成强酸性的硝酸(HNO_3)和硫酸(H_2SO_4)。氢离子也可与土壤颗粒表面的阳离子发生交换吸附作用,释放出 K^+、Mg^{2+}、Ca^{2+} 和 Mn^{2+}。这些离子从土壤表层淋失后,使土壤酸性更强。对比而言,干旱区域由于降雨量低,岩石矿化释放到土壤的 K^+、Mg^{2+}、Ca^{2+} 和 Mn^{2+} 不易从土壤表层淋失,土壤呈碱性。另外,在酸性环境中,铝、铁、锰等的溶解度增大,这些离子的过度吸收会对植物产生毒害。相反,当土壤溶液的 pH 增高时,铁、锰、铜、锌、钙、镁、磷等会逐渐形成不溶物,使它们的有效性降低。

5. 土壤的含水量

土壤中水分的含量直接影响土壤溶液的浓度、养分向根表面的运移速率和土壤的通气状况。它对土壤温度和 pH 等也有一定影响,从而影响根系对矿物质的吸收。不同土壤类型含水量不同,砂土含水量最低,黏土含水量高,但未必都能被植物吸收利用。团粒结构的土壤能较好地解决保水和通气之间的矛盾。

6. 土壤微生物

土壤中有许多微生物,如各种真菌和细菌等。土壤中的菌根真菌有助于根系对养分的吸收。菌根有细小的管状细线,称为菌丝(hyphae)。大量的菌丝形成了真菌体,称为菌丝体(mycelium)。菌根真菌主要有两大类:外生菌根(ectotrophic mycorrhizal fungi)和囊泡 - 丛枝状菌根(vesicular arbuscular mycorrhizal fungi)。外生菌根的一个典型特征是在根表交织成网状,形成致密的真菌鞘或真菌网。一些菌丝穿入根皮层细胞间隙形成真菌菌丝网,又称为哈氏网(Hartig net)。哈氏网几乎完全覆盖了皮层细胞,提高了真菌与根接触的表面积。大多数外生菌根形成根状菌索,在土壤中延伸,并逐渐分级形成各种菌丝器官,这样根系附近养分亏缺区以外的土壤养分可以通过菌索运输到根中的哈氏网,然后进入根。囊泡 - 丛枝状菌根通过表皮或根毛进入根,菌丝不仅延伸进入细胞间隙,而且也穿透各个皮层细胞,并在其中形成卵状结构,称为囊泡,还有分支状结构称为丛枝。丛枝是真菌和寄主植物进行养分交换的主要场所。在周围土壤中广泛延伸的真菌菌丝体称为根外菌丝。囊泡 - 丛枝状菌根能提高植物根系对磷和微量元素如锌和铜的吸收。根外菌丝延伸到根系周围养分亏缺区外的区域吸收磷。外生菌根的根状菌索也能吸收磷,并且对植物的有效性较高。此外,实验证明外生菌根在土壤有机枯枝落叶层中增殖,水解有机磷并将其运输到根。影响菌根侵染寄主植物根系的关键因子是寄主植物的养分状况。中度的养分缺乏(如磷缺乏)刺激侵染,而养分丰富会抑制菌根侵染。在肥力良好的土壤上,菌根 - 植物联合体可能从共生关系转变成寄生关系,因为菌根需要从寄主植物获得糖类,但寄主植物不再从菌根获得任何益处。

(六) 植物的叶片营养

除了根部外,植物的地上部分也可以吸收矿质养分和小分子有机物,如尿素、氨基酸等。植物地上部对矿质养分的吸收称为根外营养。地上部吸收养分的主要器官是叶片,因此根外营养也称叶片营养(foliar nutrition)。溶解于水中的营养元素可以通过叶片气孔和叶面的角质层缝隙进入叶片内。含有矿质营养元素的溶液经角质层的裂缝到达表皮细胞壁外侧后,再经细胞壁中的外连丝(ectodesmata)到达表皮细胞的质膜(电子显微镜下可见外连丝是从角质层内侧向内延伸到表皮细胞的质膜),进而被转运到细胞内部,最后到达叶脉韧皮部。

溶液必须吸附在叶片上才能被吸收。在实际生产中,常在溶液中添加表面活化剂,例如吐温 80,它可以降低液体的表面张力，有助于溶液在叶片上附着。

营养物质进入叶片的多少与多种因素有关。如嫩叶比成熟叶片对养分的吸收速率和吸收量高很多，这是由于二者的角质层厚度和生理活性不同的缘故。一定温度范围内，随着温度的升高，叶片对养分的相对吸收速率升高。溶液在叶片上保留的时间越长，叶片可能吸收的营养元素的量越多，假如水分蒸发过快，在叶表面容易积累矿物质颗粒，它不仅不能被叶片吸收，还可能会灼伤叶片。溶液的浓度不宜过高，一般在1.5% ~2%为宜。因此，凡是影响蒸腾速率的因素，如风速、气温、大气湿度和光照等，都会影响叶片对营养元素的吸收。所以在生产中，根外施肥多选择在傍晚或下午4点以后，或相对湿度较高的阴天进行。

在土壤中养分有效性低时，叶面喷施营养液可显著改善植株的养分状况。如铁、锰、铜和硼等元素很容易被土壤颗粒固定，通过叶面喷施可大大提高植物对这些养分的吸收效率。在干旱地区，由于土壤缺少有效水分，施于土壤中的肥料难以发挥肥效时，根外追肥可以取得很好的效果。植物生殖生长阶段根的活力降低，根外追施氮肥可以提高谷物籽粒中蛋白质的含量。

四、矿质元素在植物体内的运输和分配

根系吸收的矿质元素只有一小部分被根的生长发育和代谢活动所利用，其余大部分运输到植物体的地上部。矿质元素在植物体内的运输包括在木质部中的向上运输和韧皮部中的双向运输，以及在地上部的分配和再分配。

（一）矿质元素的运输形式

根系吸收的不同矿质元素在植物体中以不同的形式运输。金属元素以离子状态运输，而非金属元素既可以离子状态运输，又可以小分子有机物的形式运输。如氮以氨基酸（主要是天冬氨酸及少量丙氨酸、甲硫氨酸等）与酰胺（主要是天冬酰胺和谷氨酰胺）等有机物的形式进行运输。当根系吸收的硝酸盐多时，部分硝酸盐在根中同化，大部分硝酸盐被运往地上部，并在地上部被同化。根系吸收的无机形态的磷可以离子的形式运往地上部，也可先合成磷酰胆碱和ATP、ADP、AMP、6－磷酸葡糖和6－磷酸果糖等有机化合物后，再运往地上部。硫主要以硫酸根离子（SO_4^{2-}）的形式运输，也有少数以甲硫氨酸、半胱氨酸和胱氨酸的形式运输。

（二）矿质元素的分配

矿质元素被根系吸收进入木质部，运输到植物各器官和组织中，其中一部分与体内的同化物合成有机物质，如氮参与合成氨基酸、蛋白质、核酸、磷脂、叶绿素等，磷参与形成核苷酸、核酸、磷脂等，硫参与合成含硫氨基酸、蛋白质、辅酶A等；另一部分矿质元素不参与合成有机化合物，它们可作为酶的活化剂或参与细胞的渗透调节。氮、磷、钾、镁在植物体内容易移动，这类元素称为可再利用元素。当这类元素缺乏时，植物的较老组织或器官中的元素可以被转运到幼嫩的组织或器官中重复再利用，因此缺素症状先出现在老叶中。钙、铁、锰、铜等元素一般在细胞中形成难溶解的稳定化合物，不易移动，是不可再利用的元素。这些元素缺乏时，缺素症状先出现在嫩叶。

五、植物对氮、磷的同化

高等植物是自养型有机体，利用无机养分合成有机化合物。矿质养分在植物体内转变成有机物质的过程称为养分的同化（nutrient assimilation）。下面介绍氮素的同化过程。

（一）氮的同化

空气中的氮气（N_2）占总体积的78%，但是植物不能直接利用这些分子态氮，而只能利用化合态氮。植物从土壤中吸收的铵盐可以直接合成氨基酸。如果吸收的是硝酸盐，由于硝酸盐的氮为高度氧化状

态，而氨基酸和蛋白质中的氮为高度还原状态，所以硝酸盐需要经过代谢还原才能转化合成氨基酸。

1. 硝酸根还原成铵

硝酸根的还原有两个步骤：硝酸根（NO_3^-）进入细胞后被硝酸还原酶（nitrate reductase，NR）还原为亚硝酸根（NO_2^-）；在亚硝酸还原酶（nitrite reductase，NiR）的作用下，亚硝酸根被还原成铵（NH_4^+）。该过程的总反应式表达如下：

$$\overset{+5}{N}O_3^- \xrightarrow[\text{硝酸还原酶}]{+2e^-} \overset{+3}{N}O_2^- \xrightarrow[\text{亚硝酸还原酶}]{+6e^-} \overset{-3}{N}H_4^+$$

（1）硝酸根还原为亚硝酸根

$$NO_3^- + NAD(P)H + H^+ \longrightarrow NO_2^- + NAD(P)^+ + H_2O$$

硝酸根还原成亚硝酸根的过程是在细胞质中由硝酸还原酶（NR）催化的。高等植物硝酸还原酶的结构为同源二聚体（homodimer），相对分子质量为 200×10^3。每个单体都由黄素腺嘌呤二核苷酸（FAD）、血红素（heme）和钼复合蛋白（Mo－Co）组成，在酶促反应中起传递电子的作用，单体相对分子质量为 100×10^3。在还原过程中，电子从 NAD(P)H 传至 FAD，再经血红素传至钼复合蛋白，然后将硝酸还原为亚硝酸（图 3－9）。

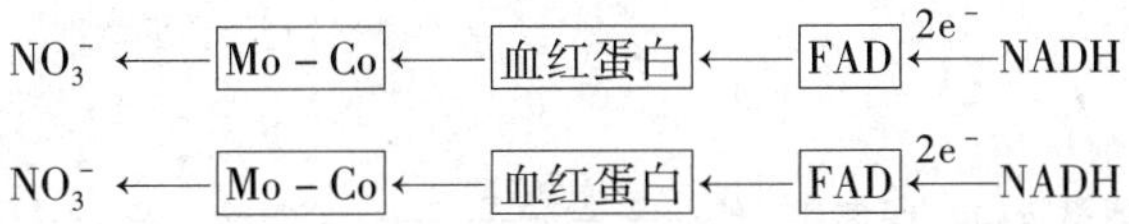

$$NO_3^- \longleftarrow \boxed{Mo-Co} \longleftarrow \boxed{\text{血红蛋白}} \longleftarrow \boxed{FAD} \xleftarrow{2e^-} NADH$$

$$NO_3^- \longleftarrow \boxed{Mo-Co} \longleftarrow \boxed{\text{血红蛋白}} \longleftarrow \boxed{FAD} \xleftarrow{2e^-} NADH$$

图 3－9　硝酸还原酶还原硝酸的过程（Taiz 和 Zeiger，2006）

硝酸还原酶是一种底物诱导酶（induced enzyme）。诱导酶是指植物本身不含某种酶，而是在特定外来物质的诱导下生成这种酶，这种现象就是酶的诱导形成的，所形成的酶叫诱导酶。我国科学家吴相钰、汤佩松在 1957 年发现，若在水稻幼苗培养液中加入硝态氮，就会诱导幼苗合成硝酸还原酶，如果把幼苗转放在不含硝酸盐的溶液中，硝酸还原酶逐渐消失。

（2）亚硝酸根还原为铵　硝酸根被还原为亚硝酸根后，很快运到细胞的质体（根细胞中的前质体或叶肉细胞中的叶绿体），再进一步由亚硝酸还原酶（NiR）催化还原为 NH_4^+。亚硝酸还原酶的催化反应以铁氧还蛋白为电子供体，6 个电子依次由亚硝酸还原酶的铁－硫簇和亚铁血红蛋白转移到底物亚硝酸，使其还原为铵离子。该过程的反应式如下。

$$NO_2^- + 6Fd_{red} + 8H^+ + 6e^- \longrightarrow NH_4^+ + 6Fd_{ox} + 2H_2O$$

Fd 是铁氧还蛋白（ferredoxin），下标 red 和 ox 各自代表还原态和氧化态的铁氧还蛋白。光照下，叶绿体中光合电子传递产生还原态的铁氧还蛋白。在黑暗条件下或在非绿色组织中，磷酸戊糖氧化过程产生具有还原力的 NADPH。

亚硝酸还原酶是单条肽链，相对分子质量为 63×10^3，其辅基包括一个特化的亚铁血红蛋白（specialized heme）和一个铁－硫簇（Fe_4-S_4）。亚硝酸还原酶所催化的大致反应过程如图 3－10 所示。

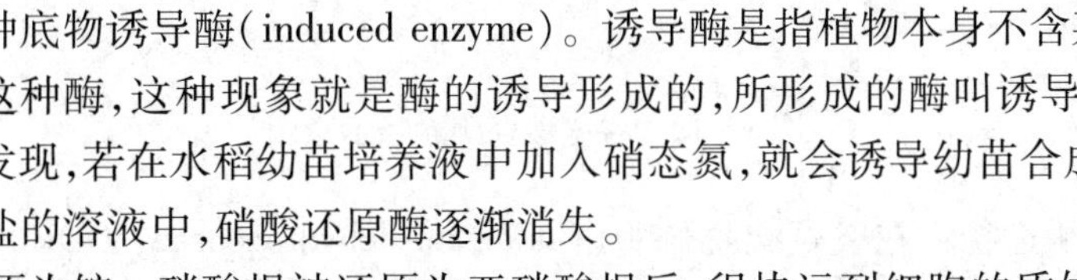

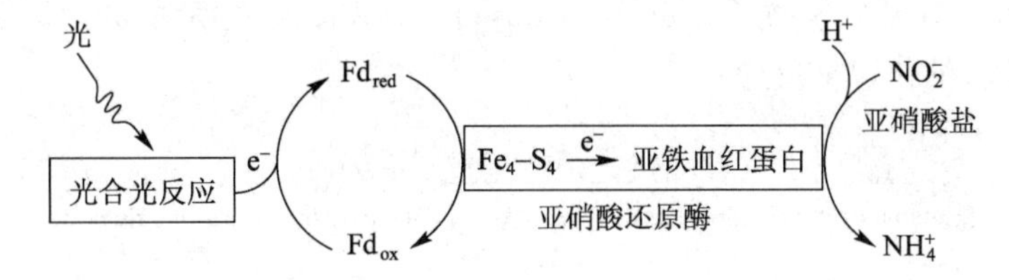

图 3－10　亚硝酸还原酶还原亚硝酸的过程（自 Taiz 和 Zeiger，2002）

2. 氨的同化

植物从土壤中直接吸收的铵离子或硝酸根还原产生的铵离子，被迅速同化合成氨基酸，以避免铵盐累积对植物细胞造成的毒害。氨的同化可以在根细胞和叶肉细胞中进行。氨的同化包括谷氨酰胺合成酶途径、谷氨酸合酶途径、谷氨酸脱氢酶途径及转氨基作用。

（1）谷氨酰胺合成酶途径　铵离子在谷氨酰胺合成酶（glutamine synthetase，GS）催化下与谷氨酸结合，形成谷氨酰胺（图 3－11）。

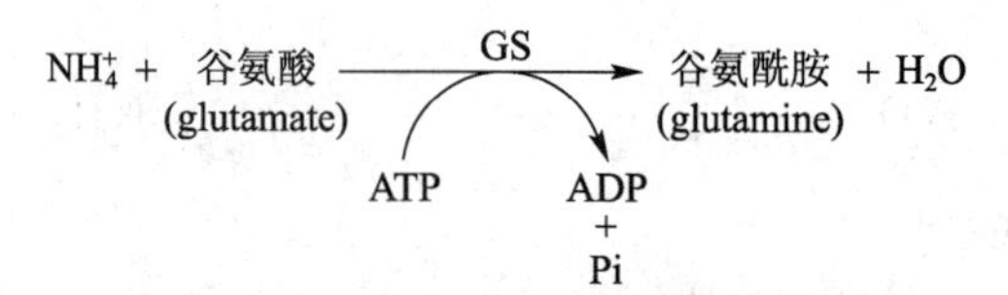

图 3－11　谷氨酰胺合成酶途径示意图

这个反应需要二价阳离子如 Mg^{2+}、Mn^{2+} 或 Co^{2+} 作为辅因子。

（2）谷氨酸合酶途径　谷氨酸合酶（glutamate synthase）又称谷氨酰胺－α－酮戊二酸氨基转移酶（GOGAT），它有两种类型：一类是以 NADH 为电子供体的 NADH－GOGAT 型，多定位于非绿色组织的前质体中；另一类则是以铁氧还蛋白（Fd）为电子供体的 Fd－GOGAT，多定位于叶绿体中。该途径中氨的同化过程如图 3－12。

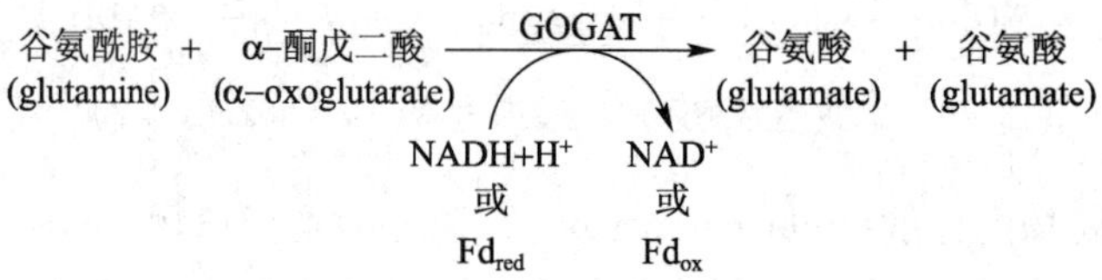

谷氨酰胺 (glutamine) + α－酮戊二酸 (α－oxoglutarate) —GOGAT→ 谷氨酸 (glutamate) + 谷氨酸 (glutamate)

NADH+H^+ 或 Fd_{red} → NAD^+ 或 Fd_{ox}

图 3－12　谷氨酸合酶途径示意图

（3）谷氨酸脱氢酶途径　在谷氨酸脱氢酶（Glutamate dehydrogenase，GDH）的作用下，铵与 α－酮戊二酸结合，形成谷氨酸（图 3－13）。

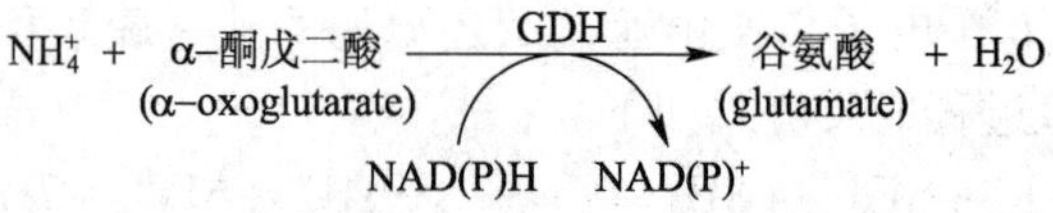

NH_4^+ + α－酮戊二酸 (α－oxoglutarate) —GDH→ 谷氨酸 (glutamate) + H_2O

NAD(P)H → $NAD(P)^+$

图 3－13　谷氨酸脱氢酶途径示意图

在线粒体中发现一个 NADH 依赖型 GDH，而叶绿体中有一个 NADPH 依赖型 GDH。虽然谷氨酸脱氢酶也参与氨的同化，但是在同化氨的过程中这个途径并不重要，因为 GDH 对 NH_3 的亲和力很低，只有在体内 NH_3 浓度较高时才起作用。

（4）转氨基作用　当氨被同化形成谷氨酰胺和谷氨酸后，可通过转氨基过程合成其他的氨基酸，催化这类反应的酶称为氨基转移酶（aminotransferase）。例如，天冬氨酸氨基转移酶（aspartate aminotransferase，Asp－AT），催化以下反应：

谷氨酸 (glutamate) + 草酰乙酸 (oxalocetate) —Asp－AT→ 天冬氨酸 (aspartate) + α－酮戊二酸 (α－oxoglutarate)

所有氨基转移酶催化的反应过程都需要磷酸吡哆醛（vitamin B_6）作为辅因子。氨基转移酶广泛地存在于细胞质、叶绿体、线粒体、乙醛酸循环体和过氧化物酶体中。存在于叶绿体中的氨基转移酶在氨基酸生物合成中起着重要的作用，因为光合作用碳代谢过程中的许多中间产物都可与氨基转移过程相配合而合成各种氨基酸。

(5) 天冬酰胺和谷氨酰胺连接了碳和氮的代谢过程 第一个鉴定出的酰胺化合物是天冬酰胺。它不仅是蛋白质的前体,也是氮运输和储存的主要化合物,因为它具有高稳定性和高氮/碳比的特性(天冬酰胺 2N∶4C,谷氨酰胺 2N∶5C,谷氨酸 1N∶5C)。

天冬酰胺合成的主要途径参与了酰胺态的氮从谷氨酰胺转移到天冬酰胺的过程(图 3-14)。

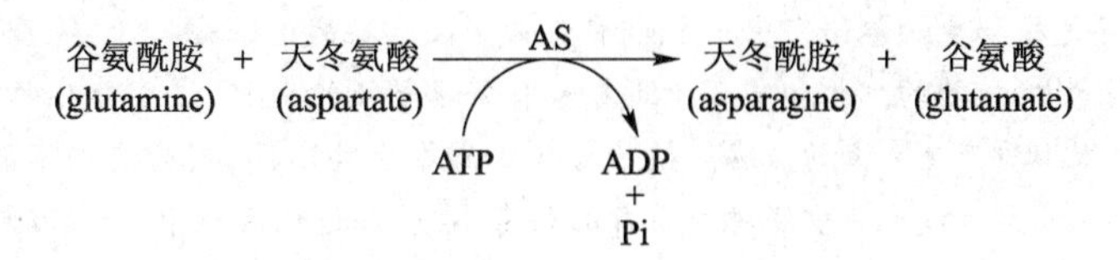

图 3-14 天冬酰胺和谷氨酰胺连接了碳和氮的代谢过程示意图

天冬酰胺合成酶(asparagine synthetase, AS)催化这个反应,该酶存在于叶片和根的细胞质以及固氮根瘤中。

(二) 生物固氮

大气中分子态氮转变成含氮化合物的过程称为固氮作用(nitrogen fixation)。微生物或其他生物将大气中分子态氮同化为含氮化合物的过程称为生物固氮(biological nitrogen fixation)。生物固氮主要由两类原核生物实现:一类是能独立生存的非共生微生物(asymbiotic microorganism),包括多种细菌(bacteria)和蓝绿藻(blue-green algae)等;另一类是与宿主植物共生的微生物,如与豆科植物共生的根瘤菌(rhizobium)、与非豆科植物共生的放线菌(actinomycetes)、与水生蕨类满江红(*Azolla*)共生的蓝绿藻(鱼腥藻 *Anabaena*)等。

在这些固氮生物中,以与豆科植物共生的根瘤菌最为重要。据对 20 000 种豆科植物中的 15% 的种类检测发现,其中大约有 90% 的植物形成根瘤。在非豆科植物中已知至少有 8 科 23 属形成根瘤。

固氮微生物之所以能够固氮,是由于它们含有固氮酶(nitrogenase)。固氮酶是由铁蛋白和钼铁蛋白构成,铁蛋白是两个组分中较小的一个,含有两个一样的 30×10^3 到 72×10^3 的亚单位,每个亚单位包含一个铁-硫簇(Fe_4-S_4)。铁蛋白被 O_2 不可逆地钝化,它的失活半衰期是 30~45 s。钼铁蛋白有 4 个亚单位,含有两个钼原子和不同数量的 Fe-S 簇。在固氮酶催化的反应过程中,由铁氧还蛋白提供的电子传递给铁蛋白,处于还原态的铁蛋白水解 ATP 的同时将固氮酶的钼铁蛋白还原,然后钼铁蛋白再将电子传递给分子态氮并将其还原。钼铁蛋白也可以被氧钝化,在空气中的失活半衰期是 10 min。所以,固氮作用必须在缺氧或低氧的条件下进行。

分子态氮转化成氨的整个过程反应式如下:

$$N_2 + 8e^- + 8H^+ + 16ATP \longrightarrow 2NH_3 + H_2 + 16ADP + 16Pi$$

生物固氮是一个高耗能的过程,据估算,侵染豆科植物的根瘤菌每固定 1 g N_2 消耗 12 g 有机碳化合物。

根瘤菌固氮产生的氨在根中迅速被同化成酰胺类化合物和脲类化合物,避免了大量氨在组织中累积产生毒害作用。这两类化合物都通过木质部运输到地上部,然后进入氨的同化途径。

(三) 磷酸根的同化

土壤溶液中的磷主要以磷酸氢根的形式被植物吸收,少数磷以离子状态存在于体内,大多数同化成有机化合物,如磷酸糖类(sugar phosphates)、磷脂(phospholipids)和核苷酸(nucleotides)等。磷的最主要的同化过程是合成 ATP。关于 ATP 的合成过程在光合作用和呼吸作用的相关章节中有详细介绍。发生在线粒体中的氧化磷酸化(oxidative phosphorylation)和叶绿体中的光合磷酸化(photophosphorylation)过程是植物同化磷元素的主要途径。此外,在细胞质中的糖酵解(glycolysis)过程也是磷同化的重要途径。

植物逆境生物学研究

植物如何在逆境下生存是植物生物学研究中一个非常重要并极具挑战的课题。干旱、高盐、极端温度、重金属及紫外光等非生物胁迫因子严重影响植物的生长和发育。随着未来全球气候的变化，这些非生物胁迫因子会愈加严重和频繁，将会对未来农作物产量和品质产生巨大的威胁。植物与其他高等生物不同，因为它们不能逃离不利的生长环境，因此为响应各种外界环境刺激，最大限度地减少逆境对自身的伤害，在长期进化历程中，植物从对逆境信号的感知、传导到最终逆境响应基因的表达，形成了一套复杂的适应调控机制。近些年来，分子生物学和遗传学上研究手段的突破，给植物逆境生物学的研究带来了重大的进展。

在干旱引起的渗透胁迫下，脱落酸（ABA）是一个主要的植物响应激素。ABA 的积累能够提高植物对干旱的耐受性。通过化学遗传学及结构生物学的试验，蛋白质家族 PYR/PYL/RCAR（PYL）被证实是 ABA 的直接受体。ABA 调控 PYL 蛋白抑制蛋白磷酸酶（PP2C），导致下游蛋白激酶（SnRK2）的激活，从而关闭气孔，调节根的生长并诱导 ABA 响应基因的表达。“PYR/PYL/RCAR 受体蛋白的鉴定及结构解析”这一重要成果被 *Science* 杂志评为 2009 年度全球十大科学发现之一。ABA 受体的发现，为农业生产中的节水抗旱提供了新思路。朱健康研究组与其合作者筛选到 ABA 受体的激动剂 AM1（ABA mimic 1）。AM1 通过激活多个脱落酸受体来模拟天然脱落酸的作用。与天然脱落酸相比，AM1 结构简单、易于合成、成本低，而且更稳定。最近 Cutler 研究组通过遗传工程的方法成功地改造了 ABA 受体，使得一种杀菌剂——双炔酰菌胺能结合改造后的 ABA 受体以激活 ABA 的信号通路，因此可以用于提高植物的抗旱能力。

在高盐和低温的胁迫下，钙离子介导的信号通路是一个主要的逆境响应机制。盐胁迫会引起植物水分缺失和离子失去平衡等问题，严重影响植物的生长发育。SOS（salt overly sensitive）信号途径是目前研究较为深入的耐盐机理。植物钠离子感应器通过调节细胞质的钙离子水平，从而激发 SOS 信号转导通路，调节其他多种离子转运蛋白的活性以维持细胞内离子平衡。在冷胁迫的应答方面，依赖于转录因子 CBF 蛋白的应答通路是在冷应答基因表达中最具有特征的分子反应之一。该应答通路中所涉及的特殊蛋白激酶，如钙/钙调蛋白依赖性蛋白激酶和丝裂原活化蛋白激酶等的调控作用也得到了阐明。而在高温下，叶绿体是高温逆境因子作用的敏感位点，目前研究揭示了叶绿体是胞内热激反应的信号源，证实了高等植物细胞存在热激反应的叶绿体逆向调控信号途径。

此外，表观遗传修饰在植物的逆境响应机制中的调控也可能具有重要的作用。表观遗传修饰是指在 DNA 原始序列不发生改变，而基因表达发生了可遗传变化的现象。最近研究表明，生物与非生物胁迫都能改变植物的表观遗传修饰，这种表观遗传修饰不仅能够增强当代植物对胁迫的抗性，而且这种表观遗传修饰有可能通过有丝分裂甚至减数分裂而遗传给后代，使植物能够“记住”祖先的胁迫经历，从而提高其适应环境的能力，即胁迫记忆。目前这种表观遗传修饰主要发生在 DNA 甲基化水平和模式的改变、组蛋白的甲基化与乙酰化修饰等、染色质的重塑及非编码 RNA 的调控。

随着研究结果的日益深入，植物抗逆的复杂程度也远远超过了人们的想象，单纯从个别基因层面去研究难以揭示这些复杂的机制。很多重要的问题仍有待阐明，如响应各种逆境胁迫的传感器是什么？不同胁迫之间是怎样相互作用对植物产生影响的？胁迫信号是如何在组织或器官中进行处理并且转导到植物体的其他部分？植物如何通过调节生长和发育来提高抗逆性？植物对长期的胁迫适应性是如何形成的？表观遗传修饰在胁迫适应性的形成中起到怎样的作用？随着功能基因组学、细胞生物学、表观遗传学等学科领域的快速发展和渗入，植物抗逆机理的研究及随之带来的在农业生产中的应用将孕育着重大的突破。

参考文献

[1] Ray B, Hans B, Zhu J K. Abiotic stress tolerance: from gene discovery in model organisms to crop improvement. Molecular Plant, 2009, 2(1): 1-2.

[2] Cao M J, Liu X, Zhang Y, et al. An ABA-mimicking ligand that reduces water loss and promotes drought resistance in plants. Cell Research, 2013, 23: 1043-1054.

[3] Mirouze M, Paszkowski J. Epigenetic contribution to stress adaptation in plants. Current Opinion in Plant Biology,

2011, 14(3): 267-274.

（朱健康 研究员 中国科学院上海植物逆境生物学研究中心）

思考与探索

1. 水分子的氢键对水的物理化学性质有何重要影响？
2. 什么是水势，植物细胞水势的基本组成有哪些？它们对水进出细胞有何影响？
3. 水分进入植物根系的基本途径有哪些？
4. 植物吸水的动力包括哪几种方式？
5. 试述水在木质部向上运输的机制。
6. 何谓蒸腾作用，蒸腾作用有哪些方式？蒸腾拉力的原动力是怎样产生的？
7. 试分析植物细胞吸收水分和矿质元素的关系及其主要不同。
8. 有关气孔运动的假说有哪些，它们都有哪些研究证据？你对这方面的研究有何思考？
9. 影响气孔运动的因素有哪些？
10. 讨论离子跨膜的被动、主动、协同运输机制，并简述这些不同机制间的相互关系。
11. 简述植物细胞吸收养分的方式。
12. 何谓“初始主动运输”和“次级主动运输”？
13. 试分析植物细胞膜对不同离子的选择性与植物对环境的适应性之间的可能关系。
14. 植物必需的矿质元素有哪些？确定植物必需元素的方法和标准有哪些？
15. 试分析氮、磷、钾的生理功能及植物缺乏这些元素时的主要病症。
16. 对比铁、锰、铜及锌的缺素症状及其生理功能有何异同。
17. 通过本章的学习，你对本章的知识与农业生产的关系有何体会？
18. 阅读本章窗口（植物逆境生物学研究）并查阅有关文献，分析研究植物生理的意义，你对其中什么问题最感兴趣？
19. 请解释为什么有的缺素病症出现在植物的幼叶上，有的出现在老叶上？
20. 植物根系对矿质元素的吸收有哪些特点？影响植物根系吸收矿质元素的因素有哪些？
21. 简述硝态氮进入植物体被还原以及合成氨基酸的过程。
22. 试述水分如何进出植物体的全过程及其动力。
23. 试设计一个能够说明植物进行蒸腾作用的实验。
24. 对植物大量施用化肥有无危害，为什么？怎样进行合理施肥？
25. 将植物细胞分别放在纯水和 1 mol · L^{-1} 蔗糖溶液中，细胞的渗透势、压力势、水势和细胞体积各会发生什么样的变化？

数字课程学习

重难点解析　　教学课件　　视频　　相关网站

第四章

光合作用

内容提要 光合作用是绿色植物特有的将光能转变为化学能的生命代谢活动，是维持地球大气中氧含量稳定的主要来源。本章重点介绍了光合作用的基本过程和反应机制。光合作用的过程大体分为光反应和碳反应两个阶段。光反应主要发生在叶绿体类囊体膜上，由叶绿体色素蛋白复合体吸收和传递光能，经类囊体膜上的一系列电子传递复合体传递电子，将光能转换为活跃的化学能；在叶绿体基质中，利用活跃的化学能，由一系列酶系统催化完成 CO_2 的固定和同化反应，实现无机物向有机物的转化过程。此外，本章还介绍了不同的碳同化途径、光呼吸以及影响光合作用的内外因素。本章的窗口为“光合作用研究进展”。

第一节　光合作用的发现及其重要意义

光合作用(photosynthesis)是指绿色植物利用光能把 CO_2 和 H_2O 转变成有机物质，并释放出 O_2 的过程。

光合作用的发现及认识过程历经了几百年，花费了无数科学家的心血。17 世纪以前，人们认为植物生长发育所需的全部元素均来自土壤。17 世纪中叶，比利时科学家海尔蒙特(Jan Baptist van Helmont)对此产生怀疑，便进行了柳树盆栽实验，只浇水；5 年后，通过测定生长在已知质量土壤中的柳树的质量增加量与土壤质量变化的关系，发现柳树的质量增加了 76.7 kg，而土壤质量几乎未发生改变，证明植物生长所需物质并不是主要来自于土壤。

1771 年，英国牧师兼化学家约瑟夫·普利斯特列(Joseph Priestley)发现将薄荷枝条和燃烧着的蜡烛放在一个密闭钟罩内，蜡烛不易熄灭；若将小鼠与绿色植物同放在钟罩内，小鼠也不易窒息死亡。这表明植物具有“净化”空气的作用。1779 年，荷兰人英格豪斯(Jan Ingenhousz)证实，植物只有处于光照的条件下才能“净化”空气。随后，科学家们又陆续通过化学分析和定量测定的方法证实，CO_2 是光合作用所必需的，H_2O 参与了光合作用，而 O_2 是光合作用的产物。1864 年，德国科学家萨克斯(Julius Sachs)在照光叶片中观测到淀粉粒的生成，为光合作用可合成有机物提供了直接证据。到 19 世纪末，光合作用的化学反应过程已得到较全面的解析，其光合作用的化学方程式为：

$$CO_2 + 6H_2O \xrightarrow[\text{绿色植物}]{\text{光}} (CH_2O)_n + 6O_2$$

20 世纪以来，世界各国的科学家在光合作用的机制等方面的研究取得了许多重大突破，其中先后有 8 项研究获得了诺贝尔奖。如对叶绿素、类胡萝卜素化学结构的研究，卡尔文循环，以及光合作用反应中心膜蛋白－色素的三维空间结构等。

光合作用的重要性在于：①把无机物转化为有机物。每年约合成 5×10^{11} t 可直接或间接作为人类或动物界的食物。据统计,地球上一年通过光合作用同化的碳素约为2×10^{11} t,其中约40%由水生植物同化,60%来自于陆生植物。②光合作用将太阳能转化为可利用的化学能。据估计,每年光合作用所积蓄的太阳能约为3×10^{21} J,约为全人类每年所需总能量的10倍。有机物中所贮藏的化学能,除了供植物本身和全部异养生物之用外,更重要的是可供作人类营养和活动的能量来源。所有进入生物圈的能量都来源于光合作用,人类所利用的能源,如煤、木材、天然气等都是通过光合作用由太阳能转化而来的。③维持大气中O_2和CO_2的相对平衡。植物在进行光合作用的过程中,吸收CO_2释放O_2,提供生物(尤其是动物和人类)呼吸作用所必需的O_2,起到"空气净化器"的作用。由此可见,光合作用是地球上生命存在和繁衍的根本保障。正如1988年诺贝尔奖委员会宣布德国3位光合作用研究者获奖的评语中称光合作用是"地球上最重要的化学反应",它是地球上一切生命生存和发展的基础。

第二节 光合色素

植物的绿色组织基本都有进行光合作用的能力。植物叶片是进行光合作用的主要器官,而叶片叶肉细胞中的叶绿体是进行光合作用的基本细胞器(图4-1)(详见第一、二章)。

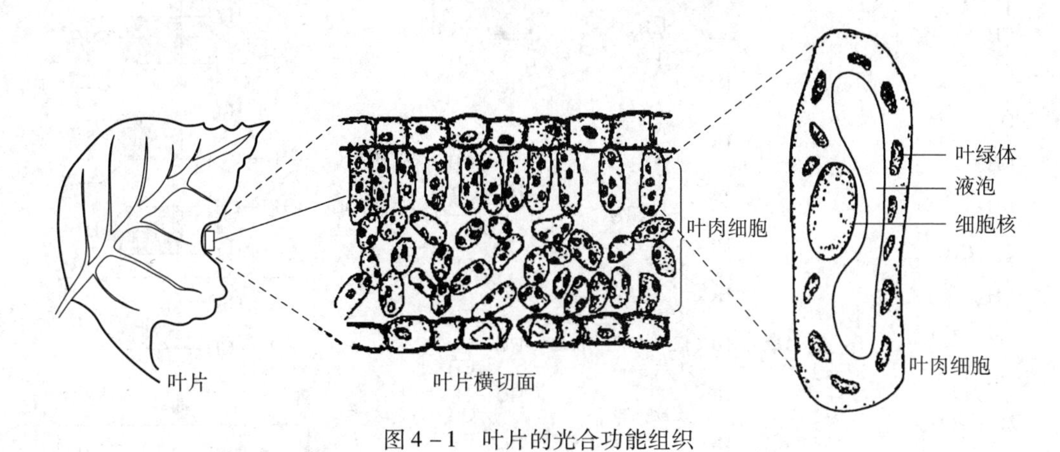

图4-1 叶片的光合功能组织

一、光合色素的种类

与光合作用相关的光合色素都位于叶绿体中。各种植物叶绿体中所含有的光合色素有数十种之多,可将其分为3大类:叶绿素、类胡萝卜素和藻胆素。在高等植物和绿藻的叶绿体中,参与光合作用的色素有两类,即叶绿素和类胡萝卜素。在红藻和蓝藻等一些藻类中还有藻胆素。

1. 叶绿素

叶绿素有a、b、c、d 4种。高等植物仅有叶绿素a和b,在一些藻类中含叶绿素c或d(详见第九章)。在高等植物的叶绿体中,叶绿素的含量可占全部色素的2/3,而叶绿素a又占叶绿素含量的3/4。叶绿素a呈蓝绿色,叶绿素b呈黄绿色。叶绿素是一种双羧酸的酯,它的一个羧基为甲醇所酯化,另一个羧基为叶绿醇所酯化。它们不溶于水,但能溶于乙醇、石油醚、丙酮等有机溶剂。

叶绿素a和叶绿素b的结构相似,都有一个大的卟啉环的"头部"和一条叶醇链的长"尾部"(图4-2A),其头部的卟啉环是由4个吡咯环和4个甲烯基(═CH—)连接而成,大环中有一系列共轭双键。在环的中央有一个镁原子与4个氮原子结合。镁原子带正电荷,与其相连的氮原子带负电荷。因此,卟啉环呈极性,是亲水的,可以和蛋白质结合。其尾部的叶醇链($C_{20}H_{39}$—)是由4个异戊二烯基单位所组成的长链状的碳氢化合物,以酯链与在第Ⅳ吡咯环侧链上的丙酸相结合。在叶绿素分子的副环(E 环)上,甲醇与羧基结合形成酯键。叶醇基具有疏水性,是脂溶性的。叶绿素分子的头部和尾部相互垂直,并由长链尾部的疏水性决定了叶绿素分子整体上的亲脂性。由此,叶绿素分子兼有亲水性和亲脂性的特点,这就决定了它在叶绿体片层结构中与其他分子之间的排列关系。

叶绿素 a 和叶绿素 b 的分子式分别为:叶绿素 a　$C_{55}H_{72}O_5N_4Mg$ 或 $MgC_{32}H_{30}ON_4COOCH_3COOC_{20}H_{39}$;叶绿素 b　$C_{55}H_{70}O_6N_4Mg$ 或 $MgC_{32}H_{28}O_2N_4COOCH_3COOC_{20}H_{39}$。

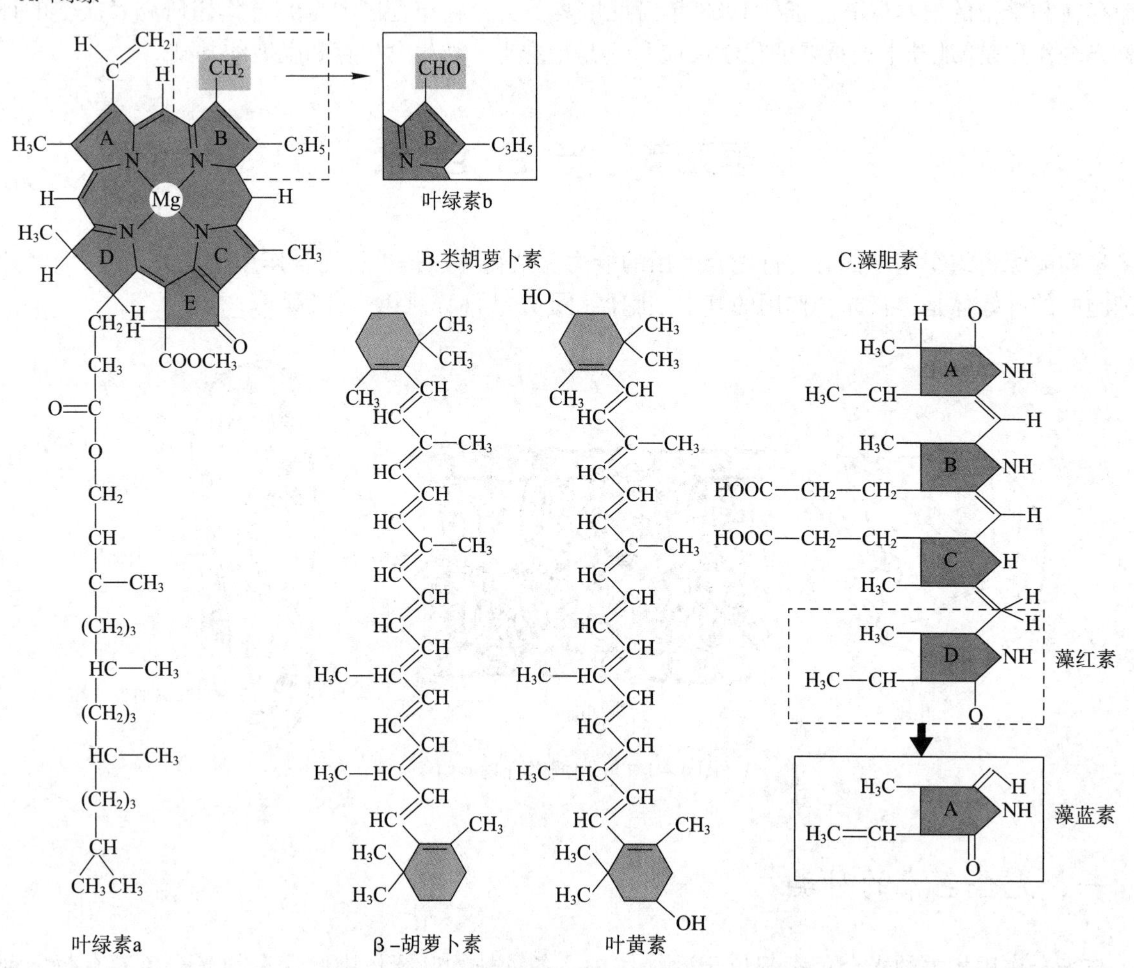

图 4-2　几种光合色素的结构(自 Taiz 和 Zeiger,2006)

叶绿素分子吸收光形成激发态后,由于配对键结构的共轭,其中一个双键的还原,或双键结构丢失一个电子等,都会改变它的能量水平。以氢的同位素氚和氘实验证明,叶绿素不参与氢传递或氢的氧化还原,而只以电子传递(即电子得失引起的氧化还原)和共轭传递(直接传递能量)的方式参与能量的传递过程。

2. 类胡萝卜素

类胡萝卜素包括胡萝卜素和叶黄素。前者为橙黄色,后者为黄色。它们不溶于水,仅溶于有机溶剂中。

胡萝卜素是不饱和的碳氢化合物,分子式是 $C_{40}H_{56}$,是由 8 个异戊二烯单位组成,分子两端有不饱和的环己烯,含有一系列的共轭双键。它有 3 种同分异构体:α-胡萝卜素、β-胡萝卜素和 γ-胡萝卜素。一些真核藻类中含有番茄红素和 ε-胡萝卜素等(见第九章)。β-胡萝卜素(图 4-2B)在植物体内含量最多。叶黄素是由胡萝卜素衍生的醇类,分子式为 $C_{40}H_{56}O_2$(图 4-2B)。

类胡萝卜素可以吸收光能并传递给叶绿素 a,此外还具有在强光下吸收并耗散多余的光能,防止光照伤害光合系统的作用。

3. 藻胆素

藻胆素(phycobilin)包括藻蓝素、藻红素和别藻蓝素,主要存在于蓝藻和红藻中,也存在于隐藻和一些甲藻中。藻红素呈红色,藻蓝素呈蓝色。藻胆素的生色团常与蛋白质结合为藻胆蛋白,即藻红蛋白(phycoerythrin)、藻蓝蛋白(phycocyanin)和别藻蓝蛋白(allophycocyanin)。生色团与蛋白质以共价键牢固地结合,只有用强酸煮沸时,才能将它们分开。藻胆素的化学结构与叶绿素有相似的地方,如果把卟啉环裁下来,把 4 个吡咯环伸直,脱去镁原子,就形成一个由 4 个吡咯环形成的直链共轭体系,这就是藻胆素生色团的基本结构,具有收集和传递光能的作用。藻蓝蛋白是藻红蛋白的氧化产物(图 4-2C)。每一个藻蓝蛋白或藻红蛋白分子中不止含有 1 个辅基,一个藻蓝蛋白分子中可能至少有 8 个辅基。

二、光合色素的光学特性

1. 吸收光谱

太阳光由不同波长的光组成。到达地球的光大约从波长 300 nm 的紫外光到 2 600 nm 的红外光。其中,波长范围是 380 ~ 775 nm 的光是可见光。当在光源和光屏之间放一三棱镜时,光会被分成红、橙、黄、绿、青、蓝、紫等单色光,即太阳光的连续光谱(图 4-3)。色素物质可以吸收光,而且都只是吸收可见光。将光合色素提取液置于光源和分光镜之间,观察发现光谱中有些波长的光被吸收,出现黑线或暗带的光谱称为吸收光谱(absorption spectrum)。不同光合色素对不同波长光的吸收情况不同,所形成的吸收光谱也不一样(图 4-4)。

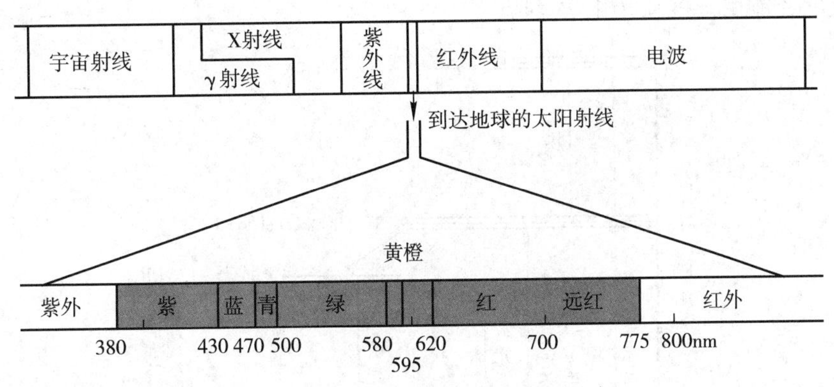

图 4-3 可见光光谱(灰底处为可见光)

叶绿素 a 和叶绿素 b 的吸收光谱较为接近(图 4-4),两者在蓝紫光(430 ~ 450 nm)和红光区(640 ~ 660 nm)都有一吸收高峰,但叶绿素 a 在红光区的吸收峰大于叶绿素 b,而在蓝紫光区的吸收峰小于叶绿素 b。叶绿素 a 和叶绿素 b 对绿光的吸收都很少,故呈绿色。

类胡萝卜素(胡萝卜素和叶黄素)的吸收光谱与叶绿素不同,它们只吸收蓝紫光(420 ~ 480 nm),基本不吸收红、橙、黄光,所以它的颜色呈橙黄色和黄色(图 4-4)。

藻胆素的吸收光谱与胡萝卜素相反,它主要吸收绿、橙光。藻红素主要吸收绿光(570 nm),藻蓝素主要吸收橙红光(618 nm)。

2. 光能的吸收和传递

叶绿素分子吸收不同波长的光能后,由稳定、低能态的基态被激发到高能、极不稳定的激发态。叶绿素分子的激发态极不稳定,保持的时间仅为数纳秒。叶绿素分子所吸收的能量会迅速向邻近的分子

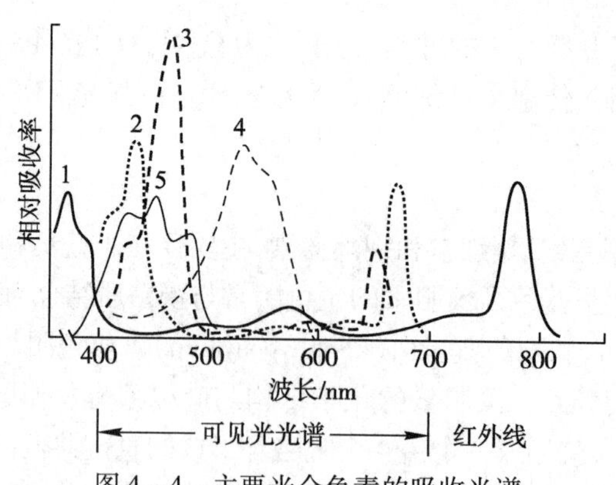

图 4-4 主要光合色素的吸收光谱

1. 细菌叶绿素 a 2. 叶绿素 a 3. 叶绿素 b 4. 藻红素 5. β-胡萝卜素

除藻红素为水溶液外,其余均为非极性溶剂

传递或转变为其他的能量形式,而后由激发态回到基态,这个过程称作激发态的衰变。当叶绿体分子吸收蓝光后,其电子将跃迁至高能激发态,即第二单线态;若吸收红光,叶绿素分子的电子则跃迁至低能激发态,即第一单线态。

光能被色素分子吸收后可能有以下 4 种命运:①热耗散。激发态的叶绿素分子通过热耗散的方式由第二单线态衰变至第一单线态。②分子所吸收的光能以光的形式释放,这时由于一部分能量已经热耗散掉了,因此所释放的光量子的能量低于所吸收的光量子的能量,物质所发出的光的波长要长于所吸收的光的波长。当处于第一单线态的叶绿素分子所吸收的能量以较长波长的光的形式释放出来的现象称为荧光现象(fluorescence phenomenon)。当色素分子从能量更低的三线态回到基态,辐射出的微弱红光称为磷光(phosphorescence)(图 4-5)。③分子所吸收的光能可以迅速地向邻近的分子传递。④分子可以将所吸收的光能用于推动光化学反应。

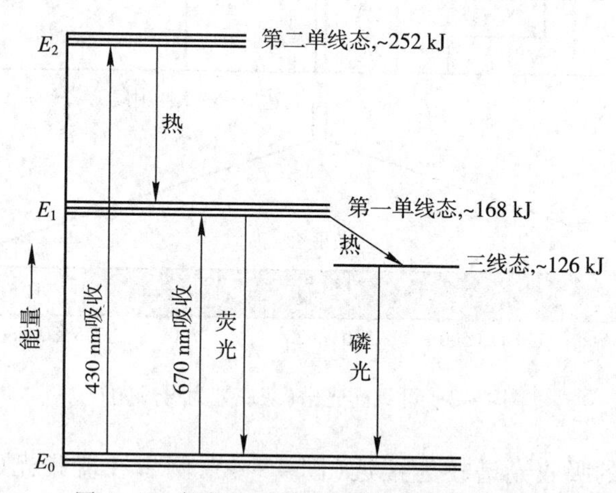

图 4-5 色素分子吸收光后能量转变的图解

第三节 光合作用的机制和光合作用过程

光合作用可以分为两个反应——光反应(light reaction)和碳还原反应(carbon reduction reaction)或称碳反应。以前称碳还原反应为暗反应(dark reaction),因为早期人们认为碳还原反应不依赖光,但事实上,参与暗反应的许多酶的活性受光调节,且碳还原反应是由在光反应过程中形成的 ATP 和 NADPH

来推动的。因此，暗反应的说法已经逐渐被淘汰。光反应是植物吸收光能形成同化力(assimilatory power)，即NADPH(烟酰胺腺嘌呤二核苷酸磷酸，nicotinamide adenine dinucleotide phosphate，辅酶Ⅱ)和ATP(腺苷三磷酸，adenosine triphosphate)的过程，由于光反应是在叶绿体中的类囊体膜上进行的，因此也被称为类囊体反应。植物利用光反应中形成的活跃的化学能在叶绿体基质中，在酶的催化下还原CO_2，形成有机物，其主要形式是糖(图4-6)。

按照能量转换的特性，整个光合作用由3个连续的过程组成：①原初反应，包括光能的吸收、传递和转换过程；②电子传递和光合磷酸化，即电能转变为活跃的化学能过程；③碳同化，即活跃的化学能转变为稳定的化学能过程。①、②基本属于光反应过程，都是在光合膜类囊体膜上进行的，③则属于碳还原反应过程，是在叶绿体基质中进行的。3个过程密切联系并相互制约。

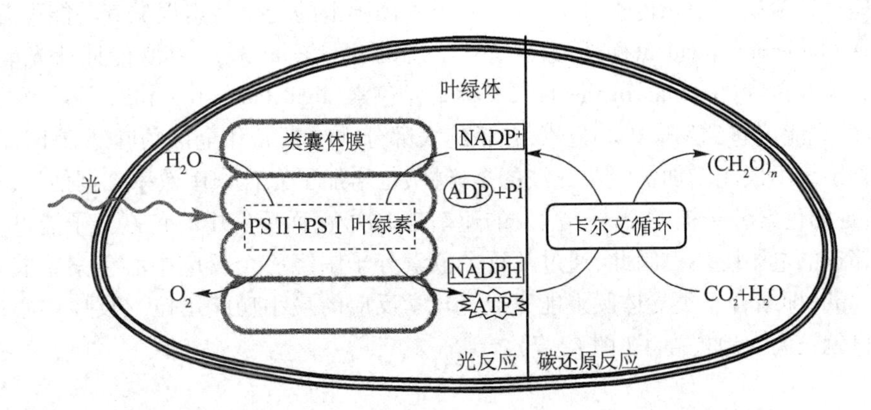

图4-6　维管植物叶绿体光合作用的光反应和碳还原反应(改自Taiz和Zeiger等，2006)

在类囊体膜中，叶绿素分子吸收光能被激发，通过电子传递链(PSⅡ+PSⅠ)将吸收的光能转化为活跃的化学能，形成同化力(ATP和NADPH)。在叶绿体基质中，卡尔文循环消耗光反应所产生的同化力，通过一系列酶促反应还原CO_2形成糖类

一、光反应

光反应是由反应中心色素所吸收的光能与原初电子受体和次级电子受体之间进行的氧化还原反应，以完成光能转变为电能，并转变为稳定的化学能的过程。光反应过程均在叶绿体中的类囊体膜上进行。光反应主要包括原初反应、光合电子传递和光合磷酸化3个过程。

（一）原初反应

原初反应(primary reaction)是光合作用的起点，是光合色素吸收光能所引起的光物理及光化学过程，它是光合作用中直接与光能利用联系的反应。其过程可细分为：①天线色素吸收光能成为激发态；②激发态天线色素将能量传递给反应中心；③反应中心产生电荷分离。原初反应的特点是：时间历程非常短，只有10^{-12} ~10^{-9} s；可以在-196℃或液氮温度下进行；光能利用率很高，量子效率接近1。

1. 光能的吸收和传递

现代物理学认为光具有"波粒二相性"，即光既具有波的特性(波长和频率)，也具有粒子的特性(能量)。光粒子又称为光子(photon)或光量子(quantum)，是光能的传输单位，每一个光子具有特定的能量。光子所含的能量与光的波长有关，符合下列公式：

$$E=hv=hc/\lambda$$

式中，h为普朗克常量(6.63×10^{-34} J·S)，v为辐射频率，c为光在真空中的传播速度，λ为光的波长。

从公式中可以看出，光的波长越短，所含的能量越高，1摩尔(6.02×10^{23})红光(635 nm)的光量子含有大约188.41 kJ的能量。

2. 反应中心色素和光合单位

1932 年 Emerson 和 Arnold 提出，不是所有的叶绿素分子都能够把光能转变为电能。他们用小球藻悬浮液和饱和光强度的快速闪光（如 10 μs）进行实验，确定一个光合作用循环产生最大放氧量所需要最少量的光。根据实验所用的叶绿素分子的数目，他们计算得出产生 1 分子的氧，需要 2 500 个叶绿素分子参与。但后来发现，产生 1 分子的氧最少吸收 8 个光量子。很明显叶绿体含有的叶绿素的数目是光合作用过程直接需要的叶绿素数目的 300 倍。对于这种现象，可能的解释之一是只有很小比例的叶绿素分子参与光合作用。但是，实际情况并非如此。研究结果显示，大约 300 个叶绿素分子组成一个光合单位，其中只有一个叶绿素分子，即反应（作用）中心色素（reaction center）能够把电子传给电子受体。而其余叶绿素分子是负责吸收光能，它们形成接受光能的“天线”系统，接受不同波长的光并把激发态的能量非常迅速地传给反应中心色素分子。因此，类囊体膜上的光合色素根据其功能可分为两类：①反应中心色素（reaction center pigments），是少数特殊状态的叶绿素 a 分子，其既能捕获光能，又能将光能转换为电能。②天线色素（antenna pigments），又称聚光色素（light harvesting pigments），主要作用是吸收光能，并把吸收的光能传递到反应中心色素，包括绝大部分叶绿素 a 和全部的叶绿素 b、胡萝卜素、叶黄素等。天线色素系统不仅能增加被吸收光波的多样性，也增加了光合作用效率。据估计，即使在很强的光照下，一个给定的色素分子被一个光子激发的速率是 1 次/s，而反应中心色素分子能以 200 次/s 的速度把电子传给邻近的电子受体。因此，通过几百个色素分子围绕一个反应中心色素组成一个光合单位（photosynthetic unit，即结合于类囊体膜上能完成光化学反应的最小功能单位），反应中心色素传给电子受体的电子数目就被大大地提高了（图 4 - 7）。

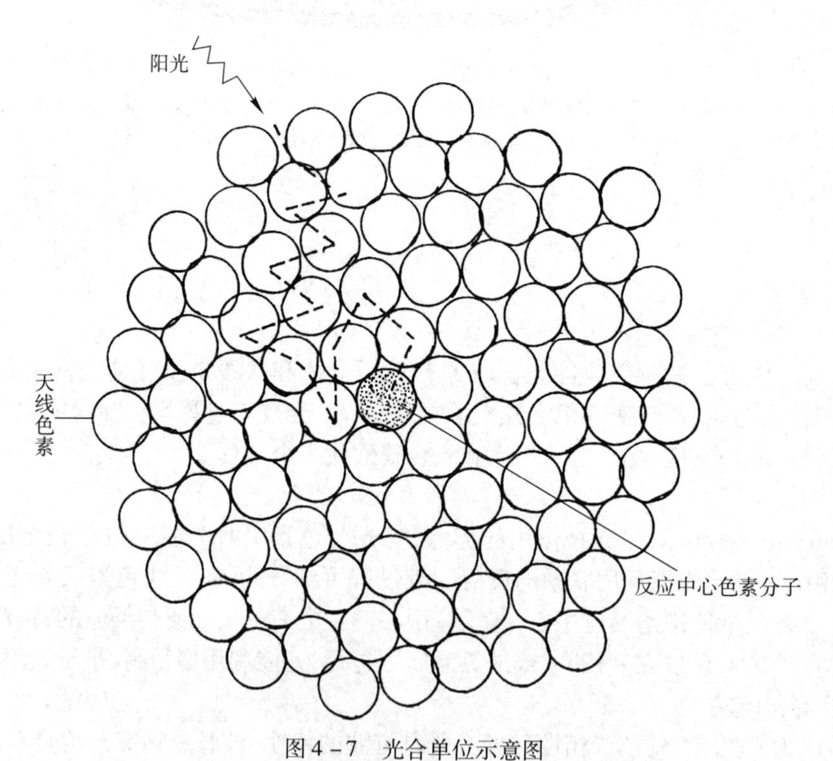

图 4 - 7　光合单位示意图

激发的能量从一个色素分子到另一个色素分子的传递对于色素之间的距离非常敏感。在一个光合单位中，色素分子集中在一起，定向有序地排列在叶绿体的类囊体膜上，大大提高了能量传递的效率。能量的传递遵守从需能较高的天线色素到需能较低的天线色素的原则；反应中心的叶绿素分子吸收光波长最长的色素，这就使光能传递系统成为类似一个“陷阱”装置。所有天线色素吸收的能量必然地、不可逆地传给反应中心色素。能量从接受部位传递到反应中心大约需要 200×10^{-12} s。一旦能量被反应中心接受，激发态的电子便被瞬间传递到等待着的电子受体上。

3. 光能转变为电能

天线色素分子将光能吸收和传递到反应中心后，使反应中心色素分子(P)激发而成为激发态(P^*)，放出电子传给原初电子受体(A)，同时留下一个空位，称为“空穴”。色素分子被氧化(带正电荷，P^+)，原初电子受体被还原(带负电荷，A^-)。由于氧化的色素分子有“空穴”，可以从原初电子供体(D)得到电子来填补，于是色素恢复原来状态(P)；而原初电子供体却被氧化(D^+)。这样不断地发生氧化还原，即发生电荷分离，不断地把电子送给原初电子受体，随即完成了光能转换为电能的过程，这一氧化还原反应不断地反复进行。

$$D \cdot P \cdot A \xrightarrow[\text{基态反应中心}]{h\nu} D \cdot P^* \cdot A \xrightarrow[\text{激发态反应中心}]{} D \cdot P^+ \cdot A^- \xrightarrow[\text{电荷分离反应中心}]{} D^+ \cdot P \cdot A^-$$

光合作用原初反应的能量吸收、传递和转换关系总结如图 4-8 所示。

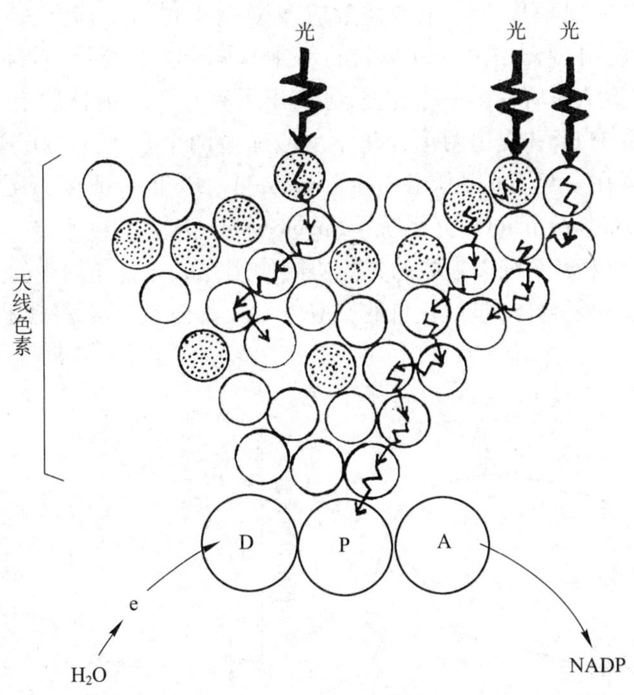

图 4-8　光合作用原初反应的能量吸收、传递和转换示意图

◎类胡萝卜素　○叶绿素

箭头表示能量或电子传递途径

在叶绿体中，多数光合色素(包括大部分叶绿素、类胡萝卜素等)的功能是吸收和传递光能。但这不是单个色素分子的作用，而是需多个色素分子与蛋白质结合，形成色素蛋白复合体，它们有规律地紧密排列在类囊体上，围绕反应中心的几百个聚光色素分子吸收的光能在色素分子间发生共振传递，总体上是沿着能量水平降低的方向传递，即类胡萝卜素→叶绿素 b→叶绿素 a→反应中心色素。这样按照能量梯度不可逆传递的效率是很高的，所吸收光能的 95% ~99% 可以最终传递到光反应中心，用于推动光化学反应的进行。

(二) 光合电子传递

反应中心激发态色素分子把电子传给原初电子受体，转为电能，再通过水的光解、电子在电子传递体之间的传递并通过光合磷酸化，最后形成 ATP 和 NADPH，这就完成了将电能转变为活跃的化学能的过程。光反应中的电子传递和光化学反应是在叶绿体类囊体上进行的。类囊体膜是光系统的结构基础，其上镶嵌着多种参与光合电子传递的蛋白质复合体，即电子传递体，如捕光色素蛋白复合体、光系统Ⅰ、光系统Ⅱ、细胞色素 b_6f 复合体，质体醌(PQ)，还有催化 ATP 合成的 ATP 合酶等。它们都按照一定的方式有序地排布在类囊体膜上，光系统Ⅱ主要集中在基粒类囊体的垛叠区域，而光系统Ⅰ和 ATP 合酶则广泛分布于基质类囊体和基粒类囊体的非垛叠区域。光系统空间分布的分离特性决定两个光系统之间的电子传递和光化学反应的过程在空间上是彼此分离的，而细胞色素 b_6f 复合体均等地分布于基粒类囊体和基质类囊体上，起连接作用，其间还有质体醌和质体蓝素(PC)在系统之间移动，使两个系统联系起来传递电子。

1. 两个光系统的发现

在20世纪40年代初，当罗伯特·爱默生(Robert Emerson)和威廉·阿诺德(Villiam Arnold)以小球藻为材料，研究不同光波的光合效率时发现，当用长于685 nm(远红光)的单色光照射小球藻时，虽然仍被叶绿素大量吸收，但光合作用效率突然下降，这种现象称为“红降”(red drop)现象。1958年，R. Emerson 发现用远红光和红光(650 nm)同时照射小球藻时，其光合作用效率比用两种波长的光分别照射时的总和要大，这种现象称为双光增益效应或爱默生增益效应(Emerson enhancement effect)(图4-9)。这两个实验说明，光合作用的正常进行必须有两个光化学反应同时起作用。在20世纪60年代初，果然有不同的实验室先后获得一些证据，分离出了存在于类囊体膜上的、特殊的色素蛋白复合体构成的光系统Ⅰ和光系统Ⅱ，并提出两个光化学反应通过两个在空间上分离的光系统(photosystem)由一系列电子传递体串联在一起。光系统Ⅱ(photosystem Ⅱ，PSⅡ)，把电子还原势从低于 H_2O 的能量水平提高到一个中间点(midway point)；光系统Ⅰ(photosystem Ⅰ，PSⅠ)把电子还原势从中间点提高到高于 $NADP^+$ 的水平。这两个光系统以串联的方式协同作用完成光合作用中的光反应过程，每个光系统都是复杂的蛋白质与色素的复合体，包括各自的反应中心及其捕光色素系统组成的光合单位，确保光合作用高效运转。

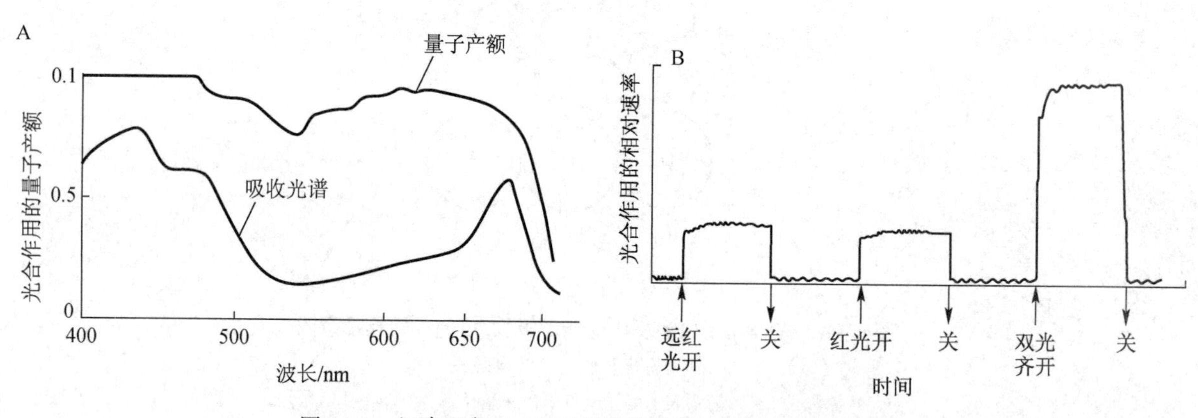

图4-9　红降现象(A)和双光增益效应(B)(自李唯，2012)

2. PSⅡ复合体

(1) PSⅡ的组成　PSⅡ复合体由结合反应中心色素 P680 的两条多肽(D1 和 D2)、捕光色素蛋白质复合体Ⅱ(light harvesting complex Ⅱ，LHC Ⅱ)和放氧复合体(oxygen-evolution complex，OEC)等组成(图4-10)，其功能是利用光能氧化水，释放氧气，提供电子，还原质体醌，同时将质子释放于类囊体腔内。

PSⅡ复合体中的捕光色素蛋白质复合体(LHCⅡ)是绿色植物中含量最丰富的捕光复合物，它是由蛋白质分子、叶绿素分子、类胡萝卜素分子和脂质分子组成的一个复杂分子体系，镶嵌于类囊体膜中。

当能量从 LHCⅡ转移到 PSⅡ的反应中心色素 P680 时，P680 即被激发，产生高能电子，迅速(在3~4 ps 内)把电子传递给与它紧密结合的原初电子受体——去镁叶绿素(Pheo)，形成 $P680^+$ 和 $Pheo^-$。

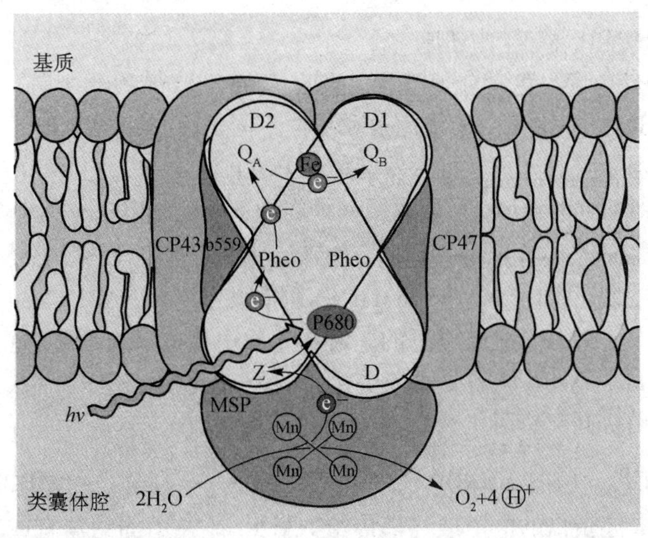

图 4-10　叶绿体类囊体膜上的 PSⅡ蛋白复合体(自 Buchanan 等,2000)

CP43,CP47:结合叶绿素的内周天线蛋白　D_1,D_2:相对分子质量分别为 32×10^3,34×10^3 的两条多肽链　b559:血红色素蛋白,由 α,β 两个亚基组成,与 D_1、D_2构成反应中心　Q_A:与 D_1蛋白结合的质体醌　Q_B:与 D2 蛋白结合的质体醌　Pheo:去镁叶绿素　P680:PSⅡ反应中心色素分子　MSP:锰稳定蛋白,与 Mn、Ca^{2+}、Cl^-一起参与氧的释放,组成放氧复合体 OEC　Z:原初电子供体,是 D1 上的 161 位酪氨酸　D:次级电子供体,是 D_2上的 160 位酪氨酸

$Pheo^-$接着又把电子传给与 D1 结合的质体醌(plastoquinone,Q_A)。Q_A^-将电子传给另一个质体醌(Q_B),Q_B接受 2 个电子成为还原态的 Q_B^{2-}。这时,Q_B^{2-}从基质中吸取两个质子,形成 PQH_2,使基质中的 H^+浓度下降,pH 升高。与此同时,存在电子空穴的带正电荷的 $P680^+$从它的电子供体——D1 蛋白一个特别的酪氨酸残基(Try)上得到一个电子,形成 Try^+和 P680。Try^+反过来又以下面将谈到的方式从水中获得电子。

(2) 水的光解——氧气的释放　PSⅡ进行光反应的同时伴随着水的光解,即氧气的释放。英国科学家罗伯特·希尔(R. Hill)1937 年发现将离体叶绿体放入含有氢受体(A)的水溶液中,照光后水被氧化裂解放出氧气。

$$2H_2O + 2A \xrightarrow[\text{叶绿体}]{\text{光}} 2A^+ + 4H^+ + 4e^- + O_2$$

这样的离体叶绿体在光下所进行的裂解水并放出氧气的反应,称为希尔反应(Hill reaction)。水在光合作用过程中的裂解称为水的光解(photolysis)。

电子如何从 H_2O 中释放出来并传递到 PSⅡ是光合链中最不清楚的一个环节。已知,在体外裂解水需要很强的电流或很高的温度(2 000℃)来提供能量;而绿色细胞却能在常温下,利用可见光所含很少的能量完成这一过程。从下面水光解反应式中可以看出,形成 1 分子的氧气,需要从 2 分子的水中释放出 4 个电子。

$$2H_2O \longrightarrow 4H^+ + O_2 + 4e^-$$

而 PSⅡ的反应中心一次只能产生一个正电荷($P680^+$),因此在 PSⅡ和 H_2O 之间还需要有一个电子转运的过渡站。现已知道,PSⅡ中的放氧复合体(OEC)是能有效完成此反应的生化系统。OEC 是由 3 条多肽链和 Mn 聚集体(含 4 个锰原子)组成的复合体。这些锰被 4 个独立的光化学反应依次转化为高价的状态,每一次 P680 被光激发从 D1 上的酪氨酸残基得到 1 个电子,Mn 聚集体就会转变到一个新的氧化状态,直到水分子中的氧气放出,Mn 聚集体又回到原初状态,开始又一次的氧化还原过程。研究发现,这一过程需要 Cl^-和 Ca^{2+}的参与。水光解脱下的质子被释放到类囊体腔内,造成类囊体膜内外的质子浓度梯度。

3. PS Ⅰ复合体的运转和 $NADP^+$ 的还原

光系统Ⅰ(PS Ⅰ)的反应中心色素分子是最大吸收值在 700 nm 的叶绿素 a，称为 P700，周围有其捕光色素蛋白质复合体 LHC Ⅰ，LCH Ⅰ由天线色素和几种不同的多肽组成。PS Ⅰ发生的光化学反应开始于 LCH Ⅰ吸收光子。LCH Ⅰ吸收光子后将激发能传到 P700(图 4－11)。P700 接收光能受激发、将电子传递给电子原初受体叶绿素 a 分子(A_0)，形成了一个弱的氧化剂($P700^+$)和一个强的还原剂(A_0^-)。随即，A_0^- 将电子传递给叶醌(A_1)和含 4Fe－4S 中心的铁硫蛋白(FeS_X)，最后电子传递到位于类囊体膜外侧的含 2Fe－2S 中心的铁氧还蛋白(ferredoxin，Fd)。在铁氧还蛋白 $NADP^+$ 氧化还原酶(FNR)的催化下将 $NADP^+$ 还原为 NADPH。$NADP^+$ 接受电子的同时从基质中接收一个质子，这又增加了跨类囊体膜的质子梯度。$NADP^+$ 还原成为 NADPH 需要两个电子，而一分子铁氧还蛋白一次只能传递一个电子。所以必须两分子铁氧还蛋白协同起作用。

$$2Fd_{还原} + H^+ + NADP^+ \xrightarrow{Fd\ NADP^+ 氧化还原酶} 2Fd_{氧化} + NADPH$$

并非所有传递到铁氧还蛋白的电子最终都传给 $NADP^+$。在不同的器官或时期还可以有另外的交替途径。例如，从 PS Ⅰ传递的电子也可以还原无机受体 NO_3^- 和 SO_4^{2-} 产生 NH_3 或—SH。这些反应可以变无机废物为生物可利用的有机化合物。因此，太阳光能不仅可以还原氧化的碳(CO_2)，还可以还原高度氧化的氮元素(NO_3^-)和硫元素(SO_4^{2-})。

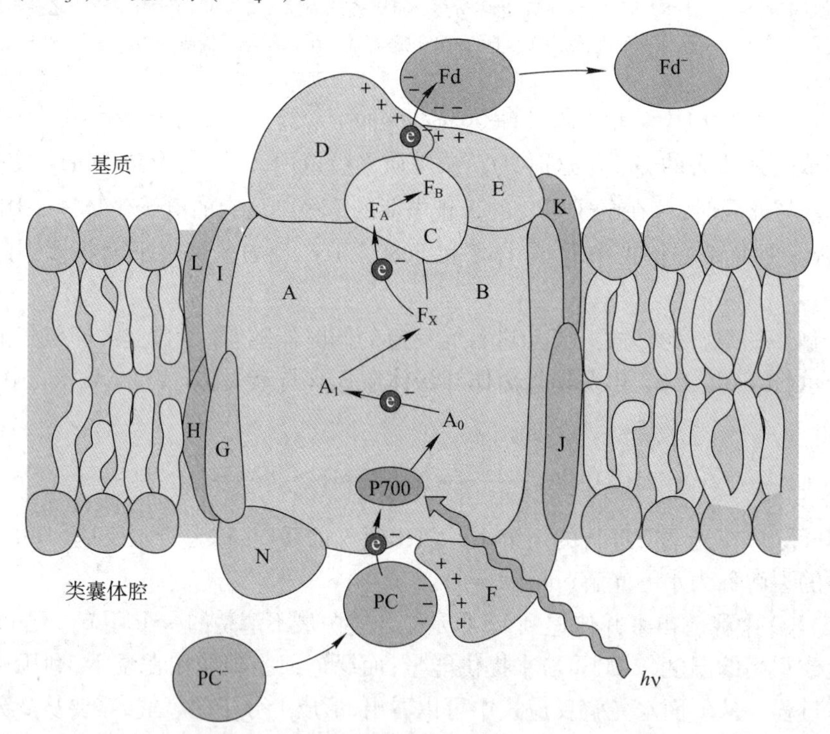

图 4－11　PS Ⅰ色素蛋白复合体示意图(自 Taiz 和 Zeiger，2010)

A，B：反应中心蛋白，在膜上二者结合为异二聚体状态　C，D，E：PS Ⅰ基质侧的外周蛋白　K，J，F，N，G，H，L，I：PS Ⅰ的膜内在蛋白　PC：质体蓝素　P700：反应中心色素分子　A_0：PS Ⅰ的原初电子受体叶绿素 a 单体　A_1：叶醌　F_x，F_A，F_B：PS Ⅰ铁硫中心的蛋白　Fd：铁氧还蛋白

4. 细胞色素 b_6f 复合体

细胞色素 b_6f 复合体(cyt b_6f)由 4 个主要亚基蛋白质和多个辅助因子组成。以蓝藻细胞的细胞色素 b_6f 复合体结构为例(图 4－12)，它包含两个 b 型的细胞色素(cyt b)和 1 个 c 型细胞色素(cyt c，过去称 cyt f)、1 个 Rieske 铁硫蛋白(Rieske iron-sulfur protein，含 2Fe－2S 中心的铁氧还蛋白)和亚基Ⅳ(2 个

质体醌的结合蛋白质，多为醌氧化还原位点）。除此之外还包含另外的几个辅助因子，1 个 c 型血红素、1 个叶绿素、1 个类胡萝卜素。细胞色素 b_6f 复合体通过 Fe 的氧化还原，在 PS Ⅰ 与 PS Ⅱ 光反应复合体间进行电子的传递。

如前所述，PS Ⅰ 与 PS Ⅱ 之间存在一定的空间分离，所以还有两个可移动电子载体将二者联系起来。质体醌（PQH_2）是 PS Ⅱ 和细胞色素 b_6f 复合体之间的电子载体，而细胞色素 b_6f 复合体与 PS Ⅰ 之间的电子载体为质体蓝素（plastocyanin, PC）。PQH_2 将电子传给存在于膜中的细胞色素 b_6f 复合体，同时将质子释放到囊腔内，造成质子跨类囊体膜的运转。$cytb_6f$ 复合体相当于氧化还原酶类，通过氧化态和还原态间的转化来实现电子和质子的转移，即催化 PQH_2 的氧化和质体蓝素的还原，把电子从 PQH_2 传递给 PC，再由 PC 将电子传递给光系统 Ⅰ（PS Ⅰ）。PC 是结合铜离子的可溶性蛋白质，经铜的氧化还原将电子传递给 PS Ⅰ（图 4－13）。

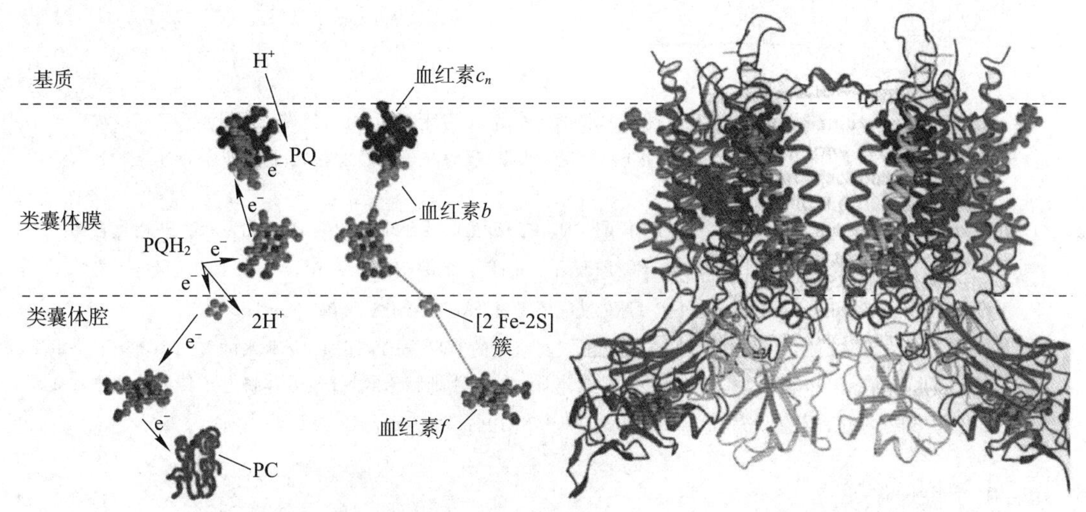

图 4－12　蓝藻细胞色素 b_6f 复合体的结构（自 Taiz 和 Zeiger，2010）

左侧图中蛋白质被省略以更清晰地显示辅助因子的位置，右侧图显示复合物中蛋白质和辅助因子的空间排列

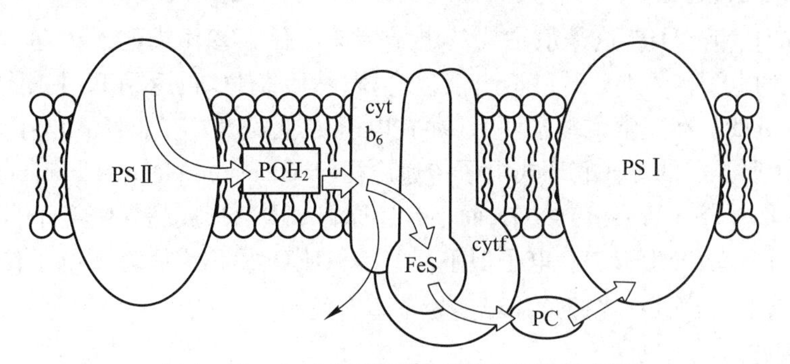

图 4－13　电子从 PS Ⅱ 向 PS Ⅰ 的流动示意图

5. 光合电子传递链

光合作用的电子传递在以上介绍的各种电子传递体间进行。在类囊体膜上，一系列互相衔接的电子传递体组成的电子传递的总轨道，称为光合电子传递链或光合链（photosythetic chain, PHC）。现在被广泛接受的光合电子传递途径称为 Z 链（Z scheme），因为所有的电子传递体依氧化还原电位高低排列起来，像是横写的 Z 而得名（图 4－14）。“Z”方案是英国科学家罗伯特 · 希尔（Robert Hill）和本多尔（Fay Bendall）在 1960 年首先提出的，经过后人的不断修正与补充，日臻完善。最早发生的是两个光系统反应中心色素的激发，然后进行水的分解，两个光系统间的电子传递，再到 P700 还原侧的电子传递。电子在光合链中有 3 个流程：从 H_2O 到 PS Ⅱ，从 PS Ⅱ 经过细胞色素复合体传递到 PS Ⅰ，从 PS Ⅰ 到

$NADP^+$。其中有两处是逆电势梯度的“上坡”电子传递，即 P680→$P680^+$ 和 P700→$P700^+$，需要聚光色素复合体吸收与传递的光能来推动。其他的电子都是从低电势向高电势的自发“下坡”传递。

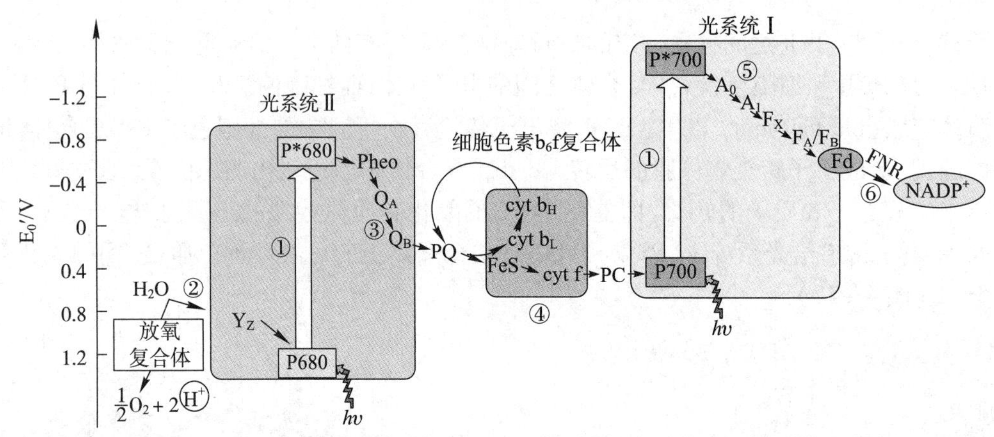

图 4-14 光合电子传递链示意图(Z 链)(自宋纯鹏和王学路,2009)

垂直箭头向上代表反应中心叶绿素 P680(PSⅡ)和 P700(PSⅠ)吸收光子。激发态 PSⅡ反应中心叶绿素 P*680 将电子转移给去镁叶绿素 Pheo

Yz:可溶性黄素蛋白 Q_A:与 D1 蛋白结合的质体醌 Q_B:与 D2 蛋白结合的质体醌(D1、D2 为 PSⅡ蛋白复合体的两条多肽链) PQ:质体醌 FeS:铁硫蛋白 PC:质蓝素 A_0:PSⅠ的原初电子受体 A_1:PSⅠ的次级电子受体 F_X、F_B,F_A:PSⅠ铁硫蛋白 Fd:铁氧还蛋白 FNR:铁氧还蛋白 $NADP^+$ 氧化还原酶

①反应中心色素分子被光激发 ②在 PSⅡ的氧化侧,被光氧化的 P680 被 Yz 还原,Yz 从水的氧化中得到 1 个电子 ③在 PSⅡ的还原侧,去镁叶绿素将电子转移给受体 Q_A、Q_B ④细胞色素 b_6f 复合体将电子传递给质体蓝素 ⑤光系统Ⅰ还原侧的电子传递 ⑥FNR 将 $NADP^+$ 还原为 NADPH

6. 光合电子传递途径

光合电子传递的途径有 3 种:①非环式电子传递(noncyclic electron transport)。即水光解放出的电子经 PSⅡ和 PSⅠ,最终传递给 $NADP^+$,其具体过程是 H_2O→PSⅡ→PQ→cyt b_6f→PC→PSⅠ→Fd→FNR→$NADP^+$,产物为 ATP 和 NADP,这是最主要的电子传递途径。②环式电子传递(cyclic electron transport)。即 PSⅠ产生的电子传给 Fd,再到 cyt b_6f 复合体,然后经 PC 再返到 PSⅠ,形成环绕 PSⅠ的环式电子传递,产物只有 ATP。在正常生理条件下,环式电子传递虽然只有非环式电子传递的 3% 左右,却是有效进行光合作用所必需的。③假环式电子传递途径(psedocyclic electron transport)。该途径是水光解产生的电子经 PSⅡ和 PSⅠ,最终传给 O_2,而不是还原 $NADP^+$,形成超氧阴离子自由基(O_2^-),后被超氧化物歧化酶(SOD)消除,产生 H_2O。电子似乎从 H_2O→H_2O,故称为假环式电子传递。该途径产物除 O_2 和 ATP 以外,还有 O_2^-,往往在光照过强或逆境下多有发生。

(三) 光合磷酸化

光合磷酸化(photophosphorylation)是指与光合电子传递链偶联的将 ADP 和无机磷酸(Pi)合成 ATP 的过程。根据电子传递途径的不同,光合磷酸化分为 3 种类型:①非环式光合磷酸化(noncyclin photophosphorylation),即通过非环式电子传递途径,ATP 合成的同时伴随着 O_2 和 NADPH 的产生;②环式光合磷酸化(cyclic photophosphorylation),指通过环式电子传递途径,仅生成 ATP;③假环式光合磷酸化(psedocyclic photophosphorylation),指通过假环式电子传递途径偶联的磷酸化过程。关于光合磷酸化的机制,现在被人们广泛接受的是化学渗透假说(chemiosmotic hypothesis)和结合变构假说(binding change hypothesis)。

1. 化学渗透学说

1961 年,英国科学家彼得·米歇尔(Peter Mitchell)提出了“化学渗透假说”(chemiosmotic hypothesis)来解释叶绿体中 ATP 的合成。该学说认为，电子通过镶嵌在类囊体膜中的电子传递体进行传递的过程中，起到了质子泵的作用，即将质子从类囊体膜外泵出到类囊体膜内，造成了跨膜的质子浓度梯度和电荷梯度，合称为电化学梯度，也称为质子动力势(proton motive force, pmf)。由于质子不能自由跨过类囊体膜，必须通过跨膜蛋白复合物沿电化学梯度从膜内移动到膜外，其所释放出的能量，促使了 ATP 的合成。由于该学说在解释 ATP 合成中的重要贡献，米歇尔获得 1978 年诺贝尔化学奖。

从整个电子传递过程可以看出，在两个光系统的参与下，电子从 H_2O 传递到 $NADP^+$，产生了 O_2 和 NADPH。同时，形成了一个跨类囊体膜的质子动力势(图 4－15)，即光合磷酸化的动力。跨类囊体膜形成的质子梯度与 3 个过程有关：①水裂解产生的 H^+ 留在类囊体腔中，提高了类囊体腔的质子浓度；②PQ 不仅传递电子，而且传递质子，PQ 还原时从基质中吸收两个 H^+，当它被重新氧化时则把质子释放到类囊体腔中；③$NADP^+$ 还原成 NADPH 时从基质中吸收一个 H^+，从而降低了基质的质子浓度。在光合作用正常运行的情况下，类囊体膜两侧质子浓度约为 3.5 pH 单位，类囊体腔内的 pH 接近 4；由于质子带有电荷，也在类囊体膜内外产生很大的电势差。

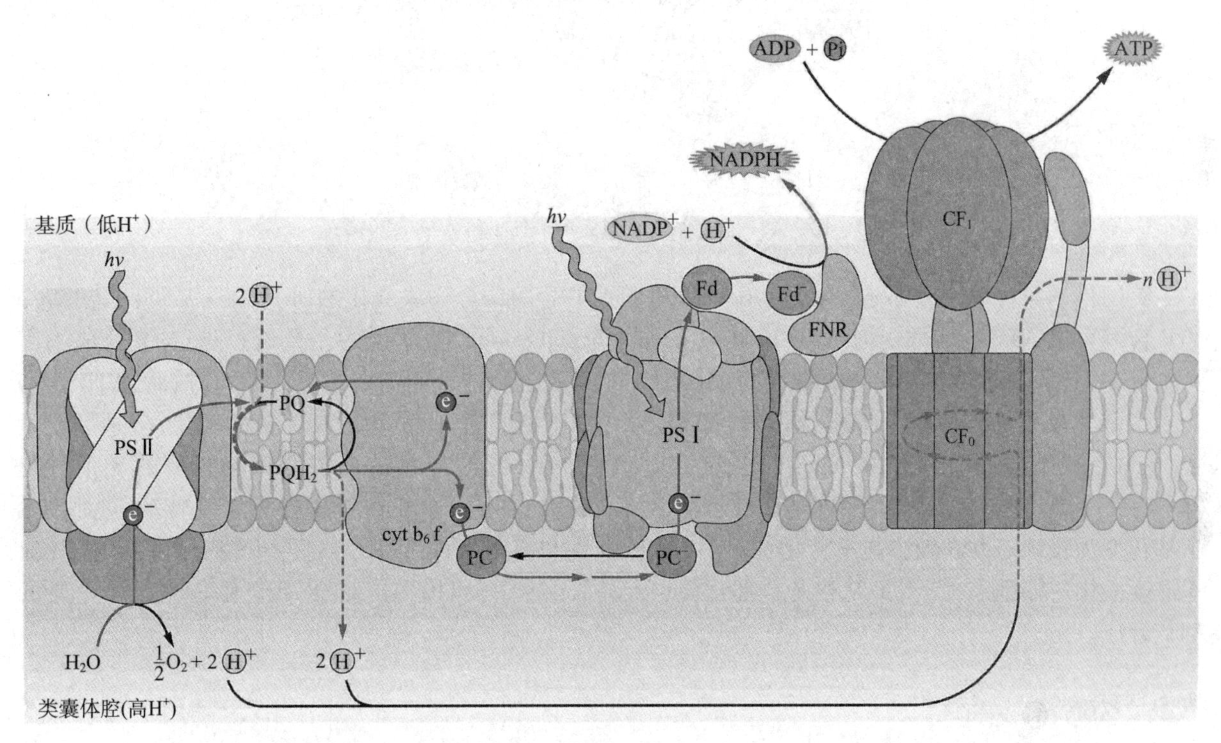

图 4－15　光合膜上电子与质子的传递及 ATP 的生成(自 Buchanan 等,2000)

电子(e^-)和质子(H^+)在叶绿体类囊体膜中的转移是通过 4 个蛋白质复合体以矢量的方式完成的。图中灰线代表 e^- 转移，黑线和虚线代表 H^+ 运动

2. 结合变构学说

化学渗透假说解释了光合磷酸化过程中质子动力势驱动 ATP 合成，但是尚未能说明电化学梯度是如何驱动 ATP 合成的。在 20 世纪 60 年代初，人们从叶绿体中分离出催化合成 ATP 的跨膜蛋白复合体，即 ATP 合酶，也称偶联因子(coupling factor)。ATP 合酶由两个蛋白复合体构成：一个是突出于膜表面的亲水性的“CF_1”复合体，另一个是埋置于膜内的疏水性的“CF_0”复合体(图 4－16)。CF_0 由 a、b、b′、c 4 种亚单位组成，旋转的 c 亚基多聚体形成一个通道，它嵌埋在内膜并横跨内膜，H^+ 可经过这个通道完成跨膜运动，a 亚基可能与形成质子通道的孔有关，b 和 b′亚基可能是柄的一部分，起连接作用。CF_1 在电镜下观察呈小球状，由 α、β、γ、δ 和 ε 5 种亚基组成。α 亚基可能有将 CF_1 结合到 CF_0 的作用，β 亚

基含有 ATP 和 ADP 的结合和催化位点，γ 亚基可控制质子流，δ 亚基的作用是将 CF_1结合到 CF_0上，ε 亚基对质子的通过也有影响，去除它会刺激 ATP 酶的活性，而加上后会抑制 ATP 酶的活性。当 H^+穿过 CF_0通道时，可以推动 CF_1上的 3 个 α/β 亚基与 γ 亚基轴心的相对旋转变构，同时生成磷酸酐键，即把 ADP 和 Pi 合成 ATP。

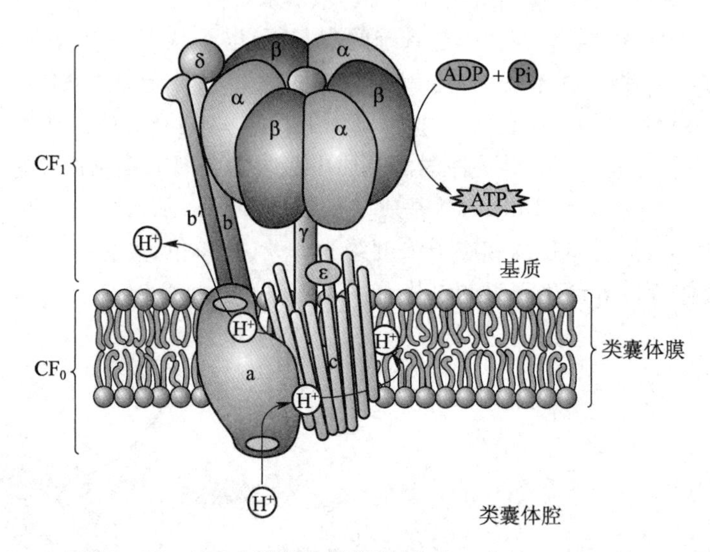

图 4－16 ATP 合酶结构示意图（自 Taiz 和 Zeiger，2010）

美国科学家保罗 · 波耶尔（Paul D. Boyer）基于 ATP 合酶结合构象变化的研究，于 1965 年提出解释 ATP 合酶合成 ATP 的结合变构学说（binding change hypothesis）。该学说的主要论点是：ATP 合成不需要能量，ATP 从 ATP 合酶上释放出来以及 ADP、Pi 与 ATP 合酶结合则需要能量；ATP 合成时，ATP 合酶上多个催化位点协同作用。该学说认为，ATP 合酶中 CF_1的 3 个 β 亚基各具一定的构象，分别形成紧密（tight）、松弛（loose）和开放（open），各自对应于底物的结合、产物的形成和产物释放的 3 个过程（图 4－17）。具体来说，ADP 和 Pi 与开放态的 β 亚基结合；在质子流的推动下使 γ 亚基转动，进而使 β 亚基转变为松弛态并在较少能量变化情况下，ADP 和 Pi 自发地形成 ATP，再进一步转变为紧密态；β 亚基继续变构成松弛态，使 ATP 从核苷酸催化位点上释放出来，并可以再次结合 ADP 和 Pi 进行下一轮的 ATP 合成。

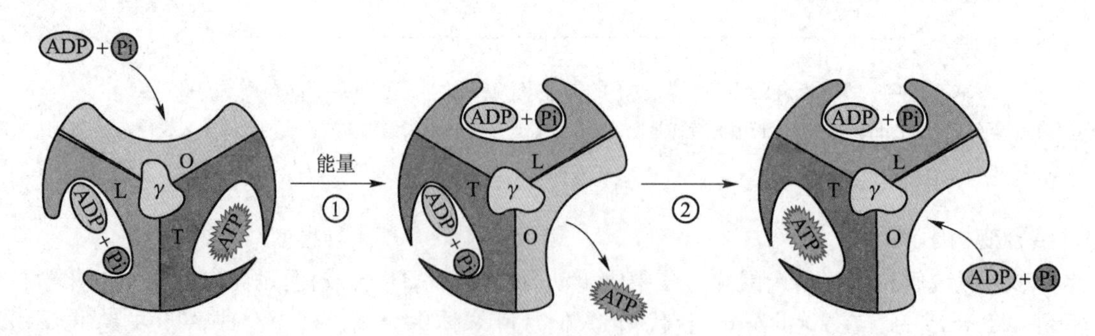

图 4－17 ATP 合成的结构转化机制模式图（自 Buchanan et al，2000）

γ 亚基的转动引起 β 亚基的构象依紧张（T）→松弛（L）→开放（O）的顺序发生改变，完成 ADP 和 Pi 的结合、ATP 的合成以及 ATP 的释放过程

结合变构学说现在被人们广泛接受，波耶尔、英国科学家约翰 · 沃克（John E. Walker）和丹麦科学家斯科（Jens C. Skou）由于在 ATP 合酶研究中做出突出贡献，共同获得 1997 年诺贝尔化学奖。

综上所述，光合作用的光反应经过光化学反应、电子传递以及偶联的光合磷酸化，产物分别为 O_2、ATP 和 NADPH。而 NADPH 和 ATP 是将 CO_2 还原为糖所必需的，称为同化力（assimilatory power）。由它们把光合作用的光反应和碳还原反应联系在一起。

二、碳反应

在光合作用光反应过程中，伴随 H_2O 被光解氧化及光合作用电子传递，$NADP^+$ 被还原为 NADPH，与电子传递偶联的光合磷酸化产生了 ATP，即已经将光能转换为活跃的化学能。在叶绿体基质中，利用 NADPH 和 ATP 储存的能量，经过一系列酶促反应，将 CO_2 还原为稳定的糖类，将活跃的化学能变为稳定的化学能，这就是 CO_2 的同化过程（CO_2 assimilation），即碳反应（carbon reaction）或称碳固定（carbon fixation）。

各种高等植物 CO_2 同化途径不尽相同。根据 CO_2 同化过程中的最初产物及碳代谢特点，将光合碳同化途径分为 3 类：C_3 途径（C_3 pathway）、C_4 途径（C_4 pathway）和景天酸代谢（crassulacean acid metabolism, CAM）途径。相应的植物被分别称为 C_3 植物（C_3 plant）、C_4 植物（C_4 plant）和 CAM 植物（CAM plant）。

（一）C_3 途径——卡尔文循环

在 20 世纪 50 年代，美国生物化学家卡尔文（Melvin Calvin）和本森（Andrew Benson）等用 ^{14}C 同位素标记技术和双向纸层析技术，研究发现了单细胞藻类小球藻光合作用中 CO_2 固定的反应步骤，推导出 CO_2 同化的途径，称之为卡尔文循环（Calvin cycle）。他们因此获得了 1961 年诺贝尔化学奖。在这个还原 CO_2 的循环中，形成的第一个稳定产物是三碳化合物，故而又称为 C_3 途径或光合碳还原循环（photosynthetic carbon reduction cycle, PCR cycle）。这是植物光合固定 CO_2 的基本循环，是放氧光合生物同化 CO_2 的共有途径。

卡尔文循环分为羧化、还原和再生 3 个阶段（图 4－18）。

1. 羧化阶段

CO_2 必须先羧化固定成羧酸，然后才能被还原。1,5－二磷酸核酮糖（ribulose-1,5-bisphosphate, RuBP）是 CO_2 的受体。在 1,5－二磷酸核酮糖羧化酶/加氧酶（ribulose-1,5-bisphosphate carboxylase/oxygenase, Rubisco）的催化下，RuBP 结合羧化 1 分子 CO_2，生成不稳定的中间产物，随后该中间产物快速水解成 2 分子 3C 的 3－磷酸甘油酸（3-phosphoglyceric acid, 3－PGA）。3－PGA 是卡尔文循环中第一个稳定的中间产物。在羧化阶段完成了从无机物向有机物的转化。

2. 还原阶段

3－PGA 在 3－磷酸甘油酸激酶（glycerate-3-phosphate kinase）的催化下消耗 1 分子 ATP，形成 1,3－二磷酸甘油酸（glycerate-1,3-phosphate, 1,3－PGA），随后在磷酸甘油醛脱氢酶（glyceraldehyde-3-phosphate dehydrogenase）的作用下被 NADPH 还原为 3－磷酸甘油醛（glyceraldehyde-3-phosphate, GAP），此即为 CO_2 的还原阶段。GAP 可异构为磷酸二羟丙酮（DHAP），二者统称为磷酸丙糖（triose phosphate）。

从 3－磷酸甘油酸到 3－磷酸甘油醛的过程中，由光合作用生成的 ATP 和 NADPH 均已被消耗。CO_2 一旦被还原为 3－磷酸甘油醛，光合作用的储能过程即已完成。

3. RuBP 的再生阶段

RuBP 再生阶段又称为更新阶段。叶绿体内的 RuBP 含量需要维持一定水平，才能保证卡尔文循环的正常进行。经过羧化反应和还原反应生成的 GAP 经过 3C、4C、5C、6C、7C 糖的一系列反应转化，形成 5－磷酸核酮糖（Ru5P），最后在 5－磷酸核酮糖激酶的催化下，消耗 ATP，重新形成 RuBP。

再生过程的总反应式：

$$5GAP + 3ATP + 2H_2O \rightarrow 3RuBP + 3ADP + 2Pi + 3H^+$$

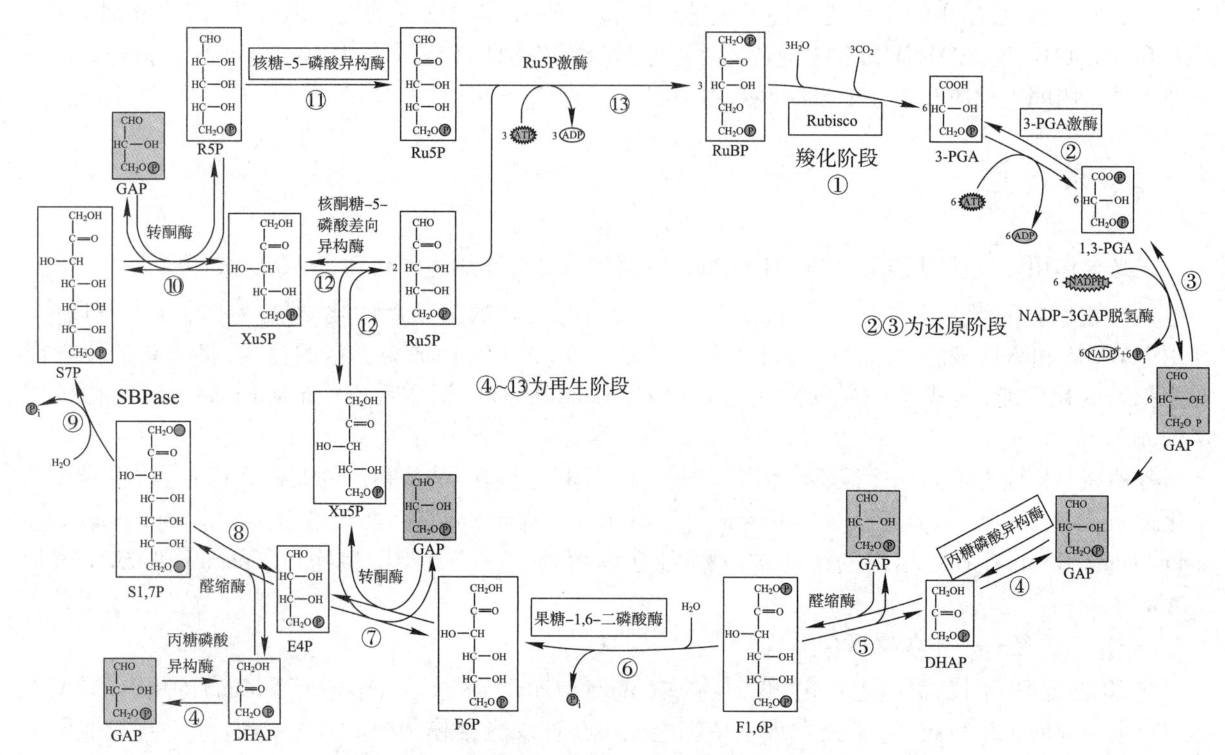

图 4-18　卡尔文循环各主要反应示意图(自 Buchanan 等,2000)

①反应为卡尔文循环的羧化阶段,②③反应为卡尔文循环的还原阶段,其余反应为再生阶段

各反应中所涉及的酶分别为:①核酮糖二磷酸羧化酶/加氧酶(ribulose bisphophate carboxylase/oxygenase,Rubisco);②3-磷酸甘油酸激酶(3-phosphoglycerate kinase,PGAK);③NADP-甘油醛磷酸脱氢酶($NADP^+$-glyceraldehyde-3-phosphate dehydrogenase,GAPDH);④丙糖磷酸异构酶(triose phosphate isomerase);⑤、⑧醛缩酶(aldolase);⑥果糖-1,6-二磷酸酶(fructose-1,6-bisphosphate phosphatase,FBPase);⑦、⑩转酮糖(transketolase);⑨景天庚酮糖-1,7-二磷酸酶(sedoheptulose-1,7-bisphosphate phosphatase,SBPase);⑪核糖-5-磷酸异构酶(ribose-5-phosphate isomerase);⑫核酮糖-5-磷酸差向异构酶(ribulose-5-phosphate epimerase);⑬核酮糖-5-磷酸激酶(ribulose-5-phosphate kinase,Ru5PK)

卡尔文循环的总反应式:

$$3CO_2 + 5H_2O + 9ATP + 6NADPH \rightarrow GAP + 9ADP + 6NADP^+ + 8Pi + 3H^+$$

从式中看出,在卡尔文循环中,每同化 3 分子 CO_2,消耗 9 分子 ATP 和 6 分子 NADPH,形成 1 分子磷酸丙糖,以很高的能量转化率将光反应中形成的活跃化学能转换为稳定的化学能,暂时储存于磷酸丙糖中。

4. C_3途径的调节

对 C_3途径的调控主要有以下 3 方面:

(1) 循环自催化作用　在卡尔文循环中,碳同化的速率在很大程度上决定于接受 CO_2的 RuBP 的含量,而 RuBP 需不断再生才能维持循环进行。当其含量低时,形成的磷酸丙糖用于 RuBP 的再生,以加快固定 CO_2的速率。当循环达到稳定状态后,就会有磷酸丙糖输出。

(2) 光的调节　研究发现,"光-暗"变化调控了 C_3途径中 5 种关键酶的活性。这 5 种酶分别为核酮糖二磷酸羧化酶/加氧酶(Rubisco)、果糖-1,6-二磷酸酶、景天庚酮糖-1,7-二磷酸磷酸酶、核酮糖-5-磷酸激酶和 NADP 甘油醛磷酸脱氢酶。

光对 Rubisco 活性的调节尤为重要。光影响组成 Rubisco 的大、小亚基基因的转录水平。光还可以通过改变叶绿体基质中的 pH 与 Mg^{2+} 浓度来调节 Rubisco 活性。光驱动 H^+ 从基质转运到类囊体腔内,与 H^+ 进入偶联的是 Mg^{2+} 从类囊体腔到基质中,基质 pH 升至 8 左右,这正是 Rubisco 催化反应的最适

pH。Rubisco 的活化需要一种核基因编码的 Rubisco 活化酶（Rubisco activase）。黑暗中 Rubisco 与 RuBP 结合，没有催化活性；光下，Rubisco 活化酶经硫氧还蛋白活化后水解 ATP，使 Rubisco 构象变化，释放出 RuBP 后才能通过结合 CO_2 与 Mg^{2+} 而甲酰化，成为活化态。作为活化分子的 CO_2 结合到 Rubisco 大亚基活性位点的赖氨酸的氨基上，形成氨基甲酸酯 Lys－NH－CO_2，这样 Mg^{2+} 再迅速结合到上面，此时酶构象发生变化而具有催化功能。之后，Rubisco 才能依次结合 RuBP 和底物 CO_2，执行催化羧化反应的功能。

其他 4 种酶受光调节的机制是通过铁氧还蛋白－硫氧还蛋白系统的氧化还原来控制酶的活性。硫氧还蛋白中硫氢基的氧化态（—S—S—）和还原态（—SH HS—）在光、暗下发生可逆的变化。当 PSⅠ受光激发时，酶中的—S—S—被铁氧还蛋白－硫氧还蛋白还原酶催化还原成—SH HS—的形式，使酶活化。

（3）光合产物输出速率的调节　叶绿体中的光合产物主要以磷酸丙糖的形式运送到细胞质中，再转化成蔗糖。在叶绿体被膜上镶嵌有多种转运蛋白质，如磷酸转运器、ATP/ADP 转运器、乙醇酸转运器、丙酮酸转运器、糖载体、氨基酸载体等，控制和协调叶绿体内外的代谢物运输。其中磷酸转运器（phosphate translocator, Pi translocator）或称磷酸丙糖转运蛋白（triose phosphate translocater, TPT）是磷酸丙糖与无机磷酸的反向转运蛋白，在将磷酸丙糖运出的同时将无机磷等量运入叶绿体。C_3途径中形成的磷酸丙糖（triose phosphate，TP）被叶绿体内被膜上的 TPT 运到细胞质形成蔗糖，合成的蔗糖通过叶肉细胞质膜上的蔗糖载体外运，并进一步被转运至筛管。蔗糖合成的同时，所释放到细胞质中的无机磷酸又被 TPT 运至叶绿体基质供光合作用利用。当细胞质中蔗糖的利用减慢、外运受阻，游离的无机磷水平就会下降，磷酸丙糖外运减少而在叶绿体内积累。叶绿体内磷酸丙糖的积累一方面反馈抑制卡尔文循环的进行，另一方面促进叶绿体基质中淀粉的合成。叶绿体基质中淀粉的积累可使叶绿体的光合作用下降。细胞质中游离的无机磷水平降低，进入叶绿体基质内的无机磷就会减少，导致 ATP 合成受阻，叶绿体内 ATP 水平下降会使卡尔文循环受到抑制。

C_3途径的植物最多，如水稻、小麦、棉花、大豆等粮食作物和经济作物均为此类。

（二）C_4途径

1. C_4 途径和 C_4 植物叶片结构特点

20 世纪 60 年代，澳大利亚科学家马歇尔·哈奇（Marshall D. Hatch）和罗杰·斯拉克（C. Roger Slack）经过反复实验发现，一些植物如甘蔗、玉米等固定 CO_2的最初产物是苹果酸或天冬氨酸等四碳二羧酸，催化羧化反应的酶是磷酸烯醇式丙酮酸羧化酶（phosphoenolpyruvate carboxylase, PEPC），因而提出了 CO_2同化的 C_4途径，又称 Hatch－Slack 途径。具有 C_4途径的植物称为 C_4植物，主要集中于禾本科、莎草科、菊科、苋科、藜科等 20 多科 2 000 余种。C_4植物叶片解剖结构与 C_3植物不同。C_4植物的栅栏组织与海绵组织分化不明显；维管束密集，维管束周围有发达的维管束鞘细胞形成花环状的结构，与外围的一圈整齐排列的叶肉细胞紧密相连；与叶肉细胞叶绿体相比，维管束鞘细胞中含有较大的叶绿体，其中的基粒垛叠较少，并且 PSⅡ含量低；含有丰富的线粒体等其他细胞器；维管束鞘细胞与叶肉细胞间存在大量胞间连丝，有利于光合产物的转运（图 4－19）。C_4植物固定 CO_2是在叶肉细胞和维管束鞘细胞中进行的。这两种光合细胞中含有不同的酶类，叶肉细胞中含有 PEPC，而维管束鞘细胞中含有脱羧酶和 Rubisco，分别催化不同的反应，共同完成 CO_2固定还原。

2. C_4途径的过程

C_4途径的过程大体可以分为羧化与还原、脱羧、PEP 再生几个密切联系的阶段。

（1）叶肉细胞中的羧化与还原反应　进入叶肉细胞的 CO_2首先在碳酸酐酶作用下形成 HCO_3^-，随后由细胞质中的 PEPC 催化与磷酸烯醇式丙酮酸（PEP）结合形成含 4C 的草酰乙酸（OAA）。接下来，OAA 进入叶绿体，由 NADP－苹果酸脱氢酶还原为苹果酸（Mal），如玉米、高粱等植物。或有些植物在细胞质中通过天冬氨酸转氨酶转化为天冬氨酸（Asp），实现了 CO_2的初固定。

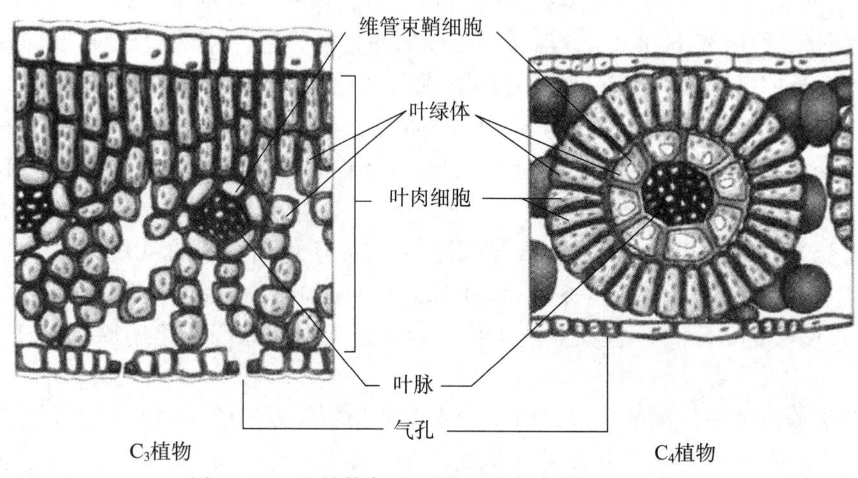

图 4－19　C_4植物与C_3植物叶片解剖结构的比较

(2) 维管束鞘细胞中的脱羧和再固定　在叶肉细胞中形成的四碳酸通过胞间连丝转运进入维管束鞘细胞,在维管束鞘细胞中进行脱羧形成丙酮酸(Pyr),所释放的CO_2进入叶绿体中,经过卡尔文循环的再固定,形成磷酸丙糖,完成光合碳同化。

(3) 底物 PEP 的再生　脱羧形成的丙酮酸被转运回叶肉细胞,由丙酮酸磷酸双激酶(PPDK)催化,再生 PEP,维持 C_4 途径的继续运行(图 4－20)。

3. C_4代谢的类型

根据运入维管束鞘的C_4羧酸种类及催化其脱羧反应的酶不同,可将C_4途径分为 3 种类型(表 4－1)。

表 4－1　C_4途径的 3 种类型

类型	进入维管束鞘细胞的 4C 酸	脱羧酶及反应部位	返回叶肉细胞的 3C 酸	代表植物
NADP 苹果酸酶类型(NADP－ME 型)	苹果酸	NADP－苹果酸酶(叶绿体中)	丙酮酸	玉米、甘蔗、高粱、谷子等
NAD－苹果酸酶类型(NAD－ME 型)	天冬氨酸	NAD－苹果酸酶(线粒体中)	丙氨酸	马齿苋、狗尾草、粟等
PEP－羧化激酶(PEP－CK 型)	天冬氨酸	PEP 羧激酶(细胞质中)	丙氨酸/丙酮酸或 PEP	羊草、非洲鼠尾黍、大黍等

4. C_4途径的调节

在C_4途径的反应中,多种酶的活性受光、效应剂和二价金属离子等的调节。

光可活化C_4途径中 PEPC、NADP－苹果酸脱氢酶(NADP－MDH)和丙酮酸磷酸二激酶(PPDK),在黑暗条件下这些酶则被钝化失活。如 PEPC 受光依赖的磷酸化与去磷酸化调节。NADP－苹果酸脱氢酶也是通过叶绿体中的铁氧还蛋白－硫氧还蛋白系统调节巯基氧化还原,在光下被还原活化,而在暗中则氧化失活。

效应剂对 PEP 羧激酶的活性有调节作用,如苹果酸和天冬氨酸可抑制羧激酶的活性,而 6－磷酸葡糖则可增加其活性,特别是在低 pH、低 Mg^{2+} 和低 PEP 条件下这些调节作用更为突出。

一些二价的金属离子都是C_4途径脱羧酶的活化剂。如 Mg^{2+} 和 Mn^{2+} 为 NADP－苹果酸酶、PEP 羧激酶的激活剂,Mg^{2+} 是 NAD－苹果酸酶的活化剂。

$$\underset{\text{PEP}}{\begin{array}{l}CH_2\\ \|\\ CO\text{Ⓟ}\\ /\\ COOH\end{array}} + HCO_3^- \xrightarrow[Mg^{2+}]{\text{PEP羧化酶}} \underset{\text{OAA}}{\begin{array}{l}COOH\\ |\\ CH_2\\ |\\ CO\\ /\\ COOH\end{array}} + Pi$$

$$\underset{\text{OAA}}{\begin{array}{l}COOH\\ |\\ CH_2\\ |\\ CO\\ |\\ COOH\end{array}} \xrightarrow[\text{NADP-苹果酸脱氢酶}]{NADPH \quad NADP^+} \underset{\text{Mal}}{\begin{array}{l}COOH\\ |\\ CH_2\\ |\\ CHOH\\ |\\ COOH\end{array}}$$

$$\underset{\text{OAA}}{\begin{array}{l}COOH\\ |\\ CH_2\\ |\\ CO\\ |\\ COOH\end{array}} \xrightarrow[\text{天冬氨酸转氨酶}]{\text{谷氨酸} \quad \alpha\text{-酮戊二酸}} \underset{\text{Asp}}{\begin{array}{l}COOH\\ |\\ CH_2\\ |\\ CHNH_2\\ |\\ COOH\end{array}}$$

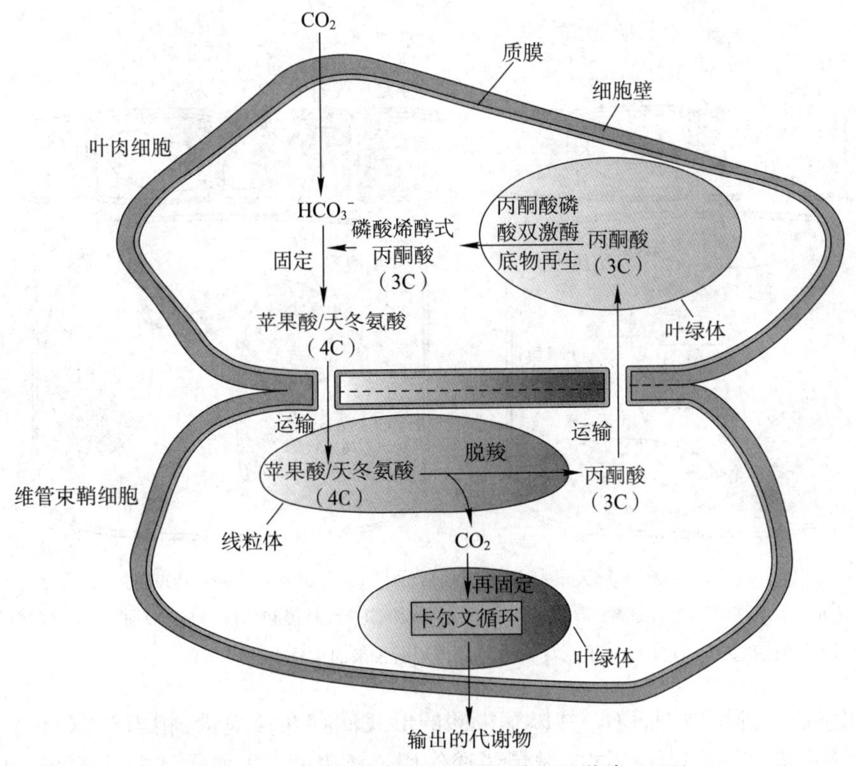

图 4－20　C_4途径示意图（自宋纯鹏和王学路，2009）

5. C_4途径的生理生态意义

C_4植物大多起源于热带或亚热带，对高温、强光与干旱的适应性更强，这是因为 C_4循环具有浓缩 CO_2和减少水分散失的特点。第一，叶肉细胞 PEPC 对 HCO_3^-的亲和力极高，即使植物气孔部分关闭，PEPC 仍能催化固定较低浓度的 CO_2，并且没有与 O_2的竞争反应，因此固定 CO_2的效率高。第二，四碳酸转移至维管束鞘细胞并在此脱羧释放出 CO_2，显著提高了维管束鞘细胞中 CO_2 的浓度，这是一种浓缩 CO_2 的机制，促进了 Rubisco 催化的羧化反应，并且抑制了加氧反应，降低了光呼吸。第三，在维管束鞘细胞中形成的光合产物被及时运至维管束，避免了光合产物的积累可能导致的反馈抑制作用；C_4 途径消耗更多的能量，提高了光合系统对高光强、高温的耐受能力。

（三）景天酸代谢途径

分布在季节性干旱水分不充足的环境中的景天科（Crassulaceae）植物等，为了适应极端干旱的环境，其叶片结构和光合碳代谢机制上都表现出独有的特点。首先，叶片通常肉质化，表皮厚，面积/体积的值低，液泡大，气孔开放孔径小，频率低。在 CO_2 同化机制方面，则表现为叶片气孔夜开昼合，叶肉细胞液泡在夜间大量积累苹果酸，酸度升高；白天苹果酸含量减少，酸度下降，淀粉、糖的含量增加。这种有机酸合成昼夜变化的光合碳代谢类型称为景天酸代谢（CAM）途径。正是这些结构和代谢机制上的特点，使得 CAM 植物在干旱条件下更具优势。还有一些重要经济植物也是这种代谢类型，如菠萝（*Ananas comosus*）、龙舌兰（*Agave* spp.）、仙人掌（Cactaceae）和兰科（Orchidaceae）等。

与 C_4 光合碳代谢途径不同，CAM 途径中四碳酸的生成同时具有时间和空间上双重分离的特点。夜间，气孔开放，吸收 CO_2，在细胞质 PEPC 的催化下，由糖酵解过程中形成的 PEP 捕获 CO_2 形成 OAA，OAA 在 NADP－苹果酸脱氢酶的作用下转化为苹果酸，储存在液泡中。白天，气孔关闭，液泡中的苹果酸转运进入细胞质，被 NADP－苹果酸酶催化脱羧，或由羧激酶催化 OAA 脱羧，释放的 CO_2 在叶绿体中进入卡尔文循环完成碳同化（图 4－21）。

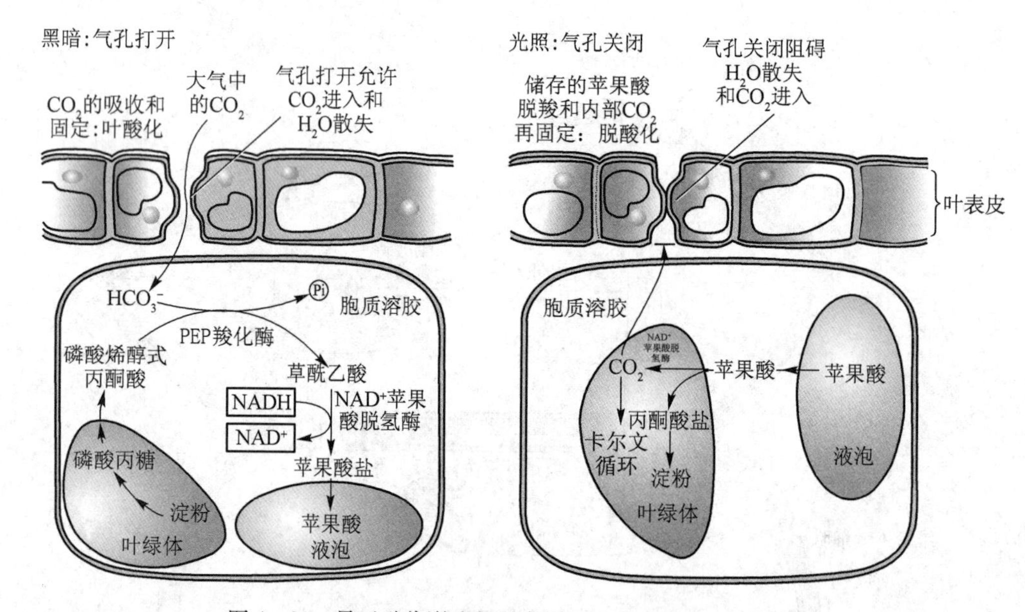

图 4－21 景天酸代谢途径示意图（自 Taiz 和 Zeiger，2009）

CO_2 吸收与光合反应在时间上的分离：CO_2 的吸收和固定在夜间进行，脱羧和内部释放 CO_2 的再固定在白天进行。CAM 途径的适应优势在于通过白天气孔关闭减少蒸腾作用所带来的水分损失

CAM 植物夜间气孔开放吸收 CO_2，并以苹果酸的形式储存在液泡中，相当于“CO_2 库”；而在白天高温条件下气孔关闭，减少蒸腾作用的同时避免脱羧作用释放出的 CO_2 经气孔向外扩散，起到保持水分和锁住 CO_2 的双重作用。CAM 途径正是通过这种固碳的时空分离特性实现了在高温干旱条件下光合作用的最优化。

（四）光合作用的产物和运输

1. 光合作用产物

光合作用的主要产物是糖类，包括磷酸丙糖、葡萄糖、果糖、蔗糖、淀粉和纤维素等。磷酸丙糖是在叶绿体中最初合成的糖，也是光合产物从叶绿体运输到细胞质的主要形式，它既可以形成淀粉暂时贮藏在叶绿体中，又可被运到细胞质基质中合成蔗糖。蔗糖是大多数植物体内长距离运输糖类的主要形式。光合作用的最终产物和数量在不同的植物中是有差异的，大多数高等植物的光合产物是淀粉，如小麦、水稻、马铃薯等；有些植物的光合产物是蔗糖，如甘蔗、甜菜、胡萝卜等；有些则是葡萄糖和果糖，如洋葱、大蒜等；还有少数植物的光合作用终产物是纤维素，如棉花、亚麻等。

植物不同的生长发育时期和外界的不同条件也对光合产物的形成有影响，如一般植物的幼叶除形成糖类外，还形成较多的蛋白质；而发育成熟的叶片主要形成糖类。高 CO_2浓度和强光照有利于蔗糖和淀粉的形成，而弱光则有利于谷氨酸、天冬氨酸和蛋白质的形成。此外，$^{14}CO_2$标记饲喂小球藻（*Chlorella*）的研究表明，^{14}C 已经在糖形成之前就参与到氨基酸（如甘氨酸、丝氨酸等）和有机酸（如丙酮酸、苹果酸、乙醇酸等）中；当用^{14}C – 醋酸饲喂离体叶绿体时，在照光后又发现^{14}C 很快参与到叶绿体中的某些脂肪酸（如棕榈酸、亚油酸）中了。因此，光合作用的产物中，除主要为糖类外，还有氨基酸、蛋白质、脂肪和有机酸。

2. 同化物的运输

植物的同化物很多，其中主要的同化物是光合产物。叶片制造的光合产物有糖类、脂肪、蛋白质和有机酸等。这些同化物均被运输到植物体的各种组织、器官中，供其生长发育的需要。

（1）运输途径 光合产物的运输途径按距离可分为短距离运输和长距离运输两类。

短距离运输 包括胞内运输（通过扩散作用、原生质环流、细胞器膜内外的物质交换，以及囊泡的形成与囊泡内含物的释放等）和胞间运输（包括共质体运输、质外体运输和替代运输）。在共质体与质外体的替代运输过程中，常需要经过一种特化的转移细胞，该种细胞的细胞壁和质膜向内伸入细胞质中，形成许多皱褶，或呈片层，或类似囊泡，扩大了质膜面积，增加了溶质向外转运的面积。在许多植物的根、茎、叶、花序的维管束附近存在转移细胞。

长距离运输 通过韧皮部的筛管进行。被子植物的韧皮部是有筛管、伴胞和韧皮薄壁细胞组成，其中筛管是同化物的主要通道。伴胞与筛管间有胞间连丝连接。

（2）运输形式 光合产物运输的主要形式是蔗糖，同位素测定表明，蔗糖占筛管汁液干重的 73% 以上，是输导系统中的主要有机物质。因为蔗糖是非还原性的、稳定性高、溶解度高，其运输的速率很高。少数植物除蔗糖外，韧皮部汁液中还有棉子糖、水苏糖、毛蕊花糖等。

（五）C_3、C_4与 CAM 植物光合特性比较

不同植物的光合碳代谢途径是对特定生态环境的适应和进化的结果。C_4植物具有的叶片结构特点和碳代谢途径使其适应于高温高光强的环境，并且在此条件下 C_4植物比 C_3植物的光合速率高。但是在光照弱、温度低的条件下，C_4植物比 C_3植物的光合速率低。三类植物主要分布地区不同，对高温和干旱的适应性也有很大差异，详细比较见表 4 – 2。

不同的碳代谢途径不是截然分开的。植物在不同的环境条件或处于不同的发育阶段，C_3与 C_4途径可以相互转换。如禾本科的毛颖草处于低温多雨地区时以 C_3途径固定 CO_2，而在高温干旱条件下则以 C_4途径固定 CO_2。C_3植物烟草感染花叶病毒，幼叶具有 C_4途径。玉米幼叶具有 C_3植物的某些特征，至第五叶才具有完全的 C_4植物的特征。

还有某些植物的解剖结构和光合碳固定的特性介于 C_3植物与 C_4植物之间，如禾本科的黍属、菊科的黄菊属、苋科的莲子草属等。这些植物的维管束鞘细胞不如 C_4植物发达，不像 C_4植物那样 Rubisco 和 PEPC 被严格分开定位在不同的细胞中，但叶肉细胞有分化，具有两种催化羧化反应的酶，CO_2同化以卡尔文循环为主，但也有有限的 C_4 循环。这些植物的光呼吸也介于 C_3与 C_4植物之间。一般认为，C_3 – C_4 中间型植物是 C_3植物向 C_4植物进化的中间过渡类型。光合碳代谢途径的多样性及其相互间的转化是植物对多变的生态环境的适应。

表 4－2　C_3、C_4和 CAM 植物叶的结构、光合生理生态特性比较

特性	C_3植物	C_4植物	CAM 植物
植物类型	典型的温带植物	热带、亚热带、温带植物	典型的旱地植物
叶的结构	BSC 不发达，内无叶绿体，无花环结构	BSC 发达，内有叶绿体，有花环结构	BSC 不发达，叶肉细胞的液泡大，无花环结构
CO_2固定酶	Rubisco	PEPC，Rubisco	PEPC，Rubisco
最初 CO_2受体	RuBP	PEP	光下 RuBP，暗中 PEP
PEPC 活性（$\mu mol \cdot mg \cdot Chl^{-1} \cdot min^{-1}$）	0.30～0.35	16～18	19.2
光呼吸	高，易测出	低，难测出	低，难测出
CO_2补偿点（$mg \cdot L^{-1}$）	50～150	0～10	光照下：0～200，黑暗中：<5
碳同化途径	C_3途径	C_4途径和 C_3途径	CAM 途径和 C_3途径
光饱和点	最大日照的 1/4～1/2	最大日照以上	不定
CO_2最大光合速率（$mol \cdot m^{-2} \cdot s^{-1}$）	低（10～25）	高（20～50）	极低（1～3）
净同化率（$g \cdot m^{-2} \cdot d^{-1}$）	低（19.5±3.9）	高（30.3±13.8）	一般很低
每年最大纯生产量（$t \cdot hm^{-2}$）	少（22.0±3.3）	多（38.6±16.9）	变动大
光合产物运输速率	较慢	较快	一般较慢

综上所述，整个光合作用都是在叶绿体中发生的一系列氧化还原的过程，经光反应和碳反应将光能转换为化学能，最后将无机物同化为有机物。现将光合作用的主要过程、反应部位和反应结果总结如表 4－3 所示。

表 4－3　光合作用的全过程

能量转变	光能——→	电能——→	活跃化学能——→	稳定化学能
贮存能量的物质	光量子	激发态电子	ATP，NADPH	$(CH_2O)_n$
能量转变的过程	光化学反应（原初反应）	电子传递，光合磷酸化	碳同化	
物质转变	无机物 CO_2和 H_2O		有机物$(CH_2O)_n$	
反应部位	叶绿体的类囊体膜		叶绿体基质	
光、温条件反应	需光，与温度无关	不都需要光，但受光促进，与温度无关	不需光，但受光、温度促进	
光合作用阶段	光反应		碳同化	
CO_2同化途径	C_3、C_4、CAM 途径，卡尔文循环是碳同化的基本途径			

第四节　光　呼　吸

光呼吸（photorespiration）是指植物的绿色细胞照光后引起的吸收 O_2、释放 CO_2 的过程。其本质是

双功能酶 Rubisco 既可以催化羧化反应又可以催化加氧反应，当 Rubisco 催化加氧反应时，就表现出叶片在光下消耗 O_2，释放 CO_2。光呼吸在叶绿体、过氧化物酶体和线粒体 3 种细胞器中完成，因为产生多种 2C 的中间产物，故也称 C_2光呼吸碳氧化循环（C_2-photorespiration carbon oxidation cycle，PCO 循环），简称为 C_2循环。

一、光呼吸代谢

光呼吸的全过程需要在叶绿体、过氧化酶体和线粒体 3 种细胞器中协同完成（图 4 – 22）。在叶绿体中 C_2循环始于 Rubisco 催化 RuBP 的加氧反应，产生 1 分子磷酸乙醇酸和 1 分子 3 – PGA。磷酸乙醇酸在磷酸酶的催化下脱去磷酸形成乙醇酸（glycolate）。乙醇酸从叶绿体转移到过氧化物酶体中，由乙醇酸氧化酶催化形成乙醛酸和 H_2O_2，H_2O_2由过氧化氢酶催化分解为 H_2O 和 O_2，乙醛酸则与谷氨酸发生转氨作用生成甘氨酸，进入线粒体内。甘氨酸在线粒体内的甘氨酸脱羧酶复合体和丝氨酸羟甲基转移酶催化下脱羧，转变为丝氨酸并释放 CO_2。丝氨酸又返回过氧化物酶体，经转氨基转化为羟基丙酮酸，再通过甘油酸脱氢酶的作用转变为甘油酸。甘油酸再返回叶绿体中，在甘油酸激酶催化下形成 3 – 磷酸甘油酸，重新参与卡尔文循环，再生 RuBP 进入下一次 C_2循环。线粒体中脱下的 NH_4^+ 快速扩散进入叶绿体，在谷氨酰胺合成酶催化下形成谷氨酰胺，进一步由依赖 Fd 的谷氨酸合酶催化其与 α – 酮戊二酸反应生成 2 分子谷氨酸。在该循环中，O_2的吸收发生在叶绿体和过氧化物酶体中，CO_2的释放发生在线粒体内。

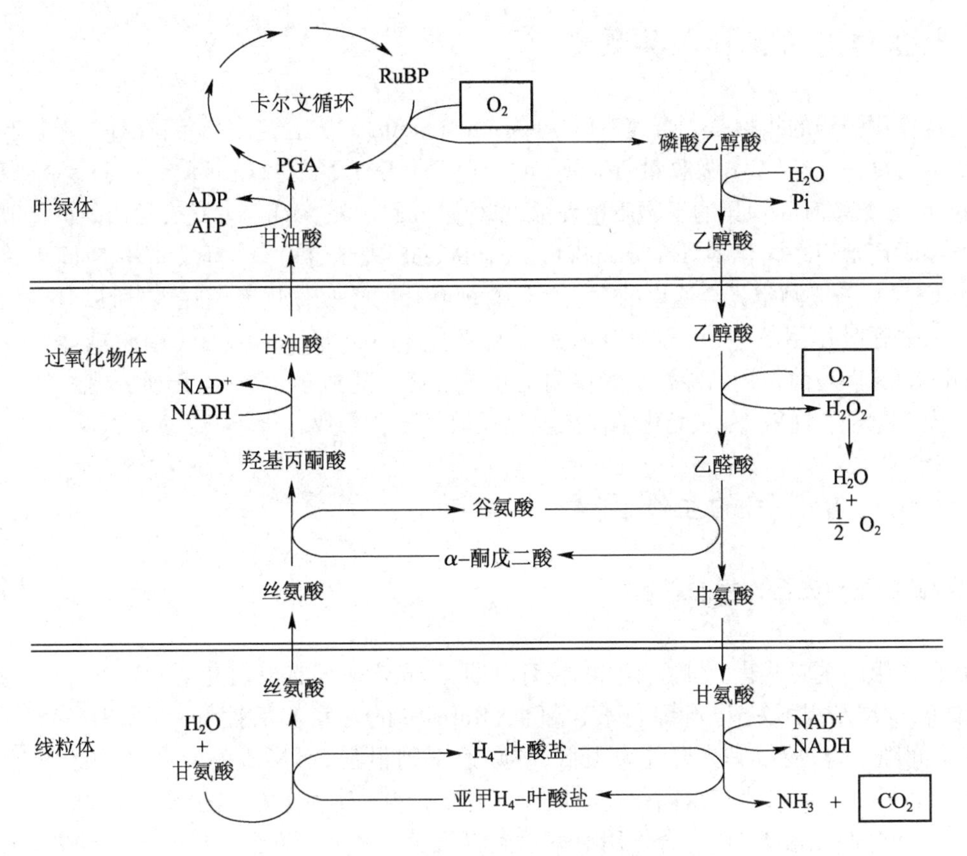

图 4 – 22 光呼吸过程及细胞器定位示意图

二、光呼吸的生理意义

光呼吸与光合作用相伴发生，主要是因为Rubisco既可以发生加氧反应，又可以发生还原反应，取决于大气中CO_2/O_2的值。从碳的同化角度来看，光呼吸过程将光合作用固定的20%～40%碳变为CO_2放出，从能量的角度看，酶释放1分子CO_2需要消耗6.8个ATP和3个NADPH。似乎这是一种浪费。那么，光呼吸的生理意义是什么呢？总的来说，光呼吸可能是植物的自我防护机制，其主要生理意义如下：

第一，可避免乙醇酸的积累，消除其对细胞的伤害；第二，所释放的CO_2可在叶片气孔关闭或外界CO_2浓度降低时，用来维持C_3途径的运转；第三，光呼吸可消耗过剩的同化力，减少在强光下光反应中产生的超氧阴离子自由基对光合机构中PSⅡ反应中心D_1蛋白的破坏；第四，光呼吸过程中有多种氨基酸的形成和转化，可以补充细胞中的氮代谢；第五，在有氧条件下光呼吸虽然损失了一部分有机碳，但由于C_2循环可以回收75%的碳回到C_3循环，以避免由于Rubisco加氧反应造成碳的过多损失。

第五节 影响光合作用的因素

一、光合作用的指标及其测定

衡量光合作用强弱的指标是光合速率(photosynthetic rate)。光合速率指单位时间、单位叶面积吸收CO_2或释放O_2的量，一般以CO_2吸收量($\mu mol \cdot m^{-2} \cdot s^{-1}$)或$O_2$释放量($\mu mol \cdot m^{-2} \cdot s^{-1}$)表示。也可以用单位叶面积、单位时间积累的干物质量表示，单位是$mg \cdot dm^{-2} \cdot h^{-1}$。在表示田间群体或整株植物的光合生产率时还常用净同化率(net assimilation coefficient)表示，即单位面积、单位时间积累的干物重($g \cdot dm^{-2} \cdot h^{-1}$)。一般测定光合速率的方法都没有把叶片的呼吸作用考虑在内，所以测定的结果实际是光合作用减去呼吸作用的差值，称为表观光合速率(apparent photosynthetic rate)或净光合速率(net photosynthetic rate)。当前常用叶绿素荧光仪测定叶绿素荧光动力学参数，用于研究光系统的光化学效率、光抑制、光合电子传递效率、非光化学淬灭及热耗散等光合参数。

二、影响光合作用的主要因素

(一) 内部因素对光合作用的影响

1. 叶龄

叶是光合作用的主要器官。叶在不同的发育时期，其光合速率有很大变化。新长出的幼嫩叶片，由于其叶绿体小，片层结构不发达，叶绿色素含量低，Rubisco的含量和活性低，气孔未发育完全或开度小，叶肉细胞间隙小等，所以其光合速率很低，呼吸速率则很强，所形成的光合产物还不足以满足本身生长所需，必须从成熟叶片获得同化物。随着叶片的成长，其固定CO_2的能力也逐渐增加。当叶片伸展至叶面积和叶厚度最大时，光合作用速率达到最大值。以后，随着叶片的不断衰老，光合速率又不断下降。

2. 叶片结构

叶的结构如叶厚度、栅栏组织与海绵组织的比例、叶绿体和类囊体的数目等都对光合速率有影响。

同一叶片,不同部位上的光合速率往往不一致。例如,禾本科作物叶尖的光合速率比叶的中下部低,这是因为叶尖部较薄,且易早衰的缘故。阳生植物的叶片厚,栅栏组织细胞长并且层数多,而阴生植物叶片大而薄。阴生植物叶片中的叶绿体具有较大基粒与更多片层结构;每个反应中心含有更多的叶绿素分子,有较低的叶绿素 a/b 值。这些特征有助于阴生植物在较低的光强度下充分吸收和转换光能。阳生植物叶片中的叶绿体含有更多的可溶性蛋白,尤其是 Rubisco 和叶黄素循环成分,能更有效地利用同化力,具有更高的碳同化能力。

(二) 外部因素对光合作用的影响

1. 光照

光照是植物进行光合作用的决定因素。叶绿素的合成以及叶绿体的发育需要光,光是光合作用的源动力,碳同化过程中关键酶的活性受光的调控,光照影响气孔开度和其他环境因子。

光照强度是限制光合速率的因素之一。植物在黑暗中不进行光合作用,可以测得呼吸释放的 CO_2 量,在光照强度较低时,植物光合速率随光强的增加而迅速增加,当达到某一光强,叶片光合速率等于呼吸速率时,即吸收 CO_2 与释放 CO_2 相等,此时测定表观光合速率为零,这时的光强称为光补偿点(light compensation point)。不同环境中生长的植物光补偿点不同,一般来说,阳生植物光补偿点较高,阴生植物的低。低光补偿点是阴生植物对生存环境的适应,能更充分地利用低强度的光。在光补偿点以上的一定光强范围内,随着光强增加,光合速率呈直线上升。光合速率开始达到最大值时的光强度,称为光饱和点(light saturation point)。但在光强超过一定值时,光合速率增加减慢,当达到某一光强时光合速率不再随光强度的增加而增加,这种现象称为光饱和现象(light saturation)(图 4-23)。植物达光饱和点以上时的光合速率表示植物同化 CO_2 的最大能力。不同植物的光饱和点不同。例如,水稻和棉花的光饱和点在 4 万 ~5 万 lx,小麦、菜豆、烟草等的光饱和点比较低,约为 3 万 lx。但有些 C_4 植物的光饱和点可达 10 万 lx,而有些阴生植物或阴生叶在光照强度不到 1 万 lx 即达光饱和点。光饱和现象产生的原因主要有两方面:①光合色素和光化学反应来不及利用过多的光能;②CO_2 的固定及同化速度较慢,不能与光反应、电子传递及光合磷酸化的速度相协调。

当光合机构接受的光能超过它所能利用的量时,光合速率降低,这种现象称为光合作用的光抑制。具体表现为 PSⅡ的光化学效率降低和光合碳同化的量子效率降低。晴天午后,作物出现的"光合午休"现象就是由于光抑制导致的。

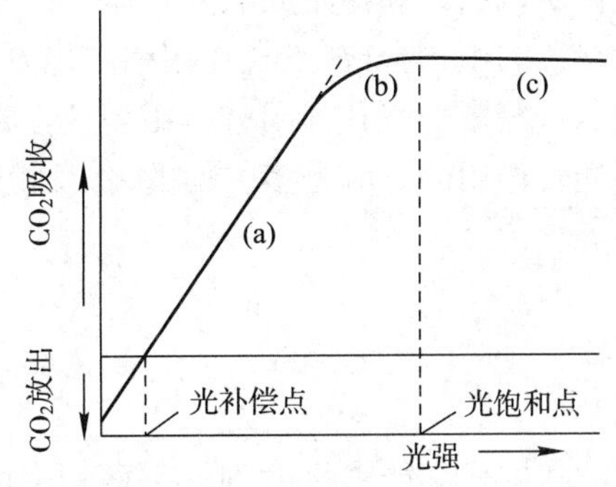

图 4-23 光照强度与光合速率的关系(自蒋德安,2012)

(a)比例阶段 (b)过渡阶段 (c)饱和阶段

光质对光合作用也有影响,在太阳辐射的可见光区域,不同波长的光对光合速率的影响也不同。如树木冠层的叶片吸收了较多的红光和蓝光,造成树冠下光线中的低效绿光较多,在树冠下的植物光合很弱,生长受到抑制。在水中,由于水层对红光和橙光吸收得多,所以吸收红光较多的绿藻多生活在海水的表层或浅水处,而能够吸收较多蓝绿光的红藻则分布在海水较深处。

2. CO_2

CO_2是光合作用的原料之一。环境中CO_2浓度的高低明显影响光合速率。大气中CO_2的浓度一般都不能满足植物光合作用的需求。随着CO_2浓度增加，植物光合速率明显增加，当光合作用吸收的CO_2量与呼吸作用和光呼吸释放的CO_2量达到动态平衡时，环境中CO_2的浓度称为CO_2补偿点（CO_2 compensation point）。随着CO_2浓度进一步提高，植物的光合速率呈线性快速上升，但达到一定CO_2浓度时，光合速率也不再增加，这时环境中的CO_2浓度称为这种植物的CO_2饱和点（CO_2 saturation point）。CO_2浓度和光强度对植物光合速率的影响是相互联系的。植物的CO_2饱和点是随着光强的增加而提高的；光饱和点也是随着CO_2浓度的增加而增加。不同植物的CO_2饱和点也不同，一般C_4植物的CO_2补偿点和CO_2饱和点比C_3植物低。

3. 温度

光合作用中CO_2的同化过程是一系列的酶促反应，这些酶的活性直接受温度的影响。温度也影响叶绿体结构、气孔的开闭状况和呼吸作用等。温度对光合作用的影响同对其他生化过程的影响一样，存在着温度三基点：最低点、最适点和最高点。多数植物光合作用的最适温度为25～35℃。低温下植物光合速率降低的原因主要是酶活性降低，气孔开度减小，光抑制加剧，无机磷再生受限，另外叶绿体超微结构在低温下也受到损伤。高温时，光合速率下降的原因主要是在高温下：叶绿体和细胞结构受到破坏；失水过多，影响气孔关闭，CO_2供应减少；呼吸最适温度高于光合最适温度，因此呼吸速率的增加大于光合速率的增加；CO_2溶解度降低，光呼吸增强。C_4植物光合最适温度高于C_3植物，这与PEP羧化酶最适温高于Rubisco最适温相一致。

4. 水分

水分是光合作用的原料之一，但植物吸收的水分，仅很少一部分（约5%以下）用于光合作用。因此，水分缺乏使光合速率下降主要是间接的原因。水分缺乏使光合速率下降主要是间接的影响。例如，水分亏缺时导致气孔开度减小或关闭，影响CO_2向叶细胞内的扩散；水分亏缺可影响叶片的正常生长，造成光合面积减少；水分亏缺还可使光合产物输出受阻，对碳同化起反馈抑制作用；水分亏缺也会损伤光合机构。

5. 矿质营养

矿质元素直接或间接影响光合作用。例如，氮、磷、硫、镁等是叶绿体及叶绿素的组成成分；铁和铜参与光合电子传递；含铁和铜的蛋白质，氯、钙和锰是放氧复合体的成分，参与水的光解；铁、锰、铜、锌等是相关酶的辅基或活化剂，影响叶绿素的生物合成；光合作用中同化力ATP和NADPH的形成及许多中间磷酸化合物都需要无机磷酸；钾、钙、氯影响气孔开闭；锰、氯是光合放氧的必需因子；钾、磷、硼促进光合产物的运输等。总之，矿物质对光合作用的影响是多方面的，保证植物矿质营养是促进光合作用的重要基础。

三、植物的光能利用率

作物生育期内，通过光合作用贮存的化学能占投射到这一面积上的日光能的百分比称为光能利用率（efficiency for solar energy utilization）。

$$\text{光能利用率}=\frac{\text{单位面积上的作物生物产量折合热能}}{\text{单位土地面积在生育期所接受的日光能}}\times 100\%$$

如何充分利用太阳光能是对人类的巨大挑战。太阳的总辐射能很高，但不能被植物所完全吸收与利用，到达叶片表面的可见光中，一部分被反射或透过叶片损失，一部分为热散失，部分用于其他代谢耗损。从理论上计算，理想条件下利用率可达10%，在一般生长条件下，由于不同发育阶段和水、矿物质和温度等环境因素的限制，植物对于光能的利用率要远低于理论值。多数农作物如土豆、大豆、小麦、水稻和玉米的能量转化效率仅为0.1%～0.4%。所以还有相当大的提高光能利用率的潜力。

在农业上，提高作物光能利用率以增加作物的产量，可通过采取延长光合时间、增加光合面积、掌控影响光合作用的各种因素、科学合理调控光合作用的各种条件，以及采用各种新技术新方法培育光能利用率高的作物新品种等途径。同时，还需要多学科相互交叉进一步研究光合作用的机理，以揭开光合作用中更多机制，不断地提高光能利用率。

光合作用研究进展

光合作用是地球上最大规模利用太阳能把二氧化碳和水等合成有机物并放出氧气的过程。它为几乎所有的生命活动提供有机物、能量和氧气。光合作用过程十分复杂，包括光能吸收、传递和转化以及碳同化等一系列生理生化过程。随着遗传学、分子生物学、基因组学、蛋白质组学和代谢组学等相关技术在光合作用研究领域的运用，光合作用的许多生理生化过程已经从分子水平得到揭示，正孕育着一系列重大突破。

通过生物化学、结晶学和物理学等技术手段解析色素蛋白超分子复合体的三维空间结构是认识光合作用光能转化机制的根本，也是光合作用研究的前沿领域之一。近年来国内外在这一领域取得了重要进展，我国科学家分别解析了PSⅠ－LHCⅠ和PSⅡ－LHCⅡ超级复合物的高分辨率结构，揭示了光合电子和能量由外周天线蛋白传递至光反应中心的分子机制。但是如何再从分子水平上进一步认识光合膜对光能的高效吸收、传递和转化的机制成为新的挑战，特别是对光合电子和能量如何在不同光合膜复合物之间实现传递仍然不太清楚。最近生物化学家们从高等植物中相继分离了数个不同于传统的光合膜复合物的“亚类囊体蛋白复合物”，这为进一步理解光合电子和能量在复合物之间的高效传递机制注入了新思路。

色素蛋白超分子复合体的色素、蛋白质和其他因子需要在体内实现正确组装，并根据不断变化的外界环境进行动态调节，这是实现光合作用高效传能和转能的前提。因此本领域的另外一个重要挑战就是发现控制色素蛋白超分子复合体生成的重要蛋白质，并阐明这些调控蛋白的作用方式和机制，从而建立控制色素蛋白超分子复合体生成的调控网络。运用分子遗传学、蛋白质组学等技术手段，国内外研究者已经从拟南芥、衣藻等模式生物中分离了一批参与光合膜色素蛋白复合物组装和动态调节的重要调控蛋白，并在分子水平上揭示了其作用机制。

光合碳同化是植物基本代谢的核心组成部分。该研究目前主要集中在卡尔文循环的调控、光呼吸循环调控、C_4(CAM)循环光合调控等不同领域。鉴于C_4作物的叶片中由于具有特殊的花环状结构，具有CO_2浓缩机制，C_4光合作用比C_3光合作用效率高40%以上，且C_4有更高的水分和氮素利用效率；因此将C_4光合作用途径转到C_3植物中是一条提高光能利用效率的有效途径。C_4途径碳代谢及其特殊结构形成机制再次成为光合作用碳研究的新热点问题，目前国际上已建立两个以改造C_4作物为目标的协作项目。

总之，光合作用涉及太阳能转化、水裂解放氧、生物体碳代谢循环等多个自然界最基本的科学问题，在理论和实践上都具有重要意义。在阐明光合作用及其调控机理的基础上，对其进行仿生模拟解决当代能源和农业方面的问题是国际光合作用发展的一个重大趋势和方向。

参考文献

[1] 匡廷云. 作物光能利用效率与调控. 济南：山东科学技术出版社，2004.

[2] Chi W, Ma J, Zhang L. Regulatory factors for the assembly of thylakoid membrane protein complexes. Philos Trans R Soc Lond B Biol Sci., 2012, 67: 3420-3429.

[3] Chi W, Sun X W, Zhang L. Intracellular signaling from plastid to nucleus. Annu. Rev. Plant Biol., 2013, 64: 559-582.

[4] Hertle A, Blunder T, Wunder T, et al. PGRL1 is the elusive ferredoxin-plastoquinone reductase in photosynthetic cyclic electron flow. Mol. Cell, 2013, 49: 511-523.

[5] Long S P, Marshall-Colon A, Zhu X G. Meeting the global food demand of the future by engineering crop photosynthe-

sis and yield potential. Cell, 2015, 161: 56-66.

[6] Qin X, Suga M, Kuang T, et al. Photosynthesis. Structural basis for energy transfer pathways in the plant PSI – LHCI supercomplex. Science, 2015, 348: 989-995.

[7] Wei X, Su X, Cao P, et al. Structure of spinach photosystem II – LHCII supercomplex at 3.2 Å resolution. Nature, 2016, 534: 69-74.

[8] Zhu X G, Long S P, Ort D R. Improving photosynthetic efficiency for greater yield. Ann Rev Plant Biol, 2010, 61: 235-261.

（张立新、迟伟　研究员　中国科学院植物研究所光合作用研究中心）

思考与探索

1. 什么是荧光现象？为什么活体叶片肉眼观察不到荧光现象？
2. 植物的叶片为什么通常是绿色的？而秋季落叶植物叶片为什么会退绿变黄或变为其他颜色？
3. 简述光合作用的光反应和碳反应的区别。
4. 占地球表面积3%的热带雨林对全球光合作用的贡献超过20%。因此有一种说法，热带雨林是地球上给其他生物供应氧气的来源。然而，大多数专家认为热带雨林对全球氧气的产生并无贡献或贡献很小。试从光合作用和细胞呼吸两个方面评论这种看法。
5. 认真阅读本章窗口的内容并查阅文献，概述当代光合作用研究的进展、研究热点和难点。
6. 你对学习本章知识与农业生产的关系有何体会？
7. 植物光抑制是如何产生的，植物如何避免光抑制？
8. 如何证明光合电子传递由两个光系统参与？
9. C_3 植物、C_4 植物和景天酸代谢植物叶片在结构上各有哪些特点？采集一植物样本后，如何初步判断它属哪类碳同化途径的植物？
10. 查阅有关资料，找出3～5个在光合作用的研究方面获得诺贝尔奖的项目和科学家。

数字课程学习

重难点解析　　教学课件　　视频　　相关网站

第五章

植物的繁殖

内容提要 繁殖能使植物物种延续，保证植物遗传的稳定性，还能产生一定的变异。植物的繁殖有营养繁殖、无性生殖和有性生殖3种方式。被子植物的繁殖器官包括花、果实和种子。本章论述了花的结构和花器官各部分的发育，着重介绍了大、小孢子的形成，雌、雄配子体的发育，双受精及受精后的胚胎发育过程等。本章设置了“ABC模型的建立与发展”“传粉生物学研究进展”“显花植物自交不亲和性分子机制研究进展”和“精卵识别”4个“窗口”。

植物形成新个体的过程称繁殖(propagation)。繁殖使植物物种得以延续，是植物生命周期中的重要过程。植物的繁殖方式分为营养繁殖(vegetative propagation)、无性生殖(asexual reproduction)和有性生殖(sexual reproduction)3种类型。也有人把营养繁殖和无性生殖合称为无性生殖，这样将生殖方式分为无性生殖和有性生殖两种类型。生殖(reproduction)是指以生殖细胞发育成为下一代新个体的方式。生殖与繁殖二词虽然可以通用，但繁殖一词的含义更为广泛。

营养繁殖是指植物营养体的一部分与母体分离或不分离而直接形成新个体的繁殖方式，亦称克隆生长。营养繁殖在植物界普遍存在，如单细胞藻类植物以细胞分裂的方式产生新的个体；多细胞的藻类植物体发生断裂，每一裂片形成一个新个体；有些被子植物植株上的营养器官具有再生能力，能生出不定根和不定芽，发育成新植株；还有些被子植物形成适应繁殖的营养器官，如块根、块茎、鳞茎和根状茎等。以植物细胞全能性理论为基础建立起来的植物细胞与组织培养技术，已成为植物快速繁殖的有效途径。这项技术是将植物体的一部分，如芽、茎、叶、花瓣、雄蕊等(称外植体)，培养在含一定化学组分的培养基上，诱导其细胞分裂产生愈伤组织(callus)，再将愈伤组织转移到诱导分化的培养基上，促使其分化成苗或胚状体，并进一步诱导其发育成植株。利用这项技术，可以将珍稀植物的外植体经工厂化生产获得大量的试管苗，是濒危植物保护的一项重要手段。

营养繁殖不仅比种子繁殖的速度快，而且所产生后代的遗传物质来自于单一亲本，变异较少，与母体有很相似的遗传性状，可以保留母本的优良性状。因此长期以来，人们利用这一特性繁殖植物，并创造了许多人工营养繁殖技术，如扦插、压条、嫁接等。但是，由于营养繁殖的后代来自于同一基因型的亲本，它们的遗传相似性使它们更容易受到病虫害的侵袭。

无性生殖是指植物在生殖生长阶段，植物体上产生具有生殖功能的细胞——孢子(spore)，由孢子直接发育成新个体的繁殖方式。无性生殖亦称孢子生殖(spore reproduction)。藻类、苔藓和蕨类植物主要通过产生大量的孢子来增加植物个体的数量，称孢子植物。虽然许多孢子植物中也存在有性生殖的过程，但不是它们增加物种个体数量的主要方式。

有性生殖是通过两性细胞的结合形成新个体的一种繁殖方式。有性生殖时，植物体上产生单倍体的细胞，称配子(gamete)，两个配子结合形成合子(zygote)，由合子发育成新个体。有性生殖的后代含有两个亲本所提供的遗传物质，对环境的适应性更强。种子植物通过有性生殖形成种子来增加物种个体的数量，但在其一生中也有孢子产生，具有无性生殖的过程。

被子植物的无性生殖和有性生殖分别在花的花药和子房中进行。在这个过程中，胚珠发育成种子，而子房发育成果实。

第一节 花

花的形成和发育过程称为生殖生长。被子植物经过一段时间的营养生长后，在光照、温度等因素达到一定要求时，植物体会经历一系列复杂的生理生化变化，由营养生长转入生殖生长。在生殖生长阶段，一部分或全部茎的顶端分生组织不再形成叶原基和芽原基，转而形成花原基或花序原基，进而发育成花的各个部分。被子植物的有性生殖与无性生殖过程均发生在花中。

一、花的组成与基本结构

德国诗人、哲学家和博物学家歌德在他的著名论文“植物的变态”中提出，花是适应于繁殖功能的变态短枝。依据这一观点，各类花器官从形态上看具有叶的一般性质，是叶的变态，而花托是节间极度缩短的不分枝的变态茎。

花的各部分依据其形态特征的不同可以分为花柄（pedicel）、花托（receptacle）、萼片（sepal）、花瓣（petal）、雄蕊（stamen）和雌蕊（pistil）（图 5－1）。

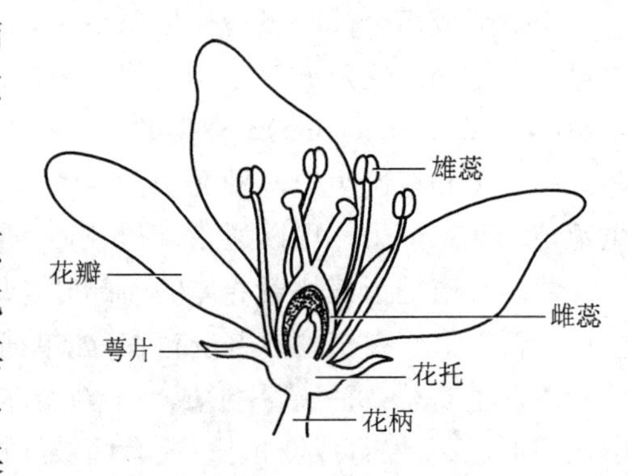

图 5－1 花的结构

（一）花柄和花托

花柄（花梗）是着生花的小枝，结构与茎类似。花柄的顶端特化为花托，萼片、花瓣、雄蕊和雌蕊按一定方式着生在花托上。在多数植物中，花托缩短呈圆顶状，花的各部分在其上呈轮状排列。较原始的被子植物，如玉兰（*Magnolia denudata*）的花托为柱状，花的各部分在其上呈螺旋状排列。在某些植物中，花托凹陷呈杯状或筒状（图 5－2）。

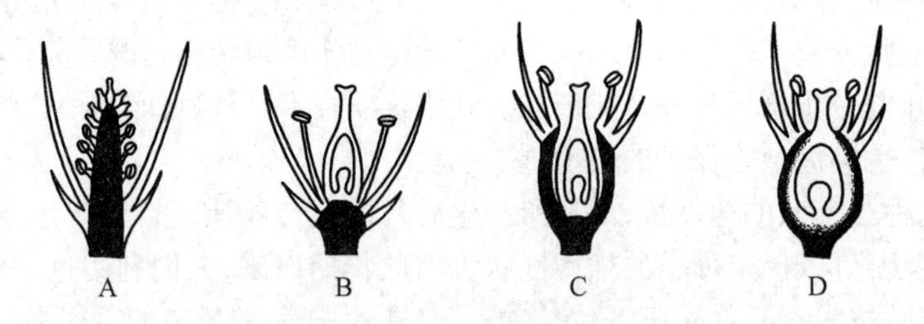

图 5－2 几种不同形状的花托（黑色示花托）

A. 柱状花托 B. 圆顶状花托 C. 杯状花托 D. 杯状花托与子房壁愈合

（二）萼片

萼片是着生在花托边缘的第 1 轮花器官，多为绿色。一朵花中所有萼片的总称为花萼（calyx）。若萼片分离，称分离花萼；萼片合生则称合萼花萼。合萼花萼基部联合部分称萼筒（calyx tube）（图 5－3）。

（三）花瓣

花瓣是着生在花托上的第2轮花器官，多呈鲜艳的颜色。一朵花中所有花瓣的总称为花冠（corolla）。花瓣分离为离瓣花，花瓣联合为合瓣花（图5－3）。花冠可以呈现十字形、钟形、蝶形和漏斗形等不同形状。

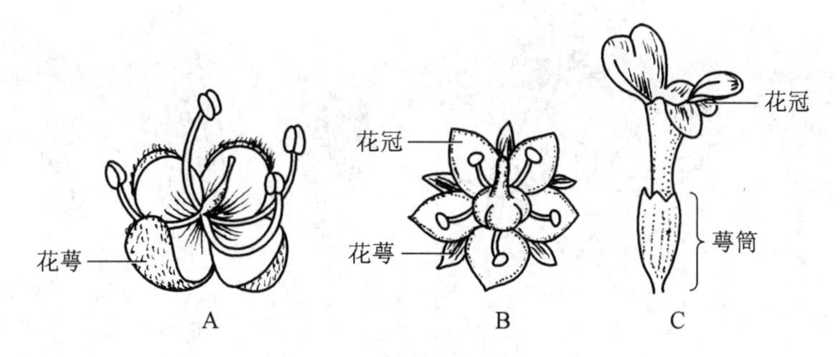

图5－3 花被的类型

A. 单被花，花被分离 B. 双被花，花被分离 C. 花被联合

常把萼片和花瓣合称为花被（perianth），其中萼片为外轮花被，花瓣是内轮花被（图5－3）。多数植物的花具有萼片和花瓣的分化，称双被花；有些植物只有一轮花被，称单被花，如铁线莲属（*Clematis*）只有萼片；有些植物没有萼片和花瓣的分化，称同被花，如百合属（*Lilium*）；还有的植物无花被，称无被花，如杨属（*Populus*）。花被在花的外围，可以保护内部的雄蕊与雌蕊，且花被多呈现鲜艳的颜色，有助于吸引昆虫帮助传粉。

（四）雄蕊

雄蕊是花托上的第3轮花器官。一朵花中的全部雄蕊总称为雄蕊群（androecium）。雄蕊由花药（anther）与花丝（filament）两部分组成，其中花药是产生花粉的结构，花丝的结构简单，由表皮、基本组织和中央的维管束组成；功能是支持花药，使花药在空间伸展，有利于花粉的散布，并向花药转运营养物质。花药在花丝上有不同的着生方式：花药以底部着生在花丝顶端称基着药；花药以背部着生在花丝上部称背着药；花药背部全部贴在花丝上称全着药；花丝以背部中央着生于花丝顶端称丁字药（图5－4）。一般认为花药是由叶状结构卷合形成，包含2～4个花粉囊，花粉囊相当于小孢子囊，其内产生花粉。花粉成熟时花药开裂，花粉散出。不同植物的花药有不同的开裂方式，大多数植物的花药是纵裂，少数是孔裂和瓣裂（图5－5）。在一朵花中，雄蕊有分离和联合的变化，大多数植物的雄蕊是分离的，但有些类群植物的雄蕊可以联合，成为这些类群植物的鉴别特征。花丝联合成一束称单体雄蕊，如锦葵科植物；花丝联合成两束称二体雄蕊，如蝶型花科植物；花丝联合成多束称多体雄蕊，如金丝桃科植物；花药联合而花丝分离称聚药雄蕊，如菊科植物（图5－6）。此外，十字花科植物的花有6枚雄蕊，其中外轮的2枚较短，内轮的4枚较长，称四强雄蕊；唇形科和玄参科植物的花有4枚雄蕊，2枚较长，2枚较短，称二强雄蕊。

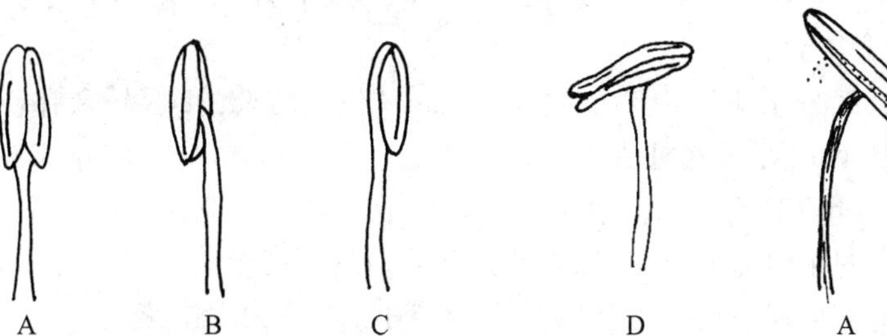

图5－4 花药的着生方式

A. 基着药 B. 背着药 C. 全着药 D. 丁字药

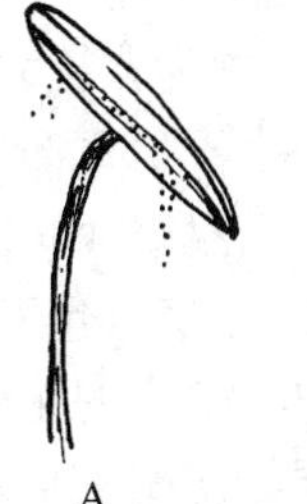

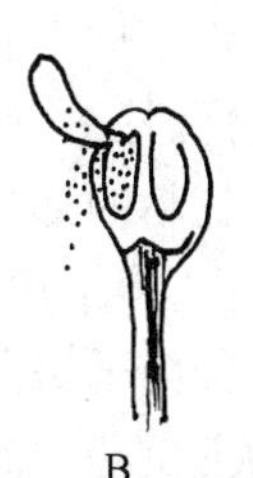

图5－5 花药的开裂方式

A. 纵裂 B. 瓣裂 C. 孔裂

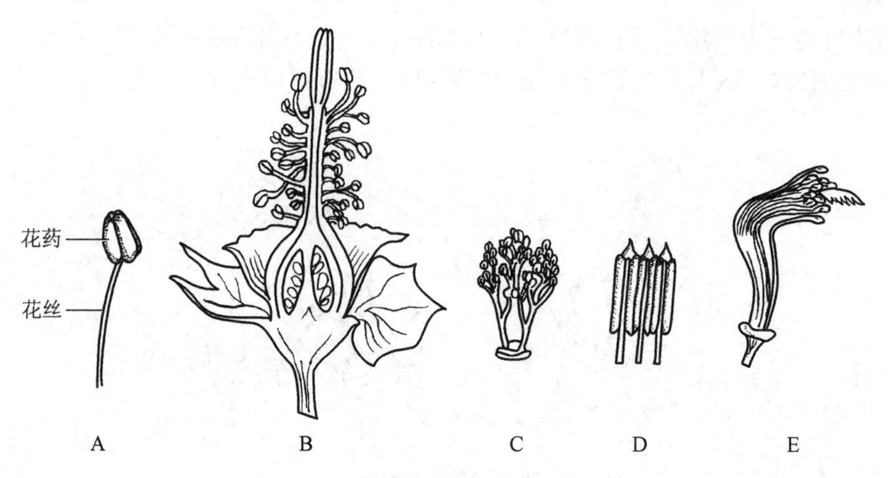

图 5－6　雄蕊及其类型(自陆时万等)

A. 雄蕊的结构　B～E. 雄蕊的类型　B. 单体雄蕊　C. 多体雄蕊　D. 聚药雄蕊　E. 二体雄蕊

(五) 雌蕊

雌蕊是花的第 4 类花器官,着生在花托中央。组成雌蕊的单位称心皮(carpel),心皮是具生殖作用的变态叶(图 5－7),因此心皮和雌蕊的名词有时互为通用。一朵花中的雌蕊总称为雌蕊群(gynoecium),雌蕊群可由 1 枚或多枚心皮构成。

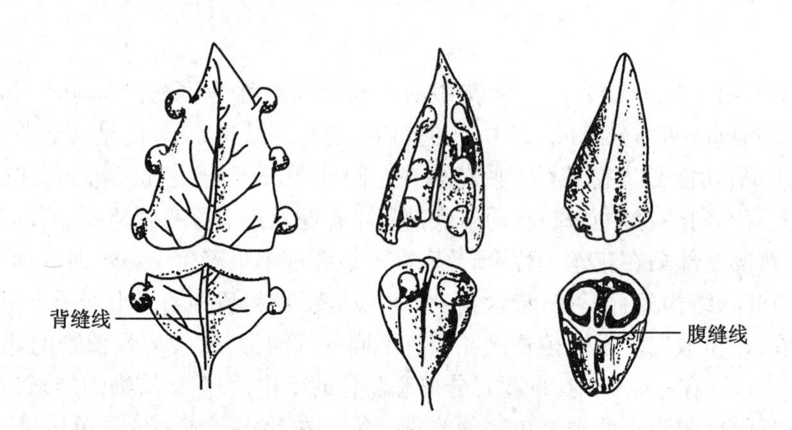

图 5－7　组成雌蕊的单位——心皮(自陆时万等)

1 朵花中仅由 1 枚心皮组成的雌蕊称单雌蕊;若有多枚心皮,并且心皮彼此分离,称离生雌蕊(离雌蕊);同样是多枚心皮,但心皮联合,称合生雌蕊(复雌蕊)。合生雌蕊心皮的联合程度在不同植物中有差异,有全部联合、子房和花柱联合而柱头分离以及仅子房联合 3 种情况(图 5－8)。在单雌蕊和离生雌蕊中,1 枚心皮两侧的边缘愈合;而在合生雌蕊中,不同心皮的两侧边缘愈合。一般将心皮边缘愈合之处称为腹缝线,将心皮中肋处称为背缝线。

雌蕊一般可分为柱头、花柱、子房 3 部分(图 5－8)。柱头(stigma)位于雌蕊的顶端,多有一定的膨大或扩展,是接受花粉的部位。花柱(style)是连接柱头与子房的部分。子房(ovary)是雌蕊基部膨大的部分,着生在花托上,由子房壁、子房壁包围的子房室、胎座和胚珠组成。着生在花托上的子房,如果仅底部与花托相连,称为子房上位,这样的花称为下位花;如果花托凹陷包围子房壁并与之愈合,称为子房下位,而花则称为上位花;如果子房壁下半部与花托愈合,为子房半下位,花称为周位花。

不同植物子房室的数目有所不同,单雌蕊和离生雌蕊的子房仅 1 室,合生雌蕊的子房可有 1 室或多室。1 室子房有两种情况,一种是多枚心皮彼此仅在边缘愈合形成;另一种是多室子房的室隔消失后形成,后者会在子房中央留下一个中轴的结构。多室子房的子房室数目与心皮数目相同,这是因为多室子房是所有心皮边缘在中央汇集形成了一个中轴,相邻心皮的两侧彼此愈合形成了子房室的室隔的缘故(图5-9)。

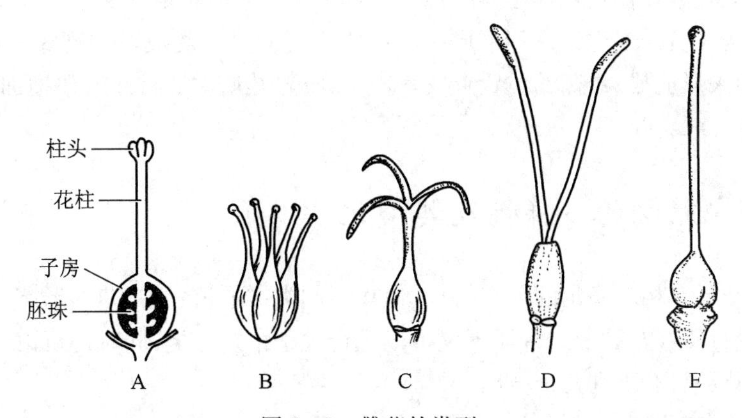

图5-8　雌蕊的类型

A. 雌蕊的结构　B. 离生雌蕊　C~E. 合生雌蕊(依陆时万等重绘)

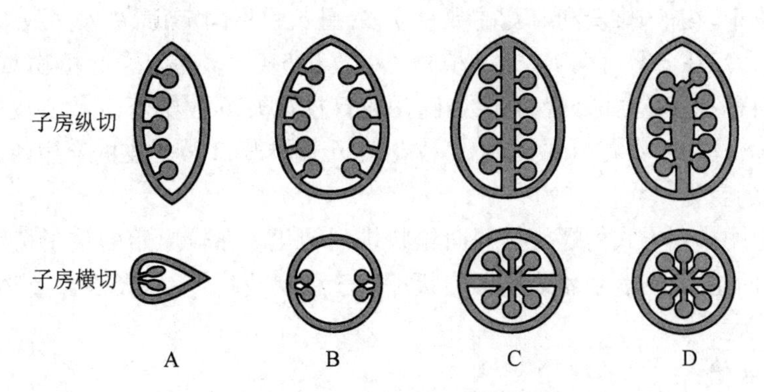

图5-9　几种胎座(式)的类型图解

A 边缘胎座(式)　B. 侧膜胎座(式)　C. 中轴胎座(式)　D. 特立中央胎座(式)

胚珠(ovule)通常沿心皮的腹缝线着生在子房上,即子房室内心皮腹缝线处或中轴处着生胚珠,胚珠着生的位置称胎座(placenta)。不同种类植物的子房室中胚珠数目不同。

根据心皮的数目和连接的情况,可以把胎座分为不同的类型:单雌蕊1心皮1室、胚珠沿腹缝线着生的是边缘胎座(式)(marginal placentation);合生雌蕊多室子房、胚珠着生在中轴上的是中轴胎座(式)(axile placentation);合生雌蕊心皮边缘愈合形成1室子房、胚珠着生在腹缝线上的为侧膜胎座(式)(pariental placentation);多室子房纵隔消失,胚珠生于中央轴上的是特立中央胎座(式)(free-central placentation)(图5-9);此外还有胚珠着生在子房顶部的顶生胎座(式)(apical placentation)与胚珠着生在子房基部的基底胎座(式)(basic placentation)。睡莲的胚珠着生在子房室的各个面上,是一种原始的胎座类型,称全面胎座(式)(superficial placentation)。

具有萼片、花瓣、雄蕊和雌蕊的花称完全花。如果缺少其中的1~2类花器官的称为不完全花。无被花和单被花均为不完全花。具有雌蕊和雄蕊的花为两性花;缺少雌蕊或雄蕊的为单性花,缺少雄蕊仅具雌蕊的称为雌花,缺少雌蕊的则称为雄花,如黄瓜(*Cucumis sativa*)的雌花和雄花。有花被而无雌、雄蕊的花为无性花或中性花,如向日葵(*Hilianthus annum*)花盘的边花。同一植株上既有雌花又有雄花的称为雌雄同株,如黄瓜;雌花与雄花生于不同植株的为雌雄异株,如杨属植物;两性花与单性花共同生于同一植株上的为杂性同株,如柿(*Diospyros kaki*)。

由萼片、花瓣、雄蕊和心皮4类花器官构成花的结构，在植物中是比较稳定的特征，很早就被人们用作植物分类的指标。人工培育的重瓣花，与野生型花相比增加了花瓣数目，但雄蕊的数目减少甚至消失，有些花瓣上面还保留有转变不完全的雄蕊结构；有些栽培的重瓣花的中心甚至没有雌、雄蕊，全部由花瓣构成。这种不同类型花器官发生互换的现象为同源异型（hoemosis）现象。同源异型现象是指分生组织系列产物中一类成员转变为该系列中形态或性质不同的另一类成员的现象，在重瓣花中表现为花瓣的错位发育，即原来形成雌、雄蕊的位置上发育出了花瓣，花瓣的数目或轮数增加，雄蕊或雌蕊的数目减少。

二、花各部分结构的多样性及其演化

同一种植物的花具有相对稳定的形态特征，但在不同类群的植物中，花的形态在演化过程中出现较大的变化。因此，通过研究花的形态特征不仅可以进行被子植物分类，同时还可以了解各类植物之间的亲缘关系。花的演化趋势有下列几个方面。

（一）花部数目的变化

花器官数目的变化在演化中趋于减少，从多而无定数到少而有定数。在玉兰、莲（*Nelumbo nucifera*）等较原始的被子植物中，花被、雄蕊和雌蕊的数目众多，且数目不固定；而在大多数被子植物中，花被、雄蕊和雌蕊数目减少，稳定在3数（多为单子叶植物）、4数和5数（多为双子叶植物）或为3、4、5的倍数。花被相对稳定的数目称花基数，如百合为3数花，两轮6枚花被，6枚雄蕊，3枚心皮联合形成的子房；白菜（*Brassica pekingnensis*）为4数花，4枚萼片，4枚花瓣，6枚雄蕊，2枚心皮的合生雌蕊。

（二）排列方式的变化

花器官在花托上的排列方式由螺旋排列向轮状排列转化。在较原始的被子植物中，各类花器官呈螺旋状排列，如玉兰的花被、雄蕊和雌蕊呈螺旋状排列于柱状花托上，但大多数植物的花器官呈轮状排列，其花托多为平顶状。

（三）对称性的变化

花的对称性由辐射对称向两侧对称变化。花的各部分在花托上排列，会形成一定的对称面。通过花的中心能作出多个对称面的，为辐射对称，这种花称为整齐花，如桃和石竹（*Dianthus chinensis*）。如果通过花的中心只能作出1个对称面，为两侧对称，这种花称为不整齐花，如豆科和兰科植物的花。

（四）花托形态与子房位置的变化

花托的长度趋于缩短，从柱状向圆顶状或平顶状转化，并进一步演化为凹陷的杯状花托。与花托缩短的趋势相对应，子房的位置由子房上位向子房半下位和子房下位变化，这进一步加强了对子房的保护作用。玉兰的花托柱状，较多地保留了茎的形态，是花托的原始类型；毛茛（*Rannunculus japonicus*）的花托为圆顶状，花托变短，宽度加大；白菜的花托进一步缩短，呈平顶状；蔷薇科的花托中央凹陷，是花托的高级形态。柱状、圆顶状和平顶状花托上的子房仅底部与花托相连为子房上位；在月季（*Rosa chinensis*）和桃等蔷薇科植物中，花托凹陷虽形成了杯状花托，但只有子房的基部与凹陷的花托相连，子房的其他部分与花托没有愈合，故仍为子房上位；而在苹果（*Malus pumila*）等蔷薇科植物中，凹陷的花托包围子房壁并与之愈合，为子房下位。还有子房半下位的植物虎耳草（*Saxifraga stolonifera*）等。由于凹陷花托与子房壁的愈合，使下位及半下位的子房得到更好的保护（图5－10）。

一种植物花的各部分的演化程度可能并不一致，会同时表现出原始性和进步性。如苹果花的花萼和花冠离生，雄蕊多数，是原始的形态，而其花托凹陷和子房下位又是进化的特征。这样增加了被子植物花形态结构的多样性。

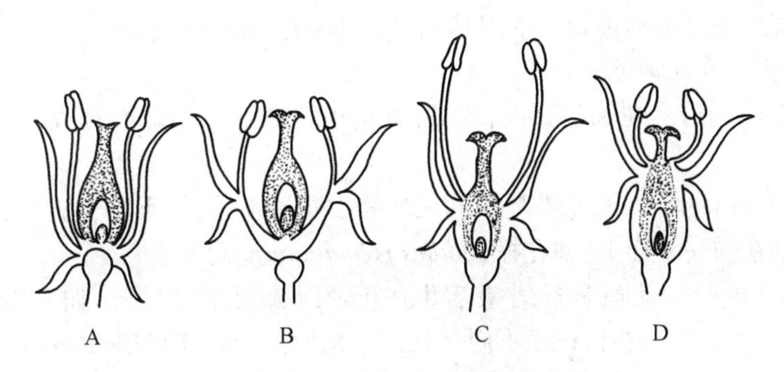

图 5－10　子房的位置与花的位置（自周仪）

A. 子房上位，花下位　B. 子房上位，花周位　C. 子房半下位，花周位　D. 子房下位，花上位

三、花序

有些被子植物的花单生于枝顶或叶腋处，称为单生花，如玉兰、桃等；更多的被子植物的花是多朵花按一定规律排列在一总花柄上，称为花序（inflorescence），总花柄称为花序轴或花轴（rachis），花序轴可以分枝或不分枝。一朵花的花柄或花序轴基部生有变态叶，一朵花基部只有 1 枚变态叶称为苞片，有 2 枚变态叶称为小苞片；而花序轴基部的多枚变态叶称为总苞。

根据花序中小花开放的次序将其分为无限花序（indefinite inflorescence）和有限花序（definite inflorescence）两类（图 5－11）。

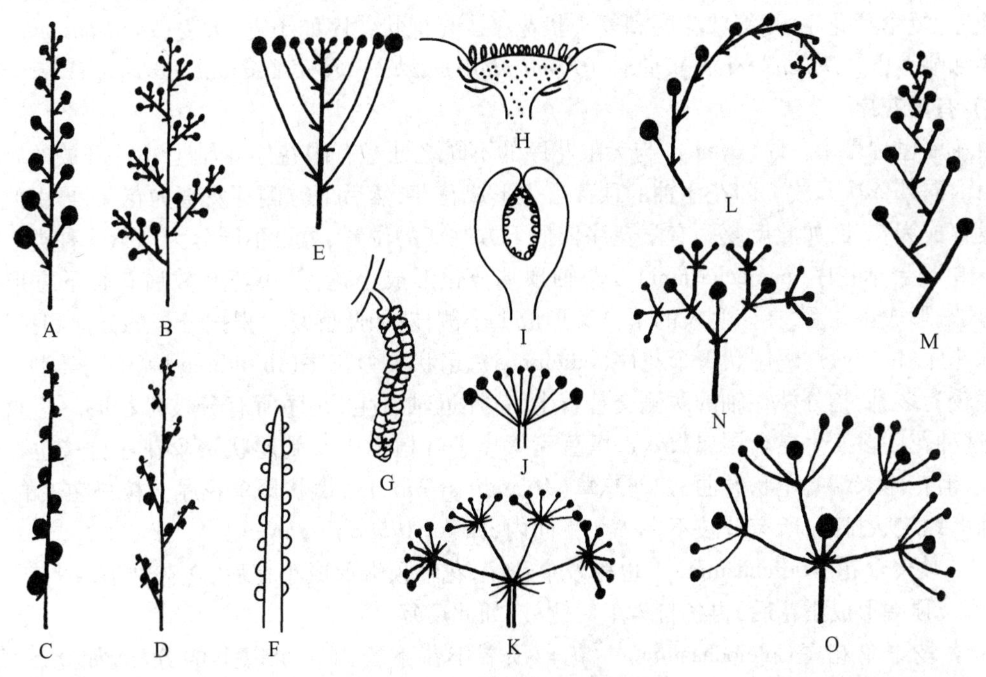

图 5－11　花序的类型

A. 总状花序　B. 圆锥花序　C. 穗状花序　D. 复穗状花序　E. 伞房花序　F. 肉穗花序　G. 柔荑花序　H. 头状花序　I. 隐头花序　J. 伞形花序　K. 复伞形花序　L. 螺旋聚伞花序　M. 蝎尾状聚伞花序　N. 二歧聚伞花序　O. 多歧聚伞花序

（一）无限花序

无限花序的特点是在开花期间其花序轴可继续生长，不断产生新的小花，开花的顺序是在花序轴基

部由下向上或由边缘向中间陆续进行。依据其花序轴的变化、每一朵花的花柄的有无、是否为单性花等特征，将无限花序分为下列几种类型：

（1）总状花序（raceme） 花轴不分枝、较长，有柄小花自下而上陆续开放，小花为两性花，小花柄基本等长，如白菜。

（2）伞房花序（corymb） 与总状花序不同之处是小花柄不等长，下部小花花柄长，向上渐次变短，结果使所有小花排列在同一平面上，如花楸（*Sorbus pohuashanensis*）。

（3）伞形花序（umbel） 花轴缩短，小花着生在花轴顶端，小花柄等长，如人参（*Panax ginseng*）。

（4）穗状花序（spike） 与总状花序不同之处是小花无柄，如车前（*Plantago asiatica*）。

（5）柔荑花序（catkin） 花序轴上生有无柄或具短柄的单性花，单性花常不具花被，花序轴柔软下垂，如毛白杨（*Populus tomentosa*）。

（6）肉穗花序（spadix） 与穗状花序类似，不同之处在于花序轴肉质化，如玉米（*Zea mays*）的雌花序。有些植物的肉穗花序外有1枚大苞片，称佛焰苞，具有佛焰苞的肉穗花序称佛焰花序，如天南星（*Arisaema heterophyllum*）。

（7）头状花序（capitulum） 花序轴缩短并膨大，无柄小花着生在膨大的花序轴顶端，苞片密集联合形成总苞，如向日葵。

（8）隐头花序（hypanthodium） 花序轴顶端膨大并凹陷形成腔室，腔室顶端有一小孔与外界相通。无柄小花着生在凹陷的腔室壁上，小花单性，雄花在凹陷的上部，雌花在下部，如无花果（*Ficus carica*）。

上述各种花序类型的花序轴均不分枝，称为简单花序。若花序轴发生分枝，称复合花序。如果花序轴分枝后的每一小枝上均为总状花序，称复总状花序，又称圆锥花序，如紫丁香（*Syringa oblate*）、水稻（*Oryza sativa*）等。依此类推，若每一小枝上均为伞房花序、伞形花序、穗状花序或头状花序，则分别称为复伞房花序、复伞形花序、复穗状花序和复头状花序。复穗状花序如小麦、大麦（*Hordeum vulgare*）等；复伞形花序如胡萝卜（*Daucus carota*）、茴香（*Foeniculum vulgare*）、芹菜（*Apium graveolens*）等伞形科植物。

（二）有限花序

有限花序也称聚伞花序（cyme），与无限花序的不同之处是有限花序花轴上小花开放的顺序是从上向下或由内向外依次开放。即花序轴的顶芽首先形成花芽，然后下方侧芽发育为花芽，再由此花芽下方的侧芽发育成为花芽，如此反复。有限花序依据下方侧芽的位置、数目不同分为以下几种类型：

（1）单歧聚伞花序（nomochasium） 花轴顶端分化形成小花，其小花开放后花轴下方形成1个侧枝，侧枝顶端形成小花后，在该侧枝的下方又形成1个侧枝，如此反复。根据分枝的方向和排列不同，有螺状聚伞花序（bostryx）、蝎尾状聚伞花序（cincinnus）、扇状聚伞花序（rhipidium）等不同类型。其中扇状聚伞花序较为多见，指分枝在轴的两侧交替着生，苞片近轴着生，花序所有分枝都在同一竖直平面内并呈扇状，这种花序多发生在鸢尾属（*Iris*）、唐菖蒲等单子叶植物中。蝎尾状聚伞花序分枝也在轴的两侧交替发生，但花序末端蝎尾状卷曲，如勿忘草（*Myosotis sylvatica*）；螺状聚伞花序分枝只在轴的一侧发生，分枝在轴上螺旋状排列，所有分枝不在一个平面内，如葱（*Allium fistulosum*）。

（2）二歧聚伞花序（dichasium） 也称歧伞花序，花轴顶端形成小花后，在花轴顶端小花下方分出1对侧枝，侧枝顶端形成小花后，再各自生1对侧枝，如此反复。

（3）多歧聚伞花序（pleiochasium） 花轴顶端小花下分出3个以上的分枝，如此反复，如泽漆（*Euphorbia helioscopia*）。多歧聚伞花序若花柄短而密集称密伞花序（fascicle）；多歧聚伞花序对生，又有多个对生呈轮状的情况下称轮伞花序（verticillastel umbel），如细叶益母草（*Leonurus sibiricus*）。

四、禾本科植物的花

禾本科植物花的形态、结构和排列比较特殊，常形成复穗状花序和复总状花序。组成花序的基本单位是小穗(spikelet),小穗相当于穗状花序,小穗轴(rachilla)相当于花轴。每个小穗轴很短,基部有 1 对颖片(glume),生于下方或外面的称外颖,上方或内面的称内颖,颖片的形状以及是否具芒可作为禾本科植物的鉴别特征。小穗轴上生有 1 至多朵小花(floret)。

现以小麦为例说明禾本科植物花的结构。通常所说的麦穗是复穗状花序,花序轴上生有许多小穗,小穗的颖片之内有几朵小花。其中基部 2 ~3 朵小花发育正常,为能育花,将来可以正常结实;上部的几朵小花发育不完全,为不育花,常缺乏雌、雄蕊。每朵能育花的基部有 1 枚苞片,称外稃(lemma),外稃一般较硬,其中脉往往延伸形成芒;与外稃相对的一边还有一叶性结构,称内稃(palea),内稃相当于萼片。内稃里面有 2 片肉质透明的突起,称浆片(lodicule),相当于花瓣。开花时,浆片吸水膨胀,将内稃和外稃撑开,使花药和柱头伸出花外,利于风媒传粉。小麦花中有 3 枚雄蕊,花丝细长,花药较大,开花时可悬垂在花外;雌蕊为 2 枚心皮的合生雌蕊,有 2 条羽毛状的柱头,子房 1 室,内含 1 枚胚珠。

五、花的发育

花的发育是植物从营养生长向生殖生长转变的结果。当植物进入生殖生长阶段时,茎端分生组织的活动发生改变,不再形成营养叶而产生花器官的原基。在这一过程中,茎端分生组织从无限生长变为有限生长,茎端分生组织在形成花器官原基后,丧失进一步分裂产生新器官原基的能力。

进入生殖生长后,茎端分生组织的形状和内部结构会发生变化,这个阶段的茎端分生组织可以被称为花分生组织。通常的变化是生长点变扁平或伸长,表面积有所扩大;1 层或多层细胞质浓厚的小型细胞构成生长点的表面层,包围着下方的中央区,中央区的细胞明显扩大并液泡化;肋状分生组织停止活动;顶端原始细胞不再向下补充衍生细胞。

花器官在花分生组织上的起源与叶相似。在茎端由外向内分别形成萼片原基、花瓣原基、雄蕊原基和雌蕊原基,这些原基进一步发育形成花的结构。萼片和花瓣的发生和发育与叶最为相似,因为它们外形相象,都是扁平的叶性器官。雄蕊发生时为一粗而短的结构,后来由于基部的居间生长,分化出花丝。雌蕊原基在花分生组织的中心起源,单雌蕊和离生心皮雌蕊原基单个发生;合生心皮的雌蕊发生时可以单个心皮原基发生,也可以多个心皮作为一个结构同时发生。

心皮融合是早期雌蕊发育的一个重要特征。单雌蕊是心皮边缘的融合,复雌蕊是心皮间的融合。心皮有两种融合方式,即先天性融合和生殖后融合。先天性融合的复雌蕊在原基时以单一结构出现;生殖后融合是原基出现时彼此分离,以后心皮相互接触并融合成单一结构。后者在发育过程中心皮接触,表皮细胞脱分化,然后发生融合。拟南芥的雌蕊是 2 心皮、侧膜胎座、中间有假隔膜的结构,发育时具有两种融合方式。原基起源时形成 1 个单一的中空筒状结构,心皮边缘的结合为先天性融合;随着原基的伸长,胎座区域的组织从边缘向中央部位生长,接触后以生殖后融合的方式形成假隔膜。融合的变异在不同的植物中变化很大,除了心皮之间的融合外,雌蕊有时也会与其他的花器官融合,如在兰科植物中,雌蕊可以与雄蕊融合形成合蕊柱。心皮融合后,心皮上部的细胞分裂、伸长,延伸形成 1 个或多个花柱。这个过程也会发生生殖后融合,即由几枚心皮顶端融合形成单一花柱。最后在花柱顶端,表皮细胞分裂、伸长发育成乳突细胞,形成柱头。

拟南芥等形成花序的植物进入生殖生长后,茎端分生组织由顶端分生组织转化为花序分生组织,花序分生组织先形成茎生叶,节间伸长,以后叶腋处的顶端分生组织转变为花分生组织,进一步发育形成具有 4 种花器官的花。

ABC 模型的建立与发展

拟南芥野生型的花从外向内 4 类花器官呈 4 轮排列，轮 1 是绿色的萼片，轮 2 是白色的花瓣，轮 3 是雄蕊，轮 4 是心皮。如果突变体中这 4 轮花器官的发育出现错位，则称为同源异型突变体。20 世纪 90 年代，通过对主要模式植物拟南芥（*Arabidopsis thaliana*）和金鱼草（*Antirrhinum majus*）同源异型突变体的分离和研究，克隆了调控各类花器官形成的花器官特征决定基因（floral organ identity genes），亦称同源异型基因（homeotic selector genes），并发现同源异型突变体器官的错位发育是由同源异型基因控制的。在上述研究的基础上，提出了基因控制花器官发生的"ABC 模型"（Coen 等，1991）。根据这个模型，4 轮花器官的特征受到 *A*、*B*、*C* 3 组基因的控制，*A* 基因单独表达决定萼片的形成，*A* 基因与 *B* 基因同时表达决定花瓣的形成，*B* 基因与 *C* 基因同时表达决定雄蕊的形成，而 *C* 基因的表达决定心皮的发育（图 5－12A）。在这个模型中，*A* 基因与 *C* 基因相互颉颃，当 *C* 基因突变后，*A* 基因在整个花中表达，反之亦然。如果 *A*、*B*、*C* 3 组基因中 1 组缺

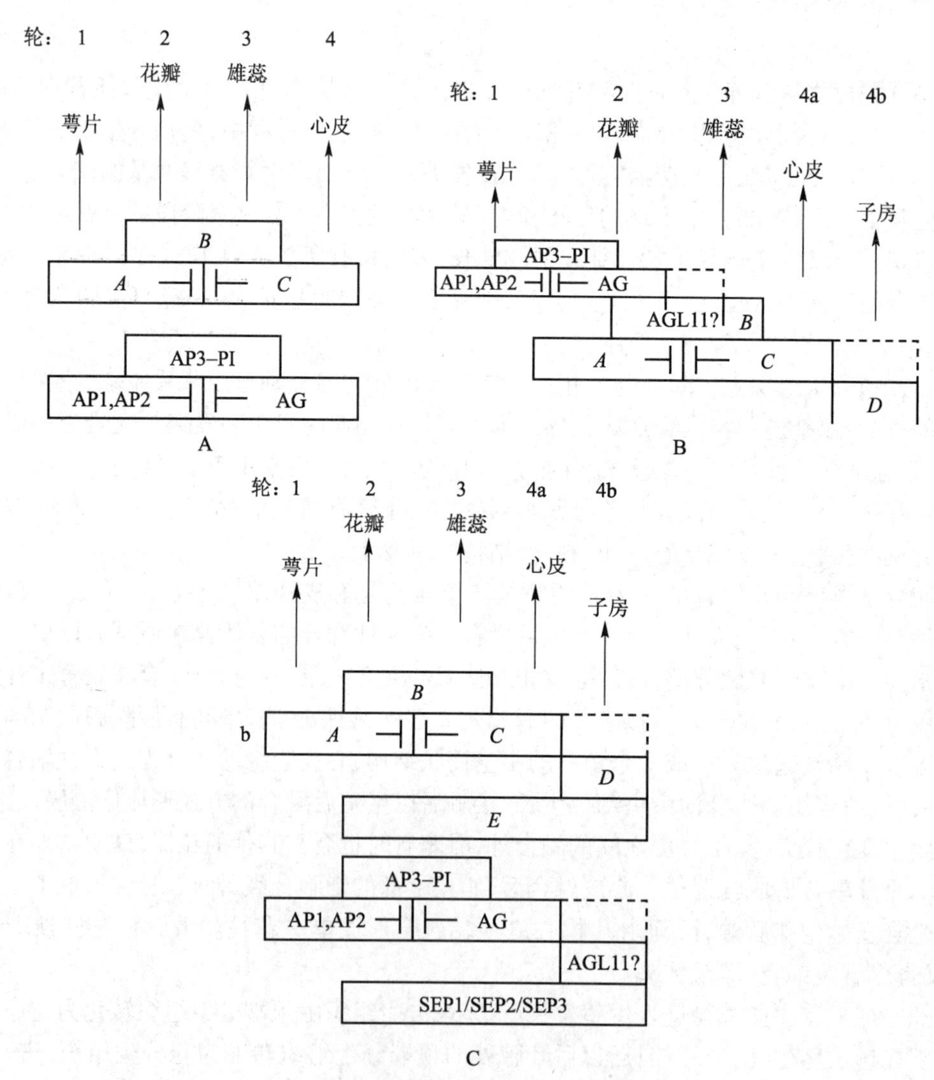

图 5－12　ABC 模型的发展（自 Theissen，2001）

A. 拟南芥花器官决定的 ABC 模型　B. ABCD 模型　C. ABCDE 模型

"----"表示未知 C 功能蛋白质是否介入胚珠发育；"?"表示推测的 D 功能蛋白质；

"⊣"表示蛋白质相互颉颃；"－"表示蛋白质异源二聚体；","表示蛋白质作用方式未知

失，导致花器官错位发育。可以利用这个模型来解释野生型花的发育和同源异型突变体花的各种表型，如 *ap2*(*apetara2*)突变体，轮 1 上发育出来的是心皮，轮 2 发育出来的是雄蕊，突变体在花形态上所表现出的特点被解释为第 1 轮的萼片被心皮所代替，第 2 轮的花瓣被雄蕊所代替，第 3 轮和第 4 轮的器官特征没有改变。*AP2* 基因为 *A* 基因，该基因突变后轮 1 和轮 2 中 *A* 基因功能缺失，致使 *C* 基因在这两轮中表现活性，*C* 基因在轮 1 中表达，形成了心皮；*B* 基因和 *C* 基因在轮 2 中表达，产生了雄蕊；轮 3 和轮 4 中的基因表达不变，花器官的性质也没有发生改变(Coen 等,1991)。

ABC 模型具有简单性和对称性，可以解释野生型和各种同源异型突变体的形成原因，预测基因缺失时花原基的发育状况，还可以推测多个基因突变时花的表型，因此该模型的建立极大地推动了花同源异型基因的研究，是植物发育生物学研究方面的一个重要突破。但随着研究的深入和花同源异型基因数量的增加，出现了许多该模型无法解释的现象。

在研究调控胚珠发育的基因中，从矮牵牛(*Petunia hybrida*)突变体中克隆了 *FBP11*，它专一地在胚珠原基、珠被和珠柄中表达。异位表达 *FBP11*，在转基因植株的花被上形成异位胚珠或胎座。抑制 *FBP11* 表达，在野生型植株形成胚珠的地方发育出心皮状结构，所以 *FBP11* 被认为是胚珠发育的主控基因(master control genes)，这样胚珠被认为是花的第 5 轮器官，其控制基因命名为 *D* 功能基因，经典的 ABC 模型发展为 ABCD 模型(图 5－12B)。后来人们又发现一类基因既发挥 *B* 功能也发挥 *C* 功能，被命名为 *E* 功能基因，这样 ABCD 模型又进一步发展为 ABCDE 模型(图 5－12C)(Theissen 等,2001)。

ABC 模型扩展后，其对称性、简单性消失了，模型中的字母在不同概念中所代表的含义发生了混乱，*E* 功能基因的出现又加重了问题的严重性，ABC 模型存在的基础已经丧失，此时四因子模型(quartet model)应运而生(刘建武等,2004)。

由于 *E* 功能基因的发现，更重要的是人们发现拟南芥花的同源异型蛋白质(AP1、AP3、PI、AG)在体外能够相互形成聚合体，启发人们从蛋白质的角度思考花器官的发育问题，提出了花器官特征的四因子模型。四因子模型假设 4 种花的同源异型基因(或它们的基因产物)的不同组合决定不同花器官的特征。在拟南芥中蛋白质复合物 AP1－AP1－?－?决定萼片形成，AP1－AP3－PI－SEP 决定花瓣形成，AP3－PI－AG－SEP 决定雄蕊形成，AG－AG－SEP－SEP 决定心皮形成(图 5－13)。这些蛋白质复合物(可能是转录因子)黏着在特异目标基因的启动子上激活或抑制不同的器官特征基因，发挥其功能。包含 AP1 的蛋白质复合物抑制 *AG* 基因的表达，包含 AG 的蛋白质复合物抑制 *AP1* 基因的表达，实现了 ABC 模型中 *A* 功能和 *C* 功能的颉颃(Theissen 等,2001)。四因子模型是在 ABCDE 模型基础上的提升，直接把花器官特征决定和 MADS-box 蛋白结合到一起。

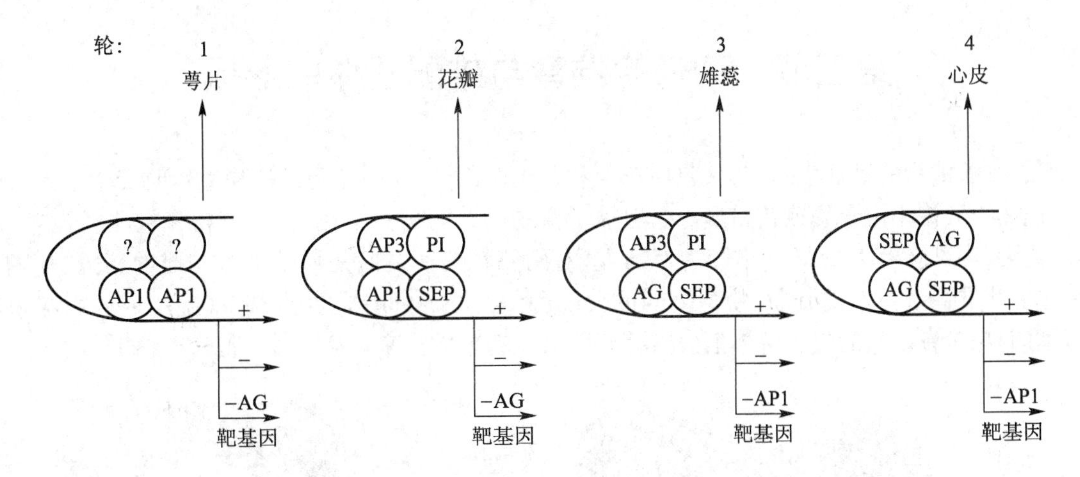

图 5－13 决定拟南芥花器官的四因子模型(自 Theissen, 2001)

－:抑制作用 ＋:激活作用 ?:未知蛋白质

近年来研究发现 *E* 在 5 轮花器官的特征决定中都有功能(Ditta 等,2004;Erbar,2007)，人们对 ABCDE 模型和四因子模型进一步修正(图 5－14)。现在 ABCDE 模型可以这样解释花器官的特征决定，5 轮花器官受到 *A*、*B*、*C*、*D*、*E* 5 组基因的控制，*A* 和 *E* 决定萼片的形成，*A*、*B*、*E* 同时决定花瓣的形成，*B*、*C*、*E* 同时决定雄蕊的形成，*C* 和 *E* 决定心皮的发育，*C*、*D*、*E* 决定胚珠的发育(Erbar,2007)。由此也可以推断四因子模型中 *A* 和 *E* 基因的产物 AP1－AP1－?－?中的未知蛋白质是 SEP，即该蛋白质复合物为 AP1－AP1－SEP－SEP。我们有理由相信，伴随着植物发育生物学的发展，会有更多的实验证据使 ABC 模型和四因子模型不断完善。

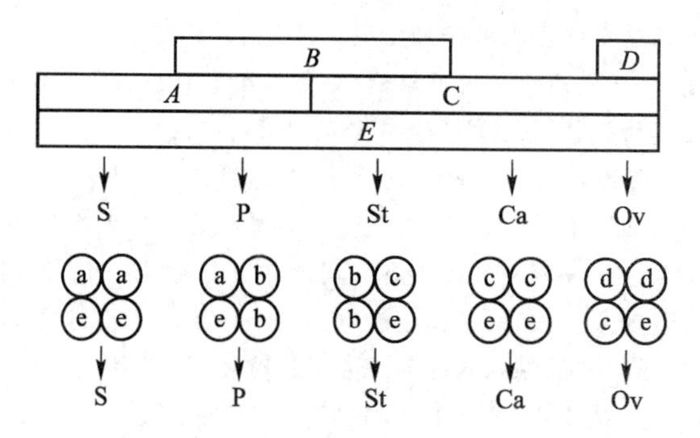

图 5-14　修正的 ABCDE 模型和四因子模型(自 Erbar,2007)

a、b、c、d、e 分别为 *A*、*B*、*C*、*D*、*E* 基因的产物

参考文献

[1] 刘建武,孙成华,刘宁. 花器官决定的模型和四因子模型. 植物学通报, 2004, 21(3): 346-351.

[2] Coen E S, Meyerowitz E M. The war of the whorls: genetic interactions controlling flower development. Nature, 1991, 353: 31-37.

[3] Ditta G, Pinyopich A, Robles P, et al. The *SEP4* gene of *Arabidopsis thaliana* functions in floral organ and meristem identity. Curr Biol, 2004, 14: 1 935-1 940.

[4] Erbar C. Current opinions in flower development and the evo-devo approach in plant phylogeny. Plant Systematics and Evolution, 2007, 269: 107-132.

[5] Theissen G, Saedler H. Floral quartets. Nature, 2001, 409: 469-471.

(刘宁　北京师范大学生命科学学院)

第二节　花药的发育与雄配子体的形成

雄蕊是被子植物的雄性生殖器官,包括花药和花丝两部分,其中花药是植物生殖时产生小孢子和雄配子体的结构,又称小孢子囊或花粉囊。一般被子植物的花药有 4 个花粉囊,花粉囊被花粉囊壁(又称花药壁)包围,内部含有大量花粉(图 5-15);左、右两侧花粉囊之间是薄壁细胞构成的药隔,药隔中的维管束与花丝维管束相连;同侧花粉囊之间的分隔称隔片(septum),也由薄壁细胞构成。当花粉成熟时,同侧两个花粉囊之间的隔片解体消失,花药开裂,花粉释放出来。

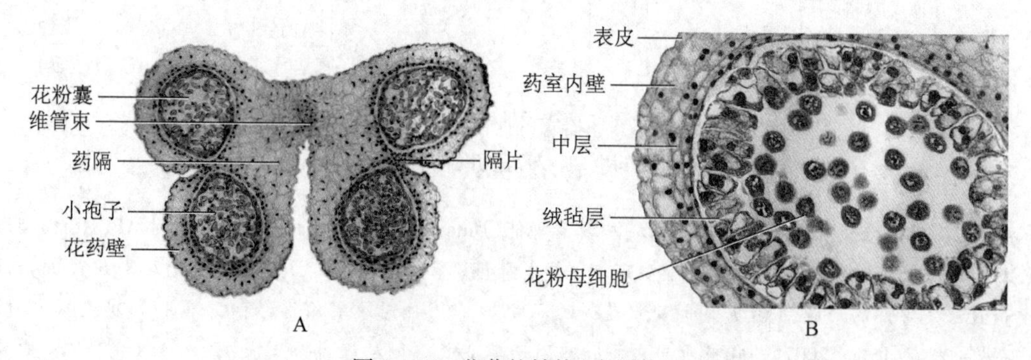

图 5-15　花药的结构(自周仪)

A. 百合花药的横切　B. 百合花药的 1 个花粉囊

一、花药的发育

雄蕊的原基起源于茎端分生组织,最初为一群具有分裂能力的分生组织细胞,没有任何分化。原基中位于 4 个角的细胞分裂较快,逐渐地成为四棱形的花药雏形,每个棱表皮下的细胞分化出孢原细胞(archesporial cell)。孢原细胞的数目在不同的植物中有差异,大部分植物形成多列孢原细胞;有些植物孢原细胞数目较少,如小麦和水稻只有 1 列孢原细胞,海菖蒲属(*Enalus*)只有 1 个孢原细胞。孢原细胞与周围其他细胞相比,体积较大,核也大,细胞质浓。孢原细胞进行平周分裂,形成内、外两层细胞。外层为初生壁细胞(primary parietal cell),此层细胞分裂参与花粉囊壁的发育;内层是造孢细胞(sporogenous cell),以后发育成花粉母细胞(图 5 - 16)。原基中部的细胞将来发育形成药隔和维管束。花药的组织和细胞的来源可追踪到茎端分生组织,多数情况下,L1 产生表皮,L2 产生孢原细胞,L3 则产生药隔。

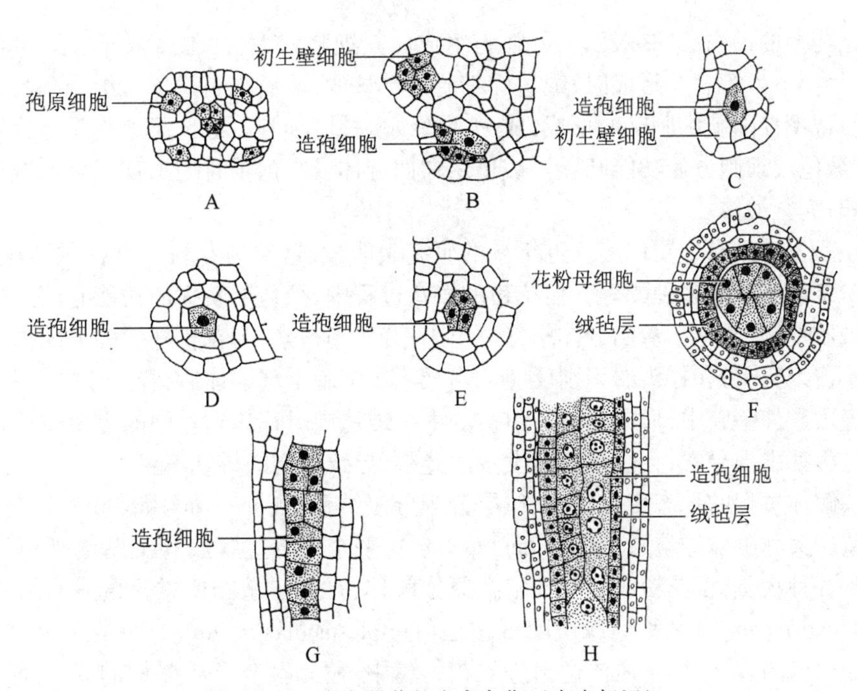

图 5 - 16　小麦花药的发育各期(自李杨汉)

A. 花药的横切,表皮下有孢原细胞　B. 孢原细胞分裂成初生壁细胞和造孢细胞　C ~ F. 花药壁的发育与花粉母细胞的形成　G,H. 花药的纵切

初生壁细胞亦称周缘细胞,进行数次平周分裂,形成 3 至多层细胞,连同其外的表皮,共同组成花药壁。花药壁在花粉母细胞减数分裂时达到完全分化,此时自外向内有以下 4 层结构:表皮、药室内壁(endothecium)、中层(middle layer)和绒毡层(tapetum)(图 5 - 15)。

1. 表皮

表皮是由 1 层细胞组成的保护结构,在细胞外切向壁外有薄的角质层,有些植物花粉囊壁的表皮上有表皮毛或气孔,这层细胞通常只进行垂周分裂。

2. 药室内壁

药室内壁又称纤维层(fiber layer),由 1 层细胞构成,在花粉成熟时达到最大发育。初形成时细胞中富含内质网、多聚核糖体和质体,发育后期其垂周壁和上、下横壁会出现沿径向方向排列的纤维状加厚(图 5 - 17),在内切向壁上这种加厚为纵向排列,仅外切向壁没有加厚。加厚大约在单细胞花粉液泡化阶段开始发生，至花粉成熟时完成。加厚的壁物质一般认为是纤维素，成熟时略为木质化。由于在一些闭花受精的植物或花药顶孔开裂的植物中，药室内壁并不发育出加厚带，因此过去认为这些纤维状的细胞壁加厚可能与花药的开裂有关，但近年来对拟南芥花药发育的研究表明花药的开裂与隔片的分化和解体有关。

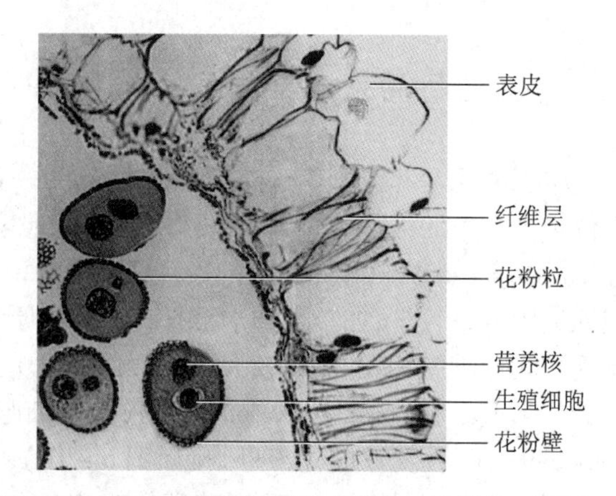

图 5－17 百合花粉成熟时的花药壁与花粉粒（自周仪）

3. 中层

中层通常由 1～3 层细胞组成，细胞中常富含淀粉和其他贮藏物。花粉母细胞减数分裂时中层细胞的贮藏物减少，细胞变扁平；以后细胞逐渐解体，当花药成熟时中层多已消失。

4. 绒毡层

绒毡层为花药壁的最内层，一般由 1 层细胞组成。其细胞较大，细胞质浓厚，含有丰富的 RNA、蛋白质、油脂和类胡萝卜素等。初形成时，绒毡层细胞是单核的，以后在小孢子母细胞减数分裂前后，绒毡层的细胞核分裂常不伴随新细胞壁的形成，成为 2 核或多核的细胞。绒毡层细胞具有分泌的功能，在小孢子形成前后，绒毡层细胞分泌功能旺盛。绒毡层在四分体或小孢子时期出现退化的迹象，以后逐渐解体，到花粉成熟时完全解体。

绒毡层对花粉发育具有重要作用。近年来的研究表明，绒毡层为花粉发育提供了核酸、糖类、含氮物质、脂质、孢粉素前体以及多种酶等。在花粉的发育过程中，绒毡层发挥的功能有：分泌胼胝质酶来溶解四分体的胼胝质壁，使小孢子从四分体中释放出来；合成孢粉素，为花粉外壁的形成提供条件；合成花粉外壁的蛋白质，参与花粉和柱头的识别反应。当绒毡层细胞全部解体后，释放出的一些物质可以分布在花粉外壁的表面和外壁腔中，形成花粉的包被。由于绒毡层对花粉发育中的重要作用，因此绒毡层细胞发育或解体过程如出现异常，会引起花粉发育的异常，导致植物的雄性不育。

根据绒毡层解体过程的形态变化，将绒毡层分为分泌绒毡层（secretory tapetum）和变形绒毡层两种类型。分泌绒毡层又称腺质绒毡层（glandular tapetum），整个发育过程没有细胞的破坏，通过内切向壁向花粉囊内分泌各种物质，至花粉成熟时细胞在原位解体，是被子植物中常见的发育方式，如百合。变形绒毡层（amoeboid tapetum）又称周缘质团绒毡层（periplasmodial tapetum），它在发育过程中较早地发生内切向壁和径向壁的破坏，原生质体逸出进入花粉囊中，彼此融合形成多核的原生质团，分布在花粉之间，当花粉完全成熟时被吸收，如棉（*Gossypium hirsutum*）。

在花粉成熟时，花药壁仅存表皮和药室内壁，有些植物的表皮也破损，仅余残迹。花药的发育过程如下图所示。

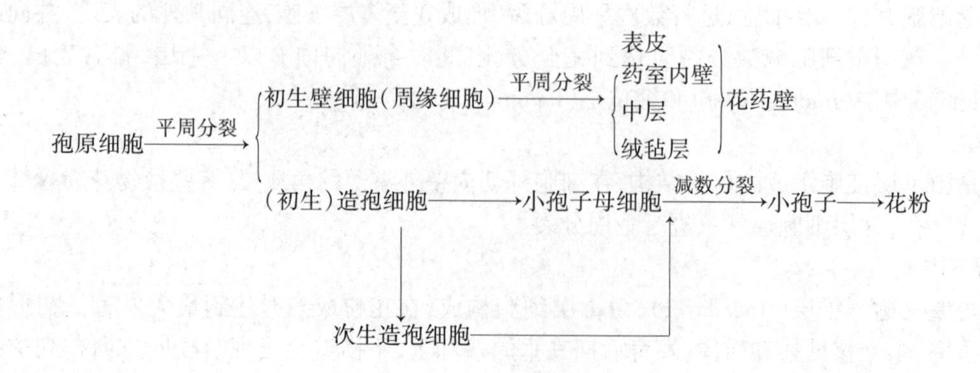

二、小孢子的产生

由孢原细胞分裂产生的造孢细胞呈多角形,体积较大,核大,细胞质浓厚,与周围的细胞差异显著。造孢细胞可以直接形成花粉母细胞,如锦葵科和葫芦科的某些植物;也可以进行几次有丝分裂后形成次生造孢细胞,然后再进一步形成小孢子母细胞(microspore mother cell),大部分植物按后一种方式形成小孢子母细胞。

小孢子母细胞也称花粉母细胞(pollen mother cell),在减数分裂前,小孢子母细胞外逐渐积累胼胝质的细胞壁,同时进行减数分裂,此时小孢子母细胞核中的 DNA 已复制完成。小孢子母细胞经过两次连续的细胞分裂,染色体数目减半,形成四个单倍体的子细胞,称小孢子(microspore)。在这个过程中,细胞染色体的倍数由 $2n \rightarrow 1n \rightarrow 1n$,DNA 含量由 $4C \rightarrow 2C \rightarrow 1C$,因此,小孢子核的染色体倍数是 $1n$,DNA 含量在 1C 水平。

被子植物的小孢子母细胞减数分裂过程中所发生的细胞质分裂有两种类型:连续型(successive type)和同时型(simultaneous type)。连续型是小孢子母细胞第 1 次分裂伴随着细胞质的分裂,先形成二分体,再进行第 2 次分裂形成四分体,这种方式在单子叶植物中较为常见;同时型是第 1 次分裂不形成细胞壁,故形成两个双核细胞,第 2 次分裂后进行细胞质分裂,形成四分体,这种方式主要见于双子叶植物中。

减数分裂刚刚形成的 4 个小孢子通过胼胝质壁集合在一起,称四分体(tetrad)。四分体有不同的排列方式,主要有四面体型和左右对称型两种(图 5-18)。前者四分体的 4 个细胞排列成四面体;后者四分体的 4 个细胞排列在同一个平面上。

胼胝质是一种糖类,为 β-1,3-葡聚糖,可以阻止大分子物质的通过,由于胼胝质的存在,保证了通过基因重组与分离后遗传上多少有些差异的小孢子之间的独立性。有研究发现小孢子母细胞间的胼胝质壁并不连续,而是呈现为筛网状,相邻的细胞间有细胞质联络的通道,细胞质可以从一个细胞移动到另一个细胞中,并有染色质穿壁转移运动。因此,胼胝质壁可能起着分子筛的功能,在保证小孢子相对独立性的同时,还控制着细胞间的物质交流,是减数分裂同步性的原因。研究还发现,缺少胼胝质壁的花粉母细胞能正常进行减数分裂,但其花粉壁的发育则表现出异常,孢粉素在小孢子表面随机分布。因此,胼胝质壁可能还有作为花粉外壁沉积框架的作用。

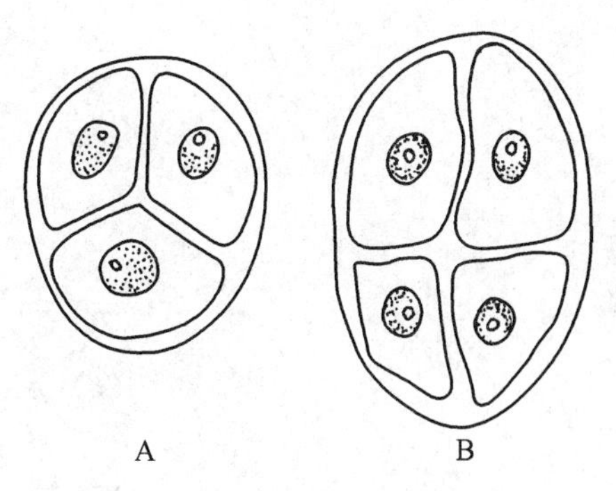

图 5-18　四分体的排列方式
A. 四面体型　B. 左右对称型

胼胝质壁解体后,4 个小孢子从四分体中释放出来,进一步开始雄配子体的发育过程。

三、花粉(雄配子体)的发育

被子植物的雄配子体(microgametophyte, male gametophyte)亦称花粉(pollen)。小孢子是雄配子体的第 1 个细胞,是尚未成熟的花粉粒,也叫单核花粉。刚从四分体中释放出的小孢子体积较小,无明显的液泡,具有各种细胞器,细胞中央是 1 个大的细胞核,细胞外有薄的孢粉素外壁。随着发育的进行,细胞逐渐液泡化,体积增大,最后形成 1 个中央大液泡,细胞质变成一薄层,紧贴细胞壁,细胞核也移到了细胞的一侧,另一侧被中央大液泡占据。在细胞核移动的过程中,细胞器的分布出现极性,这时小孢子进行 1 次不等的有丝分裂,形成 1 大 1 小 2 个细胞,大的称营养细胞(vegetative cell),小的是生殖细胞(generative cell),在这 2 个细胞间有薄的胼胝质壁(图 5-19,图 5-20)。营养细胞继承了小孢子的大部分细胞质与细胞器,初期含有大液泡。随着花粉的发育成熟,营养细胞中的液泡逐渐变小,同时细胞内开始积累大量的营养物质。生殖细胞最初呈凸透镜状,贴在花粉壁上,以后生殖细胞渐渐脱离花粉壁,进入营养细胞的细胞质中。与此同时,壁物质逐渐消失,生殖细胞成为圆形的裸细胞,被本身的质膜和营养细胞的质膜所包围(图 5 - 20,图 5 - 21)。在营养细胞中,生殖细胞由圆形转变为纺锤形或长椭圆形。

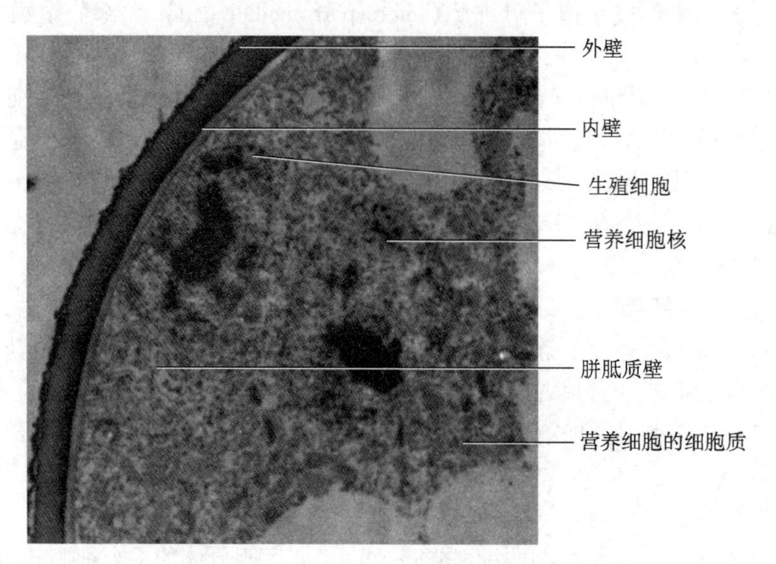

图 5 - 19 杜仲的 2 - 细胞花粉

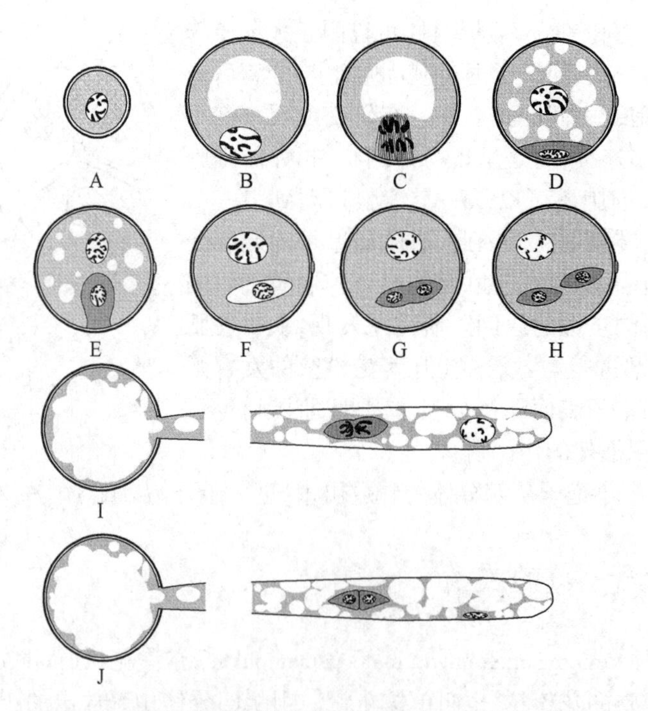

图 5 - 20 被子植物的花粉发育过程图解(自 Maheshiwari)

A. 早期的小孢子 B. 液泡期的小孢子 C,D. 小孢子经过有丝分裂形成 2 - 细胞花粉 E,F. 2 - 细胞花粉的发育 G,H. 花粉粒中的生殖细胞分裂形成 2 个精子,成为 3 - 细胞花粉 I,J. 2 - 细胞花粉在萌发后,生殖细胞进入花粉管中分裂形成 2 个精子

在传粉阶段,大约 70% 的被子植物的花粉仅有 2 个细胞构成,称 2 - 细胞花粉。其余 30% 的被子植

物的花粉含3个细胞,称3-细胞花粉,这是因为它们的生殖细胞在形成后不久即进行DNA的复制,接着进行有丝分裂形成2个精细胞(精子,sperm)。2-细胞花粉的生殖细胞分裂在花粉管中进行,同样形成2个精细胞。花粉成熟只是代表传粉时雄配子体的发育阶段,并不意味着雄配子体发育的完成。雄配子体的进一步发育是在雌蕊组织中进行,包括花粉萌发长出花粉管,营养核和精细胞进入花粉管,花粉管生长到达胚囊以及释放花粉管中的内容物。对于2-细胞花粉而言,进入花粉管的是营养核和生殖细胞,在花粉管中生殖细胞还要进行1次有丝分裂,形成2个精细胞(图5-20)。

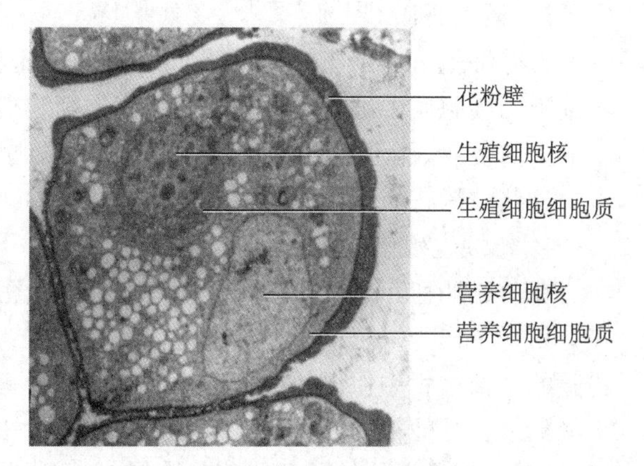

图5-21　白芨的花粉粒

四、成熟花粉的结构与功能

花粉是被子植物产生雄配子并运载雄配子进入雌蕊胚囊中的载体。传粉时,2-细胞花粉中有1个生殖细胞和1个营养细胞,3-细胞花粉中有2个精细胞和1个营养细胞。同时花粉外还形成具有保护作用的花粉壁。

1. 精细胞(精子)

在3-细胞花粉中,生殖细胞经有丝分裂形成了2个精细胞。精细胞是裸细胞,没有细胞壁,其形状随植物种类不同而有差异,有纺锤形、球形、椭圆形、蠕虫状等。精子具有很少的细胞质,但含有线粒体、高尔基体、内质网和核糖体等细胞器。核有浓厚的染色质和明显的核仁。目前研究的一些植物的2个精子有差异,称为精子的二型性(sperm dimorphism)。如白花丹(*Plumbago zeylanica*)的2个精子的大小和形态都不相同,1个为大精子,具有长长的尾部,线粒体多,几乎无质体,称为精子Ⅰ或Svn;另1个为小精子,无尾,质体多,线粒体少,被称为精子Ⅱ或Sua,2个精子存在于一个共同的包被中(图5-22,图5-23)。受精时,小精子选择性地与卵细胞融合,大精子与中央细胞融合。研究还发现,一些植物的2个精细胞不仅在体积、表面积、含DNA以及细胞器的数量等特征上表现出差异,而且表面所带的电荷量也不相等,同与中央细胞融合的精细胞相比,与卵细胞融合的精细胞具有较大的电移速率,所带电荷更多。这种建立在结构差异基础上的功能差异似乎对被子植物的双受精有着重要的意义。

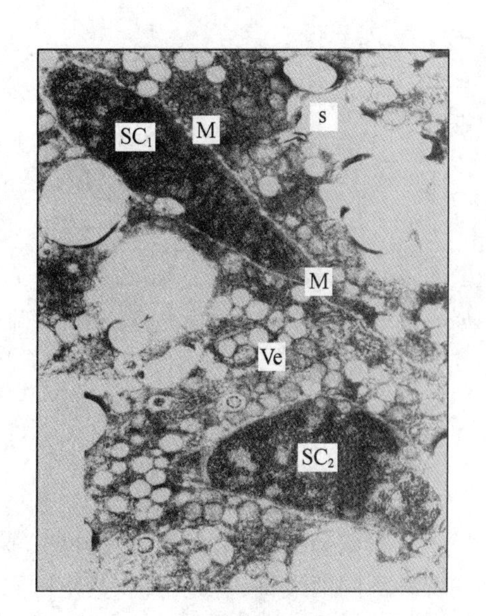

图5-22　小麦成熟花粉粒中的1对精子
(自胡适宜)

M:线粒体　S:淀粉粒　SC_1:精细胞1　SC_2:精细胞2　Ve:小泡

2. 生殖细胞

在2-细胞花粉中没有精细胞,只有生殖细胞。生殖细胞大多为纺锤形,细胞特点与精细胞类似,是没有细胞壁的裸细胞,细胞质少,含有线粒体、高尔基体、内质网和核糖体等一般的细胞器,细胞核相对较大,核内染色质凝集,具1~2个核仁(图5-21)。在许多植物的生殖细胞内缺乏质体,如棉、番茄(*Lycopersicon esculentum*)等,少数植物的生殖细胞有质体,如天竺葵(*Pelagonium graveolens*)等。质体的有无会影响到存在于质体中的细胞质遗传基因的传递。

3. 营养细胞

营养细胞占据了花粉的大部分体积,其细胞核结构松散,染色较浅,DNA 含量较低(图 5 - 21)。营养细胞的细胞质中细胞器种类与一般植物细胞类似,但数量较多,并储存有大量的营养物质。成熟花粉中的大量淀粉、脂肪、蛋白质、各种酶、维生素、植物激素、色素和无机盐等都贮藏在营养细胞的细胞质中。这些贮藏物质是花粉萌发和花粉管生长的物质和能量储备,也为传粉动物提供了报偿。

4. 雄性生殖单位

在 3 - 细胞花粉中,2 个精细胞彼此之间紧密联系,并通过 1 个精细胞的长尾与营养核相联系,三者在花粉管中作为一个结构单位进行传送,这个结构称为雄性生殖单位(male germ unit, MGU),具有在花粉管的生长过程中保证精细胞有序地到达雌性靶细胞的功能。雄性生殖单位首先发现于白花丹中,后来又陆续在其他植物的 3 - 细胞花粉中发现。白花丹花粉粒中的 2 个精细胞以带有胞间连丝的部分连接在一起,精子 I 的长尾环绕营养核,并穿入营养核的内部(图 5 - 23)。目前已证明,雄性生殖单位不仅存在于 3 - 细胞花粉中,也存在于 2 - 细胞花粉或 2 - 细胞花粉的花粉管中。在 2 - 细胞花粉中,成熟花粉粒或花粉管中营养核与生殖细胞形成的结构单位也被称为雄性生殖单位。在雄配子经由花粉管生长而传递的过程中,它们与营养核一起始终以雄性生殖单位的状态存在。这种结构可能具有保证传递过程中配子不被丢失、使雄配子有序地到达各自的靶细胞的作用。

虽然营养核与精细胞间联系紧密,但二者之间没有膜的直接融合,这种连接为物理上的连接(physical association);而 2 个精细胞之间有胞间联丝和胞质通道相连接,这种连接为结构上的连接(structural connection)。

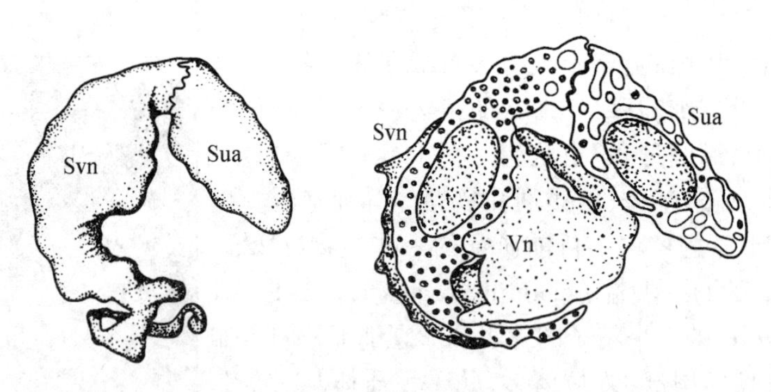

图 5 - 23　白花丹雄性生殖单位的三维重构图解(自 Russell)

Vn:营养核　Svn:精子 I　Sua:精子 II

5. 花粉壁的结构

花粉壁分为 2 层,分别称为外壁(extine)和内壁(intine)(图 5 - 19)。花粉外壁较厚,在花粉表面形成各种不同的纹饰,有光滑的、具疣的、具刺的、具条纹的、具网的等。外壁的主要成分是孢粉素,它质地坚硬,有抗酸、抗碱和抗生物分解的能力,因此可以在地层中找到古代植物遗留的花粉。花粉外壁的孢粉素物质主要来自于绒毡层,外壁的腔中还有由绒毡层合成的外壁蛋白质、脂质和酶,其中一些蛋白质与花粉和柱头间的识别反应以及人对花粉的过敏反应有关。花粉内壁的主要成分是纤维素和果胶质,也含有蛋白质,其中一些是水解酶类,与花粉萌发及花粉管穿入柱头有关,也有一些蛋白质在受精的识别中起作用。内壁蛋白由雄配子体本身合成。

花粉表面具有萌发孔(aperture),是花粉壁薄弱的区域(图 5 - 24)。在萌发孔处常缺乏外壁,只有内壁,花粉萌发时由萌发孔处长出花粉管。根据萌发孔的形态不同,将长的萌发孔称为沟(colpus),短的称为孔(pore)。不同植物中萌发孔的数目、形状和在花粉粒上的位置等都有很大差异。

不同植物的花粉形态差异很大,其形状、大小、对称性、极性和花粉萌发孔的数目、位置、结构以及花粉壁的层次、外壁的纹饰等,在不同的植物中有广泛的多样性,不仅可以用来鉴别植物种类,而且还在其他学科中得到广泛的使用,发展为一门独立的学科——孢粉学(palynology)。花粉的外壁含有孢粉素,坚固、耐高温和酸、碱,可以历经数百万年而不变。自地球上高等植物出现以来,孢子和花粉不断落到地表,分别留在不同地质年代的地层里。通过研究不同地层中保存的花粉的种类和数量,就可以推测当时生长的植物种类及分布情况,在研究植物演化、地质勘探、考古和侦破案件方面等均有重要的作用。

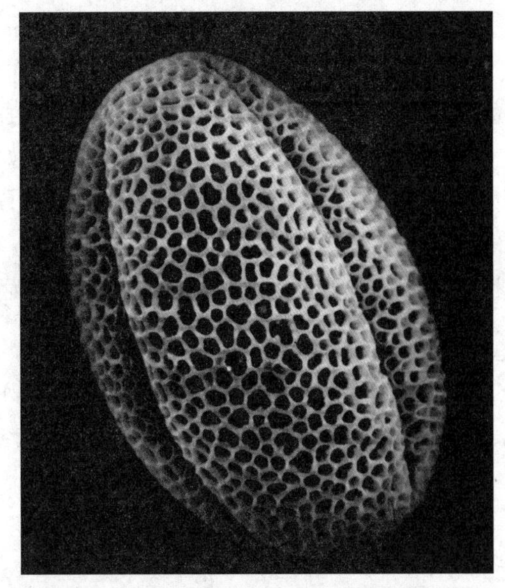
图 5-24　苦瓜的花粉(示萌发沟与网状纹饰)

成熟花粉粒的壁外常有花粉覆盖物(pollen coat),来自于解体的绒毡层细胞。不同植物的花粉覆盖物主要成分基本相同,主要为脂质、类胡萝卜素和一些蛋白质。通常将含有疏水的脂质和特异性类胡萝卜素的花粉覆盖物称为花粉鞘(pollenkitt);含有亲水性物质复合物的花粉覆盖物称为含油层(tryphine)。花粉覆盖物中的色素、脂质使花粉具有颜色或香气,推测有吸引昆虫的作用;蛋白质可能参与花粉和柱头的识别反应。

五、雄性不育

花药或花粉等雄性部分在发育过程中受到内在或外界因素的影响不能正常发育,导致不能产生种子的现象称雄性不育(male sterility),表现为雄蕊畸形或退化、花药瘦小萎缩、缺乏花粉以及花粉的发育或功能异常等。雄性不育可以发生在雄蕊刚刚开始发育到花粉成熟的任何一个时期,但多数发生在减数分裂以后。绒毡层的发育与雄性不育有很大关系,绒毡层细胞发育和解体的过程中出现异常,如解体时间提前或延迟都会影响花粉的正常发育。

雄性不育可以是遗传性的,受到细胞核基因或细胞质基因的控制,也可以是外界环境,如温度、水分、光周期或化学物质等诱导产生的。在低温干旱的自然条件下,减数分裂受阻,花粉发育受到影响,导致雄性不育。

雄性不育对植物而言是一个不利的性状,但人类利用这一形状用于杂交育种,建立雄性不育系,可免除人工去雄的操作,节约大量人力。我国杂交水稻育种的成功,与雄性不育系“野败”的发现有很大的关系。农业生产上也常利用化学物质,如2,4-D、乙烯利、秋水仙碱等诱导雄性不育,以达到节省人力的目的。

第三节　胚珠与胚囊(雌配子体)的发育

雌配子体的发育发生在胚珠中,胚珠是着生在子房中的结构。这一点与雄配子体发育不同,雄配子体直接在雄蕊中发生;而雌配子体与雌蕊之间出现了胚珠。

一、胚珠的结构与类型

胚珠(ovule)一般着生在心皮的腹缝线上,它由 3 个基本部分构成:珠柄(funiculus)、珠被(integument)和珠心(nucellus)。胚珠以珠柄和胎座相连,其内有维管束通过;珠被 1 或 2 层,若为 2 层,分别称外珠被(outer integument)和内珠被(inner integument);珠被包围珠心,在胚珠顶端留下1个小孔,称珠孔(micropyle);珠被、珠心、珠柄汇合的区域称合点(chalaza)(图5-25)。大孢子和雌配子体在珠心中发育形成,因此胚珠是高等植物进行有性生殖的重要结构。

胚珠的发生在幼小子房胎座的位置起始,由子房壁内表面的2层细胞分裂形成突起,此突起为胚珠原基,原基的前端将来发育成珠心,基部发育成珠柄,两者之间为合点区。以后在珠心的基部即合点区发生一环状突起,细胞分裂较快,向上扩展,将珠心包围起来,仅在顶端留下1个小孔,形成珠被和珠孔。如形成2层珠被,则内珠被先发生,外珠被后发生(图5-25)。

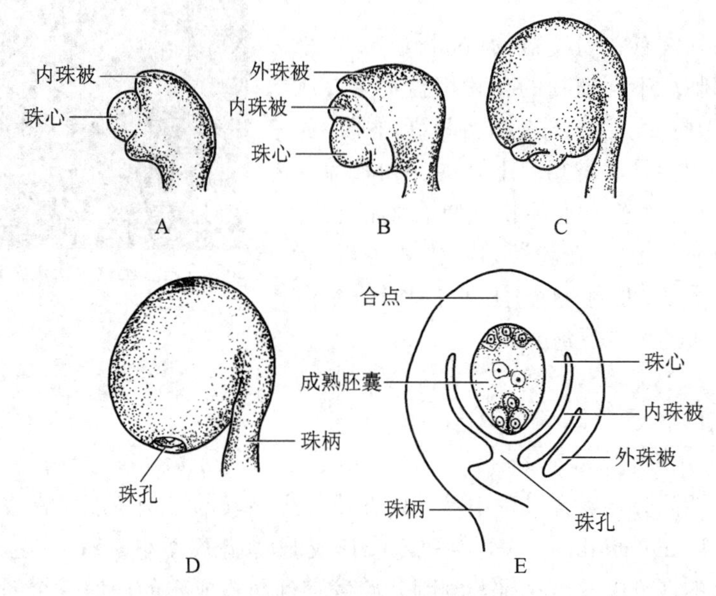

图5-25　胚珠的结构与发育

A~D. 胚珠的发育过程　E. 胚珠的内部结构

在胚珠的发育过程中可以保持直立,为直生胚珠(orthtropous ovule),特点是珠孔、合点和珠柄在一条直线上,如荞麦(*Fagopyrum esculentum*)。若发育过程中原基一侧的细胞分裂较快,胚珠倒转180°,形成倒生胚珠(anatropous ovule),特点是珠柄和珠孔靠得很近,合点在相对的另一端。这种胚珠的珠柄多与外珠被愈合,形成向外突起的珠脊(raphe),将来形成种子表面的种脊。倒生胚珠是被子植物中常见的胚珠类型。除此之外,还有弯生、横生、曲生和拳卷等不同类型的胚珠(图5-26)。

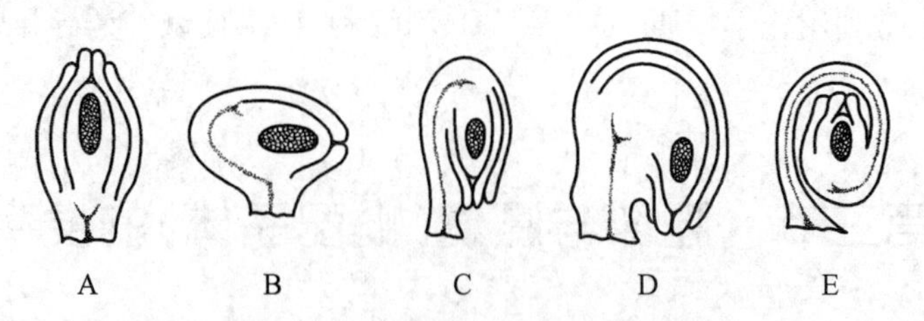

图5-26　胚珠的类型(自陆时万等)

A. 直生胚珠　B. 横生胚珠　C. 倒生胚珠　D. 弯生胚珠　E. 拳卷胚珠

二、大孢子的发生与胚囊的发育

珠心相当于大孢子囊,在珠心中被子植物完成大孢子(megaspore)发生和雌配子体(magagametophyte,female gametophyte)形成的过程。

1. 大孢子的发生

在胚珠发育的早期,珠心表皮下分化出 1 个孢原细胞,孢原细胞明显与周围的细胞不同,细胞体积大、细胞质浓、细胞核显著。孢原细胞一般 1 个,但在有些植物中数量较多,如柳叶菜科植物有 6 个以上的孢原细胞,景天属植物有多个孢原细胞。

许多植物的孢原细胞直接发育转变为大孢子母细胞(megaspore mother cell)。有些植物的孢原细胞经 1 次平周分裂,形成 1 个造孢细胞和 1 个周缘细胞,周缘细胞可进行多次平周分裂形成多层珠心细胞,造孢细胞进一步转变为大孢子母细胞。大孢子母细胞减数分裂形成 4 个大孢子。4 个大孢子的排列方式常见的有两种,即直线排列和 T 形排列。通常只有在合点端的大孢子是功能大孢子,可进一步进行胚囊的发育,其余 3 个退化。

大孢子母细胞减数分裂前在细胞外有胼胝质壁的积累,通常从合点端开始逐渐包围整个细胞。减数分裂结束后,有功能的大孢子胼胝质壁首先消失,而无功能的 3 个大孢子较长时间被胼胝质包围。说明在大孢子发生过程中,胼胝质的动态变化与大孢子的分化及胚囊的发育有一定的关系。

2. 胚囊(雌配子体)的发育

胚囊(embryo sac)是被子植物的雌配子体,由功能大孢子开始发育,因此大孢子是胚囊的第 1 个细胞,也称单核胚囊。刚刚形成的大孢子体积小、细胞质浓、细胞核较大;随着发育的进行,细胞液泡化,体积增大;当细胞体积增大到一定程度时,进行第 1 次有丝分裂,形成 2 核胚囊。2 核胚囊的 2 个细胞核分别移向胚囊的珠孔端和合点端,中央由 1 个大液泡占据;接着在两极的细胞核进行第 2 次和第 3 次有丝分裂,分别形成 4 核胚囊和 8 核胚囊。结果 8 核胚囊中的 8 个游离核,4 个在珠孔端,4 个在合点端。这个过程中,胚囊的体积不断增加(图 5 - 27)。

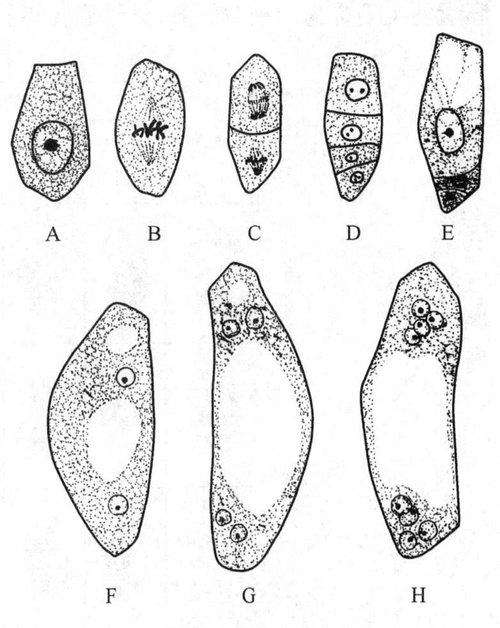

图 5 - 27　蓼型胚囊的发育(自 Walker)

A ~ D. 大孢子母细胞经过减数分裂形成 4 个大孢子　E. 合点端的 1 个大孢子发育,珠孔端的 3 个大孢子退化　F ~ H. 功能大孢子核经过 3 次分裂形成 8 个游离核

接下来胚囊开始细胞化的过程。8 核胚囊的两极各有 1 个游离核向中部移动,当细胞壁形成时,成为 1 个大的双核细胞,称中央细胞(central cell)。中央细胞的 2 个核称极核(polar nuclei),其中来源于珠孔端的称上级核,来源于合点端的称下极核;有些植物中这 2 个核很快融合,形成 1 个二倍体的次生核。珠孔端余下的 3 个核产生细胞壁后形成 3 个细胞,其中 1 个是卵细胞(egg),另 2 个是助细胞(synergid),由卵细胞与 2 个助细胞组成卵器(egg apparatus)。在合点端的 3 个核产生细胞壁后,形成 3 个反足细胞(antipodal cell)。最终形成了具有 7 个细胞 8 个核的成熟胚囊。

上述胚囊的发育方式首先在蓼科植物中发现,因此被称为蓼型胚囊。在被研究过的被子植物中,有 81% 的雌配子体以蓼型胚囊的方式发育。模式植物拟南芥的胚囊发育也是蓼型。研究发现,在拟南芥胚囊发育的 4 核阶段,珠孔端的 2 个细胞核发生迁移,使 2 个细胞核 1 个位于珠孔端,1 个位于合点端。珠孔端的核有丝分裂时,新细胞板与胚囊的长轴平行,分裂形成 2 个助细胞;合点端的核分裂时,新细胞板与胚囊的长轴垂直,分裂形成的 2 个新细胞核 1 个靠近珠孔端,1 个靠近合点端,珠孔端的将来形成卵细胞,合点端的进入中央细胞,为上极核。

百合的胚囊发育与蓼型胚囊不同。它的大孢子母细胞在珠心表皮下分化后,减数分裂形成 4 个大孢子核,但没有细胞壁形成,因此 4 个核存在于 1 个大孢子囊中,最初呈直线排列;随后 3 个核移向合点端,1 个核留在珠孔端。这 2 组核随之进行第 1 次有丝分裂,在珠孔端的 1 个核进行正常的有丝分裂,形成 2 个体积相对较小的单倍体核;而合点端的 3 个核在有丝分裂中期,发生染色体合并,同时 3 个纺锤体也合并,结果形成 2 个三倍体的游离核,这 2 个核体积较大,形状不规则。这时胚囊中依然是 4 个核,2 个单倍体的核在珠孔端,2 个三倍体的核在合点端。通常将减数分裂后形成的四核阶段称前四核时期,而把第 1 次有丝分裂后形成的四核阶段称后四核时期。接着 4 个核进行第 2 次有丝分裂,形成 8 核胚囊,并进一步细胞化形成与蓼型胚囊形态相同的 7 个细胞 8 个核的成熟胚囊(彩版插图)。与蓼型胚囊不同的是,百合胚囊的反足细胞和下极核是三倍体。百合胚囊的这种发育方式称为贝母型胚囊。

3. 胚囊发育的类型

除蓼型胚囊和贝母型胚囊外,被子植物的胚囊发育还有其他十余种方式。这十余种胚囊发育方式在参加胚囊发育的大孢子数目、功能大孢子的位置、核分裂的次数及成熟胚囊的形态等方面有所不同。依据参加胚囊发育的大孢子数目不同将胚囊分为单孢型、双孢型和四孢型 3 种类型(图 5 - 28)。单孢型胚囊由 1 个大孢子发育形成,如蓼型胚囊,大多数被子植物的胚囊类型为单孢型胚囊。有些植物的大孢子母细胞在减数分裂的第 1 次分裂后形成细胞壁,产生 2 个单倍体的细胞,其中珠孔端的 1 个退化,另 1 个进行减数分裂的第 2 次分裂,但不进行细胞质分裂,形成具有 2 个单倍体大孢子核的细胞,这种 2 个大孢子核都参加胚囊发育的类型称为双孢型,如葱型胚囊。还有一些植物的大孢子母细胞在减数分裂过程中没有细胞壁的形成,4 个单倍体的大孢子核都参与胚囊的发育,这种由 4 个大孢子核发育形成胚囊的类型称为四孢型胚囊,贝母型胚囊属于这种类型。

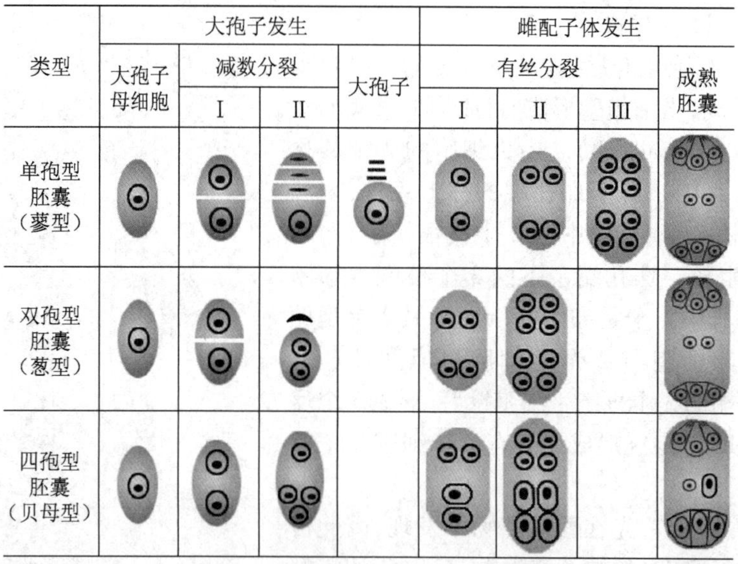

类型	大孢子发生				雌配子体发生			
	大孢子母细胞	减数分裂		大孢子	有丝分裂			成熟胚囊
		Ⅰ	Ⅱ		Ⅰ	Ⅱ	Ⅲ	
单孢型胚囊(蓼型)								
双孢型胚囊(葱型)								
四孢型胚囊(贝母型)								

图 5 - 28　单孢型胚囊、双孢型胚囊与四孢型胚囊发育的模式图

即使是同一种发育类型的胚囊,在细节方面仍有差异。同为蓼型胚囊的发育方式,天麻(*Gastrodia elata*)合点端的 2 个核不再分裂,形成只有 2 个反足细胞的 6 细胞胚囊;拟南芥的 3 个反足细胞很快退化解体,胚囊成熟时只有 4 个细胞;禾本科的 3 个反足细胞继续分裂,形成几十个或上百个反足细胞等。这些变化使胚囊的发育具有更为广泛的多样性。

三、成熟胚囊的结构

大多数植物的雌配子体以蓼型胚囊的方式发育,因此下面以蓼型胚囊为例介绍成熟胚囊的结构。

蓼型胚囊成熟时含有 1 个卵细胞、2 个助细胞、3 个反足细胞和 1 个中央细胞。

1. 卵细胞

卵细胞亦称卵或雌配子，细胞呈洋梨形，幼时细胞器丰富，但随着发育的进行逐渐液泡化，各种细胞器显著减少。与助细胞相比，卵细胞的代谢活动和合成活动相对较弱。受精前，卵细胞中的大液泡位于珠孔端，卵核在合点端（图 5－29）。电镜的观察表明，成熟的卵细胞合点端细胞壁消失或不连续，与中央细胞间仅具 2 层膜的结构，此种结构有助于受精作用的进行（图 5－30）。

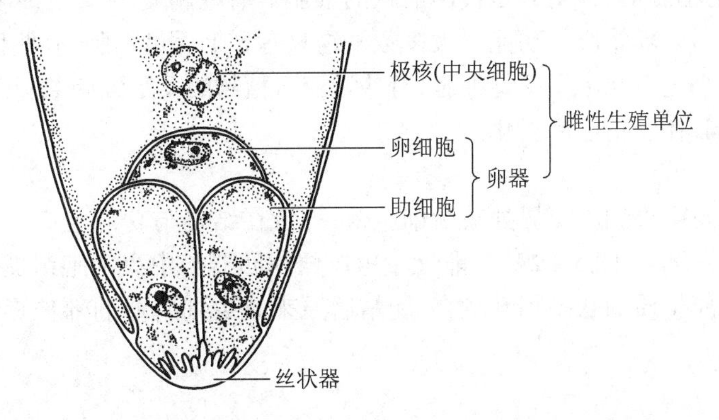

图 5－29　成熟胚囊的雌性生殖单位

2. 助细胞

助细胞在胚囊中是短命的细胞，通常在受精前后解体。助细胞中含有丰富的细胞器，并集中分布在珠孔端，代谢活跃；细胞核位于近珠孔端，液泡在合点端（图 5－29）；成熟助细胞的细胞壁与卵细胞一样在合点端消失。在助细胞的珠孔端有一丝状结构，称丝状器（filiform apparatus），丝状器是珠孔端细胞壁内突生长形成的结构，因而助细胞具有传递细胞的特点（图 5－31）。研究表明，助细胞在受精过程中具有重要的功能，参与包括引导花粉管定向生长、花粉管在雌配子体中的停止生长、花粉管内容物的卸载、精子的迁移和配子融合等多个受精过程的重要环节。

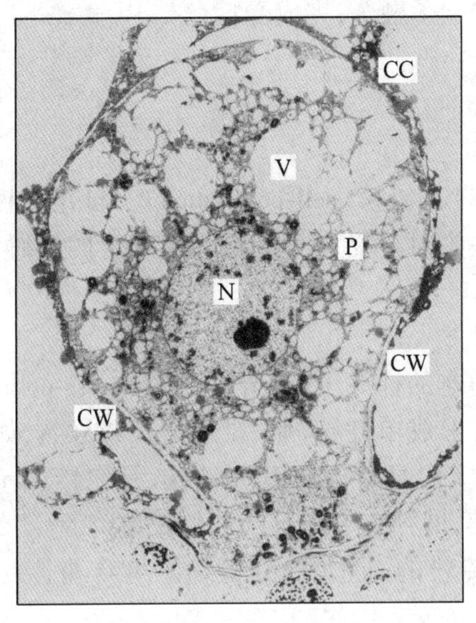

图 5－30　小麦成熟胚囊中的卵细胞（自胡适宜）

N：细胞核；P：质体；V：液泡；CC：中央细胞；CW：细胞壁（卵细胞在珠孔端 1/3 具有细胞壁）

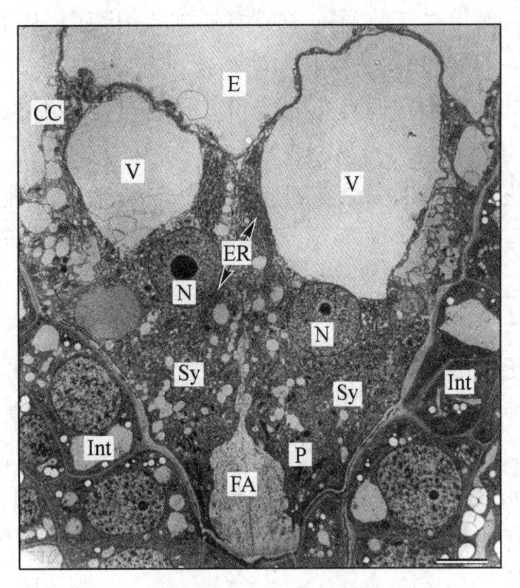

图 5－31　烟草的助细胞（自 Reghavan）

N：细胞核　ER：内质网　E：卵细胞　V：液泡　Sy：助细胞　CC：中央细胞　FA：丝状器　Int：珠被细胞　P：质体

3. 中央细胞

中央细胞是高度液泡化的细胞，在胚囊中体积最大，常有 2 个极核。有些植物的 2 个极核在受精前融为 1 个次生核。中央细胞中含有丰富的细胞器，表明可能有旺盛的合成活动。包围中央细胞的壁常有内突，便于从珠心细胞吸收营养。中央细胞与雌配子体的各种细胞，即卵细胞、助细胞和反足细胞之间通过胞间联丝相互联系，与珠心细胞之间则没有这种联系。

4. 反足细胞

反足细胞有丰富的细胞器，说明其是代谢活跃的细胞。有些植物的反足细胞具有内突生长的细胞壁，表明其有向胚囊转运营养物质的功能。大多数植物只有 3 个反足细胞，有些植物的反足细胞还进一步分裂成多个细胞，如小麦有几十个反足细胞，有些禾亚科植物的反足细胞数目最多可达一百多个。反足细胞也是短命的结构，在受精前后退化。

5. 雌性生殖单位

在卵细胞、助细胞与中央细胞交界处缺少细胞壁，三者在结构与功能上有密切的联系，称雌性生殖单位(female germ unit，FGU)(图 5 - 29)。雌性生殖单位是卵器与中央细胞组成的一个临时结构单位，受精时使雌、雄配子以原生质的状态相互融合，受精后原来缺少细胞壁的部位形成新壁，雌性生殖单位不复存在。

第四节 传粉与受精

当花粉和胚囊或二者之一达到成熟时，花开放，雌、雄蕊露出。花药开裂释放花粉或柱头接受花粉，完成传粉的过程，为雌、雄配子的相遇创造条件。

一、传粉

由花粉囊散出的花粉借助一定的媒介被传送到同一花或另一花的柱头上，称为传粉(pollination)。传粉的作用在于将雄配子传递到雌蕊组织中，从而使雌、雄配子融合，完成受精。

(一) 传粉的方式

自然界中普遍存在的传粉方式是自花传粉与异花传粉。

1. 自花传粉

花粉落到同一朵花或同一植株另一朵花的柱头上，称自花传粉(self-pollination)。自花传粉的植物常具有以下适应性特点：形成两性花；雌、雄蕊同时成熟；柱头对接受自身花粉无生理上的障碍，即自交亲和。

2. 异花传粉

花粉落在同一植株的另一朵花或同种植物不同植株的花的柱头上，称异花传粉(cross-pollination)。异花传粉的植物常以下列方式避免自花传粉：雌、雄异株；形成单性花；雌、雄蕊异长或异熟，如报春花(*Primula malacoides*)的长花柱短花丝花和短花柱长花丝花、向日葵的雄蕊先熟花、马兜铃(*Aristolochia contorta*)的雌蕊先熟花等；柱头对接受自身花粉有生理障碍，即存在自交不亲和的现象。

有些植物是严格自花传粉的，有些植物是严格异花传粉的，但大部分植物既可自花传粉又可异花传粉。

(二) 传粉的媒介

传粉时植物较多借助的媒介是风和昆虫，通常将借助于风力传粉的花称风媒花，借助于昆虫传粉的花称虫媒花。

1. 风媒花

风媒花(anemophilous flower)的花粉散放后随风飘散,随机地落到雌蕊的柱头上。在长期适应风媒传粉的过程中,风媒花形成了下列特征:花小,花被没有鲜艳的颜色甚至退化,可密集成穗状花序、柔荑花序等,常先叶开花;雄蕊花丝细长,开花时花药伸出花外,随风摆动;能产生大量的花粉,花粉粒体积小、质轻、干燥,表面较光滑;雌蕊柱头往往较长,呈羽毛等形状便于接收花粉。

2. 虫媒花

虫媒花(entomophilous flower)以昆虫作为传粉的载体。大多数被子植物的花为虫媒花。在长期适应昆虫传粉的过程中,虫媒花形成了下列特征:花较大并有鲜艳的颜色,若花小则密集形成花序;多数具花蜜和特殊的气味;花粉粒较大,表面形成粗糙的外壁纹饰,并有黏性物质分布,易被昆虫黏附携带。

虫媒花的形态与相应的传粉昆虫的形态及其习性之间的关系是动物与植物在长期的演化中彼此适应、协同演化的结果。特殊的花的形态吸引特定的昆虫类型,如花蜜藏于花冠深处的花常由口器较长的蝶、蛾类传粉,花蜜在外的花由蜂、蝇、甲虫等传粉。虫媒花通过颜色、气味或特殊形状进行广告宣传,使传粉者能够迅速地发现它们;同时以花蜜与花粉为昆虫提供传粉的回报。以花粉作为报酬的植物,一般花粉量相对较大。为了减少有活力花粉的损失,有些植物会产生两种花粉:正常花粉和不育但营养丰富的花粉。

此外,还有利用鸟类作为传粉媒介的鸟媒花(ornithophilous flower)和利用水力传粉的水媒花。

窗口

传粉生物学研究进展

传粉(pollination)是指花粉从花药中散出,借助一定的媒介传送到柱头表面,继而萌发的过程。传粉生物学是研究与传粉事件有关的种种生物学特性及其规律的一门学科,是植物繁殖生态学和进化生物学关注的焦点之一。18世纪后半叶,Kolreuter和Sprengel相继发表了一系列昆虫传粉的文章和著作,标志着传粉生物学的诞生,他们也因此被誉为“传粉生物学之父”。此后尽管传粉生物学的研究出现了两次低谷,但20世纪40年代综合进化论的兴起使传粉生物学重新焕发了生机,在Baker和Grant等的努力下,传粉生物学与进化植物学的研究日趋综合(Lloyd & Barrett,1996)。

当花粉成熟后,植物需要通过花色、花冠形状、气味等性状“打广告”(advertisement)吸引传粉者来访问。20世纪50年代以来,人们对各种各样涉及生物传粉机制的综合特征(传粉综合征)进行了规律性的总结,如产生大量花蜜的红色管状花多由蜂鸟传粉等模式。在长期的进化过程中,植物已经形成了各种适应传粉者访问的花部结构,使得传粉者在访问过程中,既能将携带的花粉传递到柱头上,也能将花药中的花粉散布出去。传粉者不会无偿地为植物提供花粉传递服务,除了兰科植物的欺骗性传粉之外,植物通常都需要给传粉者提供报酬(reward)。花蜜和花粉是最主要的回报物质,此外,植物提供给传粉者的回报可能仅仅是栖息的场所、取暖的温室等。

近年来,传粉生物学的研究集中在传粉生物学与交配系统的融合、泛化传粉与特化传粉系统的争论和对花部性状的重新解释(更加强调花的雄性功能),以及风媒传粉植物的进化等方面。传统上,传粉生物学研究主要关注花的性状怎样影响了传粉者的行为和花粉的传递效率,基本上不关心谁和谁交配;而交配系统的研究忽略了影响交配系统的花部机制,对包括传粉在内的生态学过程没有给予足够的重视。但是,由于植物的交配机会取决于花粉传递,传粉生物学研究对于揭示有花植物交配系统的进化是至关重要的。对基因流研究的重视,有助于传粉生物学和交配系统研究的融合。

大多数植物都是雌雄同花(hermaphrodite,也称为两性花)。传统的观点认为鲜艳美丽的花朵可以吸引昆虫,既能带来花粉使胚珠受精,又能把花粉带给别的植物使它们的胚珠受精。但是,对两性花的这种解释现在看来不太完善。研究表明,植物在花上资源投入的主要目的是为了往外散出花粉,对自己接受花粉(胚珠受精)的影响较小。通常,传粉者访问1次就足以使胚珠受精,而生产出来的花粉如果要完全扩散出去则需要传粉者的多次访问。所以,鲜艳美丽的花朵基本上可以看作是植物的雄性器官。基于这种认识,有越来越多的花部适应性状都从雄性功能的角度被重新赋予了新的、更多的含义。

多数植物与传粉媒介的关系都可以归结为泛化和特化两大类(Johnson & Steiner,2000)。泛化类型的植物,如伞形科植物,其复伞形花序上经常可以发现蜂、蝇、甲虫、蝴蝶等各种类型的昆虫。而特化类型的植物则只有单一的传粉者,如丝兰与丝兰蛾的传粉。长期以来,人们一直认为大多数被子植物的花都由特定类型的传粉者进行特化传粉。但是,分子技术的发展使得这一观点遭受了强劲的挑战。即使是在榕树与榕小蜂这一被认为是高度特化的传粉系统中,研究人员也发现,同一种榕树在同一地点有几种不同的榕小蜂为其传粉,并且这些榕小蜂并非都是姐妹种(Molbo 等,2003)。现在,植物传粉系统的泛化与特化之争非常激烈。

一般认为,风媒传粉植物是从虫媒传粉植物多次独立进化而来的。大约10%的被子植物依赖于风媒传粉。最近一项大尺度的分子系统发育研究分析了风媒传粉植物性状的进化模式,结果发现风媒传粉植物通常不产生花蜜,胚珠数量大多为1,而且在已经进化出单性花或单性个体的谱系中,风媒传粉植物更容易进化(Friedman & Barrett,2008)。进一步研究表明,风媒传粉植物的花粉限制可能不像虫媒传粉植物那样常见,这表明风媒传粉可能是在传粉者稀少的情况下,为了保障繁殖而进化出来的一个衍生性状(Friedman & Barrett,2009)。

参考文献

[1] Friedman J, Barrett S C H. A phylogenetic analysis of the evolution of wind pollination in the angiosperms. International Journal of Plant Science, 2008, 169: 49-58.

[2] Friedman J, Barrett S C H. Wind of change: new insights on the ecology and evolution of pollination and mating in wind-pollinated plants. Annals of Botany, 2009, 103: 1 515-1 527.

[3] Johnson S D, Steiner K E. Generalization versus specialization in plant pollination systems. Trends in Ecology & Evolution, 2000, 15: 140-143.

[4] Lloyd D G, Barrett S C H. Floral Biology. New York: Chapman & Hall, 1996.

[5] Molbo D, Machado C A, Sevenster J G, et al. Cryptic species of fig-pollinating wasps: implications for the evolution of the fig-wasp mutualism, sex allocation, and precision of adaptation. Proceedings of the National Academy of Sciences of the United States of America, 2003, 100: 5 867-5 872.

(张大勇、廖万金 教授 北京师范大学生命科学学院)

二、受精作用

被子植物的受精作用包括花粉在柱头上的萌发、花粉管在雌蕊组织中的生长、花粉管到进入胚珠与胚囊、花粉管中的2个精子分别与卵细胞和中央细胞受精等几阶段。

(一)柱头与花柱的结构

柱头是花粉萌发的场所,也是花粉粒与柱头进行细胞识别的部位之一。柱头表皮细胞呈乳突状、毛状或其他形状,乳突细胞表面有1层亲水的蛋白质薄膜,有黏着花粉和水合花粉的作用,为花粉萌发提供条件;同时柱头对花粉还有识别作用,阻止遗传差异过大或过小的花粉在柱头上萌发。

柱头有湿柱头和干柱头两种类型。湿柱头在传粉时表面有柱头分泌物,含有水分、糖类、脂质、酚类化合物、激素和酶等。这些分泌物由高尔基体产生,最初积聚在细胞壁与角质膜之间,开花时,角质膜被破坏,分泌物溢出,分布在柱头表面。烟草(*Nicotiana tabacum*)、矮牵牛和百合的柱头都属于湿柱头。干柱头在传粉时不产生分泌物。干柱头表面的蛋白质薄膜有亲水性,花粉能通过下层角质层的中断处从细胞内吸水,满足花粉萌发时的需要。拟南芥、棉花、小麦(*Triticum aestivum*)和水稻(*Oryza sativa*)等的柱头属于干柱头。

花柱分为空心花柱和实心花柱两种类型。空心花柱中空,亦称开放型,中央是花柱道,花柱道周围的表皮细胞称为引导组织(transmitting tissue),具有分泌功能。实心花柱亦称闭合型,中央没有花柱道,但有些植物在花柱的中央区域有特殊细胞群组成的引导组织,向上可一直延续到柱头中。引导组织的细胞狭长,排列疏松,在开花时有较大的细胞间隙,其间充满由糖类组成的细胞间基质。

（二）花粉的萌发与花粉管的生长

当花粉粒从花药中释放出来的时候，是经过脱水干燥、代谢上不活跃的结构。花粉粒落到柱头上，其表面的壁蛋白和柱头表膜的蛋白质进行识别反应，亲和的花粉粒能够立即开始从柱头上吸水，恢复原有各种酶的活性并启动各种相应的生化功能，在酶的作用下花粉内壁从萌发孔处向外突出，萌发形成花粉管。花粉管从柱头的细胞壁之间进入柱头，向下生长。不亲和的花粉粒无法从柱头表面吸水，不能萌发；或虽然花粉粒萌发形成了花粉管，但花粉管受到由乳突细胞产生的胼胝质结构的阻挡，不能进入柱头。大多数花粉粒萌发时形成1条花粉管，具多个萌发孔的花粉粒可同时形成多条花粉管，如锦葵科植物，但最终只有1条花粉管能到达胚囊，其余的在中途停止生长。

在空心花柱内，进入花柱的花粉管沿着花柱道，在引导组织分泌的黏液中向下生长，如百合科植物等。在多数具有引导组织的实心花柱中，花粉管在引导组织充满基质的细胞间隙中向下生长，如棉、白菜等；有些实心花柱无明显的引导组织，花粉管在细胞间隙或质膜和细胞壁之间生长，如菠菜、小麦等。

花粉管以顶端生长（tip growth）的方式进行生长。从花粉管的最尖端向后依次将其划分出5个区域：顶端区、亚顶端区、核区、液泡区和胼胝质塞区。顶端区有大量的小泡分布，通过这些小泡与质膜的融合，把细胞壁的前体物质输送到合成细胞壁的位置上，用于新的细胞壁的形成，导致花粉管的生长；在光学显微镜下，顶端区为透明的半球形，亦称透明区。亚顶端区有大量的细胞器分布，包括高尔基体、线粒体、内质网和核糖体等；核区是生殖细胞（或精细胞）及营养细胞所处的区域；后面是大液泡；在液泡的后方不断有胼胝质塞形成。胼胝质塞的形成将前4个区域和后方的花粉管分隔开来，放弃对后方花粉管生命活动的维持，可以减少物质和能量的消耗，保证前方正常的生命活动和生长发育的需要。整个花粉管中存在有大量的微丝和微管，它们都沿花粉管的长轴平行排列，微管横穿花粉管细胞膜下的周质中，但在顶端区，没有微管的分布（图5－32）。

花粉管生长所需的物质与能量在其萌发阶段主要由自身提供，在花粉管生长进入柱头与花柱之后，能够利用雌蕊组织所提供的营养。有些植物不亲和的花粉在柱头上萌发形成花粉管并进入柱头，但花粉管在花柱中的进一步生长受到抑制。

花粉可以在离体的条件下萌发，培养基中需要添加10% ~25%的蔗糖作为能源，一般还需要加点硼，再给予一定的温度和湿度。花粉离体萌发时表现出群体效应。即花粉萌发时，需要一定的量，数量越多，萌发越好；若数量太少，即使条件合适，花粉也不萌发。

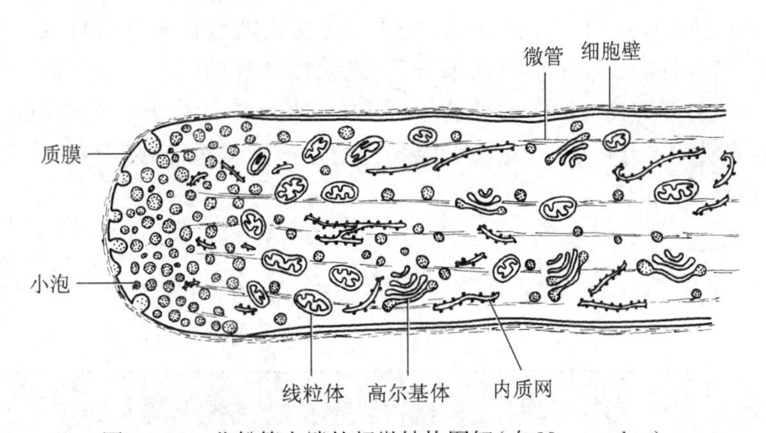

图5－32　花粉管末端的超微结构图解（自 Mascarenhas）

花粉管到达子房后通常沿子房内壁或胎座继续生长至胚珠。大多数植物的花粉管从珠孔进入胚珠，并直接进入在珠孔端的胚囊，这种花粉管进入胚珠的方式称珠孔受精（porogamy）；有些植物，如核桃（*Juglans regia*）的花粉管是从合点端进入胚珠，然后沿珠被继续生长至珠孔端进入胚囊，称合点受精（chalazogamy）；还有少数植物，如南瓜（*Cucurbita moschata*）的花粉管从胚珠的中部进入胚珠，同样沿珠被继续生长至珠孔端进入胚囊，称中部受精（mesogamy）（图 5－33）。拟南芥的引导组织从花柱一直向下延续到假隔膜中，其花粉管在胎座位置离开假隔膜的引导组织，出现在假隔膜的表面，接着沿着珠柄表面向着珠孔生长，到达珠孔后从珠孔进入雌配子体，属珠孔受精的类型。

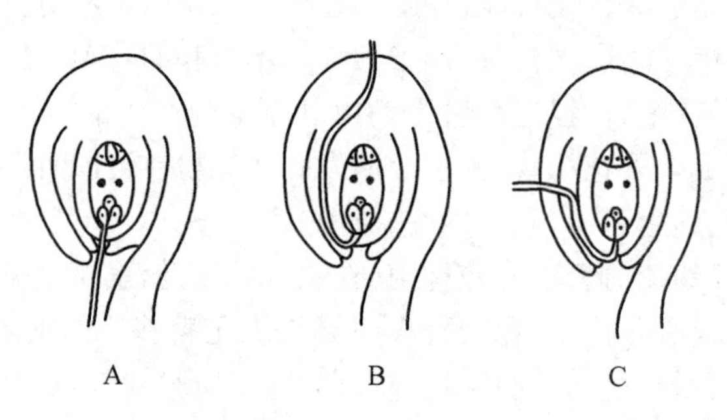

图 5－33　花粉管进入胚珠的方式（自周仪）

A. 珠孔受精　B. 合点受精　C. 中部受精

（三）花粉管导向与内容物释放

花粉管总是能准确地向着胚囊方向生长并最终到达胚囊。关于花粉管生长方向的控制，很早就有人提出向化性物质的观点，认为在雌蕊组织中存在着化学吸引剂，其浓度梯度可能引导着花粉管的正确生长。花粉管导向（pollen tube guidance）的研究发现花粉管生长方向受到雌蕊组织和雌配子体的共同影响，雌蕊组织和雌配子体的结构及两者产生的化学物质在花粉管导向过程中起作用。根据拟南芥的研究，花粉管在柱头和花柱中的生长，方向受到孢子体雌蕊组织的控制，称为孢子体导向；花粉管离开柱头和花柱的引导组织，从胎座出来沿着珠柄表面转向珠孔的生长，方向主要受到雌配子体的控制，称为配子体导向。目前的研究表明，孢子体导向受到由引导组织细胞分泌产生的胞外基质的影响，胞外基质中的某些物质，如富含半胱氨酸的黏附蛋白（stigma-style cysteine-rich adhesin, SCA）和伽马氨基丁酸（γ-aminobutyric acid, GABA）参与了花粉管由顶向基的生长方向的控制；配子体导向的信号可能直接来自于正在正常发育或发育成熟的雌配子体，有证据表明来源于助细胞的化学吸引物或信号分子似乎有吸引花粉管的作用。

到达胚珠后花粉管进入胚囊的途径基本一致，由一个助细胞的丝状器进入。对几种植物的电镜研究发现，在助细胞中，花粉管的末端形成一个小孔，将其中的内容物释放。近来在一种胚珠裸露的植物——蓝猪耳（*Torenia fournieri*）中，人们成功地观察到花粉管内容物的动态释放。蓝猪耳的花粉管进入胚囊后，尖端破裂，内容物爆发性地喷射出来，速度之快以常规的实验手段很难观察到。靠近花粉管的雌配子体细胞和其中的细胞器会因为这种喷射的冲击而发生振动。内容物的释放瞬间触发了助细胞的崩溃，助细胞膜迅速崩解。分析认为，花粉管内容物的迅速积累可能使胚囊内增加了压力，这种压力导致退化的助细胞破裂。

显花植物自交不亲和性分子机制研究进展

自交不亲和性（self-incompatibility, SI）是正常可育的雌雄同花显花植物自花授粉不能产生合子的一种现象。作为一种种内生殖隔离机制，SI 在显花植物避免近亲繁殖保持遗传多样性方面发挥重要作用。自交不亲和性分布非常广泛，涉及大约 320 个科的显花植物。在绝大多数自交不亲和植物中，自交不亲和性是由复等位基因构成的单一位点控制，称为 *S* 位点/基因座。*S* 位点一般包含两类基因：决定花柱识别特异性的花柱 *S* 基因和决定花粉识别特异性的花粉 *S* 基因。不同的花柱 *S* 等位基因与其紧密连锁的花粉 *S* 等位基因构成不同的 *S* 单倍（元）型。当花粉的 *S* 单倍型与雌蕊两个 *S* 单倍型中的一个相同时,花粉被雌蕊识别为“自己”,导致花粉生长受阻的排斥反应,我们称为自己花粉不亲和反应(self-pollen incompatibility,SPI);而与雌蕊具有不同 *S* 单倍型的花粉被识别为“异己”,进而完成整个传粉受精的过程,我们称为异己花粉亲和反应(cross-pollen compatibility,CPC)。

基于花粉识别特异性的遗传决定机制,自交不亲和性可以分为配子体自交不亲和性(gametophytic SI,GSI)和孢子体自交不亲和性(sporophytic SI,SSI)。GSI 的花粉表型由单倍体花粉(即配子体)携带的 *S* 基因型决定,主要研究对象包括茄科、蔷薇科、车前科和罂粟科等植物。SSI 花粉亲和与否的表型则由产生花粉的二倍体亲本(即孢子体)的 *S* 基因型决定,主要以十字花科为研究材料。

近年来,对这些植物自交不亲和性的分子控制机制研究有了显著的进展。有趣的是发现它们的分子机制不尽相同,表明自交不亲和性是多起源的。

茄科、蔷薇科和车前科的植物具有的自交不亲和性分布最为广泛。目前的研究表明它们的花柱和花粉的决定因子分别为花柱特异表达的 S 核酸酶和花粉特异表达的 F-box 蛋白 (SLF/SFB)。虽然这两个基因产物如何作用引发 SPI 和 CPC 反应的机制目前还不是完全清楚,一般认为 SLF/SFB 行使 E3 泛素连接酶的作用,能够特异性地识别并泛素化异己 S 核酸酶,使之进入蛋白质降解途径,而自己 S 核酸酶则会以一种目前还不清楚的方式逃避泛素化,在细胞质中执行细胞毒素的作用,诱发花粉的细胞程序性死亡(PCD)反应,使得花粉管生长停滞(图 5-34)。

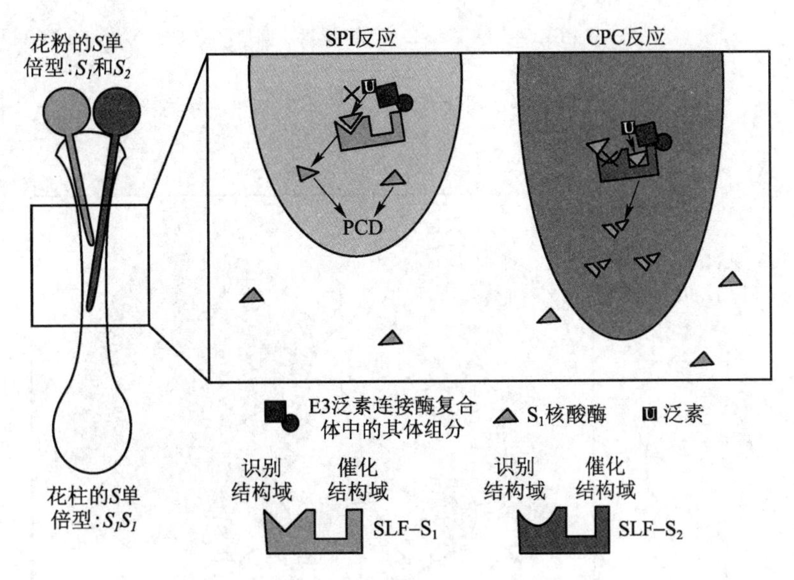

图 5-34 茄科型配子体自交不亲和机制示意图

十字花科植物的花柱和花粉的决定因子分别为 SRK(S-locus receptor kinase)和 SCR(S-locus cysteine-rich protein)。目前的研究表明 SPI 反应发生在花柱乳突细胞与花粉相互作用的水合阶段。当 SCR 与 SRK 来自相同的单倍型时,它们之间的相互作用导致 SRK 胞内区的丝氨酸/苏氨酸蛋白激酶活化,磷酸化 MLPK,后者进一步磷酸化 ARC1,使其发挥依赖 U-Box 结构域的 E3 泛素连接酶的作用,泛素化 Exo70A1 并使其降解。研究表明 Exo70A1 的同源物在酵母和哺乳动物中具有极化胞外分泌的功能。因此,推测 Exo70A1 的降解限制了花粉对水分的获得,从而抑制了不亲和花粉的萌发(图 5-35)。

罂粟科植物虞美人的 *S* 位点编码花柱和花粉的决定因子分别为 PrsS(*Papaver rhoeas* stigma S determinant)和 PrpS(*Papaver rhoeas* pollen S)。花柱因子 PrsS 是一种相对分子质量较小的分泌型亲水性糖蛋白,其功能被认为是行使信号配体的作用。花粉因子为一种定位于花粉管质膜上的跨膜蛋白,相对分子质量约为 20 000。虞美人的 SPI 反应发生在萌动的花粉管与柱头表面之间,当 PrsS 配体蛋白与花粉管质膜上被识别为自己的受体蛋白 PrpS 发生特异性相互作用时,会以一种目前还不清楚的方式引起花粉管胞外 Ca^{2+} 的大量涌入,钙信号的瞬间上调会激活下游 PCD 的信号通路,从而引起花粉管生长受阻,自己花粉最终凋亡脱落(图 5-36)。

植物自交不亲和性不仅是一个非常重要的生物学问题,而且在生产实践上也有非常重要的应用价值,如育种家利用十字花科自交不亲和机制育成了甘蓝型杂交油菜,大幅提高了油菜的产量和品质等。另外,可以利用自交不亲和系杂交制种,省时省工,也可以通过遗传修饰 SI 反应的某些组分,如减少 S 核酸酶的表达可以打破自交不亲和性,为自交不亲和物种的育种提供新的机遇。

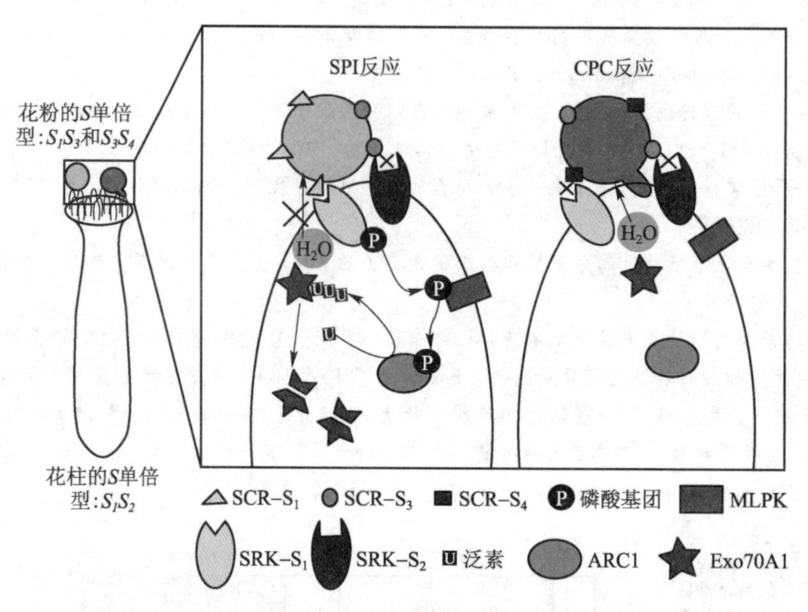

图5-35　十字花科型孢子体自交不亲和机制示意图

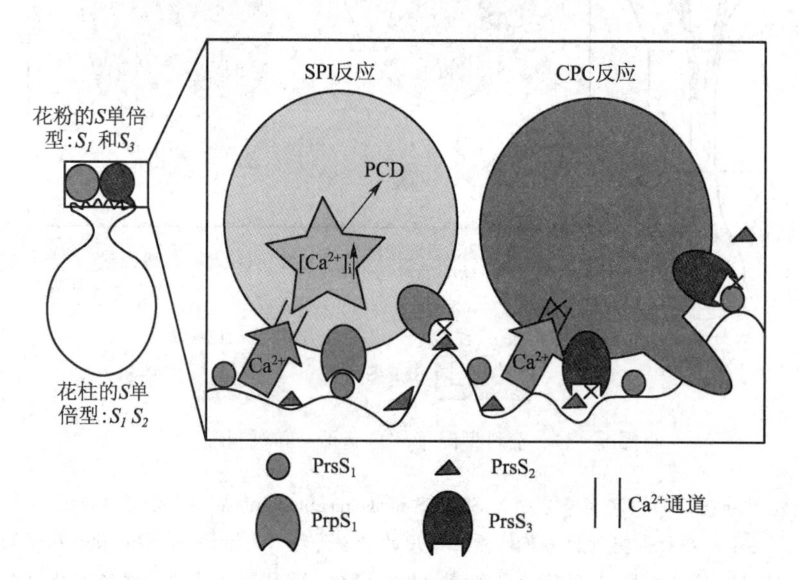

图5-36　罂粟科型配子体自交不亲和机制示意图

参考文献

[1] Zhang Y, Zhao Z, Xue Y. Roles of proteolysis in plant self-incompatibility. Annual Review of Plant Biology, 2009, 60: 21-42.

[2] Tong V E . Self-Incompatibility in Flowering Plants. Heidelberg: Springer, 2008.

[3] de Nettancourt D. Incompatibility and Incongruity in Wild and Cultivated Plants. Heidelberg: Springer, 2001.

[4] Takayama S, Isogai A. Self-incompatibility in plants. Annual Review of Plant Biology, 2005, 56: 467-489.

[5] 张一靖，薛勇彪. 基于S核酸酶的自交不亲和性的分子机制. 植物学通报，2007, 24 (3): 372-388.

（薛勇彪、郭晗、张辉　中国科学院遗传与发育生物学研究所）

（四）双受精

双受精（double fertilization）是指被子植物的雄配子体中释放出来的 1 对精子分别与卵细胞和中央细胞的极核结合的现象（图 5-37）。精子与卵细胞结合形成受精卵，受精卵将来发育成胚；精子与极核结合形成受精极核，受精极核也叫初生胚乳核，将来发育成胚乳。双受精现象是被子植物的重要特征之一。

花粉管在助细胞中释放的内容物包括 1 对精子、营养核和少量细胞质。精子脱离雄性生殖单位，从营养细胞的质膜中出来，以自身的质膜暴露在退化的助细胞中；营养核很快解体。

1 对精子从卵细胞和中央细胞的无细胞壁处分别与卵细胞和中央细胞结合。首先是质膜的融合，1 个精子与卵细胞的质膜接触，另 1 个精子与中央细胞的质膜接触，开始发生在一个位点，然后在数个位点融合，融合的膜逐渐崩解。质膜融合后，精核进入卵细胞或中央细胞；但精子的细胞质是否进入卵细胞，在不同的植物中有不同的情况。在棉和大麦等植物中，精子的细胞质留在解体的助细胞中没有进入卵细胞；在白花丹中，精子的细胞质进入卵细胞；在大麦中，精细胞质虽然没有参与合子融合，但有精子的细胞质进入中央细胞。精子的细胞质是否进入卵细胞关系到父本质体和线粒体的遗传基因能否传递给下一代。在种子植物中，细胞质单亲母系遗传占 80% 左右，双亲遗传约为 20%。

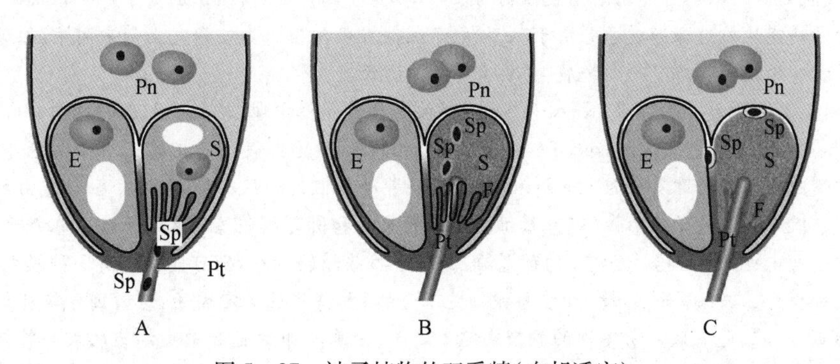

图 5-37　被子植物的双受精（自胡适宜）

A. 花粉管进入助细胞　B. 助细胞退化，花粉管中的精子被释放出　C. 精子分别与中央细胞和卵细胞融合　E：卵细胞　F：丝状器　Pn：极核　Pt：花粉管　S：助细胞　Sp：精子

进入卵细胞中的精核与卵核接触，进行核膜的融合，融合后的新核膜由雌核和雄核的膜共同组成。核膜融合后精子的染色质在卵核中分散，与卵细胞的染色质融合；雄核仁也与雌核仁融合，至此完成受精过程，形成二倍体的合子。同样进入中央细胞的精核与 2 个极核或次生核融合形成初生胚乳核，大多数植物的初生胚乳核是三倍体，但在不同的胚囊发育类型中初生胚乳核的倍性不同，如贝母型胚囊的初生胚乳核是五倍体。

花粉从落到柱头上到雌、雄核融合所经历的时间因植物种类不同而异，短者仅用 10 余分钟，长者可达 1 年以上，如橡胶草（*Taraxacum sativa*）需 15～45 min，水稻、小麦需几个小时，桃、玉米需大约 1 天，栎属（*Quercus*）需 12～14 个月等。

双受精使单倍体的雌、雄配子成为合子，恢复了二倍体的染色体数目，保持了遗传的稳定性；同时使父、母亲本具有差异的遗传物质组合在一起，由此发育的个体有可能形成新的变异，后代的适应性强。在被子植物中胚乳也是经过受精的，多数被子植物的胚乳为三倍体，同样带有父、母亲本的遗传物质，作为新一代植物的胚胎和幼苗发育的养料，能为新生的孢子体提供更好的生长发育条件。

精卵识别

细胞间的识别(recognition)是生物界普遍存在的现象。例如在植物界,嫁接中接穗与砧木之间能否愈合成一体,一种根瘤菌与某种豆科植物之间能否建立共生关系,都是在细胞识别的基础上决定的。

在被子植物受精过程中,花粉－雌蕊之间存在识别,这已是确定的事实,并认识到分别存在于花粉壁(包括外壁和内壁)及柱头表面和花柱中的蛋白质(糖蛋白)是识别的物质基础。花粉与雌蕊之间的反应导致花粉被接受或拒绝,这就是受精的配合前期表现的识别。

亲和性的传粉,花粉被接受并成功地萌发,花粉管生长经花柱到达胚囊,释放出精细胞,进入配子融合阶段。在雌、雄配子之间是否是通过识别而融合的呢?在动物界的答案是肯定的。在动物受精的研究中已证明,雄性与雌性细胞之间相互识别,存在于精细胞与卵细胞表膜的糖蛋白在识别中起着非常重要的作用。在被子植物独特的双受精中,仅一个精细胞与卵细胞融合,而另一个精细胞与中央细胞融合,并导致形成两种产物——胚和胚乳。融合涉及一个花粉管中的一对精细胞,它们哪一个与卵细胞、哪一个与中央细胞融合是预定的还是随机的?这两个精细胞之间是否有分化?由此看来,被子植物性细胞之间的识别可能比动物及植物的低等类群更为复杂。精卵识别是了解受精机制的关键问题,也是当前植物生殖生物学研究的前沿课题。尽管由于雌、雄配子深藏在母体组织内使研究上带来困难,但近十多年来应用细胞生物学和分子生物学的技术取得了一些进展,主要有下列两方面:

第一,精卵识别假说的提出。1987年,Knox和Singh对被子植物受精中雌、雄配子融合的机制提出两种假说,即随机假说(chance hypothesis)和特异受体假说(specific receptor hypothesis)。随机假说意指精子与卵细胞受精是随机结合,并且一个精细胞与卵细胞结合后随即发生阻止多精入卵反应;特异受体假说则认为雌、雄配子融合是由细胞表面的特异识别因子所预定的。在假定存在精子异形性(姊妹精细胞之间的大小和所含细胞器有差异)和倾向受精(即形态不同的姊妹精细胞于卵细胞或与中央细胞融合是预定的)的基础上,作者推导精、卵的识别可能存在有3种模式(图5－38):①无特异性因子而随机结合。②仅“真正”的精子(能与卵细胞结合的)具特异性决定因子,这种因子与卵细胞表膜上的因子相对应(互补)。③两个精细胞表膜具有不同的表膜决定性因子,分别与卵细胞和中央细胞的表面特异性决定因子相对应。其后,Faure(1999)对融合的这3种模型更突出地阐明雄配子表面的组分与雌配子之间的识别在决定随机或特异性结合时的作用。第1种模式,两个雄配子具相同的形态和一样的表面成分;第2种模式,假定两个雄配子的表面组分相同而形态不同(二型性),一个特定的雄配子预定与卵细胞融合;第3种模式,预定性的融合不在于两个雄配子在形态上是否有差异,而决定于它们之间具不同的表面组分,分别与卵细胞和中央细胞表面的组分对应。在最后的一种模式中,多精入卵的阻滞可能是不重要的。

第二,精细胞表膜的特异性蛋白的研究。假设的几种精卵识别模式哪一种是正确的,必须开展性细胞表膜的细胞生物学及分子生物学的研究去判断。前面已提及,被子植物受精的识别首先发生在配合前期花粉与雌蕊组织之间的识别。花粉壁、柱头表面和花柱引导组织存在的蛋白质,特别是糖蛋白与识别有关。从动物和低等植物的大量研究,已确定糖蛋白与配子识别密切相关。因此,研究被子植物精、卵细胞表膜的特异蛋白(包括糖蛋白)对于阐明识别的机制有着重要意义。20世纪90年代以来,在研究精细胞表膜的特异蛋白方面取得一些有意义的成果,下面仅举两例。①用免疫化学方法的研究,发现了阿拉伯半乳糖蛋白(AGP)的单克隆抗体——JIM8可与油菜的精细胞和卵细胞结合,并特异地标记在膜上,但不与中央细胞结合。JIM8也可与拟南芥的精细胞结合。这些结果表明AGP可能在植物的配子识别中起作用。②在大量分离有活性的玉米精细胞的基础上,对其表膜组分进行了一系列的检测实验。用凝集素检测发现,精细胞质膜的确含有多种多糖蛋白的组分。

总的看来,目前已初步认识到被子植物的双受精与动物和低等植物相似,也涉及许多糖蛋白的出现。为了探索配子表膜的物质和识别的机制,近年来一些研究者构建了多个物种的精细胞cDNA文库,期望筛选出与卵细胞识别有关的特异基因。另一方面,建立卵细胞的cDNA文库也在一些植物中成功。雄性和雌性配子cDNA文库的建立,为研究配子识别提供了有利的手段。

参考文献

[1] 胡适宜.被子植物双受精发现100年:回顾与展望.植物学报,1998:1-13.

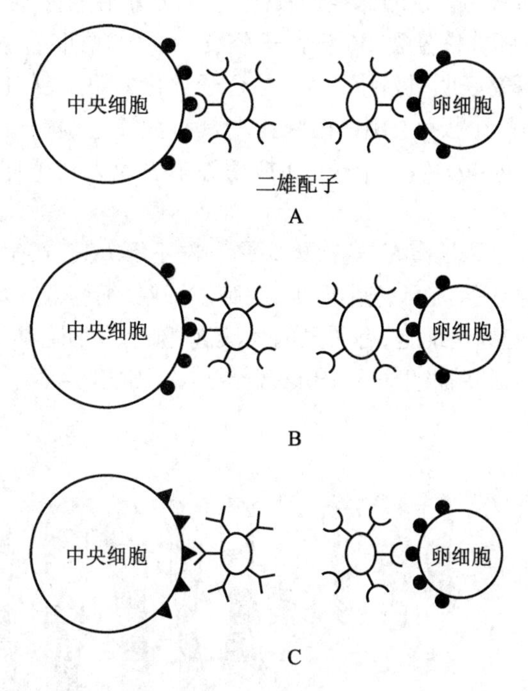

图 5－38　精卵识别的 3 种模型(自 Faure,1999)

A. 融合无预定性。一个雄配子与卵或与中央细胞融合,第一融合后建立的多精入卵的阻滞,迫使另一个雄配子与另一雌配子融合　B. 预定性融合。精子具二型性,一个特定的雄配子首先与卵融合,多精入卵的阻滞迫使另一个雄配子与另一个雌配子融合　C. 预定性融合。二雄配子具不同的表面组分,决定了一个特定的雄配子与卵和另一个中央细胞融合

[2] 徐恒平,曹宗巽. 配子识别//胡适宜,杨弘远. 被子植物受精生物学. 北京:科学出版社, 2002: 159-69.

[3] 彭雄波,孙蒙祥. 被子植物受精作用的分子和细胞生物学机制. 植物学通报, 2007, 24: 355-371.

[4] Faure J F. Double fertilization in flowering plants: origin, mechanisms and new information from in vitro fertilization// Cresti M, et al. Fertilization in Higher Plants, Molecular and Cytological Aspects. Berlin Heidelberg: Springer-Verlag, 1999: 79-89.

(胡适宜　教授　北京大学生命科学学院)

第五节　种子的形成

被子植物受精作用完成后,胚珠发育成种子。种子中的胚由受精卵(合子)发育而成,胚乳由受精极核发育形成,胚珠的珠被发育成种皮,多数情况下珠心细胞退化消失。

一、胚的发育

胚是新一代植物的幼孢子体,由合子发育形成。合子的形成标志着新一轮孢子体的开始,通常将被子植物的合子在胚珠中发育形成胚的过程称为胚胎发生(embryogenesis)。

(一) 双子叶植物胚的发育

1. 合子极性的建立和细胞的不等分裂

胚的发育始于合子(zygote)。双受精后初生胚乳核不经过休眠开始分裂,而合子需经过一段时间的

休眠期才开始细胞分裂。不同植物合子的休眠期长短不一,水稻在传粉后 3 h 初生胚乳核分裂,6 h 合子分裂;棉在传粉后 24 h 初生胚乳核分裂,36 h 合子分裂。在休眠期,合子形成完整的细胞壁,同时进一步建立细胞极性。目前的研究表明,极性的建立是合子分化的第 1 步,这种极性可能在卵细胞中就已产生,因为卵细胞本身就是一个极性细胞,在珠孔端具有大液泡,核分布在合点端。在受精后合子的极性进一步加强,在荠菜(*Capsilia bursqstoris*)和拟南芥中表现为合子伸长,细胞质在细胞的合点端更加集中。

大多数植物的合子第 1 次分裂是横裂,这次横裂是一次不等分裂,产生 2 个大小和命运不同的子细胞。合点端的小细胞称顶细胞,顶细胞液泡小而少,细胞质浓厚,细胞器丰富,将来胚胎的大部分结构来源于这个细胞;珠孔端的大细胞称基细胞,有明显的大液泡,除个别细胞参与胚根发育外,这个细胞的衍生细胞将来发育形成胚柄,成为胚胎发生过程中的营养结构。常以荠菜作为双子叶植物胚胎发育的代表(图 5－39,图 5－40)。

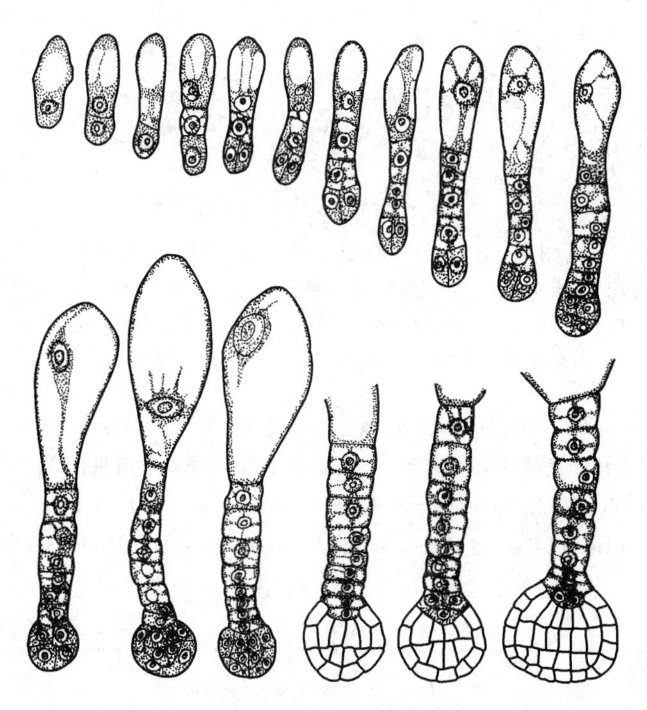

图 5－39　荠菜原胚的发育(自 Macheshwari)

2. 原胚阶段

通常将尚未出现器官分化的胚胎称为原胚(proembryo)。原胚阶段从 2 细胞开始到即将出现子叶原基时止,在这个阶段可以区分出细长的胚柄和球形的胚体(图 5－39)。球形的胚体来自顶细胞,顶细胞经纵裂形成 2 个细胞,这 2 个细胞又进行 1 次与上次分裂面相垂直的纵裂形成 4 个细胞,4 个细胞再横裂形成 8 个细胞的原胚。8 细胞原胚呈上、下 2 层排列,每层 4 个细胞,8 细胞原胚进行 1 次平周分裂,形成内、外各 8 个细胞的 16 个细胞的原胚,外层的 8 个细胞可称为原表皮,内层的 8 个细胞称为基本分生组织。基本分生组织细胞纵裂后形成内、外 2 层,中央的细胞称为原形成层。至此初步建立了胚胎各部分组织的雏形。在上述发育过程中,细胞的数目不断增加,但胚的形状始终为球形,故也称为球形胚阶段。球形胚细胞具有丰富的多聚核糖体、线粒体与质体,蛋白质与核酸的含量高。在顶细胞发育的同时,基细胞进行横裂,形成 1 列细胞构成胚柄。胚柄具有从胚囊和珠心中吸取营养并转运到胚的功能,还有合成赤霉素的功能,对早期的球形胚发育起作用。胚柄最顶端的 1 个细胞进入球形胚,参与胚根的发育。

3. 胚的分化与成熟阶段

当球形的胚体达一定体积时,球形胚的两侧细胞分裂较快,渐渐突起形成了子叶原基,子叶原基的出现使胚呈心形,故称心形胚。心形胚的子叶原基进一步发育伸长,中央区域和近珠孔区域的细胞在分裂的同时纵向伸长,使胚的形状类似鱼雷,称鱼雷胚。鱼雷胚进一步生长发育出现弯曲,以适应荠菜弯生胚珠中的弯曲胚囊,称弯生胚和手杖胚。最后形成了具有胚根、胚芽、胚轴和子叶的成熟胚(图 5-40)。荠菜的成熟胚中积累了丰富的营养物质。

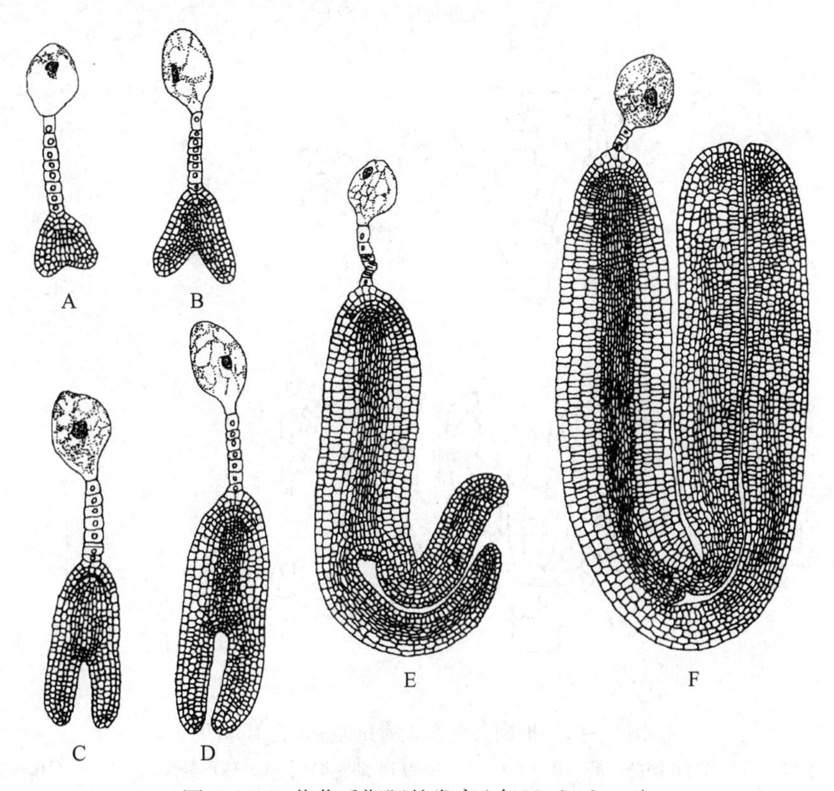

图 5-40 荠菜后期胚的发育(自 Macheshwari)

模式植物拟南芥与荠菜同为十字花科植物,其胚胎发育过程与荠菜类似,但胚胎的细胞数目较少,因此更易于追踪各部分结构的起源(图 5-41)。拟南芥合子休眠后的细胞分裂与荠菜一样,首先是 1 次不等分裂形成顶细胞和基细胞;顶细胞经过 3 次分裂形成上、下 2 层 8 个细胞的球形胚,以后 8 个细胞平周分裂形成 16 个细胞的原胚。研究表明,8 细胞原胚的上层细胞将来形成茎端分生组织、上胚轴和子叶,下层细胞将来形成下胚轴和胚根。在 16 个细胞的原胚阶段,在茎端原表皮下方的细胞首先出现干细胞特异基因的表达信号,说明茎端分生组织的干细胞在胚胎发育的早期已经出现,经过心形胚和鱼雷胚的阶段,茎顶端分生组织已发育出初步具有原套和原体的结构。同样,在 16 个细胞的原胚阶段,下层细胞的内部细胞纵裂,这时在横切面上,下层细胞由外向内的 3 层细胞分别为原表皮、基本分生组织和原形成层。到了早心型胚阶段,胚柄最顶端的细胞进入胚胎,这个细胞被称为胚根原细胞(hypophysis)。在心形胚时期,胚根原细胞进行 1 次横裂,上面的细胞呈双透镜状,是静止中心的原始细胞;下面的细胞经纵裂和横裂后形成根冠中央柱的原始细胞。与此同时,胚根原上方的胚体细胞横裂 1 次形成 2 层细胞,上层细胞进一步发育形成下胚轴,而靠近胚根原的那层细胞形成胚根的原始细胞。

(二)单子叶植物胚的发育

单子叶植物胚的发育与双子叶植物胚的发育基本相同,只是由于只有 1 片子叶原基的形成,因此没有心形胚和鱼雷胚的阶段,当子叶原基出现时,整个胚胎呈棒状。

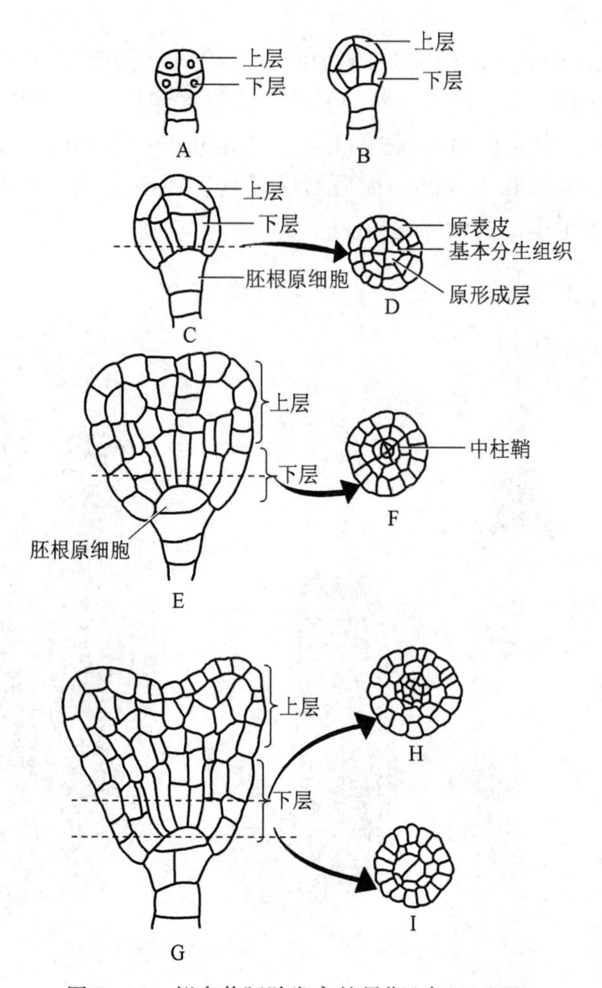

图 5－41 拟南芥胚胎发育的早期(自 Howell)

A. 分上、下 2 层的 8 细胞原胚 B. 分上、下 2 层的 16 细胞原胚 C. 球形胚阶段 D. C 图虚线处的横切 E. 早心形胚阶段 F. E 图虚线处的横切 G. 早心形胚阶段 H,I. G 图虚线处的横切

禾本科植物的胚胎发育与上述单、双子叶植物差异较大,合子的第 1 次分裂是斜向的,形成 1 个顶细胞和 1 个基细胞;以后这 2 个细胞分裂数次形成棒状胚;在棒状胚的一侧出现 1 个小的凹刻,此处的细胞生长慢,其上方的细胞生长快,后来形成了盾片(子叶);在以后的发育中,凹刻处分化形成了胚芽和胚芽鞘,下部中间分化出胚根和胚根鞘(图 5－42)。

二、胚乳

初生胚乳核一般不经休眠即开始分裂和发育,因此胚乳发育常常先于胚胎。胚乳的发育方式分为核型、细胞型和沼生目型 3 种类型。

(一) 核型胚乳

核型胚乳(nuclear endosperm)是被子植物中较为普遍的胚乳发育形式。初生胚乳核的分裂及其以后的分裂不伴随细胞壁的形成,这样形成了大量的游离核(图 5－43)。游离核增殖的方式主要是有丝分裂,在分裂旺盛时也会进行无丝分裂。在游离核分裂的过程中,胚囊的体积进一步扩大,大液泡占据了胚囊的中央,而胚乳游离核在胚囊周围的细胞质中成层排列,当胚囊中游离核达到一定数量时,各核之间开始出现细胞壁,形成胚乳细胞。细胞的形成一般从珠孔端向合点端、从周缘向中央进行。当游离核向细胞转变时,在胚囊的周缘出现向内自由生长的细胞壁,这种壁常有分支,分支的末端连接,形成了一个个细胞。

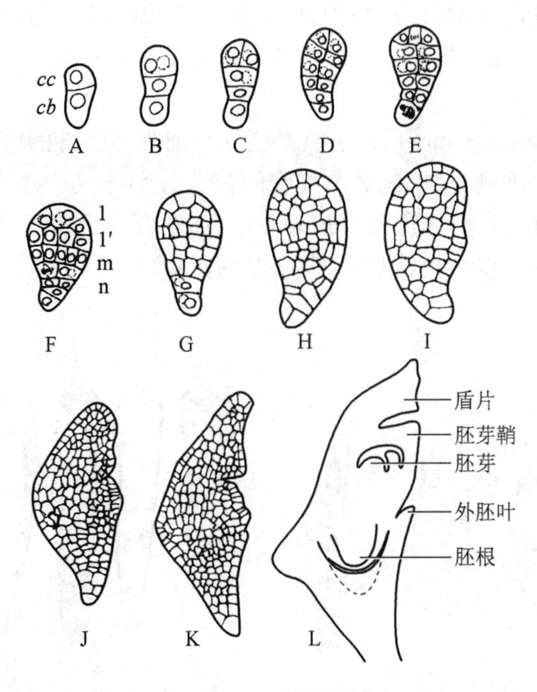

图 5-42 早熟禾(*Poa annua*)胚胎的发育(自 Maheshiwari)

A. 受精卵横裂形成顶细胞(*cc*)和基细胞(*cb*) B. 基细胞横裂 C. 顶细胞纵裂形成四分体 D~F. 四分体已形成 l 和 l′ 2 层细胞 G~L. 胚芽鞘与盾片来自于 l 和 l′层的细胞,m 层发展成苗端、根端及部分胚芽鞘,n 层产生根冠、胚芽鞘和外胚叶

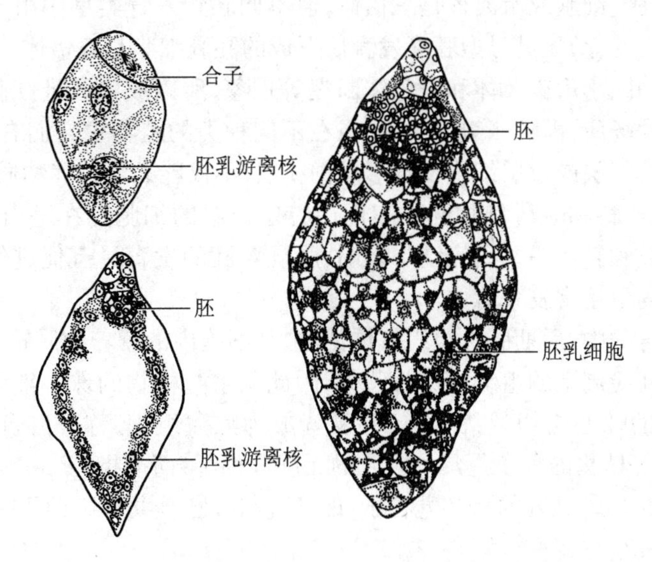

图 5-43 印度铁苋菜(*Acalypha indica*)核型胚乳的发育过程

形成细胞壁时游离核的数目因植物种类不同而不同。还阳参属(*Grepis*)在 8 核和 16 核时有细胞壁形成;小麦在胚乳游离核为 100 个左右时开始形成细胞壁;棉属胚乳游离核达上千个时才产生细胞壁。大多数植物的游离核全部形成胚乳细胞,但有些植物只在胚胎的周围形成胚乳细胞,如三裂叶菜豆(*Phaseolus trilobatus*);或在胚囊的周围形成胚乳细胞,中央区仍为游离核状态,如椰子(*Cocos nucifera*)。

在胚乳发育的后期,细胞中积累淀粉、蛋白质、脂肪等营养物质。

(二) 细胞型胚乳

细胞型胚乳(cellular endosperm)在发育过程中不经过游离核时期,初生胚乳核的第1次分裂以及其后的分裂自始至终都伴随着细胞壁的形成。合瓣花类植物的胚乳多是以这种方式发育(图5-44)。

(三) 沼生目型胚乳

沼生目型胚乳(helobial endosperm)是介于核型胚乳与细胞型胚乳的中间发育类型。初生胚乳核的第1次分裂为横裂,形成2个细胞,根据这2个细胞的位置分别称其为合点室和珠孔室。珠孔室较大,进一步的发育与核型胚乳相同,进行多次游离核分裂后,在发育的后期形成细胞壁。在合点室游离核不分裂或进行少数几次分裂,始终以游离核状态存在,成为吸器(图5-44)。单子叶植物泽泻亚纲的植物以沼生目型胚乳的方式发育。

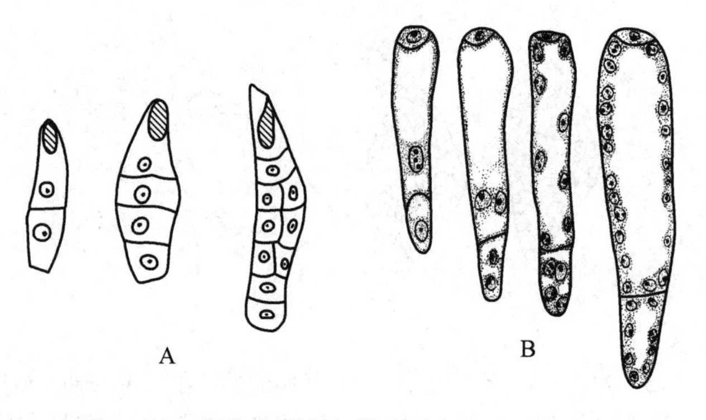

图5-44　胚乳的发育与类型(自 Maheshiwari)

A. *Villarsia reniformis* 细胞型胚乳的发育过程　B. 喜马独尾(*Eremutus himalaicus*)沼生目型胚乳的发育过程

大多数被子植物的胚乳细胞或游离核是三倍体,但不同胚囊发育类型中由于参与融合的极核数不同而使胚乳细胞的倍性有变化,如贝母型胚囊发育后形成的胚乳细胞是五倍体。同时,由于胚乳核分裂时存在核内复制、核的合并、落后染色体和染色体断裂等现象,所以成熟胚乳细胞的倍性十分复杂。虽然胚乳是营养物质贮藏的场所,由贮藏组织构成,但在不同种类的植物中它们有不同形式的分化现象。如禾本科植物胚乳表面的1层或数层细胞发育形成糊粉层,不仅能贮藏营养物质,还能分泌酶使胚乳组织中的营养物质分解;禾本科和豆科植物胚乳表面层特定位置的细胞存在壁内突,具有传递细胞的功能。离体胚胎培养的研究和其他一些研究结果表明,胚乳对胚的发育具有促进作用,人工杂交育种时,杂种胚的败育常与胚乳的不正常发育有关。

无胚乳种子在胚发育的中、后期胚乳组织解体消失,其细胞内的营养物质转运到胚胎中。

胚和胚乳发育要从胚囊周围的组织中吸收营养,因此大多数植物的珠心细胞在营养物质消耗殆尽后解体消失。少数植物的珠心组织始终存在,并发育成为贮藏组织,称外胚乳(prosembryum)。甜菜(*Beta vulgaris* L.)、石竹等植物的种子是具外胚乳的无胚乳种子;而胡椒(*Piper nigrum* L.)、姜(*Zingiber officinale*)等植物的种子是具外胚乳的有胚乳种子,即胚乳与外胚乳共存于种子中。

三、种皮的形成

在胚与胚乳发育的同时,胚珠增大,珠被发育成种皮,珠孔形成种孔,倒生胚珠的珠柄与外珠被的愈合处形成种脊。种皮在不同的植物中适应不同的保护与传播功能,因此由珠被变成种皮的发育情况各有不同,种皮的结构和特点也各有不同。有些植物的2层珠被都发育形成种皮,分别称为外种皮和内种皮,在成熟种子中可以分辨(图5-45),如蔷薇科植物。有些植物的内珠被退化消失,外珠被则高度分化,发育出具有加厚壁的栅栏组织层细胞,如豆科植物。还有些植物的珠被退化成单层细胞或只留下残片,由果皮起保护作用,如禾本科植物。有些植物可以从胚珠基部向外突起,发育出包裹在种子外面的肉质结构,称假种皮(aril),如荔枝(*Litch chinensis*)的可食部分;如果这种肉质的结构仅限于种子的基部或顶部时,称为种阜。

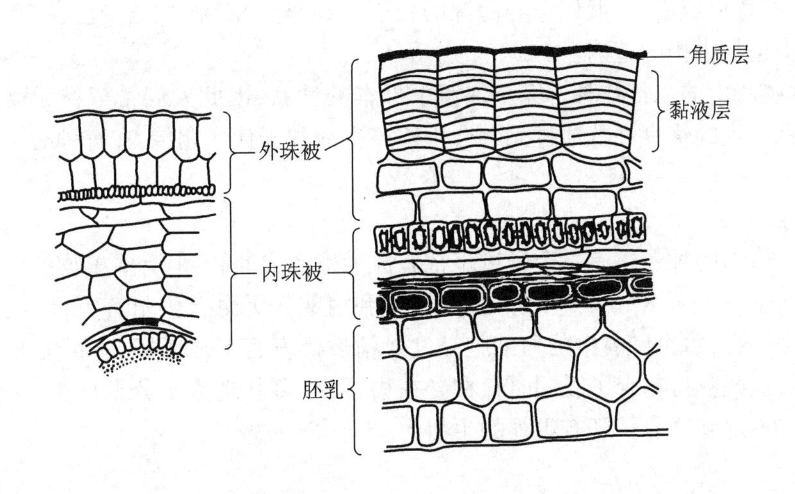

图5-45 亚麻(*Linum usitatissimum*)的种皮发育(自Hayward,1938)

四、无融合生殖与多胚现象

无融合生殖(apomixis)是20世纪初提出的概念,至今对其包括的范围仍有不同的看法,对无融合生殖的定义也各有不同。目前普遍接受的观点认为,无融合生殖是植物不经过受精即可得到种子的自然现象,包括减数胚囊的无融合生殖、未减数胚囊的无融合生殖以及不定胚的生殖。

(一)减数胚囊的无融合生殖

减数胚囊的无融合生殖发生在正常发育的胚囊中。胚囊的发育与正常植物一样,大孢子母细胞进行减数分裂形成大孢子,大孢子进一步发育形成成熟胚囊,成熟胚囊中具有单倍体的卵细胞、助细胞和反足细胞。这个正常发育的胚囊中的卵细胞不经受精发育成单倍体的胚,称单倍体孤雌生殖(haploid parthenogenesis);助细胞或反足细胞直接发育形成胚,称单倍体无配子生殖(haploid apogamy)。减数胚囊的无融合生殖在自然状态下发生频率极低,远缘杂交会诱导孤雌生殖,孤雌生殖与无配子生殖所产生的单倍体个体是不育的,但经人工染色体加倍后得到能育的纯合二倍体植物。

相对于孤雌生殖,雄核也会发育形成单倍体的个体,称雄核发育(androgenesis)。雄核发育是指精子的核进入卵细胞后,卵核消失,雄核单独发育为新个体。有关雄核发育的报道是经过杂交或其他方法处理后发现的。

(二)未减数胚囊的无融合生殖

未减数胚囊的无融合生殖发生在二倍体胚囊中。二倍体胚囊以下列方式产生:①由于大孢子发生出现异常形成二倍体的大孢子,称二倍体孢子生殖(diplospory)。有些植物的大孢子母细胞没有进行减数分裂,而是通过有丝分裂形成二倍体的大孢子或直接形成二倍体的大孢子;还有些植物的大孢子母细胞进行不正常的减数分裂产生二倍体的大孢子。由这些二倍体的大孢子进一步发育形成二倍体的胚囊。一般认为这两种胚囊中的卵细胞和中央细胞可以不经过受精自发分裂产生胚和胚乳,因此胚乳与母本植物有相同的染色体倍数。②珠心细胞可以直接发育形成二倍体的胚囊,这个过程由于没有孢子的形成,又称无孢子生殖(apospory)。无孢子生殖的卵细胞可以直接发育形成胚,但中央细胞的核需要经过受精才能形成胚乳。现在已在禾本科、菊科等十几个科中发现了未减数胚囊中发生的无融合生殖。在未减数胚囊中，胚一般是从二倍体卵细胞发育，因此称为二倍体孤雌生殖(diploid parthenogenesis)。

(三) 不定胚

不定胚(adventitious embryony)所形成的种子不经过胚囊的途径。由胚囊外面的珠心或珠被的细胞经过有丝分裂直接发育形成胚，一般以珠心起源的较多。在被子植物中，至少已在20个科中发现有不定胚现象，在柑橘类植物中极为普遍。

由于无融合生殖产生的二倍体种子完全保留了母本的性状，因此人们希望将无融合生殖的现象引入杂种一代，使杂种一代的优良性状通过无融合生殖产生的种子代代相传，在育种时可节省大量的人力和物力。

(四) 多胚现象

一般来说，被子植物的种子内有1个经过正常有性生殖形成的胚，但有些植物的种子中有1个以上的胚，即多胚现象(polyembryony)。产生多胚的原因常和植物的无融合生殖有关，但也可能是其他的原因，如胚珠中有多个胚囊，每个胚囊中的卵细胞经过受精后都发育形成了胚；也可能是受精卵分裂或幼胚裂生而形成多胚，这些胚可与合子胚同时存在。在柑橘中，多胚现象十分常见，大多为珠心细胞发育形成的不定胚，这些不定胚比合子胚有更强的生活力。

第六节　果　　实

受精以后，被子植物的子房(或心皮)发育形成果实(fruit)。一些植物的果实仅由子房发育；还有一些植物除心皮以外的其他部分，如花梗、花托、花萼、花序轴等会参与果实的形成。果实是种子在其中发育并有助于种子传播的器官，因植物种类的不同在大小、形态和结构上千变万化。

一、果实的结构与发育

果实由果皮(pericarp)和种子组成，种子包藏在果皮之内。在仅由子房发育形成的果实中，果皮由子房壁发育。果皮可分为3层：外果皮(exocarp)、中果皮(mesocarp)和内果皮 (endocarp)，3层果皮的分界是人为划分的，与各层的个体发育并无确定的关系。有些植物的3层果皮分层比较明显，如桃、杏等核果类的果实；许多植物果皮的分层则不明显，在拟南芥中，习惯将子房的外表皮称为外果皮，内表皮及内表皮下层称为内果皮，中间的3层绿色组织称为中果皮。

果实的形成一般与受精作用有关，受精后种子的正常发育对果实的生长起促进作用，种子败育或发育不良时，果实不能正常发育。子房在受精后体积明显增加，早期阶段体积的增加是由于子房壁细胞的活跃分裂；后期体积的增加源于细胞体积的增大。干果(如拟南芥)在子房受精后形成长角果的过程中，子房壁各层细胞持续分裂，主要是横裂和径向纵裂，因此细胞层数保持不变；在细胞数目增加的同时细胞体积扩大，子房长度可达受精前的2倍；至角果成熟时，果实变黄，中果皮细胞逐渐失水干燥，内表皮细胞解体，内表皮下层的细胞木质化。这种木质化被认为可能会产生机械张力，与种子的释放有关。肉果(如番茄)伴随子房体积的增加，呼吸、激素的代谢以及各种养分的合成、运输和分配等都会有明显的改变。在番茄果实生长的早期阶段，果皮和胎座的细胞大量增殖；后期细胞分裂停止，仅体积扩大，同时伴随生长素积累的高峰，并不断积累有机物。肉质果实停止生长后，细胞发生一系列的生理、生化变化，为果实成熟(ripening)的过程。在这个过程中，果实的色、香、味及质地都发生了转变。如细胞内的淀粉转化为可溶性糖，有机酸含量下降；单宁等被氧化，使果实由酸、涩变甜；叶绿体中的叶绿素逐渐解体，类胡萝卜素显出或液泡中出现花色素，使果实呈现鲜艳的颜色；一些挥发性脂质的形成使果实具有香气;胞间层的果胶转变为可溶性果胶,细胞中的淀粉粒消失使果实变软等。果实自身产生的乙烯或外源的乙烯都能诱导肉质果实的成熟过程。

有些植物的子房可以在未经过受精的情况下生长发育,这种现象称单性结实(parthenocarpy)。单性结实的果实内没有种子,这种果实称无籽果实。单性结实分为自发单性结实(autonomous parthenocarpy)和诱导单性结实(induced parthenocarpy),前者指在自然条件下发生的单性结实,如香蕉(*Musa nana*)、菠萝(*Ananas comosus*)、柿以及某些品种的葡萄、柑橘等的无籽果实;后者是通过人工施加诱导剂处理后发生的单性结实,如用生长素或马铃薯(*Solannum tuberosum*)花粉刺激番茄柱头,诱导番茄产生无籽果实。

二、果实的类型

不同植物的果实在大小、形态、结构和质地上千差万别,为了研究和生活的方便,人们对果实有不同的分类方法。

(一) 根据果实的来源分类

根据是否有子房以外的结构参与果实的形成,将果实分为真果(true fruit)和假果(spurious fruit)两大类。真果指仅由子房发育而成的果实;假果是指子房以外的其他结构,如花托、花萼、花序轴等参与形成的果实。

(二) 根据心皮与花部的关系分类

单心皮雌蕊和合生心皮雌蕊所形成的果实为单果(simple fruit)。离生雌蕊的每 1 枚雌蕊形成 1 个小果,这样 1 朵花内有多枚小果聚合而成,称聚合果(multiple fruit),如草莓(*Fragania ananassa*)、牡丹(*Paeonia suffruticosa*)、八角(*Illicium verum*)等的果实。有些植物的整个花序一同发育形成果实,称聚花果(collective fruit),也称复果(multiple fruit),如菠萝、无花果、桑(*Morus alba*)的等果实(图 5-46)。

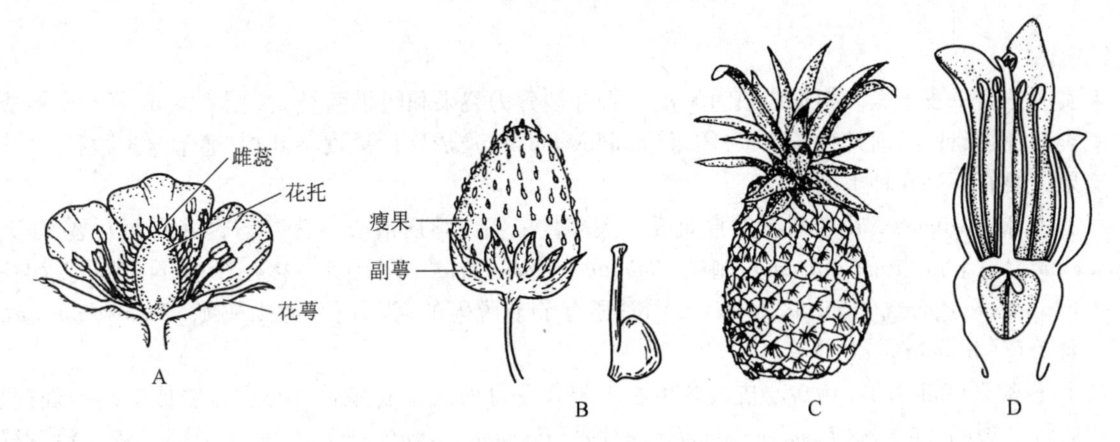

图 5-46 聚合果与聚花果

A. 草莓的花 B. 草莓的聚合果 C. 菠萝的聚花果 D. 菠萝 1 朵花的纵剖

(三) 根据果实成熟时果皮的性质分类

按果实成熟时果皮性质的不同,分为肉果(fleshy fruit)和干果(dry fruit)两大类。

1. 肉果

肉果成熟时果皮肉质化,常肥厚多汁。根据果皮的来源与性质不同,又分为以下几种类型。

(1) 浆果(berry) 由 1 枚或几枚心皮形成的果实,果皮除表面几层细胞外都肉质化,内含多枚种子,如葡萄、番茄、柿等。在番茄中,除中果皮与内果皮肉质化外,胎座也肉质化。

葫芦科植物的浆果，果实的肉质部分是由子房和花托共同发育而成的，特称瓠果（pepo），属于假果，如黄瓜、冬瓜（*Benincasa hispida*）、西瓜（*Citrullus lanatus*）等。冬瓜的可食部分是果皮；西瓜的可食部分主要是胎座。

柑橘类的果实也是一种浆果，特称柑果（hesperidium）或橙果，是由多心皮具中轴胎座的子房发育而成的。其外果皮革质，有很多油囊分布；中果皮髓质疏松，有维管束分布；内果皮膜质，分为数室，室内生有多个汁囊。汁囊是子房内表皮上形成的表皮附属物，为多细胞的棒状结构，具有细长的柄，是柑果的可食部分。橘（*Citrus reticulata*）、柚（*Citrus grandis*）、柠檬（*Citrus limon*）等的果实都是柑果，橘的中果皮退化，仅余维管束，即所谓"橘络"，故其外果皮易于剥离；柑、柚等的中果皮不呈退化状态，故外果皮不易剥离。

（2）核果（drupe）　通常由单雌蕊发育而成，内含 1 枚种子。成熟的核果果皮明显分为 3 层：外果皮较薄，中果皮肉质多汁，内果皮木质化、坚硬，如桃、杏（*Prunus armenica*）、梅等。

（3）梨果（pome）　形成梨果的植物子房下位，花托与子房愈合没有明显的界线，属于假果。梨果的花托亦称托杯（hypanthium），在果实形成时，托杯膨大成为主要的可食部分。子房壁也肉质化，花托与外果皮、中果皮结合形成连续的肉质可食部分，内果皮木质化稍硬，如苹果、梨等（图 5－47）。

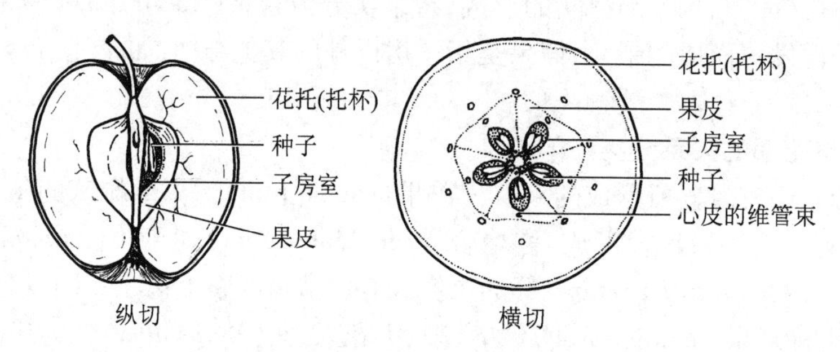

图 5－47　梨果（苹果）的结构

2. 干果

果实成熟后果皮干燥。根据成熟时果皮是否开裂分为裂果和闭果两类。裂果（dehiscent fruit）成熟后果皮裂开，散出种子，通常种子多枚；闭果（indehiscent fruit）成熟后果皮不开裂，通常含 1 枚种子。

裂果主要有下列几种类型。

（1）荚果（legume）　由单雌蕊发育而成。大多数果实成熟后沿心皮背缝与腹缝两面开裂，如大豆（*Glycine max*）、豌豆（*Pisum sativum*）、刺槐（*Robinia pseudoacacia*）等（图 5－48）；少数不开裂的，如花生（*Arachis hypogaea*）、合欢（*Albizzia julibrissin*）等；还有节节脱落的，为节荚，如山蚂蟥（*Desmodium dicotomum*）、含羞草（*Mimosa pudica*）等。

（2）蓇葖果（follicle）　由单心皮或离生心皮雌蕊发育而成。成熟后沿心皮背缝或腹缝一面开裂。沿心皮腹缝开裂的，如梧桐（*Firmiana simplex*）、牡丹（*Paeonia suffruticosa*）、八角等（图 5－49）；沿背缝开裂的，如玉兰等。

（3）蒴果（capsule）　由合生心皮的复雌蕊发育形成的果实，子房 1 室或多室，每室多枚种子。成熟果实具有多种开裂方式。沿心皮背缝纵裂为室背开裂，如棉、紫花地丁（*Viola philippica*）等；沿心皮腹缝纵裂为室间开裂，这种开裂方式在相邻 2 枚心皮结合而成的子房隔膜处分开，如明开夜合（*Euonymus alatus*）；沿子房室隔处开裂且种子附于中轴上为室轴开裂，如曼陀罗（*Datura stramonium*）；子房各室上方形成小孔而种子由小孔散放称孔裂，如罂粟（*Papaver somniferum*）；沿果实上部或中部横裂称周裂或盖裂，如马齿苋（*Portulaca oleracea*）（图 5－50）。

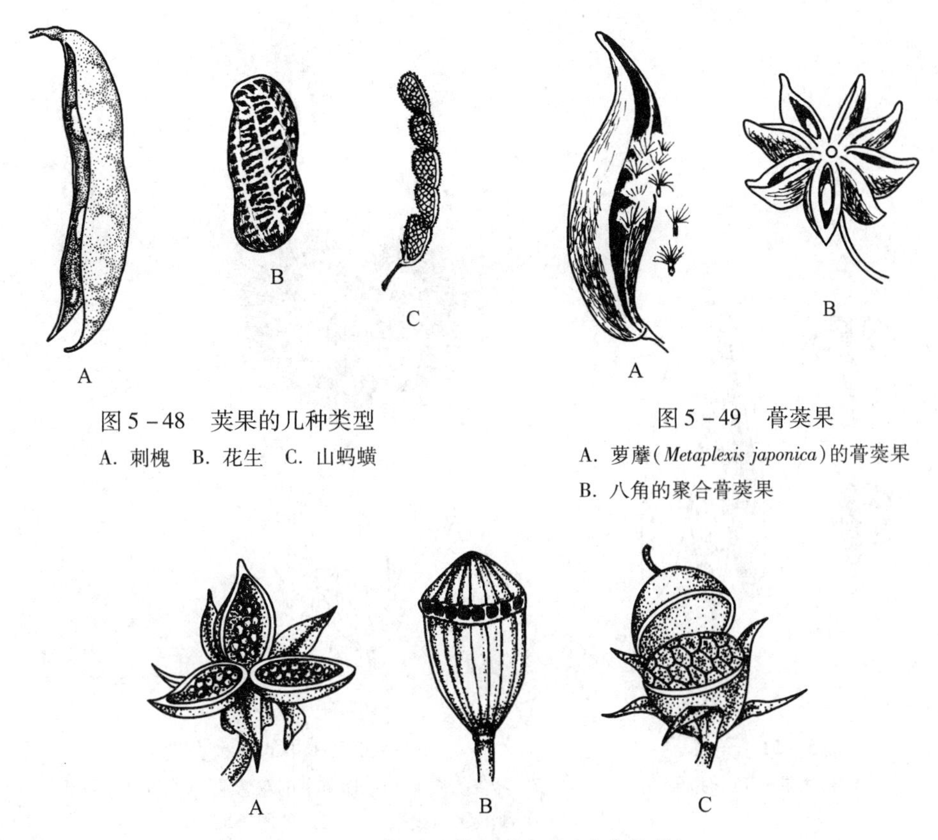

图 5－48　荚果的几种类型

A. 刺槐　B. 花生　C. 山蚂蟥

图 5－49　蓇葖果

A. 萝藦(*Metaplexis japonica*)的蓇葖果

B. 八角的聚合蓇葖果

图 5－50　蒴果及其开裂方式(自高信曾)

A. 纵裂　B. 孔裂　C. 横裂

(4) 角果　由 2 心皮的雌蕊发育形成。2 心皮边缘愈合,侧膜胎座,从边缘胎座处向子房室发育出一个假隔膜,将子房分成假 2 室。果实成熟后,果皮由基部向上沿 2 腹缝裂开成 2 片脱落,只留假隔膜,种子附于假隔膜上。十字花科的植物具有角果,细长的角果称长角果(silique),如拟南芥、白菜、萝卜等;等径的角果称短角果(silicle),如荠菜 (图 5－51)。

闭果主要有以下几种类型(图 5－52)。

(1) 瘦果(achene)　由 1 枚或数枚心皮形成的小型闭果,含 1 枚种子,果皮坚硬,果皮与种皮易于分离。如白头翁(*Pusatilla chinenses*)的瘦果 1 心皮;向日葵的瘦果 2 心皮;荞麦的瘦果 3 心皮等。

(2) 翅果(samara)　与瘦果类似,但果皮延展呈翅状,有利于随风传播。根据翅的数目不同分为单翅果和双翅果,前者如枫杨(*Pterocarya stenoptera*)、白蜡树(*Fraxinus pennsylvanica*);后者如平基槭(*Acer truncatum*)。

(3) 坚果(nut)　果皮木质坚硬,含 1 枚种子,成熟果实多包在花序的总苞中,总苞亦称壳斗,如栎属(*Quercus*)、栗属(*Castania*)和榛属等。

(4) 颖果(caryopsis)　成熟时果皮与种皮愈合的果实,如玉米、小麦、水稻等禾本科植物的果实。

(5) 双悬果(cremocarp)　由 2 心皮下位子房发育而成,成熟后心皮分离成 2 瓣,并列悬挂在中央果柄的上端,种子仍包于心皮内,如胡萝卜(*Daucus carota*)、小茴香(*Foeniculum vulgare*)等伞形科植物的果实。

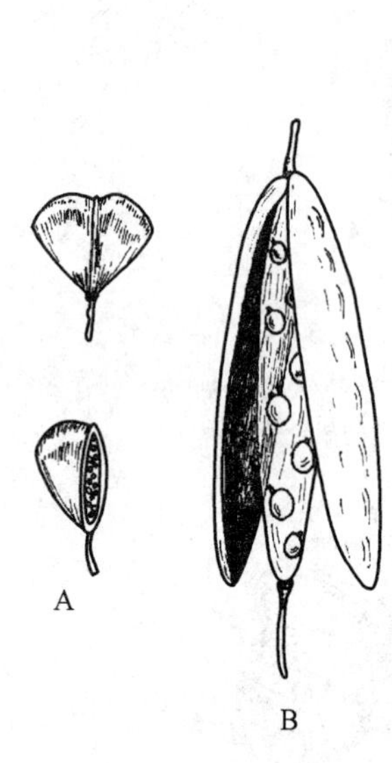

图 5－51 角果

A. 短角果 B. 长角果

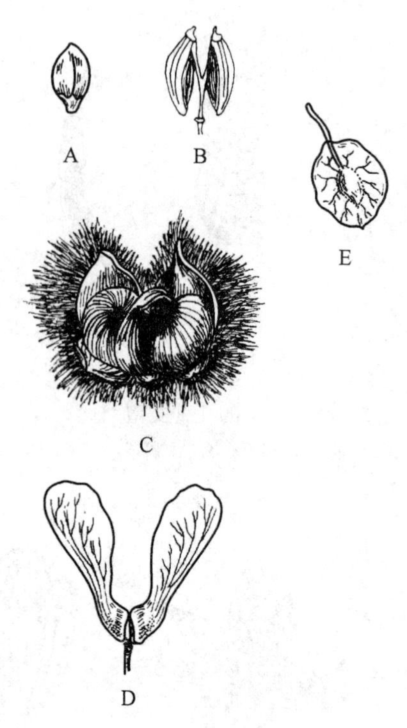

图 5－52 闭果的几种类型

A. 荞麦的瘦果 B. 胡萝卜的双悬果 C. 板栗的坚果 D. 槭树的双翅果 E. 榆树的周翅果

三、果实和种子植物的传播

植物的果实和种子在长期的演化过程中,形成了适应不同传播方式的多种形态特征。被子植物的种子包在由子房等结构形成的果实中,果皮往往特化形成一些特殊结构有助于种子的散放与传播;没有果实形成的裸子植物在种子上形成促进传播的结构,如松属一些植物的种皮延伸形成翅,能被风力传送。植物的种子和果实常以下列几种方式传播。

(一) 以果实自身的机械力量传播

有些植物的果实借开裂时所产生的机械力量使种子传播,如大豆、油菜、凤仙花(*Impatiens balsamina*)等。这类植物果皮的各部分结构和含水量不同,果实成熟干燥时,各部分不均衡收缩使果皮爆裂将种子弹出。这种传播方式种子传播的范围较小,仅限于植株附近。

(二) 适应人及动物的传播

有些植物的果实外生有倒钩刺或有黏液,能附着在人的衣服上或动物的皮毛上,通过人类和动物的活动把种子散布到较远的地方,如鬼针草(*Bidens bipinnata*)、苍耳(*Xanthium sibiricum*)、窃衣(*Torilis japonica*)、丹参(*Salvia miltiorrhiza*)等。肉果类果实是鸟、兽等动物喜爱的食物,果实被动物吞食后,果皮被消化吸收,而种子由于有坚硬的种皮保护而未被消化,随动物的粪便排出体外,散落各处。人类在食用肉果后将种子丢弃也起到传播种子的作用。松鼠等动物爱吃坚果,常将一些坚果搬运到不同的地方埋藏起来,作为食物储备,这些坚果一部分被它们食用,还有一部分留存在贮藏地,被留存果实内的种子便可自行萌发生长。

(三) 适应风力的传播

借风力传播的果实和种子往往小而轻,常具毛、翅等有利于风力传送的结构。如兰科植物的种子细小轻微,可随风飘荡到数千米以外的地方;槭等果皮形成的翅、垂柳(*Salix babylonica*)种子上的胎座毛、白头翁果实上宿存的羽毛状花柱、蒲公英(*Taxaxacum mongolicum*)果实上的冠毛等,都是适应风力传播的结构。

(四)适应水力的传播

生活在水中或沼泽地的植物,其果实与种子常形成漂浮结构,可借水力传送。莲蓬是莲(*Nelumbo nucifera*)的花托,组织疏松,质轻能漂浮,可随水流传送其中的果实。生于海边的椰子外果皮平滑不透水,中果皮疏松纤维质并充满空气,内果皮坚硬,这样的结构可抵御海水的浸蚀,随海流漂泊到其他海滩定居生长。

第七节 被子植物的生活史

植物体从生长发育的某一阶段开始,经过一系列的生长发育过程,产生下一代后又重现了该阶段的现象称为生活史(life history)或称生活周期(life cycle)。

被子植物的生活史从二倍体的合子开始。合子在种子中发育形成胚胎,即幼孢子体;种子萌发时胚胎发育形成幼苗;幼苗经营养生长后形成具有根、茎、叶的孢子体;营养生长进行一段时期后,孢子体进入生殖生长阶段,植株开花。在花药和胚珠中,出现大、小孢子母细胞,大、小孢子母细胞减数分裂,形成单倍体的大、小孢子。大孢子在胚珠中开始雌配子体的发育过程,形成具有卵细胞的成熟胚囊;小孢子在花药中开始雄配子体的发育过程,形成具有2个精子的成熟结构。通过传粉作用,精子和卵细胞相遇融合,又形成二倍体的合子。合子是下一代植物孢子体的第1个细胞,由此开始上述生长发育的循环往复(图5-53)。

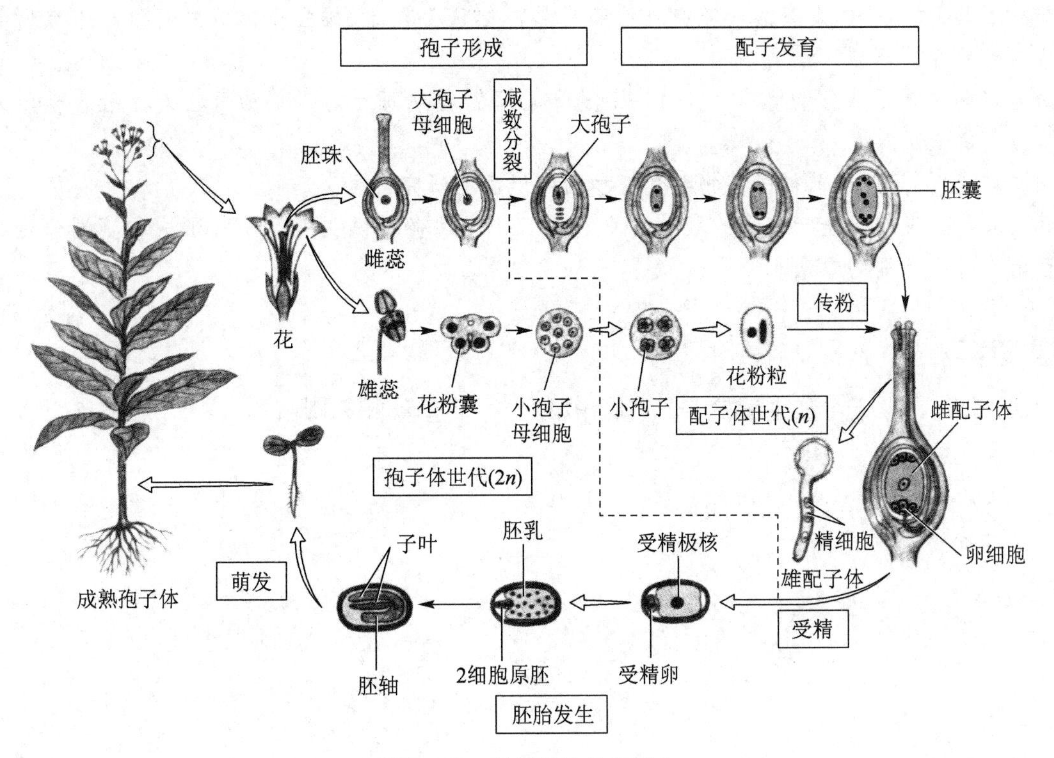

图5-53 被子植物的生活史

被子植物的生活史可以通过减数分裂和受精作用分成两个阶段。一个阶段是从受精卵开始到大、小孢子母细胞为止。这个阶段形成具有根、茎、叶的孢子体,构成植物体的细胞都是二倍体,它在生活周期中占了绝大部分时间,这一阶段为孢子体世代,亦称无性世代。另一个阶段从大、小孢子开始到雌、雄配子形成后为止。这个阶段形成具有卵细胞或精子的雌、雄配子体,构成配子体的细胞均为单倍体,这一阶段为配子体世代,亦称有性世代。生活史中孢子体世代和配子体世代交替出现的现象称为世代交替(alternation of generation)。在被子植物的生活史中存在产生孢子的孢子体(sporophyte)和产生配子的配子体(gametophyte),既有孢子发育形成配子体的无性生殖过程,又有配子融合发育形成孢子体的有性生殖过程。

被子植物的生活史为孢子体发达的异型世代交替。在被子植物的生活周期中,孢子体世代占据主要地位,孢子体的个体大、结构复杂,植物的胚胎、幼苗、营养生长阶段的根、茎、叶、花中的不育结构(如花被、雄蕊的花粉囊壁和花丝等)以及雌蕊中的珠心、珠被等都属于孢子体结构。孢子体世代生存的时间长。配子体小,雄配子体花粉只能产生 3 个细胞,雌配子体胚囊一般也只有 7 个细胞。配子体世代生存的时间短,依赖孢子体提供营养,寄生于其上而不能独立生活。配子体世代在花中开始,在花中结束。

思考与探索

1. 花是由哪些部分组成的?如何理解“花是一个变态枝条”的概念?
2. 什么是花器官特征决定的“ABC 模型”?这个模型是如何解释花各轮器官的特征决定?查阅文献资料了解这个模型对花器官发育研究的重要意义以及近年来关于花器官发育的其他学说。
3. 按照本教材中关于无性生殖的定义,在被子植物的生活周期中,无性生殖过程发生在什么器官中?是如何发生的?
4. 简述被子植物雄配子体的结构和发育过程。
5. 以蓼型胚囊为例简述胚囊的发育过程。查阅资料了解胚囊发育的其他类型并比较它们的异同。
6. 目前关于雌、雄配子体发育的研究有什么新进展?你认为在雌、雄配子体的发育过程中有哪些值得进行深入研究的问题?
7. 你认为目前关于无融合生殖的定义哪一种比较合理?说明理由。人们为什么对无融合生殖的研究产生极大的兴趣?
8. 查阅文献资料,了解目前被子植物双受精和精卵识别的研究进展。
9. 以荠菜胚为例说明双子叶植物的胚胎发育过程。并查阅资料说明关于子叶形成和茎端分生组织起源目前有什么不同的看法。

数字课程学习

重难点解析　　教学课件　　视频　　相关网站

第六章

植物的生长发育及其调控

内容提要 植物生长发育是一系列内、外因素调节的结果。本章讨论植物5类激素对植物生长发育的作用,生长素促生长的机理和极性运输,以及激素之间的相互作用;光和温度对植物生长的影响,植物生长的相关性和植物的运动;春化作用和光周期诱导对植物开花的作用;长日照植物、短日照植物和日中性植物,以及光敏色素的生理作用;种子、果实的成熟和植物衰老,以及基因对植物生长发育的调节。本章对模式植物拟南芥设立了一个“窗口”,简要介绍了它的生物学特性、研究成果及其在植物生长发育调控和遗传学等研究领域中的重要意义。

植物的生长发育是一个极其复杂的过程,是在各种物质代谢的基础上,表现为发芽、生根、长叶、植株生长,开花、结果,最后衰老、死亡。通常认为,生长(growth)是植物体积的增大,是通过细胞分裂和伸长来完成的;而发育(development)则是在整个生活史中,植物体的构造和机能从简单到复杂的变化过程,就是细胞、组织和器官的分化(differentiation)。高等植物生长发育受到一系列内、外因素的调节。

第一节 植物激素对生长发育的调控

植物激素对植物在生长发育中起着重要的调节作用。植物激素(phytohormone)是指一些在植物体内合成,从产生部位运送到作用部位,微量(1 μmol/L)就能产生显著生理作用的活性有机物。

植物激素的分离和研究始于20世纪30年代,经过半个世纪的深入研究,以及植物激素测试技术的不断改进,至今已确认植物体内有5大类植物激素:生长素类、赤霉素类、细胞分裂素类、脱落酸和乙烯。前3类都是促进生长的物质,而脱落酸和乙烯则主要是与植物器官的休眠、成熟和植物的衰老等过程有关的一类物质。此外,还陆续发现一些具有激素生理活性的物质,如油菜素甾体类、多胺类、水杨酸和茉莉酸类。需要注意的是,人们根据这些植物激素的分子结构,经人工合成并筛选出一些与其结构相似或完全不同的,但具有植物激素生理功能的物质,如吲哚丁酸、萘乙酸、矮壮素、多效唑等。它们对植物的生长发育同样产生明显的影响。为了与植物激素区别,把它们称为植物生长调节剂(plant growth regulator)。相信伴随着工业的发展和现代化农业的需要,植物生长调节剂的生产和应用将会有迅速的发展。

一、生长素类

生长素是最早发现的一种植物激素(图6-1)。1880年,英国科学家达尔文(Darwin)父子发现金丝雀虉(yì)草胚芽鞘的向光性生长。他们认为,在单方向光照下,胚芽鞘的尖端产生了某种刺激,是这种刺激传递到尖端以下的伸长区,因而引起胚芽鞘向光弯曲。1926年,荷兰科学家温特(Went)以燕麦为实验材料,用琼胶收集“刺激”,才证实了这种刺激实际上是一种物质。由于它产生于顶端,经过运输到达作用部位引起伸长，和动物中所发现的动物激素相类似，所以温特认为这是一种植物激素，并命名为生长素(auxin)后来鉴定出这种物质是吲哚-3-乙酸(indole-3-acetic acid，IAA)，简称吲哚乙酸。现在已经证实，吲哚乙酸存在于细菌、真菌、藻类和许多高等植物中。并且，它主要存在于生长旺盛的部位，如胚芽鞘、根尖、受精后的子房、幼嫩的种子里等。

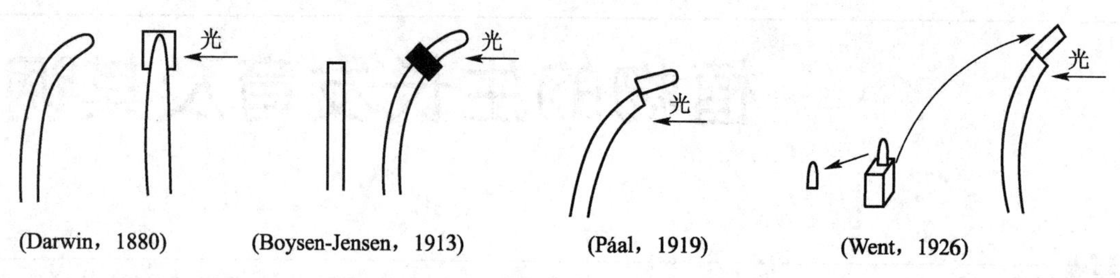

图 6-1　生长素研究的早期发展示意图

除吲哚乙酸外，植物体中的生长素还有吲哚乙腈、4-氯吲哚乙酸等。它们都具有不同程度的生长素活性。在对这些内源生长素类物质研究的过程中，人们又人工合成了一些与生长素有类似生理效应的物质，如萘乙酸(NAA)、吲哚丁酸(IBA)、2,4-二氯苯氧乙酸(2,4-D)等(图 6-2)。因此应该注意的是，生长素狭义上是指吲哚乙酸，而广义上是指生理作用与吲哚乙酸相似的所有物质。

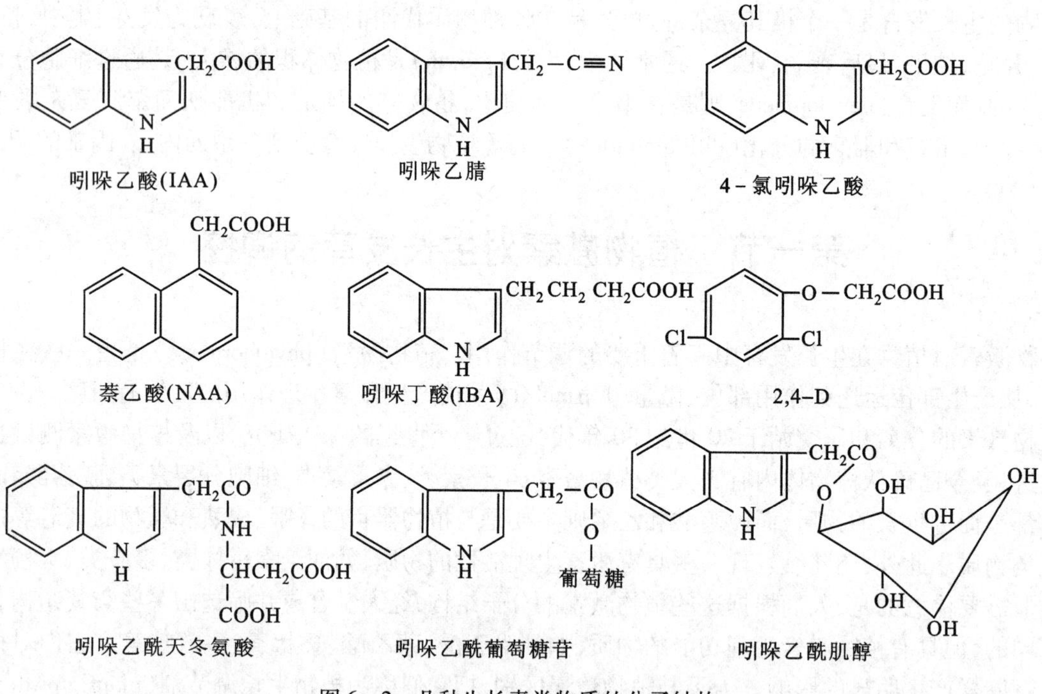

CH_2COOH　吲哚乙酸(IAA)

$CH_2-C\equiv N$　吲哚乙腈

Cl, CH_2COOH　4-氯吲哚乙酸

CH_2COOH　萘乙酸(NAA)

$CH_2CH_2CH_2COOH$　吲哚丁酸(IBA)

$O-CH_2COOH$, Cl, Cl　2,4-D

$CH_2CO-NH-CHCH_2COOH$, COOH　吲哚乙酰天冬氨酸

$CH_2-CO-O-$葡萄糖　吲哚乙酰葡萄糖苷

CH_2CO-O-, OH, OH, OH, OH, OH　吲哚乙酰肌醇

图 6-2　几种生长素类物质的分子结构

植物体中的 IAA 含量依植物种类、器官及生长发育阶段而异，每千克鲜重的材料含几微克。由于 IAA 在体内除了以游离态形式存在外，还常以结合态形式存在，因此在分析其含量时要注意。吲哚乙酸可与氨基酸结合，如与天冬氨酸结合形成吲哚乙酰天冬氨酸，或称肽结合 IAA；吲哚乙酸还可与糖类及肌醇结合，如与葡萄糖结合形成吲哚乙酰葡萄糖苷，与肌醇结合形成吲哚乙酰肌醇，合称为 IAA 酯。结合态生长素在种子等贮藏器官里较多，是暂时无生理活性的生长素，当它们被水解时，即分离成为游离态生长素，重新表现活性而调节生长。但也有人认为结合态生长素有独特的生理活性。

（一）生长素的生理作用

生长素具有十分广泛的生理作用（图6－3）。从细胞水平看，它可以影响细胞的伸长、分裂和分化；从器官水平看，它可以影响营养器官和生殖器官的生长、成熟和衰老。其表现如下：

1. 促进作用

雌花的形成、单性结实、子房壁生长、维管束的分化、叶片的扩大、形成层活性、不定根的形成、侧根的形成、种子的生长、果实的生长、伤口的愈合、座果、顶端优势等。

2. 抑制作用

花的脱落、果实的脱落、幼叶的脱落、侧枝的生长、块根的形成等。

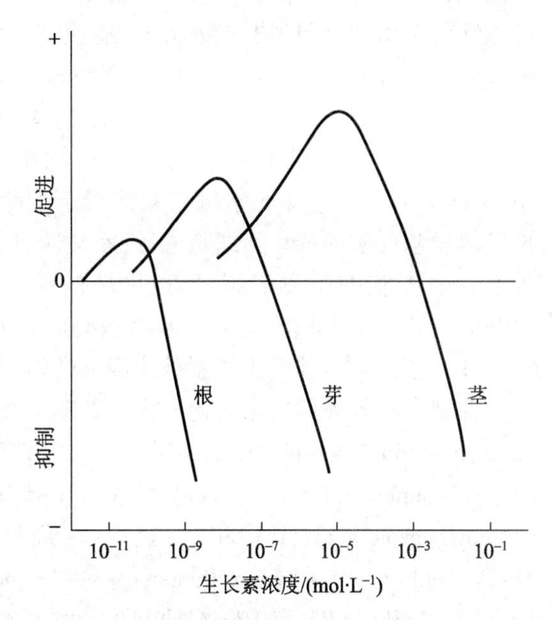

图6－3　不同器官对生长素浓度的反应

在这些生理作用中，最基本的作用是促进细胞伸长生长。需要注意的是，生长素对细胞伸长的促进作用，与生长素的浓度、植物的种类以及器官和细胞的年龄等因素有关。一般情况下，生长素在低浓度时可促进生长，较高浓度时则会抑制生长，高浓度时甚至会导致植物受伤死亡。双子叶植物一般比单子叶植物敏感；营养器官比生殖器官敏感；根比芽敏感，芽比茎敏感（图6－3）；幼嫩细胞比成长细胞敏感，而老细胞则比较迟钝。

（二）生长素的极性运输

极性运输是生长素运输的重要特征。生长素的极性运输指生长素只能从植物体的形态学上端向形态学下端运输。如图6－4所示，将下胚轴切离下来，在其形态学的上端放置含放射元素标记的生长素的琼脂块（供体），将下端与无生长素的琼脂块（受体）接触，经过一段时间后，从受体的琼脂块中检测到生长素，它们是从供体经过下胚轴运输来的。如果将下胚轴切段倒置，分别在形态学下端和上端放置供体和受体琼脂块，经过同样一段时间后，在受体琼脂块中检测不到生长素。这个实验说明，生长素只能从形态学的上端向下端运输。

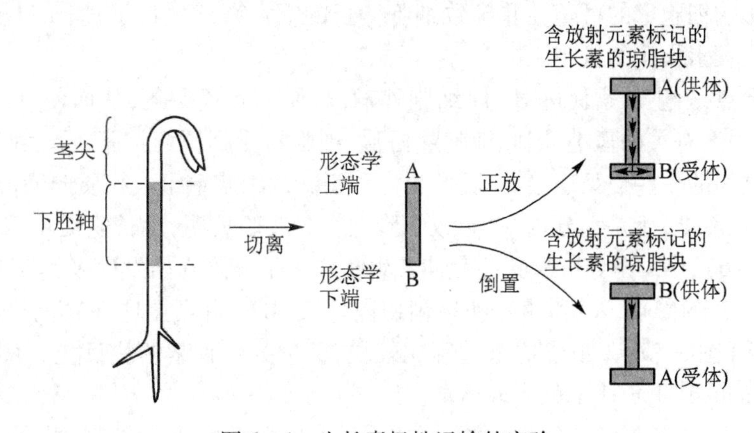

图6－4　生长素极性运输的实验

生长素极性运输得到深入研究后，Goldsmith（1977）提出了生长素运输的化学渗透极性扩散假说（chemiosmotic polar diffusion theory）。这个假说认为，生长素通过两种方式进入细胞质，一是由于细胞壁pH低（pH＝5），生长素（pK_a＝4.75）与质子泵从细胞质释放的H^+形成非解离型的IAAH，IAAH具有亲脂性，能被动地扩散透过质膜进入胞质溶胶；二是 IAA^- 通过透性酶主动地与 H^+ 协同转运进入胞质溶胶(图 6 - 5)。胞质溶胶的 pH 高(pH = 7)，IAAH 容易解离为 IAA^-，因此大部分生长素以 IAA^- 形式存在。IAA^- 较难被动扩散透过质膜，需要质膜上专一的生长素输出载体(auxin efflux carrier)运出。生长素输出载体位于细胞基部，使生长素通过基部质膜移动到细胞壁，然后又通过上述途径进入下一个细胞的胞质溶胶，形成极性运输。Gälweile 等(1998)指出，拟南芥中 *AtPIN1* 基因编码的相对分子质量 6.7×10^4 蛋白质可能是生长素外流载体的转膜组分。

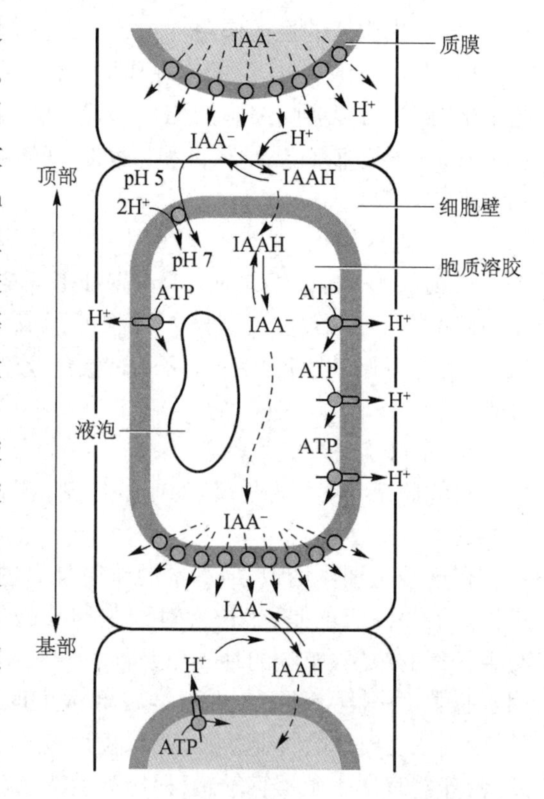

图 6 - 5　生长素的化学渗透极性扩散假说
(自 Goldsmith)

抑制生长素极性运输的化合物有 2,3,5 - 三碘苯甲酸(2,3,5 - triiodobenzoic acid, TIBA)、萘基邻氨酰苯甲酸(1 - *N* - naphthylphthalamic acid, NPA)、芘基苯甲酸(1 - pyrenoylbenzoic acid, PBA)和 2 - 氯 - 9 - 羟基芴 - 9 - 羧酸(2 - chloro - 9 - hydroxyfluorene - 9 - carboxylic acid, HFCA)。TIBA、NPA 和 HFCA 抑制生长素极性运输的原因是干扰生长素的外流(Lomax 等, 1995; Bennett 等, 1998)，如 NPA 与生长素输出载体结合，阻止 IAA^- 外流。

(三) 生长素的作用机制

适当浓度的生长素促进植物生长，在于它促进了细胞的纵向伸长。生长素是如何促进细胞的伸长生长的？与动物细胞不同，植物细胞在细胞膜的外面有一层细胞壁，它的基本结构物质是纤维素，许多纤维素分子彼此相互交织而成网状。细胞若要伸长生长即增加其体积，细胞壁就必须相应扩大，细胞壁要扩大，就首先需要软化、松弛(纤维素分子之间的交织点断裂)，使细胞壁可塑性①加大，同时要合成新的细胞壁物质并增加细胞质。实验证明，用生长素处理燕麦胚芽鞘，不仅可使细胞壁可塑性增加，而且在不同浓度的生长素影响下，其可塑性变化和生长的增加幅度十分接近，这说明生长素所诱导的生长是通过细胞壁可塑性的增加而实现的。

生长素是怎样影响细胞壁的可塑性并导致细胞伸长的呢？有酸生长学说(acid-growth theory)和基因表达学说来解释生长素作用的机制。

酸生长学说的要点是：生长素促进 H^+ 向细胞外输出，使细胞壁酸化，从而使一些水解酶的活性增加，分解细胞壁内与强度有关的氢键，因此细胞壁松弛，细胞易受膨压而扩张。又由于水解作用破坏了细胞壁纤维素分子之间的一些交叉连接点，因此也有利于新的细胞壁组成物质向壁内填充，促使细胞壁面积增大，细胞内膨压降低，于是水分进入，导致细胞伸长。实验表明，生长素促使 H^+ 分泌速率和细胞伸长是同步的(图 6 - 6)，IAA 诱导玉米胚芽鞘伸长生长和质子分泌开始发生及达到顶点的时间均彼此吻合，胚芽鞘浸泡液 pH 的影响(A)和燕麦胚芽鞘切段伸长(B)(自高煜珠等)并且酸化处理与 IAA 诱导的生长曲线相一致(图 6 - 7)。由于这个过程比较快，又称为生长素的快反应。例如，用生长素处理燕麦胚芽鞘后约 15 min，其生长速率就明显增加。

基因表达学说认为，生长素通过促进核酸、蛋白质的合成而影响细胞的持续生长。这个过程需要较长时间，故称为生长素的慢反应。实验表明，以生长素处理豌豆上胚轴，3 d 后，顶端 1 cm 处的核酸[包

① 细胞壁具有伸展性。伸展性由弹性和可塑性组成。所谓弹性是指细胞壁因外力发生变形，而移去外力时又能恢复原状的能力，即可逆的伸展能力；而细胞壁在同样的情况下，不能恢复原状的能力，即不可逆的伸展能力，称为可塑性。

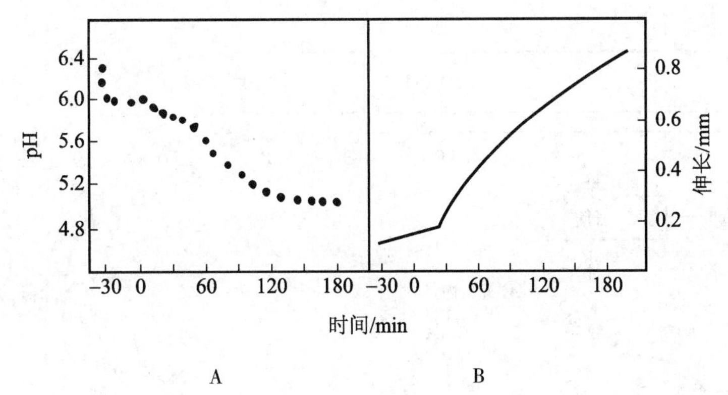

图 6 - 6　生长素(IAA, 10^{-5} mol/L, 在 0 时加入)对胚芽鞘浸泡液 pH 的影响(A)和燕麦胚芽鞘切段伸长(B)(自高煜珠等)

括脱氧核糖核酸(DNA)和核糖核酸(RNA)]以及蛋白质含量均比对照(没有用生长素处理的)有明显的增加。并且,当用 RNA 合成抑制剂(放线菌素 D)和蛋白质合成抑制剂(环己酰亚胺)处理时,均可发现抑制 RNA 和蛋白质合成的百分数与抑制生长素诱导伸长生长的百分数几乎是平行下降的(图 6 - 8)。这就表明生长素诱导细胞的持续生长,不仅要增加细胞壁的可塑性,而且要增加新的细胞壁物质,这些物质包括细胞壁的组分,也包括合成细胞壁组分的多种酶。

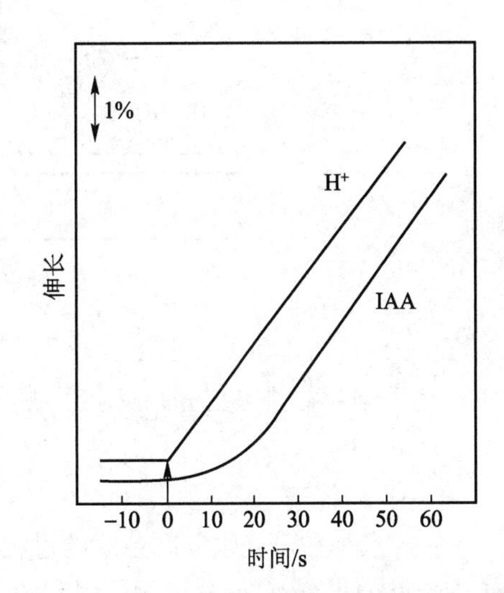

图 6 - 7　10^{-5} mol/L IAA 和 10 mmol/L 柠檬酸缓冲液(pH 3.0)对燕麦胚芽鞘伸长的影响(自高煜珠等)

随着研究的深入,生长素作用过程和作用机制得到进一步的揭示。如图 6 - 9 所示,生长素作用的步骤分为 6 步。假说 1 认为,IAA 与受体结合后将生长信号传导给第二信使(步骤①),如 IP_3、DG 和 Ca · CaM 等,直接活化质膜中原有的 H^+ - ATP 酶,使 H^+ 分泌到细胞壁中引起细胞壁的扩展,反应迅速。假说 2 认为,第二信使激活 H^+ - ATP 酶基因的表达,在糙面内质网上合成该蛋白质,然后将其转运到质膜中,水解 ATP 并分泌 H^+。除 H^+ - ATP 酶外,生长素也促进其他 RNA 和蛋白质合成,为原生质体和细胞壁的合成提供原料,保持细胞持续增长。

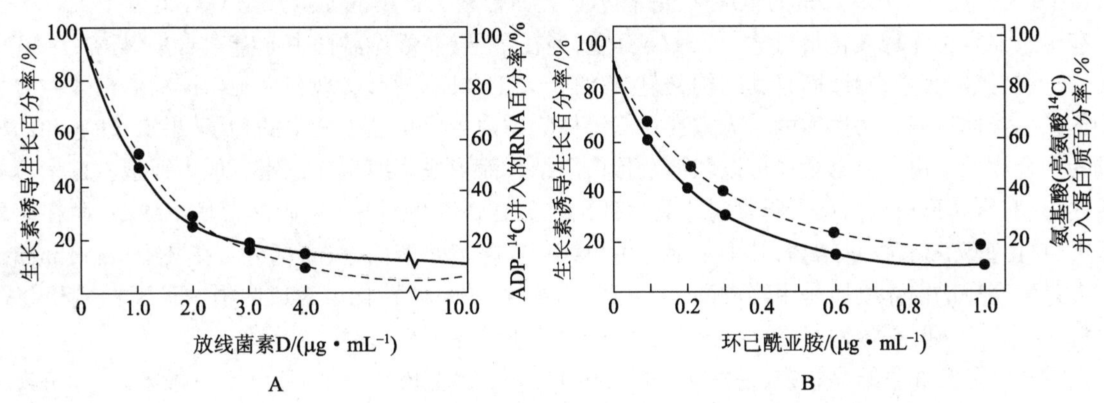

图 6 - 8　生长素诱导的生长和 mRNA 合成被放线菌素 D(A)及蛋白质合成被环己酰亚胺(B)平行抑制作用(自周燮等)

图中实线表示生长百分数,虚线表示合成百分数

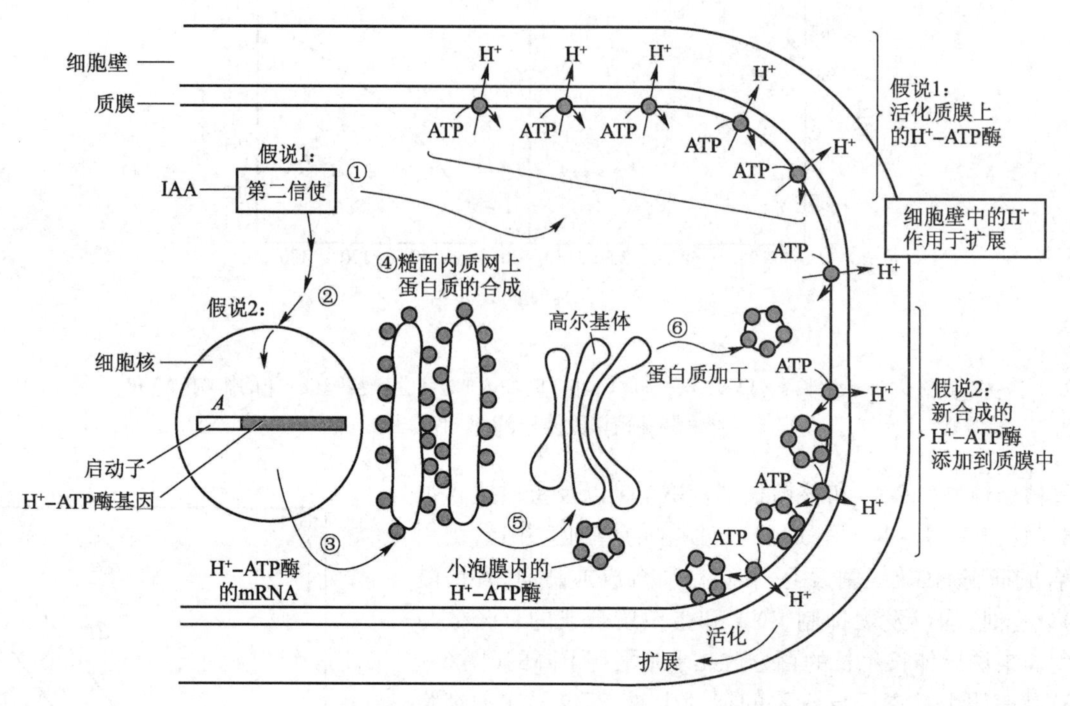

图 6-9　生长素诱导 H^+ 分泌的模式（自 Taiz 和 Zeiger）

二、赤霉素和细胞分裂素

（一）赤霉素

赤霉素是在研究水稻恶苗病的过程中被发现的。患恶苗症的水稻植株异常徒长的现象是由赤霉菌（*Gibberella fujikuroi*）的分泌物所引起的。1938 年，日本的薮田贞次郎等成功地从水稻赤霉菌的分泌物中分离出这种可以引起稻苗徒长的物质，并定名为赤霉素（Gibberellin，GA）。至今已经报道了 126 种赤霉素，分别简称为 GA_1，GA_2，GA_3，…，GA_{126}。赤霉素在植物界中普遍存在。

所有的赤霉素在化学结构上都有共同的基本结构，即赤霉烷，由 4 个碳环组成。在赤霉烷环上由于双键、羟基的数目和位置不同，形成了各种赤霉素。依含碳原子数目的不同，又可分为 C_{19} 和 C_{20} 两类赤霉素（图 6-10）。C_{19}类赤霉素的生理活性高于 C_{20}类赤霉素。常用的赤霉素是 GA_3。

在生殖器官中赤霉素含量可达 10 μg/g 鲜重，但在茎、根等营养器官中赤霉素含量仅为 1 ~10 ng/g 鲜重，故不易提取大量产品，而且其结构又复杂，难于人工合成。所以，现在人工生产的赤霉素主要是通过赤霉菌的液体培养方法提取的。赤霉素在高等植物体内主要是在生长中的种子、果实、幼茎和幼根中合成的。合成的自由型赤霉素亦可以和糖及蛋白质结合而形成束缚型赤霉素。但束缚型赤霉素不具生理活性，只有水解形成自由型赤霉素时才具生理活性。在成熟的种子中，赤霉素呈束缚型；而在萌发的种子中，自由型赤霉素含量增高，其中一部分由束缚型赤霉素水解而来，一部分是在胚中重新合成的。

赤霉素合成的前体物质是甲羟戊酸，由甲羟戊酸经过一系列转化后生成内根-贝壳杉烯和 GA_{12}-7-醛。GA_{12}-7-醛是各种 GA 的前身，由此分支可形成各种GA。

赤霉素纯品为无色结晶粉末，易溶于乙醇、甲醇、丙酮、冰醋酸等，难溶于水。一般来说，赤霉素在较低温度和适度酸性条件下比较稳定，遇碱便中和失效，所以在配制、储存和使用时，要注意避免高温以及过高、过低的 pH 条件，以免造成活性降低和转变成无生理活性的物质。

赤霉素能显著促进许多植物（如玉米、豌豆、油菜等）的节间伸长。分析 3 个遗传型品系油菜的赤

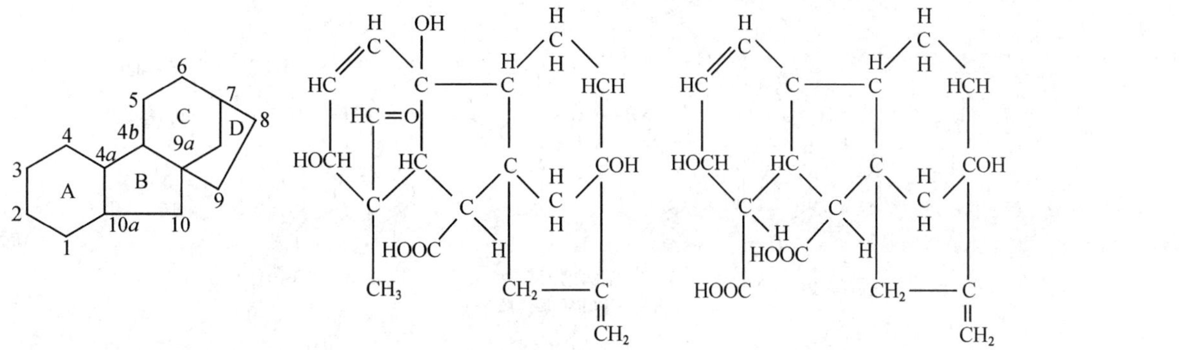

赤霉烷环　　GA_3(赤霉酸)　　GA_{53}

图 6－10　赤霉烷环、19 个碳原子的赤霉素(GA_3)和 20 个碳原子的赤霉素(GA_{53})结构示例

霉素平均含量(包括 GA_1 和 GA_3)可以看出，矮化品系只有正常品系的 36%，而高秆品系却是正常品系的 3 倍。外源施加赤霉素处理矮生植物能使植株长高也早已得到证实。一般认为，赤霉素促进节间伸长的作用主要是促进细胞伸长，但对细胞分裂与分化也有促进作用。赤霉素促进细胞伸长和生长素促进细胞伸长的机制有所不同。赤霉素能促进种子的萌发，主要是通过促进多种水解酶的作用，如 α－淀粉酶、β－淀粉酶、蔗糖酶等，这些酶促进贮藏物质分解，提供种子萌发时所需要的物质和能量(图 6－11)。例如，以赤霉素处理大麦种子，其糊粉层内的 α－淀粉酶在 8 h 就显著增加，而 α－淀粉酶的 mRNA 含量在 1 h 内就显著增加，在 20 h 内其含量比对照可增加 50 倍。

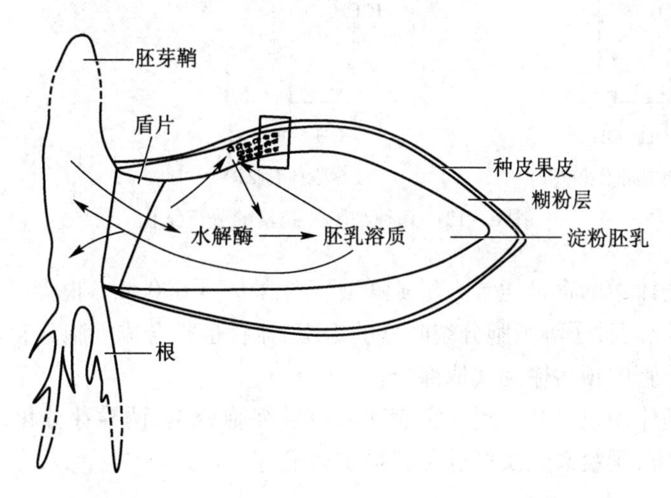

图 6－11　大麦子粒中赤霉素的作用(自 Wilkins)

赤霉素还能促进两性花的雄花形成、单性结实、某些植物的开花、座果、抽薹等，并抑制植物的成熟和衰老。

(二) 细胞分裂素

细胞分裂素的发现源于烟草髓部的组织培养，Skoog 和崔澂发现在培养基中加入酵母提取液可促进烟草髓组织的细胞分裂，研究证实是 DNA 的降解产物 N_6－呋喃甲基腺嘌呤完成这一作用的，故称为激动素(kinetin)。激动素的这一发现促进了从植物分离天然细胞分裂素的研究。后来，从甜玉米中分离到了一种类似物质，为 N_6－(4－羟基－3－甲基－反－2－丁烯基氨基)嘌呤，亦称玉米素(zeatin)，具有促进细胞分裂的作用。相继又发现了异戊烯基腺嘌呤、异戊烯基腺苷等。于是，现在人们把具有与激动素相同生理活性的所有物质统称为细胞分裂素(cytokinin，CTK)(图 6－12)。从化学结构上讲，细胞分裂素是腺嘌呤(即氨基嘌呤)的衍生物。

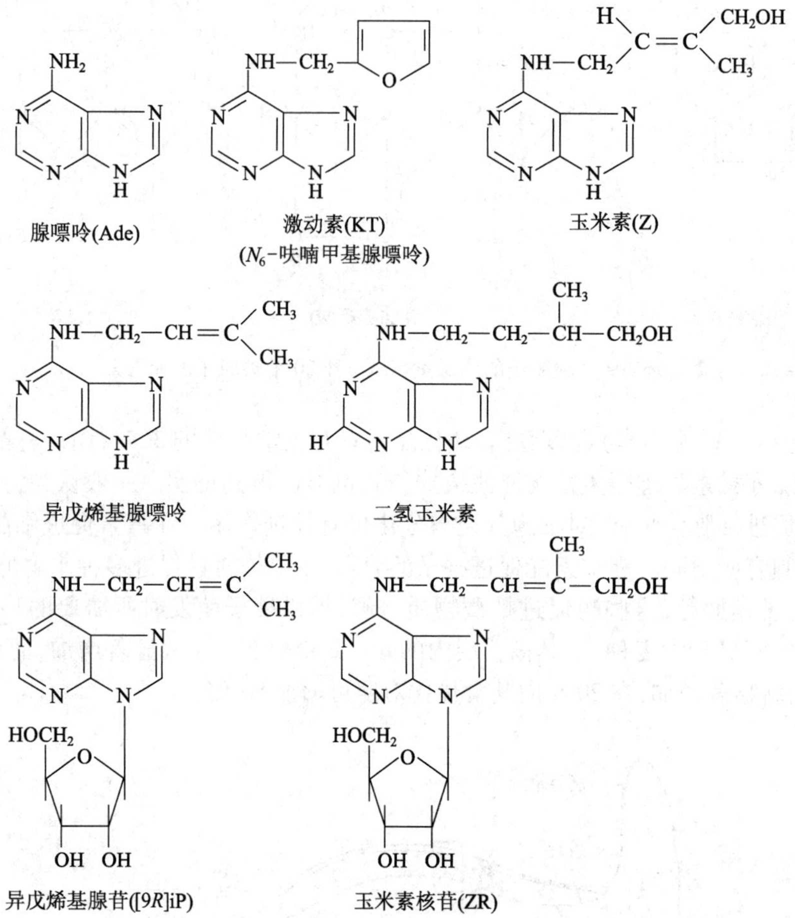

腺嘌呤(Ade)　激动素(KT)(N_6-呋喃甲基腺嘌呤)　玉米素(Z)

异戊烯基腺嘌呤　二氢玉米素

异戊烯基腺苷([9R]iP)　玉米素核苷(ZR)

图 6-12 几种细胞分裂素的分子结构

细胞分裂素在植物体中的含量通常为每 g 鲜重材料含 1 ~ 1 000 ng。根尖是细胞分裂素合成的主要部位,顶芽、幼叶、未成熟的种子等细胞分裂旺盛的组织、器官也是合成细胞分裂素的部位。根部产生的细胞分裂素由木质部导管向顶运输到其他部分。

细胞分裂素的生理作用也极其广泛。它表现为促进细胞分裂,诱导芽分化,消除顶端优势,促进侧芽生长,抑制叶绿素降解,延缓衰老及促进营养物质运输等。

三、脱落酸和乙烯

生长素、赤霉素和细胞分裂素的发现,解释了植物的生长、顶端优势与向性运动等,但难以解释器官的休眠、植物的衰老等生理现象。这些生理现象的解释还涉及植物体内的另外两类植物激素——脱落酸和乙烯。

(一) 脱落酸

脱落酸是在研究棉桃脱落和槭树休眠的过程中发现的。1964 年,美国的 Addicott 等从未成熟的棉桃中分离出一种物质,它可以促使棉桃的早熟脱落和最终脱落,故称脱落素Ⅱ(在这之前,还有人发现了一种促进棉花落叶的物质)。几乎在同时,英国的 Wareing 等也从槭树叶片中分离出一种物质,它可以导致芽的休眠,故称休眠素。后来证实脱落素Ⅱ和休眠素是同一种物质,统称为脱落酸(abscisic acid,

ABA)。

ABA 是以异戊二烯为基本单位的倍半萜羧酸,化学名称为 5-(1′-羟基-2′,6′,6′-三甲基-4′-氧代-2′-环己烯-1′基)-3-甲基-2-顺-4-反-戊二烯酸(图 6-13)。易溶于甲醇、乙醇、丙酮中,但难溶于石油醚和水中。由于含有一个不对称碳原子(1′位),故可形成两种旋光异构体——(+)-ABA 和(-)-ABA。它们具有不同的生理活性。脱落酸主要在根冠和衰老的叶片中合成,但分布在各器官和组织中,其含量大多为每 g 鲜重含 10~50 ng。

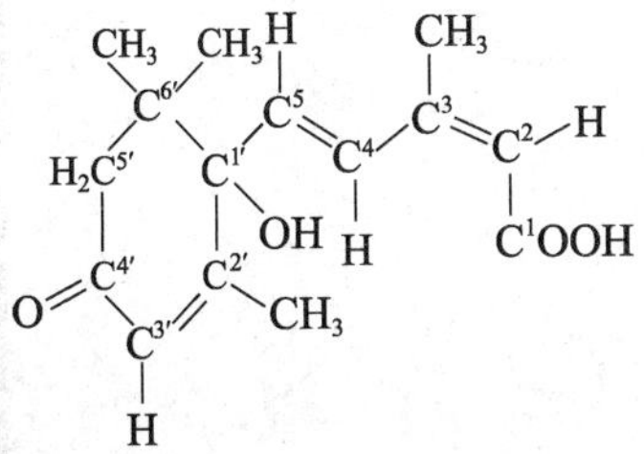

图 6-13 脱落酸的分子结构

虽然脱落酸是在研究棉桃脱落的过程中发现的,并且长期以来认为脱落酸是一种抑制型激素,但现在已经认识到控制植物器官脱落的内源激素是乙烯与生长素,并且脱落酸是一种具有多种生理功能的内源激素。

脱落酸能诱导多种木本多年生植物的休眠,启动这一过程的主要因素是日照时数的减少。当日照时数低于某一阈值时,植物体内的脱落酸就会形成,从而引起芽的一系列变化而进入休眠状态。用 ABA 缺陷型的拟南芥突变体做实验,亦可证实 ABA 具有促进种子休眠的作用。脱落酸在气孔关闭中起主导作用。在干旱、水涝或盐渍等条件下,植物体内的 ABA 都明显增加。例如,小麦正常叶片的 ABA 含量为 44 μg/(kg 鲜重),在干燥气流中使叶片萎蔫 4 h,ABA 含量就会上升到 257 μg/(kg 鲜重)。ABA 的上升使保卫细胞内的 K^+、Cl^- 和 Ca^{2+} 等的浓度都发生了很大变化,从而使气孔关闭,降低了叶片的蒸腾速率。

脱落酸还能诱导种子贮藏蛋白的合成,促进水稻中胚轴的伸长,促进光合产物运向发育着的种子,促进根系的吸水以及促进某些果实的成熟等。

(二) 乙烯

乙烯(ethylene,Eth)的发现可以追溯到 20 世纪初。在研究青绿柠檬成熟的过程中,人们就推测“煤炉气”中的乙烯有加快果实成熟的作用。1935 年前后,Gane 等证实了乙烯是果实成熟时的产物,它可以促进果实自身的成熟。20 世纪 60 年代后,由于气相色谱技术可以检测出 10^{-9} mol/L 的乙烯浓度,才对乙烯的生物合成及多种生理作用的研究有了进一步的认识,并公认乙烯是一种植物激素。

乙烯($CH_2=CH_2$)是最简单的烯烃。在植物的根、茎、叶、花、果实和种子中都有乙烯存在,但其含量只在 0.1~10 nL/(g·h)的范围内。乙烯在成熟的组织及正在分裂生长中的组织里则含量较高。几乎在所有的不良环境条件下(如切割、病害、旱害、涝害、低温、高温等),植物体的各部分都具有合成乙烯的能力。乙烯的合成前体是蛋氨酸(甲硫氨酸)。乙烯的前身是 1-氨基环丙烷-1 羧酸(ACC)。有人认为,ACC 也具有植物激素的作用。

乙烯与苹果、梨、香蕉等果实的成熟密切相关。在幼嫩的果实组织中乙烯含量很低,当果实成熟时,乙烯的形成迅速增加,使呼吸代谢加强,引起果实果肉内有机物的强烈转化,最后达到可食状态。用乙烯催熟香蕉、苹果等果实,或用除去乙烯、阻止乙烯的形成等方式去延缓果实的成熟,在生产上都已广泛应用。在植物基因工程中,将 ACC 酶的反义 RNA 基因转化番茄细胞,转基因番茄的乙烯含量降低,延长了果实的储存期。

乙烯对植物器官(如叶片、果实)的脱落有极显著的促进作用。这主要是由于乙烯能促进离层中纤维素酶的合成,并促使该酶由原生质体释放到细胞壁中,引起细胞壁分解。乙烯还能调节茎的伸长生长。将黄化豌豆幼苗放在微量乙烯气体中,其上胚轴就表现出“三重反应”(triple response):抑制茎的伸长生长;促进茎的横向加粗;负向重力性消失,上胚轴向水平方向生长(图 6-14)。三重反应是乙烯的典型的生物学效应,由于在不同的乙烯体积分数下所表现的反应有明显差异,所以可作为乙烯生物鉴定的方法。乙烯还可促进许多植物(如花生及一些杂草)种子的萌发,促进某些植物(如菠萝)的开花,亦能促进块茎、块根休眠的解除,促进某些植物(如橡胶树)次生物质的分泌等。

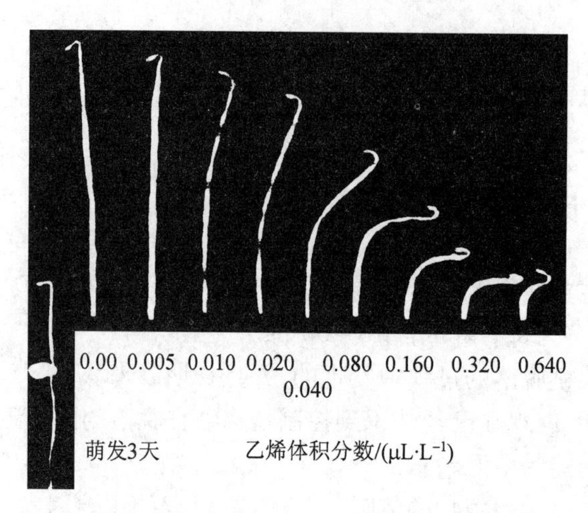

图 6 - 14　不同体积分数的乙烯对黄化豌豆幼苗的抑制作用(自潘瑞炽等)

四、激素间的相互作用

植物激素对植物生长发育过程的调节和控制,在大多数的情况下,不是各自单独地发挥作用,而是通过复杂的途径综合和协调地调节植物的生长发育进程。植物激素间的相互作用可以表现为协同、颉颃、反馈和交替。

协同即一类激素的存在可以增强另一类激素的生理效应。如生长素和赤霉素对茎切段伸长生长的影响,表现增效作用(图 6 - 15)。赤霉素可以促进生长素的合成,并可以提高生长素的含量。

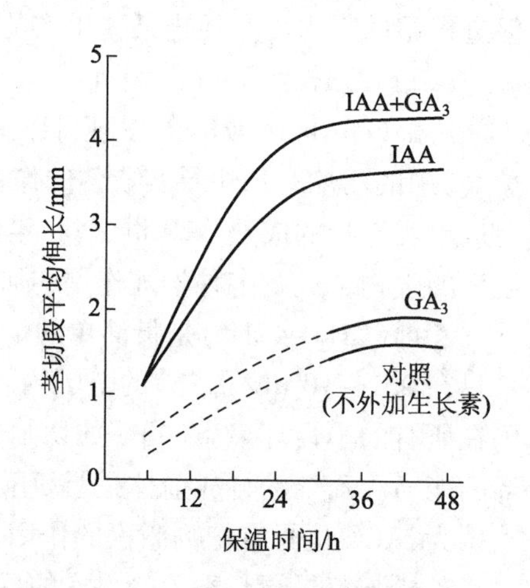

图 6 - 15　生长素和赤霉素对离体豌豆节间切段伸长生长的效应(自周燮等)

颉颃即一类激素的作用可以抵消另一类激素的作用。如赤霉素诱导大麦 α - 淀粉酶的合成,促进种子萌发的作用,可被脱落酸抑制;脱落酸对生长的抑制作用可被细胞分裂素所消除。另外,生长素与细胞分裂素对植物的顶端优势有相反的效果;生长素与乙烯对叶片脱落也有相反的作用。

反馈即一类激素影响到另一类激素的水平后,又反之影响原激素的作用。如超适浓度的生长素可以促进乙烯的形成,而乙烯产生一定数量之后,又反而抑制生长素的合成和运输,使生长素浓度下降,二者成负反馈系统。

交替即几类植物激素在植物的生长发育过程中相继起着特定的作用而共同调节植物性状的表现。如小麦子粒发育过程中,几种植物激素顺序出现高峰,其变化规律正好与子粒发育相适应(图 6 - 16)。

实际上,植物激素间的相互作用远比以上几种类型复杂。如前已述及的细胞分裂素与生长素的比值控制着烟草愈伤组织的生长与分化,表明不同激素的比值影响着植物生长发育的进程。这方面的实例还有,ABA/GA 的值影响石刁柏茎切段的生根,Eth/GA 的值影响黄瓜雌、雄花的分化,GA/IAA 的值影响烟草髓部形成层的分化等。两种激素之间的相互关系还会受第 3 种激素的影响,如生长素提高乙烯的合成效率受细胞分裂素的促进。各种激素在不同环境条件下(如光照、干旱、受涝等)还会受很多影响。因此,在研究分析各种激素对植物生长发育过程的影响时,需要充分考虑激素间的相互关系,还要充分考虑环境对激素的影响。

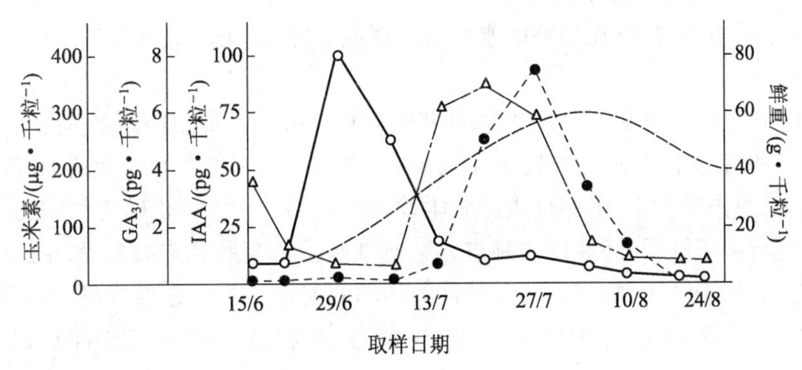

图 6-16　小麦子粒不同生育时期玉米素(○)、赤霉素(△)、生长素(•)含量的变化(自潘瑞炽等)
虚线表示子粒千粒重的变化

植物除含有上述 5 类激素外，还含有很多微量有机化合物，在不同情况下对植物生长发育表现特殊的调节作用，如油菜素甾体类、多胺类与茉莉酸类等，它们对植物生长发育的调节作用还在研究之中。它们与激素也有相互作用，并综合影响着植物的生长发育进程。

第二节　植物的营养生长及其调控

植物的一生始于受精卵的形成，受精卵形成后就意味着新一代生命的开始。但由于农业生产上常以种子萌发作为新一代生命的开端，所以讨论植物的一生也常从种子萌发开始。

一、种子萌发

种子萌发是一株最幼嫩的植物(胚)重新恢复其正常生命活动的表现，是在适宜的环境条件下，渡过休眠的种子从静止状态转变为活跃状态，开始胚的生长过程。种子萌发在形态学上表现为幼胚恢复生长，幼根、幼芽突破种皮并向外伸展；而在生理上则是从异养生长到自养生长的剧烈转化。种子萌发受内部生理条件和外在环境条件的影响。内部生理条件主要是种子的休眠和种子的生活力。

(一) 种子的休眠

一般来说，种子休眠有两种情况。一种是种子已具有发芽的能力，但因得不到发芽所必需的基本条件而被迫处于静止状态。此种情况称为强迫休眠。一旦外界条件适宜，处于休眠的种子即可萌发。另一种是种子本身还未完全通过生理成熟阶段，即使供给合适的发芽条件仍不能萌发。此种情况称为深休眠或生理休眠。种子休眠的原因主要有胚外包被组织的不透水、不透气以及过分坚硬；胚的分化发育不完全或生理上未完全成熟；存在有机酸、生物碱等抑制物质。生产上应针对这些原因采取针对性措施，如机械破损、低温层积处理或化学药剂处理等方法，促使这些休眠的种子萌发。

种子在贮藏期间，其生命活动并未停止。胚细胞内部仍在缓慢地进行着多种物质代谢活动。在干燥、低温、缺氧条件下，种子保持着良好的发芽潜力，即生活力。但在高温、多湿、氧气充足的情况下，种子内部呼吸强烈，大量消耗贮藏的养分，同时还会使有毒的代谢物质积累，膜系统发生破坏，胚内代谢系统全部紊乱。这将使种子丧失生活力。种子从成熟到丧失生活力所经历的时间称种子的寿命。不同的种子、不同贮藏条件下的种子，其寿命差异很大。

（二）种子萌发的条件和生理变化

渡过休眠并具生活力的种子，在足够的水分、适宜的温度和充足的氧气条件下就能萌发。

1. 足够的水分

风干种子含水量很低，一般只有其总质量的10% ~12%，内部细胞质呈凝胶状态，生理代谢活动很微弱，生命活动处于相对静止状态。因此，种子要萌发，重新恢复其正常的生命活动，就必须吸收足够的水分。水对种子萌发的作用在于：①使种皮膨胀柔软，增强对氧气、二氧化碳等物质的透性，既有利于胚进行旺盛的呼吸，也有利于胚根、胚芽突破种皮。②使细胞质从凝胶状态转变为溶胶状态，各种酶也由钝化变为活化状态，有利于呼吸、物质转化和运输等活动的加快。③水分参与复杂的贮藏物质的分解，并能促进分解产物运送到正在生长的幼胚中去，为幼芽、幼根细胞的分裂和伸长提供足够的养分和能量。

种子萌发的吸水过程可以分为3个阶段。开始是种子内的胶体物质所引起的急剧吸水过程，为吸涨吸水的物理过程，与种子的代谢作用无关；随后是吸水的停滞期，这时种子内代谢活动增强；当胚根突破种皮、胚体迅速增大时，种子又再次急剧地吸水，此时为渗透吸水的生理过程。

种子的化学成分影响种子的吸水过程。例如，蛋白质含量高的种子，因蛋白质分子上的亲水基团（如—OH、—NH_2、—COOH等）多，故吸水要多。大豆种子萌发时要求的最低吸水量为其风干重的120%，而小麦为60%，水稻为35% ~40%。种皮的结构以及土壤的温度、含水量、溶液浓度等都会影响种子的吸水。

2. 适宜的温度

种子萌发是旺盛的物质转化过程。它包括贮藏物质在酶的催化下的降解过程，其降解产物将运输到正在生长的幼胚中，作为幼胚生长的营养物和能量；也包括其降解产物在酶的催化下合成新的细胞物质的过程。而酶所催化的任何一个生化过程都要求一定的温度条件，所以温度也制约着种子萌发。

种子萌发时存在最低、最高和最适温度。最低和最高温度是种子萌发的极限温度。低于最低温度和高于最高温度，种子就不能萌发，它们是农业生产中决定不同作物播种期的主要依据。最适温度是指在短时间内使种子萌发达到最高百分率的温度。种子萌发的温度三基点，随植物种类和原产地的不同会有很大的差异。

3. 充足的氧气

大多数种子需要空气含氧量在10%以上才能正常萌发，但需氧程度又因种子的化学成分而有所不同。脂肪含量较高的种子（如花生、棉花）在萌发时需氧量要比淀粉类种子高，因此这类种子宜浅播。

种子萌发所需要的氧气通常是从土壤的空隙中得到的。若土壤板结或水分过多，易造成氧气不足，种子只能进行无氧呼吸。这样不仅有机物的利用率不高，还会因乙醇积累过多使种子中毒，严重影响种子萌发。及时松土排水、改善土壤通气条件，是促进种子萌发、培育壮苗的有效措施。

4. 喜光种子和喜暗种子

一些作物（如莴苣、烟草）的种子需要在一定光照下才能萌发，这类种子称为喜光（或需光）种子。相反，一些作物（如茄子、番茄、苋菜、黄瓜、西葫芦等）的种子，在光照下萌发反而受到抑制，只有在相对长的黑暗下才能萌发，这类种子称为喜暗（或需暗）种子。

在研究需光种子（莴苣）的萌发时，人们发现了一个有趣的现象。当用波长为660 nm的红光照射种子时，会促进种子萌发；而当用波长730 nm的远红光照射种子，则会抑制种子萌发；在红光照射后，再用远红光处理，萌发也受到抑制，即红光作用消除了；如果用红光和远红光交替多次处理，则种子发芽状况取决于最后一次处理的是哪种波长的光（表6-1）。这种影响，与第四节所讲的光敏色素有关。

表 6－1　红光（R）和远红光（FR）的反复照射对莴苣种子萌发的影响（在 26℃下连续以 1 min 的红光和 4 min 的远红光照射）

照射	发芽率/%
R	70
R＋FR	6
R＋FR＋R	74
R＋FR＋R＋FR	6
R＋FR＋R＋FR＋R	76
R＋FR＋R＋FR＋R＋FR	7

二、植物的生长和运动

随着种子的萌发与出苗，植物从异养生长转化为自养生长，进入营养生长阶段。由于细胞分裂和新生细胞的体积加大，幼苗迅速地长大。与此同时，随着细胞的分化，植物各器官的分化也越来越明显，并最后长成为一个新的植株。

通常认为，植物的生长是一个体积和质量不可逆的增加过程。死的种子吸水膨胀，体积和质量也会增加，但它干燥后仍可恢复原来的状态，这种可逆的体积和质量的增加不能叫生长。生长通常伴随着植物干物质的增加。但要注意，在种子萌发时，由于种子大量吸收水分，其鲜重和体积确实也明显增加，但在绿叶形成以前，因呼吸消耗大量有机物，其干重反而减少。这时，胚内有原生质的增长和新细胞的形成，当然仍属生长现象。因此，上述生长的定义是指大多数和相对而言。

考察植株生长的特点，应该注意它的周期性和相关性。

（一）周期性

植株的生长周期性表现为生长大周期、季节周期性和昼夜周期性。

1. 植物生长大周期

在植物生长过程中，无论是细胞、器官或整个植株的生长速率都表现出“慢—快—慢”的规律，即开始时生长缓慢，以后逐渐加快，达到最高点后又减缓以至停止。生长的这 3 个阶段总称为生长大周期（grand period of growth）。如果以时间为横坐标，生长量为纵坐标，则植物的生长呈 S 形曲线。大麦的生长曲线如此，蚕豆根的生长曲线也是如此（图 6－17）。

器官的生长为什么能表现出生长大周期？这应从细胞的生长情况来分析。器官开始生长时，细胞大多处于细胞分裂期，由于细胞分裂是以原生质的量的增多为基础的，原生质合成过程较慢，所以体积增大较慢。但是，当细胞转入伸长生长时期，由于水分的进入，细胞的体积就会迅速增加。不过细胞伸长达到最高速率后，就又会逐渐减慢以至最后停止。

植株一生的生长表现为 S 形生长曲线，产生的原因比较复杂，主要与光合面积的大小及生命活动的强弱有关。生长初期，幼苗光合面积小，根系不发达，生长速率慢；中期，随着植物光合面积的迅速扩大和庞大根系的建立，生长速率明显加快；到了后期，植株渐趋衰老，光合速率减慢，根系生长缓慢，生长渐慢以至停止。

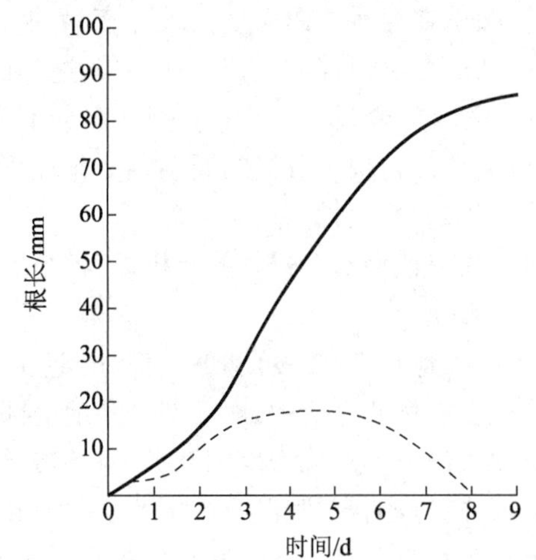

图 6－17　蚕豆根的生长曲线（自潘瑞炽等）
实线是总长度，虚线是增长率

根据生长大周期的规律,可以采取相应措施,促进或抑制器官以至整株植物的生长。例如,促进稻麦植株的生长,必须在中期的开始保证充足的水肥供应,晚了就来不及快速生长;防止小麦倒伏,必须在穗分化之前,晚了就会影响小麦穗的生长。

植物生长量可以植物器官的鲜重、干重、长度、面积和直径等表示。生长积量则是生长积累的数量,即植物材料在测定时的实际数量,相当于植物的长相。而生长速率是表示生长的快慢,相当于植物的长势,有绝对生长速率和相对生长速率两种表示方法。前者是指单位时间内的绝对增长量,如果实每天增加的直径数;后者是指单位时间的增长量与原有数量相比较的百分率,如植物某生育期每株重 10 g,每天增重 1 g,相对生长速率为 10%;到另一生育期时每株重 50 g,虽然每天增重 2. 5 g,但相对生长速率只有 5%。这样计算易于比较不同时期或不同地块上某些农业措施对作物生长的实际影响,有实践意义。

2. 季节周期性

无论是一年生作物还是多年生植物,其营养生长都或多或少地表现出明显的季节性变化。例如一年生作物的春播、夏长、秋收与冬藏,又如多年生树木的春季芽萌动、夏季旺盛生长、秋季生长逐渐停止与冬季休眠等。周而复始,年复一年。植物这种在一年中的生长随着季节而发生的规律性变化,称季节周期性(seasonal periodicity)。它主要受四季的温度、水分、日照等条件的影响而通过内因来控制。春天开始,日照延长、气温回升,组织含水量增加,原生质从凝胶状态转变为溶胶状态,生长素、赤霉素和细胞分裂素从束缚态转化为游离态,各种生理代谢活动大大加强,一年生作物的种子或多年生木本植物的芽萌动并开始生长。到了夏天,光照和温度进一步延长和升高,其水分供应又往往比较充足,于是植物旺盛生长,并在营养器官上开始孕育生殖器官。秋天来临,日照明显缩短,气温开始下降,体内发生着与春季相反的多种生理代谢变化,脱落酸、乙烯逐渐增多,有机物从叶向生殖器官或根、茎、芽中转移,落叶、落果,一年生植物的种子成熟后进入休眠,营养体死亡,而多年生木本植物的芽则进入休眠。植物的代谢活动随着冬季的来临降低到很低水平,并且休眠逐渐加深。植物生长的季节周期性是植物在长期进化发展中对于相对稳定的季节变化所形成的主动适应。

3. 昼夜周期性

植物的生长速率按昼夜变化发生的有规律的变化,为昼夜周期性(daily periodicity)。影响植物昼夜生长的因素主要是温度、水分和光照。在一天的进程中,由于昼、夜的光照度和温度高低不同,体内的含水量也不相同,因此使植物的生长表现出昼夜的周期性。例如,茎的伸长、叶片的扩大和果实的增大等都有这种特点。至于植物在白天长得快还是晚上长得快,要具体分析,这取决于诸多因素中的最低因素的限制。从玉米植株生长的昼夜周期性变化,可以看到在不缺水的情况下,生长速率和温度的关系最密切,植株在温暖的白天生长较黑夜为快。在这里,日光对生长的作用主要是提高空气的温度和蒸腾速率,从而影响植株的生长。在中午,适当的水分亏缺降低了生长速率。因此,一天中玉米的生长速率呈现了两个高峰(图 6-18)。但在水分不足的情况下,白天蒸腾量大,光照又抑制植物的生长,生长会较慢,而黑夜较快。昼夜的周期性变化在很大程度上取决于环境条件的周期性变动。

(二)相关性

高等植物是多器官的有机体,各个器官和各个部位之间存在着相互依赖、相互制约的关系,并在生长上表现相关性。

1. 地下部分(根)和地上部分(茎、叶)的相关性

在植物的生活中,地下部分和地上部分的相互关系首先表现在相互依赖上。地下部分的生命活动必须依赖地上部分产生的糖类、氨基酸、维生素和某些生长物质,而地上部分的生命活动也必须依赖地下部分吸收的水、肥以及产生的氨基酸和某些生长物质。地下部分和地上部分在物质上的相互供应,使得它们相互促进、共同发展。“根深叶茂”、“本固枝荣”等就是对这种关系最生动的说明。

地下部分和地上部分的相互关系还表现在它们的相互制约。除了两部分的生长都需要营养物质而会表现竞争性的制约外,还会由于环境条件对它们的影响不同而表现不同的反应。例如,当土壤含水量

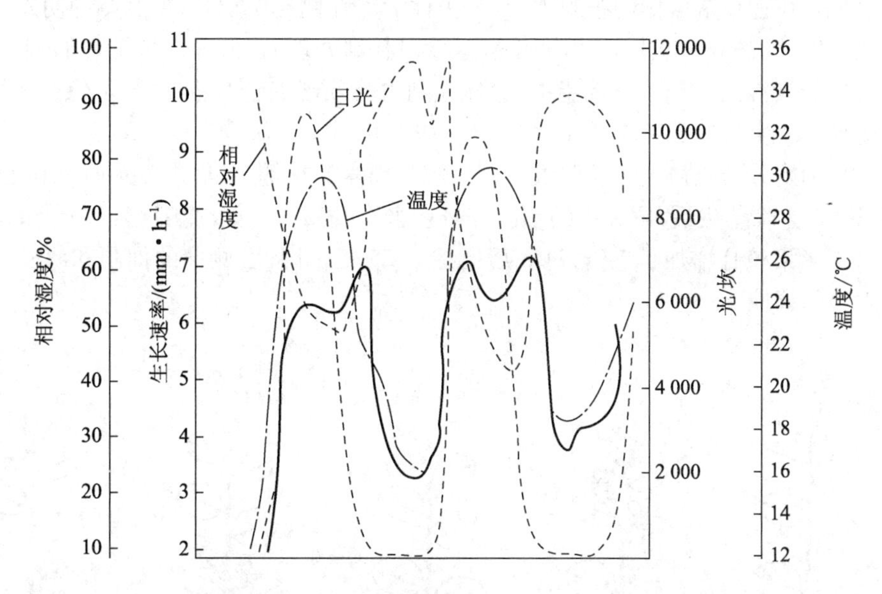

图 6-18 在晴天和土壤湿度适宜的情况下，田间玉米生长的昼夜周期性变化
粗线表示玉米的生长情况

开始下降时，地下部分一般不易发生水分亏缺而照样生长，但地上部分茎、叶的蒸腾和生长常发生水分供不应求而明显受到抑制。

地下部分和地上部分的质量之比，称为根冠比。虽然它只是一个相对数值，但可以反映出栽培作物的生长状况，以及环境条件对作物地下部分和地上部分的不同影响。一般来说，温度较高、土壤水分较多、氮肥充足、磷肥供应较少、光照较弱时，常有利于地上部分的生长，所以根冠比降低；而在相反的情况下，则常有利于地下部分的生长，所以根冠比增大。农业生产上常以根冠比作为控制协调地下部分与地上部分生长的参考数据。萝卜、甜菜、甘薯等作物，既要求整个植株生长茂盛，又要求有较大的根冠比才能增加地下部分的产量，所以栽培这类作物时，常通过各种措施改变其根冠比。一般生长前期约为 0.2，接近收获期约为 2 较适宜。

2. 主茎和分枝的相关性

植物的顶芽长出主茎，侧芽长出分枝。通常主茎的顶端生长很快，而侧枝或侧芽则生长很慢或潜伏不长。这种顶端生长占优势的现象称为顶端优势。顶端优势的强弱因植物种类而不同。拟南芥和温室种植的洋紫菜（*Coleus*）等植物基本上不存在顶端优势，侧芽形成就能持续生长形成侧枝；大豆和牵牛花等植物表现中等程度的顶端优势，不用去顶或摘心，侧芽有一定程度的生长；向日葵、紫露草（*Tradescantia*）和松、柏等植物具有很强的顶端优势，只有通过去顶或摘心才能消除对侧芽生长的抑制。

根系也具有顶端优势，主根对侧根生长产生抑制作用，如将根尖去掉，侧根就会迅速长出。蔬菜栽培上常常采用移栽的方法，把伸入到肥料和水分都不够多的耕作层之下的主根砍断，新长出的侧根就可在表层土里吸收水、肥。

对于顶端优势的作用机制，从 20 世纪初开始，人们从不同角度进行了深入研究，提出以下不同假说。

（1）养分竞争假说 主要有 Went（1936）提出的养分转移假说，认为植物内源或外源施用的生长素，可以将植物生长所需的营养物质调向生长素的产生或施用部位，加强顶芽生长，从而使侧芽中的营养物质亏缺，导致其生长被抑制。

（2）生长素调控假说 生长素被发现后，许多研究者认为生长素含量和不均衡分布导致植物顶端优势的产生。生长素在茎顶端区域的细胞中合成,极性运输在侧芽中积累,抑制侧芽萌发。当去除这些茎尖,则侧芽萌发、生长(图 6－19 B)。用生长素运输抑制剂处理后,处理部位下方的侧芽萌发(图 6－19 D)。但是,把生长素混入琼脂或羊毛脂中,涂抹在刚去除顶端细胞的茎顶端,可像整体情况一样抑制侧芽发育。这似乎表明生长素具有重要作用(图 6－19 C)。

(3) 生长素和细胞分裂素协同调控假说　用细胞分裂素涂抹侧芽,促进侧芽萌发和生长,打破顶端优势(图 6－19 E)。去除茎尖后,侧芽中的细胞分裂素水平升高。例如,鹰嘴豆(*Cicer arietinum*)的顶端优势消除后 6 h,玉米素核苷增加了 7 倍,24 h 后增加了 25 倍。因此,侧芽的抑制和萌发受生长素和细胞分裂素相互颉颃的调控。

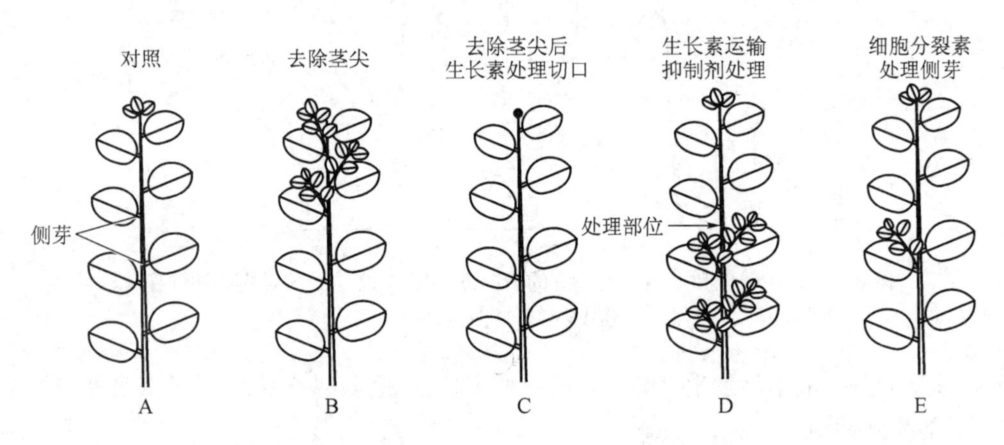

图 6－19　顶端优势及其调节(自 Leyser 和 Day)

3. 营养器官和生殖器官的相关性

营养器官和生殖器官之间的相互关系也是表现为既相互依赖,又相互制约。营养生长是生殖生长的基础,根、茎、叶等器官只有健壮地生长,才能为花、果实、种子的形成和发育创造良好的条件。而果实和种子的良好发育则又为新一代营养器官的生长奠定了物质基础。营养器官与生殖器官的相互制约亦表现在对营养物质的争夺上。如果营养物质过多地消耗在营养器官的生长上,营养生长过旺,就会推迟生殖生长或使生殖器官发育不良,从而导致禾谷类作物的贪青晚熟和棉花、果树的落花、落果。但如果营养物质过多地消耗在生殖器官的生长上,生殖生长过旺,也会影响营养器官生长势,导致生长量的下降,甚至导致植株的过早衰老和死亡。

合理调整二者的关系,使营养器官的生长和生殖器官的生长协调发展,在生产上具有重要的意义。如供应充足水肥、摘除花或花芽、适当修剪等,可以使以营养器官为收获对象的植物(如茶、桑、麻及叶菜类的蔬菜)获得丰产;棉花生产上可以通过整枝打顶、去除赘芽等措施控制营养器官的生长,从而保证棉铃、棉桃的生长等。果树生产上巧妙地利用二者的关系,可以消除"大小年"现象,获得年年丰产。

(三) 植物的运动

植物的生长亦能引起植物的运动。当然,高等植物的运动不能像动物那样自由地移动个体位置,它只是植物体的器官在空间发生位置和方向的变动。下面所要讨论的各种向性运动和一部分的感性运动,都是由生长不均匀而引起的运动。

1. 向性运动

向性运动(tropic movement)是指植物对外界环境中的单方向刺激而引起的定向生长运动。它主要是由于不均匀生长而引起的,因此切去生长区域的器官或者已停止生长的器官都不会表现向性运动。向性运动可以根据刺激的种类相应地分为向光性、向重力性、向水性和向化性等。

向光性是植物器官因单向光照而发生的定向弯曲能力。通常,幼苗或幼嫩的植株向光源一方弯曲,称正向光性；许多植物的根是背光生长的，称负向光性；而有些叶片是通过叶柄扭转使自己处于对光线适合的位置，即表现横向光性。向光性是植物对外界环境的有利适应。

向光性产生的机制仍在研究中，传统观点认为是由于生长素的浓度差异所引起的。光刺激生长素自茎顶端向背光面侧向运输，背光面的生长素浓度高于向光面，导致背光面的生长较快，发生向光弯曲。但近年来的研究认为，向光性的产生是由于生长抑制物质（如萝卜宁、萝卜酰胺、黄质醛等）的分布不均匀而引起的。

向重力性是植物对地心引力的定向生长反应。根具有正向重力性，茎具有负向重力性。叶和某些植物的地下茎还有横向重力性。稻、麦倒伏后，能再直立起来，是因为茎节有负向重力性的缘故。植物的向重力性具有明显的生物学意义。

向水性和向化性可使植物的根系朝向水、肥较多的区域生长，其生物学意义更是十分明显，农业生产上常加以利用。例如，深层施肥的目的就是促使根向深处生长，以吸收更多的养分；又如采用蹲苗的措施，就是有意识地限制水分的供应，促使根向深处有水处生长。

2. 感性运动

感性运动（nastic movement）是由没有一定方向的外界刺激而引起的运动。其中，一部分属于生长运动，另一部分则是非生长运动。发生感性运动的器官多半具有两面对称的结构，如花瓣的上表面生长较迅速，花瓣就向下弯曲；而下表面生长迅速，花瓣就向上弯曲。由于夜晚的到来，光照和温度改变的刺激而引起的运动，为感夜运动。有些感夜运动是生长不均匀引起的。例如郁金香花在温度从7℃上升到17℃时，其花瓣基部内侧生长比外侧快，花就开放；相反变化时，花就关闭。又如蒲公英的花序、睡莲的花瓣在晴朗的天气下开放，在阴天或晚上时闭合；而烟草、紫茉莉则相反。花的感夜运动有利于植物在适宜的温度下开花或昆虫传粉，也是植物对环境条件的适应。但也有些感夜运动不是生长运动，而是由于细胞膨压改变而引起的运动。例如，某些豆科植物（如花生、大豆、合欢等）一到夜晚小叶就合拢、叶柄下垂，而到白天又张开。这些运动又称感震运动（图6－20）。

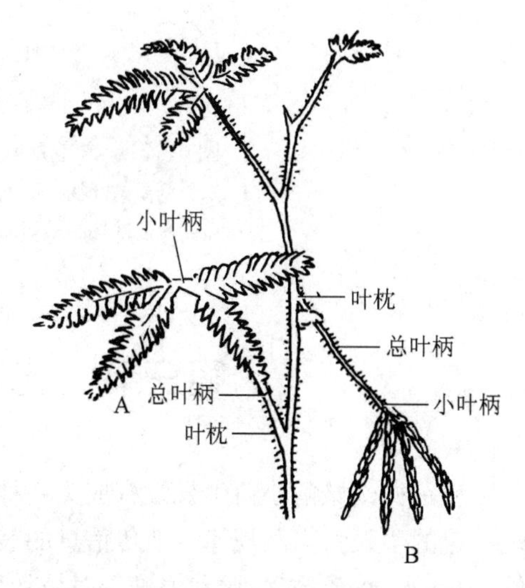

图6－20 含羞草

A. 未受刺激的叶子 B. 受刺激后向下的叶子

由于机械刺激而引起的植物运动称为感震运动（seismonastic movement）。机械刺激包括震动、烧灼、电触、骤冷甚至是光、暗变化等。最典型的感震运动是含羞草（*Mimosa pudica*）的叶片运动。震动引起其小叶合拢，并传递到邻近小叶，复叶的叶柄也下垂，刺激的速度可达15 mm/s。

含羞草叶柄为什么会下垂？这是因为含羞草复叶叶枕上、下半部组织中细胞水分渗透移动导致叶枕弯曲的结果。现有肌肉运动假说、化学假说和渗透马达假说阐述含羞草感震运动的机理，但对含羞草感震运动的机理并不完全清楚。一般认为叶枕由中心维管束、屈肌（flexor）和伸肌（extensor）两层细胞组成，未受刺激含羞草的叶枕中伸肌层细胞的离子浓度高，细胞吸水处于紧涨状态，屈肌层细胞则相反，表现为叶枕伸直；含羞草受到刺激后，刺激诱导的动作电位激活电位差门控的离子通道，导致伸肌层细胞中的K^+、Cl^-、H^+和Ca^{2+}离子快速转运到屈肌层细胞，屈肌层细胞离子浓度增加，在渗透作用下水分通过水孔蛋白通道快速移动，引起叶枕上下部组织中马达细胞体积快速缩小和增大，导致叶枕下半部组织疲软且上半部组织处于紧涨状态，引起叶枕弯曲和叶柄下垂（图6－21）。小叶合拢机制与此类同，只是组织结构正好相反，故小叶合拢。

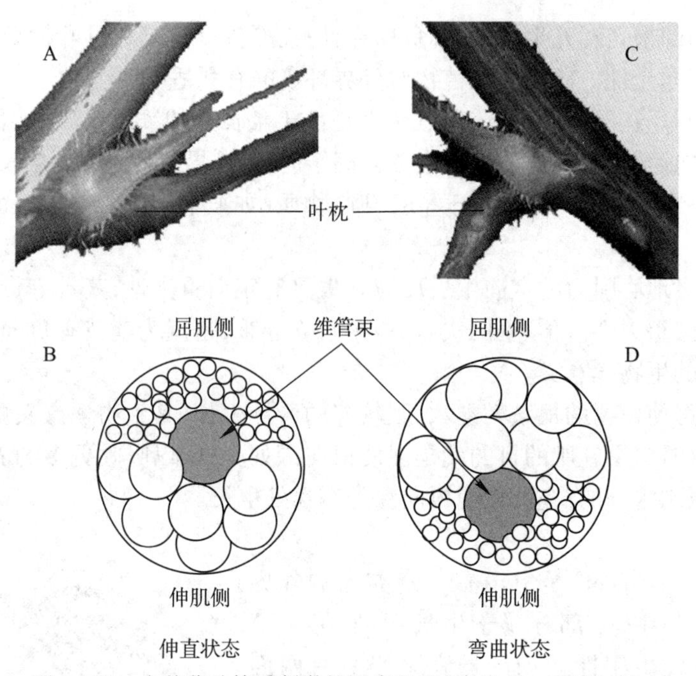

图 6－21 含羞草叶枕受刺激的反应机理(自 Volkov 和 Markin)

A. 未受刺激的叶枕 B. 未受刺激叶枕的横切面示意图 C. 受刺激后的叶枕 D. 受刺激后叶枕的横切面示意图

第三节 光和温度对植物生长的影响

从一株幼嫩的小苗生长发育成为一株健壮的植株,是植物内部遗传信息逐步表达的过程。它们表现一定的生长特点和规律。遗传信息的表达是在环境条件的影响下实现的,因此我们还应了解环境条件,包括水分、矿质、光照和温度等对植物生长的影响。

一、光

光对植物生长的影响有间接作用和直接作用两种情况。间接作用是指光是进行光合作用的必要条件,这里包括光是光合作用能量的来源,还包括光是叶绿素形成的条件。光合作用所形成的产物是植物生长的物质基础,它影响着植物体积和质量的增加。这里特别需要指出,如果仅仅是单纯的生长,植物并不需要光,只要有足够的营养物质,植物就可以迅速生长。例如,组织培养中愈伤组织的生长,完全可以在暗处迅速地生长。由于植物的光合作用需要一定强度的光照,并且植物必须在充分的光照下生长一定时间,才能合成足够的光合产物供植物生长所需,所以,植物的光合作用对光能的需求是一种“高能反应”。

光对植物的直接作用是指光对植物的形态建成作用。可分以下两种情况。

(一) 光对生长的抑制作用

光照可以直接抑制植物的生长,并且抑制作用在一定范围内随光照度的增加而加强。对生长起抑制作用的主要是蓝紫光,特别是紫外线。高山空气稀薄,短波光容易透过,紫外线尤其丰富,这也是高山植物比平原植物矮小的原因之一。农业生产上,在低温情况下,利用浅蓝色塑料薄膜覆盖育秧的效果比无色塑料薄膜好,秧苗生长茁壮,分蘖早而多,鲜重、干重均高,就是因为浅蓝色的塑料薄膜既能吸收大量橙红光,使膜内温度升高,又能透过400～500 nm波长的蓝紫光,抑制秧苗生长,使植株矮壮。

光抑制植物生长的原因之一与光对生长素的破坏有关。生长素含量的多少是与植物生长密切相关的,而光可以通过促使吲哚乙酸氧化酶的活性增高而使生长素光氧化,其光氧化产物(主要是3－亚甲基氧代吲哚)没有促进细胞伸长的活性,因此光抑制植物生长。

(二) 光对组织分化的促进作用

黑暗中生长的幼苗表现出典型的黄化现象(etiolation)。茎细长而柔弱,节间很长,机械组织不发达,茎端呈钩状弯曲;叶小不展开,缺乏叶绿素,全株呈黄白色;根系发育不良。具黄化现象的幼苗叫黄化幼苗。但在光照下,细胞、组织和器官发生了正常的分化,这就是光形态建成(图6－22)。光形态建成的特征是光促进根系发育,茎直立和伸长,叶片和子叶展开,色素及与光合作用有关的基因表达,前质体发育成叶绿体以及茎尖分生组织活化。

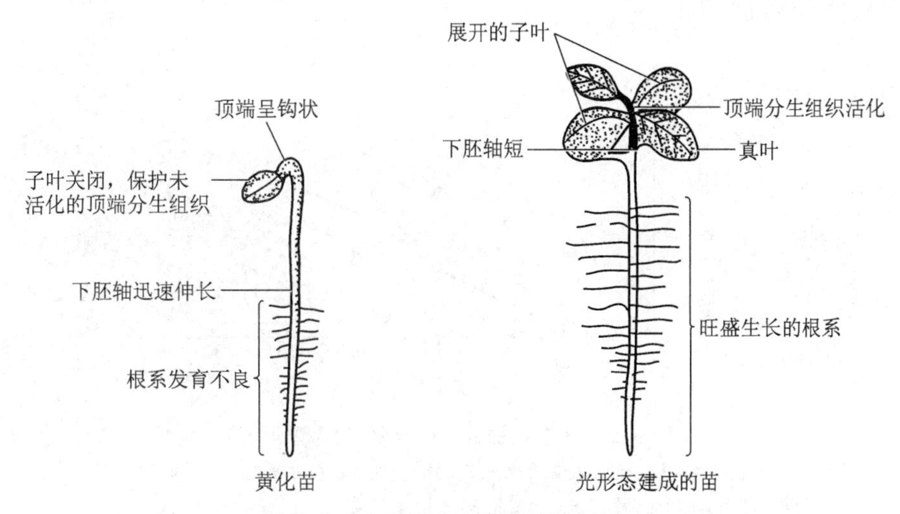

图6－22　黄化苗和光形态建成苗的区别(自Leyser和Day)

二、温度

植物只有在一定的温度范围内才能够生长。温度对植物生长的影响是综合的,它既可以通过影响光合、呼吸、蒸腾等代谢过程,也可以通过影响有机物的合成和运输等代谢过程来影响植物的生长,还可以通过影响水、肥的吸收和输导来影响植物的生长。由于参与代谢活动的酶的活性在不同温度下有不同的表现,所以温度对植物生长的影响也具有最低、最适和最高的“温度三基点”。植物只能在最低温度至最高温度的范围内生长。虽然生长的最适温度是指生长最快的温度,但这并不一定就是植物生长的最健壮的温度。因为在最适温度下,植物体内的有机物消耗过多,植株反而长得细长柔弱。因此,在生产实践上培育健壮植株,常常要求低于最适温度,这个温度称协调的最适温度。

不同植物生长的温度三基点不同,这与植物原产地的气候条件有关。原产热带或亚热带的植物,温度三基点偏高,分别为10℃、30～35℃、45℃;原产温带的植物,温度三基点偏低,分别为5℃、25～30℃、35～40℃;原产寒带的植物生长的温度三基点更低,北极或高山上的植物可在0℃或0℃以下的温度生长,最适温度一般很少超过10℃。

同一植物的温度三基点还随器官和生育期而异。一般根生长的温度三基点比芽低。例如,苹果根系生长的最低温度为10℃,最适温度为13～26℃,最高温度为28℃,而地上部分的温度三基点均高于此温度。在棉花生长的不同生育期,最适温度也不相同,初生根和下胚轴伸长的最适温度在种子萌发时为33℃,但几天后根的生长最适温度下降为27℃,而下胚轴伸长的生长最适温度上升为36℃。多数一年生植物，从生长初期经开花到结实这3个阶段中，生长最适温度是逐渐上升的，这种要求正好同从春到早秋的温度变化相适应。播种太晚会使幼苗过于旺长而衰弱，同样，如果夏季温度不够高，也会影响生长而延迟成熟。

人工气候室的试验资料证明，在白天温度较高、夜晚温度较低的周期变化中，植物的营养生长最好。如番茄植株在日温为26℃、夜温为20℃的昼高夜低的温差下，比昼夜25℃的恒温条件下生长得更快（图6－23）。在自然条件下，也具有日温较高和夜温较低的周期变化。植物对这种昼夜温度周期性变化的反应，称为生长的温周期现象。

日温较高、夜温较低能促进植物营养生长的原因，主要是白天温度较高，在强光下有利于光合速率的提高，为生长提供了充分的物质条件；夜温降低，可减少呼吸作用对有机物的消耗。此外，较低的夜温有利于根的生长和细胞分裂素的合成，因而也提高了整株植物的生长速率。在温室或大棚栽培中，要注意改变昼夜温度，使植物健壮生长。

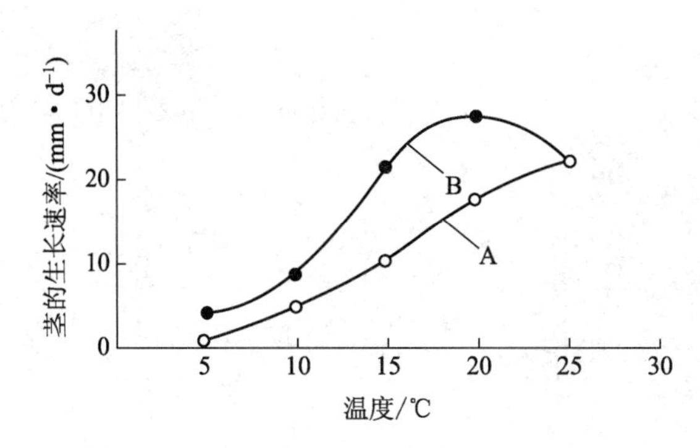

图6－23　番茄植株的生长速率（自潘瑞炽等）
A. 整株植物在恒定的昼夜温度情况下　B. 整株植物在日温26℃（16 h光照）和不同夜温（如横坐标所示）的情况下

第四节　植物的生殖生长及其调控

花的形成是植物生活史上的一个重大转折点，它意味着植物从营养生长转变为生殖生长。虽然植物有一年生、二年生、多年生植物之分，但这种转变都只能发生在植物一生的某一时刻，也就是说植物必须达到一定年龄或生理状态时，才能在适宜的条件下诱导成花。植物体能够对形成花所需条件起反应而必须达到的某种生理状态称为花熟状态（ripeness to flower state）。在没有达到花熟状态之前，即使满足植物形成花所需的环境条件，也不能形成花。植物达到花熟状态之前的时期称为幼年期（juvenility），在此期间，任何处理都不能诱导开花。幼年期时间长短因植物种类而异。草本植物只需要几天或几个星期，而木本植物则需要几年甚至三四十年。“桃三杏四李五年，核果白果公孙见”说的就是这个道理。植物达到花熟状态就能在适宜的环境条件下诱导成花。经过多年的研究，目前认为低温和适宜的光周期是诱导成花的主要环境条件。

一、低温和花的诱导

一些植物必须经过一定时间的低温处理，才能诱导开花，例如，一年生植物冬小麦、冬黑麦，二年生植物芹菜、胡萝卜、白菜等。如果不经过一定时间的低温，它们就会一直保持无限的营养生长时态或很晚才能开花。这种经过一定时间的低温处理才能诱导或促进开花的现象称春化作用(vernalization)。春化作用一般在植物营养体生长时期内进行,如甘蓝、胡萝卜等是在绿色苗期时进行;有些植物在种子萌动时进行,如萝卜、白菜等;也有些植物既可在绿色苗期进行,也可在种子萌动时进行,如冬小麦。

春化作用所要求的一定时间的低温随植物的种类、品种的不同有一定的差异。对大多数植物来说1 ~7℃常是有效的温度范围;但研究发现0℃以下到 -6℃对某些谷类作物也有效;而7 ~13℃对某些原产热带地区的植物如油橄榄也有效。同是小麦,低温处理的持续时间也随品种而不同,一般需1 ~3 个月,但也有2 周甚至几天的。不过,春化处理的时间延长时,从播种到开花的时间会缩短,相反时则时间延长(表6 -2)。

表6 -2　不同类型的小麦春化作用所需的温度和时间

类型	温度范围/℃	春化天数	品种实例
冬性	0 ~3	35 ~45	蚰包、徐州号
半冬性	5 ~8	20 ~30	泰山一号
春性	10 ~12	5 ~15	扬麦一号

植物感受低温的部位通过实验证明是在茎端的生长点。实验是将芹菜种植在温度较高的温室中,用细橡皮管缠绕在芹菜茎的顶端,橡皮管内不断通过0℃左右冰冷的水流,即只使茎的生长点得到低温,而植株其他部位处在较高温度下,这样的植株在长日条件下就能开花。相反,如果整株植物置于低温下,而只是茎端生长点受到高温处理(橡皮管内不断通过较高温度的水流),这样的植株即使在长日条件下也不能开花。春化作用除了需要一定天数的低温条件外,还需要水分、氧气、呼吸基质(糖)等综合条件。在春化过程完结之前,如将春化植物放在25 ~40℃的高温下,低温效果就会减弱或消失,这种现象称为去春化作用(devernalization)。春化进行的时间越短,越易为高温所解除,高温处理的时间越长,越易解除春化作用。解除春化作用后的植物返回到低温下可重新春化,而一旦春化过程完结,即使以较高的温度处理也不会引起春化解除。植物通过春化作用后,可溶性RNA 及核糖体RNA 含量均有增加,与开花有关的基因去甲基化,出现一些新的蛋白质分子,为花的分生组织形成和花器官分化打下基础。

为什么植物在低温的诱导下具备开花的可能性? 有什么特殊物质的产生与这些生理过程有关? 人们发现,某些植物(天仙子、甜菜、胡萝卜等)春化作用的效应可通过嫁接而传递给未春化的植株,使未春化的植株开花。虽然这种可以传递的物质至今仍没有被分离出来,但人们仍然认为春化作用也许形成了一种称为春化素(vernalin)的物质。此外,许多植物,如小麦、油菜等,经春化处理后,其体内的赤霉素含量会明显增多。一些未经低温处理的植物,如天仙子、白菜等,若施加一定浓度的赤霉素,也可使之开花,说明赤霉素有刺激开花的作用。但是,赤霉素并不是对所有的植物都有诱导成花的作用,赤霉素代替低温诱导莲座状植物(如芹菜)成花的反应也不同。赤霉素处理后的植物是茎先伸长然后才分化花芽,但低温处理后的植物是茎伸长与花芽分化同时进行。所以赤霉素只是和春化作用有关,但不是春化素。

我国学者孟繁静等人发现,许多植物,如冬小麦、春小麦、油菜等,凡是经春化作用处理的,其类玉米赤霉烯酮的含量都有所增加,并且达一高峰值时又会逐渐下降。高峰值又正是出现在春化作用完成或接近完成的时期。而用类玉米赤霉烯酮处理的植物,其细胞结构和某些生理性状又与春化的相似,且能促进开花,所以认为类玉米赤霉烯酮与春化作用有关。

应用春化作用的理论,可有效地调节某些作物的播种期,可以根据人为的目的控制植物开花。在调种引种上也应根据栽培目的确定引种地区。

二、光周期和花的诱导

许多植物在经过适宜的低温处理后，还要经过适宜的日照处理，才能诱导成花。这一现象的发现可以追溯到1920年加纳尔（Garner）和阿拉尔特（Allard）的实验。当时他们试种了一种烟草新品种，这种烟草在田间栽培时不能开花结子，但若在冬季来临前将植株从田间移到温室，或冬天在温室中成长的植株都可以开花结子。因此，他们猜想这种烟草的开花可能和冬季有某种关系，并为此对多种气候因子进行了大量的实验。结果表明，温度、光量、湿度等对开花没有决定性的影响。影响植物开花的决定性因素是随季节变换而发生的昼夜相对长度的变化。植物对昼夜相对长度变化发生反应的现象称为光周期现象（photoperiodism）。现已知道光周期现象还与茎的伸长，块茎、块根的形成，芽的休眠以及叶子的脱落等有关。

（一）光周期反应的类型

从发现光周期与植物开花的关系以后，通过用人工延长或缩短光照的方法，广泛地检查了日（照）长（度）对植物开花的影响。结果表明，不同种类植物的开花对日长有不同的反应。根据植物在光周期现象中对每天昼夜长度的要求不同，可把植物分成若干种类型，主要有长日照植物、短日照植物和日中性植物。虽然当时加纳尔人为地假定12 h为长日植物和短日植物能否开花的临界日长（critical day length），即指诱导短日植物开花所需的最长日照时数，或诱导长日植物开花所需的最短日照时数。但现在已经明确这种人为假定是错误的。长日照植物和短日照植物的区别不是在于它们对日长要求的绝对数值的长短，而是在于它们对日长要求有某一最低或最高的极限日照。也就是说，长日照植物要求有一个最低的极限日照，它们不能在比这个极限日照更短的日照下开花；而短日照植物要求有一个最高的极限日照，它们不能在比这极限日照更长的日照下开花。并且，这个时数不是12 h。例如，长日照植物菠菜的临界日长为13 h，即它至少要得到13 h的光照才能开花，短于13 h不能开花，长于13 h可以促进开花；相反，短日照植物北京大豆（中熟种）的临界日长为15 h，即它开花需要的日长不能超过15 h，长于15 h不能开花，短于15 h可以促进开花。它们对一定日长的要求是绝对地严格（表6－3）。

表6－3　几种长日照植物和短日照植物的临界日长

植物名称	临界日长/h
长日照植物：菠菜	13
二色金光菊	10
白芥	约14
小麦	>12
短日照植物：一品红	12.5
苍耳	12.5
菊花	15
水稻	12～15

因此，长日照植物（long day plant，LDP）是指一天中日长等于或长于临界日长条件下开花或促进开花的植物。短日照植物（short day plant，SDP）是指一天中日长等于或短于临界日长条件下开花或促进开花的植物。此外，还有一类植物对日长的要求范围很广，在任何日长下均能顺利开花，这类植物称日中性植物（day neutral plant，DNP）。如番茄、黄瓜、茄子、菜豆以及其他一些一年四季都能开花的植物。

植物开花对光周期的要求，是其祖先长期对环境适应而形成的一种特性。由于地球公转，地球上各纬度(除赤道外)的昼夜长度在一年内呈有规律的变化。以北半球不同纬度地区昼夜长短的季节变化(图6-24)为例,可以看出日照在夏至最长,在冬至最短,在春分和秋分各为12 h。在低纬度地区(我国南方)没有长日条件;在高纬度地区(我国东北地区)有长日条件,但短日时气温已低;在中纬度地区(我国北方),既有长日条件,又有短日条件,并且在夏季和秋季都有合适的温度。因此,在低纬度地区只有短日照植物,在高纬度地区只有长日照植物,而在中纬度地区长日照植物和短日照植物都有。

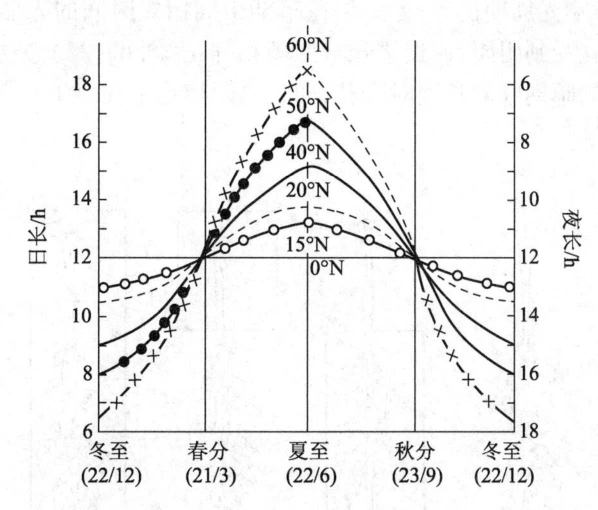

图6-24 北半球不同纬度地区昼夜长短的季节变化(自潘瑞炽等)

(二)光周期诱导

植物在适宜光周期的处理下,就可以诱导开花,并且可以长期保持着这种诱导效果。光周期处理产生的诱导开花效应称为光周期诱导(photoperiodic induction)。不同植物需要适宜光周期诱导的周期数(即光周期处理的天数)是不相同的。例如,短日植物苍耳的临界日长为15.5 h,只需要1个光诱导周期,即1个循环的15 h光照及9 h的黑暗就可以开花。其他植物,如大麻需4个,胡萝卜需15 ~20个,菊花需12个等。这是最低的光诱导周期天数,少于这个天数就不能诱导开花;多于这个天数,花诱导的效果更好,花形成提前,花的数目增多。图6-25示光周期诱导次数与苍耳开花品质与数量的关系。各种植物光周期诱导的天数也随植物的年龄和环境条件,特别是温度、光照度及日照长度而有所改变。

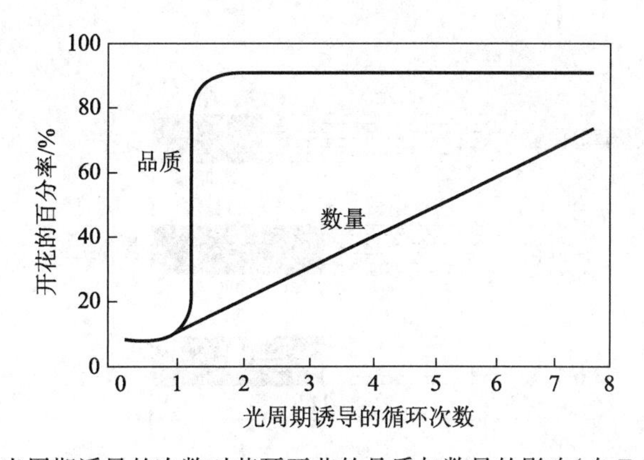

图6-25 光周期诱导的次数对苍耳开花的品质与数量的影响(自Taiz和Zeiger)

叶片是感受光周期刺激的部位。这可用对短日照植物菊花的4种处理来证明,结果是只要叶片处于短日条件下,不管茎顶端是在短日还是长日条件下,都可以开花(图6-26)。叶片获得的光周期刺激信号传导到茎尖分生组织,也可以通过嫁接传导给未经历光周期诱导的植株,引起开花。

叶片对光周期的敏感性与叶片本身的发育程度有关。幼叶和衰老的叶片敏感性差,叶片长到最大时,其敏感性也最高。不同植物开始对光周期表现敏感的年龄也不同,大豆在子叶伸展时期,水稻在7叶期前后,红麻在6叶期等。以后随年龄的增加,光周期诱导所需的时间也变短。

(三)光暗交替的重要性

为了研究光周期现象中光期和暗期的作用,人们又做了多种实验。人们发现,如果在光期中用短时间的黑暗打断光期,并不影响光周期诱导;但如果在暗期中间用短时间的光照打断暗期,则会使短日照植物继续营养生长。使开花受到阻碍,而促进长日照植物开花(图6-27)。这说明不管光期的长短,短日照植物只有在超过一定的暗期临界长度时开花,而长日照植物是在短于一定的暗期临界长度时开花。即暗期比光期更为重要。

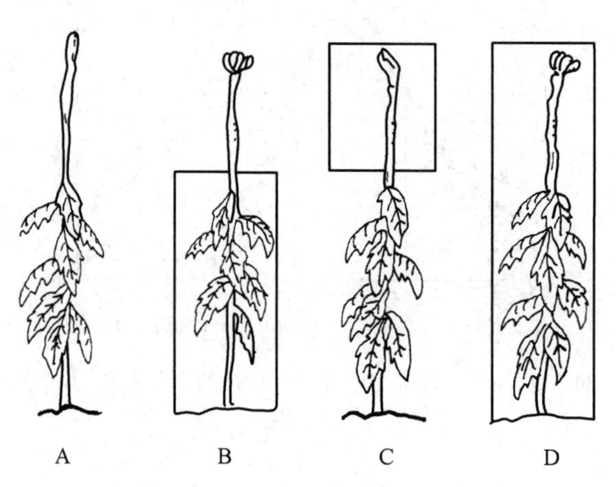

图6-26　给短日照植物菊花的叶子和茎顶端以不同的光周期处理对开花的影响(自潘瑞炽等)

A. 全株处在长日条件下,不开花　B. 叶子处在短日条件下(即每天用黑罩把叶子罩一段时间,造成短日条件),茎顶端在长日条件下,开花　C. 叶子在长日条件下,茎顶端在短日条件下,不开花　D. 全株处在短日条件下,开花

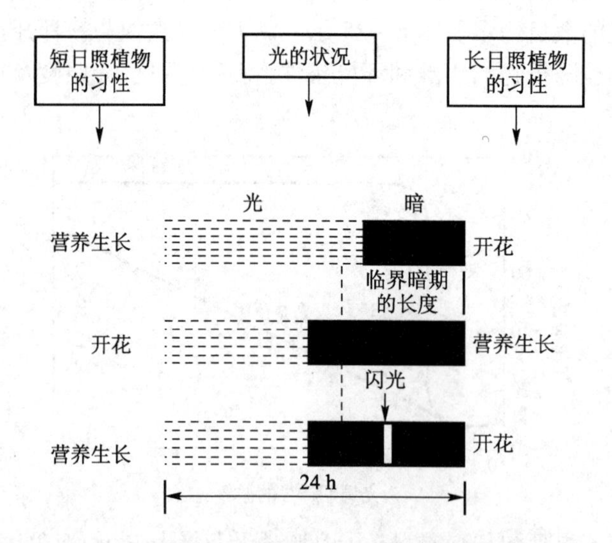

图6-27　暗期的闪光间断对短日照植物和长日照植物诱导开花的作用(自周燮等)

在自然条件下,由于1天24 h的光暗循环,光期长度和暗期长度是互补的。因此,有临界日长,必然有对应的临界夜长。用人为地改变暗期长度的方法也可观察到临界夜长的存在。临界夜长是指光周期中长日照植物能开花的最大暗期长度或短日照植物能开花的最小暗期长度。因此,短日照植物又称

长夜植物，其暗期长度长于临界夜长时开花；而长日照植物又称短夜植物，其暗期长度短于临界夜长时开花。应该说明的是，光期对短日照植物也是有作用的，光期可供应光合作用的能量来源，增强光合作用，增加花的数量。

（四）红光和远红光的可逆现象

为了研究光质在光周期诱导中的作用，人们用不同波长的光进行暗期间断实验（图 6－28）。结果发现，无论怎样抑制短日照植物开花，都是红光最有效。如果在红光照射以后再用远红光照射，就不能发生暗期间断的效果。也就是说，红光的作用可以被远红光所抵消。这个反应可以反复逆转多次，而开花与否决定于最后照射的是红光还是远红光。由此可以看出，对短日照植物来说，红光不能使植物开花，而远红光能使植物开花；对长日照植物来说，红光能使植物开花，而远红光不能使植物开花。红光和远红光这种对开花的可逆现象与植物体内存在的光敏色素有关。

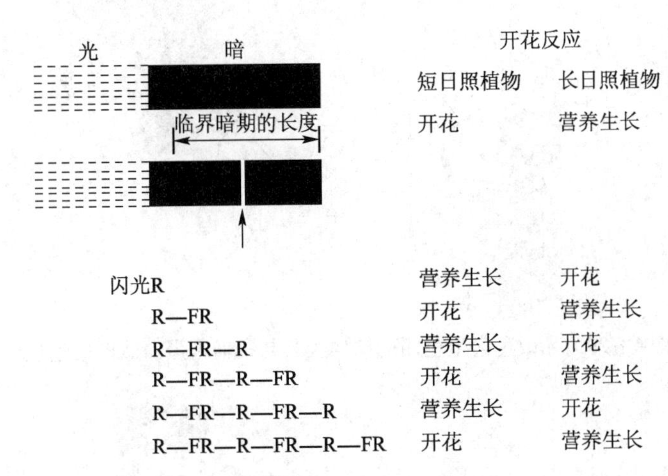

图 6－28　红光和远红光对短日照植物和长日照植物开花反应的可逆控制（自潘瑞炽等）

三、光受体

从以上章节的讨论可知，光对植物的影响主要有两个方面，一是作为绿色植物光合作用必需的能源，二是作为生长发育的信号调节植物的整个生长发育，以更好地适应外界环境。前者需要的能量高，后者需要的能量低，因此，植物光合作用和生长发育对光吸收的物质是不同的。用不同波长的光照射植物的实验表明，植物生长发育对光谱中某些区域的光高度敏感，如 UV－B 射线（280～320 nm）、UV－A 射线（320～380 nm）、蓝光（380～500 nm）、红光（620～700 nm）和远红光（700～800 nm）等。植物在进化过程中，完善地发展了对光感受的受体系统，不同的受体感受光的波长不同。根据研究，植物的光受体可以分为 4 类，即光敏色素（phytochromes），主要感受红光和远红光；隐花色素（cryptochromes）和 NPH1（nonphototropichypocotyl 1）受体，感受 UV－A 和蓝光；以及尚未确定的 UV－B 受体。

（一）光敏色素

光敏色素是一种易溶于水的色素蛋白质，相对分子质量 2.5×10^5。光敏色素是由 2 个亚基组成的同源二聚体，每个亚基分别由生色团和脱辅基蛋白质组成。其生色团的化学结构由排成直链的 4 个吡咯环构成，与胆色素的胆绿素结构相似，相对分子质量 612，以共价键与蛋白质部分相连（图 6－29）。光敏色素主要以两种形式存在。一种是红光吸收型（Pr），吸收高峰在 666 nm；另一种是远红光吸收型（Pfr），吸收高峰在 730 nm（图 6－30）。白天光照下，Pr 型吸收红光后转变为 Pfr；黑暗条件下，Pfr 可逆转为 Pr。或者，在红光照射下，Pr 转变为 Pfr；在远红光照射下，Pfr 可很快转变为 Pr。这是由于生色团吸收光后，吡咯环 D 的 C15 和 C16 之间的双键旋转，进行顺反异构化，从而引起 4 个吡咯环构象的变化，并带动脱辅基蛋白质的构象变化(图 6－29)。

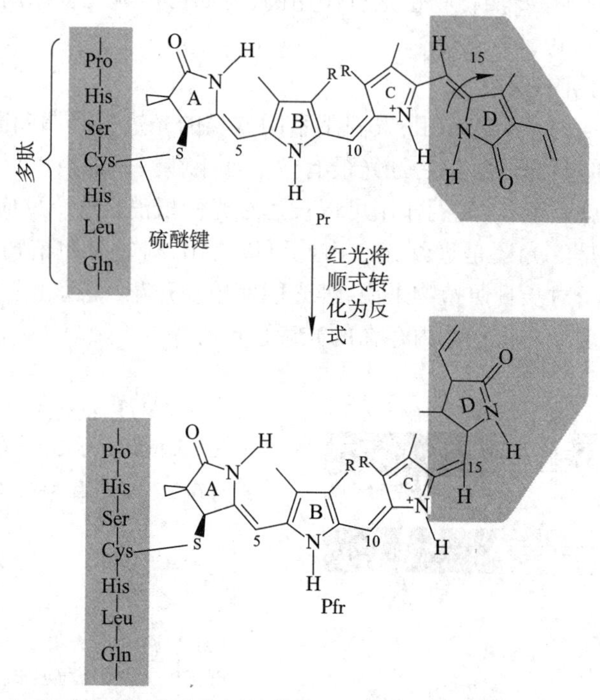

图 6－29　光敏色素生色团的结构及其与脱辅基蛋白肽链的连接

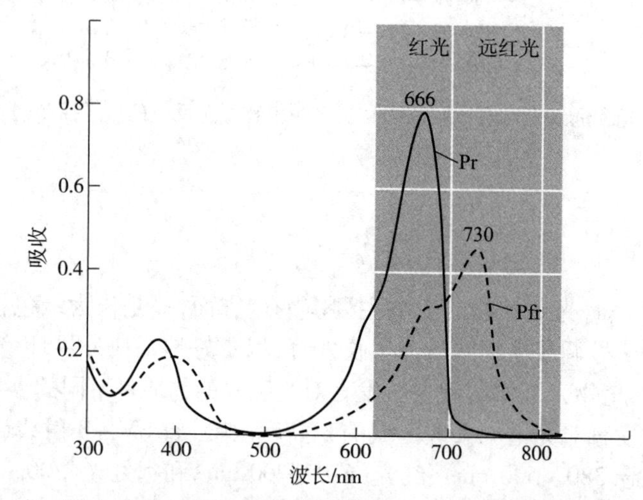

图 6－30　光敏色素的吸收光谱(自 Vierstra 和 Quail)

光敏色素几乎存在于高等植物的所有部分,根、茎、叶、花、果实和种子中都存在,但分生组织中含量较高。并且黄化幼苗中光敏色素的含量要比绿色组织中高 1 个数量级,为10^{-7} ~10^{-6} mol/L。在细胞中,它主要分布在膜系统(质膜、核膜、叶绿体膜等)上。

编码光敏色素蛋白的基因属于多基因家族。拟南芥有 5 个光敏色素基因,即 *PHYA*、*PHYB*、*PHYC*、*PHYD* 和 *PHYE*。根据它们对光的稳定性,分为两类。*PHYA* 是光不稳定的光敏色素,在黑暗条件下大量转录,并以 Pr 形式大量积累;光照条件下,Pr 转录被抑制,所以 Pr 转化成 Pfr 后,部分 Pfr 迅速被泛素蛋白降解,致使光敏色素 A 水平降低约 100 倍。光敏色素 B－E 是光稳定类型,在光照和黑暗条件下,这些基因的转录水平及其蛋白质产物水平均相同,它们的 Pr 和 Pfr 形式都是稳定的。Pfr 一旦形成,经过一系列信号转导和放大,产生生理效应(图 6－31)。

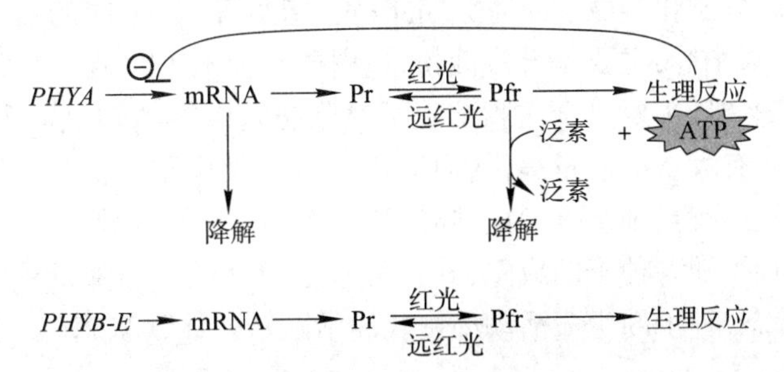

图 6－31　两类光敏色素的转化及其引起生理反应的途径(自 Taiz 和 Zeiger)

对突变体的研究表明,PHYA 与隐花色素 CRY2 调节拟南芥对光周期的反应,因拟南芥突变体对光周期的反应减弱,在长日照下延迟开花。PHYB 对长日植物和短日植物的开花有抑制,因其突变体开花提前。

(二) 光敏色素的作用

Pr 与 Pfr 的相互逆转影响植物的开花、种子的萌发、块茎和块根的形成;影响膜的性质和功能、叶绿体的发育和运动;并且参与糖、蛋白质和核酸等的代谢。有人甚至说:在植物的个体发育过程中无时无刻不存在着光敏色素的作用。现以诱导开花为例讨论其作用。光敏色素诱导成花与 Pr 型和 Pfr 型的互相转化有关。一般认为,Pfr/Pr 值低有利于短日照植物开花刺激物质的形成,Pfr/Pr 值高有利于长日照植物开花刺激物质的形成。因此,在光期结束时,由于 Pfr 占优势,Pfr/Pr 值高,故有利于长日照植物开花;当转入黑暗时,由于 Pfr 暗逆转为 Pr 或 Pfr 破坏,Pfr/Pr 值会逐渐降低。特别是在暗期过长时,Pfr/Pr 的比值更会明显下降。这样就有利于短日照植物开花。这里,Pfr/Pr 值降到某一临界值所需的时间,实际上就是临界夜长。

(三) 蓝光受体

研究最为广泛的蓝光受体是隐花色素和向光素。大多数双子叶植物含有两种隐花色素(CRY1、CRY2)和两种向光素(PHOT1、PHOT2)的基因。隐花色素定位在细胞核内,其生色团可能是黄素腺嘌呤二核苷酸(FAD)和蝶呤(pterin),经蓝光照射发生磷酸化后才有活性。隐花色素在种子萌发中去黄化以及在光周期诱导开花和调节昼夜节律等生理活动中起作用。向光素是一种膜结合的蛋白激酶,其生色团是黄素单核苷酸(FMN),具有调节植物的趋光性、叶绿体运动、气孔开放、叶伸展以及抑制黄化苗的胚轴伸长等生理作用。

第五节　植物的成熟、衰老及其调控

花的出现标志着植物体已从幼年期进入成熟期。在这一时期里,随着雌、雄生殖器官的发育成熟,植物开始传粉、受精和形成果实、种子,并继而衰老死亡,从而完成植物的个体发育。

“植物的繁殖”一章中已介绍了雌、雄性生殖器官的结构和功能、受精作用以及种子和果实的形成等。这里再介绍种子和果实成熟时的生理、生化变化。它们不仅关系到下一代的生长发育,即植物的系统发育,而且直接决定作物和果树等的产量和品质。

一、种子的成熟及调控

种子的成熟过程,实质上就是胚从小长大,以及营养物质在种子中变化和积累的过程。在种子成熟期间,植物营养器官中的营养物质以可溶性的低分子化合物(如葡萄糖、蔗糖、氨基酸等)的状态运往种子，在种子中进而转变为高分子化合物（如淀粉、蛋白质、脂肪等）。不同的植物，其合成的过程有所不同。淀粉类种子，如小麦、水稻等，主要是合成淀粉；蛋白质类种子，如豌豆、大豆等，主要是合成蛋白质；脂肪类种子，如芝麻、向日葵等，主要是合成脂肪。不过脂肪是由糖类转化而来的（图 6－32）。在这些有机物合成的过程中，需要有大量的能量提供，而能量是由呼吸作用提供的。因此，伴随着有机物的合成，呼吸作用也极其旺盛。只有当种子接近成熟时，呼吸作用才明显急剧下降（图 6－33）。种子含水量的变化与有机物的积累相反，随着种子的成熟，其含水量逐渐降低。当降低到一定程度以后，原生质也由溶胶状态转变为凝胶状态，种子的生命活动亦由代谢活跃转入休眠状态。

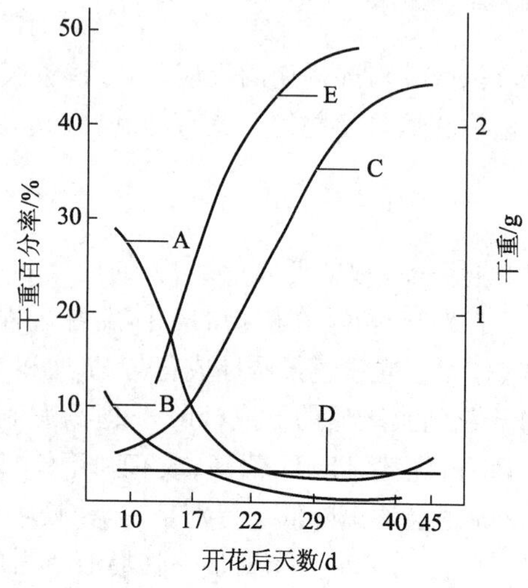

图 6－32 油菜种子在成熟过程中所含各种有机物的变化情况（自潘瑞炽等）

A. 可溶性糖 B. 淀粉 C. 千粒重 D. 含氮物质 E. 粗脂肪

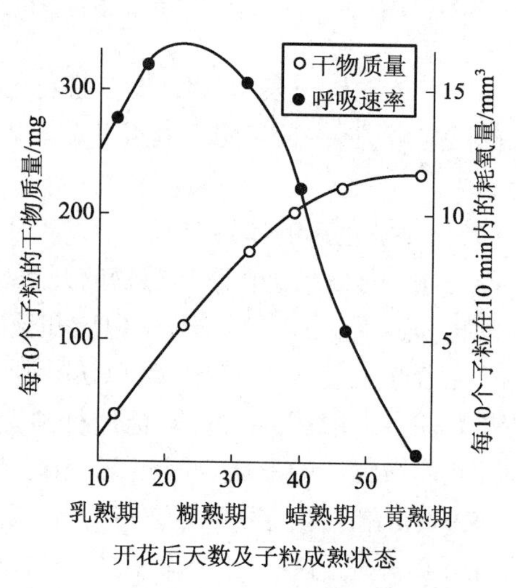

图 6－33 水稻种子在成熟过程中干物质及呼吸速率的变化（自潘瑞炽等）

种子成熟过程中的这些变化受多种植物激素的调控。如小麦种子受精后到收获前一周，子粒内 GA 和 IAA 含量的增加正好与有机物向子粒的运输、转化和积累有关；而子粒成熟时，ABA 的增加又正好与抑制胚的生长、促进子粒休眠有关。

各种外界条件都会影响种子的成熟过程和种子的化学成分。在成熟期间，天气晴朗、空气湿度较低、土壤水分保证供应的条件下，有利于种子中营养物质的积累，也有利于成熟后期的种子脱水。如遇到阴雨连绵的天气，由于光照弱、温度低，使光合作用和有机物的运输速率都下降，再加上湿度大、蒸腾作用弱，种子内的水分不易向外散失，因此成熟期延迟。相反，如遇到干旱少雨的天气，则会由于温度高、水分少，使光合作用和有机物的运输受到抑制，再加上体内水分的极度亏缺，因此成熟期会提前。干旱时，由于可溶性糖来不及转换成淀粉，而对蛋白质的合成过程影响较少，因此，北方小麦蛋白质含量比南方小麦相对要高。适当的低温有利于油脂的合成而降低蛋白质的含量，因此，海拔较高或纬度较高地区生产的油料种子能产生较好的干性油（涂在木器上易形成有韧性的固态薄膜），东北的大豆也因此而含油量较高（表 6－4）。

表 6－4 不同地区小麦蛋白质含量及大豆含油率的变化

作物	化学成分（/% 干重）	杭州	南京	济南	北京	公主岭	克山
小麦	蛋白质含量	11.7		12.9	16.1		19.0
大豆	含油率		16.4	19.0		19.6	

二、果实的成熟及调控

被子植物受精后子房生长发育成为果实。有人把这段果实生长发育的过程称为成熟(maturation)，但这常常只称为生长过程。果实的生长和营养器官的生长一样，具有生长大周期。有些果实，如苹果、番茄、草莓等的生长呈S型生长曲线；也有些果实，如桃、杏、樱桃等的生长呈双S生长曲线。在果实进行生长的同时，从营养体运来的可溶性糖及氨基酸等不断地运往果实组织，一部分将作为呼吸的原料而被消耗掉，一部分将转化成淀粉、果胶、脂肪等而储存在果实内。当果实体积长到应有大小的时候，生长就会停止，这些营养物质的累积也基本结束。

对于肉质果实而言，生长停止时的果实生硬酸涩，没有甜味也没有香味，处于不可食的状态。只有经过一段时间的变化以后，果实方可转化为可食状态。由于这一转化过程与人们的生活密切相关，所以特别把充分成长的果实从不可食的状态转变成可食状态的过程称为后熟(after-ripening)。

肉质果实成熟时所发生的生理变化主要集中在物质的转化上。淀粉在淀粉酶的作用下转化成可溶性糖(桃中多转化为蔗糖，葡萄中多转化为葡萄糖和果糖)；有机酸(苹果酸、柠檬酸、酒石酸等)转变为糖或作为呼吸作用的底物而被消耗；果胶在果胶酶的作用下分解为果胶酸和半乳糖醛酸等；一些单宁物质也分解或凝结成不溶性的物质。

伴随着这些物质的变化，果实也会变软、变甜。由于脂质物质的转化，还会产生一些特殊的香味，香蕉的香味主要是乙酸戊酯产生的，橘子的香味主要是柠檬醛产生的。除此以外，绿色的果实还将转变为黄色、红色和橙色。

果实成熟过程中的这些物质的转化与光照及温度等都有密切的关系。在阳光充足、气温较高及昼夜温差较大的条件下，果实中糖分多而含酸量少。新疆吐鲁番的哈密瓜和葡萄很甜就是这个道理。在夏凉多雨的条件下，果实中糖分相对就会减少，而含酸量会增加。

在这些物质变化的同时，果实的呼吸强度常常有些特殊的变化。人们发现，有些果实在成熟的初期，呼吸强度下降；但下降一段时间以后，呼吸强度又突然会有明显的升高；而后再次下降，果实进入完全成熟，最后衰老死亡。呼吸强度突然明显地升高称为呼吸跃变。香蕉、梨、苹果等的果实都是具有呼吸跃变的果实。处于高峰时的呼吸强度为跃变前的3～5倍，个别的可高达10倍。但也有些果实在成熟的过程中没有呼吸强度明显上升的现象，即没有呼吸跃变。柑橘、柠檬、葡萄、草莓等的果实都是没有呼吸跃变的果实，在其成熟期间，果实的呼吸强度一直逐渐下降(图6－34)。有呼吸跃变的果实都含有复杂的贮藏物，如淀粉等，在其成熟时，贮藏物质发生强烈的水解作用，故其呼吸强度突然升高。而没有呼吸跃变的果实成熟时，呼吸作用是利用原有的可溶性物质，不发生贮藏物质的水解作用，故其呼吸强度随着可溶性物质的消耗而逐渐下降。

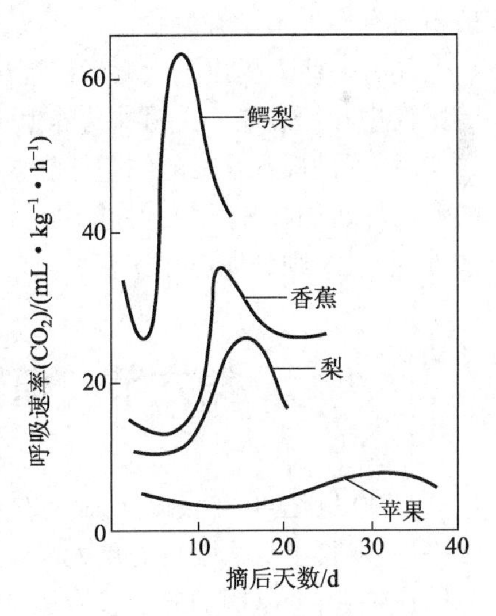

图6－34 几种果实成熟过程中的呼吸跃变(自潘瑞炽等)

研究指出，跃变型果实在呼吸跃变出现前或出现时，果实内乙烯的含量有明显上升。由于乙烯可增加果皮细胞的透性，加强果实内部的氧化过程，促进果实的呼吸作用等，故认为乙烯是果实成熟激素。还有人指出，在跃变型果实的成熟过程中，先发生ABA的积累，并由ABA诱发乙烯的自动催化生成作用，进而促进果实的成熟与衰老。在非跃变型果实中，ABA则可促进果实的成熟。

许多肉质果实呼吸高峰的出现，标志着果实成熟达到最宜食用状态，同时也标志着果实已开始衰老,不耐贮藏。在实践上,可调节呼吸跃变的出现以延迟或提前果实的成熟。例如,采用低温、降低氧浓度、提高二氧化碳浓度等可推迟果实的成熟;而温水浸泡可使柿子脱涩,熏烟可使香蕉提前成熟。采用喷施乙烯的方法,更可以促进许多果实的成熟。

三、植物的衰老及调控

植物的衰老是指植物某一个器官或整个植株的生命功能衰退,并最终导致死亡的过程。衰老是死亡的前奏,它总是先于某一个器官或整株的死亡,所以衰老应该看作是导致死亡的最后发育阶段。衰老是不可避免的,但认识衰老的原因,设法推迟衰老的进程,则是可能的。

植物的衰老可发生在整株水平上,如一年生或二年生植物在开花结实以后,全株留下果实或种子,整个植株便衰老死亡;也可发生在器官水平上,如多年生木本植物的茎和根能生活多年,但叶、花、果每年同时或逐渐衰老脱落;甚至也可发生在细胞水平,某些细胞在细胞分化时衰老死亡,如导管分子、厚壁细胞等。

不论哪种水平的自然衰老,就其生态适应和内部生理功能而言都具有积极的生物学意义。一年生植物以其休眠的种子度过严冬,使植物的系统发育得以延续的意义不言自明。温带落叶树冬前的叶片脱落,则可最大限度地减少蒸腾面积,并可有效地保证营养物质的转移。而导管分子的死亡,可形成输导水分的空细胞,有利于水分的运输。所以植物的衰老对于植物的生存和延续都具有意义。

产生衰老的原因目前还不很清楚。但很早以前就观察到植物的衰老与有性生殖有关。例如,一些一次性结实的植物如果不开花结实,可较长期地生活,一旦开花结实就死亡。龙舌兰是突出的例子,不开花可活 100 年以上,故称世纪植物;一旦开花结实植株就衰老死亡。因此,有人认为植物的衰老是由于有性生殖耗尽了植株营养所引起的,并称为营养亏缺理论。但这个理论并不能说明一些问题,如供给已开花结实的植株充分营养,也无法使植株免于衰老死亡。一些多次结实的植物,其整株的衰老死亡一般也与有性生殖没有关系。

还有一些人提出了激素调控理论,认为细胞分裂素和赤霉素等可以延缓叶片衰老,而脱落酸和乙烯等则促进叶片衰老。在植株营养生长时,根系合成的细胞分裂素运往叶片,推迟了植株衰老;而当开花结实时,则是根系合成的细胞分裂素减少,叶片得不到足够的细胞分裂素,并且花和果实中产生的脱落酸和乙烯运往叶片,因而促进了叶片衰老。用激动素和赤霉素处理叶片,亦可延缓叶片衰老;而用脱落酸处理叶片,则是促进叶片衰老。

第六节 植物生长发育中基因的表达与调控

自 20 世纪 40 年代以来,随着生物化学与生物物理学的兴起,植物生命活动的研究逐渐深入到分子水平,并取得了令人瞩目的重大成就。到目前为止,这些成就主要有:① 20 世纪 40 年代确定了遗传信息的携带者,即基因的分子载体是 DNA 而不是蛋白质,从而明确了遗传的物质基础。② 20 世纪 50 年代揭示了 DNA 分子的双螺旋结构模型和半保留复制,从而解决了遗传物质的自我复制和传递。③ 20 世纪 60 年代前后,相继提出"中心法则"和操纵子学说,并成功地破译了遗传密码,从而阐明了遗传信息的流向和表达。基于这些认识,可以认为:在植物细胞染色体上排列着为数众多、结构与功能各异的基因。有的研究者依其功能的差异,可将基因分成结构基因(参加细胞酶的催化反应或结构功能所需要的蛋白质的编码基因)、调节基因(其产物参与调节其他基因活性的基因)和操纵基因(使结构基因转录活性得以抑制的特定 DNA 片段)。生活着的植物,正是这些基因通过一系列复杂的转录与转译,表现出和谐的生命功能,产生出自己编码的 RNA 与蛋白质。它们不仅为植物提供重要的生命物质,同时,也正是这些产物决定了植物的固有形态与生理特性,并能在不同的环境条件下表现出不同的特点。

通过果实成熟的基因表达调控,也许可以大概了解高等植物生长发育过程中基因的表达和调控。植物生理学家的研究认为,果实的成熟是一个复杂的发育过程,乙烯是诱导果实成熟的激素。乙烯合成的直接前体是1-氨基环丙烷基-1-羧酸(ACC),在ACC合成酶的催化下生成ACC,在乙烯形成酶的催化下由ACC转化成乙烯。分子生物学的研究表明,当乙烯合成的限速酶ACC合成酶的反义基因导入到番茄植株中,反义基因就几乎完全控制了ACC合成酶的合成。这时,乙烯合成的99.5%被抑制,乙烯的释放水平低于0.1 nL/(g·h),果实也就不能正常成熟。这种反义ACC合成酶转基因果实,在大气中或植株上可保存90~120 d,并且很难变红、变软,果实的成熟明显推迟。在用反义RNA技术获得转乙烯形成酶反义基因番茄果实中,人们亦发现乙烯的合成被抑制达97%,果色变淡,且更耐贮藏。这种以基因工程的方法将ACC合成酶和乙烯形成酶的反义基因导入正常植株,以获得乙烯合成缺陷型植株的方法,目前已迅速推广到芒果、桃、苹果、梨、草莓、香蕉和橘子等水果中。这种技术目前正在进一步地改进和完善。例如,将反义基因接在可调控的启动子之后再转入植物,就可以通过改变植物的内、外部条件控制反义基因的开和关。当想使果实推迟成熟时,就启动反义基因的表达,阻止乙烯产生;当需要果实成熟时,就改变某种条件,关闭反义基因,于是乙烯合成,果实发育成熟。

可以看出,基因只在特定的组织中表达,只在特定的发育阶段表达。它们不仅受植物体内在的生命节奏的控制,也受环境条件的影响。因此,植物的生长发育是植物体在多种代谢和生理过程的基础上所发生的基因在时间和空间上表达的综合现象。

特别值得提出的是用于研究植物发育基因调控的著名模式植物拟南芥,通过对它的分子遗传学的研究已经揭示出植物生命过程中基因调控的机制(详见本章窗口)。

模式植物拟南芥

拟南芥[*Arabidopsis thaliana*(L.)Heynh.]是一种典型的十字花科(Cruciferae)拟南芥属(*Arabidopsis* Heynh.)植物。野生状态下为二年生草本。该植物茎直立。基生叶呈莲座状,有叶柄,叶片表面具叉状毛。花白色。角果线形。拟南芥植株很小,成熟个体一般株高约15 cm。现在已经成为进行分子遗传学研究的模式材料。在实验中,很小的空间可以培养大量的植株,甚至在培养器皿中也可以完成生命周期。拟南芥一般要求22℃条件下生长。光周期一般要求16 h光照,8 h黑暗。现在室内培养是将种子直播于营养土、蛭石、素砂按体积比1:1:1均匀混合的培养介质中,覆膜5 d。在22℃、人工光照(白色荧光灯,16 h光照,8 h黑暗,光照度为63 $\mu E \cdot s^{-1} \cdot m^{-2}$)和空气相对湿度为65%的培养间中培养。这种培养方法培养的拟南芥成活率高,生长健壮,生长发育进程快且整齐。因此改进后的方法是培养实验用拟南芥的简便易行且效果好的方法。

拟南芥是典型的自交繁殖植物。因此,经过人工诱变或者转基因获得的子代群体中较容易获得变异株或转基因植株的纯合子。而且根据遗传分析的需要,人工杂交也容易完成。另外,拟南芥种子产量较高,一般单株可产生种子上万粒,很容易扩增变异株或转基因株系的种子库。

拟南芥的生长期比较短。种子需2~3 d萌发,1个月就可以开花结果。在遗传分析上可以大为缩短时间,将其作为研究对象可以大大节约时间成本。

此外,拟南芥的形态发生和个体发育的过程也已经有较为详尽的描述,从而为寻找和确定形态变异的植株,进而分析相关基因的功能打下基础。

遗传学上,拟南芥较容易经人工诱导产生遗传变异。至今,通过物理(如射线)、化学(如EMS诱变)及生物(如农杆菌介导的T-DNA插入)等手段进行人工诱变处理,已经获得大量发生在不同基因位点的遗传变异的突变体。相关基因可以通过图位克隆等方法分离。

拟南芥还具有独特的分子生物学特性。在目前已经了解的高等植物基因组中,拟南芥的核基因组最小,其单倍体基因组由5条染色体组成,其染色体数量仅是玉米基因组的1/20。由于拟南芥基因组小,使得其基因文库的构建、筛选等过程变得简便、快速,同时可以大量节约成本。而且由于其基因组小,基因组中含有的高度重复序列、中度重复序列以及低度重复序列的比例也较低。这为获得表型差异较为明显的突变体提供了便利。这有利于利用拟南芥作为遗传转化的受体,进而获得相关基因功能方面的信息。

由于拟南芥具有上述许多特性,使它必然地成为了植物生物学家眼中的“果蝇”。在此基础上,结合突变体技术,一些控制植物生长发育及环境应答的基因被克隆鉴定,为植物分子生物学的研究提供了新的视野。迄今为止,已经有大量的调控植物生长发育及对外界环境应答的基因从拟南芥中被克隆出来。其中,有调控花发育的ABC模型中的许多基因,如*AP*、*CAL*、*AG*、*PI*等*MADS* box类基因,以及参与营养分生组织和花分生组织决定的基因*LFY*、*EMF*等。在拟南芥中参与光周期调控的基因*CCA1*、*LHY*、*TOC1*等也被克隆分离出来。其他如参与逆境胁迫的一些基因也利用拟南芥突变体获得了重要进展,如*PKS*基因家族、*SOS*基因家族等。

拟南芥被广泛用于植物遗传学研究具有重大意义,对农业科学、进化生物学和分子药物学等领域的发展都有重要影响。鉴于此,科学家们早在20世纪90年代就开展了拟南芥的基因组测序工作。拟南芥的全基因组测序已经于2000年12月完成。拟南芥是首个被测序的模式植物,也是已经揭示所有基因的第1个高等植物。拟南芥全基因组包含约1.3亿个碱基对,2.5万个基因,其中约有5%的基因为转录因子相关基因。拟南芥基因组的碱基序列图精确度极高,每2万个碱基中只有1个错误,而且几乎没有碱基间的空缺,是迄今所有基因组图谱中最精确的一个。拟南芥基因组测序的完成使人们更容易地利用生物信息学和分子生物学技术去克隆基因,有可能利用基因芯片等高通量大规模分析技术进行植物功能基因组的研究,也推动了植物蛋白质组学的研究。无疑,利用多学科先进技术对拟南芥基因组的结构和功能进行研究会推动人们对其他高等植物生命过程的理解。利用拟南芥作为分子遗传学材料研究植物生命过程的基因调控机制,对于人们全面理解整个植物生命现象具有重要意义。

参考文献

[1] Weigel D, Alvarez J, Smyth D R, et al. *LEAFY* controls floral meristem identity in *Arabidopsis*. Cell, 1992, 69(5): 843-859.

[2] Yang C H, Chen L J, Sung Z R. Genetic regulation of shoot development in *Arabidopsis*: role of the *EMF* genes. Development Biology, 1995, 169: 421-435.

[3] Rounsley S D, Ditta G S, Yanofsky M F. Diverse roles for *MADS* box genes in *Arabidopsis* development. Plant Cell, 1995, 7(8): 1 259-1 269.

[4] 李俊华,张艳春,徐云远,等. 拟南芥室内培养技术. 植物学通报, 2004, 21(2): 201-204.

[5] 许智宏,刘春明. 植物发育的分子机理. 北京:科学出版社, 1998: 225-227.

(种康 研究员 中国科学院植物研究所)

思考与探索

1. 植物激素的主要生理功能各有哪些?
2. 哪些生长现象存在植物激素的相互作用?
3. 植物的生长有哪些特点?
4. 怎样调节植物生长的相关性?
5. 查阅文献资料,了解现在用激素、光、温度和基因等在调控植物生长发育中实际应用的情况,并在理论机制上进行初步分析。从中对你有何启发?
6. 植物运动的种类、表现和调节机制有什么不同?
7. 春化作用对农业生产有何意义?
8. 长日照植物、短日照植物和日中性植物的开花诱导对红光和远红光的反应有何差异?
9. 光敏色素有哪两种存在形式?它们怎样调节种子萌发和开花的光周期诱导?

10. 在种子和果实成熟以及植物衰老过程中,植物有哪些调节因素和生理、生化变化?
11. 试述植物生长发育中基因的表达与调控。
12. 进一步查阅文献,试分析模式植物拟南芥对研究植物生长和发育的调控机制有何重要意义。现在已经取得了哪些重要成果?

数字课程学习

重难点解析　教学课件　视频　相关网站

第七章

生物多样性和植物的分类及命名

内容提要 本章简述了生物多样性的概念、主要层次、与人类的关系，以及当前生物多样性受到的威胁和物种灭绝的状况，并介绍了中国生物多样性的5个突出特点。本章的另一重要内容是介绍了植物分类的方法、植物分类的单位和阶层系统，以及对植物命名的双名法。本章进一步重述了作者关于植物界的范畴和主要植物类群的意见。

第一节 生物多样性的含义和重要性

生物多样性(biodiversity,biological diversity)是描述自然界多样性程度的内容十分广泛的概念。现在人们对其定义有多种，一般可以概括为“地球上所有的生物(动物、植物、真菌、原核生物等)、它们所包含的基因以及由这些生物与环境相互作用所构成的生态系统的多样化程度”。生物多样性包括多个层次或水平，如基因、细胞、组织、器官、种群、物种、群落、生态系统、景观等。每一层次都具有丰富的变化，即都存在着多样性，其中研究较多、意义较重要的主要有3个层次，即遗传多样性(genetic diversity)、物种多样性(species diversity)和生态系统多样性(ecological system diversity)。遗传多样性亦称基因多样性，广义的概念是指地球上所有生物所携带的遗传信息的总和，狭义的概念是指种内个体之间或一个群体内不同个体的遗传变异的总和(陈灵芝,1994)。物种多样性是指一定地区内物种的多样化。就全球而言，已被定名的生物种类约为140万种(世界资源研究所等,1992)或170万种(Wilson,1985;Tangley,1986;Shen,1987)，但至今对地球上的生物物种数尚未弄清。生态系统多样性是指生物圈内生态系统组成和功能的多样性以及各种生态过程的多样性，包括生境的多样性、生物群落和生态过程的多样化等。其中，生境的多样性是生态系统多样性形成的基础，生物群落的多样化可以反映生态系统类型的多样性。上述3个层次的多样性有密不可分的内在联系，遗传多样性是物种多样性的内在形式，是物种多样性和生态系统多样性的基础，任何一个物种都具有独特的基因库和遗传组织形式；物种多样性则显示了基因遗传的多样性，物种又是构成生物群落和生态系统的基本单元；生态系统多样性离不开物种多样性，这样，生态系统多样性也就离不开不同物种所具有的遗传多样性(葛颂和洪德元,1994)。

生物多样性是人类社会赖以生存和发展的基础，它为我们提供了食物、纤维、木材、多种工业原料等物质资源，也为人类生存提供了适宜的环境。它们维系自然界中的物质循环和生态平衡。总之，生物多样性具有直接价值、间接价值、遗传价值和存在价值，还有巨大的无形价值。因此，研究生物多样性具有极其重要的意义。当前生物多样性已成为全球人类极为关注的重大问题，因为全球环境的恶化以及人类掠夺式的采伐和破坏，生物多样性正在以前所未有的速度减少和灭绝。有人估测从20世纪初到1986年，中南美洲湿润热带森林的砍伐造成15%的植物种灭绝，以及亚马孙河流域12%的鸟类灭绝。如果毁林继续下去，到2020年，非洲热带森林物种的损失可达6%～14%，亚洲可达7%～17%，拉丁美洲可达4% ~9%。以目前的速度砍伐森林,大约有5%的植物和2%的鸟类将灭绝(Reid,1989)。有人保守估计,现在每天都有1个物种灭绝,如不采取有力措施,到2050年将有25%的物种陷入绝境,6万种植物将要濒临灭绝,物种灭绝的总数将达到66万 ~186万种,甚至很多物种尚未命名即已灭绝。一个物种一旦消失,就不会重新产生。1997年,全球5大洲均发生了森林火灾,世界自然保护基金会发表的年度报告指出,1997年是全球有史以来森林火灾最严重的一年,仅在印度尼西亚和巴西两国,就有500万 hm^2 的森林被烧毁。1997年12月开始的巴西北部的火灾,已烧去了该地区12.3% ~16.8%的大草原和森林,许多珍贵动物受到威胁。据印度尼西亚官方消息,1998年印尼东加里曼丹省的森林大火烧毁了44.28万公顷林地。环境专家认为,东加里曼丹省的森林火灾对生物造成了重大损失,一些珍稀植物种灭绝,长期栖息在这里的熊、猩猩、野猪、鹿、猴、刺猬、穿山甲和老虎等稀有动物被烧死或逃至异地,昆虫的种类已大为减少等,其损失令人震惊! 据估计,由于人类活动引起物种的人为灭绝比其自然灭绝的速度至少大1 000倍(Wilson,1988)。

鉴于全球生物多样性日益受到严重威胁的状况,联合国环境规划署(UNEP)于1988年11月召开了生物多样性特设专家工作组会议,以探讨一项生物多样性国际公约的必要性。1992年6月5日,在巴西首都里约热内卢召开了联合国环境与发展大会,153个国家在会议期间于《生物多样性公约》上签了字。该公约的生效时间为1993年12月29日。

中国地处欧亚大陆东南部,位于4°N ~52°N,73°E ~135°E,约有960万 km^2 的管辖领域,气候多样,地貌类型丰富。中国是世界上生物多样性最丰富的国家之一(表7-1),如中国的高等植物种类数仅次于马来西亚和巴西,居世界第3位,约有30 000种。此外,中国的生物多样性还具有特有性高、珍稀和孑遗植物较多、生物区系起源古老以及经济物种很丰富等特点。如中国苔藓植物的特有属为13属,蕨类植物有6属,裸子植物有10属,被子植物有246属(钱迎倩,1998)。中国拥有著名的孑遗植物水杉、银杉、银杏等。同样,中国的生物物种也有不少种类处于濒危状态,据不完全统计,苔藓植物中有28种,蕨类植物中有80种,裸子植物中有75种,被子植物中有826种。据调查,我国的生态系统有40%处于退化甚至严重退化的状态,生物生产力水平很低,已经危及社会和经济的发展。在《濒危野生动植物种国际贸易公约》列出的640个世界性濒危物种中,中国占156种,约为其总数的1/4。中国作为世界三大栽培植物起源中心之一,有相当数量的、携带宝贵种质资源的野生近缘种分布,其中大部分受到严重威胁,形势十分严重,如果不立即采取有效措施遏制这种恶化的态势,中国实现生物多样性保护的可持续发展是不可能实现的(马克平,1998)。为此,加强对生物多样性的研究和保护是全国人民的紧迫任务,更是生物科学工作者的历史使命。

表7-1 世界和中国主要生物类群的物种数

物种类群	世界已知物种数	中国已知物种数	中国物种数占世界物种数的比例/%	资料来源
病毒	1 000	400	8.0	Wilson,1989,《中国生物多样性国情报告》
细菌	26 900	5 000	18.6	《中国生物多样性保护行动计划》
黏菌	500			《植物学》(下册),高等教育出版社,1992
真菌	46 983	8 000	17.0	《中国生物多样性保护行动计划》
地衣	26 000			《中国药用地衣》《真菌学》
蓝藻	2 000	900	45	《中国大百科全书·生物卷》
红藻	4 410	300	6.8	《中国大百科全书·生物卷》
甲藻	1 000	15(淡水) ?(海水)		《中国大百科全书·生物卷》

续表

物种类群	世界已知物种数	中国已知物种数	中国物种数占世界物种数的比例/%	资料来源
隐藻	90	3(淡水) ?(海水)		《中国大百科全书·生物卷》
金藻	1 000	30(淡水) ?(海水)		《中国大百科全书·生物卷》
黄藻	600 370	83	13.8	《中国淡水藻志》第十一卷
硅藻	11 000			《中国大百科全书·生物卷》
褐藻	1 500	250	17	《中国大百科全书·生物卷》
裸藻	1 000	300	30	《中国大百科全书·生物卷》
绿藻	8 600			《中国大百科全书·生物卷》
轮藻	400	152	38	《中国大百科全书·生物卷》 《中国轮藻志》
苔藓植物	23 000	2 100	9.1	《中国大百科全书·生物卷》 《植物学》(下册)
蕨类植物	12 000	2 452	20.43	《中国蕨类多样性与地理分布》
裸子植物	近 800	236	29.5	《中国植物志》(第 7 卷)
被子植物	250 000	25 000	10	《中国大百科全书·生物卷》
原生动物	30 800			Wilson,1989
多孔动物	5 000			同上
腔肠动物	9 000			同上
扁形动物	12 000			同上
线虫	12 000			同上
环节动物	12 000			同上
软体动物	50 000			同上
棘皮动物	6 100			同上
昆虫	751 000	40 000	5.3	《中国生物多样性保护行动计划》
其他节肢动物	123 161			Wilson,1988
小的无脊椎动物	9 300			同上
脊索动物	1 273			同上
无颌类	63			同上
软骨鱼类	843			同上
硬骨鱼类	18 150			同上
两栖类	4 184	279	7.0	《中国生物多样性保护行动计划》
爬行类	6 300	376	6.0	同上
鸟类	9 040	1 186	13	同上
哺乳类	4 000	499	12.5	同上
鱼类	19 056	2 804	14.7	同上

第二节 植物的分类

一、植物分类的方法

(一) 人为的分类方法

植物分类学是植物科学中产生最早和最基本的科学。自从人类有了利用植物的活动,也就有了植物分类知识的萌芽。任何科学的发展都受到当时社会生产力的水平、科学技术的发展水平,以及当时社会的伦理道德观念等各方面的影响和制约。回顾植物分类学的发展史,可以大体将其分成林奈以前(公元前300—公元1753)和林奈以后(1753—现在)两大时期。林奈以前的时期,由于社会生产力水平很低,科学技术水平也低,而且受到"神创论"、"不变论"的思想统治,这一时期的植物分类和分类方法基本上为人为的(artificial)分类方法,其基本特征是根据植物的用途或仅根据植物的1个或几个明显的形态特征进行分类,而不考虑植物种类彼此间的亲缘关系及其在系统发育中的地位。如古希腊的亚里士多德(Aristotle,公元前384—公元前322)将植物分为乔木、灌木和草本三大类;中国晋朝的嵇含(304)撰写的《南方草木状》为我国第一部地方志;明朝李时珍(1518—1593)所著《本草纲目》将所收集的1 000余种植物分为草、谷、菜、果、木5部以及山草、芳草等30类;清朝吴其濬在《植物名实图考》中也将植物分为谷、蔬、山草、隰草、石草、水草、蔓草、芳草、毒草、群芳、果、木12类。代表这一时期分类思想顶峰的为瑞典的林奈,他选择了植物的生殖器官,如雌蕊和雄蕊的数目和形态为特征。即依据雄蕊的特征作为纲的分类标准;依据雌蕊的特征作为目的分类标准;依据果实的特征作为属的分类标准;依据叶子的特征作为种的分类标准。应该肯定,上述的分类方法虽然是人为的,但对人类的生产和生活等实际应用起到了重要作用,并为科学的分类积累了丰富的资料和经验。但是这些方法仍然是不够科学的,其结果可能会给植物分类带来混乱,不符合植物界的自然发生和发展,不能反映植物间的亲缘关系。

(二) 自然的分类方法

植物分类发展的第二个时期即林奈以后的时期,这个时期的最大变化是逐步由人为的分类方法发展到自然的(natural)分类方法。所谓自然的分类方法就是最接近进化理论、最能反映植物亲缘关系和系统发育的方法。这种分类方法是从形态学、解剖学、细胞学、遗传学、生物化学、生态学、古生物学等综合学科进行分类,特别依据最能反映亲缘关系和系统演化的主要性状进行分类。自然分类方法的发展是和达尔文的进化理论分不开的。1859年,达尔文根据他的亲身考察和仔细分析所获得的各种证据,总结了在他之前的一些学者有关生物进化的观点,创立了进化学说,出版了《物种起源》一书,有力地冲击了"神创论"和"不变论"。分类学开始从对物种本身的描述转到了重点描述能反映遗传进化关系的特征,并探讨建立植物界符合自然发展的进化谱系。林奈以后已有许多学者提出了有显著进步的分类方法,其中具有代表性的有柏纳(Bernard)与裕苏(de Jussieu)的分类法,边沁(Bentham)与虎克(Hooker)的《植物志属》(Genera Plantarum),其方法后来为恩格勒(Engler)与柏兰特(Prant)采用于《植物自然分科志》(Naturalichen Pflanzen Familien)内。现代被子植物的主要分类系统有恩格勒(Engler)系统(1897)、哈钦松(Hutchinson)系统(1926)、塔赫他间(Takhtajan)系统(1942)和克朗奎斯特(Cronquist)系统(1958)等。我国著名分类学家胡先骕也曾于1950年提出了一个被子植物的多元系统。这些虽然还只是初步的系统,距离建立起一个较完备的自然进化系统相差很远,而且这些系统间还有很多相反的理论和观点,但它们比起人为的分类系统显然是一个质的飞跃。由于植物界经历了几十亿年的发生发展史,许多种类已经绝灭,因此探讨一个符合自然发展的分类系统是非常困难的,这是一项长期的、多学科的共同任务。关于现代被子植物的四大著名分类系统将在本书第十三章中进行讨论。

二、植物分类的基本单位和阶层系统

植物分类的单位和动物分类一样，主要为界（kingdom）、门（division，phylum）、纲（class）、目（order）、科（family）、属（genus）、种（species），其中，界是最大的分类单位，种是基本的分类单位。

植物的种或物种在植物界中是真实存在的，而且是起源于一个共同的祖先。英国人约翰瑞（Ray John，1627—1705）曾对种定义为“来自相同亲代的许多个体”。现在一般对“种”的含义理解为具有相同的形态学、生理学特征和有一定自然分布区的种群（或居群，population）。同一种内的许多个体具有相同的遗传性状，彼此间可以交配和产生后代。在一般条件下，不同种间的个体不能交配，或交配也不能产生有生育能力的后代，即生殖隔离。种是植物界长期历史进化的产物，种不变而又变。种可代代遗传，但又不是固定不变的，新种会不断产生，已经形成的种也在不断发展变化和绝灭。

植物的分类单位也称阶元，各分类单位不仅表示大小或等级上的差异，而且还表明各分类单位间在遗传学和亲缘关系上的疏密。若干个亲缘关系比较接近、形态上有许多相似、甚至在一定条件下可以进行杂交的不同种可归属到比种大一级的分类单位“属”。依此类推，亲缘关系相近的若干个属可归属于一个“科”。同一科内的植物具有许多共同的特征。如十字花科约有350属，3 200种，但它们都是草本，花两性，辐射对称，总状花序；花萼4，每轮2片；花瓣十字形排列；花托上有蜜腺；雄蕊6，外轮2，短，内轮4，为四强雄蕊；子房上位，由2枚心皮组成；角果等。若干个相近的科又可归属于一个“目”，若干个相近的目再归属于高一级的“纲”，若干个纲可归属于一个“门”。由于植物种类繁多，常在上述的分类单位中又列亚单位，如亚种（subspecies）、亚属（subgenus）、亚科（subfamily）、亚目（suborder）、亚纲（subclass）、亚门（subdivision）等。每一个分类单位就是一个分类等级或分类阶元。各分类单位都有相应的拉丁名词和一定的拉丁词尾，但属和种无固定的拉丁词尾（表7－2）。将各个分类阶元按照高低和从属关系顺序地排列起来，即为植物分类的阶层系统，每一种植物在这个系统中都可以明确地表示它的分类地位。

表7－2　植物分类单位（等级、阶元）和阶层系统

分类的单位（等级、阶元）				植物举例	
中文	英文	拉丁文	词尾	中文	拉丁文
植物界	Vegetable kingdom	Regnum vegetable		植物界	Regnum vegetable
门	Division，Phylum	Divisio	-phyta	被子植物门	Angiospermae
亚门	Subdivision	Subdivisio	-phytina		
纲	Class	Classis	-opsida，-eae	双子叶植物纲（木兰纲）	Dicotyledoneae（Magnoliopsida）
亚纲	Subclass	Subclassis	-idae	蔷薇亚纲	Rosidae
目	Order	Ordo	-ales	伞形目	Apiales，Umbellales
亚目	Suborder	Subordo	-ineae		
科	Family	Familia	-aceae	伞形科	Apiaceae，Umbelliferae
亚科	Subfamily	Subfamilia	-oideae	芹亚科	Apioideae
族	Tribe	Tribus	-eae	胡萝卜族	Dauceae
亚族	Subtribe	Subtribus	-inae		
属	Genus	Genus	-a，-um，-us	胡萝卜属	*Daucus*

续表

分类的单位(等级、阶元)				植物举例	
中文	英文	拉丁文	词尾	中文	拉丁文
亚属	Subgenus	Subgenus			
组	Section	Sectio			
亚组	Subsection	Subsectio			
系	Series	Series			
种	Species	Species		野胡萝卜	*Daucus carota*
亚种	Subspecies	Subspecies			
变种	Variety	Varietas		胡萝卜	*Daucus carota* var. *sativa*
变型	Form	Forma			

第三节　植物命名法

无论是对植物进行研究,还是对植物进行利用,首先必须给它一个名称。但是在同一个国家的不同民族、不同地区,对同一种植物常有多种不同的名称(同物异名),而不同的植物也可能有同一个名称(同名异物)。同样,不同国家的语言文字各不相同,一种植物的名称更是多种多样。为了避免由上述情况造成的"同物异名"和"同名异物"的混乱,为了便于各国学者的学术交流,必须对植物统一地按一定规则来进行命名。现行的植物命名都是采用双名法(binomial nomenclature)。早在1623年,法国的包兴(Bauhin,1560—1624)就采用属名加种加词的双名法记述了6 000种植物,后来里维纳斯(Rivinus)在1690年也提出给植物命名不得多于两个词的意见。林奈接受了这些思想并予以完善,1753年,他发表的巨著《植物种志》就采用了双名法。此后,双名法才正式被采用。

所谓双名法就是指给植物种的命名用两个拉丁词或拉丁化形式的词构成的方法。第1个词为所在属的属名,用名词,如果用其他文字或专有名词,则必须使其拉丁化,即将其词尾转化成拉丁文语法上的单数,第1格(主格)。书写时,属名的第1个字母要大写。第2个词为种加词,大多用形容词,少数为名词的所有格或为同位名词,书写时均为小写。如用两个或多个词组成的种加词,则必须连写或用连字符号连接。此外,还要求在种加词之后写上该植物命名人姓氏的缩写。书写时第1个字母也必须大写,如小球藻的命名为 *Chlorella vulgaris* Beij. 。第1个拉丁词 *Chlorella* 为属名(小球藻属),*vulgaris* 为种加词,Beij. 是命名人 Beijerinck 的缩写,第1个字母也要大写,在缩写名后要加1个圆点"."。以前由林奈定的名,他的名字均缩写为1个字母 L. ,如稻为 *Oryza sativa* L. 。但其他人则不得缩写为1个字母。中国命名人一律用汉语拼音名缩写。每种植物只有1个合法的名称,即用拉丁文按照双名法命名的名称,也称拉丁名或学名(scientific name)。需要注意的是,中文名不能称学名,它是由《中国植物志》或《孢子植物志》等权威著作根据拉丁名称的含义确定的相对应的中文名。由于双名法比较科学,得到了各国植物学者的赞同,后经国际植物学大会讨论通过,并制定了统一的《国际植物命名规则》(international code of botanical nomenclature),每次国际植物学大会都对该规则进行修改和完善。

对于植物的亚种或变种则要用3个拉丁词来命名,即属名+种加词+变种加词。书写时,要求在变种加词之前写上英文字变种 variety 的缩写"var."。同样,在变种加词的后面写上变种的命名人名缩写。如白丁香,它是紫丁香的一个变种,其拉丁名为 *Syringa oblata* Lindl. var. *alba* Rehd. ,其中,Lindl. 为紫丁香的命名人名的缩写，Rehd. 为变种命名人名的缩写，var. 是 variety 的缩写。这种用 3 个拉丁词给植物命名的方法称为三名法。

有了统一的“双名法”，对植物学的发展具有极大意义，不仅可以消除植物命名中的混乱现象，还可大大地推动国际交流。同时，双名法也为查知所写的植物在植物分类系统中的位置提供了方便，如表 7－2。

第四节 植物界的基本类群

按照四界或五界生物系统（见绪论），植物界主要包括真核藻类（或真核多细胞藻类）、苔藓、蕨类、裸子植物和被子植物。对上述植物界的各类又可根据一定的特征将它们划分为不同大小和不同含义的类群。如根据植物是否产生种子，可将植物界分为不产生种子的孢子植物（spore plant）[也称隐花植物（cryptogamae）]和种子植物（seed plant）[又称显花植物（phanerogamae）]，前者包括真核藻类（10 余个门）、苔藓和蕨类，后者包括裸子和被子植物；根据植物体是否有根、茎、叶的分化，可将植物界分为原植体植物（thallophyte）和茎叶体植物，前者仅包括真核藻类的各门，后者包括苔藓、蕨类、裸子植物和被子植物；根据合子是否发育为胚，可将植物界分为无胚植物（noembyophyte）和有胚植物（embryophyte），前者仅包括真核藻类的各门，后者包括其余各门类。原植体植物或无胚植物，又可称为低等植物（lower plant），茎叶体植物或有胚植物，又可称为高等植物（higher plant）；根据植物体内有无维管组织的分化，可将植物界分为无维管植物（novascular plant）和维管植物（vascular plant），前者包括真核藻类和苔藓，后者包括蕨类和种子植物；将生殖器官为颈卵器的苔藓、蕨类和裸子植物统称为颈卵器植物。总之，植物界类群的划分不都是分类学上的意义，主要是依据某个特征进行大归类，但对于了解植物界的概况和理解植物界的一些基本概念则是有密切关系的。

本教材仍将单细胞真核藻类列入植物界中，不赞成将真核单细胞和群体的藻类归入原生生物界。本教材基本按照四界生物系统（原核生物界、植物界、动物界、真菌界或菌物界）进行论述，同时又考虑生物界在系统发育中各界之间的联系以及植物生物学基础课的性质，所以，仍然将原核生物中光合放氧的蓝藻类和真菌类也分别列章（第八章和第十五章）予以介绍。

思考与探索

1. 什么是生物多样性？如何理解生物多样性 3 个主要层次的含义及其相互关系？
2. 试分析生物多样性与人类的关系，当今世界和中国影响生物多样性的主要因素有哪些？我们应当怎样保护生物多样性？
3. 查阅更多的文献资料，归纳目前人们提出的关于物种概念的主要异同，你有何看法？
4. 查阅几本植物志，归纳一下植物分类的单位和亚单位有哪些。各分类单位间的关系如何？并分析双名法和三名法的结构及书写方法有何规则。
5. 根据不同的生物分界系统谈谈你对植物界的含义及其所包含的植物类群的理解和看法。

数字课程学习

重难点解析　教学课件　视频　植物学名发音　相关网站

第八章

原核藻类

(Prokaryotic algae)

内容提要 本章在简要介绍原核生物与真核生物主要区别的基础上,重点论述了蓝藻门的外部形态、细胞结构和繁殖方式等主要特征,特别对其光合色素、异形胞、伪空胞等结构进行了比较详细的阐述。蓝藻与人类关系密切,尤其在食用、水环境和分子遗传学及基因工程的研究上具有比较重要的意义。本章特撰写了与异形胞形成的分子机制和蓝藻基因工程研究有关知识内容的两个"窗口"。同时,对原绿生物的特点、分类地位的研究信息及不同的观点和依据也进行了简要介绍。

第一节 原核生物与原核藻类

凡细胞不具有核膜、核仁,没有膜包围的叶绿体、线粒体等细胞器的生物,即为原核生物(prokaryote)。在地质史上,原核生物出现得最早,在33亿~35亿年前就产生了厌氧的细菌类。现代生存的原核生物主要包括细菌(真细菌)、放线菌、古细菌、蓝藻和原绿藻等。原核生物在细胞结构和生殖方式上表现出明显的原始性,与真核生物有很大的不同(表8-1)。在两界生物系统中,细菌和蓝藻同归于植物界的裂殖植物门,因为它们均以细胞直接分裂进行繁殖。后来根据二者营养方式的不同,分别将细菌和蓝藻各自独立为门。1979年,又发现了含叶绿素a和叶绿素b的原核生物——原绿藻。按照近代提出的生物多界系统,将原核生物从植物界中分出,单立为原核生物界。本教材之所以仍然介绍原核生物,除了延续多年的传统外,还因为原核生物与植物界存在某些相同之处,特别是原核藻类,它们的营养方式、光合作用过程及放氧等特征和植物界并没有什么不同,而且许多藻类学家一直把它们和真核藻类一样对待进行研究。从生物进化上看,原核藻类和真核藻类关系密切,了解原核藻类对分析真核藻类的起源和系统发育亦有重要意义。同时,也考虑到原核藻类和真核藻类的差异以及许多人赞同成立原核生物界的事实,故将原核藻类单列为一章。至于细菌类,由于微生物学课上还要详细讲述,故本教材从略。

表8-1 原核生物与真核生物细胞的主要区别

特征		原核生物	真核生物
DNA	形态	单链共价闭合,环状,不聚缩形成染色体	分裂期聚缩成染色体
	组蛋白	无	有
核	核膜	无	有
	核仁	无	有
	真核	无	有

续表

特征		原核生物	真核生物
有丝分裂	纺锤体	无	出现
	着丝粒	无	有
减数分裂		无	绝大多数有
膜细胞器		无,或有一些薄片或片层	有质体、线粒体、内质网、高尔基体、液泡等
核糖体		有,沉降系数 70S	细胞质中的沉降系数为 80S,细胞器中的沉降系数为 70S
鞭毛		由鞭毛蛋白质组成,不是 9 +2 型,中空,无鞭毛,或具有鞭毛	无或有鞭毛,鞭毛结构多为 9 +2 型
细胞壁组成		主要为肽聚糖	主要为纤维素、果胶质、几丁质等

原核藻类主要包括蓝藻和原绿生物,其主要特征、代表种类、分类地位、经济价值和科学价值等将分别在下面两节中进行讨论。

第二节　蓝藻门(Cyanophyta)

一、主要特征

(一) 蓝藻的形态

蓝藻也称蓝绿藻(blue-green alga),20 世纪 70 年代以来在微生物学中则称为蓝细菌(cyanobacteria)。蓝藻藻体的形态多种多样,有些为单细胞(unicellular),如集胞藻属(*Synechocystis*)、棒胶藻属(*Rhabdogloea*)、管胞藻属(*Chamaesiphon*)等;很多种类为非丝状的群体(colony),如微囊藻属(*Microcystis*)、色球藻属(*Chroococcus*)、平裂藻属(*Merismopidea*)等;不少种类为丝状体(filament),其中有的为不分支的丝状体,如颤藻属(*Oscillatoria*)、鞘丝藻属(*Lyngbya*)、鱼腥藻属(*Anabaena*)等,有的为具有假分支的丝状体,如伪枝藻属(*Pseudophoromidium*)等,有的则具有真正的分支,如真枝藻属(*Stigonema*)等(图 8 -1)。

(二) 蓝藻的细胞结构

1. 细胞壁

蓝藻细胞均具有细胞壁,其主要成分为肽聚糖(peptidoglycan),与真细菌类相同,均可被溶菌酶(lysozyme)溶解。绝大多数蓝藻的细胞壁外具有或厚或薄的胶质鞘(gelatinous sheath),故蓝藻也曾称为黏藻。

2. 原生质体

蓝藻原生质体的中央区域为“核区”(nuclear region),通常称为中央质(centroplasm)。核区中为遗传物质,即许多裸露的环状 DNA 分子,呈细纤丝状,没有组蛋白与之结合,无核膜和核仁,但具有核的功能,称为原始核或原核(prokaryon),或称为“类核”(nucleoid)。在核区周围的细胞质通常称周质(periplasm)或色素质(chromoplasm),其中无质体、线粒体、高尔基体、内质网、液泡等细胞器。

在电镜下可见周质中有许多扁平的膜状光合片层系统,即类囊体(thylakoid)。光合色素存在于类囊体的表面。现在还发现极少数蓝藻没有类囊体,如胶菌藻(*Gloeobacter violaceus*),其光合色素分布在

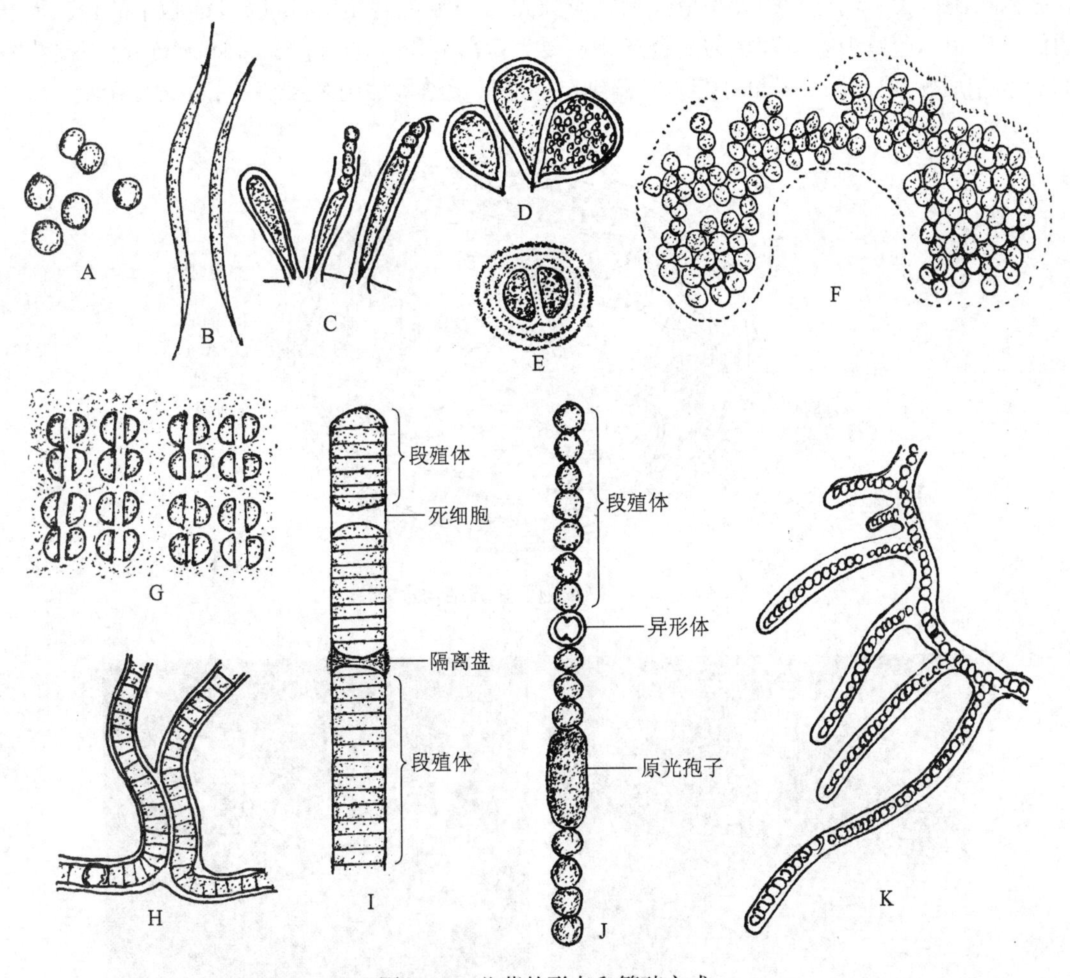

图 8－1　蓝藻的形态和繁殖方式

A～D. 单细胞类型［A. 集胞藻属　B. 棒胶藻属　C. 管胞藻属（产生外生孢子）　D. 皮果藻属（产生内生孢子）］　E～G. 群体类型［E. 色球藻属　F. 微囊藻属　G. 平裂藻属］　H～K. 丝状体类型［H. 伪枝藻（具成对假分支）　I. 颤藻属（不分支，形成段殖体进行繁殖）　J. 鱼腥藻属（不分支，形成段殖体进行繁殖）　K. 真枝藻属（具真分支）］

质膜上，质膜行使光合膜的功能。蓝藻的光合色素有 3 类：即叶绿素 a、类胡萝卜素（包括 β－胡萝卜素和蓝藻黄素、颤藻黄素等几种叶黄素）和藻胆素（phycobilin）。藻胆素为一类水溶性的光合辅助色素，它是藻蓝素（phycocyanobilin）、藻红素（phycoerythrobilin）和别藻蓝素（allophycocyanin）3 种色素的总称。藻红素主要吸收绿光（490 nm），藻蓝素主要吸收橙红光（618 nm）。由于藻胆素（生色团）紧密地与蛋白质结合在一起，所以又总称为藻胆蛋白（phycobiliprotein）。藻蓝素与蛋白质结合形成藻蓝蛋白，呈蓝色；藻红素与蛋白质结合形成藻红蛋白，呈红色。电镜下可见藻胆蛋白呈细小颗粒状，分布于类囊体的表面，称为藻胆体（phycobilisome），其光能的传递过程是：光能→藻红素→藻蓝素→别藻蓝素→叶绿素 a。蓝藻细胞中都含有叶绿素 a 和藻蓝素，所以，大多数蓝藻呈蓝绿色，故蓝藻也称蓝绿藻（blue-green algae）。而藻红素只存在于一部分蓝藻中。也有些蓝藻的细胞中含有较多的藻红素，其藻体则呈红色，如红海束毛藻（*Trichodesmium erythraeum*）等。蓝藻的细胞质中还有核糖体，其沉降系数为 70 S。

有些浮游蓝藻细胞的周质中有一种特别的结构，即伪空胞（gas vacuole），亦称气囊。在光镜下观察为很多不规则的微小结构，在一定焦距下呈暗色，调焦时又略呈红色。在电镜下观察，伪空胞为许多两端呈锥形的小圆柱状结构（图 8－2，图 8－3B），通常为多个伪空胞平行聚集在一起。伪空胞中含有气体，其功用为调节藻体在水体中的漂浮和下降。一些水华蓝藻，如微囊藻等，之所以能够漂浮在水表面，与其具有伪空胞有关。伪空胞的另一个作用是对强光有一定折射作用,可以对细胞中的色素及核酸起一定的保护作用。蓝藻细胞中贮藏的光合产物主要为蓝藻淀粉(cyanophycean starch)、蓝藻颗粒体(cyanophycin)和脂质颗粒(lipid granule)等。蓝藻细胞的亚显微结构如图 8-2 和图 8-3A 所示。

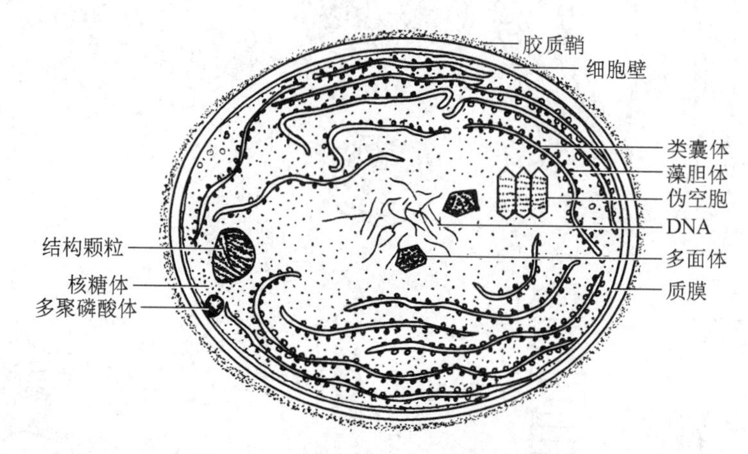

图 8-2　蓝藻细胞亚显微结构示意图

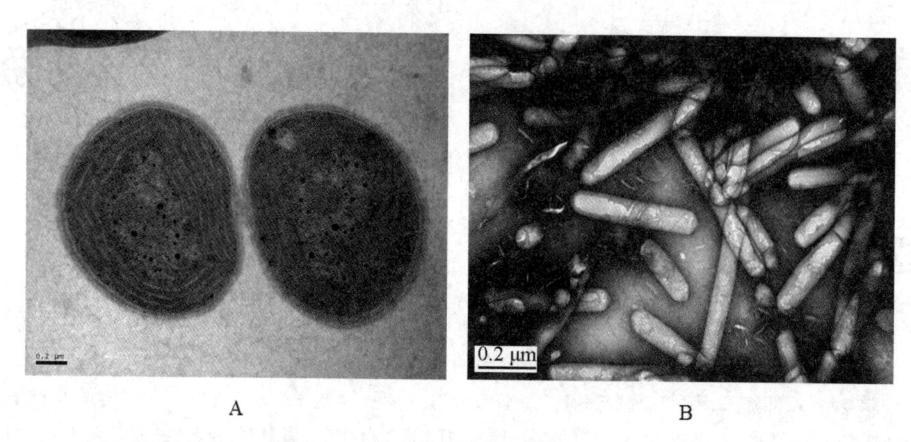

图 8-3　蓝藻电镜照片(自徐旭东)

A. 集胞藻 PCC6803 细胞电镜照片 40k-15　B. 惠氏微囊藻(*M. wesenbergii*)分离纯化的伪空胞

(三)异形胞

一部分丝状蓝藻的细胞列中具有一种特殊的细胞,即异形胞(heterocyst)。如鱼腥藻属(*Anabaena*)、念珠藻属(*Nostoc*)等。它是由普通营养细胞在一定条件下分化形成的。它和营养细胞的主要区别是:细胞壁明显增厚,尤其是与营养细胞相连接的两端更厚;细胞质中的颗粒物质溶解,呈均质状态;类囊体排列成网状膜;不含藻胆素;没有光合系统Ⅱ;颜色呈淡黄绿色或呈透明状。异形胞的亚显微结构如图 8-4。异形胞仍然是一个生活细胞,它的大小和在藻丝中的位置因种的不同而不同。异形胞主要有两个功能,一是异形胞将藻丝细胞分隔成段殖体(藻殖段)进行营养繁殖;二是细胞内含固氮酶,可直接固定大气中的氮。蓝藻异形胞形成的分子机制的研究进展见本章窗口。

(四)蓝藻的繁殖方式

蓝藻的繁殖方式主要为营养繁殖(vegetative propagation)。单细胞类型的蓝藻以细胞直接分裂的方式进行增殖。群体类型的蓝藻常以断裂的方式进行繁殖,即从大的群体上断离下来一部分细胞团,然后再通过细胞分裂长大形成新个体。一些丝状体类型的蓝藻常以段殖体进行繁殖,其中,有的种类是藻丝细胞中形成双凹形的死细胞或隔离盘(如颤藻等,图 8-1I),将藻丝分隔成一些小段;有的是在藻丝细胞列中形成异形胞(如鱼腥藻、念珠藻等,图 8-1J),将藻丝分隔成一些小段。上述不同方式形成的每一个藻丝小段都称为段殖体或藻殖段(homogonium)。这些段殖体极易从藻丝上断离,然后再通过细胞分裂长成较长的丝状体。有些丝状体类型的蓝藻,其营养细胞可形成厚壁孢子(akinete)(图8－1J),该孢子壁厚、体积较大、内含物丰富,可以长期休眠以渡过不良环境,当条件适宜时即可萌发产生新个体。蓝藻中有少数种类可以形成无性孢子进行无性繁殖(asexual reproduction),如管胞藻属可产生外生孢子(exospore)(图8－1C),皮果藻属产生内生孢子(endospore)(图8－1D)等。蓝藻无有性生殖现象。

(五)蓝藻的生境和分布

蓝藻分布很广,淡水、海水、潮湿地面、树皮、岩面和墙壁上等都有生长,尤以富营养化的淡水水体中数量为多,甚至在40～90℃的温泉中也有一些蓝藻可以正常地生活和繁殖。此外,还有一些蓝藻与其他生物共生,如有的和真菌类共生形成地衣,有的与蕨类植物满江红(*Azolla*)共生,还有的与裸子植物苏铁(*Cycas*)共生等。

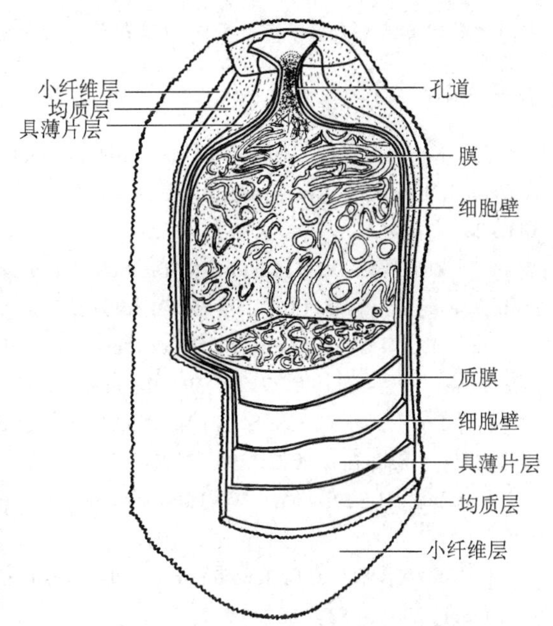

图8－4　异形胞的三维亚显微结构
(自 Lang 和 Fay,1971)

蓝藻异形胞分化和图式形成的分子机理

丝状固氮蓝藻的异形胞是在生长环境中缺少氮盐的情况下,由营养细胞分化来,利用鱼腥藻作为研究模式已发现了控制异形胞分化的关键基因。在缺氮条件下,鱼腥藻通常形成间隔分布的具有固氮功能的异形胞,为原核生物细胞分化和图式形成提供了独特的研究模式。异形胞分化机理的研究是蓝藻分子生物学中开展得最为系统、深入的领域之一。

据研究结果推算,特异地参与异形胞分化的基因达140个左右。这些基因的先后表达存在信号传导机制加以协调[1]。

早已发现在缺氮条件下,某些种类的丝状蓝藻有一些营养细胞发生分化,形成异形胞。研究揭示,在缺氮条件下蓝藻细胞内积累α－酮戊二酸,激活一种叫NtcA的调控蛋白,起始许多参与异形胞分化的基因的表达[1]。其中最重要的调控基因编码的蛋白质称为HetR,能够特异地启动*hetP*和*hetZ*基因的表达[2-4],并进一步指导被选定的细胞出现一系列变化:形成加厚的包被,防止氧气透入;失去光合放氧活性而呼吸作用提高,光合膜成为松散的结构;在细胞内形成微氧环境,并合成固氮酶进行固氮作用。

发生分化的细胞能够抑制相邻的营养细胞分化为异形胞。一种理论认为,异形胞可以产生沿藻丝扩散的抑制物质。在鱼腥藻中已发现一个只有17个密码子的基因*patS*可编码这样一个抑制性小肽,尤其是可能由此衍生一个5～6氨基酸的小肽具有扩散性[5]。已经证明,这种小肽能抑制HetR蛋白与*hetP*、*hetZ*基因起始转录序列的结合[3-4]。可以假设,这种小肽扩散到相邻细胞,使其中的HetR失去作用,抑制这些细胞分化;而在离某个异形胞较远的位置,小肽的浓度低,不足以抑制细胞分化。

研究发现,启动分化的细胞首先终止分裂才能进行形态分化。已发现一种突变株,其启动分化的细胞不能终止分裂,也不能形成异形胞,因而越分裂越小,形成间隔分布的小细胞图式[6]。对这种突变株的研究可能为弄清异形胞如何终止细胞分裂提供重要线索。

有关异形胞形成分子机理的研究虽已有深入研究,但尚有一些问题未能完全得到回答。譬如,为什么开始分化的细胞所产生的抑制物质能够抑制其他营养细胞的分化却不抑制其自身分化为异形胞?沿藻丝传递信号分子的通道是什么?细胞分化和细胞分裂如何偶联?等等。为数众多的参与异形胞分化的基因如何表达调控也尚未得到研究。对于这些难题的回答需要更多研究者参与,也有待于新的研究思路和研究方法。

参考文献

[1] Xu X, Elhai J, Wolk C P. Transcriptional and developmental responses by *Anabaena* to deprivation of fixed nitrogen// Herrero T, Flores E. Cyanobacteria: Molecular Biology, Genomics and Evolution. Norwich: Horizon Scientific Press, 2008: 383-422.

[2] Zhang W, Du Y, Khudyakov T, et al. A gene cluster that regulates both heterocyst differentiation and pattern formation in *Anabaena* sp. strain PCC 7120. Mol Microbiol, 2007, 66: 1429-1443.

[3] Higa K C, Callahan S M. Ectopic expression of *hetP* can partially bypass the need for *hetR* in heterocyst differentiation by *Anabaena* sp. strain PCC 7120. Mol Microbiol, 2010, 77: 562-574.

[4] Du Y, Cai Y, Hou S, Xu X. Identification of the HetR-recognition sequence upstream of *hetZ* in *Anabaena* sp. strain PCC 7120. J Bacteriol, 2012, 194: 2297-2306.

[5] Yoon H-S, Golden J W. Heterocyst pattern formation controlled by a diffusible peptide. Science, 1998, 282: 935-938.

[6] Xu X, Wolk C P. Role for *hetC* in the transition to a nondividing state during heterocyst differentiation in *Anabaena* sp. J Bacteriol, 2001, 183: 393-396.

(徐旭东 研究员 中国科学院水生生物研究所)

二、分类和常见代表种类

蓝藻门现存种类 1 500 ~ 2 000 种,分为色球藻纲(Chroococcophyceae)、段殖体纲(Hormogonephyceae)和真枝藻纲(Stigonematophyceae)。也有人将蓝藻仅列为蓝藻纲(Cyanophyceae)1 纲。1985 年以来,Anagnostidis 和 Komarek 对蓝藻门的分类系统进行了全面修订,并将蓝藻门改称为“蓝原核藻门”(Cyanoprokaryota),下分 4 个目。蓝藻的祖先出现于距今约 33 亿年前,是已知地球上最早、最原始的光合自养和放氧的原核生物。蓝藻门常见代表种类简介如下。

(一) 颤藻属(*Oscillatoria*)

颤藻属属于段殖体纲。藻体是由多个短圆筒形细胞相连形成的不分支的丝状体(图 8 - 7F, G),通常为蓝绿色。藻体虽然没有鞭毛,但可以进行前后滑行和左右摆动。繁殖方式为形成段殖体(藻殖段)进行营养繁殖(图 8 - 1),即在藻丝的细胞列中有些细胞死亡,成为透明的双凹形死细胞,或在死细胞中充满胶质而呈深绿色的双凹形隔离盘。由死细胞或隔离盘将藻丝分隔的每一段即为 1 个段殖体(藻殖段)。段殖体极易从死细胞或隔离盘处断离,所断离的段殖体再经过细胞分裂增加细胞数,形成较长的新的颤藻丝状体。颤藻属的种类较多,我国已知有 30 多种,广布于各种水体中,特别是有机质丰富的水体中数量更多,是富营养化水体中的常见种类,其中还有些种类产生藻毒素。

(二) 念珠藻属(*Nostoc*)

念珠藻属属于段殖体纲。藻体外观的形态为固定的胶质球、胶质片、胶质丝等,中实或中空,其内包埋着许多念珠状的藻丝(图 8 - 5A ~ D)。藻丝的营养细胞为球形、桶形或腰鼓形。在这些营养细胞列中有的细胞分化成为可以固定大气中氮的球形异形胞。被异形胞间隔的每一段藻丝为 1 个段殖体。其繁殖方式主要以段殖体进行营养繁殖,同时,它还可以在藻丝的细胞列中产生较大的厚壁孢子进行繁殖。念珠藻属为固氮蓝藻,有多种,我国报道有 25 种。其中最常见的有地木耳(*N. commune*),俗称地皮菜(图 8 - 5A,B)。其外观呈胶质片状,鲜时呈褐绿色,分布广泛,多出现于雨后潮湿的地面或草地上,可食用。发状念珠藻(*N. flagelliforme*)即发菜(图 8 - 5C,D)。其外观呈胶质丝状,湿时呈褐绿色,干时呈黑色,变硬,状似头发,其胶被内包埋有许多念珠状的藻丝。主要分布于内蒙古、宁夏、青海等省区，多生于荒漠草地，可食用。

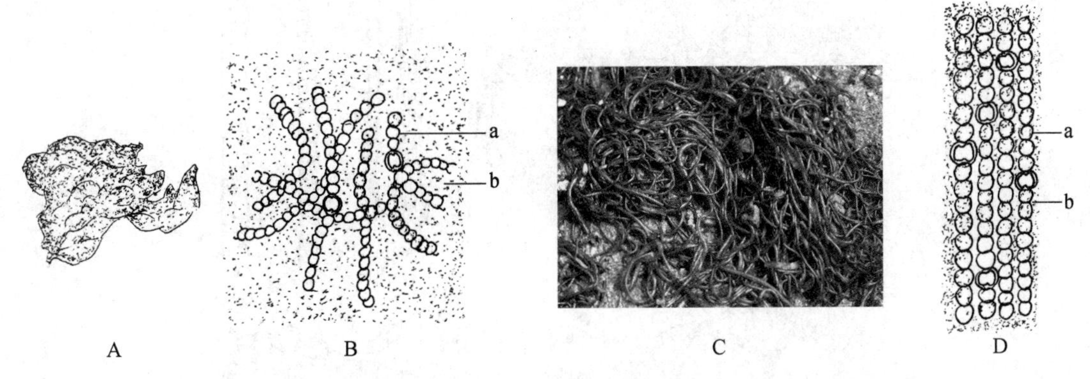

图 8－5　念珠藻属

A. 地木耳的藻体外形　B. 地木耳的部分胶被和藻丝　C. 发状念珠藻的藻体外形　D. 发状念珠藻的部分胶被和藻丝

a. 藻丝　b. 胶被

（三）鱼腥藻属（*Anabaena*）

鱼腥藻属属于段殖体纲。本属与念珠藻属的主要区别是藻体为单一的念珠状丝状体，或为不定形的胶质膜或胶质块。藻丝直，或规则或不规则地螺旋状弯曲，藻丝的细胞呈球形或桶形，细胞列中亦有异形胞的分化。其繁殖方式同念珠藻，以段殖体和产生厚壁孢子进行繁殖（图 8－1J）。鱼腥藻属为固氮蓝藻，我国报道有 16 种，其中有多种是形成蓝藻水华的常见种类，有些种类可产生藻毒素。常见种类如水华鱼腥藻（*A. flos-aquae*）（图 8－7B），藻体单生，或多数交织成胶质块，藻丝扭曲，或呈不规则的螺旋状弯曲，厚壁孢子较大，略弯曲呈腊肠状，生于异形胞两侧或远离。该藻为淡水湖泊常见水华种类。满江红鱼腥藻（*A. azollae*）（图 8－6C），该藻与水生漂浮蕨类植物满江红（*Azolla imbricata*）共生，生于满江红叶片的共生腔中，藻丝直，异形胞球形，呈淡黄绿色，间生。

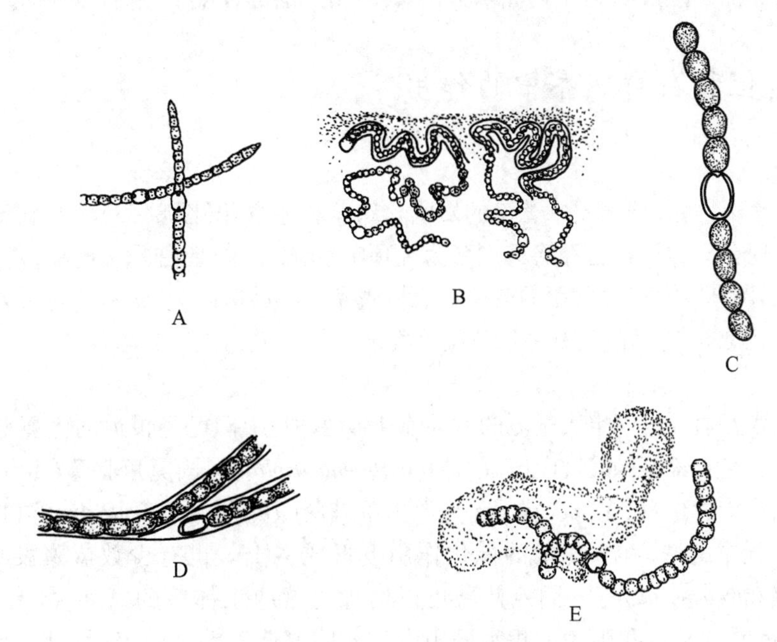

图 8－6　几种固氮蓝藻

A. 固氮鱼腥藻　B. 林氏念球藻　C. 满江红鱼腥藻　D. 溪生单歧藻　E. 沼泽念珠藻

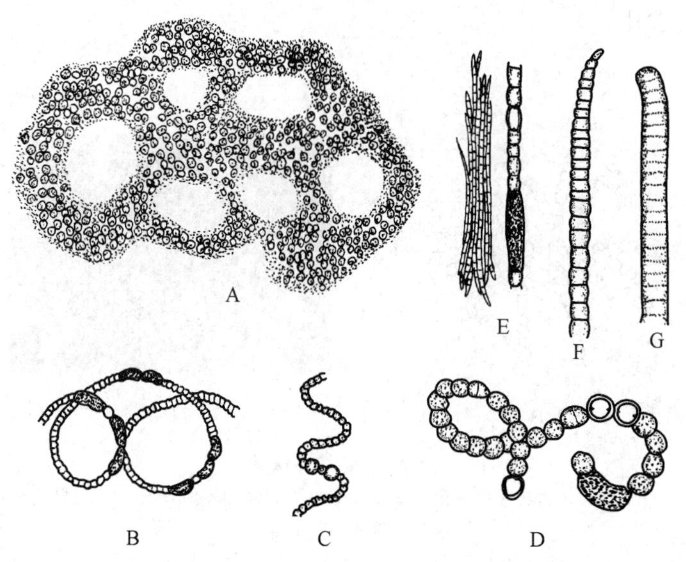

图 8-7　常见形成水华的蓝藻

A. 铜绿微囊藻(*Microcystis aeruginosa*)　B. 水华鱼腥藻(*Anabaena flos-aquae*)　C. 螺旋鱼腥藻(*A. spiroides*)
D. 卷曲鱼腥藻(*A. circinalis*)　E. 水华束丝藻(*Aphanizomenon flos-aquae*)　F,G. 颤藻属(*Oscillatoria*)

(四) 微囊藻属(*Microcystis*)

微囊藻属属于色球藻纲。藻体为很多球形或椭圆形细胞组成的群体(图 8-1F,图 8-7A)。群体为球形或不规则形等多种类型,群体具厚的或薄的胶被,多呈无色透明。有的群体具有穿孔。群体中的细胞排列较紧密,呈蓝绿色或橄榄绿色。漂浮水中的种类在细胞中有伪空胞,该结构可以调节细胞在水体中的上浮或下沉。其繁殖方式为群体断裂,从群体上断离的部分通过细胞分裂形成大的群体。微囊藻属有多种,我国发现有 10 余种,有些为富营养化水体中形成水华的主要种类,而且还产生损害水生动物和人类肝的微囊藻毒素(microcystin),如铜绿微囊藻(*M. aeruginosa*)(图 8-7A)等。

三、经济价值和在自然界中的作用

1. 食用

一些蓝藻可以食用,如念珠藻属中著名的发状念珠藻和地木耳(图 8-5)。螺旋藻(*Spirulina platensis*)更是家喻户晓,现在藻类学家已经将其更名为钝顶节旋藻,该藻蛋白质含量高,营养丰富,具有较好的保健作用(彩版插图)。海产可食用的蓝藻还有海雹菜(*Brachytrichia quoyi*)、苔垢菜(*Calothrix crustacea*)等。在这些食用蓝藻中,目前只有钝顶节旋藻实现了大规模的人工栽培养殖。

2. 固氮作用

现在已知在自然界中可以固定大气氮的蓝藻有 150 多种,中国已经报道的固氮蓝藻有 30 余种,其中绝大多数是有异形胞的蓝藻,如满江红鱼腥藻(*Anabaena azollae*)、固氮鱼腥藻(*A. azotica*)、林氏念珠藻(*Nostoc linckia*)、沼泽念珠藻(*N. paludosum*)、溪生单歧藻(*Tolypothrix rivularix*)等(图 8-6)。蓝藻固氮的大体过程为大气中的 N_2 在固氮酶的催化作用下形成 NH_3。也有少数蓝藻没有异形胞,但也可以固氮,如色球藻(*Chroococcus*)等。固氮蓝藻可以增加土壤或水体中的氮素,故有“天然氮肥厂”之称,在农业上具有重要意义。我国大面积水稻田中放养固氮蓝藻的试验表明,可提高 7% ~15% 的水稻产量。

有些蓝藻(如鞘丝藻 *Lynbya* 等)可在荒漠地区的沙土表面形成结皮,能够起到一定的防风固沙和改良土壤的作用。

3. 产生清洁能源——氢气

早已发现一些蓝藻可以制氢,其特点是通过光合作用系统及其特有的产氢酶系把水分解为 H_2 和 O_2。它们可以直接将太阳能转化为氢能,而且其底物是水,来源丰富。因此,在当今人们探讨解决人类面临能源危机的情况下,用蓝藻和其他藻类制氢的研究备受国际上的密切关注。研究发现,所有固氮酶都能催化产氢,即它们在将 N_2 还原成 NH_3 的反应过程中释放 H_2。流经固氮酶的电子中至少有 25% 被用于还原质子产生 H_2(其反应式:$N_2 + 8H^+ + 8e^- + 16ATP \longrightarrow 2NH_3 + H_2 + 16ADP + 16Pi$)。被研究的产氢蓝藻已经有很多种类,如柱状鱼腥藻、聚球藻、颤藻等,而且已测定柱状鱼腥藻(*A. cylindrica*)的产氢量为 30 $mL \cdot h^{-1} \cdot L^{-1}$)。现在该研究还基本处于探索阶段。

4. 形成蓝藻水华,加剧水环境污染

许多蓝藻喜生于有机质丰富的水体中,特别是在温度较高的夏季,有些蓝藻常在某些湖泊、池塘、水库和河流中过量繁殖,甚至发生爆发性繁殖。其结果是不仅使清洁水体变色,有些还会在湖泊、池塘、水库、河流等水面形成一层或薄或厚的蓝绿色藻体浮沫,这种现象即为"水华"(water bloom, water-flower)。能够形成水华的藻类不仅为蓝藻,绿藻门、裸藻门、硅藻门等真核藻类中的一些种类也可形成水华。由于形成水华的藻类不同,其颜色和特点也有所不同,但蓝藻水华现象最多。水华现象的发生,一方面表明该水体已经受到了污染,水质已经达到富营养化的状态。另一方面,水华又进一步加剧了水体的污染,带来更严重的危害。如造成水体溶解氧的大量被消耗,致使水中的鱼、虾等水生动物因缺氧窒息而死;一些水华蓝藻还会产生藻毒素,如严重损害动物及人类肝的微囊藻毒素(microcystin)等,可引起水生动物和人、畜中毒,甚至死亡;如果水华发生在饮用水源水中,其危害更大,水华蓝藻可堵塞管道,严重影响自来水厂的生产,特别是藻毒素和水华蓝藻散放有霉腐或腥臭等异味,造成出厂水中存在安全问题,危及人民群众的身体健康和生命安全;蓝藻水华还破坏水体景观,使水体丧失观赏休闲的价值;水华的发生,严重地破坏了水体生态系统,造成水体中生物多样性减少。总之,水华是一种严重的水环境灾害,可造成很大的生态及经济损失。20 世纪 90 年代以来,我国的蓝藻水华现象比较普遍而严重,其中最常见的种类是微囊藻属(*Microcystis*)、鱼腥藻属(*Anabaena*)、水华束丝藻(*Aphanizomenon flos-aquae*)、浮丝藻属(*Planktothrix*)、颤藻属(*Oscillatoria*)等(图 8-7)。特别是微囊藻属水华最多,发生在滇池、巢湖和太湖的严重水华现象,都是以铜绿微囊藻(*M. aeruginosa*)或绿色微囊藻(*M. viridis*)等为优势种的水华灾害。

5. 科学研究上的价值

蓝藻在科学研究上具有很高的价值。首先,由于蓝藻的结构和遗传特性类似于革兰氏阴性细菌,它们的基因组较小,遗传操作比较方便,有些种类具有天然转化系统和有效重组系统,因而在蓝藻基因工程的研究上已经取得了许多重要成果。自 1980 年以来,已克隆已知功能的蓝藻基因有 130 种以上。其次,基因组数据的比较分析表明,蓝藻与高等植物的关系密切,如被子植物拟南芥核基因组中有 4 500 个左右的蛋白质编码基因(占其总基因数的 18%)来自于蓝藻。推测蓝藻在内共生形成叶绿体的过程中,大多数基因转移到植物的细胞核中,叶绿体中仅保留了 5% ~10%。这样,蓝藻可以用作植物分子生物学一些方面的研究模式,如光合作用、固氮、叶绿体起源和植物进化等。现在,已经将一些有应用价值的外源基因转入蓝藻并获得表达。可以预见,蓝藻分子遗传学和蓝藻基因工程的研究将会在理论上和应用上得到更迅速、更广泛的发展(见本章窗口)。

蓝藻基因工程研究

蓝藻广泛分布于自然水体,一些种类易于进行开放式或封闭式大量培养。蓝藻的基因转移途径主要有转化和接合转移两种[1]。转化可以是自然转化或电脉冲转化,接合转移则依赖于大肠杆菌将载体质粒导入蓝藻宿主。目前能够进行基因转移的蓝藻一般限于模式种类,而许多蓝藻尚没有建立基因转移系统,这主要是由于蓝藻中存在各种限制性酶切系统破坏外源DNA。早年的蓝藻基因工程研究多集中于控制蚊虫孳生、降解农药和药物蛋白的生产。譬如,在丝状固氮蓝藻表达苏云金杆菌或球形芽孢杆菌的晶体蛋白基因可用于蚊幼虫控制,表达来自细菌的脱氯酶基因可显著提高脱氯降解活性,表达人肿瘤坏死因子等以发展新型生物反应器。但是,近年来的研究转向利用光合作用合成生物燃料,如乙烯、乙醇、异丁醛、脂肪酸,或者合成其他化学品,如乳酸、丙酮酸、里那醇,等等。

乙烯作为一种气体燃料较易收集。在蓝藻中表达来自假单胞菌的乙烯形成酶,可利用细胞内的α-酮戊二酸作为底物产生乙烯。这种基因工程蓝藻在优化条件下以7.125 mg · L^{-1} · h^{-1}的速率释放乙烯,达到光合作用固定碳的5.5%[2]。

异丁醛沸点低,蒸气压高,以通气的办法可直接从培养基中带走,再收集浓缩,通过催化转化为异丁醇,作为汽油替代品。在蓝藻表达来自不同细菌的4个基因,可使得CO_2固定产物转化成为异丁醛,再进一步提高RuBP羧化酶表达量,可使产量达到6.23 mg · L^{-1} · h^{-1}[3];也可在蓝藻进一步表达来自酵母的醇脱氢酶基因直接将异丁醛转化为异丁醇。

乙醇已作为机动车燃料获得应用。将来自发酵单胞菌的丙酮酸脱羧酶基因和蓝藻的乙醇脱氢酶基因在蓝藻过量表达,同时通过基因失活阻断多聚羟基丁酸的合成,这样可实现光合固碳生产乙醇,速率达到8.83 mg · L^{-1} · h^{-1}[4]。

脂肪酸与甲醇反应可转化为脂肪酸甲酯,即生物柴油。将脂酰-脂酰载体蛋白硫酯酶基因、乙酰辅酶A合成酶基因在蓝藻过表达促进游离脂肪酸合成,同时插入失活脂肪酸激活基因防止脂肪酸被重新偶联到载体蛋白,失活多聚羟基丁酸和蓝藻颗粒体合成酶基因将碳流引导向脂肪酸合成,失活一种外膜蛋白和肽聚糖组装蛋白以使细胞壁疏松促进脂肪酸分泌,经过这样多步骤改造的蓝藻可利用光合固碳合成游离脂肪酸并释放到培养液中,达到197 mg · L^{-1}的总产量[5]。

尽管经过基因工程改造的蓝藻呈现出生产燃料和化学品的潜力,但是藻株性状的稳定性、大量培养能力和生产成本是约束其应用的重要因素。目前使用的模式藻种难以适应大规模生产,需要利用新的藻株进行改造以实现生产技术的突破。

参考文献

[1] Koksharova O A, Wolk C P. Genetic tools for cyanobacteria. Appl Microbiol Biotechnol, 2002, 58: 123-137.

[2] Ungerer J, Tao L, Davis M, et al. Sustained photosynthetic conversion of CO_2 to ethylene in recombinant cyanobacterium *Synechocystis* 6803. Energy Environ Sci, 2012, 5: 8998-9006.

[3] Atsumi S, Higashide W, Liao J C. Direct photosynthetic recycling of carbon dioxide to isobutyraldehyde. Nature Biotechnol, 2009, 27: 1177-1180.

[4] Gao Z, Zhao H, Li Z, et al. Photosynthetic production of ethanol from carbon dioxide in genetically engineered cyanobacteria. Energy Environ Sci, 2012, 5: 9857-9865.

[5] Liu X, Sheng J, Curtis Ⅲ R. Fatty acid production in genetically modified cyanobacteria. Proc Natl Acad Sci USA, 2011, 108: 6899-6904.

(徐旭东 研究员 中国科学院水生生物研究所)

第三节 原绿生物(Prochlorophytes)

原绿生物是20世纪80年代发现的,它们是一类含叶绿素a和叶绿素b,不含藻胆素的微小原核藻类,亦被称之为原绿藻或原绿细菌。现在,所发现的原绿生物的种类较少,对其系统分类地位仍然在继续研究中。

原绿藻(*Prochloron*)最早是由美国的藻类学者赖文(Lewin)在加利福尼亚海湾的海鞘类动物的泄殖腔中发现的。该藻为单细胞,近球形,直径 6 ~ 25 μm,翠绿色,含叶绿素 a 和叶绿素 b(chla∶chlb = 5∶6)。电镜下观察,细胞中央为一较大核区,无核膜和核仁,无叶绿体、线粒体等细胞器,有核糖体和多面体,类囊体单一,或有的有局部跺叠,表面无藻胆体颗粒(图 8 - 8)。经分析,细胞中还含有胡萝卜素和叶黄素,细胞壁含有原核细胞特有的胞壁酸(muramic acid)。经测定,该藻具有光系统Ⅰ和光系统Ⅱ的功能,在光照度为 15 000 lx、水温为 30℃时,其光合作用速率为每毫克叶绿素每小时释放 6. 3 mL 氧气。该藻开始被归入蓝藻门的集胞藻属中,并定名为 *Synechocystis didemni* Lewin. , 1975 年发表在美国 *Phycologia* 杂志上。后来根据该藻含叶绿素 a 和叶绿素 b,不含藻胆素,故认为将它们归入蓝藻门不妥,但也不能归入真核藻类绿藻门。因此,将其另建立 1 个新的原绿藻门(Prochlorophyta),该藻的名称也改定为原绿藻 *Prochloron didemni* (Lewin.) Lewin. 以后又相继在夏威夷群岛、马绍尔群岛、加勒比海等热带海区发现了该藻。我国藻类学家曾成奎教授也在西沙群岛发现了生于苔藓虫上的原绿藻,我国海南岛也有发现。

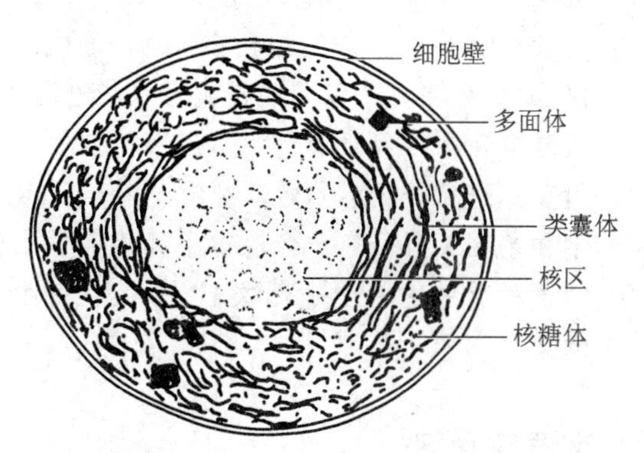

图 8 - 8　原绿藻的超微结构

后来,又发现了其他的原绿生物,如在荷兰的许多浅水湖中发现的原绿丝藻属(*Prochlorothrix*),在开放性海洋的深透光层中发现的原绿球藻属(*Prochlorococcus*)等。前者为丝状,不分枝,所含叶绿素 a 和叶绿素 b 的比例为(8 ~9)∶1;后者为球形,非常微小,直径不足 1 μm,不含叶绿素 a,但含有叶绿素 a 的修饰形式,称为二乙烯叶绿素 a,它和叶绿素 b 的比例接近 1,这与海洋绿藻类相似。该藻广布于海洋表层和海面下 50 ~ 100 m 的水层,数量大,可达 10^4 ~ 10^5 个细胞/mL。

近年来,有些学者对上述 3 种原绿生物的 16S rRNA(即沉降系数为 16S 的核糖体核酸)进行了测序分析,他们发现这几种原绿生物分别和一些蓝藻更接近,并把它们列入多系进化分支的蓝藻进化树中(Boone et al. ,2001)。因此,认为这些原绿生物应归入蓝藻门。此外,还有研究发现,在原绿球藻属的深水种类中也含有少量的藻红素(Hess,1996),而在蓝藻门的聚球藻(*Synenchococcus* PCC 7942)中又发现了叶绿素 a 和叶绿素 b 的结合蛋白。这些发现也支持原绿生物和蓝藻关系密切的看法,主张将其归入蓝藻门。由此看出,从分子生物学的研究中,对于原绿生物的分类地位提出了新的证据和看法。不过,也有人对此提出质疑,即 16S rRNA 虽然较为保守,对它的测序分析可以作为研究生物之间亲缘关系的重要依据,但它所含的氨基酸毕竟很少,只有 1 450 个,仅仅根据这一点就得出结论未免牵强。所以,关于原绿生物的分类地位还需要进行多学科、更深入、更全面地研究,它们的分类地位才能得到科学地解决。

原绿生物的发现对于研究生物的系统发育具有重要意义。由于它们含有叶绿素 a 和叶绿素 b,曾经认为根据内共生理论,原绿生物可能通过内共生形成真核生物的叶绿体。但是,通过 16S rRNA 的测序比较发现,几种原绿生物并不是含叶绿素 a 和叶绿素 b 的绿色植物叶绿体的早期祖先。相反,原绿生物、蓝藻类和高等植物的叶绿体可能都是来自于一个共同的祖先。因此,原绿生物在生物系统发育中的地位还需要进一步地进行研究探讨。

思考与探索

1. 原核藻类和其他原核生物的共同特征及其主要区别是什么？它们和真核生物(特别是植物)有何主要异同？
2. 异形胞的结构特点是什么？它的主要生理功能是什么？进一步查阅有关文献资料,分析目前国内、外对异形胞分化机制的研究进展。

3. 蓝藻与水环境的关系如何？进一步查阅文献资料(如关于滇池、巢湖、太湖等水华的信息)，重点分析为什么有些水体会发生水华现象。形成水华的常见蓝藻有哪些？水华造成的主要危害有哪些？目前国内、外主要采取哪些措施对水华进行防治？
4. 蓝藻有何重要经济价值？其应用前景如何？
5. 用蓝藻进行分子生物学研究有何特点？现在用于转基因的蓝藻主要有哪些种类？蓝藻的分子遗传学和基因工程研究已经取得了哪些重要成就？
6. 阅读教材并进一步查阅文献资料，试分析原绿藻的分类地位及其在生物系统发育研究上的重要意义。

数字课程学习

重难点解析　　教学课件　　视频　　植物照片库　　相关网站

第九章

真核藻类
(Eukaryotic algae)

内容提要 本章介绍了真核藻类在形态、细胞结构、生殖结构、生殖方式和生活史等方面的特点，对于比较难掌握的生活史问题特提出从生活史中减数分裂发生的3个不同时期来理解的新思路。本章还比较了真核藻类10个门的主要异同，从中选取了种类较多、分布较广、经济价值较大或与人类关系密切的绿藻、轮藻、硅藻、褐藻和红藻5个门的代表种类进行了重点分析。同时，本章简单介绍了藻类在食用、药用、工业、水环境等方面的重要价值，特别是在本章中撰写了“真核藻类光合器的亚显微结构”“衣藻鞭毛研究与人体器官发育和相关疾病发生的揭示”“紫菜生活史研究简史和进展”和“应用微藻生产生物柴油”4个“窗口”，以加深和提高对藻类的认识和开拓我们探讨藻类世界的领域。

第一节　真核藻类概述

真核藻类是一群没有根、茎、叶分化的，能够进行光合作用的低等自养真核植物。最古老的真核藻类出现于距今14亿~15亿年前。真核藻类并不是一个自然类群，但它们有许多共同特征。

一、形态结构

真核藻类大多数种类个体微小，最小的仅为几微米，也有少数种类个体较大，如海带长达几米，巨藻的长度甚至可达百米以上。真核藻类的藻体形态具有丰富的多样性，有单细胞、各式群体、丝状体、叶状体、管状体等，褐藻中有些种类的外形上还有“叶片”、柄和固着器的分化。绝大多数真核藻类结构简单，没有明显的组织分化，仅少数种类有表皮层、皮层和髓的分化，如褐藻中的海带等(图9-19B)。但所有的真核藻类均无真正的根、茎、叶的分化，体内亦无维管组织的分化。因此，真核藻类的植物体通常称为原植体(thallus)。真核藻类均属于无维管植物。

二、细胞结构

1. 细胞壁

除隐藻、裸藻和绝大多数金藻无细胞壁外，绝大多数真核藻类均具有细胞壁，但不同藻类，其细胞壁的化学成分和结构则各有不同，见表9-2。

2. 细胞核和细胞器

真核藻类均具有真核，有核膜、核仁，DNA与组蛋白结合。真核细胞的染色质在分裂期凝聚成染色体，在分裂间期又解聚成染色质。但甲藻类在分裂间期染色体也不解聚消失，核膜在分裂期也不消失，表现为介于原核和真核之间的状态,常称为中核或间核(mesokaryotic)。真核藻类均具有质体、线粒体、内质网、高尔基体、液泡等细胞器。

3. 光合器和光合色素

真核藻类均具有光合器(极少例外),通常统称为载色体(chromatophore)。真核藻类光合器的形态有多种,如盘状、杯状、带状、星状、板状、片状、网状、块状等。光合器在每个细胞中的数目因种而异。

真核藻类光合器的亚显微结构

在电子显微镜下观察真核藻类的光合器结构时,可见它们都有双层光合器被膜;大多数藻类是由不同数目的类囊体形成类似基粒的束或带,仅绿藻和轮藻的类囊体形成简单的基粒,红藻则完全是单条类囊体散布在细胞质中;除绿藻、轮藻和红藻外,其他各门藻类在光合器被膜的外面还有1层或2层叶绿体内质网膜(图9-1)。在高等植物中,叶绿体中的

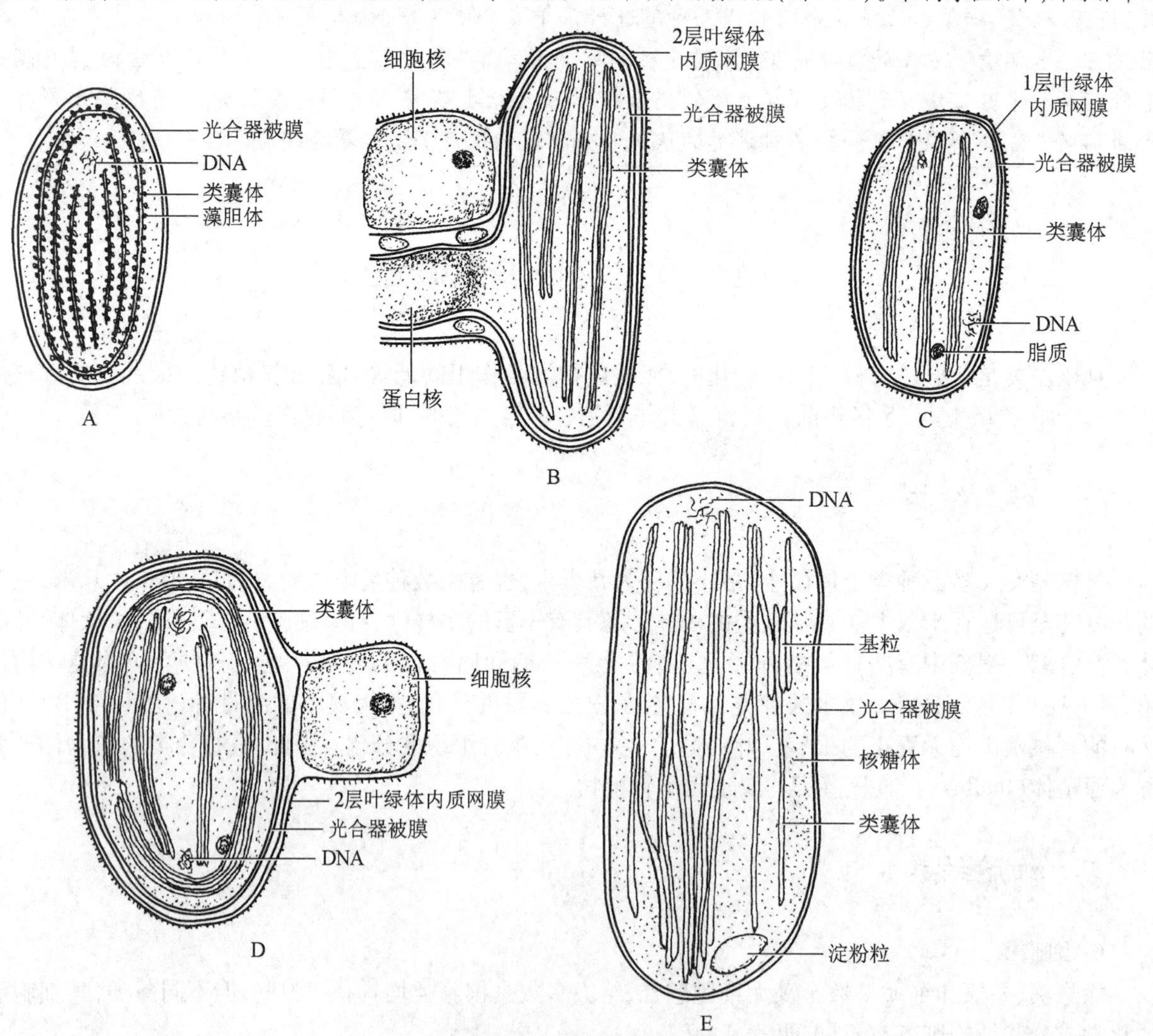

图9-1　真核藻类光合器的结构(自Lee,1990)

A. 类囊体呈单条,不形成束,不具叶绿体内质网膜(红藻门)　B. 每2条类囊体形成1束,具2层叶绿体内质网膜(隐藻门)　C. 每3条类囊体形成1束,具1层叶绿体内质网膜(甲藻门、裸藻门)　D. 每3条类囊体形成1束,具2层叶绿体内质网膜(金藻门、硅藻门、黄藻门、褐藻门)　E. 每2~6条类囊体形成1束或为简单基粒,无叶绿体内质网膜(绿藻门、轮藻门)

类囊体均形成基粒，在叶绿体被膜的外面均无内质网膜（见第一章第一节）。

参考文献

[1] Lee R E. Phycology. Cambridge: Cambridge University Press, 1980.

[2] Bold H C, Wynne M J. Introduction to the Algae. New Jersey: Prentice-Hall, Inc. 1978.

（周云龙　教授　北京师范大学生命科学学院）

真核藻类的光合色素有3大类：叶绿素类，包括叶绿素a、叶绿素b、叶绿素c、叶绿素d 4种；类胡萝卜素（carotenoid），包括5种胡萝卜素（carotene）和多种叶黄素（xanthophyll）；藻胆素（phycobilin），也称藻胆蛋白（phycobiliprotein）。各门藻类均含有叶绿素a和β-胡萝卜素，其他光合色素在各门中都有差异，这是藻类分门的最主要依据之一（表9-1）。在藻类中通常将含有叶绿素a和叶绿素b、呈绿色的光合器称为叶绿体；把不含叶绿素b而含叶绿素c或叶绿素d、呈褐色、棕色、黄褐色或紫红色等颜色的光合器称为色素体（chromatoplast）。由于不同门的藻类所含光合色素的种类和含量不同，它们光合器的颜色也有差异（见表9-1），但这并不是绝对的，不仅在不同门的藻类中有不少例外，即使在同一个门的藻类中或同一个种的不同个体间也有变化，这可能与个体的特异性、生态环境以及生理状态等因素有关。

三、生殖结构

真核藻类的生殖结构简单，绝大多数的无性和有性生殖结构均为单细胞，仅少数种类（如褐藻中的水云等）为多细胞，通常称为多室孢子囊或多室配子囊（图9-2G）。在真核藻类的生殖结构中均不具有由不育细胞构成的壁或其他结构，每个细胞均可产生生殖细胞，这是真核藻类和高等植物的主要区别

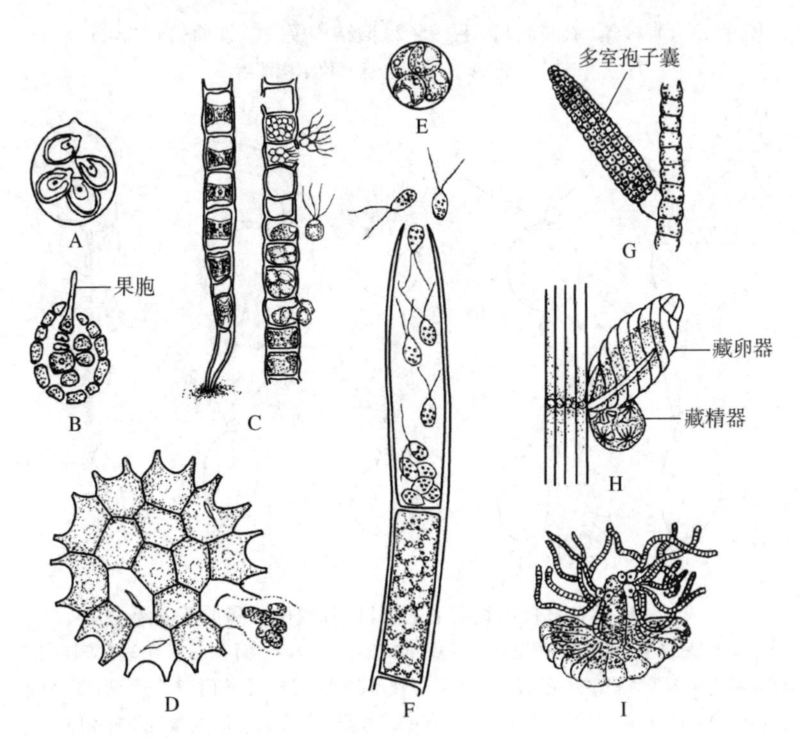

图9-2　真核藻类的生殖结构示例

A～F. 单细胞的生殖结构[A. 衣藻属（产生游动孢子）　B. 多管藻（果胞内产1卵）　C. 丝藻属（产生游动孢子或配子）　D. 盘星藻属（产生游动孢子）　E. 小球藻属（产生似亲孢子）　F. 刚毛藻属（产生游动孢子）]　G. 水云属（示多室孢子囊或多室配子囊）　H. 轮藻（示藏精器和藏卵器）　I. 轮藻（示藏精器内部的部分结构）

之一。唯一的例外是轮藻门的性器官(藏精器和藏卵器),不仅为多细胞结构,而且还有由多个不育细胞构成的壁和其他结构(图 9-2 H,I;图 9-13)。

四、鞭毛和眼点

鞭毛(flagellum)是真核藻类的运动器,同时它还具有多种生理功能(见“窗口”)。除红藻门外,各门真核藻类的营养体或生殖细胞大多具有鞭毛。鞭毛的结构均为(9+2)型模式(图 9-3)。根据鞭毛表面有无附属物,通常将其分为尾鞭型(wiplash type)和茸鞭型(tinsel type)两种主要类型,前者鞭毛表面光滑,后者鞭毛表面有许多横生的纤细茸毛。此外,还有的鞭毛表面既有茸毛,又有小鳞片。不同门的真核藻类,其鞭毛的类型、数目以及在细胞上的着生位置均不同,也是分门的主要依据之一(图 9-4)。

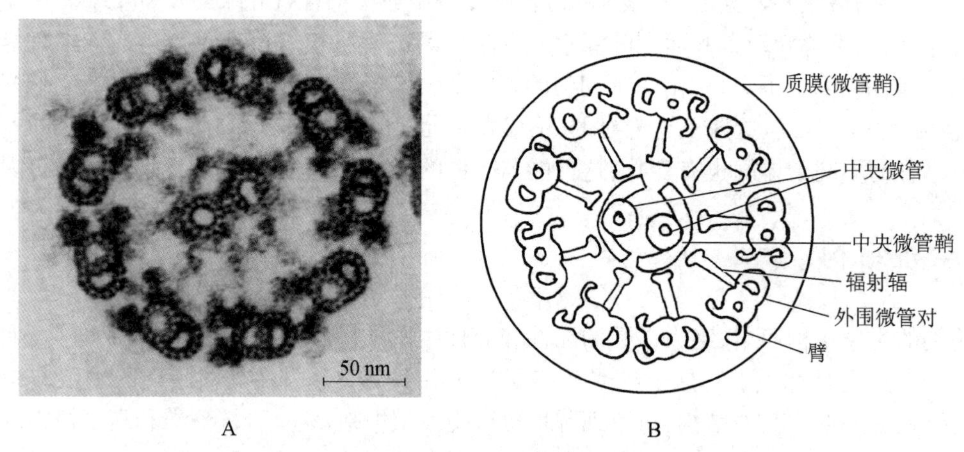

图 9-3　真核藻(衣藻属)鞭毛(9+2)型结构模式横切面(自 Raven et al)

A. 电镜照片　B. 电镜照片结构图解

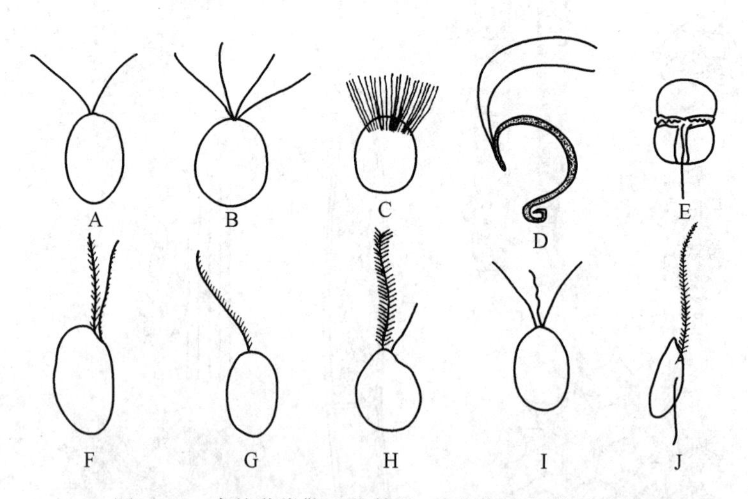

图 9-4　真核藻类鞭毛的数目、着生位置和类型示例

A~C. 绿藻门(2 条,4 条,等长,顶生,尾鞭型鞭毛或多条亚顶生)　D. 轮藻门(精子具 2 条等长、亚顶生、尾鞭型鞭毛)　E. 甲藻门(横沟中 1 条茸鞭型鞭毛,纵沟中 1 条尾鞭型鞭毛)　F. 隐藻门(2 条鞭毛自口沟伸出,茸鞭型,但有 1 条仅具 1 列茸毛)　G. 裸藻门(具 1 条仅有一侧茸毛的茸鞭型鞭毛)　H. 金藻门和黄藻门(2 条顶生不等长鞭毛,1 条长的为茸鞭型,1 条短的尾鞭型)　I. 金藻门(3 条鞭毛,中间 1 条为附着鞭毛)　J. 褐藻门(游动孢子具 2 条侧生不等长鞭毛,长的茸鞭型,短的为尾鞭型)

眼点(eye-sport,stigma)是真核藻类游动细胞(或个体)的光感受器,多为圆形或椭圆形,在质体内或

在质体外的细胞质中，是由许多含有橘红色胡萝卜素的类嗜锇脂滴组成的。

五、繁殖

真核藻类的繁殖方式有3种类型。

（一）营养繁殖

以细胞分裂，或藻体断离，或以营养繁殖小枝、珠芽等结构进行繁殖的方式，称为营养繁殖（vegetative propagation）。

（二）无性生殖

产生各种类型的无性孢子，直接萌发产生新个体的繁殖方式，称为无性生殖（asexual reproduction）。真核藻类产生的无性孢子类型很多（图9－2），如游动孢子（zoospore）、不动孢子（aplanospore）、似亲孢子（autospore）、四分孢子（tetraspore）、单孢子（monospore）、果孢子（carpospore）等。

（三）有性生殖

真核藻类普遍进行有性生殖（sexual reproduction），也有一些种类尚未发现其有性生殖。根据有性生殖时相融合的2个配子的特征，通常将其分为3种类型（图9－5）：

（1）同配生殖（isogamy） 相融合的2个配子形态、大小相同，在外观上难以区别，为最原始的类型。如衣藻属（*Chlamydomonas*）中的绝大多数种类。

（2）异配生殖（anisogamy） 相融合的2个配子有大小之分，1个较大的为雌配子，1个较小的为雄配子，二者均具鞭毛可以游动，而且后者比前者活跃。该类型较同配生殖进化。如空球藻（*Eudorina*）等。

（3）卵式生殖（卵配）（oogamy） 为较大而不动的卵细胞与较小而具鞭毛（或不具鞭毛）的精子相融合的方式，是最进步的有性生殖方式。如团藻（*Volvox*）、轮藻（*Chara*）、海带（*Laminaria*）、紫菜（*Porphyra*）等。

真核藻类配子融合形成的合子，或精子与卵融合形成的受精卵，均不发育形成胚，而是进行减数分裂或有丝分裂形成新的单倍体或二倍体的藻体，或直接形成新一代藻体。故真核藻类也称为无胚植物。详见本章中不同代表种类的介绍。

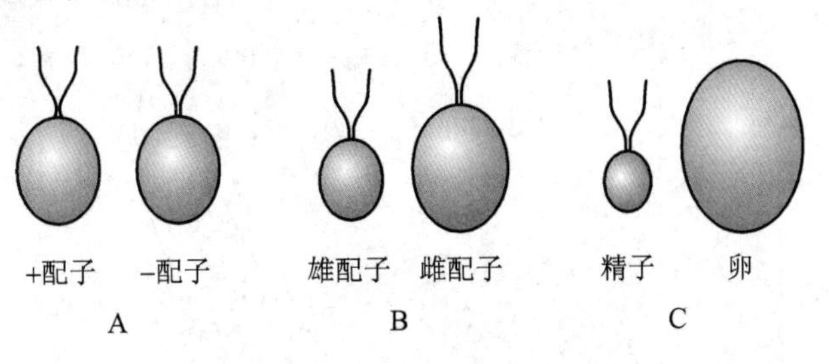

图9－5 真核藻类有性生殖类型

A. 同配生殖 B. 异配生殖 C. 卵式生殖

六、真核藻类的生活史

生活史（life history），亦称生活周期（life cycle），指藻类从其生命活动的某一阶段开始（如孢子、合子等），经过一系列的生长、发育、分化、成熟和生殖等，直到重又出现其开始阶段的全过程。

藻类生活史具有明显多样性，有的种类可通过营养繁殖完成生活史，有的种类可分别通过无性生殖或有性生殖过程完成生活史，还有些种类必须连续通过无性生殖和有性生殖过程才能完成生活史。

由于绝大多数真核藻类都进行有性生殖，也就必然有减数分裂的发生。因此，可以根据减数分裂在生活史中发生的时期不同,将具有有性生殖的真核藻类的生活史分为3种主要类型,即合子减数分裂、配子减数分裂、孢子减数分裂。只要理解了这3种减数分裂的含义,就很容易掌握真核藻类的生活史了。

(一)合子减数分裂

合子萌发时进行减数分裂,称为合子减数分裂(zygotic meiosis)。这种类型的生活史具有核相交替(alternation of nuclear phases),即单倍体核相与二倍体核相相互交替的现象。这种类型的生活史中仅有1种单倍体的藻体,合子或受精卵是生活史中唯一的二倍体时期,其他均为单倍体时期(图9-6A)。如衣藻属(*Chlamydomonas*)(图9-8)、团藻属(*Volvox*)(图9-9)、水绵属(*Spirogyra*)(图9-11)等许多种类。

(二)配子减数分裂

形成配子时进行减数分裂,称为配子减数分裂(gamytic meiosis)。这种类型的生活史与合子减数分裂的类型一样具有核相交替,也仅有1种藻体,但为二倍体。配子是生活史中唯一的单倍体时期,其他均为二倍体时期(图9-6B)。如绿藻门中的松藻属(*Codium*)、硅藻门(Bacillariophyta)(图9-18)、褐藻门中的鹿角菜属(*Pelvetia*)和马尾藻属(*Sargassum*)(图9-21)等。

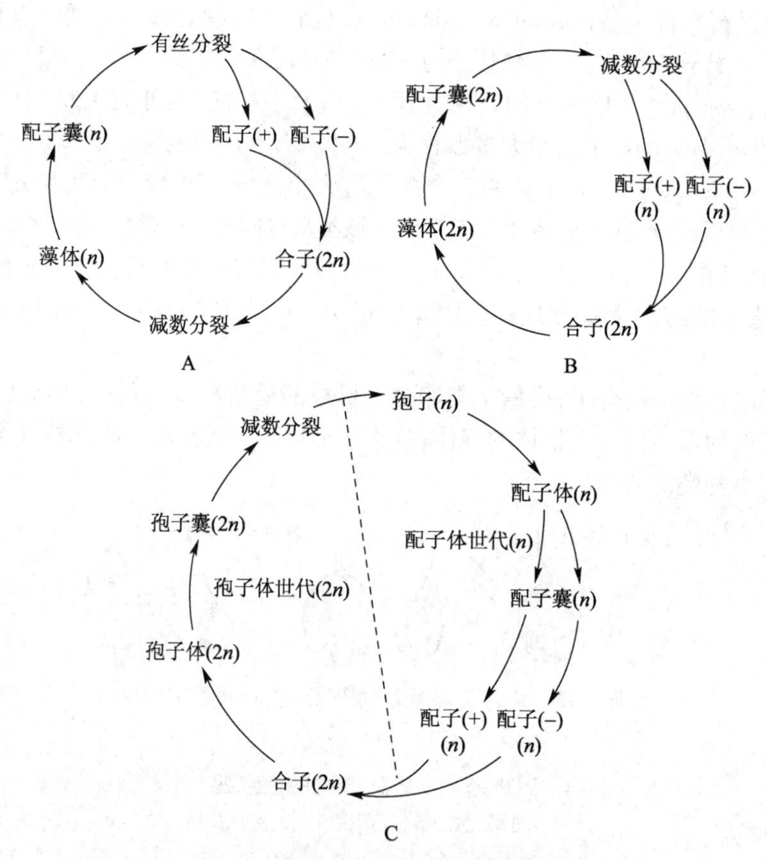

图9-6　真核藻类生活史类型图解

A. 合子减数分裂　B. 配子减数分裂　C. 孢子减数分裂

(三)孢子减数分裂

在形成孢子时进行减数分裂,称为孢子减数分裂(sporic meiosis),亦称居间减数分裂。这种类型的生活史均有二倍体的孢子体(sporophyte)和单倍体的配子体(gametophyte)2种植物体。红藻门中多数种类还有二倍体的果孢子体(carposporophyte),共3种植物体。生活史中二倍体的孢子体世代和单倍体的配子体世代有规律地进行交替,即世代交替(alternation of generation)(图9-6C)。其中,有的藻类孢子体和配子体外形相似,称同形世代交替(isomorphic alternation of generation),如石莼属(*Ulva*)(图9-

10）等；有的配子体和孢子体在形态上不同，则称为异形世代交替（heteromorphic alternation of generation）。其中，如果孢子体发达，又称为孢子体发达的异形世代交替，如海带（*Laminaria japonica*）（图 9－20）等；如果配子体发达，则称为配子体发达的异形世代交替，如紫菜属（*Porphyra*）（图 9－22）等。

七、生境与分布

绝大多数真核藻类均生于水中，包括淡水、海水、咸淡水等各种水体，也有的生于潮湿的土表、岩面、树皮、墙壁等处，分布十分广泛。生于水中的又有浮游、附着、固着和底栖等各种类型。还有的种类可生于高山积雪上，也有的与真菌等生物共生。

第二节　真核藻类的主要门及其分门的依据

真核藻类通常分为 10 余个门，即隐藻门、甲藻门、金藻门、黄藻门、硅藻门、褐藻门、红藻门、裸藻门、绿藻门和轮藻门等。

真核藻类的分门依据主要是藻体的形态结构，细胞壁的成分和结构，光合器的结构和光合色素的种类，贮藏的光合产物，鞭毛的类型、数目和着生位置，以及生殖方式和生活史等。各门真核藻类主要特征的比较见表 9－1 和表 9－2。

表 9－1　各门真核藻类的光合器显色和光合色素的比较

门	光合器的通常颜色	叶绿素				类胡萝卜素					叶黄素	藻胆素
		a	b	c	d	α	β	γ	番茄红素	ε		
隐藻门 Cryptophyta	常黄绿色或黄褐色	+		+		+	+			+	硅甲藻素、甲藻黄素	+
甲藻门 Pyrrophyta	常金黄色或黄绿色或褐色	+		+			+				硅甲黄素、多甲藻素、甲藻黄素等	+（某些甲藻）
金藻门 Chrysophyta	常金褐色或黄褐色	+		+			+				墨角藻黄素、硅藻黄素、硅甲藻黄素等	
黄藻门 Xanthophyta	常黄褐色或黄绿色	+		+			+				硅甲藻素等	
硅藻门 Bacillariophyta	常黄褐色	+		+		+	+			+	墨角藻黄素、硅藻黄素、硅甲藻素等	
褐藻门 Phaeophyta	常褐色或褐绿色	+		+		+	+				墨角藻黄素、叶黄素等	
裸藻门 Euglenophyta	常绿色	+	+				+				虾青素、叶黄素等	
绿藻门 Chlorophyta	常绿色	+	+			+	+				虾青素、叶黄素、菜黄素等	
轮藻门 Charophyta	常绿色	+	+				+	+	+		?	
红藻门 Rhodophyta	常紫红色	+			+	+	+				蒲公英黄素、叶黄素等	+

表 9－2　各门真核藻类主要特征的比较

门	藻体形态结构	细胞壁	鞭毛	贮藏的光合产物	生殖结构	分布和其他
隐藻门 Cryptophyta	单细胞,纵扁	无细胞壁	2 条,略等长或不等长,自腹侧前端口沟伸出	淀粉,油滴	单细胞(单室)	多为淡水产,个别种类为海产
甲藻门 Pyrrophyta	绝大多数为单细胞	由纤维素质的板片构成;大多具有 1 条纵沟和 1 条横沟	多为 2 条,横沟中 1 条,茸鞭型,纵沟中 1 条,尾鞭型	淀粉,油滴	同上	淡水和海水中均常见,海产种类多,为主要赤潮生物,细胞核为间核(中核)
金藻门 Chrysophyta	单细胞、群体或丝状体	多无细胞壁,有的在表质上具有硅质小鳞片、小刺或具囊壳	1 条、2 条或 3 条,顶生,不等长或等长	金藻昆布糖,油滴	同上	多为淡水产,海水中也常见
黄藻门 Xanthophyta	单细胞、群体、丝状体或多核管状体	单细胞和丝状体类型的细胞壁由 2 个“冂”形节片套合而成,纤维素质	2 条,顶生,不等长;1 条长的向前,茸鞭型,1 条短的向后,尾鞭型	金藻昆布糖	同上	淡水产
硅藻门 Bacillariophyta	单细胞或各式群体	由硅质的上壳和下壳套合而成,壳面具有各式花纹	有些种类的精子或小孢子具有鞭毛,1 条或 2 条	油滴,金藻昆布糖	同上	淡水和海水中均多,分布广
褐藻门 Phaeophyta	均为多细胞,丝状、叶状、管状等,有的有一定的组织分化	具有细胞壁,含纤维素和藻胶	许多种类的生殖细胞具有 2 条侧生不等长的鞭毛	褐藻淀粉,甘露醇	单细胞(单室),多细胞(多室)	绝大多数为海产
裸藻门 Euglenophyta	绝大多数为单细胞	无细胞壁,有的具有囊壳	多为 1 条或 2 条鞭毛,自前端胞口伸出	副淀粉(裸藻淀粉)	仅以细胞分裂进行繁殖	绝大多数为淡水产,极少数为海产
绿藻门 Chlorophyta	单细胞、群体、叶状体、丝状体等	具有纤维素的细胞壁	多为 2 条或 4 条,顶生,等长,尾鞭型	淀粉	单细胞(单室)	多为淡水产,一部分为海产
轮藻门 Charophyta	藻体较大,有明显的节和节间	同上	精子具有 2 条等长鞭毛,尾鞭型	淀粉	多细胞,具有不育细胞,雄性器官称藏精器,雌性器官称藏卵器	淡水产
红藻门 Rhodophyta	极少数为单细胞,绝大多数为多细胞,丝状、叶状、枝状等	细胞壁由纤维素和藻胶构成	无	红藻淀粉	单细胞(单室)	多为海产

真核藻类中以绿藻门、硅藻门的种类最多,分布最广。褐藻门和红藻门大多为海产种类,经济价值大。绿藻门、轮藻门、褐藻门和红藻门在藻类的系统发育和进化中具有重要地位。本教材将对上述5个门的真核藻类作重点介绍,其他各门藻类的重要意义和特点,也将在适当的地方予以说明。

第三节　绿藻门(Chlorophyta)和轮藻门(Charophyta)

一、绿藻门

(一)主要特征

绿藻门有8 600余种,分布广。在形态结构、生殖方式和生活史类型以及生境等方面具有丰富的多样性。在形态上有单细胞、群体、丝状体、叶状体、管状体等。细胞壁由纤维素构成。含叶绿素a和叶绿素b。多数种类的叶绿体中有1至多个蛋白核(pyrenoid)。贮藏物质主要为淀粉。一些种类的营养体和多数种类的孢子或配子多具有2条或4条顶生等长的鞭毛,少数为1条、8条或多条,尾鞭型。

绿藻有90%左右的种类分布于淡水或潮湿土表、岩面或花盆壁等处,约10%的种类生于海水中,少数种类可生于高山积雪上,还有少部分种类与真菌共生形成地衣共生体。

(二)常见代表种类

绿藻门分为绿藻纲(Chlorophyceae)和接合藻纲(Conjugatophyceae)两纲。常见主要代表种类如下。

1. 衣藻属(*Chlamydomonas*)

衣藻属为绿藻纲常见单细胞运动种类。细胞呈卵形或球形,有的细胞前端具有乳头状突起。细胞顶端有2条等长的鞭毛。对衣藻鞭毛的形成、功能及其重要意义请见本章窗口。细胞内多为1个大的杯状叶绿体(也有的为片状、星状、网状或"H"形等)。叶绿体基部有1个大的蛋白核,其表面常有淀粉鞘。叶绿体内近前方有1个橘红色的眼点,为衣藻的光感受器。1个细胞核,位于细胞质的中央。细胞前端近鞭毛基部有2个伸缩泡,其主要功能为排出体内废物。衣藻的细胞形态结构见图9-7。

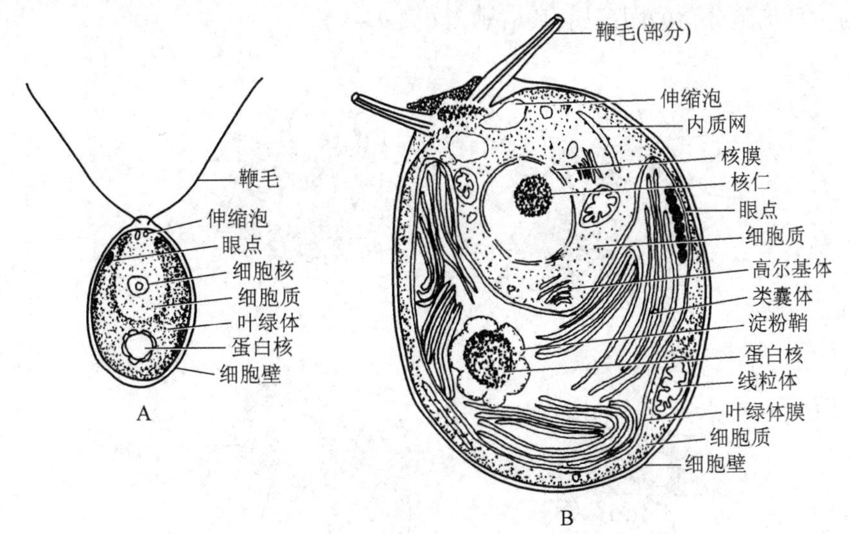

图9-7　衣藻细胞的形态和结构

A. 光镜下的结构　B. 电镜下的亚显微结构

衣藻以无性和有性两种生殖方式进行繁殖。无性生殖时,鞭毛脱落或收缩成为孢子囊。细胞壁内的原生质体进行纵裂和横裂,形成4、8或16个子原生质体,每个子原生质体产生细胞壁,并产生2条鞭毛,这些子细胞即为游动孢子。待母细胞壁破裂后,游动孢子释放出来,各自发育成新个体。有性生殖时,首先细胞失去鞭毛成为配子囊,其内的原生质体进行分裂,产生具有 2 条鞭毛的(+)、(-)配子(16、32 或 64 个)。从母细胞释放出来后,(+)、(-)配子即进行融合(大多为同配生殖,有些为异配生殖,个别为卵配生殖,同宗或异宗),形成二倍体的合子(彩色图版)。合子分泌产生厚壁,休眠后,经减数分裂产生 4 个具有 2 条鞭毛的减数孢子。合子壁破裂后,每个减数孢子释放至水中,各形成 1 个新个体。其有性生殖的生活史类型为合子减数分裂,具有核相交替(alternation of nuclear phases)(图 9-8)。

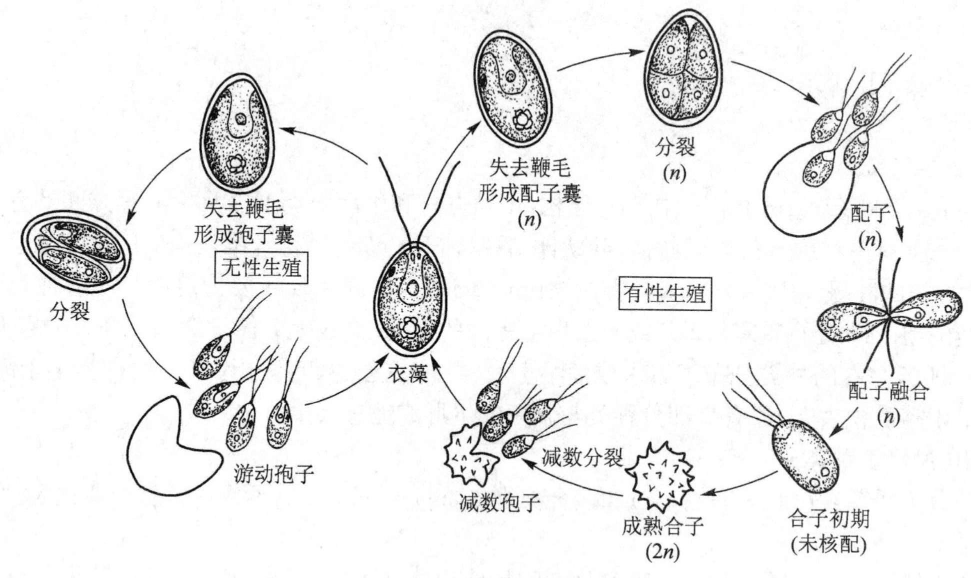

图 9-8　衣藻的生殖和生活史

衣藻属有 100 多种,多生于有机质丰富的淡水中,常可在小水坑中发现较纯群的衣藻。衣藻也是常见的形成水华的种类。

绿藻纲中常见可运动的群体种类有盘藻属(*Gonium*)、实球藻属(*Pandorina*)、空球藻属(*Eudorina*)和有营养细胞与生殖细胞分化的团藻属(*Volvox*)等(图 9-9)。

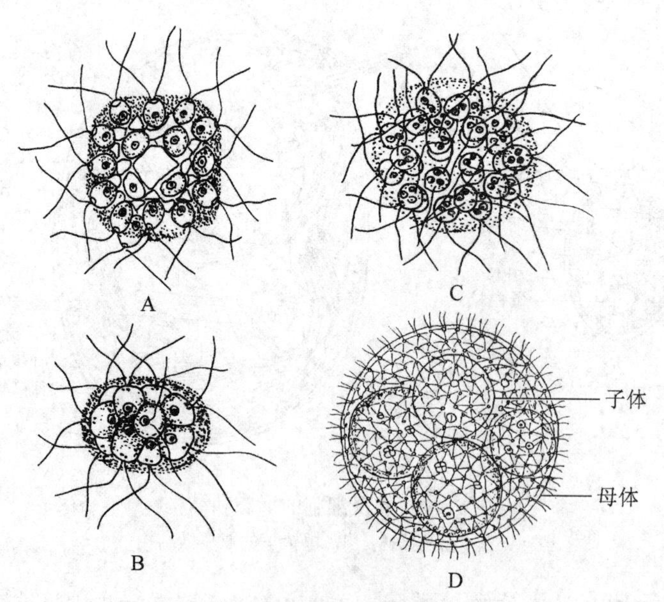

图 9-9　常见具鞭毛能游动的绿藻

A. 盘藻属　B. 实球藻属　C. 空球藻属　D. 团藻属

衣藻鞭毛研究与人体器官发育和相关疾病发生的揭示

21世纪以来,国内外有关学者采用分子生物学、生物化学、细胞生物学等手段,对模式生物衣藻鞭毛的形成、解聚机理,运动功能、信号转导及在细胞分裂中的调控作用等进行了深入研究。结果发现,真核生物的鞭毛或纤毛(现在真核生物的鞭毛和纤毛这两个概念互为通用)结构保守,真核藻类和其他真核类群生物(包括人体)中鞭毛或纤毛的主要蛋白质组分同源,其形成机制类似。特别是研究发现衣藻的一个无鞭毛突变体的缺陷基因和导致人体肾囊肿的一个基因同源,从而使人们认识到肾囊肿的发生和纤毛缺陷有关;同时发现影响人体 *hedgehog* 信号通路的一个基因和衣藻鞭毛形成的基因同源。因此,衣藻鞭毛的研究对了解纤毛的基本生物学问题和阐明人体中纤毛相关疾病发生的分子机理及诊断具有重要意义。

在人体的许多组织器官中广泛存在纤毛,它们基本分为两类:一类为运动纤毛,为9+2型结构,主要行使细胞运动的功能。它们主要存在于脑室、呼吸道系统、输卵管、精子以及胚胎发育过程中的胚结(embryonic node),参与了多种生物过程,如精子的运动、呼吸道黏液清除、排卵、脑脊液的流动,在胚结的纤毛的运动还决定了人体内脏的左右不对称性等。另一类为不动纤毛,为9+0型结构,它们存在于几乎所有的细胞。过去一直认为它们是无功能的退化的器官。但目前的研究发现,不动的纤毛表面具有离子通道和各种受体,可以传递外界的信号,从而调控一些组织器官的发育和生理功能。比如,肾小管上皮细胞的纤毛感知尿液的流动,调控肾的正常功能;大脑的一些神经细胞的纤毛具有肥胖素受体,可以调节人体的代谢;胚胎发育时期一些细胞的纤毛介导 *hedgehog* 信号通路,调控四肢、骨骼、神经管等的发育。研究还发现,人体中纤毛的缺陷可导致多种疾病,包括影响呼吸系统的不动纤毛综合征、脑积水、内脏反转、多指(趾)症、骨骼发育异常、不育、肾囊肿、肝囊肿、失明、失敏、失聪、智力发育低下和肥胖等。

上述研究表明,纤毛的功能绝不只是一个简单的运动器,而是具有许多重要而复杂的生理功能。基于纤毛的保守性,进一步深入开展对模式藻类衣藻鞭毛的生理功能和分子调控机理的研究,以及加强开展对真核生物纤毛系统发育的研究,将对揭示人类疾病发生的机理和调控开辟一条新路。

参考文献

[1] 潘俊敏. 衣藻、纤毛与“纤毛相关疾病”. 中国科学C辑:生命科学, 2008, 38: 399-409.

[2] Waters A M, Beales P L. Ciliopathies: an expanding disease spectrum. Pediatr Nephrol., 2011, 26: 1039-1056.

[3] Fliegauf M, Benzing T, Omran H. When cilia go bad: cilia defects and ciliopathies. Nat Rev Mol Cell Biol., 2007, 8: 880-893.

[4] Goetz S C, Anderson K V. The primary cilium: a signalling centre during vertebrate development. Nat Rev Genet., 2010, 11: 331-44.

(潘俊敏　教授　清华大学生命科学学院)

2. 石莼属(*Ulva*)

石莼属属于绿藻纲。藻体呈叶片状,仅由2层细胞构成,椭圆形、阔披针形等。藻体基部具有小盘状固着器,借以将藻体固着于岩石、砂粒等基质上。多年生。石莼属的藻体虽然外观上类似,但在生理和遗传学上则分为孢子体($2n$)和配子体(n)两种植物体。孢子体的细胞(除基部和固着器外)均可形成孢子囊,其内的细胞核进行减数分裂,产生多个具有4条鞭毛的衣藻状的单倍体游动孢子。从母体释放出来后,这些游动孢子各自萌发产生1个单倍体的配子体。配子体和孢子体在外形上没有区别,成熟时,它的每个细胞(基部和固着器除外)均可形成1个配子囊,其内的原生质体经过有丝分裂,产生多个具有2条鞭毛的衣藻状的游动配子(多为同型配子)。(+)、(-)配子结合后形成合子,2~3 d后即可萌发产生孢子体($2n$)。其生活史为孢子减数分裂,具有世代交替。从合子到孢子体至孢子母细胞减数分裂前的阶段为孢子体世代(sporophyte generation)或无性世代(asexual generation)($2n$)。从减数分裂后产生的游动孢子开始,到配子体的产生、成熟和产生配子,这一阶段称为配子体世代(gametophyte generation)或有性世代(sexual generation)(n)。这两个世代有规律地相互交替的现象即为世代交替。由于其孢子体和配子体在形态上类似,故称为同形世代交替。石莼属的生活史图解见图 9-10。

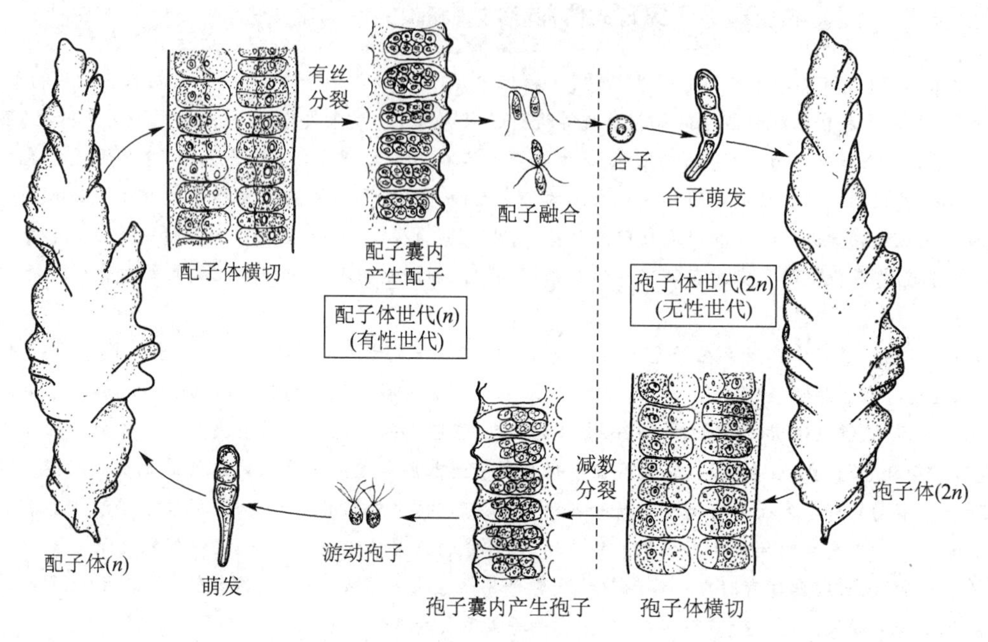

图 9-10 石莼生活史

石莼属是一类食用海藻,大多生于高、中潮间带的岩石上。常见种类有石莼(*Ulva lactuca* L.)、孔石莼(*U. peritusa* Kjellm.)等。

3. 水绵属(*Spirogyra*)

水绵属是绿藻门接合藻纲中常见的丝状绿藻。细胞呈圆筒状,彼此相连成无分支的丝状体。每个细胞内有 1 个位于中央的细胞核,核周围的细胞质以辐射状的原生质丝与细胞周围的细胞质相连。具有 1 个大液泡。叶绿体长带状,呈螺旋状弯绕,1 至多条,其上有多个蛋白核(图 9-11A 和图版)。

水绵属的生殖方式为接合生殖,最常见的是进行梯形接合(scalariform conjugation),多发生于春季或秋季。生殖时,藻丝平行靠近,其相对细胞的一侧细胞壁各发生 1 个突起;突起继续伸长,2 个相对的突起顶端接触时,其端壁融解,形成 1 个连通的接合管(conjugation tube);相对的 2 个细胞即各为 1 个配子囊,其内的原生质体浓缩,各形成 1 个配子;然后由其中 1 条藻丝细胞中产生的配子,以变形虫式的运动通过接合管,移至相对藻丝的细胞中与其内的配子融合,形成合子($2n$)。水绵的接合生殖有个现象值得注意,即相接合的 2 条藻丝,其中 1 条藻丝的所有配子均流入另 1 条藻丝中,接合后,1 条藻丝的细胞均变空,另 1 条藻丝中每个细胞都有 1 个合子。这种现象说明水绵有了性的分化,流出配子的藻丝可视为雄性,其配子为(+)配子,形成合子的 1 条藻丝可视为雌性,其内产生(-)配子。同样,如果有 3 条或 3 条以上的水绵藻丝在一起进行接合生殖,其每条藻丝仍表现为雄性或雌性,所产生的配子或流入另外的藻丝,或接受其他藻丝流入的配子形成合子(彩版插图)。上述水绵的接合生殖之所以称为梯形接合,是因为在两条藻丝间产生许多横向的接合管,从外观上看像梯子而得名。

水绵的合子形成后产生厚壁,休眠,藻丝渐腐烂。条件适宜时合子萌发,进行减数分裂,形成 4 个单倍体核,其中 3 个退化,仅 1 个核继续发育,并产生新的水绵丝状体。

水绵的生活史为合子减数分裂,具有核相交替(图 9-11B)。

此外,水绵还可进行侧面接合生殖和直接侧面接合生殖。

水绵属约有 450 种,中国有 187 种。水绵生于各种淡水池塘、河边或水沟中,沉入水底或漂浮于水

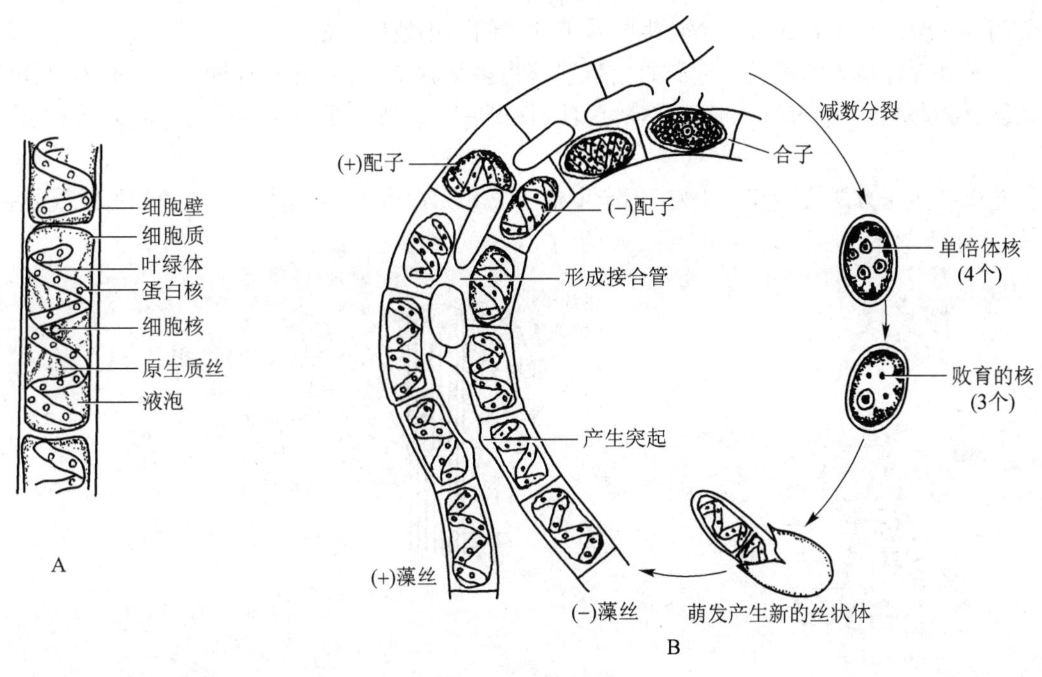

图 9－11　水绵属

A. 细胞结构　B. 生殖和生活史

面。用手触摸,颇感黏滑。水绵接合生殖时颜色由鲜绿色变为黄绿色,并漂于水面。

其他常见接合藻纲的藻类有新月藻属(*Closterium*)、双星藻属(*Zygnema*)、鼓藻属(*Cosmarium*)、角星鼓藻属(*Staurastrum*)、转板藻属(*Mougeotia*)等(图 9－12)。

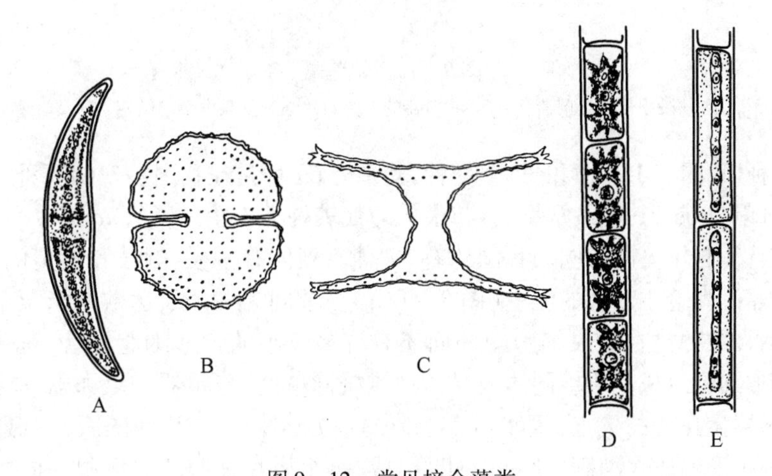

图 9－12　常见接合藻类

A. 新月藻属　B. 鼓藻属　C. 角星鼓藻属　D. 双星藻属　E. 转板藻属

二、轮藻门

轮藻门和绿藻门的基本特征相同,如叶绿体中含叶绿素 a 和叶绿素 b,贮藏的光合产物主要为淀粉,精子具 2 条等长的鞭毛等。所以过去曾将轮藻归入绿藻门中列为 1 个纲。但是,轮藻和绿藻又有如下较明显的差异:

(1) 藻体大型,株高通常 15 ~ 30 cm,有的可达 3 m。在形态上有明显的主枝和侧枝,二者都有明显的节和节间的区分。在节处还有多个轮生的具节和节间的小枝(短枝)。

(2) 轮藻和绿藻最大的不同是它们的生殖器官为多细胞结构,并有不育细胞形成的保护和支持结构。雄性器官为藏精器(antheridium)或称精囊球(图 9 - 13),雌性器官为藏卵器(oogonium)或称卵囊球(图 9 - 13)。

(3) 轮藻的生殖方式均为卵式生殖,不产生孢子囊和无性孢子。生活史类型为合子减数分裂,仅具核相交替。

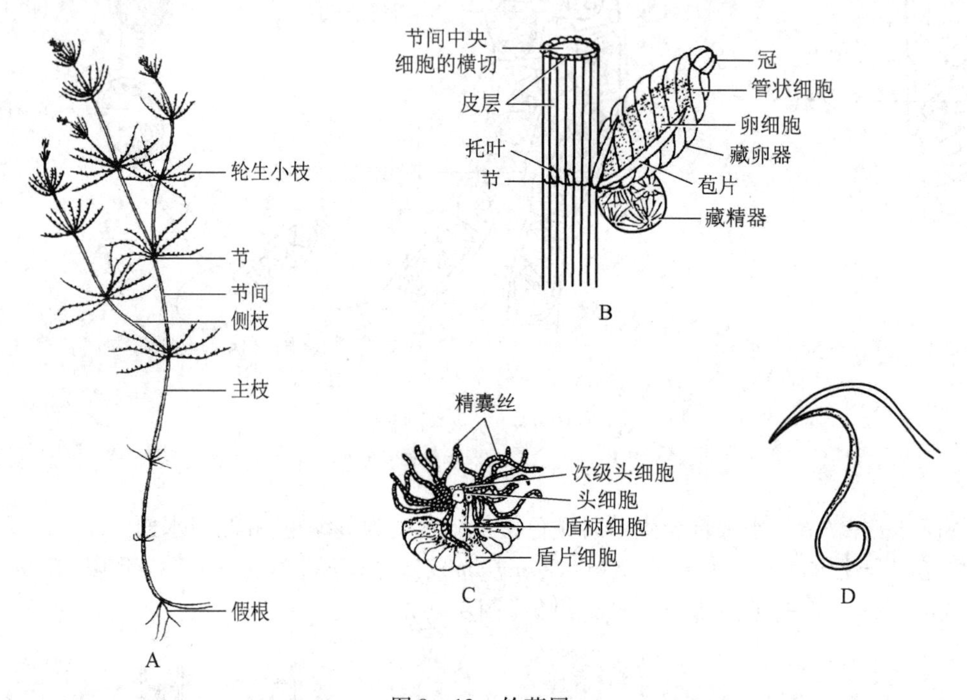

图 9 - 13　轮藻属

A. 藻体外形　B. 一段小枝和生殖器官　C. 藏精器的 1 个盾片细胞及其内部的结构　D. 1 个精子的放大

轮藻约有 400 种,我国有 152 种和 39 个变种,其中有 69 种是在我国发现的新种。轮藻门仅有轮藻纲 1 纲,下分 1 目、1 科、6 属,其中最常见、分布最广的代表种类为轮藻属(*Chara*)。

轮藻属的基本特征与轮藻门相同。我国约有 57 种。藻体有主枝、侧枝和轮生的小枝,基部有单列细胞组成的假根将藻体固着于水底的泥中(图 9 - 13A)。节间为一个长达数厘米至十几厘米的长圆柱形的中央细胞,绝大多数种类在中央细胞的外面还有许多较小的长形细胞围绕,称为皮层(9 - 13B)。节部主要由多个小形细胞组成。雌雄同体或异体。雌雄同体的,藏精器和藏卵器均生于轮生小枝的同一个节上,而且藏精器生在节的下方,藏卵器生于节的上方(图 9 - 13B 和图版)。藏精器橘红色,圆球形,最外面由 8 个三角形的盾片细胞(shield cell)组成,每个盾片细胞的内面中央向内产生 1 个圆柱形的盾柄细胞(stalk cell, manubrium),其顶端又产生 1 ~ 2 个圆球形的初级头细胞(primary capitulum cell),每个初级头细胞又可生出二级、三级甚至四级头细胞。由末级头细胞上产生由多个细胞组成的丝状的精囊丝(antheridial filament)。精囊丝的每个细胞中产生 1 个长形弯曲的精子,其顶端稍偏一侧有 2 条等长的尾鞭型鞭毛(图 9 - 13C, D)。藏卵器多为卵形或椭圆形,它的外面由 5 个螺旋状管细胞(tube cell)组成壁壳,内有 1 个大的卵细胞。在每个螺旋状管细胞的上端各有 1 个小的冠细胞(coronular cell),共 5 个冠细胞排列为 1 层形成冠(coronula)(图 9 - 13B)。成熟时,冠细胞彼此裂开,精子从缝隙中进入,与其中的卵细胞融合,形成合子。合子分泌形成厚壁。经过休眠后,合子萌发,在萌发时进行减数分裂,产生 4 个单倍体子核,其中 3 个子核后来败育,仅有 1 个子核发育形成假根的原始体和原丝体的原始体。以后二者分别发育形成无色假根和绿色且有节和节间分化的初生原丝体。最后,再进一步发育形成新的藻体。其生活史类型为合子减数分裂,具有核相交替。

轮藻分布广泛,淡水、微咸水中都常见,稻田、沼泽、池塘和湖泊的水底中常有大片生长。轮藻的藻体大,可作绿肥。据报道,在轮藻生长的水体中没有蚊子的幼虫孑孓,可能是轮藻的分泌物有杀灭孑孓的作用。轮藻常用作植物细胞学和植物生理学的实验研究材料。它的细胞质流动明显,也是观察细胞质流动的好材料。

在我国南方分布较广的轮藻门植物还有丽藻属(*Nitella*)。它们和轮藻属最主要的区别是丽藻的节间细胞外都没有皮层;小枝1次或多次分叉;冠细胞有10个,排列为2层等。

第四节　硅藻门(Bacillariophyta)

一、主要特征

硅藻是淡水和海水中浮游植物的主要构成者之一。硅藻为单细胞,或彼此相连成各式群体。硅藻最突出的特点在于其细胞结构和繁殖方式。

硅藻的细胞壁是由2个套合的硅质半片组成,套在外面稍大的半片称为上壳(epitheca),套在里面稍小的半片称为下壳(hypotheca)。上、下壳的正面称壳面(valve),细胞的侧面称为带面或环带面(girdle)(图9-14)。上、下壳相套合的部分称连接带。硅藻细胞的壳面与带面形状不同,绝大多数种类的带面为长方形,壳面的形状则多种多样,有圆形、纺锤形、线形、"S"形等。硅藻细胞壁的另一个明显特征是壳面具有辐射状或两侧对称排列的各种花纹。许多种类的壳面还有1条窄细的壳缝(raphe)。横切面观,壳缝呈"<"形(图9-15)。凡有壳缝的种类都可以在水中运动。有些具有壳缝的种类在细胞壳面的两端有胞壁增厚形成的折光性强的极节,在细胞壁中央处有1个中央节,如羽纹藻属(*Pinnularia*)等。

硅藻含有叶绿素a和叶绿素c,还含有较多的墨角藻黄素(fucoxanthin)、硅藻黄素(diatoxanthin)等褐色素。色素体多呈黄褐色,颗粒状、板状或块状。每个细胞中含有1个细胞核。贮藏的光合产物为油滴和金藻昆布糖(chrysolaminaran)。营养细胞不具有鞭毛,但有些种类的精子具有1条或2条鞭毛。鞭毛的结构为(9+0)型,无中央轴丝。

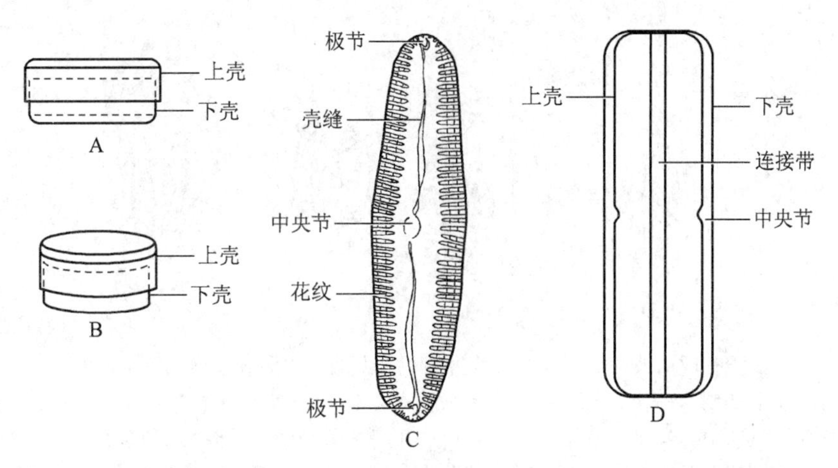

图9-14　硅藻细胞的结构示意图

A,B. 硅藻细胞的上壳和下壳示意图　C. 羽纹藻属细胞壳面观　D. 羽纹藻属细胞带面观硅藻的繁殖方式主要是细胞分裂。其分裂方式很特殊,母细胞的上壳和下壳均形成新产生的2个子细胞的上壳,而子细胞的下壳则由各自分泌形成。这样,2个子细胞中有1个与母细胞同大,另1个以母细胞的下壳形成上壳的子细胞则稍小于母细胞。如此不断分裂下去,仅有一小部分子细胞与母细胞的体积同大,而多数子细胞则程度不同地逐渐缩小(图9-16)。这种缩小分裂的趋势是不利于其种系的延续和发展的。当细胞分裂缩小到一定程度时,即可通过有性生殖产生复大孢子(auxospore),将细胞的体积恢复到该种细胞的正常大小。

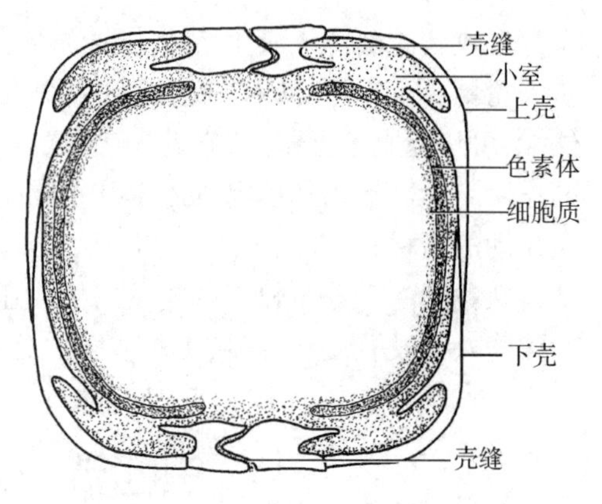

图9-15　大羽纹藻(*Pinnularia major*)细胞的横切面(未通过核处)(自 Hustedt)

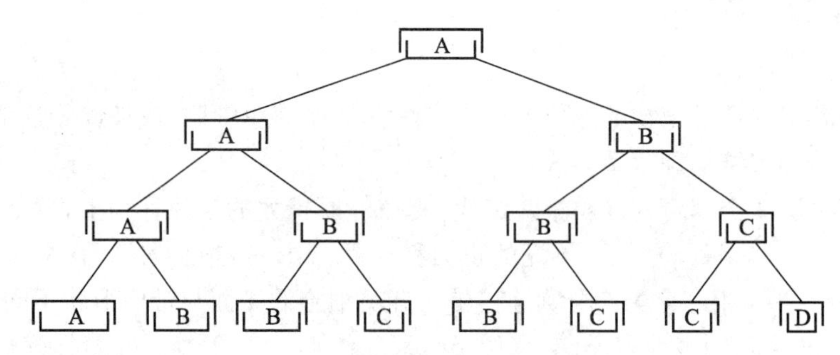

图9-16　硅藻细胞分裂,示子细胞体积的变化

A. 表示子细胞与母细胞同大　B~D. 表示不同缩小的子代细胞

硅藻有性生殖和复大孢子形成的过程各种各样。披针桥弯藻[*Cymbela lanceolata*(Ehr.)V. H.]可作为一个很好的例子(图9-17)。

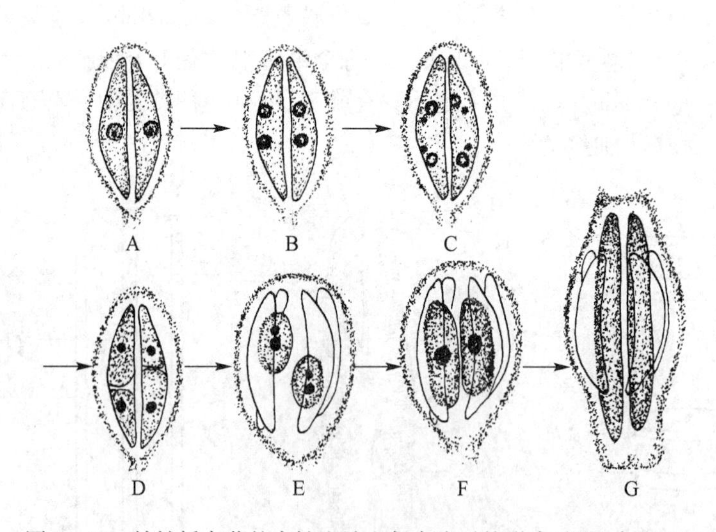

图9-17　披针桥弯藻的有性生殖和复大孢子的形成过程(自 Smith)

A. 相融合的2个细胞靠在一起并分泌胶质将细胞包围,每个细胞有1个二倍体的核　B,C. 减数分裂,每个细胞中仅有2个单倍体核发育,各有2个核退化　D. 每个细胞各形成2个不等大小的配子　E,F. 每个细胞中的小配子与相对细胞中的大配子融合,各形成1个合子　G. 合子伸长增大成复大孢子,弃去旧细胞壁,以后各自产生新细胞壁,细胞恢复到该种的正常大小

二、常见代表种类

硅藻约有 11 000 种。分为中心硅藻纲(Centricae)和羽纹硅藻纲(Pennatae)两个纲。两纲的最大区别是壳面花纹排列的方式不同。中心硅藻纲的壳面花纹呈辐射状或同心圆式排列;羽纹硅藻纲的花纹排列在壳面两侧,通常呈两侧对称;前者的色素体数目多,多为颗粒状,后者色素体数目少,多为板状或块状;前者无壳缝,后者多数种类具有壳缝,少数无壳缝。两纲常见代表种类简介如下:

(1) 直链藻属(*Melosira*)　中心硅藻纲。多个圆柱形细胞彼此以壳面相连形成链状群体,含多个颗粒状色素体。淡水中最常见种类如颗粒直链藻(*M. granulate*),细胞的壳面圆形具棘刺,带面具颈部和纵斜排列的孔纹,色素体盘状,多个(图 9 - 18B)。

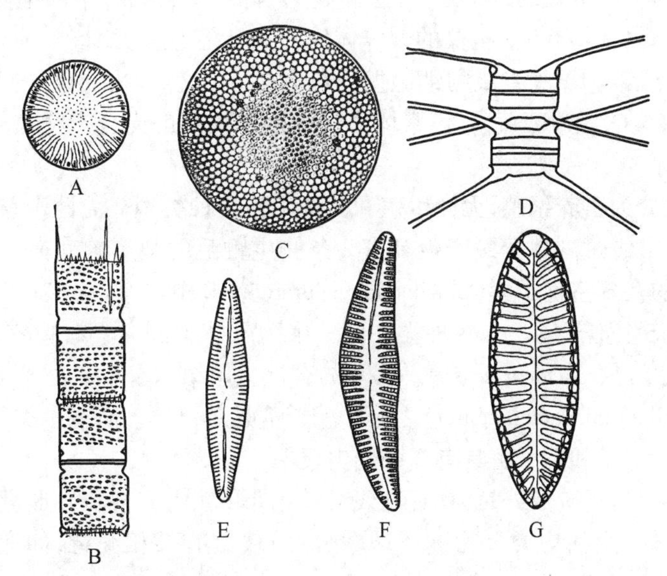

图 9 - 18　硅藻门常见代表种类

A ~ D. 中心硅藻纲　A. 小环藻属　B. 直链藻属　C. 圆筛藻属　D. 角刺藻属(*Chaetoceros*)
E ~ G. 羽纹硅藻纲　E. 舟形藻属　F. 桥弯藻属　G. 双菱藻属(*Surirella*)

(2) 小环藻属(*Cyclotella*)　中心硅藻纲。单细胞,或数个细胞以壳面连成链状。壳面圆形,外围有辐射状排列的花纹,中央区平滑或有放射状排列的点纹。带面长方形。色素体盘状,多数(9 - 18A)。

(3) 圆筛藻属(*Coscinodiscus*)　单细胞,壳面圆形,从中心向壳缘具放射状或同心圆式排列的花纹。多为海产(图 9 - 18C)

(4) 舟形藻属(*Navicula*)　羽纹纲。单细胞,壳面披针形、舟形、椭圆形等。花纹左右两侧对称排列,具壳缝,具中央节和极节。带面长方形。色素体片状或块状,多为 2 个(图 9 - 18E)。

(5) 羽纹藻属(*Pinnularia*)　羽纹纲。多单细胞,壳面椭圆形至披针形,两侧平行,具壳缝、中央节及极节,花纹粗(肋纹),两侧对称排列。带面长方形。色素体 2 块,片状(图 9 - 14)。

(6) 桥弯藻属(*Cymbella*)　羽纹纲。单细胞,壳面新月形,半椭圆形、半披针形等,中轴区两侧不对称,壳缝稍偏向腹侧,有中央节和极节,花纹排列在两侧,多少呈放射状。带面长方形。色素体 1 块,片状(图 9 - 18F)。

第五节 褐藻门(Phaeophyta)

一、主要特征

褐藻是一群多细胞真核藻类植物。在形态上有丝状体、叶状体、管状体、囊状体等,有的在外观上有类似“茎、叶”的分化。藻体的大小差异很大,最小的高 1 ~ 2 cm,大型的如海带(*Laminaria japonica* Aresch.),长可达 4 ~ 5 m,而且藻体明显地分为“带片”、柄部和固着器 3 个部分。最大的如巨藻[*Macrocystis pyrifera* (L.),Ag.]长可达数十米,最长的达 100 m 以上。进化水平高的褐藻体内已有明显的组织分化,如海带等的带片和柄部已分化为表皮层、皮层和髓部,特别是其髓部中的喇叭丝在形态和功能上有些类似被子植物中的筛管(见海带)。褐藻的营养体均不具有鞭毛。

褐藻的细胞具有纤维素和藻胶组成的细胞壁。色素体多为小盘状,也有的为带状等。含叶绿素 a 和叶绿素 c,还含有较多量的墨角藻黄素,色素体多呈褐色。贮藏的光合产物主要为褐藻淀粉(laminarin)、甘露醇(mannitol)等。

褐藻的繁殖方式也分为营养繁殖、无性生殖和有性生殖 3 种类型。无性生殖时,有的在单室孢子囊(unilocular sporangium)中经过减数分裂产生具有 2 条侧生鞭毛的梨形游动孢子,或在单室孢子囊中产生不动的四分孢子;有的在多室孢子囊(plurilocular sporangium)中经有丝分裂产生中性的游动孢子,这种孢子为 $2n$,直接萌发产生孢子体。有些种类在同一个孢子体上同时具有单室和多室 2 种孢子囊,可产生 2 种游动孢子,如水云属(*Ectocarpus*)等。褐藻的有性生殖结构有单室配子囊(unilocular gametangium)和多室配子囊(plurilocular gametangium)之分。配子都是单倍体。有些种类的生殖结构为精子囊和卵囊,均为单细胞结构。配子和精子也具有 2 条侧生鞭毛。

褐藻的生活史大多为孢子减数分裂,具有世代交替(同形世代交替和异形世代交替均有)。还有 1 个目的褐藻藻体为二倍体,生活史类型为配子减数分裂,仅具有核相交替,如鹿角菜(*Pelvetia siliquosa* Tseng et C. F. Chang)、马尾藻属(*Sargassum*)等。

褐藻几乎全为海水产,极少数淡水产,中国仅发现 2 种淡水种类。多数褐藻为冷温性海藻,多分布在寒带和南、北极的海水中,一部分生于热带海水中。我国沿海从北至南均有分布。多数种类固着在基质上生长,少数漂浮,有的附生在其他藻体上生长。垂直分布多生于低潮带和潮下带,少部分种类生于中、高潮间带的石沼中。

二、常见代表种类

褐藻约有 1 500 种。通常分为 3 个纲,即等世代纲(Isogeneratae)、不等世代纲(Heterogeneratae)和无孢子纲(Cyclosporae)。也有学者提出“不分纲,直接分为 13 个目”的分类系统。

褐藻的经济价值大,经济海藻多。现重点以海带为代表,介绍其形态、结构、生殖和生活史。

海带(*Laminaria japonica* Aresch.)

海带属于海带目。海带有孢子体和配子体两种植物体。孢子体大型、褐色,长 2 ~ 4 m,由“叶片”、柄和固着器 3 部分构成(图 9 - 19A)。固着器是由多次二叉状分枝的假根所形成。柄长 5 ~ 6 cm,扁圆柱形。“叶片”宽 20 ~ 40 cm,可达 50 cm。“叶片”和柄部均分化为表皮层、皮层和髓 3 个部分(图 9 - 19B)。髓部由细长的藻丝和喇叭状的藻丝组成,后者有运输营养物质的功能(图 9 - 19C)。

生殖时,在带片两面均可产生很多棒状的单室孢子囊,均与带片表面垂直排列,外观上呈大片深褐

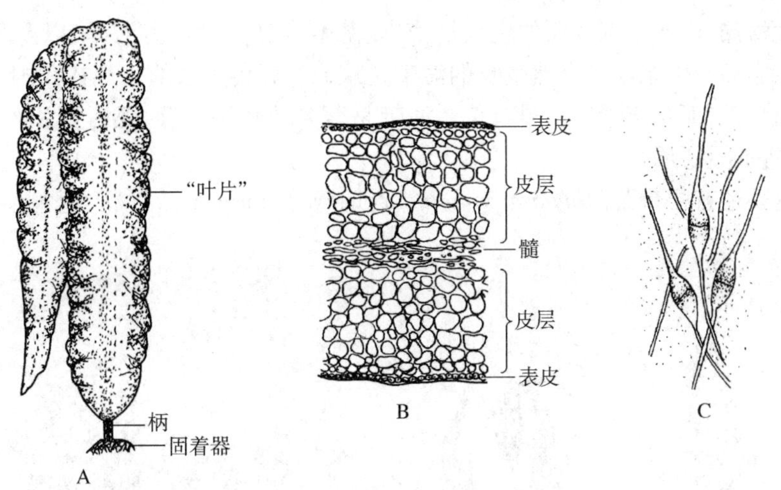

图 9 – 19　海带孢子体的形态结构

A. 藻体外形　B."叶片"的横切　C. 几个喇叭状藻丝的放大

色的斑块。在孢子囊之间夹生有许多细长的侧丝(paraphysis)。侧丝顶端膨大,内含许多金褐色的色素体。在侧丝顶端上面有透明的胶质冠。孢子囊中的二倍体核经过减数分裂和数次有丝分裂,最后产生多个单倍体的具有 2 条侧生不等长鞭毛的梨形游动孢子。1 条鞭毛向前,较长,茸鞭型;1 条向后,较短,尾鞭型。游动孢子释放出来后,不久便分别萌发产生雌、雄配子体。

海带的配子体均微小,单性。雄配子体是由几个到十几个较小细胞组成的丝状或不规则体,每个细胞均可形成 1 个精子囊,每个精子囊内产 1 个具有 2 条侧生不等长鞭毛的精子。雌配子体通常仅由 1 个较大细胞构成,内产 1 卵;也可由几个较大细胞组成,端部细胞形成卵囊,内产 1 卵。卵排出后,附于卵囊顶端。受精后形成受精卵,不经过休眠即进行分裂,形成幼小孢子体,以后不断地长大,发育成大型新一代孢子体。

海带生活史为孢子体占优势的异形世代交替,孢子减数分裂(图 9 – 20)。

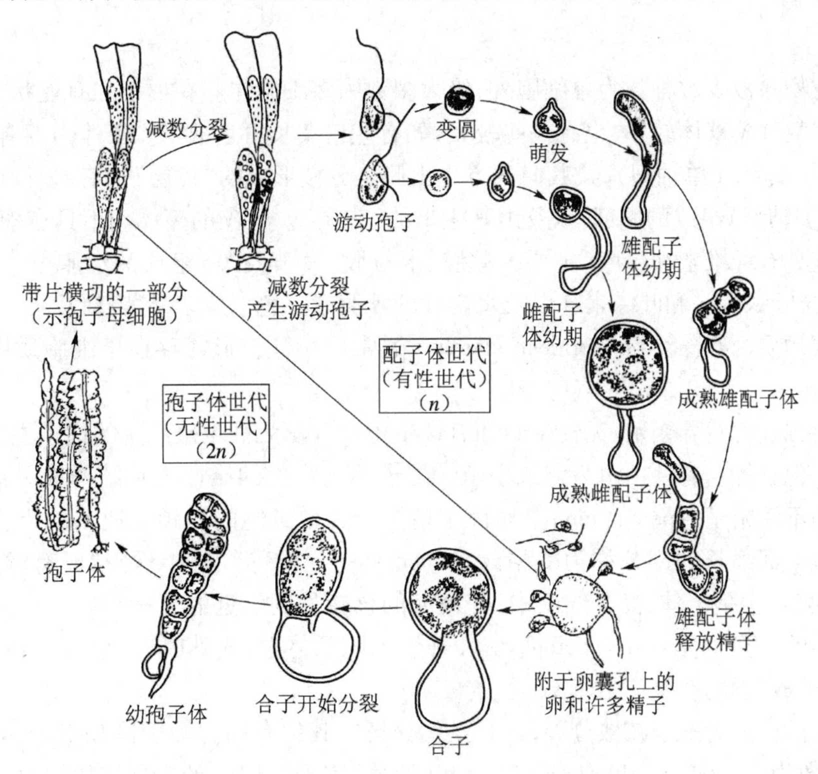

图 9 – 20　海带生活史(自曾呈奎,吴超元,任国忠)

海带为冷温性海藻，广布于俄罗斯的堪察加南岸、萨哈林岛和日本海沿岸，以及日本和朝鲜的一些海区。我国的辽东半岛和山东半岛自然生长的海带是从原产区传过来的。现在我国沿海从北到南都可大规模地人工养殖海带，而且产量居世界首位。海带是著名的食用海藻，还有药用价值，也是制取褐藻酸盐、碘和甘露醇等的重要原料。

其他著名的褐藻还有裙带菜[*Undaria pinnatifida*(Harv.) Suringar]、巨藻、鹿角菜和马尾藻属等(图9-21)。

图9-21　几种常见的褐藻

A. 裙带菜　B. 裙带菜柄部两侧具皱褶，孢子囊在其表面产生　C. 巨藻的部分藻体　D. 马尾藻属　E. 鹿角菜

第六节　红藻门(Rhodophyta)

一、主要特征

红藻门的植物除极少数种类为单细胞外，绝大多数为多细胞体。在形态上有丝状、叶状、壳状、枝状等多种类型。多数红藻藻体较小，也有一些较大，如有些紫菜长可达数米。藻体内部有些种类具有1条位于中央的中轴(藻)丝(单轴型)，及其向各方生出侧生分枝形成的“皮层”。有些种类的藻体中央具有由多条中轴丝(多轴型)组成的髓部，以及由其生出的“皮层”。红藻的藻体均不具有鞭毛。

红藻的细胞具有纤维素和藻胶(主要为琼胶、卡拉胶、海萝胶等)组成的细胞壁。色素体中的类囊体呈单条排列，含叶绿素a和叶绿素d以及水溶性的藻胆素。色素体多呈紫红色。

红藻的贮藏物质为红藻淀粉(floridean starch)，通常以小颗粒形式存在于细胞质中，还有些种类为红藻糖(floridoside)。

红藻的繁殖方式有营养繁殖、无性生殖和有性生殖。红藻无性生殖产生的孢子主要有单孢子、果孢子、四分孢子、壳孢子等。有性生殖为卵式生殖。配子体上产生的雄性生殖结构为单细胞的精子囊，内产不具有鞭毛的不动精子(spermatium)。雌性生殖结构为单细胞的长颈烧瓶状的果胞(carpogonium)，内含1卵。果胞上部细长的部分称为受精丝(trichogyne)。低等红藻中，受精卵有丝分裂产生果孢子($2n$)，果孢子萌发产生孢子体；高等红藻中，受精卵的核转移到邻近的支持细胞中，并与其周围的细胞共同形成二倍体的果孢子体(carposporophyte)，寄生于配子体上，成熟时，从果孢子体上产生许多产孢丝，并形成果孢子囊，囊内产果孢子($2n$)。

红藻门的生活史多为孢子减数分裂，具有世代交替。其中有的为配子体和孢子体2种植物体的世代交替，但大多数为配子体(n)、果孢子体($2n$)和(四分)孢子体($2n$)的3种植物体的世代交替。

大多数红藻生于海水中,淡水产的有50余种。海产种类大多在潮下带和深达数十米甚至超过百米的海底,这和红藻含有藻红素有关,藻红素可有效地利用透进深海中的蓝色光。但也有的种类生于高、中潮间带的石沼中或高潮带的岩石上。由于红藻的藻体和生殖细胞均不具有鞭毛,光合器中的类囊体呈单条排列,含有藻胆素等,人们通常认为红藻与原核的蓝藻在系统发育上可能有联系,一些学者认为二者可能在叶绿素a+叶绿素d的同一条进化路线上。

二、常见代表种类

红藻有4 000余种,通常分为红毛菜纲(Bangiophyceae)和红藻纲(Rhodophyceae)两纲。红藻分布广,种类多,而且经济种类多。重点介绍下面两个代表种类。

(一) 紫菜属(*Porphyra*)

紫菜属属于红毛菜纲。全世界有140余种,我国有24种(含5个变种)。紫菜属的生活史具有明显的多样性,不仅不同的种间有差异,即使是同一个种也常具有不同的循环。至今,还有些问题不能得出肯定的结论,特别是生活史中减数分裂发生的时期或位置就有多种不同的研究报道,甚至有些报道与一般藻类及其他植物的基本规律都不同。所以,仍然需要进一步进行研究探讨(见本章窗口)。现以甘紫菜(*P. tenera*)为例,具体介绍其生殖和生活史的基本特点和过程。

紫菜生活史研究简史和进展

对于紫菜生活史的研究已经有100多年的历史了,早在1892年时,巴达斯(Batters)由于还不知道紫菜完整的生活史,所以他误将生长在贝壳中的紫红色的丝状藻单独定名为红藻门中的壳斑藻(*Conchocelis rosea*)。直到1949年,英国的藻类学家特鲁(Drew)在Naturea上发表了一篇题为“脐形紫菜生活史的壳斑藻阶段”的短文,才以充足的证据证实了巴达斯所定名的壳斑藻就是紫菜生活史中的一个阶段,即由紫菜叶状体产生的果孢子释放出来后钻入软体动物贝壳中形成的丝状藻体。特鲁的这一发现不仅具有重大的理论意义,而且对于紫菜的人工养殖业也有很大的意义。她曾试图探讨丝状体如何进一步发育和转变为紫菜的叶状体阶段,但没有获得成功,也没有完全搞清楚紫菜的生殖和生活史的详细情况。

20世纪50年代以来,国内外的科技工作者对紫菜的生殖方式、生活史的类型,特别是生活史中减数分裂发生的时期或位置进行了大量的研究。中国科学院海洋研究所的曾呈奎、张德瑞等,全面系统地研究了甘紫菜(*P. tenera*)的生活史,先后于1954年、1955年和1956年发表了几篇文章,比较全面地阐述了紫菜生活史的全过程。他们明确指出,紫菜生活史中共产生单孢子、果孢子和壳孢子3种类型的孢子,并认为甘紫菜生活史中减数分裂是在受精的果胞(受精卵$2n$)萌发产生果孢子时进行的,果孢子是单倍体(n)。同时,他们在紫菜的人工栽培技术上作出了重大贡献,从此在我国实现了紫菜的全人工栽培生产。

国际上许多学者对于多种紫菜的有性生殖过程和细胞学特征开展了更进一步的研究,一些学者与曾呈奎的研究结果相同,先后报道了一些紫菜种壳斑藻时期的染色体为单倍体,如*P. purpurea*($n=5$)、*P.* carolineusis($n=4$)等。但也有不少学者报道了许多种紫菜的果孢子和壳斑藻阶段均为二倍体,减数分裂是壳斑藻在产生壳孢子时进行的,如Kito、Ogato和Mclachlan报道了3种紫菜叶状体的营养细胞和不动精子为单倍体,而合子产生果孢子时为有丝分裂,果孢子和壳斑藻为二倍体。藻类学家Bold和一些日本学者也报道了同样的研究结果,指出壳孢子为单倍体。Migita(1967)的研究也得出同样结论。这些研究基本确定了紫菜生活史中两个主要阶段的细胞学特征和生活史类型,即紫菜的叶状体是单倍体,为配子体,而生于贝壳中的壳斑藻为二倍体,是孢子体,其生活史类型为配子体发达的异形世代交替。

1997年,Notoya分析了紫菜生活史的多样性,将具有异形世代交替生活史的30种紫菜的生活史分为4大类,其中包括既有有性生殖又有多种无性生殖的生活史循环,也有仅具有有性生殖的生活史循环。

至今,对于紫菜生活史中减数分裂发生的时期或位置的研究结果仍然差异较大,20世纪50年代以前,有许多报道认为减数分裂发生在果孢子囊产生果孢子的时候。现在主要有两种意见,一种认为减数分裂发生在壳孢子囊在产生壳孢子的时候,另一种则认为减数分裂发生在壳孢子萌发的时候,如 Mitman 和 van der Meer(1994)等。1987 年,孙爱淑等对甘紫菜(*P. tenera*)和条斑紫菜(*P. yezoensis*)的膨大细胞和壳孢子萌发核的观察中发现,减数分裂是在壳孢子萌发的时候进行的。2007—2008 年,周伟等对条斑紫菜、坛紫菜、华北半叶紫菜和少精紫菜的果孢子、壳斑藻和壳孢子的细胞分裂过程进行了观察研究,并得到与其相同的结果。即这几种紫菜的果孢子萌发、壳斑藻藻丝细胞和膨大藻丝阶段的壳孢子囊细胞的分裂均为有丝分裂,都是二倍体,壳孢子囊分裂产生的壳孢子也是二倍体(条斑紫菜和少精紫菜为 $2n=6$,坛紫菜和华北半叶紫菜为 $2n=10$),壳孢子在萌发产生紫菜叶状体时才进行减数分裂。王娟(2006)等认为壳孢子处于减数分裂间期,壳孢子在萌发时进入减数分裂Ⅱ。这些研究结果和目前所知的所有其他植物生活史中减数分裂发生的位置都不同,既然壳孢子为二倍体,所以不能归入配子体世代,应当归入孢子体世代(无性世代)了。这与"典型的世代交替生活史为孢子减数分裂、孢子为单倍体"的规律相异。

上述研究情况表明,紫菜属的生活史比较复杂,具有丰富的多样性。现在基本可以确定的是,大多数紫菜的生活史为异形世代交替;紫菜的生殖方式多种多样,其配子体普遍具有有性生殖,而配子体(叶状体)和孢子体(丝状体)均可产生不同的无性孢子进行无性生殖,其中,最普遍的是二者均可产生单孢子(monospore);此外,紫菜属中还有单性生殖(parthenogenesis)等。由于紫菜属生殖方式的多样性,致使其生活史也有多种变化,通常一种紫菜的生活史除主循环外,还有多个短循环。现在紫菜生活史研究的主要问题是减数分裂发生的时期或位置,有几种不同的研究报道。少数报道认为减数分裂发生在果孢子囊产生果孢子的时期。现在比较多的研究认为减数分裂是发生在壳斑藻产生壳孢子的时候,或是发生在壳孢子萌发的时候,或是壳孢子囊中发生减数分裂Ⅰ而壳孢子萌发时发生减数分裂Ⅱ。究竟哪一种研究结果最可靠现在还不能作出结论。这是由于紫菜属中客观存在不同情况?还是由于紫菜的染色体很小,在观察上容易造成误差?如果各种情况都是客观存在的,那么其原因和机制又是怎样的?因此,今后需要进一步改进研究方法,创新研究思路,运用各种先进的手段和现代技术,以求早日得出科学的结论。

参考文献

[1] Drew K M. Conchocelis phase in the life history of *Porphyra umbilicalis*(L.) Kuz. Nature, 1949, 164: 748-749.

[2] 周云龙. 紫菜生活史简介. 植物学通报, 1985, 3(2): 57-59.

[3] 曾呈奎,孙爱淑. 紫菜属(*Porphyra*)的细胞学研究——膨大细胞和壳孢子萌发核分裂的观察. 海洋与湖沼, 1987, 18(4): 328-332.

[4] Burzycki G M, Waaland J R. On the position of meiosis in the life history of *Porphyra torta*(Rhodophyta). Bot Mar, 1987, 30: 5-10.

[5] Tseng C K, Sun A S. Studies on the alternation of nucler phases and chromosome numbers in the life history of some species of *Porphyra* from China. Bot Mar, 1989, 32: 1-8.

[6] Notoya M. Diversity of life history in the genus *Porphyra*. Natural History Reasearch, Special Issue, 1997, 3: 47-56.

[7] 汤晓荣,姜红霞. 紫菜属生活史和繁殖方式多样性的研究进展. 中国海洋大学学报, 2005, 35(4): 571-574.

[8] 徐姗楠,马家海,何培民. 紫菜的减数分裂. 海洋科学, 2007, 31(7): 76-80.

[9] Zhou W, Zhu J Y, Shen S D, et al. Observations on the division characterization of diploid nuclear in *Porphyra*(Bangiales, Rhodophyta). J Appl Phycol, 2007, DOI 10.1007/s10811-007-9235-y.

(周云龙 教授 北京师范大学生命科学学院)

甘紫菜(*P. tenera* Kjellm.)

雌雄同株。一般高 20~30 cm。藻体仅由 1 层细胞组成。叶状体的营养细胞可变圆,形成单孢子囊,内产 1 个单孢子,释放出来后可萌发产生 1 个新的紫菜个体。有性生殖时,一些营养细胞经过分裂产生 64 个精子囊,规则地排列成 4 层,每层 16 个,每个精子囊中仅产生 1 个不动精子(spermatium);另一些营养细胞转化为果胞,其细胞的一端或两端产生突起,称原始受精丝。不动精子释放出来后随水漂至果胞处,从原始受精丝进入果胞,与果胞内的卵结合形成合子。不经休眠,合子进行有丝分裂,产生 8 个果孢子($2n$),并规则地排列成 2 层,每层 4 个。

果孢子释放出来后,漂至软体动物的贝壳或其他石灰质基质处,萌发并进入贝壳内发育成丝状体

(2*n*),称为壳斑藻(*Conchocelis*),即为孢子体。藻丝初期细长,称丝状藻丝,后期一些藻丝变粗变短,细胞长短相近,称为膨大藻丝。每个细胞即为 1 个壳孢子囊(conchosporangium),经减数分裂产生出单倍体的无鞭毛的壳孢子(conchospore)释放出来后,萌发产生新一代的甘紫菜叶状体。但是,如果当时海水温度较高,壳孢子只能萌发产生直径仅几毫米的小型紫菜。

上述情况表明,甘紫菜的生活史中具有两种植物体,一种为叶状的配子体(*n*),一种为丝状的孢子体壳斑藻(2*n*),具有世代交替,为配子体发达的异形世代交替(图 9 – 22)。

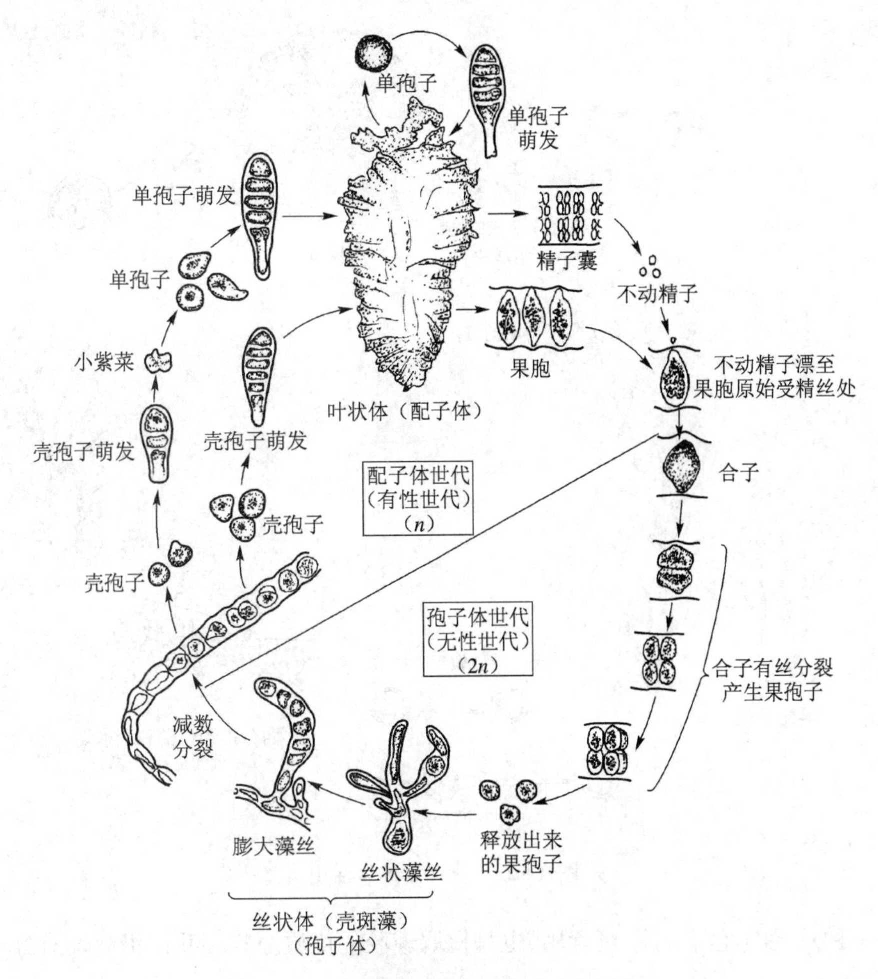

图 9 – 22　甘紫菜生活史(自曾呈奎和张德瑞)

(二) 真江蓠(*Gracilaria asiatica* Zhang et Xia)

真江蓠属红藻纲。藻体紫褐色,有时略带绿色或黄色。直立,丛生,高 10 ~ 50 cm,有的甚至可达 1 m。藻体的主干和分枝均为细圆柱形,藻体基部有一盘状固着器。藻体中央为髓部,由大型薄壁细胞组成,外围为 2 ~ 5 层由逐渐变小的细胞组成的皮层,最外层细胞含色素体。

真江蓠的生活史中有 3 种植物体产生,即孢子体、配子体和果孢子体(carposporophyte)。孢子体和配子体在形态上类似,均可独立生活,生活史类型为同形世代交替。果孢子体寄生在雌配子体上,亦为二倍体。其生殖和生活史过程如下:

孢子体(亦称四分孢子体)在皮层细胞中产生许多四分孢子囊(tetrasporangium),经减数分裂产生呈十字形排列的四分孢子(tetraspore)。四分孢子散出后分别萌发产生在形态上和孢子体一样的雌、雄配子体。雄配子体在精子囊窠内的许多精子囊中产生微小的不动精子。雌配子体的皮层中产生具有细长受精丝的果胞。果胞中有 1 卵。不动精子从受精丝进入,与果胞中的卵融合形成合子。合子的核分裂,并和其附近的支持细胞及不育细胞融合,形成1个大的融合胞。再从融合胞生出许多产孢丝,丝端形成果孢子囊(carposporangium),果孢子囊中产生果孢子(carpospore)($2n$)。上述由合子发育形成的融合胞、产孢丝等结构即为果孢子体($2n$),围绕在果孢子体周围的雌配子体组织多形成不同的包被,通常把果孢子体及其外周的包被称为囊果,果孢子体外的包被也称为囊果被(n)。真江蓠的囊果为球形或半球形,突出雌配子体的体表,较大而明显,顶端具有1个囊孔,其内的果孢子由此孔散出,继而萌发产生新一代的孢子体。真江蓠的生殖和生活史见图9-23。

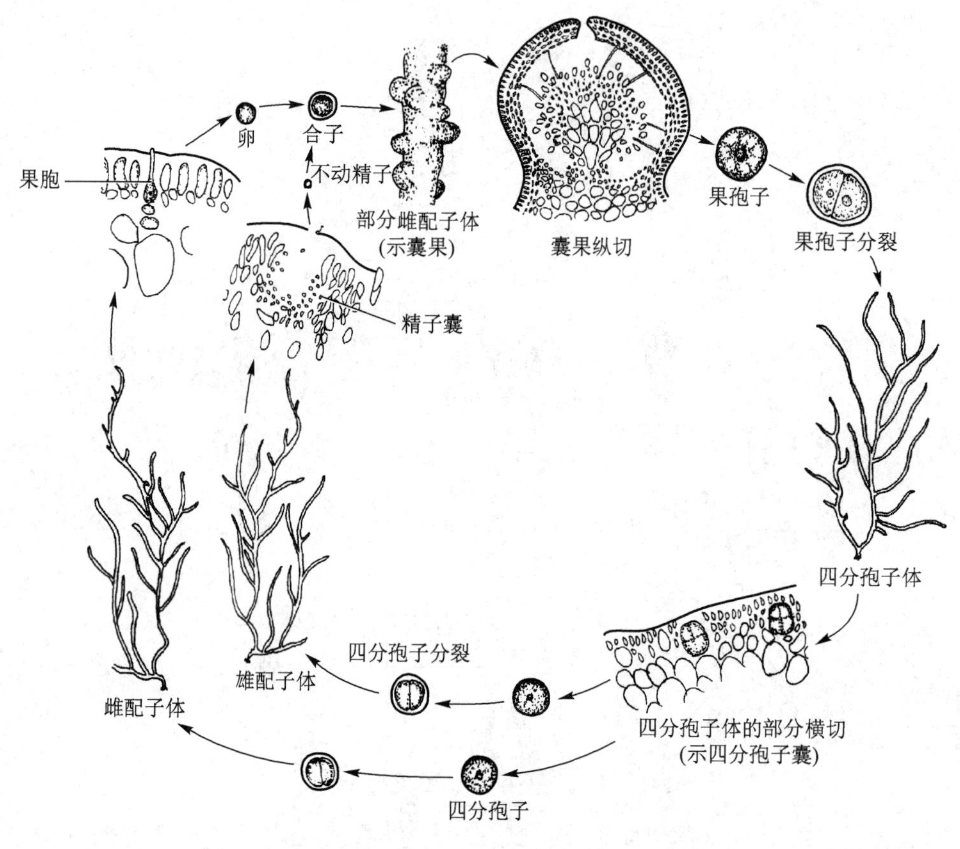

图9-23　真江蓠的生活史

真江蓠是一种重要的经济海藻,可食用,也是提取琼胶的优质原料。我国沿海均有分布。现在已可人工养殖。

其他常见或经济价值较大的红藻有石花菜(*Gelidium amansii* Lamx.)、海萝[*Gloiopeltis furcata* (P. et R.) J. Ag.]、蜈蚣藻(*Grateloupia filicina* C. Ag.)、角叉菜(*Chondrus ocellatus* Holm.)、鹧鸪菜[*Caloglossa leprieurii* (Mont.) J. Ag.]、多管藻属(*Polysiphonia*)、滑枝藻属(*Tsengia*)等(图9-24)。

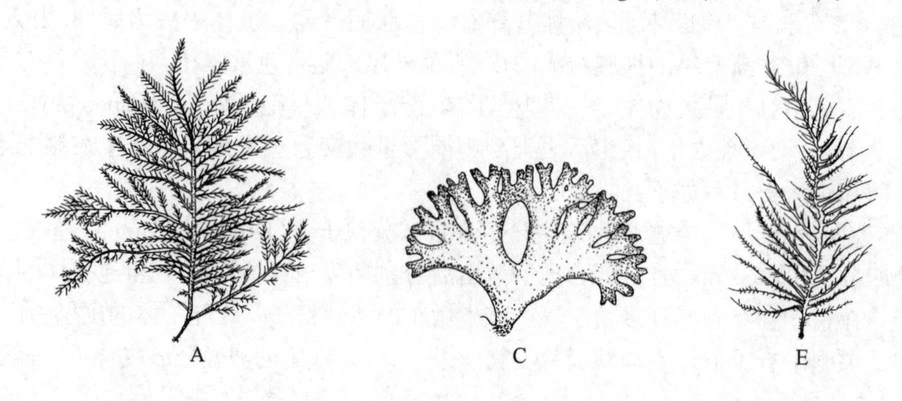

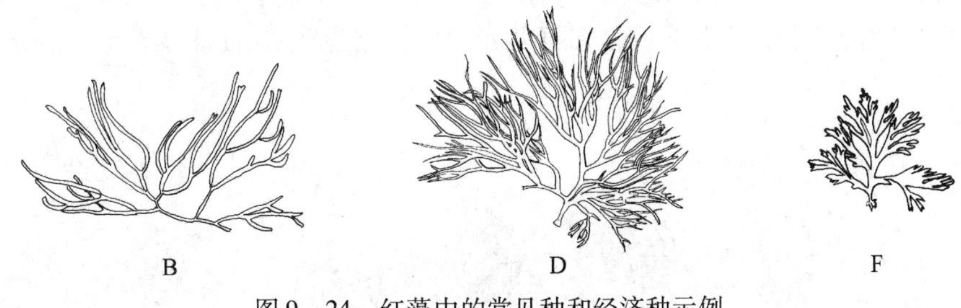

图 9 - 24　红藻中的常见种和经济种示例

A. 石花菜　B. 海萝　C. 角叉菜　D. 滑枝藻属　E. 蜈蚣藻　F. 鹧鸪菜

第七节　真核藻类在水生生态系统中的地位及其经济价值

一、真核藻类是水生生态系统中的初级生产者

真核藻类是继原核藻类之后出现的种类更多、分布更广的水生光合自养生物，是淡、海水水体生态系统中的主要初级生产者。它们将 CO_2 和水合成为有机物。据研究，仅全球海洋中的浮游藻类生产量就高达 23×10^9 t C/a。它们是浮游动物和某些贝类、虾类和鱼类直接或间接的饵料。它们是水生生态系统中食物链金字塔的基础（图 9 - 25）。同时，真核藻类在光合过程中放出的 O_2，又为其他一切需氧生物的呼吸所必需。真核藻类在生长代谢过程中还吸收水体中的 N、P 等各种元素，它们在维持水体中的物质循环方面具有极其重要的作用。由此看出，真核藻类（包括原核藻类）在淡水和海水的生态系统中的地位和作用极其重要，在一定意义上说，没有真核藻类和原核藻类，水生生态系统将不能维持，其他一切生物也将不能生存。

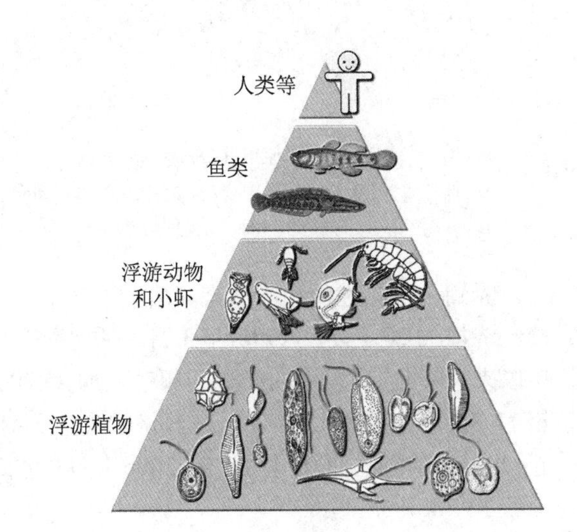

图 9 - 25　水生生物食物链金字塔示意图

二、赤潮与水华

赤潮（red tide）是海水受到污染而富营养化，在一定条件下浮游生物大量增殖，引起海水发生颜色变化的现象。赤潮的颜色有红褐色、黄褐色等多种，这和赤潮生物的种类有关。可以形成赤潮的生物近 300 种，包括原核藻类、真核藻类，还有少数原生动物、桡足类和红色细菌等，但其中最主要的还是真核藻类。我国沿海的常见赤潮生物有 40 余种，其中大多数为甲藻门和硅藻门的种类，如甲藻门中的夜光藻（*Noctiluca scintillans*）、裸甲藻属（*Gymnodinium*）、原甲藻属（*Prorocentrum*）、膝沟藻属（*Gonyaulax*）、米氏凯伦藻（*Karenia mikimotoi*）、真叉状角藻（*Ceratium furca*）、塔玛亚历山大藻（*Alexandrium tamarense*）、多甲藻属（*Peridinium*）等，硅藻门中的中肋骨条藻（*Skeletonema costatum*）、双突角刺藻（*Chaetoceros didymus*）等（图 9 - 26）。赤潮给海水环境带来了严重危害，造成水体缺氧，赤潮生物堵塞鱼鳃，特别是有些赤潮生物产生毒素，不仅对海水中浮游动物的生长和繁殖有很大影响，还可直接引起鱼、虾、贝类的

死亡,或在这些动物体内富集毒素后,造成食物链末级的动物和人中毒。总之,赤潮破坏了海水生态系统,破坏了海水生物的食物链,造成生物多样性减少,影响了人类的身体健康,并造成了严重的经济损失。

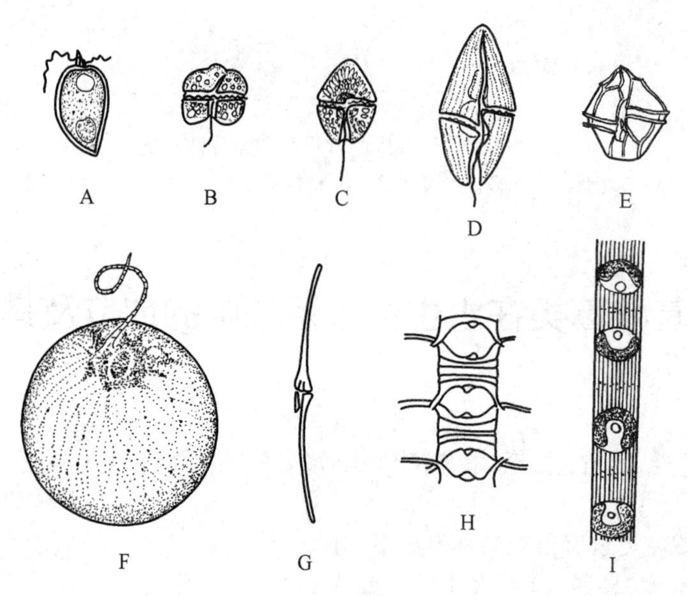

图 9-26 常见赤潮藻类示例

A~G. 甲藻类[A. 海洋原甲藻(*Prorocentrum micans*) B. 短裸甲藻(*Gymnodinium breve*) C. 光亮裸甲藻(*G. splendens*) D. 蓝裸甲藻(*G. coeruleum*) E. 多边膝沟藻(*Gonyaulax polyedra*) F. 夜光藻(*Noctiluca scintillans*) G. 梭角藻(*Ceratium fursus*)] H, I. 硅藻类 [H. 双突角刺藻(*Chaetoceros didymus*) I. 中肋骨条藻(*Skeletonema costatum*)]

赤潮是世界性的海洋生态灾害。我国在 1997—1999 年的 3 年间共记录大规模赤潮 45 起,造成直接经济损失 20 亿元。1998 年 3 月在香港海区发生的赤潮,造成 30 多万 kg 鱼死亡的重大损失。2000 年以来,我国赤潮发生的面积和频率在加大,2000 年共记录赤潮 28 起,累计面积超过 7 800 km^2。2001 年 77 起,累计面积 15 000 km^2,经济损失达 10 亿元。2002 年 79 起,累计面积 10 000 km^2。2003 年 119 起,2004 年 96 起,2005 年 82 起,2006 年 93 起,2007 年 82 起,累计面积 11 610 km^2,2008 年 68 起,累计面积 13 738 km^2。

此外,2008 年,我国青岛有 12 000 km^2 面积的海区发生了绿藻门中浒苔(*Enteromorpha*)的疯长,有人将其称为"绿潮"(green tide)。青岛各界广大群众进行紧急打捞,才保证了奥运会水上运动项目比赛的进行。

同样,在淡水中,也有一些真核藻类在受到污染的水体中发生暴发性繁殖,漂浮水面或改变水色形成"水华",最常见的如裸藻门中的裸藻,硅藻门中的颗粒直链藻、小环藻等,绿藻门中的衣藻、实球藻等。也有些真核藻类产生毒素,如金藻门中的小定鞭金藻(*Prymnesium parvum*)产生溶血毒素,严重时可使鱼池中的鱼大部或全部被毒死。

三、水质监测和水质净化

绝大多数藻类生活于水中。不同的藻类对水质的要求不一样。有些种类仅能生活在贫养和中养的清洁水体中,如金藻门的鱼鳞藻属(*Mallomonas*)、锥囊藻属(*Dinobryon*)和硅藻门中的绒毛平板藻(*Tabellaria flocculosa*)等(图 9-27)。也有一些种类喜生活于有机质丰富的富营养化水体中,如裸藻类,绿藻中的衣藻属、栅藻属(*Scenedesmus*)、小球藻属(*Chlorella*)、纤维藻属(*Ankistrodesmus*)、盘星藻属

(*Pediastrum*)等，硅藻中的颗粒直链藻(*Melosira granulata*)、菱形藻属(*Nitzschia*)等(图 9－28)。此外，如果水体受到某些重金属或化学物质污染，绝大多数藻类均不能生存，仅有极少数对某些重金属或化学物质抗性强的藻类可以生长。根据上述几种情况，我们通过采集、鉴别和统计分析后就可以评价某个水体的水质状况，以用于水质的生物监测。同样，也可以利用一些藻类对某些重金属或 N、P 等有较强的吸收能力以及光合过程放出 O_2 的特性，大量利用这些藻类的吸收富集作用治理水体污染，以达到净化水质的目的，如已经利用衣藻、小球藻和栅藻在氧化塘中进行污水生物处理等。

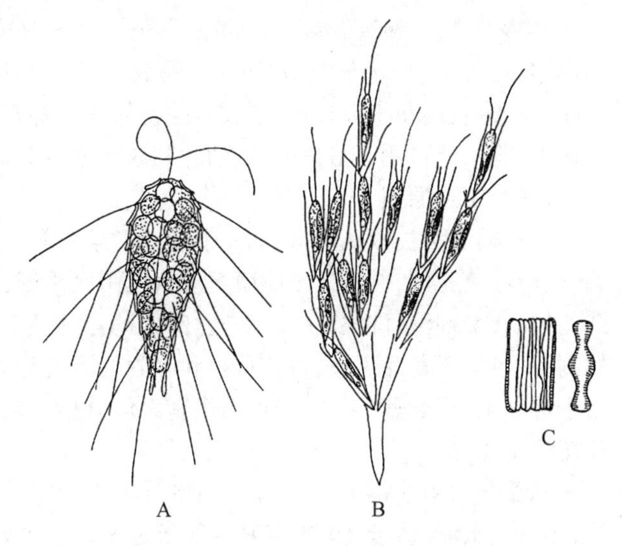

图 9－27　贫养和中养水体的指示藻类示例
A. 鱼鳞藻属　B. 锥囊藻属　C. 绒毛平板藻

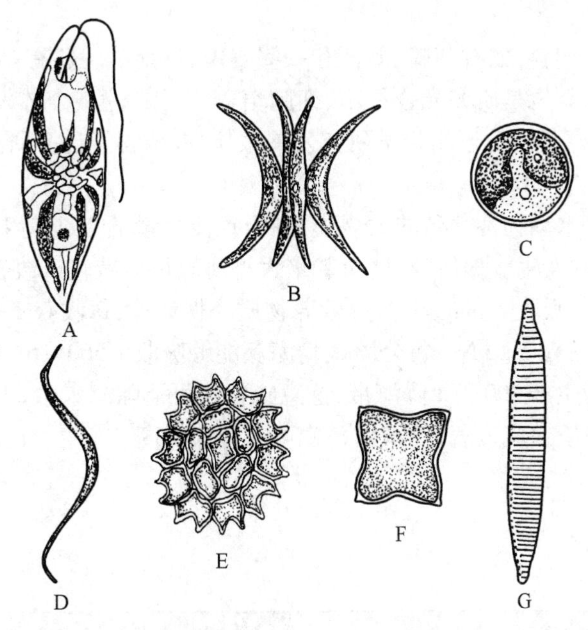

图 9－28　富营养化水体中常见的真核藻类示例
A. 裸藻属　B. 栅藻属　C. 小球藻属　D. 纤维藻属　E. 盘星藻属　F. 四角藻属　G. 菱形藻属

四、真核藻类的经济价值

(一) 食用

许多真核藻类可以食用，如海带、紫菜、裙带菜、江蓠、礁膜、石莼、浒苔等大、中型海藻。特别是我国为世界大型海藻最大的生产国之一，总产量居世界第一。还有许多被称为“微藻”(microalgae)的种类可以进行大规模工厂化生产，有很高的食用或药用价值，如绿藻门中的小球藻等，蛋白质含量较高。

(二) 药用

一些真核藻类不仅可食用，还同时具有一定的药用价值，如海带等。从小球藻、红藻中的 *Rhodomela*

larix 和褐藻中的 *Ascophyllum halidrys* 等藻类可提取抗生素,它们对革兰阳性和阴性细菌均有良好的抑制作用;杜氏藻(*Dunaliella salina*)可提取 β-胡萝卜素,对肿瘤有很强的抑制转化作用;雨生红球藻(*Haematococcus pluvialis*)的孢子富含强抗氧化的虾青素,在抗衰老等多方面有应用价值;鹧鸪菜可用以驱蛔虫;刺松藻可用于清热解毒、消肿利尿和驱虫等。

(三) 工业原料

一些褐藻可提取藻酸盐,如海带、巨藻、昆布等。藻酸盐广泛用于医药工业中的乳化剂、安定剂、镇静剂、药片填充剂,制备牙齿印膜、止血、代用血浆等,也广泛用于制作果冻、调味剂、糖果业,以及用于制造化妆品、洗剂液、洗发剂等。一些红藻可用于提取琼胶,如石花菜、江蓠等。琼胶广泛用于生物培养基的制备,也用于食品工业,可作饮料和啤酒的澄清剂等。一些红藻可用于提制角叉藻聚糖,该物质广泛用于食品工业和医药工业,如可用作制面包、糖果、果冻,可作乳化剂,还可用于油漆、制皮革、造纸、印刷和纺织工业等。

硅藻土的用途很多,它是由大量的硅藻细胞壁沉积形成,广泛用作过滤剂、填加剂、绝缘剂、磨光剂等,而且在水泥、造纸、印刷、牙科印膜等方面均有重要用途。

一些褐藻又是提制碘的原料,如海带、巨藻等。碘在工业和医药等方面有重要用途。

特别是近年来发现一些真核藻类可用来生产生物柴油,这对于解决当前燃油紧缺又开辟了一个新的途径(详见本章窗口)。

此外,还有些藻类可作饲料,如石莼属、浒苔和一些褐藻、红藻等。还有一些藻类可作绿肥等。

在科研上,一些真核藻类也是研究光合作用、细胞培养、基因工程、个体发育和系统进化的好材料。20 世纪 90 年代以来,真核藻类的分子生物学研究发展很快,并取得了许多研究成果。

(四) 生态价值

近年来,由于高密度海水动物性养殖的大规模发展,致使大量的 N、P 等物质排入海水中,造成了严重的富营养化现象和赤潮的发生。据研究,适量栽培大型海藻可以减轻或改善海区富营养化程度,因为它们在生长发育过程中可以吸收大量的 N、P 等营养物质。据计算,每收获 1 t 鲜海藻,等于从海水中平均取出 27 ~ 29 kg C 和 2.5 ~ 6.2 kg N。每公顷栽培海藻能够吸收 1 560 ~ 6 240 kg C 和 132 ~ 528 kg N。以海带而言,我国每年大约生产 300 万 t 鲜海带,这意味每年可清除海水中 23.7 万 t C 和 660 t N。由此可见,海藻的生态效应和环境效应显著,经济效益也可有很大提高。

应用微藻生产生物柴油

生物柴油(biodiesel)是植物油脂、微生物油脂或动物脂肪在碱(KOH,NaOH)、酸(H_2SO_4)或脂肪酶的催化下与低碳醇经酯交换反应产生的脂肪酸酯类,它的化学组分及物理化学性质与石化柴油基本相同,是一种具有重要应用价值的生物质液体燃料和可再生生物质能源。

生产生物柴油的原料来源广泛。包括植物油脂(如大豆油、菜籽油、花生油等各种食用油等);光皮树、麻疯树、黄连木等果实油脂;动物脂肪(如猪油、牛油、鱼油等),以及餐饮废油(地沟油)等。用这些原料生产生物柴油的问题是与农业争地,与食品及饲料争原料,单位生物量的产油率低,生产周期长,消耗大量的水资源、化肥和能源。

除了上述生物柴油的原料外,科学家发现用微小的藻类(即微藻)也可以生产生物柴油,而且微藻具有生长速率快、光合作用效率高和可工业化培养等特殊优势,特别是不与农业争土地。当今,藻类生物能源及藻类生物柴油的研究已经成为国际上生物能源科技发展的新趋势和热点。美国、欧洲、日本、澳大利亚等发达国家的政府及大型企业这些年都投入了大量的资金着力开发微藻生物柴油。如世界著名 British Petroleum 公司、Honeywell 公司、Shell 公司、波音公司、欧洲 EADS 公司、Gamesa 公司、Bayer 公司等,或独自投入研究力量立项开发微藻生物柴油,或向知名大学及研究机构注入资金合作开发微藻生物柴油。迄今为止,已有多种微藻被用以进行微藻生物柴油的开发,它们包括绿藻、硅藻、金藻等多个门类。藻细胞的培养技术以光合自养为主,大多利用管式生物反应器,也有利用罐式或循环池等方式。利用微藻生产生物柴油最关键的是获得生长快和产油量高的藻细胞,即取得生长快同时产油量高的藻细胞培养技术。我国现在有多个研究单位开展了微藻生产生物柴油的研究工作,有的已经在研发中取得了原创性的研究成果和突破,解决了在实验室条件下同步提高藻类细胞生长速率和油脂含量的难题。研究人员通过对一种小球藻(*Chlorella protothecoides* 0710 strain)特别藻株特殊品系的筛选和代谢途径的改变,使其由光合自养转变为化能异养,细胞由绿变黄,生长繁殖更快,油脂含量提高了3~4倍,达到细胞干重的55%以上。同时,还将工业界成熟的发酵技术应用于高油脂异养小球藻的生产,进一步提高了发酵规模和细胞密度,获取了大量异养干藻粉,提取油脂并经转酯化反应生成了高质量的生物柴油。目前他们还开发了微藻光合作用嫁接异养发酵的新技术,打通了以二氧化碳、糖、淀粉、有机废水等为原料、工业自动化条件下高效生产生物柴油的新途径,藻细胞产量和油脂含量不断创造新高,产油量高达细胞干重的50%,细胞密度超过了100 g/L,提高了该技术工业化生产的经济性。

尽管如此,现阶段还远没有达到实现工程微藻生产生物柴油的工业化,还有许多问题需要解决,如适合微藻生物柴油生产的藻种及主要培养原料应用具有多种选择,规模化的生产工艺、设备等需要与工程技术人员共同研究与开发,工业化与商业化运作的成本还有待进一步降低等。可以预见,随着这些问题的不断解决,用微藻生产生物柴油,为人类开发新能源的前景是非常广阔的。

参考文献

[1] Miao X L, Wu Q Y. Biodiesel production from heterotrophic microalgal oil. Bioresource Technology, 2006, 97: 841-846.

[2] Zhao L, Dai J B, Wu Q Y. Autophagy-like processes are involved in lipid droplet degradation in *Auxenochlorella protothecoides* during the heterotrophy-autotrophy transition. Frontiers in Plant Science, 2014.

[3] Wu C, Xiong W, Dai J B, et al. Genome-based Metabolic Mapping and ^{13}C Flux Analysis Reveal Systematic Properties of an Oleaginous Microalga *Chlorella protothecoides*. Plant Physiology, 2014.

[4] Gao C F, Wang Y, Shen Y, et al. Oil accumulation mechanisms of the oleaginous microalga *Chlorella protothecoides* revealed through its genome, transcriptomes, and proteomes. BMC Genomics, 2014, 15: 582.

[5] Xiong W, Liu L X, Wu C, et al. ^{13}C tracer and GC-MS analysis reveal metabolic flux distribution in oleaginous microalga *Chlorella protothecoides*. Plant Physiology, 2010, 154(2): 1001-1010.

[6] Xiong W, Gao C F, Yan D, et al. Double CO_2 fixation in photosynthesis-fermentation model enhances algal lipid synthesis for biodiesel production. Bioresource Technology, 2010, 101: 2287-2293.

(吴庆余 教授 清华大学生命科学学院)

思考与探索

1. 真核藻类的主要特征有哪些?它们和原核藻类的主要区别是什么?
2. 以教材中区分藻类各门的知识,如何把从自然界水体中采集的藻类鉴别到不同的门?
3. 以减数分裂发生的3种不同时期来分析教材中和教材外的任何一种藻类和高等植物的生活史类型,你对这样来理解和掌握藻类的生活史有何体会?
4. 查阅文献资料和联系生活实际,你对真核藻类的经济价值有何认识?
5. 怎样认识藻类在水生生态系统中的地位?从水产养殖、“赤潮”和“水华”的发生及防治,你认为研究藻类有何重要意义?
6. 从本章“真核藻类光合器的亚显微结构”的知识“窗口”的内容,比较真核藻类与高等植物的叶绿体在结构上有何主要异同。
7. 研究真核藻类的鞭毛有何重要意义?
8. 联系实际具体分析微藻和大型海藻开发的途径和前景如何。

9. 查阅更多的文献资料,对紫菜生活史的研究历史进行分析,你对目前的几种研究报道有何看法?

数字课程学习

重难点解析　教学课件　视频　植物照片库　相关网站

第十章

苔藓植物

(Bryophyte)

内容提要 苔藓植物是一群形体矮小、结构简单、尚没有维管组织分化的高等植物。本章对比真核藻类论述了苔藓植物的形态、结构、生殖和生活史等特点，及其对陆生环境的初步适应机制；简单介绍了苔藓植物的分类和主要代表植物；简述了苔藓植物的经济价值和它们在生态系统中的作用，特别提示了模式植物小立碗藓的科研价值。本章撰写了“苔藓植物配子体和孢子体光合作用的比较研究”和“苔藓植物在大气污染监测中的应用”两个“窗口”。

苔藓植物和真核藻类相比有了明显的进步，植物体大多有了类似茎、叶的分化，称为“拟茎叶体”；生殖器官为多细胞结构，且有不育细胞构成的保护或支持结构；受精卵发育形成胚。它们已能初步适应陆生环境，但由于它们仅具有假根，特别是植物体内尚没有维管组织的分化，受精过程离不开水等，所以大多只能生活在阴湿的环境中。苔藓植物的生活史类型均为世代交替，孢子减数分裂，但它们的孢子体不能独立生活，寄生在配子体上，为配子体占优势的异形世代交替，这是它们和其他高等植物的主要区别之一。

第一节　苔藓植物的主要特征

一、植物体的形态结构

苔藓植物的生活史中有两种类型的植物体，一为配子体，一为孢子体，二者差异很大，下面分别予以介绍。

（一）配子体

苔藓植物的配子体为小型绿色自养的单倍体植物体。一般高为一至数厘米或十几厘米，最大的也不过 30 ~ 40 cm。从外形上可分为两大类：一类为扁平的叶状体，有背、腹之分，内部有或无组织分化，具有单细胞假根（图 10 - 1 A，B）；另一类为有茎、叶分化的“茎叶体”（图 10 - 1C，D），但不为真正的茎和叶，假根为单细胞或多细胞组成。体内无明显的组织分化，或虽有不同程度的组织分化，但仍无维管组织。因此，苔藓植物的“茎叶体”确切地说应为“拟茎叶体”。如四齿藓（*Tetraphis pellucida* Hedw.）的茎仅分化为厚壁的表皮细胞层，表皮以内全部为未分化的薄壁细胞（图 10 - 2 A）；葫芦藓（*Funaria hygrometrica* Hedw.）的茎分化为表皮、皮层和由纵向伸长的且细胞腔较小的薄壁细胞组成的中轴 3 个部分（图 10 - 2 B）。仅少数种类的茎分化程度明显一些，如提灯藓属（*Mnium*）的茎分化为具有厚壁的表皮、由薄壁细胞组成的皮层和中央的输导束（图 10 - 2 C），特别是在中央的输导束中有水螅状的导水细胞（hydroids），这种细胞是一种死细胞，末端壁是斜的，有人研究认为这种细胞有输水作用。另外还发现

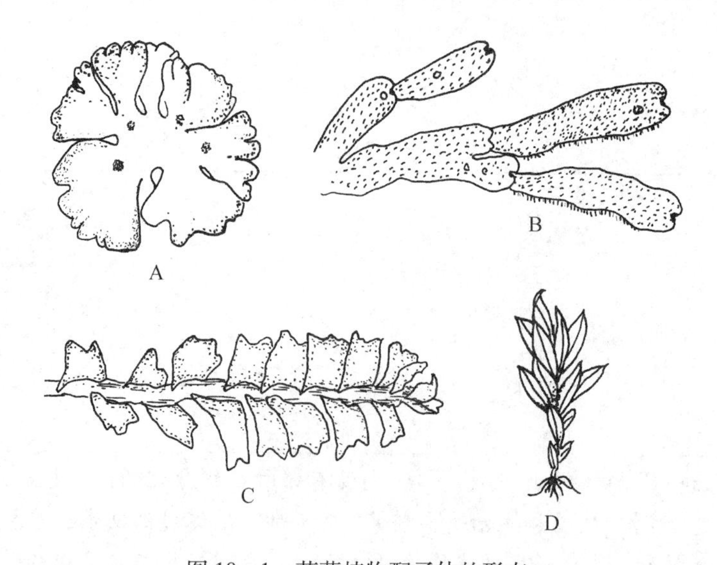

图 10－1　苔藓植物配子体的形态

A,B. 叶状体　A. 钱苔属(*Riccia*)(苔纲)　B. 紫背苔属(*Plagiochasma*)(苔纲)　C,D. 茎叶体　C. 细裂瓣苔属(*Barbilophozia*)(苔纲)　D. 立碗藓属(*Physcomitrium*)(藓纲)

提灯藓属等种类在茎的表皮和中心输导束之间有一种“类韧皮细胞”(leptoids)(图 10－2 D),这种细胞的核退化,两端壁有许多胞间连丝,还可能有胼胝体,细胞为活细胞,用^{14}C 标记研究表明,糖可以通过这些细胞进行运输,运输的速度为 0.3～5 cm/h。另据测定,金发藓属(*Polytrichum*)对水分的运输速度为 200 cm/h,对有机物的输导速度为 32 cm/h(Zacherl,1956)。但是上述的导水细胞并不能认为是管胞,类韧皮细胞也不能认为是筛细胞,它们之间的差异还是很明显的。同时,也没有可靠的证据说明这些细胞和维管植物的维管细胞有系统发育上的联系。至于苔藓植物的叶结构更简单,绝大多数种类由 1 层细胞组成,无叶脉,在相当于主脉的位置上有 1 条(少数 2 条)中肋(rib)。中肋是由一群纵向伸长的厚壁细胞组成,主要起支持作用。叶上无气孔。关于配子体如何运输水分的问题,尽管一些人认为茎的中轴或输导束中的导水细胞有输导作用,但一般认为主要是靠茎叶之间形成的毛细管作用,而且叶片细胞仅 1 层,也可以直接吸收水分。

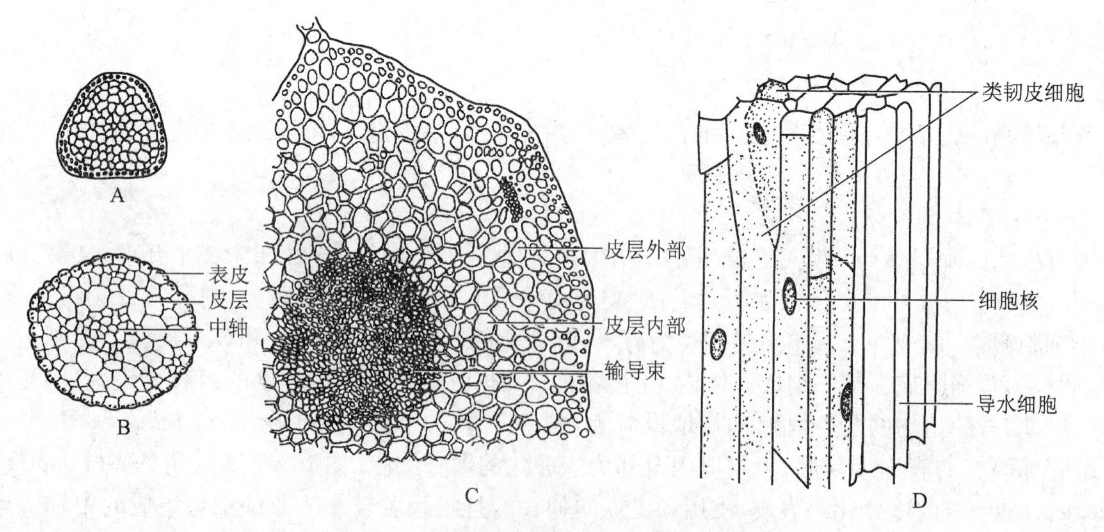

图 10－2　藓类植物配子体茎的结构(示横切)

A. 四齿藓属(茎无明显的组织分化)　B. 葫芦藓属(茎有表皮、皮层和中轴的分化)　C. 提灯藓属(示茎横切的一部分,有表皮、皮层和中央输导束的分化)(自 Chopra 和 Kumra)　D. 提灯藓属(示茎纵切的一部分)(自 Weier)

（二）孢子体

苔藓植物孢子体的形态简单，绝大多数是由孢蒴（capsule）、蒴柄（seta）和基足（foot）3 个部分组成。孢蒴结构复杂，是产生孢子的器官，生于蒴柄的顶端，幼嫩时为绿色，成熟后多为褐色或棕红色。有些种类的蒴柄也具有配子体茎中的输导束以及导水细胞和类韧皮细胞，如金发藓属（*Polytrichum*）等。孢子体生于配子体上，不能独立生活，基足伸入配子体组织内吸收配子体的养料。基足周围细胞的细胞壁多曲折，扩大了表面积，便于配子体和孢子体间营养物质的运输。关于苔藓植物孢子体和配子体的营养和光合活性比较见“窗口”。

窗口

苔藓植物配子体和孢子体光合作用的比较研究

19 世纪后期和 20 世纪，许多学者对苔藓植物孢子体的光合作用进行了不少研究，如 Haberlandt（1886，1914）将葫芦藓离体的孢蒴在无机培养基上培养 3 周，发现其干重增加了 150%。到 20 世纪 60 年代，相关研究取得了关键性进展，如 Rastorfer（1962）用瓦氏呼吸计测量了仙鹤藓和提灯藓的配子体和孢子体的气体交换，发现真正的光合作用/呼吸作用的比值在配子体中为（3∶1）~（4∶1），在孢子体中为（1.3∶1）~（1.5∶1），并推断经过 24 h 后，孢子体将会出现碳的净消耗，所以不能自养。Paolillo 和 Bazzaz（1968）利用红外气体分析仪测量离体的葫芦藓和桧叶金发藓孢子体的气体交换，发现葫芦藓充分扩展的孢蒴在一个很宽的温度和光照度的范围内都表现为正的净光合作用，但桧叶金发藓的孢蒴则不能平衡自身的呼吸作用。Krupa（1969）也证明葫芦藓的孢子体除了最后发育阶段外，其他发育阶段都表现出相当的净光合作用，对配子体的依赖程度较小，具有相当的独立性。Atansasiu（1975）发现曲尾藓和墙藓的孢子体在 25℃时的净同化速率与其暗呼吸速率相似，而配子体的净同化速率为它的 3.5 ~ 5.6 倍。

20 世纪 60—70 年代，学者们又证明了一些苔藓植物的孢子体在一定时期可以进行一定的光合作用，部分自给光合产物。20 世纪 80—90 年代，学者们又对配子体向孢子体提供光合产物的定位、定量和转运物的形式、定性、定量以及转化关系等作了进一步研究。但较多的研究是对配子体的光合作用以及生理、生化方面的研究，而对孢子体方面的研究则很少。

1996 年—1997 年，中国学者用氧电极测定了东亚角苔（*Anthoceros miyabenus* Steph.）、钝顶紫背苔（*Plagiochasma appendiculatum* L. et L.）、东亚小金发藓［*Pogonatum inflexum*（Lindb.）Lac.］、葫芦藓（*Funaria hygrometrica* Hedw.）和立碗藓属（*Physcomitrium*）的光合放氧活性，结果表明，配子体的净光合放氧速率比孢子体高 4.5 ~ 110 倍。从它们对光的响应情况看，可分为 3 种类型：①强阴生型：东亚小金发藓在光饱和后出现了光抑制，孢子体则更为明显。②轻阴生型：钝顶紫背苔有光饱和，仅孢子体出现轻度光抑制。③阳生型：葫芦藓和立碗藓在光照度达到 700 $\mu E \cdot m^{-2} \cdot s^{-1}$ 时尚未出现光饱和现象。

可变荧光分析结果表明，葫芦藓、密叶绢藓［*Entodon compressus*（Hedw.）C. Muell.］等的配子体比孢子体有更高的 PSⅡ活性和酶促暗反应活性。从低温荧光发射光谱反映的光能在两个系统之间的分配情况，可把所测的苔藓植物分为两种类型：①孢子体的 PSⅡ活性高于配子体，包括东亚小金发藓和仙鹤藓。②配子体的 PSⅡ活性高于孢子体，包括钝顶紫背苔、葫芦藓、立碗藓、绢藓等。他们还研究了上述一些苔藓植物的叶绿体结构，结果发现它们在光合作用上的差异可能与它们叶绿体的结构有关。

上述研究对进一步探讨苔藓植物（包括其他植物）个体发育中的生理、生化、遗传等多种特点和变化具有重要意义。

参考文献

［1］Gao X Y，Shi D G，Zhou Y L，et al. Comparison studies on photosynthesis of gametophytes and sporophytes of several Bryophytes. Chenia，1998，5：69-81.

［2］Gao X Y，Shi D G，Zhou Y L，et al. Comparison studies on ultrastructure of photosynthetic apparatus in gametophytes and sporophytes of Bryophytes. Chenia，1998，5：59-68.

（施定基　研究员　中国科学院植物研究所）

二、有性生殖器官和生殖过程

苔藓植物配子体上产生的有性生殖器官为多细胞结构,且具有由多个不育细胞构成的保护壁层。雄性生殖器官称精子器(antheridium)(图 10－3 A),棒状或球形,外有 1 层不育细胞组成的精子器壁,其内的精原细胞各自发育成长形弯曲并具有 2 条鞭毛的精子(图 10－3 B)。雌性生殖器官称颈卵器(archegonium)(图 10－3 C,D),形状似长颈烧瓶,由细长的颈部(neck)和膨大的腹部(venter)组成。颈部由 1 层细胞围成,中央有 1 条沟称颈沟(neck canal),颈沟内有 1 列颈沟细胞(neck canal cells)。腹部内有 1 卵细胞,卵细胞的上方与颈沟细胞最下 1 个细胞之间还有 1 个腹沟细胞(ventral canal cell)。受精前,颈沟细胞和腹沟细胞均解体,颈沟成为精子进入颈卵器腹部的通道。苔藓植物的无性生殖器官为孢子体上的孢蒴,亦为多细胞结构,详见本章所述代表植物葫芦藓、地钱、角苔等。

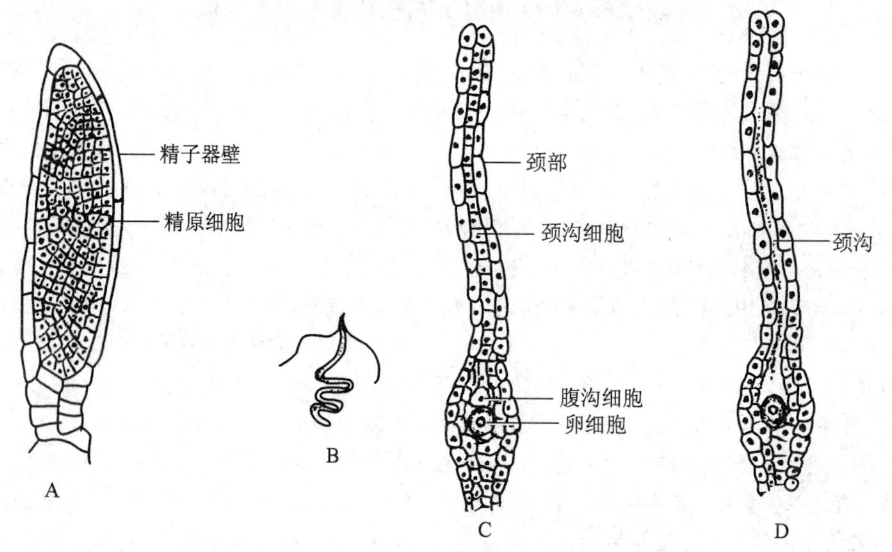

图 10－3　苔藓植物钱苔属(*Riccia*)的有性生殖器官

A. 精子器　B. 精子　C. 颈卵器　D. 颈卵器(在颈沟细胞和腹沟细胞解体后)

苔藓植物的有性生殖均为卵式生殖,但在受精时精子需在有水的条件下游至颈卵器并从颈沟进入,与腹部的卵融合。受精卵不经休眠即进行分裂,首先形成胚(embryo),所以苔藓植物属于有胚植物。

三、生活史

苔藓植物的生活史为孢子减数分裂,异形世代交替,但配子体占优势,孢子体不能独立生活,而其他所有的高等陆生植物正好与苔藓植物相反,均为孢子体发达的异形世代交替。此外,苔藓植物的孢子首先萌发产生绿色的丝状体,称为原丝体(protonema),再由原丝体发育成配子体,这也是苔藓植物生活史的一个特点(图 10－5)。

四、分布与生境

苔藓植物分布很广,绝大多数陆生,但多生于阴湿环境,在树干、树叶上都有生长,也有些种类生于裸露的岩面,耐旱力很强。南极大陆的苔藓植物非常繁茂。也有些种类水生。苔藓植物对大气中的 SO_2 较敏感,常可作为大气污染的监测植物。

第二节　分类概况和代表植物

一、分类概况

苔藓植物通常为1个门,即苔藓植物门(Bryophyta),分为藓纲(Bryopsida,Musci)、苔纲(Hepaticopsida,hepaticae)和角苔纲(Anthocerotopsida,Anthocerotae)3个纲,约23 000种,我国约2 100种。但也有学者将苔藓植物分为3个门,即藓门(Bryophyta)、苔门(Hepatophyta)和角苔门(Anthocerotophyta)。本教材仍采用1门3纲的分类系统。3个纲的主要异同如表10-1所示。

表10-1　苔藓植物3个纲的主要特征比较

<table>
<tr><th colspan="2">项目</th><th>藓纲</th><th>苔纲</th><th>角苔纲</th></tr>
<tr><td rowspan="5">配子体</td><td>形态</td><td>均为茎叶体,叶多螺旋排列,辐射对称</td><td>叶状体或茎叶体,叶排列成2列或3列,有背、腹之分,两侧对称</td><td>叶状体</td></tr>
<tr><td>假根</td><td>多细胞,单列,具有分支</td><td>单细胞</td><td>单细胞</td></tr>
<tr><td>中肋</td><td>绝大多数叶具有中肋</td><td>无</td><td>无</td></tr>
<tr><td>细胞中的叶绿体数</td><td>多数</td><td>多数</td><td>少,1至数个</td></tr>
<tr><td>蛋白核</td><td>无</td><td>无</td><td>有</td></tr>
<tr><td colspan="2">原丝体</td><td>发达,1个原丝体可产生多个配子体</td><td>不发达,1个原丝体仅产生1个配子体</td><td>同苔纲</td></tr>
<tr><td rowspan="8">孢子体</td><td>组成</td><td>由孢蒴、蒴柄和基足组成</td><td>同藓纲</td><td>无蒴柄,仅具有孢蒴和基足</td></tr>
<tr><td>蒴柄</td><td>蒴柄在孢蒴成熟之前伸长</td><td>蒴柄在孢蒴成熟之后伸长</td><td>无</td></tr>
<tr><td>孢蒴开裂方式</td><td>多为盖裂</td><td>多为纵裂</td><td>自上而下二瓣开裂</td></tr>
<tr><td>孢蒴中的中轴</td><td>多具有中轴</td><td>无</td><td>具有纤细中轴</td></tr>
<tr><td>蒴盖</td><td>有</td><td>无</td><td>无</td></tr>
<tr><td>蒴齿</td><td>有</td><td>无</td><td>无</td></tr>
<tr><td>环带</td><td>有</td><td>无</td><td>无</td></tr>
<tr><td>弹丝</td><td>无</td><td>有</td><td>具有假弹丝</td></tr>
</table>

二、主要代表植物

(一) 葫芦藓(*Funaria hygrometrica* Hedw.)

葫芦藓属于藓纲,葫芦藓科,小型土生藓类,世界性广布种。

葫芦藓的配子体为"茎叶体",高约1 cm,直立,丛生。茎的基部具有由多细胞组成的假根,主要起固着作用。茎通常分化为表皮、皮层和中轴3个部分(图10-2 B)。叶呈卵形或舌形,具有1条中肋,螺旋排列,多生于茎的上部。葫芦藓多为雌雄同株,精子器和颈卵器分别生于不同的分枝顶端(图 10－5)。产生精子器的分枝顶端的叶较大,外张,称雄苞叶。枝端中央有多个橘红色的棒状精子器,整个雄枝枝端状似一朵小花。精子器间还有单列细胞组成的侧丝,其顶端的细胞膨大,细胞中含有叶绿体。精子器的基部有 1 短柄,精子器内精原细胞均产生具有 2 条鞭毛的长形弯曲的精子。产生颈卵器的分枝顶端的叶较窄,称雌苞叶,且彼此紧包,状如顶芽,其中央有 1 至多个颈卵器。颈卵器的基部也有 1 柄部。成熟时,颈卵器的颈沟细胞和腹沟细胞解体,颈沟即形成 1 条细管道。游动精子借助水游至颈卵器并从颈部进入颈卵器内,1 个精子与 1 个卵完成受精作用形成受精卵,不经休眠,受精卵分裂形成细长的胚。以后,在孢蒴尚未成熟时,蒴柄迅速伸长,并将颈卵器从基部顶断,断离的颈卵器上部仍罩覆于幼嫩的孢蒴上。幼嫩的孢蒴直立,很小,绿色,以后不断长大;成熟时孢蒴呈葫芦状,但基部不对称,垂倾,棕色至红褐色。罩于孢蒴上的残存颈卵器形成蒴帽(calyptra),如遇风吹或触碰极易脱落。蒴柄长可达一至数厘米,幼时绿色,成熟时棕红色,其内部结构也类似于配子体的茎,有表皮、皮层和中轴的分化。蒴柄基部为伸入配子体雌枝顶端组织中的基足。

孢蒴是孢子体最重要的结构,由蒴盖(operculum)、蒴壶(urn)和蒴台(apophysis)3 部分组成。蒴盖是孢蒴顶部的圆碟状的盖。蒴壶结构复杂(图 10－4),最外层为表皮细胞,表皮内侧为数层细胞构成的蒴壁,蒴壁内侧为疏松的含有叶绿体的同化丝和很多气室,气室内侧为数层细胞组成的外孢囊,再内为 1 层孢原组织,细胞方形,排列紧密,细胞质浓,其内方为 1 层细胞构成的内孢囊。在蒴壶的正中央为薄壁细胞构成的圆柱状的蒴轴(columella)。孢原组织经分裂产生孢子母细胞(spore mother cell),再经减数分裂产生单倍体的孢子。在蒴壶的口部有上、下 2 层齿状结构,称蒴齿(peristomal teeth)。每个齿片为长三角形,每层 16 片。上层称外蒴齿,棕红色,有明显的横条加厚,各齿端与中央的 1 个圆形膜片相连;下层齿片称为内蒴齿,稍短于外蒴齿,淡黄色,无明显横条加厚(图 10－4B)。蒴盖与蒴壶的连接是借助于由 1 至数圈细胞构成的环带(annulus)。蒴壶的下面为蒴台,蒴台的表皮有较多的气孔,但较原始,它是由气孔原始细胞经 1 次不完全分裂形成的(图 10－4D)。气孔总是开放的,不能关闭。蒴台表皮内为几层含叶绿体的细胞,中央为无色的薄壁细胞。

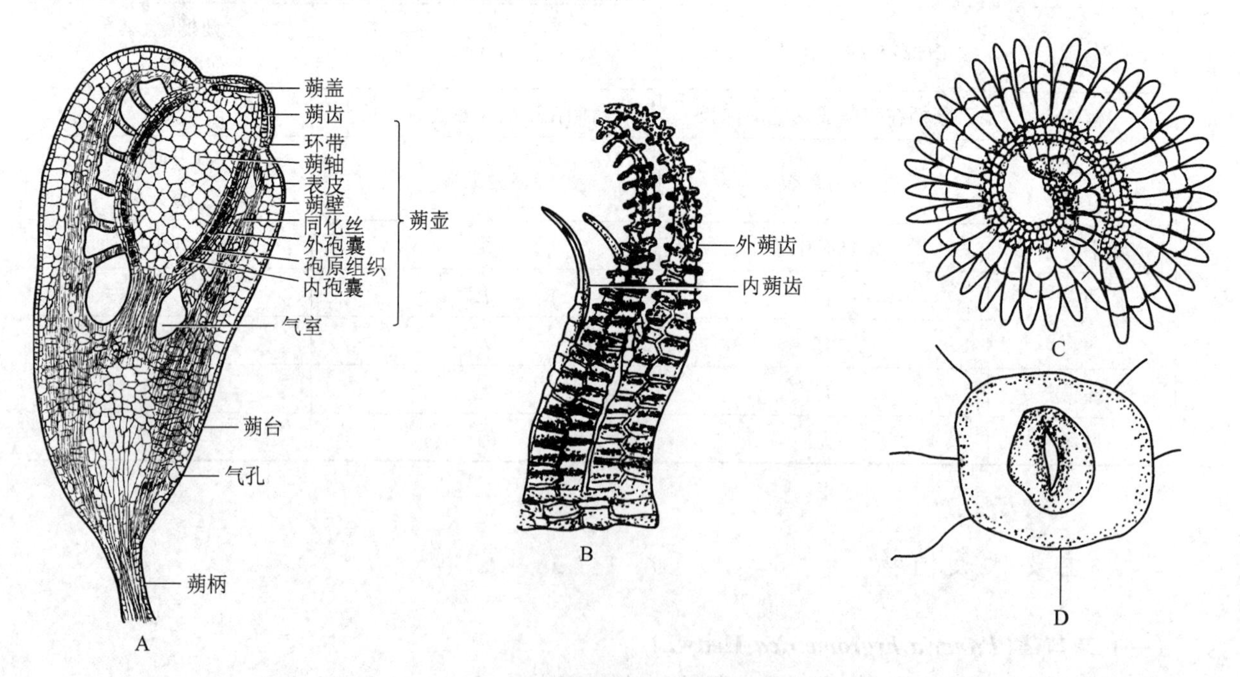

图 10－4　葫芦藓孢蒴(A,B,C 自陈邦杰)

A. 未成熟孢蒴的纵切　B. 蒴齿放大　C. 剥离环带的放大　D. 1 个气孔的放大

孢蒴成熟时，环带常在干燥的条件下自行卷落（图 10－4C），蒴盖也因而脱落，孢蒴的这种开裂方式称为盖裂。蒴盖脱落后，蒴壶口部的蒴齿露出。蒴齿对大气的干湿度敏感，在干燥时，蒴齿尖端会向上外方向翘起。但蒴齿尖端开始时不是游离的，而是连于中央的膜片上，这样，齿片只能向上微翘，在空气潮湿时，蒴齿的齿片又微向下弯。各齿片在这种微翘和微弯的变化中从齿片边缘带出一些孢子散出。当各齿片尖端相连的中央薄膜破裂后，蒴齿即可在干燥的条件下向上、向外卷起，将孢子带出散发，潮湿时齿片又向蒴壶内弯曲，并黏上一些孢子，干燥时再将孢子带出。由此看出，蒴齿的结构和特性是对孢子散发的一种适应机制。此外，葫芦藓的蒴柄也可在干湿条件变化时发生扭转，由此带动孢蒴转动，借其一定的离心力散放出一些孢子。孢子在适宜条件下萌发，首先形成绿色的丝状体，称原丝体（protonema）。细胞内含多个叶绿体，形状类似具有多分枝的丝状绿藻。当发育到一定阶段，从原丝体上产生多个芽，每个芽各自长成 1 个新一代的配子体。葫芦藓的生活史如图 10－5。

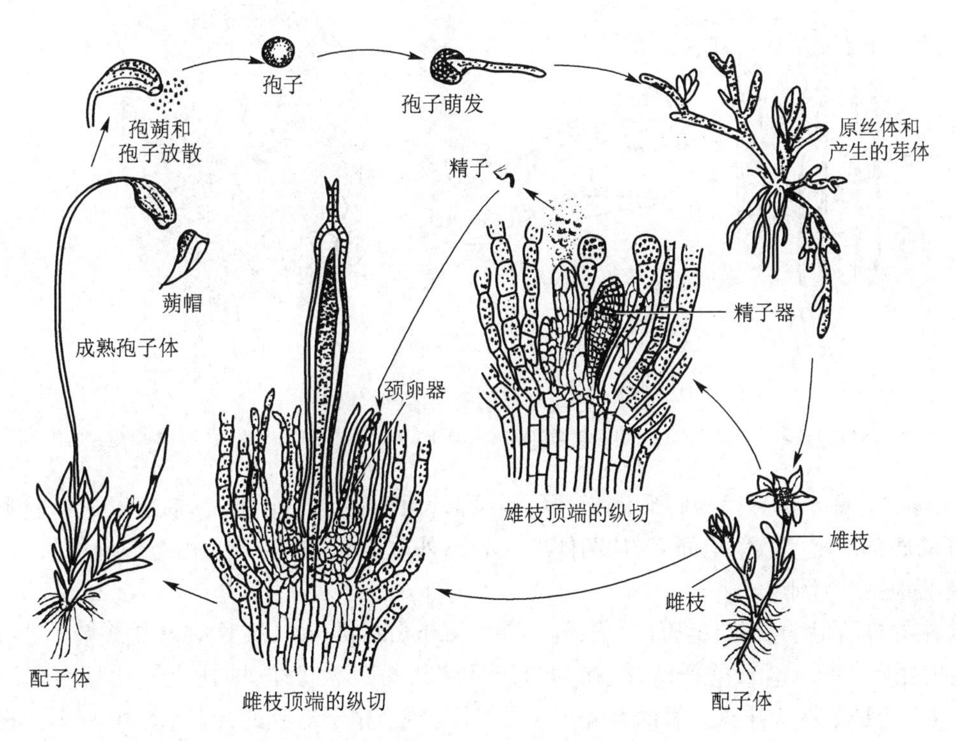

图 10－5　葫芦藓的生活史（自《中国藓类属志》上册第 1 页）

藓纲中其他常见的种类有泥炭藓属（*Sphagnum*）、小金发藓属（*Pogonatum*）、真藓属（*Bryum*）、绢藓属（*Entodon*）等，以及在进化上有重要价值的藻苔（*Takakia lepidozioides*）等（彩版插图）。

（二）地钱（*Marchantia polymorpha* L.）

地钱为苔纲、地钱目、地钱属中最常见的植物，世界广布种。常生于沟边、温室地面、花盆以及其他阴湿墙脚和地面等处。地钱的配子体为扁平叶状，多次二叉分枝，深绿色或淡绿色，宽 1～2 cm，长可达 5～10 cm，中央具有 1 条中肋，边缘为波状（图 10－6A）。上表面有菱形网纹，每个网纹即为表皮层下的 1 个气室界限。每个网纹中央有 1 个小孔，即不能闭合的气孔。下表面有许多单细胞假根和由单层细胞构成的紫色鳞片。单细胞假根又分为两种类型：一为细胞壁平滑的简单假根；一为细胞内壁产生许多向内的舌状或瘤状突起的假根，称为瘤壁假根。叶状体前端的凹入处为生长点。将叶状体横切，可见有明显的组织分化（图 10－6B），自上而下的结构是：上表皮、烟囱状的气孔、含有叶绿体的同化丝、气室、气室间隔层、不含叶绿体的薄壁组织、下表皮、假根和鳞片。

在地钱叶状体的背面有一种进行营养繁殖的杯状结构，称胞芽杯（gemma cup），其内产生多个绿色

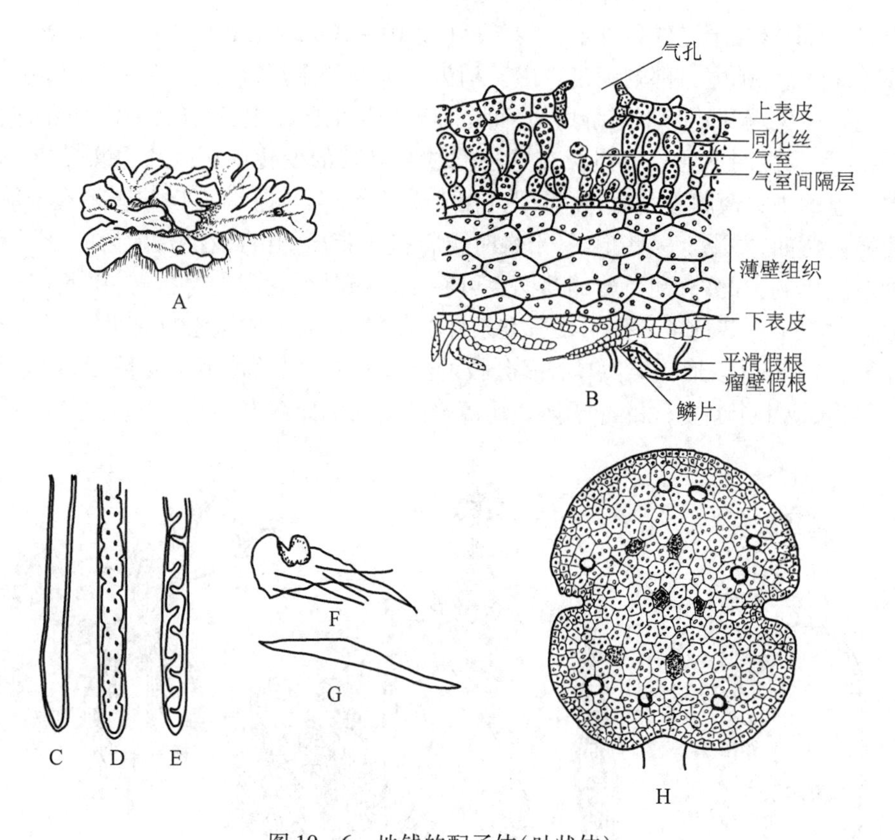

图 10－6　地钱的配子体(叶状体)

A. 配子体的外形　B. 配子体的横切　C. 简单假根　D,E. 瘤壁假根　F,G. 鳞片　H. 1 个胞芽的放大

的胞芽(gemmae)。每个胞芽呈扁圆形,中部厚,边缘薄,两侧各有 1 个凹入,基部以 1 个透明的细胞着生于胞芽杯的底部。胞芽散落地面后,从两侧凹入处向外方生长,产生 2 个相对方向的叉形分枝,最后形成 2 个新的地钱叶状体。

地钱雌雄异株(图版)。雄株背面生出雄生殖托(antheridiophore),又称雄器托或精子器托(图 10－7A)。雄生殖托有 2～6 cm 长的托柄,柄端为边缘呈波状的圆盘状体,即托盘。托盘内有许多精子器腔,各腔内有 1 个精子器。托盘上表面有许多小孔,即为每个精子器腔的开口(图 10－7B),精子器中产生的精子随黏液由此孔逸出。雌生殖托(archegoniophore)又称雌器托或颈卵器托,产生在雌株背面(图 10－7C),也具有 2～6 cm 长的托柄,顶端盘状体的边缘有 8～10 条手指状稍下弯的芒线(ray),每 2 条指状芒线之间的盘状体处各有 1 列倒生的颈卵器(图 10－7D),每列颈卵器的两侧各有 1 片薄膜,称蒴苞(involucre),对颈卵器有保护作用。地钱的雌、雄生殖托均是由雌、雄叶状体的组织分化而来,其基本结构和叶状体类似。

地钱的受精过程仍然需有水的条件,1 个精子与 1 个卵融合后形成受精卵。不经过休眠,受精卵在颈卵器中发育成胚,并继续发育成由孢蒴、蒴柄和基足 3 部分组成的孢子体(图 10－8)。孢蒴近似为球形,无蒴盖、蒴齿、环带和蒴轴。孢蒴内的大部分孢原组织产生了孢子母细胞,经减数分裂产生许多单倍体的孢子。另有少部分孢原组织形成一些长形细胞,最后转化为丝状弹丝(elater),其孢壁具有螺旋状加厚,在受到干、湿条件的影响时,可发生扭曲弹动,有助于孢子的散发。地钱孢子体的蒴柄很短,基足伸入雌托盘组织内吸取营养。此外,颈卵器也随着受精和孢子体的发育而逐渐长大,至孢子体形成时仍包在孢子体外面,这和葫芦藓不同。同时,围绕颈卵器基部的细胞,也随着颈卵器的发育和受精过程而不断地分裂,最后在颈卵器外面形成 1 个套筒状的保护结构,称为假蒴萼(pseudoperianth)。这样,对孢子体共有 3 层保护结构,即颈卵器、假蒴萼和蒴苞。孢蒴成熟时,顶部不规则纵裂,并由弹丝的弹动将孢

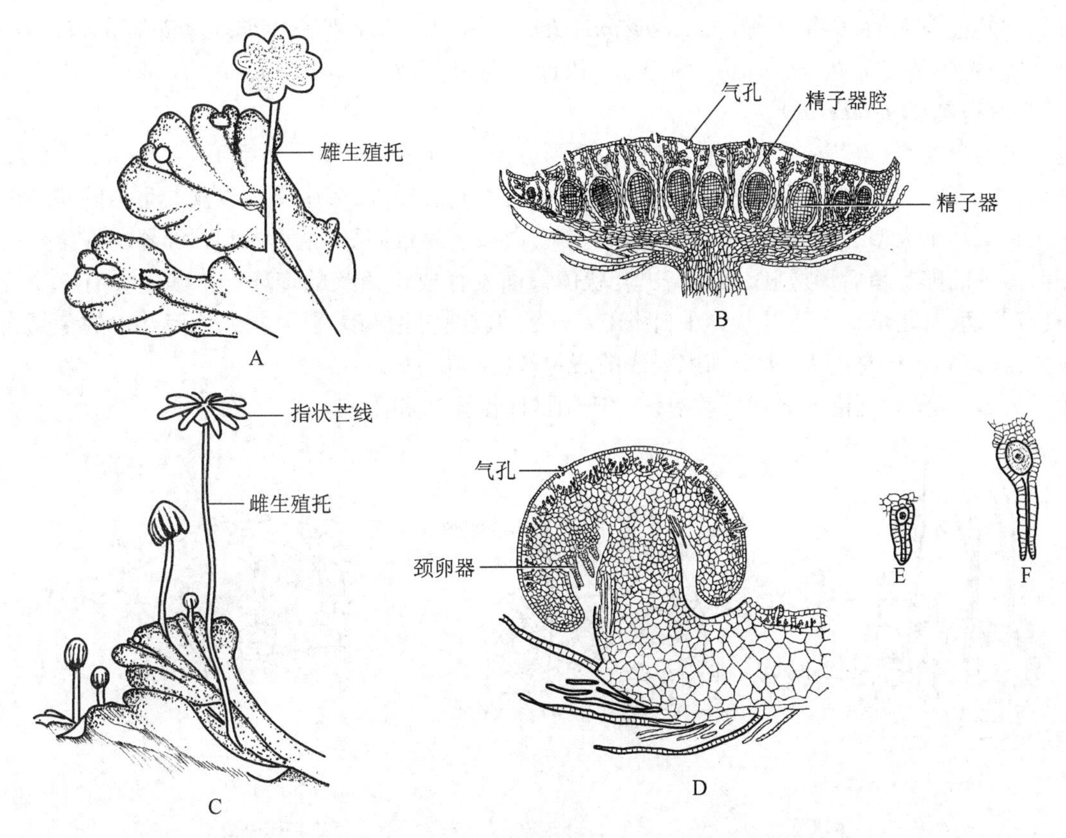

图 10－7　地钱的雌生殖托和雄生殖托

A. 雄株和雄生殖托的外形　B. 雄生殖托的纵切（自 Smith 等）　C. 雌株和雌生殖托的外形　D. 雌生殖托的纵切（自 Smith 等）　E，F. 颈卵器的放大

子散出。在适宜条件下孢子萌发，产生仅有 6～7 个细胞的原丝体，每个原丝体仅形成 1 个叶状的配子体。

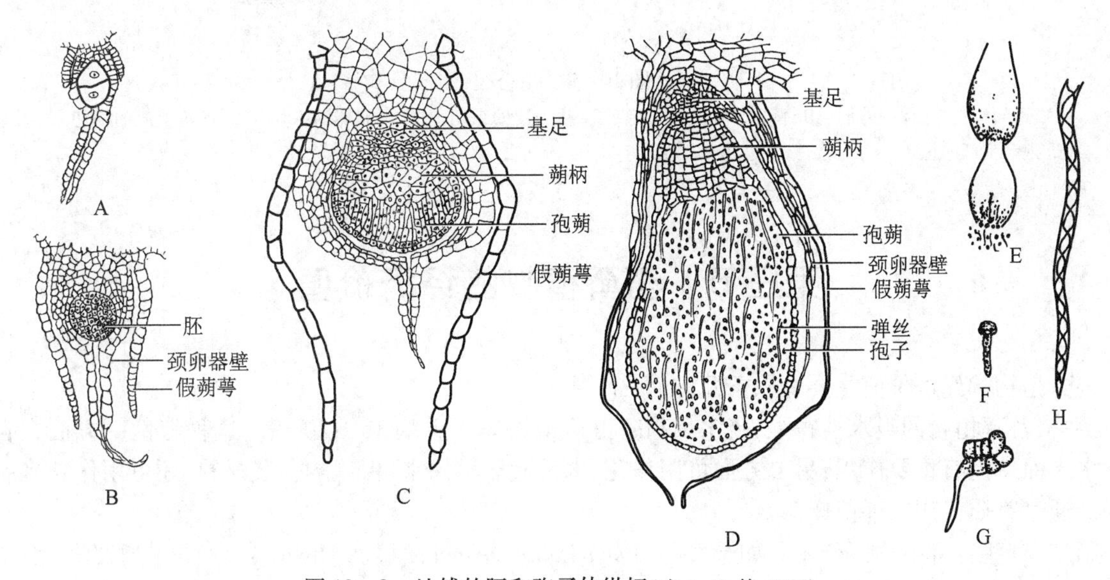

图 10－8　地钱的胚和孢子体纵切（自 Smith 等，1955）

A～C. 胚的发育和形成　D. 成熟孢子体的纵切　E. 成熟孢子体外形（正在释放孢子）　F，G. 孢子萌发和原丝体形成　H. 1 条弹丝的部分放大

苔纲中其他常见种类有叶苔(*Jungermannia lanceolata* L.)、大羽苔[*Plagiochila asplenioides* (L.) Dum.]、中华光萼苔[*Porella chinensis* (Steph.) Hatt.]、带叶苔[*Pallavicinia lyellii*(Hook.) Gay.]等。

(三) 角苔属(*Anthoceros*)

角苔属为角苔纲、角苔科。配子体为叶状,叉形分瓣,呈不规则圆形,直径 0.5 ~3 cm。无气室和气孔的分化,无中肋。腹面具有单细胞假根。叶状体的腹面有胶质穴,其中有念珠藻共生。叶状体的每个细胞中仅具有 1 个大型的叶绿体,叶绿体中有 1 个蛋白核。雌雄同株,精子器和颈卵器均埋生于叶状体内。颈卵器中的卵受精后形成胚,然后突出叶状体背面发育成长角状的孢蒴。孢蒴中央有 1 个纤细的蒴轴,没有蒴柄,基足仍埋生于叶状体中(图 10 -9A)。成熟时孢蒴纵裂为两瓣。孢蒴中的孢子自上而下地成熟,在孢蒴中还有由 1 ~4 个细胞组成的假弹丝(图 10 -9E)。

角苔分布广泛,我国南北各省区均有。生于山区阴湿溪边和土坡。

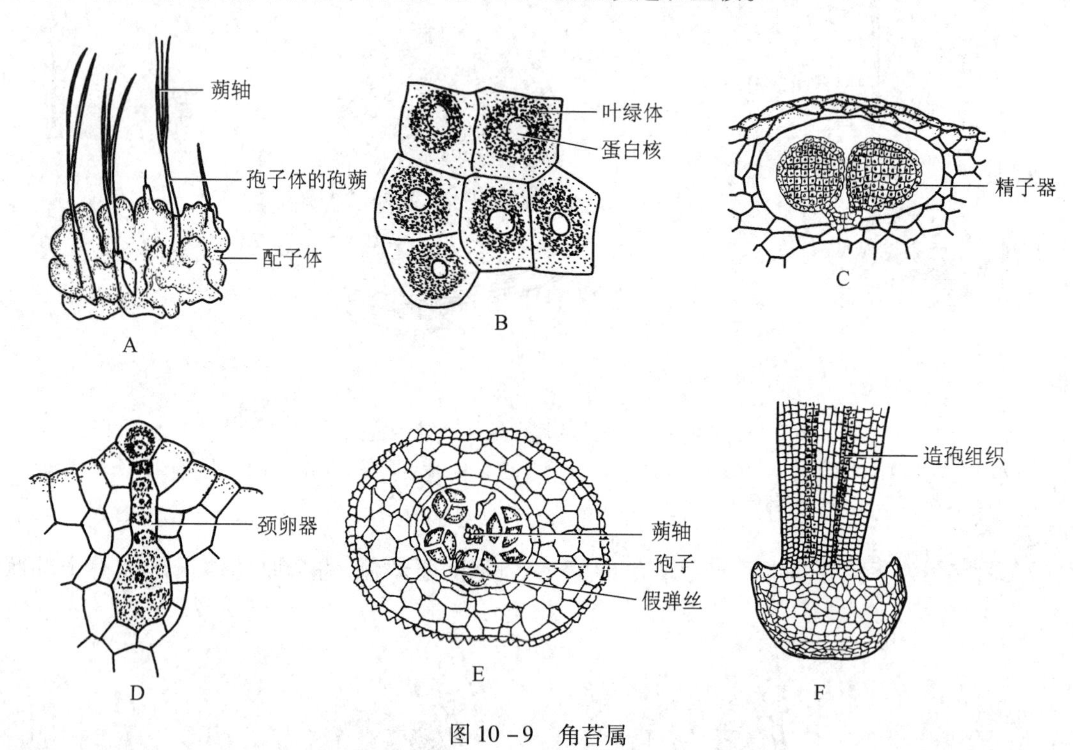

图 10 -9 角苔属

A. 配子体和孢子体的外形 B. 配子体的几个细胞 C. 精子器的纵切 D. 颈卵器的纵切 E. 孢蒴上部的横切 F. 孢蒴基部的纵切

第三节 苔藓植物的经济价值

苔藓植物的经济价值主要有以下几方面:

第一,苔藓植物的吸水性很强,吸水量高时可达植物体干重的 10 ~20 倍。这种特性一方面在自然界的水土保持上有重要作用;另一方面可用作花、木长途运输保水、保湿的包装材料,还可用作花卉栽培的保湿通气基质或用以铺苗床。

第二,有些苔藓植物可药用。如金发藓(*Polytrichum commune* L. ex Hedw.)有解毒止血的作用;蛇苔[*Conocephalum conicum*(L.) Dum.]可解热毒、消肿止痛、治疗疮痈肿和蛇咬伤等;暖地大叶藓[*Rhodobryum giganteum*(Schwaegr.) Par.]对治疗心血管病有较好的疗效。在对 150 多种苔藓植物的醇类提取液或单独复合物的琼脂平板实验中,发现它们对不同的真菌革兰阳性和阴性细菌均有抗性。仙鹤藓

(*Atrichum*)和金发藓等的提取液有较强的抑菌作用;泥炭藓还可作为代用药棉;一些提灯藓科植物、羽藓属(*Thuidium*)、青藓属(*Brachythecium*)、同蒴藓属(*Homalothecium*)、灰藓属(*Hypnum*)等亦可药用,并为倍蚜虫的冬寄主,在五倍子的生产中有重要意义。

第三,由于苔藓植物的叶片大多为1层细胞厚,对环境污染敏感,可用作大气污染(SO_2 等)的监测植物(详见“窗口”)。

第四,一些苔藓植物含有生长调节物质,经研究表明有促进种子萌发和幼苗生长的作用。

第五,苔藓植物在湖泊演替为陆地和陆地沼泽化等方面均有重要作用。

第六,在苔藓植物中发现了葫芦藓科中的小立碗藓(*Physcomitrella patens*)(彩版插图)是一种非常理想的植物分子生物学的研究材料,其突出特点是它的同源染色体比其他高等植物都少;核基因组容易和外源 DNA 发生高频率同源重组,转化率高达90%,从而使得精确的基因破坏和基因敲除成为可能,这些基因的功能也可通过小立碗藓转化植株的特点得以确认;对其突变体的表型可以进行直接研究;同时,它的生活史周期短,易于培养,转基因植株易于分析。目前,小立碗藓标签突变文库已经建立,小立碗藓 ESTs 数据库中已有67 000条 ESTs 信息。小立碗藓广布于欧洲、亚洲、非洲及大洋洲,我国湖南省张家界地区也有分布。在国外已经把小立碗藓作为植物分子生物学研究的模式植物,而且取得了很好的研究成果。现在我国对小立碗藓的研究工作也已经开始,可以预见其研究前景十分广阔。

窗口

苔藓植物在大气污染监测中的应用

大气环境直接关系到人类的身体健康和生命安全,监测和净化大气环境是全世界共同关注的最重要的环境问题之一。用苔藓植物监测大气中的污染物是一种有效和有意义的生物监测手段。人们常将苔藓植物称为大气污染的生物监测器。

由于苔藓植物个体矮小,绝大多数的叶片只有1层细胞厚(中肋除外),体表无角质层,体内没有维管组织,植物体暴露在大气环境中,直接承受大气中各种污染物的影响。特别是生于树干上的种类,它们主要是直接吸收利用雨水和露水,浓缩在雨水和露水中的污染物往往能迅速对它们产生毒害,并表现出明显的中毒症状。如有人用 0.005×10^{-6} ~ 0.1×10^{-6} 的 SO_2 气体熏蒸苔藓植物时,苔藓就可表现出明显的毒害病症,当浓度增加到 0.4×10^{-6} 时,苔藓植物在几十小时之内相继枯死。而大部分种子植物则在 SO_2 的浓度为 0.4×10^{-6} 熏蒸100 h以上时,仍然在外观上看不出中毒症状。通过实际观察,发现城市和工业发达的地区,其周围环境中苔藓植物群落贫乏,种类数量大为减少。当然,不同的种类、不同生态类型的种类对大气中污染物的毒害反应也有差异,如树上生长的苔藓植物要比石生和地上生的种类更为敏感。总之,苔藓植物(特别是树生种类)对大气污染物通常较为敏感,同时,它们还具有能将大气污染物有效富集以及通过体内污染物的浓度显示与污染强度的关系,便于连续测定阶段性污染物的浓度,可用物理或化学方法定量测定污染物,可以确定污染源的位置和研究费用较低等优点。所以,用其对大气污染进行监测是完全可行的。1968年4月,在荷兰的瓦赫宁根举行的第一次空气污染对植物影响的欧洲会议上,还正式通过了“附生植物应该着重被推荐供普遍使用作为污染的生物学标志,这是因为它们容易处理,对空气污染敏感度大于高等植物”的决议。这里的附生植物主要就是指苔藓和地衣。多年来,有许多国家开展了用苔藓和地衣对大气污染的监测研究工作,我国也有不少这方面的研究报道。

用苔藓植物监测的大气污染物主要为 SO_2、HF、O_3、NO、CO,以及 Pb、Cd、Cu、Ni、Zn 等多种重金属。就污染物的存在状态而言,可分为悬浮颗粒污染物和气体污染物两大类。

用苔藓植物监测大气污染的方法主要有下面4种:

(1)生态调查法　直接对选定的地区或城市进行定点调查,包括附生在树干基部至高2 m处的苔藓植物的种类、覆盖度、频度和生长状况等。再综合分析各点的所有资料,绘制大气污染分布图。这是最常用的一种方法。

(2)吊球法　将没有被污染的苔藓植物(如最常用的泥炭藓等)用1%的硝酸清洗,再用去离子水冲净残余酸液,风干后,取定量的材料装入尼龙或多氨基化合物制作的网袋中,使其成圆球状的苔藓吊球。分别把这些吊球悬挂于各试验区的试验点,在未污染的区域也要挂袋。经过3~5个月将它们全部取回。经过处理后,用原子吸收光谱、中子活化法或电感耦合等离子光谱测定和分析污染物。

(3) 移植比对法　选择与监测区生态环境相同或相近的未被污染地区内的树木,将附生在树干上的苔藓植物连同一部分树皮切割下来,照相并存档。再在被监测区中把它们固定于等高(8~10 m)的各个监测点。经过一段时间后将它们取回,与原来测试前的存档照片进行对照分析,也可进行解剖观察和化学测定。

(4) 苔藓测定仪　制作两个分隔的透明而密闭的A室和B室,在两室内放置等量的脱脂棉和去离子水,再放入等量的生长良好的苔藓植物的绿色部分,其中的A室输入流量为0.5~1.0 L/min的经活性炭净化的空气,B室则输入等量的污染空气。两周后,观察比较两室中苔藓植物的生长情况和变化,以判断空气的污染情况。

其他还有忍耐指数测定法和大气净度指数法等。随着对环境问题的高度重视和研究工作的不断深入,苔藓植物在大气环境监测中的应用必将会进一步得到完善和发展。

参考文献

[1] 赖明洲,陈学潜. 公害研究方法简介:都市空气污染的生物指标——地衣类. 中华林学季刊, 1977, 10(3): 113-129.

[2] 横僫诚. 苔藓类利用空气净化试验法对大气污染的测定. 日本生态会志(Jap J Ecol), 1978, 28: 17-23.

[3] 高谦,曹同. 苔藓植物对西南部分地区大气污染的指示意义的初步研究. 应用生态学报, 1992, 3(1): 81-90.

[4] 吴鹏程,罗健馨. 苔藓植物与大气污染. 环境科学, 1979, 3: 68-72.

[5] 杜庆民,郑学海,蔡海洋,等. 用藓袋法监测大气污染颗粒及其他污染物的方法研究. 生态学杂志, 1989, 8(1): 56-70.

[6] 闵运江. 六安市区常见附生苔藓植物对大气污染的指示作用. 城市环境与城市生态, 1997, 10(4): 31-33.

[7] 张朝辉,邵晶,柴之芳,等. 利用苔藓植物和地衣作为生物监测器对大气降尘重金属污染物质的研究. 核技术, 2001, 24(9): 776-778.

[8] 邵晶,张朝晖,柴之芳,等. 苔藓对大气沉降重金属元素富集作用的研究. 核化学与放射化学, 2002, 24(1): 6-10.

(周云龙　教授　北京师范大学生命科学学院)

思考与探索

1. 从植物体的形态结构和生殖上分析苔藓植物比真核藻类植物有哪些突出的进步特征?为什么说它们属于高等植物或陆生植物?但大多数苔藓植物为什么只能生活在阴湿的环境?
2. 从文献和你的实际观察中如何分析苔藓植物孢子体和配子体的营养关系?你对如何进一步探讨二者的营养关系有何思考和设想?
3. 当你采集到任意一种苔藓植物的配子体时,如何把它鉴别到所属的纲?
4. 苔藓植物在生态系统、水土保持、花木产业上有何重要价值?
5. 用苔藓植物监测大气污染的优点是什么?你对如何应用苔藓植物来监测大气环境有何思考与设计?
6. 进一步查阅文献资料,了解小立碗藓作为分子生物学研究的模式植物有何特点。研究现状及其应用前景如何?

数字课程学习

重难点解析　教学课件　视频　植物照片库　相关网站

第十一章

蕨类植物
(Pteridophyte)

内容提要 蕨类植物是地球上出现最早的、不产生种子的陆生维管植物，而且是高等植物中唯一孢子体和配子体都可以独立生活的类群。本章论述了蕨类植物孢子体和配子体的形态、结构及生殖特点，对孢子体中的维管组织和中柱类型作了重点介绍，分析了蕨类植物的生活史，对代表植物蕨(*Pteridium aquilinum* var. *latiusculum*)进行了比较详细的论述，对于蕨类植物的分类概况、不同亚门的代表植物以及蕨类植物的经济价值也作了简要介绍。特别针对蕨类植物一些备受关注的问题撰写了3个"窗口"："蕨类植物木质部中管状分子研究现状""蕨类植物分子系统学研究和蕨类植物大分类群的界定"以及被大多数学者所接受的Zimmerman提出的陆生植物叶起源的"顶枝学说"。

蕨类植物和苔藓植物以及真核藻类的最大区别是孢子体内有了维管组织的分化，而且在形态上具有了真正的根、茎、叶。它们和种子植物一起总称为维管植物(vascular plant)，但它们仍不产生种子，这又是和种子植物最大的区别之一。蕨类植物也被称为维管隐花植物(vascular cryptogams)。蕨类植物的有性器官为精子器和颈卵器，与苔藓和裸子植物一起统称为颈卵器植物。

第一节　蕨类植物的主要特征

一、孢子体

(一) 形态和营养器官

蕨类植物的孢子体发达。蕨类植物多为多年生草本，少数为一年生草本，个别种类为木本，如桫椤属(*Cyathea*)(彩版插图)。除松叶蕨亚门外，所有现存的蕨类植物均有真正的根、茎、叶的分化。

1. 根

蕨类植物的主根均不发育，通常为不定根(adventitious root)。

2. 茎

蕨类植物的茎有地上的气生茎(aerial stem)和地下的根状茎(rhizome)之分。低等蕨类植物多具有地上气生茎，有一些种类既具有气生茎，又具有根状茎。高等蕨类植物绝大多数仅具有根状茎。

3. 叶

蕨类植物的叶依据不同的含义可分为下述几种不同的类型：

(1) 从进化水平上可分为小型叶(microphyll)和大型叶(macrophyll)。小型叶较原始，其特点是仅具有1条叶脉，无叶柄，也无叶隙。石松类、水韭类、楔叶类和松叶蕨类的叶属于小型叶。大型叶为进化类型的叶，其特点是叶脉具有各种分支，形成各种脉序，具有叶柄和叶隙。仅真蕨类为大型叶。

(2) 从形态上可分为单叶和复叶。单叶是在叶柄上仅具有 1 个叶片。复叶是由叶柄、叶轴、羽片和羽轴等组成的,自叶柄顶端延伸成的叶轴上有多个叶片(羽片),其中又有一回、二回、三回和多回羽状复叶之分。

(3) 从功能上可分为营养叶(foliage leaf)和孢子叶(sporophyll)。前者仅有进行光合作用制造营养物质的功能,无生殖功能,故也称不育叶(sterile frond);后者可以产生孢子囊和孢子进行繁殖,所以也称能育叶(fertile frond)。有些蕨类植物没有营养叶和孢子叶之分,同一叶片既具有营养功能,又可产生孢子具有繁殖的功能,这种叶称为同型叶(homomorphic leaf)或称一型叶(图 11 - 1A)。另有些蕨类具有两种不同功能的叶,即营养叶和产生孢子的孢子叶,二者在形态上也常明显不同,称为异型叶(heteromorphic leaf),又称两型叶(图 11 - 1B,彩版插图)。

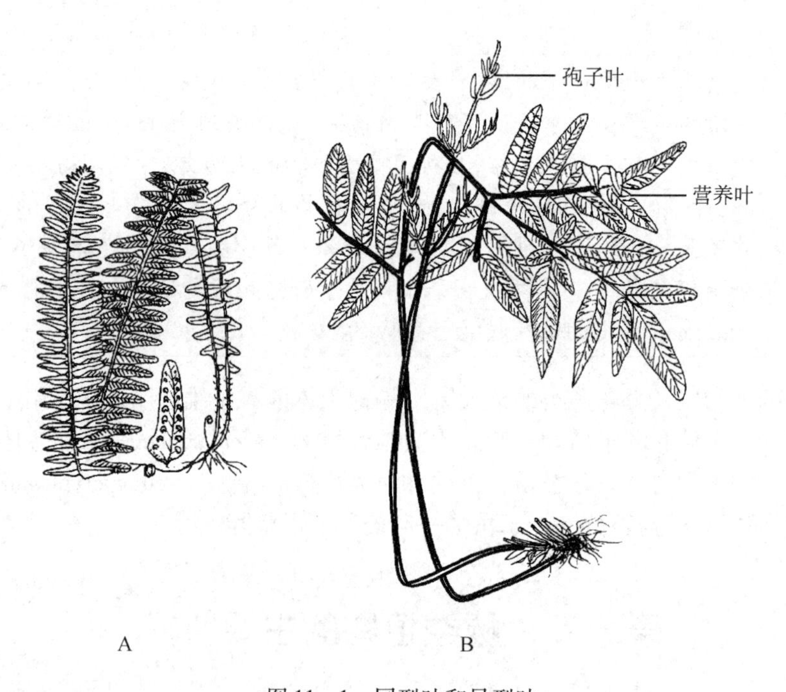

图 11 - 1　同型叶和异型叶

A. 同型叶:肾蕨[*Nephrolepis auriculata* (L.) Trimen.]　B. 异型叶:紫萁(*Osmunda japonica* Thunb.)

(二) 维管组织

蕨类植物区别于真核藻类和苔藓植物的最重要特征之一,是它们有了维管组织(vascular tissue)的分化,因而可以更好地适应陆生环境。其维管组织由木质部和韧皮部组成。多数种类的木质部中主要由管胞和木薄壁组织组成。蕨类植物中管胞分子的特点通常是端部尖,没有明显的端壁分化,有些种类的侧壁具有多穿孔板,或在纹孔上不同程度地存在纹孔膜残留,也有些种类具有完整的纹孔膜。一般认为蕨类植物中只有少数种类具有导管,如早期报道的卷柏属(*Selaginella*)中的某些种和蕨属(*Pteridium*)等。但近年来,又在其他一些种类中发现有导管的报道,如木贼科中的节节草(*Equisetum ramosissimum*)、问荆(*E. arvense*),苹科的苹(*Marsilea quadrifolia*),以及在蹄盖蕨科中的某些种等。它们的导管分子的端壁多为梯状穿孔板,也有的为单穿孔板。然而,现在对于蕨类植物木质部中管状分子类型的界定还存在争议或不一致的看法(见本章"窗口")。韧皮部中主要由筛管或筛胞及韧皮薄壁组织组成。虽然古代有许多蕨类植物因具有发达的维管形成层而有次生结构,植物体可以长得粗壮高大,如鳞木、芦木、封印木等,但是现在生存的蕨类植物绝大多数没有维管形成层,没有次生结构,仅在极少数种类中有不发达的形成层和次生结构,如瓶尔小草属(*Ophioglossum*)和水韭属(*Isoetes*)等。

（三）中柱

中柱(stele)是维管植物茎初生结构中的复合组织,它是由中柱鞘、维管系统、髓等组成。蕨类植物的中柱类型多种多样,其中主要有原生中柱(protostele)、管状中柱(siphonostele)、网状中柱(dictyostele)、具节中柱(cladosiphonic stele)等(图11-2)。

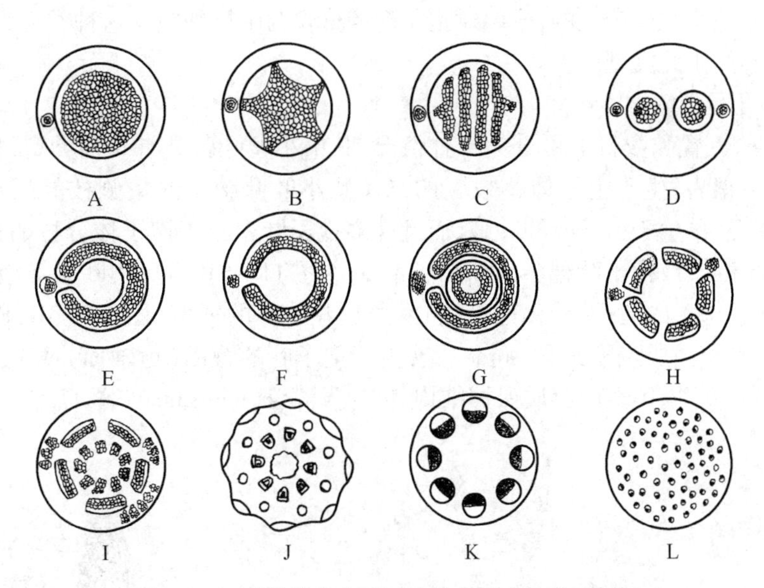

图11-2　蕨类植物和种子植物主要中柱类型图解

A~C. 原生中柱　A. 单中柱　B. 星状中柱　C. 编织中柱　D. 多体中柱　E. 双韧管状中柱　F. 外韧管状中柱　G. 多环管状中柱　H. 网状中柱　I. 多环网状中柱　J. 具节中柱　K. 真中柱　L. 散生中柱

原生中柱较原始,其特点是不具有髓,其中又分为单中柱(monostele,haplostele)、星状中柱(actinostele)和编织中柱(plectostele)(图11-2A~C),尤以单中柱最原始,4亿年前发现的最早的蕨类植物化石就是这种类型的中柱。还有的蕨类植物具有2个以上的原生中柱,称多体中柱,如卷柏属(*Selaginella*)。

管状中柱的结构特点是中央具有髓,维管系统围在髓的外面形成圆筒状。有些种类的初生韧皮部在初生木质部的外面,称外韧管状中柱(图11-2F);另有些种类在初生木质部的内、外两边均有初生韧皮部,称为双韧管状中柱(图11-2E)。

网状中柱是由管状中柱演化而来的。由于茎的节间缩短,双韧管状中柱中的许多叶隙互相重叠,从横切面的任何水平上观察时,在髓部的外方有1圈大小不同的彼此分开的维管束(图11-2H)。

蕨类植物中还有些种类为多环管状中柱(polycyclic siphonostele)图(11-2G)和多环网状中柱(polycyclic dictyostele)(图11-2I)。

具节中柱是楔叶亚门的蕨类所具有的中柱类型(图11-2J)。维管束在茎中排列成1圈,初生韧皮部在初生木质部的外方,也有人将其称为"木贼型"的外韧管状中柱,甚至有人认为属于种子植物中的真中柱类型。具节中柱的中央为髓部,成熟时,髓部组织破裂形成髓腔。每个维管束为内始式,由于原生木质部后来破裂,并在维管束的内侧形成空腔,称为脊腔(cranial cavity)或称维管束腔。每个维管束的位置通常都和茎表面的脊相对。

在种子植物中的中柱类型为进化水平高的真中柱(eustele)(图11-2K)和散生中柱(atactostele)(图11-2L)。

（四）孢子囊和孢子

孢子囊是蕨类植物孢子体上产生孢子的多细胞无性生殖器官。不同的蕨类植物其孢子囊的发育、结构和着生位置均不同。

1. 厚孢子囊和薄孢子囊

从孢子囊的发育和结构上可分为两种类型:一为厚孢子囊(eusporangium),一为薄孢子囊(leptosporangium)。前者是由孢子叶的一群原始细胞发育产生的,孢子囊成熟时其囊壁一般为多层细胞组成,这种类型的孢子囊较为原始,所有的小型叶蕨类和大型叶蕨类中的原始种类属于此类型。薄孢子囊是由孢子叶上的 1 个原始细胞发育产生的,成熟时孢子囊的壁仅为 1 层细胞。这种类型为进化类型,大型叶蕨类的绝大多数种类属于此类型。

2. 孢子囊的着生位置

从孢子囊着生的位置和数目上可分为 4 种情况,其中小型叶蕨类有 3 种类型:松叶蕨类为 2 个或 3 个孢子囊聚合形成聚囊,生于孢子体茎枝上的二叉状小叶叶腋中的短侧枝的顶端(图 11 - 3A);石松类和卷柏类的孢子囊单生于孢子叶的叶腋,而且许多孢子叶密集于孢子体分枝的顶端形成球状或穗状,称孢子叶球(strobilus)或孢子叶穗(sporophyll spike)(图 11 - 3B,C);楔叶蕨类植物,其孢子囊长筒形,常 5 ~ 10 枚生于其特殊的孢子叶(称孢囊柄)六角形盘状体的下面(图 11 - 3D,E)。大型叶类的真蕨植物,为多个孢子囊聚集成孢子囊群(sorus),着生于孢子叶的背面(远轴面)或背面边缘。大多数种类的每个囊群还有各种不同类型的膜质保护结构,称为囊群盖(indusium)(图 11 - 3G)。

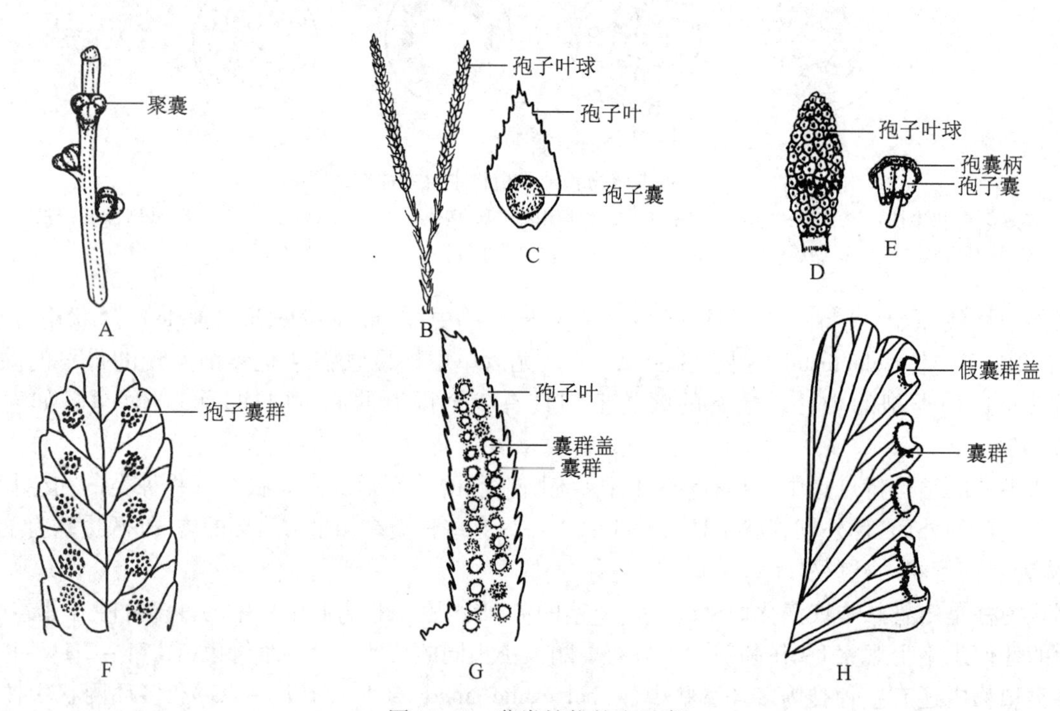

图 11 - 3　蕨类植物的孢子囊

A. 3 个孢子囊形成聚囊(松叶蕨属 *Psilotum*)　B. 孢子叶聚集成孢子叶球　C. 孢子囊的单生孢子生于叶近轴面基部(石松属 *Lycopodium*)　D. 孢囊柄聚集成孢子叶球　E. 孢子囊长筒形,生于孢囊柄六角形盘状体下面(木贼属 *Equisetum*)　F ~ H. 孢子囊在孢子叶背面聚集成孢子囊群　F. 无囊群盖(水龙骨属 *Polypodium*)　G. 具有囊群盖(鳞毛蕨属 *Dryopteris*)　H. 具有假囊群盖(铁线蕨属 *Adiantum*)

3. 孢子

蕨类植物的孢子都是在孢子囊中经过减数分裂产生的单倍体的单细胞结构,其形状、大小和结构因种而异。绝大多数蕨类植物在同一个孢子体上产生的孢子在形态和大小上相同,称为孢子同型(isospory)或同型孢子。但有一部分蕨类所产生的孢子囊有大、小两种类型,在大孢子囊中产生较大而数少的大孢子(macrospore),在小孢子囊中产生较小而数多的小孢子(microspore)。这种在同一植物体上产生大、小两种孢子的称孢子异型(heterospory)或称异型孢子,如卷柏类、水韭类和一些水生真蕨类。大孢子将萌发产生雌配子体,小孢子则萌发产生雄配子体。

蕨类植物木质部中管状分子研究现状

由于蕨类植物是最早登陆的维管植物，对其管状分子的研究对于探讨整个维管组织的产生和进化具有重要意义。

长期以来，人们认为蕨类植物木质部的管状分子绝大多数都是管胞，只有极少数种类具有导管。近年来，国内外对于蕨类植物木质部中管状分子类型和特点的研究又有很多新信息，国外以 Carlquist 和 Schneider 为代表的学者研究的种类较多，国内也有几篇研究报道。目前所观察的种类已经涉及蕨类植物的各个亚门，有几十种蕨类植物。从报道中看出，蕨类植物木质部中的管状分子在形态和结构上归纳起来可分为 3 种情况：一是少数种类有端壁分化，端壁上有穿孔板（梯状、网状或单穿孔板），大家都认可这种类型的管状分子为导管，如蕨、苹等。二是没有端壁分化，端部尖，但侧壁具有穿孔板（多为梯状，也有孔状或混合型），并且常在几个侧面都有穿孔板。其中，有些种类没有纹孔膜残留，也有许多种类穿孔板的纹孔具有或多或少的纹孔膜残留。这种类型的管状分子在蕨类植物中比较多，人们对于这种类型的管状分子在鉴别上有两种意见，一种看法认为凡是具有穿孔板（包括纹孔膜残留少于纹孔面积 50% 以下的）都应属于导管，另一种看法认为如果还没有明显的端壁分化，仅在侧壁有穿孔板的仍然为管胞。三是没有形成穿孔板，纹孔膜完整，大家均认为这样的管状分子为管胞。由此看出，蕨类植物木质部中的管状分子与大多数被子植物中的导管差异比较大，有些进化水平比较低的被子植物中（如领春木 *Euptelea pleiospermum* 等）也有纹孔膜残留，与蕨类植物中的情况类似。由于蕨类植物木质部中的管状分子大多数比较细长，端部尖，没有明显的端壁分化，而且大多数为梯状穿孔板，单穿孔的很少，多数种类具有纹孔膜残留等。因此，如何界定导管与管胞以及如何认定蕨类植物木质部中的管状分子等问题还需要进一步研究和探讨，在方法技术上也需要进一步完善，特别是要避免人为造成的纹孔膜破裂现象。

参考文献

[1] Carlquist S, Schneider E L. Vessels in ferns: stuctural, ecological and evolutionary significance. American Journal of Botany, 2001, 88(1): 1-13.

[2] Carlquist S, Schneider E L. Tracheary elements in ferns: new techniques, observations and concepts. American Fern Journal, 2007, 97(4): 199-211.

[3] 黄文琦，王好友. 两种蹄盖蕨导管分子的扫描电镜研究. 哈尔滨师范大学学报（自然科学版），2000，16(5)：82-87.

[4] 郑玲，徐皓，王玛丽. 国产对囊蕨亚科（蹄盖蕨科）植物的管状分子植物学通报，2008，25(2)：203-211.

[5] 李臻，陶莹，王昕，等. 木贼属（*Equisetum*）木质部管状分子类型研究. 北京师范大学学报（自然科学版），2008，44(1)：81-85.

[6] 邵小薇，朱星，周云龙. 5 种蕨类植物木质部管状分子的研究. 北京师范大学学报（自然科学版），2008，44(6)：615-619.

（周云龙　教授　北京师范大学生命科学学院）

二、配子体

（一）配子体的形态和营养方式

蕨类植物的配子体又称为原叶体（prothallism，prothallus），是由单倍体的孢子直接萌发产生的。配子体均很微小，生活时期短，无根、茎、叶的分化，具有单细胞假根。从营养方式上可分为两类：一类不含叶绿素，埋生土中，与真菌共生，依靠共生的真菌获取营养。如松叶蕨类，其配子体长几毫米，直径仅 0.5 ~ 2 mm，褐色，柱状，常二叉分枝，具有假根，体内还有断续的维管组织。石松类植物中也有和真菌共生的配子体。另一种类型为绿色、光合自养型的配子体，可以独立生活，一些石松类、楔叶类和真蕨类的配子体为此类型。楔叶类的绿色配子体通常被描述为垫状，具有许多直立的叶状条片。真蕨类的配子体大多为心形的叶状体。

(二) 有性生殖器官和受精

蕨类植物的有性器官为多细胞的颈卵器(雌性器官)和精子器(雄性器官),但和苔藓植物相比,蕨类植物的颈卵器相对退化,颈卵器的腹部埋入配子体的组织中,内有1卵,颈部较短,颈沟细胞也少。精子器多为球形,精子均具有鞭毛,除石松类的精子具有2条鞭毛和呈长卵形外,其他各种蕨类的精子均为具有多条鞭毛并呈螺旋形弯曲。

蕨类植物的有性生殖均为卵式生殖,受精过程必须在有水的条件下才能完成。

三、生活史

蕨类植物的生活史均具有世代交替,孢子减数分裂(图11-4,图11-5,图11-7,图11-8),但和苔藓植物相比又有所不同。蕨类植物是孢子体发达的异形世代交替,配子体虽微小,生活时期较短,但大多也可独立生活。

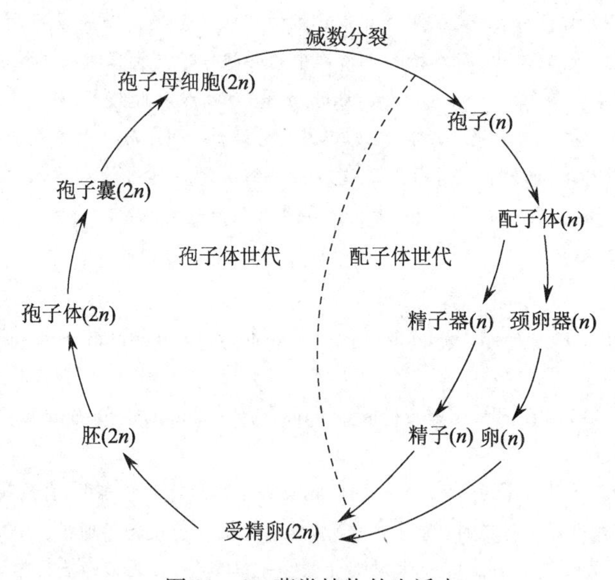

图11-4　蕨类植物的生活史

四、生境和分布

蕨类植物分布广泛,在平原、草地、沟溪、山地、林下和淡水中均有生长。但由于它们的维管组织分化程度还不高,受精过程也离不开水,对陆生环境的适应还不完善,所以,蕨类植物大多仍生活在沟谷和阴湿环境,在热带和亚热带地区的种类和数量均较多。

第二节　蕨类植物的分类系统和主要代表植物

一、蕨类植物的分类系统

国内外学者提出了多个蕨类植物的分类系统,本书所采用的是我国蕨类植物学家秦仁昌教授于

1978 年提出的、影响较大的分类系统。他将现代蕨类植物作为一个单系类群而定为蕨类植物门(Pteridophyta),下分松叶蕨亚门(Psilophytina)、石松亚门(Lycophytina)、水韭亚门(Isoephytina)、楔叶亚门(木贼类)(Sphenophytina)、真蕨亚门(Filicophytina)5 个亚门。前 4 个亚门为小型叶蕨类,通常称为拟蕨类(ferns-allies),而真蕨亚门为大型叶蕨类,称为蕨类(ferns)。该系统中包括的科、属仅为我国所产。5 个亚门的主要区别见表 11 - 1。

表 11 - 1　蕨类植物 5 个亚门主要特征的比较

特征		松叶蕨亚门	石松亚门	水韭亚门	楔叶亚门	真蕨亚门
孢子体	根	假根	真根	真根	真根	真根
	茎	具有根状茎和地上气生茎	具有地上气生茎	粗壮似块茎	具有根状茎和气生茎,节和节间明显,节间中空	绝大多数仅具有根状茎,极少种类具有木质气生茎
	叶	小型叶,具有 1 条叶脉或无叶脉	小型叶,具有 1 条叶脉,具或不具叶舌	小型叶,细长条形,具有叶舌	小型叶,鳞片状,轮生,侧面彼此联合成鞘齿状,非绿色	大型叶,幼叶拳卷状,具有各种类型的脉序,一部分为单叶,多为复叶
	孢子囊	厚孢子囊,2 个或 3 个形成聚囊	厚孢子囊,单生孢子叶叶腋基部,孢子叶密集枝端形成孢子叶球	厚孢子囊,生于孢子叶基部特殊的凹穴中	厚孢子囊,5 ~ 10 个生于孢囊柄六角形盘状体下面,孢囊柄聚集枝端形成孢子叶球	极少为厚孢子囊,绝大多数为薄孢子囊,孢子囊聚集成囊群,生于孢子叶背面或背缘,多具有囊群盖
	孢子	孢子同型	有的为孢子同型(石松目),有的为孢子异型(卷柏目)	孢子异型	孢子同型,具有弹丝	孢子多同型,少数水生蕨类孢子异型
配子体	形态和营养方式	柱状,有分枝,无叶绿素,与真菌共生,体内有断续维管组织	柱状、不规则块状等,无叶绿素,真菌共生,有的则为绿色自养	在大、小孢子壁内发育	绿色,垫状,自养	绿色,多为心形,自养
	精子	螺旋形,具有多条鞭毛	纺锤形或长卵形,具有 2 条鞭毛	螺旋形,具有多条鞭毛	螺旋形,具有多条鞭毛	螺旋形,具有多条鞭毛

21 世纪以来,随着分子系统学研究的广泛开展,对蕨类植物的分类系统也提出了一些新的意见,特别是对石松类的系统地位进行了新的界定,将石松类(包括石松科、水韭科、卷柏科)从蕨类植物中分出,独立为维管植物的一个类群(见本章窗口)。

蕨类植物分子系统学研究和蕨类植物大分类群的界定

分子系统学(molecular systematics)是运用测得的分子数据和分子进化的数学模型,对不同基因之间和生物类群之间的进化关系进行研究的学科。它是近代随着分子生物学的快速发展而发展起来的新学科。其研究目的主要是构建生物类群的进化谱系或系统发育树。分子系统学对蕨类植物分类系统的研究现在已经取得了一定的研究成果,受到了广大学者的高度重视。

20 世纪 90 年代以来,国内外许多学者的研究大多数是通过测定蕨类植物叶绿体的一些基因序列进行分析的,如 *rbcL*、*atpB*、*ndhF*、*trnF*、*trnK*、*trnL-F* 区、*rps*4 和 *rps*4-*trnS* 区等基因。此外,也有学者研究了核糖体基因 16S rDNA 和 18S rDNA。1992 年,Raubesen 和 Jansen 研究了蕨类植物叶绿体基因组的结构特点。Manhart 从叶绿体基因 16S rRNA(1995),Duff 和 Nickrent(1999)从线粒体小亚基序列,分别研究了拟蕨类和真蕨类的系统发生和演化关系。Pryer(2001a、b,2004)等研究了 35 种有代表性的维管植物的形态和 *atpB*、*rbcL*、*rps*4、18S rDNA 4 种基因序列,并对现存陆生植物的主要类群进行了系统分析。他们的研究结果与秦仁昌等经典的或传统的分类系统相比,有的相同或接近,也有的存在很大差异。蕨类植物分子系统学研究的主要成果如下:

第一,重新界定了蕨类植物的大类群。分子系统学的研究结果表明,蕨类植物门并不是一个单系类群,而是两个单系类群。即现存的石松类(石松目、卷柏目和水韭类)为一个单系类群,并被排除在蕨类植物门之外;木贼类、松叶蕨类和真蕨类之间的关系较近,而且木贼类是薄囊蕨类的姊妹群,它们共同组成为另一个单系类群,即蕨类植物单系类群。这些类群同在蕨类植物门中。Pryer 还主张将这两个单系类群分别称为 Lycophytes 和 Monilophytes(ferns)。

第二,重新界定了维管植物的大类群和系统关系。研究结果表明,种子植物(Spermatophytes)(包括裸子植物和被子植物)是维管植物中的一个单系类群。这样,整个维管植物共分为石松类、蕨类和种子植物 3 个单系类群。石松类是维管植物的最早分支,进化水平低,是维管植物的基部类群,它们很早就与其他蕨类植物及种子植物分开发展了。

第三,对于真蕨类及其科间和属间的关系也提出了一些新的看法,如 Pryer 等(1995)对 50 种现存蕨类植物和 1 种种子植物的分析结果表明,真蕨类为一个微弱的单系类群,而 *rbcL* 序列分析还不支持真蕨类为一个单系类群。Haseb 等(1993,1994,1995)对薄囊蕨类 31 科 99 种植物的 *rbcL* 基因序列进行了测定分析,其结果表明紫萁科(Osmundaceae)是薄囊蕨类中最原始的科,为基部类群;水生蕨类和树蕨类都是从薄囊蕨类中较早分化出来的单系类群;瘤足蕨科、蚌壳蕨科、桫椤科等为一个单系类群等。

分子系统学的研究虽然取得了许多新的信息和研究成果,但仍然处于探索阶段,现在还不能就此作出结论,还需要进一步探讨和完善,如怎样选定更能全面科学地反映蕨类植物系统关系的基因呢?现在所测定的基因绝大多数都是叶绿体基因,而对核基因的测定则很少,这样是否存在一定的局限性呢?所以,今后仍然需要开展包括分子系统学的工作在内的多学科综合性研究工作,不断地进行修正和完善,以便科学地揭开蕨类植物自然进化的谱系。

作为教材,我们有必要介绍上述研究的新进展,以开阔同学们的视野和思路,但在教材的编排上仍然按照秦仁昌的系统进行介绍,仍然把石松类作为蕨类植物中的一个类群(亚门)。

参考文献

[1] 李春香,陆树刚,杨群. 蕨类植物起源与系统发生关系研究进展. 植物学通报, 2004, 21(4): 478-485.

[2] 张宪春. 中国石松类和蕨类植物,北京:北京大学出版社, 2012.

[3] 郑玲,徐皓,王玛丽. 蕨类植物分子系统学研究进展. 西北大学学报(自然科学版), 2006, 4(5): 1-7.

[4] Manhart J R. Chloroplast 16S rDNA sequences and phylogenetic relationship of fern allies and ferns. American Fern Journal 1995, 85: 182-192.

[5] Pryer K M, Smith A R, Skog J E. Phylogenetic relationships of extant ferns based on evidence from morphology and *rbcL* sequences. American Fern Journal, 1995, 85: 205-282.

[6] Pryer K M, Schuettpelz E, Wolf P G, et al. Phylogeny and evolution of monilophytes: a new perspective on ferns, with a focus on early-diverging leptosporangiate lineages. American Journal of Botany, 2004, 91: 1 582-1 598.

[7] Pryer K M, Schneider H, Smith A R, et al. Horsetails and ferns are a monophyletic roup closest living relatives to seed plants. Nature, 2001, 409: 618-622.

[8] Raubeson L A, Jansen R K. Chloroplast DNA eveidence on the ancient evolutionary split in vascular land plants. Science, 1992, 255: 1 697-1 699.

(周云龙　教授　北京师范大学生命科学学院)

二、蕨类植物的主要代表植物

地球上最早的蕨类植物化石发现于距今约4亿年前的志留纪晚期。现代生存的蕨类植物约12 000种。我国有2 600种,其中云南有1 000余种,享有"蕨类植物王国"之称。小型叶的蕨类有4个亚门,其中松叶蕨亚门的种类最少,仅2属15种,我国仅有松叶蕨[*Psilotum nudum*(L.) Grised.]1种(张静梅等,2002),产于热带和亚热带。水韭亚门的种类也不多,约70种,我国仅3种,主要分布于长江中、下游和西南地区,而且现在数量越来越少,已不多见。在小型叶蕨类中石松亚门的种类最多,分布最广。楔叶亚门的种类虽不多,约29种,我国有9种,但分布很广泛。大型叶的蕨类植物为真蕨亚门,其进化水平最高,种类最多,达10 000余种,分布非常广泛,经济价值高。鉴于上述情况,本教材选取其中分布较广、具有代表性的石松亚门、楔叶亚门和真蕨亚门中的主要代表种类进行重点介绍。

(一)石松属(*Lycopodium*)

石松属为石松亚门石松目石松科,广布世界各地,约有14种,我国有11种。石松属的主要特点是孢子体为多年生草本植物,茎匍匐或直立,也有的悬垂。具有不定根。小型叶,鳞片状,具有1条叶脉,叶表皮具有气孔,叶在茎、枝上呈螺旋状排列。茎的中柱常为编织中柱(图11-2)。孢子叶密集枝端形成孢子叶球。孢子囊为厚孢子囊,单生于孢子叶近轴面基部。孢子叶球中的孢子囊是向顶式地顺序成熟,孢子囊中的孢子母细胞经过减数分裂产生同型孢子。

孢子在适宜条件下萌发产生微小的配子体。一些种的配子体在地下与真菌共生,也有些种类的配子体下部生于地下,分枝部分为气生,含叶绿素,具有单细胞假根,通常雌雄同株。有性器官为精子器和颈卵器。在有水的条件下,具有2条鞭毛的纺锤形的精子进入颈卵器,与其内的卵融合形成受精卵,再继续发育成胚和新一代的孢子体。石松属的生殖和生活史如图11-5。

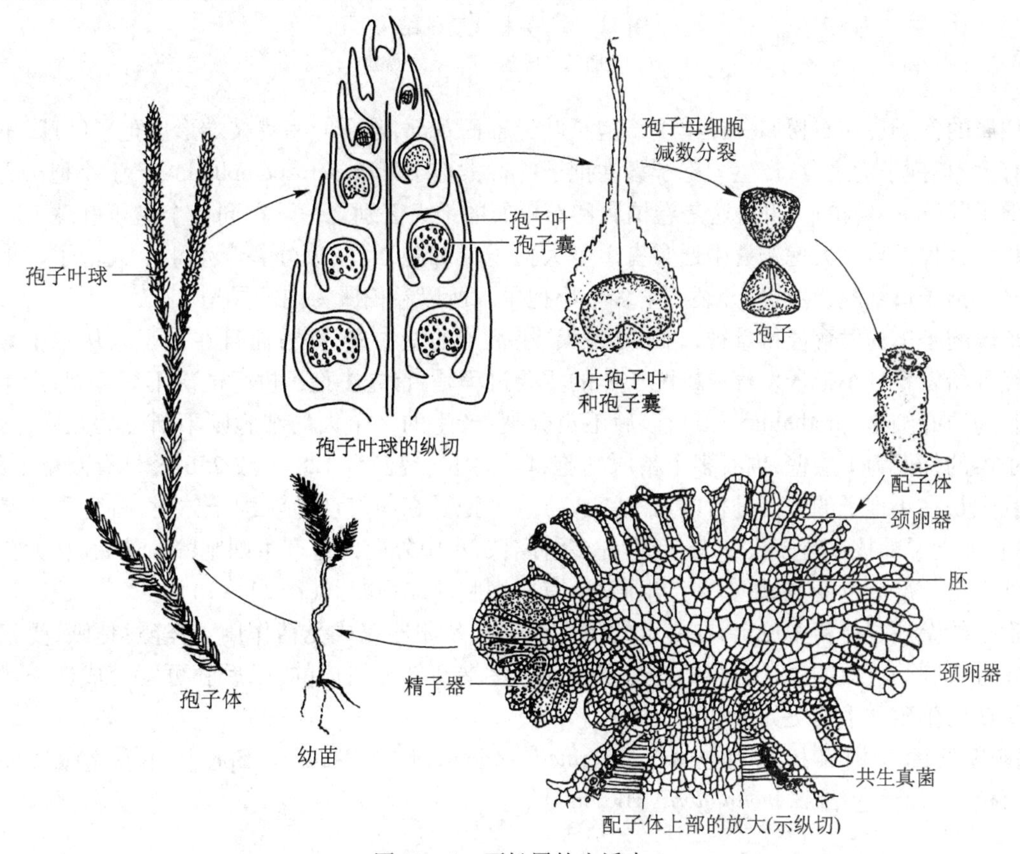

图11-5 石松属的生活史

常见的石松属植物有石松(*Lycopodium japonicum* Thunb.)、地刷子石松(*L. complanatum* L.)等。

(二) 卷柏属(*Selaginella*)

卷柏属为石松亚门卷柏目卷柏科,约有700种,我国有50余种。孢子体为多年生草本植物。茎直立或匍匐。小型叶,鳞片状,有气孔。上述特征与石松属类似,不同的是卷柏属的孢子体从茎上还产生一种光滑无叶的根托(rhizophore),由根托顶端生出许多不定根;叶的近轴面基部具有叶舌(ligulate);叶在匍匐的茎枝上呈4行排列,分为2行中叶和2行侧叶,但在直立茎上为螺旋排列;茎中常具有2至多个原生中柱,又称为分体中柱,各原生中柱由内皮层形成的长形横桥细胞(横隔片)与皮层相连(图11-6)。卷柏属中有些种类的初生木质部中有导管。

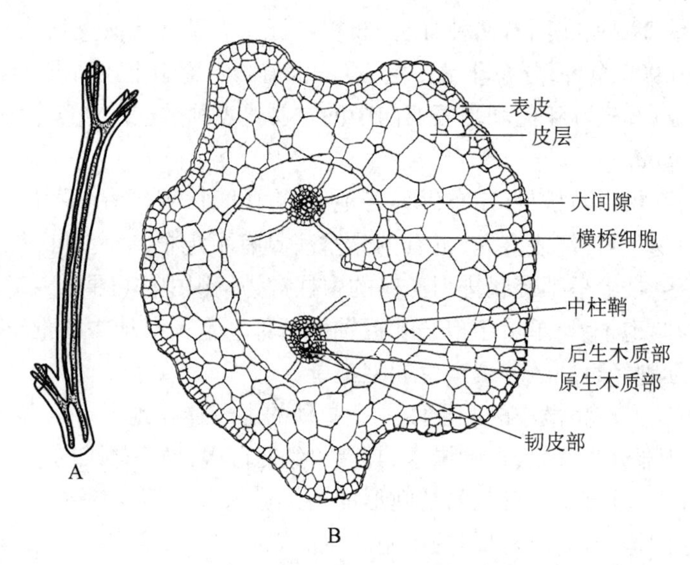

图11-6　卷柏属茎的结构

A. 透明的一段茎　B. 茎的横切

卷柏属的孢子囊和石松属一样单生于孢子叶近轴面基部,孢子叶密集枝端形成孢子叶球,不同的是卷柏属有大、小孢子囊之分,产生大孢子囊的孢子叶称大孢子叶(macrosporophyll),产生小孢子囊的孢子叶称小孢子叶(microsporophyll),这是卷柏属和石松属的最大区别之一。在同一个孢子叶球上,大、小孢子囊的数目因种而异。大孢子囊中通常有1个大孢子母细胞,经减数分裂产生4个大孢子。小孢子囊中有许多小孢子母细胞,经减数分裂产生多个小孢子。所以卷柏属为孢子异型。

卷柏属配子体的发育值得重视,它们是在大、小孢子的壁中进行的,而且在孢子未从孢子囊中散出之前已经开始发育。小孢子发育成雄配子体的主要过程是:首先小孢子进行1次不等分裂,产生的1个小的细胞为原叶细胞(prothallial cell),以后不再分裂;产生的1个大的细胞则不断分裂几次,形成精子器。精子器的外面为1层壁,内有多个精原细胞,以后则分裂产生128个或256个具有双鞭毛的精子。上述过程全是在小孢子的壁内进行的(图11-7)。大孢子在萌发产生雌配子体时,首先是大孢子中产生大液泡,大孢子的核进行多次分裂,产生许多游离核,再由外向内地产生细胞壁。然后,从大孢子壁的开裂缝处露出的部分可变成绿色,并产生假根,有些细胞形成颈卵器(图11-7)。

小孢子的壁破裂后精子放出,在有水的条件下进入颈卵器完成受精作用,不经过休眠,受精卵在颈卵器内发育成胚。成熟的胚是由胚柄、根、基足、叶、茎端几部分组成的,以后胚可发育成新一代的孢子体。卷柏属的生殖和生活史如图11-7所示。

我国常见的卷柏属植物有卷柏[*Selaginella tamariscina* (Beauv.) Spr.]、中华卷柏[*S. sinensis* (Desv.) Spr.]、江南卷柏(*S. mollandorfii* Hieron.)等。

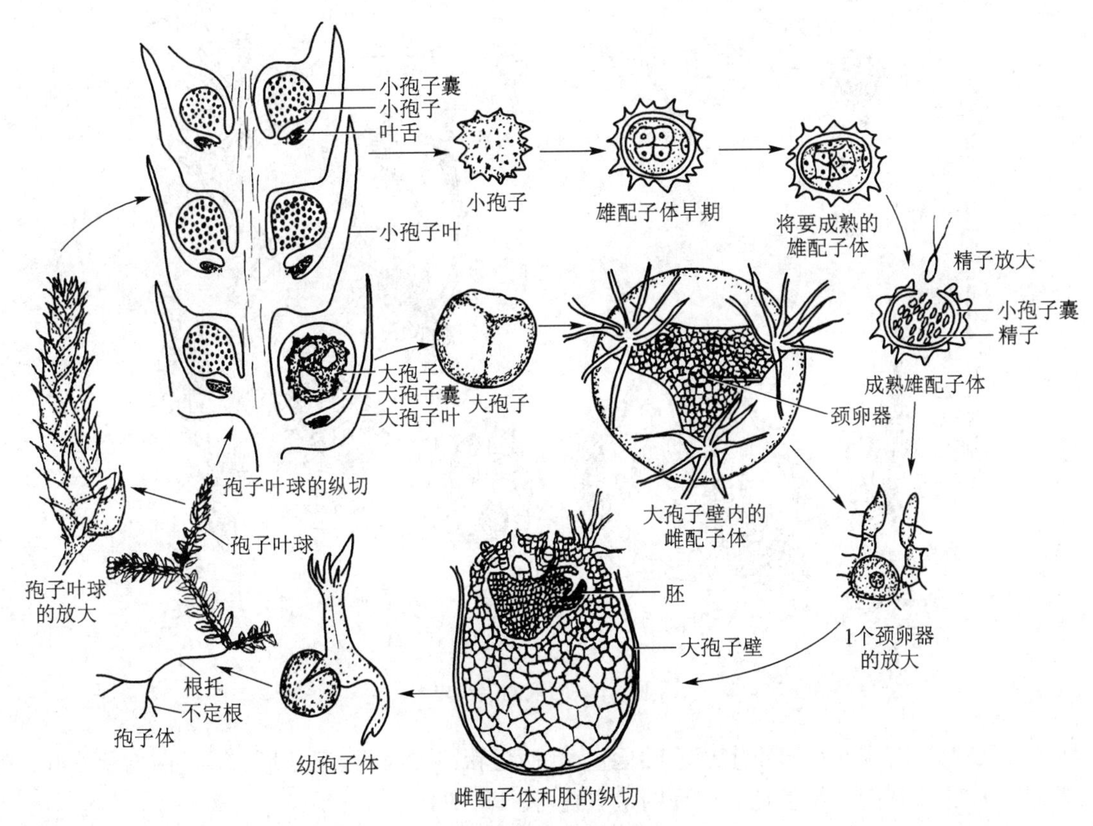

图 11-7 卷柏属的生活史

（三）问荆（*Equisetum arvense* L.）

问荆属于楔叶亚门木贼科。孢子体为多年生草本。具有地下根状茎和地上气生茎，但问荆的地上气生茎有两种：一种为绿色而有轮生分枝的营养茎（vegetative stem）；一种为褐白色但没有轮生分枝的生殖茎（fertile stem），二者均是从地下根状茎上产生并伸出地面的。

问荆的营养茎为绿色，具有轮生分枝。茎和分枝均具有明显的节和节间，节间中空。茎表具有纵行突出的脊和下凹的沟槽相间排列，节部的叶为褐色，小鳞片状，三角形，相邻叶的基部两侧彼此联合形成鞘状。茎的结构由表皮、皮层和中柱组成。茎的表皮中有许多气孔。中柱为具节中柱（图 11-2 J）。除髓部和每个维管束内侧各有 1 个空腔外，在皮层中对着茎表每个凹槽处也各有 1 个空腔，称槽腔（vallecular cavity），它们在茎的皮层中排列为 1 圈。

问荆的生殖茎每年春季先于营养茎生出，亦具有明显的节和节间，其顶端产生 1 个毛笔头状的孢子叶球。每个孢子叶球是由许多称作孢囊柄（sporangiophore）的特殊孢子叶组成的。每个孢囊柄有 1 个六角形的盘状体，其下部中央着生 1 个柄部。在盘状体的下面产生 5～10 个长筒形的孢子囊，囊内有多个孢子母细胞，经减数分裂产生许多绿色的同型孢子。每个孢子的外壁均特化为 4 条弹丝，呈螺旋状缠绕于孢子外面。在干燥条件下，弹丝可伸展弹动，有助于孢子的散发。孢子成熟时从孢子囊内散出，生活力仅为几天，在适宜条件下萌发产生微小的绿色自养的垫状配子体，单性或两性。精子器中产生螺旋形弯曲的多鞭毛精子，在有水的条件下进入颈卵器，与卵融合完成受精过程。受精卵发育成胚，并继而产生孢子体。问荆的生殖和生活史如图 11-8 所示。

问荆为田间杂草，多生于沙性土壤或溪边。幼嫩的生殖茎可食。全草有利尿、止血、清热的功效。

楔叶亚门中其他常见种类有节节草（*Equisetum ramosissimum* Desf.）、木贼（*E. hiemale* L.）等。

（四）蕨［*Pteridium aquilinum*（L.）Kuhn var. *latiusculum*（Desv.）Underw.］

蕨属于真蕨亚门，薄囊蕨纲，蕨科，蕨属。孢子体为多年生草本，高 1 m 左右。根状茎横向延伸，长，

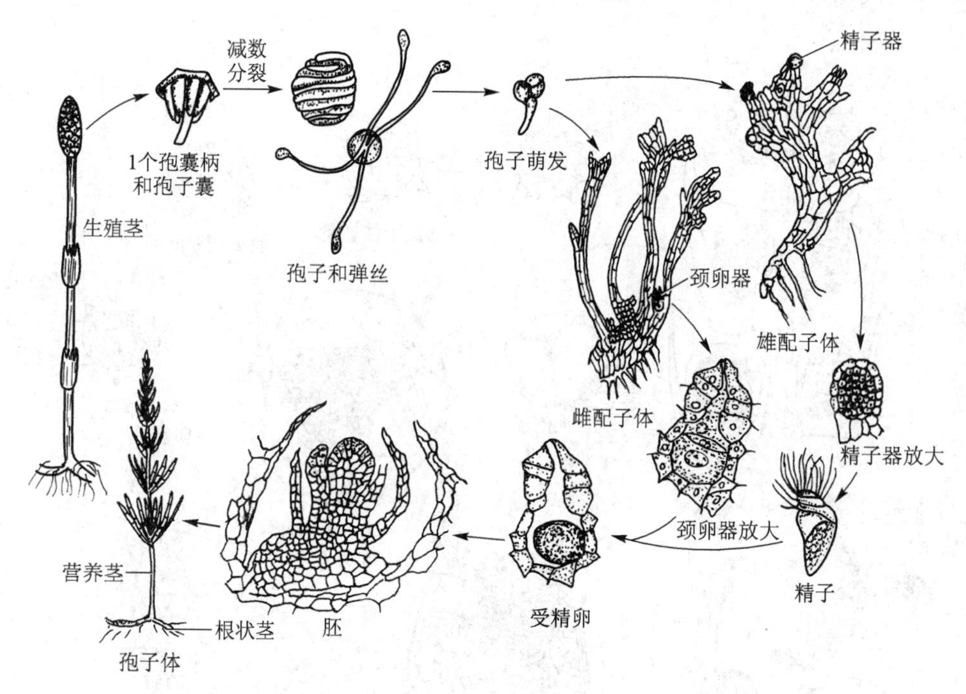

图 11 - 8　问荆的生活史

黑色,具有二叉状分枝,生有许多不定根。叶远生,叶柄粗壮;叶片为阔三角形,2 ~ 4 回羽状复叶。幼叶拳卷。根状茎中为 2 环同心维管柱的多环网状中柱(图 11 - 9)。

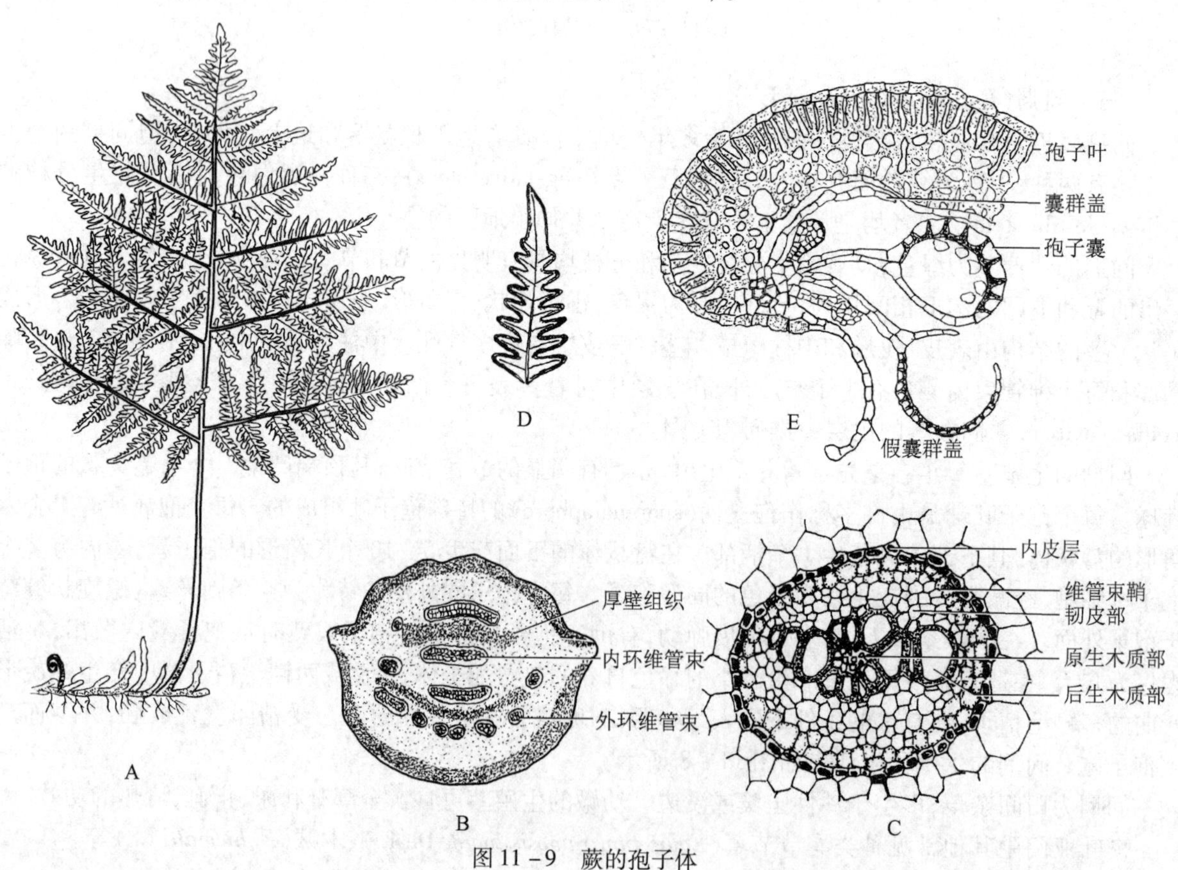

图 11 - 9　蕨的孢子体

A. 孢子体外形　B. 根状茎的横切　C. 1 个维管束的放大　D. 1 个小羽片(示背面观),囊群线形边缘生,具假囊群盖　E. 1 个小羽片横切的一部分叶一型。孢子囊群为线形,生于叶的小羽片背面的边缘(彩版插图)。小羽片边缘反卷形成假囊群盖,对囊群起保护作用。此外,在小羽片背面(远轴面)与囊群之间还有一极薄的囊群盖。每个孢子囊都为扁圆形,具有1个长柄,由囊托上生出。孢子囊为薄孢子囊,仅具有1层囊壁。但位于孢子囊中央线上有1列细胞在结构上比较特殊,每个细胞的内弦向壁和2个径向壁木质化加厚,这列细胞称为环带(annulus)。环带的下端达孢子囊的柄处,另一端与称为裂口带的1列薄壁细胞相连。裂口带的细胞中有2个径向稍伸长的细胞,称唇细胞(lip cell)。环带的长度约为绕孢子囊中央纵行线长度的3/4。孢子囊内有多个孢子母细胞,经减数分裂通常产生64个单倍体的单细胞孢子。孢子成熟时,孢子囊开裂将孢子散出。蕨的孢子囊开裂的机制与环带和裂口带有关。在干燥条件下,由于环带细胞失水,每个环带细胞的外弦向壁(薄壁)和水有较强的附着力而内凹,径向壁则互相拉伸,最后导致孢子囊从裂口带的2个唇细胞间破裂,环带的游离端向上反卷,到一定程度时,环带又突然返回原来的位置,于是,孢子即被此种压力将其从破裂的孢子囊中压出(图11-10)。

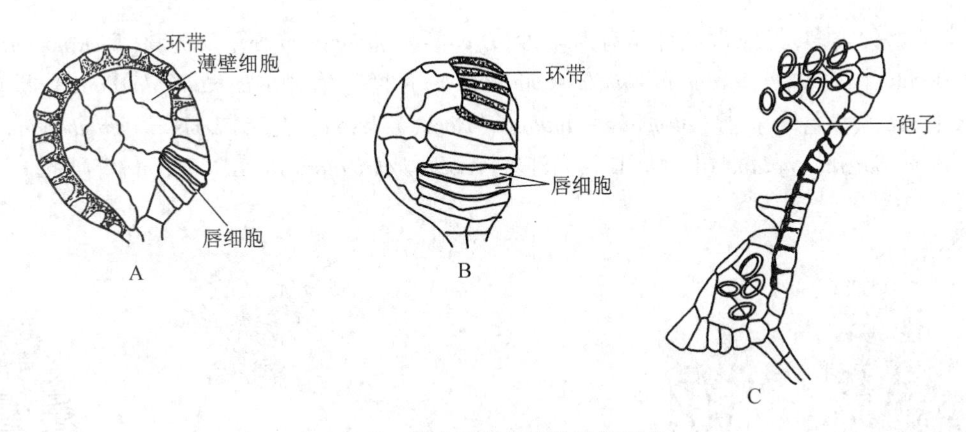

图11-10　蕨孢子囊的结构及其开裂

A,B. 孢子囊的不同观测面　C. 孢子囊的开裂

孢子在适宜的条件下萌发产生配子体(原叶体)。蕨的配子体为绿色,自养,宽0.5~1 cm,心形,有凹入处为前方,腹面生有许多单细胞假根,两性。在腹面近凹入处附近产生数个颈卵器,其腹部埋于配子体组织中,仅颈部露出。在腹面的其他部位均可产生突出表面的球形的精子器,内产多数具有数十条鞭毛的螺旋形精子。在有水的条件下,精子进入颈卵器与卵融合,完成受精过程。受精卵经分裂发育成胚,并继续发育成幼小孢子体和长成大的新一代孢子体(图11-11)。蕨的生活史为孢子体占优势的异形世代交替,孢子减数分裂,孢子体和配子体都可独立生活。

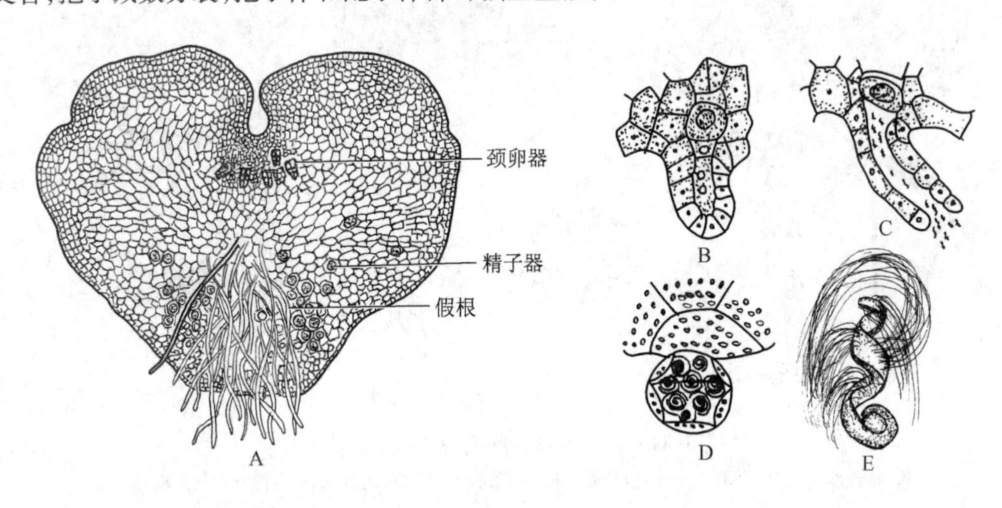

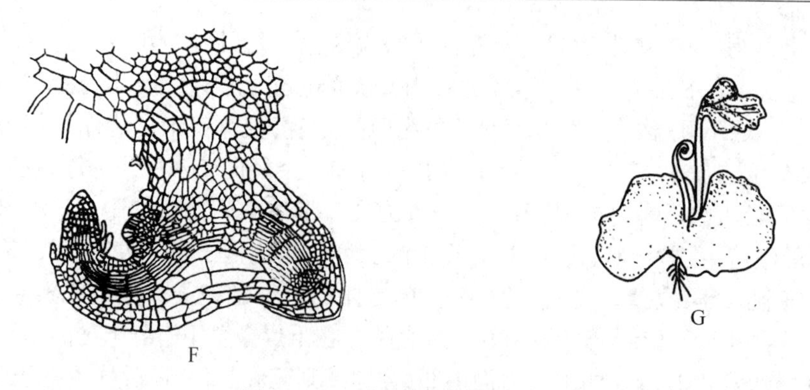

图 11 - 11　蕨的配子体和有性生殖

A. 配子体的腹面观　B,C. 颈卵器的放大　D. 精子器的放大　E. 精子　F. 胚　G. 从配子体腹面向上长出的幼孢子体

真蕨类植物种类多,其他常见种类有海金沙(*Lygodium japonicum* Sw.)、芒萁[*Dicranopteris dichotoma* (Thunb.) Bernh.]、铁线蕨(*Adiantum capillus-veneris* L.)、井栏边草(*Pteris multifida* Poir.)、贯众(*Cyrtomium fortunei* J. Sm.)、水龙骨、桫椤[*Alsophila spinulosa* (Hook.) Tryon]、瓦韦[*Lepisorus thunbergianus* (Kaulf.) Ching]、槐叶苹[*Salvinia natans* (L.) All.]、满江红[*Azolla imbricata* (Roxb.) Nakai]等(图 11 - 12)。

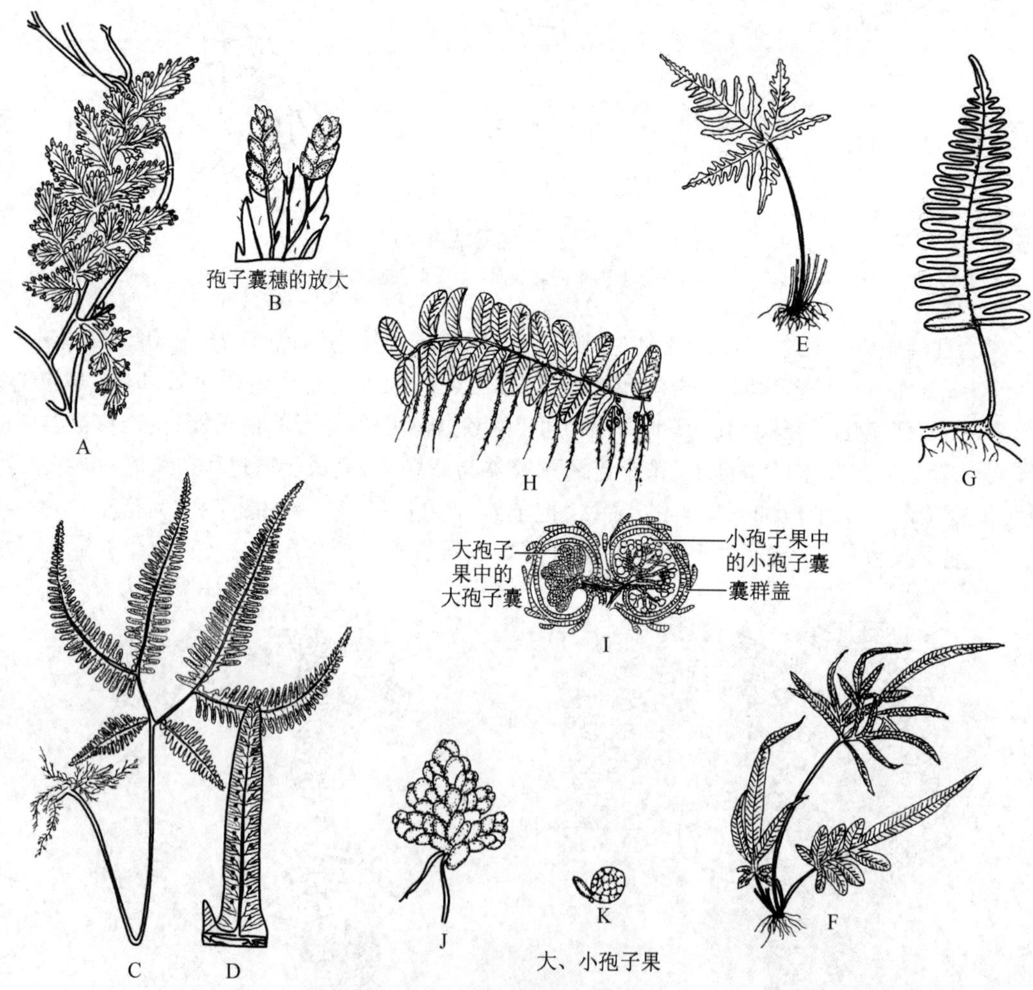

图 11 - 12　常见真蕨亚门的代表种类

A,B. 海金沙　C,D. 芒萁　E. 银粉背蕨　F. 井栏边草　G. 水龙骨　H,I. 槐叶苹　J,K. 满江红

第三节　蕨类植物的经济价值

蕨类植物的主要经济价值和生态价值如下：

一、药用

据不完全统计，至少有100余种蕨类植物有药用价值，如石松的全草有舒筋活血、祛风散寒、利尿通经之效；多种卷柏有清热解毒、活血止血、舒筋活血的作用，有的种类有抗癌作用，如深绿卷柏（*S. doederleinii*）等；海金沙有利尿、通淋和治烫火伤的功效；金毛狗（*Cibotium barometz*）的根、茎可补肝肾、强腰膝、除风湿和利尿；骨碎补（*Davallia mariesii*）有坚骨和补肾功效；肾蕨可用于治疗感冒咳嗽、肠炎腹泻以及产后浮肿等；蕨可用于驱风湿、利尿解热和治疗脱肛；银粉背蕨（*Aleuritopteris argentea*）有止血作用；贯众的根状茎可驱虫解毒、治流感，还可作农药；萍有清热解毒、利水消肿、外用治疮痛和毒蛇咬伤；槐叶萍可治虚劳发热、湿疹，外敷治丹毒等。

二、食用

多种蕨类可食用。著名的种类如蕨、紫萁、荚果蕨、菜蕨（*Callipteris esculenta*）、毛轴蕨（*Pteridium revolutum*）等多种蕨类的幼叶可食。蕨的根状茎富含淀粉，可食用和酿酒。桫椤茎中含的胶质物也可食用。

三、指示植物

（一）土壤指示蕨类

铁线蕨、凤尾蕨（*Pteris*）等属中的一些种为强钙性土壤的指示植物；芒萁属为酸性土壤指示植物。

（二）气候指示蕨类

桫椤（图版）生长区域表明为热带、亚热带气候地区；巢蕨、车前蕨的生长地表明为高湿度气候环境。

（三）矿物指示蕨类

木贼科的某些种可作为某些矿物（金）的指示植物，对勘探某些矿藏有参考价值。

四、工、农业和生态修复上的用途

（一）工业上的用途

石松的孢子可作为冶金工业上的脱模剂，还可用于火箭、信号弹、照明弹的制造工业中作为突然起火的燃料。

（二）农业上的用途

有的水生蕨类为优质绿肥，如满江红，由于叶内有共生的固氮蓝藻可以固定大气中的氮，因而可提高稻田的氮素营养，也可用来作绿肥。同时，它还是家畜、家禽的优质饲料。蕨类植物大多含有单宁，不易腐烂和发生病虫害，常用于苗床的覆盖材料。

(三) 重金属超富集植物及其在污染环境修复中的应用

有些蕨类植物对重金属有很强的耐受性和超富集作用,如蜈蚣草(*Pteris vittata*)就是世界上发现的第一种对砷(As)超富集的植物(hyperaccumulator),并发现它对锌(Zn)也有较强的耐受性和富集作用。研究发现,蜈蚣草孢子体羽叶中含砷可达5 070 mg/kg,在7 000 ~10 000 mg/kg时仍然可以正常生长。同样,它的配子体也可以在8 480 mg/kg砷酸盐的培养液中正常生长,对砷的积累量可占配子体干重的2.5%。现在蜈蚣草已经被成功地应用于受到砷污染环境的生态修复治理。

五、观赏价值

许多蕨类植物形姿优美,具有很高的观赏价值,为著名的观叶植物类。如铁线蕨、巢蕨属(*Neottopteris*)、鹿角蕨属(*Platycerium*)、桫椤、荚果蕨、肾蕨等。

六、科学研究上的价值

由于蕨类植物有许多特点,如它们的配子体可以独立生活,容易培养,周期短,性器官和受精过程易于观察和操作等,所以它们是研究配子体性别决定、分化、性器官发育和受精过程的好材料,而且也为运用分子生物学的手段进行研究提供了方便。现在已知,水蕨属(*Ceratopteris*)就被认为是非常好的研究植物性别决定的模式植物,它已越来越多地引起广大学者的重视。

顶枝学说和陆生植物叶的起源

蕨类植物是陆地上最早的陆生植物。至目前为止,所发现的最古老的蕨类化石是距今3亿9千5百万年前的晚志留纪的光蕨(*Cooksonia*)。在稍晚的泥盆纪又发现了莱尼蕨(*Rhynia*)类植物化石。这些植物均无叶,无真根。至石松类、楔叶类和真蕨类才分别产生了小型叶和大型叶。对于小型叶和大型叶是怎样发生的问题则有各种不同的解释,这里重点介绍顶枝学说(telome theory)的理论。

顶枝学说是1930年由齐默尔曼(Zimmerman)提出的,后来又经过多年的不断修改和完善。Zimmerman选择*Rhynia*作为原始陆生植物的例子,他认为*Rhynia*的孢子体是由“中干”和“顶枝”组成的(图11-13)。1个顶枝就是末端的二叉分枝,其中枝端产生孢子囊者称能育顶枝,无孢子囊者称不育顶枝。中干则是轴上的2个连续二叉分枝之间的“节间”区域。如果顶枝继续生长,则又产生出新顶枝,原来的顶枝又成为中干。地下二叉状分枝的根状茎同样是由顶枝和中干组成,在顶枝上有假根。根据Zimmerman的理论,原始的*Rhynia*顶枝系统经过一系列的演化过程形成小型叶和大型叶。他认为小型叶和大型叶都是由原始复合顶枝的次要二叉分枝部分发展而来的。大型叶的演化过程为顶枝系统的“篷出”(overtopping)(或超越)、“扁化”(planation)和“蹼化”(webbing)而成(图11-14)。小型叶的形成过程为顶枝系统的“篷出”“退化”和“扁化”而成(图11-15)。

值得注意的是,Zimmerman关于小型叶起源的系统发育概念,不仅包括石松类的叶,还包括楔叶亚门和松柏类植物的针叶。

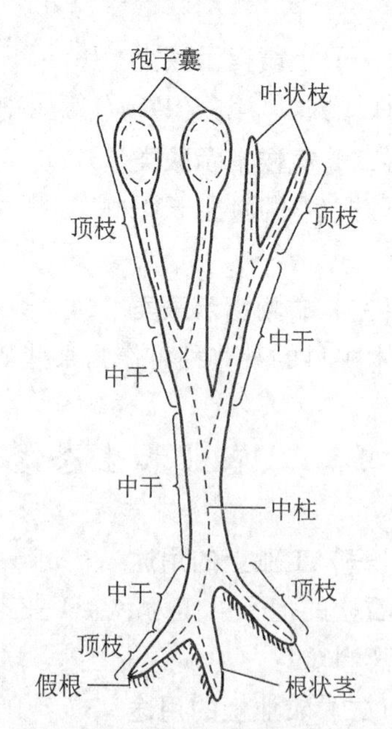

图11-13　简化图解*Rhynia*型原始维管陆生植物的一般器官学
(自Zimmerman和Telomtheorie)

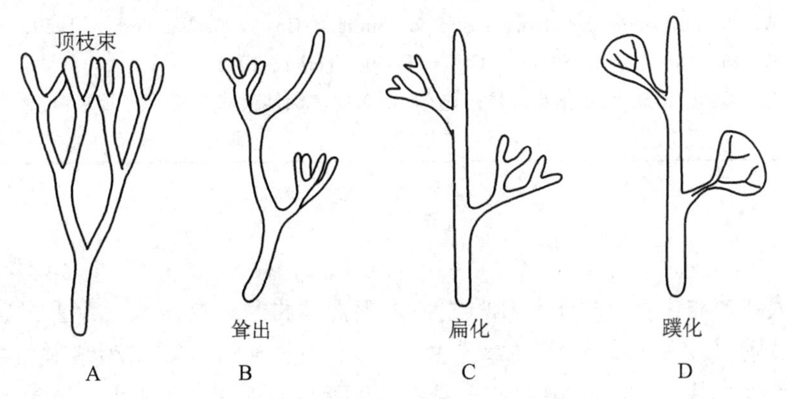

图 11 - 14　顶枝学说对大型叶起源的解释

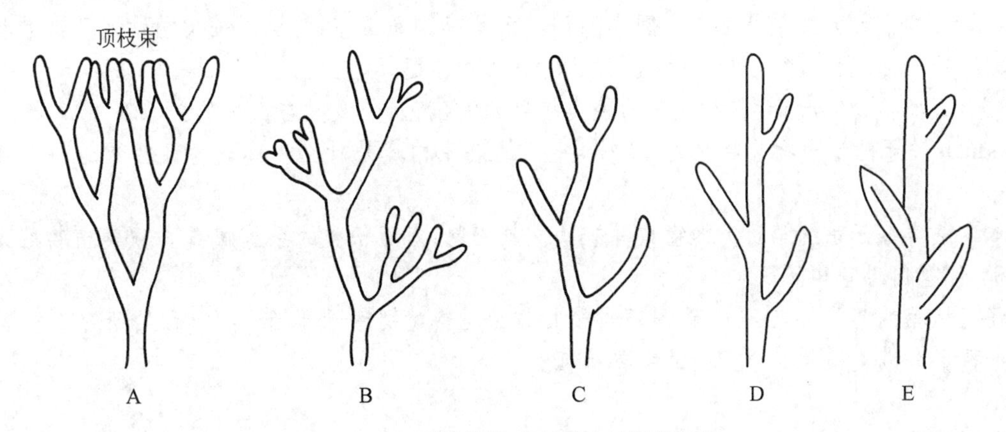

图 11 - 15　顶枝学说对小型叶起源的解释

A. 二叉分枝的体轴(示顶端的顶枝束)　B. 合轴分枝上顶枝耸出　C. 顶枝束退化成 1 个顶枝　D,E. 顶枝扁化(内有维管束)

对于小型叶的起源还有一种学说进行解释,即"突出学说"(enation theory)。该学说认为,从无叶的 *Rhynia* 首先发展出在茎表产生无叶迹的突起,再从原生中柱侧生出维管束,但并未到达叶片,最后单条叶迹延伸至叶片中而成为单条叶脉(图 11 - 16)。上述过程中的证据是一些松叶蕨类植物仅具茎表的突起附属物,而无叶脉。在已绝灭的石松类植物中,如星木属仅有叶迹,在突起中尚无叶脉 ,现在石松亚门的植物则为典型的具单条叶脉的小型叶。但该学说并不能说明大型叶的起源。

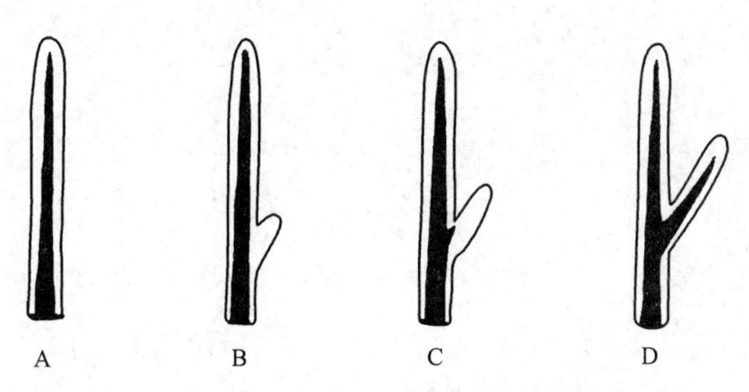

图 11 - 16　突出学说对小型叶起源的解释

(自 Lemoique,1968)

参考文献

[1] Wilson C L. Telome theory. Bot Rev, 1953, 19: 417-437.

[2] Zimmerman W. Main results of the "telome theory". The Palaeobotanist, 1953, 1:456-470.

[3] Zimmerman W. Die phylogenie der pflanzen. 2nd ed. Stuttgart:Gustav Fischer Verlag, 1959.
[4] Zimmerman W. Die telomtheorie. Stuttgart:Gustav Fischer Verlag, 1965.
[5] 福斯特 A S,小吉福德 E M. 维管植物比较形态学. 李正理,张新英,崔克明,译. 北京:科学出版社, 1983.

(周云龙 教授 北京师范大学生命科学学院)

思考与探索

1. 蕨类植物和真核藻类相比有何进步特征？它们在形态结构和适应陆地生活上比苔藓植物有哪些进一步的发展和完善？与种子植物相比(参看第二章、十二章和十三章)有哪些原始的性状？
2. 蕨类植物中涉及的中柱、大型叶、小型叶、一型叶、二型叶、营养叶(不育叶)、孢子叶(能育叶)、单叶、复叶、同形孢子、异形孢子等重要概念的含义分别是什么？
3. 管胞和导管的主要区别是什么？在阅读“窗口”和查阅文献的基础上,对蕨类植物木质部管状分子结构和类型的研究现状进行分析,并提出自己的看法和问题。
4. 怎样认识蕨类植物(包括古代和现代的蕨类植物)的经济价值及其与人类的关系？
5. Zimmerman 关于陆生植物叶起源的“顶枝学说”的基本内容是什么？你认为还需要进一步探讨哪些问题？
6. 阅读本章蕨类分子系统学研究的窗口并查阅文献资料,对石松类的系统位置和蕨类植物的大类群进行分析,你有何思考和问题？
7. 根据蕨类植物的某些特点,你认为用蕨类植物作为材料特别适于开展哪些方面的研究工作？
8. 如何把握区分蕨类植物 5 个亚门的主要特征？

数字课程学习

重难点解析 教学课件 视频 植物照片库 相关网站

第十二章

裸子植物

(Gymnosperm)

内容提要 裸子植物是介于蕨类植物和被子植物之间的维管植物,是具有颈卵器、能产生种子、种子外没有果皮包被的植物类群。本章论述了裸子植物的主要特征,并以松属为例详细叙述了裸子植物的生活史。对于裸子植物的分类采用了郑万钧系统,介绍了苏铁纲、银杏纲、松杉纲和买麻藤纲中的常见科属代表,其中重点介绍了松杉纲中的松科、杉科和柏科的差异及代表种。此外,对裸子植物的经济价值作了简要的介绍。本章的"窗口"为"裸子植物的双受精"现象,分析了某些裸子植物中双受精的过程、特点,并和被子植物的双受精进行了比较。

第一节 裸子植物的主要特征

我们日常生活中见到的松、柏、银杏、苏铁等都是裸子植物。裸子植物与蕨类植物相比进化水平更高,其主要特征如下。

一、孢子体发达

裸子植物均为木本植物,大多数为单轴分枝的高大乔木,少数为灌木、亚灌木,稀为木质藤本;主根发达,形成强大的根系;维管系统发达,具有形成层和次生生长;木质部大多数只有管胞,韧皮部只有筛胞而无筛管和伴胞;叶多为针形、条形或鳞形,极少数为扁平的阔叶;叶表皮有较厚的角质层和下陷的气孔,气孔单列成气孔线,多条气孔线紧密排列成浅色的气孔带(stomatal band)。

二、具有裸露的胚珠

胚珠是种子植物特有的结构,它是由珠心和珠被组成的,珠心相当于蕨类植物的大孢子囊,珠被是珠心外的保护结构,在裸子植物中为单层。裸子植物的胚珠裸露,不为大孢子叶所形成的心皮所包被。胚珠成熟后形成种子。种子由胚、胚乳和种皮组成,包含3个不同的世代:胚来自受精卵,是新的孢子体世代($2n$);胚乳来自雌配子体,是配子体世代(n);种皮来自珠被,是老的孢子体世代($2n$)。但种子裸露,外面没有果皮包被,故称裸子植物。种子的产生对植物的繁衍具有重要的意义,首先,种皮对胚有很好的保护作用,使胚免受外界环境的损伤,大大延长了种子的寿命;其次,胚乳又为胚的萌发提供了丰富的营养保证。

三、孢子叶聚生成球花

裸子植物的孢子叶(sporophyll)大多聚生成球果状(strobiliform),称为球花(cone)或孢子叶球(strobilus)。球花单生或多个聚生成各种球序,通常都是单性,同株或异株。雄球花(male cone)又称小孢子叶球(starninate strobilus),由小孢子叶(雄蕊)聚生而成,每个小孢子叶下面生有小孢子囊(花粉囊),内有多个小孢子母细胞(花粉母细胞),经过减数分裂产生小孢子(单核期的花粉粒),再由小孢子发育成雄配子体(花粉粒)。雌球花(female cone)又称大孢子叶球(ovulate strobilus),由大孢子叶(心皮)丛生或聚生而成。大孢子叶为羽状(苏铁)或变态为珠鳞(ovuliferous scale)(松柏类)、珠领(collar)(银杏)、珠托(红豆杉、三尖杉)、套被(罗汉松)等。大孢子叶的腹面(近轴面)生有 1 至多个裸露的胚珠。珠心(大孢子囊)中有 1 个大孢子母细胞,经过减数分裂产生 4 个大孢子,但仅远珠孔端的 1 个大孢子发育成雌配子体。

四、配子体退化,寄生在孢子体上

雄配子体是由小孢子发育成的花粉粒,在多数种类中仅由 4 个细胞组成:2 个退化的原叶细胞、1 个生殖细胞和 1 个管细胞。雌配子体由大孢子发育而来,除百岁兰属(*Welwitschia*)和买麻藤属(*Gnetum*)外,雌配子体的近珠孔端均产生 2 至多个颈卵器,但结构简单,埋藏于雌配子体中。颈卵器通常有 4 个颈细胞,内有 1 个卵细胞和 1 个腹沟细胞,无颈沟细胞,比蕨类植物的颈卵器更加退化。雌、雄配子体均无独立生活的能力,完全寄生在孢子体上。

五、形成花粉管,受精作用不再受水的限制

裸子植物的雄配子体即花粉粒,通常由风力传播,经珠孔直接进入到胚珠,在珠心上方萌发,形成花粉管进入胚囊,将由生殖细胞所产生的 2 个精子直接送到颈卵器内,其中 1 个具有功能的精子与卵细胞结合,完成受精作用。因此,受精作用不再受到水的限制。值得注意的是,麻黄属和买麻藤属具有双受精现象,详见“窗口”。

六、具有多胚现象

裸子植物中普遍具有两种多胚现象(polyembryony),一种为简单多胚现象(simple polyembryony),即由 1 个雌配子体上的几个颈卵器的卵细胞分别受精,各自发育成 1 个胚,形成多个胚;另一种是裂生多胚现象(cleavage polyembryony),即 1 个受精卵在发育过程中由原胚细胞分裂为几个胚的现象。

此外,花粉粒为单沟型,有时具有气囊,无 3 沟、3 孔沟或多孔沟的花粉粒。

从上述裸子植物的主要特征看出,由于它们的孢子体有了进一步的组织分化,具有发达的维管系统和根系,特别是产生种子和形成花粉管,受精过程完全摆脱了水的限制,因而使裸子植物能更好地适应陆生环境和繁衍后代,这在植物进化史上可以说是一个新的里程碑。正因为如此,它们在中生代迅速地发展并取代了蕨类植物在陆地上的优势地位。

19 世纪以前,人们不知道种子植物繁殖器官中的一些结构和蕨类植物有系统发育上的联系,所以,在裸子植物中常有两套名词并用或混用。1851 年,德国植物学家荷夫马斯特(Hofmeister)将蕨类植物和种子植物的生活史完全统一起来,人们才知道裸子植物的球花相当于蕨类植物的孢子叶球,前者是由

后者发展而来的。现将两套名词对照如下：花（球花）——孢子叶球；雄蕊——小孢子叶；花粉囊——小孢子囊；花粉母细胞——小孢子母细胞；花粉粒（单核期）——小孢子；花粉粒（2细胞以上）——雄配子体；心皮——大孢子叶；珠心——大孢子囊；胚囊母细胞——大孢子母细胞；成熟的胚囊——雌配子体；胚乳（裸子植物）——部分雌配子体。

第二节　裸子植物的生活史

现以松属（*Pinus*）为例介绍裸子植物的生活史。

一、孢子体和球花

松属植物为单轴分枝的常绿乔木，枝条有长枝和短枝之分，在短枝的顶端生有1束针叶，通常2、3或5针1束。叶基部常包有8～12枚膜质芽鳞组成的叶鞘。当孢子体生长到一定的年龄时，在孢子体上发育出雄球花和雌球花。

松属植物单性，同株。每年春天，雄球花生于当年新生长枝基部的鳞片叶腋内，每个雄球花由很多小孢子叶呈螺旋状排列在球花的轴上构成，每个小孢子叶的背面（远轴面）有2个小孢子囊（图12－1）。小孢子囊为厚囊性发育，其内的每个小孢子母细胞经过减数分裂，形成4个小孢子（单核花粉粒），小孢子有2层壁，外壁向两侧突出形成气囊，有利于风力传播。

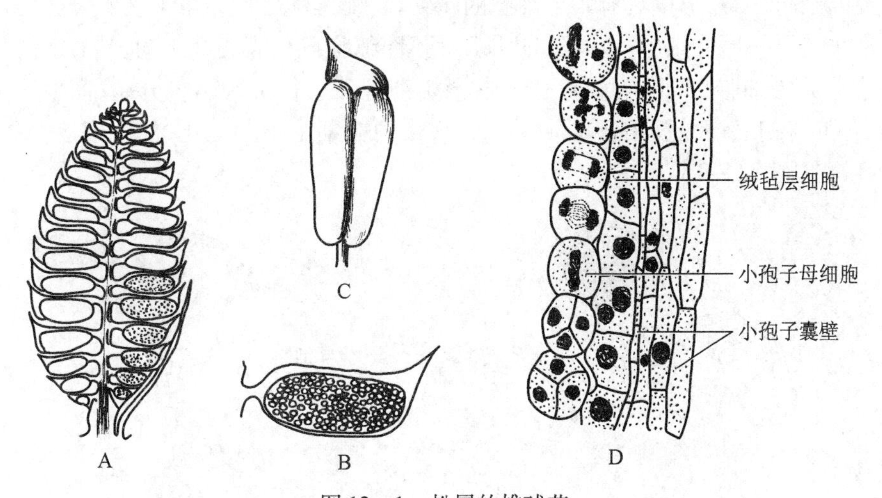

图12－1　松属的雄球花

A. 雄球花的纵切　B. 小孢子叶切面观　C. 小孢子叶背面观　D. 小孢子囊的部分切面

雌球花1个或多个生于当年新生长枝的近顶端，初生时呈红色或紫红色，后变褐变绿。每个雌球花由许多珠鳞（变态的大孢子叶）呈螺旋状排列在球花的轴上所构成，其远轴面基部还有1个较小的薄片，称为苞鳞（bract scale）。每1个珠鳞的近轴面基部着生2枚倒生胚珠。胚珠仅1层珠被，并在胚珠的顶端形成珠孔。珠心中有1个细胞发育成大孢子母细胞，经过减数分裂形成4个大孢子，排成1列，称为“链状四分体”（图12－2 A ～D），但通常只有远珠孔端的1个大孢子发育成雌配子体，其余3个退化。

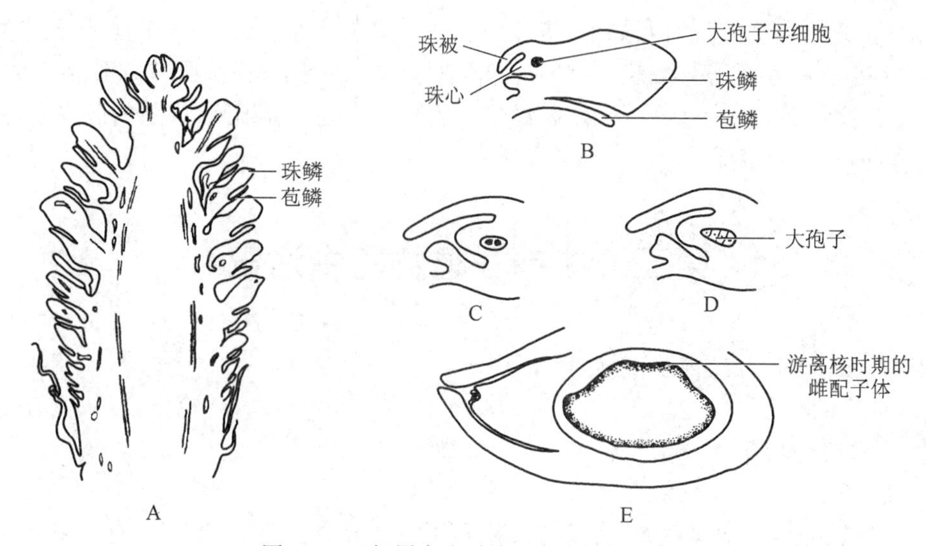

图 12－2　松属大孢子叶及大孢子的发育

A. 雌球花纵切面　B～D. 大孢子叶的纵切(示大孢子母细胞和大孢子的产生)　E. 雌配子体游离核时期

二、雄配子体

雄配子体是由小孢子发育而成。小孢子是雄配子体的第 1 个细胞,在小孢子囊内发育。小孢子经过连续 3 次不等的细胞分裂,形成具有 4 个细胞的花粉粒,即雄配子体。第 1 次不等分裂产生 1 个大的胚性细胞和 1 个小的第一原叶细胞(prothallial cell);胚性细胞再分裂为 2,产生 1 个小的第二原叶细胞和 1 个大的精子器原始细胞(antheridial);精子器原始细胞又进行 1 次不等分裂,产生 1 个较小的生殖细胞(generative cell)和 1 个大的管细胞(tube cell),2 个原叶细胞不久退化,仅留痕迹。此时,小孢子囊破裂,花粉粒即散出(图 12－3A ～E)。

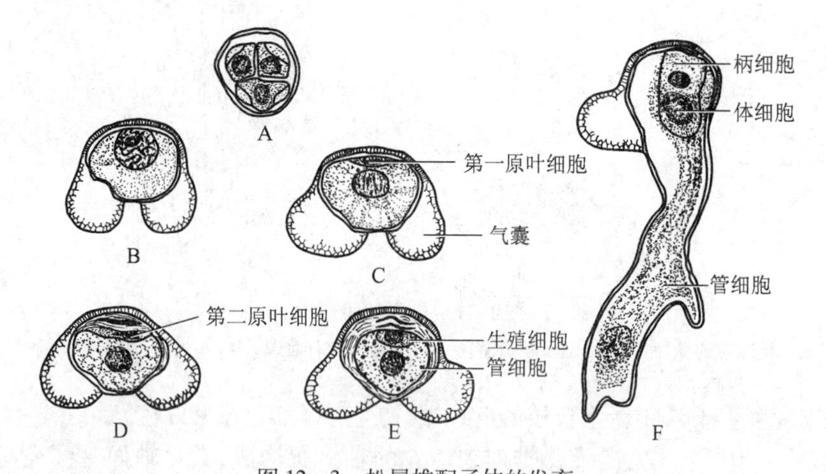

图 12－3　松属雄配子体的发育

A. 小孢子母细胞经过减数分裂产生的小孢子四分体　B. 小孢子　C,D. 小孢子萌发成早期的雄配子体　E. 雄配子体　F. 花粉管

三、雌配子体

由大孢子在珠心内发育而成。首先大孢子体积增大并且产生中央大液泡,细胞核进行分裂形成

16～32 个游离核，游离核均匀地分布于细胞质中。随着冬季的来临，雌配子体即进入休眠期。第 2 年春天，雌配子体重新活跃起来，游离核继续分裂至几千个细胞核时，逐渐由周围向中心形成细胞壁，然后在靠近珠孔端的几个细胞明显膨大，发育为颈卵器原始细胞（archegonial initial cell），各自再经过几次细胞分裂产生颈卵器。成熟的雌配子体通常有 2～7 个颈卵器。每个颈卵器通常只有 4 个颈细胞、1 个腹沟细胞和 1 个卵细胞。

四、传粉和受精

传粉在晚春进行。此时雌球花轴稍微伸长，使幼嫩的苞鳞及珠鳞略微张开。花粉粒借风力传播，飘落在胚珠的珠孔一端，黏到由珠孔溢出的传粉滴中，并随着液体的干涸而被吸入珠孔。花粉粒进入珠孔后，管细胞则开始伸长，迅速长出花粉管，雄配子体中的生殖细胞一分为二，形成 1 个柄细胞（不育细胞）和 1 个体细胞（精原细胞）。当花粉管进入珠心相当距离后暂时停止生长，休眠，等待着雌配子体的成熟（图 12－3 F）。第二年春季花粉管继续伸长，此时体细胞再分裂为 2 个大小不等的精子（图 12－4）。当花粉管伸长至颈卵器，其先端随即破裂，2 个精子、管细胞的核和柄细胞都一起流入卵细胞的细胞质中，其中 1 个大的具功能的精子随即向中央移动并接近卵核，最后与卵核结合形成受精卵，这个过程称为受精（图 12－5A）。受精完成后，较小的精子、管细胞和柄细胞最后解体。

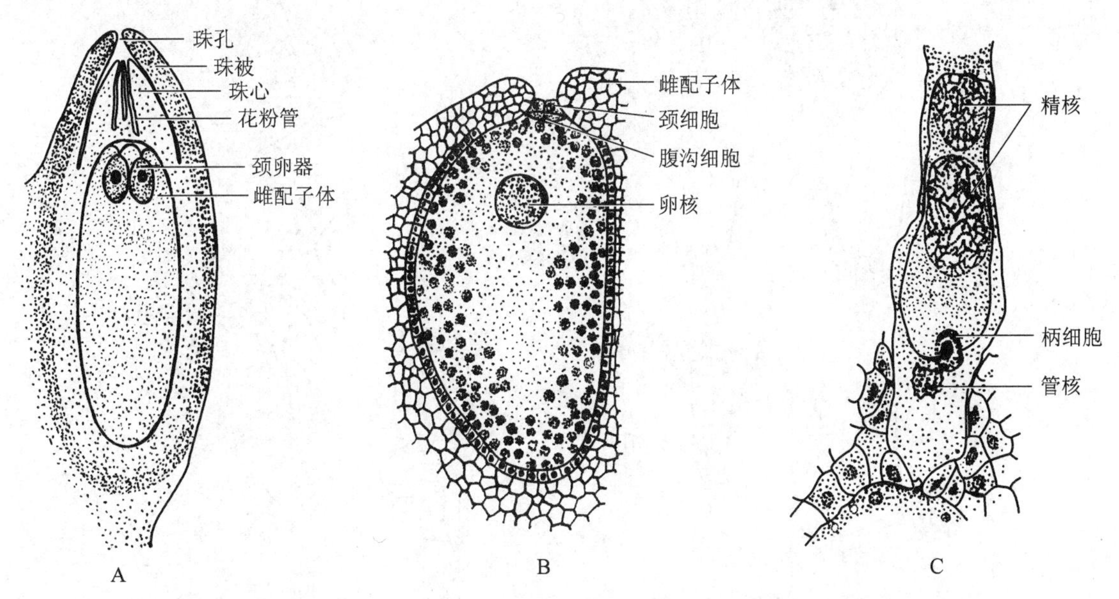

图 12－4　松属的胚珠、颈卵器及花粉管的顶端

A. 胚珠的纵切　B. 颈卵器放大　C. 花粉管的顶端（示花粉管进入颈卵器以前的状态）

五、胚胎发育和成熟

松属的受精卵经过分裂和分化到胚的发育成熟过程较为复杂，通常可以将其分为原胚、胚胎选择、胚的组织分化和成熟、种子的形成 4 个阶段。

（一）原胚阶段

从受精卵开始到形成由 16 个细胞组成的原胚为原胚阶段。其主要过程是：首先，受精卵连续进行 3 次核分裂，形成 8 个游离核，这 8 个游离核在颈卵器的基部排成上、下 2 层，每层 4 个；细胞壁开始形成，但上层 4 个细胞的上部不形成细胞壁，使这些细胞的细胞质与卵细胞质相通，称为开放层，下层的 4 个细胞称为初生胚细胞层。接着,开放层和初生胚细胞层各自再分裂 1 次,这样就形成 4 层共 16 个细胞,自上而下分别称为上层、莲座层、初生胚柄层和胚细胞层,即为原胚(proembryo)。

(二) 胚胎选择阶段

胚柄系统的发育和多胚现象的产生是这个阶段的主要特征。原胚的上层在初期有吸收作用,不久解体;莲座层在数次分裂之后也消失;初生胚柄层的 4 个细胞不再分裂而伸长,称为初生胚柄(primary suspensor),其伸长使胚细胞层穿过颈卵器基部的胞壁进入雌配子体组织中。在初生胚柄细胞继续伸长时,胚细胞层的细胞也进行横分裂,其中所产生的与初生胚柄相连的一些细胞伸长,发育为次生胚柄(secondary suspensor)。由初生胚柄和次生胚柄组成多回卷曲的胚柄系统。次生胚柄最前端连着胚细胞层。不久,次生胚柄的细胞彼此纵向裂开,其顶端的胚细胞彼此纵向分离,各自在次生胚柄顶端发育成 1 个胚,共形成 4 个胚。这种由 1 个受精卵发育成 4 个胚的现象称为裂生多胚现象(图 12-5)。松属植物还具有简单多胚现象,有时这两种情况可能同时出现在 1 个正在发育的种子中。但各个胚胎之间发生生理上的竞争,即胚胎的选择,结果最后通常只有 1 个(很少 2 个或更多)幼胚正常分化、发育成为种子的成熟胚。

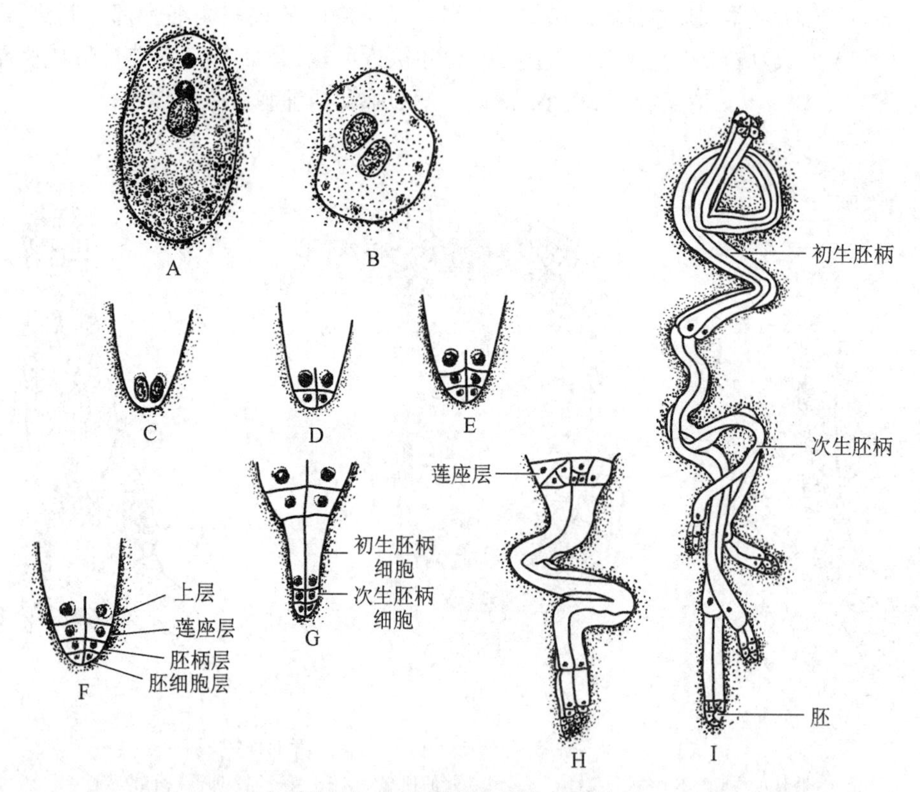

图 12-5　松属的胚胎发育过程

A. 正在受精的卵细胞　B. 受精卵核分裂为 2　C. 4 核原胚　D. 8 细胞原胚　E. 12 细胞原胚　F. 16 细胞原胚　G. 初生胚柄细胞伸长和次生胚柄细胞的形成　H. 原胚的下端开始分裂(裂生多胚)　I. 经裂生后所形成的 4 竞争胚系列

(三) 胚的组织分化和成熟阶段

胚进一步发育成为 1 个伸长的圆柱体,在胚柄一端的根端原始细胞分化出根端和根冠组织,发育为胚根;在远轴区域分化出下胚轴、胚芽和子叶。成熟的胚(图 12-6 A)包括胚根、胚轴、胚芽和数个至 10 余个子叶。

(四) 种子的形成阶段

随着胚的发育成熟,珠心组织被分解吸收,而往往在珠孔一端还残留着纸帽形状的薄层。胚周围的雌配子体发育为胚乳。珠被发育为种皮并分化为 3 层:外层肉质(或不发达,最后枯萎)、中层石质、内层纸质。胚、胚乳和种皮构成种子。在种子发育成熟的过程中,雌球花也不断地发育,珠鳞木质化而成为种鳞,种鳞顶端扩大露出的部分为鳞盾,鳞盾中部有隆起或凹陷的部分为鳞脐,珠鳞的部分表皮分离出来形成种子的附属物,即翅,以利于风力的传播。种子一般要经过休眠,然后在适宜的环境条件下萌发产生幼苗,并进一步发育成新的孢子体。

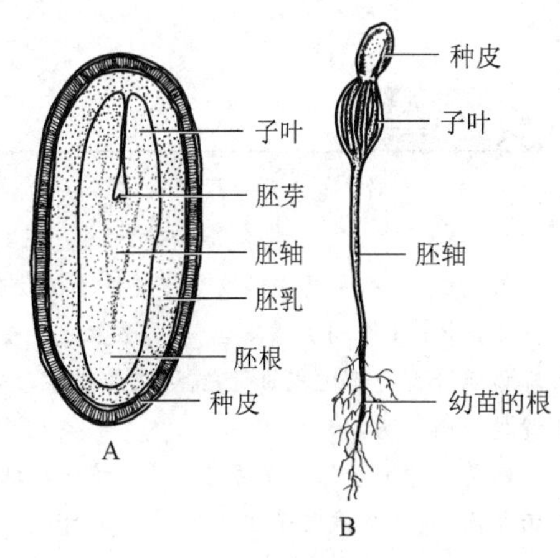

图 12-6 松属成熟的胚、种子和幼苗
A. 种子的纵切 B. 幼苗

松属植物的生活史经历的时间长,从开花起到第 2 年 10 月种子成熟历时 18 个月。如果从开花前一年的秋季形成花原基开始,则经历了 26 个月,跨越 3 个年头。即第 1 年 7—8 月形成花原基,冬季休眠;第 2 年 3—5 月开花传粉;其后,花粉粒在珠心组织中萌发形成花粉管,同时,大孢子形成,发育成游离核时期的雌配子体,冬季休眠;第 3 年 3 月开始,雌配子体及花粉管继续发育,颈卵器产生,6 月初受精(传粉后 13 个月);以后球果迅速长大,胚逐渐发育成熟,10 月球果和种子成熟。松属植物的生活史如下图 12-7 所示。

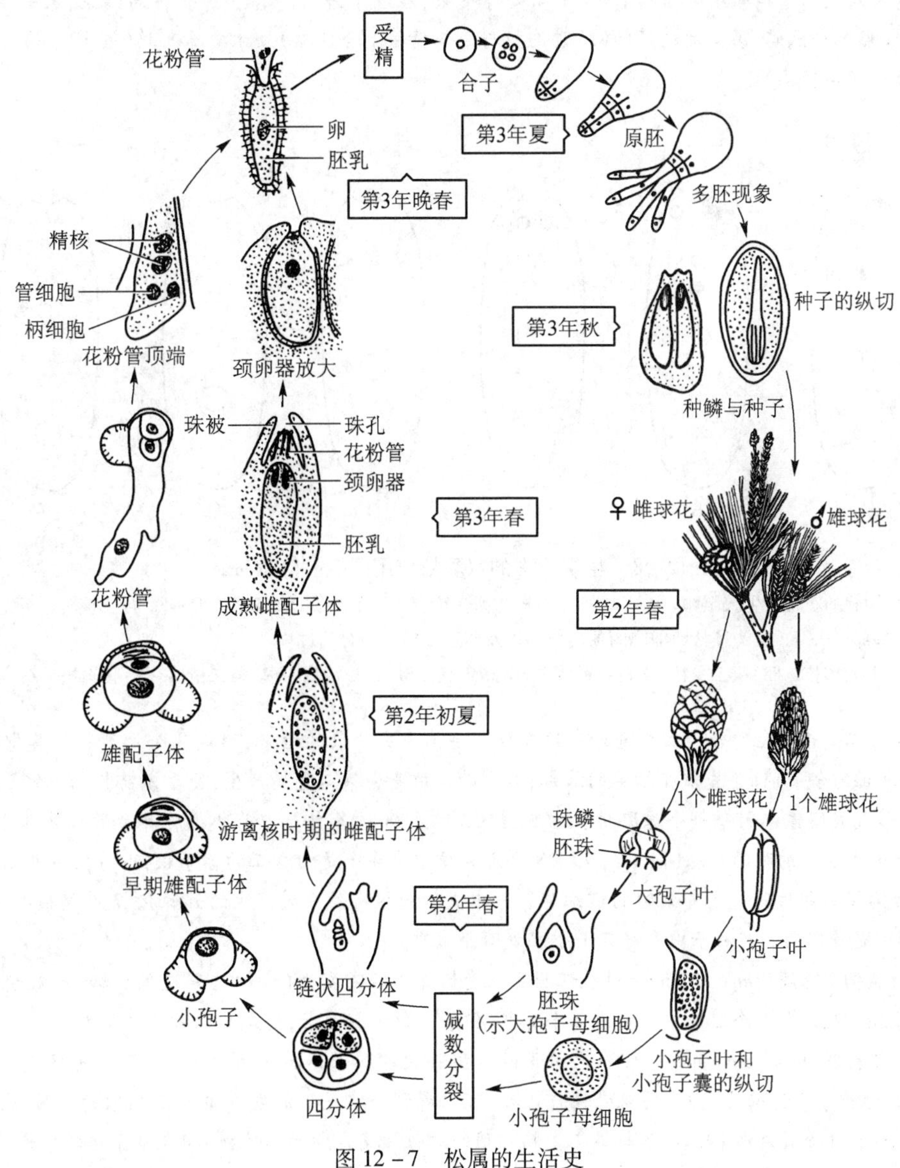

图 12-7 松属的生活史

裸子植物的双受精

长期以来,双受精作用被看作是被子植物独有的特征(参见第五章)。通常,裸子植物的受精为花粉管释放至卵内的2个精子中的1个与卵核融合,即仅发生1次受精。直至20世纪90年代,Friedman和Carmichael对裸子植物的麻黄属和买麻藤属进行受精过程的研究,运用组织学、细胞学和超微结构的方法,证明了在这两属存在有规律的双受精。下面以麻黄属为例说明。

麻黄属雌配子体的发育与基准的被子植物(雌配子体发育为单孢子的蓼型胚囊特征)相似,但在雌配子体中发育数个颈卵器,即1个雌配子体中有多数的卵进行受精。在研究过的两个种——粗麻黄(*Ephedra nevadensis*)和长叶麻黄(*Ephedra trifurca*)中,受精过程表现是一致的。当精子进入卵时,腹沟核仍然存在并处于卵的顶部。卵核位于近中部细胞质浓厚的区域,这里有大量含DNA的细胞器。在受精过程中,花粉管进入颈卵器内,将2个精核释放至卵细胞内。第一精核向卵核移动并与之接触。其后这1对配子核移动至先前卵细胞的基部,即合点端,在这里它们融合形成一核,即合子核。与此同时,发生第二受精。在第一精核与卵核接触后不久,腹沟核与第二精核一前一后开始向合点端移动及彼此建立接触。这一对核到达距卵细胞顶端1/3~1/4处停下来,在这里进行融合。双受精的结果,第一受精产物(合子核)位于先前卵细胞的合点端,第二受精产物(从腹沟核与第二精核融合的核)处于靠珠孔端(图12-8)。第一受精和第二受精产生的核都是二倍体的。

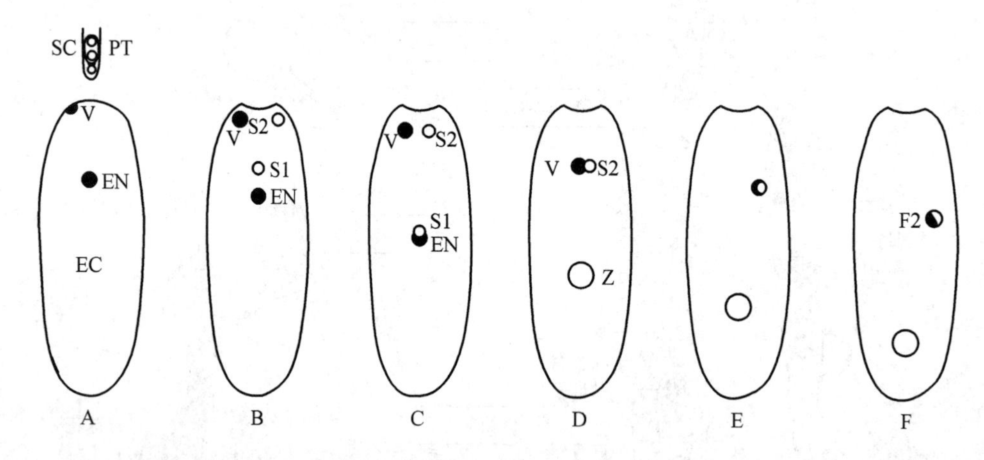

图12-8　粗麻黄中的双受精作用图解(自Friedman)

A. 含精细胞的花粉管生长至卵　B~D. 第一精核与卵受精产生1个合子核的过程　D~F. 合子核转移至先前卵细胞的基部　C~F. 腹沟核从卵细胞的顶端位移以及与第二精核融合的过程

EC:卵　EN:卵核　F2:第二受精　PT:花粉管　SC:精细胞　S1:第一精核　S2:第二精核　V:腹沟核　Z:合子核

第一受精和第二受精产生的合子核都进行有丝分裂。连续2次分裂的结果,形成8个游离核。其中第一受精产生的4核(来源于真正的合子)位于先前卵细胞的基部;其余的4核是由第二受精产生,处于先前卵细胞的上半部。在8核时期之后,接着形成成膜体包围每一个原胚核。细胞壁的形成将8核各自与先前卵细胞其余的细胞质分开。通常每1个受精的颈卵器形成8个细胞的原胚(图12-9)。8个原胚核中有4个是由真正的合子核衍生的,另外4个是第二受精的产物。由于腹沟核与卵核同是由卵细胞的前细胞——中央细胞核有丝分裂产生的姊妹核,2个精核也是姊妹核,因此2组原胚在遗传上是等同的。在种子中最终只1个胚发育至成熟。

买麻藤属的显轴买麻藤(*Gnetum gnemon*)也证明了双受精作用经常发生(详细过程这里从略)。双受精形成的2个合子都可启动原胚发生。在1个胚珠中虽然有2个原胚,但最终仅1胚存活,这是与麻黄属相似的。

以基准的被子植物(basal angiosperm,即以单孢子的蓼型胚囊雌配子体特征为代表)与基准的买麻藤目(basal Gnetales,即以麻黄属雌配子体特征为代表)的双受精作比较,可以看到一些关键的发育事态是相似的。第一,参与受精的2个精子同是来源于同1个花粉管;第二,参与第二受精作用的雌性核同是卵的姊妹核,即在被子植物中为2个极核中的1

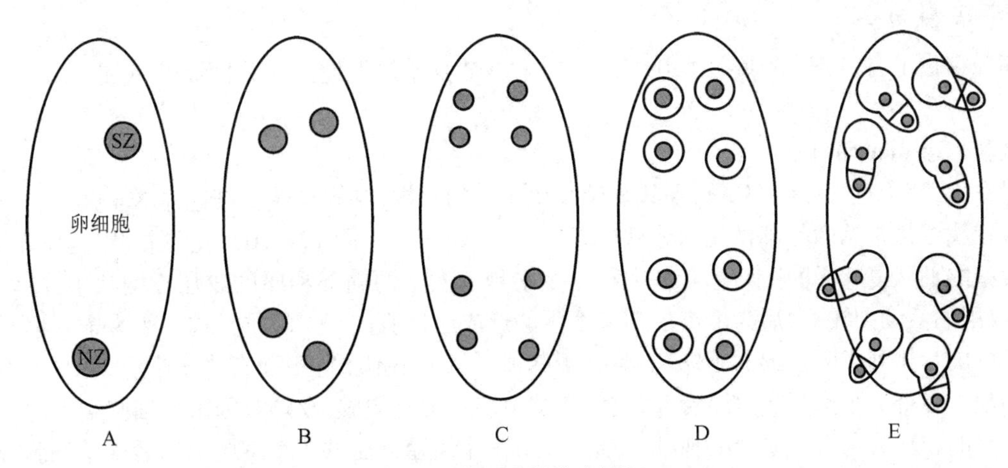

图 12－9 麻黄属早期原胚的发育图解(自 Friedman)

A. 双受精的结果,产生 1 个正常的合子核(NZ)和 1 个超数合子核(SZ) B,C. 合子核与超数合子核各自进行有丝分裂,产生 2 核和 4 核(游离核原胚) D. 两组的核被细胞壁包围,形成 8 个单细胞/单核的原胚 E. 每个原胚开始细胞的发育形态

个,在麻黄属为腹沟核。因此,从遗传的观点,基准的被子植物与基准的买麻藤目的第一受精产物和第二受精产物在遗传上是等同的。在这两群植物中,第一受精同样是产生 1 个二倍体的正常胚。第二受精产物虽然不同,在基准被子植物中产生三倍体的胚乳(精核＋卵的姊妹核＋非卵的姊妹核),而在买麻藤目中产生 1 个二倍体的超数胚(supernumerary embryo)(精核＋卵的姊妹核),然而胚乳与超数胚在等位基因水平上也是等同的。由此分析,有的学者从演化的观点,认为在种子植物中,裸子植物的双受精是初级的形式,而在被子植物世系中进化的变异,超数胚改变为 1 个营养的结构,即胚乳。胚乳代表超数胚的高度变异的进化衍生物。

参考文献

[1] 胡适宜. 被子植物受精作用研究的历史及双受精的起源//胡适宜,杨弘远. 被子植物受精生物学. 北京:科学出版社, 2002: 1-15.

[2] Friedman W E. Double fertilization in nonflowering seed plants and its relevance to the origin of flowering plants. Int Rev Cyt 140. San Diego: Academic Press Inc, 1992: 319-355.

(胡适宜 教授 北京大学生命科学学院)

第三节 裸子植物的分类和常见科属代表

裸子植物发生的历史悠久,在中生代最为繁盛,到现在大多数种类已经灭绝,仅存近 800 种。在植物分类系统中,通常把裸子植物作为 1 个自然类群,即裸子植物门(Gymnospermae)。根据《中国植物志》第 7 卷,现代裸子植物分为苏铁纲(Cycadopsida)、银杏纲(Ginkgopsida)、松杉纲(Coniferopsida)和买麻藤纲(倪藤纲)(Gnetopsida)[或盖子植物纲(Chalmydospermopsida)]4 纲,9 目,12 科,71 属,近 800 种。我国是裸子植物种类最多、资源最丰富的国家,有 4 纲,8 目,11 科,41 属,约 240 种;引种栽培 1 科,7 属,约 50 种,其中有不少是第三纪的孑遗植物,或称“活化石”植物。

一、苏铁纲(Cycadopsida)

常绿木本,茎干粗壮,常不分枝,大型羽状复叶,簇生于茎顶,球花顶生,雌雄异株,游动精子具有多数鞭毛。染色体:X = 8,9,11,13。

本纲现存仅1目,3科,11属,约209种,分布于热带及亚热带地区。我国有苏铁属(*Cycas*)1属,约15种。

苏铁科(Cycadaceae)

常绿乔木,茎干直立,常不分枝,羽状复叶集生于茎的顶端,雌雄异株。染色体X = 11。

本科在我国最常见的是苏铁属的苏铁(*C. revoluta* Thunb.)(图12-10),主干柱状,通常不分枝,顶端丛生大型的羽状复叶,幼叶拳卷,叶基宿存。茎中具有发达的髓部和厚的皮层。网状中柱,内始式木质部,形成层的活动期较短,后为由皮层相继发生的形成层环所代替。雌雄异株。小孢子叶扁平、肉质,紧密地呈螺旋状排列成圆柱形的雄球花,单生于茎顶。每个小孢子叶下面有许多个由3~5个小孢子囊组成的小孢子囊群。小孢子囊为厚囊性发育,囊壁由多层细胞构成,成熟时因表皮细胞壁不均匀增厚而纵裂。成熟的花粉粒含1个原叶细胞、1个管细胞和1个生殖细胞共3个细胞。以后生殖细胞分裂为大的体细胞和小的柄细胞。体细胞又分裂为2,并发育为2个精子。成熟的精子为陀螺形,多鞭毛,长可达0.3 mm,是生物界中最大的精子。雌球花由大孢子叶丛生于茎顶形成,大孢子叶密被褐黄色绒毛,上部羽状分裂,下部为狭长的柄,柄的两侧生有2~6枚胚珠。胚珠直生,珠被1层,珠心厚,珠心的顶端有内陷的花粉室。成熟的种子橘红色,珠被分化为3层种皮:外层肉质较厚,中层为石细胞所组成的硬壳,内层为薄纸质。胚具有2枚子叶,埋藏于充满营养物质的由雌配子体发育而来的胚乳中。

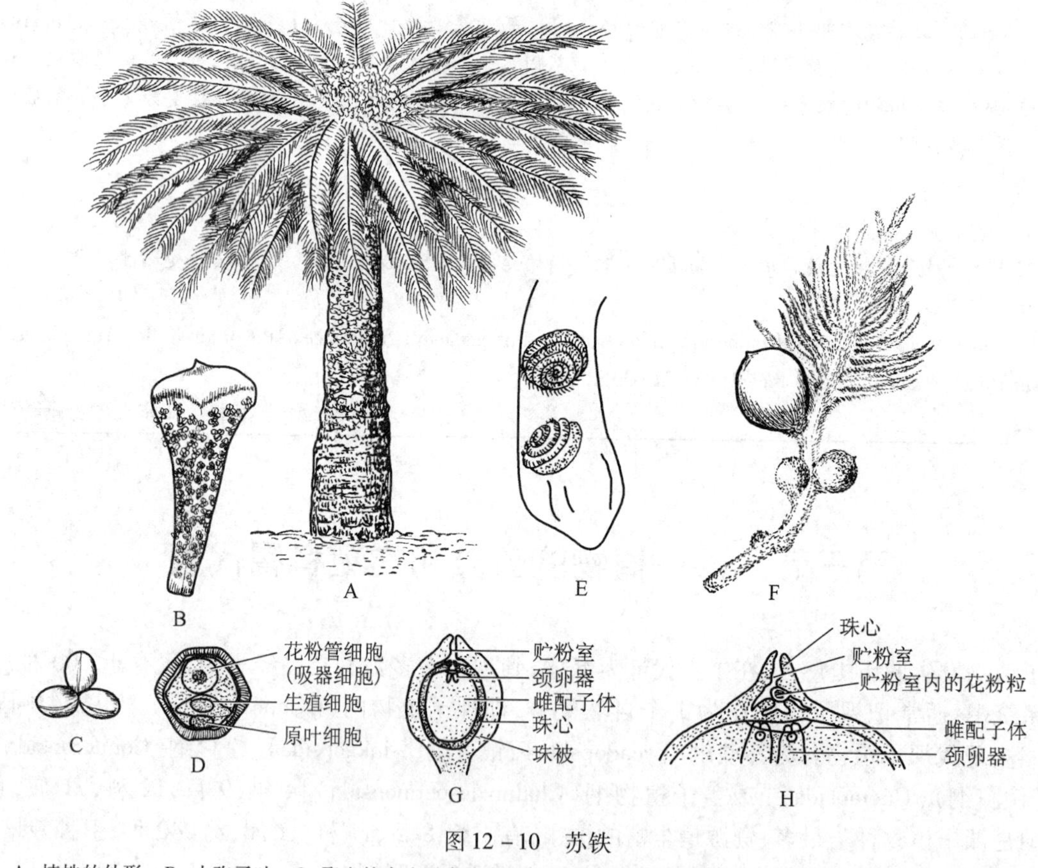

图12-10　苏铁

A. 植株的外形　B. 小孢子叶　C. 聚生的小孢子囊放大　D. 雄配子体(示花粉粒)　E. 花粉管顶端放大(示精子)　F. 大孢子叶　G. 胚珠的纵切　H. 珠心及雌配子体部分放大

苏铁树形优美,为我国常见的观赏树种,北方盆栽。茎内髓部富含淀粉,可供食用。种子含油和淀粉,微毒,可供食用和药用。

二、银杏纲(Ginkgopsida)

落叶乔木,枝条有长、短枝之分。叶为扇形,先端二裂或呈波状缺刻,具有分叉的脉序,叶在长枝上互生,在短枝上簇生。球花单性,雌雄异株,精子具多鞭毛。种子核果状。染色体:X=12。

本纲现存仅1目,1科,1属,1种,为我国特产,国内、外广泛栽培。

银杏科(Ginkgoaceae)

银杏(*Ginkgo biloba* L.)(图12-11)为落叶乔木,树干高大,枝分顶生营养性长枝和侧生生殖性短枝。茎中央髓不显著,次生木质部发达,年轮明显。球花单性,异株,均生于短枝顶端。雄球花呈柔荑花序状,生于短枝顶端的鳞片腋内。小孢子叶有短柄,柄端有2(稀3~7)个小孢子囊。花粉粒成熟时内含4个细胞:2个原叶细胞、1个生殖细胞和1个管细胞,但原叶细胞之一已退化。精子也具有鞭毛,但体积较小。雌球花简单,通常仅有1长柄,柄端有2个环行扩大的珠领(collar),即大孢子叶,上面各生1个直生胚珠,但通常只有1个成熟。种子近球形,熟时黄色,外被白粉。种皮分化为3层:外种皮厚,肉质,并含有油脂及芳香物质;中种皮白色骨质,具有2~3纵脊;内种皮红色,纸质。胚乳肉质。胚具有2~3片子叶,有后熟现象,种子萌发时子叶不出土。

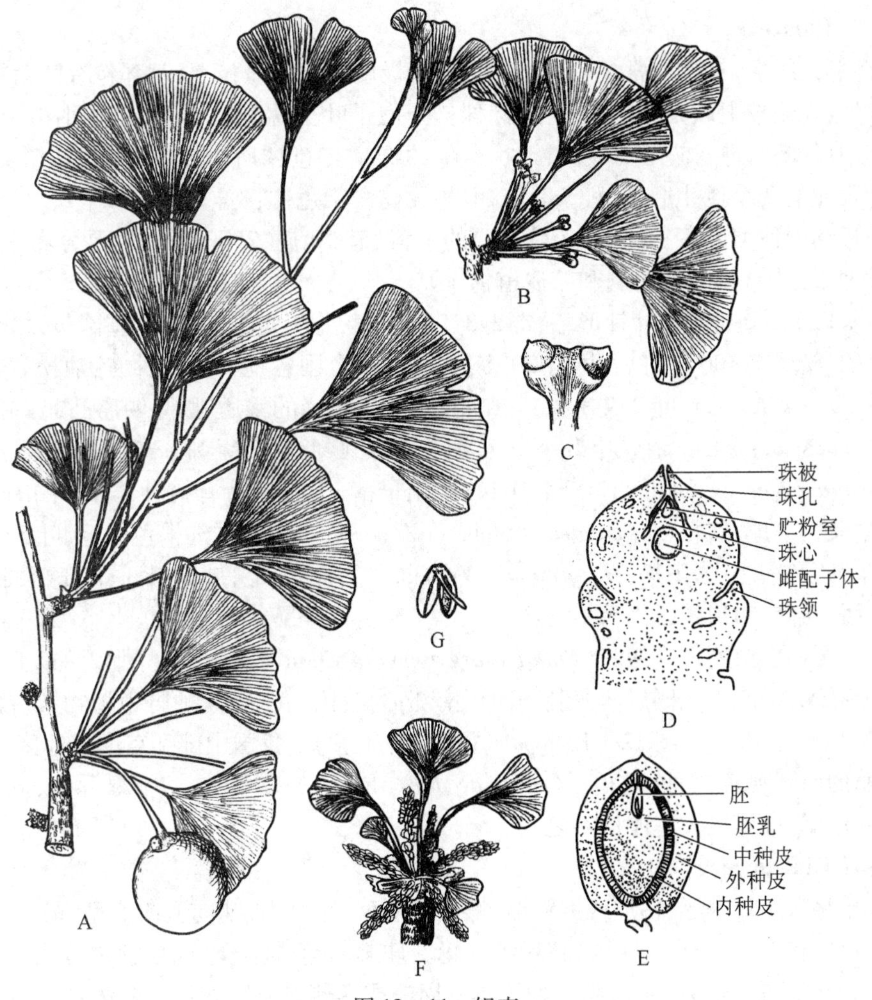

图12-11　银杏

A. 长短枝及种子　B. 生雌球花的短枝　C. 雌球花　D. 胚珠和珠领的纵切　E. 种子的纵切　F. 生雄球花的短枝　G. 小孢子叶

银杏为我国特产的著名中生代孑遗植物,现已广泛栽培于世界各地。目前仅知道在浙江西天目山有野生状态的银杏树。银杏的树形优美,寿命很长,可作行道树和园林绿化的珍贵树种,木材可供建筑用材,种仁可食用(多食易中毒)和药用,叶中含有多种活性物质,其提取物是生产治疗心脑血管疾病和抗衰老、抗痴呆等症的特效药。

三、松杉纲(Coniferopsida)

常绿或落叶乔木,稀为灌木。茎多分枝,常有长、短枝之分。茎的髓部小,次生木质部发达,由管胞组成,无导管,具有树脂道(resin canal)。叶针形、钻形、刺形或鳞形,稀为条形或披针形。球花单性,同株或异株。雄球花单生或组成花序,由多数小孢子叶组成,每个小孢子叶通常具有2~9个小孢子囊,精子无鞭毛。雌球花由3至多数珠鳞组成,胚珠生于珠鳞的近轴面,或1~2胚珠生于盘状或漏斗状的珠托上,或由囊状或杯状的套被所包围。雌球花成熟时形成球果或种子核果状。胚具有子叶2~18枚,胚乳丰富。松杉纲的植物的叶多为针形,故称为针叶树或针叶植物(conifer)。

松杉纲是现代裸子植物中数目最多、经济价值最大、分布最广的一个类群,有7科,51属,约600种,属于4目,即松柏目(Pinales)、罗汉松目(Podocarpales)、三尖杉目(Cephalotaxales)、红豆杉目(Taxales)。我国有6科,23属,约150种。

(一)松科(Pinaceae)

乔木,叶针形或线形,针形叶常2~5针1束,生于极度退化的短枝上,基部包有叶鞘;条形叶在长枝上呈螺旋状散生,在短枝上簇生。球花单性,同株。小孢子叶呈螺旋状排列,每个小孢子叶有2个小孢子囊,花粉多数有气囊。雌球花由多数螺旋状着生的珠鳞与苞鳞所组成,苞鳞与珠鳞分离(仅基部结合),珠鳞的腹面生有2个倒生胚珠,种子具有翅,稀无翅。染色体:X=12,13,22。

本科是松杉纲中种类最多、经济意义最重要的一科,有10属,250余种,主要分布于北半球。我国有10属,90余种,其中许多是特有属和孑遗植物。

松属(*Pinus* L.),常绿乔木,叶针形,通常2、3、5针1束,生于短枝的顶端,基部包以叶鞘。球果翌年成熟,种鳞宿存。松属有100多种,我国有20多种,分布于全国各地。常见种有:油松(*Pinus tabulaeformis* Carr.)(图12-12 A~E),叶2针1束,叶鞘宿存,球果种鳞的鳞盾肥厚,鳞脐凸起具有尖刺,主产华北;马尾松(*P. massoniana* Lamb.),叶2针1束,细长柔软,鳞脐微凹无刺,产我国中部及江南各省区;白皮松(*P. bungeana* Zucc. ex Endl.),叶3针1束,叶鞘早落,为我国特有树种,分布于山西、河南、陕西、甘肃、四川及内蒙古等地;红松(*P. koraiensis* Sieb. et Zucc.),小枝密被红褐色柔毛,叶5针1束,球果成熟后,种鳞不张开,产东北;华山松(*P. armandii* Franch.),小枝无毛,叶5针1束,球果成熟后,种鳞张开,产山西、陕西、河南、四川及云南等地。

本科其他重要代表植物还有银杉(*Cathaya argyrophylla* Chun et Kuang)(图12-12 F~J),著名的活化石植物,常绿乔木,特产于我国广西龙胜和四川南部,为我国的一级保护野生植物;金钱松[*Pseudolarix amabilis* (Nelson) Rehd.](图12-12 K~O),落叶乔木,产于我国中部和东南部地区,叶入秋后变为金黄色,为美丽的庭园观赏树种;雪松[*Cedrus deodara* (Roxb.) G. Don.],常绿乔木,原产阿富汗至印度,我国广泛栽培,为世界三大庭园树种之一。

(二)杉科(Taxodiaceae)

常绿或落叶乔木。叶条形、钻形或披针形,螺旋状排列,稀对生,叶同型或二型,稀三型。球花单性,同株。小孢子叶具有2~9个小孢子囊,花粉无气囊。珠鳞与苞鳞半合生(仅顶端分离),能育珠鳞具有2~9枚直生或倒生胚珠,球果当年成熟。种子具有周翅或两侧具有窄翅。染色体:X=11,33。

本科有10属16种,主要分布于北半球。我国有5属,7种。

杉木属(*Cunninghamia*),常绿乔木,叶条状披针形,螺旋状着生。苞鳞大,种鳞小,每种鳞具有3粒

图 12－12 油松、银杉和金钱松

A～E. 油松 A. 球果枝 B. 叶的横切 C. 种鳞的背腹面观 D. 种子 E. 小孢子叶 F～J. 银杉 F. 球果枝 G. 种鳞的背腹面观 H. 种子 I. 具有雄球花的枝 J. 小孢子叶 K～O. 金钱松 K. 球果枝 L. 种鳞的背腹面观 M. 种子 N. 具有雄球花的枝 O. 小孢子叶

种子,种子两侧具有翅。杉木[*C. lanceolata* (Lamb.) Hook.](图 12－13 A～H)为我国秦岭以南面积最大的人造林速生树种。

水杉(*Metasequoia glyptostroboides* Hu et Cheng)(图 12－13 I～O),落叶乔木,条形叶交互对生(彩版插图),基部扭转排成 2 列,冬季与侧生小枝一同脱落。雄球花的小孢子叶(彩色图版)和雌球花的珠鳞均交互对生,能育种鳞有种子 5～9 枚。为我国特产的稀有珍贵的孑遗植物,分布于四川石柱县、湖北利川县、湖南西北部等地,现各地普遍栽培。水杉的叶和种鳞交互对生,接近于柏科,因此,其在分类学上的位置介于杉科和柏科之间。

我国杉科其他著名的植物还有:水松[*Glyptostrobus pensilis*(Lamb.)K. Koch],为第三纪孑遗植物,分布于我国华南、西南,和水杉均被列为国家一级野生保护植物;台湾杉(*Taiwania cryptomerioides* Hayata),仅分布于云南西部怒江和独龙江、贵州雷公山、湖北利川星斗山以及台湾中央山脉,为我国珍贵特有树种;柳杉(*Cryptomeria fortunei* Hooibrenk ex Otto et Dietr.),产于浙江天目山、福建、江西等地,为我国特有种。

巨杉[*Sequoiadendron giganteum* (Lindl.) Buchholz]和北美红杉[*Sequoia sempervirens* (Lamb.) Endl.],两种皆产于美国加利福尼亚州,均为世界巨树,高达 100 m 以上,胸径最宽达 10 m,我国有引种;金松[*Sciadopitys verticillata* (Thunb.) Sieb. et Zucc.],原产日本,叶二型,鳞形叶小,合生叶由 2 针叶合

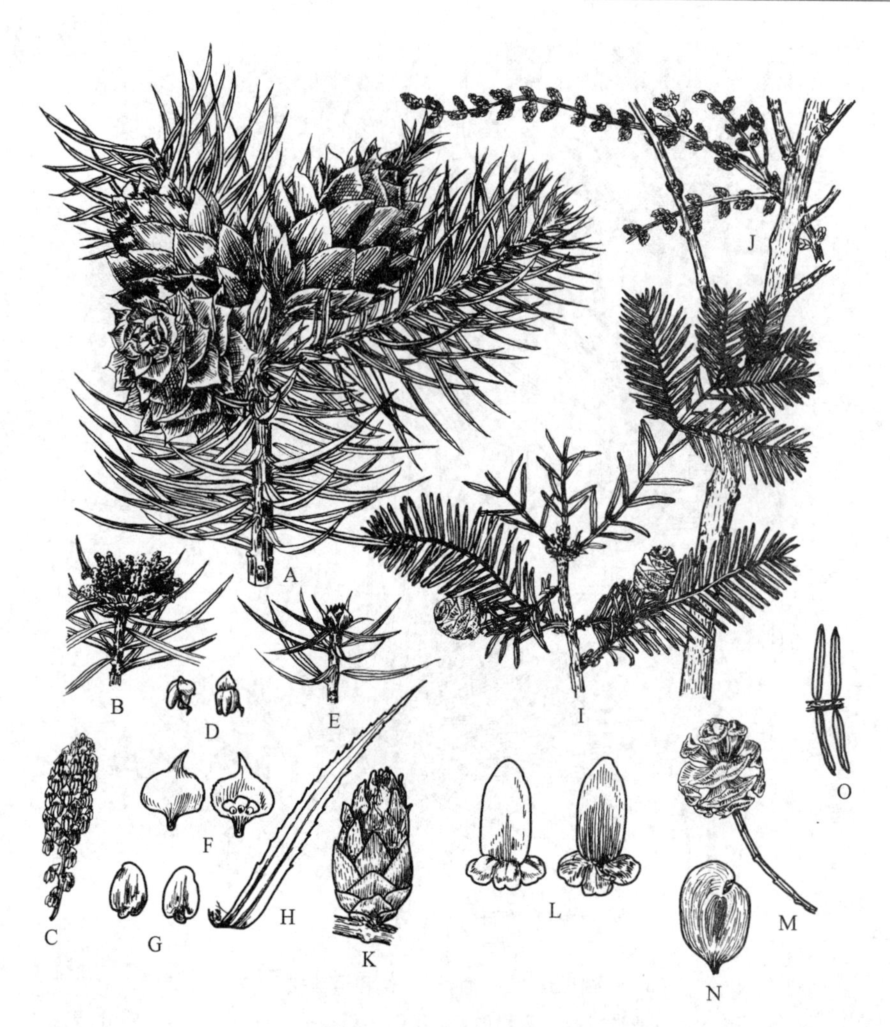

图 12-13　杉木和水杉

A~H. 杉木　A. 球果枝　B. 具有雄球花的枝　C. 雄球花的一段　D. 小孢子叶　E. 具有雌球花的枝　F. 苞鳞的背腹面及珠鳞、胚珠　G. 种子背腹面观　H. 叶　I~O. 水杉　I. 球果枝　J. 具有雄球花的枝　K. 雄球花　L. 小孢子叶背腹面观　M. 球果　N. 种子　O. 叶

生而成,条形、扁平、革质,上面亮绿色,为美丽的庭园观赏树木,我国庐山植物园有栽培。最近一些学者研究认为,金松属(*Sciadopitys*)应从杉科中分出来,单独成立金松科(Sciadopitysaceae)。

(三) 柏科(Cupressaceae)

常绿乔木或灌木,叶鳞形或刺形,对生或轮生。球花单性,同株或异株。雄球花有 3~8 对交互对生的小孢子叶,小孢子叶具有 3~6 个或更多的小孢子囊,花粉无气囊。珠鳞与苞鳞完全合生,着生 1 至多数直生胚珠,交互对生或 3~4 片轮生,球果成熟时种鳞木质化或肉质合生呈浆果状。种子两侧具有窄翅。染色体:X=11。

本科 22 属 ,约 150 种,分布于南、北两半球,我国产 8 属,29 种,遍布全国。多为优良材用树种及庭院观赏树木。

侧柏属(*Platycladus*),叶鳞形,交互对生,小枝扁平,排成一平面。球花单性同株,球果当年成熟,种鳞木质,开裂。仅侧柏[*P. orientalis* (L.) Franco]1 种(图 12-14 A~F),我国特产,除新疆、青海外,几乎遍布全国,为造林树种或庭园观赏树。

柏科中其他常见的植物:圆柏 [*Sabina chinensis* (L.) Ant.](图 12-14 G~K),叶有鳞形叶和刺形叶,球果成熟时种鳞愈合,肉质浆果状,分布于我国华北、东北、西南及西北等省区,常用来装饰庭园;刺柏(*Juniperus formosana* Hayata)(图 12－14 L～O),叶刺形,3 叶轮生,我国特产,可供庭院栽培;柏木(*Cupressus funebris* Endl.),叶鳞形或萌生枝上的叶为刺形,我国特有树种,分布于华东、中南、西南以及甘肃、陕西南部。

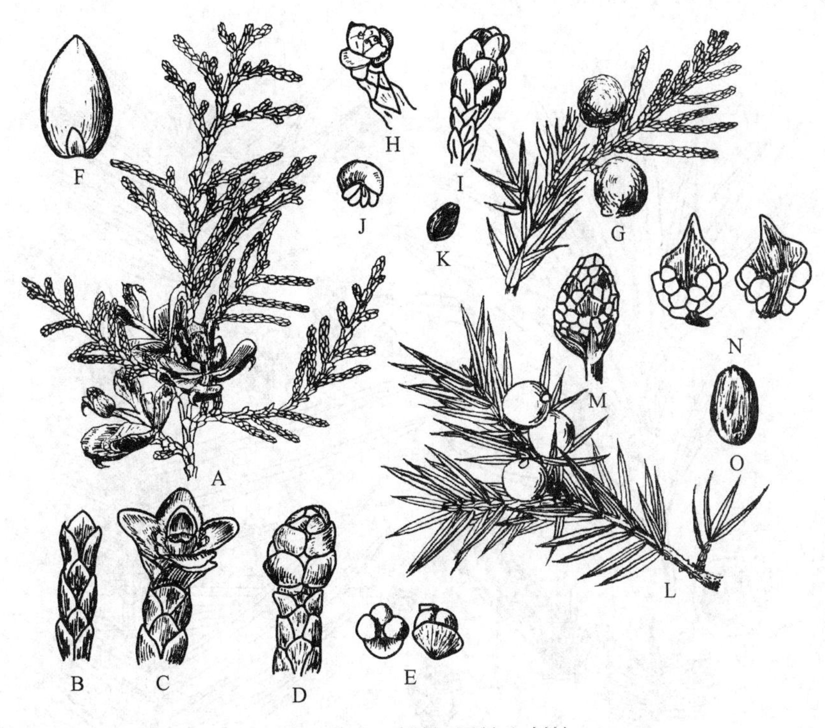

图 12－14　侧柏、圆柏和刺柏

A～F. 侧柏　A. 球果枝　B. 鳞叶枝　C. 雌球花　D. 雄球花　E. 小孢子叶腹背面观　F. 种子　G～K. 圆柏　G. 球果枝　H. 雌球花　I. 雄球花　J. 小孢子叶　K. 种子　L～O. 刺柏　L. 球果枝　M. 雄球花　N. 小孢子叶　O. 种子

以上 3 科均属于松柏目,其共同特征为:大孢子叶特化为珠鳞,珠鳞生于苞鳞腋部,腹面生有胚珠,形成球果。属于该目的还有南洋杉科(Araucariaceae),原产南半球的热带和亚热带地区,我国常见栽培的有南洋杉(*Araucaria cunninghamii* Sweet),为世界著名的庭院观赏树种。

(四)其他代表种类

松杉纲的其他代表种类还有罗汉松科(Podocarpaceae)的罗汉松[*Podocarpus macrophyllus* (Thunb.) D. Don](图 12－15 A,B)。叶披针形。球花单性异株。雄球花穗状,小孢子叶具有 2 个小孢子囊,花粉具有气囊;雌球花单生,基部有数枚苞片,通常在最上部的苞腋内生有 1 枚胚珠,外苞为由珠鳞发育成的套被(epimatium)。种子卵圆形,成熟时呈紫色,外被为由套被增厚形成的肉质假种皮(aril),其下具有苞片发育成的肉质种托,呈紫红色。为园林绿化和观赏树种。三尖杉科(Cephalotaxaceae)的三尖杉(*Cephalotaxus fortunei* Hook. f.)(图 12－15 C～J)也是松杉纲的代表种类之一。叶线状披针形,交互对生或近对生,在侧枝基部扭转排列在两侧。雌雄异株,雄球花聚生呈头状,小孢子叶 6～16 枚,各具有 3 个小孢子囊,花粉无气囊;雌球花生于小枝基部苞片的腋部,每个苞片的腋部有 2 枚直立的胚珠,胚珠生于囊状的珠托上。种子核果状,全部包于由珠托发育成的肉质假种皮中。木材富弹性,可供建筑、桥梁、家具等用材。叶、枝、种子可提取三尖杉脂碱等多种植物碱,供提制抗癌药物。种子也可榨油,供制漆、肥皂、润滑油等用。另外,松杉纲的代表种类还有红豆杉科(紫杉科)(Taxaceae)的红豆杉[*Taxus chinensis* (Pilger) Rehd.](图 12－15 K～O)。叶条形,螺旋状排列。雌雄异株,球花单生,小孢子叶多数,具有 4～8 个小孢子囊,花粉无气囊。胚珠 1 枚,基部具有盘状或漏斗状的珠托。种子核果状,包于由珠托肉质化而成的假种皮中。枝叶、根及树皮能提取紫杉醇,可治糖尿病或提制抗癌药物。上述3科分别属于罗汉松目、三尖杉目和红豆杉目,这3个目与松柏目的区别在于:大孢子叶特化为鳞片状的珠托或套被,不形成球果,种子具有肉质的假种皮或外种皮。目前,有些学者主张将这3个目从松杉纲中分出而单列1纲,即红豆杉纲(紫杉纲)(Taxopsida)。

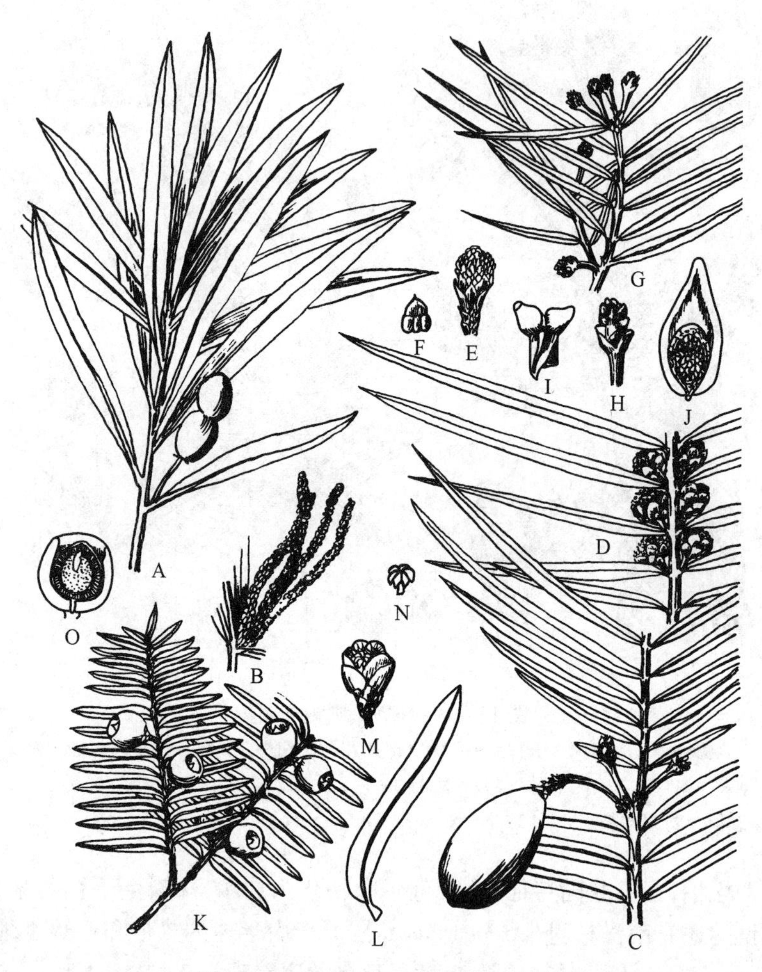

图12-15 罗汉松、三尖杉和红豆杉

A,B. 罗汉松 A. 种子枝 B. 雄球花枝 C~J. 三尖杉 C. 种子枝 D. 雄球花枝 E. 雄球花 F. 小孢子叶 G. 雌球花枝 H. 雌球花 I. 雌球花上的苞片与胚珠 J. 种子的纵切 K~O. 红豆杉 K. 种子枝 L. 叶 M. 雄球花 N. 小孢子叶 O. 种子的纵切

四、买麻藤纲(倪藤纲)(Gnetopsida)[盖子植物纲(Chlamydospermopsida)]

灌木、亚灌木或木质藤本,稀乔木。次生木质部有导管,无树脂道。叶对生或轮生,鳞片状或阔叶。球花单性,有类似于花被的1~2层盖被,亦称假花被。胚珠仅具有1层珠被,上端延长成珠孔管(micropylar tube)。精子无鞭毛,除麻黄目外,雌配子体无颈卵器。种子包于由盖被发育的假种皮中,子叶2枚,胚乳丰富。

本纲共有3属,约80种,隶属于3目,3科,即麻黄科(Ephedraceae)、买麻藤科(Gnetaceae)和百岁兰科(Welwitschiaceae)。我国有2科,2属,19种,几乎遍布全国。本纲植物茎内次生木质部具有导管,具有盖被,胚珠包于盖被内,许多种类无颈卵器,这些都是裸子植物中最进化类群的性状。

（一）麻黄科（Ephedraceae）

灌木，亚灌木或草本状，多分枝。小枝对生或轮生，具有明显的节和节间。叶退化呈鳞片状，对生或轮生，下部合生呈鞘状。球花单性异株，稀同株，并分别形成雌、雄球花序。雄球花序单生或数个簇生，或3～5个组成复穗状，具有2～8对交互对生或轮生的膜质苞片，除基部1～2对外，每苞片腋部生1个雄球花。每1个雄球花基部具有2片膜质盖被和由花丝愈合而成的细长的柄，柄端着生2～8个小孢子囊。雌球花具有2～8对交互对生或轮生的苞片，仅顶端的1～3片苞片内生有1～3枚胚珠，每个胚珠均由1层较厚的囊状的盖被包围着。胚珠具有1层膜质珠被，珠被上部延长成充满液体的珠孔管。成熟的雌配子体通常有2个颈卵器，颈卵器具有32个或更多的细胞构成的长颈部。种子成熟时，盖被发育为革质或稀为肉质的假种皮，雌球花的苞片，通常变为肉质，呈红色或橘红色，包于其外，呈浆果状，俗称“麻黄果”。染色体：X=7。

本科仅1属，即麻黄属（*Ephedra*），约40种，分布于亚洲、美洲、欧洲东部及非洲北部干旱山地和荒漠中。我国有12种，4变种，分布于华北、西北、东北和西南各省。常见的植物有草麻黄（*E. sinica* Stapf.）（图12-16）和木贼麻黄（*E. equisetina* Bunge）。二者的主要区别在于前者无直立的木质茎，呈草本状，具有2枚种子；后者植株具有直立的木质茎，呈灌木状，常具有1枚种子。麻黄属中的多数种类含有生物碱，主产于西北各省，为重要的药用植物，可提取麻黄素，入药有发汗、平喘、利尿的功效。

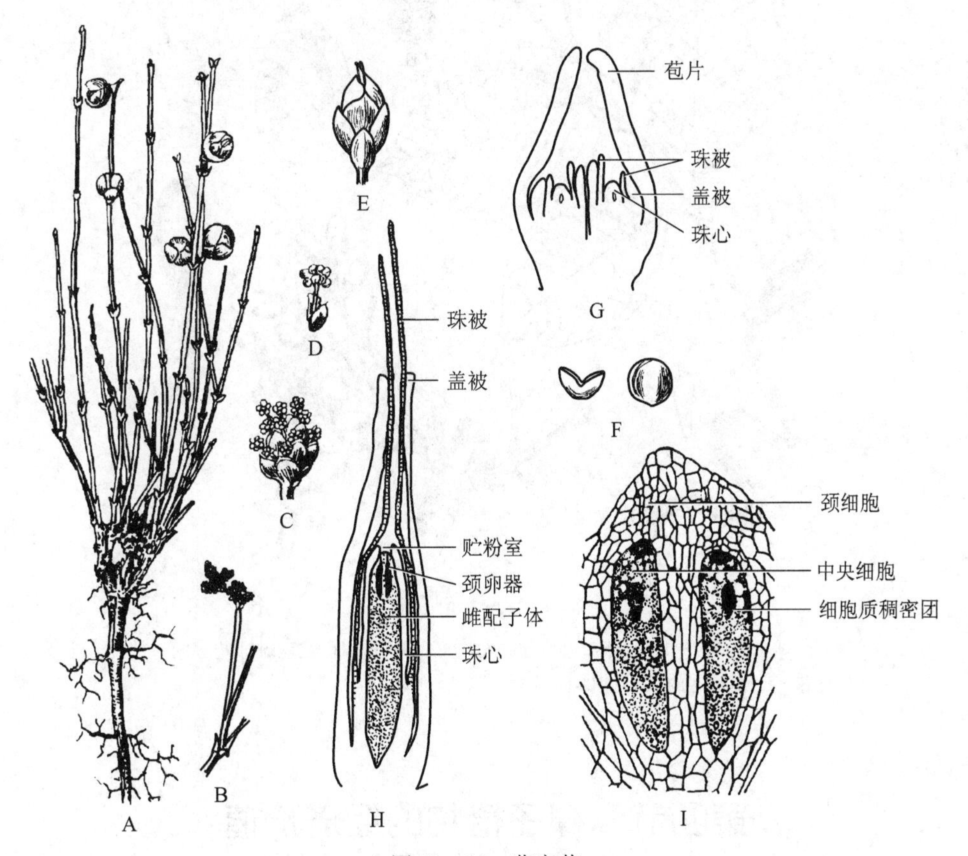

图12-16 草麻黄

A. 具有雌球花的植株 B. 具有雄球花的枝 C. 复合的雄球花 D. 雄球花 E. 雌球花 F. 雌球花顶端的一对苞片及具有盖被的种子 G. 雌球花的纵切 H. 1个胚珠的中央纵切（示雌配子体及显著的贮粉室和伸长的珠被） I. 部分雌配子体（示颈卵器的结构）中央细胞增大后经核分裂形成腹沟细胞核和卵核

(二)买麻藤科(Gnetaceae)

常绿木质藤本,稀为灌木或乔木。茎节明显,膨大呈关节状。单叶对生,具有柄。叶片革质或近革质,平展极似双子叶植物。球花单性,异株,稀同株,伸展呈穗状,具有多轮合生环状总苞,总苞由多数轮生苞片愈合而成。雄球花序单生或数个组成顶生或腋生的聚伞花序状,各轮总苞有多数雄球花,排成2~4轮,雄球花具有管状盖被,每个小孢子叶具有1~2个或4个小孢子囊。雌球花序每轮总苞内有4~12个雌球花,雌球花具有2层盖被,紧包于胚珠之外,外盖被较厚,囊状;内盖被膜质,被认为是1对合生的附属物或小"苞片"。胚珠具有1层珠被,由珠被顶端延长形成珠孔管,自盖被顶端开口处伸出,内盖被分化成肉质外层和骨质内层与外盖被一起发育成假种皮。颈卵器消失,种子核果状,包于红色或橘红色的肉质假种皮中。染色体:X=11。

本科仅1属,即买麻藤属(*Gnetum*),约30种,分布于亚洲、非洲及南美洲的热带和亚热带地区。我国有7种。常见的有买麻藤(*G. montanum* Markgr.)(图12-17),分布于云南南部、广西、广东等地。木质藤本,叶革质或近革质。成熟的种子常具有明显的柄。茎皮含韧性纤维,可织麻袋、渔网等。种子可炒食、榨油或酿酒。

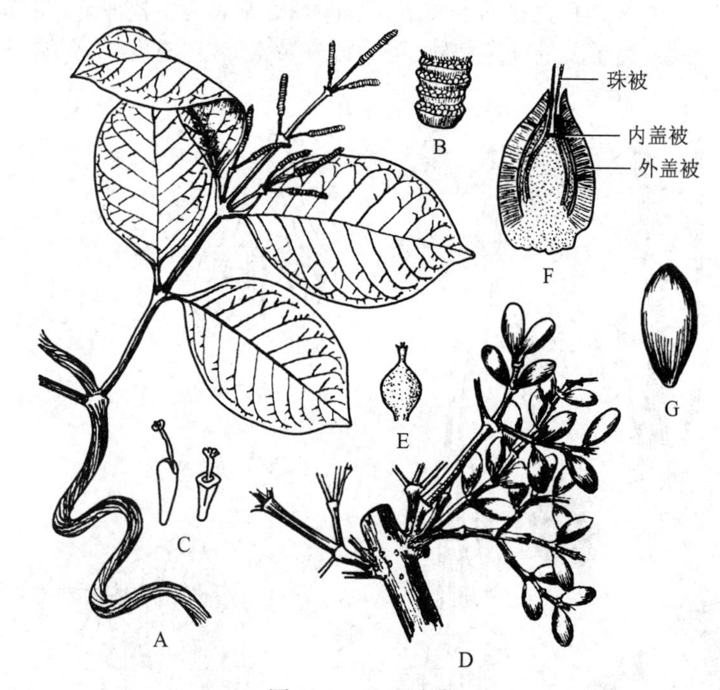

图12-17 买麻藤

A. 具有雄球花序的枝 B. 雄球花序部分放大 C. 雄球花 D. 成熟雌球花序的一部分 E. 雌球花 F. 雌球花的纵切 G. 种子

第四节 裸子植物的经济价值

一、林业生产中的作用

裸子植物大多为乔木,是地球植被中森林的主要组成成分,由裸子植物组成的森林,约占世界森林总面积的80%,在水土保持和维护森林生态平衡方面发挥了重要的作用。我国东北大兴安岭的落叶松林、小兴安岭的红松林、陕西秦岭的华山松林、甘肃南部的云杉、冷杉林以及长江流域以南的马尾松林和杉木林等均在各林区占主要地位,为我国的建筑工业和造纸工业提供了主要的木材资源。裸子植物一般耐寒,对土壤的要求也不苛刻,枝少干直,易于经营,因此,我国目前的荒山造林首选针叶树,冷杉(*Abies* spp.)、云杉(*Picea* spp.)、杉木、油松、马尾松等已成为重要的人工造林树种。

二、工业上的应用

裸子植物的木材可作为建筑、飞机、家具、器具、舟车、矿柱及木纤维等工业原料。多数松杉类植物的枝干可割取树脂用于提炼松节油等副产品,树皮可提制栲胶。

三、食用和药用

许多裸子植物的种子可食用或榨油,如华山松、红松、香榧(*Torreya grandis* Fort.)及买麻藤等的种子,均可炒熟食用。近年研制开发的"松花粉"是一种极具推广价值的营养保健品。药用的种类也很多:苏铁的种子除食用(微毒)外,可药用;银杏和侧柏的枝叶及种子、麻黄属植物的全株均可入药;值得一提的是,近年来已从三尖杉和红豆杉的枝、叶及种子中分别分离出了三尖杉酯碱、紫杉醇等具有抗癌活性的多种生物碱,用于抗癌药物的提制。

四、观赏和庭院绿化

大多数的裸子植物都为常绿树,树形优美,寿命长,易修剪,是重要的观赏和庭院绿化树种,如苏铁、银杏、雪松、油松、白皮松、华山松、金钱松、水杉、金松、侧柏、圆柏、南洋杉、罗汉松等,其中雪松、金松、南洋杉被誉为世界三大庭院树种。

思考与探索

1. 与苔藓植物和蕨类植物相比,裸子植物在适应陆生生活方面有哪些进步的特征?三者之间最主要的区别在什么地方?
2. 松属植物的生活史和被子植物的生活史(见第五章)相比有何异同?
3. 裸子植物的种子在结构和来源上与被子植物的种子(见第二章和第五章)有何主要异同?
4. 裸子植物胚的发育过程和被子植物相比有何主要异同?
5. 观察校园中裸子植物的球花及球果的形成过程,认识不同种类裸子植物的球花及球果形成的物候差异。
6. 买麻藤纲有什么重要的特征,怎样分析它们的原始特征和进步特征?
7. 阅读本章窗口内容并查阅有关文献,试分析裸子植物中的双受精过程与被子植物中的双受精过程有何主要异同。

数字课程学习

重难点解析　教学课件　视频　植物照片库　相关网站

第十三章

被子植物

(Angiosperm)

内容提要 被子植物又称有花植物(flowering plants)或雌蕊植物(gynoetiatae),是现代植物界中进化水平最高级的类群。本章讨论被子植物的主要特征,被子植物的分类原则和演化趋向,以及被子植物分类的依据,还专门单列了一节介绍花程式、花图式和植物检索表。被子植物的分类采用克朗奎斯特系统,并重点介绍双子叶植物纲6亚纲、19目的19个科和单子叶植物纲的5亚纲、6目的6个科的主要特征和代表种类。此外,还对当前流行的恩格勒系统、哈钦松系统、塔赫他间系统、克朗奎斯特系统和APG系统等5个分类系统进行了介绍。本章的“窗口”特别介绍表征分类和分支系类在植物分类学和系统学中的应用。

第一节　被子植物的主要特征

现存已知的被子植物约有20万种,我国约有3万种。被子植物能有如此众多的种类,有极其广泛的适应性,与它们的结构复杂化、完善化是分不开的,特别是被子植物繁殖器官的结构及其生理过程的特点,为其提供了适应各种环境的内在条件,使其在生存竞争、自然选择的矛盾斗争过程中,不断产生新的变异、产生新的物种。

一、具有真正的花

典型被子植物的花由花萼、花冠、雄蕊群和雌蕊群4部分组成,各个部分称为花部。花萼和花冠的出现为增强传粉的效率以及达到异花传粉的目的创造了条件。被子植物花的各部分在进化过程中能够适应虫媒、风媒、鸟媒、兽媒或水媒等各种类型传粉的方式,从而使被子植物能适应各种不同的生活环境。

二、具有雌蕊,形成果实

雌蕊由心皮组成,它包括子房、花柱和柱头3部分。胚珠包藏在子房内,得到子房的保护,避免了昆虫的咬噬和水分的丧失。子房在受精后发育为果实。果实具有不同的色、香、味和多种开裂方式以及各种钩、刺、翅、毛。果实所有的这些特点对于保护种子的成熟、帮助种子散布起着重要的作用。

三、具有双受精现象

当两个精子由花粉管送入胚囊后，1 个与卵细胞结合形成合子，将来发育为 $2n$ 的胚；另 1 个与 2 个极核结合形成 $3n$ 的胚乳，这种具有双亲特性的胚乳具有更强的生活力。

四、孢子体进一步发达和分化

被子植物的孢子体在生活史中占绝对优势，从形态、结构、生活型等方面都比其他各类群更加完善化、多样化。从生活型来看，有水生、沙生、石生和盐碱生的植物；有自养的植物，也有附生、腐生和寄生的植物；有乔木、灌木、藤本植物，也有一年生、二年生、多年生的草本植物。在形态上，一般有合轴式的分枝以及大而阔的叶片。在解剖构造上，输导组织的木质部中具有导管，韧皮部具有筛管和伴胞，由于输导组织的完善，使体内的水分和营养物质的运输畅通无阻，而且机械支持能力得到加强，就能够供应和支持总面积大得多的叶子，增强光合作用的效率。

五、配子体进一步退化

被子植物的配子体达到了最简单的程度。小孢子即单核花粉粒发育成的雄配子体，只有 2 个细胞，即管细胞和生殖细胞，少数植物在传粉前生殖细胞就分裂 1 次，产生 2 个精子，所以这类植物的成熟花粉粒有 3 个细胞。大孢子发育为成熟的雌配子体称为胚囊，胚囊通常只有 7 个细胞:3 个反足细胞、1 个中央细胞（包括 2 个极核）、2 个助细胞、1 个卵细胞。无颈卵器结构。可见，被子植物的雌、雄配子体均无独立生活的能力，终生寄生在孢子体上，结构上比裸子植物更加简化。

正是由于被子植物具备了上述在适应陆生环境过程中形成的各种优越条件，才使被子植物在地球上得到飞速发展，成为植物界最繁茂的类群。

第二节　被子植物的分类原则和演化趋向

被子植物的分类，不仅要把几十万种植物安置在一定的位置上（纲、目、科、属、种），而且还要建立起一个分类系统，并在分类系统中反映出它们之间的亲缘关系。但是这方面的工作是很困难的，这是因为地球上的被子植物几乎是在距今 1.3 亿年前的白垩纪突然同时兴起的，这就难以根据化石的年龄论定谁比谁更原始。其次，由于很难找到各种花的化石，而花的特点又是被子植物分类的重要依据，这就使整个进化系统成为被割裂的片段。然而，植物分类学家还是根据现有的资料进行分类，并尽可能地反映出它的起源与演化关系。

根据被子植物的化石，最早出现的被子植物多为常绿木本植物，以后地球上经历了干燥、冰川等几次大的反复，产生了一些落叶草本的类群，由此可以确认落叶、草本、叶形多样化、输导功能完善化等是次生的性状。根据花、果的演化趋势具有向着经济、高效的方向发展的特点，可以确认花被分化或退化、花序复杂化、子房下位等都是次生的性状。

基于目前大多数学者对植物形态特征演化趋势的认识，一般公认的被子植物的分类原则和演化规律如表 13－1 所示。

表 13-1　被子植物形态构造的演化规律和分类原则

	初生的、原始的性状	次生的、较完整的性状
茎	1. 木本 2. 直立 3. 无导管,只有管胞 4. 具有环纹、螺纹导管	1. 草本 2. 缠绕 3. 有导管 4. 具有网纹、孔纹导管
叶	5. 常绿 6. 单叶全缘 7. 互生(螺旋状排列)	5. 落叶 6. 叶形复杂化 7. 对生或轮生
花	8. 花单生 9. 有限花序 10. 两性花 11. 雌雄同株 12. 花部呈螺旋状排列 13. 花的各部多数而不固定 14. 花被同形,不分化为萼片和花瓣 15. 花部离生(离瓣花、离生雄蕊、离生心皮) 16. 整齐花 17. 子房上位 18. 花粉粒具有单沟 19. 胚珠多数 20. 边缘胎座、中轴胎座	8. 花形成花序 9. 无限花序 10. 单性花 11. 雌雄异株 12. 花部呈轮状排列 13. 花的各部数目不多,有定数(3、4 或 5) 14. 花被分化为萼片和花瓣,或退化为单被或无被花 15. 花部合生(合瓣花、具有各种形式结合的雄蕊、合生心皮) 16. 不整齐花 17. 子房下位 18. 花粉粒具有 3 沟或多孔 19. 胚珠少数或 1 个 20. 侧膜胎座
果实	21. 单果、聚合果 22. 真果	21. 聚花果 22. 假果
种子	23. 种子有发育的胚乳 24. 胚小,直伸,子叶 2	23. 无胚乳,种子萌发所需的营养物质贮藏在子叶中 24. 胚弯曲或卷曲,子叶 1
生活型	25. 多年生 26. 绿色自养植物	25. 一年生 26. 寄生、腐生植物

我们在应用被子植物的分类原则进行分类工作或分析一个分类群(taxon)时,不能孤立地、片面地根据一两个性状,就给这个分类群下进化还是原始的结论。这是因为:①同一种性状,在不同的植物中的进化意义不是绝对的。如对一般植物来说,两性花、胚珠多数、胚小是原始的性状,而在兰科植物中,恰恰是它进化的标志。②各个性状的演化不是同步的。常可看到在同一个植物体上,有些性状相当进化,另一些性状则保留着原始性,而另一类植物恰恰在这方面得到了进化,因此,不能一概认为没有某一些进化性状的植物就是原始的。③各种性状在分类上的价值是不等的。在进行植物分类时,学者们总是把某些性状看得比另一些性状重要些,这就是所谓对性状的加权。如一般认为,生殖器官的性状比营养器官的性状要被看得重要些。因此,我们在评价各个类群时,应客观地、全面地、综合地进行分析与比较,这样才有可能得出比较正确的结论。

第三节　被子植物分类的依据

一、形态学资料

形态学资料是一种为肉眼所能观察到的性状,在实际应用中最为方便,所以在分类实践中应用最广、价值最大，是被子植物分类学的基础。目前，被子植物的分类和命名还主要是通过形态学的资料进行的。在植物的各种形态特征中，花、果的形态特征要比根、茎、叶的形态特征重要，尤其是花的形态特征最为重要。但是随着科学的发展，人们发现运用形态学特征并不能解决分类学上的一切问题，遇到种类繁多、分类比较困难的类群时，往往感到证据不足，尤其是在探讨植物类群的亲缘关系和演化地位的时候。因此必须运用新的仪器和手段，寻找更为可靠、更为全面的分类学性状，从而也使得分类学从单独依靠形态学资料扩展到涉及解剖学、胚胎学、细胞学、遗传学和分子生物学等多个学科的综合学科。

二、细胞学资料

细胞学的资料用作分类学的重要依据，越来越被分类学家所重视。半个世纪以前，就开展了细胞有丝分裂时染色体的数目、大小和形态的比较研究。染色体的数目以及染色体组型中各染色体的绝对大小作为分类性状的价值在于它在种内相对恒定。减数分裂时染色体的行为方式表明了不同亲本的染色体组之间配对的程度，因而常用来揭示种间的关系。因此，细胞学资料作为分类学的一个依据，在确定某些分类单位、探讨系统演化、建立新的自然分类系统等方面无疑是有重要意义的。

三、化学资料

植物的化学组成随种类而异，因此化学成分可以作为分类的一项重要指标，用以研究植物类群之间的亲缘关系和演化规律。在分类学上有用的化学物质主要是一些次生代谢产物，如糖类、糖苷、植物碱、黄酮类化合物、萜类化合物、酚类化合物和挥发油等，以及携带信息的大分子化合物，如蛋白质、核酸、酶等。

血清学方法是一种既方便又快速，并且可以广泛用于植物分类的方法。此方法多采用沉淀反应，它将从某一种植物中提纯的某一种蛋白质注射到哺乳动物身上（往往用兔子），哺乳动物的血清中会产生抗体，然后提纯含有该蛋白质抗体的血清（称抗血清），将其与待测的另一种植物的蛋白质悬浊液（抗原）进行凝胶扩散或免疫电泳，观察其产生的沉淀反应来估计各不同种生物的相似程度，相似程度越高则沉淀反应越明显。

蛋白质作为化学分类特征，还可以直接将其做电泳分析，以比较植物种类之间的异同。这主要是根据凝胶上的蛋白质颗粒在电场影响下分成带正电荷和负电荷的两种，各向其异性的方向移动。由于蛋白质分子有大有小，所带电荷也有大有小，因此在电场下移动速度不一，这样就形成了蛋白质的区带谱。不同的植物种类含有的蛋白质不同，因此出现的区带谱也不同，由此来评价不同种类植物之间的亲缘或演化关系。目前，用植物体内所含的酶作为分类依据是一项发展较快而有意义的蛋白质电泳方法，即把植物体内的酶提取后在一定介质（淀粉凝胶或聚丙烯酰胺凝胶）中进行电泳产生一个酶谱，再经过酶的特异染色，以此来区分和归并一些物种。常采用此法的是过氧化氢酶、过氧化物酶以及酯酶等同工酶。在一定条件下，某些同工酶代表了植物的遗传特征，在分类学上是有应用价值的。

四、分子生物学资料

植物的不同类群在形态结构、生理生化等方面的表型差异通常有其分子基础，这包括 DNA 序列改变所导致的遗传变异和不涉及 DNA 序列而由表达调控引起的表观遗传变异。近 30 年来，分子生物学技术，特别是 DNA 聚合酶链反应（PCR）和测序技术的发展，使得植物学家得以从分子水平上对植物进行区分，探讨植物类群间的系统发育关系。常用于植物系统与进化研究的分子标记有 DNA 序列和多种指纹分析。在 DNA 序列方面，由于基因的外显子为保证所编码蛋白质的稳定性和功能，在长期的自然选择过程中保存下来的核苷酸变化较少,只在进化关系较远的分类群之间才被积累,因此,该区域的变异信息通常用于高等级分类阶元上(如目、科、属等)的系统发育分析;相反,基因的内含子或基因间隔区由于不编码蛋白质,所受的选择压力较小,从而保存了较丰富的变异信息,可用于较低分类阶元上(如种、亚种、变种等)近缘类群的进化关系分析和物种内变异式样的研究。迄今为止,植物系统发育研究中应用最多的是质体(叶绿体)DNA 以及细胞核核糖体 DNA 的序列。然而,细胞核基因组还拥有千百万个蕴藏着巨大遗传信息的基因,它们比细胞器基因的变异速率快,因此在系统发育研究中具有更大的应用前景。目前,核基因的测序仍依赖于基因组背景信息,而已被全基因组测序的只有少数模式植物和经济植物。核基因序列在植物系统和进化研究中的广泛应用有待基因组数据的积累、比较基因组研究和新一代测序技术的发展。DNA 指纹是基于 DNA 的限制性酶切片段和扩增片段长度多态性的分子标记,目前较常用且能提供稳定可靠变异信息的指纹标记有:AFLP(amplified fragments-length polymorphism,扩增片段的长度多态性)、SSR(simple sequence repeat,microsatellite,微卫星)、RFLP(restriction fragments-length polymorphism,限制性酶切片段的长度多态性)等。由于这类分子标记可以揭示基因组间的微小差异,常用于较低分类阶元上的分类、系统发育或居群水平的遗传多样性研究。

五、超微结构和微形态学资料

电子显微镜技术正在日益被人们应用到分类学领域。在被子植物中,采用透射电子显微镜技术研究最多的是植物的韧皮部或与韧皮部组织相关组织的特征,如筛管分子质体、P-蛋白质、核蛋白质晶体、内质网膨大潴泡等。在微形态学领域,通过扫描电子显微镜技术的研究表明,植物的表皮,包括根、茎、叶、花、果实、种子的表皮,以及花粉的外壁等,在表皮细胞的排列、表面纹饰、角质层分泌物等方面都有极其多样的形态,为一些植物类群的研究提供了新的有价值的分类资料。

总之,凡是具有种间差异的特征都可以作为被子植物分类的依据。能用于分类的性状很多。近年来,通过新的研究技术和方法,人们已经发现了许多有价值的资料,修订或补充了传统分类中许多不足之处。但是,如果认为新的资料比形态学资料能揭示出更为本质的性状而轻视传统的形态分类,那是错误的。就目前为止,还没有哪一类特征能像形态学特征那样普遍地用于所有的高等植物和各个分类等级。随着植物学各分支学科的发展,将为分类学提供更为全面的资料,这样,人们才有可能借助于计算机进行能反映植物本身全面特征的合理分类,并建立起一个反映亲缘关系的分类系统(见本章“窗口”)。

第四节 花程式、花图式和检索表

一、花程式

花程式(flower formula)是用简单的符号来表示花的各部分特征,即花各部分的组成、数目以及子房的位置和构成等。

花的各部分常以拉丁名词的第 1 个字母为代号:K 代表花萼(kalyx)(德文),C 代表花冠(corolla),A 代表雄蕊(androecium),G 代表雌蕊(gynoecium),如果花萼、花冠不能区分,则用 P 代表花被(perianth)。每个字母的右下角可以记上 1 个数字,表示各轮的实际数目。如果缺少其中 1 轮,可用“0”表示;如果数目多于花被 2 倍,即为“多数”,可用“∞”表示,有时也用“∞”表示不定数。如果某 1 轮的各部分相互联合,可在数字外加上括号“()”;如果某一部分出现 2 轮或 3 轮,可在数字间加上“+”号。子房的位置也可以在公式中表示出来，如果是子房上位，可在 G 字下加一横线；子房下位，则在 G 字上加一横线；子房半下位，则在 G 字上下各加一横线。在 G 字右下角可以写上 3 个数字，依次表示该雌蕊的心皮数、子房室数和每室胚珠数，3 个数字之间用":"号相隔。花辐射对称，可在花程式前加上 1 个"＊"；花两侧对称，则加 1 个"↑"号。雄花用"♂"表示；雌花用"♀"表示；两性花用"⚥"表示；雌雄同株用"(♂ ♀)"表示；雌雄异株用♂/♀表示。

示例：

大豆的花程式为：⚥ ↑ $K_{(5)}C_5A_{(9)+1}\underline{G}_{1:1:\infty}$

花程式表示的意义：两性花；两侧对称；萼片合生，5 裂；花瓣 5，离生；雄蕊 10 枚，9 枚合生，1 枚分离；子房上位，由 1 心皮组成，1 室，胚珠多数。

苹果的花程式为：⚥ ＊ $K_{(5)}\ C_5\ A_\infty\ \overline{G}_{(5:5:2)}$

花程式表示的意义：两性花；辐射对称；萼片 5，合生；花瓣 5，离生；雄蕊多数，离生；子房下位，由 5 心皮合生而成，5 室，每室 2 胚珠。

二、花图式

花图式(flower diagram)是用图解的方式表示花的横剖面简图，借以说明花的各部分数目、排列位置、离合情况、排列情况和胎座类型等。实际上，花图式就是花的各部分在垂直花轴平面上的投影。

在绘制花图式时，花轴或花序轴是以一个黑点(或小圆圈)来表示，这是绘制花图式的定位点，花部的远轴部和近轴部以及子房横切面的角度都以此点来定。苞片以有一突起的新月形弧线表示，花轴对方的 1 片为苞片，两侧的 2 片为小苞片。花的各部应绘在花轴和苞片之间，花萼以具有突起的和具有短线的新月形弧线表示，花冠以实心的新月形弧线表示。如果花萼、花冠都是离生的，各弧线彼此分离；如为基部合生，则以虚线连接各弧线。如果萼片、花瓣有距时，则以弧线延长表示；如果萼片花瓣以及苞片应有未有，则用虚的弧线表示。此外还要注意萼片、花瓣的排列方式以及它们之间的相对位置关系。雄蕊是以花药的横切面表示，绘制时应表现出排列方式和轮数、联合或分离、花药为内向或外向开裂以及与花瓣之间的相互关系，如雄蕊退化，则以星号"□"表示。雌蕊以子房的横切面表示，应表示出心皮的数目、心皮是离生还是合生、子房的室数、胚珠的类型以及胚珠着生的位置等(图 13－1)。

图 13－1　花图式的示例

A. 百合花　B. 豌豆花

三、检索表

检索表(key)是用来鉴定植物、认识植物种类的工具。它是通过一系列的从两个相互对立的性状中选择一个相符的、放弃一个不符的方法，从而达到鉴定的目的。按这种方式编制的检索表称为二歧检索表，目前广泛采用的二歧检索表有以下两种。

(一) 定距检索表

定距检索表把相对立的特征编为同样的号码,并且在左边同样的位置开始,每下一组性状编排时,向右退1格。如木犀科7个属的分属检索表编排如下:

1. 果实为翅果
  2. 单叶,全缘;果周围有翅 ………………………………………………………………… 雪柳属(*Fontanesia*)
  2. 羽状复叶;果只在顶端有翅 ………………………………………………………………… 白蜡树属(*Fraxinus*)
1. 果实不为翅果
  3. 蒴果
    4. 花黄色,枝中空或具有片状髓,叶常有锯齿 ……………………………………………… 连翘属(*Forsythia*)
    4. 花紫色、白色或红色,枝具有实髓,叶全缘或有裂 ………………………………………… 丁香属(*Syringa*)
  3. 核果或浆果
    5. 单叶对生,花为圆锥花序、总状花序或簇生
      6. 花冠裂片在芽中覆瓦状排列,花簇生于叶腋或成短圆锥花序,核果……………………… 木犀属(*Osmanthus*)
      6. 花冠裂片在芽中镊合状排列;花为顶生的圆锥花序或总状花序,核果状浆果……………… 女贞属(*Ligustrum*)
    5. 羽状复叶或三出复叶,对生或互生,稀单叶;花为聚伞花序或伞房花序;浆果 …………… 素馨属(*Jasminum*)

(二) 平行检索表

平行检索表的特点是左边的字码平头写,故可以节约篇幅,尤其是在种类多的时候。仍以上例说明。

1. 果实为翅果 ……………………………………………………………………………………………… 2
1. 果实不为翅果 …………………………………………………………………………………………… 3
2. 单叶,全缘;果周围有翅……………………………………………………………………… 雪柳属(*Fontanesia*)
2. 羽状复叶,果只在顶端有翅 ………………………………………………………………… 白蜡树属(*Fraxinus*)
3. 蒴果 ……………………………………………………………………………………………………… 4
3. 核果或浆果 ……………………………………………………………………………………………… 5
4. 花黄色,枝中空或具有片状髓,叶常有锯齿 …………………………………………………… 连翘属(*Forsythia*)
4. 花紫色、白色或红色,枝具有实髓,叶全缘或有裂 ………………………………………………… 丁香属(*Syringa*)
5. 单叶对生,花为圆锥花序、总状花序或簇生 ……………………………………………………………… 6
5. 羽状复叶或三出复叶,对生或互生,稀单叶;花为聚伞花序或伞房花序;浆果 …………………… 素馨属(*Jasminum*)
6. 花冠裂片在芽中覆瓦状排列,花簇生于叶腋或成短圆锥花序,核果……………………………… 木犀属(*Osmanthus*)
6. 花冠裂片在芽中镊合状排列,花为顶生的圆锥花序或总状花序,核果状浆果 …………………… 女贞属(*Ligustrum*)

从上面的例子可以看出,两种检索表所采用的特征是相同的,不同之处在于编排的方式上。目前采用最多的还是定距检索表。

编制检索表时需要注意的几个问题:

(1) 检索表中包含多少个被检索对象完全是人为地编辑在一起的,可以按某一地区、某一类群或某种用途进行编辑。

(2) 认真观察和记录植物的特征,并列出特征比较表,以便找出各类植物之间最突出的区别。

(3) 在选用区别特征时,最好选用相反的或易于区分的特征,千万不能采用似是而非或不肯定的特征。采用的特征要明显稳定,最好选用仅用肉眼或手持放大镜就能看到的特征。

(4) 有时同一种植物由于生长的环境不同既有乔木也有灌木,遇到这种情况时,在乔木和灌木的各项中都可以编进去,这样就可以保证查到。

(5) 二歧检索表的编排号码,只能用两个相同的,不能用3项以上。如1,1;2,2。

(6) 为了验证你编制的检索表是否适用,还需要到实践中验证。

在使用检索表时应注意下列事项:

(1) 对植物的各部分特征,特别是花的各部分构造,要进行细致的解剖观察,因此,要鉴定的标本一

定要完整，尤其是要有花、果。

(2) 要根据植物的特征从头按次序逐项往下查，决不能跳过一项去查下一项，因为这样极易发生错误。

(3) 要全面核对两项相对性状，如果第一项性状看上去已符合手头的标本，也应继续读完相对的另一项性状，因为有时后者更合适。

(4) 在核对了两项性状后仍不能做出选择或手头的标本上缺少检索表中要求的特征时，可分别从两方面检索，然后从所获的两个结果中，通过核对两个种的描述或图作出判断。

(5) 根据检索的结果，对照植物标本的形态特征是否和植物志或图鉴上的描述及图一致，如果全部符合，证明鉴定的结论是正确的，否则还需重新研究，直到完全正确为止。

第五节　被子植物的分类

被子植物分为两个纲，即双子叶植物纲(Dicotyledoneae)(木兰纲，Magnoliopsida)和单子叶植物纲(Monocotyledoneae)(百合纲，Liliopsida)，它们的主要区别如表13-2所示。

表13-2　双子叶植物纲和单子叶植物纲的主要区别

双子叶植物纲(木兰纲)	单子叶植物纲(百合纲)
胚常具有2片子叶(极少数为1,3或4片子叶，或缺)	胚内仅含1片子叶(或有时胚不分化)
主根发达，多为直根系	主根不发达，常形成须根系
茎内维管束常呈环状排列，具有形成层	茎内维管束散生，无形成层
叶常具有网状脉	叶常具有平行脉
花部常5或4基数，极少3基数	花部常3基数，极少4基数，绝无5基数
花粉常具有3个萌发孔	花粉常具有单个萌发孔

但是，两个纲的这些区别点只是相对的、综合的，实际上有交错现象。如在双子叶植物中的睡莲科、毛茛科、小檗科、罂粟科、胡椒科、伞形科和报春花科等科中均有1片子叶现象；双子叶植物，尤其在毛茛科、车前科、茜草科、菊科等科中有具须根系的植物；在毛茛科、睡莲科、石竹科等双子叶植物中有星散维管束，而有些单子叶植物的幼期也有环状排列的维管束，并有初生形成层；在单子叶植物的天南星科、薯蓣科等科中也有网状叶脉的，而双子叶植物如伞形科的柴胡属、含羞草科中的一些植物具有平行叶脉；双子叶植物的樟科、木兰科、小檗科、毛茛科中有3基数的花，单子叶植物的眼子菜科、百合科中的某些类群有4基数的花。

从进化的角度看，单子叶植物的须根系、缺乏形成层、平行脉等性状都是次生的，它的单萌发孔花粉却保留了比大多数双子叶植物还要原始的特点。在原始的双子叶植物中，也具有单萌发孔的花粉粒，这也给单子叶植物起源于双子叶植物提供了依据。

一、双子叶植物纲(Dicotyledoneae)

根据克朗奎斯特系统，双子叶植物纲又称木兰纲，分为6个亚纲，64个目，318个科，约165 000个种。现选择其中19个科分别介绍如下。

(一) 木兰科(Magnoliaceae) ⚥ $* \ P_{6-15} \ A_{\infty} \ \underline{G}_{\infty:1:1-\infty}$

木兰科属木兰亚纲(Magnoliidae)，木兰目(Magnoliales)。

木兰科为木本。单叶互生,羽状脉;托叶早落,在节上留有环状托叶痕。花单生,两性,整齐;花被分化不明显;雌、雄蕊多数,离生,螺旋状排列于柱状花托上;雄蕊的花丝短,花药长;花粉粒单沟型。聚合蓇葖果,稀为翅果。染色体:X = 19。

本科有 15 属,200 余种,主要分布于亚洲的热带和亚热带。我国有 11 属,130 余种,集中分布于我国西南部和南部。本科植物花大而美丽,很多种类被栽培引种,供观赏。

木兰属(*Magnolia*),花顶生,花被多轮,不具有雌蕊柄,每心皮有 1 ~ 2 枚胚珠,聚合蓇葖果。种子成熟时悬挂在由珠柄部分的螺纹导管展开而成的细丝上。本属约 80 种,我国有 20 余种。玉兰(*M. denudata* Desr.)(图 13 – 2 A ~ D),落叶小乔木;花大,白色或带紫色,先叶开放,花被 3 轮,有芳香;黄山有野生,华北各大公园常见栽培,供观赏。荷花玉兰(洋玉兰)(*M. grandiflora* L.),常绿乔木;叶革质,叶背常被锈色毛;花大,白色,花被 3 ~ 4 轮;原产北美,我国各地均有栽培,供观赏。辛夷(紫玉兰)(*M. liliflora* Desr.),落叶灌木;花紫色,先叶开放,萼片和花瓣有明显的区别;分布于湖北、四川、陕西等省,花蕾入药。

常见的种类还有:含笑[*Michelia figo* (Lour.) Spreng.](图 13 – 2 F ~ I),嫩枝、芽及叶柄被棕色毛;花腋生,淡黄色,具有雌蕊柄;产华南,花芳香,供观赏。鹅掌楸(马褂木)[*Liriodendron chinense* (Hemsl.) Sarg.],落叶乔木;叶分裂,先端截形;花杯状,黄绿色,萼片 3,花瓣 6;聚合翅果;特产我国,分布于长江以南各省,因叶形奇特,常栽植于公园中供观赏。

木兰科的植物具有比较原始的特点:木本,单叶,全缘,羽状脉;花辐射对称,单生,花托柱状;雌、雄蕊多数,离生,螺旋排列,花被数目多,分化不明显;花药长,花丝短;蓇葖果;胚小,胚乳丰富等。

图 13 – 2　玉兰和含笑

A ~ D. 玉兰　A. 花枝　B. 果枝　C. 雌蕊群　D. 雄蕊(示背、腹面)　E. 木兰科花图式　F ~ I. 含笑　F. 花枝　G. 雄蕊　H. 雌蕊群(示雌蕊柄)　I. 聚合蓇葖果

(二) 毛茛科(Ranunculaceae) ⚥ $*$, ↑ $K_{3-\infty}$ $C_{0-\infty}$ A_{∞} $\underline{G}_{\infty-1:1:1-\infty}$

毛茛科属木兰亚纲,毛茛目(Ranunculales)。

毛茛科多为草本。叶掌状或羽状分裂,或为一至多回三出复叶,无托叶。花常两性,整齐,稀不整齐,花部分离,萼片 3 至多数,绿色或作花瓣状而有色彩,花瓣 3 至多数;雄蕊多数;心皮通常多数,常螺旋排列于突起的花托上，稀 3 或 1，离生，子房上位，每心皮含 1 至多数胚珠。聚合瘦果或聚合蓇葖果，稀浆果。胚小，胚乳丰富。染色体：X = 6 ~ 10，13。

本科有 50 属，2 000 多种，广布于世界各地，多见于北温带和寒带。我国有 39 属，约 750 种，全国各地均有分布。本科植物含有多种生物碱，多数为药用植物和有毒植物。

毛茛属（*Ranunculus*），直立草本，具有基生叶和互生的茎生叶，花黄色，萼片、花瓣均为 5，雄蕊和心皮均为多数，离生，螺旋状排列于膨大的花托上，聚合瘦果。本属约 400 种，广布全世界。我国有 80 余种。毛茛（*R. japonicus* Thunb.）（图 13 – 3 A ~ G），花瓣亮黄色，基部具有蜜槽，聚合瘦果近球形，广布于全国各地，喜生阴湿处，有毒，全草药用为发泡药，具有治疗疟疾、关节炎的作用，亦可用作农药。

本科常见的药用植物有：乌头（*Aconitum carmichaeli* Debx.）（图 13 – 3 I ~ L），块根肥大，叶掌状裂；花两性，萼片 5，蓝紫色，最上面的 1 片特化为盔状，称盔萼，花瓣 2，退化成蜜腺叶；雄蕊多数；心皮 3 ~ 5，离生；聚合蓇葖果；块根剧毒，需炮制后入药，其旁生侧根为中药中的附子，有回阳补火、散寒除湿之效。白头翁［*Pulsatilla chinensis*（Bunge）Regel］，叶基生，萼片花瓣状，无花瓣；瘦果具有宿存的羽毛状的花柱；根含白头翁素，入药，治痢疾。黄连（*Coptis chinensis* Franch.），根状茎黄色，味苦，可提取黄连素。金莲花（*Trollius chinensis* Bunge），花入药，能清热解毒。

图 13 – 3　毛茛和乌头

A ~ G. 毛茛　A. 植株　B. 花的纵剖　C. 花瓣　D. 雄蕊　E. 子房的纵剖　F. 聚合瘦果　G. 瘦果　H. 毛茛属花图式　I ~ L. 乌头　I. 花果枝　J. 块根　K. 花瓣特化的蜜腺叶　L. 雄蕊　M. 乌头属花图式

毛茛科是草本植物中原始的类群，但是有些种类有两侧对称的花，花瓣退化，心皮数目减至 3 或 1，说明它比木兰科进化。

（三）桑科（Moraceae）　♂：$* \ K_{4-6} \ C_0 \ A_{4-6}$；♀：$* \ K_{4-6} \ C_0 \underline{G}_{(2:1:1)}$

桑科属金缕梅亚纲（Hamamelidae），荨麻目（Urticales）。

桑科为木本。常具有乳汁,具有钟乳体。单叶互生,托叶早落。花小,单性,常聚集成头状、穗状、柔荑或隐头花序;花单被,雄花萼片常4,雄蕊4,对萼;雌花萼片常4,雌蕊由2枚心皮合生而成,子房上位,1室,1胚珠。聚花果。胚常弯曲,种子具有胚乳。染色体:X = 12 ~ 16。

本科有40属,约1 000种,主要分布于热带和亚热带,少数分布于温带。我国有11属,150余种,南北各省均有分布。

桑属(*Morus*),具有乳汁。花单性异株,成柔荑花序;雄花萼片4,雄蕊4,中央具有退化雌蕊;雌花萼片4,子房上位,由2枚心皮合生形成,1室,1胚珠。瘦果包于肉质化的萼片内,形成聚花果,俗称桑葚。本属有12种,我国有9种。桑(*M. alba* L.)(图13-4),原产我国,各地均有栽培。桑叶可饲蚕,桑葚、根内皮、桑叶、桑枝均可入药,茎皮纤维可造纸,桑葚可食,木材坚硬,可制家具。

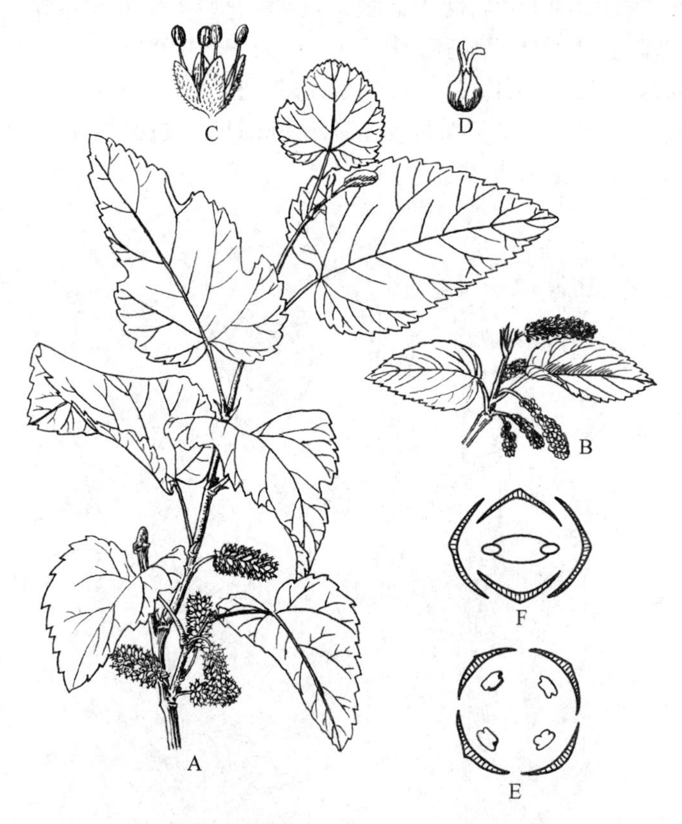

图13-4　桑

A. 雌枝　B. 雄枝　C. 雄花　D. 雌花　E. 雄花花图式　F. 雌花花图式

本科重要的种还有:榕树(*Ficus microcarpa* L.),常绿大乔木,有气生根,有时独木成林;广布于我国南部及西南部;树皮纤维制网和人造棉,常用作行道树或在北方制成盆景。无花果(*F. carica* L.),具有乳汁,枝上有环状托叶痕,叶具有3~5裂,隐头花序单生于叶腋,花序托肉质可食;原产地中海地区,我国南北各省均有栽培。构树[*Broussonetia papyrifera*. (L.) Vent.],落叶乔木,叶被粗绒毛,雌雄异株,聚花果球形,成熟时子房柄伸长,每个核果的果肉红色,内含1粒种子,茎皮纤维是高级的造纸原料。见血封喉[*Antiaris toxicaria* (Pers.) Lesch.],常绿乔木,树叶具有剧毒,可制毒箭,猎兽用;分布于云南和海南岛。木菠萝(菠萝蜜)(*Artocarpus heterophyllus* Lam.),常绿乔木,叶革质,花单性同株,聚花果肉质,生于树干或树枝上,熟时重达20 kg,外皮具六角形的瘤状突起,是著名的热带果树,花被可生食,种子含丰富的淀粉,炒熟可食用,树液和叶可作药用。

桑科植物花小,单被,单性,聚集成各式花序,是长期沿着风媒传粉的道路演化的结果。

（四）壳斗科（Fagaceae） ♂：* $K_{(4-8)}$ C_0 A_{4-20}；♀：* $K_{(4-8)}$ C_0 $\overline{G}_{(3-6:3-6:2)}$

壳斗科或称山毛榉科，属金缕梅亚纲，壳斗目（Fagales）。

壳斗科为木本。单叶互生，革质，羽状脉直达叶缘，托叶早落。花单性，雌雄同株；雄花成柔荑花序，花萼4～8裂，无花瓣，雄蕊与萼裂片同数或较多；雌花单生或2～3朵簇生于总苞内，萼片4～8裂，无花瓣，雌蕊由3～6心皮合生而成，子房下位，3～6室，每室2个胚珠，但整个子房仅1个胚珠发育。总苞在果时发育为木质的杯状或囊状，称为壳斗（cupule）。壳斗半包或全包坚果，外面有鳞片或刺。种子无胚乳，子叶肥厚。染色体：X＝12。

本科有12属，约1 000种，主要分布于热带及北半球的亚热带。我国有7属，约294种。

栎属（*Quercus*），多为落叶乔木；雄花序下垂，雌花1～2朵簇生；子房常3室，壳斗半包坚果，壳斗外的苞片为鳞片状或狭披针形。栓皮栎（*Q. variabilis* Blume）（图13－5 F～I），落叶乔木；树皮灰色，木栓层发达；叶背密生白色星状毛；主产于我国东部和北部地区；木材可制作器具，木栓层可制作软木塞，种子含丰富的淀粉，壳斗和树皮可提制栲胶。槲树（*Q. dentata* Thunb.），又称柞栎，叶大，广倒卵形，叶缘具有大的波状钝齿，叶背被黄褐色毛，壳斗的苞片狭披针形，反卷，叶片可养柞蚕。

板栗（*Castanea mollissima* Blume）（图13－5 A～D），落叶乔木；小枝无顶芽；雄花序为直立的柔荑花序；雌花常3朵集生于总苞内，子房6室；壳斗全包坚果，外被密生的针状刺，内有1～3个坚果；果实供食用，为重要的木本粮食作物。

图13－5　板栗和栓皮栎

A～D. 板栗　A. 花枝　B. 果枝　C. 雄花　D. 雌花　E. 栗属雌花花图式　F～I. 栓皮栎　F. 花枝　G. 果枝　H. 雄花　I. 雌花的纵剖　J. 栎属雌花花图式

壳斗科植物是亚热带常绿阔叶林的主要树种，在温带则以落叶的栎属植物为多。本科植物种类多，用途广，分布面积大，因而在国民经济中占重要的地位。

(五) 石竹科(Caryophyllaceae) ⚥ $* \ K_{4-5,(4-5)} \ C_{4-5} \ A_{5-10} \underline{G}_{(5-2:1:\infty)}$

石竹科属石竹亚纲(Caryophyllidae),石竹目(Caryophyllales)。

石竹科为草本,节膨大。单叶对生。花两性,整齐,聚伞花序或单生;萼片4~5,分离或结合,宿存;花瓣4~5,常有爪;雄蕊常5~10,1轮或2轮,心皮2~5,合生,花柱2~5,子房上位,1室,特立中央胎座。蒴果,顶端齿裂或瓣裂,稀为浆果。胚弯曲,具有外胚乳。染色体:X=5~9。

本科有75属,约2000种,广布于世界各地。我国有22属,约400种,全国分布。

石竹属(*Dianthus*),草本;花单生或成聚伞花序,萼片联合成筒,花瓣5,具有爪,全缘或先端具有齿或细裂;雄蕊10,2轮;心皮2,合生;蒴果圆柱形,顶端齿裂;本属约300种,欧洲、亚洲和非洲有分布;我国有16种。石竹(*D. chinensis* L.)(图13-6 A~E),叶线状披针形,花瓣顶端具有细齿,分布于我国北部及中部各省区。香石竹(*D. caryophyllus* L.),植物开花时具有香气,花瓣连生,重瓣,为著名的切花植物,原产南欧,我国栽培。

本科常见的植物有繁缕[*Stellaria media* (L.) Cyr.](图13-6 F~I),小草本;叶为卵形,花小,萼片5,分离;花瓣白色,先端2深裂;花柱3;蒴果瓣裂;广布全国,为田间杂草。药用植物有太子参[*Pseudostellaria heterophylla* (Miq.) Pax ex Pax et Hoffm.]、麦蓝菜(王不留行)[*Vaccaria segetalis* (Neak.) Garcke]等。

图13-6　石竹和繁缕

A~E. 石竹　A. 花果枝　B. 花瓣　C. 雄蕊和雌蕊　D. 花萼展开　E. 种子　F~I. 繁缕　F. 花果枝　G. 花　H. 蒴果　I. 种子　J. 石竹科(繁缕属)的花图式(注意雄蕊分别为10、5、3的不同情形)

（六）锦葵科（Malvaceae）$⚥\ *\ K_{(5)}\ C_5\ A_{(\infty)}\ \underline{G}_{(3-\infty:3-\infty:1-\infty)}$

锦葵科属五桠果亚纲（Dilleniidae），锦葵目（Malvales）。

锦葵科为木本或草本。茎皮纤维发达。托叶早落，单叶互生，常为掌状脉。花常两性，辐射对称，萼片3～5，常基部合生，其外常具有由苞片形成的副萼；花瓣5，螺旋状排列，近基部与雄蕊管连生；雄蕊多数，花丝联合成管状，为单体雄蕊，花药1室，花粉具有刺；子房上位，由3至多数心皮组成3至多室，中轴胎座。蒴果或分果。染色体：X＝5～22，33，39。

本科有75属，1 500种，广布于世界各地。我国有16属，80种，南北各省均有分布。

棉属（*Gossypium*），灌木状草本；叶掌状裂；副萼3或5，花萼杯状；心皮3～5；蒴果；室背开裂；种子外具有由种皮特化的长绵毛；本属约20种，我国5种。陆地棉（棉花 *G. hirsutum* L.）（图13－7），叶常3裂，副萼3，具有尖齿7～13；原产美洲，我国广为栽培；棉的纤维为棉织品的原料，棉子可榨油，供食用或制肥皂，油饼可作饲料和肥料，棉子壳可用于食用菌栽培。

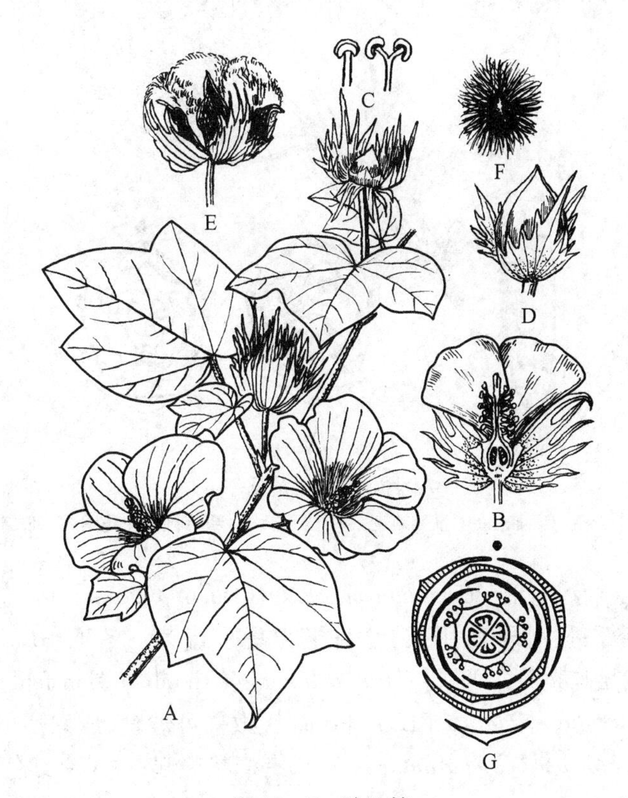

图13－7　陆地棉

A. 花枝　B. 花的纵剖　C. 雄蕊　D. 蒴果　E. 开裂的蒴果　F. 种子　G. 棉属的花图式

本科植物的经济用途，可以归结为纤维、观赏、药用及食用等几个方面，其中尤以纤维为主，如洋麻（*Hibiscus cannabinus* L.）、苘麻（*Abutilon theophrasti* Medicus）为织麻袋和制绳索的主要原料。常见的观赏植物有木槿（*Hibiscus syriacus* L.），叶3裂，具有三出脉，花大而美丽，栽培供观赏。冬葵（*Malva verticillata* L.）的嫩苗可作蔬菜。冬葵子和苘麻的种子均可入药。

（七）葫芦科（Cucurbitaceae）　$♂:*\ K_{(5)}C_{(5)}A_{1(2)(2)}$；$♀:*\ K_{(5)}C_{(5)}\overline{G}_{(3:1:\infty)}$

葫芦科属五桠果亚纲，堇菜目（Violales）。

葫芦科为草质藤本，有卷须。单叶互生，掌状裂，无托叶。花单性，雌雄同株或异株，辐射对称。雄花花萼5裂，花冠5裂，雄蕊5，常两两结合，1枚分离或完全联合成柱状，稀完全分离，花药合生，5裂；雌花萼筒与子房合生，花瓣5，多合生；子房下位，心皮3，1室，侧膜胎座。瓠果，稀蒴果。染色体：X＝7～14。

本科约90属,700余种,主产于热带和亚热带。我国有26属,140种,南北各省均有分布。

黄瓜属(*Cucumis*),草质藤本,卷须不分枝;叶掌状,5浅裂,雌雄同株,雄花叶腋簇生,雌花单生;花萼5裂,花冠5深裂;雄蕊5,两两合生,1枚分离,外形似3枚雄蕊;瓠果外面具有刺或光滑。黄瓜(*C. sativus* L.)(图13-8)为重要的瓜类蔬菜,原产印度,现已广泛栽培。甜瓜(香瓜)(*C. melo* L.)可作水果食用,原产印度,我国栽培很久,品种很多,如哈密瓜、白兰瓜、黄金瓜等。

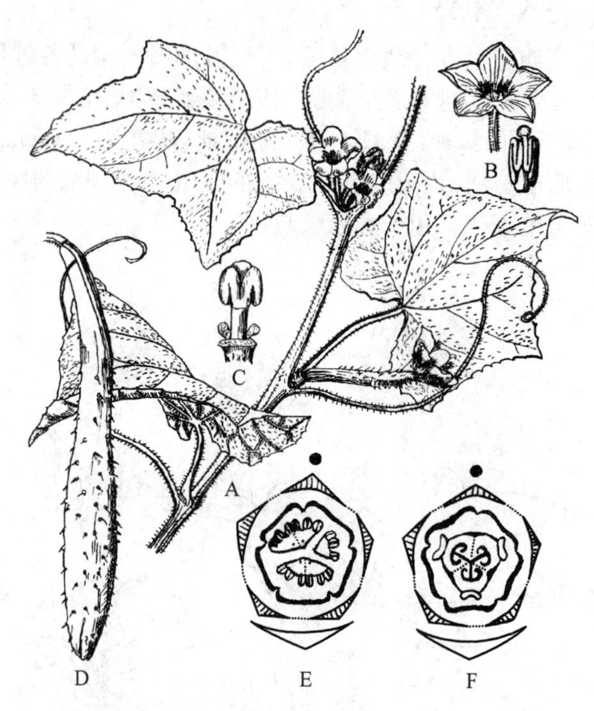

图13-8　黄瓜

A. 花枝　B. 雄花和雄蕊　C. 雌蕊的柱头和花柱　D. 果实　E. 葫芦科雄花花图式　F. 葫芦科雌花花图式

本科常见的瓜类蔬菜还有:南瓜[*Cucurbita moschata* (Duch.) Poir.],叶浅裂;卷须分枝;雄蕊完全联合成柱状;原产亚洲南部等;种子药用或食用;果为夏季蔬菜。冬瓜[*Benincasa hispida* (Thunb.) Cogn.],原产热带亚洲,栽培作蔬菜。西瓜[*Citrullus lanatus* (Thunb.) Mansfeld],原产热带亚洲,栽培作果品,主食其胎座。丝瓜[*Luffa cylindrica* (L.) Roem.],嫩果可炒食,成熟后的维管束网称丝瓜络,供药用或洗涤器具用。苦瓜(*Momordica charantia* L.),果有瘤状突起;种子有红色假种皮;果肉味苦稍甘,作夏季蔬菜。

药用植物有:栝楼(*Trichosanthes kirilowii* Maxim.),根制品称"天花粉",瓜皮及种子均为中药。罗汉果[*Siraitia grosvenori* (Swingle) C. Jafrey],果圆球形,可治咳嗽,主产于广西。绞股蓝[*Gynostemma pentaphyllum* (Thunb.) Makino],全草药用,产江南各省区。

此外,产自云南、广西等地的油渣果(油瓜)[*Hodgsonia macrocarpa* (Blume) Cogn.],大型木质藤本;雌雄异株;果可食;种子可榨油,含油量达68.2%,是我国近年来发现的野生油料植物资源。

(八)杨柳科(Salicaceae) $♂/♀\ ♂: * \ K_0\ C_0\ A_{2-\infty};\ ♀: * \ K_0\ C_0\underline{G}_{(2:1:\infty)}$

杨柳科属五桠果亚纲,杨柳目(Salicales)。

杨柳科为落叶乔木或灌木。单叶互生,具有托叶。花单性,雌雄异株,稀同株,柔荑花序,常先叶开放;每花基部具有1苞片,无花被,具有由花被退化而来的花盘或蜜腺;雄蕊2至多数;子房由2心皮结合而成,1室,侧膜胎座。蒴果,瓣裂。种子小,基部具有由珠柄上长出的许多绵毛;胚直生,无胚乳。染色体:X=11、12、19、22。

本科有 3 属，约 620 种，主产北温带。我国产 3 属，340 余种，全国分布。

杨属（*Populus*），常具有顶芽，芽鳞多片；柔荑花序下垂，花具有杯状花盘，雄蕊常多数；苞片具有裂，风媒花；本属约 100 种；我国约 30 种，主要分布于北方。毛白杨（*P. tomentosa* Carr.）（图 13－9 A～G），叶三角状卵形，幼时叶背密被白色绒毛，为我国北部防护林和庭园绿化的主要树种。银白杨（*P. alba* L.），叶背密生白色绵毛，叶具有 3～5 裂，可与毛白杨区别。加拿大杨（*P. canadensis* Moench.），叶三角形，叶背光滑，为常见的行道树种。

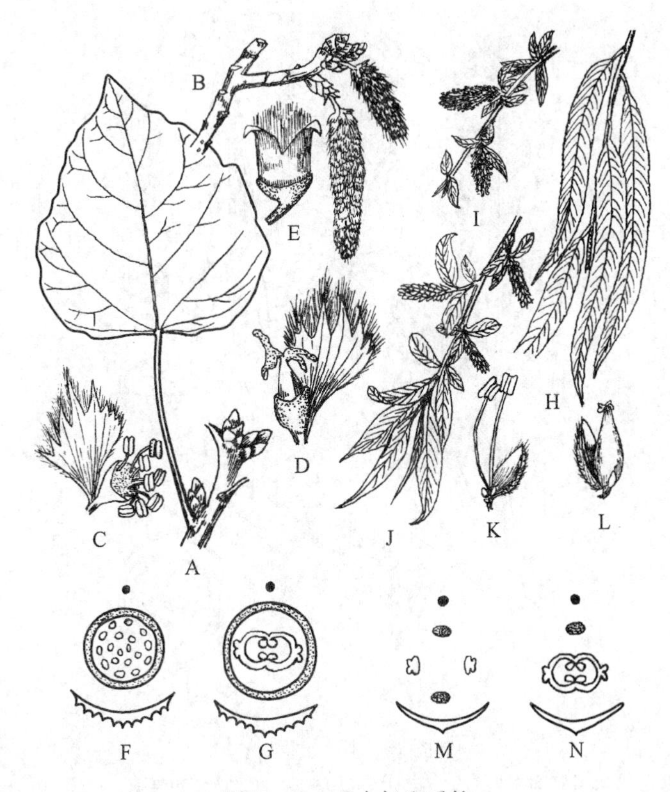

图 13－9　毛白杨和垂柳

A～G. 毛白杨　A. 叶和芽　B. 雄花枝　C. 雄花　D. 雌花　E. 蒴果　F. 雄花花图式　G. 雌花花图式
H～N. 垂柳　H. 枝叶　I. 雄花枝　J. 雌花枝　K. 雄花　L. 雌花　M. 雄花花图式　N. 雌花花图式

柳属（*Salix*），无顶芽，芽鳞 1 片，柔荑花序直立；花具有 1～2 枚腺体，雄蕊常 2；苞片全缘；虫媒花。旱柳（*S. matsudana* Koidz.），枝直立，叶为披针形，苞片三角形，雌花具蜜腺 2，为北方早春的主要蜜源植物。垂柳（*S. babylonica* L.）（图 13－9 H～N），枝细软下垂，叶狭披针形，雌花仅具 1 蜜腺，为河堤造林树种或作行道树。

杨柳科因花单性、无花被、柔荑花序、合点受精等特征，一直被归入柔荑花序类中；由于有侧膜胎座、胚珠多数等特征，又将它归入侧膜胎座类。该科植物多为速生树种，扦插成活率高，树姿雄伟、优美，是防护林、行道树及速生材用植物的优良树种。

（九）十字花科（Cruciferae，Brassicaceae）⚥ $* \ K_{2+2} \ C_4 \ A_{2+4} \ \underline{G}_{(2:1:1-\infty)}$

十字花科属五桠果亚纲，白花菜目（Capparales）。

十字花科多为草本。叶互生。植物体常被单毛、分叉毛、星状毛或腺毛。花两性，辐射对称，总状花序；萼片 4，2 轮；花瓣 4，十字形排列，基部常成爪，雄蕊 6，为 4 强雄蕊。子房上位，由 2 心皮合生而成，侧膜胎座，中央具有次生的假隔膜，分成 2 室，每室通常具有多数胚珠。果为长角果或短角果。种子无胚乳，胚弯曲，子叶弯曲或折叠。染色体：X＝4～15，多数为 6～9。

本科有 350 属，3000 种，全世界均有分布。我国有 90 属，约 300 种，全国分布。

芸薹属(*Brassica*),草本;基生叶具有柄,茎生叶无柄,叶的变异较大;花黄色;长角果;具喙;种子球形。本属植物是日常的主要蔬菜。常见的有:大白菜(*B. rapa* L. var. *glabra* Regel),原产我国,一年生或二年生草本,为华北和东北冬、春两季的主要蔬菜。青菜(小油菜)(*B. rapa* L. var. *chinensis* (L.) Kitam.),叶不结球,叶柄有狭边;原产我国,品种很多,为常见蔬菜。油菜(芸薹)(*B. rapa* var. *oleifera* DC.)(图 13-10),一年生草本,是我国南方和西北各省区大量栽培的油料植物,种子含油量达 40% 左右,供食用;嫩茎叶和总花梗可作蔬菜。芸薹属植物多在早春开花,是重要的蜜源植物。

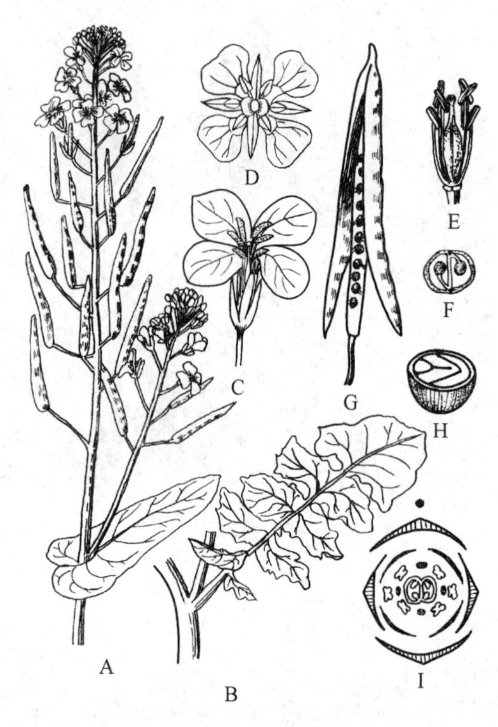

图 13-10 油菜

A. 花果枝 B. 中下部的叶 C. 花 D. 花俯视观 E. 雄蕊和雌蕊 F. 子房的横切 G. 开裂的长角果 H. 种子的横切(示子叶对折) I. 芸薹属花图式

该科常见的植物还有:萝卜(*Raphanus sativus* L.),花通常为淡紫色或白色;长角果串球状,不开裂;先端具有长喙;为重要的根菜类,品种很多。荠菜[*Capsella bursa-pastoris* (L.) Medic.],花白色;短角果,倒三角形;嫩茎叶可作蔬菜。独行菜(*Lepidium apetalum* Willd.),无花瓣,雄蕊 2;短角果,圆扇形,每室仅具有 1 种子,种子入药。松蓝(*Isatis indigotica* L.),花黄色;短角果,长圆形;根作"板蓝根"入药。观赏植物常见的有桂竹香(*Cheiranthus cheiri* L.)、紫罗兰(*Matthiola incana* R. Br.)等。

(十) 蔷薇科(Rosaceae) ⚥ $* \ K_{(5)} \ C_5 \ A_{\infty} \ \underline{G}_{\infty-1:1:\infty-1}, \overline{G}_{(2-5:2-5:2-1)}$

蔷薇科属蔷薇亚纲(Rosidae),蔷薇目(Rosales)。

蔷薇科为乔木,灌木或草本。叶互生,稀对生,单叶或复叶,常具有托叶。花两性,辐射对称,花被与雄蕊愈合成碟状、杯状、坛状或壶状的托杯(hypanthium)(或称萼筒、花筒),花萼、花瓣和雄蕊均着生于托杯的边缘,形成周位花;花萼裂片 5,花瓣 5,分离,覆瓦状排列;雄蕊常多数;心皮 1 至多数,分离或结合;子房上位或下位。果实为蓇葖果、瘦果、梨果或核果,稀为蒴果;种子无胚乳。染色体:X = 7,8,9,17。

本科约 125 属,3 300 余种,广布全世界,主产北温带。我国 52 属,1 000 余种,全国各地均产。许多重要的果树和花卉出自本科,而且其中不少种类原产我国。

根据托杯的形状、心皮数目、子房位置和果实类型分为 4 个亚科(图 13-11)。

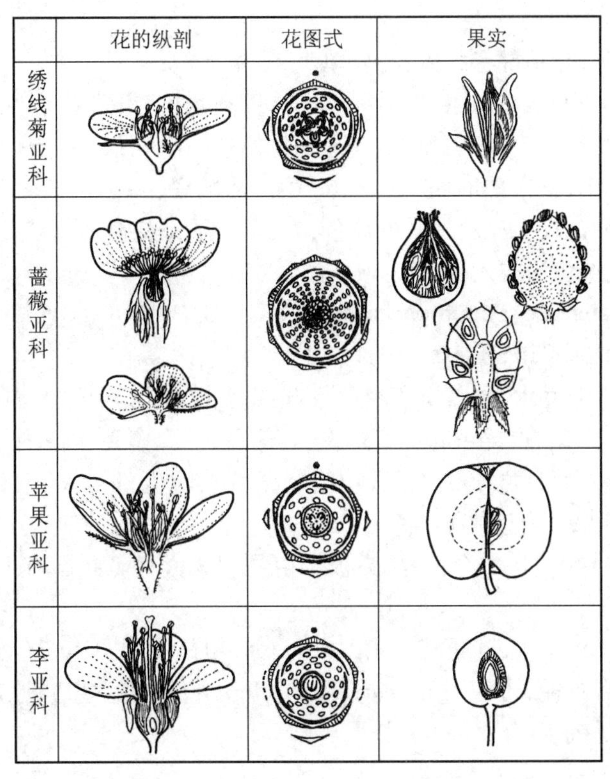

图 13－11　蔷薇科的 4 个亚科比较

1. 绣线菊亚科(Spiraeoideae)

绣线菊亚科为木本;多无托叶;心皮常 5,分离,子房上位;蓇葖果或蒴果。

本亚科常见的种类有:中华绣线菊(*Spiraea chinensis* Maxim.),灌木;单叶,无托叶;花序伞形,心皮常 5,分离;聚合蓇葖果;在我国分布很广。华北珍珠梅[*Sorbaria kirilowii*(Regel)Maxim.],奇数羽状复叶,具有托叶;顶生圆锥花序;分布在我国北部至东部,常栽培。白鹃梅[*Exochorda racemosa*(Lindl.) Rehd.],心皮 5,仅花柱分离;蒴果,有 5 棱脊;产江苏、浙江、江西。

2. 蔷薇亚科(Rosoideae)

蔷薇亚科为木本或草本;托叶发达;心皮多数,分离,着生于凹陷的托杯或突出的花托上,子房上位;聚合瘦果或蔷薇果。

本亚科常见的植物有:月季(*Rosa chinensis* Jacq.),具有刺灌木;小叶 3～5;花常单生,托杯壶状,成熟时肉质而有色泽;内含多数瘦果,称为“蔷薇果”;原产我国,各地栽培,为著名观赏植物。草莓(*Fragaria ananassa* Duch.),原产南美,各地栽培;果熟时花托肉质化,供食用。龙牙草(*Agrimonia pilosa* Ledeb.),羽状复叶,大、小叶相间;分布几遍全国。茅莓悬钩子(*Rubus parvifolius* L.),多刺灌木;三出复叶;聚合小核果;全国广泛分布。

3. 苹果亚科(Maloideae)

苹果亚科为木本;有托叶;心皮 2～5,常与杯状托杯合生,成子房下位;梨果。

本亚科常见的植物有:苹果(*Malus pumila* Mill.),乔木;单叶,互生,具有托叶;花序伞房状;花粉红色,花柱 3～5,基部合生;梨果扁球形,萼宿存;原产欧洲、西亚,我国北部至西南均有栽培;果鲜食或加工酿酒。白梨(*Pyrus bretscheideri* Rehd.),与苹果的主要区别在于花柱分离,果肉有石细胞。山楂(*Crataegus pinnatifida* Bunge),产于我国北部;果鲜食或制果酱、果糕,并可药用。枇杷[*Eriobotrya japonica*(Thunb.)Lindl.],果球形,黄色或橘黄色;产我国长江流域、甘肃、陕西、河南。

4. 李亚科(Prunoideae)

李亚科为木本;有托叶,叶基常有腺体;心皮单生,子房上位;核果。

常见种类有:桃(*Amygdalus persica* L.),小乔木;叶长圆状披针形;花单生,粉红色;核果有纵沟,表面被茸毛,果核表面有沟纹;主产于长江流域;果食用,桃仁、花、树胶、枝条均入药。杏(*Armeniaca vulgaris* Lam.),叶卵形;花单生;核果熟时黄色,果核平滑,两侧扁;我国广布。梅(*A. mume* Sieb.),叶卵形,具有长尾尖;花1~2朵,白色或淡红色;果黄色,有短柔毛,果核有蜂窝状孔穴;原产我国,久经栽培,品种极多,供观赏用,果实供食用或入药。

(十一)蝶形花科(Fabaceae,Papilionaceae)⚥ ↑ $K_{(5)}\ C_5\ A_{(9)+1}\ \underline{G}_{1:1:1-\infty}$

蝶形花科属蔷薇亚纲,豆目(Fabales)。

蝶形花科为草本、灌木或乔木,稀藤本。羽状复叶或三出复叶,稀单叶,具有托叶和小托叶,叶枕发达。花两性,两侧对称;萼片5,常合生;花瓣5,成蝶形花冠,下降覆瓦状排列,最上1片为旗瓣,在最外方,侧面2片为翼瓣,最内2片为龙骨瓣。雄蕊10枚,常9枚合生,1枚分离,称为二体雄蕊;心皮1,子房上位,1室,边缘胎座;荚果。染色体:X=5~13。

本科约400属,10000余种,广布全世界,为被子植物第3大科。我国有116属,1000余种,全国均有分布。

大豆属(*Glycine*),一年生草本,叶具有三出复叶,总状花序,荚果具有黄色柔毛;约9种,分布于东半球温带和热带地区;我国有6种。大豆[*G. max* (L.) Merr.](图13-12),原产我国,主产东北,为重要的油料作物,世界各地广泛栽培。

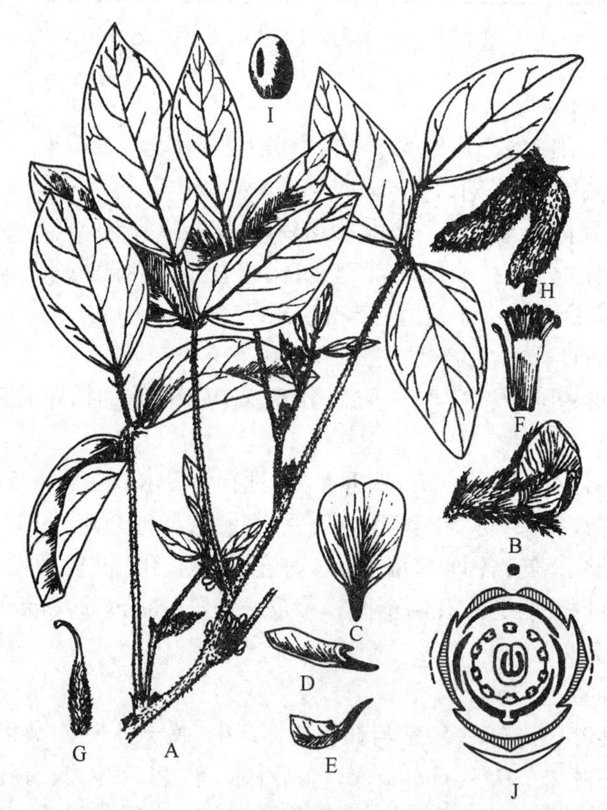

图13-12　大豆

A. 花枝　B. 花　C. 旗瓣　D. 翼瓣　E. 龙骨瓣　F. 雄蕊　G. 雌蕊　H. 荚果　I. 种子　J. 花图式

该科经济价值较大的种类还有:落花生(*Arachis hypogaea* L.),偶数羽状复叶,小叶2对;雌蕊受精后,子房柄延伸入地下结实;荚果不开裂;原产巴西,我国广泛栽培,为重要的油料作物。豌豆(*Pisum sativum* L.),偶数羽状复叶,叶轴顶端具有卷须,托叶大。蚕豆(*Vicia faba* L.),叶轴顶端卷须特化为丝状。二者均为世界普遍栽培的豆类作物。著名的药用植物有甘草(*Glycyrrhiza uralensis* Fisch.)、黄耆[*Astragalus membranaceus* (Fisch.) Bunge]、苦参(*Sophora flavescens* Ait.)等。珍贵材用植物有紫檀(*Pterocarpus indicus* Willd.),俗称"红木";降香黄檀(*Dalbergia odorifera* T. Chen),俗称"黄花梨"。二者均属国家二级保护植物。

广义的豆科还包括豆目的另外两科:含羞草科(Mimosaceae)和苏木科(Caesalpiniaceae)。它们都具有单心皮的雌蕊,形成荚果。区别在于含羞草科花辐射对称,花冠镊合状排列,雄蕊多数;而苏木科花两侧对称,花冠上升覆瓦状排列,雄蕊10枚,分离。一般认为,豆目是由蔷薇科演化而来。

(十二)大戟科(Euphorbiaceae) ♂: * K_{0-5} C_{0-5} $A_{1-\infty}$; ♀: * K_{0-5} C_{0-5} $\underline{G}_{(3:3:1-2)}$

大戟科属蔷薇亚纲,大戟目(Euphorbiales)。

大戟科为草本、灌木或乔木,稀为肉质植物,常具有乳汁。单叶,稀复叶,互生,具有托叶。花常单性,同株或异株;常成聚伞花序;花双被、单被或无被;雄花中雄蕊1至多数,分离或合生;雌花中雌蕊常心皮3合生,子房上位,3室,中轴胎座,每室具有1~2枚胚珠,花柱上部常分叉。蒴果成熟时常裂为3分果,稀浆果或核果。种子具有胚乳。染色体:X=7~11,12。

本科约300属,7 500余种,主要分布于热带。我国有65属,约400种,各地均产,主产地为西南至台湾。

大戟属(*Euphorbia*),草本、木本或为肉质植物,具有乳汁;单叶,互生;杯状聚伞花序,外观像一朵花,外面围以绿色杯状总苞,上端有4~5萼状裂片,裂片之间生有肥厚的腺体;总苞内中央有1朵雌花,四周围以4~5组聚伞排列的雄花;雄花仅具有1枚雄蕊,花丝和花柄间有关节;雌花无花被,心皮3,合生,子房上位,3室,每室具有1胚珠,花柱3,上部常分为2叉;蒴果;约2 000种,分布于亚热带及温带地区;我国有60种以上。大戟(*E. pekinensis* Rupr.)(图13-13),叶长圆形至长椭圆倒披针形;蒴果表面具有疣;分布我国各地;根入药。一品红(*E. pulcherrima* Willd.),灌木;上部叶开花时呈朱红色;原产墨西哥,栽培供观赏。

重要的种类有:蓖麻(*Ricinus communis* L.),叶盾状着生,掌状5~11裂;原产非洲,我国各地均有栽培;种子含油量为55%~70%,供工业和医药用。油桐[*Vernicia fordii* (Hemsl.) Airy-Shaw.],叶卵状,花白色,有黄红色条纹;核果近球形;分布于淮河流域以南;为重要的木本油料植物,种仁含油达70%,是良好的油漆原料。橡胶树(*Hevea brasiliensis* Muell-Arg.),三出复叶;原产巴西,我国台湾、海南、云南有栽培;为优良的橡胶植物。木薯(*Manihot esculenta* Crantz.),原产巴西,我国南方有栽培;块根含淀粉,食用或工业用,但含氰酸,食前必须浸水去毒。巴豆(*Croton tiglium* L.),种子含油约50%,为泻药,但有剧毒。

(十三)葡萄科(Vitaceae,Ampelidaceae) ⚥ * K_{5-4} C_{5-4} $A_{5-4}$$\underline{G}_{(2:2:2)}$

葡萄科属蔷薇亚纲,鼠李目(Rhamnales)。

葡萄科为藤本,具有茎卷须。单叶或复叶,互生并与卷须对生。花常两性,辐射对称;聚伞花序或圆锥花序,常与叶对生;花萼4~5齿裂;花瓣4~5,镊合状排列,分离或顶部黏合呈帽状;雄蕊4~5,着生于下位花盘基部,与花瓣对生;子房上位,通常2心皮组成,中轴胎座。浆果。染色体:X=11~14,16,19,20。

本科11属,700余种,多分布于热带至温带地区。我国有6属,约100余种,南北均有分布。

葡萄属(*Vitis*),木质藤本,髓褐色,树皮呈条状剥落,无皮孔;圆锥花序,花瓣顶端成帽状黏合,花后整个脱落。葡萄(*V. vinifera* L.)(图13-14),原产亚洲西部,我国北部广为栽培,品种达200个以上,栽培已有数千年历史。

爬山虎[*Parthenocissus tricuspidata* (Sieb. et Zucc.) Planch.],叶3裂或三出复叶,卷须顶端形成吸盘,浆果蓝色。吉林至广东都有分布,广为栽培,为城市垂直绿化优良树种。

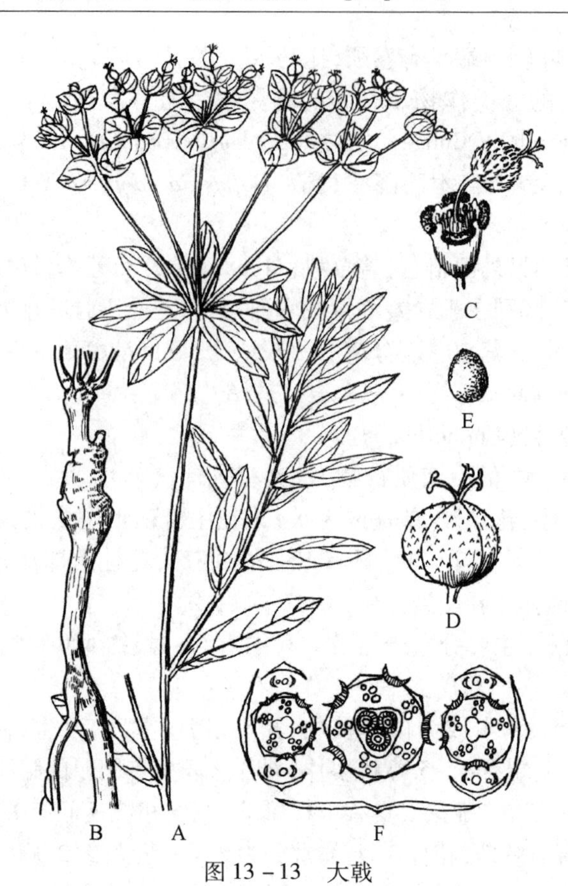

图 13－13　大戟

A. 花枝　B. 根　C. 杯状聚伞花序　D. 果实　E. 种子　F. 花序花图式

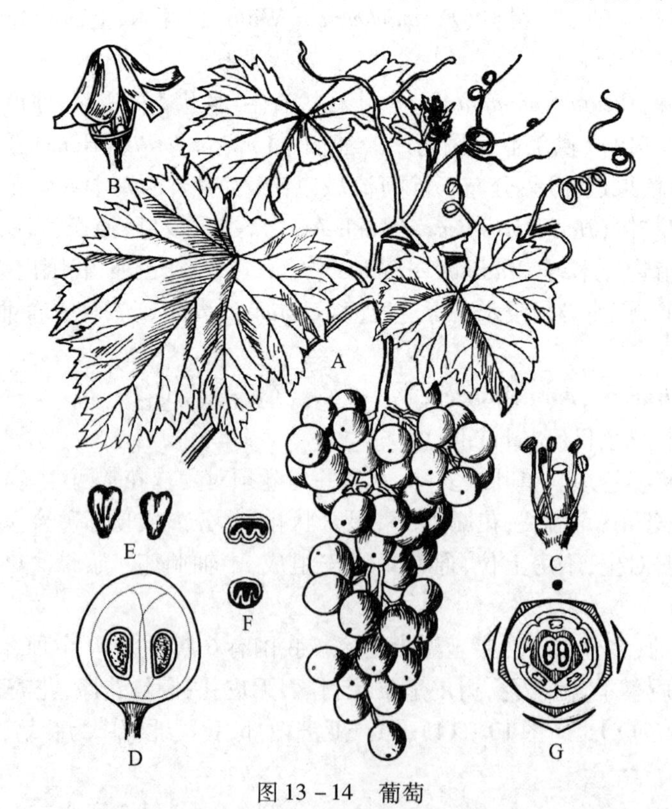

图 13－14　葡萄

A. 果枝　B. 花(示花冠呈帽状脱落)　C. 雄蕊、雌蕊和雄蕊间的蜜腺　D. 果实的纵切　E. 种子　F. 种子的横切(示腹面有沟)　G. 花图式

(十四) 芸香科(Rutaceae)$⚥ * K_{5-4}\ C_{5-4}\ A_{10-8}\ \underline{G}_{(5-4,\infty:5-4,\infty:1-2,\infty)}$

芸香科属蔷薇亚纲,无患子目(Sapindales)。

芸香科多为木本,全体含挥发油。叶常互生,羽状复叶或单身复叶(稀为单叶),叶上具有透明油腺点,无托叶。花常两性,辐射对称;雄蕊常2轮,外轮常和花瓣对生,稀多数;子房上位,花盘发达,中轴胎座。果为蒴果、浆果、核果、蓇葖果,稀为翅果。染色体:X=7~11。

柑橘属(*Citrus*),常绿木本,常具有刺;单身复叶,叶片革质;花常两性;花瓣5,雄蕊15或更多;子房8~15室,每室有胚珠4~12枚;柑果。柑橘(*C. reticulata* Blanco)(图13-15),果扁球形,果皮易剥离;长江以南各省区均产,品种甚多。甜橙[*C. sinensis* (L.) Osbeck],果近球形,果皮不易剥离;以广东、四川种植最多。柚[*C. grandis* (L.) Osbeck],果大,直径10~15 cm。柠檬[*C. limon* (L.) Burm. f.],果味酸,可做饮料或蜜饯。柑橘类为我国南方著名水果,果肉可供食用或制蜜饯,又可提取柠檬油、橙皮油、枸橼油、橙皮苷等,用于制造兴奋剂、香料、调味品及药用,经过加工的果皮及幼果有陈皮、青皮、橘红、枳壳和枳实等,都是常用的中药。

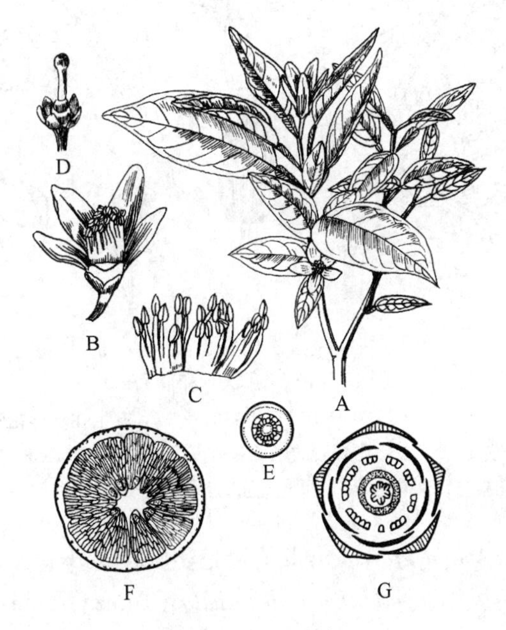

图13-15　柑橘

A. 花枝　B. 花　C. 雄蕊　D. 花萼和雌蕊　E. 子房的横切　F. 果实的横切　G. 花图式

花椒(*Zanthoxylum bungeanum* Maxim.),灌木,具有皮刺;奇数羽状复叶;花单性,蓇葖果。几乎遍布全国,常见栽培。果皮作调味料,并可提取芳香油,种子可榨油。

(十五) 伞形科(Umbelliferae,Apiaceae)$⚥ * K_{(5)}\ C_5\ A_5\ \overline{G}_{(2:2:1)}$

伞形科属蔷薇亚纲,伞形目(Apiales,Umbellales)。

伞形科为草本,有芳香味,茎有棱。叶互生,常高度分裂,1至多回羽状分裂或复叶,叶柄基部膨大呈鞘状。复伞形花序;花小,5基数;雄蕊与花瓣互生;子房下位,2心皮合生,中轴胎座,2室,每室1胚珠;花柱2,基部往往膨大成花柱基(stylopodium),或称上位花盘。双悬果,成熟时分离成2分果,悬在心皮柄(carpophorum)上。种子胚小,胚乳丰富。染色体:X=4~12。

本科约300属,3000种,广布于全球热带和温带。我国约90属,600种,各地广布。

胡萝卜属(*Daucus*),草本,有肉质根;叶2~3回羽状裂;花白色;双悬果的棱上有刺毛;约60种,主产于地中海地区和亚洲温带,我国仅1种1变种。胡萝卜(*D. carota* L. var. *sativa* DC.)(图13-16A~F),二年生草本;原产欧洲大陆,全球广泛栽培;根作蔬菜。

茴香(*Foeniculum vulgare* Mill.)(图 13－16G～M),叶 3～4 回羽状细裂;花黄色;双悬果的每个分果具有 5 条明显的棱;原产地中海地区,各地栽培;嫩茎叶作蔬菜;果作调味料或提取芳香油,也可入药。

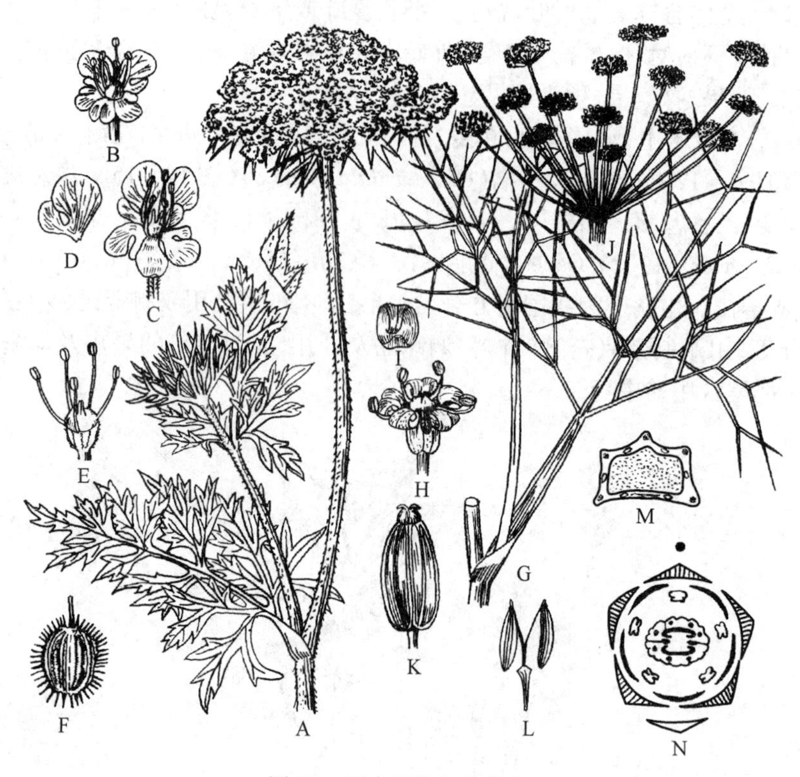

图 13－16　胡萝卜和茴香

A～F. 胡萝卜　A. 花枝　B. 着生在伞形花序中心的花　C. 着生在伞形花序周边上的花(示花瓣不等大)　D. 花瓣　E. 去除花瓣后的雄蕊和雌蕊　F. 果实　G～M. 茴香　G. 茎上部的叶　H. 花　I. 花瓣　J. 果序　K,L. 果实　M. 分果的横切　N. 伞形科花图式

本科常见的蔬菜还有芹菜(*Apium graveolens* L.)和芫荽(*Coriandrum sativum* L.)。药用植物有北柴胡(*Bupleurum chinense* DC.)、防风[*Saposhnikovia divaricata* (Turcz.) Schischk.]、当归[*Angelica sinensis* (Oliv.) Diels]等。

伞形科植物的复伞形花序、雄蕊先熟、上位花盘等特征,为适应虫媒传粉创造了条件。

(十六) 茄科(Solanaceae) ⚥ $* \ K_{(5)} \ C_{(5)} \ A_5 \underline{G}_{(2:2:\infty)}$

茄科属菊亚纲(Asteridae),茄目(Solanales)。

茄科多为草本。单叶或羽状复叶,互生,无托叶。花两性,辐射对称,单生或聚伞花序,常由于花轴与茎结合,使花序生于叶腋之外,花萼 5 裂,结果时常增大并宿存,花冠合瓣,5 裂,多呈折扇状,雄蕊常 5,着生于花冠筒部与花冠裂片互生,花药纵裂或顶孔开裂;子房上位,常具有下位花盘,2 室,中轴胎座,位置偏斜,稀因假隔膜而成 3～5 室,胚珠多数。浆果或蒴果,种子具有丰富的肉质胚乳。染色体:X＝7～12,17,18,20～24。

本科有 85 属,约 2 800 种,广布全世界,以南美热带最为丰富。我国有 24 属,约 115 种。

茄属(*Solanum*),花冠辐状;雄蕊 5,花药靠合,顶孔开裂;浆果;本属约 200 种,主产热带及亚热带,我国约有 39 种。茄(*S. melongena* L.)(图 13－17),全株被星状毛;单叶互生;花紫色,单生;原产亚洲热带,世界广泛栽培;果作蔬菜。马铃薯(*S. tuberosum* L.),奇数羽状复叶;聚伞花序顶生,花白色或淡紫色;浆果球形;原产南美秘鲁,世界各地广泛栽培;块茎富含淀粉,是重要的粮食作物。龙葵(*S. nigrum* L.),花序腋外生;为全世界广布的杂草。

本科其他重要的蔬菜有：番茄（*Lycopersicon esculentum* Mill.），原产南美秘鲁，果富含维生素，为重要的蔬菜和水果。辣椒（*Capsicum annuum* L.），原产南美，变种很多，果供蔬菜食用或作调味品。药用植物有曼陀罗（*Datura stramonium* L.）、枸杞（*Lycium chinense* Mill.）、天仙子（*Hyoscyamus niger* L.）、颠茄（*Atropa belladonna* L.）。重要的经济作物有烟草（*Nicotiana tabacum* L.）等。

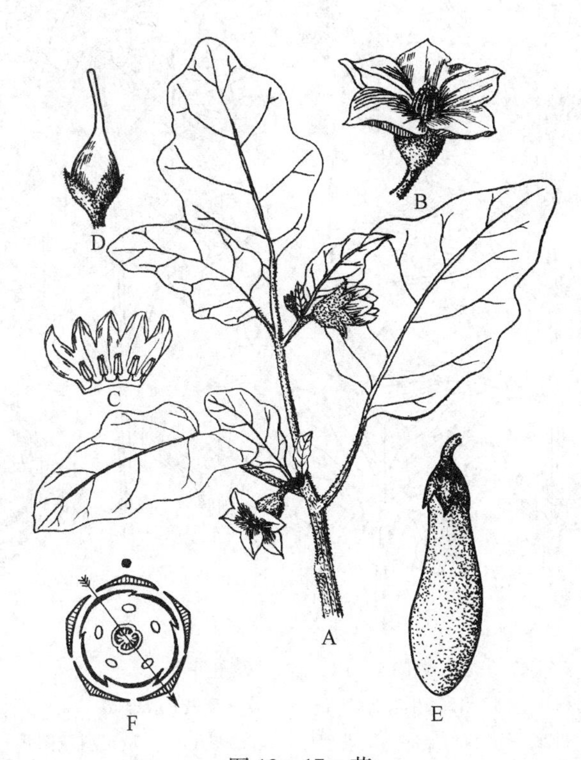

图 13－17　茄

A. 花枝　B. 花　C. 花冠和雄蕊　D. 花萼和雌蕊　E. 果实　F. 花图式

（十七）唇形科（Lamiaceae，Labiatae）$⚥ \uparrow K_{(5)} C_{(4-5)} A_{4,2} \underline{G}_{(2:4:1)}$

唇形科属菊亚纲，唇形目（Lamiales）。

唇形科多为草本，有芳香气味。茎常四棱。叶对生，无托叶。轮伞花序（verticillaster），常再组成穗状或总状花序；花两性，两侧对称；花萼 5 齿裂或 2 唇形；唇形花冠，通常上唇 2 裂，下唇 3 裂；雄蕊 4，二强雄蕊，稀 2 枚雄蕊；子房上位，下具有肉质花盘，心皮 2，合生，4 深裂形成 4 室，每室 1 胚珠，花柱生于子房的基部。果为 4 小坚果。染色体：X＝5～11。

本科含 220 属，约 3 500 种，主要分布于地中海地区。我国有 60 属，500 种，广布全国各地，以西南地区最多。

益母草属（*Leonurus*），轮伞花序生于茎上部的叶腋内；花萼有 5 尖齿；花冠二唇形，上唇全缘，下唇 3 裂，二强雄蕊；本属约 20 种，分布于温带地区，我国 12 种，分布很广。益母草（*L. japonicus* Houtt.）（图 13－18A～G），广布于南北各省；茎叶入药，能活血调经，祛瘀生新。

唇形科植物由于含芳香油，可提取香精，如薄荷（*Mentha haplocalyx* Briq.）、留兰香（*M. spicata* L.）。药用的种类也很多，如黄芩（*Scutellaria baicalensis* Georgi）、藿香（*Agastache rugosa* O. Ktze.）、丹参（*salvia miltiorrhiza* Bunge）（图 13－18 H～K）等。草石蚕（宝塔菜）（*Stachys sieboldii* Miq.），根茎串珠状，酱渍后供食用。五彩苏［*Coleus scutellarioides*（L.）Benth.］为常见栽培的观叶植物。一串红（*Salvia splendens* Ker.－Gawl.），原产美洲；花萼和花冠均为红色；常见栽培，供观赏。

图 13－18 益母草和丹参

A～G. 益母草 A. 植株上部 B. 基生叶 C. 花 D. 花冠展开(示雄蕊) E. 花萼展开 F. 雌蕊 G. 小坚果 H～K. 丹参 H. 植株上部 I. 花萼 J. 花冠展开 K. 唇形科花图式

(十八) 木犀科(Oleaceae)⚥ ＊ $K_{(4),(3-10)}$ $C_{(4),(5-9,0)}$ $A_{2,(3-5)}$ $\underline{G}_{(2:2:1-3)}$

木犀科属菊亚纲,玄参目(Scrophulariales)。

木本或木质藤本。叶对生,稀互生,单叶或复叶,无托叶。花两性或单性,整齐,常形成聚伞或圆锥花序;花萼常 4 裂,花冠常 4 裂,稀 5～9 裂;雄蕊常 2,稀 3～5;子房上位,2 室,中轴胎座,每室常 2 胚珠,柱头 2 裂。蒴果、浆果、核果或翅果;种子具胚乳或无。染色体:X＝10、11、13、14、23、24。

本科约 30 属,600 种,广布温带或热带。我国有 12 属,200 种,南北均产。

丁香属(*Syringa*),落叶灌木或小乔本。单叶对生,全缘,稀为羽状复叶。圆锥花序顶生或腋生;花高脚杯状,上部 4 裂,雄蕊 2 枚冠生。子房 2 室。蒴果长圆形,室被开裂。约 20 种,我国有 16 种。丁香(*S. oblata* Lindl.)(图 13－19),全国各地栽培,花有香气,供观赏。

迎春(*Jasminum nudiflorum* Lindl.),落叶灌木,三出复叶;花黄色,先叶开放,花冠 5～6 裂。主产我国北部和东部,常栽培。其他观赏植物还有茉莉[*J. sambac*(L.)Ait.]、桂花(木犀)(*Osmanthus fragrans* Lour.);观赏兼药用植物连翘(*Forsythia suspense* Vahl.)。白蜡树(梣)(*Fraxinus chinensis* Roxb.)可用于生产白蜡。女贞(*Ligustrum lucidum* Ait.)常用于城市绿化。

(十九) 菊科(Asteraceae,Compositae)⚥ ＊,↑ $K_{0-\infty}$ $C_{(5)}$ $A_{(5)}$ $\overline{G}_{(2:1:1)}$

菊科属菊亚纲,菊目(Asterales)。

菊科多为草本。叶常互生,无托叶。头状花序单生或再排成各种花序,外具有 1 至多层苞片组成的总苞。花两性,稀单性或中性,极少雌雄异株。花萼退化,常变态为毛状、刺毛状或鳞片状,称冠毛;花冠合瓣,管状、舌状或唇形;雄蕊 5,着生于花冠筒上;花药合生成筒状,称聚药雄蕊;雌蕊心皮 2,合生,子房下位,1 室,1 胚珠;花柱细长,柱头 2 裂。果为连萼瘦果,顶端常具有宿存的冠毛。种子无胚乳。染色体:X = 8 ~ 29。

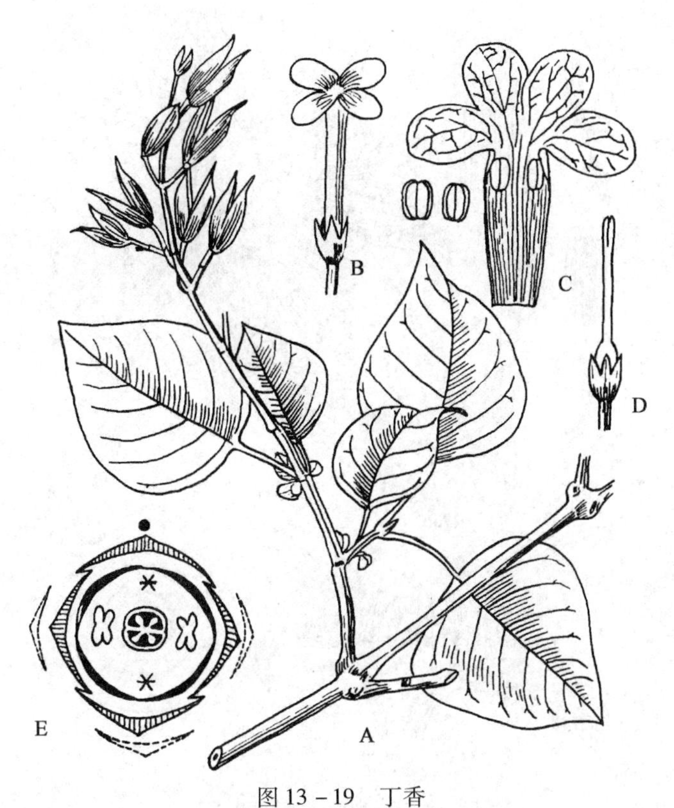

图 13 - 19　丁香

A. 果枝　B. 花　C. 花冠展开和雄蕊　D. 雌蕊及花萼　E. 木犀科花图式

本科约 1 100 属,25000 余种,广布于全世界,为被子植物第 1 大科。我国有 217 属,约 2 100 种,全国都有分布。根据头状花冠类型的不同以及乳汁的有无,通常可分为 2 个亚科:

1. 管状花亚科(Carduoideae)

植物体不具有乳汁;头状花序全为管状花组成,或边缘为舌状花。本亚科包括菊科的绝大部分种类。

向日葵属(*Helianthus*),草本;下部叶常对生;花序托盘状,具有托片,外层总苞叶状,边花为舌状花,盘花管状;瘦果顶端具有 2 片鳞片状的冠毛;约 100 种,主产于北美洲,我国引进栽培 10 余种。向日葵(*H. annuus* L.)(图 13 - 20),原产北美,北方各省多有栽培;为重要的油料作物,并可制造奶油、肥皂和蜡烛等。菊芋(*H. tuberosus* L.),地下块茎可食,为制乙醇及淀粉的原料。

本亚科重要的种还有:雪莲(*Saussurea involucrata* Kar. et Kir.),头状花序全为管状花;为著名的药用植物,仅分布于新疆天山。菊花[*Dendranthema morifolium* (Ramat.) Tzvel.],原产我国,品种甚多,花、叶变化大,是著名的观赏植物。艾蒿(*Artemisia argyi* Lévl. et Vant.)和茵陈蒿(*A. capillaris* Thunb.)为常见的中药。红花(*Carthamus tinctorius* L.),原产埃及,我国栽培;花序采摘晒干作活血通经药。苍耳(*Xanthium sibiricum* Patrin.),总苞囊状,外面具有钩刺;全国分布;果药用或榨油。

2. 舌状花亚科(Cichorioideae)

植物体具有乳汁;头状花序全为舌状花。

本亚科代表种类有:蒲公英(*Taraxacum mongolicum* Hand. - Mazz.),多年生草本;叶基生;头状花序单生花葶上,花黄色;瘦果具有长喙;冠毛简单;为常见杂草;广布全国各地;全草入药。莴苣(*Lactuca sativa* L.),花黄色,头状花序排成伞房状圆锥花序;原产欧洲或亚洲,各地栽培;为主要蔬菜之一,品种很多,如莴笋、生菜等。

图 13－20 向日葵

A. 植株上部 B. 头状花序的纵切 C. 舌状花 D. 管状花 E. 聚药雄蕊展开 F. 连萼瘦果
G. 连萼瘦果的纵切 H. 菊科花图式

菊科植物生活型多样,且大多为草本;花序构造和虫媒传粉高度适应;萼片特化为冠毛或刺毛,有利于果实的远距离传播;部分种类具有块茎、块根、匍匐茎或根状茎,有利于营养繁殖的进行。这些特征使菊科植物快速地发展与分布,从而达到属种数及个体数为被子植物之首。

二、单子叶植物纲(Monocotyledoneae)

单子叶植物纲,又称百合纲。根据克朗奎斯特系统,分为 5 个亚纲,19 个目,65 个科,50 000 余种。现在仅选择其中 6 科予以介绍。

(一) 泽泻科(Alismataceae) ⚥ $\ast\ P_{3+3}\ A_{\infty-6}\ \underline{G}_{\infty-6:1:1-\infty}$

泽泻科属泽泻亚纲(Alismatidae),泽泻目(Alismatales)。

泽泻科为水生或沼生草本。具有球茎或根状茎。叶常基生,具有长柄,基部鞘状。总状花序或圆锥花序,花在花葶上轮状排列。花两性或单性,辐射对称,花被 2 轮,外轮 3,萼片状,宿存;内轮 3,花瓣状,脱落;雄蕊 6 至多数;心皮 6 至多数,分离,螺旋状排列于突起的花托上或轮状排列于扁平的花托上;子房上位。聚合瘦果。种子无胚乳。染色体:$X=5\sim13$。

本属约 13 属,90 余种,广布于全球。我国有 5 属,13 种,南北均产。

本科代表植物有:泽泻[*Alisma orientale* (Sam.) Juzep.](图 13－21 F ~ K),具有球茎草本;叶卵形或长椭圆形,具有长柄;花两性,白色;圆锥花序;雄蕊 6;心皮多数,离生,轮生成 1 环;聚合瘦果;广布全国各地;球茎入药,有清热、利尿、渗湿功效。慈姑(*Sagittaria trifolia* L.)(图 13－21 A ~ E),叶箭形;总状花序,下部为雌花,上部为雄花;雄蕊多数;心皮多数,螺旋状排列于突出的花托上;南北各省多有栽培;球茎富含淀粉,供食用或药用。

泽泻科由于花部3基数、雌、雄蕊多数、螺旋状排列于突出的花托上等特征,被认为是单子叶植物的一个古老类群。

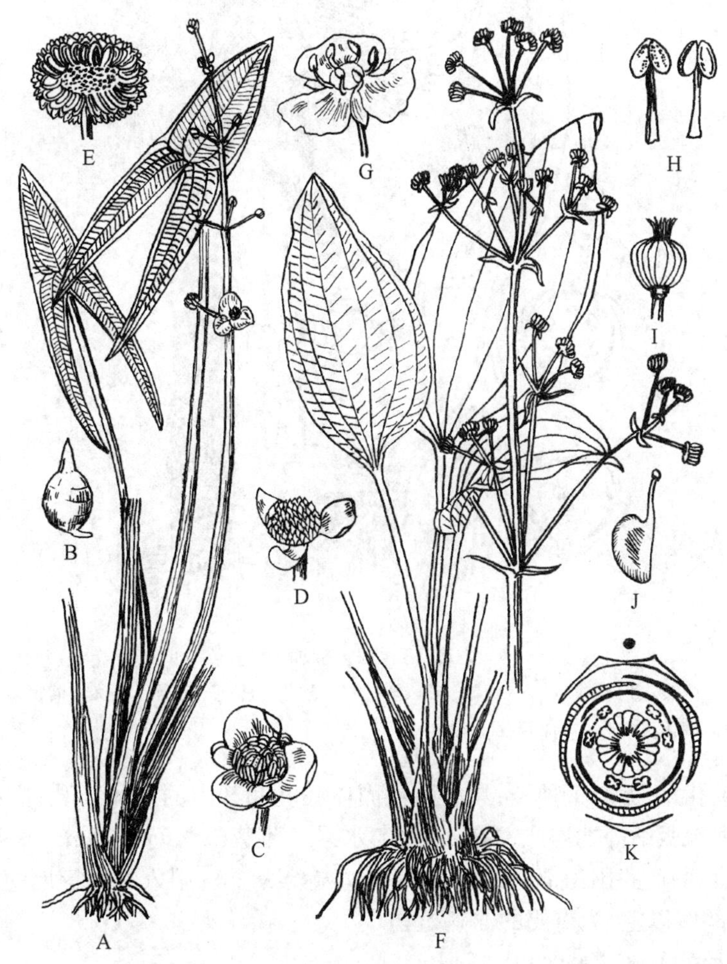

图 13－21　慈姑与泽泻

A～E. 慈姑　A. 植株　B. 球茎　C. 雄花　D. 雌花　E. 聚合瘦果　F～K. 泽泻　F. 植株　G. 花　H. 雄蕊　I. 雌蕊　J. 心皮　K. 花图式

(二) 棕榈科(Areacaceae, Palmae)　♂: * P_{3+3} A_{3+3}; ♀: * $P_{3+3}\underline{G}_{3,(3)}$; ⚥ * K_3 C_3 $A_{3+3}\underline{G}_{3,(3)}$

棕榈科属棕榈亚纲(Arecidae),棕榈目(Arecales)。

棕榈科为乔木、灌木或木质藤本。常具有皮刺。茎木质,不分枝。叶常绿,大型,掌状分裂或羽状复叶,集生于树干顶部;叶柄基部扩大成纤维状的鞘。肉穗花序大型,多分枝,呈圆锥状,佛焰苞1至数片;花小,淡黄绿色,两性或单性,花被片6,2轮,分离或合生;雄蕊3或6;心皮3,分离或结合,子房上位,1～3室,每室1胚珠;花柱短。浆果、核果或坚果。种子具丰富的胚乳。染色体:X＝13～18。

本科约200属,3000种,产热带和亚热带。我国有22属,约84种。

本科代表植物有:棕榈[*Trachycarpus fortunei* (Hook. f) H. Wendl.](图13－22),常绿乔木;叶掌状分裂;花常单性,异株,多分支的圆锥状肉穗花序,佛焰苞显著;果实肾形或球形;分布于长江以南各省区,广泛栽培;供观赏,叶鞘纤维可制绳索、床垫、刷子等。椰子(*Cocos nucifera* L.),常绿乔木;叶大型,羽状全裂;花单性同株,肉穗花序腋生;核果状果近球形,外果皮革质,中果皮厚,有纤维,内果皮坚硬,骨

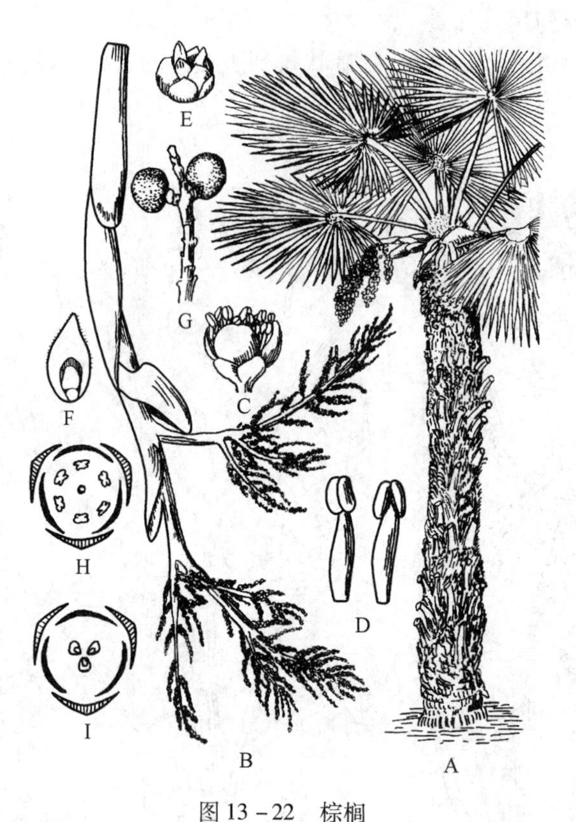

图 13-22 棕榈

A. 植株 B. 雄花序 C. 雄花 D. 雄蕊 E. 雌花 F. 子房的纵切 G. 果实
H. 雄花花图式 I. 雌花花图式

质,近基部有3个萌发孔,里面有1种子;具有白色固体胚乳和其内的液体胚乳;广布于热带海岸;我国台湾、海南以及云南西双版纳等地均产,为热带著名水果。蒲葵(*Livistona chinensis* R. Br.),常绿乔木;叶掌状分裂,叶柄具有刺;产我国南部;嫩叶可制蒲扇。近年从非洲引入海南等地的油棕(*Elaeis guineensis* Jacq.),果肉含油80%以上,为重要的油料植物。

(三)禾本科(Gramineae,Poaceae) ⚥ $\uparrow$ P_{2-3} $A_{3,6}$ $\underline{G}_{(2-3:1:1)}$

禾本科属鸭跖草亚纲(Commelinidae),莎草目(Cyperales)。

禾本科为草本或木本。地上茎通常圆筒形,特称为秆,秆上有明显的节和节间,节间多中空。单叶互生,2列,叶分为叶片、叶鞘两部分;叶鞘包着秆,常在一边开裂(包着竹竿的称箨鞘);叶片带形、线形至披针形,具有平行脉(箨鞘顶端的叶片称箨叶);在叶片与叶鞘交接处生有叶舌(箨鞘和箨叶连接处的内侧舌状物称箨舌);叶鞘顶端的两侧常各具有1耳状突起,称叶耳(箨鞘顶端的两侧耳状物称箨耳);叶舌和叶耳的形状常用作禾草区别的重要特征。花序是以小穗为基本单位,在穗轴上再排成穗状、指状、总状或圆锥状花序;小穗是1个缩短的简单花序,每个小穗有1个短的小穗轴,基部有1对颖片(glume),生在下面或外面的1片称第1颖(外颖),生在上方或里面的1片称第2颖(内颖),颖片上方生有1至多数小花(floret);每朵小花的基部有1对苞片,称外稃和内稃,外稃顶端或背部常具有芒,内稃膜质,常被外稃所包;在子房基部,内外稃间有2或3枚特化为透明而肉质的小鳞片(相当于花被片),称为鳞被(浆片),其作用在于将外稃和内稃撑开,使柱头和雄蕊容易伸出花外,进行传粉;小花由内稃和外稃包裹鳞被、雄蕊和雌蕊组成,通常两性;雄蕊常3;雌蕊由2~3心皮合生而成,子房上位,1室,1胚珠,柱头常呈羽毛状。颖果。种子含丰富胚乳。染色体:X=2~23。

本科约500属,8000余种,广布于世界各地。我国有220属,1200余种。通常分为竹亚科和禾亚科2个亚科,也有分为3、5或7个亚科的。

1. 竹亚科(Bambusoideae)

竹亚科为木本;主秆叶(秆箨)与普通叶明显不同;箨叶常缩小而无中脉;普通叶叶片有短柄,且与叶鞘相连处成一关节,易自叶鞘脱落。

代表种类有:毛竹(*Phyllostachys pubescens* Mazel ex H. de Lehaie)(图 13 – 23),秆圆筒形;新秆有毛茸与白粉,老时无毛;小枝具有叶 2 ~ 8;分布于长江流域和以南各省区以及河南、陕西;是我国最重要的经济竹种,笋供食用,箨供造纸,秆供建筑,也可用于编制各种器具。佛肚竹(*Bambusa ventricosa* McClure),秆异形,畸形秆,节间瓶状,栽培供观赏。

2. 禾亚科 (Agrostidoideae)

禾亚科为草本;主秆叶即普通叶,叶片中脉明显,通常无叶柄,叶片与叶鞘之间无明显关节,也不易自叶鞘脱落。

小麦属(*Triticum*),一年生或二年生草本;穗状花序直立,顶生,小穗有小花 3 ~ 6,无柄,单独互生于穗轴各节;约 20 种,分布于欧洲、地中海及亚洲西部。我国常栽培的如小麦(*T. aestivum* L.)(图 13 – 24),秆高可达 1 m;叶片条状披针形,叶舌、叶耳较小;穗状花序由 10 ~ 20 个小穗组成;颖片近革质,顶端有短尖头;外稃厚纸质,先端通常具有芒;内稃与外稃近等长;花两性,鳞被 2,雄蕊 3,花柱羽毛状;颖果椭圆形,易与稃片脱离;为我国北方重要的粮食作物,栽培的品种和类型很多。

图 13 – 23 毛竹

A. 秆的一段(示秆环不显著) B. 秆箨顶端的腹面观 C. 叶枝 D. 花枝
E. 小穗丛的一部分 F. 颖片 G. 小花展开 H. 竹笋

本亚科重要的粮食作物还有:水稻(*Oryza sativa* L.),一年生草本;叶舌 2 裂;圆锥花序顶生,小穗两性,颖退化成半月形,含 3 小花,仅顶花结实,其余 2 花仅有 1 枚外稃,雄蕊 6;原产亚洲热带,现在世界各地广泛栽培,为重要的粮食作物。高粱(*Sorghum vulgare* Pers.),一年生栽培作物;秆实心;圆锥花序顶生,小穗成对着生,1 个有柄,1 个无柄,有柄小穗单性或中性,无柄小穗两性,穗轴顶端 1 节有 3 小穗;北方各省多有栽培,子粒供食用、制饴糖及酿酒。玉蜀黍(*Zea mays* L.),一年生栽培作物;秆实心;基部节处常有气生根;顶部着生雄性的开展的圆锥花序;叶腋内抽出圆柱状的雌花序,雌花序外包有多数鞘状苞片,花柱细长丝状伸出于总苞外;全世界广泛栽培,为主要的粮食作物之一。此外,大麦(*Hordeum vulgare* L.)、燕麦(*Avena sativa* L.)、小米(粟)[*Setaria italica* (L.) Beauv.]、黍(*Panicum miliaceum* L.)也是重要的粮食作物。甘蔗(*Saccharum sinense* Roxb.)为制糖原料。

禾本科植物与人类的关系密切,具有重要的经济价值。它是人类粮食的主要来源。同时也为工农业提供了丰富的资源,很多禾本科植物是建筑、造纸、纺织、制药、酿酒、制糖、家具及编制的主要原料。在畜牧业方面,它又是动物饲料的主要来源。此外,该科植物多靠根状茎蔓延繁殖,覆盖地面,有绿化环境、保护堤岸、保持水土及海滩积淤等作用。

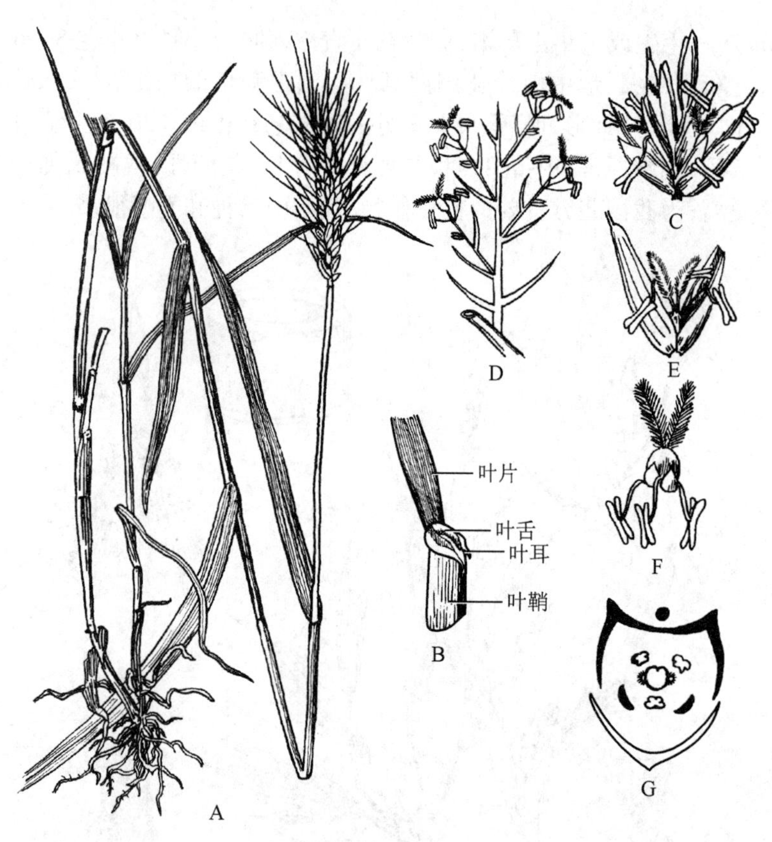

图 13-24 小麦

A. 植株 B. 叶(示叶舌和叶耳) C. 小穗 D. 小穗模式图 E. 小花 F. 除去内、外稃的小花 G. 花图式

(四) 姜科(Zingiberaceae) $⚥ \uparrow K_3\ C_3\ A_1\ \overline{G}_{(3)}$,$⚥ \uparrow P_{3+3}\ A_1\ \overline{G}_{(3)}$

姜科属姜亚纲(Zingiberidae),姜目(Zingiberales)。

姜科为草本。通常有芳香。具有匍匐或块状根茎。地上茎常很短,有时为多数叶鞘包叠而成假茎。叶2列互生,叶鞘顶端常有叶舌,叶片具有羽状平行脉。花两性,两侧对称;花被片6,2轮;萼片3,合生成管;花瓣3,后方1片最大,基部合生成管;雄蕊仅内轮中线后方1枚能育,内轮2枚侧生雄蕊联合成唇瓣,外轮雄蕊常有消失或侧生2枚退化成花瓣状;心皮3,合生,子房下位,3室,中轴胎座,稀1室,具有多数胚珠。蒴果或浆果状。种子具丰富的胚乳,常有假种皮。染色体:X=9~18。

本科47属,约1000种,主产热带,以亚洲东部和东南亚为最丰富。我国有17属,约110种。

姜(*Zingiber officinale* Rose.)(图13-25),根状茎肉质,指状分支。茎高约1 m,叶片披针形,无柄。

穗状花序由根茎抽出；苞片淡绿色；花冠黄绿色，唇瓣倒卵圆形，下部两侧各有小裂片，有紫色、黄白色斑点。原产太平洋群岛，我国南部广为栽培。根茎含辛辣成分和芳香成分，入药能发汗解表，温中止呕，解毒，又作调味品或蔬菜。

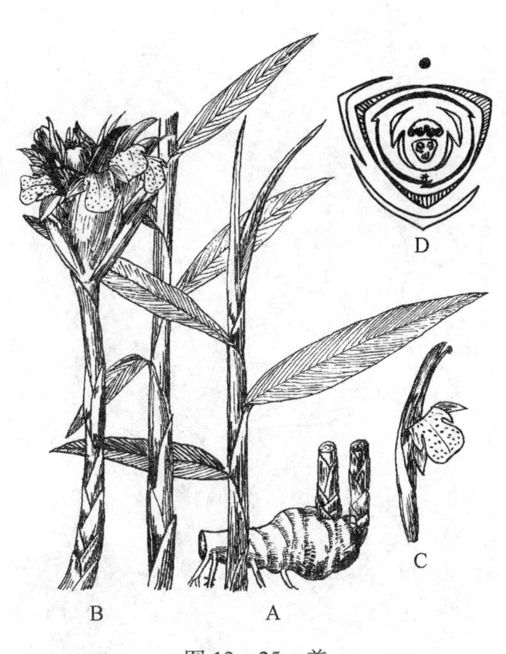

图 13－25　姜

A. 枝、叶和根状茎　B. 花枝　C. 花　D. 花图式

本科还有多种药用植物：砂仁（*Amomum villosum* Lour.），产于广东、广西、云南、福建等地，果为芳香性健胃、祛风药；郁金（*Curcuma aromatica* Salisb.）、莪术［*Curcuma zedoaria*（Berg.）Roce.］的根茎及块根均供药用。

（五）百合科（Liliaceae）$⚥ * P_{3+3}A_{3+3}\underline{G}_{(3:3:\infty)}$

百合科属百合亚纲（Liliidae），百合目（Liliales）。

百合科通常为草本。地下具有根状茎、鳞茎、块茎或球茎。叶通常为单叶，互生或基生，少轮生或对生。花大而显著，总状、穗状、圆锥状或伞形花序。花两性，辐射对称，花被 6，2 轮，花瓣状；雄蕊 6，2 轮；心皮 3，合生，子房上位，3 室，中轴胎座，每室常具有多数胚珠。蒴果或浆果。种子具有胚乳。染色体：X＝3～27。

本科约 240 属，4 000 种，广布于全世界。我国有 60 属，约 600 种，产南北各省区，以西南地区最丰富。

百合科的划分很不一致，有人把百合科分为许多科，如黄花菜科（Hemerocallidaceae）、天门冬科（Asparagaceae）、龙血树科（Dracaenaceae）、葱科（Alliaceae）、菝葜科（Smilacaceae）、延龄草科（Trilliaceae）、假叶树科（Ruscaceae）、芦荟科（Aloeaceae）、龙舌兰科（Agavaceae）和石蒜科（Amaryllidaceae）等。克朗奎斯特系统采用较为广泛的百合科，以上各科除菝葜科、芦荟科、龙舌兰科外，都归入百合科。为了讲授方便，作者依习惯将具有伞形花序、下位子房的石蒜科（包括龙舌兰科中的子房下位类群）分为独立的科。

百合属（*Lilium*），多年生草本；具有鳞茎，鳞片肉质，无鳞被；花大而美丽，单生或排成总状花序；花被漏斗状，基部具有蜜槽；子房圆柱形，柱头 3 裂；蒴果，室背开裂；种子多数；约 80 种，分布于北温带；我国有 39 种，南北均有分布。百合（*L. brownii* F. E. Br. var. *viridulum* Baker）（图 13－26），叶倒披针形或倒卵形；花被片白色，背面淡紫色，无斑点；分布于东南、西南、河南、河北、陕西和甘肃等地，常栽培，鳞茎供食用。卷丹（*L. lancifolium* Thunb.），和百合区别在于叶腋常具有珠芽；花橘红色，有紫黑色斑点，花被片反卷;几乎全国分布。山丹(*L. pumilum* DC.),叶线形;花鲜红色,无斑点,花被片反卷;分布于东北、华北、西北等地。

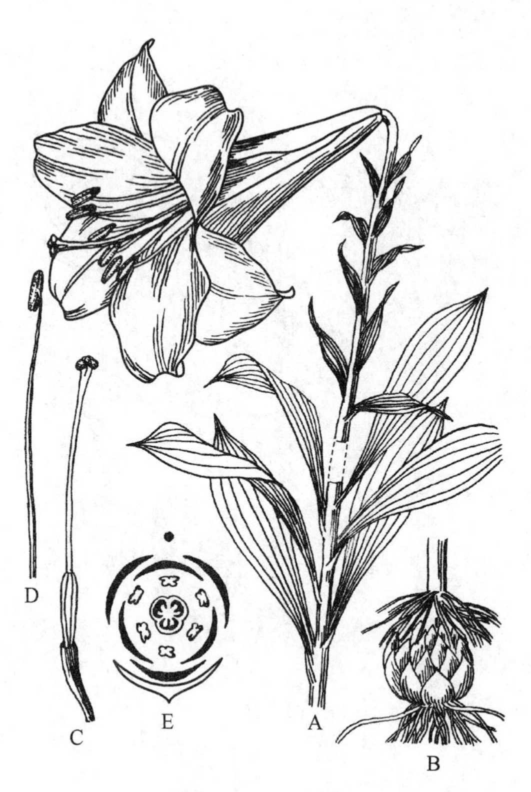

图 13-26　百合

A. 植株上部　B. 鳞茎　C. 雌蕊　D. 雄蕊　E. 花图式

葱属(*Allium*),多年生草本;鳞茎包有被膜;叶基生,叶鞘闭合,具有葱蒜味;伞形聚伞花序,具有膜质总苞;蒴果;约 500 种,主要分布于北温带,我国有 110 种,除野生种类外,有多种为著名蔬菜,如韭菜(*A. tuberosum* Rottl. ex Spreng.)、蒜(*A. sativum* L.)、葱(*A. fistulosum* L.)、洋葱(*A. cepa* L.)等。

本科有多种药用植物,如黄精(*Polygonatum sibiricum* Redouté)、玉竹[*P. odoratum* (Mill.) Druce]、麦冬[*Ophiopogon japonicus* (L. f.) Ker-Gawl.]、藜芦(*Veratrum nigrum* L.)等;也有许多著名的观赏植物,如郁金香(*Tulipa gesneriana* L.)、风信子(*Hyacinthus orientalis* L.)、玉簪[*Hosta plantaginea* (Lam.) Aschers.]。

(六)兰科(Orchidaceae)$⚥\ \uparrow\ P_{3+3}\ A_{3-1}\ \overline{G}_{(3:1:\infty)}$

属百合亚纲,兰目(Orchidales)。

兰科为草本。单叶互生,常排成 2 列,基部常具有包茎的叶鞘。花常两性,两侧对称,花被片 6,2 轮,外轮 3 片为萼片,常花瓣状,中央 1 片称中萼片,两侧的 2 片称侧萼片;内轮两侧的 2 片称花瓣,中央的 1 片特化为唇瓣(labellum),唇瓣常 3 裂或中部缢缩而分为上唇与下唇,基部有时成囊或距,内有蜜腺,常因子房呈 180°角扭转,而使唇瓣由近轴上方转到远轴下方;雄蕊和花柱及柱头合生成合蕊柱(columna),呈半圆柱形,面向唇瓣,最上部为花药;合蕊柱的顶部前方常具有一突起,由柱头不育部分变成,称为蕊喙(rostellum),能育柱头通常位于蕊喙下面,一般凹陷,充满黏液;雄蕊 1 或 2 枚,稀 3 枚,花粉常结合为花粉块;雌蕊由 3 心皮合生,子房下位,1 室,侧膜胎座,柱头 3,通常 2 个能接受花粉。蒴果;种子极小而多,无胚乳。染色体:X=6~29。

本科共有 700 余属,20 000 多种,广布于热带、亚热带与温带地区,为被子植物第二大科。我国约有 150 属,1 000 余种,主要分布于长江流域及长江以南各省区。

兰属(*Cymbidium*),附生、陆生或腐生草本;茎极短或变态为假鳞茎;叶革质,带状;总状花序,直立或俯垂;花美丽而雅致,有香味;花被张开,蕊柱长;花粉块 2 个;蒴果长椭圆形;约 50 种,主要分布于亚洲热带和亚热带,我国有 20 余种,常见栽培的有建兰[*C. ensifolium*(L.) Sw.](图 13-27A~C)、墨兰[*C. sinense*(Andr.) Willd]、蕙兰(*C. faberi* Rolfe)、春兰[*C. goeringii*(Rchb. f.) Rchb. f.]等,均为著名的观赏植物。

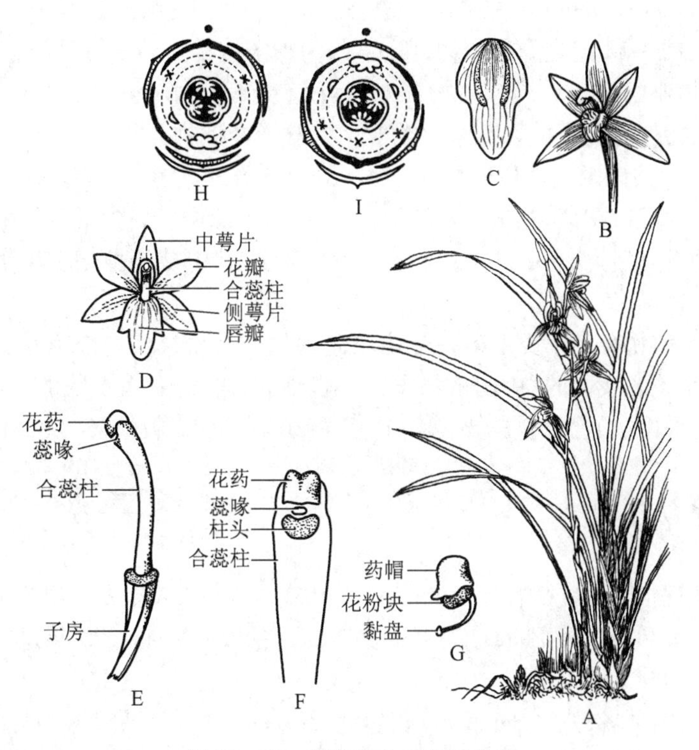

图 13-27　建兰及兰属花的构造

A~C. 建兰　A. 植株　B. 花　C. 唇瓣　D. 兰属花被片的各部分示意图　E. 子房和合蕊柱　F. 合蕊柱　G. 花药　H. 兰亚科花图式(示子房扭转前)　I. 兰亚科花图式(示子房扭转后)

本科有许多著名的观赏花卉,如石斛(*Dendrobium nobile* Lindl.)、蝴蝶兰(*Phalaenopsis amabilis* Bl.)、卡特兰(*Cattleya labiata* Lindl.);药用植物有白芨[*Bletilla striata*(Thunb.) Rchb. f.]、天麻(*Gastrodia elata* Blume)等。

兰科植物在进化过程中与昆虫传粉紧密地相互适应。首先,花的色彩和香气很容易引起昆虫的注意,在花的基部或距内或在唇瓣的褶皱中产生花蜜。原来在上面的唇瓣,由于子房扭转而转向下面,成为昆虫的落脚台,昆虫落在唇瓣上,头部恰好触到花粉块基部的黏盘上,离开时将花粉块黏着在昆虫的头部,当昆虫向另一花采蜜时,黏盘恰好又触到有黏液的柱头上,把花粉块卸在花的柱头上,完成异花授粉作用。

第六节　被子植物的分类系统概要

按照植物之间的亲缘关系,建立起植物自然进化系统,说明被子植物间的演化关系,是植物分类学家长期以来所努力的目标。但由于有关被子植物起源、演化的证据不足,到目前为止,还没有一个公认的完美分类系统。下面主要介绍当前较为常用的 5 个分类系统。

一、恩格勒系统

这一系统是由德国植物学家恩格勒(Engler)于1892年编制的一个分类系统。在他与百兰特(Prantl)合著的23卷巨著《植物自然分科志》(*Die naturilichen Pflanzenfamilien*)(1887—1915)和《植物分科志要》(*Syllabus der pflanzenfamilien*)中采用了这个系统。在第11版的《植物分科志要》(1936)里,将植物界分为14门,其中1~13门为隐花植物,第14门为种子植物。种子植物门分为裸子植物亚门和被子植物亚门。被子植物亚门分为单子叶植物和双子叶植物2个纲。将单子叶植物放在双子叶植物之前,将柔荑花序类的植物作为被子植物的原始类群。把双子叶植物分为古生花被亚纲(离瓣花类)和后生花被亚纲(合瓣花类),共计55目,303科。

恩格勒系统经多次修订,在《植物分科志要》第12版(1964)中,已将单子叶植物移在双子叶植物的后面,但基本系统大纲没有多大改变,并把植物界分为17门,其中被子植物单独成立被子植物门,包括2纲,62目,343科。

恩格勒系统是被子植物分类学史上第一个比较完善的分类系统。迄今为止,世界上除英、法以外,大部分国家都采用本系统。我国的《中国植物志》、多数地方植物志和大多数的植物标本馆(室)都采用了恩格勒系统,主要是采用《植物分科志要》第11版(1936)和第12版(1964)这两个版本中的系统。

二、哈钦松系统

这个系统是英国植物学家哈钦松(Hutchinson)于1926年和1934年先后出版的包括两卷的《有花植物科志》(The Families of Flowering Plants)一书中发表的,在1959年和1973年进行了两次修订,由原来的105目332科增加到111目411科。

哈钦松系统是以英国学者边沁(Bentham)和胡克(Hooker)的分类系统以及美国植物学家柏施(Bessey)的花是由两性孢子叶球演化而来的概念(即真花学说)为基础发展而成的。它认为两性花比单性花原始;花各部分分离、多数比合生、定数原始,螺旋状排列比轮状排列原始;木本较草本原始。它还认为被子植物是单元起源的,双子叶植物以木兰目和毛茛目为起点,从木兰目演化出一支木本植物,从毛茛目演化出一支草本植物,认为这两支是平行发展的;无被花和单被花是后来演化过程中退化而成的;柔荑花序类各科来源于金缕梅目。单子叶植物起源于双子叶植物的毛茛目,并在早期分化为3个进化线:萼花区(calyciferae)、冠花区(corolliferae)和颖花区(glumiflorae)。

本系统和恩格勒系统相比有了很大进步,主要表现在把多心皮类作为演化的起点,在不少方面阐明了被子植物的演化关系。但是,这个系统也存在着很大的缺点,由于他坚持将木本和草本作为第1级区分,导致许多亲缘关系很近的科被远远分开,如草本的伞形科和木本的五加科、山茱萸科分开,草本的唇形科和木本的马鞭草科分开。这个系统发表后,在世界上很少使用,但在我国受到了相当的重视,如北京大学生物系、华南植物研究所、广西植物研究所和昆明植物研究所等单位的植物标本馆(室)都采用了这个系统进行排列标本,由这3个研究所分别编写的《广州植物志》《广东植物志》《海南植物志》《广西植物志》《云南植物志》以及北京大学汪劲武教授编写的《种子植物分类学》都采用了这个系统。后来的塔赫他间系统、克朗奎斯特系统都是在此基础上发展起来的。

三、塔赫他间系统

苏联植物分类学家塔赫他间(Takhtajan)自1942年起开始发表自己的系统,并多次修订(1954,1959,1966,1969,1980,1986,1987,1997)。在1980年修订的分类系统中,他把被子植物分成2纲,10亚纲,28 超目,92 目,410 科,经过 1987 和 1997 年的两次修订,该系统的亚纲、超目、目和科的数目均有增加,结果,新修改的系统包括 17 亚纲,71 超目,232 目,591 科。

塔赫他间主张被子植物单元起源,认为被子植物起源于种子蕨;草本植物是由木本植物演化而来的;认为木兰目是最原始的被子植物代表,由木兰目发展出毛茛目及睡莲目;单子叶植物起源于原始的水生双子叶植物的具有舟形花粉的睡莲目;柔荑花序类各目起源于金缕梅目。他打破了传统的把双子叶植物纲分成离瓣花亚纲和合瓣花亚纲的概念,增加了亚纲的数目,使各目的安排更为合理;在分类等级方面,于"亚纲"和"目"之间增设了"超目"一级分类单元,对某些分类单元,特别是目和科的范围和安排都作了重要的变动。

本系统是当代著名的分类系统。由中山大学和南京大学生物系编写的《植物学》(系统、分类部分)的被子植物分类部分就是按该系统编写的。

四、克朗奎斯特系统

这个系统是美国分类学家克朗奎斯特(Cronquist)1957 年在所著的《双子叶植物目、科新系统纲要》(Outline of a new system of families and orders of dicotyledons)一文中发表的,1968 年在所著的《有花植物分类和演化》(The evolution and classification of flowering plants)一书中进行了修订,在 1981 年所著的《有花植物分类的综合系统》(An integrated system of classification of flowering plants)中进一步修订,修订后的系统将被子植物分为 2 纲,11 亚纲,83 目,383 科。

克朗奎斯特的分类系统也采用真花学说及单元起源的观点,认为被子植物起源于一类已经灭绝的种子蕨;现代所有生活的被子植物各亚纲,都不可能是从现存的其他亚纲的植物进化而来的;木兰亚纲是有花植物基础的复合群,木兰目是被子植物的原始类群;柔荑花序类各目起源于金缕梅目;单子叶植物来源于类似现代睡莲目的祖先,并认为泽泻亚纲是百合亚纲进化线上近基部的一个侧支(图 13-28)。

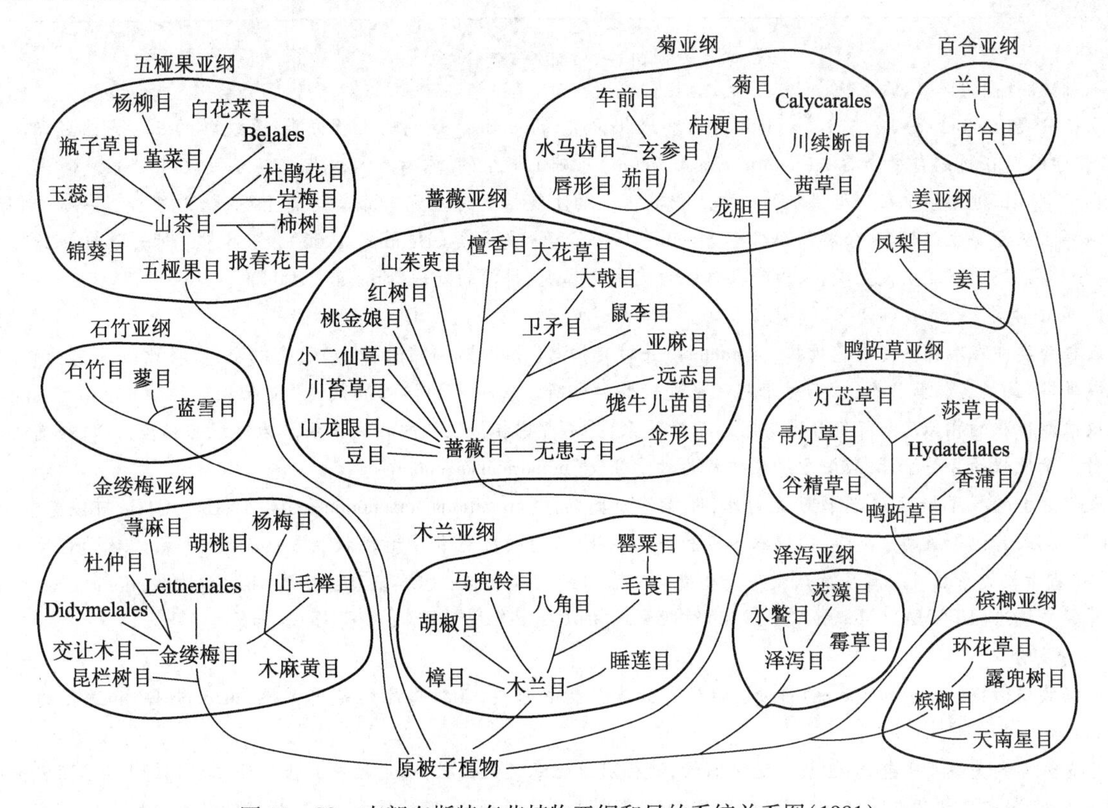

图 13-28　克朗奎斯特有花植物亚纲和目的系统关系图(1981)

克朗奎斯特系统接近于塔赫他间系统,但是个别分类单元的安排仍有较大的差异,未设“超目”一级分类单元,科的数目也有所压缩,范围也较适中,因此该系统自发表后受到了普遍的重视,在美国高等院校的植物分类教学中多采用该系统。在我国,吴国芳等编写的高等师范院校用的《植物学》被子植物部分采用了本系统,辽宁大学生物系和浙江林学院的植物标本室也采用了本系统。本教材中科的排列即依据本系统进行的。

五、APG 系统

APG 系统是由 29 位植物学家组成的“被子植物系统发育研究组(APG)”根据分子系统学的研究成果,于 1998 年发表的一个包含 462 个科的被子植物分类系统,这些科被归类为 40 个假定的单元目,置于以下几个非正式的更高级类群中:单子叶群(monocots)、鸭跖草群(commelinoids)、真双子叶群(eudicots)、核心真双子叶群(core eudicots)、蔷薇群(rosids)、真蔷薇群Ⅰ(eurosidsⅠ)、真蔷薇群Ⅱ(eurosids Ⅱ)、菊群(asterids)、真菊群Ⅰ(eusteridsⅠ)、真菊群Ⅱ(eusteridsⅡ)。在这些非正式类群之下,列出了许多没有归属到目的科。在起始位置有 11 个未归属到目的科和 4 个未归入非正式更高级类群的目[相当于后来的木兰群(Magnoloids)]。在该系统的末端列出了未能确定位置的 25 个科。APG 分类系统的最近修订(APGⅣ,2016)以及由 Stevens 对被子植物系统发育网站(http://www.mobot.org/MOBOT/research/APweb/)的不断完善,使得 APG 分类系统框架有了相当的改善,越来越多的科(和一些目)从未确定位置的分类群名单中移出。尽管该系统不断发展并得到改进,在它稳定之前仍然需要大量的时间,并且要经过各种参数的检验。

表征分类和分支分类

表征分类(phenetics)、分支分类(cladistics)和进化分类(phyletics)是现代生物分类/系统学的三大方法或学派。其中,进化学派是在所谓自然分类法(natural classification)基础上诞生的,它旨在将进化思想或假设引入分类学,避免人为的分类标准。但进化学派在分类性状的选取上仍具很大的主观性。为避免或降低这类主观性,20 世纪 50—60 年代,两种新的方法应运而生,即表征分类(Sokal 和 Sneath, 1963)和分支分类(Hennig, 1966),它们通过对大量性状的数学统计,使分类/系统学研究从较主观、人为的操作逐步趋向更客观、科学的处理(Stuessy, 2009)。

1. 表征分类

表征分类即在准确界定大量性状(characters)并对其状态(states)进行仔细编码的基础上,直接比较研究对象(生物个体或类群)间的各性状状态,从而对研究对象进行聚类分析。表征法的核心思想是“全面相似性”(overall similarity),即仅仅依靠性状的相似度来评价分类群间的亲缘关系,并不考虑相似性状的祖先来源。为追求客观性,表征分类法往往依靠对大量性状的数量统计,故该方法又被称为数量分类(numerical taxonomy)。

表征分类的程序如下:①选择研究对象,即操作分类单位(operational taxonomic units, OTUs),OTUs 可以是个体、居群、物种、属或其他等级的分类群;②选取尽可能多的性状;③简明描述和度量性状状态;④使用严格的数学程序比较性状状态(基于相关系数或距离系数),获得分类群间的成对距离或相似性矩阵;⑤运用邻接法(neighbor-joining)或非加权成对算数平均法(UPGMA)(Mooers 等, 1994)对距离或相似性矩阵进行运算,对 OTUs 进行聚类。

2. 分支分类

依据共祖衍征(synapomorphies)对分类群进行分支分析和归类,其核心原则是单系性(monophyly)和进化的简约性(parsimony)。

分支分类的关键步骤包括:①提出进化假设,选择有进化意义的性状,确定性状和性状状态的同源性;②描述和度量性状状态;③确定性状状态的极性(polarity),即推测哪些状态是原始的、哪些是衍生的,为性状状态定根(“root” the character state network);④选择算法对数据矩阵加以计算,构建支系图(cladogram)[对应于分支原理的算法主要有:简约法(parsimony)、最大似然法(maximum likelihood)和贝叶斯推断法(Bayesian Inference)(Felsenstein, 2004)];⑤基于支系图的拓扑结构确定类群的系统发育关系。

保证性状状态的同源性无论对于表征法还是分支法都至关重要。分类学研究中,只有对同源性状进行比较,才能真实地反映类群的系统发育关系。然而,任何方法都不能保证完全同源情况下的性状比较。由于是基于大量性状的简单比较,表征法大多应用于较低等级的分类阶元,因为近缘类群间分化时间较短,相似性状的同源性尚可保证,而当其用于高等级分类阶元时,非同源比较的可能性就急剧增加(Sneath, 1976)。因此,较高分类阶元上的系统发育关系分析通常采用分支法进行(Stuessy, 2009)。

表征法和分支法的区别不在于性状或数据的类型,而在于两者对数据的处理方式。表征法强调全面相似性,而分支法考虑性状的来源、演化步骤和方向。无论表型数据还是分子数据,都可以用表征法或分支法进行分析。譬如,利用DNA序列数据进行系统发育分析时,通常采用分支原理下的简约法、似然法或贝叶斯法等,但当所分析的OUTs亲缘关系较近、性状的同塑现象(homoplasy)较少发生时,人们也常采用表征方法进行分析(如邻接法,NJ)。

随着科学技术的发展,各类分子水平上的数据将不断积累,表型的遗传、发育机制也将不断被揭示,未来的生物分类将不再有学派之分,它将综合各种进化信息(explicit synthesis),在新层次上发展出新的进化系统学方法(explicitphyletics),使分类/系统学真正成为具备客观性、可预见、可重复、可检验的科学(Stuessy, 2009)。

参考文献

[1] Felsenstein J. Inferring Phylogenies. Sunderland, MA: Sinauer, 2004.

[2] Hennig W. Phylogenetic Systematics. Translated by Davis D D, Zangerl R. Urbana: University of Illinois Press, 1966.

[3] Mooers A Ø, Nee S, Harvey P H. Biological and algorithmic correlates of phenetic tree pattern//Eggleton P, Vane-Wright R I. Phylogenetics and Ecology. London: Academic Press, 1994: 233-251.

[4] Sneath P H A. Phenetictaxonomy at the species level and above. Taxon, 1976, 25: 437-450.

[5] Sokal R R, Sneath P H A. Principles of Numerical Taxonomy. San Francisco: Freeman, 1963.

[6] Stuessy T F. Plant Taxonomy—The Systematic Evaluation of Comparative Data. 2nd ed. New York: Columbia University Press, 2009: 37-127.

(郭延平 教授 北京师范大学生命科学学院)

思考与探索

1. 被子植物在哪些方面比裸子植物更能适应陆生生活?为什么被子植物能在近亿年来成为地球上最繁盛、种类最多、分布最广的植物类群?
2. 对被子植物进行分类并建立分类系统有什么意义?
3. 为什么说木兰目(科)是被子植物中最原始的类群?
4. 如何认识金缕梅亚纲(柔荑花序类)在被子植物系统演化中的地位?
5. 菊科植物的哪些特征使其成为被子植物的第一大科?
6. 定点观察某种植物,记录其生长发育过程,揭示其物候学特性。
7. 根据本教材介绍的25个科的特征,编写一个分科检索表。
8. 采集周围10~15种不同类型的开花结果植物,通过对花果的解剖观察,编写一个分种检索表。
9. 查阅资料,概述现代种子植物分类在理论和方法学上有何新成就和新进展。
10. 比较分析书中介绍的5个著名被子植物分类系统的要点、理论依据和应用情况,你对其有何评论?

数字课程学习

重难点解析　教学课件　视频　植物照片库　相关网站

第十四章

植物的进化和系统发育

内容提要 本章主要介绍30多亿年以来植物进化的证据、进化的方式和进化的基本理论，并从纵向的发展上分析植物界从低等到高等、从简单到复杂、从水生到陆生的进化趋势，概述了原核藻类和植物界进化发展的6个主要阶段，对原核藻类、真核藻类、裸蕨和蕨类植物、苔藓植物、裸子植物、被子植物的可能起源和发展进行了分析和推断。本章的“窗口”是“植物分子系统发育研究简介”，从分子水平上介绍了分子系统学研究的内容和方法，以及研究进展和存在的主要问题。

地球上的生命史已有30多亿年。当今地球生物圈的各种生境中生活的30多万种植物、100多万种动物以及各种菌类、原核生物等，都是在这个漫长的历史长河中，由原始的生命形式逐渐演化而来的。19世纪，达尔文（Darwin，1809—1882）根据他的亲身考察并仔细分析所获得的各种证据，总结了在他以前的一些学者的观点，划时代地创立了科学的进化学说，深刻地阐明了生物的物种不是神创的，也不是一成不变的，而是在遗传变异的基础上通过自然选择和各种隔离方式，在适应环境变化的过程中，不能适应的被淘汰，能适应的被保存，从而产生了一些与其自身不同的新的种类。这个过程自地球上的生命出现以后就一直不断地进行着。旧的不适应的种类不断地绝灭，新的能适应的种类向前发展，形成了一条永不中断的历史长河。生物的这种发展变化过程就是进化或演化（evolution）的过程。今天地球上生存的各种生物只不过是几十亿年来生物进化的一个阶段和结果。今后仍然会有一些种类绝灭，新的种类又会不断地产生，使生命的发展不断地向前推进。

第一节　植物进化的证据

一、化石的证据

化石（fossils）是古代生物留下的遗迹，是过去曾经在地球上生存过的生物的直接证据，也是地球上生物发展进化的真实记录。生活在地球上的古代植物，由于火山爆发、暴风雨袭击、野火焚烧、洪水破坏等灾难造成植物大量死亡。这些植物的残体在腐烂之前，有可能被水中的泥沙掩埋或埋没在火山灰里，而泥沙经过漫长的地质作用变成岩石，其中的植物残体就变成了化石。植物化石的保存形式有多种类型，大致可以分为实体和印痕两大类。实体化石中，可以细分为压型（compression）、石化（petrifaction）[或称矿化（permineralization）]、丝炭化（fusainization）和煤化（coalification ）等不同形式。常见的印痕化石（impression）是植物在沉积层中留下的印迹，压型化石是植物遗体在沉积过程中被扁压而成的植物残骸，石化（或矿化）化石是植物残体在埋藏过程中被水中的硅质、钙质或铁质等不同的矿物介质渗入和替代而成。在实体化石中,有时可以保留下植物的细胞和亚细胞的精细结构。此外,有时植物腐败的降解产物还可以保存为“化学化石”,如叶绿素的降解物卟啉,这种稳定的物质可指示其沉积以前,肯定有绿色植物生存。由此可见,化石在研究植物的起源、发展和进化中具有极其重要的作用,它是植物进化过程的直接证据。如由于在距今4亿年前的志留纪晚期发现了光蕨(*Cooksonia*)的化石,就可肯定原始的维管植物在那时已经产生。

二、比较解剖学的证据

比较解剖学在植物进化上也是重要证据,如古蕨属(*Archaeopteris*)最早被归于蕨类植物,但后来根据其解剖结构发现木质部是由具缘纹孔的管胞所组成的,这一结构是裸子植物的典型特征,故将有这类解剖特征而无种子的植物归为“原裸子植物门”,并推测裸子植物的各类群是由原裸子植物进一步演化来的。再如关于退化痕迹问题,根据盖子植物纲中一些种类有两性花退化的痕迹,故推测它们和具有两性孢子叶球的本内苏铁可能有亲缘关系。同样,主张具有两性花为原始被子植物的学者,也推测被子植物与本内苏铁之间有亲缘关系。

三、个体发育中重演现象的证据

植物的个体发育(ontogeny)是指任一植物个体,从其生命活动的某一阶段开始(如孢子、合子、种子等),经过一系列的生长、发育、分化、成熟(包括形态上、生理上以及生殖等),直到重又出现开始阶段的全过程。个体发育的全过程也称生活周期(life cycle)或生活史(life history)。植物的系统发育(phylogeny)是指某种、某个类群或整个植物界的形成、发展、进化的全过程。个体发育和系统发育是植物进化中两个密不可分的过程。个体发育是系统发育的环节,同时,又可反映或重演系统发育过程中的某些特征。如有些真核藻类、苔藓、蕨类和裸子植物中的苏铁、银杏等,其个体发育中均产生具有鞭毛的游动细胞,这表明它们在系统发育中可能有一定的亲缘关系。再根据运动细胞鞭毛的类型和生长位置来推测各类植物亲缘关系的远近。如绿藻类自由生活的游动个体或产生的孢子和配子的鞭毛都是顶生,多为2条(也有4条、8条或多条)而等长,尾鞭型;而苔藓的精子也具2条等长近顶生的尾鞭型鞭毛,蕨类的精子也为2条(或多条)等长顶生,尾鞭型的鞭毛。故推测苔藓和蕨类可能是由绿藻类演化而来的。而褐藻中虽然也产生具2条鞭毛的游动孢子或精子,但它们的鞭毛都是侧生不等长的,而且是1条为尾鞭型,1条为茸鞭型,故认为褐藻不可能是苔藓和蕨类植物的祖先。由于红藻个体发育中不产生具鞭毛的细胞,所以,它们和高等植物也不在同一条进化路线上。

四、生理生化的证据

生理生化指标在植物进化中具有重要意义,如血清鉴别。在分析两种植物的亲缘关系时,制取两种植物的蛋白质浸液,分别注入兔或其他动物体内,过一段时间后,动物体内对该蛋白质有了反应后,分别取出动物体的血液制成抗血清,再将二者混合,观察其沉淀反应情况,即可鉴别二者亲缘关系的远近。有的学者曾用血清鉴别法的结果,绘制出被子植物亲缘关系的系统图,大体上与形态学的研究结果一致。

采用同工酶法,根据电泳技术,分析同工酶的谱带,也可鉴别植物间亲缘关系的远近。

去氧核糖核酸碱基的沉淀系数也可用于系统进化的研究,因为其沉淀系数是随年代增多而增加的。有人在研究细菌的进化中发现,原始的嫌氧异养的梭状芽孢杆菌的核酸沉降系数为25S~32S,乳酸菌为33S~45S,进步的光合细菌中的紫硫细菌为64S,非紫硫细菌为60S~69S,喜氧异养的放线菌是63S~75S,小球菌为65S~75S等。

五、细胞遗传学的证据

生物的进化是由于遗传系统的变异在时空上表现出来的生命现象。在细胞水平上具体体现在染色体的变化上。原核生物没有染色体,仅有环状 DNA 分子,也没有组蛋白与之结合,DNA 分子是原核生物的遗传信息载体。真核生物才形成染色体,染色体是真核生物遗传信息(基因)的载体,不同种的生物其细胞染色体的数目、核型是不同的。染色体的数目在种和属上常有特异性。染色体数目的增减变化对物种进化有重要意义,如有些新种的产生就是通过异源多倍体或同源多倍体的方式形成的。染色体组型(核型)指体细胞分裂中期染色体的数目、大小、形态、排列和带型等特征的总和,在鉴别不同物种和各物种间亲缘关系的远近上是重要的科学依据。不同的物种各有其特定的染色体组型,染色体组型在很大程度上能够反映物种的进化历史和种间的亲缘关系。现在,细胞遗传学仍然是研究植物亲缘关系和植物进化的重要手段之一,并常用来帮助解决从形态上难以区分的物种鉴别。

六、分子生物学的证据

植物的进化同样可在分子水平上找到证据。任何生物(包括原核生物、真核生物,不论其进化水平高低)都含有生命活性的大分子物质,即蛋白质、核酸、脂质和糖类等。蛋白质由氨基酸组成,核酸由核苷酸组成,核苷酸又由 4 种碱基、核糖和磷酸构成。同一物种的生物大分子结构相同,不同物种间的这些大分子物质某些结构是有差异的,其结构越相似,亲缘关系就越近,反之,亲缘关系就越远。植物分子水平的进化就是通过核苷酸或氨基酸的相互取代而变化进行的。而各个物种中具有重要功能的蛋白质和核酸的保守性很强,变化的速率缓慢而比较稳定,由此可以推测植物物种进化的时间。现在应用于分析植物亲缘关系和系统进化的分子证据主要来自核基因组、叶绿体基因组和线粒体基因组的 DNA 片段,通过生物信息学的方法对各种植物的分子信息资料进行比对分析,构建植物类群的进化树,由此推断各植物间亲缘关系的远近和具体类群在系统演化中的地位(见本章“窗口”)。

第二节　植物进化的方式

植物界经历了 30 多亿年的发生、发展和进化的过程,从植物界的进化历程和各个大类群的特征,可以看出植物界有如下的一些主要进化方式。

一、上升式进化

上升式进化(asscending evolution)又称复化式进化或全面进化,即植物由低等到高等、由简单到复杂的进化方式,是植物体在细胞结构、形态结构、生理、生殖等方面综合全面的进化过程。进化的结果是植物的组织结构逐渐复杂化、完善化,而且不断地从低等的植物演化出新的高级的种类和类群。这是植物界,也是生物界进化的主干。上升式进化方式的内容可表现为下述一些基本点:

(1) 在细胞结构上,从原核到真核,或从原核到间核,再到真核。

(2) 在形态结构上,从单细胞到群体或丝状体,再到多细胞体;从无分化到有分化,从简单分化到复杂分化;从原植体到拟茎叶体,再到具有真正的根、茎、叶的植物体;从无维管组织到有维管组织。

(3) 在生殖器官上,从单细胞结构到多细胞结构,再到具有不育细胞套层的多细胞结构;从无花的结构到无花被的花,再到具花被的真正的花。

(4) 在生殖方式上,从营养繁殖到无性生殖,再到有性生殖,有性生殖又从同配到异配,再到卵配;受精过程由离不开水到产生花粉管,完全摆脱了水的限制,进而发生双受精。

(5) 在生活史上,从营养繁殖到无性生殖完成生活史,到有核相交替(合子减数分裂或配子减数分裂),再到世代交替(孢子减数分裂);世代交替又从同形世代交替到异形世代交替,最进步的类型为孢子体发达的异形世代交替,配子体由能独立生活到变为寄生于孢子体上。

(6) 在种子的产生方式上,从无种子(仅具有孢子)到产生裸露种子,再到产生有子房包被的种子并形成果实。

(7) 在生活环境上,从水生到陆生;从仅能狭幅适应环境到广幅适应环境。

二、下降式进化

在植物的进化中有些情况与上升式进化的情况相反。如有些被子植物又从陆生回到水生环境中,其输导组织也退化了;还有些风媒传粉的植物其花被又消失了等。这种现象并不是表明这些植物原始,而是在具体的环境条件下经过选择所形成的适应特征,相对地简化了一些器官或组织,以减少一些能量和物质的消耗。这种退化现象表明植物的另一种进化趋向,称为下降式的进化或演化(descending evolution),或称简化式的进化。

三、趋同进化

在进化过程中,一些亲缘关系相当疏远的植物,由于生活环境和生活条件相同,在长期的适应过程中,在形态结构和生理机能上形成了相似的特征,这种进化方式称为趋同进化(convergent evolution)(图14-1)。如蕨类植物中的木贼类和裸子植物中的麻黄类,它们在形态上都有明显的节和节间,常使人混淆,但它们的亲缘关系相当疏远。再如美国南部的仙人掌科植物和非洲的大戟属(*Euphorbia*)的某些植物种之间,在形态上都无叶、具有刺、多棱、肉质茎,这是由于它们均长期生活在干热的气候条件下所形成的相似的形态和结构特点,即为趋同进化的结果,尽管它们各自的祖先不同。

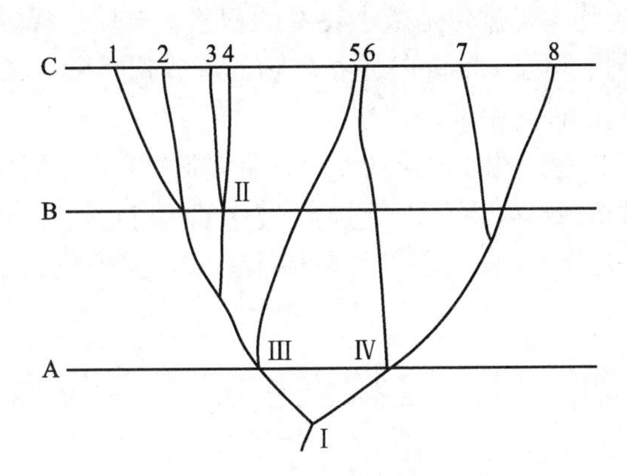

图 14-1 趋同进化、趋异进化和平行进化

在A水平:由Ⅲ和Ⅳ类群经趋同进化产生5,6新类群,它们来源于不同的祖先,具有相似性 在B水平:由类群Ⅱ经平行进化产生3,4新类群,二者形态特征类似 在C水平:由Ⅰ类群经趋异进化产生1~8类群

四、趋异进化

来源于共同祖先的一个种或一个植物类群,由于长期生活在不同的环境,产生了两个或两个以上方

向发展的变异特征，称趋异进化(divergent evolution)(图 14－1)。如被子植物中的毛茛属植物，经过趋异进化，形成了水中的水毛茛、沼泽中的石龙芮、旱地的金毛茛等各种生态特点不同的毛茛类植物。趋异进化的结果使一个物种适应多种不同的环境而分化成多个在形态、生理上各不相同的种，形成一个同源的辐射状的进化系统，即为适应辐射(adaptive radiation)，从而可产生新的种或类群。趋异进化是自然界生物进化的普遍形式，是分化式(植物种类或类型由少到多)进化的基本方式，是植物多样性的基础。

五、平行进化

来源于共同祖先的两个或两个以上的植物种或类群，由于后来又生活在类似的生态环境中，形成了相似的适应性特征，这种进化方式称为平行进化(parallel evolution)(图 14－1)。如双子叶植物中，合瓣花类的各个目均由共同的祖先发生，通过平行进化，产生了相似的特征。平行进化和趋同进化有些类似，二者的主要区别是：平行进化一般指亲缘关系较近的植物种或植物类群，经过平行进化产生相似的特征；而趋同进化是指亲缘关系较远的植物种或类群，由于适应相同的生境而形成了相近的特征。

六、特化或专化

有些植物在适应特殊条件或特殊环境时，发展了一些特殊的构造。如有些虫媒传粉的植物，其花被或雄蕊极度特化，只能适应某一类昆虫进行传粉，这种现象称为特化或专化(specialization)。这种特化现象没有大的发展前景，一旦这种昆虫不存在，这种特化的植物将不能传粉而不能繁育后代，它们即面临灭绝的危险，因此，特化或专化的进化趋势在某种意义上说是一条危险的道路。

七、渐变式进化与跳跃式进化

达尔文学说和综合进化论均主张进化是微小突变的积累。自然选择导致的进化是缓慢的、渐变的过程，即渐变式进化。而跳跃式进化(saltation)是指生物的调节基因发生突变而引起的生物大突变。渐变式进化和跳跃式进化在生物的进化中都是存在的。

此外，有必要指出植物(和一切生物)进化的不可逆性，即植物的进化是不可逆的，已经演变的物种不可能恢复到祖型，已灭绝的物种不可能重新产生，凡进化了的植物均不可复原。这一规律是由古生物学家多洛提出的，被称为多洛定律。同时，这一定律也提醒人们必须重视保护生物多样性。

第三节 生物进化的基本理论

对于生物进化机制的解释曾有多种学说，如拉马克的“用进废退”和“获得性遗传”学说，其基本结论是错误的，已被否定。19 世纪，达尔文提出的以自然选择学说为基础的“进化理论”影响最大，而且基本思想是正确的。20 世纪以来，进化理论进一步得到发展，又提出了“综合进化论”(the evolutionary synthesis)、“分子进化的中性学说”(neutral theory of molecular evolution)等，这些学说对达尔文的进化理论都作了进一步的修改、补充、丰富和发展。下面重点介绍达尔文的自然选择学说，并概括介绍近代一些有代表性的理论。

一、达尔文的自然选择学说

达尔文从实践中认识到，人工育种的成功需要适当的选择和生物的变异两个因素。1838年，他把马尔萨斯(Malthus)"人口论"的观点应用到生物界，初步概括出以生存斗争为基础的自然选择学说(natural selection)。1859年，他发表了巨著《物种起源》，更明确地提出了以自然选择理论为基础的进化学说，该学说对神创说是一个致命打击，具有重大意义。其基本观点如下：

(1) 遗传是生物的普遍特征，生物的遗传性能使物种保持和稳定。

(2) 生物都存在变异，每一代都有变异，没有两个生物个体是完全一样的。引起变异的原因是生物的本性(遗传性)和生活条件的改变。变异可遗传。

(3) 人工选择的实质是利用生物的变异把对人类有利的变异保存和累积起来，连续选择使之成为显著变异，以培育出有益于人类的品种。家养品种来源于野生生物。

(4) 生物是按几何级数增加个体数量的，但由于生活条件有限，就必然发生生存斗争，其结果是适者生存，不适者被淘汰。

(5) 自然选择是生物进化的主要力量。自然选择作用于微小的能遗传的不定变异，在长时期内朝一定方向就可能创造出新的生物类型，甚至新种。

尽管达尔文的理论还存在一些不够明确或不当之处，如"获得性可遗传"的问题等，但其基本观点是正确的，所产生的影响和作用是划时代的。

二、现代综合进化论

现代综合进化论(evolutionary synthesis)是在孟德尔遗传学基础上，借助于理论和实验群体遗传学方法探讨进化过程和机制的进化论学派。该理论的要点是：认为生物进化的单位不是个体，而是群体，进化是"一个群体中基因频率的变化"。该理论摒弃了获得性遗传的观点，接受了达尔文进化论的核心部分——自然选择，并有所发展，认为生物的进化是基因突变、自然选择、随机漂变和隔离共同作用的结果。突变是生物进化的原材料，广义的突变包括基因突变和染色体畸变。任何群体内都存在有许多突变材料，但必须通过自然选择清除有害突变，保留有利基因，从而使基因频率发生定向性进化，即决定进化的方向。隔离是固定并保持自然选择作用的关键步骤。

现代综合进化论是对达尔文理论的修改和重大发展。它深入到遗传变异的内在机制，以自然选择学说为基础，并吸收了其他进化学派的观点，比较全面地阐述了生物进化过程中的内因与外因、必然性与偶然性之间的关系。。

三、分子进化的中性学说

分子进化的中性学说是由木村资生(Kimura，1924—1994)在对蛋白质的氨基酸序列和DNA的碱基顺序研究的基础上提出的，他认为生物在分子水平上的进化大都不是通过自然选择，而是由选择中性或近中性突变基因的随机固定实现的。其核心内容是认为分子突变对生物来说既无利也无害，对生物的生殖力和生活力没有影响，只有进一步导致植物在形态和生理上的差异以后，自然选择才能发挥作用。随机漂变是中性理论的基础。随机漂变是指在过小而又相互隔离的群体中，不同个体间无法进行随机交配而导致后代群体基因频率发生变化的现象。群体越小，带来基因频率的变化就越大，基因丢失或被保留与有利或有害无关，是随机的。

该理论与达尔文的进化论并不对立，而是各有侧重。达尔文理论侧重于宏观水平，揭示了生物的表型和种群进化的规律,即通过自然选择,结果为适者存、不适者亡,使生物不断地发展变化。中性理论侧重于微观的分子水平,揭示了生物分子进化的规律。二者都不能否定对方,而是互为补充,可以更好地解析生物进化的现象和本质。

四、物种的形成

一般来说,自然界中新物种的形成需要具备3个条件和过程。第一,由原来的物种发生基因突变,而且是可遗传的突变。这些突变是新物种形成的原材料,并在群体内积累储存。第二,选择,即环境条件的多种因子(包括水、温度、光照等自然条件以及生物间的竞争或食物链等关系)都会对群体发生影响,使某些基因型显现一些优势,从而发生方向性的选择。当这种选择继续不断地作用于群体时,群体的遗传组成就会发生变化。第三,隔离,促进了新物种的形成。隔离有多种类型,如地理隔离、生态隔离、季节隔离、配子隔离、杂种不活或不育隔离等。所有这些隔离最终造成原来种群的生殖隔离,导致原来种群遗传物质交流的中断,从而形成新的物种。由此看出,隔离既是新物种形成的条件,也是新物种形成的标志。

至于物种形成的方式主要有渐进式和骤变式(或称量子种,quantum speciation)。前者经历的时间长,一般有亚种阶段。后者形成的时间短,一般不经过亚种阶段。

五、单元起源和多元起源

在探讨植物界的进化时必然涉及植物的祖先,在这个问题上一直存在着两种观点:一个是单元论,一个是多元论,二者的主要根据和论点简介如下。

(一) 单元论

单元论(monophyletic theory)认为,两个或两个以上的植物类群虽然在形态、结构等许多方面存在不同的差异,但却来源于一个共同的祖先。其理论依据是:第一,一个物种在进化过程中只能形成一次,不可能重复发生;第二,某一类群虽然经过趋异进化产生出许多不同的新类群,但它们的某些结构和功能的特点仍有普遍的一致性。如被子植物虽然种类繁多、形态特征各异,但它们都有一致的形态结构,如根、茎、叶、花、果实等;生殖过程都有双受精现象;生活史中都是孢子体占绝对优势,独立生活,配子体极度退化,寄生于孢子体上;在细胞结构上都具有细胞壁、细胞核、叶绿体、线粒体等,含有相同的叶绿素成分;在分子水平上(DNA,RNA)也有明显的一致性等。由被子植物扩大到整个植物界,在细胞结构、营养方式、代谢和遗传等方面的基本图式也是一致的。

(二) 多元论

所谓多元论(polyphyletic theory),即主张不同的植物类群是由不同的祖先演化而来的。如有人认为,不同的真菌是由不同的藻类失去叶绿素演化来的。也有人认为,被子植物也是来源于不同的植物类群,彼此平行发展。如 Wieland 于1929年提出了被子植物多元起源的观点,认为被子植物分别与本内苏铁、科达类、银杏类、松杉类以及苏铁类有关。Meeuse 认为被子植物至少是从4个不同的祖先演化而来的。多元论者认为尽管一个物种不能重复发生,但一些结构和功能却可重复发生。如种子在种子蕨、裸子植物和被子植物中均出现;再如异孢现象以及导管等,也在不同的地质时期和不同植物中出现。

根据现代科学的发展及其在各个领域对植物的深入研究,应该承认,单元论学说在哲学上和理论上具有正确性,但多元论也有其一定道理。仍以图14-1来分析,不难看出,从不同的水平就会得出不同的结论。如从A水平上看,所演化出的8个类群来源于两个祖先,若从A水平以下看则它们来源于同一个祖先;但从B水平上看,8个类群则来源于6个祖先。所以,如果这样全面辩证地看,单元论和多元论似无根本冲突,而且可互相补充。至于植物的某个类群是否是一个自然类群,即是否是同一个祖先演化来的，在一般情况下不能仅从外部形态特征来确定，而应该从多学科进行全面分析，包括形态学、细胞学、分类学、地理学、生态学、古生物学、生物化学和分子生物学等，只有这样才能搞清植物种和类群的亲缘关系及其进化发展的情况。

第四节　植物界的起源和进化

一、地质年代与植物进化简史

地质学家根据化石的类别和沉积岩的程序来确定地球的年龄和地质史。现代又根据放射性同位素的蜕变规律来测定地球的年龄和划分地质年代。经测定，地球的年龄约为46亿年。通常把地质史分为5个代：太古代、元古代、古生代、中生代和新生代，每个代又分为若干纪（表14－1），其中太古代和元古代的时期最长，达40亿年以上，而古生代、中生代和新生代总计仅为6亿年。在太古代和元古代期间发现的化石很少，自古生代以后动、植物化石发现得较多。因此，古生代和各纪的划分也比较明确，看法比较统一，而对太古代和元古代的界限则不太明确，所以有人将古生代的寒武纪之前的元古代和太古代总称为前寒武纪（precambrian）。也有人提出太古代和元古代的界限可能是在距今25亿年前。原核生物在距今32亿～35亿年前出现。生命起源的年代在35亿～37亿年前，并推测生命的化学进化可能在距今35亿～38亿年前。人们常根据各大类植物（含原核藻类和菌类）在不同地质时期的繁盛期，把植物进化发展的历史划分为菌藻时代、裸蕨植物时代、蕨类植物时代、裸子植物时代和被子植物时代共5个时代。

二、植物界的起源和进化简史

地球形成初期并无生命，经过近10亿年漫长的化学演化阶段，由无机分子生成小分子有机物（如氨基酸、核苷酸等），再由小分子有机物生成原始的蛋白质和核酸等生物大分子，再进一步形成多分子体系。当多分子体系出现生物膜和建立转录翻译体系、实现遗传功能时，即表明原始生命的出现。原始生命大约是在35亿年前诞生的。正如恩格斯所说："生命是蛋白体的存在方式，这种存在方式本质上就在于这些蛋白体的化学组成部分的不断自我更新"，但是地球上最初的生命蛋白体具有何种结构，以及如何进行代谢等重大问题，至今仍不能作出确切回答。近年来，又有人对地球原始大气的成分以及生命起源于何处等问题提出了新的看法和证据。所以，对生命起源的问题还要进行长期的实验和探讨。人们推测，生命出现后将首先演化为原核细胞，产生原核生物。

（一）原核藻类的产生

第八章已对原核藻类的特点作了介绍。人们一般认为最初的原始生物是进行厌氧、异养生活的，只能以环境中的营养物质，如氨基酸、糖、脂肪等为食物，如厌氧、异养的细菌类，以后再演化出光合自养的原始生物。对于光合自养的原核蓝藻类是如何产生的问题，有人认为是由含叶绿素a、具有光系统Ⅰ、不放氧的原藻类演化而来的，也有人认为是由能进行初步光化学反应的、含有卟啉类化合物的、多分子体系的原始生物演化而来。最早的蓝藻化石发现于非洲东南部32亿年前的斯瓦特科匹（Swartkoppic）的炭质页岩中，这些化石直径1～4 μm，折叠为近球形至碟形，细胞分裂为二分裂式，状似现代蓝藻中的隐球藻（*Aphanocapsa*）（图14－2）。在距今31亿年前的非洲南部无花果树群的沉积岩地层中，发现一种单细胞蓝藻化石，称古球藻（*Archaeospheroides harbertonensis*），状似现代的色球藻类，而且从化石所在的岩石中分析出卟啉等生物成因的有机化合物。在距今28亿年以后的地层中也相继发现了许多球状和

表 14－1　地质年代和植物发展的主要阶段

地质年代	纪		同位素年龄	各类植物繁盛的时期	
新生代	第四纪			被子植物时代	
			0.025 亿年		
	第三纪				
			0.65 亿年		
中生代	白垩纪	晚			
			1 亿年		
		早		裸子植物时代（共约 1.4 亿年）	
			1.36 亿年		
	侏罗纪				
			1.90 亿年		
	三叠纪				
			2.25 亿年		
古生代	二叠纪	晚			
			2.40 亿年		
		早		蕨类植物时代（共约 1.6 亿年）	
			2.80 亿年		
	石炭纪				
			3.45 亿年		
	泥盆纪	晚			
			3.65 亿年		
		中		裸蕨植物时代（共约 0.3 亿年）	
		早			
			3.95 亿年		
	志留纪			菌藻时代（共28亿年）	藻类时代（包括真核和原核藻类）
			4.30 亿年		
	奥陶纪				
			5 亿年		
	寒武纪				
			5.7 亿年		
元古代	前寒武纪				
			10 亿年		蓝藻时代
			18 亿年		
			25 亿年		
太古代					
			32 亿年		
				原核生物出现（32 亿～35 亿年前） 生命起源（35 亿～37 亿年前） 化学进化（35 亿～38 亿年前） 大气圈和水圈形成 地壳形成	

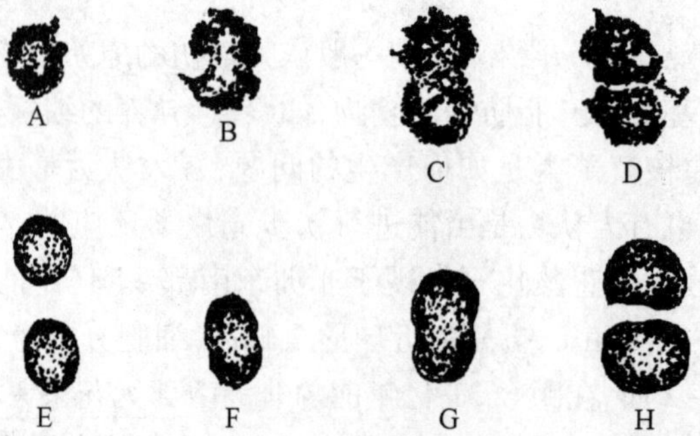

A　B　C　D

E　F　G　H

图 14－2　非洲南部斯瓦特科匹炭质页岩中的微体化石（A～D）和现代隐球藻（E～H）的对比（自徐仁）

丝状蓝藻化石。从最早的蓝藻化石的发现说明原核的蓝藻类出现的时间在距今33亿~35亿年前，至前寒武纪已很繁盛。在距今15亿年前，地球上的光合放氧生物仅为蓝藻，所以也有人称这段地质时期为蓝藻时代。

现代生存的蓝藻约2 000种，分布广泛，它们是经过30多亿年长期演化发展的结果，但在外部形态上似乎变化不是很大。

蓝藻的出现具有重大意义。因其光合过程中放出氧气，不仅使水中溶解的氧增加，也使大气中的氧气不断积累，而且逐渐在高空形成臭氧层。一方面为好氧的真核生物的产生创造了条件，另一方面也为生物生活在水表层和地球表面创造了条件，因为臭氧层可以阻挡一部分紫外线的强烈辐射。

（二）真核藻类的产生和发展

真核藻类在距今14亿~15亿年前出现，据推测，那时大气中的氧含量可达现在大气中氧含量的1%。一般认为真核细胞不会在此之前产生，至于真核细胞怎样产生的问题，大多学者认为是由原核细胞进化来的。但原核细胞是怎样进化为真核细胞的问题则有多个学说，其中马古利斯（Margulis）的内共生学说（endosymbiosis theory）影响最大。内共生学说认为，真核细胞中的一些细胞器是由较大的厌氧原核生物通过与两个以上具有不同功能的原核生物的内共生途径形成的，如某些细菌演化成线粒体，某些共生的蓝藻演化成叶绿体等。该学说也在分子生物学的研究中得到了支持，但对细胞核的形成还不能解释。近年来，比利时的细胞生物学家、诺贝尔奖获得者de Duve提出了一个新的综合性看法，他认为真核细胞的细胞器一方面是由原核生物的质膜内陷形成了很多胞内小泡（intracellular vesicle），小泡的外膜附有核蛋白体，有些小泡围绕拟核排列，以后演化成核膜，还有些小泡可进一步发育成内质网和高尔基体；另一方面是通过原核细胞的吞噬过程和内共生作用分别形成了线粒体、叶绿体、过氧物酶体等细胞器，原来的原核细胞就进化为真核细胞了（图14-3）。de Duve的观点受到人们的关注和重视，当然，仍需要有更多的实验研究加以证明。

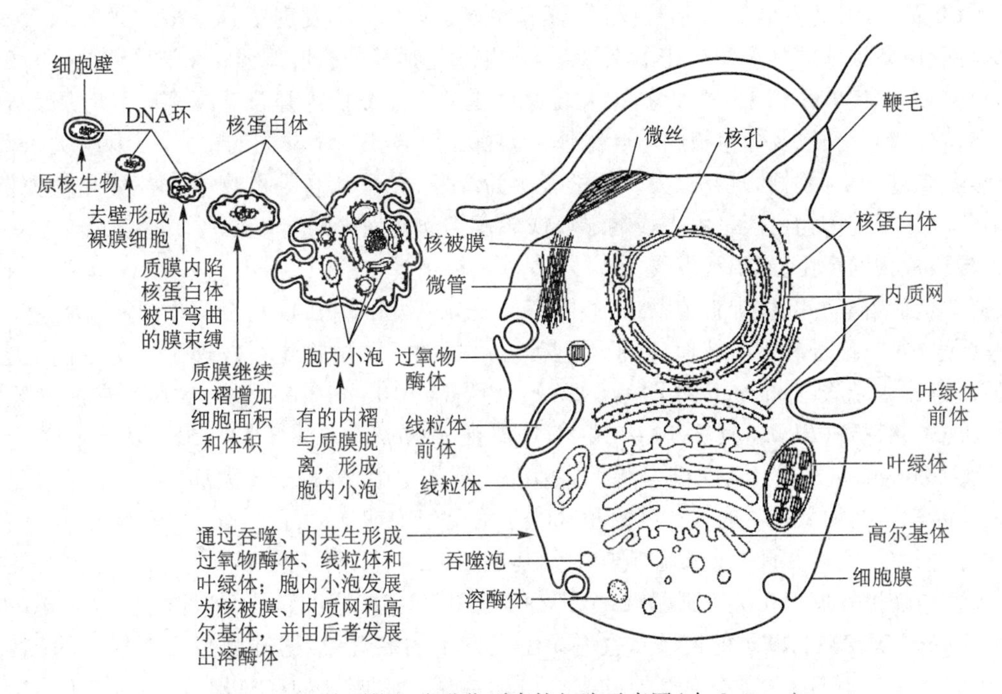

图14-3　从原核细胞进化到真核细胞示意图（自de Duve）

可靠的真核细胞化石，如中国河北蓟县距今10.5亿年前的震旦系洪水庄组地层和澳大利亚北部距今10亿年前的苦泉组地层中发现的真核细胞化石，其细胞形态状似绿球藻类，有的还处于细胞分裂阶段（图14-4）。

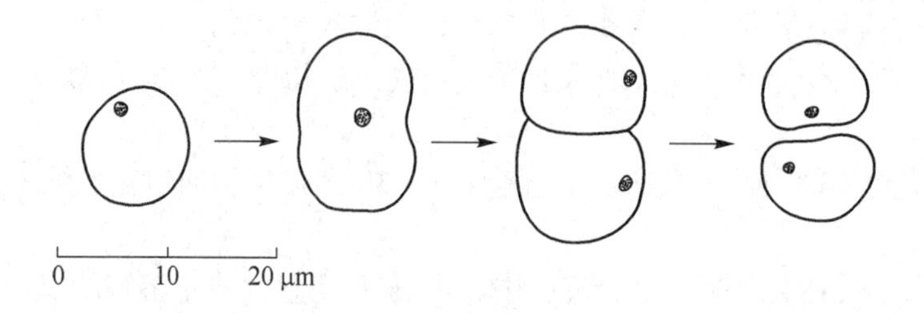

图 14－4　苦泉组地层中的真核细胞细胞分裂的不同阶段(自李星学等)

单细胞真核藻类又逐渐演化出丝状、群体和多细胞类型。距今约 9 亿年前出现了有性生殖,这不仅提高了真核生物的生活力,而且可发生遗传重组,产生更多的变异,大大加快了真核生物的进化和发展速度。自真核生物出现至距今 4 亿年前近 10 亿年的时间,是藻类急剧分化、发展和繁盛的时期。化石记录表明,现代藻类中的主要门类几乎均已产生。这个时期,藻类植物(包括蓝藻在内)是当时地球上(水中)生命的主角,所以也常称这一时期为藻类时代。

真核藻类有 10 多个门类(见第九章),它们又是怎样起源和发展的呢?有学者设想可能为 3 条进化路线:①真核藻类中的红藻与蓝藻关系密切,如二者均含藻胆素;仅有叶绿素 a,无叶绿素 b 和叶绿素 c;红藻虽有光合器,但类囊体呈单条状排列;蓝藻和红藻都不具有鞭毛等。所以,蓝藻可能和红藻在同一条进化路线上,即叶绿素 a + d 路线(红蓝路线)。而且有人推测红藻可能是由原核的蓝藻演化来的,或二者有共同的祖先。其他的真核藻类可能是从原鞭藻类进化而来,原鞭藻类仍为原核,含叶绿素 a 和藻胆素,具有光系统Ⅱ,具有(9 + 2)型鞭毛。原鞭藻类向着含叶绿素 a 和叶绿素 c,以及含叶绿素 a 和叶绿素 b 两大方向演化出其他真核藻类。②叶绿素 a + c 路线(杂色路线),包括隐藻、甲藻、硅藻、金藻、黄藻和褐藻,其中的甲藻具有中核,由此有人推测可能原鞭藻类先演化出中核藻类,再进化到真核藻类。③叶绿素 a + b 路线(绿色路线),包括裸藻、绿藻和轮藻,1975 年又发现了具原核的含叶绿素 a 和叶绿素 b 的原绿藻,由此推断原鞭藻类演化出原绿藻类,再进化到其他含叶绿素 a 和叶绿素 b 的真核藻类。但是,近年来有人通过 16S rRNA 序列分析,发现原绿藻类不能被认为是含叶绿素 a 和叶绿素 b 的绿色植物的祖先,它们和蓝藻以及绿色植物的叶绿体可能都是来自于一个共同的祖先。因此,关于藻类的进化路线仍然需要进一步探讨和研究。大多数学者认为绿藻、轮藻和高等植物中的苔藓和蕨类植物关系密切,赞同苔藓和蕨类植物可能是由古代的绿藻或轮藻类演化而来的。

(三)裸蕨植物的产生、起源和发展

裸蕨植物是最古老的陆生维管植物,其共同特征是无叶、无真根,仅具有假根;地上为主轴,多为二叉状分枝;原生中柱;孢子囊单生枝顶,孢子同型等。最早的裸蕨植物化石发现于 4 亿年前的志留纪晚期,定名为顶囊蕨或光蕨(*Cooksonia*)(图 14－5A),其株高约 10 cm,直径 2 mm。后来在泥盆纪的早、中期又先后发现了莱尼蕨(*Rhynia*)(图 14－5B ~ D)、裸蕨(*Psilophyton*)(图 14－5E)以及霍尼蕨(*Horneophyton*)、工蕨(*Zosterophyllum*)等,它们生活于陆地上或沼泽地中,分布于各大洲,繁盛于泥盆纪的早、中期,这段地质时期称为裸蕨植物时代。裸蕨植物均于泥盆纪晚期绝灭,仅生存了 3 000 万年。

为什么裸蕨类植物可在此时期登陆成功呢?其主要原因有以下几点:第一,水生藻类的大发展,有些种类也逐渐向陆地发展以扩大生活领域,个别种类已接近完成这种转化,如原丝藻(*Protaxites*)、线体藻(*Nematothallus*)等;第二,藻类的大发展也增大了大气中的氧含量,据推测当时大气中的氧含量已达现在大气中氧含量的 10%,并且在大气层的高空已形成了一定厚度的臭氧层,这就为陆生植物的生存创造了最基本的条件;第三,在晚志留纪和泥盆纪之间,地球上发生了远古以来最大的一次地壳运动,即加里东造山运动,地球表面形成了许多山脉,广大地区海水退却,陆地面积增大。上述条件为某些水生藻类的登陆提供了条件,某些自身条件较好、对沼泽和陆生环境适应较快的种类生存下来,并继续发生变异产生出裸蕨类植物,而许多不能适应这种变化的种类则被淘汰。

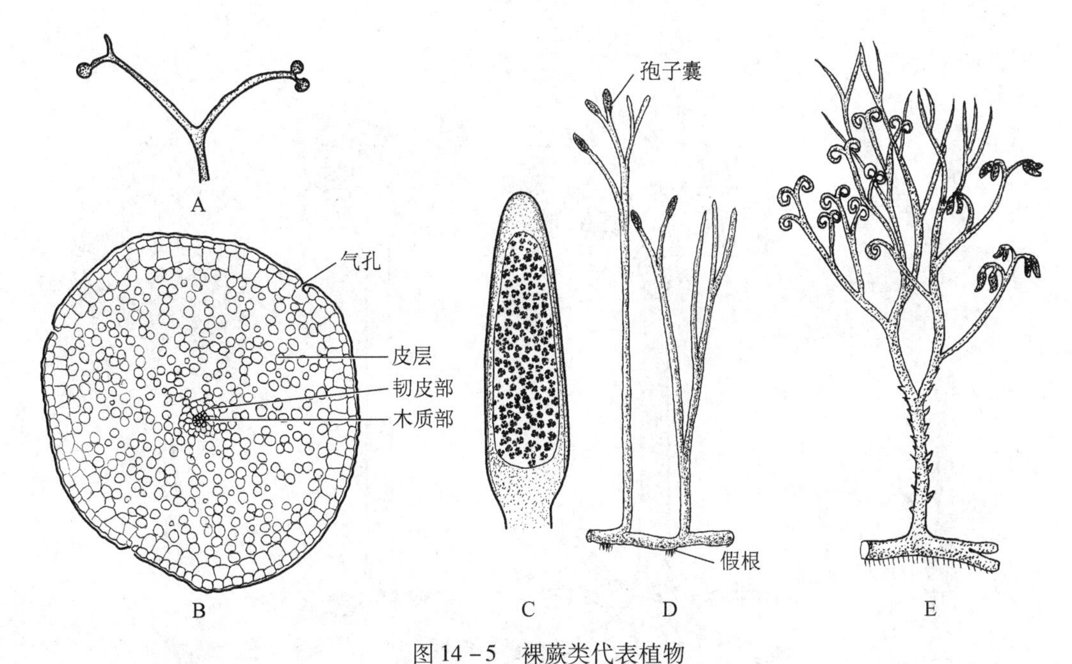

图 14－5　裸蕨类代表植物

A. 顶囊蕨(光蕨)　B～D. 莱尼蕨属　B. 茎的横切　C. 孢子囊纵切　D. 孢子体　E. 裸蕨属

多数学者认为裸蕨植物是由古代的绿藻类演化而来的,主要依据是二者都含叶绿素 a 和叶绿素 b,贮藏的光合产物都为淀粉,细胞壁的主要成分都为纤维素等。根据 DNA 序列分析,结合其形态,得出新的植物系统树也确认绿色高等植物起源于绿藻(Judd 等,维管植物系统树,1999)。但是目前尚不能确定裸蕨植物是由哪一类绿藻演化来的。

裸蕨的出现具有重要意义,从此开辟了植物由水生发展到陆生的新时代,陆地从此披上了绿装,植物界的演化进入了一个与以前完全不同的新阶段。裸蕨植物在植物进化中的意义还在于,它们以后又演化出其他蕨类植物和原裸子植物。

(四) 蕨类植物的产生和发展

一般认为,蕨类植物是由裸蕨植物分 3 条进化路线通过趋异演化的方式发展进化的:一支为石松类,一支为木贼类(即楔叶类),另一支为真蕨类。它们在泥盆纪早、中期出现,从泥盆纪晚期至石炭纪和二叠纪的 1.6 亿年的时期内种类多、分布广、生长繁茂,成为当时地球植被的主角,这一时期被称为蕨类植物时代。但在二叠纪时因气候急剧变化,生长在湿润环境中的许多蕨类植物不能抵抗二叠纪时出现的季节性干旱和大规模地壳运动的变化而遭淘汰。后来在三叠纪和侏罗纪时又进化出一些新的蕨类植物,其中大多数种类进化发展到现在。

石松类植物的化石有早泥盆纪的刺石松(*Baragwanathia*)和星木属(*Asteroxylon*)(图 14－6 A,B),二者均为草本类。泥盆纪至石炭纪时期也有高大乔木类的石松植物,如鳞木属(*Lepidodendron*)和封印木属(*Sigillaria*)(图 14－6 C,D),且为孢子异型。现存的石松类仅为小型草本类。

木贼类(楔叶类)亦在泥盆纪出现,至石炭纪时木本和草本的种类都有,到了二叠纪时乔木类则绝灭,后来仅剩下一些较小的草本类,著名的乔木类有芦木属(*Calamites*)(图 14－6 E)等。高大的乔木类是该地层的主要成煤植物之一。

真蕨类最早出现于泥盆纪早、中期。泥盆纪至石炭纪时期的真蕨多为大型树蕨状,但在二叠纪逐渐消失,仅有一些小型者延续下来。现代真蕨类中有些种类是在三叠纪和侏罗纪时期产生的。

(五) 苔藓植物的产生和发展

苔藓植物可能出现于泥盆纪早期。可靠的苔藓植物化石带叶苔(*Pallavicinites devonicus*)发现于 3

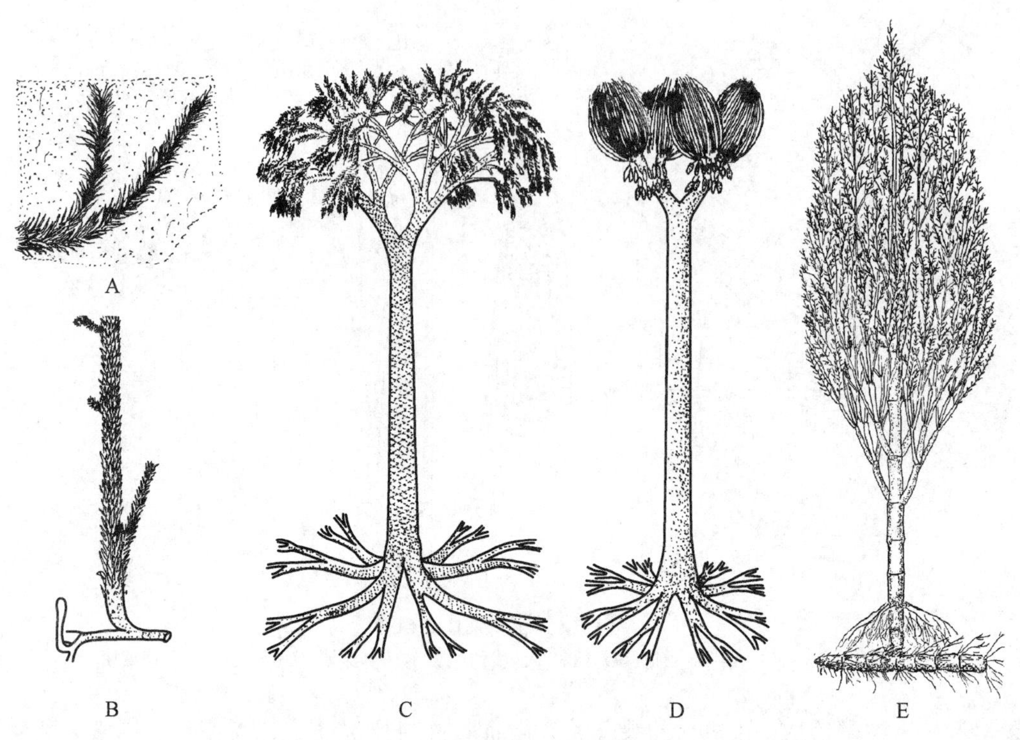

图 14－6　化石蕨类植物的代表种类

A. 刺石松　B. 星木属　C. 鳞木属　D. 封印木属　E. 芦木属

亿多年前的泥盆纪。石炭纪时已分化出苔类和藓类。对苔藓植物的起源目前意见尚不一致，主要有两种假设。一种假设认为苔藓植物是从早期原始的裸蕨类演化而来的，如霍尼蕨属（*Hornea*）、莱尼蕨属（*Rhynia*）。它们的孢子体为二叉状分枝，仅具有假根，孢子囊顶生枝端，霍尼蕨的孢子囊内还有一个不育的囊轴，这和苔藓植物（角苔及藓类）很相似。此外，霍尼蕨根茎中的输导组织消失，而孢囊蕨属（*Sporogonites*）中输导组织也消失。相反，苔藓植物中有的种类的蒴柄或配子体的"茎"具有类似于最原始的输导组织的分化。由此，一些学者设想苔藓植物是由原始的一些裸蕨类演化而来的。另一种假设认为苔藓植物是从绿藻类演化而来的，其依据是苔藓植物生活史中的原丝体在形态上类似于丝状绿藻；绿藻和苔藓的光合色素相同，贮藏的光合产物均有淀粉，特别是角苔中不仅叶绿体大、数少（有的仅为一个），而且还具有蛋白核，这和绿藻类极其类似；苔藓植物的精子具有两条等长、尾鞭型、近顶生的鞭毛，也类似于绿藻。此外，自 1985 年以来，先后在日本、中国、尼泊尔、印度尼西亚等处发现了一种外形类似藻类但具有颈卵器的定名为"藻苔"（*Takakia lepidozioides*）（彩版插图）的植物，似乎为苔藓来源于绿藻的推论提供了又一例证。目前，赞成苔藓来源于绿藻的人较多。苔藓植物无维管系统的分化、无真根等，对陆生环境的适应能力不如维管植物，所以它们虽分布较广，但仍然多生于阴湿环境。至今尚未发现它们进化出高一级的新植物类群，因此，一般认为苔藓植物是植物界进化中的一个侧支。

（六）原裸子植物及裸子植物的起源和发展

1. 原裸子植物（progymnospermae）

原裸子植物也称前裸子植物或半裸子植物。它们是从裸蕨植物演化而来的，兼有蕨类和裸子植物的特征，其特点是外形似蕨类，尚未形成种子，仍以孢子进行繁殖，但其次生木质部由具缘纹孔的管胞组成，这又是裸子植物的解剖特征。1974 年，伯恩（Burn）将这类植物称为原裸子植物。对于原裸子植物的分类地位尚有争议，有人主张列为一个门，有人主张列为裸子植物的一个亚门，还有人主张列入蕨类等。最早的原裸子植物的化石是发现于泥盆纪早、中期的著名化石代表植物，如无脉树（*Aneurophyton*）

(图 14－7A)、古蕨属(*Archaeopteris*)(图 14－7B,C)等。古蕨属为孢子异型,叶在枝上为交互对生排列,不是复叶。原裸子植物在泥盆纪晚期均已绝灭。

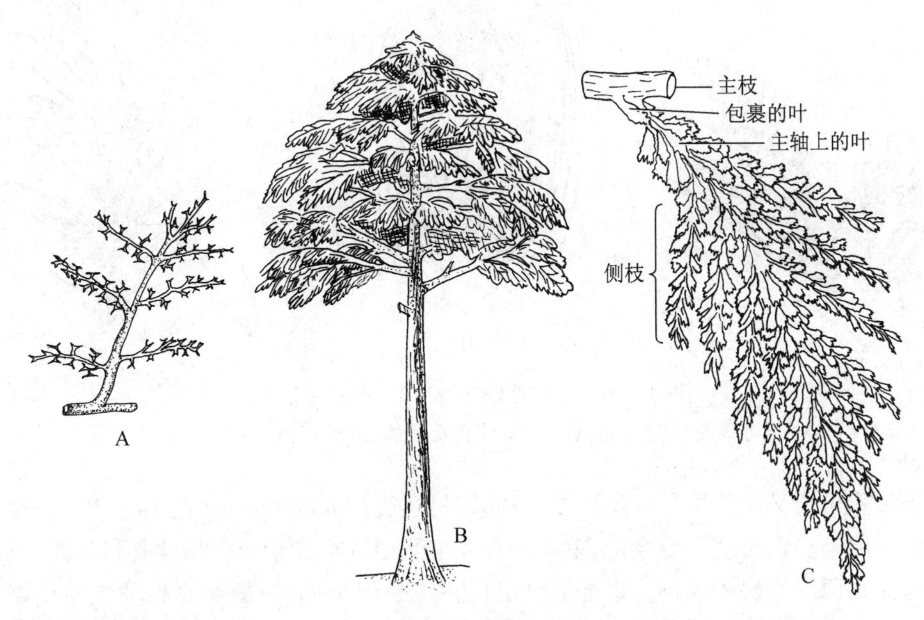

图 14－7　原裸子植物

A. 无脉树(示枝的一部分)　B. 古蕨属的外形(自 Beck)　C. 古蕨属枝叶的一部分(自 Beck)

原裸子植物在演化上具有重要意义,一些原始的裸子植物即是由它们演化而来的。

2. 裸子植物

具有胚珠和种子的原始裸子植物最早发现于泥盆纪,如种子蕨类(Pteridospermae),其中最著名的代表种类是凤尾松蕨(*Lyginopteris oldhamia*)(图 14－8),其种子外有一杯状包被,珠心外有一层珠被。在石炭纪和二叠纪时,种子蕨类分布很广。一般认为种子蕨类是由原裸子植物演化而来,然后再由种子蕨类演化出苏铁类和具有两性孢子叶球的本内苏铁(*Bennettitinae*)类(图 14－9A,B)。本内苏铁类在白垩纪时已灭绝,苏铁类则延续至今,尚存 100 余种。

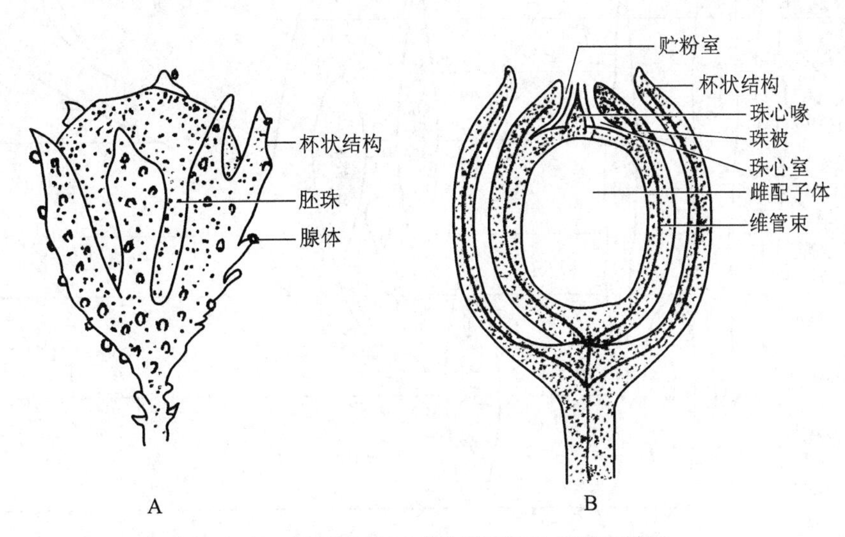

图 14－8　凤尾松蕨(自《维管植物比较形态学》)

A. 胚珠外形　B. 胚珠的纵切

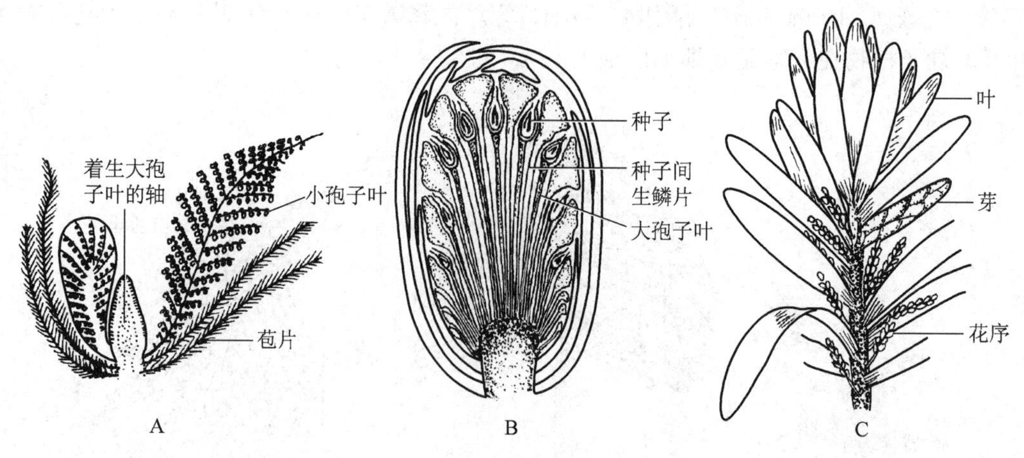

图 14－9　本内苏铁和科达类(自吴国芳等)

A. 本内苏铁孢子叶球的纵切　B. 本内苏铁大孢子叶球的纵切　C. 科达类

由原裸子植物可能又演化出另一类裸子植物,即科达类(*Cordaitinae*)(图 14－9C)。也有人认为科达类来源于种子蕨类。它出现于石炭纪,单叶。有人推测银杏类和松杉类植物是科达类的后裔,也有人推测银杏类可能来源于原裸子植物。银杏最早出现在二叠纪早期,三叠纪至侏罗纪时期繁盛。自白垩纪和新生代以来仅存 1 种,在我国被保存下来,成为活化石植物。松杉类植物出现于晚石炭纪,在中生代后期最繁盛,现代其仍然种类最多,分布最广,数量最大。

总之,由原裸子植物首先演化出原始裸子植物种子蕨和科达类,再由它们演化出其他的裸子植物。种子蕨、科达类、本内苏铁等已全部灭绝,银杏类也仅存 1 种。中生代为裸子植物最繁盛的时期,称为裸子植物时代。侏罗纪和早白垩纪有大片松柏树堆集,炭化成煤,为当时主要的造煤植物。至于买麻藤类(盖子植物)的亲缘关系则不清楚,有人根据它们之中有些种类有退化的两性花的痕迹,推测它们或许和本内苏铁有关。

原裸子植物和裸子植物可能的演化史如图 14－10 所示。

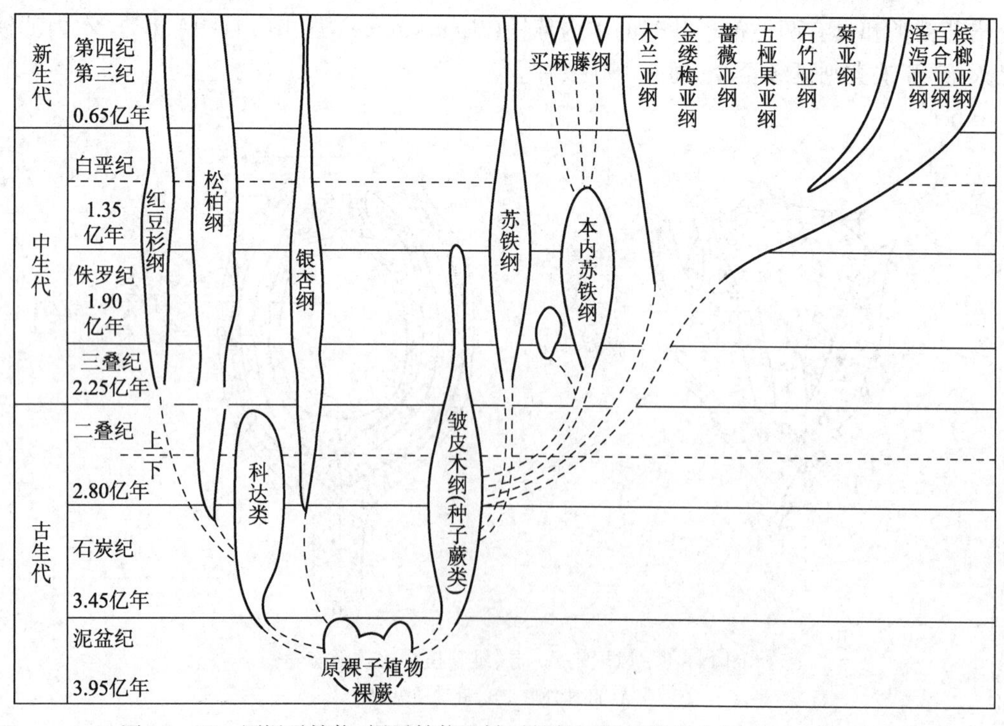

图 14－10　原裸子植物、裸子植物和被子植物可能的演化史(自 Strasburgers)

（七）被子植物的起源和发展

1. 被子植物发生的地质时期

被子植物是植物界中进化水平最高、种类最多的大类群。在白垩纪以前尚未发现可靠的化石记录。达尔文也曾认为白垩纪以后被子植物的突然发展是一个可疑的问题。最古老的被子植物的花粉、果实、叶、木材等化石也仅发现于白垩纪早期，而且大多还是比较进化的化石。

中国学者陶君容等于1990年报道了吉林延吉白垩纪早期地层中的10种被子植物叶痕化石，在美国也发现了近20种白垩纪早期的被子植物叶痕化石。至目前为止，被子植物最早的花化石是由中国的陶君容等于1992年发现的，为早白垩纪的喙柱始木兰（*Archimagnolia rostrato-stylosa*）的花化石（图14－11），它既具有现代木兰科几个属的特征，但又与它们有区别，被认为是一种尚未分化的原始木兰科的植物。在美国加利福尼亚州距今约1.2亿年的早白垩纪欧特里夫期的地层中发现了被子植物的果实，称为"加州洞核"（*Onoana california*）（图14－12）。特别是我国的孙革等于1998年在辽宁北票地区晚侏罗纪的地层中发现了被子植物辽宁古果（*Archaefructus liaoningensis*）（Sun et al）的植株、果实、种子和花粉的化石（图14－13），证实了被子植物确定无疑地在白垩纪之前已经出现。辽宁古果化石不仅是目前为止世界上发现的最早的被子植物化石，而且也是最完整的被子植物化石。尽管如此，现在仍然不能完全确定被子植物最早出现的时间。由于它们发达的营养器官、完善的输导系统、双受精、产生果实和具有花被等特点，在侏罗纪和白垩纪早期裸子植物大量灭绝减少时，它们的数量还很少，但从晚白垩纪开始迅速发展起来，经历了极其复杂的各种自然环境的考验和改造，大大丰富了多样性，延续至今，一直保持着其绝对优势的地位。

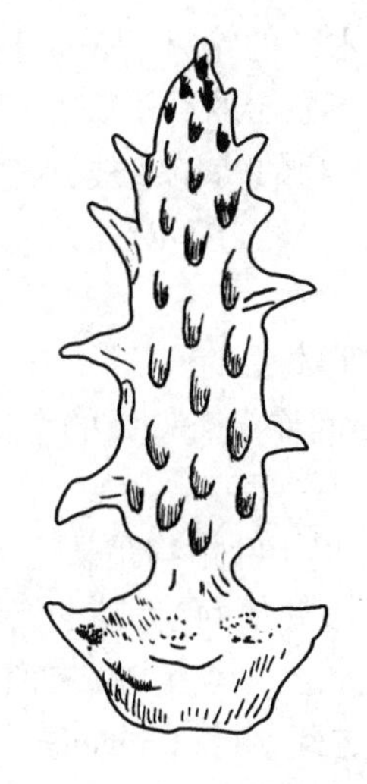

图14－11　喙柱始木兰花部的化石（自陶君容）

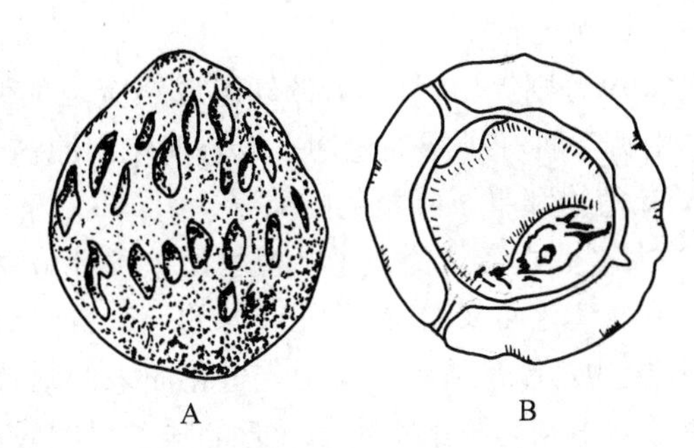

图14－12　加州洞核（自马炜梁）
A. 表面观　B. 切面观

2. 被子植物可能的祖先

由于化石资料不足，对于被子植物是由哪类植物演化而来的目前还不清楚，但不少学者提出了多种假说，其中主张被子植物起源于原被子植物、本内苏铁和种子蕨类的较多。哈钦松、塔赫他间和克朗奎斯特等单元论者认为，现代被子植物来自于原被子植物（proangiospermae），而多心皮类中的木兰目比较接近原被子植物，有可能是原被子植物的直接后裔。现在许多学者赞同木兰目是现代被子植物中的原始类型。

那么木兰目又是从哪一类更原始的植物演化而来的呢？以莱米斯尔（Lemesle）为代表的学者主张木兰目起源于本内苏铁。因为本内苏铁具有两性孢子叶球（图14－9A，B），与木兰及鹅掌楸的花类似，甚至有人把本内苏铁称为原被子植物。但近来支持这一观点的人渐趋减少。

图 14－13　辽宁古果（*Archaefructus liaoningensis*）（自 Sun et al.）
A. 果枝　B. 花粉（扫描电镜照片）　C. 种子的一部分（扫描电镜照片）

塔赫他间不同意上述看法，他认为本内苏铁的两性孢子叶球和木兰的花只是表面上有些类似，二者有明显的差异。他主张被子植物和本内苏铁有共同祖先，可能起源于原始的种子蕨类，并认为是通过原始种子蕨的幼态成熟过程演化出原始被子植物。如种子蕨具有孢子叶的幼年短枝，生长受到强烈抑制和极度缩短变成孢子叶球，再进而突变成原始被子植物的花，这种花再经过不断的幼态成熟的突变，最后进化成被子植物的花。

谷安根（1992）则提出，种子蕨的幼态成熟应是其种子内幼胚时期发生的。

至于是由哪一种种子蕨通过幼态成熟演化出原被子植物的问题同样没有一致的意见。

3. 双子叶植物和单子叶植物的关系

目前，绝大多数学者认为双子叶植物比单子叶植物原始，而推测单子叶植物是从已灭绝的最原始的草本双子叶植物演化而来的，是单元起源的一个自然分支（哈钦松、塔赫他间、克朗奎斯特、田村道夫）。但是，单子叶植物具体是从哪一类祖先进化而来的则有多种假说和推论。其中主要有两种起源说，一种观点认为单子叶植物起源于水生无导管的睡莲目的代表种类，即通过莼菜科（Cabombaceae）中可能已灭绝的原始种类进化到泽泻目，再演化出各类单子叶植物；另一种观点认为单子叶植物起源于陆生的毛茛类。这些看法均缺乏可靠的化石证据，仍需多学科的长期探索。

4. 被子植物的发源地

对于被子植物发源地的问题主要有两种观点：一为高纬度起源说，一为低纬度热带起源说。目前，多数学者支持后者，其根据是现存的以及化石的木兰类植物在亚洲的东南部和太平洋西南部占优势。中国学者吴征镒从中国植物区系研究的角度出发，提出整个被子植物区系早在第三纪以前发生，即在古生代统一的大陆上的热带地区发生，并认为“中国南部、西南部和中南半岛，在 20°N ~ 40°N 的广大地区，最富于特有的古老科属。这些第三纪古热带起源的植物区系即为近代东亚温带、亚热带植物区系的开端，这一地区就是它们的发源地，也是北美、欧洲等北温带植物区系的开端和发源地”。现代被子植物中多数较原始的科都集中分布在低纬度的热带。坎普（Camp）提出，在南美亚马孙河流域的平原地区热带雨林中的植物非常丰富，并有许多接近于被子植物的原始类型，而且被子植物可能起源于这一区域热带平原四周的山区。大陆漂移说和板块学说也支持低纬度学说。总之，目前支持被子植物起源的低纬度学说的人较多,证据也多一些,但并不能说这个问题已经有定论,还有许多问题需要进一步探讨。

5. 关于被子植物系统演化的主要学说

研究被子植物的系统演化,首先需要确定被子植物的原始类型和进步类型,对此存在两大学派的两种学说。一为恩格勒学派。他们认为原始的被子植物为单性花、单被花和风媒花植物,次生的进步类型为两性花、双被花和虫媒花植物。他们的观点是建立在设想被子植物来源于具有单性花的高级裸子植物中的弯柄麻黄(*Ephedra campylopoda*)的基础之上的,这种理论称为假花学说(pseudanthium theory)(图 14－14A,B)。该学说是由恩格勒学派的韦特斯坦(Wettstein)建立的。依据该理论,被子植物中具有单性花的柔荑花序类植物是原始类型,甚至有人认为木麻黄科就是直接从裸子植物的麻黄科演化而来的。但该学说的观点受到多数学者反对。

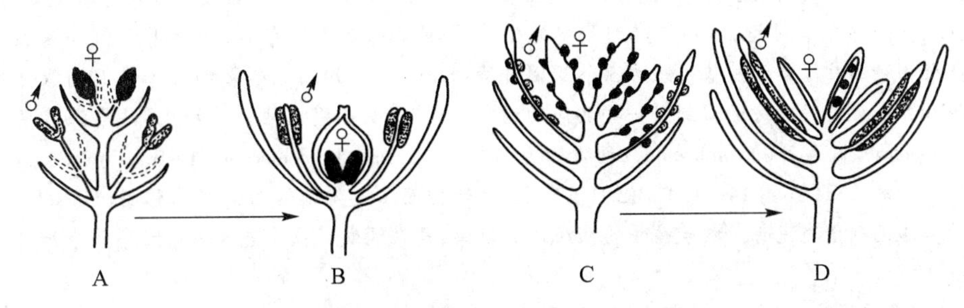

图 14－14　真花学说和假花学说示意图

A,B. 假花学说示意图　C,D. 真花学说示意图

另一学派为毛茛学派。他们认为原始的被子植物具有两性花,是由已灭绝的具有两性孢子叶球的本内苏铁演化而来的,该理论称为真花学说(euanthium theory)(图 14－14C,D)。依此理论,现代被子植物中的多心皮类,特别是木兰目植物为原始类群,即两性花、双被花和虫媒花为原始特征;单性花、单被花和风媒花为进步的次生特征。该学派以美国的柏施(Bessey)和英国的哈钦松为代表。

由于各学派的理论和观点不同,因而提出了一些不同的被子植物分类系统,其中影响较大和较流行的为恩格勒系统、哈钦松系统、克朗奎斯特系统和塔赫他间系统(第十三章)。

近年来,从分子水平上研究种子植物的系统发育也取得了很大进展,为植物界的系统发育提供了有力的证据(见本章“窗口”)。

植物分子系统发育研究简介

重建所有生物的进化历史,并以一种树状结构即系统发育树(phylogenetic tree)的形式来表示生物类群之间的进化关系,一直是科学家们努力的目标。20 世纪中期以来,随着分子生物学技术的迅猛发展,诸如蛋白质电泳、DNA－DNA 杂交、免疫学等技术开始被运用于系统发育研究。PCR(polymerase chain reaction)技术的出现,尤其是 DNA 测序技术的不断完善和计算科学发展,利用来自核基因组、叶绿体基因组和线粒体基因组的证据进行系统发育的重建成为可能。分子证据已成为系统和进化生物学研究的重要手段,而建立在数学和统计学基础上的系统发育树的构建理论和方法也由此获得了迅速发展,形成了分子系统发育学(molecular phylogenetics)这一新的研究领域。近年来,由进化生物学和基因组学交叉形成的系统发育基因组学(phylogenomics)(Delsuc 等,2005),为我们从基因组层面上进行系统发育重建,描绘完整可靠的生命之树提供了新的机遇和挑战。

近 30 多年来,分子系统发育的研究取得了令人鼓舞的进展,其成果几乎涉及所有生物类群,包括生命起源和进化中的一些重大事件,如真核细胞的内共生起源说得到了分子证据的有力支持。植物类群的系统发育框架也由于分子证据的应用发生了根本性的变化。例如，生物大系统的建立无法用实验加以验证，只能利用化石证据加上依靠对性状的分析和比较来进行。然而，化石记录不全在植物特别是草本植物中表现得十分突出，加之被子植物多样性极高，常出现快速的物种分化，被子植物的起源和系统发育关系始终未能得出满意的答案。1993 年，Chase 博士等 42 位作者发表了一项出色的国际合作研究成果，分析了来自种子植物代表性类群的 499 条叶绿体 *rbcL* 序列，首次基于分子证据全面探讨了被子植物的系统发育关系，证实被子植物中存在一个真双子叶（eudicots）类群，其特征是具三孔花粉，包括大多数双子叶植物；提出了被广泛承认、基于胚胎学（子叶数目）、叶形态学（脉序类型）和花组织结构（花部数目）所划分的单子叶植物和双子叶植物是不合理的意见，以及一些传统被承认的大类群如 Dilleniidae 和 Hamamelidae 亚纲都不是自然的类群的意见，等等（Chase 等，1993）。该研究是植物分子系统发育重建研究的典范，为后来进一步完善被子植物系统发育框架奠定了重要基础，也开启了利用分子证据开展植物系统发育重建的序幕。

由于来自不同基因组（叶绿体、线粒体或核）以及同一基因组不同 DNA 片段在进化速率上不同，可以根据研究对象和目的不同选择合适的 DNA 片段进行系统发育分析。1999 年，英国 *Nature* 杂志同期发表了被子植物起源和进化研究方面的两篇重要结果。一篇文章测定了 105 个物种的叶绿体、线粒体和核基因组共 5 个基因片段（Qiu 等，1999），而另一篇文章测定了 560 个物种的叶绿体和核基因组共 3 个基因片段（Soltis 等，1999）。尽管物种和基因的取样不一样，但二者在被子植物起源和系统发育关系方面得到了一些共同的结果。比如，明确提出被子植物基部（起源最早）类群包含无油樟（*Amborella trichopoda*）、睡莲目（Nymphaeales）和简称为 ITA（Illiciaceae、Trimeniaceae、Austrobaileyaceae）的三大类，也就是如今我们通常所称的 ANITA（图 14－15）。他们还发现，无油樟而不是以前认为的买麻藤目（Gnetales）是所有其他被子植物的姊妹群。这两项研究完善了被子植物的系统发育框架，是系统发育重建进入多基因序列分析时代的代表（Kenrick，1999）。

迄今，分子证据已广泛应用到几乎所有植物类群的系统发育重建以及进化研究中，包括现存植物各大类群（纲、目、科等）的系统发育关系、科属下分类乃至近缘种的起源和亲缘关系的研究。采用多基因序列进行系统发育重建的方法逐渐被广泛采用。当前普遍采用的系统发育建树方法有邻接（neighbor-joining）法、最大简约（maximum parsimony）法、极大似然（maximum likelihood）法和贝叶斯推断（Bayesian inference）法等。这些方法的不断改进和完善，有力地提高了系统发育分析的能力和可靠性（Harrison 和 Langdale，2006）。尽管越来越多的基因序列被运用于系统发育重建中，但分子系统学研究中仍然存在着一些有待解决的问题，在实际应用中要加以注意。如"基因树"（gene tree）与"物种树"（species tree）的冲突就是一个十分突出的现象。在有些情况下，基因的进化历史并不代表物种的进化历史，从而造成用基因树来代替物种树所出现的误差甚至错误（邹新慧和葛颂，2008）。随着生命科学已经进入了基因组时代，大量的基因或基因组信息的不断产生，充分有效地利用这些信息进行系统发育研究既是我们难得的机会，也是我们所面临的挑战。

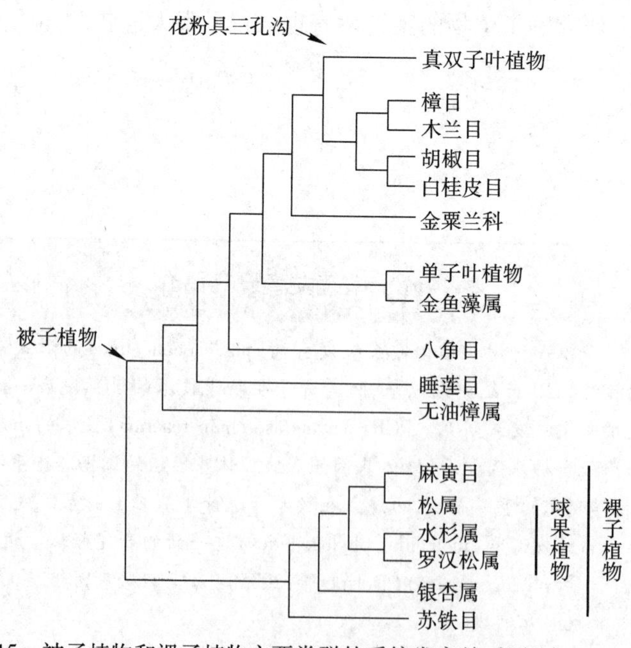

图 14－15　被子植物和裸子植物主要类群的系统发育关系图（自 Kenrick，1999）

参考文献

[1] Chase M W, et al. Phylogenetics of seed plants: an analysis of nucleotide sequences from the plastid gene *rbcL*. Ann Missouri Bot Gard, 1993, 80: 528-580.

[2] Delsuc F, Brinkmann H, Philippe H. Phylogenomics and the reconstruction of the tree of life. Nature Reviews Genetics, 2005, 6: 361-375.

[3] Harrison C J, Langdale J A. A step by step guide to phylogeny reconstruction. The Plant Journal, 2006, 45: 561-572.

[4] Palmer J D, et al. The Plant Tree of Life: An Overview and Some Point of view. American Journal of Botany, 2004, 91: 1437-1445.

[5] Kenrick P. The family tree flowers. Nature, 1999, 402: 358-359.

[6] Li W-H. Molecular Evolution. Sunderland, Massachusetts: Sinauer Associates, Inc., 1997.

[7] Qiu Y-L, et al. The earliest angiosperms: evidence from mitochondrial, plastid and nuclear genomes. Nature, 1999, 402: 404-407.

[8] Soltis P S, Soltis D E, Chase M W. Angiosperm phylogeny inferred from multiple genes as a tool for comparative biology. Nature, 1999, 402: 402-404.

[9] 邹喻苹,葛颂,王晓东. 系统与进化植物学中的分子标记. 北京:科学出版社, 2001.

[10] 邹新慧,葛颂. 基因树冲突与系统发育基因组学研究. 植物分类学报, 2008, 46: 795-807.

(葛颂　研究员　中国科学院植物研究所)

思考与探索

1. 植物界的进化发展中有哪些标志性的事件发生,这些事件在植物界的进化史上有何重要意义?
2. 以植物界从水生环境到不断地适应陆生环境的过程为主线,分析植物界是如何进化和发展的。
3. 什么是物种? 应用有关植物进化发展的基本理论,联系实际材料,谈谈植物的新物种是如何形成的。
4. 联系具体的植物实例,分析植物进化的主要方式。
5. 概述植物界进化发展的几个主要阶段,并分析各阶段的优势植物类群具有哪些突出的适应当时外界环境的特征。
6. 达尔文的自然选择学说与现代综合进化论以及分子进化的中性学说等进化理论之间的关系和主要差异是什么?
7. 怎样理解真花学说和假花学说的理论要点? 现在对被子植物的起源和发展问题的研究现状如何?
8. 阅读窗口"植物分子系统发育研究简介",并查阅一些文献资料,试分析从DNA分子水平研究植物系统发育的特点、问题和前景。

数字课程学习

重难点解析　教学课件　视频　相关网站

第十五章

真菌界

(Kingdom Fungi)

内容提要 按照“五界”和“三域”等生物分界系统，真菌则不属于植物界而单立为真菌界。但考虑到传统的植物学知识体系和目前各学科间的知识衔接，本教材特将真菌界放在植物界的内容之后予以介绍。本章重点论述了真菌营养体的形态、细胞结构、营养方式、生殖方式及其特殊的发育过程，介绍了5个亚门的主要特征和常见代表种类，还分析了真菌的经济价值及其与人类的密切关系。魏江春院士特为本章撰写了“真菌界分类系统简介”的“窗口”，论述了真菌分类系统的研究进展。

真菌界(Kingdom Fungi)通常是指有机体多由菌丝构成(少为单细胞)，细胞具有真核和细胞壁，营腐生、寄生或共生生活方式的异养生物(hetrotroph)类群。正是基于这些特征，将真菌从光合自养的植物界中分出，单立为一界。

真菌的分类系统较多，本教材采用安斯沃思系统(Ainsworth，1973)。真菌界包括黏菌门、真菌门和地衣三个大类群。对于真菌分类系统的研究进展见本章“窗口”。

第一节 黏菌门(Myxomycota)

黏菌门又称裸菌门(Gymnomycota)，为真核生物。它们最突出特点是在生活史中表现为两个完全不同的阶段：其营养时期的营养体是一团裸露无壁的单核或多核原生质团(plasmodium)，似变形虫可作变形运动，以有机物颗粒或细菌等为食物；在其无性生殖阶段则形成孢子囊，产生具纤维素细胞壁的孢子，这又类似于真菌。黏菌的营养方式大多为腐生，少数种类寄生。

黏菌大约有500种，通常被分为黏菌纲(Myxomycetes)、集胞菌纲(Acrasiomycetes)和根肿菌纲(Plasmodiophoromycetes)3纲。其中，黏菌纲的种类最多。

黏菌中最常见的种类如发网菌属(*Stemonitis*)。其营养体为裸露的原生质团，或称变形体，常呈不规则网状，直径可达几厘米，在阴暗潮湿的腐叶枯枝处变形爬动，吞食微小的有机物颗粒和细菌。无性生殖时，变形体移至光亮干燥处，向上形成很多突起，每个突起再形成一个有柄的细长筒形的紫灰色孢子囊。孢子囊的外面为薄的包被(peridium)，内部有许多孢丝(capillitium)交织成的孢网，孢子囊基部的细柄延伸到孢子囊中形成囊轴(columella)。孢子囊中的多个二倍体的细胞核进行减数分裂，产生的每个单倍体核分别包在割裂形成的原生质小块中，然后再分泌产生纤维素的细胞壁形成孢子。所产生的大量孢子均散布于孢丝的网眼中，成熟时孢子囊的包被破裂，孢子即散出。在适宜的环境中，孢子可萌发产生具两条不等长鞭毛且能够变形的游动细胞，这些游动细胞可以成对融合形成合子。合子的二倍体核进行多次有丝分裂而体积增大，形成新一代的多核变形体(图15-1)。

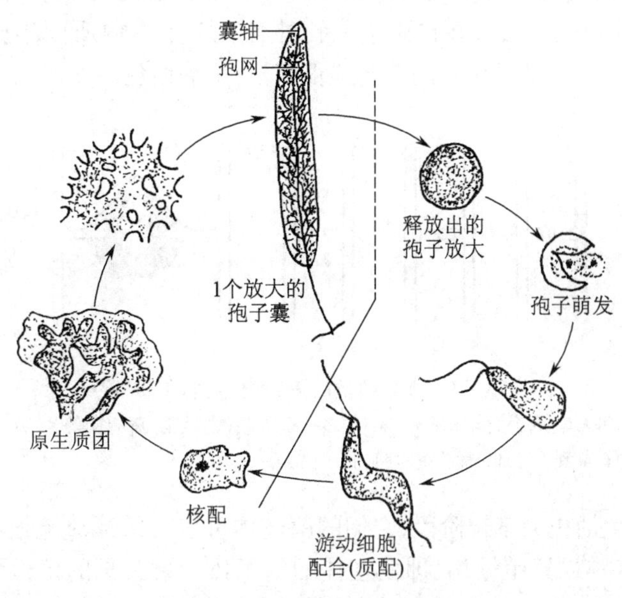

图 15 - 1　发网菌及其生活史

总的来说,黏菌的经济价值相对不大,但有些种类寄生在一些蔬菜等经济作物上,给人类造成一定的经济损失。同时,也有一些黏菌是科学研究的好材料。如多头绒泡菌(*Physarum polycephalum*)可以在实验室进行培养,并广泛用于形态发生、生理、生化和遗传学以及肿瘤等方面的研究。

第二节　真菌门(Eumycota)

一、真菌门的主要特征

(一) 营养体

除少数原始种类为单细胞类型外,绝大多数真菌的营养体是由纤细的菌丝(hyphae)组成的菌丝体(mycelium)。低等真菌的菌丝一般无隔(图 15 - 2A),内含多个细胞核。仅在受伤或产生生殖结构时才产生全封闭式的隔膜(图 15 - 3A)。高等真菌的菌丝均有隔膜(septum),形成多细胞的菌丝(图 15 - 2B,C)。每个细胞多含 1 个核,也有的含 2 个或多个核。在隔膜上又有各种类型的小孔(图 15 - 3B ~

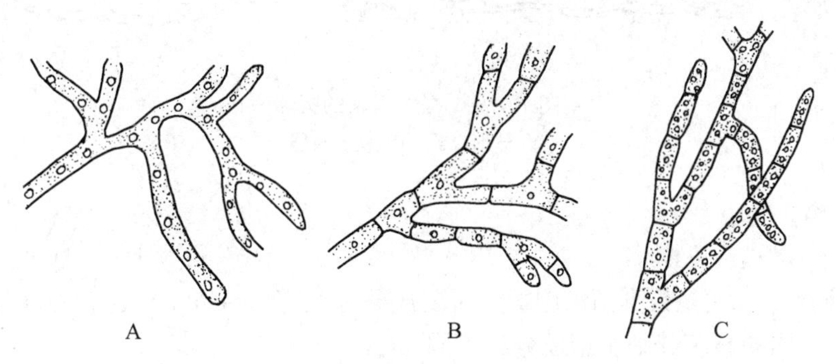

图 15 - 2　真菌营养菌丝的类型

A. 无隔多核菌丝　B. 有隔菌丝(单核)　C. 有隔菌丝(多核)

E),其中主要有单孔型,即隔膜中央有1个较大的孔口;多孔型,隔膜上有多个小孔;桶孔式,隔膜中央有1孔,但孔的边缘增厚膨大呈桶状,并在两边的孔外各有1个由内质网形成的弧形膜,称桶孔覆垫(parenthesome)或称隔膜孔帽。活跃生长的菌丝体很疏松,呈绵白色。

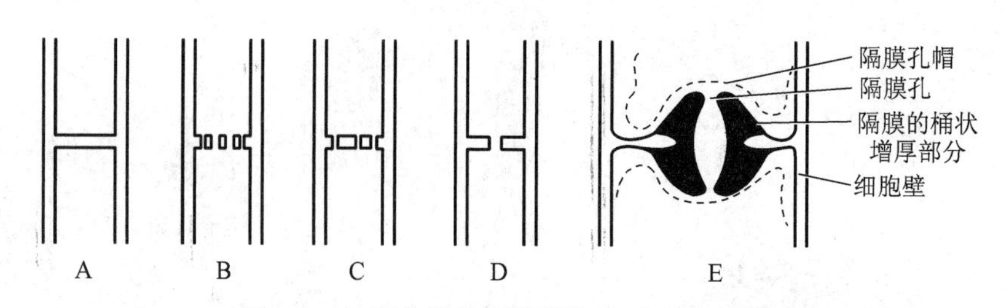

图15-3　真菌菌丝的隔膜类型(自Deacon)

A. 全封闭的隔膜(见于低等真菌)　B,C. 多孔型隔膜(白地霉、镰刀菌等)　D. 单孔型隔膜(典型的子囊菌类)　E. 桶孔式隔膜(担子菌类)

此外,有不少真菌在生活史的某个阶段,它们的菌丝体可以交织形成疏松或致密的组织,这些组织可形成各种不同的营养结构或繁殖结构,即菌丝体的组织体。最常见的菌丝体的组织体有子座(stroma)、菌核(sclerotium)和根状菌索(rhizomorph)。子座和菌核在形成初期均为营养结构,到了后期都能形成繁殖组织,即子实体。子座呈垫状;菌核的形状大小差别很大,小的如鼠粪,大的似人头,均很坚硬,可耐高、低温及干燥,条件适宜时可萌发产生子实体;根状菌索细长如根,其尖端可不断生长延伸,到一定阶段可产生子实体。

(二)营养方式

真菌的营养方式为异养型,其中有的腐生(saprophytism),即从动、植物的尸体或其他有机质中取得营养;有的寄生(parasitism),即直接从活的有机体中获取营养。一些真菌的种类为专性腐生或专性寄生,也有的为兼性腐生或兼性寄生,还有的真菌为共生(symbiosis),即和其他生物营共生生活。如有的真菌和藻类共生,有的真菌和高等植物的根共生形成菌根等。腐生真菌的菌丝可分泌几十种胞外酶,可将大分子的有机物,如纤维素、蛋白质、淀粉、脂肪等分解成简单的小分子有机物,再借菌丝细胞的高渗透压予以吸收。寄生真菌的菌丝可变态成各种吸器(图15-4),借菌丝细胞较高的渗透压直接从寄主细胞吸取养料。

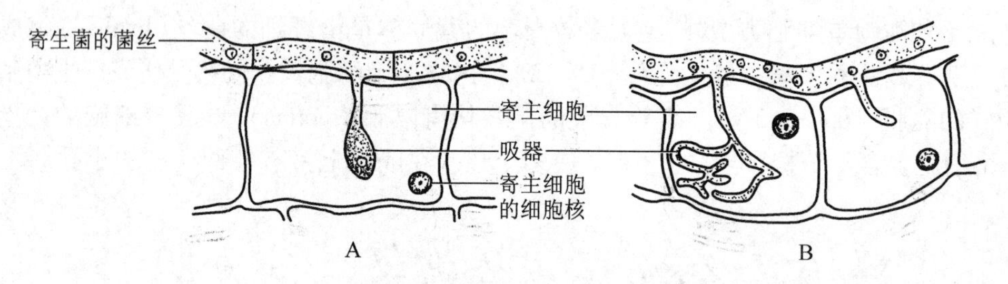

图15-4　寄生真菌的吸器

A. 球形吸器　B. 枝状吸器

(三)细胞结构

1. 细胞壁

真菌均具有细胞壁。大多数真菌细胞壁的主要成分为几丁质(chitin),还有一部分真菌具有纤维素或β-葡聚糖等。不同的真菌其细胞壁成分亦不同。

2. 原生质体

真菌的原生质体中均具有真核,但核一般较小,通常直径为2~3 μm,个别种类也可达25 μm。细胞质中有线粒体、核糖核蛋白体、内质网、高尔基体、液泡等细胞器。此外,生长菌丝的顶端常有大量的泡囊,它是由双层膜包围形成的结构,内含蛋白质、多糖、磷酸酶等,还可以吸收染料和杀菌剂,以及释放胞外酶。真菌细胞中还常见有膜边体(lomasome),它是一种位于质膜与细胞壁之间的特殊的膜细胞器,它可由高尔基体或由内质网的特殊部位形成,其生理功能目前尚不能确定。真菌细胞中还可见一种电子密度高的结晶体,即伏鲁宁体(Woronin body)。真菌细胞结构如图 15-5 所示。

低等真菌中有的具有鞭毛,其鞭毛均为(9+2)型结构。

(四)繁殖

真菌的繁殖方式有 3 大类型。

1. 营养繁殖

一些单细胞真菌,以细胞分裂的方式进行繁殖,称为裂殖(fission),如裂殖酵母(*Schizosaccharomyces*);也有的种类从母细胞上以出芽的方式形成芽孢子(blastospore)进行繁殖,如酿酒酵母;有些种类在条件不良时一些菌丝细胞的细胞质变浓,壁增厚,形成一种休眠细胞,即厚垣孢子(chlamydospore),条件适宜时即萌发产生新菌体(图 15-6 A~C)。

2. 无性生殖

不经过性结合过程,在孢子囊、产孢细胞或一定的产孢结构中产生各种类型的孢子,直接萌发形成新菌体的生殖方式。主要的无性孢子有游动孢子(zoospore)、孢囊孢子(sporangium),以及不同发育类型的分生孢子(conidium)(图 15-6 D~G)

3. 有性生殖

真菌的有性生殖方式多种多样,其中主要有以下几种类型。

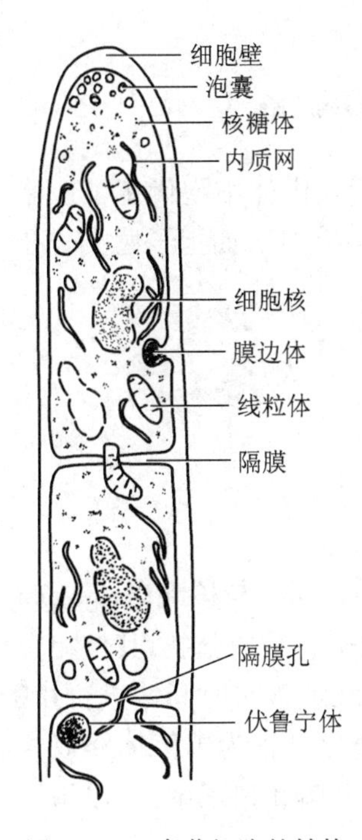

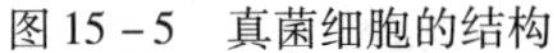
图 15-5 真菌细胞的结构

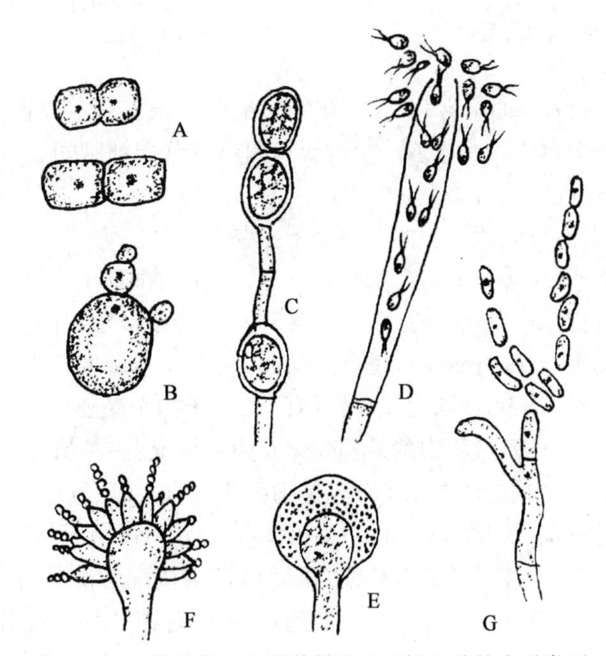

图 15-6 真菌常见的营养繁殖和无性生殖的孢子类型

A~C. 营养繁殖(A 裂殖,B 芽孢子,C 厚垣孢子) D~G. 无性生殖的孢子(D 游动孢子,E 孢囊孢子,F~G 分生孢子:F 芽殖型分生孢子,G 节孢子-菌丝型分生孢子)

(1) 游动配子配合(planogametic copulation) 由(+)、(-)两个游动配子进行融合。如果(+)、(-)配子形态大小一样,称为同配;如果两个配子一大一小,称为异配。也有的仅一个小的配子可游动(雄配子),另一个为大的不动的卵,这种配合称为卵配(图 15-7 A~C)。

(2) 配子囊配合(gametangial copulation) (+)、(-)配子囊的端壁接触融解,二者的内容物全部融合为一,如接合菌类(图 15-7 D,E)。

(3) 配子囊接触配合(gametangial contact) (+)、(-)配子囊中的配子,一方或双方退化为核,两个配子囊接触点的壁融解成孔道,一方的核移入另一方的配子囊中,随后无核的配子囊即解体,如鞭毛菌亚门和子囊菌亚门(图 15-7 F)。

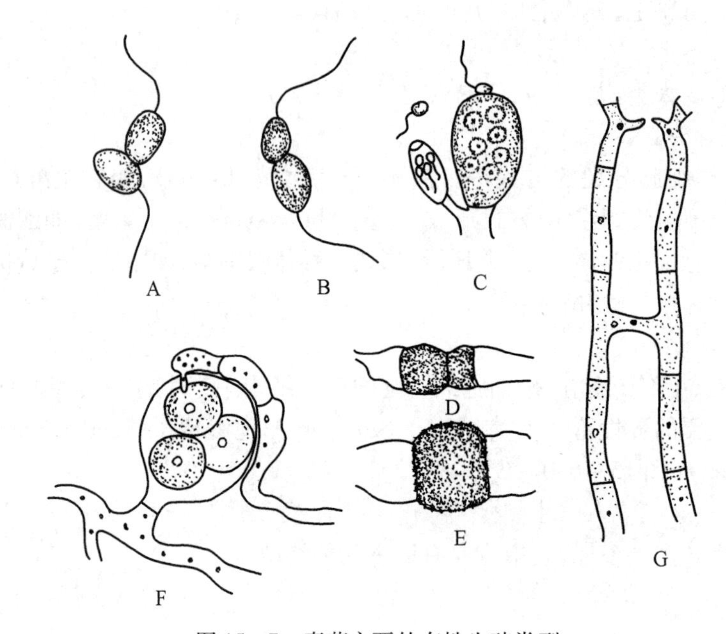

图 15-7 真菌主要的有性生殖类型

A~C. 游动配子配合 A. 同配 B. 异配 C. 卵配 D,E. 配子囊配合 F. 配子囊接触配合 G. 体配

(4) 体配(somatogamy) 亦称体细胞配合。很多高等真菌不产生性器官,由体细胞代替了性器官的功能,在两个营养细胞间或一个孢子与菌丝的营养细胞间进行配合(图 15-7 G),如担子菌类。在子囊菌中也有体配的配合类型。

真菌通过有性过程产生的有性孢子主要有 4 种:

① 卵孢子(oospore) 二倍体($2n$),见于鞭毛菌亚门。

② 接合孢子(zygospore) 二倍体($2n$),见于接合菌亚门。

③ 子囊孢子(ascospore) 单倍体(n),见于子囊菌亚门。

④ 担孢子(basidiospore) 单倍体(n),见于担子菌亚门。

真菌在有性生殖过程中的核相变化有两种情况:一种情况是质配(plasmogamy)与核配(karyogamy)相继进行,即 2 个相融合的配子首先是细胞质融合,随后发生核融合,以后再进行减数分裂,其核相变化过程为单倍体(n)→二倍体($2n$)→单倍体(n);另一种情况是质配后相距较长或很长时间才进行核配,也就是说保持一个相当长的双核期,以后再发生核配和减数分裂,其核相变化过程为单倍体→双核期($n+n$)→核配($2n$)→单倍体(n)。具有($n+n$)时期的均为高等真菌,即子囊菌和担子菌,尤以担子菌的($n+n$)时期最长。

绝大多数高等真菌(子囊菌和担子菌类)都形成子实体(sporophore),即产生有性孢子的组织结构。真菌产生的子实体在形态、大小、质地和结构上各式各样,详见本章介绍的子囊菌亚门和担子菌亚门。

(五) 分布

真菌的分布极广,土壤中、水中和空气中无处不在,还有很多种类寄生于动、植物和人体中,另有一些种类与藻类和维管植物共生。

二、真菌的主要分类群及其常见代表种类

真菌的种类很多，有人统计为10 000属，120 000种，但目前对其实际的种类数仍不清楚。

我国沿用最久的是Martinf(1950)的真菌分类系统，该系统将真菌分为藻菌纲、子囊菌纲、担子菌纲和半知菌纲4个纲。近年来多采用安斯沃思(1971，1973)的分类系统，该系统将真菌门分为鞭毛菌亚门、接合菌亚门、子囊菌亚门、担子菌亚门和半知菌亚门5个亚门，本教材采用该系统。

真菌门的5个亚门中，鞭毛菌亚门和接合菌亚门为低等真菌，菌丝均无隔；子囊菌亚门和担子菌亚门为高等真菌，菌丝均具有隔；半知菌亚门的菌丝亦具有隔，应为高等真菌，但尚未发现它们的有性阶段。

(一) 鞭毛菌亚门(Mastigomycotina)

1. 主要特征

鞭毛菌亚门的营养体有两种类型：少数低等种类为单细胞；大多为无隔多核的菌丝组成的菌丝体，但在繁殖时菌丝产生隔膜形成孢子囊或配子囊。细胞壁的成分为纤维素或几丁质。无性生殖多产生游动孢子，鞭毛1~2条。有性生殖为同配、异配、卵配或配子囊接触配合。产生的有性孢子主要是卵孢子($2n$)。有性过程中，质配核配相继进行，无($n+n$)阶段。大多为水生、两栖，少数陆生、腐生、寄生。

2. 常见代表种类

鞭毛菌亚门约1 100种，水霉属可作为本亚门的代表种类。

水霉属(*Saprolegnia*)　营养体为无隔菌丝组成的菌丝体，疏松，呈绵白色。无性生殖时在菌丝顶端产生1个横隔膜，形成1个长筒状的孢子囊，其内产生多个具有2条顶生鞭毛的球形或梨形的游动孢子，称为初生孢子。初生孢子成熟时自孢子囊顶端的孔口放出，在水中游动短时间后失去鞭毛，静止变圆，以后初生孢子又萌发成具有2条侧生鞭毛的肾形游动孢子，称为次生孢子，不久后又静止，萌发成新的菌丝体。水霉属中上述游动孢子有两种形态变化的现象，通常称为两游现象(diplanetism)(图15-8 A~C)。

有性生殖为配子囊接触配合。首先分别在不同菌丝的顶端产生隔膜，形成球形的卵囊和长形的精囊。卵囊内产生1~20个卵；精囊内不形成精子而产生多个雄核，精囊还产生1至数条丝状授精管，它们穿过卵囊壁将雄核送入卵囊内，1个雄核与1个卵融合，完成受精作用(图15-8 D~F)。每个受精卵形成1个卵孢子($2n$)。经过休眠，卵孢子萌发，首先进行减数分裂，并继续发育成新一代无隔多核的菌丝体。也有的研究者认为，减数分裂发生在产生雄核和卵的时期。

水霉菌为水生，淡水池塘极常见，腐生或寄生于鱼卵、鱼的鳃盖或破伤的皮部，对水产养殖产生危害。

(二) 接合菌亚门(Zygomycotina)

1. 主要特征

接合菌亚门的营养体为无隔多核的菌丝组成的菌丝体。细胞壁的成分为几丁质和壳聚糖。无性生殖产生不动的孢囊孢子，也有的产生厚垣孢子和节孢子。有性生殖为配子囊配合，产生的有性孢子为接合孢子($2n$)。有性过程中质配与核配相继进行，无($n+n$)阶段。

2. 常见代表种类

接合菌亚门约610种，根霉属是其中最常见的代表种类。

根霉属(*Rhizopus*)　均为腐生菌，其中的匍枝根霉[*R. stolonifer* (Ehrenb.) ex Fr.]是最常见的一种，常腐生于面包、馒头等食物上，引起食物霉变。菌丝体无隔多核，疏松，呈绵白色。菌丝在基物上呈弓形匍匐蔓延，并向下生出假根(rhizoids)伸入基质中吸取营养。无性生殖很发达，常在假根处向上产生1至数条直立的菌丝，称为孢囊柄(sporangiophore)，其顶端膨大形成孢子囊，内产具有多核的多个黑色的

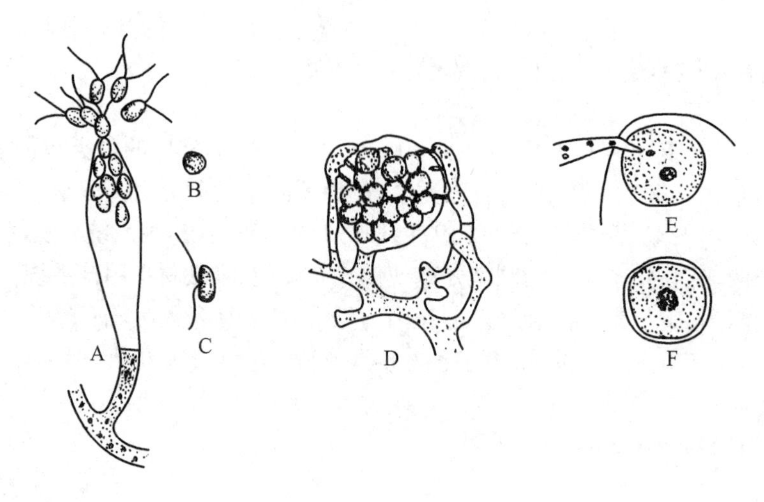

图 15－8　水霉的生殖

A. 孢子囊和初生孢子　B. 孢子静止变圆　C. 次生孢子　D. 配子囊接触交配
E. 1 个授精管将雄核注入卵细胞的放大　F. 卵孢子

孢囊孢子(sporangiospore)。孢子囊的下方有 1 个半球形的囊轴(columella)。孢子囊破裂后孢子散出，在适宜条件下萌发形成新的菌丝体。在夏季高温期间，匍枝根霉的无性生殖过程非常快，2～3 天就可完成 1 个周期，产生的大量孢囊孢子又迅速侵染其他食物。

有性生殖为配子囊配合，不常见。匍枝根霉的配子囊配合为异宗配合。(＋)、(－)菌丝顶端膨大并产生 1 个横隔，顶端的 1 个细胞形成多核的配子囊，连接配子囊的一段菌丝称为配子囊柄。(＋)、(－)配子囊顶端接触，端壁融解，彼此连通，两个配子囊中的细胞质首先发生配合，接着(＋)、(－)核成对融合。配子囊融合后形成 1 个具有多个二倍体核的接合孢子(zygospore)。接合孢子成熟时形成厚壁，变为球形，表面具有疣状突起。接合孢子休眠后，在适宜条件下萌发产生 1 条孢子囊梗，顶端形成孢子囊，特称接合孢子囊(zygosporangium)，其中的二倍体核均进行减数分裂，产生单倍体的(＋)、(－)孢子，释放出来后，各自萌发产生新一代的(＋)、(－)菌丝体。

匍枝根霉的生活史过程亦无($n+n$)阶段，仅有单倍体和二倍体的核相交替，其无性和有性过程如图 15－9 所示。

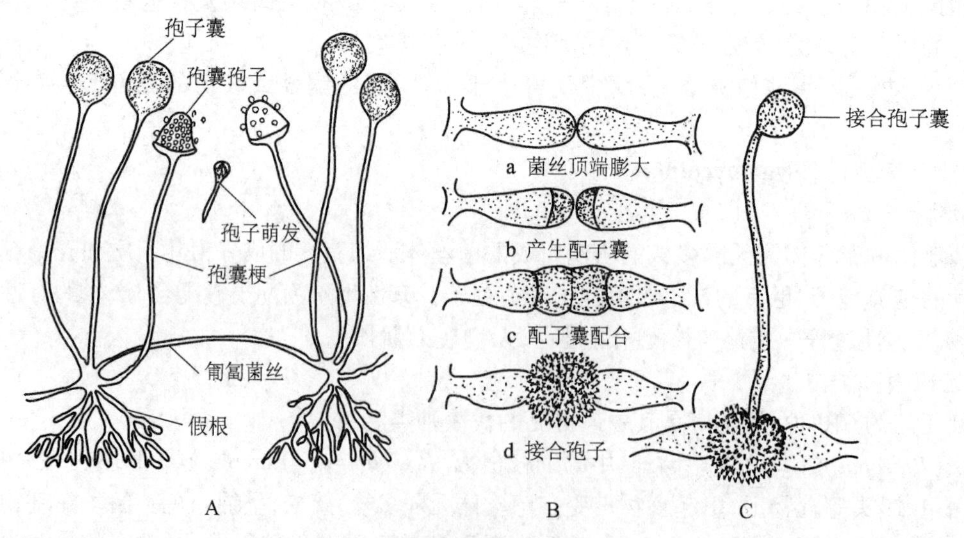

图 15－9　匍枝根霉的无性和有性生殖

A. 无性生殖　B. 有性生殖(配子囊配合)各时期　C. 接合孢子萌发

匍枝根霉能产生果胶酶,常用来发酵豆类和谷类食品。其他一些根霉也可用来制曲酿酒,如米根霉(*R. oryzae*)可用作糖化菌生产酒曲;少根根霉(*R. arrhizus*)等可用来产生乳酸。但它们又有危害的一面,如匍枝根霉常使食品、瓜果、蔬菜和甘薯等腐烂;少根根霉还能使人的眼球突出甚至失明。

(三)子囊菌亚门(Ascomycotina)

1. 主要特征

子囊菌亚门中极少数为单细胞(如酵母菌),绝大多数为有隔菌丝组成的菌丝体,但隔膜具有孔。细胞壁的成分为几丁质。无性生殖主要产生分生孢子,也有的产生节孢子、厚垣孢子等。有性生殖为配子囊接触配合,也有的为体配;有性过程中形成子囊(ascus),有性孢子是在子囊中产生的,称为子囊孢子(n);有性过程中质配与核配间隔开,有明显的($n+n$)阶段;绝大多数种类都形成子实体,即产生和容纳有性孢子的组织结构。这种结构是由子实层和包被两大部分组成的。子囊菌的子实体也称子囊果(ascocarp,ascoma),子囊果有3种主要类型:闭囊壳(cleistothecium)、子囊壳(perithecium)和子囊盘(apothecium)(图15-10)。

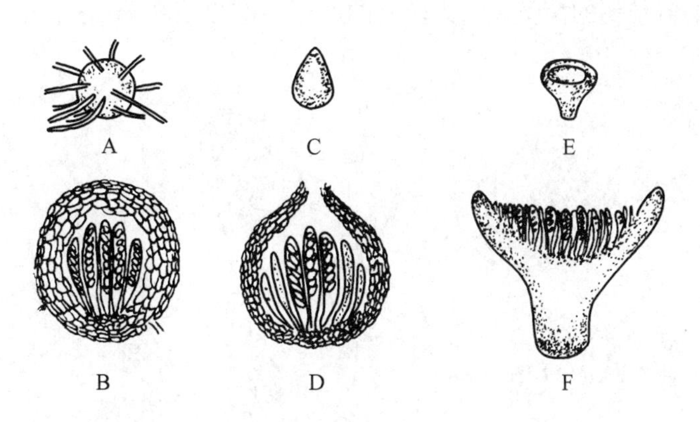

图15-10 子囊果的主要类型(示外形和纵切)

A,B. 闭囊壳:球形,无开口(A. 外形 B. 纵切) C,D. 子囊壳:瓶状,仅顶端有1小孔口,多埋生于子座中(C. 外形 D. 纵切) E,F. 子囊盘:盘状,子实层完全外露(E. 外形 F. 纵切)

2. 子囊、子囊孢子和子囊果的形成过程

子囊菌最突出的特点是产生子囊、子囊孢子和子囊果。

现以火丝菌[*Pyronema confluens* (Pers.) Tul.]为例介绍子囊菌的有性过程以及子囊、子囊孢子、子囊果等的发生和形成过程。

火丝菌属于盘菌纲(Discomycetes),菌丝体呈白色,菌丝具有隔,每个细胞含6~12个核(n),子囊盘小型,直径1~3 mm,呈红色。无性生殖时产生节孢子进行繁殖。

其有性生殖为配子囊接触配合。首先分别在一些二叉状分枝的菌丝顶端形成精子囊和产囊体(ascogonium)。精子囊为雄性,常为棒状,其内的核进行多次分裂,形成100多个精核。产囊体为雌性,球形至圆柱形,较大,顶端有1个长形弯管状的受精丝(trichogyne),基部与产囊体间有横隔膜,产囊体内有多个雌核。当受精丝与精子囊接触时,二者接触点的壁融解,受精丝基部与产囊体间的横隔也融解,精子囊中的细胞质与精核通过受精丝流入产囊体内。此时精子囊中的细胞质与产囊体内的细胞质发生配合,称质配(plasmogamy),但雌、雄核不发生融合,而是成对地靠近。质配后,在产囊体的上半部向外产生许多短菌丝,称产囊丝(ascogenous hypha),成对的雌、雄核移入产囊丝中。然后,产囊丝中在成对的核间产生横隔,形成多个具有雌、雄核的双核细胞。此时的双核细胞不是简单的单倍体双核细胞,而是含有雌、雄核的双核细胞。由于雌、雄核尚未融合,又不是二倍体($2n$),因此,此时的双核细胞只能用($n+n$)表示。($n+n$)的产囊丝再经过下述一系列的发育过程形成子囊。

首先,每个产囊丝顶端的双核细胞均可伸长,并弯曲成钩状体,称产囊丝钩(crozier,hook),其内的双核同时分裂形成4核。钩状体内产生2个横隔,将钩状体分隔成3个细胞,其中钩尖为1个单核细胞,与钩尖相连的为1个含双核(1个雌核和1个雄核)的钩头细胞,基部为1个含单核的钩柄细胞。钩头细胞为子囊母细胞(ascus mother cell),再经膨大、伸长,发育为子囊(ascus),其内的雌、雄核发生融合,即核配(karyogamy),形成二倍体的合子核($2n$)。合子核不休眠即减数分裂,产生4个单倍体的核,紧接着各核发生1次有丝分裂,产生8个核,然后8个核各形成1个子囊孢子,排成1列。在子囊母细胞发育成子囊和子囊孢子的同时,钩头细胞与钩柄细胞接触点的壁融解,2个细胞连通,又形成1个双核细胞,该细胞又可发生钩状体,双核同时分裂,产生2个横隔膜,形成3个细胞,其中的双核钩头细胞又形成1个子囊和产生子囊孢子。如此反复发生,最终产生许多子囊,这些子囊整齐地排列成1层,呈栅栏状,并间生有许多由营养菌丝插入形成的侧丝(paraphysis),二者共同组成子实层(hymenium)。与上述发育过程的同时,营养菌丝向上和向外生长,除一部分插入子囊之间参与形成一些侧丝外,大部分菌丝形成子实层的支持和保护结构,即包被。包被和子实层共同组成火丝菌的子实体,即子囊果。其形状为小盘状,呈红色。子实层完全在盘面上裸露,故称子囊盘。当子囊孢子从子囊中散放出来后,在适宜条件下即可萌发产生新一代的菌丝体。火丝菌的有性生殖以及子囊、子囊孢子及子囊盘的形成过程如图15-11所示。

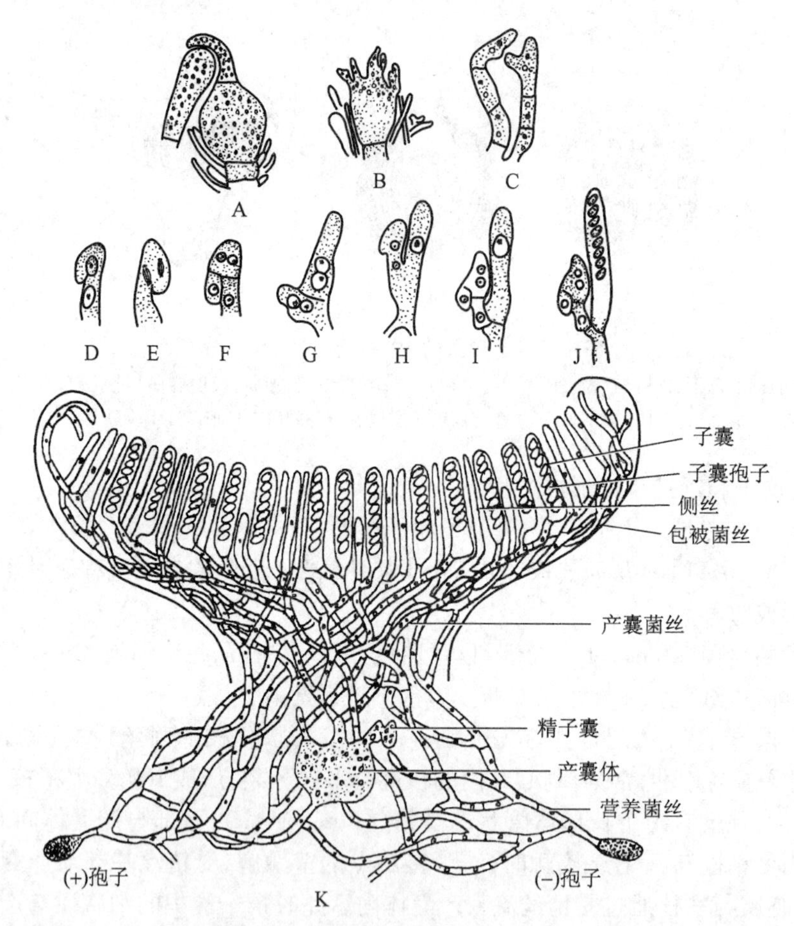

图15-11　火丝菌的有性生殖以及子囊、子囊孢子和子囊盘的形成图解

A. 精子囊和产囊体　B. 产囊体在质配后产生产囊丝　C. 产囊丝放大　D~J. 钩状体的形成以及子囊和子囊孢子的产生过程　K. 子囊盘的形成过程

3. 子囊菌亚门的分类和常见代表种类

子囊菌亚门在真菌中种类最多,约15 000种,按安斯沃思(1973)系统分为6纲,即半子囊菌纲

(Hemiascomycetes)、不整囊菌纲(Plectomycetes)、核菌纲(Pyrenomycetes)、腔菌纲(Leculoascomycetes)、虫囊菌纲(Laboulbeniomycetes)和盘菌纲(Discomycetes)。子囊菌的分布也很广泛,有的腐生,也有很多寄生于动、植物体上。下面介绍几种最常见的代表种类。

(1) 酵母菌属(*Saccharomyces*)　单细胞类型的子囊菌,属于半子囊菌纲,是子囊菌中最原始的类型,均不产生子囊果。酿酒酵母(*S. cerevisiae* Han.)是本属中最著名的代表,生于各种水果的表皮、发酵的果汁和土壤中。细胞为球形或椭圆形,内含1个细胞核,具有1个大液泡,细胞质中有油滴、肝糖等。通常以出芽方式进行繁殖。有性生殖为体配,由2个营养细胞或2个子囊孢子直接融合,质配后进行核配,形成的二倍体细胞即为子囊。子囊经减数分裂后产生4个单倍体的子囊孢子,或4个子核又各进行1次有丝分裂,产生8个子囊孢子。子囊孢子释放出来后各自发育为1个新个体。酿酒酵母用于酿造啤酒、乙醇和其他饮料酒,还可用于发面制面包以及生产甘油、甘露醇和有机酸等。酿酒酵母菌体内有丰富的维生素和蛋白质,可食用、药用和作为饲料,也可用于提取核酸、麦角醇、细胞色素c和辅酶A等。酿酒酵母的生殖如图15-12所示。

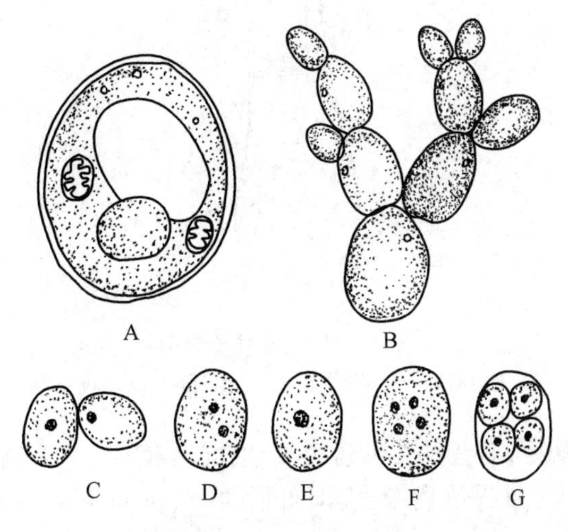

图15-12　酿酒酵母的生殖

A. 营养细胞　B. 出芽生殖　C~G. 有性过程　C. 将要进行体配的2个细胞　D. 质配后内含双核($n+n$)
E. 核配　F. 减数分裂产生4个子核　G. 子囊内形成4个子囊孢子

(2) 麦角菌属(*Claviceps*)　属于核菌纲麦角菌科(Clavicipitaceae),为寄生于大麦、小麦、燕麦等多种禾本科植物子房中的子囊菌。无性生殖时产生分生孢子,分生孢子传到寄主花穗上侵入子房,在子房内发育成菌丝体,最后形成坚硬的黑色角状菌核,即麦角(ergot)(图15-13 A)。菌核长1~2 cm,越冬后萌发产生子座(stroma),每个菌核可产生10~20个子座。子座有1柄,顶端膨大呈球形,紫红色,直径1~2 mm,其内埋生许多椭圆形的子囊壳,子囊壳的小孔口突出于子座表面。子囊壳内产生长圆柱形的子囊,其内产生8个线状多细胞的子囊孢子。子囊孢子散出后侵染麦类等禾本科植物的子房,并以无性生殖产生分生孢子蔓延侵害更多的植物。麦角菌有剧毒,牲畜误食后,严重者可致死,人误食后也会发生严重后果,可引起手、足患病,使手、臂和腿部坏死等。麦角为名贵药材,含12种生物碱,为妇科常用药,主要用于治疗产后出血和促进子宫复原等。

(3) 青霉属(*Penicilium*)　属不整囊菌纲。营养菌丝具有隔,单核,呈白色。无性生殖发达,首先形成分生孢子梗,顶端产生扫帚状分枝,最末级的小枝称小梗,小梗顶端产生一串青绿色的分生孢子(图15-13 B)。分生孢子散落后,在适宜条件下萌发成新一代菌丝体。青霉属的有性过程不常见,所以曾将其列入半知菌类。经观察发现,青霉属在缺氧条件下可形成球形闭囊壳,表面有网纹,子囊在闭囊壳内分散,不排列成整齐的子实层。青霉属的种类分布很广,多腐生于水果、食物、皮革或纺织品上。有些

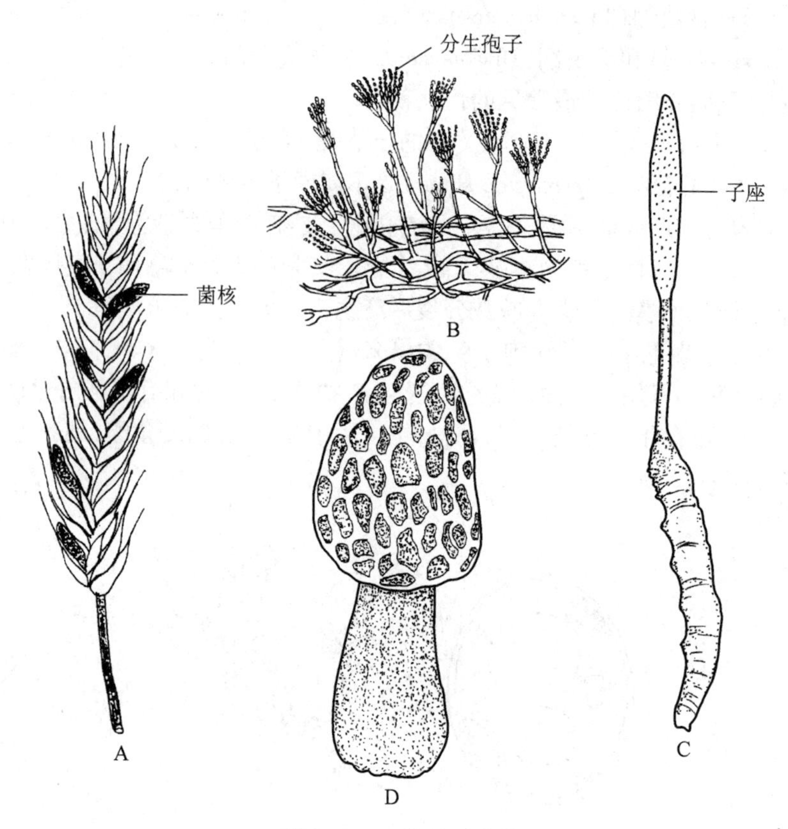

图 15-13　常见子囊菌

A. 麦角菌属　B. 青霉属　C. 冬虫夏草　D. 羊肚菌属

种类也是一些动物和人的致病菌,有些种类可药用、产生抗生素等。如点青霉(*P. notatum* Westl.)和产黄青霉(*P. chrysogenum* Thom.)可提取青霉素,即盘尼西林(penicillin)。还可从一些青霉中提取有机酸、乳酸等。

(4) 虫草属(*Cordyceps*)　属核菌纲,鳞翅目昆虫幼虫体内寄生的子囊菌。其中冬虫夏草[*C. sinensis*(Berk.)Sacc.]最著名(图 15-13 C)。冬虫夏草的子囊孢子秋季侵入鳞翅目昆虫幼虫体内,发育成菌丝并充满虫体,幼虫仅存完好的外皮。菌丝在虫体内形成菌核,越冬后,翌春从幼虫头部长出有柄的棒状子座,子座顶端产生许多子囊壳,其内的子囊各产生 8 个线形多胞的子囊孢子。由于子座伸出土面,状似 1 棵褐色小草,故该真菌有冬虫夏草之名,为我国特产,是一种名贵补药,有补肾和止血化痰之效。

(5) 盘菌属(*Peziza*)　属盘菌纲。子实体呈盘状或杯状,子囊孢子 8 个,通常排列成 1 行。

其他常见或著名子囊菌类有羊肚菌属(*Morchella*)(图 15-13D)、白粉菌属(*Erysiphe*)、曲霉属(*Aspergillus*)、赤霉菌属(*Gibberella*)和马鞍菌属(*Helvella*)等。

(四) 担子菌亚门(Basidiomycotina)

1. 主要特征

担子菌亚门的营养体均为有隔菌丝组成的菌丝体,并有初生菌丝体(primary mycelium)、次生菌丝体(secondary mycelium)和三生菌丝体(tertiary mycelium)之分。初生菌丝体是由担孢子萌发产生的单核单倍体菌丝体,生活时间短。次生菌丝体是初生菌丝体间,或孢子与初生菌丝体细胞间经质配后形成的双核($n+n$)菌丝体,生活期长,为担子菌的主要营养体,它可以多年生,有的可达数百年。三生菌丝体是由次生菌丝体特化形成的,其细胞内仍具有双核,由这类菌丝形成各类子实体。

质配后的双核细胞发育成繁茂的次生菌丝体有不同的方式,但以锁状联合(clamp connection)的方式较多。锁状联合过程如图 15-14 所示。

首先在2核之间的细胞壁一侧产生1个喙状突起并向下弯曲,其中1个核移入突起的基部;2个核同时分裂产生4个核,1个核仍留在突起中,然后产生2个隔膜将其分隔成3个细胞,其中喙突为1个单核细胞,另有1个双核细胞和1个单核细胞;喙突形成的单核细胞继续下弯,与另1个单核细胞的细胞壁接触,壁融解连通,又形成1个双核细胞。这样,由1个双核细胞产生出2个双核细胞,并在2个双核细胞间存留1个喙突,这一过程即为锁状联合。担子菌中多数种类是以锁状联合这种特殊的细胞分裂方式增加双核细胞的数目,以大量产生次生菌丝体。

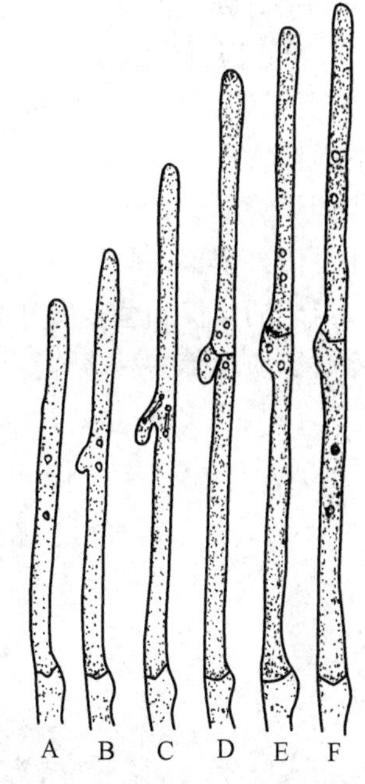

图15－14　担子菌的锁状联合(自 Smith)

A. 双核细胞　B. 双核细胞的一侧细胞壁产生1个喙突　C. 1个核移入喙突中,双核同时分裂产生4个子核 D. 产生2个隔膜,形成3个细胞(2个细胞单核,1个细胞双核)　E,F. 2个单核细胞细胞壁融解,又形成1个双核细胞

担子菌的无性生殖是通过产生节孢子、分生孢子、芽殖等方式进行的。担子菌的有性生殖均为体配,而且有性过程中质配与核配在时间和空间上间隔很远,$(n+n)$阶段时间很长。有性孢子为单倍体的担孢子(basidiospore),均是从担子(basidium)上产生的。担子分为单细胞的无隔担子(holobasidium)和4个细胞组成的有隔担子(phragmobasidium)两种类型(图15－15)。有隔担子又有横隔担子和纵隔担子之分。核配和减数分裂都是在担子中进行的。

担子菌中除冬孢菌纲(Teliomycetes)外均产生子实体,亦称担子果(basidiocarp),也有的称其为繁殖体,一般均是由双核的次生菌丝体特化为三生菌丝体形成的,初生菌丝体均不能产生子实体。担子菌子实体的形态多种多样,如伞状、头状、球形、梨形、星状、笔状、半圆形和耳状等;在大小上差异也很大,大者直径可达0.5 m,小的仅几毫米;在质地上也是多种多样。子实体是担子菌产生有性孢子(担孢子)的高度组织化的结构,主要是由子实层及被称为包被的支持保护结构组成的。

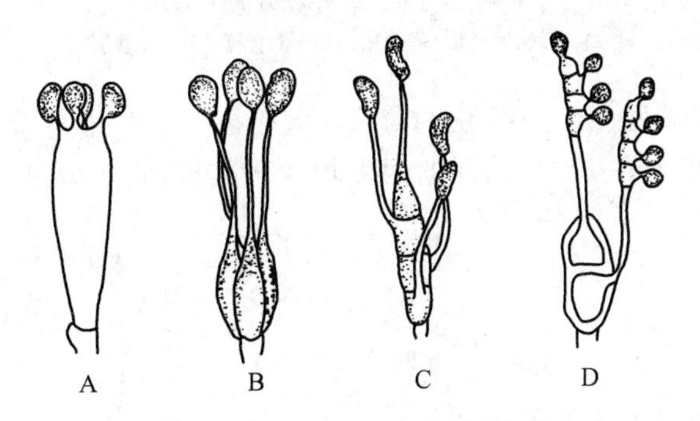

图15－15　担子菌中担子的类型

A. 无隔担子　B. 纵隔担子　C,D. 横隔担子

2. 分类和代表种类

担子菌亚门的种类多,约12 000种。根据是否产生担子果以及担子果是否开裂,通常将其分为3纲,即不产生担子果的冬孢菌纲(Teliomycetes)、担子果开裂的层菌纲(Hymenomycetes)以及担子果不开裂的腹菌纲。层菌纲中的伞菌目可作为担子菌亚门的重要代表。

(1) 伞菌目(Agaricales)　属于层菌纲,是最常见的一类担子菌。

担子果:即担子菌的子实体。形状为伞形,是由菌盖(pileus)和菌柄(stipe)两部分组成的(图15－16)。菌盖是由表皮、菌肉和其下呈放射状排列的薄片,即菌褶(gills)组成的(少数种类为菌管)。有些种类在菌柄上有膜质的环状结构,称菌环(annulus),如蘑菇属(*Agaricus*);有些种类在菌柄的基部有菌托(volva),如草菇属(*Volvariella*)等;有些种类既有菌环,又有菌托,如毒伞属(*Amanita*);也有的种类既无菌环,又无菌托,如口蘑(*Tricholoma mongolicum* Tmai.)等。菌环是由担子果上的内菌幕(partial veil)破裂时的残留物形成的。内菌幕是幼嫩的担子果连在菌盖边缘和菌柄之间的薄膜,它破裂之前遮盖住菌褶。当担子果继续发育,菌柄伸长和菌盖展开时,内菌幕即被拉破,残留在菌柄上的部分就形成了菌环。菌托是由外菌幕破裂形成的,即有些伞菌的担子果在幼嫩时外面包围有一层膜,称外菌幕(universal veil),当菌柄伸长和菌盖展开时,外菌幕被拉破,残留在菌柄基部的部分即形成菌托。伞菌目担子果的大小、颜色、质地等多种多样。

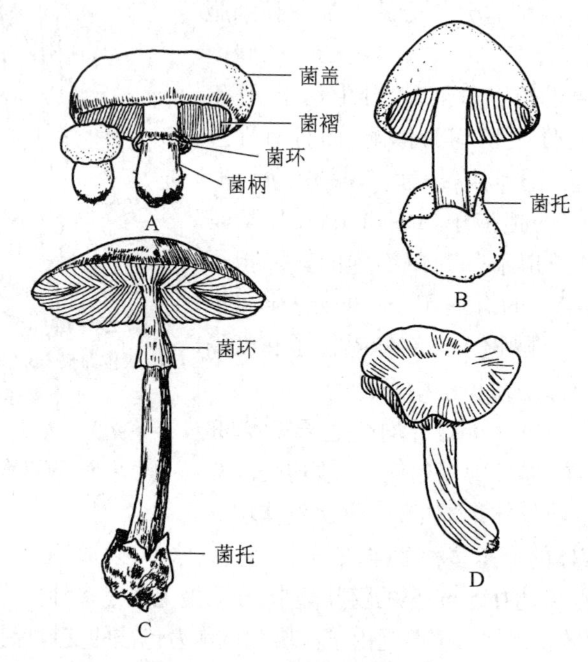

图 15-16　伞菌目的担子果形态

A. 蘑菇属　B. 草菇属　C. 毒伞属　D. 口蘑属

菌褶:菌盖下呈放射状排列,产生子实层的薄片。菌褶是由子实层、子实层基(subhymenium)和菌髓(trama)3 个部分组成的(图 15-17)。菌褶的两面均为子实层,它主要是由无隔担子、侧丝和囊状体

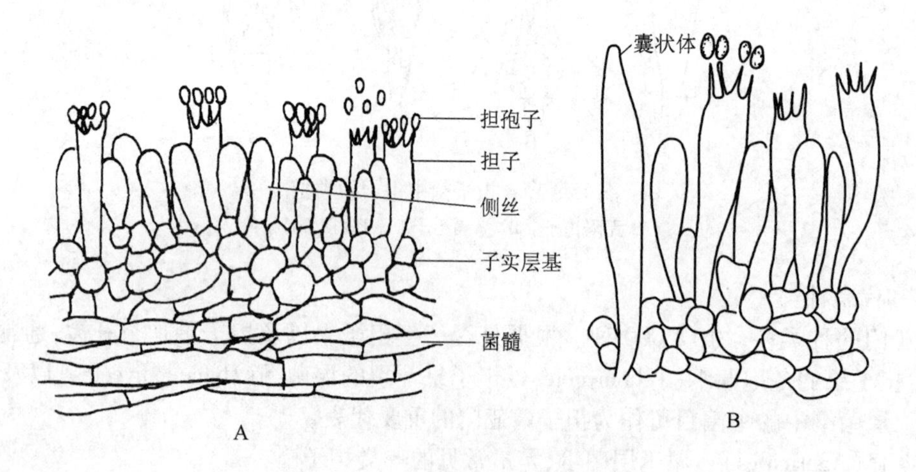

图 15-17　伞菌目菌褶的切面观

A. 蘑菇属(无囊状体)　B. 红菇属(有囊状体)

(cystidium)组成的。无隔担子在其顶端的小梗上产生担孢子。无隔担子是由菌褶两面的双核细胞形成的,其发育过程是:首先进行核配;随之进行减数分裂,产生 4 个单倍体核;该细胞体积也随之增大,顶端产生 4 个小梗(sterigmata);每个小梗顶端膨大,细胞质随之流入,同时各有 1 个核也进入其中;小梗基部产生隔膜,各形成 1 个担子外生的担孢子(图 15－18)。

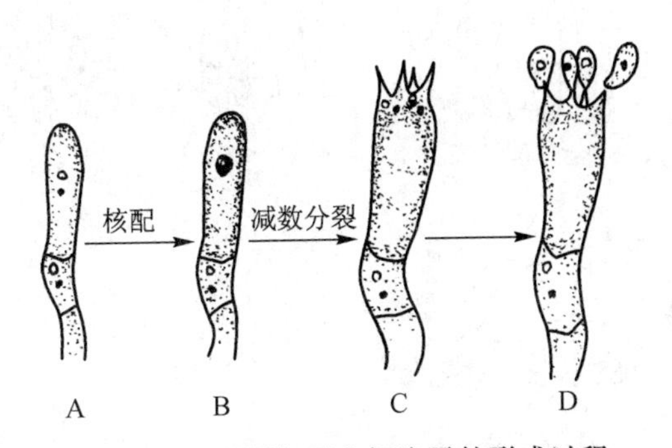

图 15－18　无隔担子和担孢子的形成过程

A. 双核细胞(可视为担子母细胞)　B. 核配　C. 减数分裂和产生 4 个小梗
D. 小梗顶端膨大,各进入 1 个核,小梗基部产生横隔,形成担孢子

侧丝是由不育的双核细胞形成的。有些种类在子实层中还有一些大型的细胞,即囊状体(隔胞),其长度可达相邻的菌褶。不同种类的囊状体的形状和大小也不一样。

子实层基是在子实层下的一些较小的细胞。菌髓位于菌褶的中央部位,通常由一些疏松排列的长形菌丝构成。

担孢子散落后,在适宜的条件下萌发产生单核单倍体初生菌丝体,但它们生活时间短,很快通过体配的方式在(＋)、(－)菌丝间进行质配,并通过锁状联合,发展出大量的双核次生菌丝体。次生菌丝体再经过进一步分化形成三生菌丝体,最后由三生菌丝体扭结和分化形成新一代的伞状子实体,即担子果。伞菌目的生活史如图 15－19 所示。

伞菌目约 150 种,中国有 80 多种,其中有许多是营养丰富、味道鲜美的食用菌或药用菌,很多种类已可人工栽培。著名或常见的代表种类如双孢蘑菇[*Agaricus bisporus*(Lange)Sing]、口蘑、红菇属(*Russula*)、侧耳属(*Plerotus*)、香菇属(*Lentinus*)(图 15－20 A)、鬼伞属(*Coprinus*)、毒伞属(*Amanita*)等。此外,还有些伞菌类在菌盖下不是菌褶,而是有很多菌管,子实层生于菌管的内壁上,即牛肝菌属(*Boletus*)(图 15－20 B)等。

(2) 层菌纲中其他目常见的代表种类(图 15－20 C～E)

银耳(*Tremella fuciformis*):银耳目。担子果富含胶质,白色,担子为纵隔担子(图 15－20 C)。具有食用和药用价值,为著名补品,广为人工栽培。

木耳(*Auricularia auricula*):木耳目。担子果耳状、片状,褐色,富含胶质,干后变黑变硬。具有横隔担子(图 15－20 D)。为著名食用、药用真菌,一直是纺织和矿山工人的保健食品,广为人工栽培。

灵芝属(*Ganoderma*):非褶菌目。担子果木质或木栓质,菌盖半圆形,子实层生于菌盖下的菌管内。为著名药用真菌,可大规模人工栽培。

猴头菌属(*Hericium*):非褶菌目。担子果头状,白色,担子无隔,子实层生于菌齿(针)上(图 15－20 E)。著名食用、药用真菌。

(3) 腹菌纲常见代表种类(图 15－20 F～J)

鬼笔属(*Phallus*):鬼笔目。担子果笔状,菌柄顶端具有钟帽状菌盖,菌柄基部具有菌托,担子无隔(图 15－20 F,G)。

竹荪属(*Dictyophora*):鬼笔目。担子果笔状,菌柄粗而中空,顶端具有钟形菌盖,具有网格的裙状菌幕,菌柄基部具有菌托。名贵食用菌,已可人工栽培。

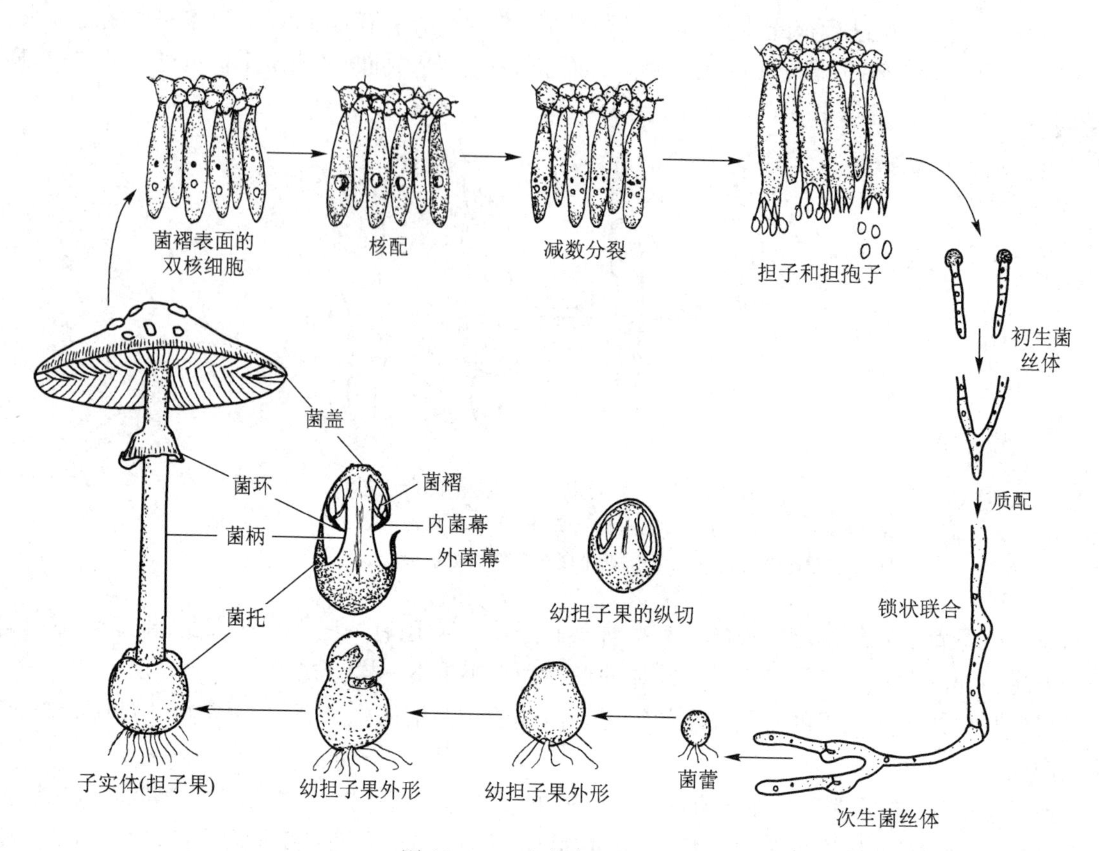

图 15－19　伞菌类的生活史

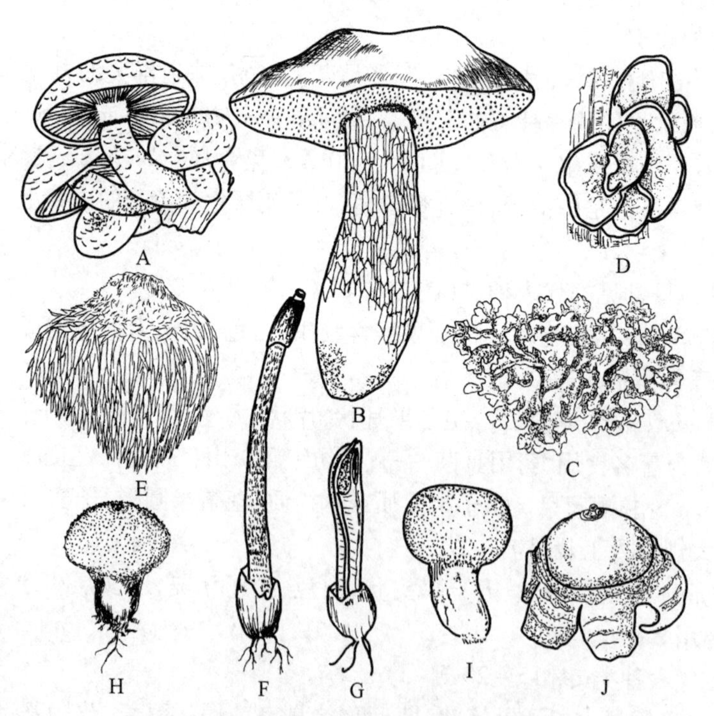

图 15－20　层菌纲和腹菌纲的常见代表种类

A. 香菇　B. 美味牛肝菌　C. 银耳　D. 木耳　E. 猴头菌　F. 红鬼笔　G. 五棱散尾鬼笔　H. 网纹马勃　I. 头状秃马勃　J. 尖顶地星

马勃属(*Lycoperdon*):马勃目。担子果球形、卵形或梨形,具有内、外层包被,成熟时包被顶端开一小孔口(图 15 - 20 H)。

秃马勃属(*Calvatia*):马勃目。担子果大,直径 15 ~ 95 cm,近球形、梨形或陀螺形。幼时白色,可食;老时褐色,可作止血药等(图 15 - 20 I)。

地星属(*Geastrum*):马勃目。担子果近球形,成熟时外包被呈辐射状开裂为多个长三角形裂片,干时向外反曲,内包被顶端开一裂口(图 15 - 20 J)。

(4) 冬孢菌纲常见代表种类　冬孢菌纲与层菌纲和腹菌纲的最大区别是全为寄生菌,不形成担子果。玉米黑粉菌可作为该纲中最常见的代表。

玉米黑粉菌[*Ustilago maydis* (DC.) Corda]:黑粉菌目,玉米最常见的病害菌。其担孢子是从横隔担子上产生的。担孢子随风传至玉米植株上,可从茎和花部侵入,首先萌发产生单核的初生菌丝体,经过质配和锁状联合产生大量的次生菌丝体(双核),在玉米受害部位形成白色瘤;后期由次生菌丝体的菌丝产生大量双核的厚垣孢子,或称冬孢子,越冬后核配;翌春减数分裂,萌发产生具有 4 个细胞的横隔担子,每个细胞均可产生担孢子,但所产生的担孢子尚未脱落时又可以以出芽的方式产生芽孢子,担孢子或芽孢子又可侵害玉米,其生活史如图 15 - 21 所示。

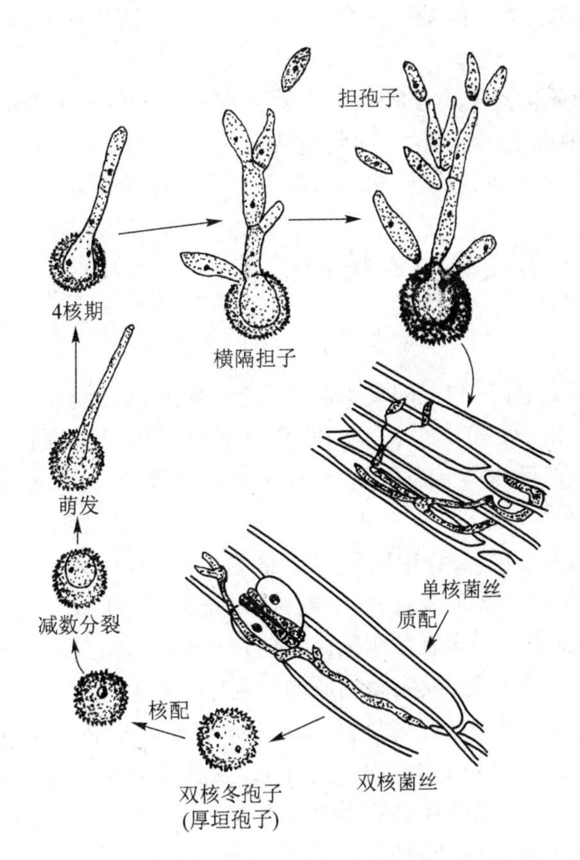

图 15 - 21　玉米黑粉菌的生活史(自 Alexopoulos 和 Mims)

冬孢菌纲中其他常见种类如禾柄锈菌(*Punccinia graminis* Pers.),是一种转主寄生菌,寄主为小麦和小檗。其生活史中共产生 5 种孢子,即担孢子、性孢子(spermatium, pycniospore)、锈孢子(aeci [di] ospore, plasmogamospore)、夏孢子(urediniospore, urediospore, uredospore)和冬孢子(teliospore, teleutospore, teleutosporodesma),这是在生活史中产生孢子种类最多的一种真菌。

(五) 半知菌亚门(Deuteromycotina)

半知菌的最大特点是未发现它们的有性阶段,即只知其生活史的一半,所以称为半知菌(Fungi

imperfecti)。一旦发现了它们的有性阶段,即将其重新归入到所属的分类群中。半知菌的菌丝均具有隔,研究发现,半知菌多属于子囊菌。半知菌最常见的繁殖方式是产生各种类型的分生孢子进行无性生殖。半知菌亚门分为3纲,1 880属,约26 000种。许多种类是动、植物或人体的寄生菌。如寄生水稻上的稻梨孢(稻瘟病菌)(*Piricularia oryzae* Cav.),可引起水稻发生苗瘟、叶瘟、节瘟、穗颈瘟和谷粒瘟等,严重时可造成水稻颗粒无收。稻梨孢的分生孢子为3细胞,产于2~5根簇生分生孢子梗的顶端。

三、真菌的起源

真菌的起源目前未能达成一致,主要有两种不同的推测。一种意见是多元论者的观点,他们认为不同的真菌起源于不同的藻类。如推测有些鞭毛菌类(水霉类)起源于黄藻中的无隔藻类,接合菌类来源于绿藻中的接合藻类,子囊菌类由红藻类演化而来等。他们的主要依据是性器官的形态的相似性。这种看法过于勉强和不全面,近年来支持者越来越少。另一种意见为单元论者的观点,他们认为低等的真菌或其产生的游动孢子具有鞭毛,因而推测真菌是由原始的鞭毛生物演化而来的。这种鞭毛生物为单细胞,无叶绿素。低等原始的真菌再沿着由水生到陆生、由简单到复杂、由低级到高级的趋势演化,由鞭毛菌类进化到接合菌类;子囊菌类可能是由接合菌中的一些种类演化而来的,担子菌又是由子囊菌演化而来的。

目前,根据生物化学和细胞学的研究资料,对于鞭毛菌亚门中的卵菌类的地位提出了新的看法。由于卵菌类的DNA中G-C值高于接合菌类,细胞壁成分为纤维素,以及赖氨酸和色氨酸合成途径所需酶的沉降图谱等均和其他真菌不同,故主张将卵菌类另立为双鞭毛菌亚门(Diplomastigomycotina)。

四、真菌的经济意义及其与人类的关系

(一) 食用

许多大型真菌是营养丰富、味道鲜美的食用菌,并具有高蛋白、低脂肪、低热量的特点,是人类理想的食品。中国食用菌资源丰富,有800多种。现在,全世界已经可以规模化人工栽培的种类有几十种,其中最著名的有双孢蘑菇、香菇、木耳、银耳、侧耳、猴头和竹荪等。

(二) 药用

我国早在东汉末年的《神农本草经》中就记载了猪苓(*Polyporus umbellatus*)、茯苓(*Poria cocos*)、雷丸(*Polyporus mylittae*)等的药效。李时珍的《本草纲目》中记述了20多种药用真菌。《中国药用真菌图鉴》中记载了270余种药用真菌。许多真菌制剂已经应用于临床,如灵芝糖浆用于治疗神经衰弱症、慢性肝炎、高血压、支气管哮喘和胃病等,猴头菌制成的片剂用于治疗胃溃疡、十二指肠溃疡、胃癌、食管癌等。还有些真菌可提取抗生素,如从点青霉菌(*Penicillium notatum*)中提取的青霉素。青霉素的诞生和应用,使人类的寿命从平均40岁提高到65岁。近年来,从头孢霉属(*Cephalosporium*)的一些种中提取的头孢霉素,已被广泛用于对细菌感染疾病的治疗。现在人们非常重视抗肿瘤真菌的研究,特别对担子菌中多糖类的提取方法及其对肿瘤的抑制作用进行了大量的实验和研究工作。已经发现真菌中的多糖(如从云芝、猪苓、茯苓、银耳等提取的多糖类)不仅能够增强肿瘤患者的抵抗力,诱导干扰素的产生和提高机体免疫功能,而且具有选择性杀灭机体内部肿瘤细胞的作用。尤其值得重视的是,研究发现60余种可食用的真菌同时具有抗肿瘤的作用,如木耳、香菇、银耳、猴头菌、双孢蘑菇和蜜环菌等。这样,就可以把真菌的食用和药用结合起来了。

(三) 在工业上的用途和危害

一些真菌可用于发酵生产甘油、有机酸,一些真菌可用于蚕丝脱胶或纺织物的退浆,一些真菌可用于制革工业中的脱毛或造纸工业中的纸浆发酵以及纸张的加固美化;在食品工业中真菌的用途更为广

泛,如生产面包、乙醇、酿酒、果汁澄清、生产干酪以及生产酱油、腐乳、食醋等。

一些真菌也对工业产品有严重的危害,常引起食品、皮革制品、木器、光学仪器和电工器材等霉变腐蚀,每年造成全世界2%的粮食产量霉变。我国每年有约10%的柑橘被真菌侵染而导致霉变。

(四)在农业和林业上的意义

1. 应用一些真菌防治虫害

目前全世界已知的寄生于一些昆虫上的虫生真菌约有100属,900余种,其中大多数对昆虫都是致命的。现在已经有30余种虫生真菌可进行人工生产,可以用这些虫生真菌来防治害虫。如用蝗虫霉(*Entomophothora grylli*)防治蝗虫;用白僵菌(*Beauvaria* sp.)防治玉米螟、麦蝽、马铃薯甲虫、松毛虫、甜菜蚜虫、黄地老虎和蝗虫等多种害虫;用大链壶菌(*Lagenidium giganteum*)可防治稻田的环带库蚊;几十种抗生素对鳞翅目、鞘翅目、双翅目的一些害虫和螨类具有灭杀作用;有些抗生素如青霉素也可用来处理种子,能有效抑制一些病害。

2. 与植物共生形成菌根

许多真菌与植物的根部共生,形成外生或内生的菌根(mycorrhiza)。其中与木本植物形成外生菌根的真菌就有30科,99属。目前已知80%以上的植物都可形成菌根,菌根菌可以分解一些难分解的物质使之被植物吸收利用,菌根菌还可分泌一些生长素促进植物的生长。

3. 对农业和养殖业的危害

很多真菌是农作物的病原菌,而且是主要的病原菌。一种作物上可能发生多种真菌病害,其所造成的损失非常大。如1845年前后,马铃薯晚疫病菌(*Phytophthora infestans*)流行欧洲,造成5/6的马铃薯损失,导致100万爱尔兰人饥饿死亡,164万人逃荒。还有一些真菌侵染各种动物,以及侵染蘑菇养殖等,严重时均造成重大经济损失。

(五)对人类健康和生活的危害

有些真菌危害人类的身体健康,是引起一些疾病的病原菌。如一些真菌可引起头癣、脚癣、灰指甲和鹅口疮等;还有些真菌能够侵染脑部、呼吸器官、内脏和骨骼;有的真菌可产生毒素,目前已知真菌可产生100种以上的毒素,其中有10多种可使人畜致癌,如黄曲霉毒素可使人患肝癌等;还有少数蘑菇有毒,误食会中毒,严重时可致人死亡等。

(六)在自然界和生态系统中的作用

真菌是异养生物,是自然界生态系统中的重要组成者,是自然界中木质素、纤维素和其他大分子有机物的分解者,在自然界的物质循环中有着极其重要的作用。而且,它们对生态系统中动、植物的生长发育都有重要影响,从而影响整个生态系统的健康运行和发展。

总之,真菌的种类繁多,经济价值大,与人类的关系极为密切,其开发应用前景广阔。同时,也要对真菌中部分有害的种类进行研究,掌握它们的生长发育规律,加强对有害真菌的防治。

第三节　地衣(Lichens)

地衣是由真菌和一些蓝藻或绿藻共生形成的互惠共生体生物。长期以来,地衣均作为一个独立的类群,有其独立的分类系统。但近代许多学者主张将其归入到真菌的相应分类系统中,因为地衣体的形态是由真菌决定的;而且真菌不仅可以与藻类共生,也普遍与其他类群的生物共生,如很多种类的真菌与许多种子植物的根共生形成菌根,一些真菌也和苔藓植物、蕨类植物或昆虫等共生。因此,认为地衣不应作为一个独立的生物类群,应该将其归入到真菌中。

Alexopoulos和Mins(1996)系统就将地衣全部分别归入真菌的相应分类群中,实现了真菌和地衣分类系统的一体化。本教材高度重视现代真菌学和地衣学的发展,但也考虑到传统的植物学教学和地衣形态结构的特殊性,仍然将地衣作为一个独立的类群进行介绍。

一、地衣的主要特征

(一) 地衣体的组成和营养关系

多数地衣是由1种真菌和1种藻类共生,形成相互依存的共生体,少数地衣为1种真菌和2种藻类共生。地衣体中共生的真菌绝大多数为子囊菌亚门的盘菌类和核菌类,少数为担子菌亚门的几个属,极少数为半知菌亚门的种类。在中欧还发现了1种鞭毛菌亚门的真菌(*Cystocoleus racodium*)。地衣体中共生的藻类为原核生物中的蓝藻和真核藻类中的绿藻,约20多属。其中最多的是蓝藻中的念珠藻属(*Nostoc*)以及绿藻中的共球藻属(*Trebouxia*)和橘色藻属(*Trentepohlia*),这3个属约占地衣中共生藻类的90%(图15-22)。

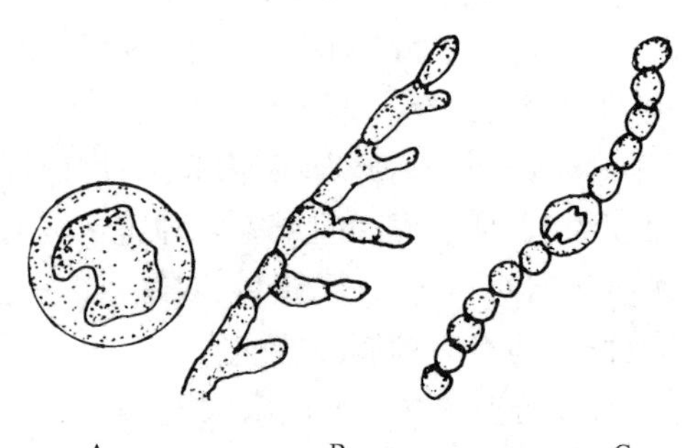

图15-22 地衣体中的常见共生藻类
A. 共球藻 B. 橘色藻 C. 念珠藻

地衣体中的藻类和真菌是一种互惠共生关系。真菌包围藻类细胞,并决定地衣体的形态。真菌从外界环境中吸取水分和无机盐供给藻类;藻类进行光合作用制造的养料除供自身生长发育外,也为共生的真菌提供营养。若从地衣体中将真菌和藻类分离,分别单独培养时,藻类可独立生长发育,而真菌则死亡,由此表明真菌在营养上对藻类的依赖性。真菌和藻类的共生关系是长期演化的产物,一旦形成了地衣体,它既不同于一般的真菌,也不同于通常的藻类,是一类特化的生物。也有一些学者认为地衣体中的真菌控制藻类,并决定地衣体的形态,因而主张地衣是一类特化的真菌。

(二) 地衣的形态

地衣的形态和生长状态可分为3种基本类型。

1. 壳状(Crustose)

地衣体呈皮壳状,紧贴在岩石、树皮和土表等基质上。无下皮层结构,菌丝直接伸入基质中。很难从基质上采下。这类地衣种类多,常在岩石表面呈现各种不同色彩。最常见的种类如茶渍属(*Lecanora*)、文字衣属(*Graphis*)、毡衣属(*Ephebe*)等(图15-23 A)。

2. 叶状(foliose)

地衣体呈叶片状或各种形状,不分裂或多次分叉。下面有菌丝束形成的假根或脐,将地衣固着于基质上。可从基质上采下。常见种如梅衣属(*Parmelia*)、地卷属(*Peltigera*)、皮果衣属(*Dermatocarpon*)等(图15-23 B~D)。

3. 枝状(fruticose)

地衣体呈树枝状或须根状,直立或下垂。常见种类如石蕊属(*Cladonia*)、松萝属(*Usnea*)等(图15-23E,F)。

(三) 地衣的结构

地衣均由共生真菌的菌丝和共生藻类组成,但排列方式和结构类型则各有不同。这里仅以典型的叶状地衣类型为例予以介绍。如梅衣属,将其叶状体作垂直切面,从上至下的结构为上皮层(由真菌菌丝紧密排列组成)、藻胞层(由藻类细胞集中排列而成)、髓层(由疏松的菌丝交织而成)、下皮层(菌丝紧密排列而成)(图15-24A)。从下皮层还产生由菌丝束形成的许多假根。由于藻类细胞在上皮层下方集中排列成一层,故称这种类型的结构为异层地衣(heteromerous lichen)。另有一些种类,藻类细胞和菌丝混合交织,不集中排列为一层。这种结构类型的地衣称为同层地衣(homoeomerous lichen),如胶衣属(*Collema*)(图15-24B)等。异层地衣的种类占大多数。

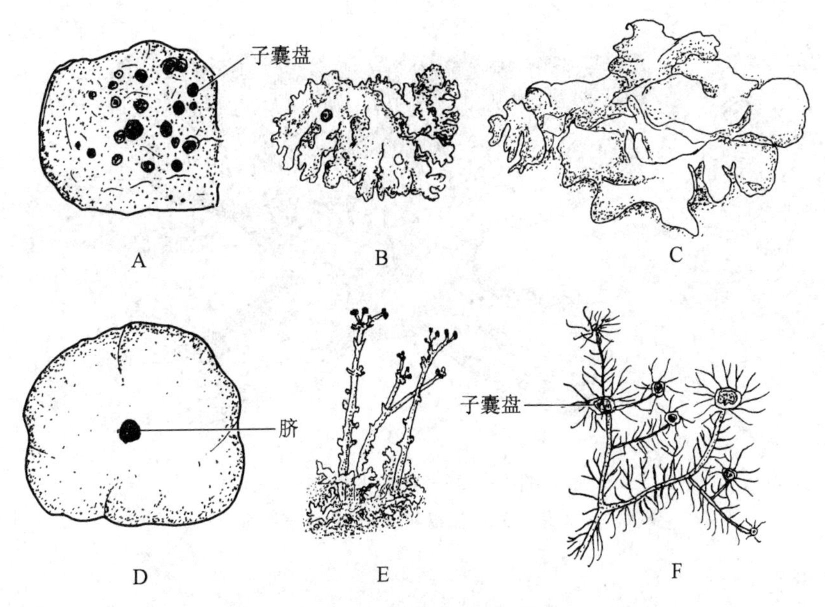

图 15-23　地衣的形态

A. 壳状地衣(毡衣属)　B～D. 叶状地衣　B. 梅衣属　C. 地卷属　D. 皮果衣属(示腹面观)　E,F. 枝状地衣　E. 石蕊属　F. 松萝属

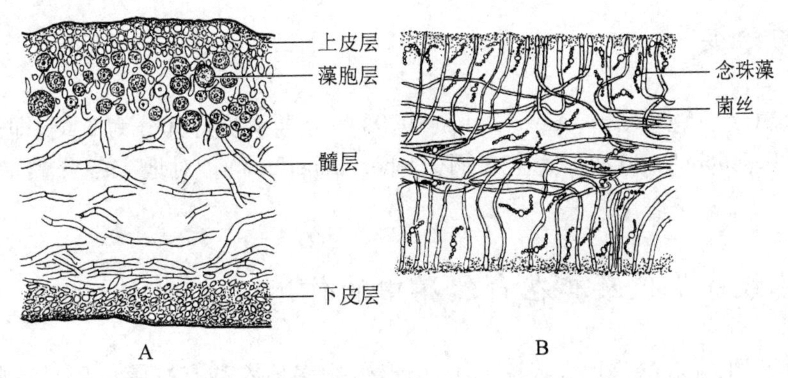

图 15-24　异层地衣和同层地衣(自贺士元等)

A. 异层地衣　B. 同层地衣

(四) 地衣的繁殖

1. 营养繁殖

地衣中的营养繁殖由菌、藻共同进行。主要方式为地衣的部分断离、产生粉芽(soredium)(图 15-25A)、产生珊瑚芽等。上述营养繁殖结构脱离母体后,均可在适宜条件下形成新个体。

2. 无性生殖

地衣中的无性生殖由菌类和藻类分别进行。菌类多产生分生孢子,其孢子萌发形成菌丝后,遇有适合的藻类即形成新的地衣共生体,否则将会死去。藻类在地衣体内可进行无性生殖以增加其数量。

3. 有性生殖

地衣的有性生殖仅由共生的真菌进行。共生的真菌以子囊菌种类最多,它们和子囊菌的有性生殖过程一样,最后形成子囊果(子囊盘、子囊壳等),其中尤以盘菌类最多,在地衣体表面即可见所产生的子囊盘(图 15-25B)。在子囊中产生子囊孢子,散出后萌发形成菌丝,但必须遇有适合的共生藻类才能形成新的地衣,否则真菌的菌丝即死去。共生的真菌为担子菌的,有性生殖则产生担子和担孢子。

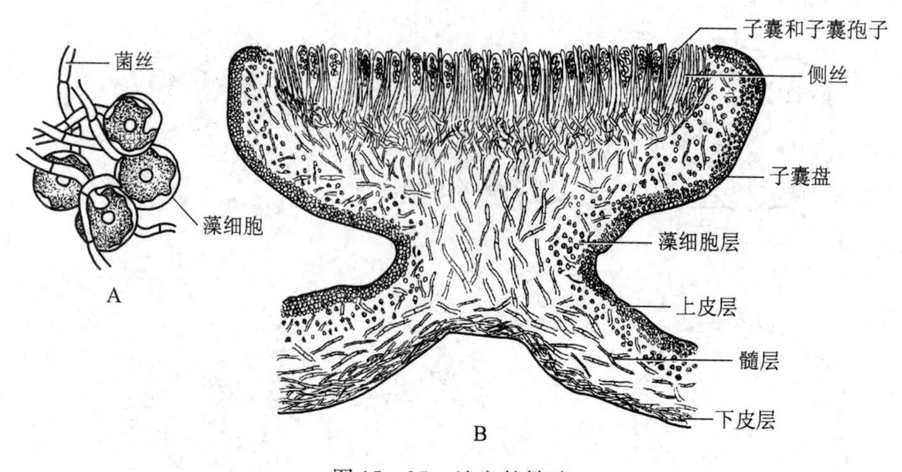

图 15-25 地衣的繁殖

A. 粉芽 B. 子囊盘和地衣体的垂直切面

(五) 地衣的分布

地衣分布很广,在裸露的岩石表面、树皮、地表等处均有生长。在高山带、冻土带以及南极和北极也有大量分布。地衣对 SO_2 敏感,在工业区和人口密集的城市,如果有一定量的 SO_2 排出时,地衣就会生长不良或死去。所以根据这一特性,科技工作者常用地衣作为大气污染的监测生物。

二、地衣的分类

地衣有 500 余属,约 25 000 种。Alexopoulos(1979)的分类系统将其分为 3 纲,即子囊衣纲(Ascolichens)、担子衣纲(Basidiolichens)和不完全衣纲(Lichen imperfecti)。对地衣各分类单位的代表种类这里不再进行介绍。

三、地衣的经济价值及其在自然界中的作用

有些地衣可供药用,地衣酸是地衣代谢的中间产物,很多地衣酸有抗菌作用。有些地衣可作饲料,如在亚北极地区的针叶林带中生长的石蕊、冰岛衣(*Cetraria islandlica*)等为驯鹿的重要饲料。有些地衣可用来提取香水、石蕊试剂或一些染料。少数种类的地衣可食用,如冰岛衣等;有的可作饮料,如石耳[*Umbilicaria esculenta*(Miyoshi)Minks]和地茶[*Thamnolia vermicularia* (SW.) Ach. ex Schaer]等。

地衣为自然界中的“先锋生物”或“开拓者”,它们可加速岩石风化和土壤的形成,并为苔藓和其他植物的生存打下初步基础。在荒漠地区,有些地衣可以和一些藻类形成生物结皮,有助于土壤改良和固沙作用,地衣是极地和高山寒漠(石漠、砾漠)以及温带荒漠生态系统中的优势成员,是荒漠(石漠、砾漠与沙漠)碳汇及固沙的主要贡献者。地衣也可用于大气环境污染的监测。大量生长在柑橘、茶树等经济林木上的地衣会影响果木生长,造成危害。

真菌界分类系统简介

自从林奈的《植物种志》于 1753 年 5 月 1 日问世以来,人类对真菌、卵菌及黏菌的认识经历了下列 3 个时期。

1. 植物学时期

从1753年至1969年期间,人类一直将真菌、卵菌及黏菌作为植物界中孢子植物或低等植物的组成部分进行研究;作为分支科学,既是植物学,又是真菌学。因此,从事真菌、卵菌及黏菌研究的科学家,既是植物学家,又是真菌学家。以我国真菌学奠基人戴芳澜、邓叔群为代表的中国真菌学家,他(她)们又都是中国植物学会的会员,其研究成果多发表在《植物分类学报》等植物学刊物上。

2. 泛真菌学时期

当 Whittaker 于1969年提出将真菌、卵菌及黏菌从植物界中分立成真菌界之后,人类对真菌、卵菌及黏菌的认识便经历了第一次飞跃。于是,真菌学从植物学中分出独立成分支科学。从事真菌、卵菌及黏菌研究的科学家即为真菌学家。真菌学家逐渐有了自己的真菌学会和真菌学刊物。我国真菌学家于1980年在中国植物学会下成立了真菌学分会;1982年创办了《真菌学报》;1985年创办了真菌地衣系统学开放研究实验室。它既是中国科学院,也是全国第一批面向国内外开放的17个研究实验室之一;1988年创办了英文版开放研究实验室年报 *Mycosystema*。

3. 菌物学时期

随着分子生物学技术的进一步发展,美国芝加哥大学的 Woese 研究团队于1977—1990年,基于宏观、微观、超微观与分子系统学相结合的研究结果提出了生物三域系统,即真细菌域、古细菌域及真核生物域。自此大量的研究结果进一步表明,Whittaker 所谓的真菌界,实际上并非系统发育中的单系类群(monophyletic group),即其成员并非同一祖先的后裔;而是复系类群(polyphyletic group),即其成员是多个不同祖先的后裔:真菌、卵菌和黏菌;其祖先分隶于3个不同的生物界:真菌界(Fungi)、管毛生物界或称菌藻界(Chromista)和原生动物界(Protozoa)。这一研究进展给人类对真菌、卵菌及黏菌的认识带来了第二次飞跃。

经历了第二次飞跃的真菌学家将 Whittaker 的复系真菌界的3类不同真核菌类生物看作"由真菌学家研究的生物"(Hawksworth,1991)或"真菌联合体"(Barr,1992)等。而我国真菌学家则将这一复系真菌界的3类不同生物界的菌类生物或广义的真菌,统称为"菌物",而非"菌物界",犹如将分隶于多个生物界的微观生物统称为微生物,而非"微生物界"一样。随后,我国从事真菌、卵菌和黏菌研究的工作者,被称为从事菌物学研究的真菌学家、卵菌学家和黏菌学家,统称为菌物学家。我国菌物学家于1993年在中国植物学会下的真菌学分会基础上建立了包括真菌学家、卵菌学家及黏菌学家参加的中国菌物学会;将《真菌学报》和 *Mycosystema* 合并成为发表真菌学、卵菌学及黏菌学,亦即菌物学领域研究成果的《菌物学报》,*Mycosystema* 作为学报的外文名称予以保留。

DNA 聚合酶链反应(PCR) 自被纳入冷泉港第51次定量生物学讨论会以来,尤其是 PCR 方法 (Mullis et al. ,1986) 被正式发表以来,已在医学和生物学领域被广泛应用。PCR 方法在真菌学领域的应用则始于1990年(White et al. , 1990)。自从那时以来,分子系统学在真菌系统研究中得到了快速发展,使真菌系统研究更易于向表型与基因型相结合的综合分析方向发展。

基于表型与基因型相结合的综合分析研究结果积累,新的真菌系统(Hibbett et al. ,2007)曾被提出。在新的真菌系统中,单系的真菌界(Fungi)包括由子囊菌门(Ascomycota)和担子菌门(Basidiomycota)组成的双核菌亚界(Dikarya)、微孢子虫亚界(Microsporidia),以及其余类群,如芽枝霉门(Blastocladiomycota)、壶菌门(Chytridiomycota)、新壶菌门(Neocallimastigomycota)、球囊霉门(Glomeromycota)及原结合菌门下的梳霉亚门(Kickxellomycotina)、虫霉亚门(Entomophthoromycotina)、扑虫霉亚门(Zoopagomycotina)等。

据专家估计,自然界的真菌至少有150万种(Hawksworth,1991),内生真菌约100万种(Petrini et al. , 1992;Strobel et al. , 2003),合计至少有250万种。

至于地衣,则是一群必须与藻类或蓝细菌共生才能在自然界生存的真菌,即地衣型真菌,其种数约占整个真菌的20%,其中绝大多数为真菌界、双核菌亚界、子囊菌门的成员,其种数约占子囊菌门的40%(Kirk et al. ,2008)。

参考文献

[1] Barr D J. Evolution and kingdoms of organisms from the perspective of a mycologist. Mycologia, 1992, 84(1): 1-11.

[2] Hawksworth D L. The fungal dimension of biodiversity: magnitude, significance, and conservation. Mycol. Res. , 1991, 95(6): 641-655.

[3] Hibbett D S, Binder M, Bischoffe J F, et al. A higher-level phylogenetic classification of the Fungi. Mycological Research, 2007, 111: 509-547.

[4] Kirk P M, Cannon P F, Minter D W, et al. Dictionary of the Fungi. 10th edition. Oxford shire: CABI Publishing,

2008.
[5] Linnaeus C. Species Plantarum. 1753.
[6] Mullis K, Falcoma F, Scharf S, et al. Specific amplification of DNA *in vitro*: the polymerase chain reaction. Cold Spring Harbor Symp Quant Biol, 1986, 51: 260.
[7] Petrini O, Sieber T N, Toti L, et al. Ecology, Metabolit Production, and Substrate Utilization in Endophytic Fungi. Natural Toxins, 1992, 1: 185-196.
[8] Strobel G, Daisy B. Bioprospecting for microbial Endophytes and their natural products. Microbiology and Molecular Biology Reviews, 2003, 67(4): 491-502.
[9] White T J, Bruns T D, Lee S, et al. Amplification and direct sequencing of fungal ribosomal RNA genes for phylogenetics // Innis M A, Gelfand D H, Sninsky J, et al. PCR Protocols: a Guide to Methods and Applications. San Diego: Academic Press, 1990: 315-322.
[10] Whittaker R H. (1969). New concepts of kingdoms or organisms. Evolutionary relations are better represented by new classifications than by the traditional two kingdoms. Science, 1969, 163: 150-194.
[11] Woese C R, Fox G E. (1977). Phylogenetic structure of the prokaryotic domain: the primary kingdoms. Proceedings of the National Academy of Sciences of the United States of America, 1977, 74(11): 5088-5090.

(魏江春 院士 中国科学院微生物研究所)

思考与探索

1. 结合教材的学习并查阅有关文献,比较分析安斯沃思、《真菌字典》、Alexopoulos & Mins 等几个真菌分类系统的主要异同,对此你有何看法?
2. 通过本章的学习,你对设立真菌界有哪些进一步认识?
3. 怎样认识真菌的生殖方式和生殖过程的多样性?
4. 比较分析子囊菌中的子囊、子囊孢子、子囊果与担子菌中的担子、担孢子、担子果的发育形成过程的主要异同,了解和研究这些问题有何理论上和实践上的意义?
5. 当你在自然界或日常生活中发现属于真菌的生物时,你将会依据哪些特征把它们分别归入鞭毛菌、接合菌、子囊菌或担子菌的各个亚门?
6. 怎样认识真菌与人类的关系?真菌的开发应用前景如何?
7. 怎样分析地衣中藻类和菌类的营养关系?地衣在自然界中有何重要意义?它们有何应用价值?
8. 如何分析地衣的分类地位?你对真菌和地衣一体化的分类系统有何认识?
9. 根据伞菌类的生活史,试设计一个驯化野生大型真菌的主要步骤和方案。

数字课程学习

重难点解析 教学课件 视频 植物照片库 相关网站

主要参考书目

阿历索保罗 C J,明斯 C W,布莱克韦尔 M. 菌物学概论 . 4 版 . 姚一建,李玉,译 . 北京:中国农业出版社,2002.

比德拉克 . Introductory Plant Biology(影印本). 北京:高等教育出版社,2004.

布坎南 BB,等 . 植物生物化学与分子生物学 . 瞿礼嘉,顾红雅,等译 . 北京:科学出版社,2004.

蔡永萍 . 植物生理学 . 北京:中国农业大学出版社,2008.

陈邦杰,等 . 中国苔藓植物属志(上、下册). 北京:科学出版社,1963.

陈峰,姜悦 . 微藻生物技术 . 北京:中国轻工业出版社,1999.

陈机 . 植物发育解剖学(上、下册). 山东:山东大学出版社,1996.

陈灵芝 . 中国的生物多样性——现状及其保护对策 . 北京:科学出版社,1993.

崔克明 . 植物发育生物学 . 北京:北京大学出版社,2007.

福迪 B. 藻类学 . 罗迪安,译 . 上海:上海科学技术出版社,1980.

福斯特 A S,小吉福德 G M,等 . 维管植物比较形态学 . 李正理,张新英,等译 . 北京:科学出版社,1987.

傅立国,金鉴明 . 中国植物红皮书(第一册). 北京:科学出版社,1992.

国家自然科学基金委员会 . 植物科学 . 北京:科学出版社,1993.

国家自然科学基金委员会生命科学部 . 植物科学 . 北京:中国农业出版社,1994.

何仲佩 . 作物激素生理及化学控制 . 北京:中国农业大学出版社,1997.

贺士元,尹祖棠,周云龙 . 植物学(下册). 北京: 北京师范大学出版社,1987.

胡鸿钧 . 螺旋藻生物学及生物技术原理 . 北京:科学出版社,2003.

胡鸿钧,李尧英,等 . 中国淡水藻类 . 上海:上海科学技术出版社,1980.

胡鸿钧,魏印新 . 中国淡水藻类——系统分类及生态 . 北京:科学出版社,2006.

胡人亮 . 苔藓植物学 . 北京:高等教育出版社,1986.

胡适宜 . 植物胚胎学 . 北京:高等教育出版社,2007.

黄秀梨,辛明秀 . 微生物学 . 3 版 . 北京:高等教育出版社,2009.

黄有馨,刘志礼 . 固氮蓝藻 . 北京:农业出版社,1984.

蒋德安 . 植物生理学 . 2 版 . 北京:高等教育出版社,2011.

李承森 . 植物科学进展(第一卷). 北京:高等教育出版社,1998.

李合生 . 现代植物生理学 . 北京:高等教育出版社,2006.

李俊清,李景文,崔国发 . 保护生物学 . 北京:中国林业出版社,2002.

李唯 . 植物生理学 . 北京:高等教育出版社,2012.

李靖炎 . 细胞在生命进化历史中的发生——真核细胞的起源 . 北京:科学出版社,1979.

李伟新,等 . 海藻学概论 . 上海:上海科学技术出版社,1982.

李效宇 . 微囊藻毒素及其毒理学研究 . 北京:科学出版社,2007.

李星学,周志炎,郭双兴 . 植物界的发展和演化 . 北京:科学出版社,1981.

李正理,张新英 . 植物解剖学 . 北京:高等教育出版社,1983.

刘良式,等 . 植物分子遗传学 . 北京:科学出版社,1997.

刘华杰,贾泽峰,任强,等 . 中国地衣学现状与潜力 . 北京:科学出版社,2011.

刘凌云,薛绍白,柳惠图 . 细胞生物学 . 北京:高等教育出版社,2002.

刘胜祥 . 植物资源学 . 2 版 . 武汉:武汉出版社,1994.

陆时万,徐祥生,沈敏健 . 植物学(上册). 北京:高等教育出版社,1992.

陆树刚．蕨类植物学．北京:高等教育出版社,2007.
马迪根 M T,马丁克 J M,帕克 J. 微生物生物学．北京:科学出版社,2001.
马金双．中国入侵植物名录．北京:高等教育出版社,2013.
马炜梁．植物学．北京:高等教育出版社,2009.
墨叶尔 K N. 颈卵器植物分类学．吴长春,译．北京:高等教育出版社,1959.
潘瑞帜．植物生理学．6 版．北京:高等教育出版社,2008.
强胜．植物学．北京:高等教育出版社,2006.
裘维蕃,余永平,魏江春,等．菌物学大全．北京:科学出版社,1998.
沈萍．微生物学．北京:高等教育出版社,2000.
沈银柱,黄占景．进化生物学．北京:高等教育出版社,2008.
史密斯 G M,等．隐花植物学(上册)．朱浩然,陆定安,译．北京:科学出版社,1962.
史密斯 G M,等．隐花植物学(下册)．陈邦杰,李正理,译．北京:科学出版社,1959.
斯特弗鲁,等．国际植物命名法规．赵士洞,译．北京:科学出版社,1984.
孙儒泳,李博,等．普通生态学．北京:高等教育出版社,1993.
孙敬三,朱至清．植物细胞的结构与功能．北京:科学出版社,1988.
托马斯 L 罗斯特,迈克尔 G 巴伯,等．植物生物学．周纪伦,邵德明,徐七菊,译．北京:高等教育出版社,1981.
汪劲武．种子植物分类学．2 版．北京:高等教育出版社,2009.
王关林,方宏筠．植物基因工程．北京:科学出版社,2002.
王献溥,刘玉凯．生物多样性的理论与实践．北京:中国环境科学出版社,1994.
王正询,李晓晨,黄占景．进化生物学．北京:高等教育出版社,2002.
王宗训．中国植物资源利用手册．北京:科学出版社,1989.
王宗训．新编拉英汉植物名称．北京:航空工业出版社,1996.
魏江春,等．中国药用地衣．北京:科学出版社,1982.
吴国芳,等．植物学(上册)．2 版．北京:高等教育出版社,1992.
吴鹏程．苔藓植物生物学．北京:科学出版社,1998.
吴兆洪,秦仁昌．中国蕨类植物科属志．北京:科学出版社,1991.
邢来君,李明春．普通真菌学．北京:高等教育出版社,2004.
徐汝梅,叶万辉．生物入侵．北京:科学出版社,2003.
徐仁．生物史(第二分册:植物的发展)．植物史．北京:科学出版社,1980.
许智宏,刘春明．植物发育的分子机理．北京:科学出版社,1998.
杨世杰．植物生物学．2 版．北京:高等教育出版社,2010.
叶创兴,朱念德,廖文波,等．植物学．2 版．北京:高等教育出版社,2014.
叶庆华．植物生物学．厦门:厦门大学出版社,2002.
尹祖堂,刘全儒．种子植物实验及实习．3 版．北京:北京师范大学出版社,2009.
严岳鸿,张宪春,马克平．中国蕨类植物多样性与地理分布．北京:科学出版社,2013.
张立军,梁宗锁．植物生理学．北京:科学出版社,2007.
张景钺,梁家骥．植物系统学．北京:人民教育出版社,1965.
张宪春．中国石松类和蕨类植物．北京:北京大学出版社,2012.
张耀甲．颈卵器植物学．兰州:兰州大学出版社,1994.
中国科学院海洋研究所．中国经济海藻志．北京:科学出版社,1962.
中国植物学会．中国植物学史．北京:科学出版社,1994.
中国植物志编委会．中国植物志．北京:科学出版社,1959—2009.
周德庆．微生物学教程．3 版．北京:高等教育出版社,2011.
周仪,王慧,张述祖．植物学(上册)．北京:北京师范大学出版社,1987.
周仪．植物形态解剖实验(修订版)．北京:北京师范大学出版社,1993.
周云龙．孢子植物实验及实习．3 版．北京:北京师范大学出版社,2009.

周云龙,刘宁,刘全儒. 植物生物学——精要题解测试. 北京:化学工业出版社,2007.

Bold H C, Mynne M J. Introduction to the algae. New Jersey:Prentice-Hall Inc,1978.

Bold H C, Alexopoulos C J, Delevoryas T. Morphology of plants and fungi. New York:Harper and Row Publishers,1980.

Buchanan B B, Gruissem W, Jones R L. Biochemistry and Molecular Biology of Plants(影印版)//Enger E D, Ross F C. Concept in Biology. 10th ed. 北京:科学出版社,2004.

Cronquist A. An intrigrated system of classification of flowering plants. New York:Columbia University Press,1981.

Fracisco J A, Jomes W V. 现代综合进化论. 胡楷,译. 北京:高等教育出版社,1990.

Ghaham L E, Graham J M, Wilox L W. Plant Biology. 2nd ed. United State:Pearson Education Inc,2006.

Gurcharan Singh. 植物协调分类学——综合理论及方法. 刘全儒,郭延平,于明,译. 北京:化学工业出版社,2009.

Hopkins W G, Hüner N P A. Introduction to Plant Physiology. 3rd ed. Canada:John Wiley & Sons Inc,2004.

Howard J D. Modern Plant Biology. New York:Van Nostrand Reinhold Company,1972.

Karp G. Cell and Molecular Biology. 5th ed. Canada:John Wiley & Sons Inc,2008.

Lambers H,et al. Plant Physiological Ecology. New York:Springer-Verlag Inc. ,1998.

Lee R E. Phycology. Cambridge:Cambridge University Press,1980.

Leyser O, Day S. Mechanisms in Plant Development. Oxford: Blackwell Science Ltd,2003.

Monroe W Strickberger. Evolution. 3rd ed. Massachusetts:Jones and Bartlett Publishers Inc,2000.

Odum E P. 生态学基础. 孙儒泳,等译. 北京:人民教育出版社,1982.

Ravan P H, Evert R F, Eichh S E. Biology of Plant. 7th ed. New York:Worth Publishers Inc,2005.

Raven P H, Eichhorn S E. Biology of Plants. 7th ed. New York:W H Freeman and Companies Inc,2008.

Ray F E. Esau's Plant Anatomy:Meristems, Cells, and Tissues of the Plant Body:Their Structure, Function, and Development. 3rd ed. Hoboken:Wiley-Interscience,2006.

Primack,马克平. 保护生物学简明教程. 4 版. 中文版. 北京:高等教育出版社,2009.

Salisbury F B, Ross C. Plant Physiology. 4th ed. Belmont:Wadsworth Inc,1992.

Smith G M. The fresh-water algae of the United States. 2nd ed. New York:McGraw-Hill Book Co,1950.

Stern K R, Bidlack J E, Jansky S H. Introductory Plant Biology. 11th ed. New York:The McGraw-Hill Compaines Inc,2008.

Stern K R. , Jansky S, Bidlack J E. 植物生物学(影印版). 9 版. 北京:高等教育出版社,2004.

Takhtajan A. Diversity and Classification of Flowering Plants. New York: Columbia University Press,1997.

Taiz L, Zeiger E. Plant Physiology. 4th ed. Sunderland, Massachusetts:Sinauer Associates Inc,2006.

Taiz L, Zeiger E. 植物生理学. 4 版. 宋纯鹏 王学路,等译. 北京:科学出版社,2009.

Thomas L R, Michael G B, Stocking C R, et al. Plant Biology. 2nd ed. Belmont:Thomson Higher Education,2006.

Willis K J, McElwain J C. The Evolution of Plants. New York:Oxford University Press Inc,2002.

Judb W S, Campbell C S, Kellogg E A, et al. 植物系统学. 3 版. 中文版. 李德铢,等译,北京:高等教育出版社,2012.

索　引

E

F

G

H

X

Y